獣医発生学

第2版

監修
木曾康郎
山口大学共同獣医学部教授

学窓社

Veterinary Embryology

Second edition

T.A. McGeady, MVB, MS, MSc, MRCVS
Former Senior Lecturer in Veterinary Anatomy, Histology and Embryology,
Department of Veterinary Anatomy,
Faculty of Veterinary Medicine,
University College Dublin

P.J. Quinn, MVB, PhD, MRCVS
Professor Emeritus,
Former Professor of Veterinary Microbiology and Parasitology,
Faculty of Veterinary Medicine,
University College Dublin

E.S. FitzPatrick, FIBMS, FRMS
Former Chief Technical Officer,
School of Veterinary Medicine,
University College Dublin

M.T. Ryan, MSc, DMedSci
Veterinary Biosciences,
School of Veterinary Medicine,
University College Dublin

D. Kilroy, MVB, MRCVS, FHEA
College Lecturer, Veterinary Biosciences,
School of Veterinary Medicine,
Univesity College Dublin

P. Lonergan MAgr.Sc., PhD, DSc, MRIA
Professor of Animal Reproduction,
School of Agriculture and Food Science,
University College Dublin

Illustrations by
S. Cahalan and S. Kilroy

WILEY Blackwell

Registered Office
John Wiley & Sons, Ltd, The Atrium, Southern Gate, Chichester, West Sussex, PO19 8SQ, UK

Editorial Offices
9600 Garsington Road, Oxford, OX4 2DQ, UK
The Atrium, Southern Gate, Chichester, West Sussex, PO19 8SQ, UK
1606 Golden Aspen Drive, Suites 103 and 104, Ames, Iowa 50010, USA

For details of our global editorial offices, for customer services and for information about how to apply for permission to reuse the copyright material in this book please see our website at www.wiley.com/wiley-blackwell.

Library of Congress Cataloging-in-Publication Data

Names: McGeady, T. A. (Thomas A.), author.
Title: Veterinary embryology / T.A. McGeady, P.J. Quinn, E.S. FitzPatrick, M.T. Ryan, D. Kilroy, P. Lonergan.
Description: Second edition. | Chichester, West Sussex ; Ames, Iowa : John Wiley & Sons Inc., 2017. | Preceded by Veterinary embryology / T.A. McGeady ... [et al.]. Ames, Iowa : Blackwell Pub., 2006. | Includes bibliographical references and index.
Identifiers: LCCN 2017004077 (print) | LCCN 2017001706 (ebook) | ISBN 9781118940617 (pbk.) | ISBN 9781118940594 (Adobe PDF) | ISBN 9781118940600 (ePub)
Subjects: LCSH: Veterinary embryology. | MESH: Animals, Domestic–embryology | Embryonic Development | Cell Differentiation
Classification: LCC SF767.5 .V48 2017 (ebook) | LCC SF767.5 (print) | NLM SF 767.5 | DDC 636.089/264–dc23
LC record available at https://lccn.loc.gov/2017004077

A catalogue record for this book is available from the British Library.

Wiley also publishes its books in a variety of electronic formats. Some content that appears in print may not be available in electronic books.

Cover images: Bovine blastocyst stained to count the nuclei (courtesy of P. Lonergan); Feline foetus of approximately 40 days' gestation (courtesy of F. Randi).

Set in 9.5/12pt Minion by SPi Global, Pondicherry, India

1 2017

著者一覧

Thomas A. McGeady

University College Dublin（UCD）獣医学部出身，前獣医学部長．Department of Veterinary Anatomyに在籍し，比較発生学と発生解剖学を教授．University of Walesで発生学の修士号取得．Cornell Universityでも修士号取得．Cornell Universityでは客員教授として発生学を教授．本書初版（2006）の多くの章は彼の講義内容に基づいている．

P. J. Quinn

1985－2002年，UCD獣医学部の微生物学と寄生虫学の教授．1965年卒業後，臨床獣医師を経て，カナダのUniversity of Guelph，Ontario Veterinary College（OVC）の大学院に進学し，1970年に獣医免疫学研究において博士号を取得．OVCでの教員を経て，1973年にUCD獣医学部に戻る．

主な研究内容はウマのアレルギー性皮膚反応，トキソプラズマ症における疫学，レプトスピラ症，ネコの呼吸器系における免疫，カモメのボツリヌス症，ツベルクリン反応に影響する要因，*Brucella abortus*や*Mycobacterium bovis*に対する消毒薬の効果の評価などである．

雑誌や書物において参考文献として引用される，数多くの研究論文を発表していることに加え，*Cell-Mediated Immunity*（1984）の編集に携わり，*Animal Diseases Exotic to Ireland*（1992），*Clinical Veterinary Microbiology*（1994），*Microbial and Parasitic Diseases of the Dog and Cat*（1997），*Veterinary Microbiology and Microbial Disease*（初版，2002，第2版，2011），*Concise Review of Veterinary Microbiology*（初版，2003，第2版，2016）では共著者を務め，また*Veterinary Embryology*（2006）の共著者でもある．

2002年，UCDから名誉教授の称号授与．2006年，最も優秀な獣医学の教員あるいは研究者に贈られるthe Association of Veterinary Teachers and Research Workers outstanding teaching awardを受賞．

Eamonn S. FitzPatrick

1978年，the Institute of Biomedical Scienceの特別研究員となり，UCDで主席技術員として任用．1979年，Irish Academy of Medical Laboratory Scienceの病理組織学諮問委員に任命．1987－1989年，Dublin Institute of Technologyで病理組織学の学位の外部審査員．電子顕微鏡検査法の講義を長年受け持つ．2006年，UCDの獣医学ユニット技術長．25年以上にわたって獣医解剖学と獣医組織学を教える．

近年発表された研究には，ウシの生殖器系におけるホルモン受容体，ブタの消化管への栄養補助飼料の影響に関する論文がある．主な研究内容は特にウシやウマの生殖器系におけるムチンや粘液ゲル，病原性微生物と上皮細胞表面との相互作用に関するものである．*Veterinary Microbiology and Microbial Disease* 第2版（2011），*Concise Review of Veterinary Microbiology* 第2版（2016），*Veterinary Embryology*（2006）の共著者である．

Marion T. Ryan

University of UlsterとUCDの両大学で，22年間，分子生物学分野の研究に従事．Queen's University Belfastで遺伝学を専攻して卒業（1992）後，コンピューターサイエンスの修士号をUniversity of Ulsterで取得（1996）．生物医学と獣医学の両分野における研究で博士号を取得（2005）．生物医学・獣医学教育，動物科学あるいは宿主-病原体の相互関係の分野に関するさまざまな論文を発表．*Veterinary Embryology*（2006）の共著者である．

David Kilroy

UCD獣医学部バイオサイエンス学科の講師．UCD卒業生で，大学での研究に就く前は臨床獣医師．UCD，

Department of Veterinary Anatomyに勤務後，ロンドンのthe Royal Veterinary Collegeに移り，理学や獣医学専攻の学生に解剖学と発生学を講義．*The Canine Abdomen*（CLIVE, Edinburgh）の共著者である．

Pat Lonergan

UCD農学部と食品科学部において動物繁殖学を担当する教授．主な研究分野はin vivoおよび*in vitro*における初期胚の発生，胚－母体間コミュニケーションおよび胚致死率に関するものである．多くの修士・博士課程の大学院生やポスドク研究員の指導経験を持つ．参考文献として引用される数多くの研究論文（200本以上）の著作がありアイルランドの National Universityで博士号を取得（2005）．the Royal Irish Academyに選出（2012）. International Embryo Transfer Society（IETS）およびEuropean Embryo Transfer Associationの評議員を経て，2009年，IETSの会長に選出．現在は雑誌*Biology of Reproduction* および *Reproduction Fertility and Development*の編集委員である．

翻訳者一覧

前付け（著者一覧・緒言・謝辞・ウエブサイト）

	木曾康郎	（山口大学共同獣医学部教授）
第 1 章	金井克晃	（東京大学大学院農学生命科学研究科准教授）
	金井正美	（東京医科歯科大学実験動物センター教授）
第 2 章	眞鍋　昇	（大阪国際大学教授）
第 3 章	九郎丸正道	（岡山理科大学獣医学部教授）
第 4 章	種村健太郎	（東北大学大学院農学研究科教授）
第 5 章	市原伸恒	（麻布大学獣医学部准教授）
第 6 章	塚本康浩	（京都府立大学大学院生命科学研究科教授）
第 7 章	加納　聖	（山口大学共同獣医学部教授）
第 8 章	西野光一郎	（宮崎大学農学部准教授）
第 9 章	齋藤正一郎	（岐阜大学応用生命科学部准教授）
第10章	佐々木基樹	（帯広畜産大学畜産学部教授）
第11章	北村延夫	（帯広畜産大学畜産学部教授）
第12章	本道栄一	（名古屋大学大学院生命農学研究科教授）
	日下部　健	（山口大学共同獣医学部教授）
第13章	五味浩司	（日本大学生物資源科学部教授）
第14章	保田昌宏	（宮崎大学農学部教授）
	脇谷晶一	（宮崎大学農学部講師）
	中島崇行	（大阪府立大学大学院生命環境科学研究科准教授）
第15章	小川健司	（理化学研究所研究員）
	坂上元栄	（麻布大学獣医学部教授）
第16章	柴田秀史	（東京農工大学大学院農学研究院教授）
	小川和重	（大阪府立大学大学院生命環境科学研究科教授）
	前田誠司	（兵庫医科大学医学部准教授）
第17章	中牟田信明	（岩手大学農学部准教授）
	吉岡一機	（北里大学獣医学部准教授）
第18章	尼崎　肇	（日本獣医生命科学大学名誉教授）
第19章	山本欣郎	（岩手大学農学部教授）
第20章	岡田利也	（大阪府立大学大学院生命環境科学研究科教授）

第21章　恒川直樹　（日本大学生物資源科学部教授）
木村純平　（ソウル国立大学獣医学部教授）
平松竜司　（東京大学大学院農学生命科学研究科助教）
第22章　保坂善真　（鳥取大学農学部教授）
第23章　谷口和美　（北里大学獣医学部准教授）
第24章　杉田昭栄　（宇都宮大学名誉教授）
近藤友宏　（大阪府立大学大学院生命環境科学研究科助教）
第25章　昆　泰寛　（北海道大学大学院獣医学研究院教授）
市居　修　（北海道大学大学院獣医学研究院准教授）
第26章　松元光春　（鹿児島大学共同獣医学部教授）
第27章　柏崎直巳　（麻布大学獣医学部教授）
谷口雅康　（山口大学共同獣医学部准教授）
第28章　下川哲哉　（愛媛大学大学院医学系研究科講師）
美名口　順　（前酪農学園大学獣医学部講師）
杉山真言　（北里大学獣医学部助教）
用語解説　木曾康郎　（山口大学共同獣医学部教授）

目 次

緒　言

「獣医発生学初版」では，獣医学を学ぶ学生たちに胚子発生や胎子発生の一連のステージについて解説した．2006年に初版が出版されて以来，獣医発生学分野では，発生学の分子的側面の理解が飛躍的に進んだこと，さらに胚細胞，特に幹細胞の操作が急速に進歩したことなど，さまざまな変化が巻き起こった．発生学を学ぶことによって，学生たちは組織や器官の発生，構造，最終形態，諸関係に関して理解することができる．発生を制御するさまざまな因子が遺伝子や染色体の異常，病原体，環境性催奇形物質によって引き起こされる病理学的変化に関係があるとすれば，発生学を学ぶことによって，先天異常とそれに伴う臨床症状をより完全に理解することができる．

本書は動物，主に哺乳類と鳥類の細胞，組織，器官および身体系統の発生的側面に関するものである．ヒトの発生との比較については各章で述べた．挿入図の質を高め，複雑な図表の解説を分かりやすくするため，各所でカラー表記を活用した．

本書「獣医発生学第二版」は四つの新しい章を含む28章からなる．新しい章は「発生学の歴史」，「幹細胞」，「家畜における胚子致死率」，「家畜で用いられる生殖補助技術」である．第1章は，哺乳類の生命の起源，受胎およびそれに続いて起こる胚子発生に関する初期の概念の歴史的側面について，簡潔な総説となっている．ギリシャの哲学者，初期の学者および科学者たちの発想，観察力および実験手法が哺乳類の発生学の原理の基礎を作ることにいかに貢献したかについて論じた．続く章では，「細胞の分裂」，「生殖子発生」，「受精」，「卵割」，「原腸胚形成」について述べてある．次に，「細胞シグナル伝達」，「幹細胞」，「基本的な体構造の成立」，「胎膜」，「胎盤形成」，「胚子致死率に関連する因子」に関する章が続く．身体系統については別々の章で考察し，特殊感覚に関する構造の発生学的側面についても述べた．「胎齢決定」，「家畜に適用される生殖補助技術」，「突然変異誘発因子と催奇形因子」については，終わりの方の章で簡潔に記載した．

本書は，第一に獣医学を学ぶ学生たちのための教科書として作られたものであるが，獣医学カリキュラムの一部として，あるいは動物科学あるいは発生生物学関連の課程において，発生学を教えている我々の同僚たちにとっても役立つであろう．また，毒性学，動物繁殖学あるいはこれらに類似した研究課題に取り組む研究者は，自身の研究分野に関連する特定の章を本書で見出すことができるであろう．

本書全体を通じて，組織と器官の起源と分化，それらの関係性に重点を置いた．この論理的記載手法によって，身体の限定された領域における細胞，組織，器官，構造といったものの形成とそれらの関係性について理解を深めるための基礎を学ぶことができる．また，学生たちは局所解剖学についてより十分な理解を得ることができる．このことは，臨床技術習得の第一歩であり，画像診断データを解析したり，適切な外科的処置を施したりする場合に，必要不可欠のものである．発生学の分子的側面から，学生たちは胚子や胎子の秩序だった発生における遺伝子や転写因子の役割を知ることができる．本書全体を通して用いられた分類法はNomina Embryologica Veterinaria（2006）とNomina Anatomica Veterinaria（2012）の体系に概ね従っている．

関連のある論文や教科書は各章ごとに補足の情報出典として一覧表にしてある．獣医発生学や関連テーマについて教育資料となるウェブサイトについては，本書の最後に記載している．

監修にあたって

本書はWiley Blackwell社から2017年に出版された“Veterinary Embryology -Second edition-”の全訳である．2006年に出版された初版の改訂本である．著者6名はいずれもダブリン大学獣医学部の教員であるが，本書はTA McGeadyの長年にわたる獣医発生学講義を基にまとめられたものである．著者一覧にあるように，獣医発生学の専門家はTA McGeadyのみで，あとの5名は他分野の専門家達であり，このことが本書の特徴をすでに現している．

初版の出版以来，発生学分野では，一連の発生過程における分子生物学的理解が加速度的に進んだこと，幹細胞が革新的に創出されたこと，再生医療技術・生殖補助技術が劇的に発展したことなど，さまざまな大きな変化が起きた．これらに対応すべく，各章に最新の知識を盛り込み，さらに新たに四つの章を加え，挿入図をカラー化し，より理解しやすい教科書として，本書は改訂されている．第一義的には，本書は獣医学部生のために作られているが，応用動物科学関連の学生にも役立つであろう．また解剖学・組織学のみならず，動物繁殖学，毒性学，病理学あるいはそれらに関連する分野の研究者達にも参考になるであろう．

本書の翻訳にあたっては日本獣医解剖学会の会員諸氏にお骨折りいただいた．総計40数名にのぼるため，用語は日本獣医解剖学会編「獣医解剖・組織・発生学用語」に準拠することとし，本書巻末の「用語解説」の翻訳を翻訳者に配布し，できるだけ用語の統一を図った．学生が読みやすいことを重要視し，直訳にこだわらず，意訳をした箇所もかなりあり，また必要に応じて訳者注や監修者注も付した．しかし，本書に誤訳，用語の不統一などがあった場合の一切の責任は監修者にある．また翻訳者達は必ずしも発生学を研究主題とする専門家とは限らない．これらをすべて含めて，読者諸賢と発生学研究者から不備な点をご指摘いただければ幸甚である．

最後に本書の出版と編集に多大なご尽力をいただいた学窓社・山口啓子社長に訳者一同心から感謝申し上げる．

2019年2月吉日
監修者　木曾康郎

謝　辞

本書の原稿の査読や校正刷の点検に携わっていただいた同僚，また本書の完成と製本まで技術的支援や指導していただいた同僚の建設的な意見および助言に謝意を表する．

UCD関係者：Marijke Beltman，John Browne，James Gibbons，Terry Grimes，Aidan Kelly，Sabine Koelle，Arun Kumar，Frances LeMatti，Madeline Murphy.

外部校閲者：Andy Childs (London)，Sandy deLahunta (Cornell)，Karl Klisch (Zurich)，Diane Lees-Murdock (Ulster)，Andy Pitsillides (London)．

獣医学部の場所と設備を利用させていただいた学部長のGrace Mulcahy教授に感謝する．また獣医学部の図書館職員，特に援助と施設利用の便宜を図っていただいたCarmel Norris女史に謝意を表する．

本書の作成にあたって，編集チームのJustina Wood，Catriona Cooper，Jessica Evans，Helen Kempからの指導と支援に感謝する．製作過程を通して計り知れないほどの貴重な支援をいただいたプロジェクトマネージャーGill Whitley女史に深謝する．

Dublin，2016年9月

ウェブサイト参考について

以下のウェブサイトにより，本書の付図すべてはパワーポイントスライドとしてダウンロード可能である．

ウェブサイト：www.wiley.com/go/mcgeady/veterinary-embryology

ウェブサイトへのアクセス方法

1） ウェブサイトを開き，「Resources」から「Figures from the book as PowerPoint slides」をクリックする．
2） パスワード「用語解説の最後に記載されているパスワード」を入力し，OKを押す．
3） 「Figures from the book as PowerPoint slides」をクリックする．

第1章

発生学の歴史

Historical aspects of embryology

要　点

- 18世紀までの発生学に関わる多くの研究者や学者の一般概念は生物はそれらのミニチュアから発生するという前成説であった．
- 胚子発生のもう一方の仮説は動物の構造は形のない卵のようなものから次第に形作られるという後成説である．後成説はギリシアの哲学者であるアリストテレスにより初めて提唱され，前成説とともに二大黄金期を築いた．
- 生殖発生生物学の大きな進歩は17世紀に起こった．それまでの初期文明においても，胎子は二親の「タネ」が混ざることで成り立つとの見識を持っていた．
- ヒトの発生学では，卵子論者は卵から発生すると信ずる一方，精虫論者は男性が子孫に必須の特性を有し，女性は材料のみであると信じていた．この説は17世紀後半まで胚子発生の有力な考え方であった．
- 18世紀になると顕微鏡が改良され，生物学者は胚子は一連の進行段階で発生することを見出し，その胎子発生の基盤として後成説が前成説に取って代わった．
- ヒト生命の源が理解されていなかった過去から，体外で初期胚の作成が可能な現在に至るまで，生殖生物学の理解と技術の進歩は著しい科学の発展へと繋がっている．

家畜に関連した発生学は受精から始まる胚子と胎子発生の連続的なステージと関連する．この動的な科学の複雑な成り立ちを説明するためには，細胞生物学，遺伝学，生化学が必要とされる．

すべての哺乳類は胚子として生命が始まる．胚子発生とその制御機構に関する理解の着実な進歩にも関わらず，多くは未解決なままである．動物学，獣医学，健康科学関連の学生は，組織学と肉眼解剖学の両側面から，哺乳類の体の発達を観察することが求められており，これらは動物遺伝，器官構築，生殖生物学への重要な入り口となる．

現代社会では，表面的にヒトの生殖の基礎は広く理解されている．しかしながら，過去には人類と動物集団の生殖の生物学的見地について多くの議論と先がみえない論争がなされていた．17，18世紀では，新しい生命の誕生は「次」世代（generation）と呼ばれ，一部の神学者や学者に宗教的・哲学的な反発を呼び起こしていた．実際のところ「生殖」（reproduction）という言葉は18世紀に至るまで使われていなかった．それ以前は，生物が複製されるという事実を何となく受け入れているというだけで，十分には理解されていなかったのである．

17, 18世紀世代における優勢論

前成説（*preformation*）は発生学の歴史上17世紀末から18世紀にかけて広く受け入れられていた発生論である．それは，妊娠前の両親の卵や精子の中の完全に形成されたミニチュア個体から発生するという概念である．後成説（*epigenesis*）は前成説とは別の説で，個々の胎子は一連のステージの連続もしくは個体は未分化な集まりから次第に形作られて行くという主張である．

母親の卵が形成される前の胚子のひな形であるという卵子論（*ovism*）は，前成論の一つのモデルである．

もう一方は精虫論(*spermism*)で，精子の頭部に完成した小型胎子[幼虫]が存在し，子へと成長するというものである．精虫論は1670年後半の顕微鏡による精子の存在の証明により始まった．卵子論支持は18世紀中末期にピークを迎え，19世紀には終焉した．この時期，精虫論は胎子発生を研究し報告していた熱心な学者に支持されていたが，卵子論の前成説ほど優勢にはならなかった．

生命の起源

石器時代文明に造られたヒト形の像は次世代と時に関しての概念をもたらすものである．最も初期の像は軟らかい石，骨，象牙や粘土製のビーナス像からできていて，22,000年から28,000年前のグラヴェット期にその多くが作られた．これらの偶像のいくつかは，腹部，臀部，胸部，大腿部，外陰部が豊満な女性の形態を示す．考古学者は，人類の最も初期のこれらの偶像は多産のシンボルで，彼らが生物的な源を理解しようとした試みであると推測している．

17世紀以前は生命の起源に関してさまざまな仮説があった．ヒトを含む哺乳類においては，どのように起こるかは不確かであったが「生殖のような」ことが起こると一般的に信じられていた．例えば，英国サリー州ゴダルミング出身の女性マリー・トフトは1726年にウサギを出産したと主張し，本人がその話は嘘であると告白するまで，女性は他の種を出産することができると信じられていた．

前世紀当初，ポーランド人の人類学者**ブロニスワフ・カスペル・マリノフスキ**(1884年～1942年)は，南太平洋のトロブリアント諸島の先住民が性行為により赤ん坊が誕生するとは信じていないと報告した．彼らの母国語では，「父親」は文字通り，「母親の夫」で，生物的な関係というよりはむしろ社会的な意味を指す．驚くべきことに，性行為と子供の誕生を明らかに結びつけることができなかった理由は，女性は性行為を行っても必ずしも妊娠しないということにあり，なお，妊娠したとしても性行為と誕生の二つのイベントが9カ月もずれているために，直接的に結びつけるには至らなかったのである．実際に，人類は10,000年前に家畜を飼育し，交尾と生殖の関連を理解していた．家畜は発情期(oestrus)と呼ばれる性許容時期にのみ交尾するので，交尾と妊娠を明らかに関連づけていた．

雄の精液もしくはタネが交尾直後にのみ明瞭に観察されるという事実から，生命の創造が次世代の概念の中心となる礎になった．宗教的信念と神話の中で，新しい生命の創造における雄の役割が急速に優勢となった．例えば，旧約聖書に書かれているオナンは，彼の義理の姉の妊娠を避けるために「精液を地に漏らした」と記載されている．エジプト神話創世記では，アトゥムラが地球を創造し，マスターベーションによる精液から最初の神と女神を造ったとされた．以後，この精液・タネのようなものが次世代に対する考えの中心となっていった．

古代ギリシア人の貢献

17世紀後半までのヨーロッパでは，生命科学に関する問いに対する答えは古代ギリシア哲学者の教えによるものであった．紀元前5世紀のギリシア哲学者である**ヒポクラテス**(紀元前460年頃～370年)は医学史の中で最も優れた人物の一人であり，次世代は男性の射精から得られた精液と女性の月経血からの何らかの2種類がともに作用することによると主張した．1世紀後のギリシアの哲学者であり科学者である**アリストテレス**(紀元前384年～322年)は紀元前350年に*De generatione animalium*(The Generation of Animals；動物発生論)を出版し，さまざまな動物の生殖メカニズムについて包括的な理論を初めて提示した．彼は，卵生(卵から生まれる)，胎生(出生する)，卵胎生(体内で卵を孵化させて産む)という概念を記載し，また細胞分割パターンについて，全割型，部分割型についても述べている(5章参照)．組織が胚子から徐々に発生する(後成説)という重要な観察を行い，前成説を否定した．ヒポクラテスと比べてアリストテレスは男性の精液もしくはタネ(seed)のみが胎子を形(form)作り，この形は女性の月経血からのもの(matter)に，熱いろうに刻印するようにインプリントされると解釈した．別の似た考えとしては現在も持続している，精液は肥沃な土地に巻かれるタネのようなものであるとした．アリストテレスは昆虫などの下等動物は腐敗から自然に派生すると考えた．この理論はウジ虫が腐敗物から突然に現れるという日々の経験によるものであったが，それは1600年の中頃に，**フランシスコ・レディ**（1626年～1698年）によって否定されることになる（後述参照）．

2世紀の**ガレノス**（129年～200年頃）はローマ帝国の著名なギリシア人の医師，外科医，哲学者で，男女のタネが子の出産に寄与するというヒポクラテスの主張を支持した．女性の生殖器は男性と同一で，男性器が体の内部に向いているだけという誤った見解を示した．彼の解剖学の報告は主にサルとブタの解剖に基づいており，ベルギーの解剖学者**アンドレアス・ヴェサリウス**（1514年～1564年）によって，1543年に人体解剖学の古典的研究である*De humani corporis fabrica*（On the Fabric of the Human Body；人体解剖図）による記載・描写が出版されるまで，誤解されたままであった．

ガレノスはヒポクラテスの「一つは男性でもう一つは女性の2種類の〈精液〉がある」という仮説を支持したが，その特定に至らなかったためアリストテレスの理論がその後残ることとなった．

比較発生学の出現

数百年間，次世代における男性と女性のそれぞれの役割について論争が続いた．古代ギリシア人の考えはアラブの思想家たちに継続され，この間，生命の起源の理解について男性の役割に焦点をあてた仮説を超えるような進展はなかった．14世紀以降，ヨーロッパで古代思想家たちの理論が復活した．この頃の偉大なイタリアの芸術家**レオナルド・ダ・ヴィンチ**（1452年～1519年）の有名な解剖図の中には，妊娠したウシの双角子宮，胎子および単離した胎盤がある．ダ・ヴィンチは胎子と胎盤を明らかにするためにヒト子宮を解剖したものを描写した．

比較発生に関する最初の主な刊行物の一つは，1600年にイタリアの解剖学者で外科医である**ヒエロニムス・ファブリキウス**（ジェローラモ・ファブリツィオ，1537年～1619年）による*Deformo foetu*（Formed Fetus；胎子形成）で，発生の異なる段階の胚子および胎子の多くの図を含んでいた．ファブリキウスは以前はファロピウス管と呼ばれていた卵管を記載した**ガブリエレ・ファロッピオ**（ファロピウス，1523年～1562年）の教え子である．鳥類のBリンパ球の産生場所である部位，ファブリキウス嚢（現在は排泄腔嚢として知られている）は彼にちなんでいる．彼の死後に講義ノートが発見され，*De formatione ovi et pulli*（On the Formation of the Egg and Chick；卵とヒヨコの形成について）というタイトルで1621年に出版されたが，この中に排泄腔嚢について初めての記述が含まれていたことに基づく．別のイタリア人**バルトロメオ・エウスタキウス**（1514年～1574年）は1552年にイヌおよびヒツジ胚子の図を発表した．彼は中耳と鼻咽頭の連結部分である耳管に彼の名前（エウスタキオ管）を命名し，詳細を記載することで内耳の解剖学的知識を広めた．

胚子の構造の詳細な観察が可能となる顕微鏡が発明されるまで，発生学に関連する多くの概念は推測的なものであった．イタリア人の教授で，インノケンティウス12世の内科医でもあった**マルチェロ・マルピーギ**（1628年～1694年）は前成説支持者の一人であった．彼は胚子発生は成人組織の単なるミニチュアであると主張した．1672年にニワトリ胚子発生での神経溝，体節，卵黄嚢への血流を同定し，その顕微鏡による観察結果を初めて発表した．初期の重要な研究から，腎臓のマルピーギ小体や表皮のマルピーギ層など多くの解剖的構造に彼の名前がつけられている．彼は孵化していないニワトリの卵でさえ，かなり構造化されていることを示し，後成説に疑問を呈し，卵の中にニワトリの前成型が存在すると信じた．その後，孵化していない卵を暖かい温度下に置き，その観察が継続された．これらの実験により，胚子の器官が各部位で新しく形成されたのか（後成説），卵や精子の中にすでにミニチュアで存在しているのか（前成説）という発生学における一大議論がなされた．

重大な発見がなされた17世紀は，性，生命，成長の解明および生命の起源に関する現代知識の基礎を築いた．この時代に，生殖に関する生物学的事象に関連する基礎的発見がなされたが，全貌解明までは至らな

図1.1　ウイリアム・ハーベイによる1651年に出版 *Exercitationes de generatione animalium*（On the Generation of Animals; 動物の世代について）の口絵．ゼウスが刻印された卵からすべての創造物を解放する絵，すべては卵から（*ex ovo omnia*）（右は拡大図）．ロンドン ウエルカムライブラリーのご厚意により掲載．

かった．ファロッピオのかつての弟子で，ジェームズ1世とチャールズ1世の侍医であった**ウイリアム・ハーベイ**（1578年～1657年）は血液循環を発見し，発生学における最初の詳細な研究の一つを成し遂げた．ハーベイはギリシア神話のゼウスが刻印された卵からすべての創造物を解放する絵「すべては卵から」（ex ovo omnia）が口絵に描かれた有名な*Exercitationes de generatione animalium*（On the Generation of Animals；動物の世代について）を1651年に出版した（**図1.1**）．ハーベイは精子ではなく卵子が次世代の基本であると確信していた．「卵」の意味するものを明らかにはできなかったが，精子が最も重要であるというアリストテレスの概念に挑んだ．しかし，男性および女性の生殖子が同等であり，精液に何が含まれるのかについての理解には至らなかった．1630年に，チャールズ1世の所有する雌シカの発情と交尾後の有名な解剖実験を行ったが，交尾後の子宮内の精液の痕跡と，現在は卵巣と呼ばれている雌の「精巣」の変化は観察できず，反芻獣に特異的な糸状の受胎産物も発見できなかった．最終的にアリストテレスは正しく，精液は月経血の何かによって活性化されると結論した．

1660年代に，**ニコラス・ステノ**（ニールス・ステンセン，1638年～1686年），**ヤン・スワンメルダム**（1637年～1680年），**ライネル・デ・グラーフ**（1641年～1673年）のライデン大学の医学生であった3名は次世代に対する知識に大きなインパクトを与えた．3名は彼らの教授であった**ヨハネス・バン・ホーン**（1621年～1670年）から，特にスワンメルダムとステノはフランス人の作家であり科学者であった**メルキセデク・テヴノー**（1620年～1692年）から多いに影響を受けた．両者は三人の学生の次世代と生命の起源の探求を推奨した．

1667年，ステノはそれまでフィレンツェにいたが，最も影響力を持つ科学的研究となった*Elementorum myologiae specimen*（A Model of Elements of Myology；筋学の理論モデル）を出版し，解剖と数学モデルの両方を用いて筋肉の機能を正確に記述した．彼は胎生ツノザメと卵生エイの比較解剖的な観察から，女性の「精巣」はツノザメの卵巣に相当すると結論づけた．

スワンメルダムは昆虫の生殖を初めに研究していたが，注意深い解剖とその観察によって，すべての動物は同種の雌の卵から派生するという根本的な結論に達した．彼は1669年の*Historia generalis insectorum*（昆虫の組織総論）で，現在も使用されている発生モデルに基づく画期的な昆虫分類法を提示した．

スワンメルダムはイタリア人生物学者フランシスコ・レディとともに，昆虫は以前考えられていたように自然発生するのではなく，同じ種の雌の卵から幼虫（larva），蛹（pupa），幼生（juvenile），成虫（adult）の発生ステージを経て存続する同じ個体であることを示した．レディは腐敗物から現れるウジはハエの卵から発生することをシンプルな実験から証明し，ハエの自然発生について反証した．この最も有名な実験は1668年に出版された*Esperienze intorno alla generazione degl'insetti*（Experiments on the Generation of Insects；昆虫の世代の実験）に記載されている．

1671年に，グラーフは，雌の「精巣」の中にある「卵」が子宮管経由で子宮の中に移行した「精液物質」（seminal vapour）の活性で，どのように「生殖」するかについて簡単に発表した．1672年に，*De mulierum organis generationi inservientibus tractatus novus*（New Treatise Concerning the Generative Organs of Women；女性の生殖器に関する新しい論文）を出版した．この本には，ヒト，家ウサギ，野ウサギ，イヌ，ブタ，ヒツジおよびウシの解剖と妊娠ウサギのグラーフ卵胞や卵の解剖が記載されている．彼は交尾したウサギを注意深く解剖し，交尾3日後に破裂した卵胞が子宮管の中に球状の構造物として存在することを発見した．ハーベイ同様，グラーフは子宮や卵管の中に精液の痕跡を見つけることはできなかった．「精液物質」が卵に到達し，それらと受精すると結論づけた．グラーフの名前は卵が存在すると信じられていた卵巣内の卵胞（グラーフ卵胞）に命名された．彼は子宮の「卵管」についても正確な機能を記載した．

1672年にグラーフの仕事を受けて，スワンメルダムはヒトの次世代についての*Miraculum naturae, sive uteri muliebris fabrica*（The Miracle of Nature, or the Structure of the Female Uterus；自然の奇跡，女性の子宮の構造）を出版した．この二人は女性が卵を有するということを初めて発見したと主張し，大きな論争を引き起こした．二人はロンドンの王立協会に証拠を提出し，誰の発見であるか裁定を依頼した．しかし，彼らは驚き落胆したに違いないが，今まで女性の精巣と呼ばれていたものが卵巣という構造であることを数年早く1667年にステノによって提唱されているという理由で，王立協会はその名誉をステノに与えることを決定した．興味深いことに，ステノは科学から引退しカトリック司祭となり，1988年に教皇ヨハネ・パウロ2世によって福者と崇められている．

この大きな論争にも関わらず，グラーフは最終的に哺乳類の雌が卵を産生することを発見したと記憶され，ステノは地質学研究で広く知られ，スワンメルダムは歴史から忘れ去られた．

精子の発見

1670年代半ばまで，次世代における「卵」（egg）の理論は思想家や一般の人々に広く受け入れられていた．これは「タネ」（seed）の概念からの著しい方向転換であったが，長く続かなかった．1665年から1683年の間，王立協会会員の**ロバート・フーク**（1635年～1703年）と**アントーニ・ファン・レーウェンフック**（1632年～1723年）の二人によって顕微学的に微生物が発見された．フークは*Micrographia*（微小世界図鑑）（1665）に初めて微生物として真菌ムコール属を記述した．コルクの薄切片を観察し，壁に囲まれる空間から修道院の小部屋を思い浮かべたことで，「細胞」（cell）という言葉を作り出した．その後，レーウェンフックは顕微鏡を用いて原生動物と細菌を観察記載した．この二人は，拡大倍率が25倍から250倍の単純な構造の顕微鏡を用いることで，精液を含む生物材料の詳細な観察を行い，これらの重要な発見が可能となった．

レーウェンフックはオランダ，デルフトの反物商で，完全に独学の研究者であった．当時の科学言語であったラテン語の読み書きができなかったが，友人グラーフの仲介によって，顕微鏡の製作者として例外的に1672年に王立協会へ推挙された．その後，王立協会は彼に精液を含む体液の観察を依頼したが，精液の観

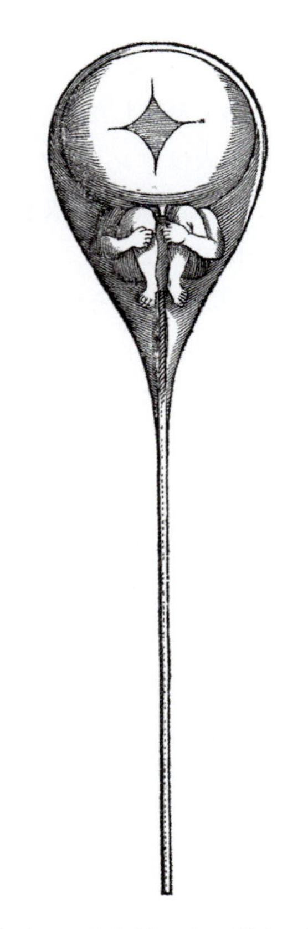

図1.2　ニコラス・ハルトゼーカーによって1694年に出版されたフランス語の論文*Essai de Dioptrique*（屈折検査）に描かれた精子の中の「ホルンクルス〈小人〉」の絵．本論文は拡大レンズによる新しい科学的観察を記載した仮想的な研究となっている．ロンドン ウエルカムライブラリーのご厚意により掲載．

察は不適切であると感じ，その要求には答えなかった．その2年後の1674年に，レーウェンフックと当時学生であった**ニコラス・ハルトゼーカー**（1656年～1725年）は精液を顕微鏡で初めて観察し精子を発見することで，その後の論争を巻き起こした．前成説の精子論者であるハルトゼーカーは個人のひな形が存在すると主張し，精子の中に小型の人間がいる有名な「ホルンクルス〈小人〉」を描いた（**図1.2**）．同時代の**ダレンパティウス**（フランシスス・デ・プランタド，1670年～1740年）は精子の中に小人を描き，それは後ほど偽造であると非難された．

1677年，ライデン大学の医学生であった**ヨハネス・ハム**（1651年～1723年）は淋病の男性から採取した精液の切片をレーウェンフックから受け取り，その尻尾に「微小動物」がいることを主張した．レーウェンフックはその後，研究を再開し，正常な性行為により得た彼自身の精液を用いて，その中に，砂粒の100万分の1に相当する薄くうねった尻尾を持つ，多数の「微小動物」の存在を見出した．

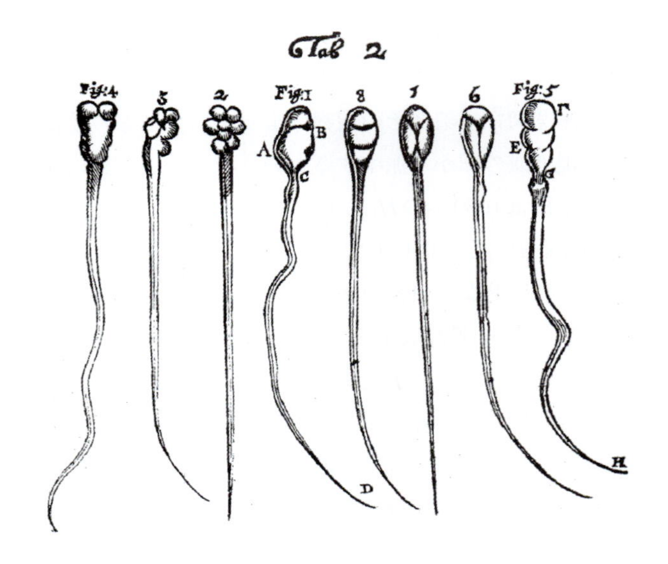

図1.3　アントーニ・ファン・レーウェンフックによって描かれたウサギとイヌの精子．*Philosophical Transactions*, the journal of the Royal Society, London, 1678. ロンドン ウエルカムライブラリーのご厚意により掲載．

1677年の夏，彼は王立協会会長のロード・ブランカーに報告したが，罪悪なものとして公表を差し止められた．その微細構造についてはさらなる研究が重ねられ，1679年1月に，ウサギとイヌの精子について最終的にラテン語で公表された（**図1.3**）．レーウェンフックがブランカーに宛てた手紙には，動物の次世代に関する概念が，古代ギリシアの生命の起源に関しての精子を中心とした精虫論に回帰すると主張されている．

実験発生学

卵子論者と精虫論者の断裂は長年続いた．レーウェンフックは当初は生殖については研究していなかったが，2000年前にアリストテレスにより広められた「精子は種であり女性は単に種子を植える土壌である」という概念に戻った理論を1685年に出版した．精子は1670年代に発見されたが，受精に関連する詳細な発見は1876年まで解明されなかった．すなわち，約200年もの間，次世代への精子の役割は不明なままであった．

スイスの自然主義者である**シャルル・ボネ**（1720年～1793年）が，雄がいなくても数え切れないほどに単為発生するアブラムシの世代交配について，1744年に'*Traite d'insectologie*'（昆虫学）により発表したことで，次世代における精子の役割についてはさらに複雑になった．これにより，次世代への卵子論の支持に傾くこととなる．ボネは'*Philosophical Palingests, or Ideas on the Past and Future of Living Being*（復活の哲学，生命の過去と未来の概念）を出版し，女性こそがその体内に将来の次世代を担うミニチュアを保有していると主張した．また，前成説こそ「肉欲的な信念を超えた道理的な思考の偉大なる勝利の一つ」であると考えた．前成説支持者として，次世代は生殖細胞の中にあらかじめ存在し，ロシアのマトリューシカ人形のように小さいサイズの類似したものが幾重にも中に入っていると信じた．このような人形が小型化していく事象は，「自然は望むほどに小さく作用する」というボネの理論と相反しなかった．1839年に，**マティアス・シュライデン**（1804年～1881年）と**テオドール・シュワン**（1810年～1882年）が「細胞説」を定説化するまで，ボネの誤りを明らかにする科学的根拠は提示されなかった．

ボネの同世代で，卵子論者の筆頭の**アルブレヒト・フォン・ハラー**（1708年～1777年）は顕微鏡下でニワトリ胚子を観察し，卵黄がニワトリ胚子の小腸に付着している様子を記載した．これに基づき，胚子は卵黄と同時に作られ，未受精卵に卵黄があることから，胚子は受精する前から存在すると結論した．

フランス人の数学者であり生物学者である**ピエール・モーペルテュイ**（1698年～1759年）は遺伝形質の遺伝に関する研究，遺伝的な理論を先取りしたさまざまなアイデアを提案し，遺伝形質の継承に関する研究することで，前成説を否定した．彼は遺伝問題に確率の概念を適用し，動物の遺伝形質の研究手段として実験的な育種の発想を導入した．モーペルテュイは胚子に前成はあり得ず，男性と女性の両親の卵か精子の中に，均等に遺伝因子が存在すると考えた．

卵子論の最後の支持者はイタリア人の祭司で生理学者の**ラッザロ・スパッランツァーニ**（1729年～1799年）であった．フランス人の科学者である**ルネ・アントワーヌ・フェルショー・ド・レオミュール**（1683年～1757年）とスパッランツァーニによって，精子の発見から100年以上経過した後，雄カエルにタフタ製の「ズボン」を履かせ，精液が卵と接触するのを防ぐ斬新な実験がなされた．この実験は生殖における精子の重要性について，初めて堅実な実証となり，実際に胚子が発生するには卵と精子が物理的に接触することが必要であることを証明した．1784年，スパッランツァーニは初めてイヌの人工受精に成功し，その結果，62日後に3匹の子イヌが誕生したことを報告した．その直後の1790年に，スコットランド人の解剖学者であり外科医であった**ジョンハンター**（1728年～1793年）によってヒトの人工授精が成功した．スパッランツァーニの実験の多くは受精に精子が必要であることを明確に示しているが，彼はその時点ではこの結論を示さなかった．その後，*Experiences pour servir a l'histoire des animaux et des plantes*（動植物の記録）に，卵を精液にさらすだけで発生が始まり，完全な形のオタマジャクシへと発達する事実が記載され，確信に至った．

フランス人の博物学者である**ジャン-バティスト・ラマルク**（1744年～1829年）は1809年出版の*Philosophie zoologique*;（動物哲学）において，生物は生涯にわたって獲得した特性をその子孫に伝えることができる，というラマルキズムと呼ばれる用不用説を世に広めた．この概念は遺伝の規則の多くを確立した**グレゴール・ヨハン・メンデル**（1822年～1884年）の有名なエンドウ豆の植物実験によるメンデルの法則の出現で最終的に否定された．ドイツの解剖学者で先天異常学のパイオニアである**ヨハン・フリードリヒ・メッケル**（1781年～1833年）の，胚子発生の間に生じる先天性欠損および異常の研究はラマルクの進化的理念の元となった．フランスの発生学者である**エティエンヌ・セール**（1786年～1868年）はメッケルとセールの法則として知られる胚子発生のステージと有機体の統一ステージの並行関係に関する仮説を提唱した．これはすべての動物界において一つの統一した動物形があり，高等動物の器管は，その発生途中で下等動物の相同器管と類似するという概念に基づく．この理論は脊椎動物と非脊椎動物の両者に当てはまり，高等動物は下等動物の成体に類似した段階を経て発生することとし，**エルンスト・ヘッケル**（1834年～1919年）の反復説（個体発生は系統発生を繰り返すontogeny recapitulates phylogeny）に後に盛り込まれた．

18世紀になると，ドイツ人の発生学者である**カスパー・フレデリック・ウォルフ**（1734年～1794年）は，アリストテレスとハーベイによって以前に唱えられていた後成説を，1759年に発表した*Theoria generationis*（発生論）で再び主張し，ハラーとボネから批判を受けた．ウォルフはニワトリ胚子発生の詳細な研究結果から，1768年と1769年に*De formatione intestinorum*（腸の形成について）を出版し，成鳥は胚組織の相対物として発生するのではないと主張した．彼は胚葉の層からの器官形成の原則を確立し，細胞増殖，折り畳み，包み込みなどの胚葉の理論の基礎を作り，その後，パンダーとフォン・ベーアによって，組織発生学の基礎が築かれた．彼の名前は中腎管の別称，ウォルフ管として残っている．

ウォルフの活躍にも関わらず前成説は1820年代まで継続した．その時期，才能豊かな科学者集団が，新しい染色方法と顕微鏡の改良により発生学を科学専門分野へ特化させた．**クリスティアン・ハインリヒ・パンダー**（1794年～1865年），**カール・エルンスト・フォン・ベーア**（1792年～1876年），**ハインリヒ・ラトケ**（1793年～1860年）の三名はバルト地方出身で，発生学の研究の進歩に重要な役割を果たした．

パンダーのニワトリ胚子の研究はウォルフの観察をさらに推し進め，胚子の中の三領域の細胞から分化し特異的な組織を形成する胚葉を発見した（第9章参照）．彼は胚葉が自動的にそれぞれの器官へ発生するのではなく，むしろお互いに影響するという，現在では「誘導」として知られている組織相互作用の概念を打ち出した．すなわち，前成説の理論が間違いであり，臓器はシンプルな構造間の相互作用に起因することを示した．1817年に発行された彼の学位論文である*Historia metamorphoseos quam ovum incubatum prioribus quinque diebus subit*（初期5日の卵培養での形態変化の探求）には**エドワード・ジョセフ・ドルトン**（1772年～1840年）による詳細なイラストが含まれている．パンダーの名前は発生過程の胚子に血液循環を供給する血島をパンダー島と呼ばれることで今もその名が知られている．

パンダーのニワトリ胚子の研究はフォン・ベーアに引き継がれ，彼はパンダーの胚葉の概念をすべての脊椎動物に広げ，脊椎動物の発生に共通のパターンであることを認識し，比較発生学の基礎を築いた．フォン・ベーアは1826年にイヌの観察から哺乳類の卵（oocyte; 卵子）を初めて発見し，その後別の種においても，哺乳類が卵に由来することを確立した．このことにより，17世紀にハーベイとグラーフから始まり，18世紀から19世紀初頭の間，他の人々によって熱心に探求された探索に終止符を打った．ベーアは，この発見について，*De ovi mammalium et hominis genesi*（*On the Mammalian Egg and the Origin of Man*；哺乳類の卵子とヒトの起源）を1827年に発表した．彼はパンダーとともにウォルフの研究を礎にして，比較発生学の基礎となる*Über Entwickelungsgeschichte der Thiere*（*On the Development of Animals*, vol. 1, 1828; vol. 2, 1837）（動物発生学）の中で多様な種の基本に胚葉発生があるという概念を記載した．彼は神経系の前駆細胞である神経ヒダの同定，脊索の発見，五つの脳胞の記載，胚体外膜の機能について研究を行った．これらの先駆的研究により，発生生物学は独自のテーマとして確立された．

胚子に関するフォン・ベーアの発見は最終的には長きにわたる前成論に反論し後成論を支持する発生学へと到達した．ベーアの法則として以下の四つの理論が示された．

1. 胚子の一般的な形質は特殊な形質より先に形成する．
2. 最も特徴的な構造が形成される前に，一般的な構造が形成される．
3. どの胚子の形態も，他の限定した形態に収束するのではなく，そこから離れる．
4. 高等動物の胚子は他の進化的に近い動物の成体とは全く類似せず，その胚子にのみ似る．

初めの二つの理論は前成説に反論することを意図し，一方，次の二つはフォン・ベーアの同世代のメッケルとセールの並行理論に反論することを意図していた．

1828年にフォン・ベーアは表記を忘れていたアルコール固定した二つの小さな胚子について報告した．それらが，「トカゲかトリ」か「哺乳類」か，属する属を特定することができなかった．フォン・ベーアの観察は，異なる脊椎動物の胚子でも，類似した物理的な構造をとる「ファイロタイプ〈動物門での固有の型〉」(phylotypic) のステージがあることを示し，数十年後の議論の対象となった．

フォン・ベーア，パンダー，ラトケは現代の発生生物学の開祖の一人であると考えられている．ラトケは脊椎動物の頭蓋骨，消化器，呼吸器の複雑な発生について，脊椎動物の異なるクラスでは異なった発生の経路をとることを示し，哺乳類とトリの胚子の鰓溝と鰓弓を初めて記述した．1839年に，現在ラトケ嚢と呼ばれている胚子の構造と，そこから下垂体前葉が発生することを示した．また，初めて鰓弓を同定し，この一時的な形成がサカナの鰓裂や哺乳類の顎や耳になると記載した．

同時期の1824年に，**ジャン−ルイス・プレボー** (1790年〜1850年)，**ジャン−バティスト・デュマ** (1800年〜1884年) は精子は寄生虫というより受精能の活性化物質であり，精子が卵に入り次世代に寄与することを提唱した．1821年にデュマによって出版された*Sur les animalcules spermatiques de divers animaux.* (諸動物の精液の微小動物〈精虫〉について) では，プレボーは精子の組織学的観察から，これらの細胞はその後雄生殖腺の組織の一部から派生すると記載した．彼の観察はスパッランツァーニに基づいたもので，現在の受精の発見への通過点といえる．

デュマの共同研究者であるプレボーは*Annales des Sciences Naturelles* (自然科学年報) に現在の実験発生生物学の基礎となる世代に対する三つの回顧録を残した．これらの主張は1840年代までおおむね無視されていたが，スイス人の解剖学者で生理学者の**ルドルフ・アルベルト・フォン・ケリカー** (1817年〜1905年) が成人の精巣の細胞から精子が形成されることを示した．19世紀の染色方法と顕微鏡の進歩により，ドイツ人の生物学者の**テオドール・ラディック・ウィルヘルム・フォン・ビショフ** (1807年〜1882年) によってウサギの初期卵，フォン・ケリカーによって家畜とヒトでの初期卵割の詳細な観察がなされた．フォン・ケリカーは1861年に*Entwicklungsgeschichte des Menschen und der höheren Tiere* (ヒトと高等動物の発生史) を出版したが，これはヒトおよび高等動物における発生学の初めての教科書である．しかしながら，ドイツ人の**オスカー・ヘルトヴィッヒ** (1849年〜1922年) とスイス人の研究者**ハーマン・フォル** (1845年〜1892年) の二人の動物学者は1876年に独自に精子がウニの卵に侵入し，その結果二つの核が観察されることを発見し，数十年の実験を経て，受精とは精子と卵子の融合であることがついに明らかとなった．

19世紀の終わりには，ベルギーの発生生物学者の**エドワール・フォン・ベネーデン** (1846年〜1910年) がウサギとコウモリの三胚葉形成を含めた初期胚の発生について記載している．フォン・ベネーデンの学生の**アルバート・ブラッシェ** (1869年〜1930年) は未受精卵が機械刺激で単為発生することを初めて確認し，*in vitro*での哺乳類の卵培養という先駆的な実験を試みた．

1890年には，ヘルトヴィッヒは動物界のヒトデは単為発生を行うことを報告した．同年，**ウォールター・ヒープ** (1855年〜1919年) は生物学的母親のアンゴラウサギから採取した卵を，ベルギー種のウサギの里親に移植し，生きた子孫を作出し，哺乳類で初めての卵移植に成功した．ヒープは「仮母親の子宮は，妊娠期間を通じて仮の子の品種を変更することはなく，さまざまな栄養成分を含む土壌のように胚子に栄養を供給する」(1991年Biggesから引用) と結論づけた．これに基づいて今日の商業的なウシの胚移植が実施されている (27章参照)．

進化発生学

パンダー，フォン・ベーア，ラトケの研究の結果，前成説は1820年に消滅した．しかしながら，その理論は，ある科学者たちによって，初期の卵分割や体の左右の構成情報は卵の領域によって決定されるという主張により，次の80年も生き残ることとなる．1893年に，ドイツ人の進化生物学者**アウグスト・ヴァイスマン** (1834年〜1914年) は，この考えの延長として，

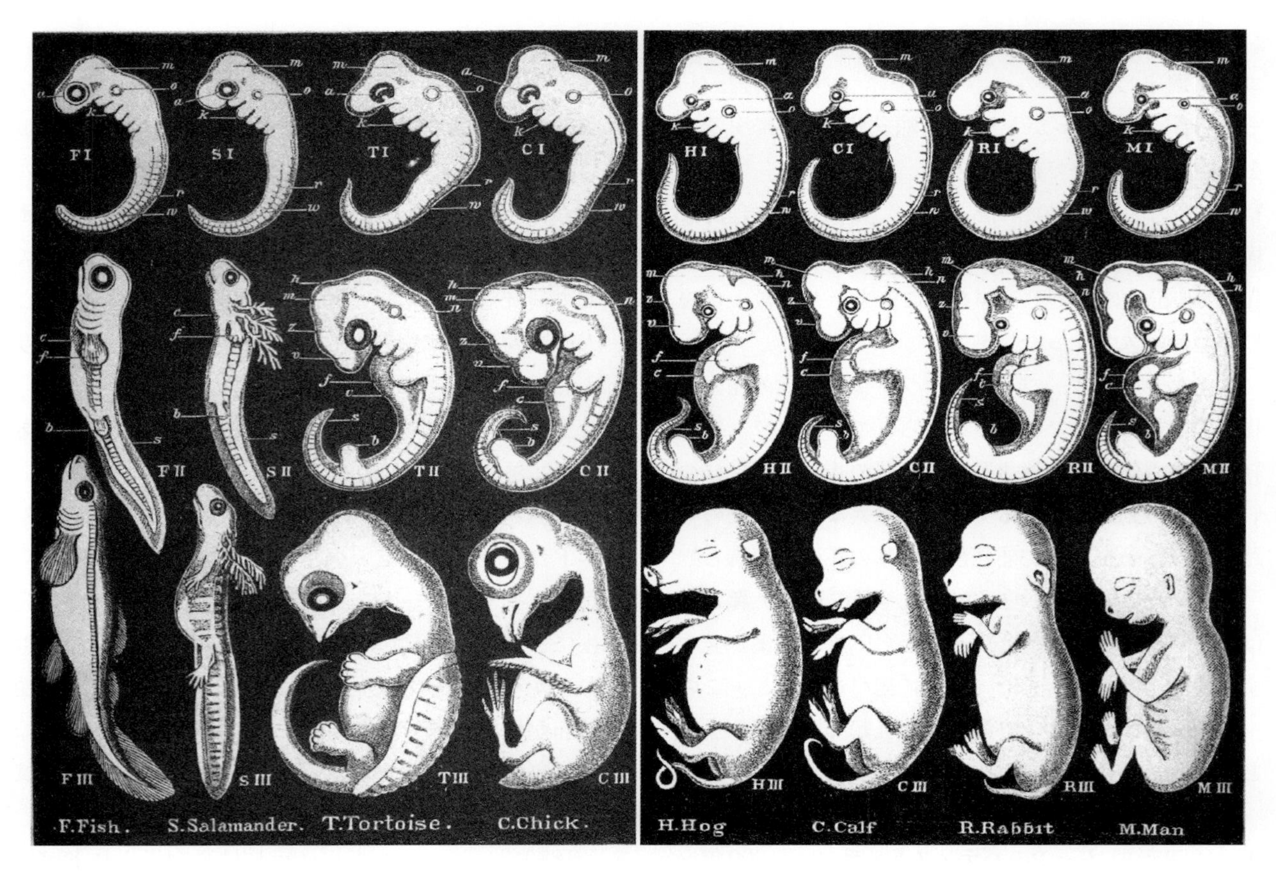

図1.4 エルンスト・ヘッケルの捏造の疑いのある8種の動物の発生の3段階の比較図．左から右に，サカナ，サンショウウオ，カメ，ニワトリ，ブタ，ウシ，ウサギ，ヒト．*Anthropogenie*（発生の起源）1874年第2版．ロンドン ウエルカム ライブラリーのご厚意により掲載．

遺伝は生殖細胞によってのみ行われるという *The Germ Plasm: A Theory of Heredity*（生殖質：遺伝論）を出版した．彼は精子と卵子が均等に染色体に寄与すると主張した．このモデルを前提に，ヴァイスマンは初期の卵分割が将来の左右半々を決定することはないと反論した．

フォン・ケリカーの教え子であり，ドイツの解剖学者**エルンスト・ヘッケル**（1834年～1919年）は同世代の**チャールズ・ダーウィン**（1809年～1882年）の支持者であった．彼は影響力があるものの広く受けいれられなかった反復説（ontogeny recapitulates phylogeny；個体発生は系統発生を繰り返す）を発展させた．これは，個体の生物学的な発生，個体発生が種の進化過程もしくは系統発生と並行し総括しているというものである．これは「生物遺伝学の法則」として知られるようになった．ヘッケルは素晴らしい芸術家でもあり，1866年の *Generalle Morphologie der Organismen*（生物の一般形態）の初版から，生物学の象徴的なイメージとして有名な *Anthropogenie*（発生の起源）（**図1.4**）など1874年まで24の図解を出版した．これらの図解はサカナ，サンショウウオ，カメ，ニワトリ，ブタ，ウシ，ウサギ，ヒトの発生の3段階を示すことを目的としていた．ヘッケルは，すべての脊椎動物は同一に保存されたファイロタイプ（系統段階）を経ると主張した．しかしながら，彼の有名な再現図はあまりにも単純化され，明らかに意図的に脊椎動物種間の重要な相違点を隠していた．

スイス人の解剖学者でミクロトームの発案者である**ウイルヘルム・ヒス**（1831年～1904年）はヘッケルの胚子の図解の信ぴょう性を初めて批判した．フォン・ケリカーの元で学び，上皮としてグループ分けされていた内膜を区別して血管内皮という言葉を導入し，発生段階の胚葉との関連性を記載した．また，発生段階の脊椎動物の中脳内の胚芽層を菱脳唇と名づけたことでも有名である．

ヘッケルの学生で，ドイツ人発生生物学者である**ヴィルヘルム・ルー**（1850年～1924年）はヴァイスマンの仮説に従い，2～4細胞期のカエル胚子の個々の割球を熱した針で破壊した実験結果を1888年に発表した．その結果が片半分の胚子に成長したことにより，2細胞ではすでに個別の機能が備わっていると推測した．胚子は多くの細胞分裂によりモザイク状態になり，そのため個々の細胞は全体の中で独自の部分へ分化するという後成説の「モザイク」仮説を提唱した．その後，この仮説は彼の共同研究者である**ハンス・ドリーシュ**（1867年～1941年）によって否定された．ドイツ人の**ハンス・シュペーマン**（1869年～1941年）によるさらなる精密な実験によって，ルーの実験結果は細胞への操作の程度に依存するとして，原則としてドリーシュの結論が正しいとされた．ヘッケルの監督のもと，ドリーシュはルーの細胞破壊の方法の代わりに，細胞を分離する方法を用いて全く異なった結果を得ている．ウニ卵の初期卵割段階で，個々の細胞は小さいながらも完璧な胚子に分化することを示した．この前成説とルーのモザイク説に対しての重要な論破は，ドリーシュ，ルー，ヘッケルの間で，長い摩擦を引き起こすこととなった．ドリーシュの発見は，すべての細胞に分化することができる「全能性」（totipotent）もしくは組織の多様な細胞になり得ることができる「多能性」（pluripotent）といった用語に適用された．

ドリーシュの研究結果はシュペーマンによりさらに高い精度で確認され，最終的にはルーとヴァイスマンの説に相反する結果を導いた．シュペーマンは彼の息子の産毛を用いて，サンショウウオの初期胚を結紮し，半分で完全な全胚を形成することを見出したが，その結果，結紮断面に依存するものであった．大学生の**ヒルデ・マンゴルト**（1898年～1924年）とともに，一つの胚子から他の胚子へ「ある領域」の細胞（the primitive knot；原始結節）を移植する実験を行い，その結果を1924年に報告している．彼らは第二胚へ移植した部位に関わらず，二次的に原条を組織化する，もしくは「誘導する」領域を同定した．シュペーマンはこの領域を「オーガナイザーセンター」（organiser centers）と名づけた．後に，オーガナザーセンターの異なる部位により，胚子の異なる部分が形成されることを示した．彼は1928年に両生類の胚子を用いて体細胞の核移植を成し遂げ，1935年にノーベル賞を受賞している．彼のオーガナイザーによる胚誘導の理論は*‘Embryonic Development and Induction’*（胚子発生と誘導）（1938年）で述べられている．

シュペーマンは個体全体のクローンを作成するための核移植を技術的に実現可能になる数十年前に提唱している．1952年に**ロバート・ブリッジ**（1911年～1983年）と**トーマス・ジョセフ・キング**（1921年～2000年）は除核した卵に胞胚の核移植を行い，ヒョウガエルのクローンを作成し正常に胚子を発生させた．これは後世動物の核移植の初めての成功例である．しかしながら，この移植の成功には未分化な核も含まれていた．オックスフォード大学のイギリス人発生生物学者の**ジョン・ガードン**（1933年～）は1950年後半から1960年代にアフリカツメガエルについて研究し，ブリッジとキングの研究を発展させた．1962年に，ツメガエルのオタマジャクシの腸上皮の核を脱核した卵に移植し，正常なオタマジャクシへと発生させた独創的な論文を発表した．このガードンの成功の真理一分化した細胞の核が全能性を保持する一は，発生生物学のさらなる発展的な概念の鍵となった．成熟した細胞が初期化（リプログラミング）により全能性を持つことができることで，ガードンは**山中伸弥**（1962年～）とともに2012年ノーベル生理学賞を受賞した．さらに1980年中頃に，ケンブリッジの動物生理学研究所のデンマーク人科学者**ステン・メルト・ウィラドセン**（1943年～）によって，初期胚への核移植によりヒツジクローンの作出が成功した．**イアン・ウィルマット**（1944年～）と**ケイス・キャンベル**（1954年～2012年）の研究チームによってこの手技は改良され，1996年に成体の乳腺細胞核の核移植によって世界初の哺乳類のクローン，フィンドーセット種の子ヒツジドリーが作られた．この画期的な成果は成熟した哺乳類の体細胞の核を初期化することで，完全な生体に発生することができることを証明するものである．

遺伝子と遺伝

染色体の動きと遺伝学におけるその重要性は20世紀になり論争の的となった．**エドワード・ビーチャー・ウイルソン**（1856年～1939年）や彼の共同研究者を含む多くの科学者がこの問題について研究を行った．遺伝における染色体説はウイルソンの学生であった**ウォルター・サットン**（1877年～1916年）とウイルソンの共同研究者**テオドール・ボヴェリ**（1862年～1915年）によってほぼ同時に提唱された．ボヴェリはウニを用いて正常な胚子発生が起こるためには完全なすべての染色体が存在しなければならないことを発見した．サットンはバッタを用いて減数分裂の際に分離した母型と父型の染色体対合を発見した．ウイルソンの草分け的研究により，遺伝の染色体説はサットンとボヴェリの法則と名づけられた．その後，アメリカ人発生生物学者の**トーマス・ハント・モーガン**（1866年～1945年）は遺伝における染色体の役割を明らかにした発見で1933年にノーベル生理学賞を受賞した．モーガンは遺伝子が染色体内に位置し，遺伝のメカニズムの基盤になることを発見した．この発見は現在の遺伝学の基礎を築く科学的土台となった．

コンラッド・ハル・ワディントン（1905年～1975年）はイギリスの発生生物学者で，シュペーマンによって発見された両生類における胚子発生の法則は鳥類にも適用されることを示した．**ジョゼフ・ニーダム**（1900年～1995年）とアルバート・ブラッシェの息子である**ジーン・ブラッシェ**（1909年～1988年）は，シュペーマンによって以前報告されたオーガナイザーセンターから分泌される因子の化学的な性質を決定する一連の実験を開始した．ワディントンはモーガンの研究室に1930年代後半に1年滞在したことで，ショウジョウバエを用いて，遺伝子の発生における役割についての研究に方向性を変えた．ワディントンは1934年に'*Embryology*'「発生学」でモーガンが提示したモデルに賛同し，発生は遺伝子と細胞質の間の絶え間のない対話の成果であるとした．ショウジョウバエの羽に奇形を生ずるいくつかの遺伝子を単離し，発生と遺伝学の間の因果関係を証明した．彼の作成した胚子の細胞分化開始における epigenetic landscape（後成的景観〈発生の道筋を球が山の傾斜を転がり落ちという運河モデル〉）は，幹細胞分化に影響を与える因子を語る際に現在も利用されている．

*in vitro*における生命の創出

一番始めの哺乳類の卵細胞を用いた人工授精の試みは，オーストリア人発生生物学者の**サミュエル・レオポルド・シュンク**（1840年～1902年）により1878年に実施された．シュンクはウサギとモルモットを用いて，卵子に精子を加えた培養系で細胞分裂が観察されたと記録している．しかし，その実験の反証は**グレゴリー・ピンカス**（1903年～1967年）によってなされた．彼は1934年にウサギの人工受精，それに引き続き妊娠を初めて成功させた人物で，生殖子は卵管へ移植するほんの短い時間*in vitro*で培養することにより，*in vivo*ですべて受精が可能となることを示した．これらのピンカスの緻密な技術による研究は後に'*The Eggs of Mammals*'（哺乳類の卵子）として1936年に出版された．

ピンカスの共同研究者の**ミン・チュー・チャン**（1908年～1991年）と**コリン・ラッセル・オースチン**（1914年～2004年）は哺乳類の精子が卵と受精するために，雌性生殖器の中で受精能獲得（capacitation）と呼ばれる一定の期間が必要であることを1951年に報告した．引き続き，チャンは1959年にウサギの体外受精による新生子誕生を報告した．ハーバード大学の産婦人科臨床教授であった**ジョン・ロック**（1890年～1984年）とその共同研究者のピンカスと彼の技術員**ミリアム・メンキン**（1901年～1992年）らは，ヒトの避妊薬の開発の過程でヒトの体外受精に初めて成功し1944年に発表した．彼らの実験で用いられた胚子は妊娠には至らなかったものの，ロックとメンキンは発生学の歴史に名を残し，ヒトの体外での胚子の作成が初めて証明された．**ランドラン・シェトル**（1909年～2003年）は，後年，体外受精から妊娠成功までの試行錯誤を繰り返した．1960年代にシェトルは'*Ovum humanum*'（ヒトの卵巣）を出版し，以前はみることができなかったヒトの卵のカラー写真を掲載し，当時のヒトの初期発生胚の研究をしている科学者にとって標準図譜となった．これらの先駆的な研究が最終的には**ロバート・G・エ**

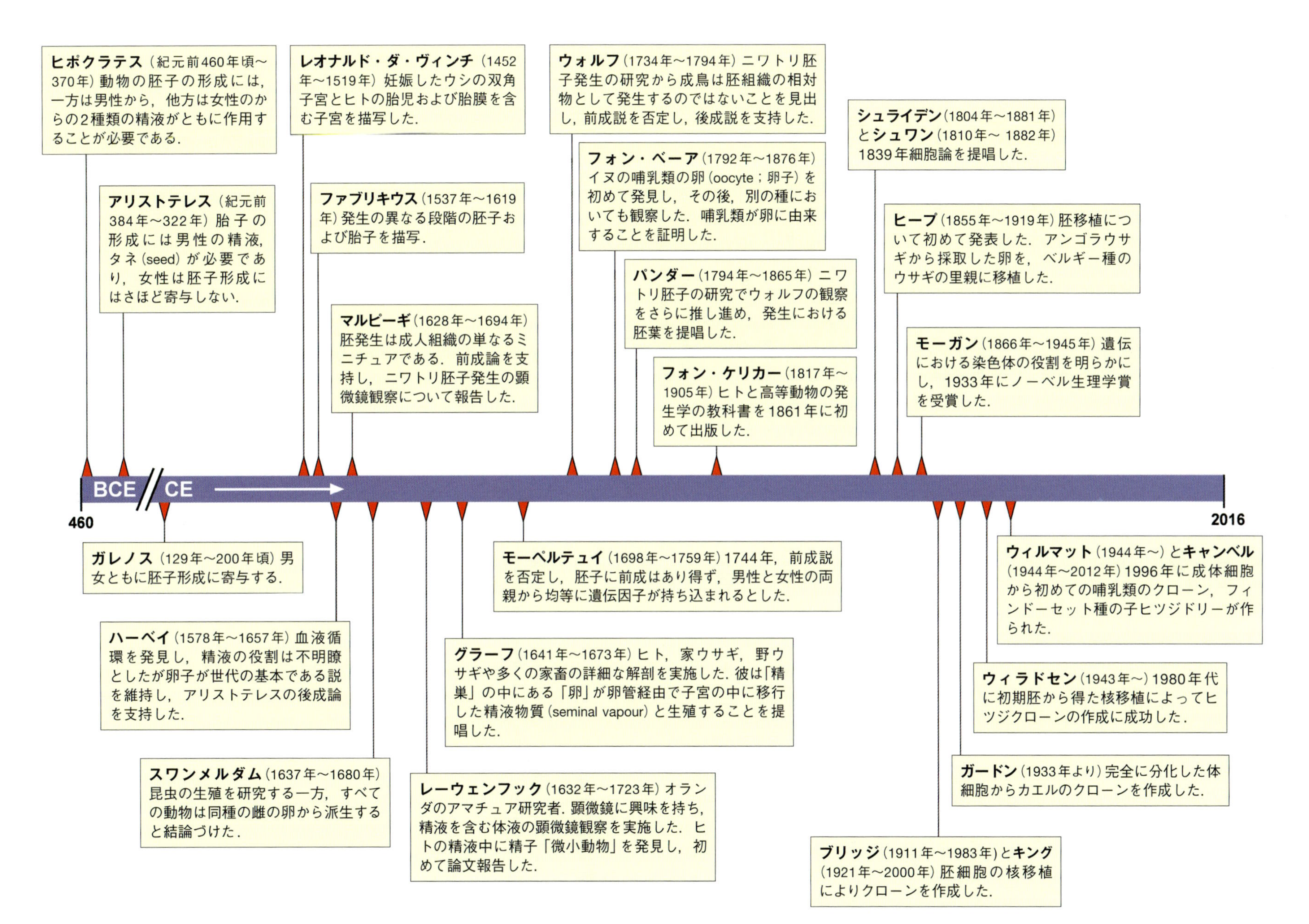

図1.5 ヒトや動物の生殖に関する生物学的主題を取り扱い，発生学の漸進的確率に対して，鍵となった哲学者，学者および化学者の貢献をまとめた2000年を超える年表.

ドワーズ（1925年～2013年）と**パトリック・ステプトー**（1913年～1988年）の1978年の体外受精後の最初の赤ちゃん誕生に繋がった．エドワーズはこの業績によって，2010年ノーベル生理学賞を受賞した．

人間の生命の起源が理解されていなかった時代から体外の卵母細胞の成熟，受精および初期胚の発生が可能となる近年まで，その生殖生物学の歩みは驚異的な進歩である．**図1.5**はヒトのみならず動物の生殖の分野での発生学の確立に2千年以上に渡って貢献したギリシアの哲学者，学者，科学者を示す．

最初の体外受精によるヒトの赤ちゃん誕生から30年以上が経過した今，500万人の乳児がこの手法で誕生している．現在，年内100万頭を超えるウシの胚移植が世界中で実施され，ヒトおよび動物において，生殖技術の進歩が利用される可能性はますます広がっている．特定の目的のための個々の遺伝子の発現制御や胚子発生の基礎となる分子の制御メカニズムの理解の急速な進歩が，生殖生物学の初期の先駆者が想像すらできなかった胚操作を可能にすることになった．

（金井克晃・金井正美　訳）

さらに学びたい人へ

Alexandre, H. (2001) A history of mammalian embryological research. International *Journal of Developmental Biology* 45, 457–467.

Biggers, J.D. (1991) Walter Heape, FRS: a pioneer in reproductive biology. Centenary of his embryo transfer experiments. *Journal of Reproduction and Fertility* 93, 173–186.

Churchill, F.B. (1991) The Rise of Classical Descriptive Embryology. In S.F. Gilbert (ed.), *Developmental Biology, a Comprehensive Synthesis: Vol. 7. A Conceptual History of Modern Embryology*. Plenum Press, New York, pp. 1–29.

Clarke, G.N. (2006) A.R.T. and history, 1678–1978. *Human Reproduction* 21, 1645–1650.

Cobb, M. (2012) An amazing 10 years: the discovery of egg and sperm in the 17th century. *Reproduction in Domestic Animals* 47, Suppl 4, 2–6.

Cobb, M. (2006) *The Great Egg and Sperm Race. The Seventeenth-Century Scientists Who Unlocked the Secrets of Sex and Growth.* Free Press, London.

Gilbert, S.F. (2014) *Developmental Biology*, 10th edn. Sinauer Associates, Sunderland, MA.

Gordon, I. (2003) *Laboratory Production of Cattle Embryos*, 2nd rev. edn. CABI Publishing, Wallingford.

Hopwood, N. (2015) *Haeckel's Embryos. Images*, Evolution and Fraud. University of Chicago Press, Chicago, IL.

Mulnard, J.G. (1986) An historical survey of some basic contributions to causal mammalian embryology. *Human Reproduction* 1, 373–380.

Needham, J. (1959) A *History of Embryology*. Abelard-Schuman, New York.

Pinto-Correia, C. (1997) *The Ovary of Eve: Egg and Sperm and Preformation*. University of Chicago Press, Chicago, IL.

Pennisi, E. (1997) Haeckel's embryos: fraud rediscovered. Science 277, 1435.

Richardson, M.K., Hanken, J., Gooneratne, M.L., et al. (1997) There is no highly conserved embryonic stage in the vertebrates: implications for current theories of evolution and development. *Anatomy and Embryology* 196, 91–106.

Richardson, M.K. and Keuck, G. (2002) Haeckel's ABC of evolution and *development. Biological Reviews* 77, 495–528.

第2章

細胞の分裂，成長と分化

Division, growth and differentiation of cells

要　点

- 体細胞の分裂は核の分裂とそれに続く細胞質の分裂とからなる．核の分裂は前期，中期，後期および終期の四つの段階からなる．
- 体細胞では，細胞周期は高度に制御されており，連続した4期（G_1期，S期，G_2期，M期）およびG_0期と呼ばれる静止期からなる．
- 生殖細胞の分裂は減数分裂と呼ばれる．生じた娘細胞（じょうさいぼう）では，遺伝子組換えが生じた染色体の数が前駆細胞の半分になる．
- 第一減数分裂期にキアズマが形成される．そこでは，非姉妹相同染色分体の間で遺伝物質の交差が起こっている．
- 減数分裂の途中で対になっている相同染色体が分離できなかった場合，娘細胞に染色体数の異常や染色体構造の欠陥が生じる．

哺乳類の体は，特殊で高度に連携しながら機能する器官，それを構築する組織およびさまざまな組織を形成する個々の細胞で構成されている．これらの細胞，組織および器官の構造と機能は多様であるが，すべてが一つの細胞つまり受精卵（初期胚）に由来している．受精卵は二つの特殊な生殖細胞，雄性生殖子と雌性生殖子（精子と卵母細胞）の融合の結果生じる．受精に引き続いて，接合子（受精卵）には一連の細胞分裂が起こり，これによって受精卵は体のすべての細胞，組織および器官へと分化することができる全能性幹細胞になっていく．

組織構成と再生に関連している細胞を体細胞（somatic cell）と呼ぶ．一方，生殖細胞（germ cell）と呼ばれる特殊化した細胞がある．生殖細胞には雄性生殖子，雌性生殖子およびこれらの前駆細胞（progenitor cell）がある．

胚子発生には，調和がとれた，厳密に制御された体細胞の分裂が不可欠である．この体細胞の分裂は有糸分裂（mitosis）と呼ばれ，核の分裂とそれに続く細胞質の分裂（cytokinesis）からなる（厳密には，核の分裂のことを有糸分裂と呼び，それに引き続く細胞質分裂とは区別される）．体細胞における有糸分裂では，これによって生成される2個の娘細胞（daughter cell）は遺伝的に同等なものである．有糸分裂と明確に異なるもう一つの細胞分裂は生殖細胞でのみ起こる減数分裂（meiosis）である．減数分裂によって，前駆生殖細胞の半数の染色体を持った娘細胞が生成する．有糸分裂の場合とは異なって，これらの娘細胞は互いに遺伝的に同等ではない．体細胞における有糸分裂は，細胞の分化，移動，接着，肥大，アポトーシスなどのさまざまな過程と連携しており，胚子発生のために必須である．

細胞周期

体細胞は細胞周期（cell cycle）に伴って連続した分子と形態の変化を行う．細胞周期はG_1期，S期，G_2期およびM期と名づけられた連続した4期と，G_0期と名づけられた休止期からなる（**図2.1**）．G_1期とG_2期はともに間期と呼ばれる．G_1期とG_2期においては細胞の代謝が活性化しており，次の段階のための特殊化した機能の準備を行っている．しかし，遺伝物質であるDNAの複製は行われない．G_1期の次のS期にDNAが合成されて複写されて（染色体複製期），M期で起こる有糸分裂へと続く．すなわち，G_1期，S期およびG_2期は，細胞周期では分裂間期ということができる

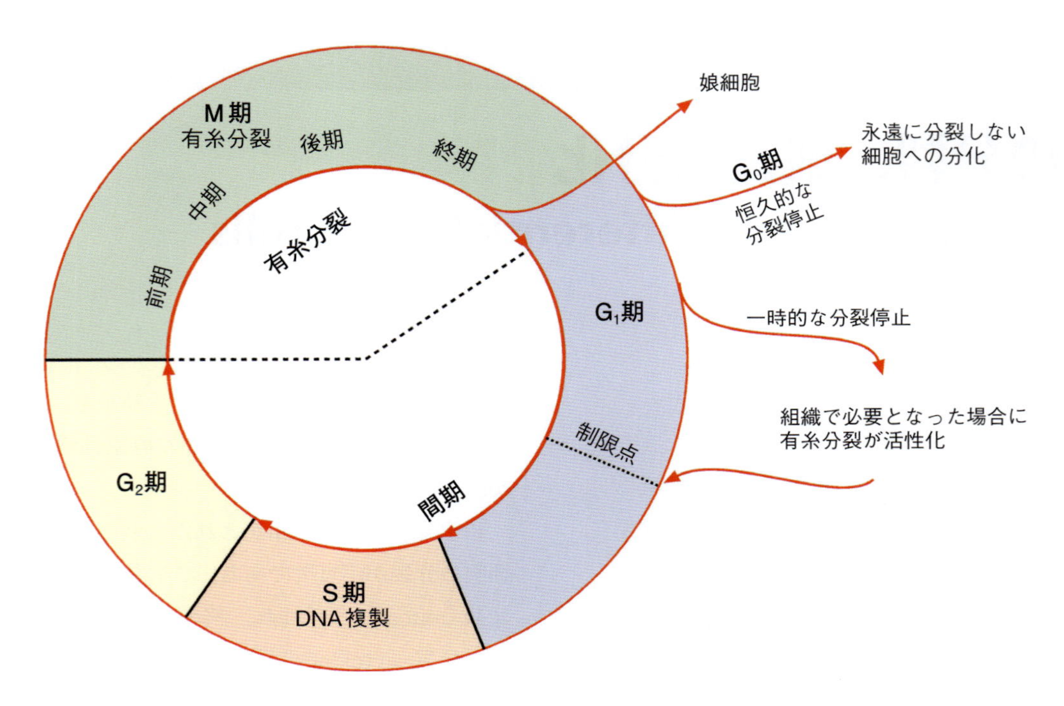

図2.1　細胞周期の主要な段階を含んでいる体細胞分裂（有糸分裂）の段階.

（**図2.1**）．G_0期へと入った細胞は，細胞種によっては一時的にG_0期にとどまるだけの場合と永久的にG_0期にとどまる場合がある．例えば，神経細胞のような完全に分化した細胞は一生涯分裂することがなく，その細胞周期はG_0期にとどまり続ける．逆に，上皮細胞や肝細胞のような常に新生を繰り返している細胞では適切な刺激に反応してG_0期から再び細胞周期に入って有糸分裂を再開するということを繰り返す.

細胞成長因子，細胞分裂誘発因子（mitogen），他の細胞や細胞外マトリックスからのシグナルなどのさまざまな細胞内外からの刺激が，G_0期の細胞がG_1期の最後の方で細胞周期に再度入ることを誘導する．多くの哺乳類の細胞では，細胞表面に存在する受容体と結合した成長因子が細胞内シグナル伝達経路を活性化させる．この結果G_1期に特有のサイクリン（cyclin）やサイクリン依存性キナーゼ（cyclin-dependent kinase；CDK）をエンコードする遺伝子が活性化されて細胞周期を規則正しく制御してS期へと導く．このプロセスは非常に厳密に制御されており，限定された時点でのみ開始される．この限定された時点とは，哺乳類の細胞がS期に入って細胞外部の影響から独立して細胞周期を完了できる時点である.

細胞分裂の速度は細胞の種類や細胞分化の段階によって異なる．細胞周期の長さは　G_1期の長さで大きく変わり，それは6時間から数日間まで大きく変動する．初期の胚子発生の時期には急速な細胞分裂が起こるが，器官が形成される時期には細胞の分化は進むが細胞分裂は減っていく.

有糸分裂

各々の種の哺乳類の体細胞の核には一定数の染色体が含まれている（**表2.1**）．すべての染色体を備えている体細胞は二倍体（diploid）と呼ばれ，「2n」と表記される．有糸分裂という用語はこの体細胞の核分裂を示すために使われる用語である．このプロセスで元の細胞と同じ染色体を持つ2個の娘細胞が生成される．有糸分裂は胚子の初期の成長や発生だけでなく，成体における組織の置換や修復にも不可欠である．有糸分裂の各段階は連続しているが，個々の段階の性質は異なっている.

有糸分裂の各段階

有糸分裂の準備段階として，姉妹染色分体（sister

表2.1 ヒトと各種動物の二倍体細胞における染色体の数

種	染色体数(2n)
ヒト	46
ネコ	38
ウシ	60
ニワトリ	78
イヌ	78
ロバ	62
ヤギ	60
ウマ	64
ブタ	38
ウサギ	44
ラット	42
ヒツジ	54

chromatid)を形成する細胞周期であるS期に染色体が複製される．この時期には染色体はまだ核膜に包まれている．各々の姉妹染色分体のくびれた部分には動原体(centromere)と呼ばれる特異的なDNA塩基配列が存在し，後述のように，この部分に動原体タンパク質が結合すると，そこに1本のキネトコア微細管が引き寄せられる．G_2期(**図2.2A**)に引き続いて，有糸分裂前期(prophase，**図2.2B**)，有糸分裂中期(metaphase，**図2.2C**)，有糸分裂後期(anaphase)(**図2.2D**)および有糸分裂終期(telophase)(**図2.2E**)の4期に分けられる有糸分裂が開始される．このような核の変化に引き続いて細胞質が分裂する細胞質分裂(cytokinesis)が起こる(**図2.2F**)．

有糸分裂前期

有糸分裂の最初の段階は有糸分裂前期(**図2.2B**)である．この時期に姉妹染色分体が密接に結びついて構成されている染色体が凝縮される．核の外側では分裂間期にすでに複製されていた1対の中心子(centriole)からなる中心体(centrosome)が，紡錘状(紡錘体微細管)や星状(星状体微細管)の微細管を形成し始める．紡錘体微細管は中心体が分裂中の細胞の反対極に向かう運動を起こさせる．

有糸分裂装置(mitotic apparatus)の不可欠な要素である微細管は，M期にのみ顕微鏡で観察できる．個々の微細管は円筒状の構造で，13本の平行に配列した微細な原線維から構成されている．この原線維は，αチューブリン・サブユニットとβチューブリン・サブユニットという2種類のタンパク質が重合したものから構成されている[訳者注]．個々の原線維は，これらが重合することで伸長し，逆に解離(脱重合とも呼ばれる)することで縮小する．伸長している微細管にはguanidine triphosphate(GTP) capと呼ばれる構造がある．βチューブリンはこの微細管のGTPをguanidine diphosphate(GDP)に加水分解してサブユニットの構造を変える．もしもこのGTPの加水分解がサブユニット同士の結合よりも速く起これば，GTPcapが失われてしまって微細管は縮小する．逆に，遅ければ伸長する．このように微細管の縮小と伸長は動的なプロセスであり，これによって有糸分裂や減数分裂の間に微細管が自ら配位したり，染色体を動かしたりすることができる．

有糸分裂中期

有糸分裂中期は，前中期(pro-metaphase)と中期の2期に分けられる．核膜が分散し始めること(核膜が壊れて膜の断片となり，最終的には小胞体の小片と区別がつかなくなる)が前中期開始の目印である．有糸分裂中期の後半で動原体の上に形成されたタンパク複合体であるキネトコア(kinetochore)(動原体の両側に形成される特殊なタンパク複合体)は，微細管が結合する基礎として働く．染色体はキネトコアを介して微細管(紡錘体微細管)と結合する(**図2.2C**)．このキネトコアと微細管が結合したものをキネトコア微細管と呼ぶ．キネトコア微細管が形成されることで染色体が移動できるようになる．有糸分裂中期には，それぞれの姉妹染色分体はキネトコア微細管によって両極にある中心体に付着しており，このとき1対のキネトコアに付着した微細管が染色体を紡錘体の両極に向かっ

訳者注：これらのサブユニットのアミノ酸配列は互いに非常によく似ている．哺乳類では少なくとも6種類ずつのαとβチューブリン・サブユニットが存在する．

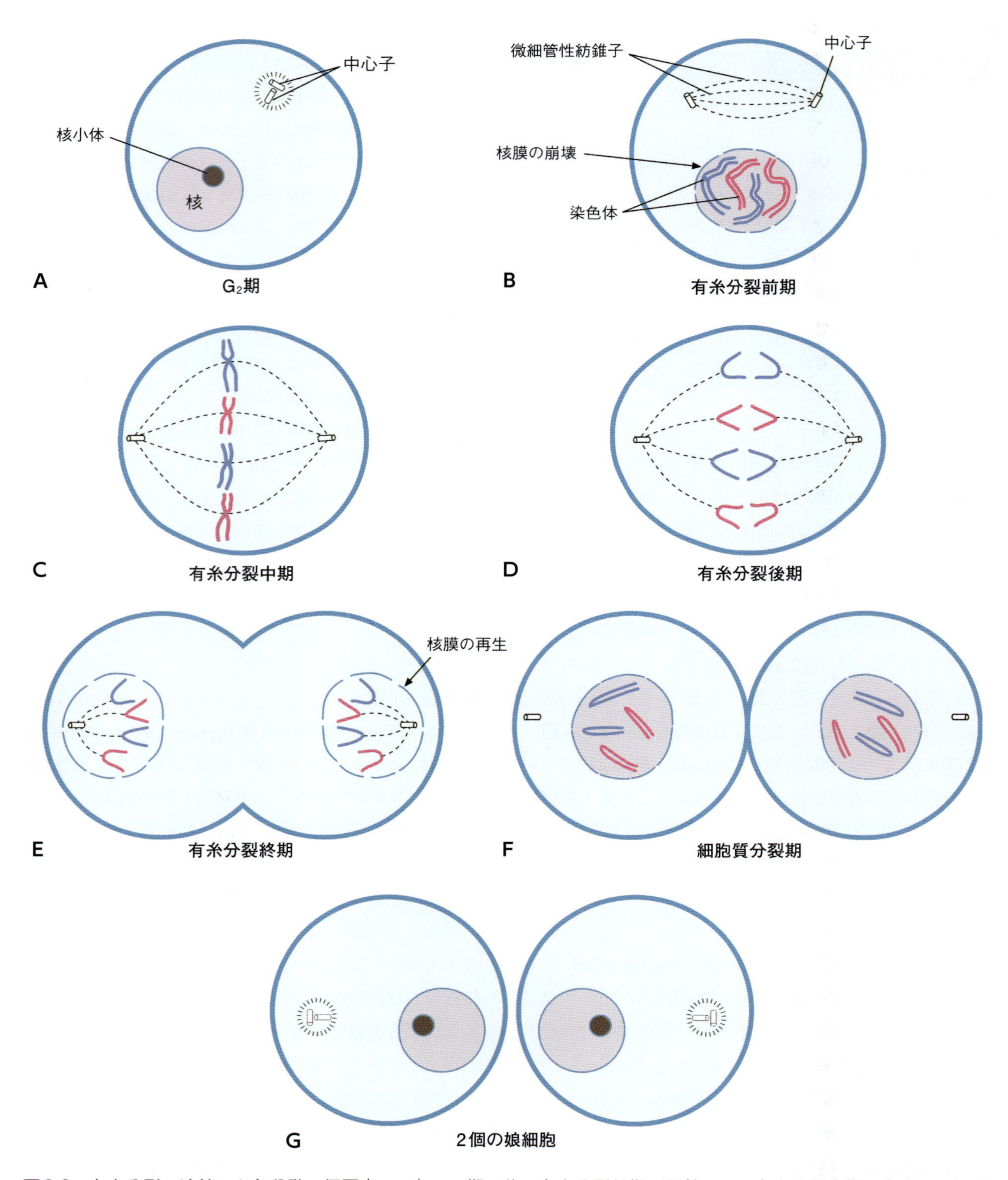

図2.2 有糸分裂の連続した各段階の概要（A～G）．G_2期の後，有糸分裂前期が開始され，有糸分裂中期，有糸分裂後期，有糸分裂終期へと細胞周期が続く．これに続いて細胞質分裂が起こって，細胞は二分されて2個の娘細胞が形成される．

て引っ張るので，染色体が細胞の両極の中ほどにある赤道面（metaphase plate）と呼ばれる領域をはさんで両側に配位するようになる（**図2.2C**）．キネトコアによる微細管との最初の結合は非同時性で，偶発的に起こるので，付着ミスがしばしば起こる．この一過性の間違った付着ミスは有子分裂中に，姉妹キネトコアが反対極からの紡錘体微細管に付着する部位で矯正される．これは忠実な染色体分離を維持させる．この制御ネットワークがキネトコアと微細管の付着を安定させ，ミスの矯正を促進させる．この制御ネットワークの中心にあるタンパク質はSAC，PLK1，オーロラAとBキナーゼおよびサイクリン-CDKである．

有糸分裂後期

有糸分裂後期には，各々の染色体で対をなしていた動原体（centromere）が分離し，染色分体（この時点で染色体となる）は紡錘体極に向かって移動する．すなわち，1対の結合している姉妹染色分体の各々の染色分体の動原体が分かれるのに同調して両極に向かって離れ，結合しているキネトコア微細管は短くなる．こうして分けられた染色分体は細胞の両極に向かって引っ張られて移動していく（**図2.2D**）．

有糸分裂終期

全く同等である一組の染色体（前染色分体）が二分されて細胞の両極に群がって配位する．この染色体の各集合を包囲するかのように核膜が再形成される．凝縮していたクロマチンは再び分散し，有糸分裂前期に消失していた核小体も再び現れる．この核膜の再形成が有糸分裂の終了した印である．以上の一連のプロセスによって等しくかつ対称的に核が二分裂される（**図2.2E**）．

細胞質分裂

核膜の再形成に続いて，アクチンとミオシンから構成されている収縮環が細胞膜をはさんで分裂溝を作り，細胞質を分裂させる．これによって二つの娘細胞ができる（**図2.2FとG**）．このプロセスは細胞質分裂と呼ばれる．一般的には同じサイズの二つの娘細胞（均等な細胞質分裂）を作り出すのだが，時には等しくない量の細胞質や細胞小器官が細胞質分裂で二つの娘細胞に分配されることがある（不均等な細胞質分裂）．さらにある場合には細胞質分裂なしに次の有糸分裂が引き続いて起こることがある．この結果，二つの核を持つ二核細胞や，より多くの核を持つ多核細胞が形成されることになる．

両生類のような下等動物では，初期発生の時期に起こる不均等な細胞質分裂によって，細胞の運命を決める因子が不均等に分配された二つの娘細胞が生成される．この運命決定因子が不均等に分配される細胞質分裂によって，個々の娘細胞には異なった発生潜在能力がもたらされることになる．しかしながら，哺乳類においてはこれまでの実験的証拠が示すように全能性幹細胞を生じさせる細胞分裂は初期発生の過程で起こる．つまり，哺乳類においては細胞質決定因子が均一に娘細胞に割り当てられ，細胞間の情報伝達や細胞を取り囲む微小環境因子などの作用の結果として，全能性幹細胞を生じさせる細胞分裂が開始される．

有糸分裂の制御

サイクリン依存性キナーゼ（cyclin-dependent kinase；CDK），サイクリン（cyclin）およびCDK阻害因子の協働によって細胞周期が適切に制御されている．タンパク質をリン酸化する酵素であるキナーゼの中でサイクリン依存性キナーゼは20種類以上あり，それらの各々が細胞周期の各段階で異なる役割を果たしている．これらのCDKの中でM-cyclin-dependent kinase（M-CDK）は，細胞周期のG_2期に引き続いて起こる有糸分裂の開始を制御するもので，中心的な役割を担っている．この酵素は，CDK1とM-サイクリンという2種類の異なるタンパク質が結合して複合体を形成しているヘテロ2量体タンパク質である．G_2期の後期にこの酵素の活性を阻害しているリン酸基が取り除かれることで活性化される．M-サイクリン濃度は細胞が有糸分裂を開始したときに上がり，中期にピークに達する．M-CDKは微細管の動態（上述のように微細管が伸長したり縮小したりすること）を調節しているタンパク質をリン酸化し，クロマチンの凝集，細胞骨格と細胞小器官の配位の変更，そして最後には核膜の分散といった有糸分裂に必須の一連の事象を引き起こす．正常な細胞においては，有糸分裂は精密に制御されているが，細胞分裂や細胞分化の制御に対応している癌原遺伝子や癌抑制遺伝子の機能に望ましくない変異が起こると悪性形質転換（いわゆる腫瘍化）が引き起こされ，有糸分裂の制御が乱れることとなる．典型的には，二つあるいはそれ以上のこれらの遺伝子の変異が重なることが細胞の悪性形質転換には必要である．

悪性形質転換が引き起こされて正常な有糸分裂の制御を逸脱してしまって腫瘍化した細胞が，細胞分裂を繰り返して異常細胞を増加させる．例えば，白血病，リンパ腫，骨髄腫などのような腫瘍状態は，骨髄中あるいは末梢リンパ組織中に存在するたった一つの細胞において引き起こされた遺伝子の変異に起因している．このような異常細胞が多数集まって初めて腫瘍の臨床的症状が明らかになる．

減数分裂

生殖子が作られる過程でのみ減数分裂（meiosis）が引き起こされる．減数分裂は有糸分裂とは次のような点で異なっている．

1 この細胞分裂の形態は染色体の「減数」を伴う分裂で，細胞分裂と呼ばれる．減数分裂の結果生み出される生殖子は一倍体（半数の染色体を持つ細胞）であり，「n」体と記述される．
2 非姉妹染色分体間で遺伝物質の交換が繰り返される（**図2.3**）．
3 生殖子は，母親由来の染色分体と父親由来の染色分体の無作為な分離の結果生み出される．

減数分裂は2期，すなわち，減数分裂Ⅰ期（第一減数分裂期）とⅡ期（第二減数分裂期）に分けられる．

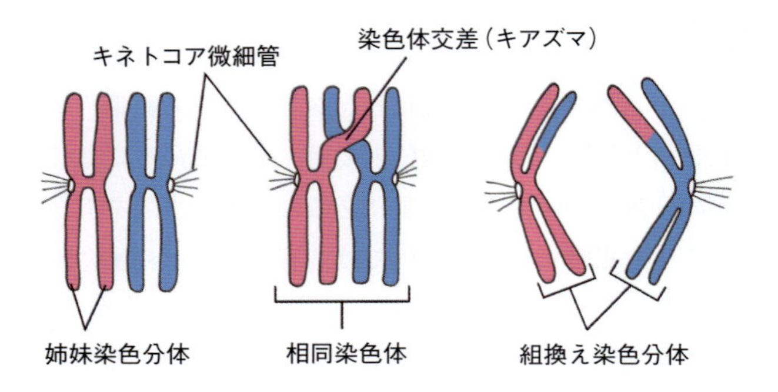

図2.3 第一減数分裂の間に起こる非姉妹相同染色分体間でみられる染色体交差の形成と遺伝物質DNAの交換．

第一減数分裂期

G_2期（**図2.4A**）に続いて，第一減数分裂（first meiotic division）は，第一減数分裂前期（**図2.4BとC**），第一減数分裂中期（**図2.4D**），第一減数分裂後期（**図2.4E**），第一減数分裂終期（**図2.4F**）からなる．第一減数分裂前期に入ったときにDNAの量は2倍になる．

第一減数分裂前期

第一減数分裂前期（prophase Ⅰ）の間に多くの重要な事象が細胞内で起こる（**図2.4BとC**）．この過程はさらに細糸期（leptotene），合糸期（zygotene），太糸期（pachytene），複糸期（diplotene），分離期（移動期）（diakinesis）の5期に細区分される．分離期にまで達すると，染色体は太くて短い形態となり，中心体が細胞の両極に位置し，核膜が崩壊し始める．

第一減数分裂前期の間，染色分体は姉妹染色分体間で交換されるが，非姉妹染色分体間における交換はない（**図2.4C**）．これを染色体交差（キアズマ，chiasma）と呼ぶ．この時期2倍に増加した姉妹染色体は，互いに並んで四分染色体を形作る．四分染色体内の染色分体腕は，父親由来の染色分体と母親由来の染色分体が交差できるように重なりあって染色体交差を形作る（**図2.3**）．このような交差の結果，父親と母親由来の染色分体との間で遺伝物質の分配が起こって組換え染色分体が形成される．このような減数分裂の間に起こる染色体交差は父親と母親由来の染色分体の無作為な分離であり，これによって遺伝的変異が拡大する．一般に自然淘汰の原理に従うならば，組換えによって生じる遺伝子の変異は動物の個体数を増加させるために進化上有利であると信じられている．

第一減数分裂中期

有糸分裂と同様に，相同染色体は各々のキネトコアの部分で結合しており，この部分から細胞の両極に配位する中心体（細胞の中心子を取り囲む小器官）に向かって微細管が伸びている．第一減数分裂中期（metaphase Ⅰ）の間，相同染色体対はキネトコアに結合している微細管によって細胞中心部の赤道面に板状（第一減数分裂赤道面）に配位し続ける（**図2.4D**）．

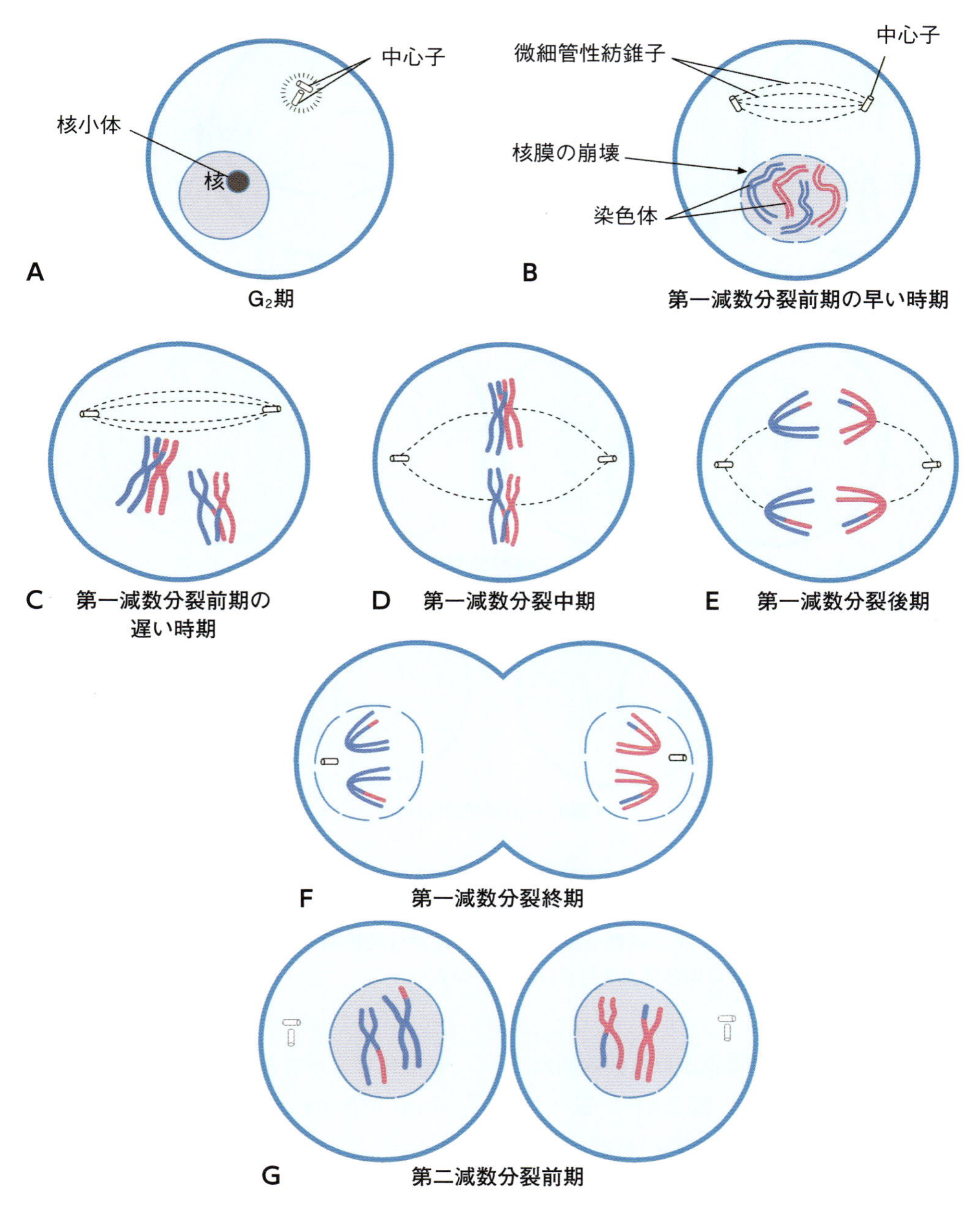

図2.4 A～K：第一減数分裂（A～F）と第二減数分裂（G～K）の連続した各段階の概要．G_2期の後，第一減数分裂前期が開始され，第一減数分裂中期，第一減数分裂後期，第一減数分裂終期へと続く．第一減数分裂の後，第二減数分裂前期が開始され，第二減数分裂中期，第二減数分裂後期，第二減数分裂終期へと続き，4個の一倍体生殖子が形成される．分かりやすくするため，この説明図では染色体を2対だけ示している．（続く）

第一減数分裂後期

第一減数分裂後期（anaphase I）の間，四分染色体が2分割されて両極に向かって移動する．第一減数分裂後期の場合，有糸分裂後期とは異なり，各々の二分染色体はただ一つのキネトコアを持っているだけなので，動原体の分割は起こらない．この時点で父親と母親由来の相同染色体の配置は無作為に起こり，その結果生じる多様な配置がメンデルの分離の法則（無作為な類別；random assortment）の基礎となる（**図2.4E**）．

第一減数分裂終期

第一減数分裂終期（telophase I）においては，分離

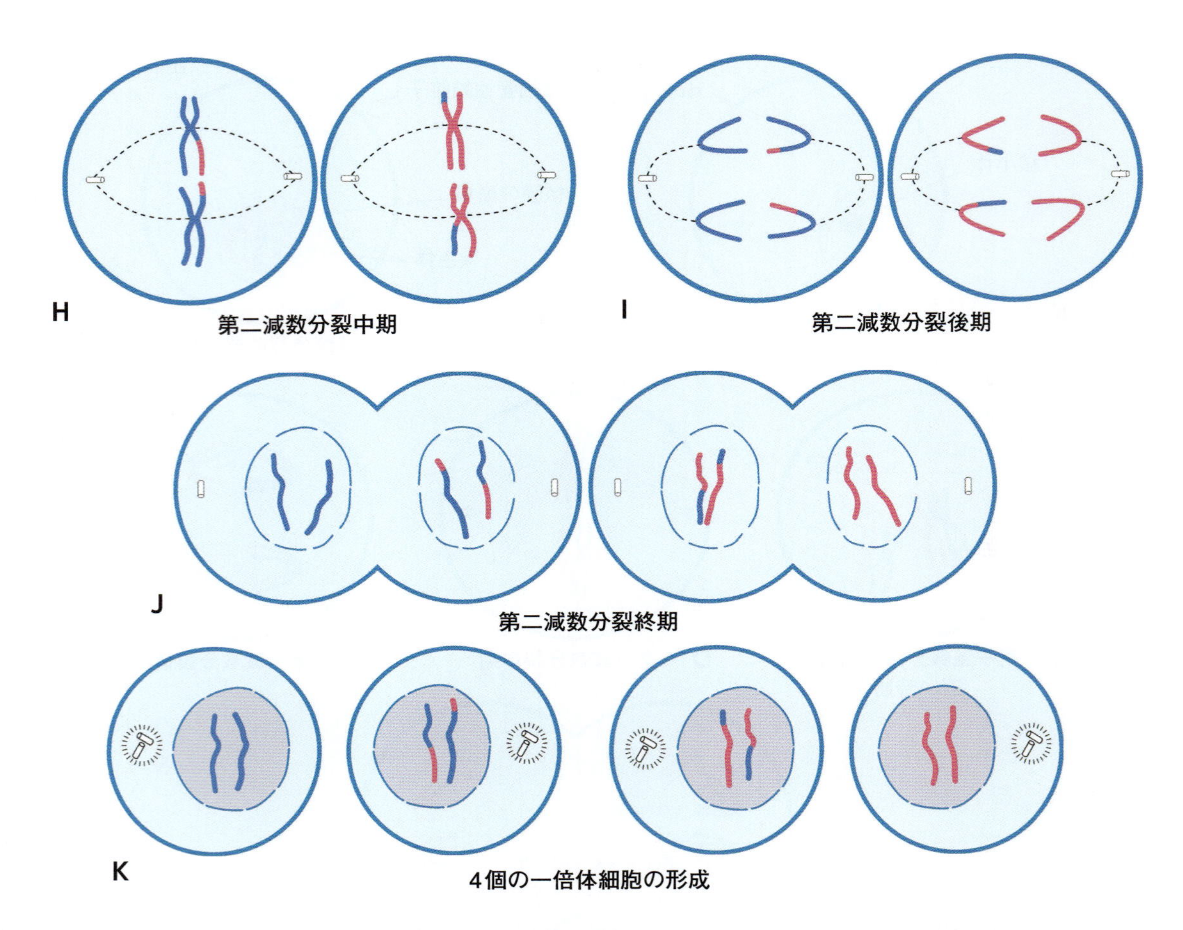

図2.4 （続き） A～K：第一減数分裂（A～F）と第二減数分裂（G～K）の連続した各段階の概要．G2期の後，第一減数分裂前期が開始され，第一減数分裂中期，第一減数分裂後期，第一減数分裂終期へと続く．第一減数分裂の後，第二減数分裂前期が開始され，第二減数分裂中期，第二減数分裂後期，第二減数分裂終期へと続き，4個の一倍体生殖子が形成される．分かりやすくするため，この説明図では染色体を2対だけ示している．

した各々の染色体の周りを再び核膜が取り囲み始め，細胞質分裂がこれに続いて起こる（**図2.4F**と**G**）．雄性生殖子の前駆細胞である一次精母細胞の形成においては細胞質は均等に分割する．しかしながら，雌性生殖子である卵母細胞が形成されるときには二つの生殖子のうちの一方の細胞質だけが極めて多く（これが卵母細胞となる），残りの一つの細胞質は少ない（この細胞が極体となる）．第一減数分裂終期に続いて短い休止期（分裂間期と呼ばれる）がある．なお，第一減数分裂終期の間DNAの複製は起こらない．

第二減数分裂期

第二減数分裂前期

第二減数分裂前期（prophase Ⅱ）で起こることは第一減数分裂前期で起こることと類似している．核には動原体によって結合している1対の染色分体（二分染色体）が含まれている（**図2.4G**）．

第二減数分裂中期

第二減数分裂中期（metaphase Ⅱ）は第一減数分裂中期と類似している．染色体はキネトコア微細管によって赤道面に保定されて細胞中心部に板状に配置される．しかし，第一減数分裂中期（キネトコアが2本の染色分体当たり1個ずつ形成される）とは異なって，キネトコアは各々の染色分体に1個ずつ形成され，その結果，微細管が各々の染色分体に結合する（**図2.4H**）．

第二減数分裂後期

第二減数分裂後期（anaphase Ⅱ）の間，二分染色体はキネトコア微細管によって各々の染色分体に分割され，各々の染色分体は分裂している細胞の両極に向かって移動していく（**図2.4 I**）．

第二減数分裂終期

第二減数分裂終期（Telophase II）においては，核膜が再形成されて，分離した各々の染色分体の周りを取り囲み，細胞質が再び分割される（**図2.4 J**）．第一減数分裂と第二減数分裂の結果，1個の倍数体細胞から4個の一倍体細胞（haploid cell）が形成されることになる（**図2.4 K**）．

減数分裂における染色体機能不全の意義

染色体の機能不全とは，第一減数分裂における2本の相同染色体あるいは第二減数分裂における2本の姉妹染色分体が適切に分離できなかったり，両極に向かって適切に移動できなくなることを指す．減数分裂とは，染色体同士の特殊化した相互作用によって染色体が適切に分裂していくことなのだが，この分裂の異常は第一減数分裂のときによく起こり，染色体の不完全分離という結果になる．この結果，染色体の数が分裂した細胞間で異なったり（どちらの細胞でも正常な数より多いか少ないかの変異を持つことになる），染色体に構造的欠陥がもたらされたりする．生殖細胞で生じた染色体異常は通常胎子の死亡をもたらすが，胎子が生き残れば，発生異常を引き起こすこととなる．染色体数の変異は常染色体あるいは性染色体のいずれでも起こり得ることである．受精の際，父方の遺伝子は包括的なDNAメチル化を含む広範囲な後成的初期化（epigeneteic reprogramming）を受ける．この後成的な変化に加えて，細胞周期関連装置は重要な変化を起こし，細胞は減数分裂から有糸分裂に切り替わる．

（眞鍋　昇　訳）

さらに学びたい人へ

Alberts, B., Johnson, A., Lewis, J., Raff, M., Roberts, K. and Walter, P. (2014) *Molecular Biology of the Cell*, 6th edn. Garland Science, New York.

Clift, D. and Schuh, M. (2013) Restarting life: fertilization and the transition from meiosis to mitosis. *Nature Reviews: Molecular and Cell Biology* 14, 549–562.

Courtois, A. and Hiiragi, T. (2012) Gradual meiosis-to-mitosis transition in the early mouse embryo. *Results and Problems in Cell Differentiation* 55, 107–114.

Godek, K.M., Kabeche, L. and Compton, D.A. (2015) Regulation of kinetochore-microtubule attachments through homeostatic control during mitosis. *Nature Reviews: Molecular Cell Biology* 16, 57–64.

Kimble, J. (2011) Molecular regulation of the mitosis/meiosis decision in multicellular organisms. *Cold Spring Harbor Perspectives in Biology* 3, a002683.

Klug, W.S., Cummings, M.R., Spencer, C.A. and Palladino, M.A. (2015) *Concepts of Genetics*, 11th edn. Pearson Education, Hoboken, NJ.

Lim, S. and P. Kaldis (2013) Cdks, cyclins and CKIs: roles beyond cell cycle regulation. *Development* 140, 3079–3093.

Morin, X.I. and Bellaïche, Y. (2011) Mitotic spindle orientation in asymmetric and symmetric cell divisions during animal development. *Developmental Cell* 21, 102–119.

第3章

生殖子発生

Gametogenesis

要　点

- 原始生殖細胞は内細胞塊の上胚盤葉に由来し，発生中の生殖原基に移動し，そこで一連の有糸分裂を経て，幹細胞を生み出す．
- 雄の哺乳類では，これらの幹細胞は性成熟期まで活動を休止しているが，いったん活性化すると2種類の精祖細胞の集団（A型およびB型）へと発生する．B型精祖細胞は精子へと分化する．
- 精子発生とは，一倍体の雄の生殖子である精子の産生のことである．
- 雌の哺乳類では，卵祖細胞が原始生殖細胞から発生する．卵祖細胞は胎子の卵巣において，繰り返し有糸分裂を行い一次卵母細胞となり，第一減数分裂期に入る．この過程は出生後直ちに停止する．
- 減数分裂は性成熟期に再開し，排卵により二次卵母細胞の放出をもたらす．
- ほんのわずかな卵祖細胞が一次卵母細胞へと発生し，残りは変性する（卵胞閉鎖）．

原始生殖細胞（primordial germ cell；PGC）の雌雄生殖子への分化・成熟の連続した過程は生殖子発生と呼ばれる．上胚盤葉（epiblast）の原始生殖細胞は背側腸間膜を経て発生中の生殖原基へと移動する．移動の間，これらの細胞は有糸分裂を行い，生殖原基に入る多数の生殖細胞が作り出される．生殖細胞は雄と雌で同じような連続した発生過程を示す．

精子発生

原始生殖細胞は連続した有糸分裂を行い，幹細胞が作り出される．幹細胞は中胚葉の細胞と共同して，発生中の精巣において精巣索を形成する．この場所で生殖細胞は性成熟が始まる時期まで活動を休止している．性成熟期になると，これら活動休止中の生殖細胞は活性化し，一連の有糸分裂を経て，A型精祖細胞と呼ばれるクローン細胞を形成する（**図3.1**）．続いて，一部のA型精祖細胞は分裂し，B型精祖細胞が生み出される．B型精祖細胞からは一次精母細胞が生じる．

二倍体の一次精母細胞では一倍体の二次精母細胞を形成する第一減数分裂が行われる．一倍体の二次精母細胞では第二減数分裂が行われ，一倍体の精子細胞が形成される（**図3.1**）．

精子細胞が精子への形態形成を経る過程は精子形成と呼ばれる（**図3.2**）．最初，精子細胞は球形の核，ゴルジ複合体，ミトコンドリア，1対の中心子および小胞体を含む典型的な哺乳類の細胞が持つ細胞小器官を有している．ゴルジ複合体で合成された顆粒は融合して1個の大きな先体小胞を形成する．この小胞が濃縮した核の前面を被うと先体と呼ばれるようになる．中心子は先体とは反対側の極に移動し，軸糸を形成する．軸糸からは精子の尾部が発生する．ミトコンドリアは，精子の中間部を形成する軸糸の近位部に集積する．個々の精子細胞から脱落した細胞質の余剰部分は全体として遺残体と呼ばれる．精子発生（spermatogenesis）のユニークな特徴は，分裂中の精祖細胞の細胞質分裂が不完全で，精母細胞は細胞間橋によって繋がったままであることである．A型精祖細胞から精子が作られるまでに要する期間は，種によって異なり，40～60日の範囲にある．

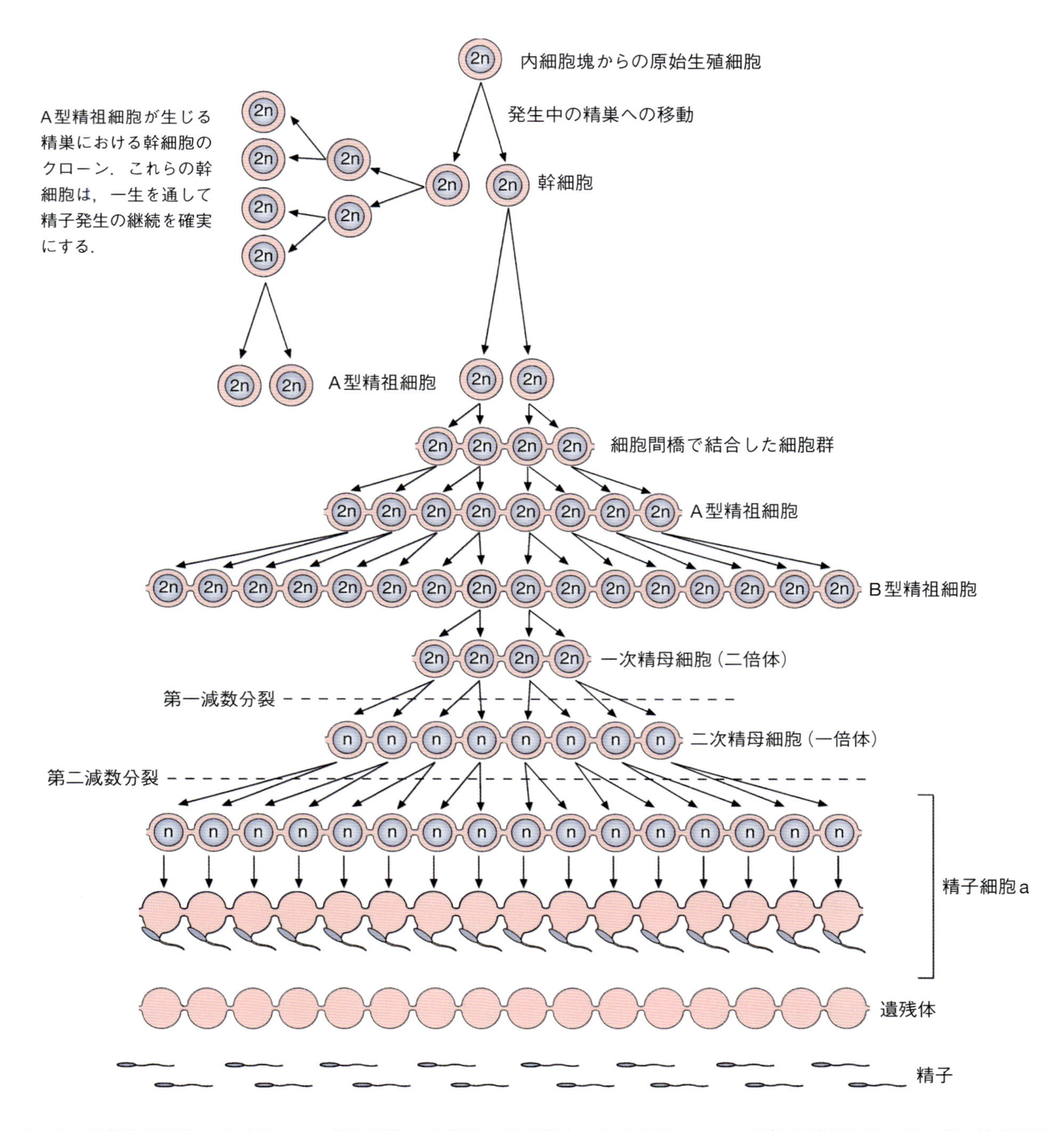

図3.1 原始生殖細胞から精子までの発生過程の各段階．性成熟まで休止状態であった原始生殖細胞は，その後，精祖細胞へと分化し，減数分裂を経て，精子が精子細胞から形成される．

精子発生が進行するのに際して，精細胞は精細管内においてセルトリ細胞と緊密に協調して発育する．生殖細胞は，その分化の間，それらを養い支持するセルトリ細胞の細胞質によってほぼ完全に囲まれている．隣接するセルトリ細胞間の密着帯は，精細管を基底区画と傍腔区画に区分し，それによって免疫学的応答を誘発する細胞の傍腔区画への進入が防止される．また，これらの密着帯は巨大分子が傍腔区画を横切って，動物の血液循環に入ることを妨げる．この構造は精細管の傍腔区画側の細胞を精巣の血液供給から隔離し，血液-精巣関門を構成する．精子形成が完了すると，未熟な精子は密に接触していたセルトリ細胞から精細管腔

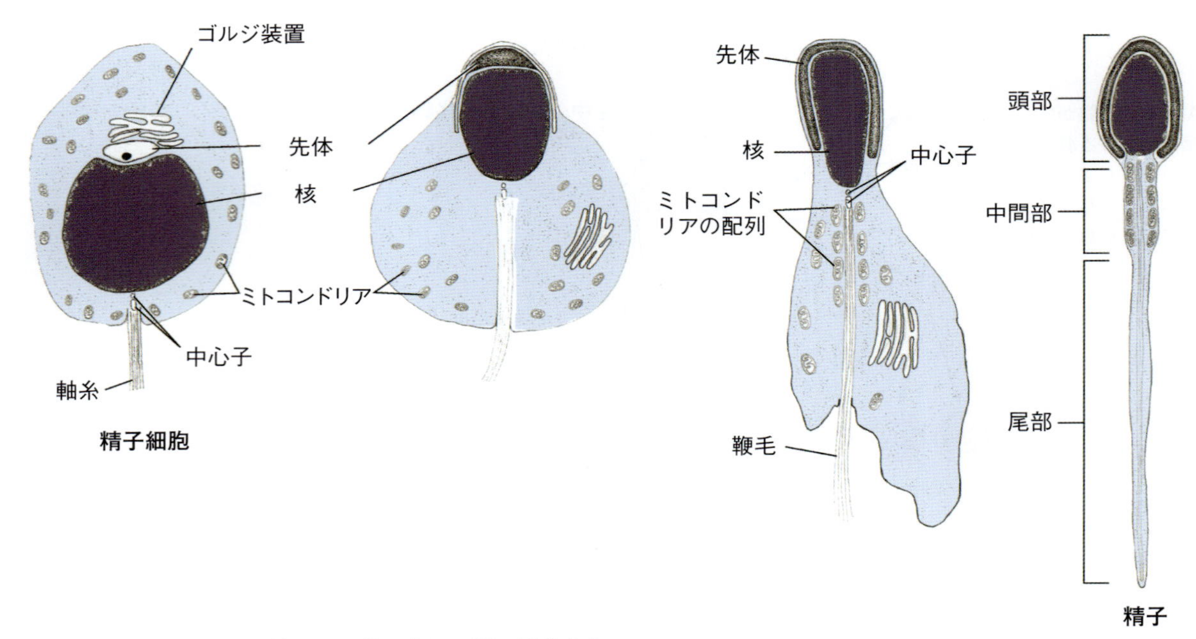

図3.2 哺乳類の精子細胞が精子へと移り変わる際の形態変化.

へと押し出される. この過程は精子離脱(spermiation)と呼ばれる. この離脱の前に, 未熟精子の大部分の細胞質は脱落し, セルトリ細胞に貪食される. 精細管腔への離脱時には, 少量の細胞質小滴が未熟精子の中間部に付着したままである. 精細管内の精子は運動性を持たず, 精細管液によって精巣網へ受動的に運ばれる. 精子は精巣網から10〜20本の精巣輸出管を通して, 精巣輸出管上皮の線毛運動および輸出管壁にある平滑筋の収縮運動により精巣上体に運ばれる.

1本の長く密に迂曲した管からなる精巣上体は解剖学的に頭, 体および尾の3部位に区分される. 精巣上体の通過に際して, 精子は卵子との受精能を付加されるという成熟過程を踏む. 成熟するに従って, 精子は核クロマチンの変質, 形質膜構成成分の変化および細胞質小滴の消失を含む多くの変貌を遂げる. さらに, 精子は自身を前方へと押し進める能力を獲得する. 精巣上体での成熟過程において, ある程度の精細管液および精巣輸出管液は吸収され, 結果として残りの液体中の精子濃度が増大する.

受精可能な成熟精子は射精の前に精巣上体尾に貯蔵される. 家畜では, 精子は3週間まで活力のある状態で精巣上体に貯蔵されるが, ヒトではほんの数日でその活力は消失する. 未射精精子の大部分は次第に泌尿器系に排出される. ただし, 数パーセントは精巣上体にとどまり, 変性して貪食される. 精巣上体での精子の輸送は精巣上体管壁の平滑筋の収縮によるが, ウシおよびヒツジで12日, ブタおよびウマで14日に及ぶ. 射精の頻度が増大するとともに, 輸送時間は短くなる.

卵子発生

原始生殖細胞より派生する卵祖細胞は胎生期の卵巣において, 何度も有糸分裂を繰り返す. 有糸分裂を行う期間の長さは個々の種により異なる. 哺乳類における卵子発生のための有糸分裂期は種に関係なく, 生後直ぐに停止する. 有糸分裂周期が完了した後, 卵祖細胞は2回の減数分裂のうちの最初の分裂に入り, 二倍体である一次卵母細胞となる. こうした二倍体はそれらが染色体のすべての構成要素を含んでいることを示すため, 2nという表示で表される. すべての一次卵母細胞は性成熟期前に形成される(**図3.3**).

一次卵母細胞とそれを取り囲む一層の扁平な上皮細胞は原始卵胞と呼ばれる(**図3.4**). 一次卵母細胞は第一減数分裂の前期を完了せずに, さらなる発育を誘起する性腺刺激ホルモンにより活性化されるまで, 長い休止期である網状期に入る. 増殖期と休止期の両時期

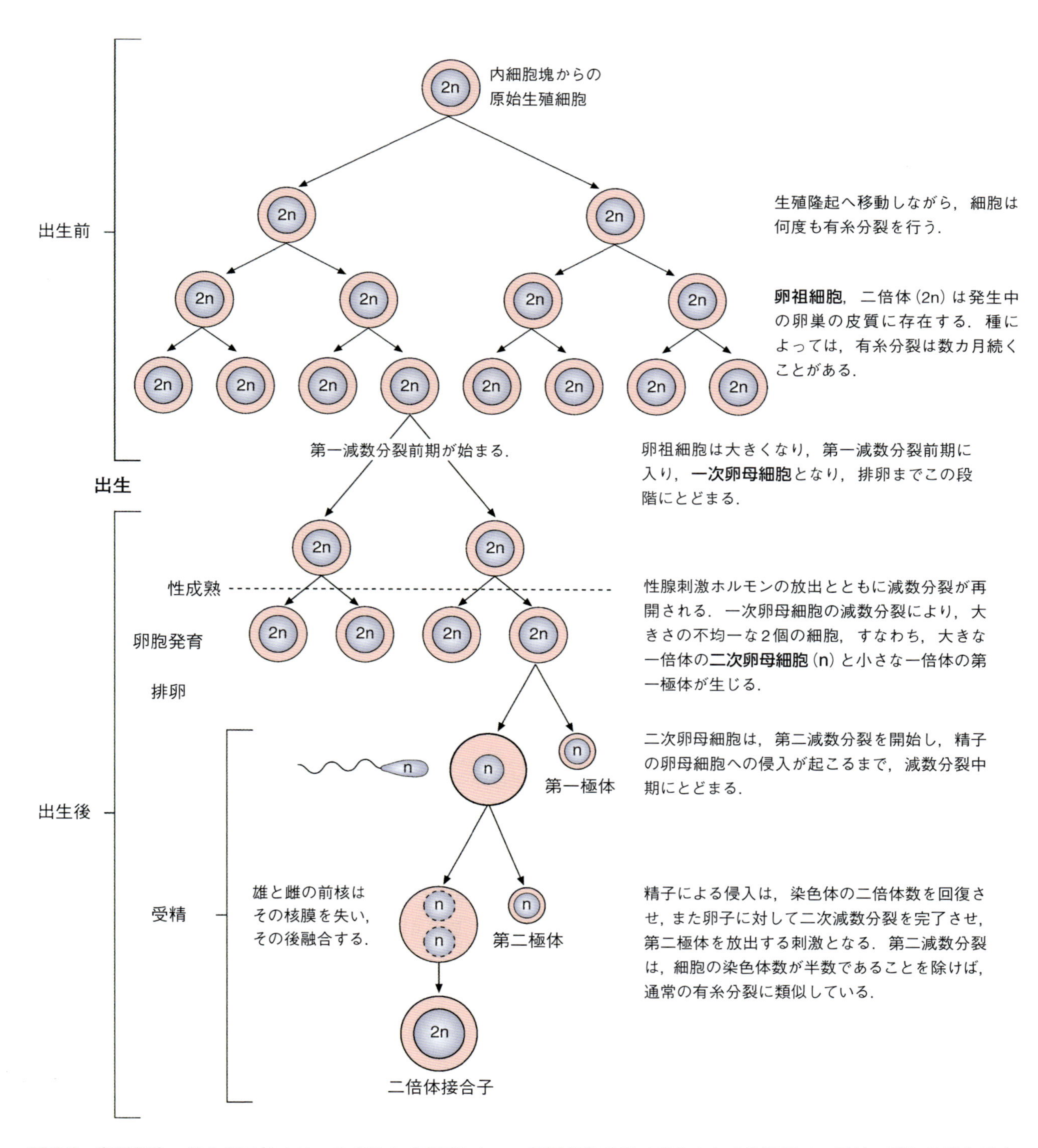

図3.3 卵子発生．胎生期に始まり，性成熟まで完了しない．卵母細胞は雌で産生される生殖子で，母体の遺伝物質と発育中の接合子に対する栄養素を備えている.

に，かなりの比率で原始卵胞は閉鎖する．ホルモン刺激の後に，第一減数分裂の初期段階が完了する．性成熟期には，卵母細胞は大きさを増し，それを取り囲む卵胞上皮細胞は卵母細胞の周囲で重層上皮を形成する．この構造は一次卵胞と呼ばれる．卵母細胞より主に分泌される糖タンパク質は濃縮し，卵母細胞の卵黄膜と卵胞上皮細胞の間に位置する目立った半透明の無細胞層である透明帯を形成する．卵胞が大きくなるの

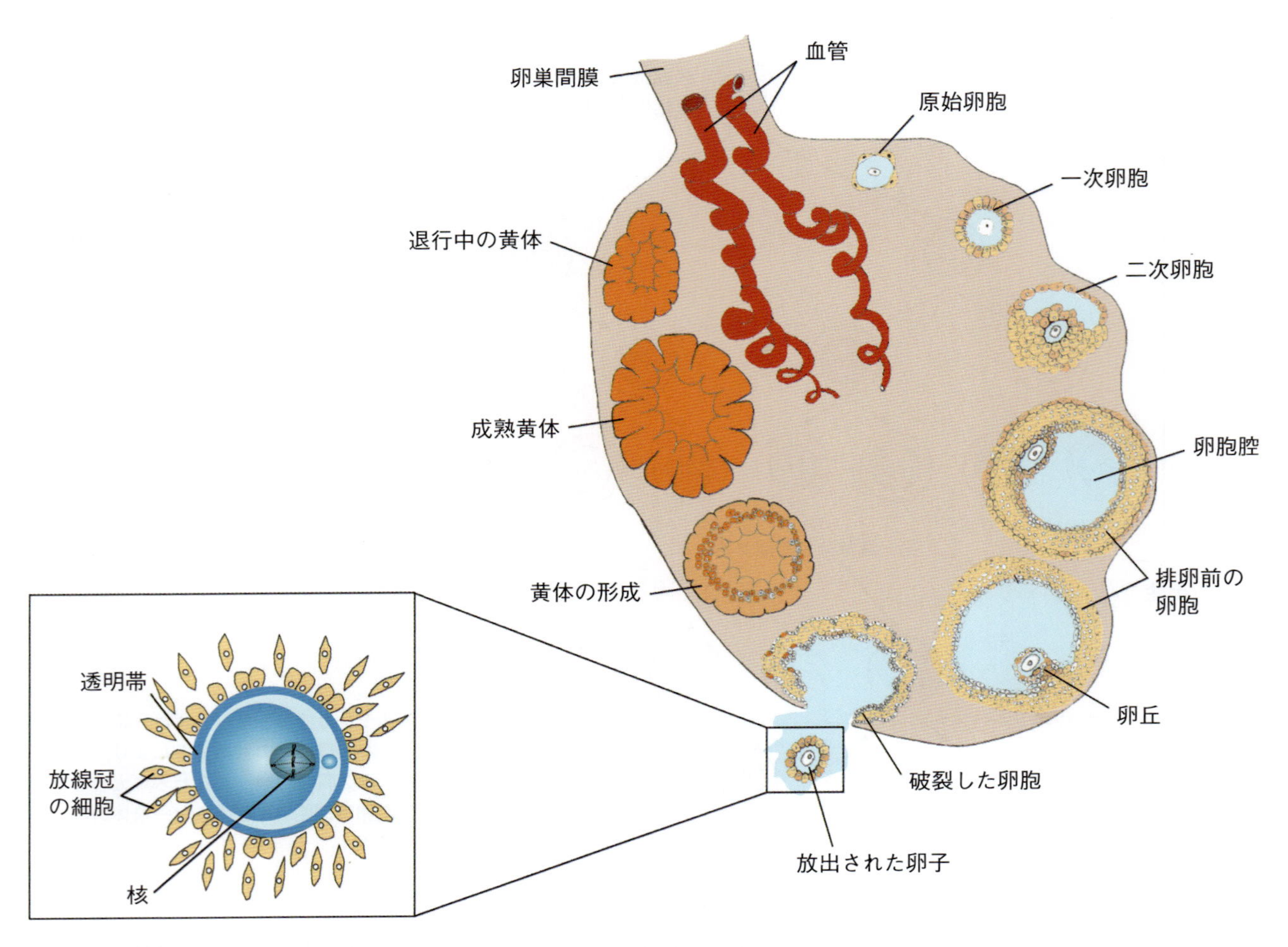

図3.4 哺乳類卵巣における卵胞発育，排卵および黄体の形成と退行．放出卵子とその関連する構造の詳細を図示する．

に伴って，透明帯の厚さも増大する．卵母細胞と卵胞上皮細胞は透明帯を貫く微絨毛細胞質突起により接触を維持する．卵母細胞と卵胞上皮細胞の細胞質突起の間の細隙結合は細胞間情報伝達を可能としている．卵胞の大きさの増大が続くにつれ，液体で満たされた小腔が卵胞上皮細胞間に出現する．これらの小腔は融合し，卵胞腔と呼ばれる液体で満たされた空間を形成する．扁平な卵胞上皮細胞は立方形となり，重層上皮を形成して顆粒層細胞と呼ばれるようになる．卵母細胞は卵丘と称される，顆粒層細胞の蓄積により形成された卵胞壁に付着した状態にある（**図3.4**）．この時期，成熟した卵胞は成熟卵胞ないしグラーフ卵胞と称される．第一減数分裂の完了により，2個の大きさの異なる一倍体細胞が生み出される．細胞質の大部分を受け取る細胞は二次卵母細胞と呼ばれ，細胞質の極少量しか受け取らない細胞は第一極体と呼ばれる（**図3.3**）．

排　卵

卵胞からの卵子の放出は排卵（ovulation）と呼ばれる（**図3.4**）．卵胞の破裂は卵胞の直上の卵巣表面において水疱様の領域である卵胞破裂口の形成によりもたらされる．卵胞破裂口はホルモン刺激ないし酵素活性化による血管収縮から生じるといわれているが，卵胞破裂の正確な要因の詳細についてはほとんど明らかにされていない．

一般に排卵は発情期の終わり近くに起こるが，それが起こる正確な時間は家畜種によって異なる（**表3.1**）．多くの種で排卵は自発的に起こる（自然排卵）．しかしながら，ネコ，ウサギ，フェレットおよびラクダでは排卵は交尾により誘起される（誘発排卵）．排卵される卵子の数は種によって特徴があり，遺伝的要因に強く影響される．多くの種では，排卵は卵子発生の第二減数分裂中期に起こる．例外的にイヌ

表3.1 家畜における発情周期の特徴

動　物	発情周期の長さ(日)	発情期間	卵巣から通常放出される卵子数	排卵が起こる時間
イヌ	140	9日	2〜10	発情開始後2〜3日
ウシ	18〜24	18時間	1	発情終了後14時間
ヒツジ	15〜17	36時間	1〜3	発情開始後24〜30時間
ヤギ	18〜22	24〜48時間	2〜3	発情開始後24〜36時間
ウマ	18〜24	4〜8日	1	発情終了前1〜2日
ネコ	17	3〜6日	2〜8	交尾後24時間
ブタ	19〜22	48時間	10〜25	発情開始後36〜48時間

およびキツネでは排卵は通常第一減数分裂中期に起こる．第二減数分裂の完了と第二極体の形成は受精後に起こる．

卵管における卵子の輸送

排卵後，卵子は哺乳類における受精の場である卵管に入る．卵管上皮の線毛運動に手助けされているが，卵管壁の収縮が卵管に沿った卵子輸送の役割を担っている．受精の有無に関わらず，卵子は通常排卵後3〜4日で子宮に到達する．しかしながら，家畜の食肉類では卵子が子宮に到達するまで7日を要する．ウマとコウモリでは，受精卵は子宮に到達するが，未受精卵は卵管峡部にとどまる．ウサギ，オポッサムおよびイヌでは，卵子が卵管に存在する間，透明帯の周りを粘液多糖類に包まれている．

胚子の子宮内移動

一方の子宮角から他方への胚子の移動がブタ，イヌ，ネコおよびウマで起こる．雌ウマでは，妊娠12〜14日の間に，受胎産物（胎膜を含む胎子）は一方の子宮角から他方へと1日に最高14回移動する．子宮内移動はウシやヒツジでも起こるが，その頻度はヒツジで低く（4%），ウシではまれである（0.3%）．子宮内における胚子の移動とその間隔は，受胎産物より放出されるホルモンに影響された子宮筋層の蠕動運動により制御されている．

卵子受精の最適期間

個々の種において，卵子が受精可能な，数時間に限定される明確な期間がある．受精能力の消失は緩やかであり，また老化した卵子も受精可能であるが，その結果，生じた胚子は通常生育できない．老化は多精子，すなわち2個以上の精子が卵子へ侵入する傾向を示す．老化した生殖子による受精は，特にヒトで，いくつかの先天性異常発生の一因になると考えられている．未受精卵は断片化し，雌の生殖道で貪食される．

精子の受精能保持

家畜の雌の生殖道において，精子は卵子と受精する能力を少なくとも24時間保持している．雌の性成熟期の長さと，雌生殖道に侵入後の精子の生存能力と卵子との受精能の保持の間には，相関があると推測されている．運動性のある精子が雌ウマで交尾後6日目まで，雌イヌで11日目まで生殖道内において観察されている．ニワトリでは精子は生殖道にある特殊な精子細管に貯蔵されるが，21日目まで卵子との受精能を保持している．秋に交尾を行う幾種類かのコウモリでは精子は春に排卵が起こるまで雌生殖道内で生存する．

人工授精に使用される精液は，4℃で数時間，その活性が保たれる．液体窒素中に−196℃で保存された場合，その活性は無期限に保たれる．

（九郎丸正道　訳）

さらに学びたい人へ

Albertini, D.F. (2015) The Mammalian Oocyte. In E. Knobil and J.D. Neill (eds), *Physiology of Reproduction*, Vol. 1, 2nd edn. Raven Press, New York, pp. 59–89.

Paulini, F., Silva, R.C., Rolo, J.L. and Lucci, C.M. (2014) Ultrastructural changes in oocytes during folliculogenesis in domestic mammals. *Journal of Ovarian Research* 7, 102.

Senger, P.L. (2012) Endocrinology of the male and

spermatogenesis. In P.L. *Senger, Pathways to Pregnancy and Parturition*, 3rd edn. Current Conceptions, Pullman, WA, pp. 203–221.
Sobinoff, A.P., Sutherland, J.M. and McLaughlin, E.A. (2013) Intracellular signalling during female gametogenesis. *Molecular Human Reproduction* 19, 265–278.
Toshimori, K. and Eddy, E.M. (2015) The Spermatazoon. In E. Knobil and J.D. Neill (eds), *Physiology of Reproduction*, Vol. 1, 2nd edn. Raven Press, New York, pp. 99–136.

第4章

受 精
Fertilisation

要 点

- 受精に伴って精子と卵子の融合が起こり，続けて減数分裂の完了，その後最初の有糸分裂が起こる．
- 水棲動物とは対照的に，哺乳類と鳥類では受精は体内で起こる．
- 種によって単一あるいは少数の卵子が排卵されるという違いはあるが，膨大な数の精子が雌生殖道に放出される．
- 放出された精子の受精部位への移送には高速相と低速相の2相がある．
- 受精能獲得とは雌生殖道内で起こる精子の生化学的，生理的修飾のことであり，これらの修飾により精子は受精能力を獲得する．
- 卵管で，精子の運動は極めて高く活性化し，透明帯に結合し，先体反応を起こした後，卵母細胞へ侵入して雄性前核を形成する．
- 哺乳類では子の性は精子によって決定されるが，鳥類では卵子によって決定される．

精子と卵子が融合し，一つの細胞からなる接合子が形成される過程を受精と定義する．精子の卵黄膜への侵入に伴い，活性化した卵子は減数分裂を完了し，第二極体を放出する．雄性前核に含まれる一倍体の染色体は，それに対応する雌性前核の中の染色体とペアをなす．すなわち，父親由来，母親由来の染色体は凝縮し，紡錘体に接し，中央に並ぶ．その後，第一卵割が誘起される．受精の過程で誘起される父親由来，母親由来の遺伝物質の統合を接合と呼ぶ．受精により，染色体は二倍体化され，個体の性が決定するとともに，父親由来，母親由来の遺伝的特徴の統合により，新たな変異を持つ個体が誕生する．

多くの水棲動物では卵子と精子は水中に放出され，水中の環境下で受精が起こる．求愛に続いて，雌雄でほぼ同時に極めて接近して生殖子が放出されることが受精成立に繋がる．さらに雌性，雄性生殖子の間の相互の化学的誘導も受精の確率を高める．この選択的誘導が卵子と精子の接着や異種間の受精阻止のために重要である．哺乳類と比較して，水棲動物や両生類は大量の接合子を生み出す．しかしながら，親として接合子に注ぐエネルギー（parental energy invested per zygote；PEI/Z）は小さい．これに対して鳥類や哺乳類は比較的少ない接合子を生み出すが，PEI/Zははるかに大きい．この投資の形は多様で，哺乳類においては親としてのエネルギー投資は妊娠および出生後の哺育に顕れる．

ほ乳類では，卵子が雌生殖道に保持され，そこにとどまる精子と受精する．このタイプを体内受精と呼ぶ．受精の機会を増やす要因は交尾時に放出される精子の数と排卵される卵子の大きさである．数百万を超える精子が生殖道に入るが，受精が起こる部位に到達する精子は数百のみである．2個以上の精子が受精する（多精子受精；polyspermy）ことは，哺乳類では異常であり，例外なく胚子の早期致死をもたらす．したがって，生殖道は精子の移送を調節し，受精の場に到達する精子数を，多精子受精を起こさず，かつ受精に十分な数にする役割を持つ．

動物種によって異なるが，膣，子宮頸あるいは子宮に精子が射出される（**表4.1**）．射出された部位から精子は卵管に移動する．卵管は機能的にロート部，膨大部，峡部の3部位に分けられる．ロート部は卵巣に最も近い部位に位置するが，ロート状で，その遊離縁は

表4.1 家畜における雌生殖道への射出精液量，1mL当たりの精子数および射出部位

種	おおよその射出量（mL）	1mL当たりの精子数（$\times 10^6$）	雌生殖道における射出部位
ネコ	0.5	60	膣
ウシ	4.0	800～1,500	膣
イヌ	10	250	子宮
ウマ	70	150～300	子宮
ブタ	250	200～300	子宮頸/膣
ヒツジ	1.0	2,000～3,000	膣
ヒト	2.0	15～20	膣

卵子の捕捉（卵子採取）に重要な役割を果たす卵管采を持つ．ロートは管状部に続くが，管状部は同程度の長さの二つの区画，膨大部と峡部に分けられる．膨大部は近位部にあり受精が起こる場所で，峡部はより細い終末部で子宮に繋がる．雌生殖道における精子移送速度は不明であったが，現在，精子の移送には2相，すなわち高速相と低速相があることが知られている．高速相は交尾に引き続き起こる生殖道の筋収縮に依存し，交尾後5～15分で膨大部に精子が移動する．一般には，このようにして移送された精子が受精に関わるとされる．

低速相の移送は数時間続くが，ウシ，ヒツジおよびブタの生殖道において精子は膣ないし子宮から重要な精子貯蔵部位である峡部まで移動する．峡部に到着すると生存精子は粘膜上皮に結合し，運動性を低下させる．排卵に伴い，いまだ同定されていない物質の調節を受けて精子は徐々に上皮から遊離する．遊離精子は極めて高い運動性を示す．亢進した運動性は精子の膨大部への移動や卵子を囲む層への進入を助けると思われる．ウシとヒツジにおいては，受精成立に必要な精子数が峡部に到達するために人工授精後，6～12時間必要である．なお，ウシとヒツジでは20時間，ブタでは36時間，峡部において精子は運動性を保持する．子宮における精子移動は雌生殖道の筋層の活動に影響されると一般的に認められている．子宮収縮は発情期に活性化するが，交尾刺激による神経性下垂体からのオキシトシンの放出によっても亢進する．精漿中のプロスタグランジンも，子宮収縮を促進させる．

受精能獲得

精子が受精可能になるためには，まず，雌生殖道内で生化学的および生理学的修飾を受けなければならない．この過程は受精能獲得（capacitation）と呼ばれるが，これに伴いコレステロールや多数の糖タンパク質が精子細胞表面から流出することにより膜流動性が増加する．受精能獲得は子宮で始まり，峡部で終了する．

受精過程における細胞内事象

卵子へ進入するために精子は，まず，卵丘細胞間を通過して透明帯に侵入し，卵母細胞膜と融合しなければならない．精子が卵丘細胞を通過するには，自身の活発な運動とヒアルロニダーゼ（卵丘細胞同志を結合させるヒアルロン酸を分解する）放出の両方が必要であると考えられている．透明帯に到着すると精子は，種特異的相互作用によって透明帯の糖タンパク質受容体分子（ZP3）に結合する．精子の透明帯への結合が引き金となって先体外膜の崩壊と融合が引き起こされ，ヒアルロニダーゼとアクロシンを含む酵素が放出される．精子の赤道部分の細胞膜が先体膜の末端部分と結合し，精子細胞膜の完全性を回復させる．これらの変化を先体反応と呼ぶ（**図4.1**）．酵素の放出と精子本来の運動能によって精子は透明帯を通過する．卵黄周囲腔に入ると精子は卵母細胞膜に結合する．精子の卵子内への進入は，精子頭部の赤道部分と露出した先体内膜が卵子に接着し，その後，卵黄膜の絨毛によって卵子内に取り込まれることによる．接触部位で卵子の細胞質は盛り上がり，精子頭部を取り囲む．卵子の卵黄膜が精子細胞膜と融合し，精子は卵子内へ取り込まれる（**図4.2**）．精子核以外は退行するので，核以外の微小器官は受精の最終段階には積極的に関与しないと思われる．

多精子受精の障壁

哺乳類卵子への2匹以上の精子進入，すなわち多精子受精は例外なく接合子の死滅をもたらす．受精部位への精子の大量移送は雌生殖道の解剖学的障壁，すな

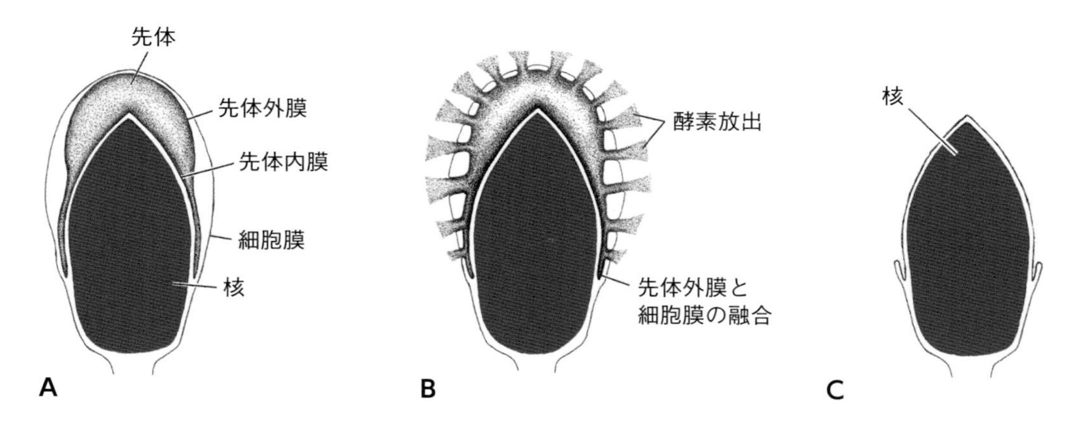

図4.1　先体反応に伴う精子頭部の構造変化（AからC）.

わち子宮頸および子宮卵管接合部によって阻止されている．その結果，最初に雌生殖道に放出される膨大な数の精子のうち，数百匹のみが受精部位に到達する．減数した精子は多精子受精の可能性を減少させる．細胞レベルでは，卵子は多精子受精を防ぐ自らの防御機構を持っている．この防御は透明帯と卵子の卵黄膜の二つによってなされる．多くの哺乳類では，透明帯も卵黄膜も最初の精子が進入すると変化し，その他の精子の進入を許さなくなる．

二次卵母細胞は卵黄膜の直下に表層顆粒と呼ばれる小型で，細胞膜に結合した小器官を持つ（**図4.2**）．表層顆粒は卵成熟の最終段階で辺縁部に移動し，精子頭部が卵母細胞表層に接触すると放出される一連の酵素を含んでいる．酵素の放出により，透明帯における種特異的受容体は修飾を受け，精子結合能を失う．この変化は透明帯反応と呼ばれ，それ以降の精子の透明帯への結合や進入を阻止する．また，卵母細胞の卵黄膜の変化も多精子進入を防ぐが，これを卵黄遮断（vitelline block）と呼ぶ．

多精子進入の防御機構は家畜種によって異なる．透明帯反応はヒト，ウシ，ヒツジおよびイヌで効果的であり，ブタ，ネコ，ラット，マウスでは弱い．ウサギでは，透明帯反応は有効ではなく，多精子進入阻止は卵黄膜で行われる．哺乳類の透明帯反応は敏感ではなく，反応が有効になるまでに数分かかるが，受精部位へ到達する精子は少数であるので多精子受精の確率は低く抑えられる．

多精子受精は発生過程で哺乳類胚子の致死を誘導するが，鳥類の卵子は多くの精子の進入を許しても，接合子の生存を脅かすことはない．鳥類の卵子では，一つの精子に由来する前核が雌の前核と融合すると受精卵の退行を誘導することなく他の精子の退行を誘導する．

卵子の活性化

受精が進むと第二減数分裂中期で休止していた二次卵母細胞は，第二極体を放出し，成熟卵母細胞となる．成熟卵母細胞の核は雌性前核となる（**図4.2D**）．成熟卵母細胞の細胞質内では，精子の核は膨化し，雄性前核を形成する．雄性前核および雌性前核は，二つとも一倍体であるが，成長過程でDNAの複製を誘起し，双方が接近し，核膜が消失する．クロマチンは染色体内で凝縮し，染色体は単一の紡錘体上に並ぶ．受精卵，接合子とも呼ぶが，これの1回目の卵割がそれに続く．その結果，卵割は二つの二倍体の細胞を形成させ，多細胞からなる個体の形成を開始させる．卵子の細胞質においては，DNAを含む精子由来ミトコンドリアは退化し，母親由来のミトコンドリアのみが生き続ける．

受精後，卵子の呼吸・代謝は変化するが，これは細胞内カルシウム濃度が関連している．カルシウム濃度の上昇は減数分裂停止からの解除と胚子の有糸分裂の促進に関与する．より後期では，卵子の活性化は翻訳のための母性mRNAの選抜，タンパク質合成の変化および種特異的段階（例えば，マウスの2細胞期，ウシやヒツジの4から8細胞期，ヒトの4細胞期）において起こる胚性ゲノムの活性化を誘起する．卵子の活性

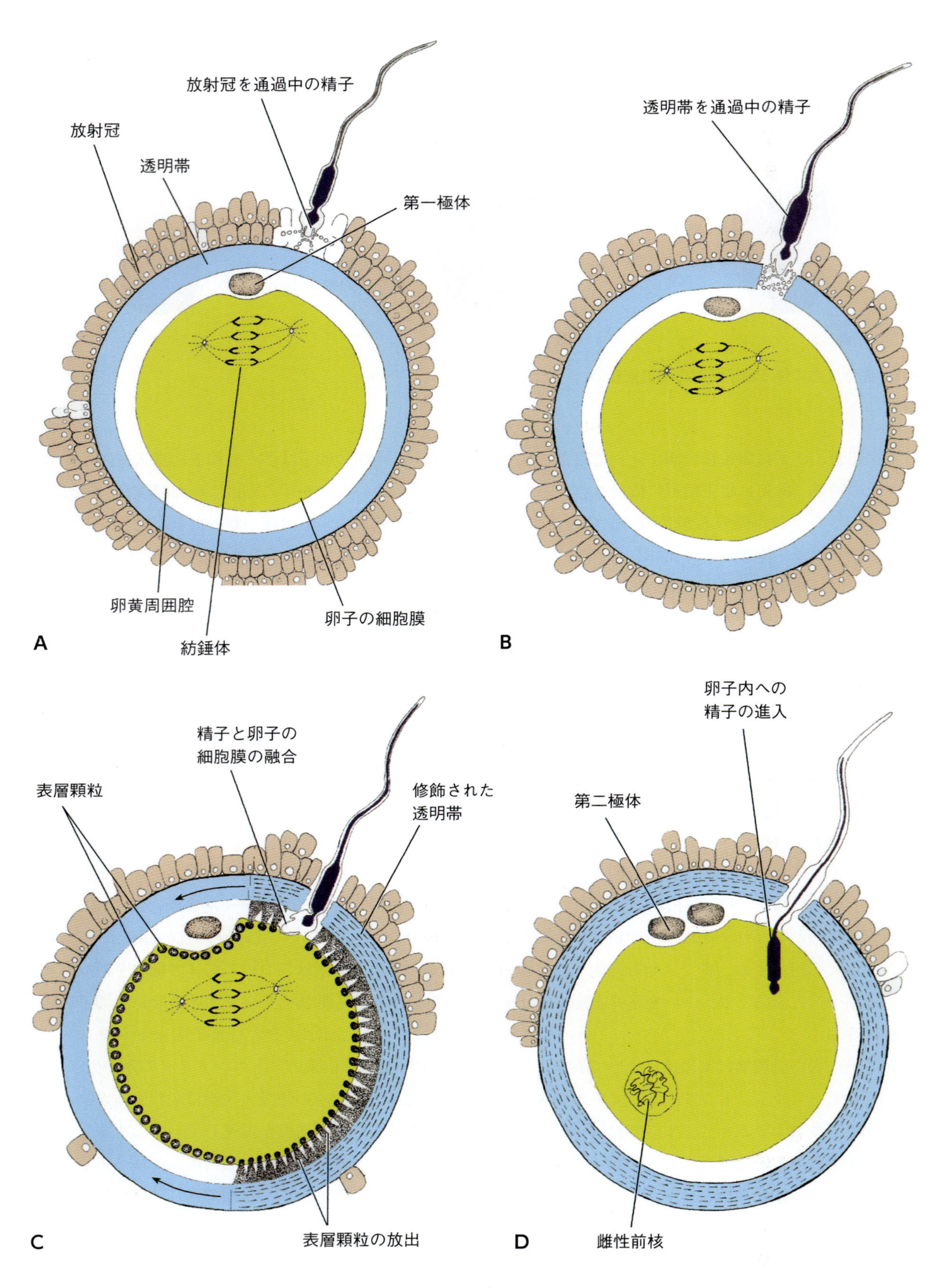

図4.2 受精の各段階（A～G）．放射冠への進入，透明帯への精子の結合と進入，卵黄膜との接着と透明帯反応，卵子内への精子の進入，前核の形成と融合，接合子の形成を示す．（続く）

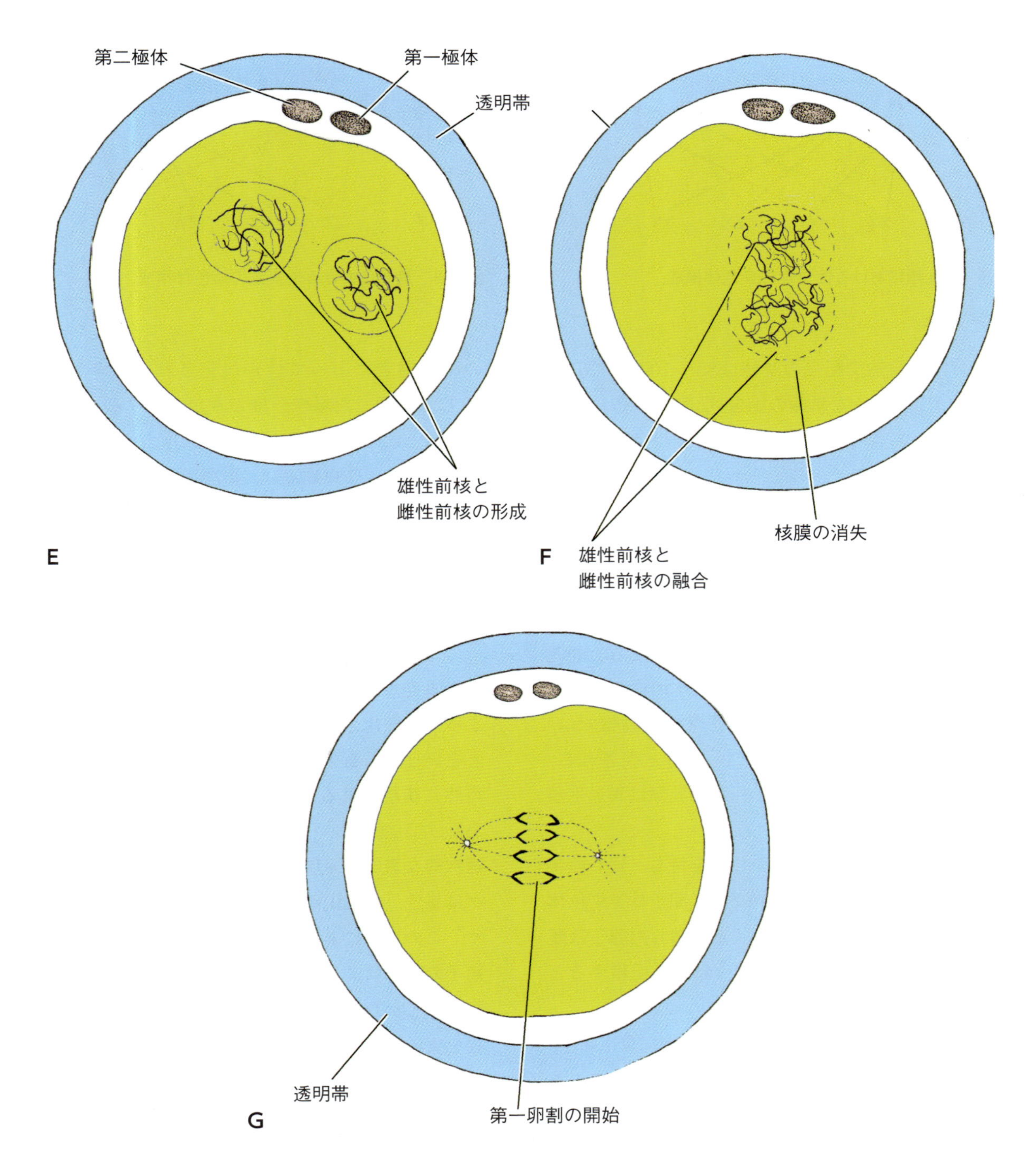

図4.2 （続き） 受精の各段階（A～G）．放射冠への進入，透明帯への精子の結合と進入，卵黄膜との接着と透明帯反応，卵子内への精子の進入，前核の形成と融合，接合子の形成を示す．

化を促進する因子は精子前核に由来するとされているが，そのメカニズムはよく分かっていない．

受精率の比較

受精率は自然交配ないし人工授精後，受精した排卵卵子の割合で表される．ブタ，イヌおよびネコなどの

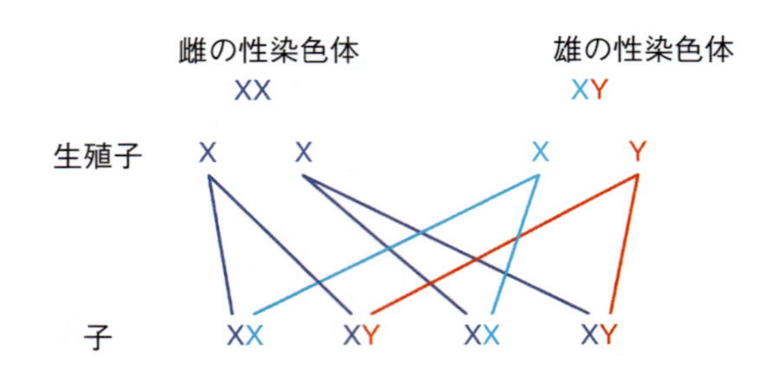

図4.3　哺乳類における性決定の染色体構成.

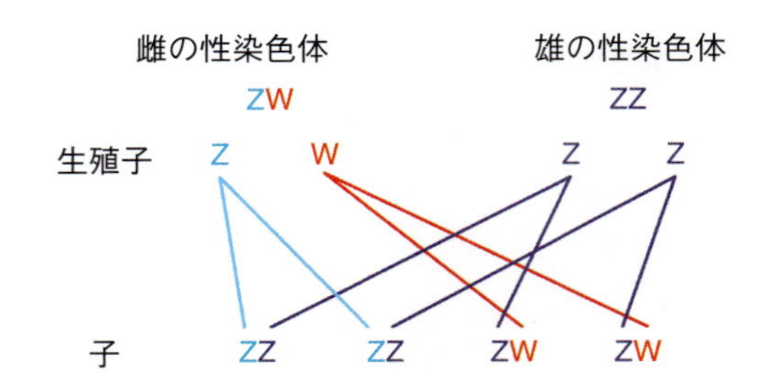

図4.4　鳥類における性決定の染色体構成.

多産種では，自然交配後の受精は85～100%である．ウシやヒツジのような単胎の場合，受精率は85～95%である．ウマの受精率は80%以上と報告されている．

性決定

動物の体を構成する正常な有核細胞はすべて種に特有の一定した数の染色体を持つ（**表2.1**参照）．染色体は対をなす常染色体と1対の性染色体からなる．哺乳類の正常な雌動物は形態的に同一な2本の性染色体を持ち，XXで表される．哺乳類の正常な雄動物では，2本の性染色体は形態的に異なり，XYと表される．すなわち雌哺乳類は同形生殖子，雄哺乳類は異形生殖子である．

哺乳類では精子の半数はX染色体を持ち，残りの半数はY染色体を持つ．精子と異なり，卵子はX染色体のみを持つ．X染色体を持つ精子と受精した卵子は雌動物（XX）となり，Y染色体を持つ精子と受精すると雄動物（XY）となる（**図4.3**）．

鳥類の性決定は哺乳類とは異なり，雄が同形生殖子，雌は異形生殖子である．鳥類の精子はZ染色体のみを持つのに対し，卵子はZないしW染色体を持つ（**図4.4**）．哺乳類におけるXYおよび鳥類におけるZWの表現は遺伝的区別を容易にするための便宜的なものである．鳥類における表記，ZZ/ZWはまた，魚類，両生類，爬虫類においても用いられている．

染色体による性決定の過程は遺伝子型性決定と呼ばれ，性染色体上の遺伝子によって個体の性が決定される．爬虫類の大多数においては，個体の性は性染色体によって決定されるが，カメやワニにおいては受精卵の孵卵温度によって性が決定される．カメは16～28℃で孵卵した場合，雄のみが誕生する．32℃で孵卵すると雌のみが生まれる．それゆえ，異形の性染色体を持たない爬虫類では，孵卵温度によって子どもの性が決定する．異形性染色体を持つ爬虫類では孵卵温度は性比に影響しない．

単為発生

単為発生（parthenogenesis）とは精子以外の刺激によって活性化された卵子から胚子発生が誘起されることをいう．単為発生は昆虫類および下等動物において自然に誘起される．実験的には，単為発生は両生類，鳥類，哺乳類において種々の方法によって誘起できる．選択的な遺伝子発現抑制をもたらすインプリンティングは雄性，雌性生殖子において異なったパターンを示す．このように異なった遺伝子発現により，同形の生殖子の融合によっては生存可能な子を作ることができない．しかしながら，正常なインプリンティングの過程を実験的に阻害することにより，マウスにおいては二つの雌性生殖子の融合によって生きた子を作ることができる．この発見は正常なインプリンティングの過程を阻害することにより，単為発生の障壁を取り除くことができることを示している．

自然に誘起される単為発生は，シチメンチョウやニワトリでまれにみられるが，多くの場合，胚子は早期に致死する．しかしながら，シチメンチョウやニワトリでは単為発生により生きた子が誕生することもある．単為発生によって生まれたシチメンチョウやニワトリは常に雄（ZZ）で二倍体の染色体を持つが，これは第二

表4.2　ヒトおよび家畜における第一次および第二次性比(%)

種	第一次性比		第二次性比	
	雄	雌	雄	雌
ヒト	50	50	51	49
ウシ	50	50	52	48
イヌ	50	50	54	46
ウマ	50	50	52	48
ブタ	50	50	52	48
ヒツジ	50	50	50	50

減数分裂の抑制ないし第二極体と卵子核の再結合が原因と考えられる．哺乳類における自然な胚子発生においては母親由来および父親由来のゲノムが必要である．しかしながら，実験的条件下では，哺乳類においても単為発生によって生きた子を誕生させることができる．

性　比

哺乳類において雌性接合子に対する雄性接合子の割合を一次性比と呼ぶ．出生時における雌動物に対する雄動物の割合を二次性比と呼ぶ(**表4.2**)．

家畜の染色体

染色分体が凝縮する中期において，染色体数，大きさおよび形態は光学顕微鏡で観察できる．この時期，種によって異なる特徴を明らかにできる．体細胞に存在する2組の染色体は二倍体ないし2nをなす．染色体は腕の長さとくびれとして観察される動原体の位置によって分類される．中期では，それぞれの腕は平行した二つの染色分体からなる．二つの腕がほぼ同じ長さの場合，染色体を中央着糸型と呼ぶ．一つの腕が他方の半分ないし1/3程度の場合，亜中央着糸型と呼ぶ．動原体が染色体の一方の端にある場合，末端着糸型と呼ぶ．

細胞，個体および種の染色体構成を核型という．通常，核型は同一種の個体の体細胞では一定である．核型分類によって，すなわち中期の染色体を描写ないし写真撮影し，相同染色体を系統的に並べることにより，体細胞の染色体の数，形態を決定できる．この方法によって，付加的な染色体の存在(トリソミー)，欠失した染色体(モノソミー)，染色体の一部の転位(転座)，染色体の一部の欠失(欠失)などの異常を明らかにできる．染色体数の変化は常染色体でも性染色体でも起きる．ヒトにおいては，ある常染色体(21番染色体)が増えることにより，ダウン症候群を発症する(47番染色体)．また，性染色体の数の変化はクラインフェルター症候群(XXY)ないしターナー症候群(XO)を誘発する．

(種村健太郎　訳)

さらに学びたい人へ

Aitken, R.J. and Nixon, B. (2013) Sperm capacitation: a distant landscape glimpsed but unexplored. *Molecular Human Reproduction* 19, 785–793.

Evans, J.P. (2012) Sperm–egg interaction. *Annual Review of Physiology* 74, 477–502.

Fléchon, J.E. (2016) The acrosome of eutherian mammals. *Cell and Tissue Research* 363, 147–157.

Gadella, B.M. (2012) Dynamic regulation of sperm interactions with the zona pellucida prior to and after fertilisation. *Reproduction Fertility and Development* 25, 26–37.

Gadella, B.M. and Evans, J.P. (2011) Membrane fusions during mammalian fertilization. *Advances in Experimental Medicine and Biology* 713, 65–80.

Gadella, B.M. and Luna, C. (2014) Cell biology and functional dynamics of the mammalian sperm surface. *Theriogenology* 81, 74–84.

Hunter, R.H. and Gadea, J. (2014) Cross-talk between free and bound spermatozoa to modulate initial sperm: egg ratios at the site of fertilization in the mammalian oviduct. *Theriogenology* 82, 367–372.

Okabe, M. (2013) The cell biology of mammalian fertilization. *Development* 140, 4471–4479.

Varner, D.D. (2015) Odyssey of the spermatozoon. *Asian Journal of Andrology* 17, 522–528.

第5章

卵割
Cleavage

要　点

- 接合子は数回の有糸分裂を行う．その過程を卵割という．
- 割球とは，接合子の1回目の有糸分裂により生じる二つの娘細胞のことである．
- 割球の分裂が繰り返されることで，球形の細胞塊である桑実胚が形成される．
- 哺乳類の胚子では，割球のコンパクション（緊密化）が起こる．
- 桑実胚の表層の細胞群は栄養膜（栄養外胚葉）を形成する．
- 胚子は内細胞塊から発生する．
- 発生過程において，この時期の哺乳類の胚子は胚盤胞と呼ばれる．

受精卵は直径が80～120 μmにも及ぶ最も大きい哺乳類の細胞の一つで，細胞質の量はその核の大きさと比較して多量である．構造的に発達するためには，接合子は分裂しなければならない．この一連の有糸分裂は卵割または分割といわれる．通常の有糸分裂と異なる卵割の際立った特徴は娘細胞が分裂するごとに小さくなることである．それゆえ，分割ともいわれる．卵割の際には，核分裂，さらに続いて細胞質分裂が起き，生じた二つの娘細胞は割球と呼ばれる．二つの割球は繰り返し分裂をして，4，8，16および32個の細胞となり，分裂は球形の桑実胚と呼ばれる細胞塊が形成されるまで続く．桑実胚の時期に，胚子の細胞間に，最初の密着結合が生じる．最初の細胞分裂は，すべての割球において同調して始まる傾向がある．その後，分裂の同調性は失われ，割球は個々に分裂する．

受精卵の分裂は通常規則的であり，第一分裂面は頂点である動物極から下端の植物極まで伸びる受精卵の主軸を通過して，垂直方向に伸びる．続けて起こる分裂は，同様に垂直方向に向けて，最初の分裂面に対して直角に主軸を通過する面で起き，その結果，4個の割球が生じる（**図5.1A**）．3回目の分裂は赤道面で生じるため，動物半球に4個および植物半球に4個の計8個の割球が形成される．

受精卵の卵黄量がそれぞれの種における卵割の方式を決定する．卵黄量が多いと細胞質分裂の完了が遅くなる．したがって，受精卵全体の卵黄の相対的な量と分布は，卵割の進行や，続いて起こる胚葉形成に大きな影響を与える．卵黄が均等に分布し，かつ少量である受精卵は少黄卵といわれる．卵黄が胚子形成細胞質を動物極の小さな領域に限局させるとき，そのような卵母細胞は多黄卵といわれる．中黄卵という用語は卵黄を中等度含む卵母細胞に用いられる．卵黄の量と分布により，分割はいくつかの方式に分類される．全卵割は卵全体が分割される方式を示す用語で，形成された割球の大きさは均等なことも，不均等なこともある．いくつかの原始脊索動物および胎性哺乳類でみられる少黄卵では，割球はほぼ均等な大きさである．中黄卵では，植物極に蓄積した卵黄が有糸分裂を遅らせ，不均等な大きさの割球が形成される．この卵割方式は両生類でみられる．多黄卵における有糸分裂は卵黄がなく，細胞質がみられる動物極に限局して起こる．植物極側の卵黄が存在する部位は分裂しない．この卵割方式は部分卵割といわれ，魚類，爬虫類および鳥類にみられる．卵割の部位が動物極の円盤状領域に限定されるので，この卵割方式は盤状卵割ともいわれている．卵割の最終段階は胞胚腔として知られている中央部の腔所を裏打ちする，単層の細胞層で形成される胞胚の

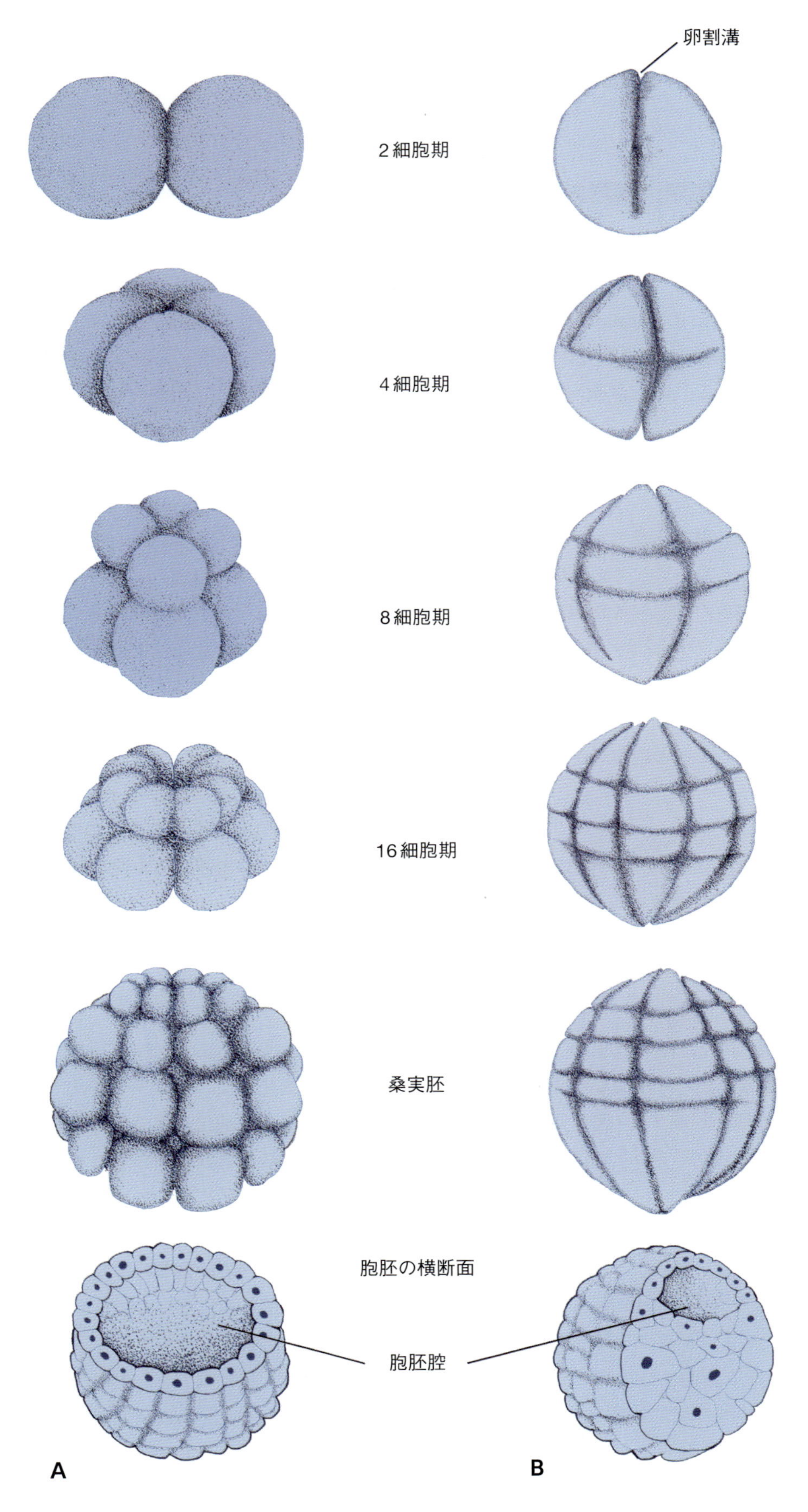

図5.1 ナメクジウオ（A）と両生類（B）における2細胞期から初期胞胚期までの各卵割期.

形成として示される．

原始脊索動物，両生類，鳥類および哺乳類における卵割

原始脊索動物

原始脊索動物（primitive chordate）であるナメクジウオにおける卵割は全卵割であり，形成される割球の大きさはほぼ均等である．卵割が進行して，分裂した細胞間の表面の窪みは卵割溝と呼ばれる（**図5.1**）．第一卵割の紡錘体は，受精卵の中心近くに形成される．2回目の分裂も，等しい大きさの細胞を形成するが，3回目の分裂後では，動物極側の4個の細胞は植物極のそれらよりわずかに小さい．分裂が続き，桑実胚が形成されると，動物極の細胞が植物極のものより小さいという細胞の大きさの違いは，さらに顕著になる．卵割期の終わりには，発生途中のナメクジウオの胚子は胞胚と呼ばれる（**図5.1A**）．胞胚は中央部の内腔である胞胚腔を取り囲む単層の細胞層からなる．

両生類

両生類（amphibian）の卵は中黄卵であるため，卵割は全卵割であり，不等卵割である．最初の2回の卵割は4個の同じ大きさの割球を形成するが，第三卵割は少量の卵黄を含む動物極側の割球を，多量の卵黄を含む植物極側の割球と区別する．したがって，動物極の割球は植物極の割球より，早く分裂する．その結果生じる胞胚は胚子形成において重要な役割を果たす動物極の小さい細胞の層を形成する（**図5.1B**）．植物極側の大型の細胞は発生中の胚子のために主として栄養源として働く．

鳥　類

卵黄を豊富に含む鳥類（avian species）の卵は多黄卵の典型的な例である．ニワトリ胚子に発達する直径3mmの構造物である胚盤は動物極にあり，卵黄塊と直接，接する．受精卵は雌生殖管を下行する途中で，卵白および卵殻膜に囲まれるようになる．卵黄は卵白アルブミンとともに発生中の胚子に不活発な栄養供給を行う．受精卵が卵管を約24～26時間かけて通過する間に卵割は完了して，発生の次の段階である原腸胚形成がすでに始まっている可能性がある．鳥類の卵は多黄卵であるので，卵割は胚盤でのみで行われる部分卵割であり，盤状卵割である．初めは，すべての卵割面が垂直方向に起こるため，割球は一つの平面を生じる（**図5.2**）．早期の卵割溝は胚盤の辺縁まで伸びない．胚盤の中央にある割球は下縁で卵黄と接しており，辺縁の割球は未分裂の細胞質で繋がったままである．

卵割が進むと，胚盤の中央にある細胞は未分裂の細胞質との接触を失う．胚盤の中央にある割球は下層の液化して明調になった卵黄から離れる．明調な卵黄の領域は胚下腔（subgerminal cavity）と呼ばれる．この時期，胚盤葉（blastoderm）といわれるようになった胚盤は，二つの領域，すなわち中央部の明域と辺縁部の暗域からなる．薄い細胞層からなる明域は半透明であり，胚下腔の上方に位置する．大型の細胞からなる細胞層である暗域は変化のない卵黄の上方に位置する（**図5.2**）．胚子は明域内で発生するが，暗域の細胞は直下の卵黄を消化して，胚子に栄養を与える．明域の細胞は上層の細胞層すなわち上胚盤葉（epiblast）と，下層の細胞層すなわち下胚盤葉（hypoblast）に分かれる．この二つの胚盤葉の間の間隙を胞胚腔という．この発生段階は，卵割の完了，すなわち原腸胚形成の開始を示す．

哺乳類

哺乳類（mammal）が初期の爬虫類と遠縁にある祖先から進化したことは，一般的に受け入れられている．したがって，進化過程の初期には，哺乳類の卵はおそらく爬虫類および鳥類のものと類似した多黄卵であったであろう．系統発生的進化の過程で，哺乳類は胎生になり（生きている子として誕生するようになり），胚子は子宮内の胎盤と呼ばれる構造により，母体から充分な栄養供給を受けるようになった．卵黄が栄養源のために必要なくなったので，哺乳類の卵に含まれる卵黄量は次第に減少し，その結果，哺乳類の卵子はより小さくなった．系統発生学的なこの解釈に関する証拠は，哺乳類の3亜綱，すなわち原獣類，後獣類および真獣類においてみることができる．原獣類においては，卵は発生中の胚子にとって主要な栄養源となる多

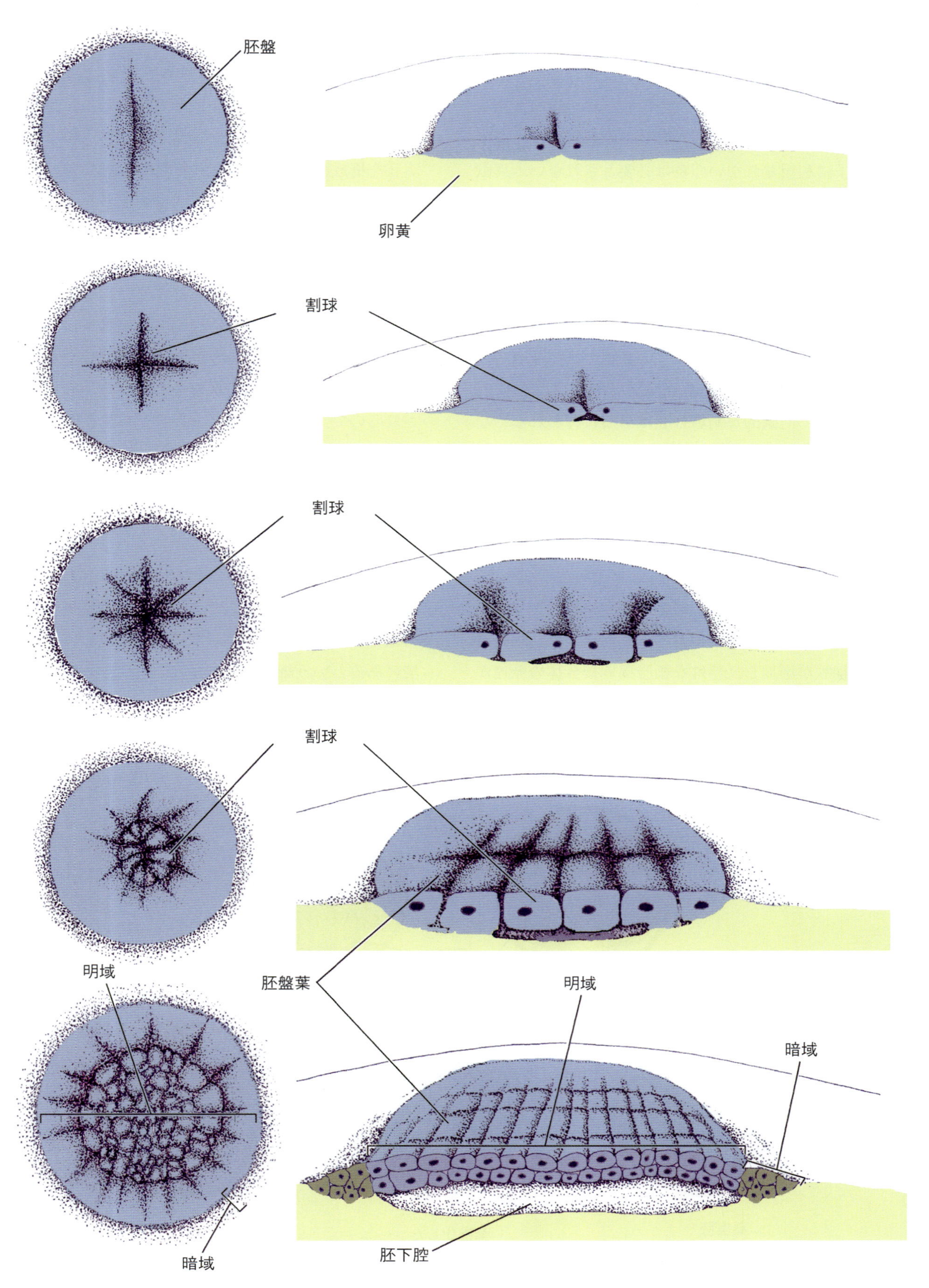

図5.2 鳥類の胚子における第一卵割から胚盤葉形成までの各卵割期．胚盤を上部から見た図（左図）と横断面（右図）で示した．

量の卵黄を含んでいる．後獣類の卵は中等量の卵黄を含むが，発生中の胚子は子宮内の原始絨毛膜卵黄嚢胎盤を通じて栄養を受け取る．これらの動物では，発生中の胚子に利用されない卵黄は必要とされない．真獣類の受精卵は最小限度の卵黄を持ち，発生中の胚子は，子宮内で，妊娠中存続する生理学的複合体である胎盤を介して，栄養を受け取る．

高等な哺乳類への進化とそれらの受精卵に含まれる卵黄量の減少に関連して，卵割形式は部分卵割から全卵割に変わった．このグループの動物では，透明帯内で起こる卵割は全卵割であり，第一卵割には最長24時間かかる．同調的な割球分裂は早期に行われなくなる．2細胞期からは，卵割の速度は異なるであろう．その結果，3細胞期がみられる可能性があり，続いて，5細胞期，6細胞期，7細胞期がみられるかもしれない．

コンパクション：緊密化

卵割の初期段階で，互いの割球を圧迫するようになるために割球の形状が変化して，それにより，細胞と細胞の接触が増加し，特殊な細胞接着複合体の発達が促進される（**図5.3**）．コンパクション（compaction）といわれるこの過程は各割球が隣接する細胞と決まった接着面および自由面である外表面を持つことにより，割球に初めて明確な方向性を与える．数回の卵割後，生じた割球群は細胞が密着した球体，すなわち桑実胚を構成する．桑実胚は中心部の細胞群と，それを取り囲む細胞からなる表層により形成される．表層の細胞群は最終的に栄養膜あるいは栄養外胚葉として知られている上皮層となる．これらの上皮層は胚外膜の外表面を形成して，発生中の胚子を子宮壁に付着させる．胚子は中央部の細胞群である内細胞塊から発生する（**図5.3**）．液体で満たされた細胞間隙はやがて融合して単一の腔所である胞胚腔を形成する．液体が蓄積されるので，内細胞塊は栄養膜の部位に接着したままである．この発生段階では，哺乳類の胚子は胚盤胞（blastcyst）と呼ばれる．内細胞塊を構成する細胞群の発生は内細胞塊を直接取り囲む環境により決定される．栄養膜細胞間に存在する接着結合は内細胞塊の細胞を直接取り囲む環境と，さらに外側の環境との間に，関門を形成すると信じられている．栄養膜細胞が外側の環境にさらされ，内細胞塊の細胞は取り囲まれた環境にあるという細胞の配列は，胚子発生の「内側-外側」（inside-outside）仮説として知られている．栄養膜細胞の機能的な運命は内細胞塊の細胞のものよりも早期

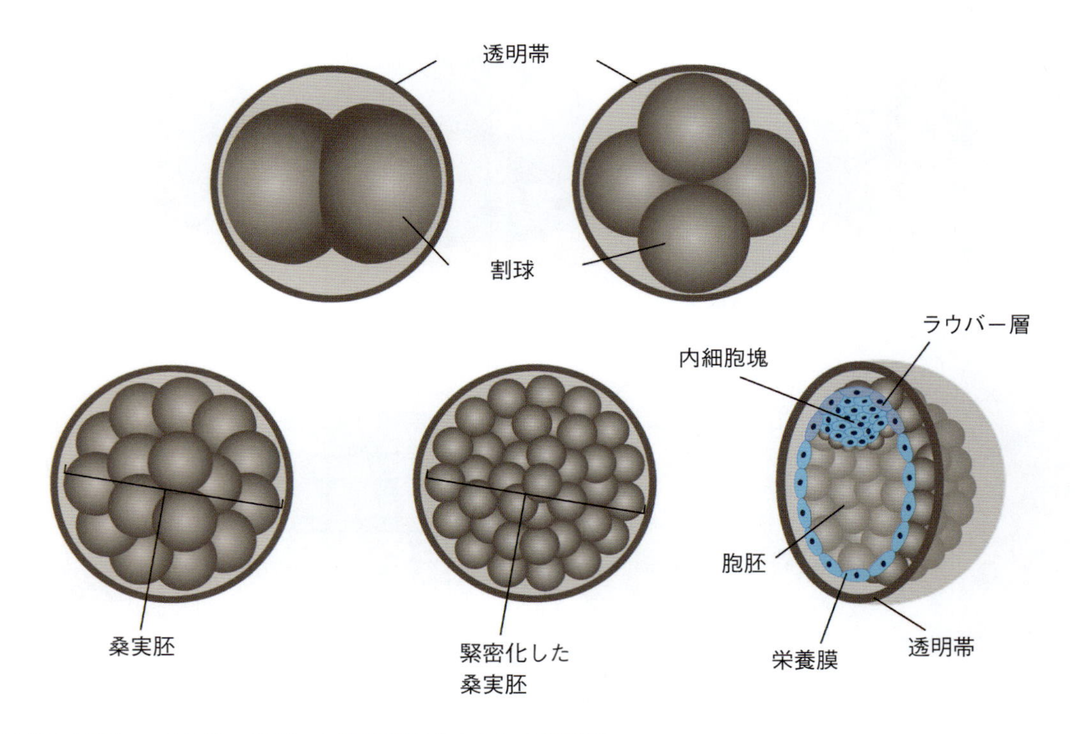

図5.3 哺乳類の胚子における第一卵割から胚盤胞形成までの各卵割期．

に決定されるようになる．胞胚腔の形成および胞胚腔の液体の貯留は密着した桑実胚表面の細胞群を通過する，ナトリウムおよびカリウムポンプ活性を含む活発な輸送の結果であり，ブタでは16細胞期，そしてヒト，ウシおよびヒツジでは64細胞期に起こる．有袋類の胚子では内細胞塊は形成されず，胚盤胞はすべて同じ形態の細胞からなり，中空性の球体としてみられる．

種間にみられる多様性は内細胞塊を被う栄養膜細胞の層であるラウバー層（Rauber's layer）の運命にみられる（**図5.4A**）．霊長類，コウモリおよびげっ歯類の一部ではラウバー層は存続するが，家畜を含む他の種では，ラウバー層は着床前に消失する．内細胞塊は円盤状の細胞塊である胚盤を形成して，胚盤胞の壁に組み込まれる．この構造は鳥類における胚盤葉に相当する（**図5.4**）．

オートクリン因子が，母体および胚子由来のパラク

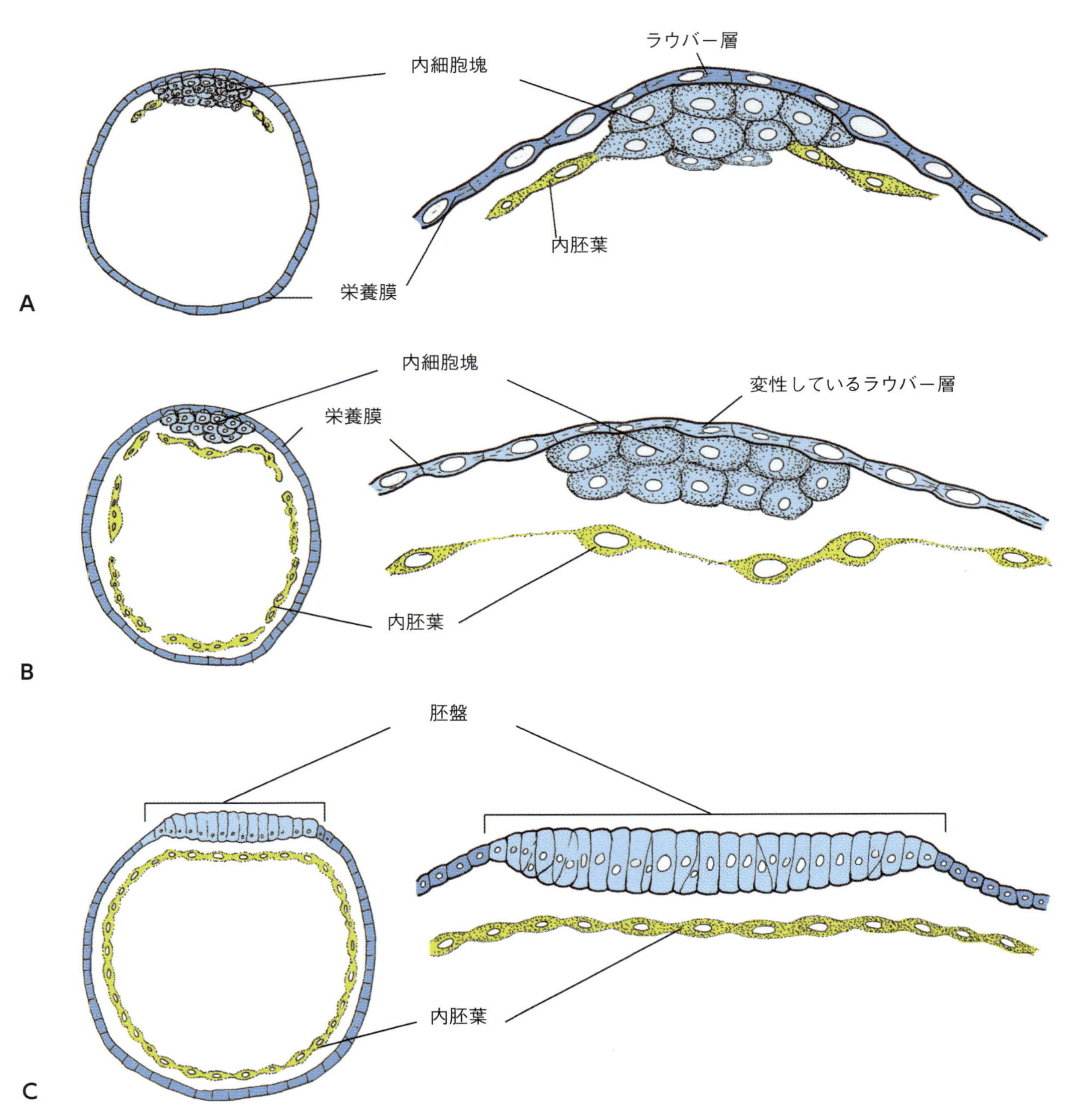

図5.4 哺乳類の胚盤胞を含む横断面．ラウバー層，胚盤と内胚葉の形成を含んだ変化を示した（図A, B, C）．

リン因子および内分泌性因子とともに，初期胚の成長と発生を制御しているのであろう．

胚盤胞の伸長

胚盤胞は透明帯の中で大きくなり始めるが，さらに発生が進む前に，透明帯の外に出なければならない．げっ歯類やウマのようないくつかの種においては，透明帯は崩壊するが，ウシ，ヒツジおよびブタなどの他の種では，胚盤胞は裂け目ができた透明帯から出て行く（孵化する）．

種間の多様性は子宮内膜に付着する前の胚盤胞の成長および伸長において明瞭である．霊長類，げっ歯類およびモルモットにおいて，胚盤胞は子宮内膜に侵入するので，ほとんど大きくはならない．ウマ，イヌ，ネコおよびウサギでは，これらの動物にみられる表面着床あるいは中心着床と関連して，胚盤胞は球形から卵円形の顕著な伸長が起こる．著しく細長い伸長はウシ，ヒツジおよびブタで起こる．ブタの胚盤胞は妊娠9日目では直径10mmの球体であるが，ここから顕著な形態学的変化を示し，妊娠13日目には100cmにも及ぶ細長い線維状構造となる．これらの変化は有糸分裂が活発になることよりも，むしろ，細胞の再形成および再構築により生じる．子宮からの分泌物は胚盤胞の伸長による形状変化に影響を与えている．子宮腺を欠くと，形状の変化は起こらない．

（市原伸恒　訳）

さらに学びたい人へ

Alberts, B., Johnson, A., Lewis, J., Raff, M., Roberts, K. and Walter, P. (2014) *Molecular Biology of the Cell*, 6th edn. Garland Science, New York.

Carlson, B.M. (2013) Cleavage and Implantation. In B.M. Carlson, *Human Embryology and Developmental Biology*, 3rd edn. Mosby, Philadelphia, PA, pp. 44–63.

Clift, D. and Schuh, M. (2013) Restarting life: fertilization and the transition from meiosis to mitosis. *Nature Reviews: Molecular Cell Biology* 14, 549–562.

Gilbert, S.F. (2013) *Developmental Biology*, 10th edn. Sinauer Associates, Sunderland, MA, pp. 298–303.

Noden, D.N. and de Lahunta, A. (1985) Early Stages of Development in Birds and Mammals. In D.N. Noden and A. de Lahunta, *Embryology of Domestic Animals, Developmental Mechanisms and Malformations*. Williams and Wilkins, Baltimore, MD, pp. 23–29.

Wilt, F.H. and Hake, S. (2004) Oogenesis and Early Development of Birds. In F.H. Wilt and S. Hake, *Principles of Developmental Biology*. Norton, New York, pp. 80–83.

第6章

原腸胚形成
Gastrulation

要　点

- 原腸胚形成とは，胚葉形成の過程である．
- 原腸胚形成中に三つの胚葉（外胚葉，中胚葉および内胚葉）が形成される．
- 原腸胚形成のパターンは哺乳類および鳥類において同様である．
- 哺乳類では，下胚盤葉および上胚盤葉は内細胞塊から派生する．
- 原始線条は原腸胚形成の開始部位として作用する．
- 上胚盤葉細胞は原始線条に遊走し，上胚盤葉と下胚盤葉の間の空間に移動する．
- これらの細胞の一部は，下胚盤葉に取って代わり，内胚葉，内胚葉層を形成する．
- 中胚葉層である中胚葉は，上胚盤葉と原始内胚葉との間に位置する遊走している上胚盤葉細胞から発生する．
- 上胚盤葉細胞の残りは外胚葉に分化する．

原腸胚形成または胚葉形成は，単層胞胚が外側の外胚葉，中間の中胚葉および内側の内胚葉の層からなる三層構造に変換される胎生発育の一段階である．これらの変化は胞胚の表面からその内部への一連の規則的な細胞移動によって生じる．各胚葉から生じる細胞は最終的に特定の組織および器官を形成する．外胚葉は皮膚の表皮と神経組織に分化し，内胚葉は胃腸管および呼吸器管の内膜を形成し，中間の中胚葉層から泌尿生殖器，循環器および支持筋系および骨格系が形成される．標識法を用いて，どの胞胚内の細胞から胚葉が生じ，どの胞胚内の細胞から特定の臓器原基が発生するのかを特定することが可能である．このように集めたデータを用いて，胞胚内の起源から発生後期の特定の組織または臓器への細胞の移動の概略図を構築することができる．このような概略図は発生運命地図と呼ばれる．原腸胚形成が多様な動物種の中でどのように進むのかには著しい違いがあるにも関わらず，原腸胚形成終了時の胚葉の配置はすべての脊椎動物で同等である．高等哺乳類における原腸胚形成の過程は原始脊索動物，両生類および鳥類における原腸胚形成の過程と比較することにより，より容易に評価することができる．

原始脊索動物

ナメクジウオの原腸胚形成のパターンは，より進化的に後の種において観察される胚葉形成における主要な細胞事象を説明するのに，比較的簡単なモデルを示している．ナメクジウオの原腸胚形成は植物極の胚盤葉が平らになり，陥入するときに始まる（**図6.1**）．その後，胚子は一連の形態学的変化を経る．植物極の細胞が陥入すると，胚子の球形は一連の原腸または原始腸と呼ばれる腔の形成とともに変化する．外側への原腸の開口部は原口（blastpore）として知られている．細胞の外層は外胚葉を形成し，内層は内胚葉を形成する．脊索および他の中胚葉構造の形成を担う細胞は，最初原口の端に位置している．その後，これらの細胞は外胚葉と内胚葉の間に移動する．このように，内胚葉と中胚葉の構造物は胚子の表面からその内部に移動し，原腸胚と呼ばれる三層構造の胚子を形成する．

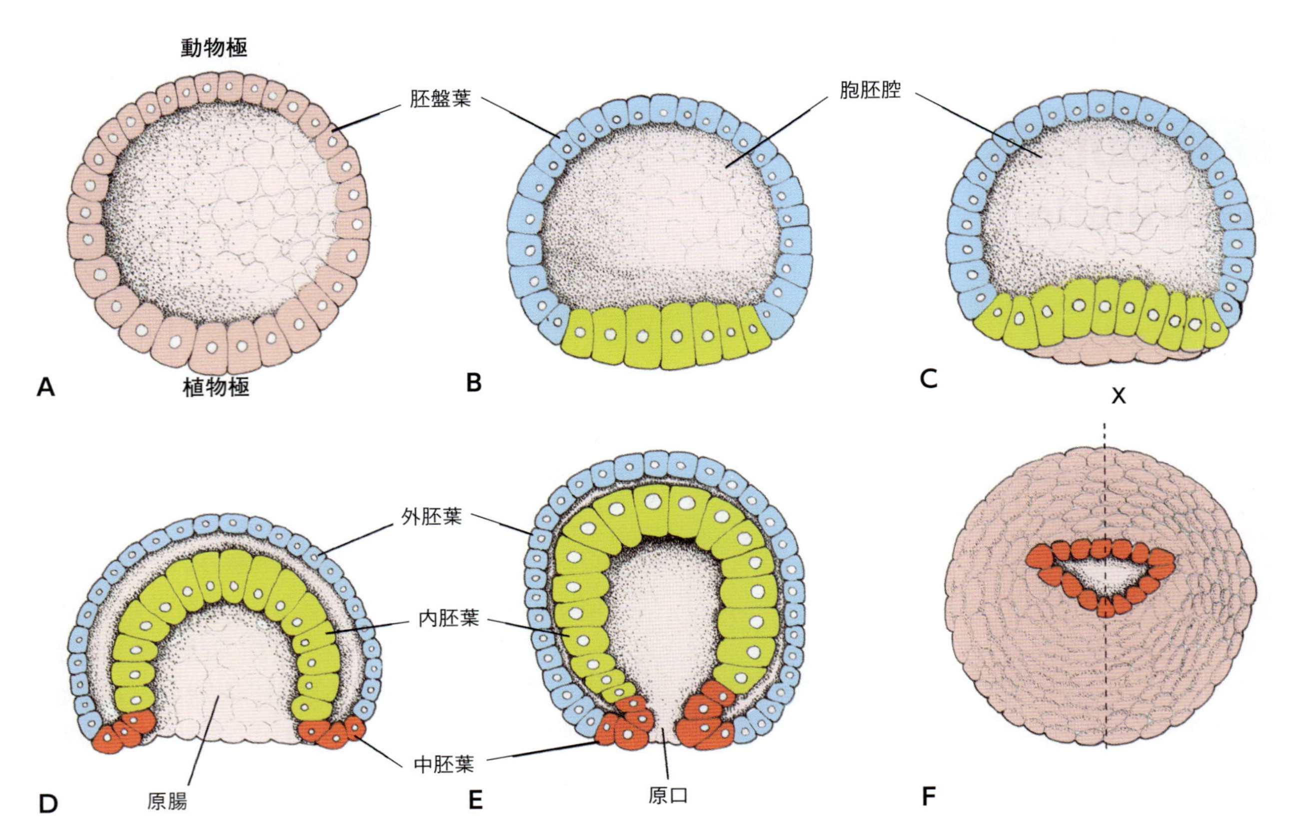

図6.1 ナメクジウオの原腸胚形成に関して，胞胚期Aから原腸胚期Eまでの一連の段階を示す断面図．Eに示す断面図は，Fの原腸胚期での胚子に示されるレベルである．

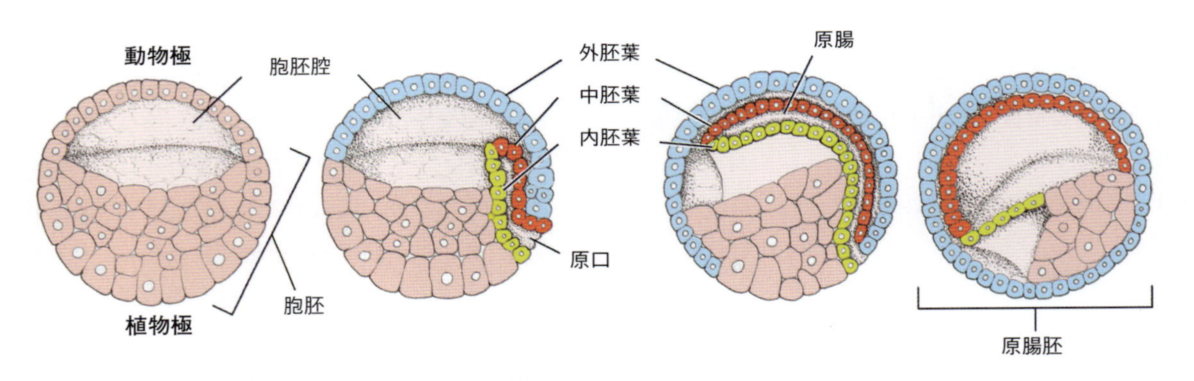

図6.2 両生類における胞胚期から原腸胚期までの原腸胚形成の一連の段階．

両生類

両生類（amphibians）の胞胚の植物半球には卵黄で満たされた細胞が存在するため，ナメクジウオで観察されるような陥入は起こり得ない．動物半球と植物半球の境界では，表面からの細胞が内部に移動し，原腸の先駆けである裂け目が形成される．裂け目の下からの内胚葉細胞および裂け目の上からの中胚葉細胞の流入を受けて，裂け目は深くなる．細胞の表面から内部への一定の移動に伴い，円形の原口が形成される（**図6.2**）．胞胚腔は塞がれ，植物極にある卵黄含有細胞は内部に移動する．最後に，ナメクジウオで観察されたものと同様の三層構造の胚子が形成される．

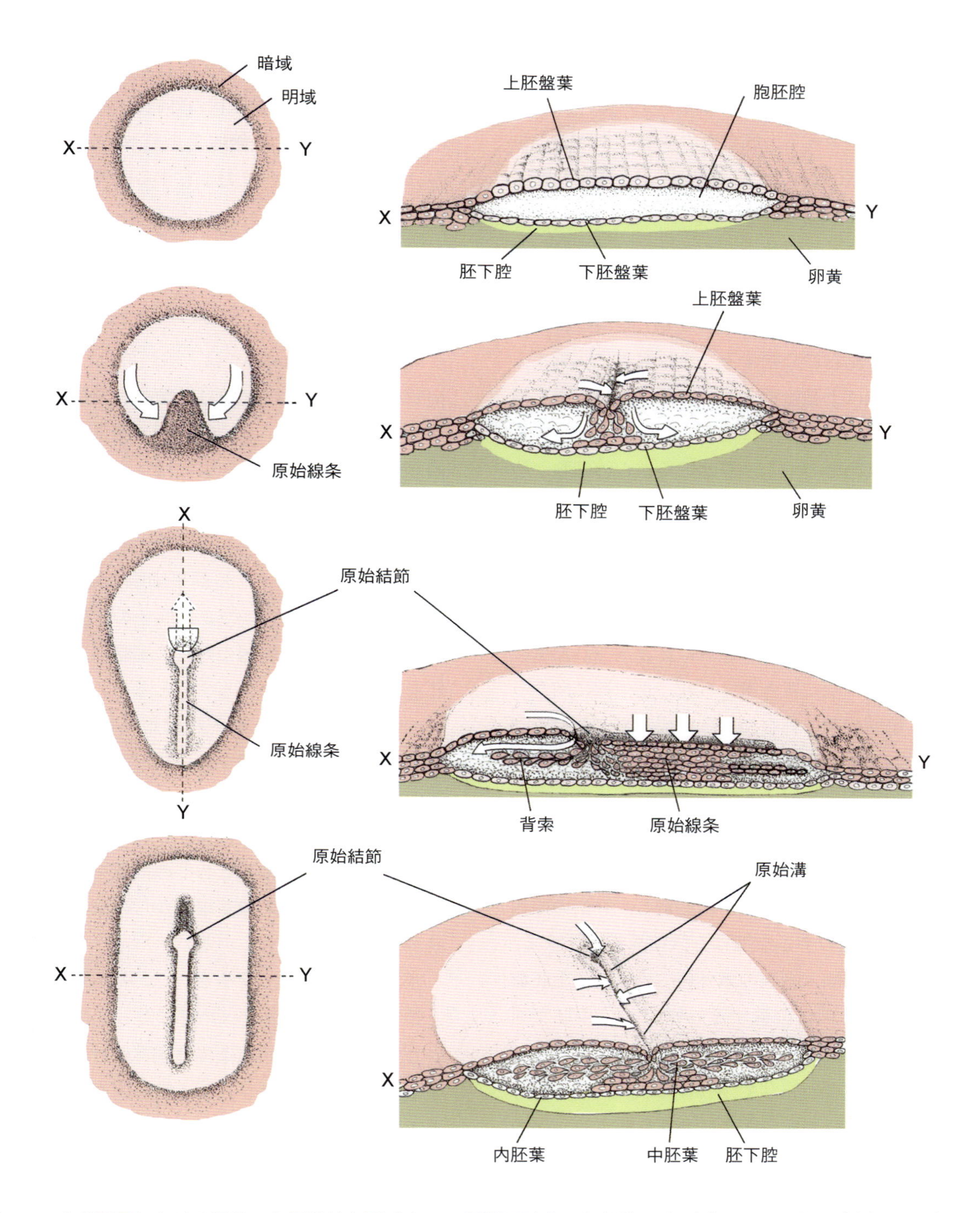

図6.3　ニワトリ胚子における胚盤から原始線条形成までの原腸胚形成の各段階．仰臥位からみた胚子（左）およびそれに対応する断面図（右）．矢印は細胞移動の方向を示す．

鳥　類

鳥類（avian species）の胚盤葉は明域と暗域の二つの部位で構成されている（**図6.3**）．明域の細胞は，将来の外胚葉，内胚葉，中胚葉からなる上胚盤葉と胚外内胚葉となる下胚盤葉の二層を形成する．ニワトリ胚子の胚盤葉の二層領域はナメクジウオや両生類で観察される球状の胞胚に対応する平板状構造である．

鳥類の上胚盤葉は胞胚の動物極細胞に対応し，下胚盤葉は植物極細胞に対応し，その間の介在空間は胞胚腔に対応する．鳥類の胚盤葉の臓器形成部分は，その長さの約5分の3ほど，その尾側端から頭側に伸びる明域の領域に限定される．胚盤葉の表層の細胞が正中線に向かって収束することに起因する胚盤葉の肥厚は，原始線条を形成する．原始線条の頭側端部では，細胞濃度の増加により原始結節またはヘンゼン結節と呼ばれる構造が形成される（**図6.3**）．原始線条およびその関連節の形成により，胚子の頭側 - 尾側の軸が確立され，胚子を左右に分割する．原始線条に収束する上胚盤葉の細胞は上胚盤葉と下胚盤葉の間の空間を構築するのではなく，その中に進入する．結果として生じるくぼみが原始溝である．原始線条からの細胞が胞胚腔内に深く入るにつれて，それらは上胚盤葉の側方領域からの細胞によって置換される．上胚盤葉から遊走する細胞は下胚盤葉と接触し，それに取って代わり，胚性内胚葉を形成する．上胚盤葉の細胞の進入が続くと，表面から消えた胚盤葉の領域は，分割された隣接する領域からの細胞に置き換えられ，正中線に向かって移動し，原始線条の細胞に取って代わる．新しく到着した細胞は下方および内側に遊走を続ける．したがって，原始線条を構成する細胞は常に置換されているものの，構造自体は原腸胚形成を通じて存続する．内部に進入する原始結節の細胞は頭側に脊索と呼ばれる中胚葉細胞の列を形成しながら遊走し，脊索の頭側にある中胚葉細胞の小さな塊は脊索前板を形成する．原始線条体からの陥入細胞の頭外側への移動は上胚盤葉と下胚盤葉との間に位置する外側（側方）中胚葉を形成する（**図6.3**）．

原始線条の発達と一致して，明域の大きさは増大し，尾側より頭側領域での成長がより急速に起こり，その結果，洋梨形の構造が形成される．この間，原始線条はその最大長まで伸びる．上胚盤葉周辺の細胞の分裂速度が低下し，移動のために上胚盤葉から失われた細胞の枯渇に対する補充が終わると，原始線条と原始結節は退行する．原始線条と原始結節は縮小するが，脊索を形成し続け，最終的に胚子の全長にわたって伸びる．

細胞は原始線条を通って移動するにつれて，進行性の形態学的変化を受ける．上胚盤葉の細胞は明瞭な基底面および頂端面を有する基底膜上の典型的な上皮細胞と類似する．これらの細胞は原始線条を通って遊走し，伸長して特徴的な瓶状の外観を呈し，瓶細胞（bottle cell）と呼ばれる．原始線条を離れると，これらの細胞は遊走および分化能力を有する間葉細胞の形態および特性をとる．

哺乳類

哺乳類（mammals）では，胞胚腔は空の卵黄嚢腔と同等のものである．胚盤は鳥類の胚盤葉の胚盤に匹敵する位置を占める．高等哺乳類の卵黄含有量は大幅に減少するが，その原腸胚形成は鳥類の多卵黄の卵で観察されるのと極めて類似した方法で進行する．哺乳類の胚盤胞の原腸胚形成過程の第一段階は，その下面に位置する胚盤に由来する扁平細胞の層の形成である．この扁平細胞の層はニワトリ胚子の胚盤葉の下胚盤葉に相当する．内細胞塊の残りの細胞はニワトリ胚子の胚盤葉の上胚盤葉に相当すると考えられる．最初に胚盤の領域で観察された下胚盤葉の細胞は後に内面に沿って伸びて，胞胚腔を被い，二層の卵黄嚢を形成する．哺乳類における胚葉の発達は原始線条および原始結節の形成を伴う鳥類の発達と類似する．原始線条は原腸胚形成の開始地点としての機能を果たす．上胚盤葉の尾側縁域は上胚盤葉細胞からの原始線条の形成を誘導すると考えられている．

誘導シグナルはアクチビン，コーディン，Wnt-8cおよびVg-1などのタンパク質によって仲介される．しかし，いったん原始線条体の誘導が行われると，隣接する上胚盤葉細胞はさらなる誘導的影響に応答する能力を失い，それによって一つの原始線条だけが形成されることを確実にする．発達する原始線条の頭側 - 尾側軸と平行して，異なる遺伝子発現パターンが確立される．原腸胚形成マーカーFgf-8の発現領域は原始線条の背側層に限定されている．*Not-1*，*Chordin*および*Hnf-3 β*などの遺伝子が線条の頭側端部で発現され，この領域に*Wnt-8c*，*Nodal*および*Slug*は存在しない．*Brachyury*および*Vg-1*などの他の遺伝子は，その尾側端部から離れた原始線条全体にわたって均一に発現する．

脊椎動物の左右対称性の確立

脊椎動物の臓器は胸腔および腹腔に非対称に配置されている．内臓の位置の一貫性はこの配置が分子過程によって調整されることを示唆している．発生の左右パターンは原腸胚形成の間に確立される（**図6.4**）．遺伝子の突然変異による内臓逆位（*situs inversus viscerum*；*Iv*）は左右軸の片側に各臓器の位置を無作為に並べる．左右軸決定遺伝子（*inversion of embryonic turning*；*Inv*）と呼ばれる遺伝子が関与した無作為の配置は，すべての臓器を逆転させ，その結果生じる非対称性は*Iv*遺伝子の突然変異よりも個体にとって有害な結果が少ない．

左右対称性に関連する発生異常の発生率は，発生中の胚子の原始結節細胞における単線毛の欠陥や欠損と相関する．これらの細胞の観察は結節領域周辺の左側への線毛運動を示した．この証拠は，左側への線毛運動によって左側の構造発生を引き起こす因子の濃度を高めるという仮説を強く支持している．原始線条の正中線に沿って生じる調節された細胞死の過程も，左右対称性の確立に役割を果たすと考えられている．壊死とアポトーシスの両方とは異なるこの形態の細胞死の特徴の一つは細胞破片が正中線領域に存続することである．ギャップ結合伝達を制限することによって，この細胞破片は発生中の胚子の左側と右側の間の物理的障壁として機能している可能性がある．

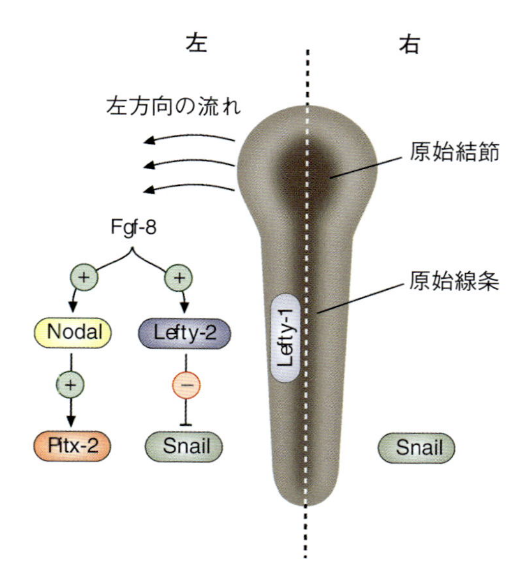

図6.4　左右対称性に関連したシグナル伝達と転写因子の分布に及ぼす原始結節と脊索の影響．

マウスモデルでは，左側への線毛運動はおそらく*Inv*遺伝子の産物である可能性のある同定されていない因子の活性化を引き起こす．この産物は次に*Nodal*遺伝子および*Lefty-2*遺伝子を活性化する．*Nodal*タンパク質および*Lefty-2*タンパク質の右側への拡散は左側に分泌される*Lefty-1*遺伝子の産物によって阻害される．*Nodal*はこの遺伝子を発現する臓器内での左側発生の形成を誘導する遺伝子である*Pitx2*を活性化する．*Nodal*，*Lefty-2*，またはその両方の遺伝子産物は*Snail*遺伝子を抑制し，その産物は右側の発生に必要である（**図6.4**）．

双胎形成

「双胎」（twinning）という用語は通常は単胎出産性の動物において同じ妊娠で発達する2個体を意味する．双胎は二卵性および一卵性の二つの異なる種類に識別される．二卵性双胎は一繁殖周期に別々の精子によって受精された二つの別々の卵胞に由来する二つの卵母細胞から発生する．複数回の排卵，その結果としての二卵性の双胎が遺伝的根拠を有するという証拠がある．一卵性双胎は単一の精子によって受精された単一の卵母細胞から発生する．2割球期は，一卵性双胎が発生する可能性のある胎生発育の最も初期の段階であり，各割球がそれ自身の胎膜で別個の個体を形成する（**図6.5A**）．遺伝的および産科的な証拠はヒトの一卵性双胎の約30％がこのように発生することを示している．単一の透明帯内での二つの胚盤胞の観察はこの形態の双生児妊娠がウシで起こり得ることを示唆している．また，卵割の2細胞期に単一の割球が適切なレシピエントへの移行後に正常個体に発生することが，実験動物および家畜において実験的に示されている．一卵性双胎が発生する第二の方法は内細胞塊の複製である（**図6.5B**）．この例では，双胎は別々の羊膜で発生するが，卵黄嚢と絨毛膜を共有する．出生時の胎膜の研究はヒトの一卵性双胎の70％がこのようにして発生することを示唆している．双胚盤はヒト，ヒツジ，ブタの胚盤胞で観察されている．*in vitro*で，ウ

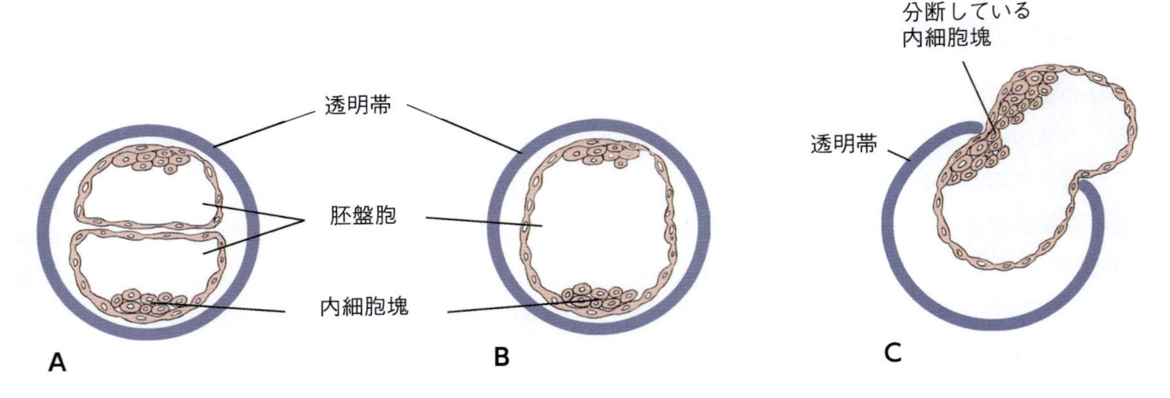

図6.5　一卵性双胎の形成をもたらす胎生発育間の事象．A：単一の透明帯内における二つの胚盤胞の形成．B：単一の胚盤胞内における二つの内細胞塊の形成．C：透明帯から出現する際に起こる胚盤胞の分断．

シ胚盤胞の分断が，透明帯から出現する際に起こることが観察されている（**図6.5C**）．分断された部分が二つの異なる胚盤胞を形成するのに十分な数の内細胞塊細胞および栄養膜細胞の両方をそれぞれが含む場合，二つの別個の個体がそれぞれ独自の胎膜で発生することができる．一卵性双胎が発生する可能性がある第三段階は，それぞれが別個の個体を形成する二つの原始線条の形成を伴う胚盤期である．このような双胎は共通の羊膜，卵黄嚢および絨毛膜を共有する．ヒトの一卵性双胎の約1％がこのように発生することが報告されている．2～3本の原始線条を持つ胚盤葉がニワトリ胚子で説明されている一方で，複数の原始線条を持つ胚盤に関する信頼できる説明は哺乳類では報告されていない．ヒトにおいて，双胎は約85件の出生に1件の割合で発生し，これらの約25％は一卵性である．家畜においては，双胎の発生率は種や品種の影響を受ける．ウシにおける自然な双胎は2～3％の割合で発生し，さらに一卵性双胎の発生率は約0.1％または同性双胎の約10％である．ヒツジにおける双胎の頻度は2～5％であり，低地種の方が山岳種よりも高い．ウマでは，複数回の排卵の発生が最大30％であると報告されているが，双胎の出生率は2％未満である．高い複数回の排卵率と低い双胎の割合との間にこのような相違があるのは，雌ウマにおける双胎に伴う高い出生前死亡率に起因する．生まれながらの生理学的機序が雌ウマの双胎を阻害するという証拠もある．超音波検査を使用すると，雌ウマではしばしば二つの胚盤胞が観察されるが，数日後に子宮の移動の初期段階で一つしか検出されない．

一繁殖周期において，二つの異なる雄からの精子によって受精された卵母細胞の結果として起こる双胎は過妊娠（superfecundation）と呼ばれる．多胎動物（litter mates）では，子は同腹子と呼ばれる．

結合双胎

二つの原始線条の異常で不完全な分離は結合双胎をもたらす．ヒトにおいては，結合双胎は10万件の出生に1件の割合で発生すると推定されている．

一卵性双胎の割合は400件に1件であると報告されている．ウシの結合双胎の発生率は他の家畜よりも高いと報告されているが，ヒトで報告された割合と同等の割合で発生する．発生学，産科学および奇形学に関する参考資料では，結合双胎に関する解剖学的な説明と分類が概説されている．

（塚本康浩　訳）

さらに学びたい人へ

Carlson, B.M. (2013) Formation of germ layers and early derivatives. In B.M. Carlson, *Human Embryology and Developmental Biology*, 5th edn. Elsevier Saunders, Philadelphia, PA, pp. 335-375.

Gilbert, S.F. (2013) *Developmental Biology*, 10th edn. Sinauer Associates, Sunderland, MA, pp. 303-314.

Noden, D.N. and de Lahunta, A. (1985) Gastrulation in birds and mammals. In D.N. Noden and A. de Lahunta, *Embry-*

ology of Domestic Animals, Developmental Mechanisms and Malformations. Williams and Wilkins, Baltimore, MD, pp. 32-40.

Solnica-Krezel, L. and Sepich, D. (2012) Gastrulation: making and shaping germ layers. *Annual Review of Cell and Developmental Biology* 28, 687-717.

第7章

発生における細胞間シグナル伝達と遺伝子機能
Cell signaling and gene functioning during development

要　点

- 発生過程において細胞および細胞内で起こる現象は，高度に保存された，比較的少数のシグナル伝達経路によって誘導される．
- パラクリン，オートクリンおよび接触依存性メカニズムを含む近距離のシグナル伝達は胚子発生の中心である．
- シグナル伝達機構は特定の種における発生パターンを一貫して再現するために正確かつ再現性がなければならない．
- シグナル伝達因子は細胞分裂，分化，移動，接着，アポトーシスを含む一連の発生過程を制御する．
- モルフォゲンは標的細胞の微小環境においてその濃度に依存して細胞の分化経路を決定する．
- DNAメチル化ならびにヒストン修飾はエピゲノム状態の決定に寄与し，その結果，転写因子と協調して遺伝子発現を調節するように作用する．
- リアルタイムPCRやRNASeqなどのハイスループット技術を含む遺伝子発現解析を可能にする多数の技術が出現してきている．

細胞間のシグナル伝達は胚子の発生・分化・発達にとって極めて重要な役割を果たしている．効果的な細胞間シグナル伝達を行うために，進化の過程において多細胞生物は，多様なシグナル伝達機構が進化し，それらが協調して働いている．細胞から組織ならびに器官への分化誘導，またその結果，新たな種の発達に繋がる分化誘導は高度に保存された比較的少数のシグナル伝達経路によって誘導される．また，個体の遺伝的な設計図は受精の瞬間に決定されるが，この設計図が実現するためには，細胞間のシグナル伝達がタイミングと強弱の両方が正確かつ統合的に制御される必要があり，これが阻害されると胚子発生は障害を受ける．

組織および器官内において，標的細胞にシグナルを伝達する仕組みにはさまざまなものがある．近接細胞間のシグナル伝達機構として，パラクリン（paracrine）分泌およびオートクリン（autocrine）分泌が初期胚の発生において重要な役割を果たしており，脊椎動物では発生が進み体の構造が複雑になるにつれ，遠隔細胞間におけるシグナル伝達機構も必要となってくる．

細胞間の情報伝達による効果はシグナルの機能や特性によって多様であるが，標的細胞の機能変化分裂，分化，形態変化，移動，接着，アポトーシスなどを誘導する（**図7.1**）．

シグナルの種類

シグナル伝達分子はさまざまな方法で標的細胞に運ばれており，近接する細胞間シグナル伝達はパラクリン，オートクリンならびに細胞間接着依存性の伝達，また遠隔間の細胞間シグナル伝達はシナプス性および内分泌性シグナル伝達がある（**図7.2**）．

パラクリンシグナル伝達

パラクリンシグナル伝達は細胞間の直接的な接触を必要としない近接した細胞間のシグナル伝達であり（**図7.2 A**），放出された伝達物質は細胞外マトリックス（extracellular matrix；ECM）を通り抜けて拡散され，近接する細胞に到達できる．しかし，パラクリンシグナル伝達物質はECMの特性によって移動を阻害されるので，その情報伝達の効果は局所に限られる．

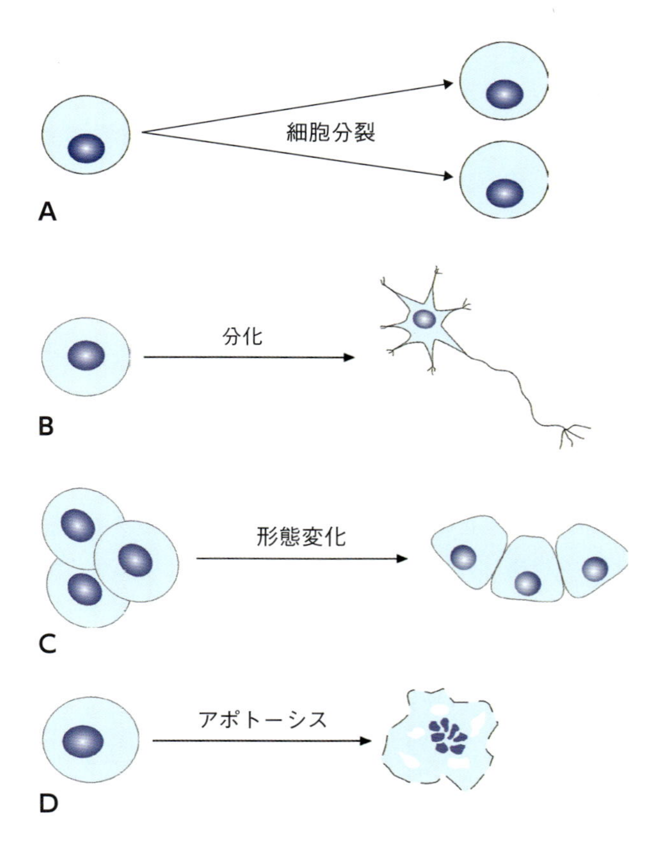

図7.1　細胞外シグナルによって誘導される細胞の変化．
A：細胞分裂．B：分化．C：形態変化．D：アポトーシス．

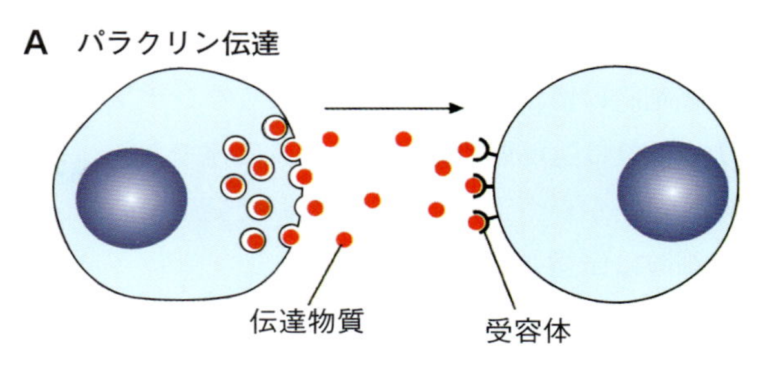

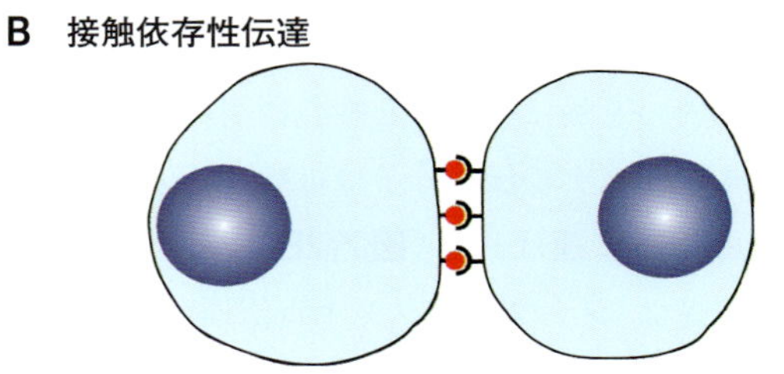

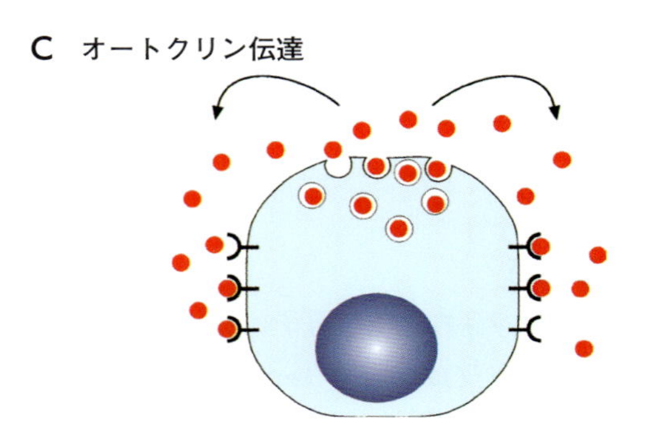

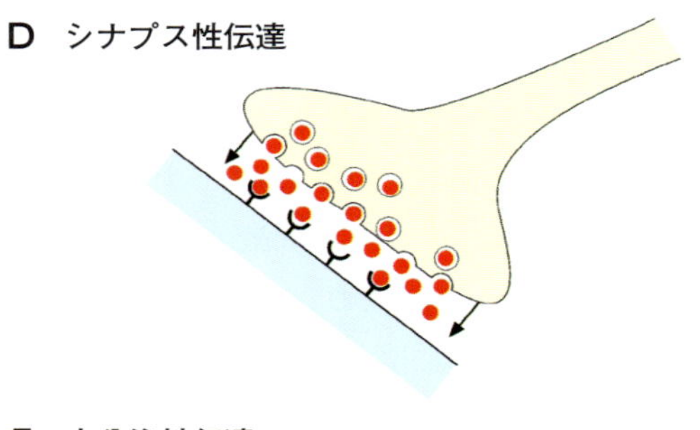

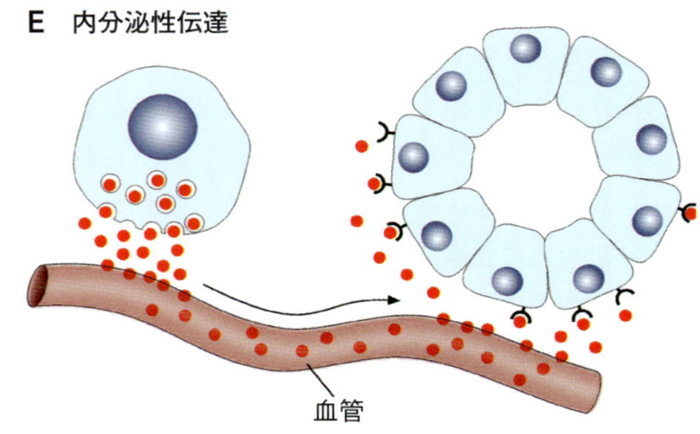

図7.2　近接細胞間と遠隔細胞間のシグナル伝達機構．A：パラクリン伝達．B：接触依存性伝達．C：オートクリン伝達．D：シナプス性伝達．E：内分泌性伝達．

細胞接触シグナル伝達

細胞接触シグナル伝達と呼ばれる近接する細胞間のシグナル伝達は初期発生において特に重要であり，シグナルを発信する細胞が標的細胞と直接接触することが必要であり，3種類が存在する（**図7.2B**）．第一は，細胞膜中のタンパク質として存在するシグナル分子であり，近接する細胞の細胞膜に発現している特定の受容体に結合するタイプ，第二は，細胞基質に分泌されたリガンドが標的細胞の受容体に結合するタイプ，第三は，細隙結合（ギャップ結合）を介して，隣接細胞へ直接伝達されるタイプである．

オートクリンシグナル伝達

細胞は自己あるいは同じタイプの細胞に対してもシグナル伝達を行うことができ，同じタイプの細胞集団が共通の発生過程を進む初期胚子発生において重要な役割を担っている（**図7.2C**）．

シナプス性シグナル伝達

神経細胞の情報伝達でみられるようなシナプス性シグナル伝達は遠隔間の細胞シグナル伝達であり，シグナルは速やかかつ正確に体内の離れた発生中の部位にある細胞に伝達される（**図7.2D**）.

内分泌性シグナル伝達

シナプス性シグナル伝達と同様に，内分泌性シグナル伝達は体内の遠隔に位置する細胞に情報を伝達することができ，シグナル伝達分子は拡散あるいは血流に乗って標的細胞に運ばれる（**図7.2E**）．このタイプのシグナル伝達は，シナプス性シグナル伝達と比較して，情報伝達速度が比較的緩やかな傾向があるが，その効果は持続性があり，比較的少数のシグナル伝達によって広範囲の標的細胞に対して持続的な影響を与えることができる.

シグナル伝達経路

主に，Notch，線維芽細胞成長因子（fibroblast growth factor；Fgf），上皮成長因子（epidermal growth factor；Egf），ウィングレス（wingless；Wnt），ヘッジホッグ（hedgehog；Hh），形質転換成長因子（transforming growth factor β；Tgf-β），ヤヌスキナーゼおよびシグナル伝達兼転写活性化因子（JAK-STAT）経路，Hippoシグナル，Junキナーゼ（Jun kinase；JNK），NF-κβ，レチノイン酸受容体（retinoic acid receptor；RAR）の11個のシグナル伝達経路が胚子発生のシグナル伝達に関わる．これらの経路のうち，NotchおよびHippo経路のみが接触依存性シグナル伝達であり，残りの経路はパラクリンシグナル伝達であるが，これらのシグナル伝達は多様な過程を制御し誘導する．細胞分化の状態によって，細胞運命，アポトーシス，増殖，細胞骨格の再構成，極性，接着および移動などの誘導が活性化される.

発生のシグナル伝達制御

シグナル伝達経路は異なる分子や調節機構を持つが，時空間の制御において多くの共通する特徴を持っている.

胚子発生におけるシグナル伝達は細胞内において直線的に伝達されるようにみえる．これは成獣における複雑なシグナル伝達経路とは対照的である．発生におけるシグナル伝達によって起こる変化は通常不可逆的であり，そのシグナル伝達と効果は確実性が求められるが，それは「オン/オフ」型シグナル伝達と濃度勾配型シグナル伝達の両方に当てはまる．それぞれのシグナル伝達経路は標的遺伝子のエンハンサーあるいはプロモーターに存在する特定のシグナル伝達に応答するエレメントに順番に結合し，一つ以上の転写因子の活性を制御する.

シグナル伝達は特定の種における発生パターンの再現のためには正確でなければならない．負のフィードバック機構は外部のシグナル伝達に対して中和する働きを持つ一方，シグナル伝達の微調整，さらにはシグナル伝達が及ぶ範囲を決定する働きを持つ.

Nogginは受容体に結合することによってリガンドの機能を阻害する因子の一つであり，Tgf-βリガンドに結合することによってTgf-βシグナル伝達を阻害する負の調節因子である.

標的遺伝子の転写活性化が起こる転写の境界は次のようなメカニズムによって生成する．接触依存性シグナル伝達の場合，リガンドは膜に結合するため，シグナル伝達の境界は送受信細胞間の接触する範囲によって決まる．一方，リガンドが拡散性である場合，段階的なシグナル伝達が形成され，発現する遺伝子量によって厳密な誘導の境界が決まる.

誘導と受容能力

器官の形態形成期間において，特定の細胞集団が隣接する細胞集団の運命に影響を与えるような相互作用は「誘導」（induction）と呼ばれ，パラクリンや接触依存性シグナル伝達によって行われる.

誘導される細胞は，シグナルの受け取り，読み取り，応答する能力に加えて，細胞の微小環境に影響を受ける．誘導には「指令的誘導」と「受容的誘導」の二つのタイプがあるが，指令的誘導は細胞が与えられたシグナルに応答し特定の分化が進行し，シグナルの非存在下では異なる分化過程に進む．受容的誘導は，すでに特定の方向への分化が決定している細胞群に対して，その分化の進行のためにさらなるシグナル伝達による誘導が必要な場合である．

発生過程にある生物では，進行性の複雑な分化誘導が連続的に起こり，その結果初期胚の基本的な体構造が確立される．体構造は徐々に精密になり，その結果，高度の機能と固有の形態を持つ生物が生まれる．

「受容能力」(competence)とは，特定の誘導シグナルに応答する細胞の応答能のことであり，応答能を持つ細胞はシグナル伝達分子に結合できる受容体を持つ必要があり，さらに最終的に細胞内の標的と結合できる細胞内シグナル伝達装置を持つ必要がある．

このようなシグナル伝達系の例として，転写因子による個別の遺伝子あるいは一連の遺伝子の活性化がある．隣接細胞間のシグナル伝達機構によって分化誘導を受ける細胞は細胞の移動によって誘導細胞との接触が失われると，その受容能力も失われることがある．

細胞内シグナル伝達因子と受容体

脊椎動物において，細胞が伝達する化学物質は多様であり，タンパク質，小型のペプチド，アミノ酸，核酸，ステロイド，脂肪酸，可溶性ガス，単一分子あるいはイオンなどによって情報伝達される．これらの化学的シグナル伝達物質は細胞外および細胞内シグナル伝達分子に分類でき，典型的な例としては，それらが生成される細胞からエキソサイトーシスや拡散によってシグナルが伝達される．

これらのシグナルを受容する細胞の細胞表面上に存在する受容体は多様であり，Gタンパク受容体，イオンチャネル受容体，チロシンキナーゼ受容体，セリン-スレオニン受容体およびステロイド受容体スーパーファミリーに分類される．

Gタンパク受容体は細胞内のGタンパク質を活性化し，その結果，GTP (guanosine triphoshate；グアノシン三リン酸)と結合し，GTPからエネルギーを放出してGDP (guanosine diiphoshate；グアノシン二リン酸)へ変換し，生化学的活性を持つようになる．

Gタンパク受容体ファミリーは一つのファミリーであり，多様な構造と機能を持つ膜結合型受容体を形成しており，タンパク質，カルシウムイオン，小分子からのシグナルの認識および伝達に関与している．イオンチャネル受容体は細胞膜を介したカリウムおよびナトリウムイオンなどの小分子の移動を制御する．線維芽細胞成長因子受容体のようなチロシンキナーゼ受容体はチロシンリン酸化によって，セリン-スレオニン受容体はセリンまたはスレオニンのリン酸化によって細胞内タンパク質を活性化する．Tgf-β (形質転換成長因子) スーパーファミリーは，セリン-スレオニン型受容体を介して作用する．

ステロイド受容体スーパーファミリーは細胞質基質と核膜に存在し，細胞膜を通過して拡散する疎水性のシグナル伝達分子と相互作用する．これらの受容体はリガンド結合ドメイン，DNA結合ドメインおよび転写活性化ドメインで構成され，エストロゲン受容体や甲状腺ホルモン受容体などもこのスーパーファミリーに属する．

発生におけるパラクリンシグナル伝達と接触依存性のシグナル伝達

発生において，多くの基幹的な発生過程の進行は，パラクリン性因子，ヘッジホッグ(Hh)ファミリー，線維芽細胞成長因子(Fgf)ファミリー，ウィングレスファミリー(Wnt)，形質転換成長因子(Tgf-β)スーパーファミリーなどや接触依存性シグナル伝達(Notchなど)によって誘導される．

ヘッジホッグファミリー

ヘッジホッグ(Hedgehog)ファミリーは細胞内シグナル伝達分子であり，発生中の多様な，かつ基幹的な過程を支配しており，ショウジョウバエで最初に同定された．ヘッジホッグ遺伝子は哺乳類においてはソニックヘッジホッグ(*Sonic Hedge-hog*；Shh)，インディアンヘッジホッグ(*Indioan Hedgehog*；Ihh)，デザートヘッジホッグ(*Dessert Hedgehog*；Dhh)の3種類が同定されている．これらのヘッジホッグ分子はそれぞれの状況に応じて異なる機能を発揮し，細胞の最終的な分化の方向，細胞増殖および細胞の生存を制御している．

*Shh*遺伝子は初期胚子発生中の体構造決定に必要な

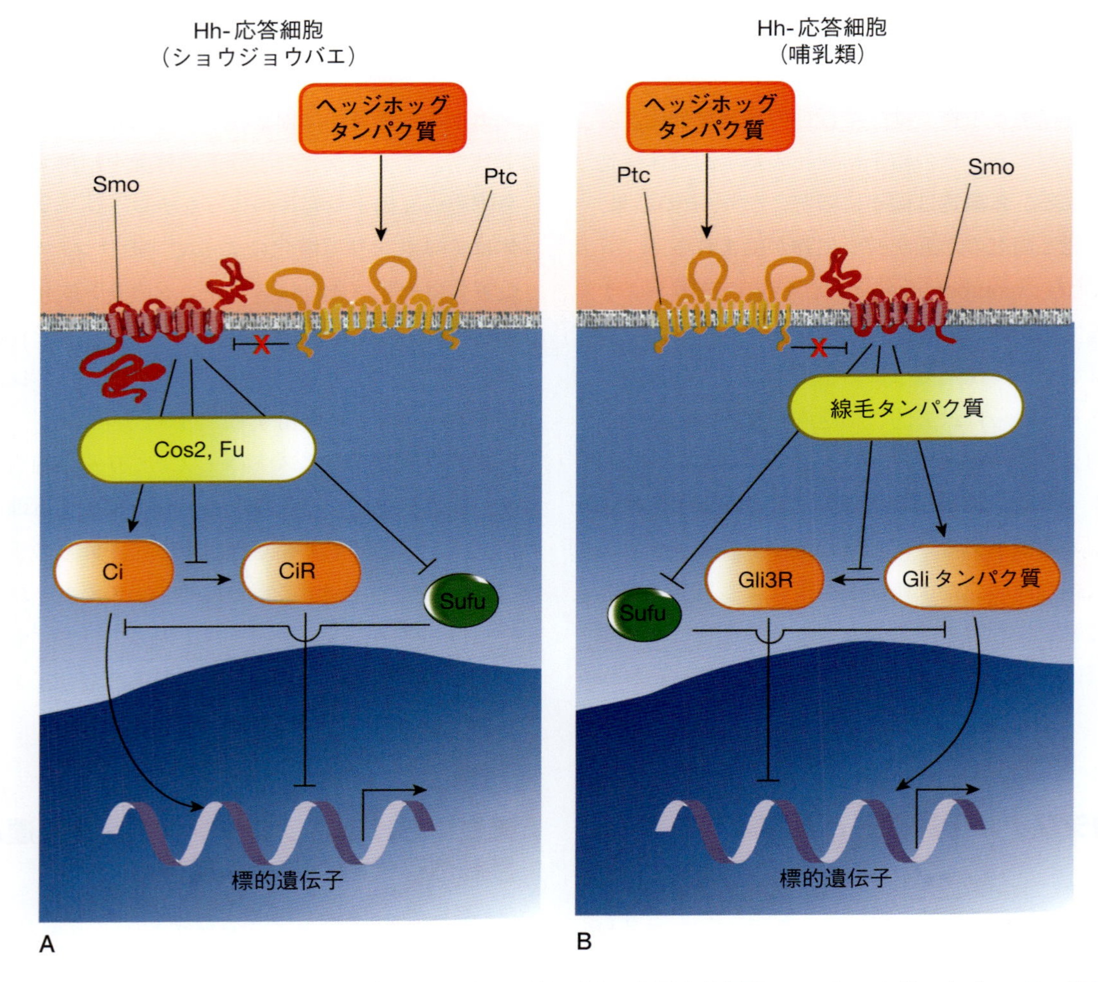

図7.3　ヘッジホッグタンパク質による細胞内のヘッジホッグシグナル伝達変換経路．A：ショウジョウバエ．B：哺乳類．

遺伝子群の活性化に必須なシグナル伝達タンパク質をコードしており，原始結節脊索全体，神経管の底板，初期消化管の内胚葉，肢芽において発現している．

ヘッジホッグシグナル伝達の初期において，ヘッジホッグリガンドはパッチ（patched；Ptc）受容体に結合するが，ヘッジホッグリガンドの非存在下では，Ptc受容体はGタンパク質共役受容体のSmoタンパク質を阻害する（**図7.3 A**および**B**）．この抑制によって，転写因子であるCi（Cubitus interruptus；ショウジョウバエの場合）あるいはGli（脊椎動物の場合）が蓄積したのち，それらのタンパク質が切断され，それぞれ転写抑制因子CiRあるいはGli3Rとなる．脊椎動物では，三つのGli転写因子があり，組み合わせによって，細胞分化の方向を決定する．ヘッジホッグがPtc受容体と結合したとき，Smoothened（Smo）タンパク質と相互作用することによって，Ci/Gliタンパク質が核内に入り，標的遺伝子の発現が促進される（**図7.3**）．Shhやそのホモログあるいは細胞内シグナル伝達因子の阻害に関連した，発生あるいはそれに関連する異常を**表7.1**に示すが，例えば単眼症はShhシグナル伝達の阻害と関連がある．

線維芽細胞成長因子ファミリー

線維芽細胞成長因子ファミリー（fibroblast growth dactor；Fgf）と呼ばれるパラクリン因子は構造的共通性を持つ20種類以上のタンパク質からなり，受容体チロシンキナーゼ受容体でもある線維芽細胞成長因子受容体を活性化する．チロシンキナーゼ受容体は細胞膜貫通型タンパク質であり，リガンド結合部位は細胞膜の外側に位置し，細胞の内側には不活性のチロシン

表7.1 ショウジョウバエと哺乳類におけるShhシグナル伝達の媒介因子，哺乳類種における活性，シグナル伝達因子や受容体が欠損した場合の発生における影響

	ショウジョウバエ	哺乳類	哺乳類における活性	シグナル伝達因子や受容体が欠損した場合の発生における影響
シグナル伝達因子	Hedgehog（Hh）	Sonic hedgehog（Shh）	初期胚における腹側神経管，四肢の前後軸と腹側体節の誘導．	全前脳症，単眼症，半葉全前脳症，多指症，口唇裂
		Desert hedgehog（Dhh）	マウス発生中の精巣のセルトリ細胞および末梢神経のシュワン細胞での局在．	性腺発育不全
		Indian hedgehog（Ihh）	骨の成長および分化．	短指症，先端大腿骨頭異形成，先端脳梁症候群
受容体	Patched（Ptc）	Patched（Ptch）	Shh，Dhh，Ihhタンパク質の受容体ならびに腫瘍抑制因子．	基底細胞母斑症候群，食道扁平上皮癌，毛包上皮腫，全前脳症
	Smoothened（Smo）	Smoothened（Smo）	Hhタンパク質によって誘導されるシグナルを伝達するPtchタンパク質に関連するGタンパク質共役型受容体．Hhタンパク質とPtchタンパク質の結合によって，Ptchタンパク質とSmoタンパク質によるシグナル伝達阻害は解除される．	基底細胞癌，髄芽腫，母斑性基底細胞癌症候群，膵癌
細胞内因子	Cubitus interrupts（Ci）	Glioma-associated oncogene homolo-gue（GLi1, 2 and 3）	Hhシグナル伝達経路に関与するジンクフィンガー転写因子．プロセッシング，輸送および分解を含む多くの機構により調節される．	基底細胞癌，髄芽腫

キナーゼが存在する．チロシンキナーゼは標的タンパク質をリン酸化する能力を持つ酵素である．Fgfがこの受容体に結合すると，不活性のチロシンキナーゼが活性化し，一群の細胞内の標的タンパク質をリン酸化する．その結果，標的タンパク質が活性化され，細胞内において新たな機能が現れる（**図7.4**）．

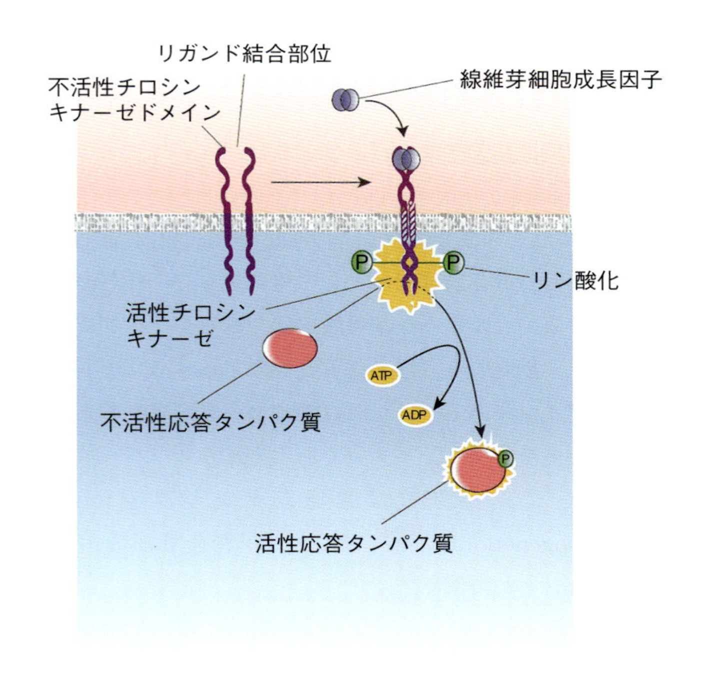

図7.4 線維芽細胞成長因子（Fgf）のシグナル伝達変換経路は細胞内タンパク質のリン酸化とその活性化によって制御される．

ウィングレスファミリー

ウィングレス（Wingless；Wnt）ファミリーは，システインを多く含む分泌性糖タンパク質をコードする遺伝子群であり，細胞外シグナル伝達因子として機能する．Wnt遺伝子は細胞の分化決定因子であるとともに，生物の多様な生体内反応を制御しており，初期胚子発生過程の体構造のみならず出生後の細胞増殖や分化にも影響を与える．パラクリン性因子であるWntファミリーメンバーはFrizzledファミリータンパク質に属する膜貫通型受容体との相互作用するが，標準的なWnt経路はWnt/βカテニン経路として知られている．Wntシグナル伝達が起こると，核内へβカテニ

ンが移動，蓄積し，T細胞因子ならびにリンパ球エンハンサー因子（T cell factor/lymphoid enhancer factor；TCF/LEF）ファミリーに属する転写因子のコアクチベーターとしてβカテニンは機能する．Wntシグナル伝達が起こらない場合では，βカテニンは破壊複合体と呼ばれるタンパク質の複合体によって分解され，細胞質に蓄積できない．この破壊複合体はタンパク大腸腺腫様ポリポーシス（adenomatous polyposis coli；APC），Axin1およびグリコーゲン合成キナーゼ3（GSK3）が含まれ，そのユビキチン化およびβカテニンのセリン残基をリン酸化することによって破壊する．しかしながら，Wntタンパク質がFrizzled受容体および低密度リポタンパク質受容体関連タンパク質であるLRP5/6に結合したとき，Dishevelledタンパク質がAxinと相互作用し，細胞膜に移動する．Dishevelledタンパク質はLRP5/6共益受容体のリン酸化を刺激し，破壊複合体の活性を阻害するグリコーゲン合成キナーゼ3（GSK-3）の直接的な競合阻害剤として作用し，リン酸化していないβカテニンは細胞質内に蓄積できる．核内においてβカテニンが，DNA結合タンパク質であるLEFやTCFと複合体を形成することができれば，Wntに応答する一連の遺伝子群が活性化される（**図7.5**）．

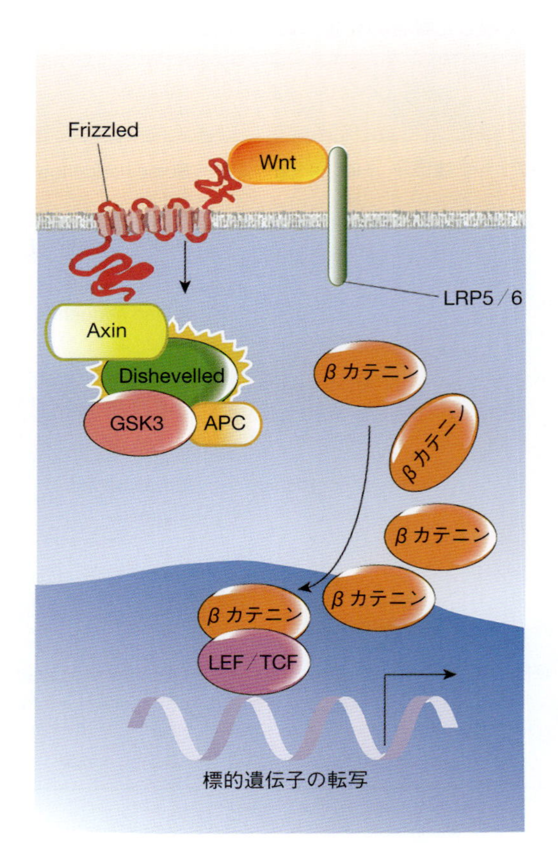

図7.5 ウイングレスのシグナル伝達変換経路はウイングレスタンパク質に応答する遺伝子群を活性化する．

形質転換成長因子スーパーファミリー

形質転換成長因子（Tgf-β）スーパーファミリーは30種類以上の異なるタンパク質があり，胚子発生過程における分化誘導因子として機能する．これらのタンパク質のカルボキシ基領域には，成熟したペプチドがあり，細胞から分泌されると他のTgf-βペプチドとホモダイマーあるいはヘテロダイマーを形成する．多様な機能を持つタンパク質であるTgf-βスーパーファミリータンパク質は骨形成タンパク質（bone morphogenetic protein；BMP）や中腎傍管形成阻害ホルモンとして働く．

Tgf-βスーパーファミリーは細胞内においてSMAD転写因子を活性化する．Tgf-βのリガンドがⅡ型Tgf-β受容体に結合することによって，Ⅰ型Tgf-β受容体はⅡ型Tgf-β受容体と結合できるようになる．この二つの受容体が近接している場合，Ⅱ型受容体は受容体上のセリンまたはスレオニンのリン酸化によってⅠ型受容体を活性化する．

活性化されたⅠ型受容体はSMADタンパク質をリン酸化し，その後SMADタンパク質は転写因子として機能する（**図7.6**）．Tgf-βは詳しく分類されているため，その構造と機能に関する豊富な情報を利用することが可能である．

Notchシグナル伝達

Notchは高度に保存された接触依存性シグナルであり，胚子発生の多くの過程を制御するが，Notchシグナルは Notch受容体と細胞上に並んで発現する Delta/Serrate/LAG-2（DSL）（ショウジョウバエの場合）またはJagged（哺乳類の場合）などの膜結合リガンドとの直接的な物理的相互作用を介して，隣接する細胞の分化に影響を与える．この相互作用はNotchの細胞内

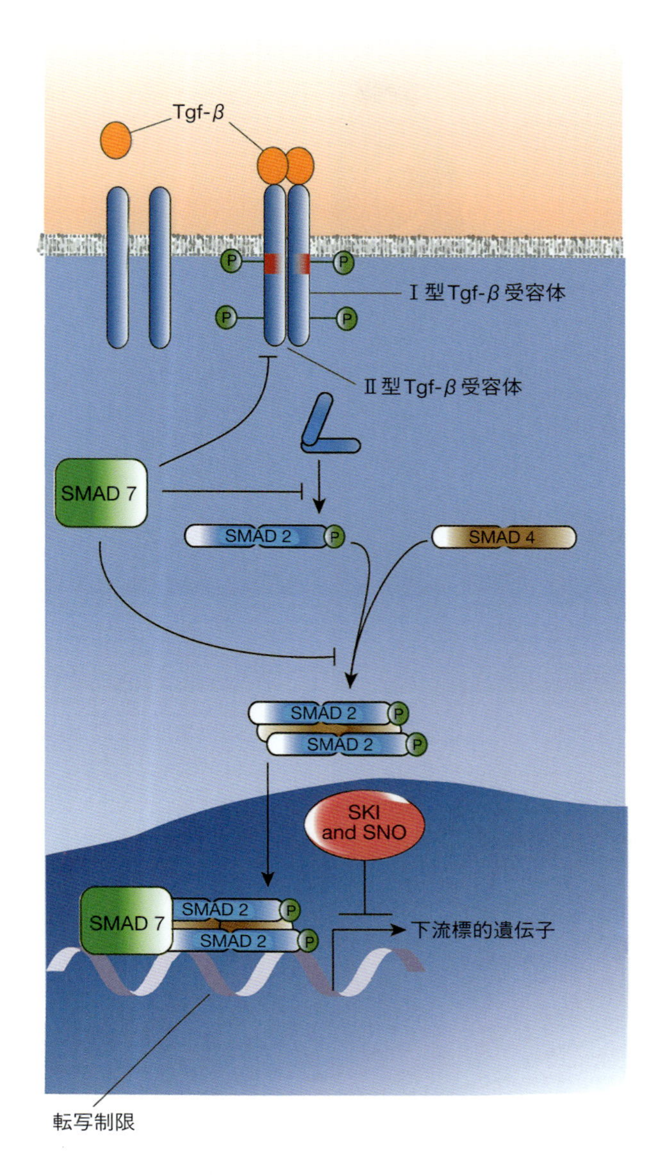

図7.6 形質転換成長因子(Tgf-β)のシグナル伝達変換経路はSMADタンパク質を介してTgf-β応答性の遺伝子群を活性化する.

ドメインを切り離し，核に移行し転写因子として機能するが，細胞の微小環境にも影響を受ける．Notchシグナル伝達は「側方抑制」(lateral inhibition)と呼ばれる，初期の発生能と同等な，細胞の分化誘導に影響を与える転写フィードバック機構と連動している．まず，Notch受容体とリガンドを発現する細胞はNotch標的遺伝子であるFgfファミリーも同等の発現を示すが，Notchシグナル伝達の違いは確率論的な過程を通じて生じる．Notch受容体の密度が増加した細胞はDSLリガンドを受容する細胞になる過程において，Notchの発現が増加し，同時にDSLの発現が減少する．Notchシグナル伝達が比較的弱い細胞はNotch活性が低下し，一方DSL発現は増加する．その結果，シグナルを発信する機能(低Notch/高DSL)の促進，ならびに隣接細胞に対してシグナルを受信する機能(高Notch/低DSL)に適応させるため，安定したフィードバック増幅ループができあがる(**図7.7**).

アポトーシス

アポトーシス(apoptosis)と呼ばれるプログラム細胞死は，正常発生の過程において，さまざまな細胞で起こる．アポトーシスによる細胞死は細胞への急性の傷害で起こるネクローシスとは異なる．哺乳類では，細胞外または細胞内の刺激因子がアポトーシスを誘発し，多くの異なるアポトーシス経路が存在する．

カスパーゼはアポトーシスの主要な細胞内誘導酵素であるが，タンパク質分解酵素に属し，標的タンパク質の特定のアスパラギン残基のC末端を切断する．カスパーゼは生体内で合成されたときには，不活性な前駆体として存在するが，活性化されると，カスパーゼカスケードと呼ばれる過程を通して次々とカスパーゼの活性化が増幅し，固有のタンパク質分解酵素活性が亢進する．活性化したカスパーゼは細胞の生存に不可欠な核ラミンなどのタンパク質も切断するが，同時にDNA分解酵素であるDNaseの放出も誘導する．アポトーシスは，発生，分化の過程において，指趾間組織の再構成において中心的な役割を果たしている．細胞内生存因子(survival factor)はアポトーシス誘導経路を抑制するが，この因子が欠乏するとアポトーシスが活性化する．これらの細胞内生存因子は細胞内タンパク質のBCL-2ファミリーに作用し，その一部はアポトーシスの阻害因子として機能する．

細胞接着と移動

カドヘリンおよびインテグリンは細胞接着に関与する分子の一つである．カルシウム依存性膜貫通タンパ

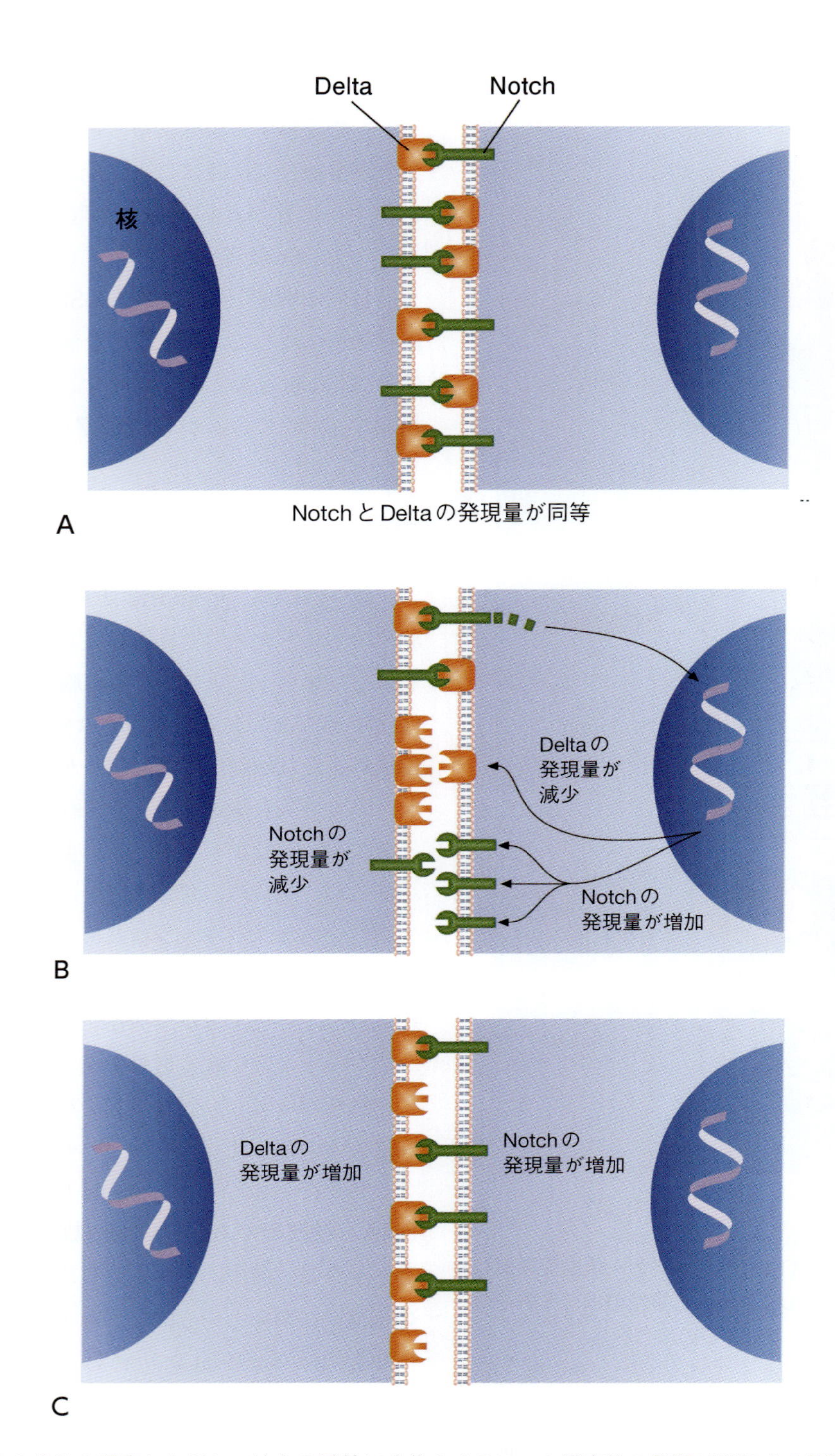

図7.7 隣接細胞の分化を阻害しながら，特定の系統に分化させるNotch受容体の発現が増加する細胞（AからC）.

ク質であるカドヘリンは，細胞外ドメインと呼ばれる外部ドメインを介して，隣接する細胞上のカドヘリンと相互作用する．これらの細胞外ドメインは遺伝子発現を制御するシグナル伝達分子としても機能しながら，細胞接着やアクチン細胞骨格の構築や組み立てが行われるためには不可欠な因子である．カドヘリンの細胞外ドメインはカルシウム濃度に応じて反応する機械的なアンテナとして動作するとされ，シグナル伝達の整合性と伝送能力に影響を与える．細胞外マトリックスにおけるリガンドへの細胞接着はインテグリンの細胞骨格タンパク質への結合によって促進される.

細胞の移動は特に胚子発生において多くの細胞の種類が持つ複雑な過程であるが，細胞の分化状態に大きく依存する．例えば，白血球はアメーバ状に移動し，間質細胞は間葉系の移動を，一方上皮細胞はまとまったシート状で移動する．細胞外マトリックスの構造の多様性ならびに基質内の細胞決定因子が細胞の移動様式に関与している.

モルフォゲン

モルフォゲン（morphogens）は標的細胞の微小環境中において濃度依存的に働き，細胞分化の方向性を決定する物質である．モルフォゲンの濃度勾配形成の有力なモデルは，合成（S），拡散（D）および消失（C）（SDCモデル）モデルであるが，このモデルでは，最初モルフォゲンは細胞の微小環境に分泌され，拡散により分散し，最終的にその効果は固定化や分解およびエンドサイトーシスなどのメカニズムによって消失する．モルフォゲンは，細胞内の経路に対して遺伝子発現を増強あるいは抑制したり，あるいは独立した効果を高めることができるが，特定のモルフォゲンに対して特定の遺伝子の制御因子の結合状態が変化することによる.

脊椎動物では多くの発生過程において，モルフォゲンの影響を受けている．シグナル伝達分子であるShh（ソニックヘッジホッグ）は四肢の発生過程においてモルフォゲンとして作用するが，この分子は発生中の四肢の限局した領域である極性化活性帯（zone of polarising activity；ZPA）で大量に産生される．また神経管の発生過程において，Shhは脊索から分泌されモルフォゲンとして機能する．脊髄におけるShhの媒介パターンは，濃度，暴露時間，経路と標的遺伝子間のフィードバックループ，そして標的遺伝子間の相互作用の少なくとも四つの変化（濃互作用）に依存する．形態形成過程は複雑であるにも関わらず，モルフォゲンの影響は正確であり，かつ外部の影響に対して影響を受けないことが，特定の種における発生の特定の過程が適切に行われる上で特に重要である.

遺伝子の構造と構成

真核生物では，核内のゲノムDNAはヒストンと結合し，DNAとヒストンタンパク質の複合体はクロマチンと呼ばれる．クロマチンは高度に凝縮したヘテロクロマチンとより緩やかな凝縮であるユークロマチンの二つのタイプが存在し，ヘテロクロマチンの中にある遺伝子は不活性である．このクロマチン構造は遺伝子発現に大きな影響を与えるさまざまな修飾を受ける．娘細胞において転写の活性状態が維持されるためには，エピジェネティックな機構によって安定化される必要がある．DNAメチル化，ヒストン修飾，ヌクレオソームの位置，小分子RNAと他の要因の相互作用がエピゲノムに影響を与えることによって，細胞自身が何者であるかを「思い出す」ことができる.

哺乳類におけるDNAメチル化とインプリンティング

DNAメチル化（metylation）はDNA分子に生じる安定的な変であり，遺伝子発現に大きな影響を与える．一般的にシトシンのメチル化はシトシン/グアニン（cytosine/guanine；CpG）反復を含む領域に限られるが，転写抑制と関連するDNAメチル化はX染色体の不活性化における顕著な特徴である．DNAのシトシン残基はメチルトランスフェラーゼによってメチル化され，5-メチルシトシンとなる．哺乳類では，約5％のシトシン残基がメチル化されている．メチル化は安定した過程であり，メチル化DNAは核が連続的に分裂しても変化しないが，これはインプリンティングの重要な特徴である．インプリンティングは，対立遺伝子が父系または母系由来かによって，その遺伝子発現の制御が行われる．インプリンティングを受ける遺伝子群は一般的に染色体の特定領域に限局している．また，インプリンティング制御領域（imprinting control region；ICR）は数kbにわたりCpG塩基対に富んでいる．ICRの特徴として，メチル化を受けるのは，両親のいずれかの対立遺伝子である．さらにメチル化パターンは雄と雌の生殖細胞で異なる．精母細胞におけるメチル化パターンは成熟精子と同じであるが，このパターンは受精後わずか数時間後に変化する．一方，雌の生殖細胞において，メチル化パターンは卵子発生の減数分裂過程で決定される．

二倍体細胞においては通常対立遺伝子が同様に発現するが，インプリンティング遺伝子では，それらが父系または母系由来のものであるかによって発現が異なる．インプリントの対象となっている多くの遺伝子が父性インプリンティング遺伝子を含み，胚子の成長および発生において中心的な役割を果たし，その中には細胞増殖，増殖，遊走，分化を制御するインスリン様成長因子2（insulin-like growth facter；IGF-2）が含まれる．

X染色体不活性化

哺乳類の雌は常染色体の他に2本のX染色体を持つが，雄に比べてX染色体上の相同遺伝子が二倍量発現し，個体に障害をもたらす可能性がある．そこで，雌ではX染色体の遺伝子発現量を雄と同じレベルに保つために，発生の初期に体細胞において2本のX染色体の一方を不活性化させている．バー小体（Barr body）と呼ばれる不活性X染色体が体細胞の核では核膜に付着して観察されるが，X染色体は父方由来または母方由来のどちらかが不活性化される．X染色体の転写不活性化は不活性化中心から開始し，X染色体全体に広がりX染色体上の大部分の遺伝子が不活性化される．X染色体の不活性化は胚盤胞の時期において起こり，X染色体は父方，母方由来のX染色体に対してランダムに不活性化が起こる．このランダムなX染色体不活性化の影響は雌の三毛猫で観察される．このネコでは，毛色を黒またはオレンジにする対立遺伝子はX染色体上に存在しており，両親由来の双方の対立遺伝子のランダムな不活性化によってこの毛色遺伝子も不活性化し，体表の毛色の縞模様ができる．

ヒストン修飾

遺伝子制御における翻訳後のヒストン修飾は電荷中和仮説，ヒストンコード仮説とシグナリング経路仮説の三つの仮説によって説明できる．まず，電荷中和仮説では，ヒストンアセチル化およびヒストンのリン酸化特異的修飾は，クロマチン構造の全体の電荷を変化させることによって，クロマチンの脱凝縮が起こる．ヒストンのアセチル化はDNA上の正電荷を中和し，リン酸化は負の電荷を加える．ヒストンコード仮説では，ヒストンの相互作用あるいは連続的な変化によってヒストン修飾の変化が起こり，遺伝子発現の制御をするとされる．シグナル伝達経路仮説では，ヒストン修飾が転写因子の結合の安定性および特異性を促進するとされる．多細胞生物の真核細胞はトランスクリプトームと呼ばれる特徴的な遺伝子発現パターンを持つ．ヘテロクロマチン領域はヒストンH3リジン9のジメチル化およびトリメチル化（H3K9me2とH3K9me3）で修飾され，H3K27me3修飾は遺伝子の不活性化と関連している．ヒストンアセチル化やヒストンH2A.Zと同様に，ヒストン修飾のH3K4me3，H3K4me2，H3K4me1は転写開始領域を標識し，一方遺伝子の5'末端のH3K4，H3K9，H3K27，H4K20およびH2BK5のモノメチル化は活発に転写される領域を標識する．

遺伝子調節

遺伝子とは，RNAポリメラーゼⅡによってmRNAに転写されるDNA領域のことで，転写される領域はエクソンと呼ばれる．また，mRNAに転写されない領域はイントロンと呼ばれ，ゲノムDNA中でエクソンを分断している．ゲノムDNAの転写された未成熟mRNAはスプライシングによってイントロンが除去され成熟mRNAとなり，これがタンパク質合成の鋳型となる．

ゲノムDNAにはプロモーターと呼ばれる遺伝子発現を調節する領域があり，RNAポリメラーゼⅡや他の転写因子が結合して転写が開始される．プロモーターは一般的にDNAのコード領域のすぐ上流にあり，その多くはTATA（チミン－アデニン）の配列を含むTATAボックスが存在する．真核生物のRNAポリメラーゼはプロモーター領域に効率よく結合するが，RNAポリメラーゼⅡによる転写の開始に必要とされる，少なくとも六つの核内タンパク質が同定されてい

表7.2 脊椎動物の発生における主要な転写因子ファミリーとその機能の例

ファミリー名	代表的な転写因子	発生過程で機能する部位
HMGグループ (high mobility group)	Sry, Sox	性決定
ホメオドメイン	Hox	各体節の部位特性
MADsボックス	Mef-2	筋発生
Pairedドメイン	Pax	神経分化，眼発生
Pou	Oct-4	分化の多様性維持
T boxファミリー	Tbx	四肢の分化
Wingedヘリックス	Foxa-1	膵臓の発生
Zincフィンガー	ステロイド受容体	初期胚の着床

る．これらのタンパク質は基本転写因子と呼ばれ，RNAポリメラーゼⅡと転写開始複合体を形成する．転写開始複合体が遺伝子に結合して安定化することによって，細胞に特異的な遺伝子発現が活性化する．遺伝子発現調節に寄与する他の非コード領域は5'および3' UTR（非翻訳領域）やイントロン領域を含む．

エンハンサーはRNAポリメラーゼによるプロモーターの活性化を起こすDNA配列であり，同一染色体に存在するプロモーターを活性化することからシス（cis）活性化因子とも呼ばれる．エンハンサーはプロモーターから最大で50 kb以上離れて存在することもある．また，エンハンサーに結合する調節タンパク質はプロモーターまたはRNAポリメラーゼと相互作用し，特定の遺伝子の組織特異的発現を制御することができる．一方，サイレンサーはエンハンサーと同等の方法で，遺伝子発現の阻害因子として作用する．

転写因子

エンハンサーやプロモーターに結合するタンパク質は転写因子（transcription factors）と呼ばれ（**表7.2**），最終的にmRNA転写物の量を増加（up-regulating），あるいは減少（down-regulating）させる機能を持つ．転写因子はDNA結合ドメイン，トランス活性化ドメイン，さらにタンパク質結合作用ドメインを持つ．転写因子は最大12塩基対のDNA配列を認識し，転写因子結合部位を含む領域をエンハンサーに結合させるが，ヌクレオソームの位置やヒストン修飾に影響される．

表7.3 ショウジョウバエにおけるホメオティック複合体内の遺伝子，変異体の表現型から得られたデータに基づく発生中の発現および機能

遺伝子複合体／遺伝子	発現部位	発生における機能
●アンテナペディア（Antennapedia）遺伝子複合体		
Labial	頭部体節間	前脳における口唇発生の抑制
Proboscipedia	頭部の上顎，口唇体節	口吻部と上顎触肢分化
Deformed	頭部の上，下顎体節	口吻部の分化
Sex combs reduced	頭部の口唇体節と第一胸体節	口吻部と第一胸体節の分化
Antennapedia	第六擬体節前方境界	第二胸体節の分化
●バイソラックス（Bithorax）遺伝子複合体		
Ultrabithorax	第六擬体節の前方境界（濃度勾配）	第五，第六擬体節の分化
Abdominal A	第七擬体節の前方境界（濃度勾配）	第七から第九擬体節の分化
Abdominal B	第十擬体節の前方境界（濃度勾配）	第十から第十四擬体節の分化

発生に不可欠な遺伝子群

ショウジョウバエにおける*Hox*遺伝子と体節分化

ショウジョウバエにおける体節分化は*Gap*，*Pair-Rule*，*Segmanet-Polarity*の三つの遺伝子によって制御されている．しかし，これらの遺伝子は体節間の部位の特性を支配しているわけではない．*Hox*遺伝子群は動物の頭尾軸の発生を支配する転写因子群をコードしている（**表7.3**）．

*Hox*遺伝子はホメオボックス複合体と呼ばれる遺伝子群を構成している（**図7.8**）．ショウジョウバエにおいて*Hox*遺伝子が発見されて以来，脊椎動物においても相同遺伝子が同定された．マウスやヒトにおいて，*Hox*遺伝子群は*Hox a*，*Hox b*，*Hox c*および*Hox d*の四つの遺伝子群によって構成され（**図7.8**），これらの

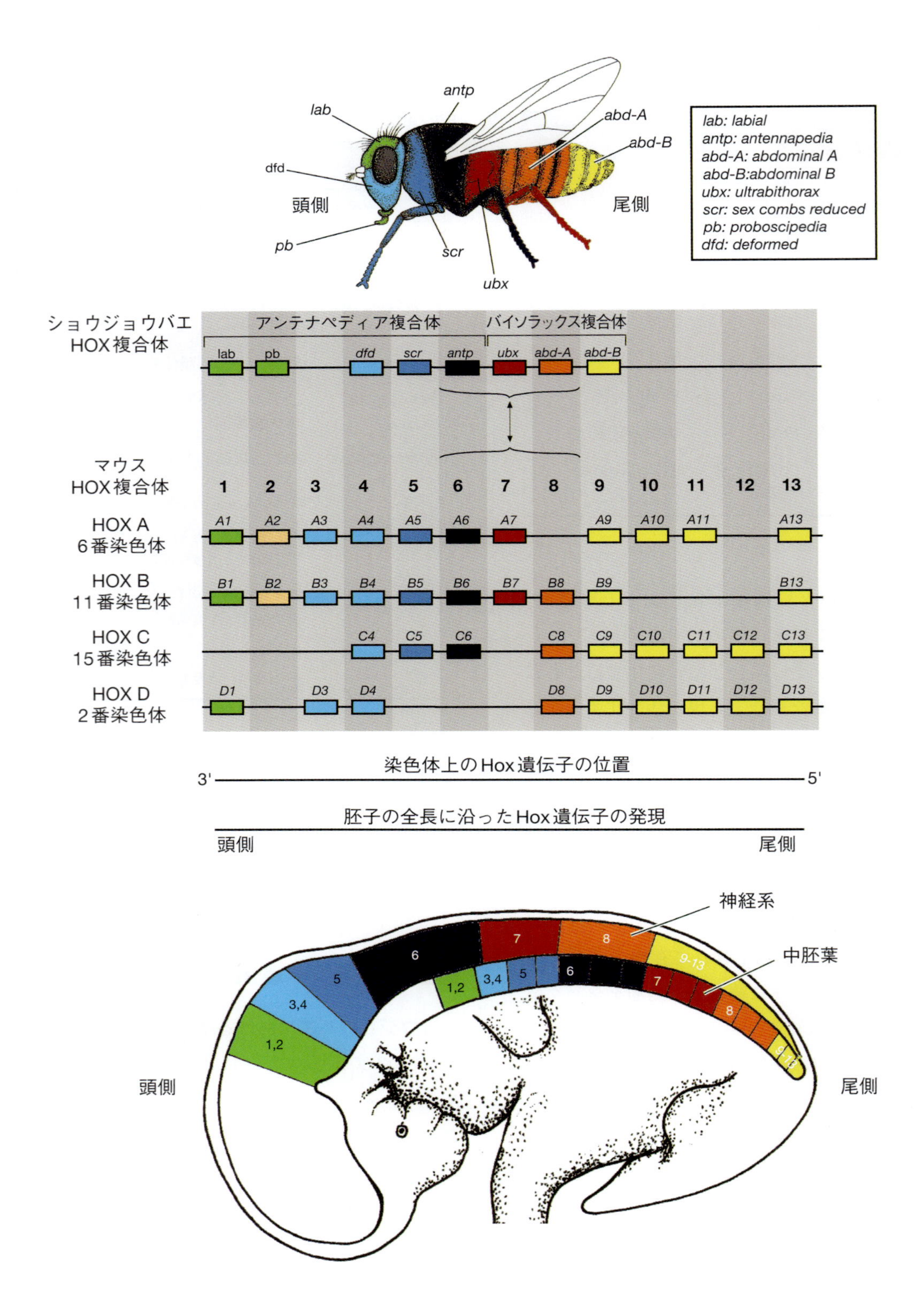

図7.8　ショウジョウバエのホメオボックス遺伝子複合体とマウスの四つのHox遺伝子複合体の構造比較．同一種内における異なる遺伝子複合体の各体節における塩基配列の進化的な保存性と動物種を越えた配列の保存性を示している．

*Hox*遺伝子群は進化的に一つの*Hox*遺伝子の重複によって増幅した結果，生じたものである．これらの遺伝子はホメオドメインと呼ばれる高度に保存されたコード領域を持ち，60個のアミノ酸からなるDNA結

合領域をコードし，三つのα-ヘリックス中に折り畳まれている．*Hox*遺伝子群の構造および機能は動物界において高度に保存されている．発生過程におけるこれらの遺伝子の基本的な機能は種を超えて観察される劇的な形態進化で説明できるであろう．哺乳類においては同定された四つの*Hox*遺伝子群に計39個の遺伝子が含まれている．

哺乳類では，*Hox*遺伝子群は異なる染色体上に位置しており，塩基配列に著しい相同性があるだけではなく，それぞれの遺伝子群の中で同じ順序で並んでいる．*Hox*遺伝子が胚子のどの長軸のどの位置で発現しているかについては，*in situ*ハイブリダイゼーション法によって検出できるが，その順序は染色体上の*Hox*遺伝子の順序と一致する．*Hox*遺伝子群の3'末端に位置する*Hox*遺伝子は発生中の胚子のより頭側領域で発現し，そして*Hox*遺伝子群の5'末端に位置する*Hox*遺伝子はより尾側の領域で発現する．発生中の胚子の各部位における*Hox*遺伝子の発現はより尾側の領域で発現するホメオボックス遺伝子産物によって抑制されることから，後方優位（posterior dominance）と呼ばれる．*Hox*遺伝子群の重複した発現が胚子の各部位の分化に必要な別の遺伝子の特異的な発現が誘発され，その結果，胚子の各部位の特性が形成される．発生過程における*Hox*遺伝子発現の調節に対して，クロマチン再構成，RNAのプロセシング，マイクロRNAおよび翻訳制御を含む分子機構が寄与する．

哺乳類では，*Hox*遺伝子産物は初期発生のときに，分化の方向を誘導し，発生中の中枢神経系の分節化領域で，特に顕著な遺伝子発現が観察される．哺乳類の体は複雑であり，*Hox*遺伝子複合体は重複した機能を持つ遺伝子群の複合体であることから，*Hox*遺伝子の突然変異体から*Hox*遺伝子複合体内の個別の遺伝子の機能ついて得られる情報は多様な解釈が可能となる．実際に，*Hox*遺伝子に突然変異が生じた個体の変異体ではその発生異常が形態学的に不顕性であることがある．

ショウジョウバエの体は相対的に単純であり，世代交代が短く，またゲノム中にホメオボックス遺伝子群がたった1個しか存在しないことから，*Hox*遺伝子はショウジョウバエにおいて包括的な機能解析が進められた．その結果，ショウジョウバエの*Hox*遺伝子突然変異個体の機能解析実験によって，発生過程における個々の*Hox*遺伝子の役割が明らかになった．

遺伝子発現の測定

ある細胞内の特定の発生段階または生理的な状態における，転写産物の量を含む総体は，トランスクリプトームと呼ばれる．トランスクリプトーム解析のための技術は，RT-PCR法（real-time polymerase chain reaction）や，マイクロアレイ法のようなハイブリダイゼーションがベースの技術，そして最近では，RNASeqなどのハイスループットシーケンシング技術などが開発されており，これらの技術のすべてによって，RNAの発現レベルを実験的に測定できる．新しいハイスループット配列決定法の開発によって，トランスクリプトームの解析および定量的な新しい方法が提供された．他の定量法とは異なり，ハイスループットシークエンシング法は，既知のゲノム配列が必ずしも必要ではなく，このことはまだ十分に解析されていない動物種のトランスクリプトーム解析において特に重要な要素である．RT-PCR法は解析において非常に幅広い有効性を持ち，一般に，個々の遺伝子の相対的発現の定量あるいはマイクロアレイ法を検証するために使われる．特定の細胞において発現するタンパク質のプロファイであるプロテオームを解析するためにはウェスタンブロッティングや二次元ゲル電気泳動のような技術が用いられる．クロマチン免疫沈降（chromatin immunoprecipitation；ChIP）は，タンパク質-DNA相互作用および遺伝子調節のゲノム研究のための重要な分析となっている．2003年に設立されたENCODEプロジェクトは転写因子結合部位や他の調節因子，ヒストン標識および結合する転写因子など，ヒトゲノム配列中のすべての機能的因子をマッピングしている．

プロモーター領域などの調節因子の機能はプロモーターの下流に緑色蛍光タンパク質，ルシフェラーゼあるいはβ-ガラクトシダーゼをコードする遺伝子をレポーター遺伝子として挿入し，レポーター遺伝子の活性レベルを調べることによって，調節因子の遺伝子発現活性化能を調べることができる.

遺伝子機能の実験的評価

*in vivo*および*in vitro*の両方において，遺伝子機能を評価する多くの方法が利用可能であるが，*in vivo*での遺伝子機能を評価する一つの方法として，トランスジェニックやノックアウトマウスの作出がある.まず，それぞれが異なる遺伝子型（genotype）を有する2細胞期胚から透明帯を除去し，その後この2細胞期胚同士を合体させてキメラと呼ばれる複合胚を作出する.さらに機能を解析したい特定の遺伝子と抗生物質耐性遺伝子を結合させて，胚性幹細胞（embryonic stem cell；ESC）に導入する．このESCを，抗生物質を含む培地で培養し，遺伝子導入を確認したのちに胚盤胞に直接注入することによってキメラ胚を作出する．キメラマウスにおいてこのESCが精子や卵子を算出する前駆細胞に分化すれば，その子孫は目的の遺伝子についてのヘテロ接合となる．このヘテロ接合体の兄弟交配によって，目的の遺伝子のホモ接合体マウスを作出することができる．このときに導入した遺伝子，野生型に対して機能を失った遺伝子であれば，この方法で特定の遺伝子について機能を失った「ノックアウトマウス」を作出することができ，発生過程においてこの遺伝子がどのような機能を果たしているかを解析できる.

RNA干渉と呼ばれる技術が特定のmRNA分子の破壊のために用いられるようになった．ダイサー（dicer）と呼ばれる酵素は二本鎖RNA（dsRNA）をsiRNA（small interfering RNA）と呼ばれる約21bpの小さなdsRNAに切断する．siRNAは，RNAポリメラーゼを含む，RNA誘導サイレンシング複合体（RISC）と呼ばれる構造を構築し，siRNAと相補性のあるRNA配列に結合し，そのRNAを破壊する．このRNA転写物を特異的に抑制する方法は遺伝子機能を解析するために有効な方法である.

ゲノム編集の進展によって，ゲノムのほぼすべての標的に対して効率的な変異の導入が可能となり，研究者は前例のない効率と精度で発生過程におけるゲノムの機能解析が可能になった．CRISPR/CAS（the clustered regulatory interspaced short palindromic repeats）（CRISPR関連）システムと呼ばれるゲノム編集法では，特定のゲノム標的を認識する，小さくて生成が容易なガイドRNA（gRNA）が特定のDNA配列に組み込まれたCas9ヌクレアーゼを作用させることによって，目的の遺伝子に変化を生じさせる．その表現型を観察することによって，目的の遺伝子の機能解析を行うことできる.

結　語

細胞のシグナル伝達と遺伝子機能は基本的な分化や器官形成，最終的には組織，器官および生体の最終的機能分化を誘導している．哺乳類に存在するシグナル伝達機構はその仕組みや機能において多様であり，高度に制御され，また状況に応じて柔軟に対応することができる融通性を合わせ持っている．このように，発生の時期や胚子の部位，特異的に働く効率的なシグナル伝達機構は正常な胚子発生にとって重要な役割を果たしている．新しいハイスループット技術，データの蓄積や解析の方法が改善されることによって，科学者はより包括的に分子レベルで細胞を解析することができ，発生過程に関与する分子機構への理解は常に増加している.

（加納　聖　訳）

さらに学びたい人へ

Alberts, B., Johnson, A., Lewis, J., Raff, M., Roberts, K. and Walter, P. (2014) *Molecular Biology of the Cell*, 6th edn. Garland Science, New York.

Blüthgen, N. and. Legewie, S. (2013) Robustness of signal transduction pathways. *Cellular and Molecular Life Sciences* 70, 2259–2269.

Bourc'his, D. and Voinnet, O. (2010) A small-RNA perspective on gametogenesis, fertilization, and early zygotic development. *Science* 330, 617–622.

Friedl, P. and Wolf, K. (2010) Plasticity of cell migration: a multiscale tuning model. *Journal of Cell Biology* 188, 11–19.

Friedman, A. and Perrimon, N. (2006) A functional RNAi screen for regulators of receptor tyrosine kinase and ERK signalling. *Nature* 444, 230–234.

Gaj, T., Gersbach, C.A. and Barbas, C.F. (2013) ZFN, TALEN, and CRISPR/Cas-based methods for genome engineering. *Trends in Biotechnology* 31, 397–405.

Gilbert, S.F. (2013) *Developmental Biology*, 10th edn. Sinauer As-

sociates, Sunderland, MA.
Ingham, P.W., Nakano, Y. and Seger, C. (2011) Mechanisms and functions of Hedgehog signalling across the metazoa. *Nature Reviews Genetics* 12, 393–406.
Jacob, L. and Lum, L. (2007) Deconstructing the Hedgehog pathway in development and disease. *Science* 318, 66–68.
Katritch, V., Cherezov, V. and Stevens, R.C. (2013) Structure-function of the G protein-coupled receptor superfamily. *Annual Review of Pharmacological Toxicology* 53, 531–556.
Mallo, M. and Alonso, C.R. (2013) The regulation of *Hox* gene expression during animal development. *Development* 140, 3951–3963.
Massagué, J. (2012) Tgf-β signalling in context. *Nature Reviews* 13, 616–630.
Ogden, S.K., Manuel, A.J., Stegman, M.A. and Robbins, D.J. (2004) Regulation of Hedgehog signalling: a complex story. *Biochemical Pharmacology* 67, 805–814.
Peter, I.S. and Davidson E.H. (2011) Evolution of gene regulatory networks controlling body plan development. *Cell* 144, 970–985.
Rousseaux, S., Caron, C., Govin, J., Lestrat, C., Faure, A. and Khochbin, S. (2005) Establishment of male-specific epigenetic information. *Gene* 345, 139–153.
Sontheimer, E.J. (2005) Assembly and function of RNA silencing complexes. *Molecular Cell Biology* 6, 127–138.
Spitz, F. and Furlong, E.M. (2012) Transcription factors: from enhancer binding to developmental control. *Nature Reviews: Genetics* 13, 613–626.
Tabata, T. and Tekei, Y. (2004) Morphogens, their identification and regulation. *Development* 131, 703–712.
Valouev, A., Johnson, D.S., Sundquist, A., et al. (2008) Genome-wide analysis of transcription factor binding sites based on ChIP-Seq data. *Nature Methods* 5, 829–834.
Wang, Z., Gerstein, M. and Snyder, M. (2009) RNA-Seq: a revolutionary tool for transcriptomics. *Nature Reviews* Genetics 10, 57–63.

第8章

幹細胞
Stem cell

要　点

- 幹細胞は自己複製が可能な特殊な細胞である．幹細胞は細胞分裂後に同じ特性を保持する娘細胞を生み出すことができる．
- 幹細胞は分化能の程度に応じて，「全能性」，「多能性」，「多分化能性」，「単能性」と分類することができる．
- 成体の組織および器官を構成する細胞が幹細胞によって継続的に補充される速度は，分化した細胞の分裂速度および分化細胞の要求度によって決定される．
- 哺乳類の成体では，幹細胞はその生存と多分化能性維持に適した環境を提供するニッチに存在する．
- 分化系譜が制限された細胞集団が生産され，規定された細胞へ分化することで，幹細胞の亜集団は身体の多様なニーズに対応する．
- 成体器官に存在する幹細胞の数は少なく，また，*in vitro*においても幹細胞の増殖には特別な条件を必要とすることから，成体幹細胞の単離，増殖，維持には限界がある．
- 転写因子，すなわち*Sox-2*，*Oct-4*，*c-Myc*および*Klf-4*をコードする四つの遺伝子を完全に分化したマウス線維芽細胞に導入すると，多能性を持つ細胞へ形質転換する．そのような細胞は人工多能性幹細胞（iPS細胞）と呼ばれる．
- iPS細胞および胚性幹細胞の両方が多くの種において胚子の全体を生じさせる可能性を持っている．
- 幹細胞は変性疾患に対して治療を実現化する大きな可能性を持っているが，人医療において治療的に使用するには，体細胞リプログラミングに関わる技術的な問題に対してさらなる検討が必要である．
- iPS細胞はブタ，ヒツジ，ウシ，ウマなどの産業動物（有蹄類）でも作成の報告があるが，その適用の進度はヒトやマウスよりも遅い．

成体哺乳類の体内のすべての細胞は受精卵に由来するが，受精卵の細胞が分裂，増殖して各組織および各器官へ分化していく複雑な過程において，多くの中間段階，中間細胞が存在する．胚性幹細胞と呼ばれる胚盤胞の内細胞塊の細胞は，組織および器官発生を誘導する規定された形態形成に必要な構造および体組織の基礎を形成する．幹細胞は分化した体細胞とは明らかに異なる特徴として，未分化状態を保持し，かつ細胞分裂後も自己と同一の性質を持つ娘細胞を生み出す自己複製能を持っている（**表8.1**）．受精卵は全能性（totipotent）を持っており，胎膜を含む胚子のすべてに発生する能力を有している． 初期胚では全能性細胞を持つ細胞が発生が進むにつれて分化していき，徐々に特異性が増す細胞を生み出していくのである．「分化」という用語は，細胞や組織がそれらの特殊な生理学的または生化学的活性によって特徴づけられる特定の構造的および機能的役割を獲得していく進行性の過程のことを表す．この分化の過程に先だって，「コミットメント」（commitment）と呼ばれる段階がある．つまり，形態的には分化していない細胞に見えるが，特定の細胞へ分化するように細胞の運命が決定する段階のことである．「コミットメントされた」幹細胞

表8.1 哺乳類の幹細胞の分類と性質

幹細胞のタイプ	由来/性質	受容能力	解　説
全能性幹細胞	受精卵	栄養膜胎盤細胞を含む胚子のすべての細胞を形成する.	初期の内細胞塊までの胚細胞は分化全能性を持つ.
多能性幹細胞	胚細胞(内細胞塊)	栄養膜胎盤細胞を除く胚子のすべての細胞を形成する.	多能性幹細胞は生存可能な胚子を産生できる.
人工多能性幹細胞	完全に分化した体細胞へリプログラミングを誘導する遺伝子の導入や除核された卵母細胞へ体細胞の核を移植することにより体細胞をリプログラミングする. 原始生殖細胞や精原幹細胞を*in vitro*で培養することで多能性幹細胞を誘導する方法もある.	これら人工的に誘導された多能性幹細胞は, 内細胞塊から作成される多能性幹細胞と同様の性質を持つ.	これら人工的に誘導された多能性幹細胞は生存可能な胚子を産生できる.
多分化能性幹細胞	これらの胚細胞は限定された細胞系譜の細胞を作り出す.	多分化能性幹細胞は分化系譜に制限がある.	限定された細胞系譜の細胞は上皮細胞や白血球などの限定された細胞を産生する.
コミットメント幹細胞	これらの細胞は多分化能性幹細胞より分化の進んだ細胞である.	コミットメント幹細胞は分化系譜に制限がある.	産生される細胞は多分化能性幹細胞によって産生されるものより狭い範囲の細胞型に限定される.
前駆細胞	幹細胞に分類されるが, 自己複製能に限りがある.	この細胞は幹細胞より分化の進んだ細胞であるため, 自己複製能に限りがある.	これらの細胞は限られた範囲の細胞型を生じる.
単能性幹細胞	前駆細胞とは異なり, これらの細胞は分裂能がより制限されている.	単能性幹細胞は限られた数の分裂の後に最終的な細胞型になることが予定されている.	これらの細胞は他のタイプの幹細胞よりも分化しているため限定された分化後に最終的な細胞型になる.

(committed stem cell)という用語は分化した細胞だが, さらに特定の細胞系譜のいくつかの細胞種へ分化できる限られた分化能を維持している幹細胞を表すのにも使われる. この段階の後に, 細胞がさらなる刺激なしに特定の細胞系へ分化する能力を維持する「特化」(specification)と呼ばれる不安定な状態となる. しかしながら, まだこの段階では, 細胞の分化決定は可逆的である. これに続いて, 外部の刺激とは無関係に, 細胞の運命が不可逆的な分化の段階である「決定」(determination)の状態となる. 幹細胞の命名の仕方は命名される細胞の特徴および起源に関連して行われる. したがって, 「胚性幹細胞〈embryonic stem cell〉); ES細胞」という用語は, 哺乳類の胚盤胞の内細胞塊に由来する幹細胞に対して用いられ, 「成体幹細胞(adult stem cell, 体性幹細胞〈somatic stem cell〉ともいう)」という用語は成熟組織または器官に存在する幹細胞に対して用いられる. 多能性幹細胞(pluripotent stem cell)は, 胚盤胞の栄養膜細胞を除いて, 胚子のすべての細胞に分化できる幹細胞である[訳者注1]. 「多分化能性」(multipotent)という用語は白血球または上皮細胞などの細胞型に限定された細胞系譜の細胞に分化できる能力を有する幹細胞を表すために使われる. 対照的に, 単能性幹細胞(unipotent stem cell)は単一の分化経路に限定されている. 「前駆細胞」(progenitor cell)は幹細胞に関連する細胞のカテゴリーに属するが, 自己複製能が限られており,

訳者注1：ES細胞は多能性幹細胞である. つまり, ES細胞は細胞の由来から名づけた名前が「胚性幹細胞」であり, 機能に由来する名前は「多能性幹細胞」ということになる. iPS細胞は人工的に作成したES細胞であり, そのため「人工多能性幹細胞(induced pluripotent stem cell)」と呼ばれるのである.

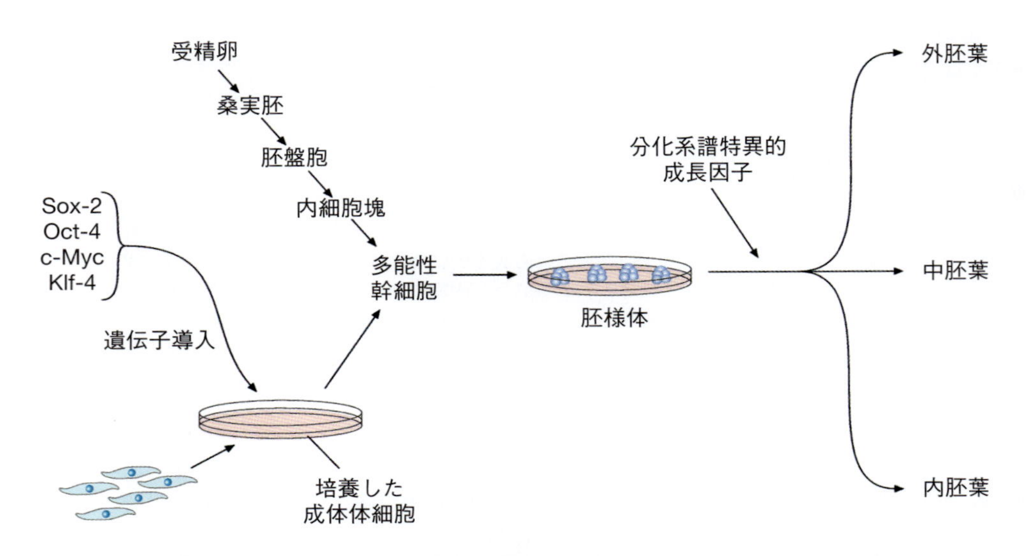

図8.1 受精卵由来あるいは遺伝子を導入した成体体細胞由来の多能性幹細胞の増殖と分化の概要.

通常は幹細胞よりも分化が進んでいて，限定された細胞型に分化する前に限られた回数だけ分裂する能力を有している.

胚子の中の幹細胞

胚子発生の間，多数の系統の幹細胞は体構造の形成において中心的な役割を果たす．胚盤胞から生じる細胞は，徐々に三つの胚葉，つまり外胚葉，内胚葉および中胚葉に分化する．これらの3胚葉への分化は体の組織や器官を形成するために特殊化する最初のステップである．現在では，*in vitro*系において，適切なパラクリン因子と培養条件下にすることで，胚性幹細胞から三つの胚葉を分化誘導することが可能であり，3胚葉分化に関わる現象について理解が進みつつある(**図8.1**).

胚子発生初期の胚葉分化に関わる分子機構の解明は関心の高い課題である．次世代シークエンサーを用いたRNAシーケンシングや全ゲノムバイサルファイトシークエンスのような新しい技術の創出により，科学者はトランスクリプトームとエピゲノムを高解像度で解析できるようになった．これらのデータを用いることにより，科学者は，これまで分化の指標として用いられてきた細胞系譜特異的な細胞表面マーカーが細胞に発現する前に起こる微細な分子変化を網羅的に解析することができるのである．胚葉形成時において，細胞は遺伝子の発現に先立ってエピジェネティックな制御を受けることが明らかになっている．例えば，Foxa-2のような特定の転写因子はヒストン修飾を調節することで，細胞のトランスクリプトームを変化させ，特定の細胞分化の方向へ導くのである.

成体の中の幹細胞

哺乳類の成体では，多くの臓器や組織に幹細胞が含まれており，自己再生と修復が可能である．成体幹細胞は赤血球や上皮細胞などの限られた寿命を持つ細胞に対して的確に細胞を補充して置換を行う．例えば，外傷，感染症または老化に伴う変性変化によって損傷を受けた細胞に対して細胞を補充して置換を行うのである．成体幹細胞が成体内で存在している微小環境が成体幹細胞の生存および機能維持に強く影響する.「幹細胞ニッチ」(stem cell niche)とは，これら特定の成体幹細胞が分化せずに存在し，自己複製して増殖することができる特定の微小環境のことである．ニッチ(niche)は単独細胞群あるいは細胞外マトリックス(extracellular matrix；ECM)に関連する細胞群から成り立っている．ECMはNotch，Wnt，Fgt，Tgf-β，幹細胞因子(stem cell factor；Scf)およびケモカインファミリーなどの分泌因子や細胞表面因子の供給源として働く．それらによって，ニッチは成体幹細胞の更

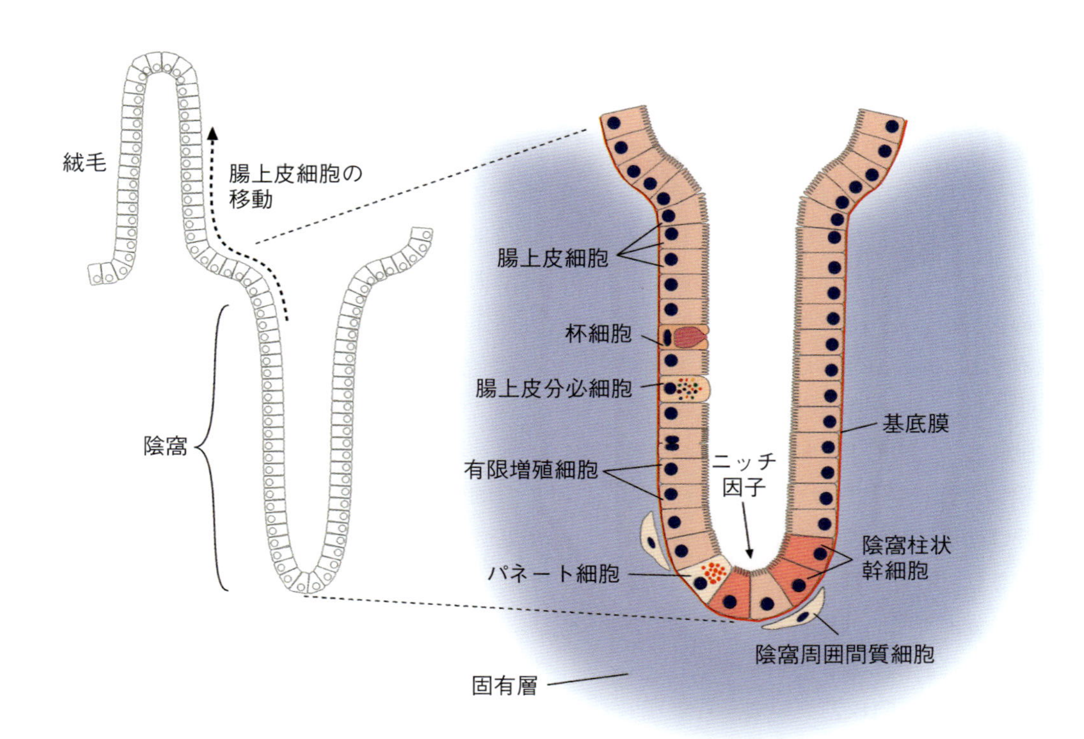

図8.2 マウス小腸の絨毛および陰窩．腸上皮細胞が成熟すると，絨毛先端部へ移動する（左図）．短い間隔で成熟腸上皮細胞は退化し剥脱する．陰窩にはパネート細胞および陰窩柱状幹細胞が存在する．陰窩における細胞の相互作用，ニッチ因子および適切な微環境条件は，陰窩柱状幹細胞による腸上皮細胞の置換を促進する．

新，維持および生存を制御していると考えられている．これらの細胞群により成体幹細胞のための特別な環境が構築されているとする三つの理由がある．すなわち(1)幹細胞は生存性を確保するために特別な支援が必要であり，(2)ニッチ細胞によって産生された成長因子および細胞表面分子が集合的に幹細胞の備蓄を制御し，(3)ニッチは組織内領域における異なる細胞型への分化を調整する機能を持たなければならない，ためである．

骨髄は幹細胞ニッチの典型的な例である．骨髄には造血幹細胞の他，間質細胞，軟骨細胞および脂肪細胞を含むが，これらの細胞が存在する骨髄が造血幹細胞にとって自己複製および増殖のための適切な環境であり，その結果，成体期を通して血球の種類と数を維持している（第15章参照）．さらに，より分化の進んだ幹細胞の亜集団も存在する．これら亜集団の細胞は，体の要求に対して，細胞系譜に限定された細胞つまり最終的に赤血球やリンパ球やマスト（肥満）細胞などへと分化する運命を規定された細胞を供給する．

哺乳類の成体内において，器官や組織が異なれば，損傷した細胞に対して幹細胞による細胞の補充と置換には，それぞれ組織特異的な要件や環境が必要となる．腸や表皮では，精神的外傷や感染症または他の要因により細胞が剥離したり，あるいは損傷したりすると，その刺激により幹細胞は細胞の補充と置換のために分裂速度が増加する．ネズミの小腸では，各腸絨毛基部を囲む陰窩には幹細胞が存在する．この幹細胞は腸上皮細胞の再生要求に対して生涯にわたり自己複製し腸上皮細胞を供給する能力を持っている．限られた数の陰窩柱状幹細胞によって供給される腸上皮細胞であるが，その性質は小腸の異なる領域の機能的要求に適切に対応している．それぞれが陰窩柱状幹細胞から分化した細胞ではあるが，例えば，小腸の絨毛に多数存在する杯細胞は粘液を分泌し，ホルモンを産生する腸上皮分泌細胞は小腸に沿ってまばらに分布している．陰窩柱状幹細胞と隣接しているパネート細胞（Paneth cell）はある種の抗菌物質を分泌する．小腸の上皮には，他にもいくつかの種類の細胞があるが，機能は明らかになっていない（**図8.2**）．

腸上皮細胞の入れ替えの回転率は体内の固定された細胞集団の中で最も速い．ネズミの小腸では，上皮細胞の入れ替えは3～5日間隔で起こる．平均寿命が2年間ほどの近交系マウスでは生涯に上皮細胞の入れ替えは数百回繰り返されていることになる．ブタの新生子では，上皮細胞の回転率は7～10日である．成熟した腸内細菌叢を保有する3週齢のブタでは，上皮細胞の回転率はほぼ3日である．腸上皮細胞は絨毛先端に移動後，退化し剥脱する．この腸上皮細胞の高い損失率を補うために，陰窩基部の幹細胞は規則的に分裂し，有限増殖細胞と呼ばれる増殖前駆細胞を産生する．有限増殖細胞は限定された回数の細胞分裂をした後，栄養吸収細胞あるいは分泌細胞へ分化する．分化した細胞が陰窩を離れ，絨毛に沿って上に移動を始める頃には，細胞は分裂を停止する（**図8.2**）．陰窩から離れていく成熟腸上皮細胞とは異なり，パネート細胞は陰窩基底に位置する有限増殖細胞に由来する細胞によって3～6週間の間隔で置換される．

陰窩柱状幹細胞ニッチは隣接する上皮細胞や間質細胞から供給される因子の複雑なバランスによって調節されている．パネート細胞は陰窩周囲間質細胞を含む他の陰窩細胞とともに，必須ニッチ因子の重要な供給源である．陰窩柱状幹細胞が生存し，効率的に機能を発揮するために必須なWnt，NotchリガンドDelta-like1，EgfおよびNogginを含む因子をパネート細胞および陰窩周囲間質細胞が供給しているのである．

ほとんど分裂，増殖しない細胞で構成される心筋や骨格筋は，生理学的変化または組織損傷のときにのみ反応して分裂，増殖する幹細胞を含んでいる．筋肉の再生は，主として，基底膜と筋線維膜との間に局在する筋前駆細胞の存在に依存する．血管周囲細胞，内皮細胞，間質細胞などの基底膜の外側に存在する他の細胞も，筋分化能を有していることが*in vitro*実験において示唆されている．これらの細胞は通常静止状態であるが，筋肉傷害などの刺激に応答して数日以内に多数の筋線維を生成する能力を有している．

哺乳類の体内には多くの幹細胞ニッチが存在するが，その重要性と複雑性について比較研究されたものは少ない．その中で骨小柱の腔に存在する骨髄の造血幹細胞ニッチは比較的研究が進んでいるものである．これらの場では，造血幹細胞（haematopoietic stem cell；HSC）はHSCの増殖と分化を補助する膜結合型や分泌型の成長因子が存在する微小環境内にあり，その結果，HSCは赤血球，骨髄，リンパ球など全血球系の細胞の提供が可能となる．成体マウスのHSCの大部分は造血幹細胞の活動が最も高い骨髄内の骨芽細胞と血管のニッチに局在している．それならば，造血活性は他の場所にある血管のニッチにも関連しているかもしれない．骨髄において，骨芽細胞に分化する骨内膜細胞はN-カドヘリンを介した接着相互作用を利用してHSCと細胞間接着をしている．オステオポンチン（osteopontin）は骨髄においてHSCの維持を促進し，インテグリン（integrin）との結合を介して，静止状態を誘導する．結果として，間質細胞の*Jagged1*遺伝子の発現およびHSCの*Notch1*遺伝子の発現を低下させる．骨内膜細胞は幹細胞因子などの成長因子を産生，供給することにより，HSCの機能および生存を維持する． アンギオポイエチン（angiopoietin）およびトロンボポイエチン（thrombopoietin）はHSCの静止状態を誘導し，間質由来因子-1（stromal cell-derived factor-1；SDF-1）はHSCの骨髄内への移動を制御する．ホルモンのシグナルや血圧などの物理的因子もまた造血，つまりHSCの分化誘導に影響を及ぼす．HSCの備蓄の生涯維持には，極端なHSC消費要求下においてもHSCが早々に枯渇するのを防がなければならない．マウスのHSCはまれにしか分裂，増殖しないが，HSCの備蓄全体は数週間の間隔で入れ代わるという報告がある．マウスでは，静止期HSCは145日の間隔で分裂する．しかし，静止期HSCは顆粒球コロニー刺激因子（granulocyte colony-stimulating factor；G-CSF）によって刺激されると，細胞分裂周期に入る．他の細胞や組織と同様に，HSCは適切な血球系細胞分化のための適切なシグナルを提供するニッチ細胞に異常があると腫瘍性変化をすることがある．骨髄マトリックス中の未成熟骨芽細胞が正常な機能を獲得していく過程を阻害すると，HSCは分化せずに増殖を続け，幹細胞の過剰産生状態となり，その結果，骨髄増殖性疾患を引き起こすことが実験的に示されている（第15章参照）．

成体幹細胞は神経組織，筋肉，表皮および腸組織を含む多くの身体組織において同定されている．しかしながら，成体動物の組織から成体幹細胞を単離することは，幹細胞の数が少なく，また細胞分裂回数に限りがあるために困難である．困難ではあるが，成体幹細胞の単離法および培養法の研究は確実に進展している．

幹細胞と胚子発生

胚盤胞の内細胞塊に由来する細胞は多能性胚性幹細胞とも呼ばれ，この細胞は哺乳類の成体を構成するすべての型の細胞を生み出す能力を持っている．この細胞の多能性は*Oct-4*（*POU5F1*としても知られる），*Sox-2*および*Nanog*の三つの転写因子によって制御されることが報告されている．これらの三つの転写因子をコードする遺伝子は多能性を促進し，分化を抑制する遺伝子を活性化する．

*in vitro*実験によって，胚性幹細胞を異なるパラクリン因子で処理すると，特定の分化経路へ誘導することができることが示されている（**図8.1**）．マウスの胚性幹細胞が適切な環境因子にさらされると，これらの因子に応じて，例えば，中胚葉や神経外胚葉のような組織の前駆細胞に分化する．多能性維持に関わるほとんどの因子は，分化の過程では，その発現が低下するが，*Oct-4*と*Sox-2*は例外である．*Oct-4*は，中/内胚葉に分化予定の細胞では，発現量が上昇し，神経外胚葉に分化予定の細胞では，発現が抑制される．逆に，*Sox-2*は，神経外胚葉経路に分化予定の細胞では，発現量が上昇し，中/内胚葉に分化予定の細胞では，発現が抑制される．つまり，*Oct-4*および*Sox-2*は細胞系譜特異的マーカーの活性化に先だって細胞の分化進行マーカーとして働いているのだろう．幹細胞はその幹細胞が存在する微小環境の影響によって分化の方向が決定する．リガンドやその受容体の発現の確率論的な変化が最初は同一であった細胞の運命を左右することが示されている．この現象は接触依存性シグナル伝達の高度に保存された経路であるNotchシグナル伝達で観察されている．分化のプロセスに影響を与えるシグナルは，パラクリン刺激だけでなく，細胞外マトリックスの物理的特性にも由来する． 間葉系幹細胞は異なる生物物理学的特性を有する微環境下で培養すると，ニューロン様，筋細胞様または骨芽細胞様になり得ることが報告されている．

遺伝子調節領域での許容性または抑制性のエピジェネティックなヒストン修飾存在下で，幹細胞は分子シグナルに応答して，自己複製から分化経路へ素早く状態を切り替える能力を持っている．重要な遺伝子領域における相反するヒストン修飾の組み合わせは二方向性ドメイン（bivalent domain）として知られており，自己複製中の幹細胞が速やかに分化経路へ切り替わるのを可能にする．これは細胞周期を通してヒストン修飾が動的に調整されることによって行われる．抑制性のヒストン修飾（ヒストン3リシン27のトリメチル化；H3K27me3）は連続的に存在し，細胞系譜特異的遺伝子の発現を抑制する一方で，許容性のヒストン修飾（ヒストン3リシン4のトリメチル化；H3K4me3）は細胞周期のG_1期に増加し，細胞系譜特異的遺伝子の発現を促し，分化を誘導する．分化が進むにつれて，これらのドメインは次の前駆細胞型の修飾に維持され，さらに閉鎖型クロマチン構造における抑制性のヒストン修飾によって遺伝子発現が抑制されるか，または，許容性のヒストン修飾によって開放型クロマチン構造となり遺伝子の転写活性を促進できるようになる（**図8.3**）[訳者注2]．

人工多能性幹細胞（iPS細胞）とその応用

長年にわたり，体細胞は動物の全ゲノム配列情報を保持しているにも関わらず，ひとたび分化してしまう

訳者注2：遺伝子のエピジェネティックな制御機構はヒストンのメチル化修飾だけではなく，ヒストンのアセチル化やDNAのメチル化，核内の高次構造など複数の因子によって構成されている．器官や組織の各細胞はゲノム全体にわたる固有のエピジェネティックパターンを持ち，一つの細胞が持つゲノム全体でのエピジェネティック修飾のセットを「エピゲノム」と呼ぶ．幹細胞の分化とは，未分化状態のエピゲノムが分化状態のエピゲノムへ変化することを意味する．

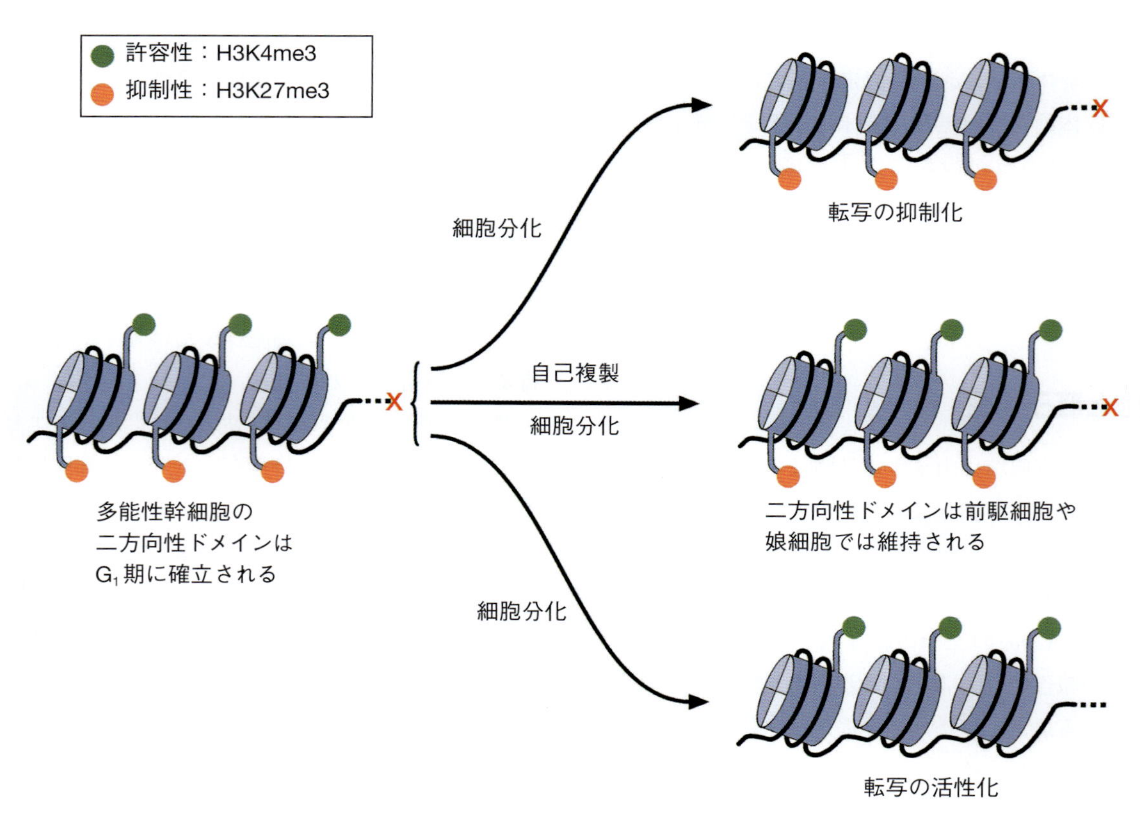

図8.3 二方向性ドメインは幹細胞において抑制的または許容的に作用することができる．多能性幹細胞では，抑制性（H3K27me3）および許容性（H3K4me3）の両方のヒストン修飾が存在する．適切なシグナルを受け取ると，これらの修飾は分化とともに発現が必要な遺伝子では活性型に，発現が不必要な遺伝子では抑制型に固定される．

と，元の多分化能状態には戻れないとう考えが広く受け入れられてきた．しかし，2006年に，完全に分化したマウス線維芽細胞に重要な転写因子をコードする四つの遺伝子を導入することで，多能性を持つ細胞（人工多能性幹細胞；iPS細胞）を作成できることが示されたことで，この考えは否定された．導入された遺伝子のうち二つは*Sox-2*と*Oct-4*であり，これらの遺伝子の作用で*Nanog*および他の転写因子が活性化して多能性の樹立を促進し，一方で，分化を阻害した．他の二つの導入遺伝子である*c-Myc*および*Klf-4*は，細胞死を阻害する．これら四つの因子は，これらの必須遺伝子を特定した研究グループを率い，2012年にジョン・ガードン教授とともにノーベル賞を受賞した研究者の名にちなみ，「山中因子」として知られるようになった．1年後の2007年には，ヒト細胞を用いたiPS細胞の作成成功が報告されている．マウスiPS細胞は，多能性胚性幹細胞の特徴を持ち，無限に自己複製するだけでなく，多くの異なる細胞や細胞系譜に分化することができる．iPS細胞は胚性幹細胞と同様に，生存可能なマウス胚子を生じさせることができるので，マウスiPS細胞の多能性は胚性幹細胞と違いはないと考えられている（**図8.4**）．しかし，重要な遺伝子の高発現を制御するH型ヒト内在性レトロウイルス（HERV-H）によって，すべてのヒトiPS細胞ではないが，一部のヒトiPS細胞は分化能に欠陥があるdifferentiation defective iPS細胞（DD-iPS細胞）の状態となる．これらの遺伝子の一時的な活性化は初期化（リプログラミング）に必要とされるが，DD-iPS細胞では，発現レベルが高いままであり，そのため分化が阻害される．マウスの胚性幹細胞（ES細胞）とヒトのES細胞にも違いが存在する．マウスES細胞は「ナイーブ」（naive）型と呼ばれ，着床前の胚性細胞に近い性質を持ち，より高い多能性を持つのに対し，ヒトES細胞は「プライム」（primed）型と呼ばれ，着床後の胚

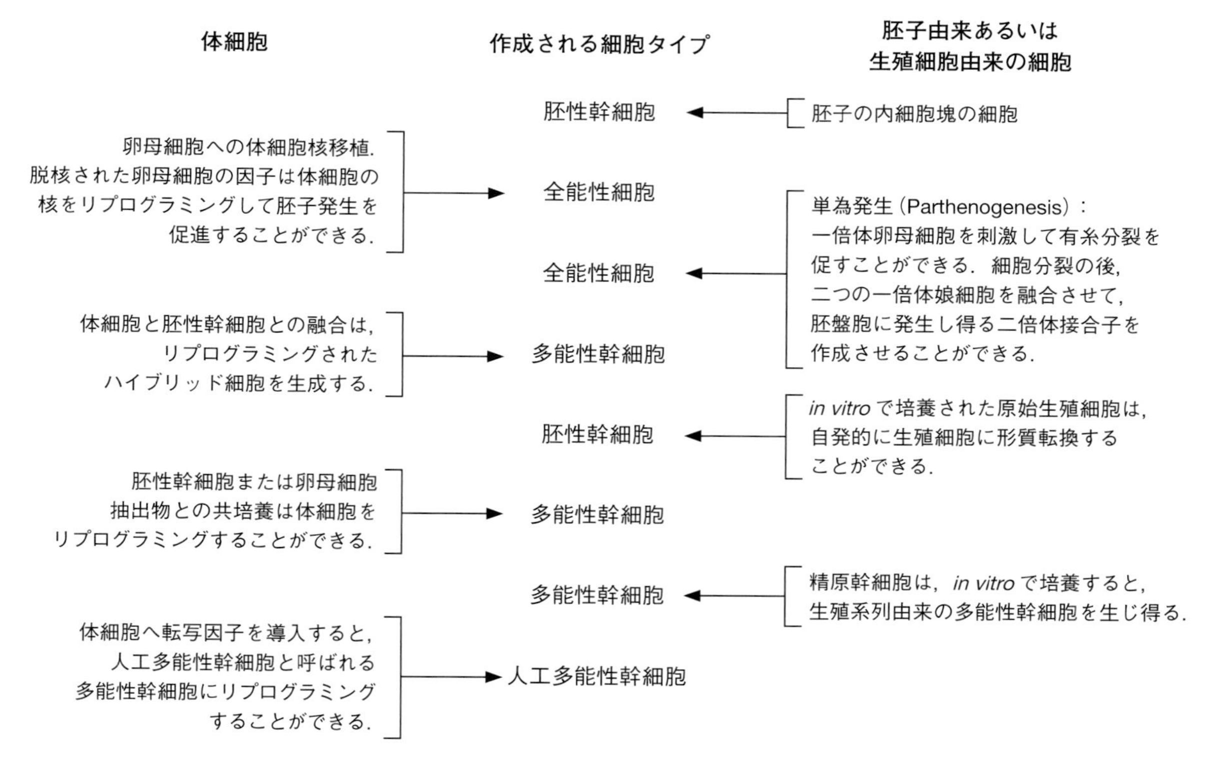

図8.4　体細胞または胚細胞や生殖細胞から多能性を誘導する方法．単為発生（parthenogenesis）は一倍体卵母細胞を人工的に胚盤胞まで発生させる方法である．

性細胞に近い性質を持ち，いくつかの分化マーカーを発現していることからナイーブ型より分化が進んだ多能性幹細胞と考えられている[訳者注3]．

iPS細胞の出現によって，器官形成や発生学において，これまでとは異なる側面を研究する新たな領域が開かれた．そればかりではなく，iPS細胞は人医療における変性疾患，特に神経変性疾患への治療法開発を導く潜在性があり，再生医療分野における新たな時代への期待を集めている．ES細胞とは異なり，iPS細胞は倫理的あるいは免疫学的な制限を持たない．それゆえに，人医療における臨床応用に適している．iPS細胞は皮膚，血液や肝臓を含む多様なヒト成人組織から作成することが可能であり，また，レシピエントと同一の遺伝的背景を持つ組織を作り出すことが可能となる．*in vitro* においてiPS細胞を分化誘導させる一般的な方法の一つとして，胚様体（embryoid body）と呼ばれる三次元凝集体を形成させる方法がある．この凝集体は初期発生の胚子を模倣し，三つの胚葉に対応する

訳者注3：マウスES細胞およびマウスiPS細胞はナイーブ型を示す．一方，ヒトES細胞およびヒトiPS細胞はプライム型を示す．マウスおよびヒトのどちらのES細胞も胚盤胞の内細胞塊から樹立され，マウスおよびヒトのどちらのiPS細胞も同じ山中因子で作成が可能である．マウスと同様の作成法にも関わらず，ヒトES細胞とヒトiPS細胞はプライム型となる．マウスES/iPS細胞とヒトES/iPS細胞はどれも多能性を示すが，相違点がある．まずコロニーの形態が明らかに異なる．マウスES/iPS細胞ではドーム状であるのに対し，ヒトES/iPS細胞は平坦なコロニーを形成する．また未分化維持に必要なサイトカインが異なり，マウスES/iPS細胞は白血病阻害因子（leukemia inhibitory factor；LIF）依存性であるのに対し，ヒトES/iPS細胞は線維芽細胞成長因子2（fibroblast growth factor；bFGF）依存性である．マウスとヒトの間で性質が異なるため，ES細胞やiPS細胞に対する知見や報告は，それがどちらの種に由来する情報なのかを注意して理解しなければならない．

細胞に分化することができる(**図8.1**).

iPS細胞が提供する利点は明白ではあるが，一方でiPS細胞を人医療に適用するには慎重にならなければならない．最近の研究では，iPS細胞の培養中には経時的に染色体異常や単一塩基変化を蓄積することが報告されている．大きな異常としては，染色体の一部重複や分化状態から未分化状態へのリプログラミング不全が報告されている．微細な異常としては，細胞増殖，腫瘍抑制および他の重要な細胞機能に不可欠な遺伝子に影響を及ぼす可能性がある点突然変異(point mutation)の出現も報告されている．加えて，iPS細胞へのリプログラミング効率は，最も効率的な方法でも体細胞1,000〜10,000個に一つの割合程度であり，この作成効率の低さが深刻な制限でもあり，iPS細胞の作成には時間と費用がかかる要因でもある．

クロマチン制御タンパクメチル-CpG結合ドメインタンパク質3(MBD3)がリプログラミングにとって大きな障壁であることが近年報告され，iPS細胞で報告されている突然変異や染色体変化に関する安全性の懸念は部分的には改善された．MBD3遺伝子の発現量を遺伝子改変やRNA干渉によって低下させると，リプログラミング効率は改善され，非常に限られた条件下ではあるが，効率が100%となったとの報告がある．さらに，体細胞からiPS細胞への形質転換が加速され，要する期間が約1カ月から7日まで短縮されたとも報告している．iPS細胞とES細胞の比較解析では，ES細胞のエピゲノムの全ゲノムにわたるDNAメチル化パターンがiPS細胞において再現されていることを示しているが，マウス細胞におけるリプログラミングのいくつかの解析では，遺伝子発現および分化能の差が観察され，これが元になった体細胞から引き継がれた「エピジェネティックメモリー」によるものだと考えられている[訳者注4]．エピジェネティックメモリーは，CpGアイランド近傍領域の体細胞特異的DNAメチル化の不完全な除去に起因している[訳者注5]．遺伝子導入法として，センダイウイルスベクター，エピソーマルベクターまたはmRNAトランスフェクションを含む新しい初期化(リプログラミング)方法の開発が続けられている．これらの方法は遺伝子の導入効率，リプログラミング効率，手技の煩雑さ，必要設備および臨床応用への適応度など，それぞれに固有の利点および欠点を有している．

体細胞のダイレクトリプログラミングの発見は胚子発生の多くの側面において我々の理解を進歩させるものであったが，iPS細胞の人医療への応用はそのプロセスの臨床的安全性が確実に実証されるためには相当な検証と評価を必要とする．通常再生能力の低い器官や組織，細胞の損傷をiPS細胞やES細胞で置換する場合は別として，近年成功が報告されている例として，例えば，心臓などに対し潜在的な再生能力を促進させる方法が示されている．心筋細胞の再生の動態を調べる研究では，成体マウスの心臓の再生を促進する方法を報告している．その報告では，心臓の修復機構を刺激する方法が実現可能で効果的である可能性を示している．心臓の機能に重要な遺伝子の転写や翻訳を特異的に阻害し，完全に機能欠損させるマイクロRNAや短いRNA分子は心臓の発生を妨げる．*in vitro*実験で，新生げっ歯類の心筋細胞を特異的に増殖させるマイクロRNAを探索する大規模スクリーニングでは，心筋細胞の細胞分裂を誘導するマイクロRNAが多数同定されている．同定されたいくつかのマイクロRNAは，*in vitro*で成体マウス由来の心筋細胞の増殖を促進し，さらに*in vivo*においてもマウス心臓にマイクロRNAを注入またはウイルスベクターを利用して人為的にマイクロRNAをマウス心臓に発現させた場合でも成体心筋細胞の増殖を促進させた．二つのマイクロRNAをそれぞれ個別に心臓虚血モデルマウスに発現させた実験では，心筋細胞の再生と心機能の改善がみられた．神経疾患や精神疾患の患者の細胞由来のiPS細胞は筋萎縮性側索硬化症(amyotrophic lateral sclerosis；

訳者注4：分化能の差(分化指向性)の問題はヒトiPS細胞でより顕著であり，再生医療応用において問題となっている．マウスiPS細胞では分化指向性の問題についてはほとんど報告がない．

訳者注5：体細胞特異的DNAメチル化の不完全な除去にのみ起因しているのではなく，DNAメチル化状態のES細胞型への不完全な変換に起因している．

ALS），パーキンソン病，アルツハイマー病などの研究のために利用されている．幹細胞による特定の疾患の再現である*in vitro*モデルは疾患の理解と治療法の開発に繋がる新たな研究領域を切り開いている．特定の遺伝子の改変を可能にするゲノム編集技術は遺伝子疾患の*in vitro*モデルを作成する有望な技術である．

家畜の幹細胞

哺乳類の中で真の多能性幹細胞と呼べるものは，げっ歯類と霊長類からしか樹立されていない．げっ歯類および霊長類から樹立された多能性幹細胞は*in vitro*において無制限自己複製能や身体のさまざまな組織へ分化する能力，重要な未分化因子の発現，免疫不全マウスに移植されたときに奇形腫を形成する能力を含むいくつかの主要な特性を有している．家畜から多能性幹細胞を作成する試みはすでに20年以上続けられている．しかしながら，いくつかの要因のため，その進みは遅い．要因とは，すなわち（1）細胞株の単離法や培養維持法，特性解析法の標準化の欠如，（2）適切な細胞マーカーが未同定，（3）重要な多分化能維持機構の解明が不完全，が挙げられる．

家畜の胚性幹細胞が作成できる技術が確立すれば，発生生物学の理解が進むだけでなく，医学研究においても実質的な応用が促進されるであろう．家畜の胚性幹細胞がもたらす大きな利点は，遺伝子工学を通じて，生産特性が改善する可能性であろう．さらに，家畜の胚性幹細胞は幹細胞療法の実現可能性および臨床応用への可能性を研究することができる人医療の前臨床的な優れた実験モデルでもあり得る．家畜の中では，ブタは解剖学や生理学，代謝，臓器の発生に関して霊長類と多くの共通点があるため，特に重点が置かれている．マウスおよびヒトにおいてiPS細胞技術の適用に関する研究が急速に進んでいるが，この技術の産業動物への応用進度はマウスやヒトと比べてとても遅いのが現状である．

（西野光一郎　訳）

さらに学びたい人へ

Barker, N. (2014) Adult intestinal stem cells: critical drivers of epithelial homeostasis and regeneration. *Nature Reviews: Molecular Cell Biology* 15, 19-33.

Boström, P. and Frisén, J. (2013) New cells in old hearts. *New England Journal of Medicine* 368, 1358-1360.

Brevini, T.A.L., Pennarossa, G., Maffei, S. and Gandolfi, F. (2012) Pluripotency network in porcine embryos and derived cell lines. *Reproduction in Domestic Animals* 47, Suppl 4, 86-91.

Eggan, K. (2013) Picking the lock on pluripotency. *New England Journal of Medicine* 369, 2150-2151.

Gandolfi, F., Pennarossa, G., Maffei, S. and Brevini, T.A.L. (2012) Why is it so difficult to derive pluripotent stem cells in domestic ungulates? *Reproduction in Domestic Animals* 47, Suppl 5, 11-17.

Gelberg, H.B. (2012) Alimentary System and the Peritoneum, Omentum, Mesentery and Peritoneal Cavity. In J.F. Zachary and M.D. McGavin (eds), *Pathologic Basis of Veterinary Disease*, 5th edn. Elsevier, St Louis, MO, pp. 322-404.

Gifford, C.A., Ziller, M.J., Gu, H., Trapnell, C., Donaghey, J., Tsankov, A., *et al.* (2013) Transcriptional and epigenetic dynamics during specification of human embryonic stem cells. *Cell* 153(5), 1149-1163.

Gilbert, S.F. (2014) *Developmental Biology*, 10th edn. Sinauer Associates, Sunderland, MA.

Griswold, M.D. and Oatley, J.M. (2013) Concise review: defining characteristics of mammalian spermatogenic stem cells. *Stem Cells* 31, 8-11.

González, F., Boué, S. and Belmonte, J.C.I. (2011) Methods for making induced pluripotent stem cells: reprogramming à la carte. *Nature Reviews: Genetics* 12, 231-242.

Hsu, Y-C. and Fuchs, E. (2012) A family business: stem cell progeny join the niche to regulate homeostasis. *Nature Reviews: Molecular Cell Biology* 13, 103-114.

Lander, A.D. *et al.* (2012) What does the concept of the stem cell niche really mean today? *BMC Biology* 10, 19.

Mitalipov, S. and Wolf, D. (2009) Totipotency, pluripotency and nuclear reprogramming. *Advances in Biochemical Engineering/Biotechnology* 114, 185-199.

Mummery, C. (2011) Induced pluripotent stem cells - a cautionary note. *New England Journal of Medicine* 364, 2160-2162.

Ohnuki, M., Tanabe, K., Sutou, K., *et al.* (2014) Dynamic regulation of human endogenous retroviruses mediates factor-induced reprogramming and differentiation potential. *Proceedings of the National Academy of Sciences* 111, 12426-12431.

Pettinato, G., Wen, X. and Zhang, N. (2014) Formation of well-defined embryoid bodies from dissociated human induced pluripotent stem cells using microfabricated cell-repellent microwell arrays. *Scientific Reports* 4, 7402.

Puri, M.C. and Nagy, A. (2012) Concise review: embryonic stem cells versus induced pluripotent stem cells: the game is on. *Stem Cells* 30, 10-14.

Schlaeger, T.M., Daheron, L., Brickler, T.R., *et al.* (2015) A comparison of non-integrating reprogramming methods. *Nature Biotechnology* 33, 58-63.

Sharkis, S.J., Jones, R.J., Civin, C. and Jang, Y. - Y. (2012) Pluripotent stem cell-based cancer therapy: promise and challenges. *Science Translational Medicine* 4, 17-21.

Singh, A.M., Sun, Y., Li, L., Zhang, W., *et al.* (2015) Cell-cycle control of bivalent epigenetic domains regulates the exit from pluripotency. *Stem Cell Reports* 5, 323-336.

Tedesco, F.S., Dellavalle, A., Diaz-Manera, J., *et al.* (2010). Repairing skeletal muscle: regenerative potential of skeletal muscle stem cells. *Journal of Clinical Investigation* 120, 11-19.

Thomson, M., Liu, S.J., Zou, L.N., *et al.* (2011) Pluripotency factors in embryonic stem cells regulate differentiation into germ layers. *Cell* 145, 875-889.

Zhu, Z. and Huangfu, D. (2013) Human pluripotent stem cells: an emerging model in developmental biology. *Development* 140, 705-717.

第9章

基本的な体構造の成立
Establishment of the basic body plan

要　点

- 哺乳類の体構造の成立は高度に保存された遺伝子制御ネットワークによって管理されている.
- 進化の過程を通して，さまざまな種の胚子は発生の初期および後期が最も形態学的に多様な状態である.
- 脊索と原始結節は，頭尾軸と左右非対称性を確立させる発生時期において，その鍵となるシグナルを発する中枢として機能する.
- 外胚葉は神経外胚葉と表面外胚葉に分化する.
- 中胚葉の細胞は増殖して三つの別個な要素（沿軸，中間および外側中胚葉）へ展開する.
- 内胚葉は胚子の腸管および発生中の呼吸器系を内張りする.
- 原始生殖細胞とその派生物を除き，細胞，組織，器官そして体構造はこれら3胚葉に由来する.

原腸胚形成終期に，発生中の胚子は洋梨形を呈し，外層の外胚葉，中間の中胚葉および内層の内胚葉から構成されるようになる．原始結節に由来する縦走する中胚葉，すなわち脊索は発生中の胚子の頭尾軸を与える（**図9.1**）.

哺乳類の体構造はゲノム制御プログラムによって管理されている．体構造の進化的変化には，遺伝子発現を制御しているcis-制御モジュールの改変が多大な影響を与えている．cis-制御モジュールとは，転写因子に対する結合部位をしばしば含んでいる遺伝子の中もしくは近傍に存在する非翻訳DNA配列であり，その特定遺伝子の時間-空間的な発現様式を管理している．単純な遺伝子制御モチーフのモジュール化，複製化そして特殊化により進化した複合的遺伝子制御ネットワーク（complex gene regulatory network；GRN）は，生命の進化の過程で繊細かつ大胆な形態学的変化を可能とさせた.

進化の過程を通して，体構造の発生の軌跡は，「砂時計モデル」，すなわちさまざまな種の胚子は発生の初期および後期が最も形態学的に多様な状態である，に従っている．一方，形態学的に保存の度合いが最も高いのが，ファイロティピック期（phylotypic period）である．脊椎動物において，この時期は未分化な器官原器が出現し始め，異なる種の胚子間においてお互い最も類似性の高い時期である．この胚子発生の高度に保存された時期が進むにつれて，器官モジュール内で多様な遺伝子制御ネットワークが高度に相互連絡するようになる.

カプセル化，継承，多態性といった，現代のソフトウェア工学に用いられているオブジェクト指向性プログラミング指針に固有の特徴は，高度に保存された胚子発生メカニズムの多くを管理している制御ネットワークの土台となる理論・構成と強く共鳴するものである．加えて，特定のcis-制御モジュールへの「and」，「or」，「not」もしくはこれらの組みに合わせによる多様な入力という概念により，生物情報学者はブール理論（Boolean logic）に沿って単純な生物をモデル化でき，かくしてその発生状態を予測することが可能となった.

脊索を基準軸とすることで，胚子には右側と左側があると考えることができる．脊索の背側にある外胚葉は脊索から発せられる因子に反応して増殖し，神経外胚葉として知られる一層の外胚葉，すなわち神経板となる．次に神経板は神経溝を形成し，外胚葉の被いから分離して，神経管となる．神経管およびその関連構

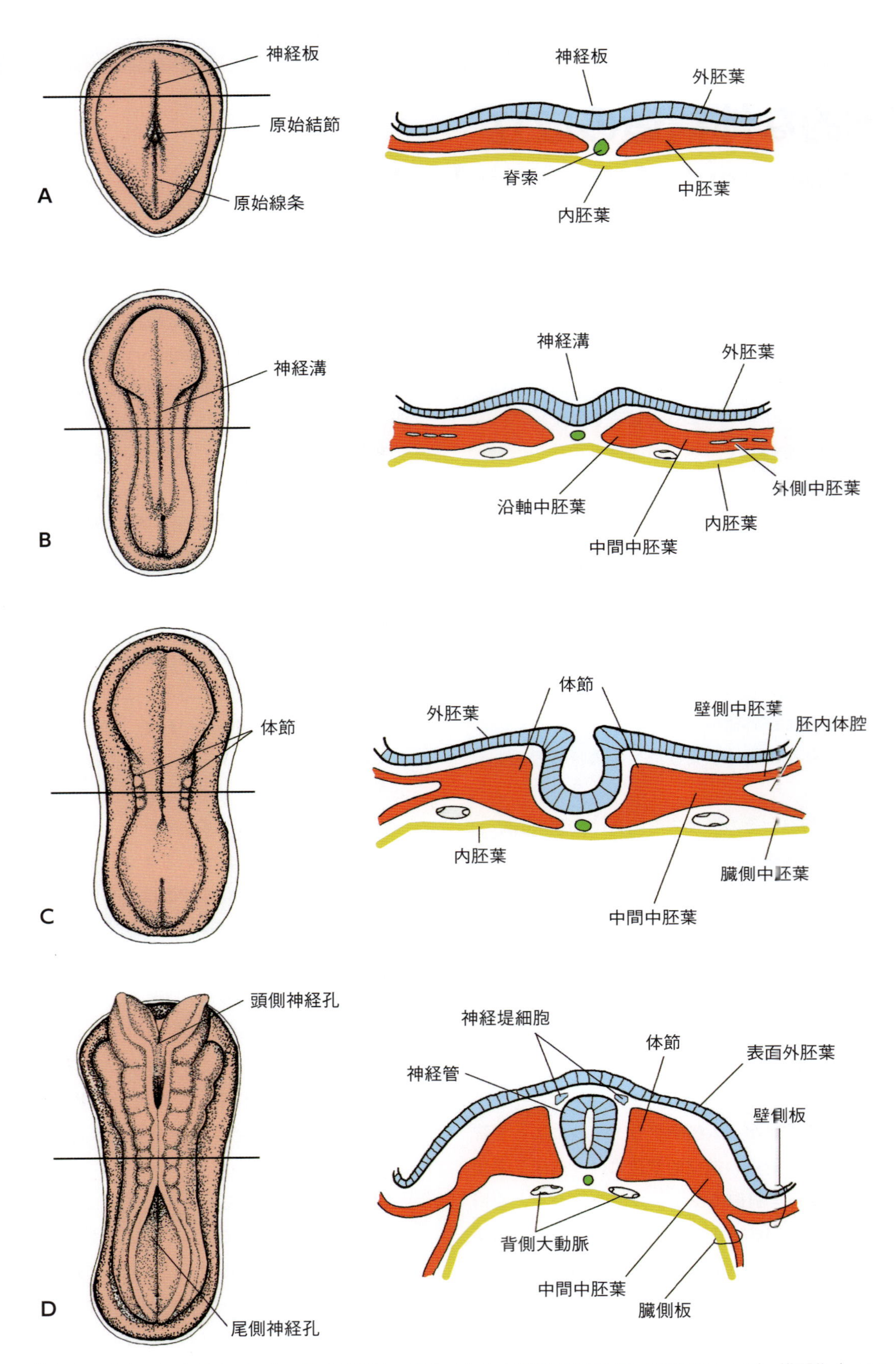

図9.1 原始線条の形成から神経管の形成に至る段階的な変化における初期哺乳類胚子の背側観ならびに横断像（AからD）.

造物の形成後，表面の外胚葉の細胞は表面外胚葉と呼ばれるようになる．若干の神経外胚葉細胞が発生中の神経管の外側縁から遊走して，神経管の背外側部を占めるようになる．これら神経外胚葉細胞は神経堤細胞と呼ばれる．中枢神経系（脳と脊髄）は神経管から，末梢神経系は神経管と神経堤の両方から，発生する（**図9.1D**）．

神経管と神経堤からの誘導効果により，頭部の表面外胚葉の一部は肥厚してプラコード形成する．プラコードには鼻板（鼻プラコード），水晶体板（水晶体プラコード），耳板（耳プラコード）があり，それぞれ嗅粘膜，水晶体，内耳になる．加えて頭部では少数の神経原性プラコードが発生し，いくつかの脳神経の感覚性要素の形成に寄与する．

内胚葉は原腸と呼吸器系の上皮およびこれらに関連する腺上皮となる．膀胱，中耳および耳管の上皮も内胚葉から発生する．加えて，肝臓，膵臓，甲状腺ならびに上皮小体の実質細胞も内胚葉由来である．

中胚葉は原始線条から現れ，上胚盤葉と下胚盤葉の間で，外側および頭側に広がる一層の細胞層を形成する．しかし神経管の形成時には，発生中の神経管に隣接する中胚葉の細胞は厚く索状に集まり沿軸中胚葉となる．頭部を除いて，胚子の全長にわたって沿軸中胚葉の外側に広がる索状の細胞集団は中間中胚葉となる．神経板の両側で，沿軸中胚葉の細胞は渦巻き状の集塊，体節分節（ソミトメア；somitomere）を形成する．体節分節の発生は頭部で始まり，原始結節の退縮につれて尾方に進行する．最初の7対の体節分節は頭部のいくつかの構造に中胚葉性要素を供給する．7番目より尾側の体節分節では，沿軸中胚葉は個々の集塊を形成するようになり，これは体節（somite）と呼ばれている（**図9.2**）．これら沿軸中胚葉の集塊は最初は頭部領域で耳板の後方に観察され，その後頭尾方向に連続的に発生していく．軸性骨格とこれに関連する骨格筋，そしてこれらを被う真皮の大部分は体節に由来する．家畜では妊娠第2～4週で，体節は表面外胚葉の直下で，発生中の神経管の両側に対となって観察される．発生のこの時期，胚子のおおよその日齢は体節の数から推測できる．発生する体節対の総数は通常，動物種によって一定であり，イヌ胚子では後頭体節4，頸部8，胸部13，腰部7，仙部3および尾部が10～20対である．

体節の外側の中胚葉は中間中胚葉と呼ばれる細胞索を形成し，これは泌尿器と生殖器の構成成分となる．中間中胚葉の外側に位置する中胚葉は哺乳類では 大部分が非体節的状態にとどまっており，外側（側板）中胚葉と呼ばれる．外側中胚葉に現れる腔は融合し，これによって外側中胚葉は外側の壁側層と内側の臓側層に分離する．壁側層は外胚葉と融合し壁側板（somatopleure）を形成する．臓側層は内胚葉と融合し臓側板（splanchopleure）を作る．壁側板と臓側板の間の空間は胚内体腔と呼ばれ，これから体腔，すなわち胸腔，心膜腔，腹腔が生じる（**図9.1**）．体腔を内張りしている中胚葉から単層扁平上皮である中皮が生じる．中皮は体腔内面を被う漿膜を形成する．

原腸胚形成後，三層性胚盤は頭部ヒダ，尾部ヒダ，体側ヒダの形成によって三層性の管状構造に転換する．内側の内胚葉層は胚子消化管の内張りを形成し，外胚葉は神経系，皮膚の表皮および皮膚から派生し，そして中胚葉から体の構造的成分と結合組織成分が形成される．体壁の折り畳みの結果として，胚盤胞の一部は胚子そのものに取り込まれることはなく，胚外被膜あるいは胎膜として臍帯で胚子に付着した状態にとどまる．

胚子内部に起こる組織化に関連した変化は外観に反映される．胚子は正中軸の両側に明瞭な体節の列を伴うC字状となる（**図9.2**）．眼胞と耳板は，この時期に目立つ構造である．神経堤起源のものを含む6対の間葉性細胞集塊，すなわち咽頭弓が頭部の前腸と表面外胚葉の間で，頭尾方向に発生する．表面外胚葉が各弓の間に陥入し，五つの咽頭溝が形成される．内部では前腸の内胚葉が各弓の間に膨出し，五つの咽頭嚢が形成される．

体節分節，咽頭弓，咽頭溝および咽頭嚢の分化については，頭部の諸構造の発生で記載する（第22章）．

この時期，発生中の心臓は胸部で大きく発達した心隆起を作る．第3週以降から，前肢芽と後肢芽が認められる．胚子において，頭部は脳の発生と相関して体の他の部よりも成長と分化が早いが，後に頭部と他の部における成長率は平衡になる．

胚盤胞にある全能性幹細胞は3胚葉，すなわち外胚

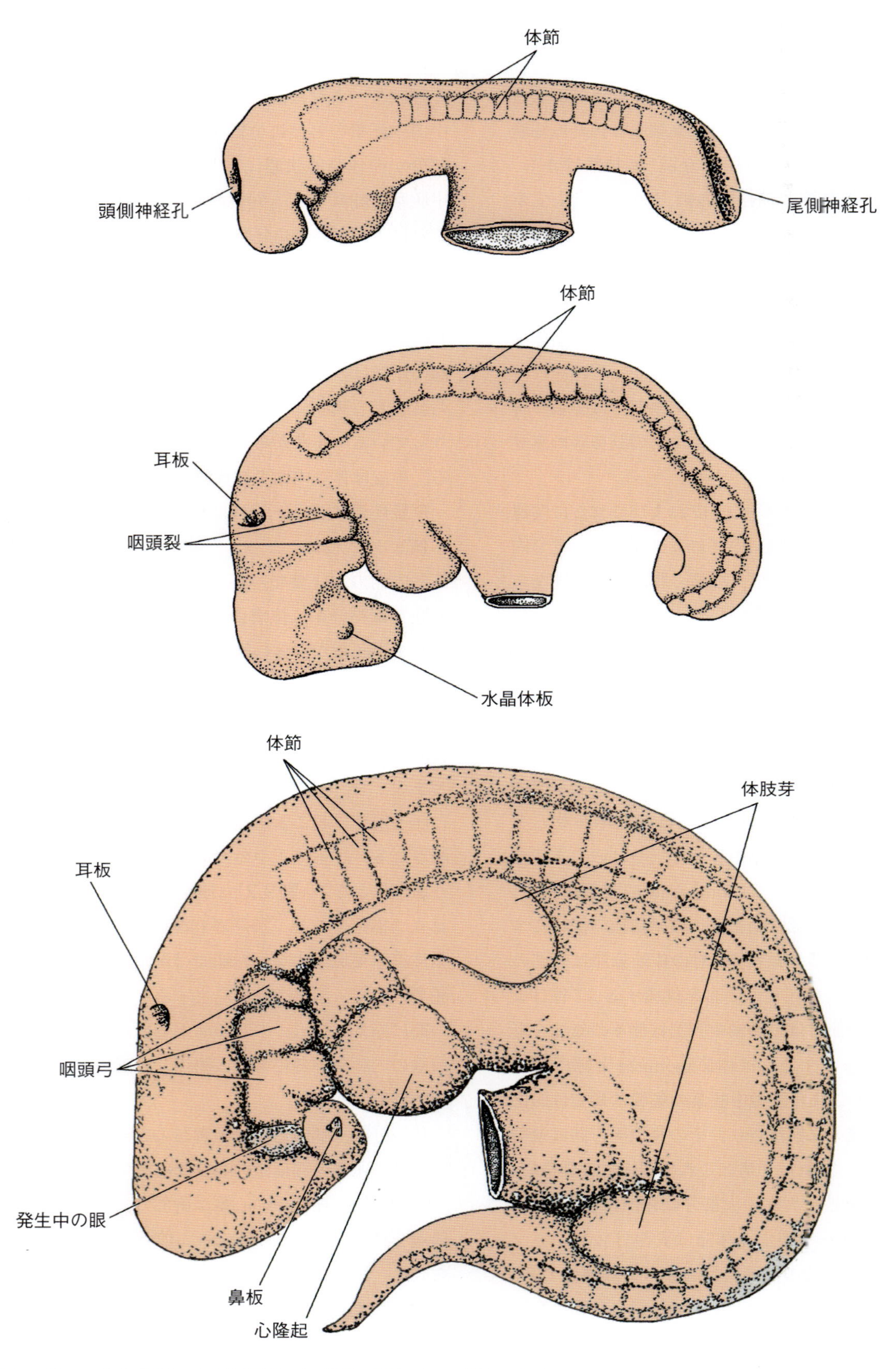

図 9.2 種々の発生段階の哺乳類胚子の外側観．観察できる構造を示す．

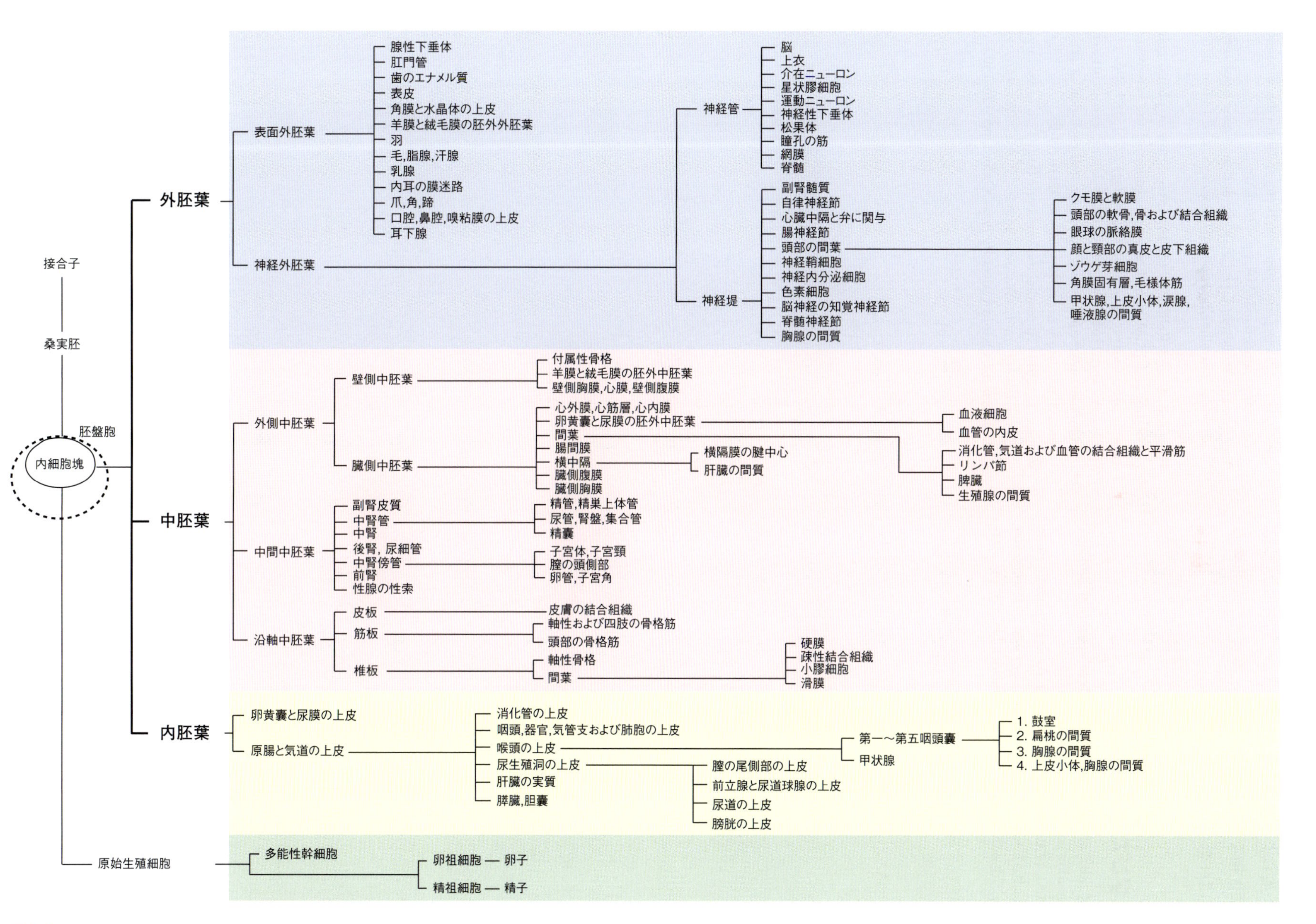

図9.3 胚盤胞から生じ，３胚葉を形成した細胞の段階的分化．原始生殖細胞を除いて，体の組織，器官はこれら３胚葉から形成される．

葉，中胚葉および内胚葉を生じさせる．原始生殖細胞とその派生物を除き，細胞，組織，器官そして体構造はこれら3胚葉に由来する（**図9.3**）．

（齊藤正一郎　訳）

さらに学びたい人へ

Barkai, N. and Shilo, B.-Z. (2013) Developmental biology: Segmentation within scale. *Nature* 493, 32-34.

Carlson, B.M. (2013) Establishment of the Basic Embryonic Body Plan. In B.M. Carlson, *Human Embryology and Developmental Biology*, 5th edn. Elsevier Saunders, Philadelphia, PA, pp. 103-128.

Gilbert, S.F. (2014) *Developmental Biology*, 10th edn. Sinauer Associates, Sunderland, MA, pp. 416-426.

Peter, I.S. and Davidson, E.H. (2011) Evolution of gene regulatory networks controlling body plan development. *Cell* 144(6), 970-985.

Skoglund, P. and Keller, R. (2010) Integration of planar cell polarity and ECM signalling in elongation of the vertebrate body plan. *Current Opinion in Cell Biology* 22(5), 589-596.

Spirov, A. and Holloway, D. (2013) Using evolutionary computations to understand the design and evolution of gene and cell regulatory networks. *Methods* 62(1), 39-55.

Wolpert, L. (2011) Patterning the Vertebrate Body Plan I: Axes and Germ Layers. In L. Wolpert and C. Tickle, *Principles of Development*, Oxford University Press, Oxford, pp. 125-150.

第10章

体 腔

Coelomic cavities

要 点

- 中胚葉の分化は2層の外側中胚葉の間に腔（体腔）の形成を引き起こす．
- 胚子における外側のヒダ形成は発生中の胚性体腔を胚内体腔と胚外体腔に分ける．
- 胚内体腔は胸部から腰部へと伸長し，心膜腔，胸膜腔そして腹膜腔へと発達する．
- 中胚葉によって構造される横中隔は分化中の胸腔と腹腔を部分的に分ける．胸腔と腹腔は胸膜腹膜管を介してお互いに連絡する．
- 哺乳類に特有の筋腱性の横隔膜の発生は胸腔と腹腔の完全な分離を引き起こす．

原腸形成の終わりでは，胚性中胚葉は沿軸中胚葉，中間中胚葉そして外側中胚葉の三つの領域から成り立っている．発生の過程において，裂隙が左右の外側中胚葉内に発生する．その後，これらの裂隙は癒合し，外側中胚葉を外層の壁側中胚葉と内層の臓側中胚葉に分離する腔を形成する（**図10.1**）．左右両側に認められる2層の中胚葉の間の腔は体腔と呼ばれる．正中部分の両側に存在する発生中の左右の体腔は頭側方向に伸長し，発生中の神経板と心臓形成板の前方で出会い，そして癒合する．その結果，馬蹄形の体腔が形成される（**図10.2**）．体腔の外壁は外胚葉と癒合して壁側板を形成する壁側中胚葉によって構成されている．体腔の内壁は内胚葉と癒合して臓側板を形成する臓側中胚葉から成り立っている．体腔を裏打ちする中胚葉細胞

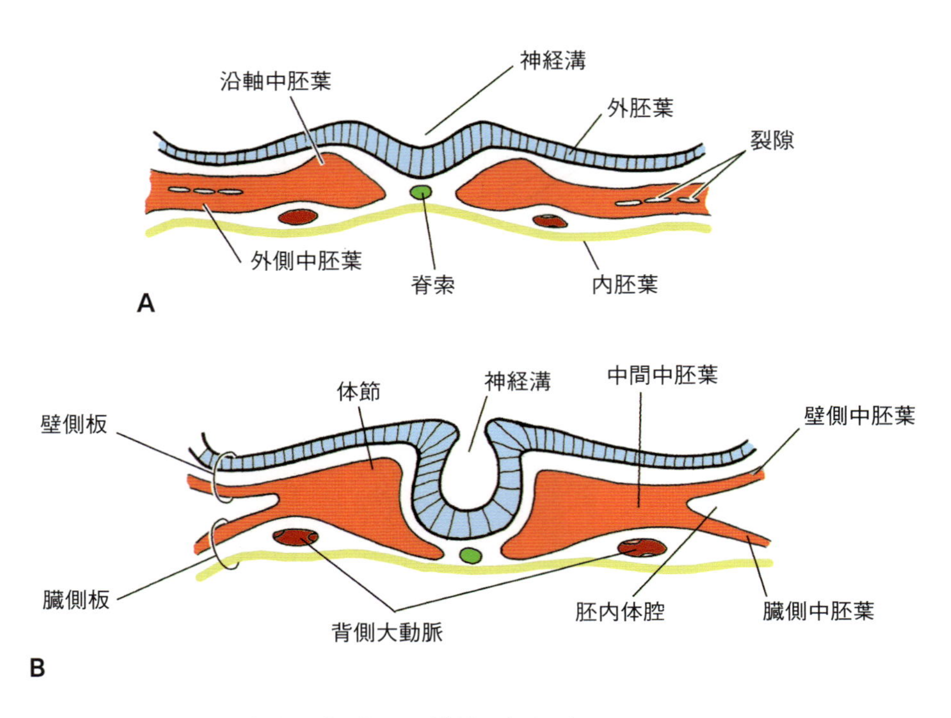

図10.1 胚内体腔の形成過程を示す発生初期段階の胚子の横断面（AとB）．

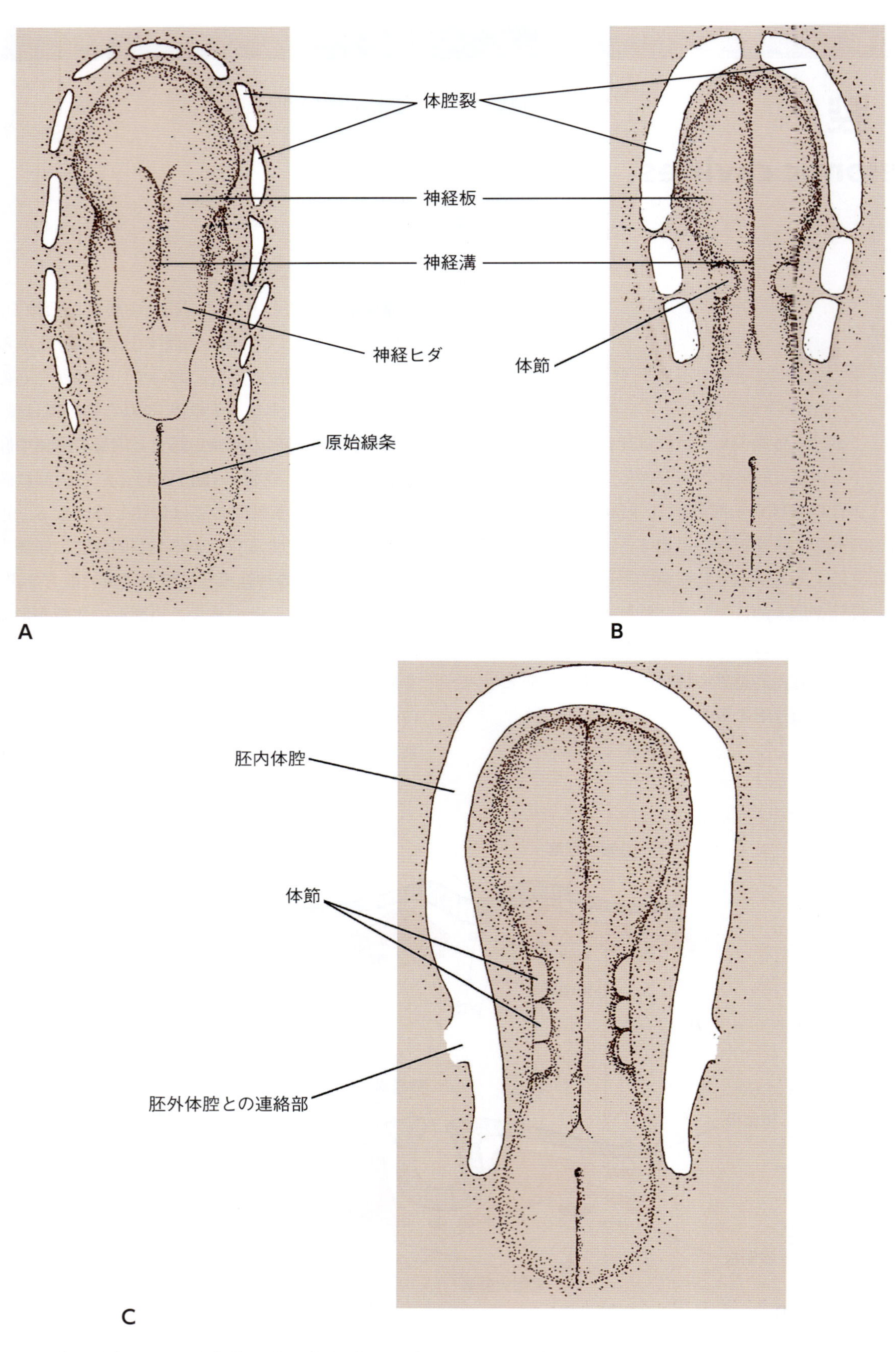

図10.2 体腔の形成を示す発生初期段階の哺乳類胚子の背側観（AからC）.

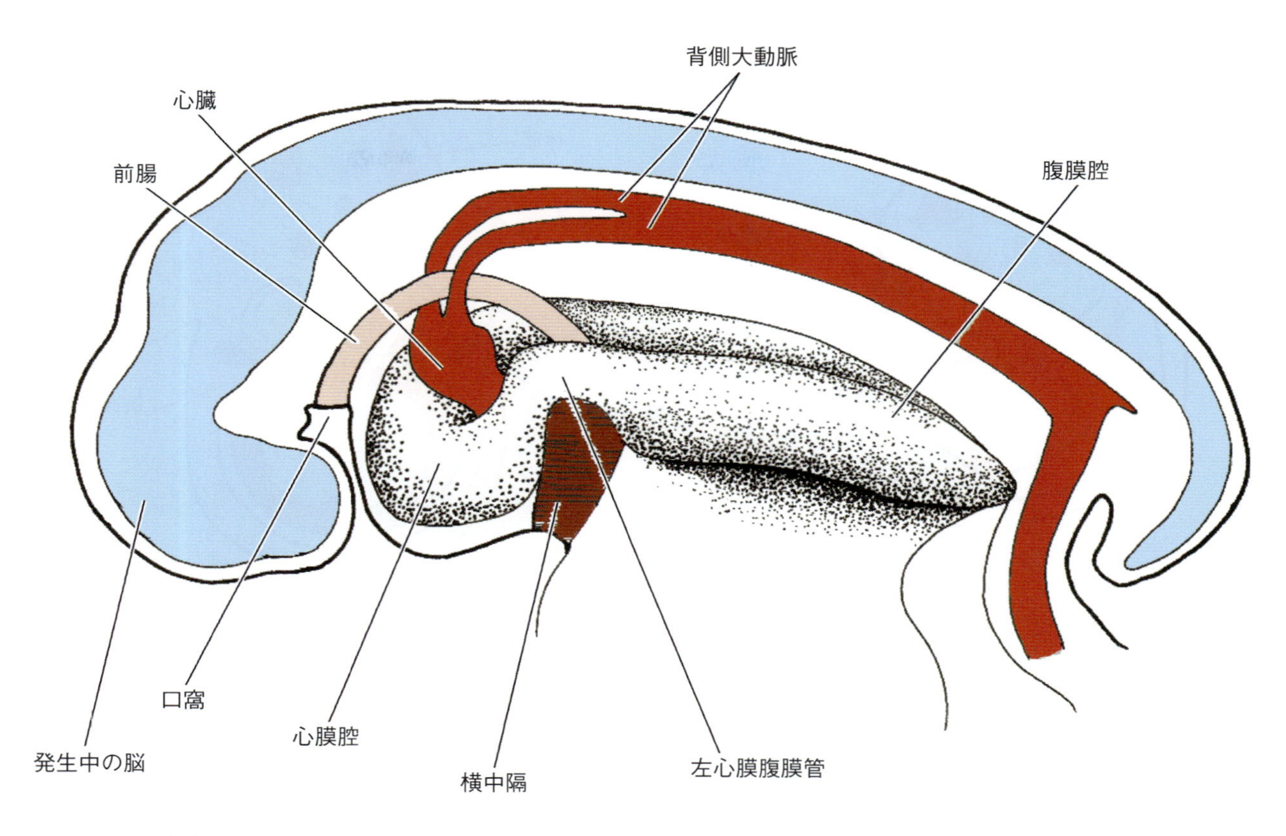

図10.3　心膜腔，腹膜腔および心膜腹膜管の位置関係を示す胚子の左外側観.

は単層扁平上皮へと分化し，中皮と呼ばれるようになる．胚子の頭側，尾側そして外側のヒダ形成に続き，馬蹄形の体腔の曲がった凸状の領域は前腸と発生中の心臓の腹側部分を占め，初期段階の心膜腔を生じる．体腔の左右の突出部（脚）は心膜腹膜管によって心膜腔と連絡する（**図10.3**）．外側体壁のヒダ形成は，結果として発生中の胚性体腔を胚内体腔と胚外体腔に分離する．その後，胚内体腔は心膜腔（pericardial cavity），胸膜腔（pleural cavity）そして腹膜腔（peritoneal cavity）になる．胚外体腔は，発生する胎膜と関連する．胚内体腔と胚外体腔は初め臍部によって繋がっているが，その後分離する．

胸膜腔および心膜腔

胸膜腔

発生中の肺と心臓の原基は左右の胸膜心膜腔によって囲まれている（**図10.4**）．中胚葉のヒダで，左右の総主静脈と横隔神経を含む胸膜心膜ヒダは左右の胸膜心膜腔の内側に向かって徐々に発生する．これらのヒダが癒合することによって，左右の胸膜心膜腔は背側の胸膜腔と腹側の心膜腔に分けられる．左右の胸膜腔は分離したままで，発生中の前腸の両側に位置する胚内体腔の左右の脚と左右の胸膜腹膜管を介して連絡している．胸腔内で発達する発生中の肺はその後胸膜腹膜管に向かって拡張する．発生中の肺と直接接する中皮は臓側胸膜と呼ばれ，一方，胸膜腔の壁と接する中皮は壁側胸膜と呼ばれる．肺が大きくなるにつれ，胸膜腔は外側体壁に向かって伸長し，そして体壁は薄い内層と厚い外層に分けられ，後者の厚い外層は最終的に胸壁になる（**図10.4**）．

心膜腔

心臓は初め，背側心間膜と呼ばれる中皮の二重の背側ヒダによって吊るされ，腹側心間膜と呼ばれる二重の腹側ヒダによって固定されている．腹側心間膜は形成後，直ぐに退化し，その後引き続いて背側心間膜の退化が起こることから，単一腔の心膜腔が形成される

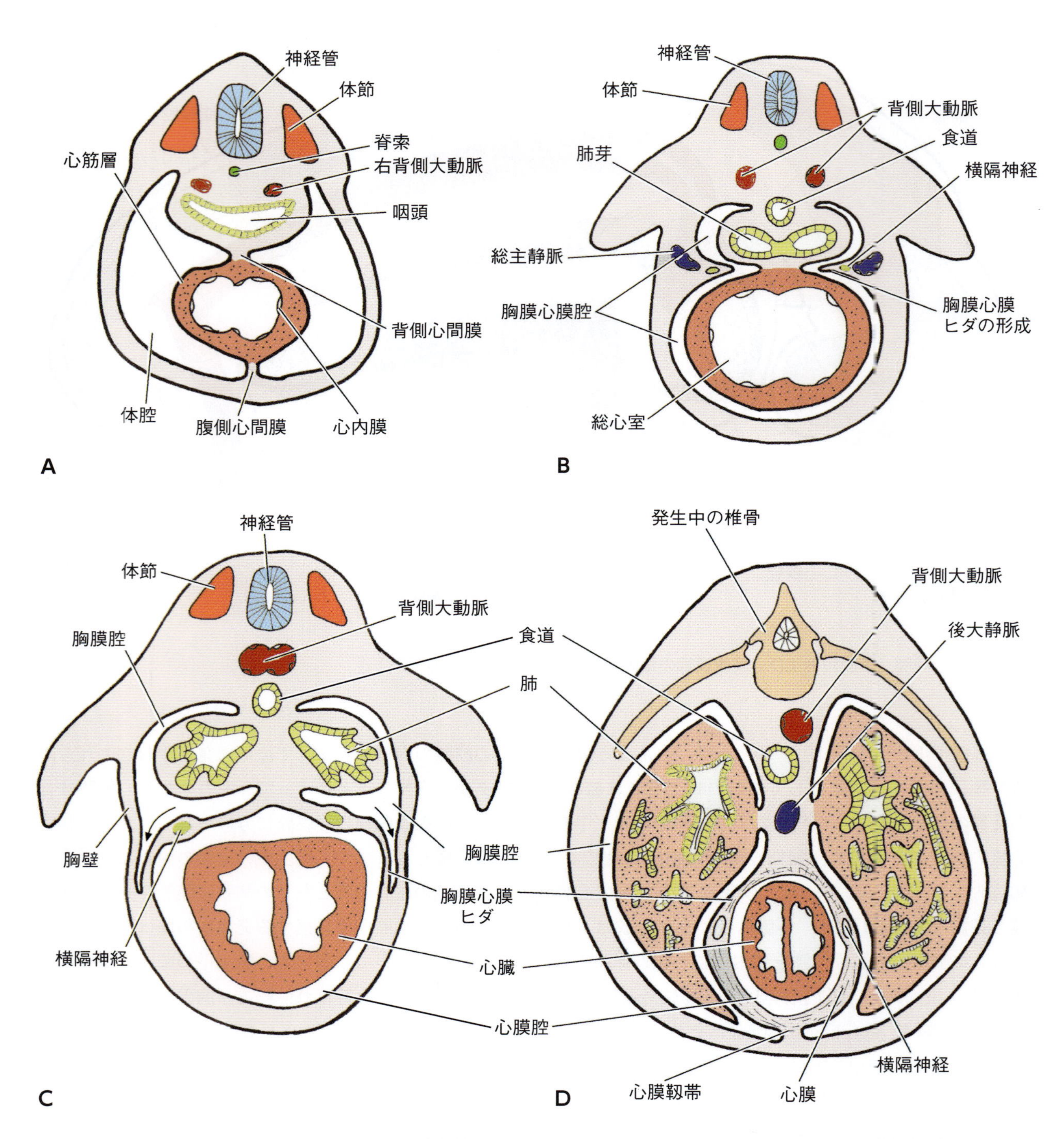

図10.4 胸膜腔と心膜腔の形成を示す発生段階の異なる胚子胸部の断面（AからD）．Cの矢印は体壁への胸膜腔の伸長を示す．

（**図10.4B**）．この段階では，心臓は心臓に出入りする血管によって心膜腔内に吊り下げられているだけである．このように形成された心膜（心嚢）は，心臓を取り囲む内側の臓側板と胸壁を裏打ちする外側の壁側板から構成される．胸膜心膜ヒダに連続する発生中の体壁の内層は，心膜腔を裏打ちする壁側板周囲を腹側に向かって広がり，癒合して心膜の線維層を形成する．動物種によって異なるが，心膜を横隔膜または胸骨のどちらかに固定するこの線維層は左右の横隔神経を含んでいる（**図10.4D**）．この構造は，イヌやネコでは

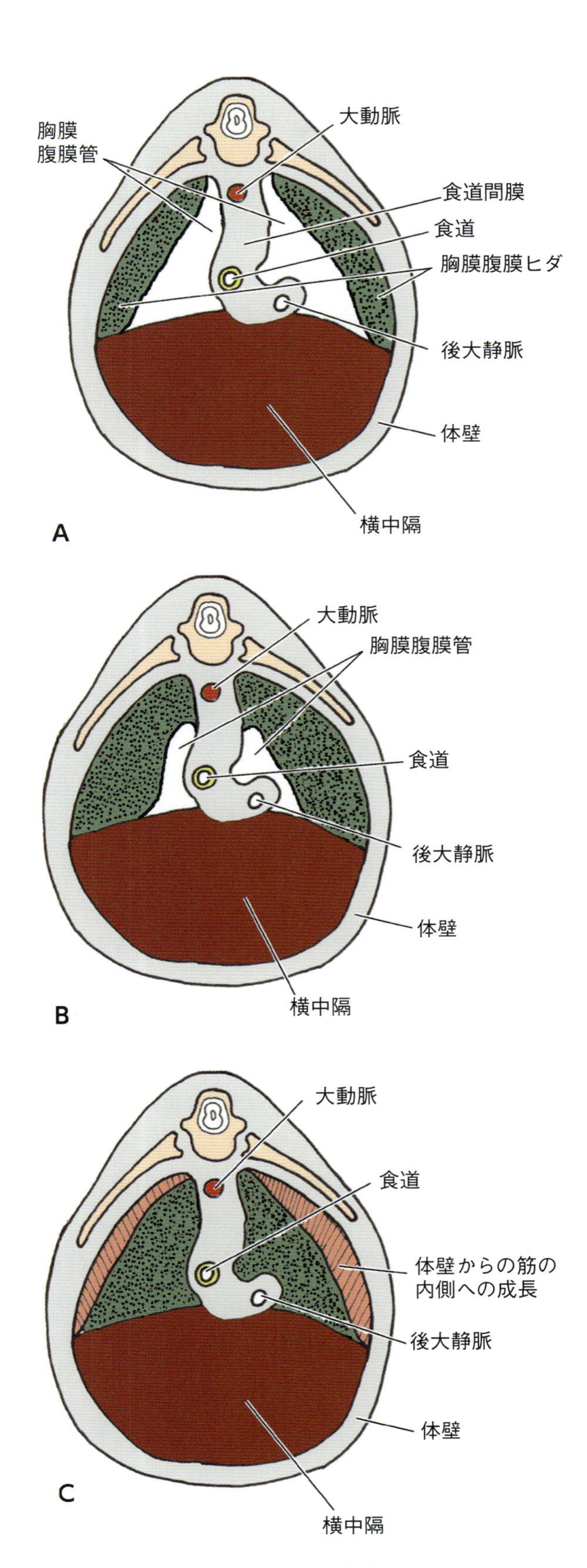

図10.5 横隔膜の発生の経時的変化（AからC）.

横隔心膜靱帯，ウマやウシでは胸骨心膜靱帯と呼ばれる．胸膜心膜ヒダの胸膜面は壁側胸膜によって被わているため，心膜の外壁の最終形態は壁側心膜，中間線維層，外層の壁側胸膜によって構成される．胸膜腔を隔てる中隔を形成する間葉組織は縦隔と呼ばれる．肺，後大静脈そして右の横隔神経を除く胸腔内のすべての構造は発生中の脊柱から胸骨にいたる縦隔の内部に含まれる．

横隔膜

胸膜心膜腔は初め胚性体腔の両側の脚と連絡している．頭尾側のヒダ形成において，横中隔と呼ばれる中胚葉の集団は発生中の心臓の頭側から尾側へと移動し，胸膜心膜腔と発生中の腹膜腔を部分的に分ける仕切りである横隔膜（diaphragm）を形成する．続いて，外側体壁から発生して内側に伸び，背側では食道を吊り下げている中皮のヒダである食道間膜と，腹側では横中隔と癒合する胸膜腹膜ヒダの形成によって，胸膜腔と腹膜腔の間の連絡は閉鎖する．胸膜腹膜ヒダ，食道を吊るす背側の中皮のヒダそして横中隔の癒合によって形成される仕切りは，原始横隔膜を構成する（**図10.5**）．その後，胸腔が拡大するに伴い，体壁から派生する中胚葉が横隔膜の筋性の辺縁領域を形成する．このように，横隔膜と胸壁の両方で調和のとれた発達が起こる．横隔膜の筋は頸部と胸腹部の体節に生じた筋芽細胞に由来する．横中隔の位置の変化に伴って，後方の頸部体節からの筋芽細胞が中隔へと移動する．脊髄神経である頸神経の腹枝はこれらの筋芽細胞を神経支配する．そのため，横隔膜の中央領域の筋組織は左右の横隔神経を形成する後部頸神経の腹枝によって神経支配されている．脊髄神経の胸神経と腰神経の腹枝は横隔膜の筋性の辺縁領域を神経支配する．横隔膜には，胸腔と腹腔の間を通過する構造が3カ所で認められる．これらの部位は，背側から腹側に向かって順に，大動脈，奇静脈そして胸管が通過する大動脈裂孔，食道と迷走神経の背枝と腹枝が通過する食道裂孔，そして後大静脈が通過する大静脈孔である．

横隔膜の異常

横隔膜の先天異常は腹腔と胸腔の間に完全な仕切り

を結合形成するための発生中の横隔膜の胚子構成要素の異常によって生じる．この異常は腹腔と胸腔の間に開口部の開存をもたらす．腹腔内臓器がこの開口部を通過し胸腔内へと入り込んだとき，この状態を先天性横隔膜ヘルニアと呼んでいる．家畜では，胸膜腹膜ヘルニアと腹膜心膜ヘルニアの二通りの先天性横隔膜ヘルニアが生じる．

胸膜腹膜ヘルニアは，片方もしくは両方の胸膜腹膜ヒダの発生の異常または食道間膜と横中隔との癒合の失敗によって生じ，結果として胸膜腹膜管を閉鎖することができなくなる．この欠損は通常左側で起こり，背外側部における腹腔と胸腔の連絡をともなう．ヒトでは，胸膜腹膜ヘルニアは先天性横隔膜欠損において最も一般的な症例で，通常胃や腸といった腹腔内臓器が胸膜腔内に入り込む．

家畜，特にイヌやネコでは，腹膜心膜ヘルニアが胸膜腹膜ヘルニアに比べてより一般的である．この状態は腹膜腔と心膜腔の間の異常な連絡をもたらす横中隔の発生異常によるものと考えられる．外側体壁のヒダ形成時における胸壁の不完全な癒合はこの発生異常に起因する．この欠損の結果として，通常肝臓，胃の幽門部そして腸といった腹腔内臓器の心膜腔内へのヘルニア形成が生じる．

小動物臨床において，最も一般的に認められる横隔膜ヘルニアは外傷性によるもので，しばしば交通事故に起因している．

腹膜腔

すでに述べたように，外側体壁のヒダ形成は発生中の腸管を取り囲む左右の胚内体腔の形成を引き起す(**図10.6**)．発生中の腹腔において，腸管は左右の体腔の間の臓側中胚葉のヒダによって吊り下げられる．腹腔を裏打ちする中皮は腹膜と呼ばれる．腹腔内において，原始消化管とその派生物は，最初二層の腹膜によって背側の体壁から吊るされ，腹側の体壁に固定されている．腸を取り囲み，それを体壁に繋ぐ腹膜ヒダは腸間膜と呼ばれる．臓器同士または臓器と体壁を結びつける腹膜ヒダは間膜と呼ばれる．

腸管はその発生初期では比較的まっすぐな管で，背側腸間膜と腹側腸間膜の両方によって腹腔壁に付着している．その後，十二指腸の起始部後方から直腸前方にいたるまでの腹側腸間膜は退化する．これらの領域では，腸管は背側腸間膜によって吊り下げられたままの状態である．腹側腸間膜の退化は腸管の長さを増加させ，部分的な回転を可能にし，さらに，左右の体腔を癒合させて単一の腹膜腔を形成する．発生後期において，腹膜は膨出して，発生中の鼠径管に向かって伸長する左右の鞘状突起を形成する．

臓器が腹膜ヒダによって囲まれているのならば，その臓器は腹膜内臓器として区分され，腹膜に部分的に被われている臓器は腹膜後臓器と呼ばれる．実際には，腹膜腔内に位置する臓器は存在しておらず，正常な状態では腹膜腔内には中皮由来の腹腔液の薄い層が存在するだけである．

網

「網」(omenta)という用語は，臓器を胃に付着させる腹膜ヒダに対して用いられる．胃を吊るし，固定する腹膜の背側ヒダと腹側ヒダは，それぞれ背側胃間膜と腹側胃間膜と呼ばれる．発生中の胃の部分的回転によって，胃間膜は最初の位置から変化する．胃が左に回転する際に，背側胃間膜は伸長し，左に引き寄せられ，網嚢と呼ばれる腔を持った嚢状の二重のヒダを形成する．拡張した背側胃間膜はさらに伸長を続け，腹腔内臓器と腹壁の間を占める．この発生段階では，大網と呼ばれる構造が腹膜ヒダの浅部と深部によって構成されている．網嚢は網嚢孔という開口部を介して腹膜腔と連絡している．脾臓の原基は大網の浅部内に形成される中胚葉の集団から発生する．胃に脾臓を付着させる大網のヒダは胃脾間膜と呼ばれ，脾臓を腎臓に付着させるヒダは脾腎間膜として知られている．

背側膵芽は大網の浅部のヒダへと伸長する．腹側胃間膜内で発達し，それを二つの領域に分ける発生中の肝臓によって小網が再編される．結果として，胃の小弯から肝臓へと伸長するヒダは小網を形成し，肝臓と横隔膜から腹側体壁の間に伸長するヒダは肝鎌状間膜を形成する(**図10.6D**)．

(佐々木基樹　訳)

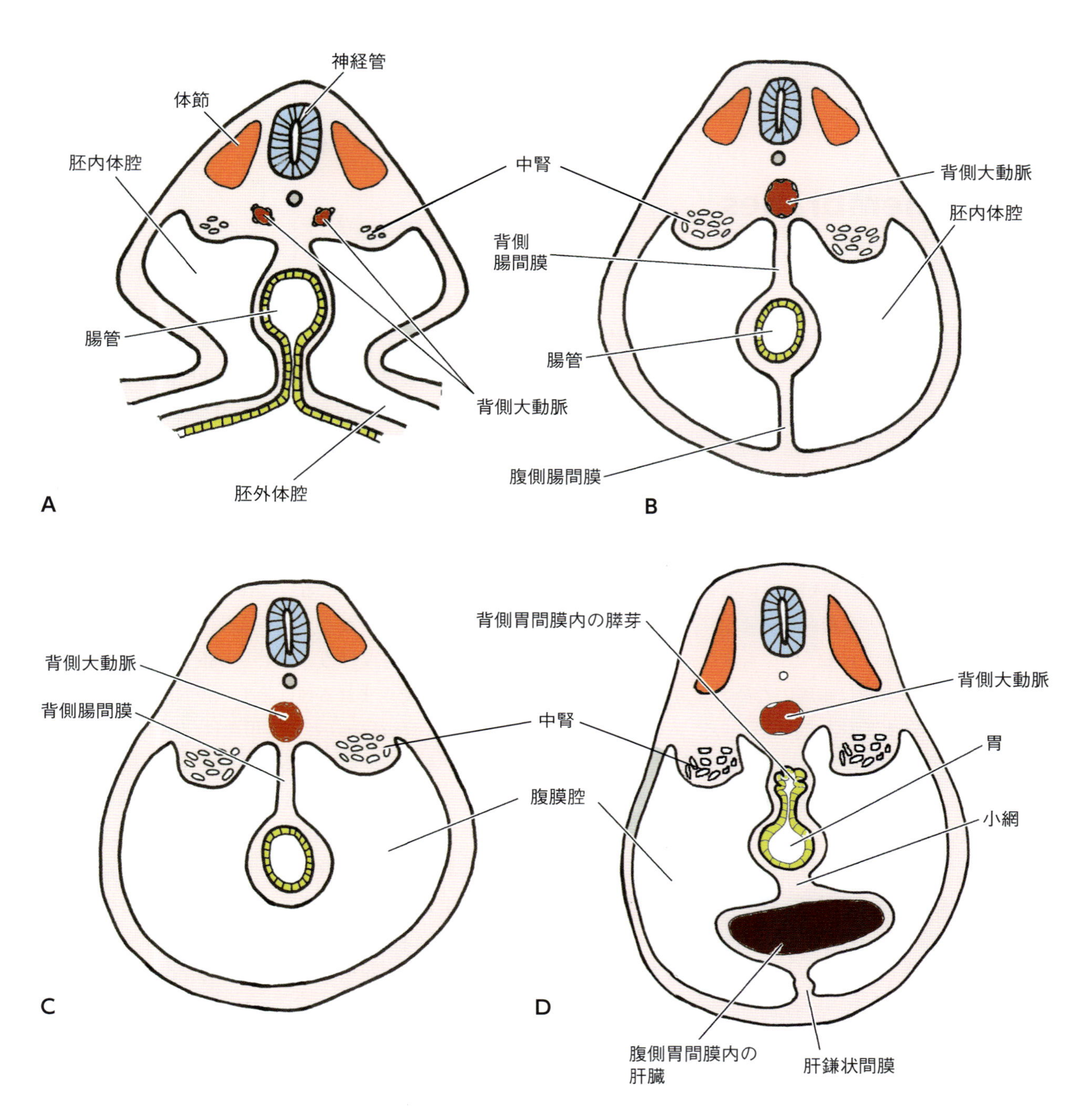

図10.6 発生段階の異なる胚子の腹部領域の横断面．A～Cは腸管の位置，Dは胃の位置での断面．

さらに学びたい人へ

Carlson, B.M. (2013) Digestive and respiratory systems and body cavities. In B.M. Carlson, *Human Embryology and Developmental Biology*, 5th edn. Elsevier Saunders, Philadelphia, PA, pp. 335-375.

Liebermann-Meffert, D. (2000) The greater omentum: anatomy, embryology, and surgical applications. *Surgical Clinics of North America* 80, 275-293.

Nakajima, Y. and Imanaka-Yoshida, K. (2013) New insights into the developmental mechanisms of coronary vessels and epicardium. *International Review of Cell and Molelcular Biology* 303, 263-317.

Veenma, D.C., de Klein, A. and Tibboel, D. (2012) Developmental and genetic aspects of congenital diaphragmatic hernia. *Pediatric Pulmonology* 47, 534-545.

第11章

胎膜

Foetal membranes

要　点

- 卵黄嚢，羊膜，絨毛膜，尿膜と呼ばれる四つの胎膜（胚外）が爬虫類，鳥類，哺乳類で発生する．
- これらの膜は胎子期のみ機能し，孵化あるいは出生の際に捨てられる．
- 卵黄嚢は胚外臓側板で構成されていて，卵黄管経由で胚子の中腸と繋がっている．鳥類や爬虫類では，栄養は卵黄嚢血管を通して，発育しつつある胚子に運ばれる．
- 哺乳類では卵黄嚢は栄養のための卵黄はなく，一過性に存在するのみである．
- 胚外壁側板が背側に拡張して，絨毛膜羊膜ヒダを形成し，それが胚子背側で会合して融合する．壁側板が内側にある羊膜に進入して，胚子を取り囲み，外側にある絨毛膜との間を分ける．
- 尿膜は後腸の憩室であり，胚外体腔へと成長する．
- 妊娠中に，胎水は羊膜腔や尿膜腔に溜まる．

下等脊椎動物における生殖は，卵黄を持つ小さい卵を水生環境に多数産む雌と，それに引き続いて同じ場所に精子を放出する雄によって特徴づけられる．これらの環境における受精は体外受精と呼ばれる．卵黄が発生中の接合子に栄養を供給し，一方，酸素は水生環境から獲得され，代謝老廃物は同じ水生環境に放出される．胚子の栄養供給が限定されている両生類などの動物種では，中間の自由摂食幼生期が発達し，それに続いて変態を行い，成体へと成長する．これらの環境で産生された卵の数が多いことがこの生殖様式に伴う高い死亡率を補っている．

卵黄量が多くて大きい卵を少数産み，孵化したときには発生の段階がより進んでいる状態にある動物種では，生存の可能性が高い．この発生様式は軟骨魚類，いくつかの硬骨魚類，爬虫類，鳥類およびいくつかの哺乳類で一般的にみられ，幼生期は出現しない．

進化のもっと進んだ段階にある動物種は雌の体の中に保持される卵を産生する．雄は雌生殖道に精子を入れ，受精は体内で起こる．これらの動物種では，卵の卵黄量は比較的少なく，胚子は母体の血管系から必要な栄養や酸素を受ける．発生中の胚子を雌の体の中に保持し，子で生まれる種は胎生（viviparous）と呼ばれる．卵生（oviparous）という用語は，体の外で孵卵された卵から胚子が孵化する動物種を述べるのに使用される．多数の動物種が卵生と胎生の中間の発生様式を示す．これらの種は卵胎生（ovo-viviparous）と呼ばれ，卵黄のある卵が母体内に保持され，胚子は卵自体から必要な栄養を受けて，呼吸に必要なものは母体の血管系から供給される．

水生環境で発生する胚子は卵自体に由来する栄養供給に依存しており，水から酸素を獲得し，代謝老廃物は周囲の水に拡散させる．卵黄は，中黄卵である両生類のように腹側腸壁の内胚葉細胞内に蓄えられるか，あるいは多黄卵である魚類，爬虫類および鳥類におけるように，発生中の胚子の腹側に細胞外の塊として蓄えられる（**図11.1**）．多黄卵から発生する胚子では，胚子の体壁は卵黄塊の周りに成長して三層構造の袋である卵黄嚢を形成する．三層構造の卵黄嚢の中胚葉に血管が分布するようになり，取り囲まれた栄養物は内胚葉層を介して吸収され，卵黄嚢血管によって胚子へと輸送される．頭側ヒダ，尾側ヒダおよび外側ヒダが発達して卵黄よりも上に胚子を持ち上げ，その結果，胚子自体と卵黄との間の境界が明瞭になる．胚子と卵

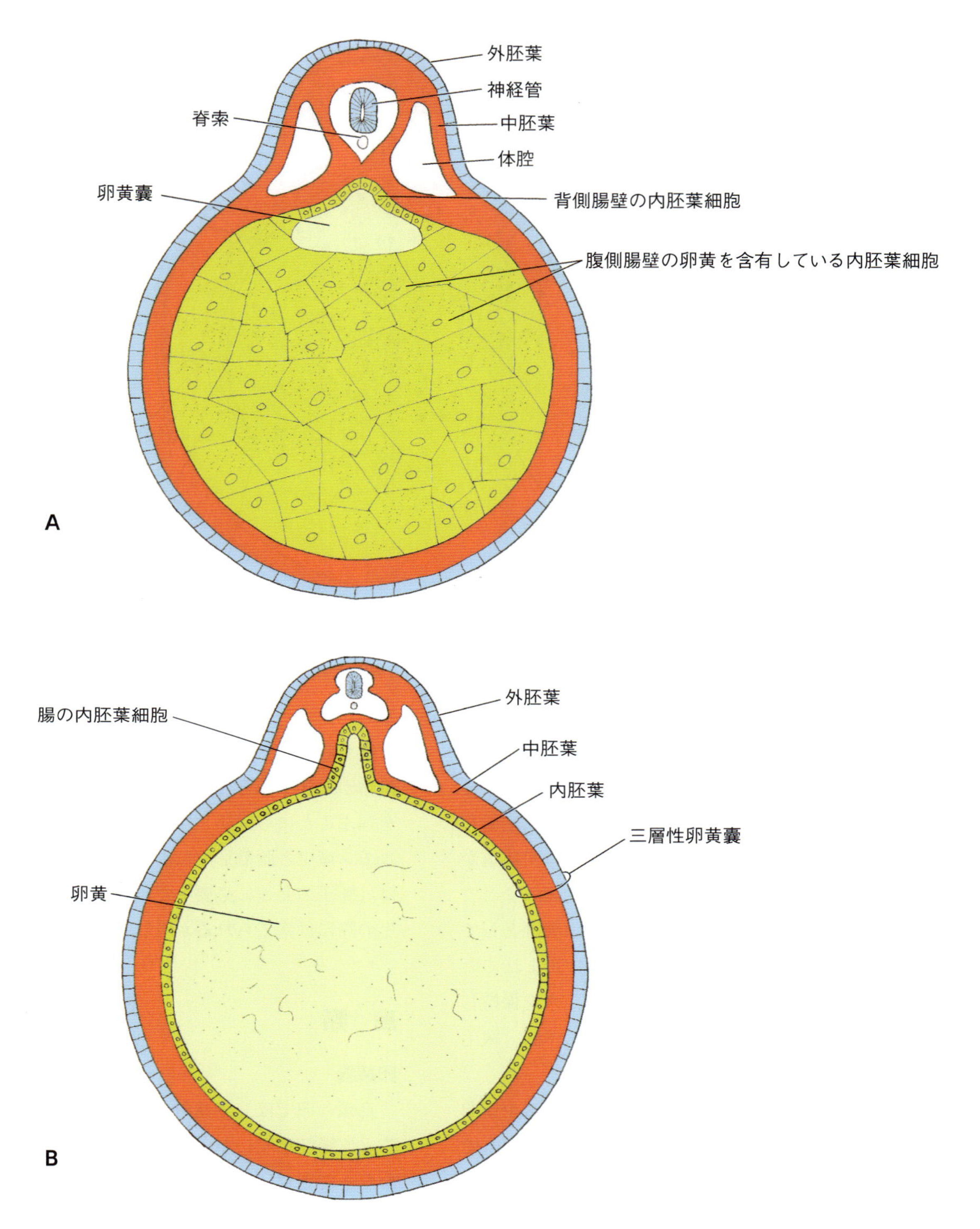

図11.1 A：腹側腸壁の内胚葉細胞内に蓄えられた卵黄を含有している両生類の胚子．B：細胞外腹側塊として蓄えられた卵黄がある鳥類胚子．

黄嚢との間の最初の広い連絡がすぼまって卵黄茎だけで繋がるようになる．卵黄が消費されるにつれて，卵黄嚢は小さくなっていき，臍を通してついには腹腔内に引き込まれる（**図11.2**）．

陸生脊椎動物の進化では発生中の胚子が非水生環境に生き残ることができるように変化する必要があっ

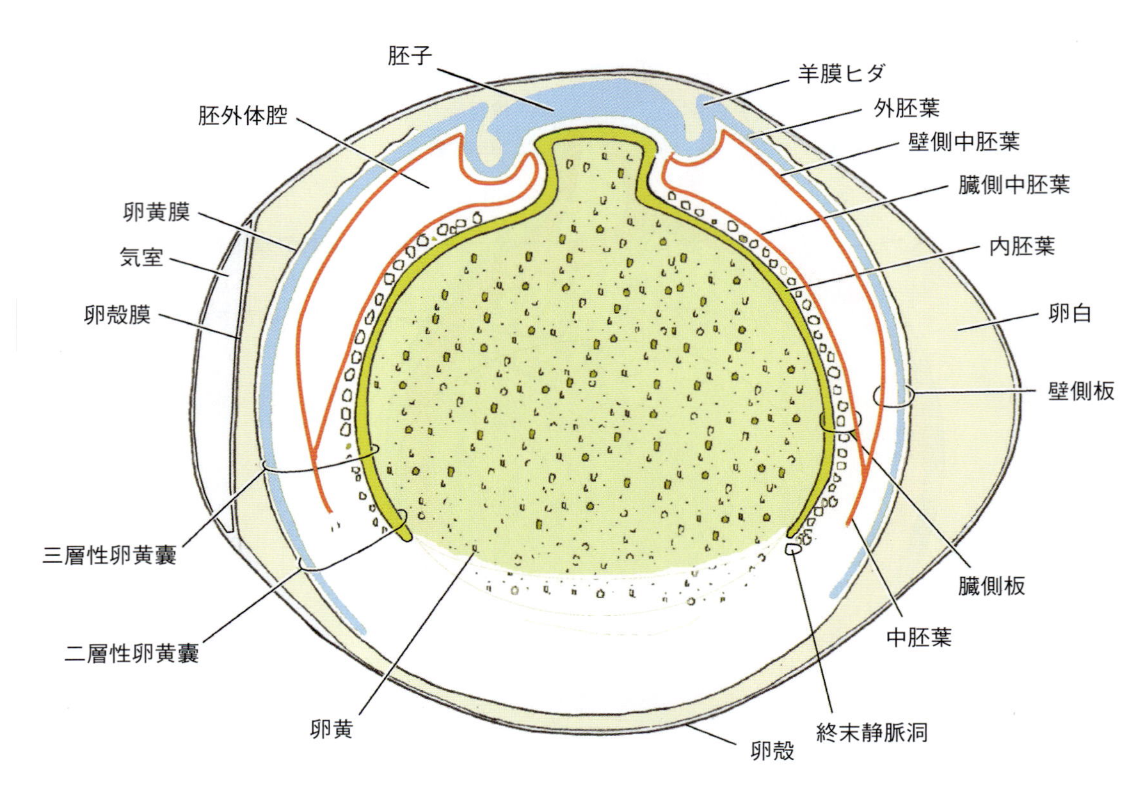

図11.2 ニワトリ胚子における三層性卵黄嚢の形成．体腔が形成されると胚外中胚葉が臓側板と壁側板に分かれる．

た．両生類などのいくつかの動物種では，陸生に生存するように進化したが，産卵のためには水生環境に戻る．カメなどの他の種では，湿気のある環境に産卵して，そこから卵は水を得る．鳥類と爬虫類は生殖道から分泌された防護膜あるいは殻がある卵を産むことで非水生環境に適応した．さらに，付加的栄養源として雌生殖道から分泌された卵白も殻に取り囲まれている．陸生の動物種は，さらに防護したり，水を保持したり，老廃物を蓄える付加的胚外膜である羊膜，絨毛膜および尿膜を発達させた．

哺乳類では，防護性の卵膜や卵黄含有量は減少傾向にある．ほとんどの真獣類の卵は直径が80～140 μmであり，少黄卵である．

胎膜の発達

接合子から発生し，胚子自体の部分は形成せず，胎生期のみに機能的重要性がある構造物あるいは組織を胚外膜あるいは胎膜と呼ぶ．胎膜の機能は栄養素の供給あるいは貯留，ガス交換，排泄，胚子の機械的保護に関わるものである．いくつかの動物種では，胎膜は母体から胚子へと受動免疫を付与する免疫グロブリンを運ぶことにも関係している．哺乳類では，胎膜はホルモン産生と胎盤形成にも関係している．これらの膜は，胚子の発達に必要なだけなので，孵化あるいは誕生の際には捨てられるか吸収される．

鳥　類

卵黄嚢

鳥類の卵では，発達中の胚子は大きな卵黄塊上にある．原腸胚形成にかけて，外胚葉が暗域から卵黄塊にわたって周辺に広がる．内胚葉が外胚葉の下に形成され，二層性の膜が胚子が発達する領域を越えて進む．これら二つの層が二層性卵黄嚢の壁を形成する．その後，中胚葉が外胚葉と内胚葉の間に伸びて，卵黄の周りに血管のある三層性卵黄嚢という三層性の膜を形成する（**図11.2**）．体腔の形成は三層性膜を，外側にあって血管のない壁側板と内側にあって血管のある臓側板に分ける．臓側板は卵黄と接していて卵黄嚢（yolk

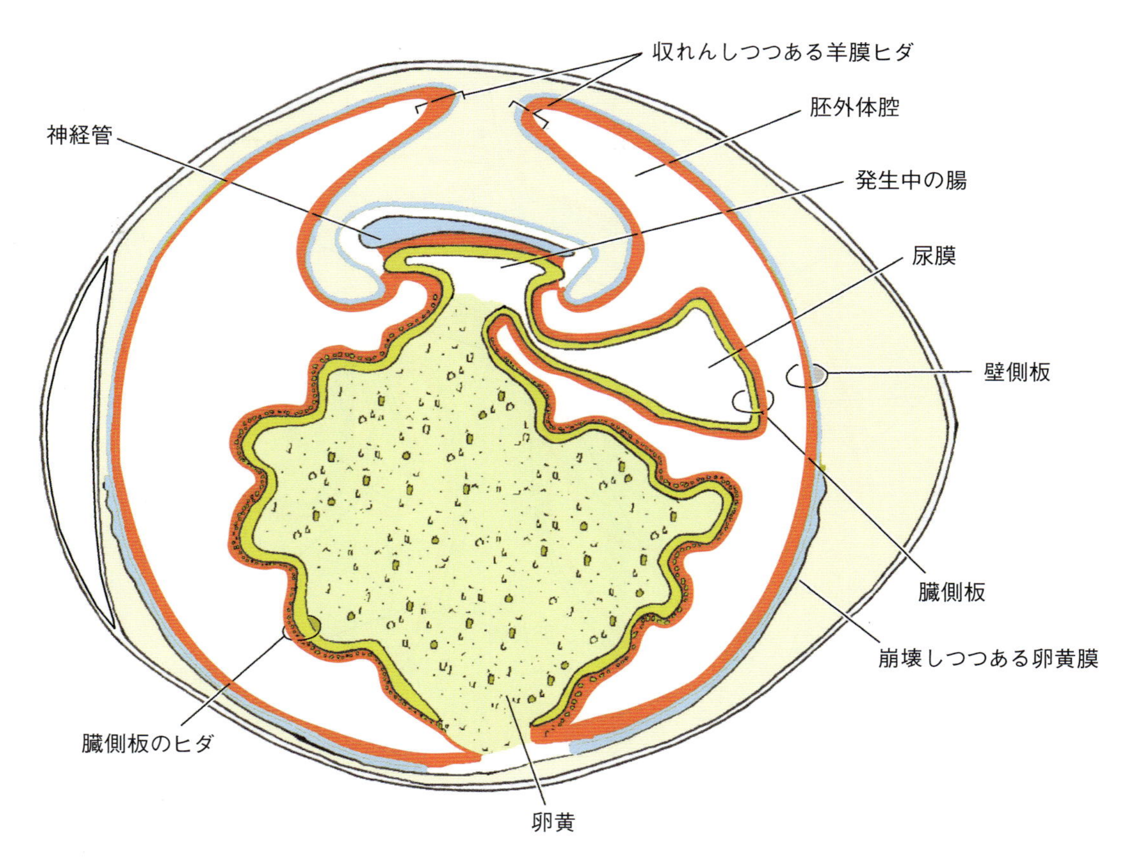

図11.3　臓側板のヒダ形成と羊膜ヒダの収れんを示すニワトリ胚子.

sac）を形成する．体ヒダの形成により，胚子は周縁の胚外壁側板と臓側板から区別できるようになる．胚外組織は辺縁へと伸びて卵黄のほとんど全体を包む．血管が三層性膜の中胚葉に発達して，卵黄嚢の臓側中胚葉に形成される血管との連絡を確立する．近位側で血管のある領域と遠位側で血管のない領域の二つの領域が卵黄嚢に明瞭に認められるようになる．血管のある領域の辺縁部の血管は吻合して終末静脈洞という血管を形成する．終末静脈洞は血管のある領域と血管のない領域の間の境界となる（**図11.2**）．卵黄嚢の血管系は，胚子の静脈系と繋がっている左および右卵黄嚢静脈および胚子の動脈系と繋がっている左および右卵黄嚢動脈を形成して，胚子血管系との連絡を確立する．拍動する心管の発達および胚外血管系と胚内血管系との血管吻合の発達とともに，機能的血管系が孵卵48時間頃には確立されるようになる．卵黄嚢は卵黄茎で胚子中腸に繋がっているが，卵黄がこの経路で胚子に運ばれることはない．内胚葉細胞は消化酵素を産生し，卵黄を卵黄嚢血管により吸収されるのに適したものに変える．胚子が発達するにつれて，臓側板は卵黄塊中に広がるヒダを形成して吸収面積を増加させる（**図11.3**）．卵殻を通過した酸素が卵黄嚢血管によって取り込まれ，同じ経路で二酸化炭素が排出される．発生の約19日目に卵黄嚢は腹腔中に引き込まれる．

羊膜と絨毛膜

羊膜（amnion）と絨毛膜（chorion）は起源が極めて密接に関係しているので，通常は一緒に扱われる．両方の膜が胚外壁側板の背側への畳み込みによって形成される（**図11.4A**）．体ヒダの形成に続いて絨毛膜羊膜ヒダが形成される．胚外壁側板の畳み込みが頭側ヒダ，二つの外側ヒダ，尾側ヒダを生じさせる．これらのヒダは胚子の上方で融合して胚子の周りに二重の膜を形成する．胚子を完全に取り囲んでいる内側の膜が羊膜であり，胚子が位置している羊膜腔は羊水と呼ばれる

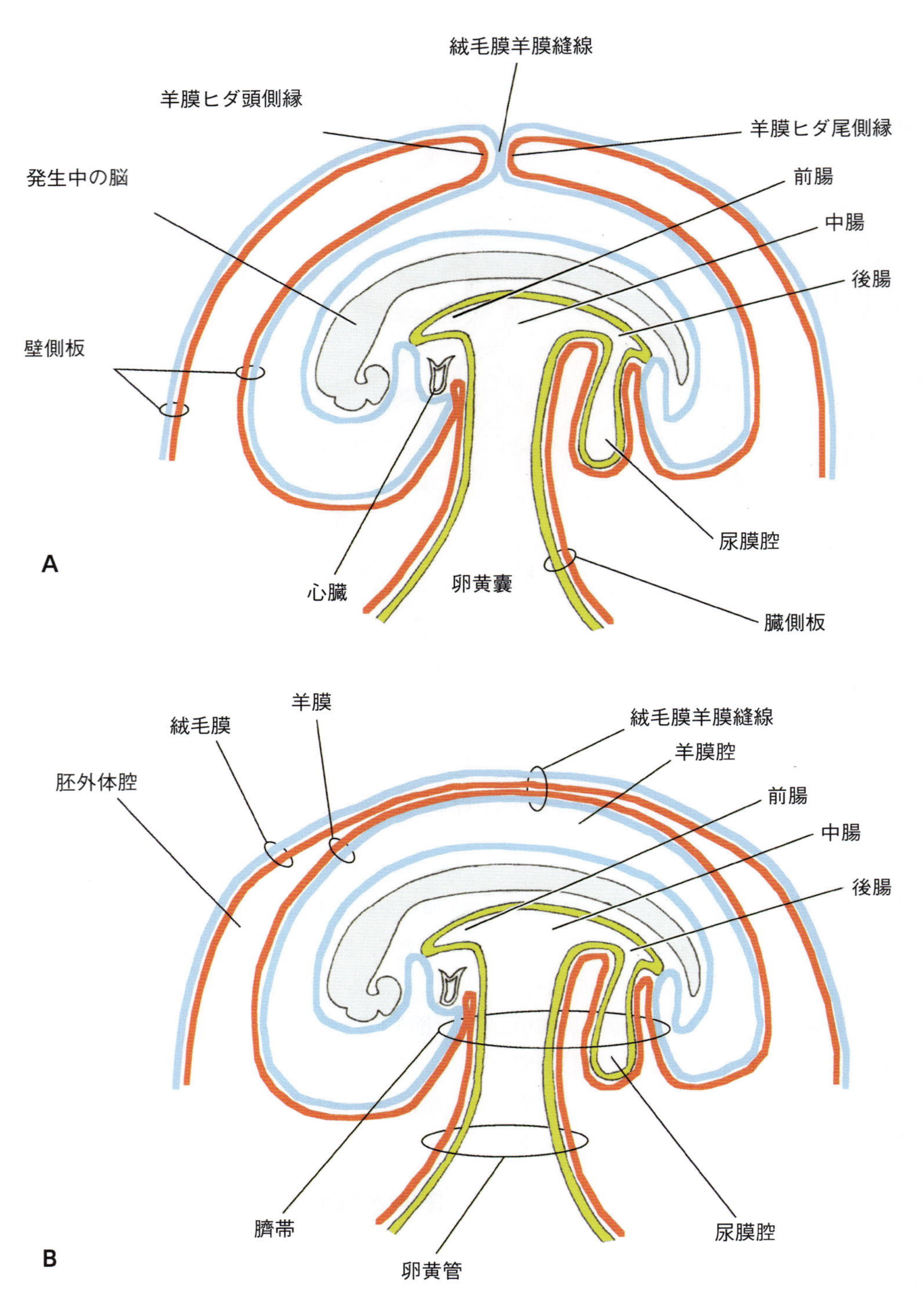

図11.4 A：胚外壁側板の背側畳み込みを示しているニワトリ胚子．B：外側の絨毛膜と内側の羊膜の形成をもたらす羊膜ヒダの融合．

水様液で満たされるようになる(**図11.4B**)．したがって胚子は液が満たされた嚢の中で発達し，外力から保護されている．外側の膜が絨毛膜である．ヒダが融合する領域は絨毛膜羊膜縫線として知られている瘢痕様の肥厚を形成し，それが爬虫類と鳥類では発生の間ずっと残る．羊膜と絨毛膜の間にできる空間が胚外体腔である(**図11.3**と**11.4B**)．

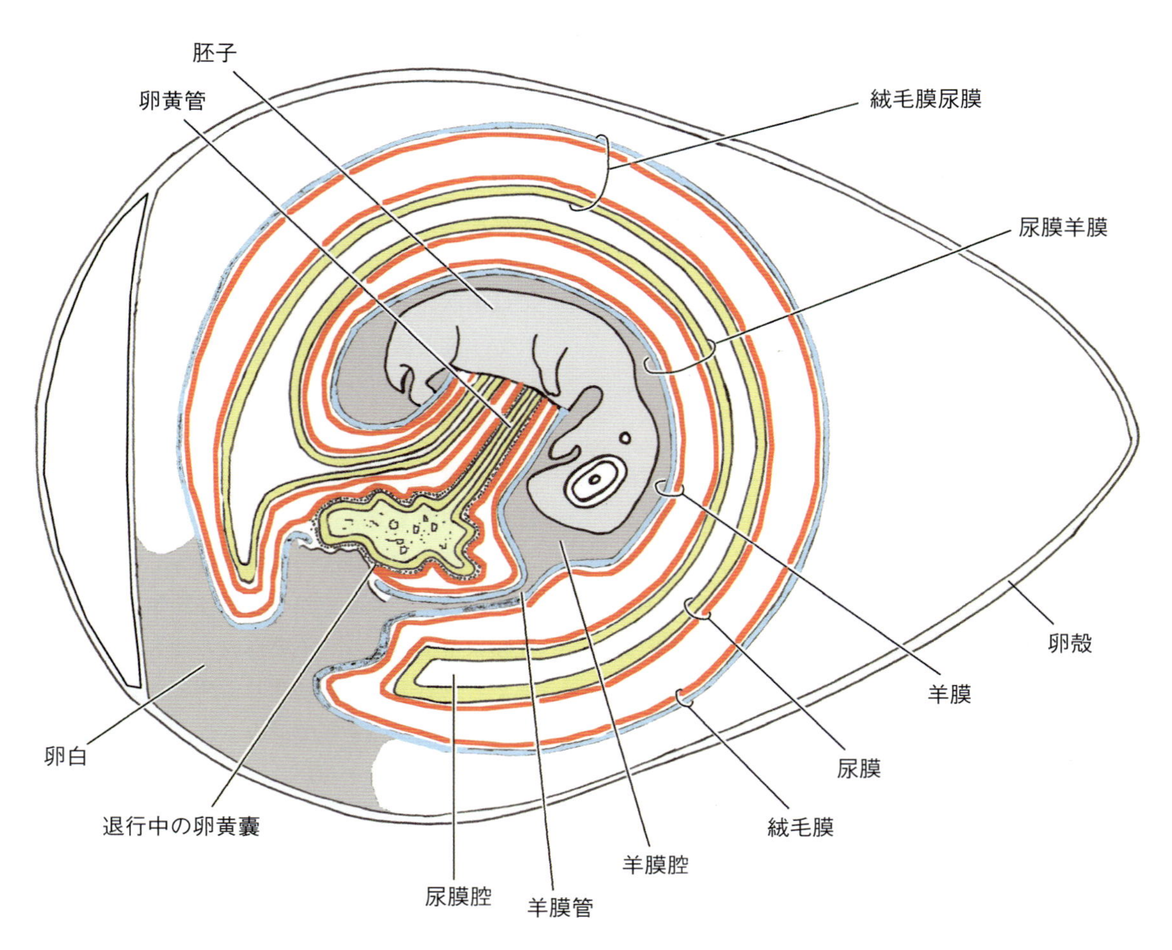

図11.5 絨毛膜と羊膜の間の尿膜の拡張と羊膜管の形成を示すニワトリ胚子.

尿 膜

尿膜(allantois)は孵卵第4日に，後腸の臓側板の膨出として発生する(**図11.4A**)．尿膜は臍帯を通って，胚外体腔へ成長し，そこで急速に拡張して羊膜と絨毛膜の間の位置を占める(**図11.5**)．尿膜の臓側中胚葉が絨毛膜の壁側中胚葉と融合して血管の分布した絨毛膜尿膜を形成する．この膜は卵殻膜に並列しているので，尿膜血管と外界との間の呼吸のガス交換のための経路を形成している．尿膜は胚外体腔へと拡張するので，卵殻壁から卵黄嚢を剥がす．したがって，卵黄嚢は徐々にガス交換の器官ではなくなり，呼吸の役割は尿膜に取って代わられる．さらに，尿膜は重要な排泄機能も持っていて，代謝産物の貯蔵器として働く．

孵卵中に，卵白は水分を失い，粘性が高くなり，急速に量が減る. 拡張しつつある胚外膜は卵白を遠ざけ，卵白は卵黄嚢の臓側板と尿膜によって取り囲まれるようになる．絨毛膜尿膜のうち卵白を包んでいる部分は卵白嚢として知られている．孵卵第12日頃に羊膜管という細い連絡が卵白嚢と羊膜嚢の間に発生し，卵白が羊膜腔に入るのを可能にする．羊膜腔では卵白は羊水と混ざって胚子に飲み込まれ，栄養源として利用される(**図11.5**)．家禽の孵卵期間を**表11.1**に示してある．

表11.1 家禽の孵卵期間

動物種	孵卵期間(日)
セキセイインコ	18～20
ニワトリ	21
アヒル	28
ガチョウ	28
キジ	28
シチメンチョウ	28

哺乳類

家畜の胚外膜または胎膜は卵黄嚢，羊膜，絨毛膜および尿膜で構成されており，鳥類のものと同様に発生する．しかし，高等哺乳類の卵黄嚢には卵黄がない．胎生の哺乳類では，胎膜は胎盤を形成する母体の子宮組織と並置されている．胎盤は母体と胎子の間の生理的交換をする器官として機能する構造物である．

卵黄嚢

卵割の終わりに，透明帯で包まれている胚盤胞は内細胞塊と栄養膜細胞層で構成されている．原腸胚形成が進むにつれて，内胚葉細胞が胚盤から分離し，胚盤胞腔を内張りして二層性卵黄嚢を形成する(**図11.6A**)．その後，中胚葉細胞が原始線条から移動してきて内側の内胚葉と外側の栄養膜との間を占める．この三層構造が三層性卵黄嚢と呼ばれる（**図11.6B**）．中胚葉は血管が分布するようになり，血管のある三層性卵黄嚢が子宮上皮と結合して絨毛膜卵黄嚢胎盤を形成する．三層性卵黄嚢の中胚葉は外側の壁側板と内側の臓側板へと徐々に分離する（**図11.6C**）．胚子体壁ヒダの形成とともに，臓側板の一部が胚子内に取り込まれて胚子腸管を形成し，胚外に残った部分が卵黄嚢である（**図11.6D**）．胚子腸管と卵黄嚢は臍で卵黄管により連絡している．ウマでは，血管のある卵黄嚢に鳥類と同様のはっきりとした終末静脈洞がある．

羊膜と絨毛膜

家畜では，羊膜と絨毛膜が鳥類について述べたのと同様の畳み込みによって形成される（**図11.4**）．透明帯が発生の第2週に破裂して，胚盤胞が限られた空間から出て伸長できるようになる．伸長する胚盤胞はウシ，ヒツジおよびブタでは60～100cmの長さに達する．胚盤自体はこの伸長の過程にほとんど影響されず，栄養膜と少しの内側の内胚葉内張りを持っている．原始線条が現れた後間もなく，栄養膜が胚盤の周りに折り畳まれる．胚子の成長につれて，頭と尾が栄養膜深くに入り込み，壁側中胚葉によって内張りされるようになって，胚外壁側板を形成する．ヒダは羊膜ヒダあるいは絨毛膜羊膜ヒダとして知られている．羊膜ヒダは 胚子上方を求心的に伸びていき会合して融合する．その後，壁側板の外層が内層から分離し，胚子は二つの膜で囲まれるようになる．臍部で胚子についたままで残っている内側の壁側板は羊膜を形成し，外側にある壁側板は胚子，羊膜および卵黄嚢を完全に囲んで絨毛膜を形成する（**図11.7**）．羊膜ヒダが融合する部位では索状の絨毛膜羊膜縫線が短時間存在し，その後壊れて羊膜と絨毛膜が完全に分離する．羊膜と絨毛膜の間の空間は胚外体腔である．

羊膜は薄くて丈夫な膜であり，液で満たされた嚢の壁を形成し，その嚢の中で胚子が発達する．羊水の量は妊娠中期まで急速に増加し，その後は徐々に減少する．羊膜は本来防護の役割を持っている．

畳み込みによる羊膜の形成は鳥類，爬虫類および哺乳類家畜で起こり，羊膜形成の最も原始的な様式だと考えられる．高等霊長類およびヒトでは，羊膜は内細胞塊の空洞化の過程で形成され，羊膜形成の最も分化した様式だと考えられる．羊膜形成の方法は着床様式に影響する．早い着床は空洞化羊膜形成と関係しており，遅い着床は畳み込みによる羊膜の形成と関係している．

尿　膜

家畜では,尿膜は後腸（臓側板）の憩室として発生し，胚外体腔中に成長する．ウシ，ヒツジおよびブタではこの嚢状憩室は錨形をしており（**図11.8**），イヌ，ネコおよびウマでは管状構造を示し，成長につれて羊膜と絨毛膜の間に完全に入り込んでいく（**図11.7B**）．血管のある尿膜中胚葉が絨毛膜と融合すると，血管のある絨毛膜尿膜が形成される．この血管のある絨毛膜尿膜と子宮内膜が接触する領域が絨毛膜尿膜胎盤を形成する．尿膜腔の液量は妊娠初期に徐々に増加し，その後急速に増加する．

尿膜の本来の機能は絨毛膜に血管を分布させることであり，絨毛膜尿膜胎盤は発生中の胚子に栄養と呼吸経路を供給している．尿膜は腎臓排泄物を貯留する膀胱の拡張としても機能する．

ヒトと高等霊長類では，尿膜は後腸からの細くて管状の膨出物であり，付着茎内に成長するが液は含まない．

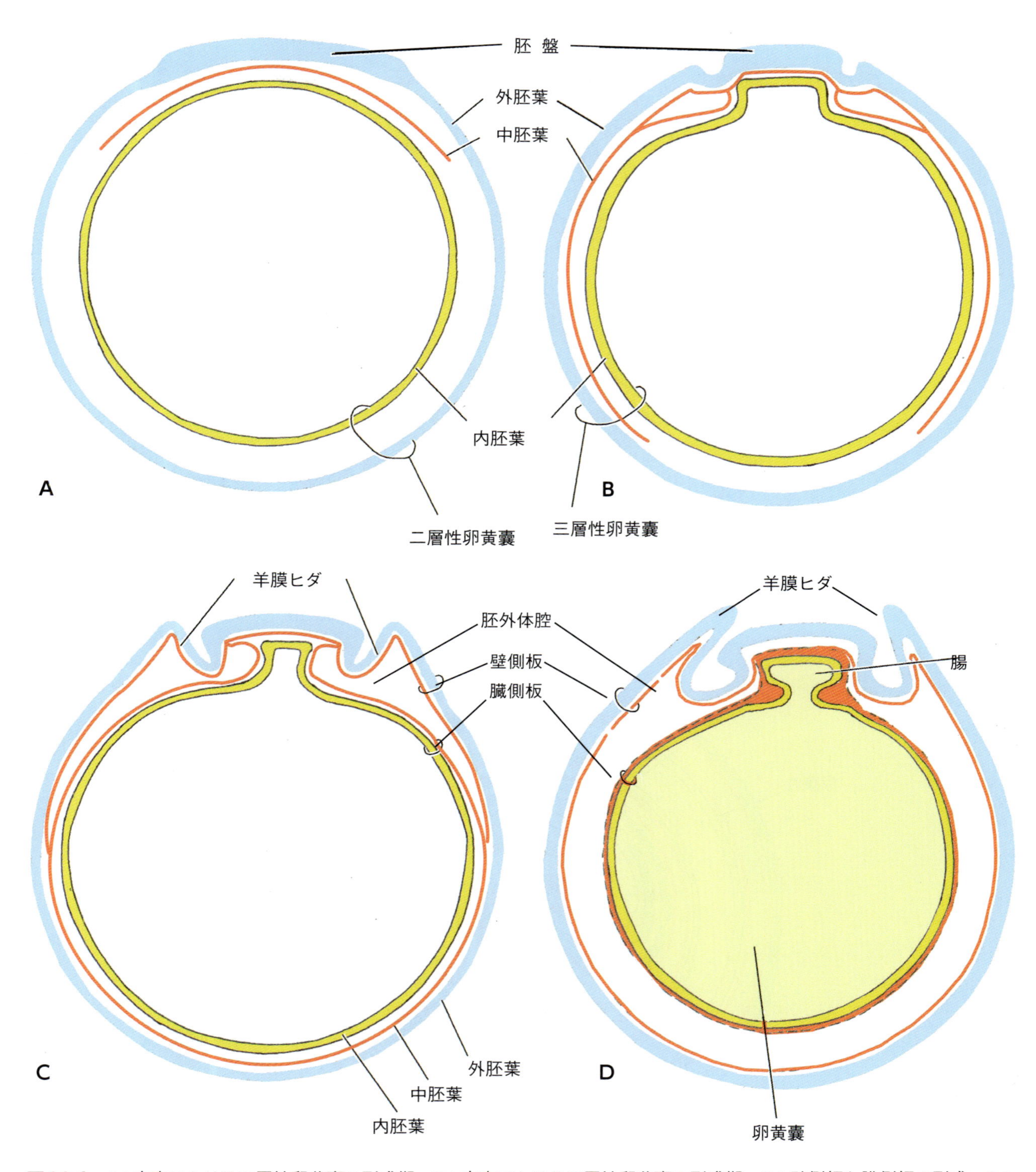

図11.6 A：家畜における二層性卵黄嚢の形成期．B：家畜における三層性卵黄嚢の形成期．C：壁側板と臓側板の形成．D：羊膜ヒダの収れんと卵黄嚢の形成．

胎 水

家畜では羊膜腔と尿膜腔の両方における胎水（foetal fluid）の総量は増加して，ウシでは妊娠末期に20Lにもなる（**図11.9**）．しかし，羊水と尿膜水の量は同じ速度では増加しない．ウシでは尿膜水は妊娠初期に徐々に増加し，その後妊娠末期まで急速に増加する．

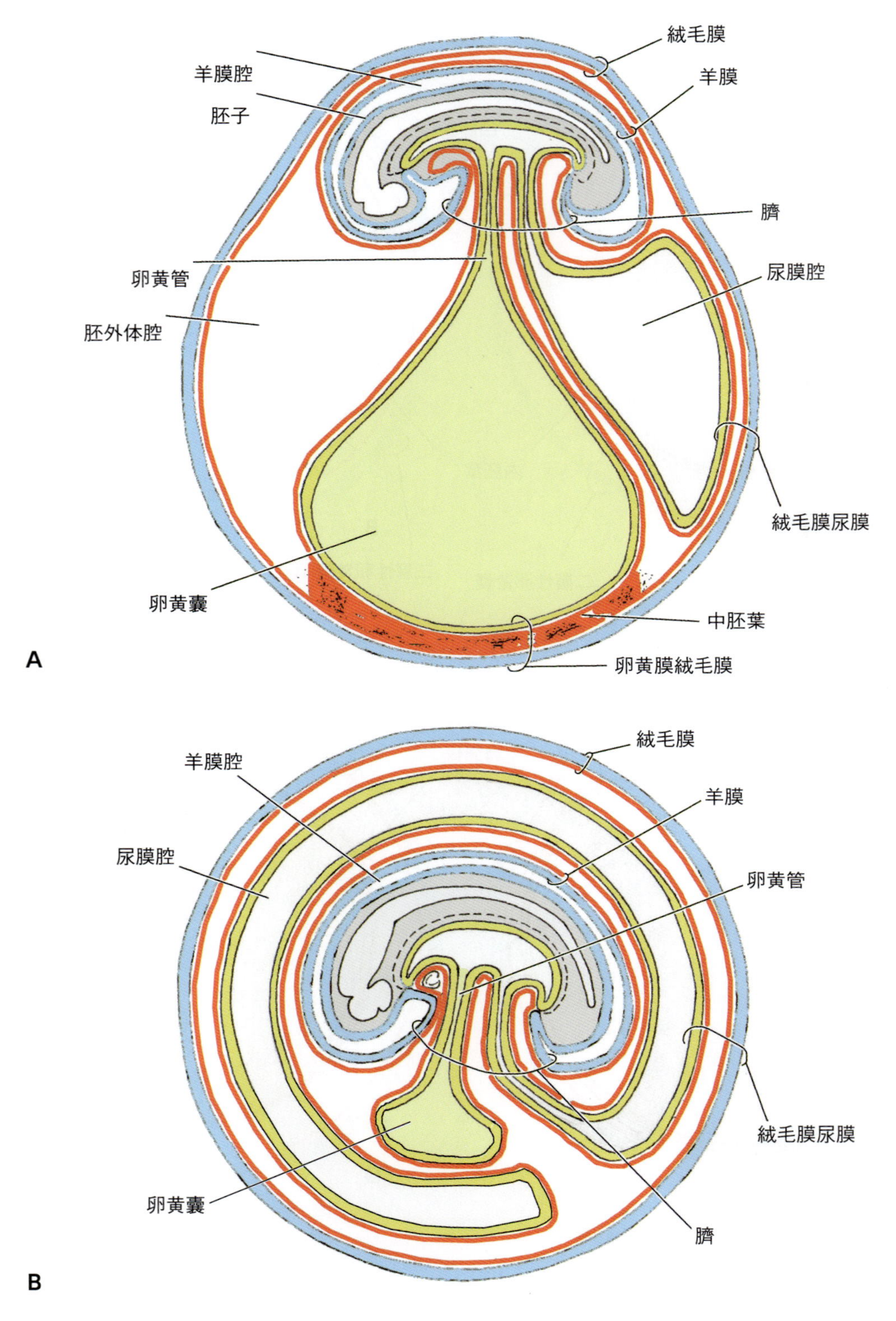

図11.7　A：妊娠初期の家畜における胎膜の配置．B：絨毛膜尿膜が拡張して胎盤を形成する頃のウマと食肉類における胎膜の配置．

羊水は妊娠中期まで比較的急速に増加し，その後徐々に減少する（**図11.9**）．これらの液における同様の量的変化が他の家畜でみられる．

妊娠初期には，胎水の成分は胎子および母体の血漿

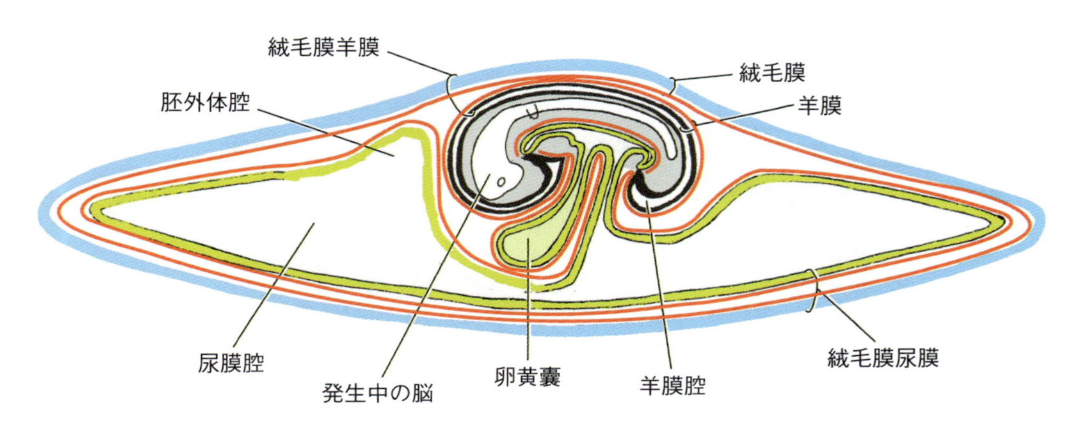

図11.8 反芻類とブタの胎膜．絨毛膜尿膜の拡張とともに卵黄嚢の退行が示されている．

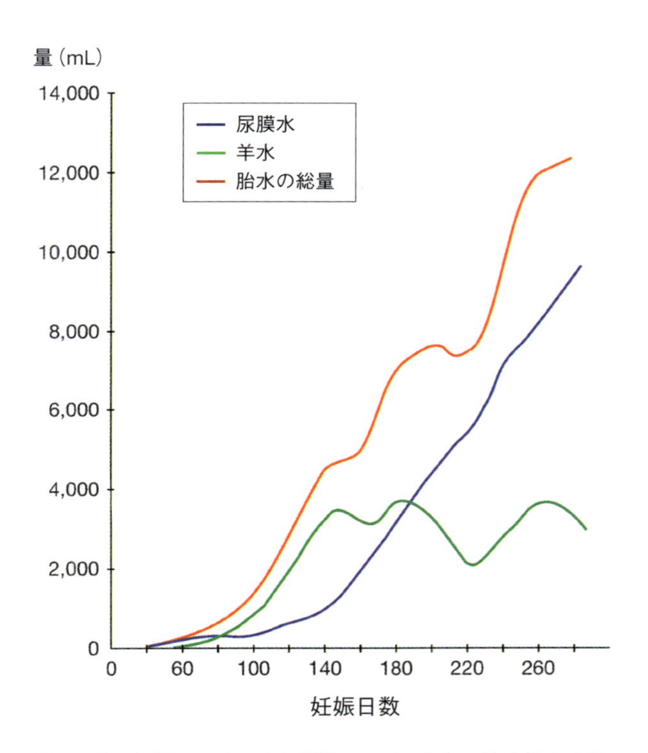

図11.9 妊娠のいろいろな段階におけるウシの胎水量の変化．

と似ており，母体あるいは胎子の細胞外液の透析物と考えられる．さらに，気道の分泌物や角化する前の皮膚からの液が羊水中に存在する．同様に，尿膜の分泌物が尿膜水に加わっている．胎子期初期に発生中の腎臓が機能的になるにつれ，尿が膀胱から尿膜管を経て尿膜腔に入る．発生が進んで，胎子の尿道ができると，胎子は尿を羊膜腔に送ることができるようになる．この時期には，胎子は羊水を嚥下でき，羊水は胎子の消化管から吸収されて胎盤に送られ，母体により排出される．このことは妊娠後期における羊水量が安定している理由の一部となる．

ウシでは，尿膜水と羊水の両方が妊娠中期には青白く尿のような様相を呈す．妊娠期間が進むにつれて尿膜水は茶色味を帯びるようになり，一方，羊水は色がなくなり，少し粘性のある滑らかな液に変わる．

羊水はその中にいることで，周囲の構造に対して自重圧から生じる歪みから逃れて，壊れやすい胚子が対称性に発達できる水様媒体を提供している．この液は胚子が羊膜に癒着するのも防いでいる．着床時には，胎水が増加することで絨毛膜が伸びて子宮上皮に対面するのを助けている．分娩時に，液で満たされた嚢からの圧力が子宮頸管の拡張を助長する．嚢の破裂により，胎水が胎子の通過のために産道を滑らかにする．

ウマ，イヌおよびネコでは分娩時に，絨毛膜尿膜が破れて，膣内に尿膜水を放出する．しかし，絨毛膜は子宮内膜についたままで残り，直ぐには排出されない．尿膜の配置のせいで羊膜が絨毛膜に付着していないこれらの動物種では，胎子は羊膜に囲まれて生まれる．反芻類とブタでは，尿膜は羊膜を完全には囲んでおらず，その結果，羊膜の広い部分が絨毛膜に癒合している．したがって，羊膜嚢は通常は保持されて，胎子は羊膜なしで生まれる．

「受胎産物」(conceptus)という用語は胚子あるいは胎子およびそれに関連する液で満たされた膜を述べるのに使用される．成長しつつある受胎産物はウマやウシの子宮では超音波断層装置を使って妊娠約15日から認められ，両種とも30日以降で直腸検査により認

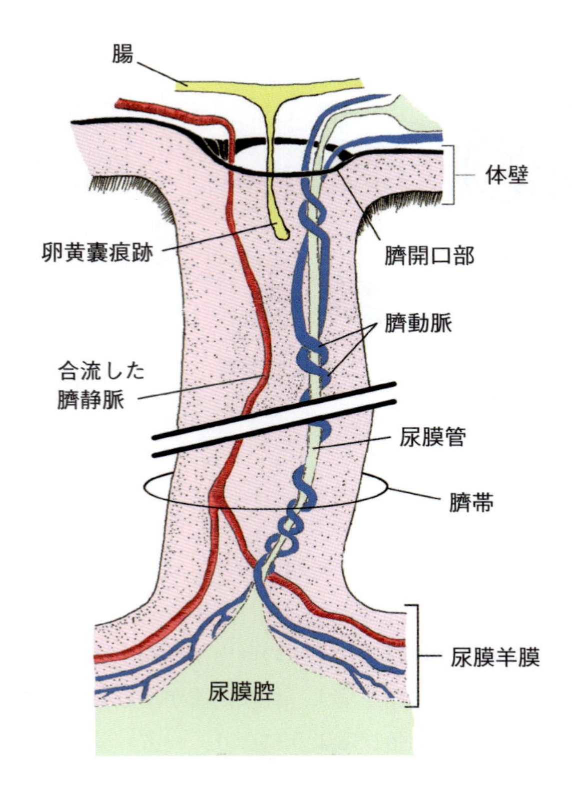

図11.10 ブタの臍帯における血管と尿膜管の配置.

められる.

胎膜と関連した構造

多数の動物種で尿膜水中に結石が認められる．ウマでは，これらの結石は直径4cmにもなる小さな茶色の塊として出現し，胎餅（hippomane）と呼ばれる．胎餅は胎齢90日頃に現れ，剥がれた細胞屑を中央芯として尿膜沈着物で囲まれて構成された尿膜結石であることを形態学的および組織学的研究が明らかにしている．いわゆる有茎胎餅はウマの絨毛膜尿膜に認められ，子宮内膜杯に由来し，より適切には絨毛膜尿膜嚢と呼ばれる．

羊膜斑（amniotic plaque）として知られる上皮性肥厚部が妊娠10週目から反芻類とウマの羊膜内側の外胚葉表面に形成される．羊膜斑は臍帯領域で特に顕著である．これらの上皮性細胞はグリコーゲン含量が高いが機能的意義は不明である．

臍　帯

臍帯（umbilical cord）は胎子と胎盤を繋ぐ構造物である．臍帯の本体は胎子の粘液性結合組織で構成され，2本の臍動脈，2本の臍静脈，尿膜管および卵黄嚢の痕跡を取り囲んでいる（**図11.10**）．ウマ，イヌおよびネコでは，臍帯はこれらの動物種における胎膜の配置のために羊膜部と尿膜部に分かれる．ウシ，ヒツジおよびブタでは，羊膜は臍帯の表面で反転している．これらの動物では，臍帯は短くて誕生時に切れる．臍帯の血管は臍帯本体から出て，それらの枝が広がり，絨毛膜嚢の対極へと続く．発生の初期には，腸の中腸ループを含んでいる腹膜嚢が臍帯の近位部を占めており，その結果，生理的臍ヘルニアになっている．

臍動脈が臍帯内で，尿膜管に近接している（**図11.10**）．臍動脈は羊膜嚢に枝を出して，絨毛膜尿膜に終わる．ウマとブタでは臍静脈は臍帯の羊膜部内で合流し，他の動物種では腹腔に入る際に合流する．家畜のいろいろな動物種における臍帯の長さを**表11.2**に示してある．

表11.2　いろいろな動物種における出生時の臍帯の長さ

動物種	臍帯の長さ
ネコ	胎子の長さの約1/3
ウシ	30～40cm
イヌ	胎子の長さの約半分
ウマ	50～100cm
ブタ	20～25cm
ヒツジ	20～30cm

ウシ，ヒツジおよびブタでは，臍帯は胎子が産道を通過するときに切れる．ウマ，イヌおよびネコでは，普通は胎子が生まれた後の閉塞作用の結果として臍帯が切れる．切れる位置は臍から3～5cmのところである．切れた臍動脈は腹腔内に引っ込み，動脈壁の弾性線維の反動によって管腔を閉じ，それで出血を防ぐ．臍静脈は弾性組織がなく，しばらくは開いたままであり，細菌が入って病気を起こすことがある．尿膜管は普通は臍帯が切れたときに閉じる．閉鎖が失敗すると，臍から尿が漏れることになり，感染しやすくなる．この状態は尿膜管遺残として知られており，外科的に修復できる．

胎膜と関係した異常

ウシでは，羊膜腔や尿膜腔に胎水が溜まりすぎることがたまにある．この状態は胎膜水腫として知られている．尿膜腔に胎水が溜まり過ぎる尿膜水腫では，妊娠6～9カ月で臨床的に明白になり，尿膜水の正常量の10～40倍に達する量が産生される．臨床的に，これは右腹壁の進行性膨張として現れる．胎盤の病理的変化はこの状態に関係したものと考えられる．羊膜水腫はウシで羊水が正常な量の8～10倍になる異常な状態であるが，通常は食道閉鎖などの胎子消化器系の形成異常と関係している．この状態はヒツジ，ブタ，イヌおよびネコではまれであり，ウマでは報告されていない．

（北村延夫　訳）

さらに学びたい人へ

Amoroso, E.C. (1952) Placentation. In A.S. Parkes (ed.), Marshall's *Physiology of Reproduction*, Vol. 2, 3rd edn. Longmans, Green, London, pp. 127-311.

Arthur, G.H. (1969) The fetal fluids of domestic animals. Journal of *Reproduction and Fertility* 9, 45-52.

Boyd, J.D. and Hamilton, W.J. (1952) Cleavage, Early Development, and Implantation of the Egg. In A.S. Parkes (ed.), *Marshall's Physiology of Reproduction*, Vol. 2, 3rd edn. Longmans, Green, London, pp. 1-126.

Ewart, J.C. (1898) *A Critical Period in the Development of the Horse*. Adam and Charles Black, London.

Ferner, K. and Mess, A. (2011) Evolution and development of foetal membranes and placentation in amniote vertebrates. *Respiratory Physiology and Neurobiology* 178, 39-50.

Mossman, H.W. (1987) *Vertebrate Fetal Membranes*. Rutgers University Press, New Brunswick, NJ.

Noden, D.N. and de Lahunta, A. (1985) Extraembryonic membranes and placentation. In D.N. Noden and A. de Lahunta, *Embryology of Domestic Animals, Developmental Mechanisms and Malformations*. Williams and Wilkins, Baltimore, MD, pp. 47-69.

Soma, H., Murai, K. and Tanaka, T (2013) Exploration of placentation from human beings to ocean-living species. *Placenta* 34, 17-23.

Stern, C.D. and Downs, K.M. (2012) The hypoblast (visceral endoderm): an evo-devo perspective. *Development* 139, 1059-1069.

第12章

着床と胎盤形成の様式
Forms of implantation and placentation

要　点

- 着床は発育中の胚子が子宮内膜に接着することを表わすときに使われる用語である．
- 胎盤は母子間での酸素，二酸化炭素および栄養素の生理的な交換のための器官であり，選択的な障壁や内分泌器官としても働く．
- 胎盤の分類は胎盤の構造もしくは組織学的な層を形成する胎膜の形態と数に基づいている．
- 一時的にできる絨毛膜卵黄嚢胎盤は家畜で形成され，最終的に，絨毛膜尿膜胎盤に置き換わる．

受精に続き，接合子は卵割を行いながら卵管に沿って移動し子宮に入る．卵管液に浮遊した発生中の胚子は線毛と筋の相互作用によって輸送され，ほとんどの哺乳類で3日以内に子宮へ到達する．胚子への栄養は胚子自身の卵黄と母体生殖管の分泌物から供給される．発生中の胚子は母体の細胞性防御機構から透明帯によって守られている．透明帯は主要組織適合抗原複合体を発現しないので免疫学的に不活性である．胚盤胞が無傷の透明帯に包まれていれば，胚子が卵管を通過する間に着床が起こることはない．子宮に到達すると，胚子は透明帯から脱出し，短い期間子宮腔内で自由になる．この時期には胚子は子宮腺の分泌物から栄養を受ける．続いて胚盤胞は子宮粘膜に接着する．この過程を着床と呼ぶ．

着　床

着床（implantation）という用語は発生中の胚子が子宮内膜に接着することを表している．この過程は緩やかで家畜では三つの段階に分けられる．第1段階では胚盤胞もしくは胎膜が子宮上皮に接触し，第2段階では接着が起こる．種によって異なるが，最終段階では子宮内膜への強固な接着もしくは実際の子宮内膜への侵入が起こる．受精した卵は着床前には母体の影響から比較的独立しているので，卵は胚盤胞の段階まで*in vitro*で発生させることができる．しかし着床期以降，胚子は母体因子の影響を大きく受け，胎子の生存は母体の妊娠に対するホルモン的ならびに免疫学的な適合によって決まる．

ヒトと他の動物種における受精から着床までの時間は**表12.1**に示した．着床の様式は種によって異なる．霊長類とモルモットでは，胚盤胞は子宮上皮をすり抜けて胚子が発生する場である子宮間質に潜り込む．この着床の様式は間質着床と呼ばれる（**図12.1A，B**）．げっ歯類では，胚盤胞は周囲の子宮粘膜の増殖を伴った子宮の裂け目に停留する．この着床の様式は偏心着床として知られている（**図12.1C**）．ウマ，ウシ，ヒ

表12.1　ヒトとさまざまな動物における排卵から着床までの時間

動物種	時間（日）
げっ歯類	5～6
ヒト	6～7
ウサギ	7～8
ネコ	12～14
ブタ	12～16
イヌ	14～18
ヒツジ	14～18
ウシ	17～35
ウマ	17～56

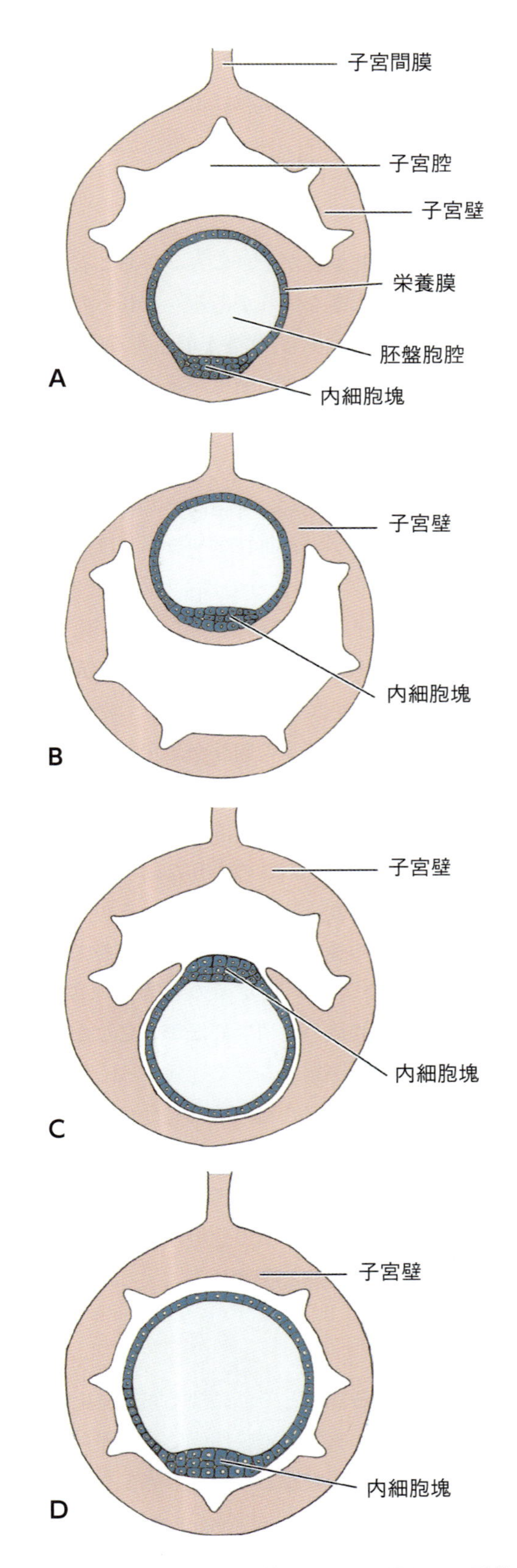

図12.1 妊娠子宮の横断面．着床の四つの異なった形態を示す．A：間質着床，反間膜側着床．B：間質着床，間膜側着床．C：偏心着床，反間膜側着床．D：中心もしくは表層着床．

ツジ，ブタ，イヌ，ネコおよびウサギでは，胚子を取り囲む液体で満たされた嚢は拡張し，それにより胚外膜は子宮上皮と接触し接着が起こる．この着床の様式は哺乳類で最も典型的な接着の例であり，中心着床もしくは表層着床と呼ばれる（**図12.1D**）．間質着床もしくは偏心着床を行う動物では前述の接着の3段階は短時間に起こり，着床の時期を正確に計算することができる．中心着床もしくは表層着床ではこの接着の段階は間質着床よりも長期にわたる．そして，反芻類やウマの着床の時期にはさまざまな報告がある．

偏心および間質着床では胚盤胞の接着部位は子宮間膜と関係があるとされている．子宮内膜において胚盤胞が子宮間膜と同じ側に着床するとき，これを間膜側着床と呼ぶ（**図12.1B**）．着床が子宮間膜と反対側で起こるとき，これを反間膜側着床と呼ぶ（**図12.1A**）．胚盤胞の向きは子宮内膜に対する内細胞塊の位置に関係があるとされている（**図12.2**）．

子宮内での胚子の位置取りと方向

子宮に到達した後，胚盤胞は着床部位へ移動する．ウシとヒツジでは，一つの卵が受精すると，胚盤胞は子宮角の中央部もしくは排卵した卵巣側1/3の部位に接着する．ヒツジでは，二つの胚盤胞が一つの卵巣に由来するとき，一つの胚盤胞は通常反対側の子宮角へ移動し，着床する．ウシでは子宮内での移動がまれなので，双子が一つの卵巣からの排卵によって起こるとき，二つの胚子は通常同じ子宮角で発生する．超音波検査によれば，ウマはどちらの卵巣が排卵したとしても，胚盤胞は妊娠11～17日の間で左右の子宮角を移動する．この時期以降移動をやめ，胚盤胞は子宮体に近いところで，右もしくは左の子宮角に着床する．

多胎動物では，胚盤胞は子宮角の中で均等に配置される．着床する胚盤胞の位置取り（*in utero* spacing）の機構は不明であるが，発生中の胚盤胞によって産生されるエストロゲンがこの位置取りに重要な役割を担っていると考えられている．

着床の内分泌制御

着床には，母体と胚盤胞の協調的な相互作用が必要である．発情周期の卵胞期に作られる高いレベルのエ

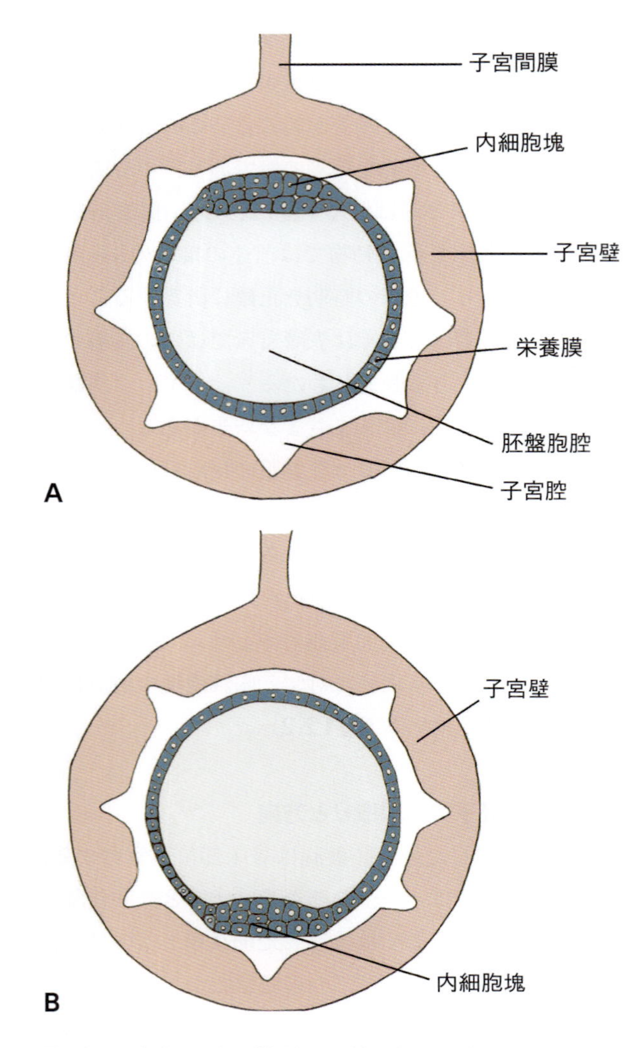

図12.2 妊娠子宮の横断面．着床期の胚盤胞の向きを示す．A：内細胞塊が間膜側を向いている．B：内細胞塊が反間膜側を向いている．

ストロゲンは子宮内膜の増殖を引き起こし，黄体期に作られるプロゲステロンは子宮内膜に対し胚盤胞を接着可能にする．すべての哺乳類でプロゲステロンは妊娠の成立と維持に必須である．家畜の妊娠維持には周期的な黄体が持続的に機能することが必要である．これは黄体を融解させるような子宮分泌物の産生を抑制する抗ルテオリジンが胚子によって分泌されることによっている．胚子の存在に対するこのような反応は母体による妊娠の認識と呼ばれる．基本的な戦略はプロスタグランジン$F_{2\alpha}$の分泌を抑制，減少させることによって周期的な黄体を維持し，黄体の生存を延ばすことであるが，この過程を制御する因子は種によってさまざまである．黄体の寿命が妊娠動物と非妊娠動物で似ている種では，妊娠の認識は上記とは異なった手段で起こる可能性がある．

着床遅延

多くの種で，胚盤胞が子宮に入る時期と着床が起こる時期の間には大きなずれがある．これらの種では胚盤胞は細胞分裂が減少し，代謝を静止する時期に入る．これは核酸とタンパク質の産生が減少し，二酸化炭素の排出が減少することによって特徴づけられ，胚子の休止期と呼ばれる．ミンクやフェレットでは，ずれの間隔が比較的短く，通常は数週間である．一方，ノロジカ，クマ，アナグマおよびアザラシでは，この間隔はずいぶん長く，種によっては4カ月ほどにもなる．着床遅延により子孫が生存に適した時期に生まれる可能性が高くなる．着床遅延（delayed implantation）を制御する機構については限定的な情報しかないが，子宮や視床下部からの因子の関与が想定されている．季節の影響によって胚盤胞の発生が遅れるなら，この種の休止は季節的もしくは強制的着床遅延と呼ばれる．着床遅延が自然に起こるこのような動物種に加え，ある種のげっ歯類や食虫類では，似ているが短い遅延が起こる．これらの種における着床遅延は着床を阻害する授乳のようなストレス要因の影響が原因である．げっ歯類では分娩後の発情で妊娠が成立した場合，胚盤胞の着床は離乳が起こるまで遅延する．着床遅延は産子数の影響も受ける．産子数が1か2の場合は着床遅延は起こらないが，6以上になると6日程度まで着床は遅延する．母親が二つの産子群を同時に育てる必要がないことを保証するこの仕組みは，許容的もしくは授乳による着床遅延と呼ばれる．

異所性妊娠

子宮外で起こる着床とそれに続く胚子発生は異所性妊娠と呼ばれる．異常な着床部位には，卵巣，卵管および腹腔内がある．家畜よりもヒトでより頻繁にみられる異所性妊娠（ectopic pregnancy）は，通常胚子の死を引き起こし，また母体の大出血，時には死を伴う可能性がある．

胚致死

栄養状態は最適で，感染症がない場合でも，すべての家畜で早期の胚致死が頻繁に起こる．ほとんどの胚致死は母体が妊娠を認識する時期もしくは着床期に起こり，これは母体と胚子の相互作用が欠損していることによる．

発育中の胚子の生存は胎盤の構築に依存しており，一方で胎盤形成は胚盤胞と子宮との協調的な相互作用に依存している．この相互作用は子宮内膜への適切なホルモン刺激，環境からの刺激，母親の栄養状態を含む複雑な因子の影響を受けている．早期の胚致死に関与する因子はホルモンの不均衡，母体による拒絶，発育中の胚子での染色体異常である．これらの因子の詳細は，第13章で考察する．

哺乳類の胎盤形成

胚盤胞が子宮に到達すると，胚盤胞は当初子宮の分泌物によって維持され，少し遅れて子宮組織に接触し，続いて胎盤の形成が起こる．胎盤の複雑な構造により，栄養物，ガスおよび老廃物の選択的交換が可能となる．胎盤はホルモン産生の場としても機能する．胎膜と母体組織の関係に基づいて，胎盤は絨毛膜卵黄嚢胎盤と絨毛膜尿膜胎盤の基本的な二つの形に分類される．絨毛膜と卵黄嚢が融合して血管の分布した膜が子宮内膜に接触すると，後に形成される胎盤は絨毛膜卵黄嚢胎盤あるいは卵黄嚢胎盤と呼ばれる．この種の胎盤は一般的に有袋類でみられる．絨毛膜尿膜が子宮内膜に接触すると，それは絨毛膜尿膜胎盤と呼ばれる．高等哺乳類においては，絨毛膜尿膜胎盤が最終的な形であるが，一時的な絨毛膜卵黄嚢胎盤が先に形成され，絨毛膜尿膜胎盤と共存する時期が存在することもある（**図12.3**）．

絨毛膜卵黄嚢胎盤

高等哺乳類において卵黄嚢は発生の初期に形成され，通常は胚盤胞が子宮に接触していないうちに起こる．ほとんどの哺乳類で，初期の卵黄嚢の内胚葉は胚盤胞の栄養膜層と結合しており，二層性卵黄嚢を形成する．血管に富んだ中胚葉が絨毛膜と内胚葉の間に入り込むようになると，二層性の構造は絨毛膜卵黄嚢胎盤の胚性要素として働く三層性卵黄嚢となる（**図12.3**）．ほとんどの有袋類で絨毛膜卵黄嚢胎盤（choriovitelline placenta）が最終的な胎盤として維持される一方で，家畜では絨毛膜卵黄嚢胎盤は初期の一時的な構造としてのみ存在する．この初期の絨毛膜卵黄嚢胎盤では，胚外体腔が三層性卵黄嚢の中胚葉部分に広がると，前述の交換機能は失われ，中胚葉は臓側層と壁側層の二層に分けられる．ウシ，ヒツジおよびブタではこれらの変化がすばやく起こるので，機能的な絨毛膜卵黄嚢胎盤は短い期間だけ存続する．イヌやネコでは絨毛膜卵黄嚢胎盤は妊娠21日目まで機能する．一方，ウマでは妊娠8週まで機能する．絨毛膜卵黄嚢胎盤では胚子と子宮内膜の間で，広範かつ緊密な接着は起こらない．

絨毛膜尿膜胎盤

絨毛膜尿膜胎盤（chorioallantoic placenta）の胚性要素は，伸張した尿膜の外壁が近接する絨毛膜と接着し融合することによって形成される（**図12.3**）．これは高等哺乳類で起こる最終的な胎盤形成の形であり，胎

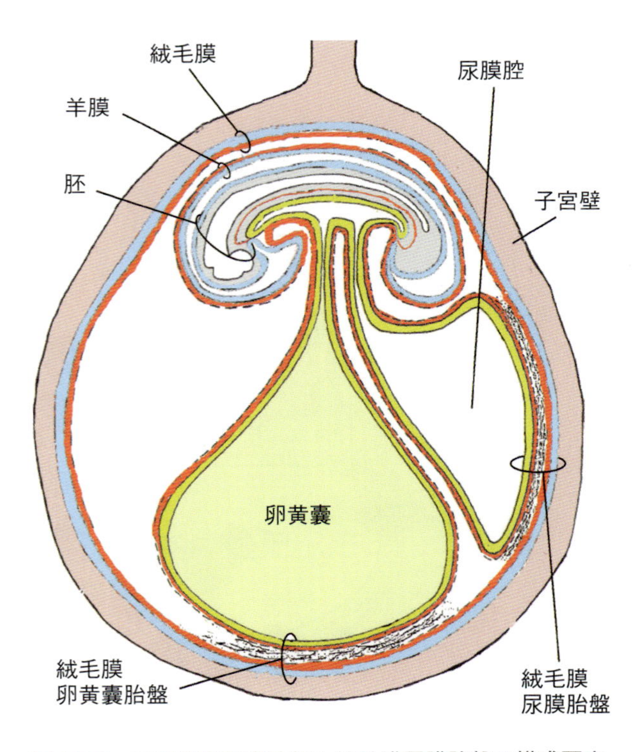

図12.3 絨毛膜卵黄嚢胎盤と絨毛膜尿膜胎盤の構成要素．

盤の胚性要素と子宮内膜との広範な接触部により特徴づけられる．絨毛膜尿膜および子宮内膜の表面がヒダ状になることにより絨毛膜絨毛（以下，特に断りがない限り，絨毛は絨毛膜絨毛を指す）の形成が起こり，ついに絨毛性の迷路が完成して母子間の接触は増加する．

絨毛膜尿膜胎盤の分類

絨毛膜尿膜胎盤はその形態および胚外膜と子宮内膜との関係によって分類される．絨毛の形成，分布，子宮内膜との関係により胎盤の特徴が規定される．胎盤の形態と絨毛の分布領域により，胎盤は汎毛性，叢毛性，帯状もしくは盤状に分類される．汎毛性の胎盤形成はウマやブタで起こり，絨毛が絨毛膜の外表面で均一に分布することが特徴である（**図12.4A**）．叢毛性の胎盤形成は反芻類でみられ，絨毛は絨毛叢と呼ばれる領域に限定されている．絨毛叢は絨毛膜表面に広く分布している（**図12.4B**）．食肉類家畜で起こる帯状の胎盤形成は，絨毛膜中央部の帯状の構造に絨毛が限局して存在することによって特徴づけられる（**図12.4C**）．ヒト，サル，げっ歯類で起こる盤状の胎盤形成においては，その絨毛の分布が絨毛膜上で盤状の領域に限定されている（**図12.4D**）．

胎子組織と子宮粘膜の接着の程度はさまざまで，接触性胎盤形成と呼ばれるこれら二つの組織が単にゆるく接触しているもの，結合性胎盤形成と呼ばれる緊密に組織が融合したものが存在する．接触性胎盤では胎子と母体組織の融合が起こらず，分娩の際には母体組織の損傷なくして両者が容易に分離される．この胎盤形成の形を無脱落膜性と呼ぶ．結合性胎盤形成では胎子と母体組織の間に緊密な結合が形成され，分娩時に

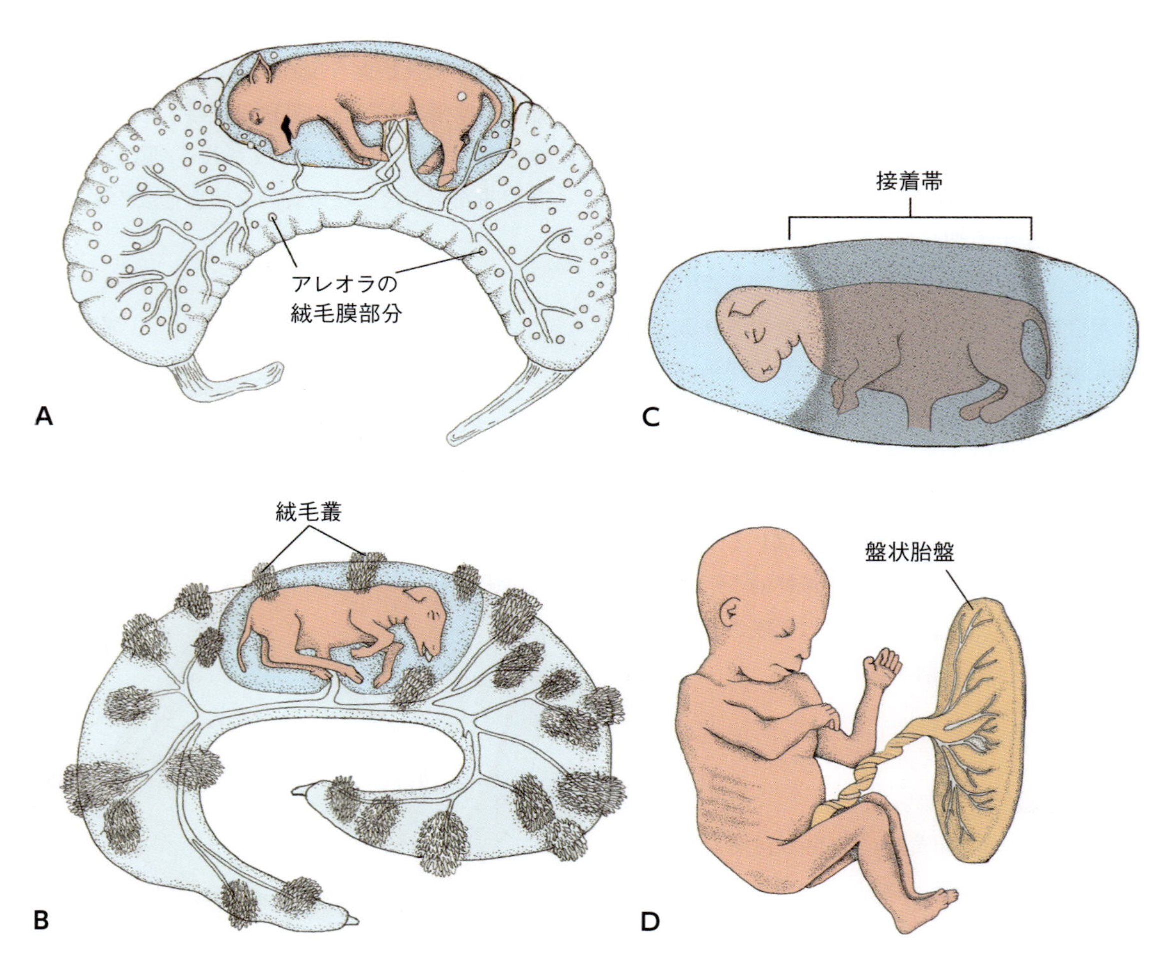

図12.4　絨毛膜と子宮内膜との接着部位の形態および分布に基づいた胎盤の分類．A：ウマやブタでみられる汎毛胎盤．B：反芻類でみられる叢毛胎盤．C：食肉類でみられる帯状胎盤．D：ヒト，サル，げっ歯類でみられる盤状胎盤．

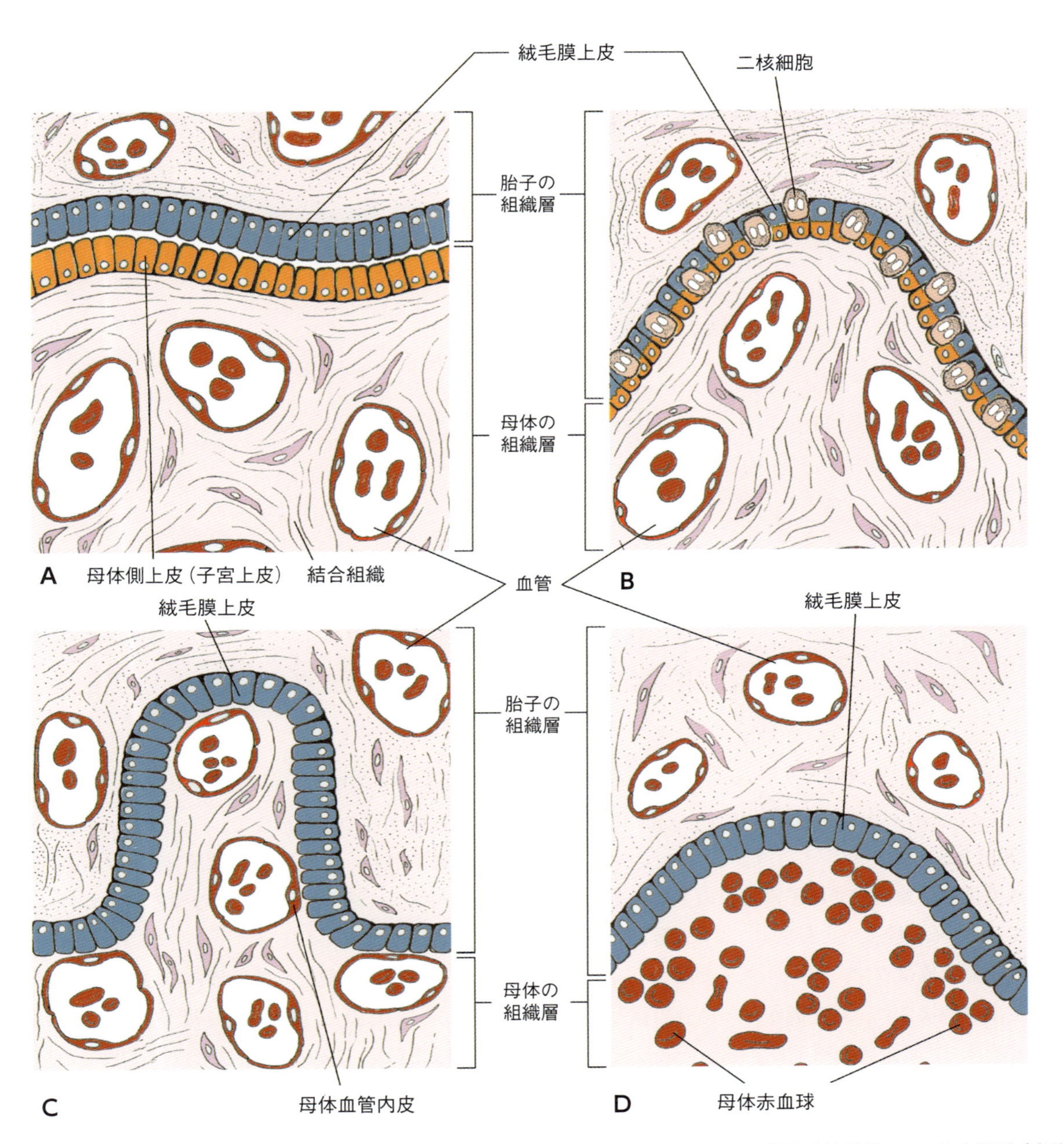

図12.5 胎子血液と母体血液の間に介在する組織層の数に基づいた胎盤の分類．A：上皮絨毛性胎盤．B：上皮絨毛（合胞体）性胎盤．C：内皮絨毛性胎盤．D：血絨毛性胎盤．

は母体側組織の一部は胎子組織とともに失われる．この種の胎盤形成を脱落膜性と呼ぶ．ウマ，反芻類およびブタの胎盤は接触性かつ無脱落膜性であり，ヒト，イヌ，ネコおよびげっ歯類では結合性かつ脱落膜性である．

胎盤形成の組織学的分類

胎子および母体血流の間に存在する組織層の数によって，胎盤形成は四つの基本的な型に分類される．最も単純な型では，母体の血管内皮，母体の結合組織，母体の子宮上皮，胎子（絨毛膜）の上皮，胎子の結合組織，胎子の血管内皮が，母体血液と胎子血液を分けている．最も複雑な形では，胎子の絨毛膜上皮（栄養膜）が直接母体血液に接するまで，母体組織が次第に破壊される．組織学的な特徴に基づいて絨毛膜と接触する母体組織の名称を分類のために用いると，胎盤形成は上皮絨毛性（epitheliochorial），上皮絨毛（合胞体）性

表12.2 家畜，げっ歯類，霊長類胎盤の組織学的分類

分 類	ウ シ	ヒツジ	ブ タ	ウ マ	イ ヌ	ネ コ	ヒト/霊長類	げっ歯類
着床								
間質							×	
偏心								×
中心（表層）	×	×	×	×	×	×		
胎盤形成								
絨毛性尿膜	×	×	×	×	×	×	×	×
• 汎毛性			×	×				
• 叢毛性	×	×						
• 帯状					×	×		
• 盤状							×	×
脱落膜性（結合性）					×	×	×	×
無脱落膜性（接触性）	×	×	×	×				
上皮絨毛性			×	×				
上皮絨毛（合胞体）性	×	×						
内皮絨毛性					×	×		
血絨毛性							×	×

(synepitheliochorial) 監修者注1)，内皮絨毛性(endotheliochorial)，血絨毛性(haemochorial) に分類される（**図12.5**）.

上皮絨毛性の胎盤形成では子宮内膜の上皮はそのまま残っており，絨毛膜上皮と接触している(**図12.5A**). この種の胎盤形成はウマ，ロバ，ブタで起こる.

子宮上皮が破壊され，絨毛膜が母体結合組織と接触することを表す「結合組織絨毛性」(syndesmochorial) という用語が，反芻類の胎盤形成の組織学的形態を表すために使われてきた．しかし電子顕微鏡による研究により，母体と胎子の上皮が融合した薄い層が反芻類で残っていることが明らかとなり，結果として「結合組織絨毛性」という用語は「上皮絨毛（合胞体）性」に置き換えられた（**図12.5B**）.「合胞体」(syn) という用語は胎子側上皮（絨毛膜上皮）と母体側上皮（子宮上皮）の融合を意味している.

内皮絨毛性の胎盤形成では子宮上皮と母体の結合組織は破壊され，絨毛膜上皮は子宮内膜の毛細血管と直接接触する（**図12.5C**）. この種の胎盤はイヌ，ネコおよびゾウでみられる.

血絨毛性の胎盤形成では母体の血管内皮細胞は破壊され，絨毛膜上皮が直接母体血液と接触する（**図12.5D**）. この種の胎盤形成は，数種のげっ歯類と高等霊長類でみられる.

組織学的な基準に基づいた現在の胎盤形成の分類は，**表12.2**に示されている．胎盤の機能的な効率は胎子の循環と母体の循環を介在する組織層の数とに直接関係しているわけではない.

監修者注1：ウシとヒツジ胎盤では子宮上皮と絨毛上皮の融合がみられるとして「上皮絨毛合胞体性」と分類している．その融合は遊走性の絨毛上皮（栄養膜）二核細胞と子宮上皮細胞との融合を指している（p.116参照）が，この合胞体は胎盤関門を形成する組織層ではない．したがって，組織学的分類の定義に基づき，監修者はウシやヒツジ胎盤も上皮絨毛性の亜型と捉え，いたずらに分類を増やすべきではないと考えている．しかし，本書では原書を尊重して「上皮絨毛（合胞体）性」と括弧つきで記載することとした.

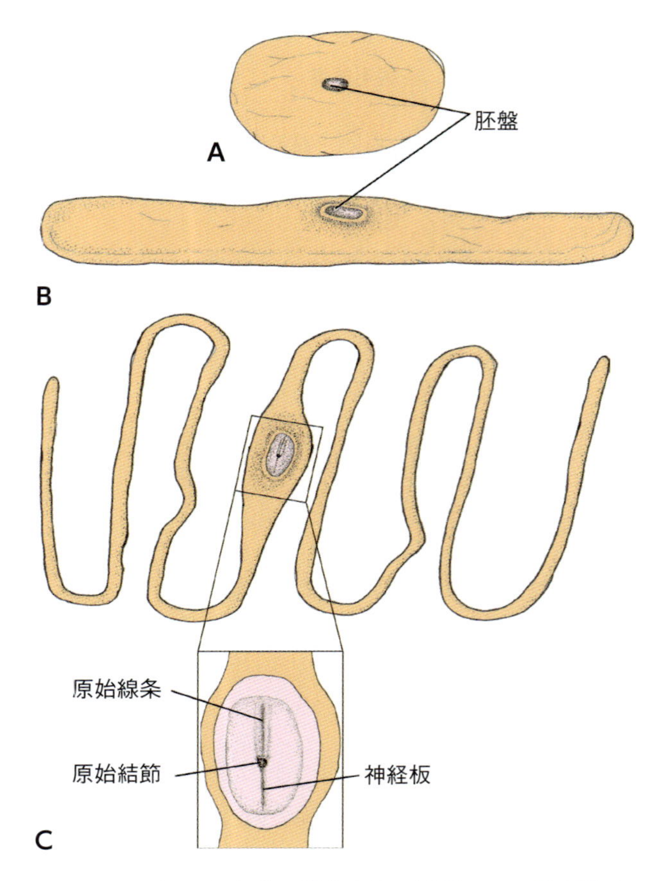

図12.6　ブタの胚盤胞の形態変化．妊娠9～13日の間で起こる著しい伸長（AからC）．胚盤の拡大図では原始線条，原始結節，神経板を示す．

胎盤における血球貪食性器官

食肉類と有蹄類の胎盤では，絨毛膜と子宮内膜との間に局所的な母体血液の貯留が起こる．この領域には，血腫，血球貪食性器官（haemophagus organ），グリーンボーダー，ブラウンボーダーなどさまざまな呼び名が与えられている．この血液で満たされた空間は胎子にとっての鉄の供給源であると考えられている．この構造に関連して文献では「血腫」という用語が広く使われているが，正確には血腫とは血管外に遊出した血液の病理学的な貯留を意味するので，この構造に対し て使用するのは適切ではない．貯留した血液と直接接触した栄養膜のヒダ状円柱上皮は赤血球と他の栄養物の取り込みを促す微絨毛を持っている．円柱状の栄養膜細胞は赤血球を飲み込み，これを発生中の胚子が鉄の供給源として利用することが報告されている．ヘモグロビンの破壊産物によってイヌとネコの血球貪食性

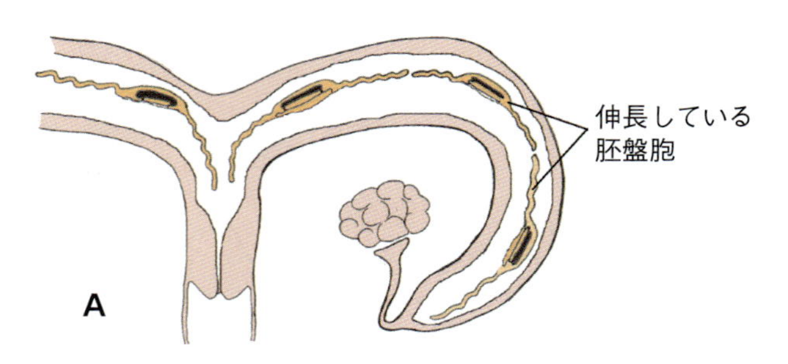

図12.7　A：ブタの胚盤胞の子宮内における位置取り．B：子宮内で胚外膜に包まれた発生中の胚子の位置取り．

器官（イヌではグリーンボーダー，ネコではブラウンボーダー）がそれぞれ緑と茶色をしていることが説明できる．胎盤の血球貪食性器官の突出の程度と全体の形態は種によってさまざまである．

血液栄養素と組織栄養素

母体の循環血液から胚子へ供給される栄養物は血液栄養素（haemotrophe）と呼ばれる．子宮内膜から胚子に吸収される栄養物は組織栄養素（histotrophe）と呼ばれる．

ブタの着床と胎盤形成

ブタの胚子は4～8細胞期，つまり排卵後48時間で子宮に入る．胚子は妊娠約6日まで子宮角先端部付近にとどまり，その後着床部位に移動する．子宮内の移動は妊娠11日まで続く．着床までの間，胚盤胞は妊娠9日の直径0.5～2 mmの円形から，妊娠11日の明らかに胚盤を持った5 cm長の楕円形まで変化する．妊娠13日までに，胚盤胞は100 cm長までの伸長した線維状を呈する（**図12.6**）．胚盤胞の伸長は同調していないので，円形と楕円形を呈する胚盤胞が両方とも妊娠の同時期でみられる．長さに関係なく胚盤胞は子宮角で規則正しく配置される（**図12.7**）．胚盤胞の伸

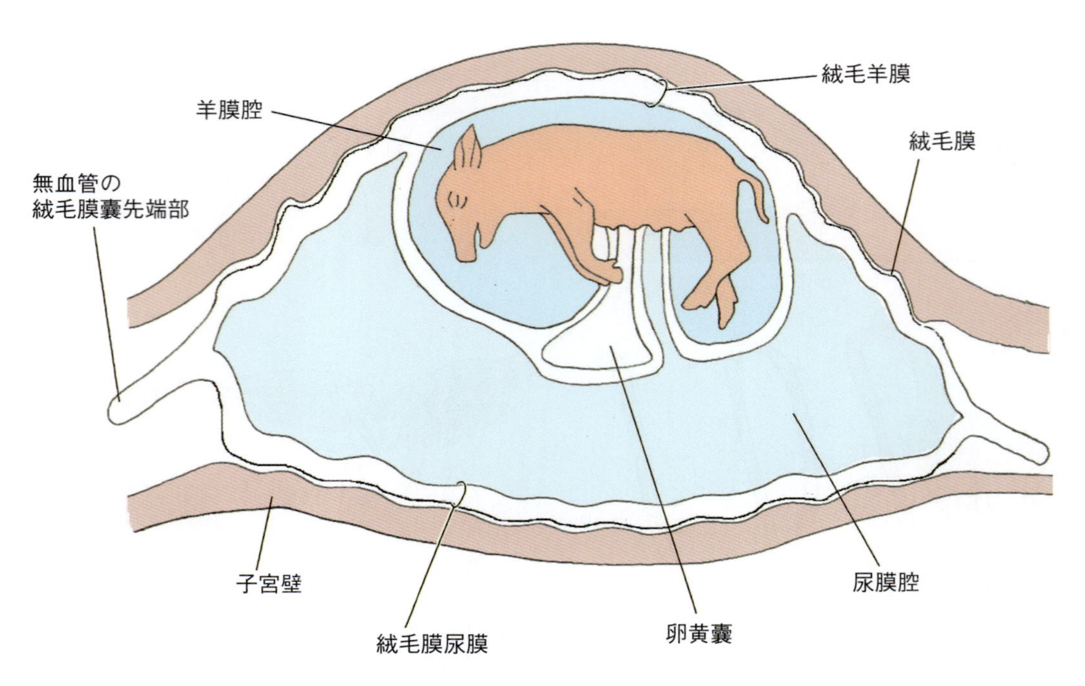

図12.8 子宮内での妊娠30日のブタ胎膜の配置．錨型の尿膜と無血管の絨毛膜嚢先端部を示している．

長は栄養膜細胞の過形成というよりも，むしろ同細胞の再構成と再構築によっている．この時期の胚盤の大きさにはほとんど変化がない．胚盤胞の変化は胚子と子宮組織によって放出される成長因子によって起こる．原始線条由来の内胚葉は栄養膜を裏打ちし，二層性卵黄嚢を形成する．また原始線条由来の中胚葉は二層の間に位置し，三層性卵黄嚢，つまり短時間存在する絨毛膜卵黄嚢胎盤の胎子側要素を形成する．胚外体腔は迅速に三層性卵黄嚢中に広がり，栄養膜から内胚葉を分ける．それによって絨毛膜卵黄嚢胎盤の機能が停止する．羊膜ヒダは妊娠約12日に発達し16日までに融合する．そして，内側の羊膜嚢と外側の絨毛膜嚢を形成する．妊娠15日には，尿膜腔が後腸の発達の結果生じ胚外体腔へと広がる．妊娠30日までに，尿膜は錨状となって絨毛膜嚢の両端へ向かって広がる（**図12.8**）．絨毛膜に血管を与える尿膜は絨毛膜嚢の先端までは伸びず，結果として，無血管性の絨毛膜嚢端は委縮する．妊娠30～40日の間に絨毛膜嚢端の血管は退行するため，嚢両端の2～3cmの部位では虚血を引き起こす．これにより，栄養膜上皮と尿膜の内胚葉層を失う．栄養膜と尿膜の残った間葉組織は融合し，絨毛膜嚢端を構成する膠原線維性（コラーゲン性）の薄層の管を形成する．卵黄嚢端での血管の欠損により，近接した胎子間での血管吻合を妨げる．このことにより，ブタにおけるフリーマーチンの頻度が低いことを説明できるかもしれない（**図12.7B**）．

着床の様式は中心着床で，妊娠12日付近で徐々に進行する．伸長した胚盤胞は胚盤の部位でわずかに拡張し，これにより栄養膜と子宮内膜との緊密な接触と接着が可能となる．胚外嚢が拡張し，液で満たされると，母体と胎子組織の接着面積は増加する．妊娠18日までに，胎子と母体の上皮との間で微絨毛の陥入が起こり緊密な接着が観察される．絨毛膜嚢のほとんどの部位が子宮内膜に接着しているので，この種の胎盤形成は汎毛性と呼ばれる．

ブタにおける母体の妊娠認識

発情周期の間，子宮からのプロスタグランジン$F_{2\alpha}$分泌は黄体融解作用を誘起する．妊娠12日までに胚盤胞によって産生されるエストロゲンは黄体融解作用を示す量のプロスタグランジン$F_{2\alpha}$放出を抑制する．このような状況でプロスタグランジン$F_{2\alpha}$は子宮管腔へ分泌されるが，黄体融解作用を誘起することはできず黄体は存続する．エストロゲンもまた直接的な黄体

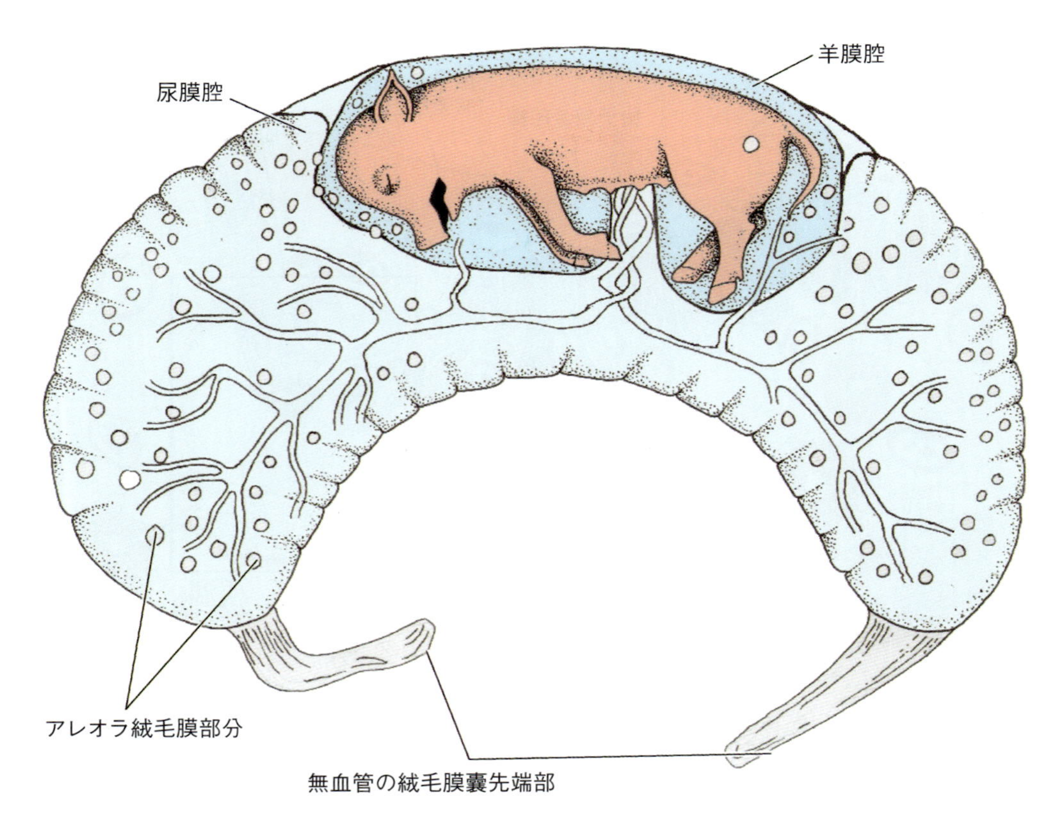

図12.9 羊膜嚢に包まれたブタの胎子．羊膜嚢は絨毛膜に被われている．無血管の絨毛膜嚢先端部とアレオラの絨毛膜部分が示されている．

刺激作用を示す可能性がある．それゆえ，胚盤胞から産生されるエストロゲンは妊娠の持続に重要な因子である．少なくとも四つの胚子（片側子宮角でそれぞれ二つずつ）が，黄体融解を避けるために充分なエストロゲンを産生するのに必要である．

ブタの胎盤

ブタにおいて絨毛膜卵黄嚢胎盤は一時的な構造である．卵黄嚢は妊娠18日までに最大になるが，急速に退行する．

ブタにおいて，絨毛膜尿膜胎盤は汎毛性，無脱落膜性，かつ上皮絨毛性である．発生の13日までに絨毛膜上皮は子宮粘膜に接触し，母体上皮がヒダ状になる．胚子の接着は微絨毛の形成を伴って母体側上皮（子宮上皮）と胎子側上皮（絨毛膜上皮）の間で徐々に起こり，微絨毛間の陥入が起こる．この過程は主に妊娠18日までに進行し24日までに完了する．妊娠17日付近で，子宮腺の開口部を被う栄養膜の領域は子宮粘膜に接触せず，アレオラとして知られる通常直径3mm以下の隆起を形成する（**図12.9**と**12.10**）．アレオラという半球体部分の絨毛膜はヒダ状を呈しており，丈の高い円柱上皮で被われている．また絨毛膜は子宮腺の分泌物を含むアレオラ腔へ突出する．アレオラ部分の絨毛膜上皮は分泌物を吸収し，鉄の輸送に特別な役割を担っている．胎盤の母子接触面では妊娠が進行するにつれ，一次および二次陥入ヒダが形成され，これが微絨毛とともに母子接触面を緊密に接触させる．

妊娠期間を通して，子宮内膜は小さな核小体を含む球状の核を持つ単層立方上皮で被われる．この細胞は濃く染色される．妊娠の前半期では絨毛膜尿膜上皮は単層円柱上皮である．絨毛膜尿膜上皮は，妊娠中期では母体側粘膜ヒダの頂上部で丈の高い円柱上皮細胞に変わる．胎子毛細血管はしばしば栄養膜の立方上皮中に深く入り込み，上皮内毛細血管と呼ばれる．しかし，この毛細血管は母体上皮に直接接触することはなく，扁平な胎子上皮細胞の薄い層により仕切られている．

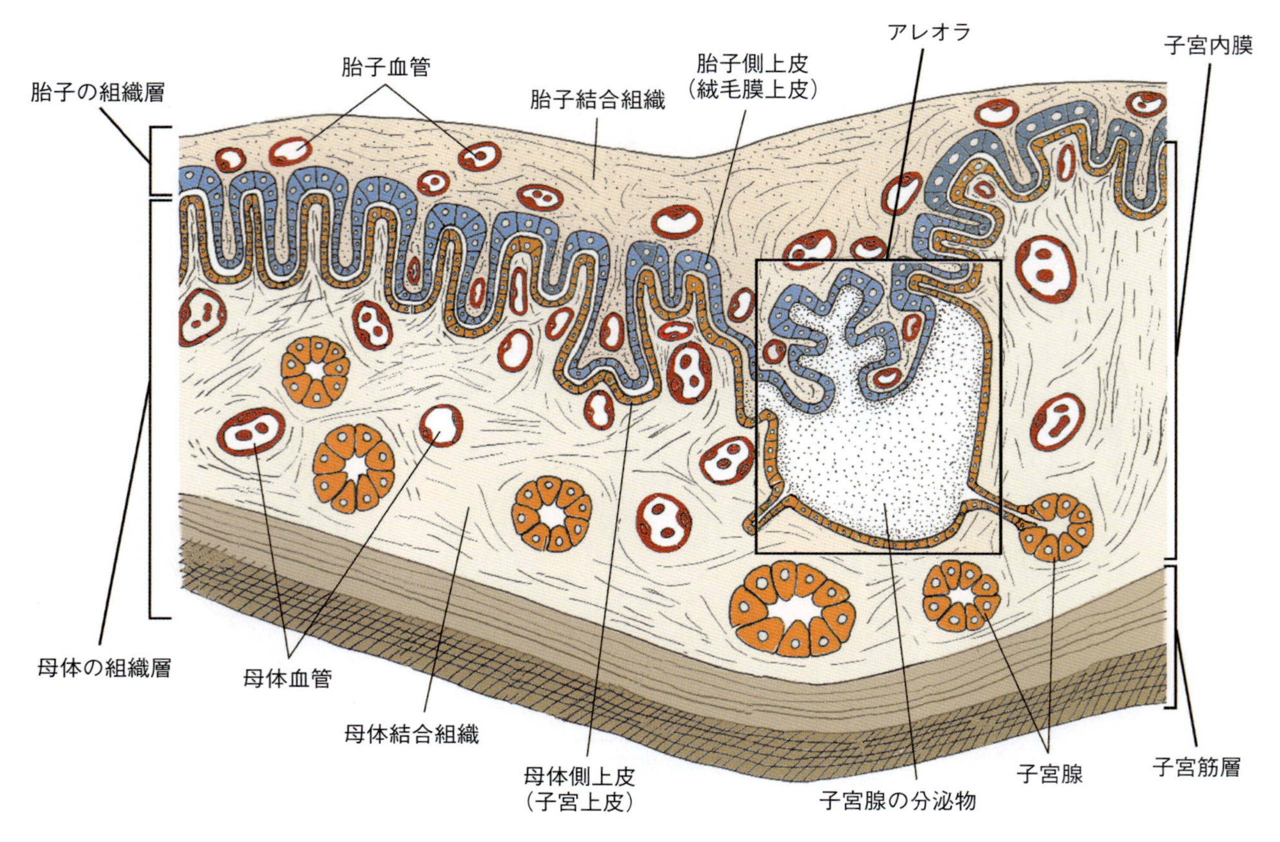

図12.10　妊娠中期頃のブタ絨毛膜尿膜胎盤の顕微鏡模式図．胎子と母体上皮の接触とアレオラを示す．

ウシとヒツジの着床と胎盤形成

ウシとヒツジでは，排卵後3または4日目に，8細胞期胚が子宮に到達する．ヒツジでは6日目までに，ウシでは8日目までに胚盤胞が形成され，透明帯から脱出する．当初は，ヒツジの胚盤胞は直径1 mmの球形である．ヒツジ胚盤胞は妊娠14日目までに，約100mmの長さに伸長する．ウシの胚盤胞は12日目では2mmであるが，16日目には約100mmに伸長する．この伸長期間に，胚盤は14日目に約0.3×0.2mmになるが，ほとんど成長しない．伸長した胚盤胞は，ヒツジでは14日目，ウシでは18日目に，非妊娠側の子宮角に届く．ウシでは22日目までに，胚盤胞は反対側の子宮角の先端に到達する（**図12.11**）．ヒツジでは16日目に，尿膜が発達して胚外体腔に入り，17日目に羊膜ヒダが融合する．ウシでは18日目に羊膜ヒダが融合し，尿膜は19日目には明確になる．ウシとヒツジにおいて尿膜は錨状になり，このステージでは絨毛膜嚢の先端にまで伸びる（**図12.12**）．ウシの双胎の90％において，隣接した絨毛膜は部分的に重なっているので，隣り合った胎膜の間に血管吻合が起こる．ヒツジでは血管吻合の発生率は低い．

反芻類における母体の妊娠認識

反芻類では，母体の妊娠認識に重要な因子は黄体の機能的寿命を延長し，着床に先立って影響を及ぼす．ヒツジにおいて，妊娠12日までに胚盤胞を子宮から除去しても，発情周期の長さは変わらない．この時期以降は胚盤胞の有無に関わらず，黄体の寿命は延長する．ウシの胚盤胞は妊娠15日目までは黄体の生存に影響しないようである．この時期より前に受胎産物を除去しても，黄体の機能的寿命は延長しない．ウシの受胎産物は妊娠16～24日の間に，栄養膜性のタンパク質である，ウシインターフェロン-タウ（bovine interferon-tau：bIFN-τ）を産生し，子宮内膜に作用してオキシトシン受容体の産生を阻害する．子宮内膜細胞でオキシトシン受容体が発現しないため，黄体あ

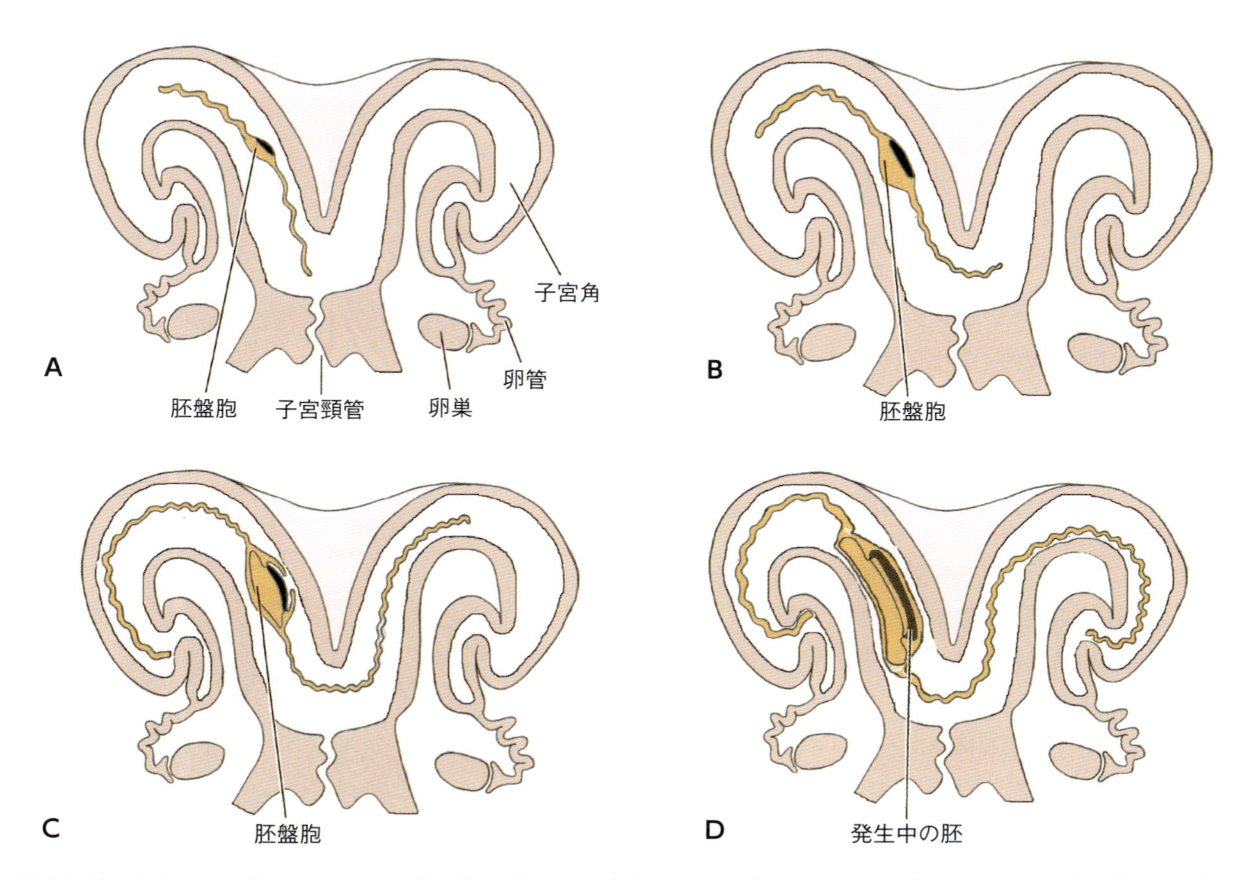

図12.11 妊娠3～4週目におけるウシ胚盤胞の発達と子宮内の配置に関する経時的変化．胚盤胞の顕著な伸長と非妊角側への伸展を示す（AからD）．

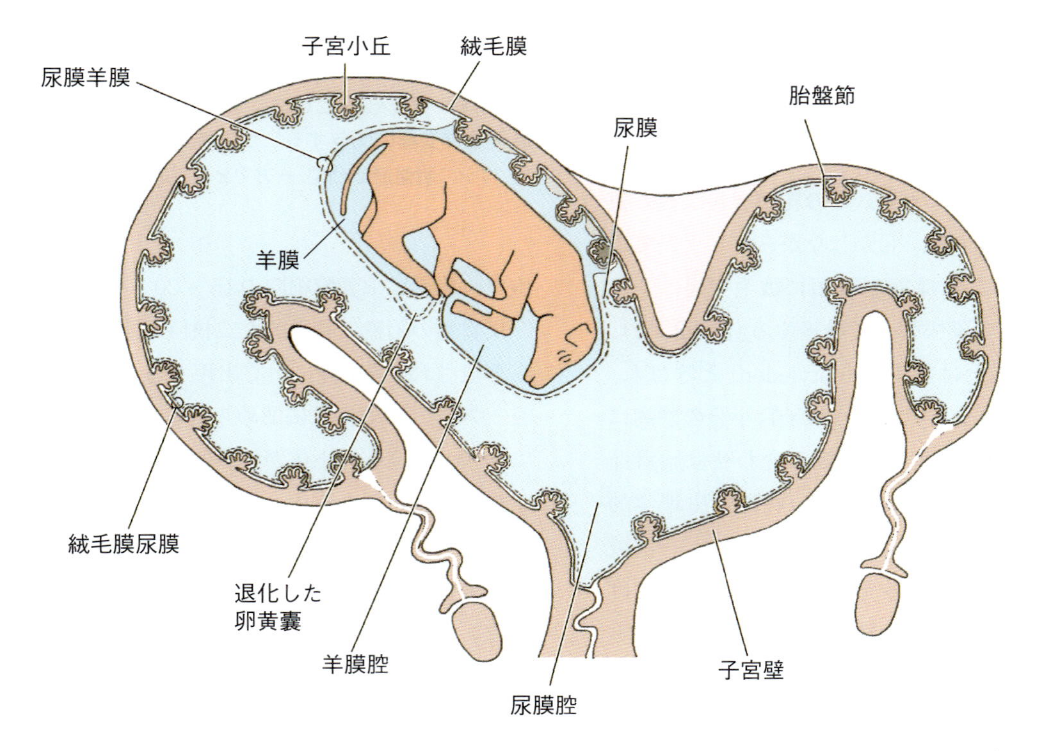

図12.12 ウシ胎子の着床過程の後期段階．絨毛膜絨毛の房が母体側の子宮小丘と嵌合し，胎盤節を形成する．

るいは下垂体後葉から分泌されるオキシトシンは，子宮内膜によるプロスタグランジン$F_{2\alpha}$合成を刺激することができない．プロスタグランジン$F_{2\alpha}$の非存在下では黄体は存続する．ヒツジの受胎産物もまた，妊娠12～16日の間にヒツジインターフェロン-タウ（ovine interferon-tau：oINF-τ）タンパクを産生し，子宮内膜におけるプロスタグランジン$F_{2\alpha}$の分泌を阻害して，黄体退縮を妨げる．ヤギの胚盤胞からも妊娠16～21日において，類似の生物学的活性を持つインターフェロンを分泌する．

反芻類の胎盤

ウシとヒツジでは，絨毛膜尿膜胎盤に置き換わるまでの数日の間，絨毛膜卵黄嚢胎盤を形成する．

ウシとヒツジの絨毛膜尿膜胎盤は叢毛性，無脱落膜性，上皮絨毛（合胞体）性である．ウシとヤギの子宮内膜は子宮小丘と子宮小丘間領域からなる．非妊娠ウシの子宮小丘は直径約0.5～1cmで小さく，盛り上がった，非腺性の組織である．発情周期の中で子宮小丘は突出し，妊娠期には直径10cmに達する．子宮小丘の数は，ウシでは80～140個，ヒツジで80～100個である．ウシの子宮小丘には明瞭な茎部があり，表層は凸状である．一方，ヒツジの子宮小丘は凹状で，幅広い付着部を持つ．ウシの絨毛膜は妊娠17日目頃には子宮内膜と接触する．18日目までには癒着性の接触が起こり，栄養膜の乳頭状突起の増殖変化を伴って子宮腺の開口部に貫入する．この乳頭突起は初め胚盤に近い領域に出現する．しかしながら，ヒツジでは妊娠30日目頃，ウシでは36日目頃に絨毛突起は子宮小丘と接触する絨毛膜尿膜上で発達する（**図12.12**）．これらの絨毛の集合は絨毛叢（cotyledon）と呼ばれ，手袋の中にぴったり合う指のように子宮小丘の陰窩に入り込む．絨毛叢と子宮小丘の組み合わせは胎盤節（placentome）として知られている，特殊な生理学的単位を形成する（**図12.13**）．妊娠が進むと，一次絨毛突起は二次・三次の絨毛を形成し，子宮小丘における対応する陰窩に入り込む．絨毛膜尿膜における絨毛は血管を含む尿膜の間葉組織で構成され，その表層を二つの明確な細胞型からなる栄養外胚葉性の単層上皮が被う，すなわち，単核性の円柱細胞と二核性の巨細胞で，後者は栄養膜細胞の15～20%を占める．

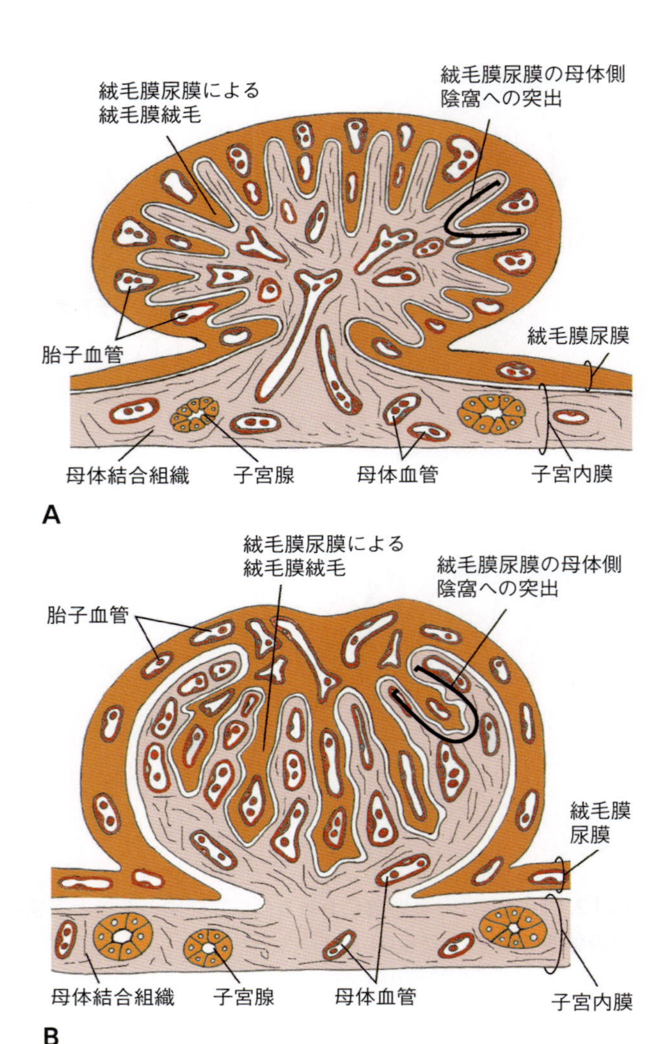

図12.13　ウシ（A）とヒツジ（B）の胎盤節の断面図．母体-胎子物質交換に関与する二つの特殊化した構造と特徴を示す．ウシの胎盤節は凸型，一方でヒツジの胎盤節は凹型である．

反芻類の胎盤に特徴的な二核巨細胞は栄養膜細胞から形成され，着床後にすぐ出現する．ヒツジでは13日目，ウシでは20日目に認められる．巨細胞は球状の二つの核と明瞭な核小体が特徴的で，よく発達したゴルジ複合体と粗面小胞体も有する．二核細胞は遊走して，母体側と胎子側の上皮間における嵌合結合を通り抜け，母体側の上皮細胞と融合して混成性の三核細胞を形成する．三核細胞内の細胞質顆粒は基底膜近くに貯留し，細胞外分泌によって母体循環に向けて放出される（**図12.14**）．細胞質顆粒の分泌により，胎子の二核細胞で生成されたホルモンが母体組織へ移送され

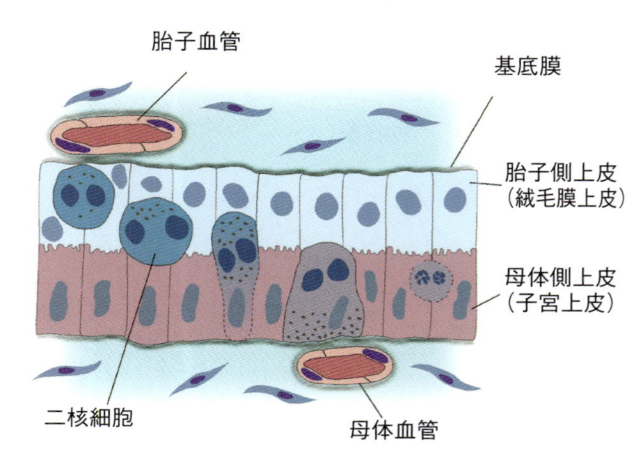

図12.14 ウシ胎子-母体胎盤境界の顕微鏡模式図．二核栄養膜細胞の子宮上皮への遊走を示す．

る．顆粒の放出により，三核細胞は退行していく．

反芻類において，二核細胞の分化と遊走は妊娠のほとんどの期間で継続するが，分娩期が近づくと数は減少する．ウシとヒツジの二核細胞は胎盤性ラクトゲンを含むことが示されている．妊娠初期において，二核細胞は妊娠関連糖タンパク質（pregnancy-associated glycoprotein）や妊娠特異的タンパクB（pregnancy-specific protein B）などの多量のタンパク質を合成する．これらのタンパク質の出現は妊娠28日目までに母体血清において最初に認められるため，妊娠の確定検査として有用かもしれない．

ウシ・ヒツジ子宮の小丘間領域では，子宮腺の開口部に関連する領域を除いて，未変化の絨毛と母体上皮が密着している．小丘間領域における胎子－母体組織の接着はブタの散在性胎盤でみられるものと似ている．

分娩後，絨毛膜絨毛は陰窩から離脱する．分離は微絨毛の嵌合で起こり，胎子と母体の上皮は無傷のままである．胎子側の絨毛が母体の陰窩から離れるとき，胎膜の娩出が起こる．この分離不全は胎膜の残留を引き起こし，ウシでよくみられる分娩障害となる．難産，微弱陣痛，子宮炎がウシでの胎膜残留の要因となる．

ウマの着床と胎盤形成

ウマの胚子は排卵後5～6日の桑実胚期に子宮へ入る．雌ウマはユニークな生殖学的特徴を有し，受精した卵子しか子宮に入らず，未受精卵は卵管内にとどまる．このメカニズムの可能性として，桑実胚によるプロスタグランジンE_2の適度な分泌が関与し，卵管に局所的に作用して輪状筋を弛緩させ，桑実胚の子宮への侵入を促すことが考えられる．排卵後6日目までに胚子は糖タンパク質分子によって構成された薄い非細胞性膜あるいは栄養膜由来の被膜によって包まれる．8日目には胚盤胞は直径約0.5mmとなり，透明帯は消失している．妊娠20日目まで，被膜は胚盤胞とともに拡張を続け，おそらく子宮内移動期間における胚盤胞と子宮内膜との接着を妨げている．ウマの胚盤胞は反芻類やブタと異なり，着床期までほぼ球形の状態である．超音波画像を利用した研究では，ウマの受胎産物は11～15日の間に，少なくとも1日1回は一方から他方の子宮角へ移動することが示されている．妊娠約17日目には，受胎産物は子宮体部近くの一方の子宮角において，子宮内膜に付着する．超音波検査により，受胎産物の形状は11日目の球状構造から，17日には楕円構造に変化する．18～21日の間，受胎産物は三角状になり，24～48日の間に不規則な形状を呈する．56日目から，胚体外膜は子宮体部に広がっていき，77日目までには非妊角まで拡張してゆく．胚子自体は妊娠21日目までには超音波検査で検出可能となる．羊膜ヒダはおおよそ16日目に形成され，20日目までに融合する．尿膜は妊娠21日目までに胚外体腔に拡張し，28日目までに絨毛膜と羊膜との間に入り込む．42日目までに，尿膜は卵黄嚢を部分的に取り囲み始める．胎水は胎膜の発達と似た時期に形成され，胎膜を拡張させて子宮壁との接触を確立させる要因となる．妊娠60日目以降に，直径3～4cmの胎餅が尿水中に観察されることがある．

ウマにおける母体の妊娠認識

母体による妊娠認識に重要な時期は排卵後14～16日目である．妊娠を維持する正確なメカニズムは明らかではないが，受胎産物は子宮内膜のプロスタグランジン放出を抑制し，複数の局所作用因子を分泌することが示唆されている．ウマ受胎産物の子宮内における遊走は，これら抑制因子の局所的分布を広げていると考えられる．

ウマの絨毛膜卵黄嚢胎盤

機能的な絨毛膜卵黄嚢胎盤は妊娠2週目に発生し，8週目まで存続する．卵黄嚢の血管系は境界の明瞭な終末静脈洞を有する．4週目には，尿膜は絨毛膜と接触し，絨毛膜尿膜胎盤の発生が始まる．絨毛膜尿膜胎盤と絨毛膜卵黄嚢胎盤の共存は約4週間続き，その後，絨毛膜卵黄嚢胎盤の機能的な役割は終了する（**図12.15**）．

ウマの絨毛膜尿膜胎盤

絨毛膜尿膜は妊娠28日目までに子宮内膜と付着する．初期の付着部位は卵黄嚢と隣接する帯状の絨毛膜領に限られている．この不連続で白色の環状帯は絨毛膜帯と呼ばれ，絨毛膜尿膜と三層性卵黄嚢の境界部に配置し，妊娠40日目まで存在する（**図12.15**）．絨毛膜帯の幅は25日目頃では約1mmで，27日目には約3mm，34日目には約7mmになる．40日目までに，絨毛膜帯は分散して断片化する．初めは，絨毛膜上皮と子宮上皮は絨毛膜帯の領域のみで接触する．その後，尿膜が絨毛膜と融合して絨毛膜尿膜を形成すると，接触領域は絨毛膜帯領域から広がり，絨毛膜尿膜全体が子宮内膜と接着するようになる．接着は当初，ブタと同様に胎子と母体組織の広範性単純接着の形をとる．妊娠7～8週目に，絨毛膜尿膜の絨毛部が発達し，子宮内膜の陰窩に入り込む．この変化は妊娠30～70日目に起こり，ウマ胎膜の変化を**図12.15**に示す．初期の絨毛は単純な構造である．その後妊娠4カ月目までに，一次絨毛から二次および三次絨毛が形成される．絨毛とそれに対応する陰窩は顕微鏡下では微小絨毛叢（microcotyledon）と呼ばれる，反転したドーム様構造を形成する（**図12.16**）．絨毛膜絨毛は単層円柱上皮の外層と血管性中胚葉の芯構造からなる．母体側の陰窩には，単層立方上皮が並ぶ．胎子側と母体側の上皮層間では，微絨毛による指状嵌合結合が起こる．隣接する微小絨毛叢の間では，間質に子宮腺の導管が存在し，微小絨毛叢間領域の表層に開口する．子宮腺開口部に面して位置している栄養膜はブタのアレオラと機能的および構造的に類似する．

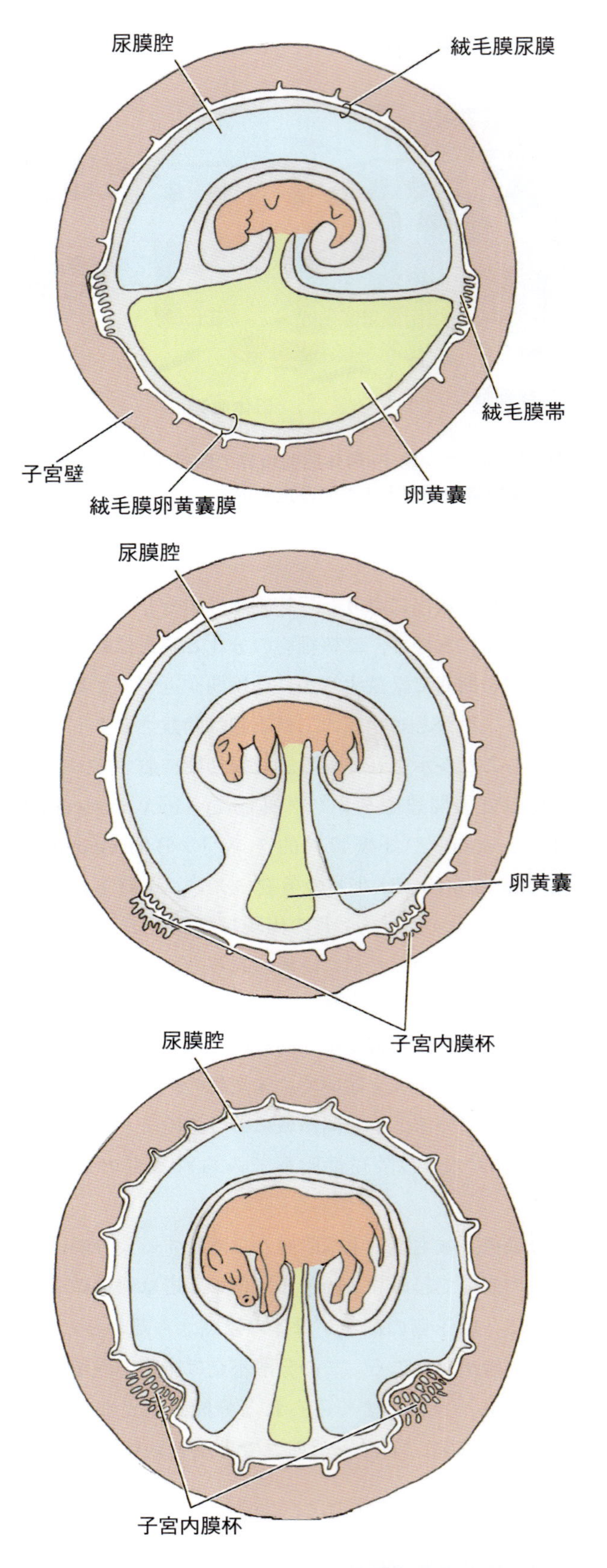

図12.15 妊娠30～70日目のウマ胎膜の配置と子宮内膜杯の発達に関する変化．

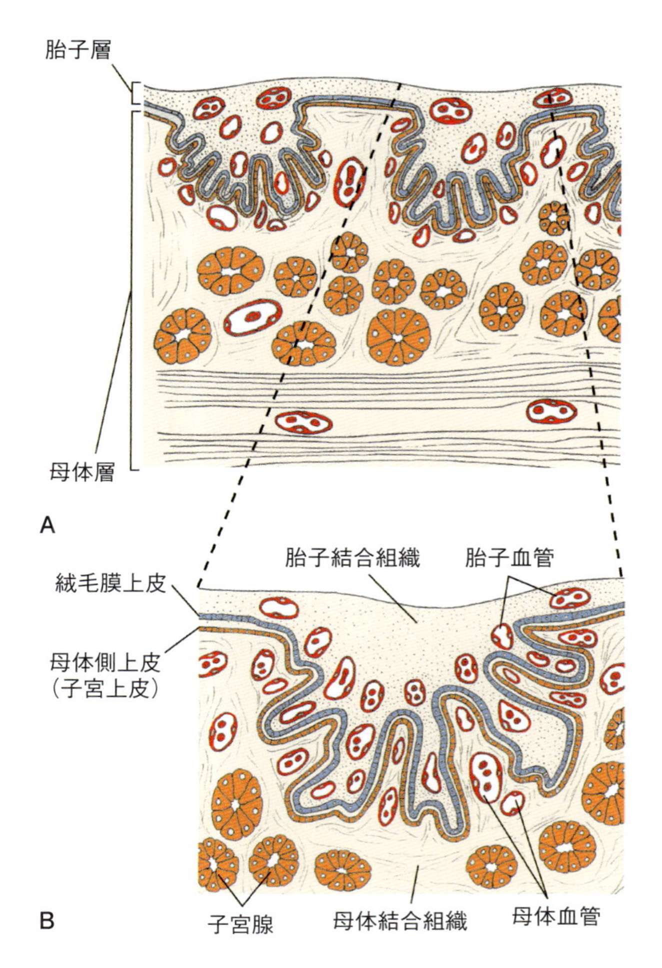

図12.16 妊娠中期におけるウマの胎子−母体胎盤境界および微小胎盤叢の顕微鏡模式図．個々の微小胎盤叢について詳細を示す（AからB）．

子宮内膜杯

ウマの胎盤形成の際立った特徴は，絨毛膜帯の領域の子宮内膜で発生する，子宮内膜杯（endometrial cup）と呼ばれる潰瘍状構造が形成されることである．これらの子宮内膜杯は妊娠35日目頃に発達し，直径は2 mmから5 cmに到達するが，120日目頃には退縮する（**図12.15，12.17A**）．

妊娠35日に近づくと，絨毛膜帯の円柱上皮細胞は子宮内膜上皮を貫通して破壊する．これらの細胞は基底膜を通過して子宮内膜間質層へ移動した後，遊走能を失い，子宮内膜杯細胞と呼ばれる大型の上皮様細胞になる（**図12.17B**）．子宮内膜杯細胞は多面体の形状で，泡沫状で淡く染まる細胞質を有し，横断面の長さが100 mmに到達する．核は卵形で，明瞭な核小体を持つ．多くの細胞は二核性である．子宮内膜杯は40日目頃に初めて肉眼で明確化し，子宮内膜において個々に分離した，淡色の，わずかに盛り上がった斑状構造として認められる．子宮内膜杯は発達を続け，周辺部の継続的成長に中心部の壊死が伴うため，火山の噴火口様の陥凹構造となる．80日目をすぎると，子宮内膜杯細胞の淡色化と壊死がさらに進行する．肥大化した子宮腺は噴火口状の陥凹部に大量の分泌物を分泌し，絨毛膜尿膜は子宮内膜杯の表層を被う．子宮内膜杯細胞は*in vitro*および*in vivo*の実験において，ウマ絨毛性性腺刺激ホルモン（equine chorionic gonadotrophin；eCG，以前は妊馬血清性性腺刺激ホルモン〈pregnant mare serum gonadotrophin；PMSG〉として知られていた）の主要な供給源であることが示されている．

母体の血清中のeCG濃度は妊娠40日目から急速に上昇し，50〜70日の間に40〜200 iu/mLのレベルに達する．その後，血清eCG濃度は徐々に低下し，妊娠120日目までには検出されなくなる．この期間中における血清eCGの検出は雌ウマにおける妊娠診断の根拠となる．

子宮内膜杯細胞は胎子組織由来であるため，母ウマにとっては異物に相当し，よって母体側の免疫学的反応を誘発することで，子宮内膜間質へのリンパ球浸潤を引き起こす（**図12.17B**）．細胞傷害性Tリンパ球の侵入による子宮内膜杯の破壊と子宮内膜杯細胞の父親由来抗原に対する抗体産生は妊娠120日頃におけるeCGの分泌停止に関与する．いったん子宮内膜杯が形成されると，続いて外科的あるいは自然流産による妊娠の中断が起きても，子宮内膜細胞杯の継続的な発達とその後の退縮変化は変わらない．子宮内膜杯細胞の存在時期に妊娠中絶した雌ウマは，その後子宮内膜杯が退縮し，eCGがもはや検出されなくなるまで，発情は回帰しない．妊娠中絶の後においても，子宮内膜杯細胞からの継続的なeCG分泌のため，血清中eCGの検出に基づく妊娠診断検査では陽性を示す．

胎子の遺伝子型は子宮内膜杯細胞の発達およびeCG分泌の継続期間と濃度に大きく影響することが報告されている．ウマ科の動物において，種間交配によって生まれた産子は血清へのeCGの分泌量に多くの差異

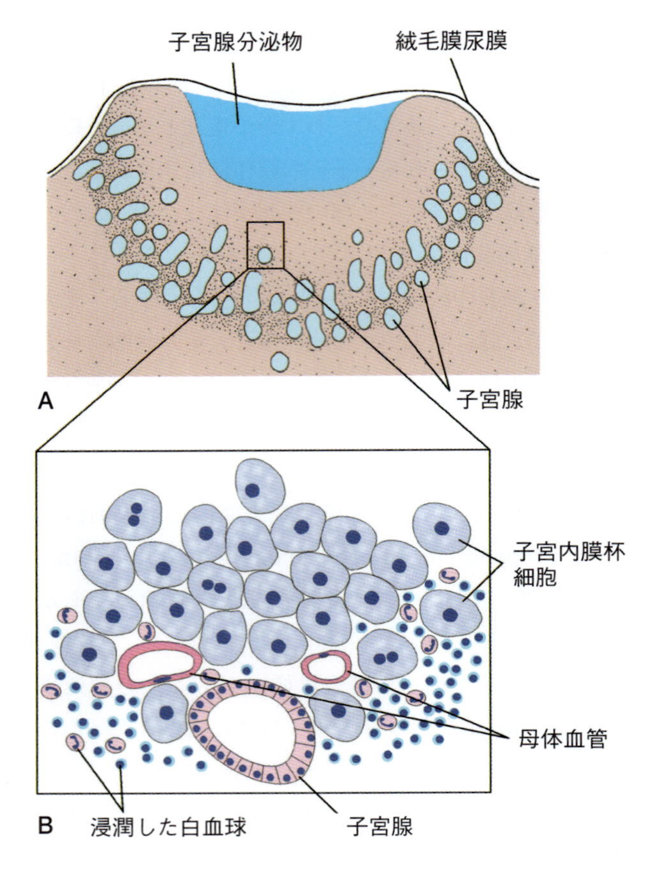

図12.17 ウマ子宮内膜杯の顕微鏡模式図（A）．細胞に関する詳細な形態と構造を示す（B）．

を示す．ロバでは，ウマと比べて子宮内膜杯は小さく，eCG濃度は低い．雄ロバの子を妊娠している雌ウマ（つまりラバを妊娠しているウマ）では，子宮内膜杯は小さく，妊娠80日目までに退化し，eCG濃度は同種の子を妊娠している雌ウマの正常値の1/10程度である．雄ウマの子を妊娠している雌ロバ（つまりケッテイを妊娠しているロバ）では，ウマと似た子宮内膜杯のサイズを有し，eCG濃度も同様である．

イヌとネコにおける着床と胎盤形成

発情周期の黄体期において，イヌやネコの子宮内膜では，表層部および深層部に肥大した子宮腺を含む，広範囲な粘膜ヒダが認められる．このステージでは，イヌとネコの子宮粘膜は組織学的に，表層の緻密帯と深層の海綿帯の二つの領域に分けることができる．表層部は多くの腺と導管からなるが，深層部では腺の分布はまばらである．

イヌやネコにおいて，発生中の胚子は，排卵後6～7日目の間に，16細胞期から32細胞期で子宮に到達する．胚盤胞は13日までの間は子宮角の中に浮遊した状態で，着床前に直径2.6 mmになる．着床前に胚子は位置取り（spacing）と呼ばれる子宮内遊走を行い，子宮角において複数の胚子が適切な間隔をあける．初期の胚盤胞期では内胚葉が栄養膜細胞層と並んで二層性の卵黄嚢を形成し，続いて中胚葉が内胚葉と栄養膜細胞の間に入り込み，三層性卵黄嚢となる．羊膜ヒダは15日目頃に融合し，尿膜は徐々に胚外体腔へ広がっていく．

イヌとネコにおける母体の妊娠認識

イヌとネコでは他の家畜と異なり，機能的黄体の存続期間は妊娠動物と非妊娠動物で同程度である．よって，イヌやネコでは，胚盤胞からの生物学的情報は妊娠維持のためには必要とされてないと思われる．

イヌとネコにおける絨毛膜卵黄嚢胎盤

イヌとネコにおける三層性卵黄嚢は胚盤胞が子宮粘膜に定着する前に形成される．ネコでは妊娠13日目までに，イヌでは14日目までに，絨毛膜卵黄嚢胎盤は子宮と胎子組織の付着により形成される．胚外体腔への拡張による三層性卵黄嚢の崩壊は尿膜の拡張と絨毛膜への融合を可能とし，絨毛膜尿膜胎盤が形成されて絨毛膜卵黄嚢胎盤と共存する．妊娠4週目には，絨毛膜卵黄嚢胎盤による，呼吸および栄養交換器官としての役割は終了する．しかし，卵黄嚢は赤血球造血幹細胞に関する重要部位として，妊娠後期まで役割を継続する．卵黄嚢の遺残物は出生時まで存在する．多くの診断法により，着床した胚盤胞の存在はネコでは妊娠13日目，イヌでは15日目までに検出できるが，発育中の胎子は20日目以降まで触知することはできない．初期には，絨毛膜卵黄嚢胎盤は絨毛膜絨毛を構成し，子宮上皮を侵食して間質へ侵入する．この時期には，胎子の絨毛に血管はあまりない．

イヌとネコにおける絨毛膜尿膜胎盤

イヌとネコの絨毛膜尿膜胎盤は帯状，脱落膜性，内皮絨毛膜性である．尿膜は妊娠15日目までに胚外体腔へ

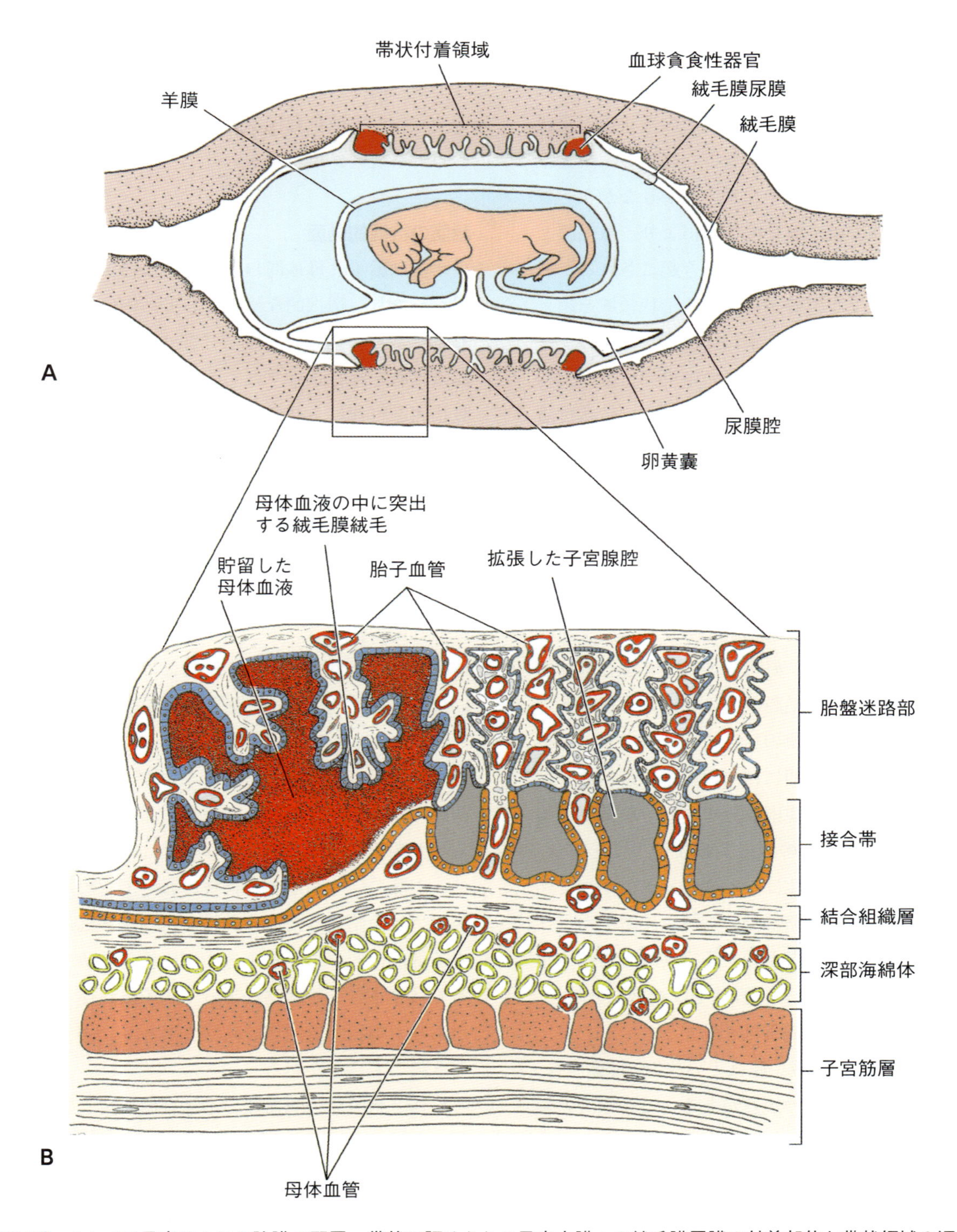

図12.18 A：イヌ子宮における胎膜の配置．帯状に認められる子宮内膜への絨毛膜尿膜の付着部位と帯状領域の辺縁部にある血球貪食性器官の位置を示す．B：顕微鏡模式図：帯状付着領域の辺縁付近の断面．

広がり，羊膜を取り囲み，ネコでは妊娠18日目，イヌでは20日目までに絨毛膜と融合する（**図12.18A**）．絨毛膜尿膜絨毛は多数の絨毛突起によって子宮腺の開口部に入り込み，子宮内膜へと侵入する．絨毛膜絨毛部に対する子宮組織の反応は細胞の増殖や肥大，血管拡張として特徴づけられる．侵入された子宮組織の細胞は輪郭を失い，断片化した核を持つ原形質の，均質な塊を形成する．この無構造の形成物は合胞体様構造

(symplasma)と呼ばれる．母体組織への浸潤において，栄養膜細胞は表層の粘膜上皮や腺上皮だけでなく，上皮下の間質まで破壊する．絨毛膜絨毛の帯状接着領域の周囲部を除き，母体の血管は無傷のままで，栄養膜細胞によって完全に取り囲まれる．しかしながら，帯状付着領域の周囲では，血管の損傷により，絨毛膜と子宮内膜の間に母体血液の貯留が引き起こされる．絨毛膜は，絨毛膜絨毛が付着・貫入する帯状領域を超えて嚢状に伸展するが，子宮粘膜には侵入しない．よって，胎盤の浸潤性領域は絨毛膜嚢の中央部付近に帯状の様相を示す．肉食類の妊娠子宮において，帯状付着部の横断面には，四つの明瞭な区域，すなわち胎盤迷路部，接合帯，腺層または海綿帯，子宮筋層が存在する（**図12.18B**）．妊娠中期までは，胎盤迷路部は比較的厚く，帯状領域の深さの3分の2を構成する．絨毛膜絨毛の表層を構成する栄養膜は二層からなる．明るく染色される細胞層は栄養膜細胞からなり，胎子組織の間質に密接する．一方，好塩基性の栄養膜合胞体層は母体組織に接する．絨毛膜絨毛の芯構造は壁の薄い胎子血管を含む尿膜絨毛膜の結合組織からなる．隣接する合胞体性栄養膜層の間には，壁の厚い母体血管と母体性の脱落膜細胞が不規則に分布する．脱落膜細胞は淡染性の細胞質と大型の核，明瞭な核小体を持つ．子宮間質の脱落膜細胞変化は，イヌに比べ，ネコで顕著である．ネコの胎盤迷路部では，絨毛膜絨毛が母体毛細血管の周囲に配置しながら，子宮筋層の方向へ垂直に伸展する．イヌでは，絨毛膜絨毛は顕著に分岐し，胎盤迷路部は小葉性の組織所見を呈する．

接合帯には，浸潤性の絨毛膜絨毛の先端，母体血管，子宮腺分泌物，母体細胞の残骸がある．この領域の栄養膜細胞は組織栄養素を吸収する．イヌでは，子宮腺層の浅層部と深層部を分ける結合組織層があり，接合帯と深部海綿帯の間の明確な境界を形成する．

深部海綿帯では，子宮腺は顕著に肥大化し，海綿状の外観を呈する．子宮腺の管腔は拡張し，分泌物および腺腔面から脱落した腺細胞の壊死性物質で満たされている．この領域の結合組織は乏しいが，血管は豊富である．妊娠終期に向かっても，深部子宮腺の分泌部位だけが損傷せずに残る．

イヌでは，帯状付着領域の辺縁部に沿って，特徴的な緑色の外観を呈する血球貪食性器官が存在する．より小型の血球貪食性器官が中央部に存在することもある．ネコの血球貪食性器官は褐色を呈し，帯状領域において不規則に出現する．

胎盤の機能的側面

胎盤は胎子と母体間の生理学的な物質交換のための器官であり，選択的な障壁として，内分泌器官としても働く．その構造は，高分子量の分子や粒子状物質，血液細胞を移行させずに，胎子の栄養摂取，排泄，呼吸代謝を可能にさせる．低分子量の分子の胎盤関門の通過は単純性拡散，促進性拡散あるいは能動輸送によると考えられる．胎子の生命維持に必須な酸素，二酸化炭素，水，電解質は単純拡散によって速やかに胎盤関門を通過する．グルコース，アミノ酸，脂質，ビタミン類などの栄養学的に重要，かつ複雑な構造の物質は能動的に輸送される．多くの低分子量薬物は胎盤を透過する．胎盤を通過する薬物には，胚子期後期あるいは胎子期初期に重篤な発達障害を誘導するものがある．そのような例の一つがサリドマイドで，この薬剤はかつて緩やかな鎮静剤として妊婦に投与されたが，四肢の重度の発育障害を引き起こした．

胎盤関門における抗体の移行はヒト，ウサギ，モルモット等のいくつかの動物種において認められる．イヌやネコの胎盤は前述の動物に比べると抗体移行に関する機能は低い．ウイルスや病原性の細菌・原虫類の多くはさまざまな経路によって胚子に到達する可能性があり，時折胎盤関門の破壊に関わり，先天性感染を引き起こすことがある．

母体と胎子間の赤血球の不適合は新生子の溶血性疾患の原因となる．ヒトでは，父親から遺伝したRhesus 抗原（Rh）陽性の胎児赤血球が，出生時に，Rh陰性の母体を感作すること起きる．次の妊娠で，胎児がRh陽性である場合，母体で産生された抗体が胎盤を通過し，胎児の循環系においてRh陽性赤血球に反応することで，赤血球損傷や溶血性疾患を引き起こす．症状は出生時に顕在化する．

ウマにおいて初回の妊娠時に，子ウマの抗原性が母ウマと異なり，出産時に子ウマの赤血球が母体循環に入った場合，同種免疫が起こることがある．2回目あるいはそれ以降の妊娠で生まれる子ウマが，母ウマが持たない種牡馬から遺伝した赤血球抗原を持つと，獲得免疫による同種免疫性溶血性貧血を起こす危険性がある．ウマはヒトと異なり，妊娠子宮内で抗体は胎子へ移行せず，子ウマは溶血性疾患の徴候を示さずに誕生する．赤血球に特異的な抗体は胎盤関門を通過できないが，初乳中には高濃度に含まれる．溶血性貧血や黄疸は，子ウマが初乳を摂取し，初乳中の抗体が小腸から吸収されることで発症する．

生理学的な物質交換器官としての役割に加え，胎盤はホルモンの分泌源としても重要である．妊娠の維持には，母体の内分泌器官由来と胎盤由来の分泌物の間に，協力的な均衡状態が存在しなければならない．胎盤はエストロゲン，プロゲステロンほか多種類の性腺刺激ホルモンを産生する．ウシ，ブタ，ウサギでは，胎盤からの分泌物は母体の下垂体前葉による黄体刺激作用を補助し，機能性黄体の延長に関与すると考えられている．これらの動物種では，卵巣を除去すると流産が誘導される．ヒト，ウマ，ヒツジ，ネコなどのいくつかの動物種では，妊娠中の一定の時期において，流産を誘起せずに黄体を摘出することが可能である．後者の動物種では，胎盤が妊娠を維持するのに十分なプロゲステロンを分泌するからである（**表12.3**）．

受動免疫には，免疫動物から感受性動物への，抗体の能動的な伝達が重要である．新生子動物は初乳を摂取することで自然に受動免疫を獲得する．受動免疫がなければ，新生子動物は呼吸器，腸管において広範囲の病原体に感受性になる可能性がある．いくつかの動物種では，妊娠子宮において母体から子への受動免疫の伝達が成立する（**表12.4**）．他の種においては，母獣で産生され初乳へ分泌された抗体が受動的に新生子動物を感染性病原体から守る．受動免疫の経胎盤伝達はヒトやその他の霊長類，ウサギ，モルモットで起こる．これらの動物種の子は初乳抗体を摂取することで，生後数週間における腸管病原体に対する追加的な防御効果を獲得する．

多くの家畜の胎盤は免疫グロブリンを通過させないため，子ウマ，子ウシ，子ヒツジ，子ブタは，無γグロブリン血症の状態で産まれ，初乳を通じてのみ受動免疫を獲得する．初乳中に分泌された母体抗体は，出生直後から数時間において，小腸から最も効果的に吸収される．小腸から初乳の免疫グロブリン分子を吸収する能力は一過性であり，生後48時間も持続しないため，新生子動物に最適の受動的防御を獲得させるためには，早期に初乳を摂取させることが必須である．

表12.3　流産を引き起こすことなく卵巣を摘出できる妊娠日齢

動物種	妊娠日齢
ネコ	30
ウマ	100
ヒト	40～60
ヒツジ	50

表12.4　母から子への受動免疫の伝達

動物種	子宮内（経胎盤）	初　乳
ウマ	－	＋＋＋
ブタ	－	＋＋＋
反芻類	－	＋＋＋
イヌ・ネコ	＋	＋＋
マウス	＋＋	＋＋
ラット	＋	＋＋
ヒト	＋＋＋	＋
ウサギ	＋＋＋	＋
モルモット	＋＋＋	＋
鳥類	卵内伝達	初乳の産生なし

－，伝達作用無し；＋＋＋，最も大きい伝達効果

食肉類では，免疫グロブリンの受動伝達は子宮内で起きることもあるが，子イヌや子ネコが獲得する受動免疫のほとんどは初乳由来である．出生後の免疫グロブリンの伝達は初乳に限定されず，免疫グロブリンの分泌は母乳へ数週間にわたり持続することもある．新生子および幼若動物において，初期に初乳から，その後に母乳から受動的に獲得された抗体は細菌やウイルスのうち消化管に親和性がある病原体に対して防御する役割を担う．

鳥類においても，受動免疫は広い範囲の病原体から初生ヒナを守る．卵母細胞がまだ卵巣内で発育している時期は，血清免疫グロブリン（大部分はIgY）が雌鳥の体循環から卵黄へ伝達される．卵母細胞が卵管に移行すると，IgMとIgA抗体が卵白に取り込まれる．

胚子の発育に伴い，卵黄に含まれる抗体は胚子の血液循環系に徐々に取り込まれる．孵化する直前には卵黄はヒナの腹腔内に取り込まれているが，初生ヒナは卵黄嚢から抗体を吸収し続ける．卵白は羊水と混ざり，発育中の胚子が飲み込むので，IgMとIgA抗体は孵化時には腸管内に存在すると考えられる．この付加的な受動防御機構は卵の卵管移動時における卵白への抗体取り込みに由来し，免疫グロブリンの消化管からの吸収によって促進される．獲得した受動免疫により，ヒナは腸管および呼吸器における一般的な病原体に対する防御を備える．

胎子-母体関係の免疫学的側面

妊娠における未解明な側面は，母体とは異なる組織適合性抗原を発現する胎子が同種移植片組織として母体から拒絶されないことである．胎盤には動物種によって多様性があるが，同種異型の受胎産物に対する拒絶反応を回避するための共通的な手段があると考えられている．胚子の着床と発育に適した子宮内環境を整えるために，母体の内分泌による適切なサポートが提供されなければならない．母体からのサポートを確保し続けるために，胚子および胎子は抗原性に関する特性を低く保ち，母体による免疫学的認識と同種移植片としての拒絶反応のリスクを回避する必要がある．

胚盤胞と子宮内膜の接触は着床の時期までは最小限である．家畜の胎盤では，損傷していない栄養膜細胞層が子宮内膜と接触を成立させ，その様式は動物種によって異なる．それによって，母体と胎子の間には，栄養膜と胚体外膜による明確な分離線が構成される．母体と胎子組織間における密接な解剖学的関係性にも関わらず，二者の循環系は妊娠期間を通じて完全に分離したままである．ヒトや一部の家畜において，出生期に胎子の赤血球や血小板が母体循環に入り，それらに対する抗体が産生されることがある．ヒトにおいて，母体組織と直接接触する栄養膜細胞は主要組織適合遺伝子複合体（major histocompatibility complex；MHC）クラスⅠあるいはクラスⅡ分子に関し，多型性を有していないことが実証されている．ヒトの栄養膜合胞体層はMHCクラスⅠb抗原として，遺伝的多型性が低い（またはない）HLA-GとHLA-Eを絨毛外栄養膜細胞層に発現し，母体免疫系に対する父親抗原の提示を回避していることが報告されている．また，HLA-G分子は母体側のナチュラル・キラー（natural killer；NK）細胞にあるキラー細胞抑制性受容体に結合し，母体NK細胞による胎子細胞の損傷を阻害していることも報告されている．胎子は母親から異物として認識されないと示唆されている一方で，ヒトにおいて，複数回妊娠した経歴のある妊婦は父親のMHC抗原に対する抗体を持つという明確な実証がある．ほとんどの事例では，これらの抗体は胎児の損傷に寄与せず，胎児または胎盤組織に対する細胞傷害性Tリンパ球の免疫反応を伴わない．実際には一部の母体抗体は父親由来のMHC抗原に被われて胎児細胞の損傷が抑制され，母体の細胞傷害性リンパ球による胎児組織の破壊に関する細胞介在性応答を回避していると考えられる．

かつて，妊娠における母体の免疫応答の調節効果については，サイトカイン，特にインターロイキン10（IL-10）のようなT_H2細胞制御因子の役割が強く重視されていた．形質転換成長因子，IL-4，IL-10は子宮上皮と栄養膜上皮のどちらからも分泌される．このサイトカインパターンはT_H2応答の促進，T_H1応答の抑制に寄与する．実験動物へのインターフェロン-γとIL-12の投与または発現誘導はT_H1応答を促進し，妊娠動物に対して胎子吸収を引き起こす．母体免疫反応に対しては，ホルモン，タンパク質，糖タンパク質分子など，他にも多くの液性因子が免疫制御効果を有すると考えられるため，正常妊娠における特定のサイトカインの継続的な役割については，現在は疑問視されている．反芻類では，インターフェロン-τが栄養膜細胞から産生され，母体リンパ球の増殖を抑制することが報告されている．免疫抑制性リン脂質は羊水中に適度な濃度で存在し，多様な効果を示す．卵黄嚢や胎子の肝臓はα-フェトプロテインの数種のアイソフォームを産生し，免疫抑制性の特性を有する．

ウシにおいて，妊娠によって生じる免疫抑制の徴候は，臨床的に確認される．ウシはウシ結核菌（*Mycobacterium bovis*）に感染すると，細胞媒介性の過敏反応によってツベルクリン検査に感受性を示すが，妊娠ウシの場合，ツベルクリンの反応性が顕著に低下する．妊娠中や泌乳中の雌イヌにおけるイヌニキビダニ（*Demodex canis*）の数の増加は子イヌへのダニの伝染を促進させる．この微候も妊娠期における免疫抑制によるものとみなされている．

長年の研究にも関わらず，胎子抗原に対する母体の免疫寛容の原理はよく分かっていない．母体の反応性に対する強い抑制効果は受胎産物が持つ二つの特性（胎子周囲の組織障壁の性質と胎子・胎盤因子による母体の免疫抑制誘導の程度）が重要であろう．胎子の周囲にある抗原性の弱いあるいは欠損した組織障壁は，おそらく拒絶反応の回避において中心的な役割を担っている．胎子および胎盤組織によるさまざまな免疫抑制因子の産生は母体の液性および細胞性応答の双方を抑制し，胎子組織に対する有害な母体応答をさらに低下させると考えられる．

（本道栄一・日下部　健　訳）

さらに学びたい人へ

Allen, W.R. and Wilsher, S. (2009) A review of implantation and early placentation in the mare. Placenta 30, 1005-1015.

Amoroso, E.C. (1952) Placentation. In A.S. Parkes (ed.), Marshall's *Physiology of Reproduction*, Vol. II, 3rd edn. Longmans, Green, London, pp. 127-311.

Burton, G.J. (1982) Review article. Placental uptake of maternal erythrocytes: a comparative study. *Placenta* 3, 407-434.

Capellini, I (2012) The evolutionary significance of placental interdigitation in mammalian reproduction: contributions from comparative studies. *Placenta* 10, 763-768.

Chavatte-Palmer, P. and Guillomot, M. (2007) Comparative implantation and placentation. *Gynecological and Obstetric Investigation* 64, 166-174.

Enders, A.C. and Carter, A.M. (2006) Comparative placentation: some interesting modifications for histotrophic nutrition-a review. *Placenta* 27, Suppl, 11-16.

Flood, P.F. (1973) Endometrial differentiation in the pregnant sow and the necrotic tips of the allantochorion. *Journal of Reproduction and Fertility* 32, 539-543.

Imakawa, K., Chang, K.-T. and Christenson, R.K. (2004) Pre-implantation conceptus and maternal uterine communications: molecular events leading to successful implantation. *Journal of Reproduction and Development* 50, 155-169.

Klisch, K., Wooding F.B. and Jones C.J. (2010) The glycosylation pattern of secretory granules in binucleate trophoblast cells is highly conserved in ruminants. *Placenta* 31, 11-17.

Mossman, H.W. (1987) *Vertebrate Fetal Membranes*. Rutgers University Press, New Brunswick, NJ.

Noden, D.N. and de Lahunta, A. (1985) Extraembryonic Membranes and Placentation. In D.N. Noden and A. de Lahunta, *Embryology of Domestic Animals, Developmental Mechanisms and Malformations*.Williams and Wilkins, Baltimore, MD, pp. 47-69.

Père, M-C. (2003) Materno-foetal exchanges and utilisation of nutrients by the foetus: comparison between species. *Reproduction Nutrition Development* 43, 1-15.

Renfree, M.B. and Shaw, G. (2000) Embryonic diapause in animals. *Annual Review of Physiology* 62, 353-375.

第13章

家畜における胚致死
Embryo mortality in domestic species

要　点

- 胚子発生が成功するには，胚子固有の要因のみならず，母体が暴露される環境要因などを含め，多くの要因に依存する．
- 発生段階の胚子とそれを受容する子宮環境との適切な相互作用は，孵化後の胚盤胞の成長と発生の成功および妊娠の成立に必要不可欠である．
- 家畜における胚致死は大きな経済的影響をもたらす．単胎性の家畜では，胚子喪失による財政的影響は多胎性の家畜に比べ大きく，特に酪農のような季節性生産システムにおいて問題となる．
- ほとんどの胚子喪失は妊娠初期に起こる．
- 胚子喪失およびそれが起こる時期は，家畜の種類とその胚子を生産するために用いられる手段によって影響を受ける．
- プロゲステロンは子宮組織に作用を及ぼすことによって，妊娠の成立と維持に関連する生殖事象において中心的な役割を果たしている．
- 胚子喪失は，多産性の動物種よりも単胎性の家畜種または品種において，家畜の生産効率低下という，より重大な結果をもたらす．

胚子はその発生を完了させるため，未分化な単一細胞生物から健常な新生子動物への発育を順次的に促進するというあらかじめ決められた一連のステップを進めなければならない．哺乳類における妊娠の成立と維持には，卵巣，子宮および受胎産物との間の密接に統合された多くのシグナルが必要である．子宮環境と妊娠初期の受胎産物の成長・分化過程の間に起こる同調性の崩壊は妊娠維持の失敗に繋がる可能性がある．

種に関わらず，繁殖率は排卵後に受精した卵母細胞数のみならず，胚子，胎子および新生子の生存性にも依存する．哺乳類の詳細な研究では，正常に受精した卵母細胞の50～70％が典型的に元気で健康な子孫を生じるにすぎない．家畜で観察される胚性および胎性致死の多くは子宮内での位置取りや付着が起こる妊娠初期に生じる．付着前の胚子の成長には，卵割ステージの進行および胚盤胞の形成が含まれる．反芻類やブタの胚子では，この段階に急速な伸長をすることで，発育中の受胎産物が子宮内膜と最大限に接触するのに役立っている．対照的に，ウマの胚子では，伸長せずコンパクトかつ球形のままであり，着床が起こるまで二つの子宮角の間を移動する．このような受胎産物の移動は雌ウマにおいて母体側の妊娠の認知と維持のために必要であると考えられる．さらに，この移動は着床前の栄養素の必須源である子宮分泌物のより効率的な摂取を促進するらしい．

早期胚致死という用語は妊娠の初期段階において胚子が子宮内で生存できなくなった状態を指す．早期胚致死の同義語には早期胚死滅や胚子喪失が含まれるが，これらの用語は妊娠後期に起こる胎子死，胎子致死または流産などと混同してはならない．妊娠喪失という用語は妊娠期間中の時期を問わず，それが起こり得るすべてを包含しており，胚子または胎子の喪失を含んでいる．

実質的な出生前致死はすべての哺乳類で起こるが，胚子喪失の程度，時期およびもたらされる結果は，種によりその意義が異なる．ヒトでは，妊娠喪失はそれが起こる妊娠期間の時期に応じて自然流産または妊娠中絶と呼ばれ，大きな精神的苦痛を引き起こす可能性がある．家畜では，胚致死は生産上の非効率性と関連しており，重大な経済的影響をもたらす可能性がある．胚子喪失はブタおよびヒツジの多産性品種においては同腹産子数の減少をもたらす．ウシや発情ごとの排卵が1個しかないヒツジの品種では，特に季節的な放牧をベースとした生産システムにおいて，出産間隔を長引かせるという大きな経費上の問題に関わってくる．出産時に一頭の子孫を出産するような単胎性の家畜では，胚子の死亡は妊娠の終了をもたらす．特に，肉用子ウシ生産システムでは，子ウシが主要な収入源となるため，子ウシ生産の失敗は経済的に影響が及ぶ．対照的に，ブタのような一頭以上の子孫を出産する多胎性の家畜では，子宮内での個々の胚子の死亡は必ずしも妊娠の継続に影響しない．それどころか，少なくともいくつかの胚子の喪失は低品質の胚子の排除を目的とする生物学的選択の結果を表し得るものと考えることが重要である．

ウシにおける妊娠の成立

卵管における卵母細胞の受精後，生じた胚子は最初の有糸分裂である卵割を経て子宮に運ばれる．例えば，ウシの胚子は妊娠約4日目のおよそ16細胞期に子宮に入る．その後，桑実胚と呼ばれる細胞のコンパクトなボールを形成し，この際，初めて細胞同士の密着結合が確立される．妊娠7日目までに，胚子はさらに分化した後，胎芽を生じさせる内細胞塊と胎膜を形成する栄養外胚葉とからなる胚盤胞となる．妊娠9～10日目に透明帯から孵化した後，胚盤胞は成長を続け，形を球状から卵形に変化させる．この期間は，妊娠12～14日の間に始まる伸長または栄養外胚葉の増殖による線維状への形態変化に先立つ移行期間である．妊娠13日目に，卵形の受胎産物は長さ約2 mmとなり，さらに伸長し，16日目までに約60 mmの長さに達する．妊娠19日後，十分に伸長した受胎産物は，栄養外胚葉の子宮内膜の管腔上皮への本格的な位置取りと付着によって着床を開始する．

胚盤胞期までは，受精卵は母体の生殖器官の環境との接触を必要とせず，このことは体外受精（*in vitro* fertilisation；IVF）技術（第27章参照）を用いて*in vitro*で首尾よく胚盤胞を発生させることができるという多くの事実によって確認されている．対照的に，孵化後および着床前の受胎産物の発育は組織栄養素と呼ばれる子宮内腔液中に存在する因子に依存する．子宮内膜，特に子宮腺に由来するこれらの分泌物は受胎産物の成長と発育に必要不可欠である．反芻類の受胎産物の発育において組織栄養素が重要な役割を果たしていることを示す証拠は，孵化後の受胎産物の伸長は*in vitro*で起こることはなく，*in vitro*で実験的に誘発された子宮腺の欠失は胚移植後の胚盤胞が伸長しないことによって証明されている．

胚致死の原因

家畜の繁殖障害は卵母細胞の受精の失敗または妊娠中の胚子または胎子の喪失に起因する可能性がある．受精障害よりも，胚致死が繁殖障害の原因としてより一般的である．胚致死は，胚子自体の内因性欠損，最適条件でない母体環境，胚子と子宮環境との間の非同調性または子宮が胚子からのシグナルに適切に応答できないことを含む多くの理由により生じる．

初期胚の致死に関わる遺伝的要因

染色体，遺伝子相互作用および個別の遺伝子の異常はすべて発生障害に寄与し得る．*in vitro*で作製された胚子は*in vivo*で発生した胚子より高い頻度で染色体異常を有する．さらに，卵母細胞の受精時またはその直後に起こる異常はゲノム全体に影響を及ぼし，混倍数体（二倍体と多倍数体の組み合わせ）細胞を生じる可能性がある．家畜の胚子の約7～10％には，胚子の生存率を有意に低下させていると考えられる染色体異常が含まれる．このような異常の最大75％は受精中または受精直後に生じると考えられている．

染色体異常は，特に妊娠の最初の90日間に有意な損失をもたらす．ウシで最初に確認された染色体の構造異常の一つは数種類の肉用種とスカンジナビアレッド種に存在するが，ホルスタイン種には存在しない，1番/29番のロバートソン型転座であった．ヘテロ接合体の雌ウシの受胎能力が低かったため，1970年代に1番/29番の転座を有する雄ウシがスクリーニングされ，繁殖プログラムから排除された．

ホルスタイン種では，胚子または胎子の生存率に影響を及ぼす二つの主要な劣性異常が記載されている．ウリジンモノホスフェートシンターゼ（uridine monophosphate synthase；DUMPS）の欠損は，単一遺伝子性の常染色体劣性遺伝疾患であり，新規にピリミジン合成をする際の最終の2ステップを触媒し，オロチン酸をウリジン5'-モノホスフェートシンターゼに変換するウリジンモノホスフェートシンターゼ遺伝子における点突然変異（point mutation）に由来する．この変異をホモ接合性の劣性状態で持つ胚子は妊娠40～50日を超えて生存することはめったにない．人工授精に際し，雄ウシのDUMPSを検査することにより，ヘテロ接合性の個体およびホモ接合性の劣性形質を持つ胚子の頻度が大きく減少した．

複雑な脊柱奇形（complex vertebral malformation；CVM）は，妊娠遅延や妊娠喪失を引き起こす別の致死的な劣性遺伝疾患であり，ホモ接合体の胚子はほとんど生存できない．CVM異常遺伝子は種雄ウシ系統であるカーリン-Mアイバンホー・ベルの使用により広く播種され，生産性形質との関連により増加した可能性がある．現在，疑わしい系統樹に属するほとんどすべての雄ウシでCVMの検査が行われている．

卵母細胞の質

胚子の運命は受精前の事象によって部分的に決定される．持続性卵胞由来または暑熱環境ストレスに暴露された雌ウシに由来する低品質の卵母細胞から生じた胚子は発生が成功する確率が低い．

卵母細胞の受容能力という用語は受精後に正常に発生し得る胚子を生ずる卵母細胞の潜在能力を表すために用いられる．環境的または栄養的ストレスは卵母細胞の能力に悪影響を及ぼす可能性がある．体外受精を用いて胚盤胞期まで発育する卵母細胞の割合を測定することにより，卵母細胞の能力を低下させるいくつかの因子が報告されている．これらにはドナーの年齢や春機発動期の状態，出産歴，乳生産に関わる遺伝的形質，体調スコア，食餌中のタンパク質レベルおよび季節的要因などが含まれる．

ヒトで生殖補助治療を受けている場合には，婦人の年齢が35～40歳を超えると出産率が劇的に低下する．しかしながら，若年の生殖能力のあるドナーからの卵母細胞を体外受精に用いた場合には，レシピエントが50歳までは出産率は低下しない．これらのデータは，女性の年齢で表される卵母細胞の質が律速段階であることや，子宮が妊娠を支え，維持するという能力は，卵巣が生存力の高い卵母細胞を産生するという能力をはるかに凌ぐことを示唆している．家畜では基本的に繁殖寿命が短いため，同様なデータを得ることは困難であるが，高生産性の乳牛の妊娠率は，ドナー胚子を用いた胚移植を行った方がその雌ウシ自身の卵母細胞に由来する胚子を用いた人工授精よりもしばしば高い．この所見は，ウシでは卵母細胞の方が初期の胚子よりも環境性熱ストレスに対して耐性が低いことが研究によって示されているので，そのようなストレスが起こる状況において特に注目されている．

卵母細胞の質の悪さが胚子の致死率に関連するという証拠はさまざまな情報に基づいている．乳牛の非外科的灌流に関するデータは，胚子のかなりの割合（最大40%）が7日目の胚盤胞のステージの前に変性してしまうことを示唆している．既述したように，胚移植後の泌乳中の乳牛の妊娠率は人工授精後よりも高いことが多く報告されており，雌ウシ自身の卵母細胞を避け，ドナー胚子を子宮に移植することがこの問題を克服するのに役立つことを示唆する．卵母細胞を*in vitro*で分娩後泌乳中の雌ウシの排卵前の卵胞で測定された値と一致するような生理的濃度の非エステル化脂肪酸で処理すると，卵母細胞の成熟に影響が及ぶ．

胚子の起源

胚子喪失の全体的な発生率および時期は胚子の起源によって強く影響される．胚移植後の最も高い妊娠率は非凍結保存された*in vivo*由来の胚子を用いて達成されるのが典型的である．*in vitro*で作製された胚子の移植は*in vivo*由来の胚子よりも妊娠率は低くなるが，クローン化された胚子では，ドナー核の供給源に依存して，妊娠期間を通して一定ではないが，比較的高いレベルでの胚子喪失が起こり得る（第27章参照）．さらに，このような胚子は着床開始時に子宮内膜から異なる応答を誘導し，高い発生率での胚子喪失または胎子喪失と関連している可能性があることが証明されている．

妊娠の成立におけるプロゲステロンの役割

生殖器官は胚子の発生に寄与する好都合な環境を提供するうえで重要な役割を果たしている．ステロイドホルモンのプロゲステロンは母体が妊娠を認識する際の受胎産物の伸長を支える最適な子宮環境を確立することによって，受胎後1週間における子宮の受容性の確立において重要な役割を果たす．乳牛では，血中プロゲステロン濃度が不十分なことが受胎能力の低下原因として挙げられている．

人工授精に先立つ性周期におけるプロゲステロン濃度と胚子の生存率との間には正の直線関係がある．その後の胚子生存に及ぼす発情前の性周期では，プロゲステロン低値による負の効果は，おそらく早すぎる卵母細胞の成熟によるものであり，受精後に胚子が正常に発育し続ける能力を損なうためと考えられる．受精が起こる性周期のプロゲステロン濃度は主に子宮内膜に対する作用を通じて，哺乳類における妊娠の成立と維持において重要である．血中プロゲステロンの濃度は黄体によるプロゲステロンの産生と主に肝臓での代謝とのバランスを表している．

哺乳類における栄養外胚葉の付着と着床のための子宮上皮の準備には，繊細に編成された子宮内膜内での遺伝子およびタンパク質発現の時空間的変化を伴う．周産牛および妊娠牛の両方において，受胎産物の伸長の開始（約13日目）まで子宮内の遺伝子発現に同様の変化が起こり，これは子宮の正常な反応が妊娠のための準備であることを示唆している．前述したように，実際，発情後7日目に胚子を同期した子宮に移植し，妊娠を成立させることが可能であり，これは酪農におけるウシの胚移植の標準的な手法である．母体で妊娠が認識される妊娠約16日目のウシでは，子宮内膜が受胎産物により誘導されたインターフェロン-τ（タウ）の量的増加に反応するため，周産牛と妊娠牛との間で子宮のトランスクリプトームのプロファイルに有意な差が検出される．

受胎能力に対する外来性プロゲステロンの補充による有益な効果は長い間に渡り認識されてきた．多くの研究により，プロゲステロン濃度の上昇が受胎産物の伸長を加速させることの関連性について証明がなされている．より大きい受胎産物が反芻類における妊娠認識シグナルであるインターフェロン-τをより多く産生するということを考慮すると，末梢のプロゲステロン濃度を増加させる治療によって妊娠率を改善させることを期待するのは妥当であろう．しかしながら，妊娠率に対する授精後のプロゲステロンの補充の効果を支持するデータには矛盾があり，せいぜい控え目な肯定的結果を含んでいるにすぎない．

栄養とエネルギーバランス

哺乳類における着床前の胚子は栄養欠損または過剰栄養に対処するための分子および代謝の適応を受けることによって顕著な可塑性を示す．卵母細胞の発育および胚子の形成に有利な栄養上の微小環境を維持するために，母体側の適応も行われる．この母体-胚子間のコミュニケーションはいくつかの栄養伝達物質を介して行われる．母体と胚子の両方による栄養失調への適応反応は胚盤胞の形成を担保するかもしれないが，生じる胚子の質は損なわれ，早期の妊娠障害に繋がる可能性がある．早期胚致死は栄養失調によって誘導され得るが，着床前の胚子は極端な栄養失調状態であっても，栄養ストレス下で着床および満期妊娠を可能にするような，ずば抜けた可塑性を持っている．しかし，この発育戦略は卵胞形成および着床前の期間にもたらされる，例えば，些細な栄養上の問題によっても誘導される有害な発育プログラミングで示されるような，かなりの犠牲を伴っており，その結果として，成熟期に有害な表現型を発症するリスクの高い子孫をもたらすであろう．一般的に，これまで得られている証拠から，受胎前後の期間の栄養失調は着床前の胚子において受胎能力や出生後の健康へ影響を及ぼすような細胞および分子レベルの変化を誘発する可能性を示している．

高生産性乳牛における胚致死

胚致死は酪農生産システムにおける経済的損失の主な原因となる．胚致死の直接的な影響は受胎率の低下に反映され，結果として生産効率および収益性に影響を及ぼす．酪農泌乳牛における高い乳量生産に関連する生理学的変化は繁殖効率の悪化と結びついている．乳牛の不妊症の原因は複雑であり，傷つきやすい卵母細胞や胚子の質または正常な胚子の発育を支えることができない最適条件下にない生殖器官の環境に起因する可能性がある．

泌乳中の乳牛は産後，身体維持と乳量生産のために必要なエネルギーの合計が採食によるエネルギー摂取量を上回ると，典型的な負のエネルギーバランスの状態に突入する．季節的な出産時期の集中にも関連して，300日の泌乳期間で泌乳量が最大になったときに乳牛が妊娠することの必要性はこのような負のエネルギーバランスの期間とよく一致する．分娩後早期に起こる負のエネルギーバランスの持続期間と過酷度，ならびに関連する血中インスリン，IGF-Iおよびグルコース量の低下，さらに体内貯蔵成分から大量に動員された非エステル化脂肪酸やケトン体濃度の上昇などが繁殖障害に直結している．

1950年代に始まった人工授精の利用とそれに関連したエリート雄ウシたちの供用は乳牛の乳量生産力の著しい改善をもたらした．長年に渡り，育種目的はほとんど乳量生産に焦点を当てていたが，形質間にある負の相関のために，結果的に受胎能力に関する遺伝的メリットが大きく低下した．この低下の原因となる生理学的または病理学的影響は，体脂肪の過剰動員，不適切な代謝状態，卵巣周期の再開遅延，分娩後の子宮疾患発症率の上昇，発情発現における機能障害および不適切な黄体期プロゲステロン濃度，などの複数の欠陥に関連する．多くの先進国では，乳量生産のみに焦点を当てた単一の形質指標から，生産性，受胎能力および健康状態を含む多くの形質を選択する多形質指数に置き換えられてきた．この変換を強く推進したことにより，多くの場合，受胎能力の低下を止め，回復させた．

熱ストレス

熱ストレスは哺乳類の繁殖機能のほとんどの側面に混乱を起こさせるような影響を及ぼす．それらには精子発生，卵母細胞の発生と成熟，初期胚子発生，胎子や胎盤の発達および授乳に対する悪影響が含まれる．熱ストレスによる有害作用は熱ストレスに関連した体温上昇または熱ストレスを受けた動物が体温を調節するための生理学的反応の結果として生じる．

熱ストレスは高泌乳牛の受胎能力に重大な悪影響を及ぼす．授乳の代謝要求のために，受精および受精後の胚子発生のための卵母細胞の受容能力はその年の熱ストレスに関連した時期に低下する．卵母細胞および卵割初期段階の胚子は熱ストレスに最も敏感であるが，発生が進むにつれて感受性は低下する．熱ストレス対策として先進国が取り組んできた最も一般的な方法は，日陰，ファン，散水器の設置による乳牛の環境改善であった．にも関わらず，繁殖機能の季節的変動は存在する．熱ストレスを受ける間に受胎率を高めるための一つの有効な戦略は，胚移植を利用して，卵母細胞や初期胚に対する高温の影響を克服することである．胚移植では，胚盤胞期の胚子に比べ，交配後最初の1〜2日という胚子が最も高温の影響を受けやすい期間を回避させることによって受胎率を高めることができる．

免疫系

繁殖能力に及ぼす免疫系の影響は活発な研究分野として浮上している．乳房炎をモデルとしたウシの研究では，早期の胚子喪失の原因の一つが感染症または生殖器系とは無関係な部位での免疫反応の活性化であることを示している．乳牛における乳腺の感染は受胎能力の低下と関連する．おそらくサイトカインが重要な役割を果たしているだろうが，子宮外での免疫および炎症性反応の活性化が胚子喪失をもたらす機序については明らかではない．視床下部-下垂体軸，卵巣，生殖器官または胚子のレベルで影響が発現される可能性がある．例えば，インターフェロン-αは交配後13〜19日の間に投与した場合，ウシの受胎率を低下させ得るが，これは体温を上昇させ，黄体形成ホルモンの分泌を阻害し，血中のプロゲステロン濃度を低下させることによる．他のサイトカインまたはサイトカイン活性化産物は高熱症を誘発することによって胚子喪失を引き起こす可能性があり，体温上昇が卵母細胞の機能や胚子の発育を阻害するので，黄体に毒性作用を及ぼし，子宮内膜のプロスタグランジン合成を刺激し，子宮内膜細胞の増殖を低下させ，卵母細胞の成熟や胚子の発育を妨げる．

ヒツジやウシの着床前後の期間に，胚子と母体の極めて重要な局所的相互作用を念頭に置いて，逆転写酵素ポリメラーゼ連鎖反応（reverse transcriptase polymerase chain reaction；RT-PCR）により，正確に胚子，栄養膜および生殖器官における成長因子やサイトカイン遺伝子の発現が解析された．反芻類やその他の家畜において，腫瘍壊死因子-α，インターフェロン-γ，インターロイキン-2（interleukin-2；IL-2）などの特定のサイトカインおよび形質転換成長因子-β，白血病阻子因子，コロニー刺激因子-1（colony-stimulating factor-1；CSF-1），IL-1，IL-3，IL-4，IL-6およびIL-10などの有益なサイトカインが胚子の生存に関与しているようである．

ウシにおける胚子喪失の発生と発生時期

胚子の致死率を推定する方法としては，

- 交配後，一定間隔で非外科的方法またはと殺により回収した胚子の受精率および胚子生存率の算出
- 交配後の発情回帰の評価．ただし，(1)発情周期の時間的延長がさまざまな理由で起こり得ること，(2)正常な黄体退行に先立って起こる胚死滅が受精障害と区別できないこと，(3)どのウシが発情回帰したのかを正確に検出することは極めて不確かであること，などの点に注意を払うことが必要である．
- 血中または乳汁中のプロゲステロン濃度の測定
- 超音波検査を用いた，20日後の胎子の心拍の評価
- 回収された胚子数と卵巣の黄体数との比較

妊娠期間における胚子期は受胎から分化ステージの終わりまでの約42日間であり，42日以降，出産までが胎子期となる．ウシにおける単回の授精後の受精率の推定値は85～95％の範囲にある．しかし，交配の70％以上が30日後に妊娠陽性と診断されることはめったになく，出産に至るものはさらに少ない．胚子喪失は受精から妊娠42日までの着床が起こる間に起こるものとして定義される．42日以降に起こる致死は一般的に胎子喪失と呼ばれる．胚致死はさらに，受精からおよそ27日までの早期の胚致死と28～42日までの後期の胚致死に細分される．ウシにおける胚子喪失はほとんどが早期胚死滅に起因しており，交配後20日までに胚子喪失の75～80％が起こる．後期胚喪失率の推定値はおよそ10％である．

これらの事象を*in vivo*で直接評価することは困難であるため，受精障害および胚子喪失について公表されている推定値の多くは授精後の発情回帰に基づいている．単排卵の未経産牛と乳牛における胚致死率の程度は受精率とその後の出産率の差から推定することができる．交配直後に卵母細胞または胚子を回収し，検査することにより，受精率の直接的な数値が得られる．単回の授精に対する出産率はほぼ55％であるということが一般に知られているが，これは年齢，生理学的状態，出産から種つけまでの間隔および飼育要因などによって変化する．ほぼ90％の平均受精率と55％の平均出産率の差は全体的として35％の妊娠喪失を示唆し，その大部分は母体が妊娠を認識する以前の受胎後最初の2週間に発生する．

ヒツジにおける胚致死

交尾した雌ヒツジでは，排卵の約20～40％は出産に至らない．受精障害は胚子喪失の5～10％と説明されるが，残る喪失の最も大きな割合は着床前の妊娠初期の3週間に占められている．このような胚子喪失のパターンはウシでの観察所見と同様である．

ブタにおける胚致死

商業的養豚施設では，1頭の雌ブタ1年当たりの離乳子ブタの数が増加すると，全体の収益性が上昇する．1頭の雌ブタ1年当たりに生産される子ブタの数は1頭の雌ブタ1年当たりの出産数と同腹子数に影響される．さらに同腹子数は排卵率（発情周期ごとに排卵される卵母細胞の数）によって影響され，これが同腹子数，受精率および胚子生存率の上限を決めている．

排卵された卵母細胞がすべてブタに生育するならば，平均15頭あるいはそれ以上の子ブタの同腹子数

を得られる可能性があるが，先進国で1腹当たり生まれてくる平均的な数は11～12頭にすぎない．排卵される卵母細胞の約30～50％は子孫として生き残らない．反芻類と同様に，ブタの排卵された卵母細胞の受精率は一般に90～95％を超える．したがって，潜在的な子ブタの喪失は主に初期胚子（第10～第30日）および胎子（第31～第70日）の死滅によって起こる．最適条件下で飼育されたブタの平均的な胚致死率は20～30％である．研究によって，胚致死全体の大部分は妊娠18日以前に起こることが示されている．この期間は，ブタの受胎産物の形が球状から管状，さらに線維状へと形態変化を示し，妊娠の成立および着床の開始に必要とされるエストロゲンが分泌され始める重要な期間である．

胚子喪失に関与する要因には，子宮と受胎産物の発育段階との間の不適当な同調性，受胎産物シグナルの伝達障害，子宮腔内における胚子間の競合（子宮内過密）および遺伝的要因などが含まれる．ブタの胚致死におけるいくつかの側面は正常かつ生理学的に有利なものであると考えるべきである．妊娠初期に受胎産物の数を減少させることは，子宮内の異常なほど多数の胎子の混雑や胎子の発育低下を減らし，出生時体重や新生子の生存率に影響を及ぼし得る．

ウマにおける胚致死

ウマの生殖における初期のユニークな特徴の一つは卵管内の胚子と未受精卵での異なる輸送形態にある．排卵後およそ16日までの子宮内における受胎産物の移動は受胎産物が妊娠したことを母体に合図するために重要なものであると考えられ，それによって黄体退行を防いでいる．受胎産物の子宮内移動を妨げるような状況では，母体の妊娠認識の過程に支障を来たし，子宮内膜の産生とプロスタグランジンの放出をもたらす結果となる．

正常な繁殖能力のある雌ウマでは，受精率は90％以上であり，その他の家畜に匹敵する．しかし，発生中のウマの胚子の最大40％は妊娠の最初の2週間を超えて生存できない．雌ウマの繁殖性の低さの共通原因に対する治療法や繁殖効率を向上させるための生殖補助技術の開発が少なからず進歩しているにも関わらず，胚致死はウマの繁殖産業にとってかなりの経済的損失を及ぼす．

早期胚致死の潜在的な原因には，子宮内膜炎，子宮内膜の分泌腺機能不全，黄体機能不全，双胎とそれに関連した胎盤腔の競合，染色体性，遺伝性およびその他未知の要因が含まれる．この問題は，排卵後2～14日間の胚子喪失の発生率が70％に達すると報告されている繁殖障害歴を持つ老齢な雌ウマでは特に深刻な問題となる．そのような状況では，胚死滅は子宮の病理学的変化というよりも，主に胚子の欠陥によるものである．

イヌにおける胚致死

他の家畜と同様に，イヌにおける早期胚致死の検出を妨げている理由の一つは，内分泌学的基盤に立脚した妊娠20日以前の胚生存性のモニタリングと胚死滅の診断を可能にする検査法の欠如にある．食肉類とは対照的に，伴侶動物には交配後の一定期間，胚子の生存を評価するために生殖器官を検査する機会がない．さらに，他の家畜とは対照的に，雌イヌは受胎が起こらないと，黄体退行による発情回帰が誘発されない．加えて，血中プロゲステロン濃度は妊娠した雌イヌの分娩約10日前の緩やかな低下が起こるまで，妊娠犬でも非妊娠犬でも似かよっている．

雌イヌにおける超音波検査は胎子数の推定に関して不正確であり，妊娠が検出可能な最も早い日付は着床2～3日後の妊娠18～19日である．雌イヌには複数の卵母細胞を含む卵胞があり，そのような卵胞が排卵時に複数の卵母細胞を放出するか否かについて，またはそのような卵胞由来の複数の卵母細胞が受精した場合，黄体数と胚子数との間に相違が生じるかについては明確になっていない．

ネコにおける胚致死

自然環境下では，ネコは季節的に多発情性であり，年に2腹ないし時に3腹で，1腹当たり1～5匹の子ネコを出産する．各発情周期の間に平均5～6個の卵胞から排卵され，そのうち70～80％が着床する．ネコの胚子は排卵後4.5～5日で，桑実胚となり子宮に入る．着床は交尾後12日目に透明帯から孵化した後，13日目に始まる．妊娠期間は62～71日の範囲で，平均66日である．ネコの胚致死に関する知見は限られている．全体的には，排卵から着床初期を通して約10％の受精障害と約30％の妊娠障害が報告されており，これは他の家畜で報告されている値に匹敵する．

（五味浩司　訳）

さらに学びたい人へ

Allen, W.R. (2001) Luteal deficiency and embryo mortality in the mare. *Reproduction in Domestic Animals* 36, 121-131.

Ball, B.A. (1988) Embryonic loss in mares: incidence, possible causes, and diagnostic considerations. *Veterinary Clinics of North America: Equine Practice* 4, 263-290.

Bridges, G.A., Day, M.L., Geary, T.W. and Cruppe, L.H. (2013) Triennial Reproduction Symposium: deficiencies in the uterine environment and failure to support embryonic development. *Journal of Animal Science* 91, 3002-3013.

Diskin, M.G. and Morris, D.G. (2008) Embryonic and early foetal losses in cattle and other ruminants. *Reproduction in Domestic Animals* 43, Suppl 2, 260-267.

Diskin, M.G., Parr, M.H. and Morris, D.G. (2011) Embryo death in cattle: an update. Reproduction Fertility and Development 24, 244-251.

Edwards, A.K., Wessels, J.M., Kerr, A. and Tayade, C. (2012) An overview of molecular and cellular mechanisms associated with porcine pregnancy success or failure. *Reproduction in Domestic Animals* 47, Suppl 4, 394-401.

Ginther, O.J. (1989) Twin embryos in mares. I: from ovulation to fixation. *Equine Veterinary Journal* 21, 166-170.

Hansen, P.J. (2009) Effects of heat stress on mammalian reproduction. *Philosophical Transactions of the Royal Society B: Biological Sciences* 364, 3341-3350.

Inskeep, E.K. and Dailey, R.A. (2005) Embryonic death in cattle. *Veterinary Clinics of North America: Food Animal Practice* 21, 437-461.

Jonker, F.H. (2004) Fetal death: comparative aspects in large domestic animals. *Animal Reproduction Science* 82-83, 415-430.

Kropp, J., Peñagaricano, F., Salih, S.M. and Khatib, H. (2014) Invited review: genetic contributions underlying the development of preimplantation bovine embryos. *Journal of Dairy Science* 97, 1187-1201.

Pope, W.F. (1988) Uterine asynchrony: a cause of embryonic loss. *Biology of Reproduction* 39, 999-1003.

Santos, J.E., Thatcher, W.W., Chebel, R.C., Cerri, R.L. and Galvão, K.N. (2004) The effect of embryonic death rates in cattle on the efficacy of estrus synchronization programs. *Animal Reproduction Science* 82-83, 513-535.

VanRaden, P.M. and Miller, R.H. (2006) Effects of nonadditive genetic interactions, inbreeding, and recessive defects on embryo and fetal loss by seventy days. *Journal of Dairy Science* 89, 2716-2721.

Zavy, M.T. and Geisert, R.D. (1994) Embryonic mortality in domestic species. CRC Press, Boca Raton, FL.

第14章

心臓血管系
Cardiovascular system

要　点

- 心臓，血管および血球は臓側中胚葉から発生する．心臓弁や中隔は神経堤細胞に由来する．
- 1対の心内膜管は胚子の頭部領域で発生する．脳が前方で急速に成長するため，心内膜管は尾側へ転位する．
- 胚子の外側への折り畳みにより，頭側および尾側端を除く心内膜管は癒合する．
- 心房静脈洞，心房，心室および動脈管の構造が形成され，心臓と大血管（後大静脈，動脈および肺動脈）に区別される．
- 原始心は成長し曲がることで心ループを形成し，哺乳類や鳥類に特徴的な四つの部屋を持つ心臓を発生させる．
- 心房中隔と心室中隔の形成は心房内と心室内の仕切りとなる．心房中隔は生後完成する．
- 間葉性の心内膜隆起は動脈-心房領域に発生する．これらの構造は癒合し，房室管を二つに分ける孔を形成する．房室弁と半月弁は神経堤細胞と間葉から発生する．
- 出生するまでの間，胎盤はガス交換の役割を担う．臍静脈は胎子に酸素飽和血を運ぶ．胎子心房は，卵円孔と呼ばれる心房中隔にある小孔を通して交通する．動脈管は肺動脈と大動脈を交通する．これらの短絡によって，循環する血液を機能していない胎子肺を迂回させる．
- 血管およびリンパ管は臓側中胚葉から形成される．これらは脈管形成と血管新生による．

発生初期には，胚子の呼吸，排泄および栄養要求は単純な拡散によって供給されている．胚子が大きくなってくると，拡散だけでは，その栄養，呼吸および排泄の要求には不十分となる．その結果，哺乳類の胚子は酸素と栄養を各組織に供給し，その排泄物を除去するシステムが必要となる．これらは心臓血管系によって供給されている．胚子で発達する最初の機能的なシステムの一つとして，心臓血管系は血液を組織に運ぶために，中心的な役割を担うポンプ器官である心臓と，それに繋がる動脈系からなっている．もう一つの血管系である静脈は血液を組織から心臓に運ぶ．関連するネットワークにはリンパ系があり，細胞外液が血管系に戻す役割を担っている．

血管は脈管形成と血管新生という二つの連続した過程から形成される．脈管形成，すなわち血島からの血管の形成は家畜では妊娠3週目に起こり，まず卵黄嚢で，次いで尿膜で始まる．線維芽細胞成長因子2（fibroblast growth factor 2；Fgf-2），血管内皮成長因子（vascular endothelial grow factor；VEGF）やアンギオポイエチンなどの多くの因子が脈管形成を開始する役割を担っている．線維芽細胞成長因子は卵黄嚢内で臓側中胚葉細胞から血管芽細胞の形成を誘導する．血管内皮成長因子は脈管形成の重要な因子であり，血管形成の活発な領域の近傍で強く発現している．これらのシグナル因子は血管芽細胞や血管中胚葉で発現しているFlk1などのチロシンキナーゼ受容体に作用し，血管中胚葉から血管内皮への分化を促進している．

血管芽細胞の血管形成および造血への関与については**図14.1**に示した．

アンギオポイエチンは内皮細胞と最終的には血管壁を構成する平滑筋との間の相互作用を促進する．血管の発生は内皮細胞の分化，増殖，移動および規則的な

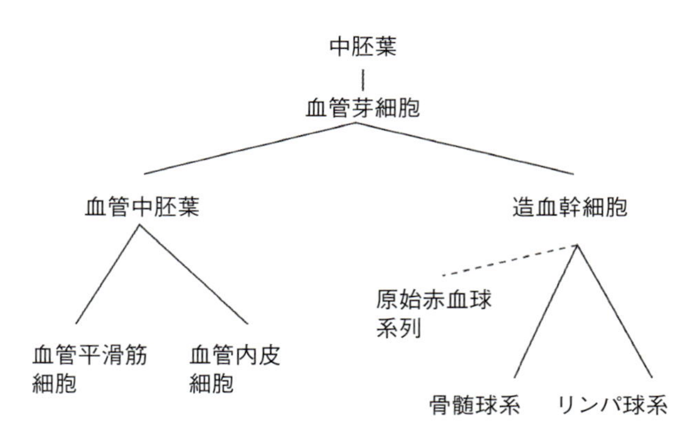

図14.1 血管中胚葉と造血幹細胞の起源と共通の中胚葉性前駆細胞である血管芽細胞からの分化を示す略図．初めに造血幹細胞は原始的な赤血球系列に分化するが，発生が進むとリンパ球系列へと発達する造血幹細胞とともに，完成した赤血球と骨髄球細胞が発生する．

血管網の組織化などの複雑な一連の事象からなる．卵黄嚢に並ぶ臓側中胚葉細胞は血島と呼ばれる細胞集塊を形成する．胚外の脈管回路の形成に伴い，原始的な循環系が確立される．脈管形成に対して，血管新生はすでに存在している内皮細胞から芽が出て，枝分かれし，管状を形成するなどのいくつかの形態形成過程からなる．吻合や分岐または血管径の増大による血管のリモデリングも血管新生の一つである．この過程は胚子の発生にとって基盤となるものであり，出生後も持続する．間葉細胞から産生されるVEGFは血管新生に重要である．この因子は血管新生中の最も先頭のTip細胞といわれる内皮細胞に働く．これらのTip細胞は近傍の細胞が発現しているNotch受容体のリガンドであるデルタ様タンパク質（DLL4）を発現している．DLL4を発現するTip細胞とは異なり，Notch受容体の活性化は近傍の細胞でのVGEF-aに対する応答性を減弱する．アンギオポイエチン1は内皮細胞上の受容体Tie-2に作用して出芽が起こる．そこで内皮細胞は増殖し，新しい血管を形成する．血管新生期に起こるアンギオポイエチン1とTie-2の相互作用によって，内皮細胞はシグナル伝達分子である血小板由来成長因子（platelet-derived growth factor；PDGF）を放出し，これによって間葉系細胞が刺激され血管内皮に向かって移動する．内皮細胞から放出される他の成長因子に反応して間葉系細胞の血管平滑筋細胞への分化が起こる．

造血島は最初コンパクトな構造であるが，後に血島周辺の細胞が成長因子の影響下で形を変え，扁平となり中央部の細胞を取り囲む．扁平細胞が新生血管系を裏打ちする内皮を形成し，中央部の丸い細胞が血芽球または胚性有核赤血球となる（**図14.2**）．

血管の発生は特殊な成長因子の影響下で起こる．臓側中胚葉細胞上の受容体と結合する塩基性線維芽細胞成長因子は，臓側中胚葉細胞から血管芽細胞の形成を誘導する．血管内皮成長因子は血島内の末梢性血管芽細胞を血管中胚葉への分化を促進し，血管中胚葉は次に内皮細胞へと分化し血管を形成する．毛細血管網の発達はPDGFと形質転換成長因子-β（transforming growth factor-β；Tgf-β）の影響による．毛細血管網内の各血管の発達は血流量および血流方向に依存している．最大血液量を運搬する血管がその径を増大させ，周辺の中胚葉から組織層を獲得し，肉厚の血管となり，動脈と呼ばれるようになる．他の血管は静脈で，その管壁は薄いままである．胎子膜に発生する血管は胚外血管と呼ばれ，1対の卵黄嚢動静脈と臍（尿膜）動静脈からなる．胚外血管形成と同様の形式で起こる胚内血管形成は胚外膜における血管形成の直後に始まる．次に，胚外血管と胚内血管が吻合し，未発達の胎子循環が完了する（**図14.3**）．

心管の発生

妊娠初期，胚子は洋梨状を示し，外胚葉の背側層，内胚葉の腹側層，中胚葉の中間層の三層から構成される．左右の外側中胚葉にある小さい分離したスペースが拡張し融合して，左右の胚内体腔を形成することによって，外側中胚葉が壁側と臓側の層に分かれる．後に左右の腔が発生中の神経板頭側で癒合して馬蹄形の拡張した体腔を形成する（**図14.4**）．体腔の腹側では，臓側中胚葉にある細胞塊がやはり馬蹄形の心臓形成板を形成する．心臓形成板では，血管形成細胞塊から馬蹄形構造の心内膜管が生じる．後に馬蹄形管の外側肢は左右の心内膜管を形成する．心内膜管の周辺に移動した臓側中胚葉の細胞は心筋外膜を形成する．最初この心筋外膜は管の内皮に付着していない．介在する空

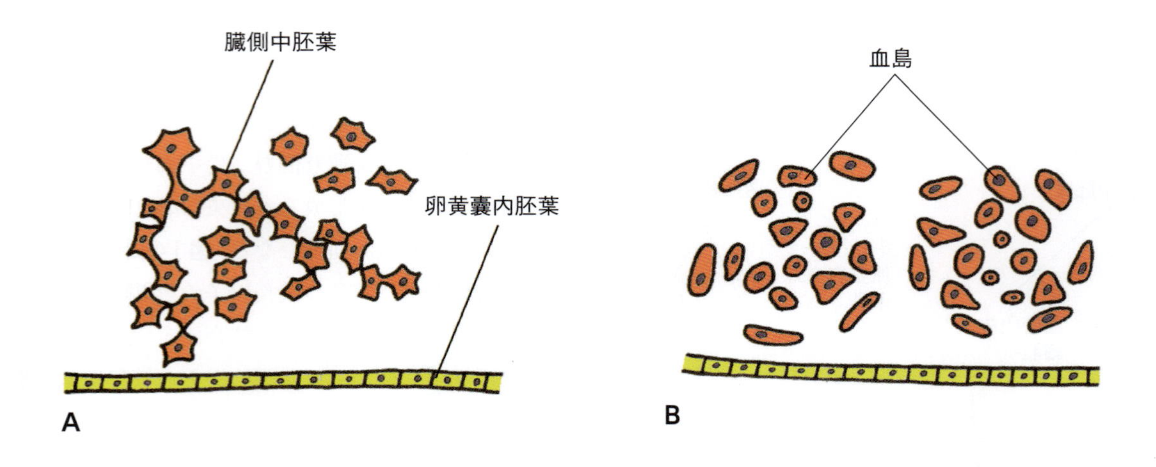

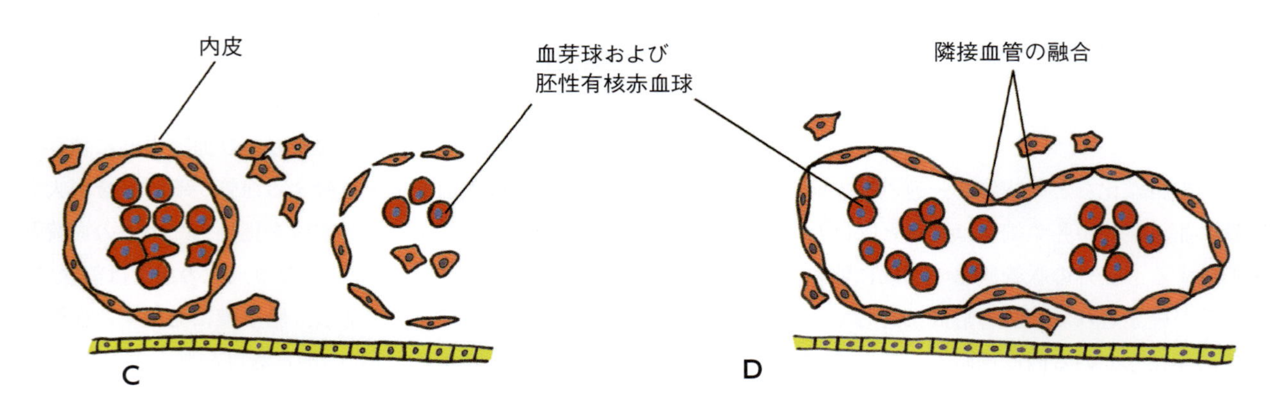

図14.2 卵黄嚢内の血島からの血管および血球形成の連続過程.

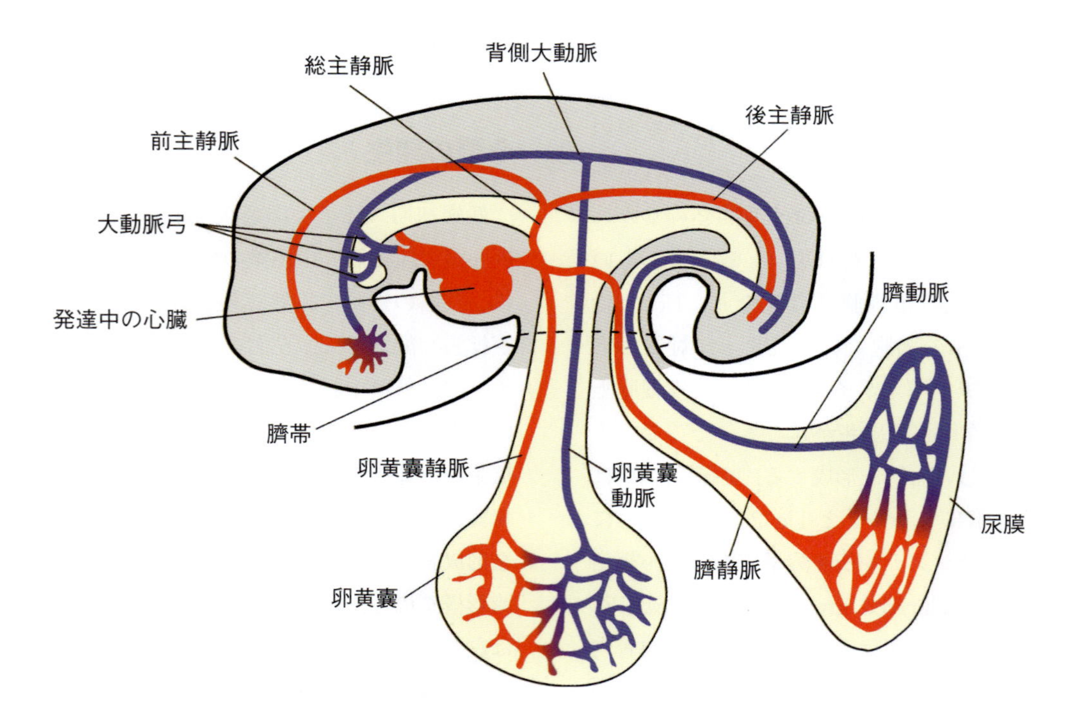

図14.3 左側の胚内および胚外血管を示す哺乳類胎子の未発達な心臓血管系.

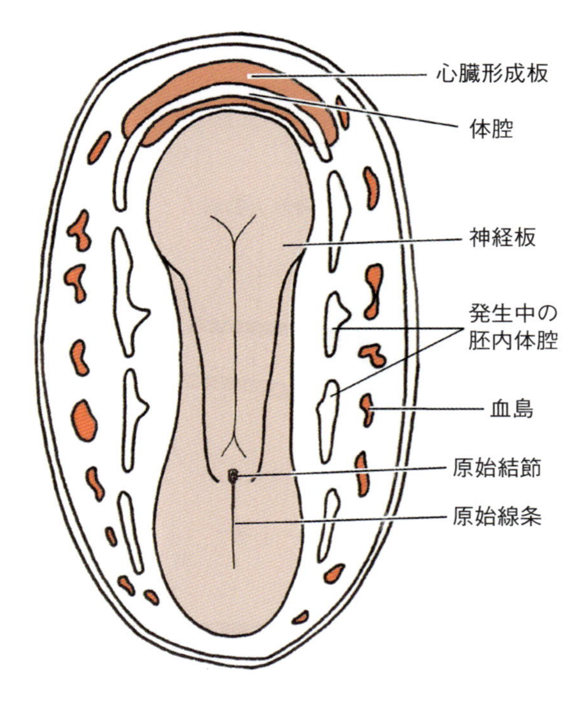

図14.4 胚盤過程での心管と体腔の発生.

間には心ゼリーと呼ばれる疎性でゼラチン様の網状組織がある．主要な胚内血管の多くが心内膜管や胚外血管と同時に形成される．中胚葉細胞は心臓形成板の前方の位置で増殖し，後に横隔膜の腱部となる横中隔を形成する．発達中の胚盤には，頭尾方向および外側の折り畳みが生じる．胚子の頭部領域が折り畳まれる結果として，心内膜管と体腔および横中隔が尾側に変位する．その結果，心内膜管は体腔背側，前腸の腹側そして口咽頭膜の尾側に位置するようになる（**図14.5**）．発生中の心臓が尾側へ転位するに伴い，脳が前方で急速に成長するために，脳が心臓領域を越える．この位置で，癒合した心内膜管の凸部が卵黄嚢から出る卵黄嚢静脈と吻合する（**図14.6**）．心内膜管の凸部が結合する前に，卵黄嚢静脈および臍静脈が横中隔を通過する．腹側に引かれる背側大動脈の頭部領域が背腹ループを形成する．第一大動脈弓であるこのループは心内膜管と癒合する（**図14.6**）．胚子の外側への折り畳みにより，筋層に囲まれた左右の心内膜管が徐々に互い

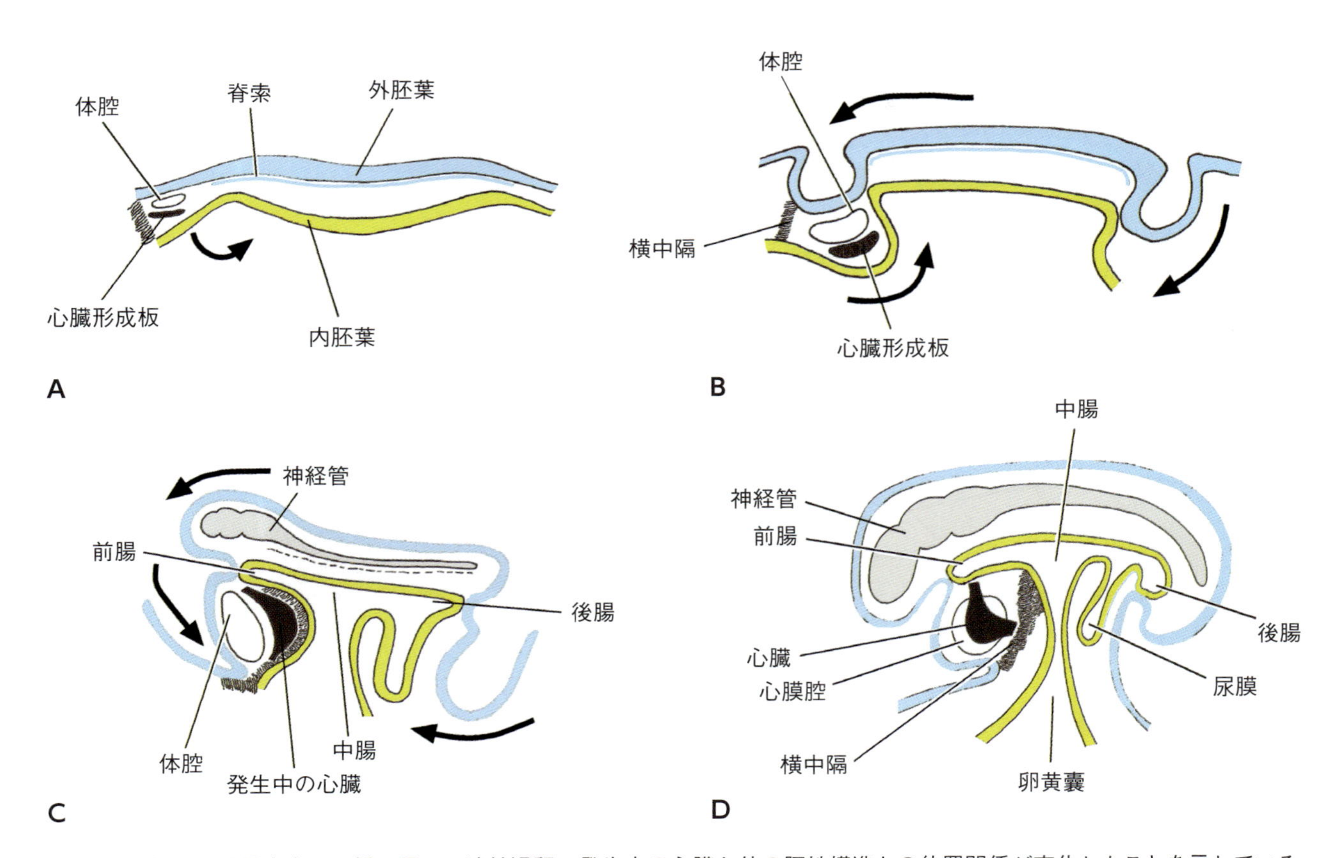

図14.5 胚子の頭尾方向への折り畳みの連続過程．発生中の心臓と他の胚性構造との位置関係が変化したことを示している（AからD）．矢印は胚子の折り畳み方向を示す．

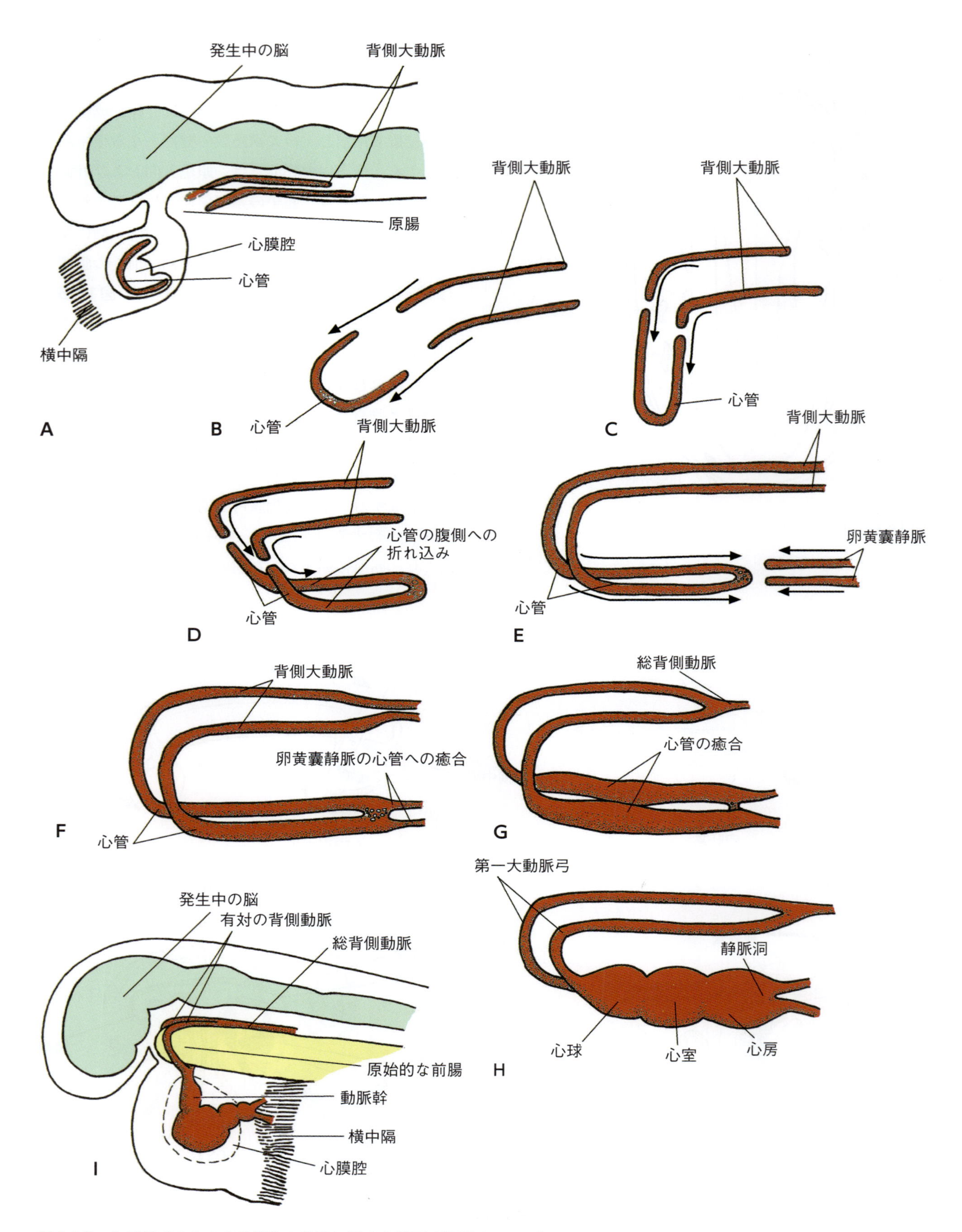

図14.6 心管形成からS字状構造の発達に至る心臓形成過程（AからI）.

に接近する．先ず心内膜管の内壁が全長の中央部分で癒合する．次に癒合が頭側および尾側に伸び，ついに単一の心管が形成される（**図14.6と14.7**）．しかしながら，癒合は心内膜管全長にわたっては起こらないので，頭端および尾端は分離したままになる．単一心管を裏打ちする内皮は心内膜となり，心筋外膜層が心筋層を形成し，さらに，心膜腔を裏打ちする臓側層から心外膜が形成される．

心膜腔にある心管は初期には背側心間膜に吊るされ，腹側心間膜に繋ぎ止められている（**図14.7**）．この心管はその長さが伸びるにつれ，異なる成長をし，拡張部と非拡張部とになる．これらの拡張部は頭端から順に動脈幹，心球，心室，心房および静脈洞となる（**図14.8**）．静脈洞の尾側端は二叉に分かれたままである．腹側心間膜は短期間のみ存在するが，背側心間膜は動脈管と心室が心膜と結合している部位を除き，徐々に消失する．初め心房と静脈洞は心膜腔の外側で横中隔に位置する．原始心は，特に心球-心室領域で心膜腔よりも早く大きさを増すので，U字屈曲，すなわち心球-心室ループが形成される．この発生の結果，心房と静脈洞は心膜腔の中に引き寄せられる（**図14.8B**）．心球-心室ループは，心膜腔の腹側で正中面の右側を占める．さらに，心臓の発生が進むと，心房は心球と心室の背側の位置を占めるようになり，動脈幹の方へ拡張する．静脈洞は心膜腔内に牽引され，この段階で心臓はS字心となる（**図14.8**）．

心球-心室ループの形成過程には，多くの転写因子が関与している．これらには，Nkx-2.5によって調整されるHand-1やHand-2などの転写因子がある．心臓の発生が進むと，Hand-1が発生中の左心室に，Hnad-2が右心室に限局して発現するようになる．Hand-1またはHand-2をコードする遺伝子が欠損すると心室の形成不全が起こる．Tbf-5やTbf-20などのT box因子もBmp-4とともに心球-心室ループ形成に関与する．細胞骨格であるアクチンの異なる収縮が心球-心室ループ形成における決定因子と考えられている．

心臓の形態形成の間，胚子の体内では血管形成が進行している．神経管の腹側に形成される二つの主要な血管が左右の背側大動脈となる．これらの背側大動脈は心内膜管の左右の肢と頭側で癒合する．胚子の外側への屈曲に伴い，発生中の心臓の尾側で背側大動脈が癒合して総大動脈を形成する．動脈幹に近接する間葉では，背側大動脈と拡張した動脈幹を結ぶ大動脈弓が対をなして次々に発生する（**図14.8**）．背側大動脈の分枝である節間動脈が発生中の体節に分布する．さらなる分枝が卵黄嚢動脈を通って卵黄嚢に分布し，臍動脈が尿膜に分布する．卵黄嚢や尿膜から還流する伴行静脈が形成され，さらに頭部から血液を還流する前主静脈や体壁から血液を還流する後主静脈も形成される．最終的に静脈血は原始心の尾側端である静脈洞へ戻ってくる（**図14.3**）．発生中の胚子の両側で前主静脈と後主静脈が合流し，静脈洞に入る総主静脈を形成する．発生のこの段階で，哺乳類心臓血管系は形態と機能の両面で魚の完成された循環系に酷似している．

心臓発生の分子的側面

心臓前駆細胞の二つの領域は第一次心臓領域と第二次心臓領域を形成する．第一次心臓領域は心管を形成し，さらに左心室の形成や肺動脈や大動脈などの心臓流出路を除くすべての領域の形成に関与する．第二次心臓領域の細胞は心臓流出路の形成，右心室およびほとんどの心房形成に関与する．これらの領域は異なるマーカー遺伝子を発現している．例えば，*HCN4*は第一次心臓領域で発現するが，*Isl1*は第二次心臓領域のみで発現する．二つの領域の前駆細胞は異なる転写プログラムによって，異なる系統や分化を誘導される．

造心中胚葉の形成に最終的に貢献する臓側中胚葉細胞の初期誘導には，転写因子であるNkx-2.5が中心的な役割を果たす．この転写因子はBmpとFgf因子の影響下で促進的に調整されている．Nkx-2.5はMef-2やHandなどのGATAファミリーメンバーの他の転写因子の合成を活性化する．Nkx-2.5やGATAは心臓の組織形成において相互作用を及ぼす．これらの転写因子が心臓アクチンやα-ミオシンなどの心臓特異タンパク質の発現を促進的に調整している．さらにNodalやLefty-2などの左右軸決定タンパク質は心臓形成の非対称性のパターン形成に影響を及ぼしている．Nodalに促進的に調節されている転写因子Pitx-2は正

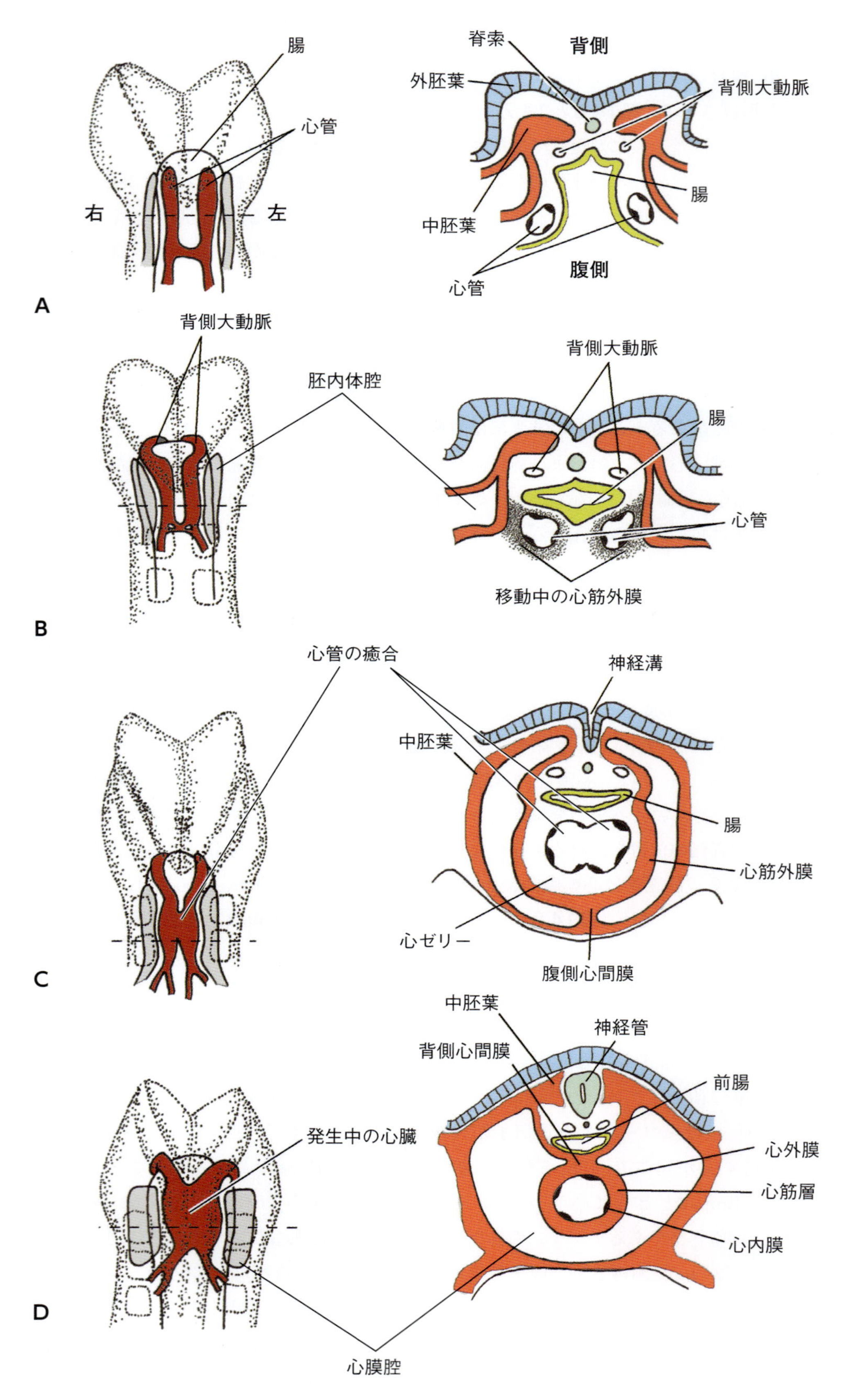

図14.7 発生中の心管と体腔の臓側面とを点線での横断面で対応させて示す（AからD）.

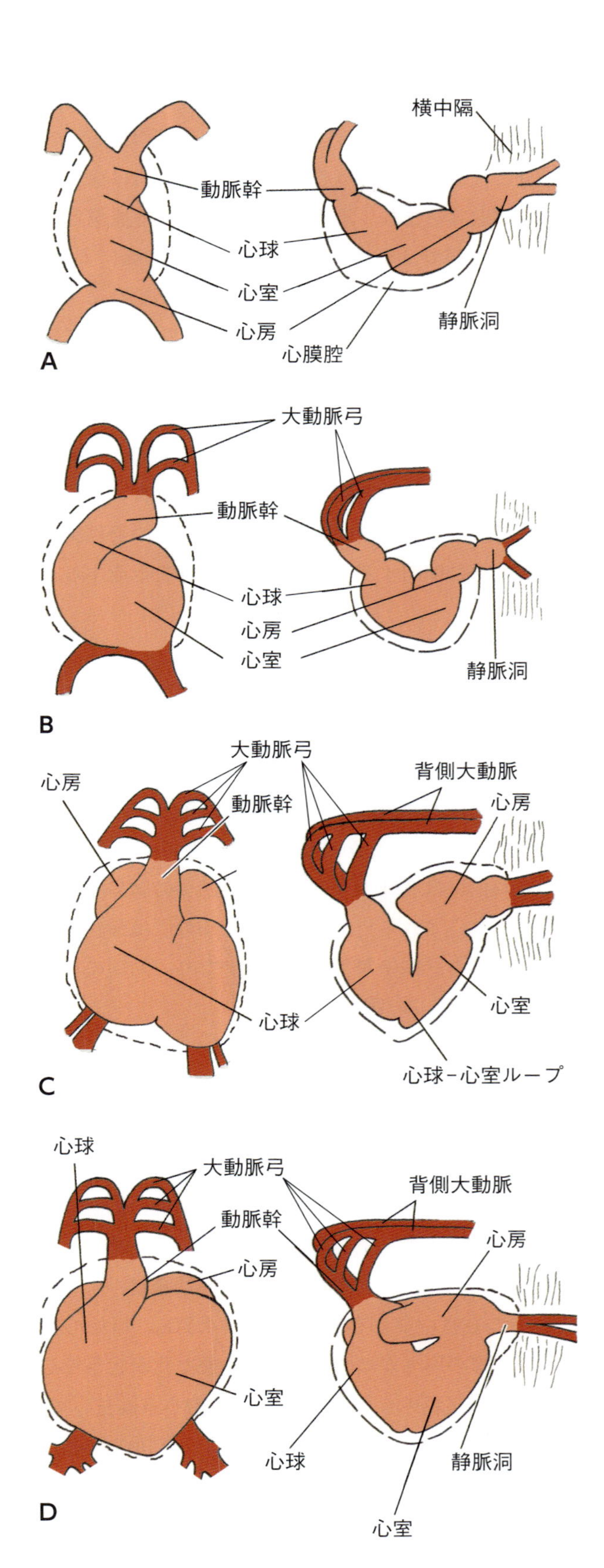

図14.8 心管の分化過程．心球-心室ループ段階から，腹側への心球-心室ループの拡張および総心房の拡張が起こるまでを連続的に背腹側と左側面から示す（AからD）．

常な心臓の形態形成に不可欠である．

心房・心室の形成

拍動する単一の心管は分割によって，哺乳類では四腔心へと次第に変わっていく．本書では便宜上，各種中隔の形成について項目を分けて記述するが，それらは実際にはほぼ同時に起こっている．胎子の心臓はこのような著しい構造の変化が起こっている間も効果的に機能し続けている．

房室管の分割

房室管の中間部では心内膜と心筋層の間に間葉組織の集塊，すなわち心内膜隆起が2カ所で出現する．二つの心内膜隆起は互いに向かい合って伸長し，癒合して房室中隔となり，総房室管を左房室口と右房室口に分割する（**図14.9**）．

心房の分割

心内膜隆起が増殖している間に心房の背側壁より三日月形のヒダ，すなわち一次心房中隔が生じ，心内膜隆起へ向かって伸びる．一次心房中隔は徐々に心房を左心房と右心房に分割する（**図14.10**）．一次心房中隔が心内膜隆起へ向かって伸長する際，一次心房間孔が左右の心房間に残る．この孔は徐々に小さくなり，最終的には一次心房中隔が心内膜隆起に達すると閉じてしまう．しかしながら，一次心房間孔が閉鎖する以前に一次心房中隔の中央部でプログラム細胞死が起こり，左右の心房間の新たな連絡路として二次心房間孔ができる（**図14.10D**）．第二の膜，すなわち二次心房中隔は一次心房中隔の右側に生じ，右心房の背側壁から房室中隔へ向かって伸びる．二次心房中隔は二次心房間孔に覆い被さるように伸びるが，房室中隔には達しない．二次心房中隔の自由縁から二次心房間孔までの開口部は卵円孔と呼ばれる．一次心房中隔の上部は二次心房中隔と癒合するが，一次心房中隔の残りの部分は卵円孔に対する弁状構造となる．二次心房中隔の下縁は後大静脈から心臓に流入する血流を二つに分ける．その血流の大部分は卵円孔を通過して左心房に向けられるが，一部は右房室口を通過して右心室に向

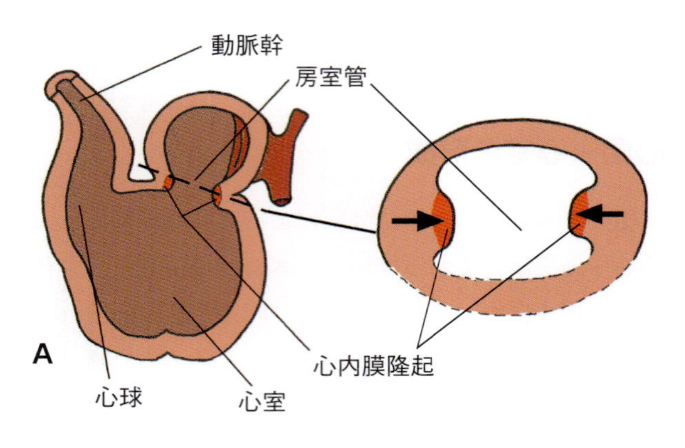

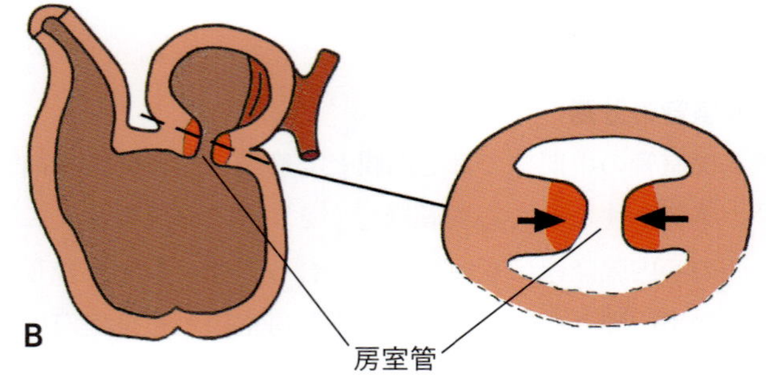

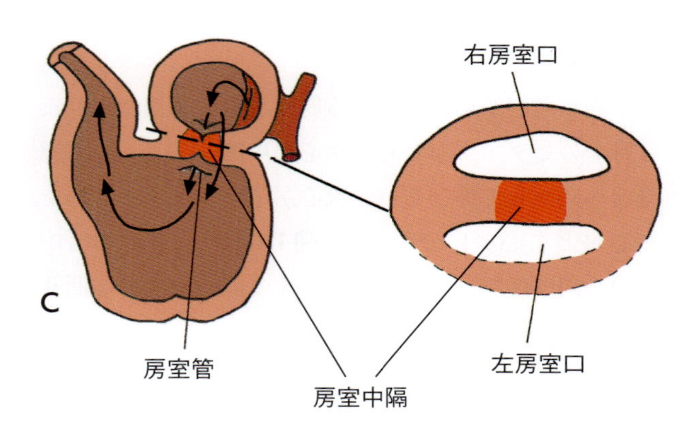

図14.9　左右の房室口の形成過程．心内膜隆起の癒合によって房室中隔が形成される．A，Bの矢印は心内膜隆起の伸長方向を示し，Cの矢印は血流を示す．

けられる．出生時に卵円孔は閉鎖し，左右の心房は完全に隔てられる．

右心房の完成

心臓発生初期には，胚子の左側と右側からの還流はそれぞれ静脈洞の左角と右角に入る．静脈洞に流入した血液は左右の洞房弁による調節を受けながら，洞房口を通って原始心房に流入する．体循環静脈系の左右間の短絡が進行すると血流は右側へと優先的に向けられるため，静脈洞の右角は拡大し，反対に左角は縮小する．心房の分割が進行している間，洞房口は心房の右半分に位置している．その後，静脈洞右角は徐々に右心房に取り込まれ，最終的には薄壁の大静脈洞となる．大静脈洞では全身からの静脈還流が心臓に入る．一方，初期の右心房は筋性の右心耳となる（**図14.11**）．この形態変化の間，洞房弁の左側部は二次心房中隔と癒合し，右側部の一部は心耳と大静脈洞の間に分界稜と呼ばれる隆起状の境界を形成する．分界稜の外面では分界溝と呼ばれる陥凹が境界部の痕跡として残る．洞房弁の右側部の残りの部分は後大静脈弁と冠状静脈洞弁の形成に関与する．退行中の静脈洞左角は右心房に開口する冠状静脈洞の一部を形成する．

左心房の完成

一次心房中隔の左側では，左心房の派生物として肺静脈が発生する．肺静脈は左右の枝に分かれ，気管支芽に分布する．その後，左右の枝はさらに細かく分枝する．静脈洞右角の右心房への取り込みと同様に，拡張した肺静脈とその分枝は左心房に取り込まれていき，最終的には各肺より二つ，合計四つの肺静脈が左心房に取り込まれる．取り込まれた肺静脈は最終的な左心房のうち，内壁が平滑な部分となり，初期の左心房は左心耳となる（**図14.11**）．

左右の心室の形成

心球は分化成長を経て，原始心室に隣接した拡張部と動脈幹へ続く非拡張部から構成されるようになる．この非拡張部は動脈円錐と呼ばれる．心球の拡張部と原始心室は共通の心室腔を形成する．心球と原始心室の境界には外側に室間溝が，内側に筋性隆起，すなわち初期の心室中隔が存在する（**図14.10**）．原始心室と心球の壁の厚さが増すと，内面の憩室化が起きて心筋に肉柱を出現させる．この段階で原始心室は左心室，心球の拡張部は右心室とみなされる．末梢の発達によって心室は拡大し，内壁の肉柱形成は亢進する．室間溝が深くなり心室壁が室間溝の内側に集まると，壁同士が並列・融合し，心室中隔として伸長する．各心室の心筋組織の成長が継続することで，心室中隔はさらに伸長する．この時点で左右の心室は心室中隔に

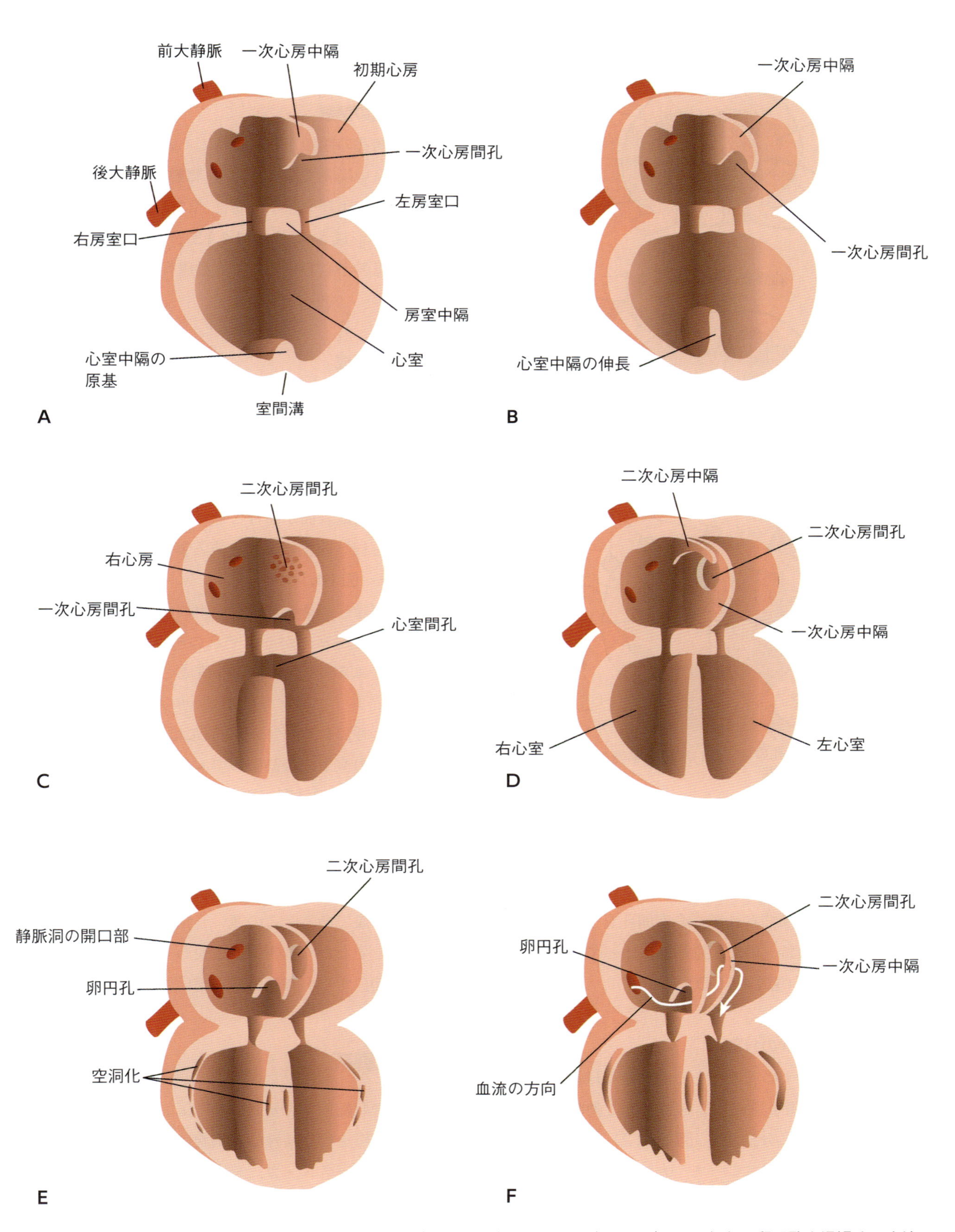

図14.10 心房と心室の分割の過程．左右の心房および心室の形成過程を示す（AからF）．Fの矢印は卵円孔を通過する血流を示す．

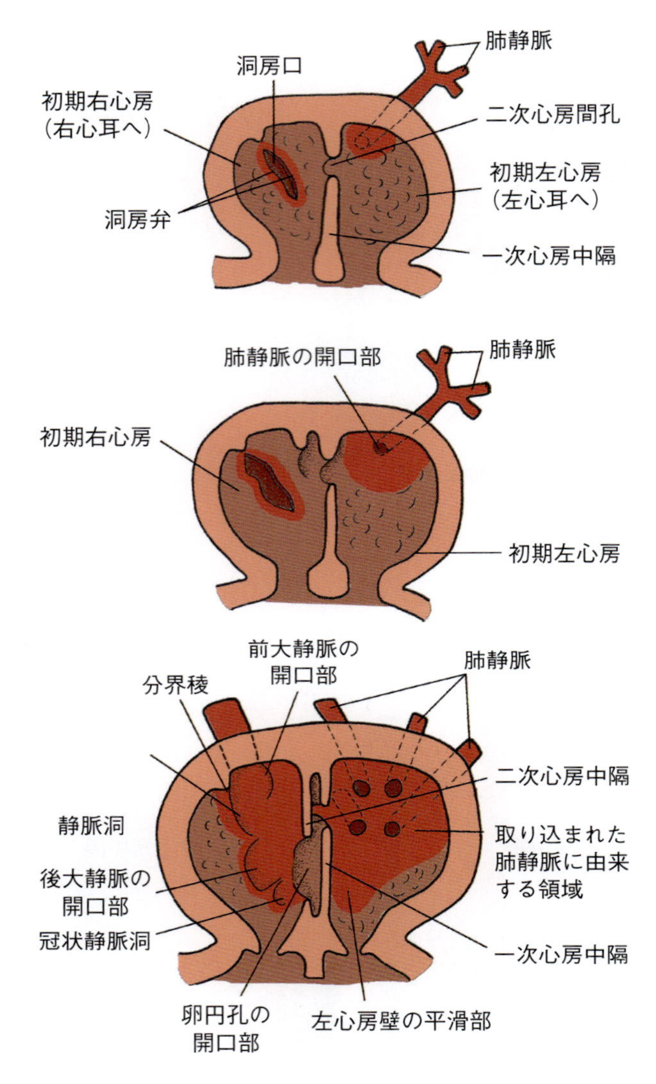

図14.11 静脈洞の右心房への取り込みと肺静脈の左心房への取り込み.

よって完全には隔てられず,心室間孔を通じて連絡している.後述の特異的な細胞増殖によって,後に心室間孔は閉鎖する(**図14.10D**).

動脈円錐と動脈幹の分割

二つの心内膜下の肥厚である心球隆起は癒合して大動脈-肺動脈中隔を形成し,動脈円錐と動脈幹を大動脈幹と肺動脈幹に分割する(**図14.12**).大動脈-肺動脈中隔のラセン形状によって,大動脈幹は第四大動脈弓(第四鰓弓動脈)に,肺動脈幹は第六大動脈弓(第六鰓弓動脈)に連絡できるようになる.頭側領域より移動してくる神経堤由来の間葉細胞が大動脈-肺動脈中隔の形成に関与している.

心室間孔の閉鎖

心室間孔の閉鎖過程は複雑である.心室間孔を閉鎖する心室中隔膜性部は大動脈-肺動脈中隔の心球隆起,房室中隔および心室中隔筋性部に由来する組織の増殖によって形成される(**図14.13**).心室間孔の閉鎖後は肺動脈幹が右心室から,大動脈幹が左心室から血液を運ぶ.

心臓弁の形成

大動脈弁と肺動脈弁は左右の心室への血液の逆流を防ぐうえで不可欠な役割を担う.これらの弁の形成には神経堤由来の間葉組織が関与し,大動脈幹と肺動脈幹の内皮下間葉組織がそれぞれ3カ所で腫大する.これらの隆起は表面が窪むことで形を変え,結合組織芯とそれを被う内皮組織から成る薄壁の弁尖を3枚ずつ形成する(**図14.14**).

心内膜隆起が癒合して総房室口が左右の房室口に分かれると,房室弁がそれぞれの房室口に形成される.左房室弁は2枚の弁尖により構成され,二尖弁と呼ばれる.一方,右房室弁は3枚の弁尖により構成され,三尖弁と呼ばれる.各口の辺縁では間葉組織が増殖し,その肥厚の直下では筋層の空洞化と関連組織の再構築が起こる(**図14.15**).弁は一部,開口部の心筋に直接付着していた間葉細胞に由来するため,筋性の索によって心室壁に繋ぎ留められる.心室壁の憩室形成と菲薄化が進行する間も,筋性の索は弁尖の心室面に付着したままである.この薄い筋性の索は徐々に密性結合組織,すなわち腱索に置き換わり,弁尖と心室壁の筋性突起,すなわち乳頭筋を繋いでいる(**図14.15**).

刺激伝導系

心臓の収縮頻度を統制する電気的インパルスの発生とその伝導を行う特殊心筋細胞は発生初期の心臓内に発生し,ペースメーカーを構成する.最初に出現するペースメーカーは左心内膜管の後部に位置している.その後,静脈洞右角の一部がペースメーカーの役割を担うようになる.静脈洞右角が右心房に組み込まれる

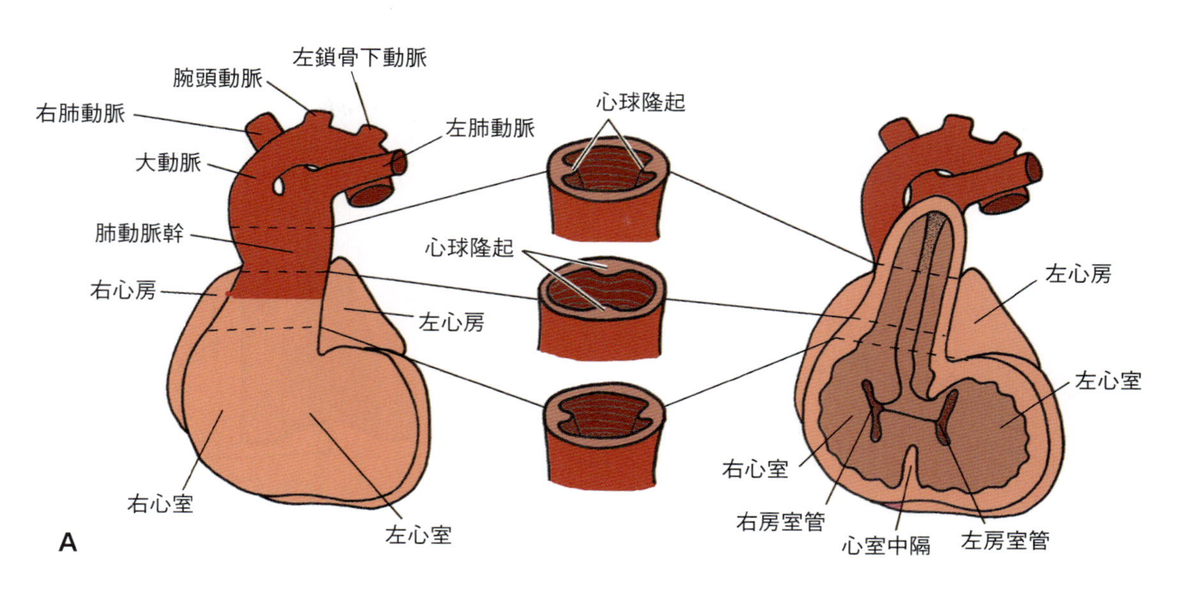

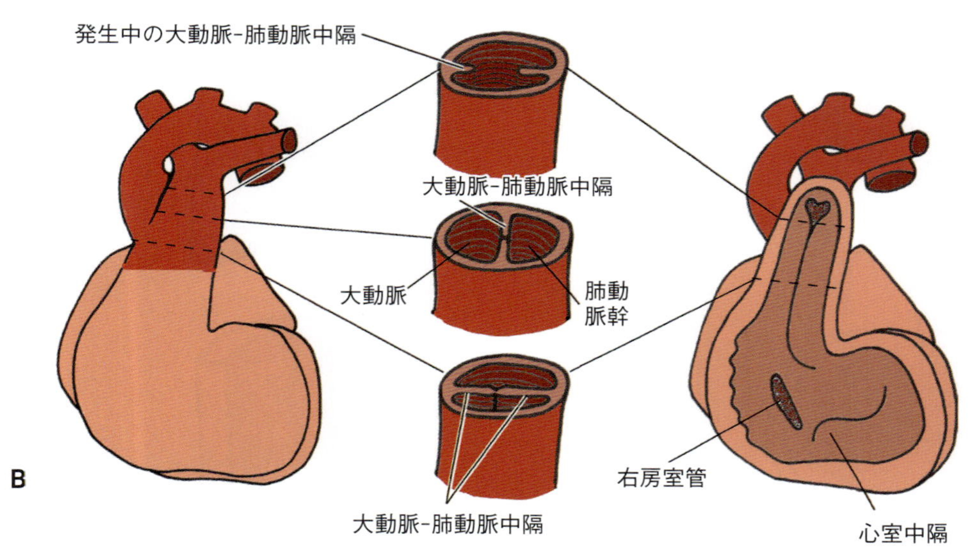

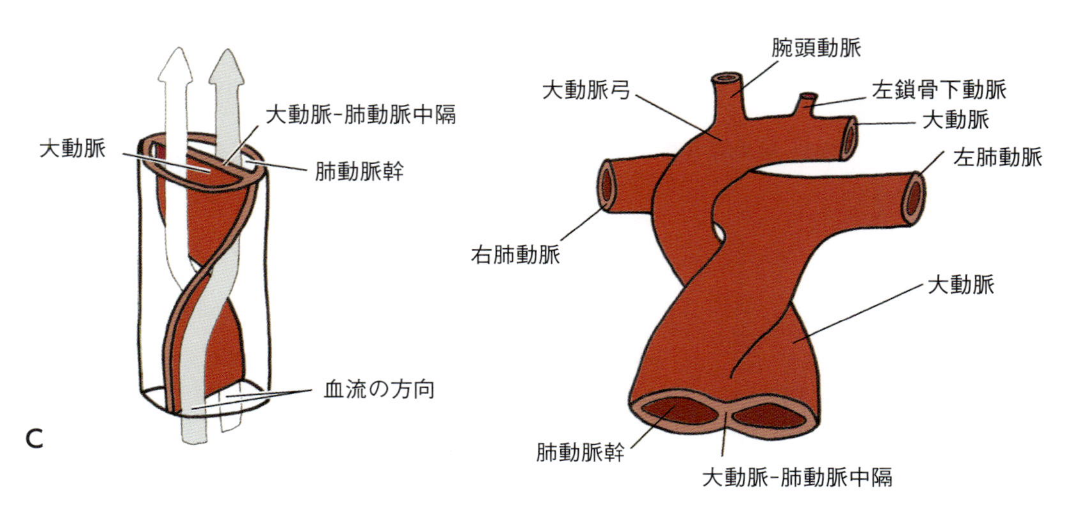

図14.12 心球と動脈幹から大動脈幹と肺動脈幹への分割．大動脈-肺動脈中隔のラセン状の配置，大動脈幹および肺動脈幹の最終的な関係性を示す（AからC）．

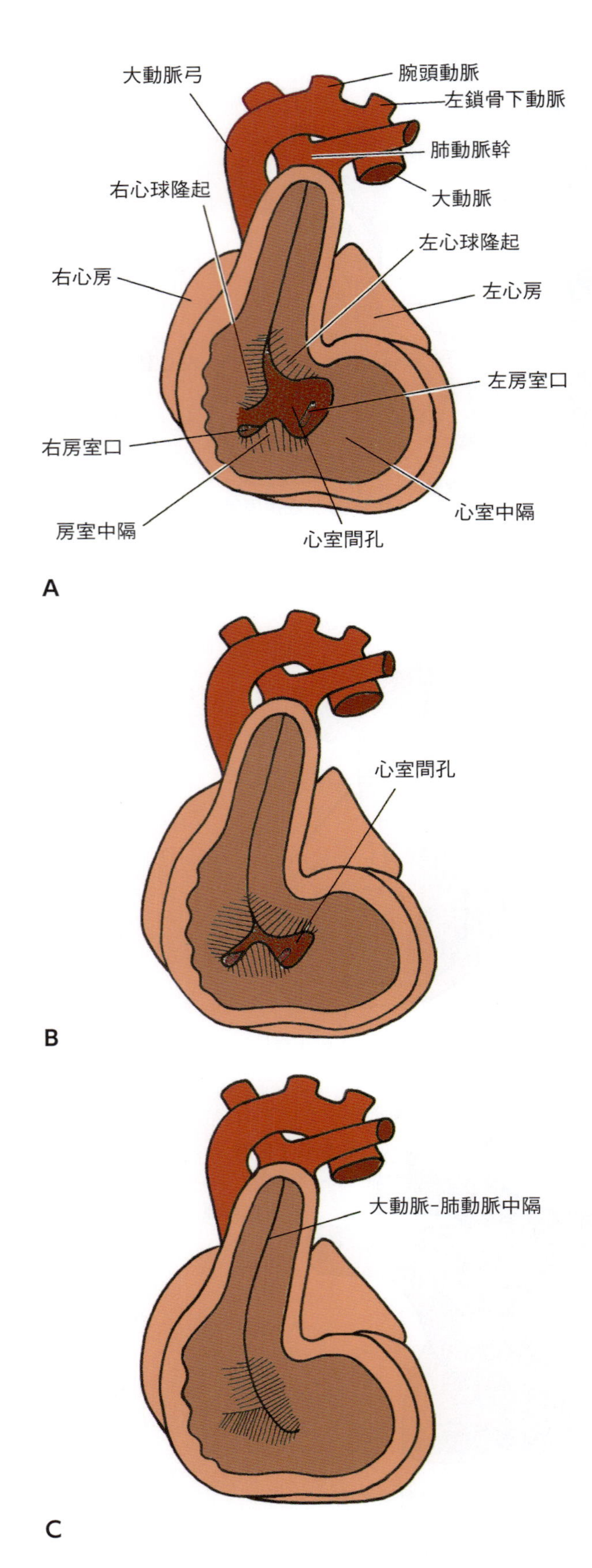

図14.13 心室間孔の閉鎖過程（AからC）.

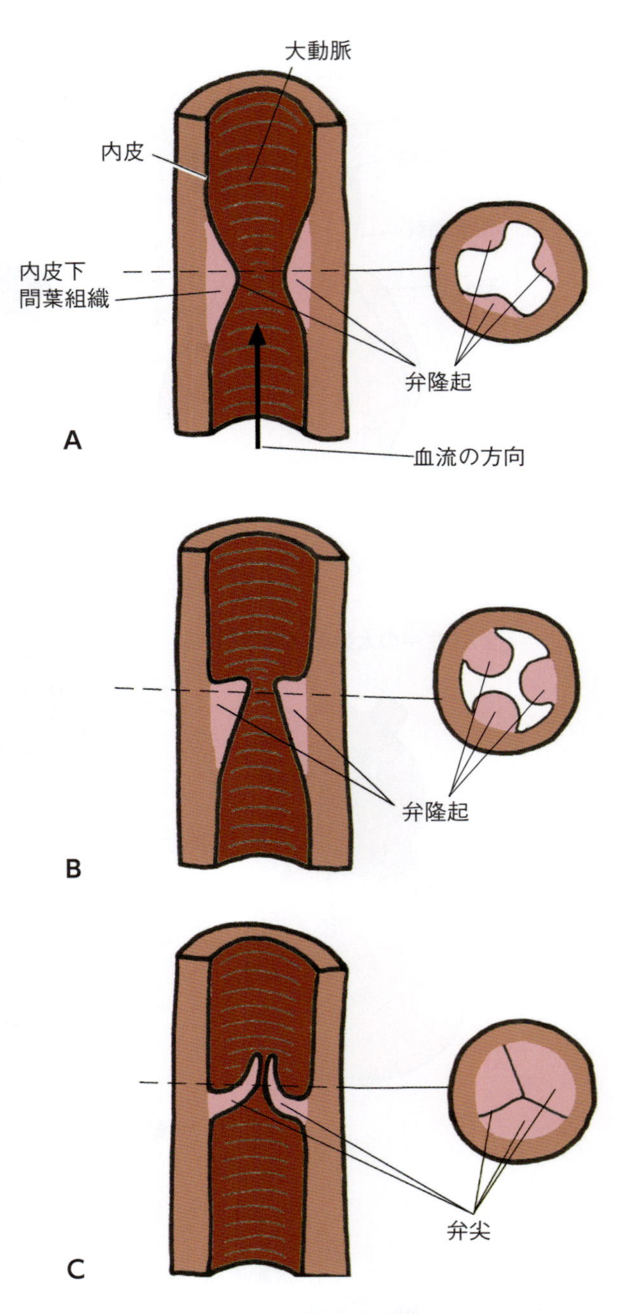

図14.14 大動脈弁の形成過程．肺動脈弁の形成も同様である（AからC）.

と，その特殊心筋組織は洞房結節と呼ばれるようになる．

心臓腔が分割される以前は，すべての心筋は一体となって機能する．心臓腔の分割が進むと，心外膜由来の結合組織の束が心房筋と心室筋を隔てる．特殊心筋細胞は房室結節，房室束およびプルキンエ線維を形成し，インパルスを心房筋から心室筋へと伝える．

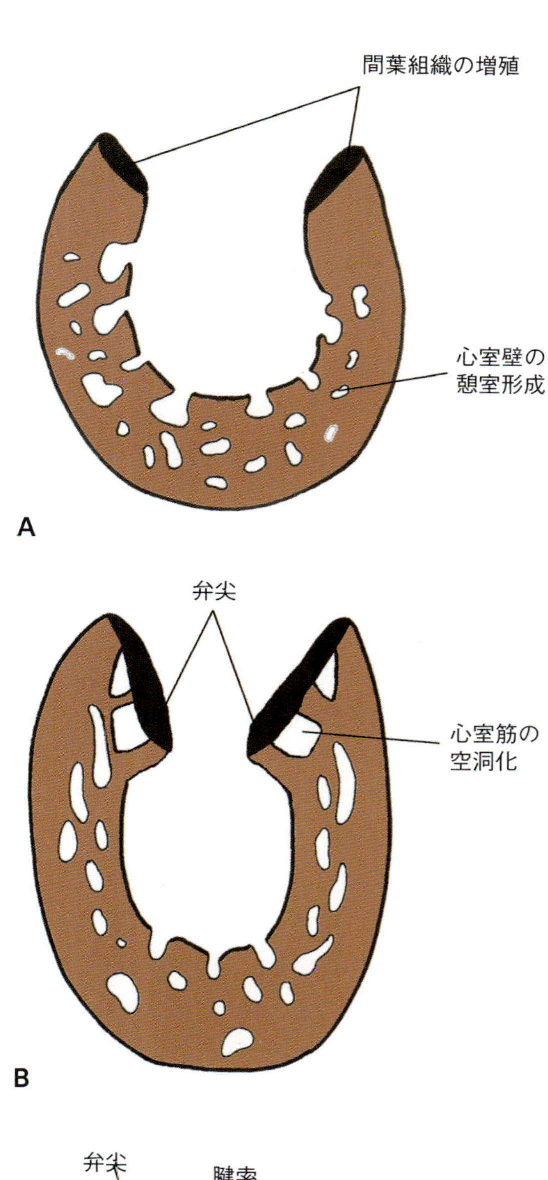

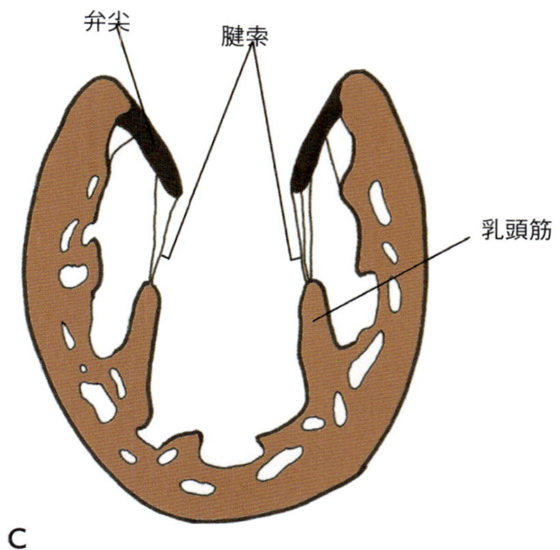

図14.15 房室弁の形成過程．心室筋の憩室形成，乳頭筋の形成，腱索の弁との付着を示す（AからC）．

動脈系の発生

胚内血管は胚外血管の発生で述べたのと同様の方法で発生する．初期に主要な血管として発生する背側大動脈は心内膜管と癒合する．背側大動脈の前部は胎子の頭尾方向の屈曲によって前腸の側方で弓状を呈し，第一咽頭弓を形成する間葉に包まれる．この背側大動脈の弓は第一大動脈弓（第一鰓弓動脈）と呼ばれる．大動脈弓と動脈幹の結合部は拡張して大動脈嚢と呼ばれるようになる．次位の咽頭弓が発生するにつれて，対をなす大動脈弓（鰓弓動脈）が大動脈嚢から生じ，咽頭弓を通過して背側大動脈と結合する．全部で6対の大動脈弓が形成され，それらから他の主要な血管構造が生じる（**図14.16**）．

対をなす大動脈弓はすべてが同時に存在するかのように図示されることが多いが，実際には連続的に発生する．第一・第二大動脈弓の完成時に第四・第六大動脈弓はまだ発生しておらず，第六大動脈弓の完成までに最初の2対の大動脈弓の大部分は退縮する．

大動脈弓の派生物

大動脈弓の主要な発生学的変化はイヌでは妊娠第3～4週，ヒトとウマでは第3～7週に起こる．これらの変化は静脈循環と動脈循環の分割と同時期に起こる．心臓より後位の背側大動脈は癒合して1本の大動脈を形成するが，心臓より前位は対のままである．上顎動脈として細く残存する部分を除いて，第一大動脈弓は退縮する（**図14.17**）．第二大動脈弓の遺残は中耳への枝，すなわちアブミ骨動脈として残存する．第三大動脈弓は総頸動脈を形成し，内頸動脈の形成にも関わる．内頸動脈の残りの部分は背側大動脈の前部よりなる．背側大動脈の第三大動脈弓と第四大動脈弓の間の部分は退縮する（**図14.17**）．外頸動脈は第三大動脈弓の派生物として形成される．第四大動脈弓の運命は左右で異なり，左第四大動脈弓は完成大動脈弓の一部を形成する．完成大動脈弓の残りの部分は大動脈嚢と左背側大動脈に由来する．右第四大動脈弓は右鎖骨下動脈の近位部を形成し，右鎖骨下動脈の残りの部分は右背側大動脈と右第七節間動脈に由来する．右背側大動脈は右鎖骨下動脈の起始部より後方が退縮する．第五大動脈弓は未発達のまま退縮する．第六大動

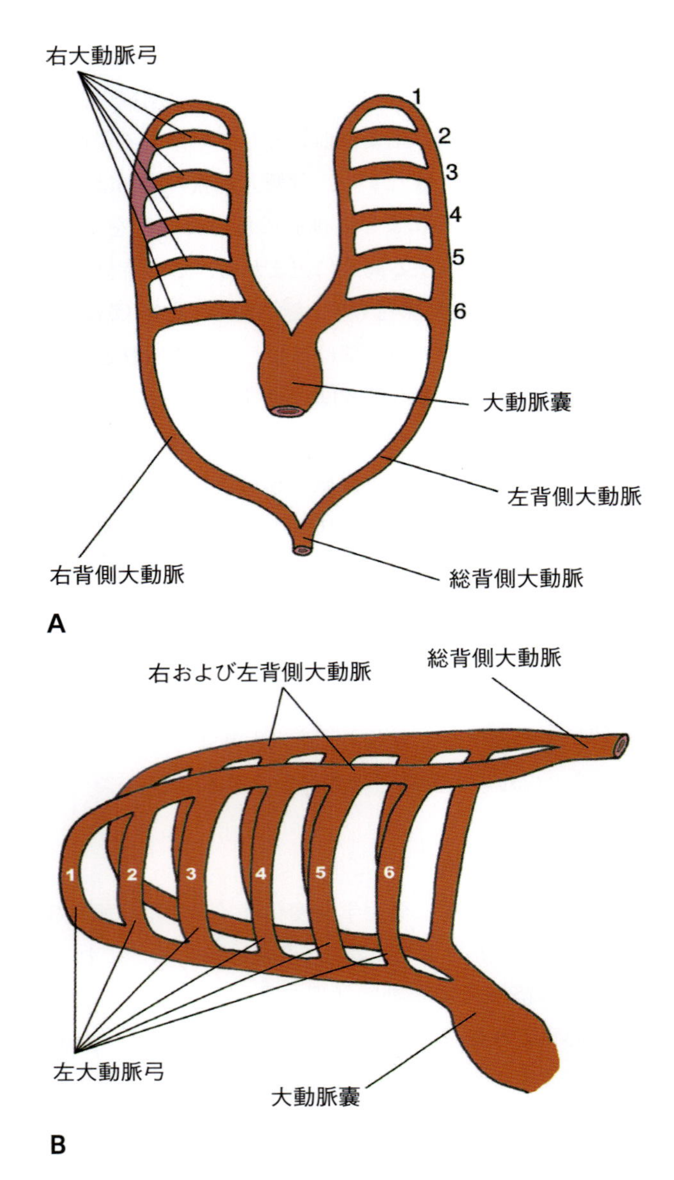

図14.16 6対の大動脈弓の模式図. 6対の大動脈弓は実際には連続的に発生するが, 同時に存在するかのように描いている. A：腹側面, B：左外側面.

脈弓は発生中の肺に分布する. 左側では, 第六大動脈弓の近位部, つまり大動脈囊から肺枝までの区間は左肺動脈の近位部として残存し, 左第六大動脈弓の遠位部は肺動脈と背側大動脈を結ぶ短絡路, すなわち動脈管となる. 右第六大動脈弓の近位部は右肺動脈の近位部を形成するが, 遠位部は退縮する.

腕頭動脈は左右の第三・第四大動脈弓と大動脈囊の癒合部および大動脈囊自体の再構築を経て生じ, 最終的には完成大動脈弓から起始する. イヌでは腕頭動脈は右鎖骨下動脈を出し, その分岐点が左右の総頸動脈を形成する(**図14.18A**). ウマ, ブタおよび反芻類では, 腕頭動脈から出る単枝が分岐して左右の総頸動脈が起始する(**図14.18B**). 第七体節の位置で左背側大動脈から起始する第七背側節間動脈は左鎖骨下動脈を形成する. 大動脈弓の発生の間, 第七節間動脈は動脈管後方の位置から前方へ移動し, 大動脈弓に接近する. 左鎖骨下動脈はブタとイヌでは大動脈弓から直接, 腕頭動脈起始部より遠位で起始するが, ウマとウシでは, さらに前方へ移動して腕頭動脈から直接起始する(**図14.18B**).

迷走神経から出る左右の反回喉頭神経は発生途上の第六大動脈弓の後方を通過し, 第六咽頭弓の筋組織に分布する. 心臓とそれに付随する血管が胸腔内へ移動する際, 反回喉頭神経は後方へ引き寄せられる. 右第六大動脈弓の遠位部と第五大動脈弓の全域は退縮するため, 右反回喉頭神経は右鎖骨下動脈の周囲を, すなわち左反回喉頭神経よりも前方の位置で反回するようになる. 左反回喉頭神経は後に動脈管となる左第六大動脈弓の周囲を反回する(**図14.19**). 出生後に動脈管は動脈管索として残存するため, 左反回喉頭神経は動脈管索と大動脈弓の周囲を反回したままである.

左反回喉頭神経と大動脈弓の密接な関係はウマの喉頭片麻痺の要因の一つと考えられ, 大動脈弓の拍動によって左反回喉頭神経の機能障害が起こることが示唆されている. 右鎖骨下動脈は大動脈弓ほど固定が強固ではないため, 右鎖骨下動脈の周囲を反回する右反回喉頭神経は伸張による障害が起こりにくいと考えられる.

大動脈の分枝

一対の背側大動脈からは背側枝, 外側枝および内側枝が生じる. 背側大動脈の癒合の後, 体節間を通過する対性の背側節間動脈が背側大動脈に沿って形成される. これらの節間動脈は脊髄と軸上筋組織に背側枝を, 軸下筋組織に腹側枝を出す. 第七節間動脈は発生中の前肢芽に分布する. 節間動脈間では一連の縦の吻合枝が発生する. 頸部の前位6対の節間動脈は縦の吻合枝から背側大動脈までの区間が退縮する. 縦の吻合枝で形成された動脈, すなわち椎骨動脈は第七節間動脈か

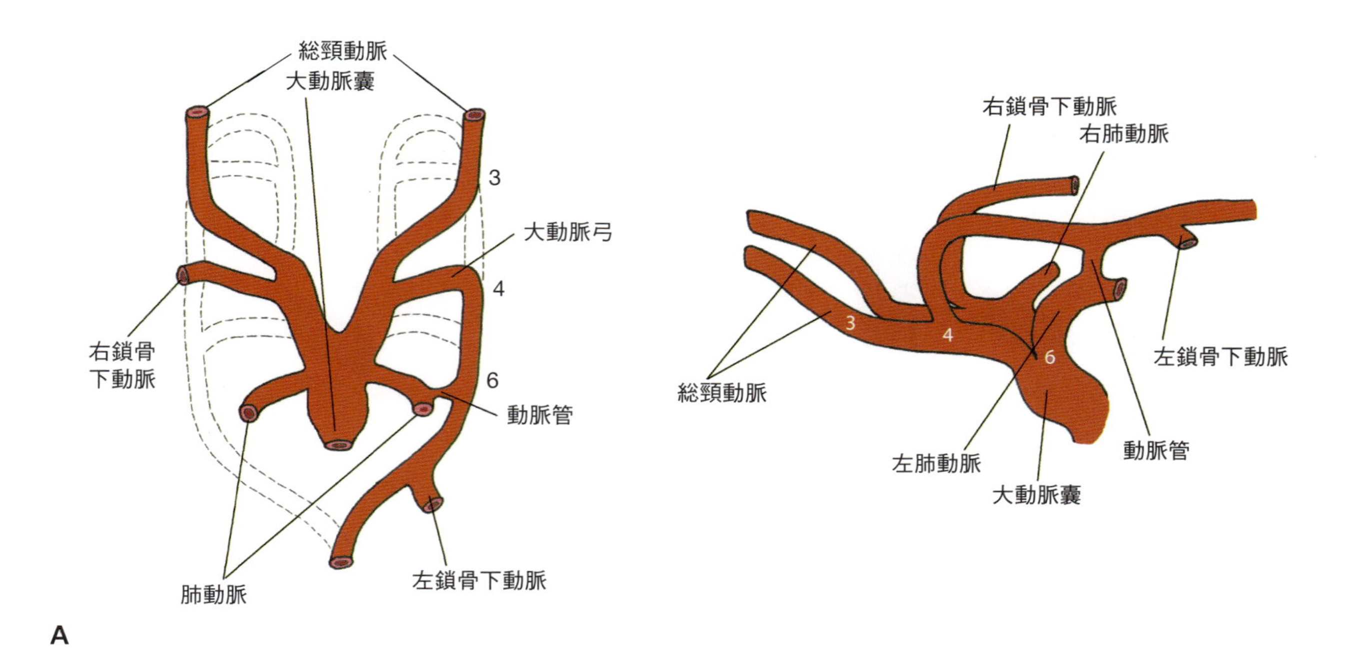

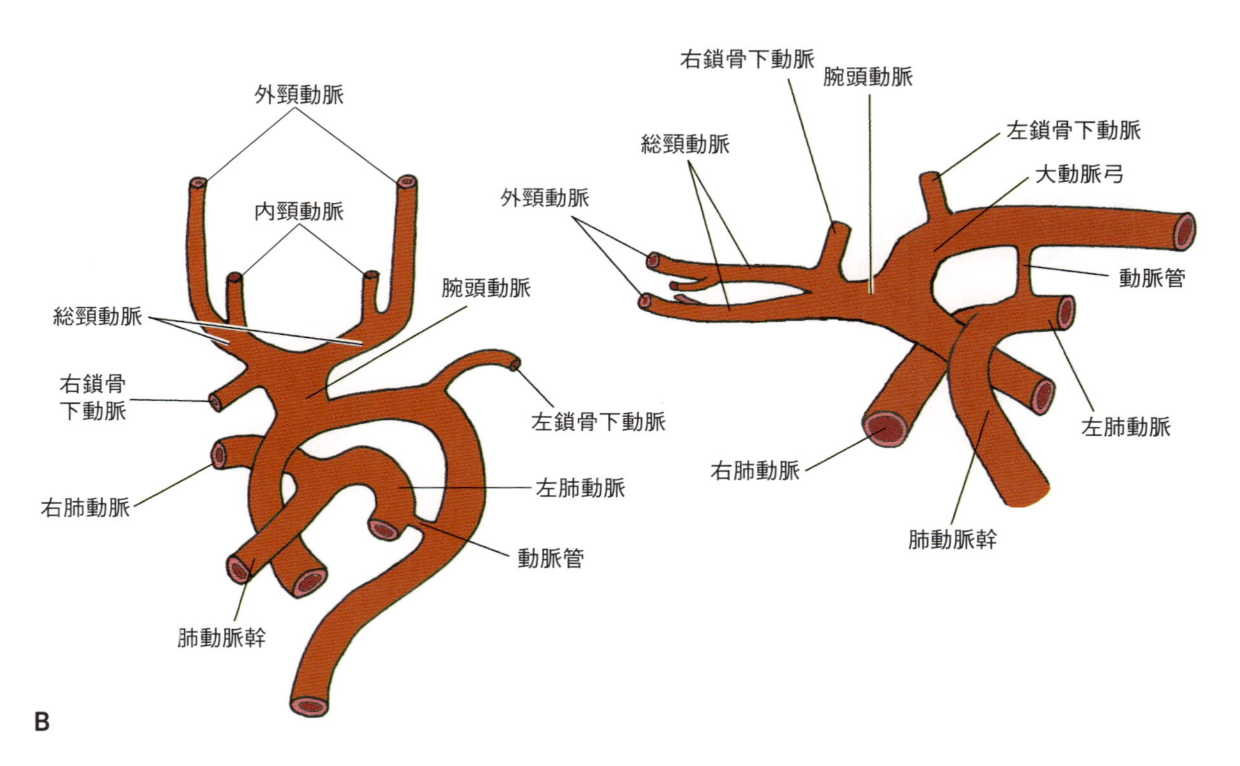

図14.17 大動脈弓の腹側面と左外側面．破線は退縮中の血管を示す．A：発生初期，B：発生後期．

ら起始する．胸部では吻合枝は内胸動脈を形成し，節間動脈は肋間動脈として残存する（**図14.20**）．腰部の節間動脈は腰動脈を形成し，最後位の節間動脈は後肢芽に分布して外腸骨動脈を形成する．臍動脈は背側大動脈から直接起始し，尿膜に分布する．大動脈の癒合と節間動脈の形成が起こっている間に，臍動脈は内腸骨動脈の枝として生じる．

大動脈の対性の外側枝は両側に腎動脈，横隔動脈，生殖腺動脈および深腸骨回旋動脈を形成する．不対の腹側枝は胸腔および腹腔の臓側板に分布し，気管支食

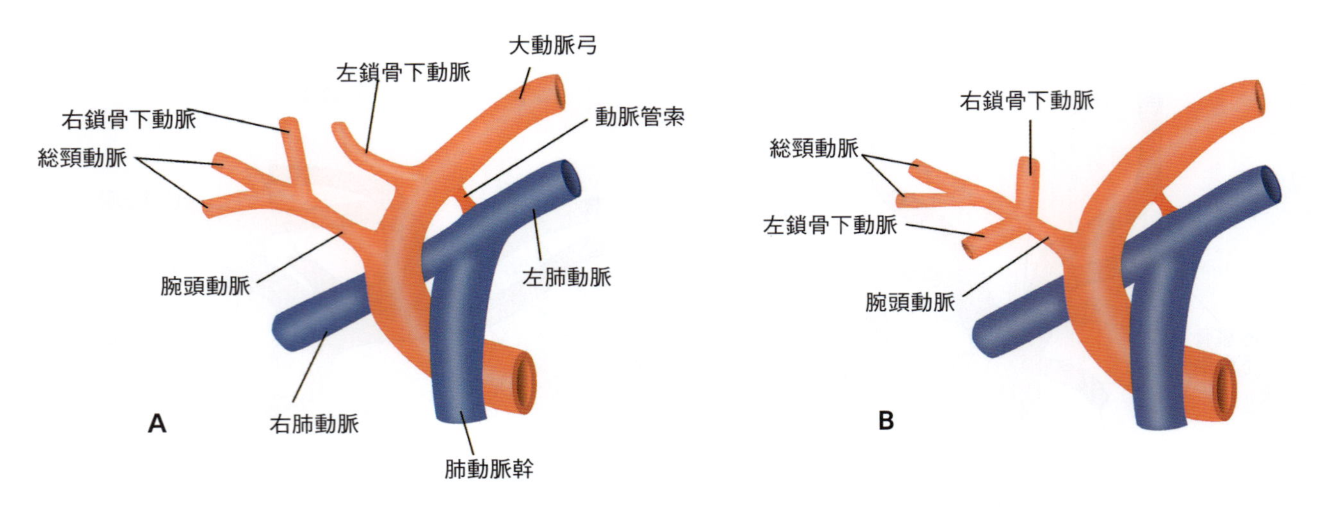

図14.18 大動脈弓および肺動脈幹から起こる主要な血管の配置．A：食肉類，B：ウマおよび反芻類．

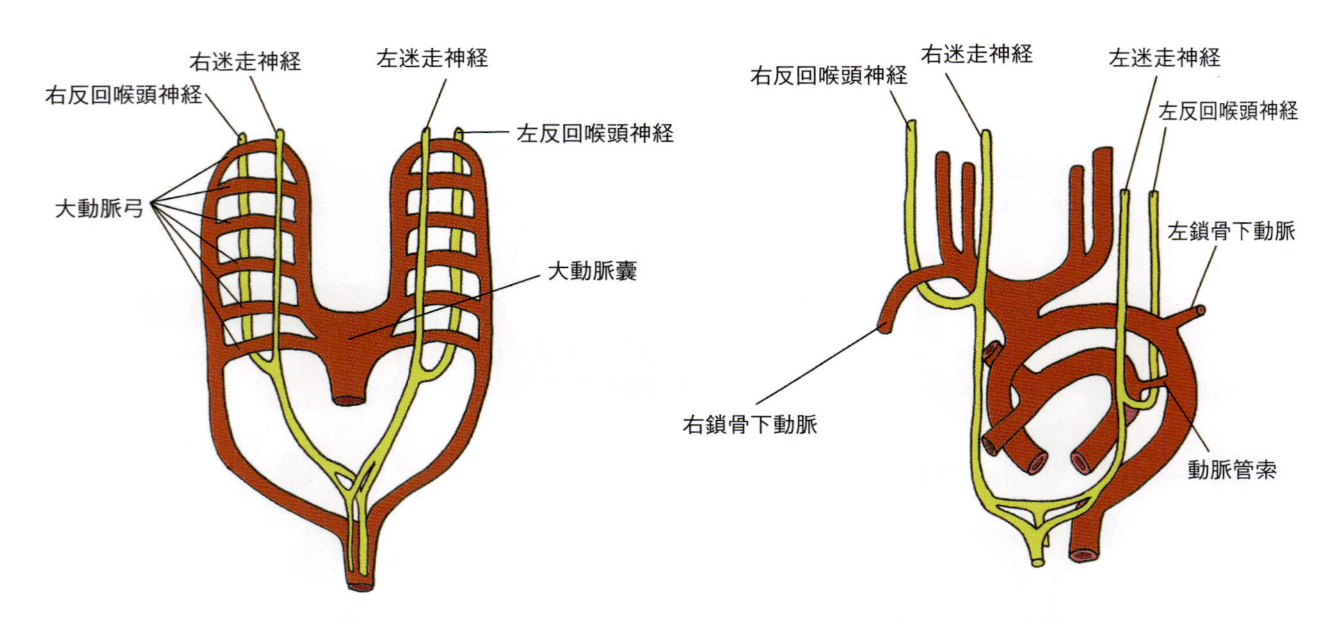

図14.19 反回喉頭神経と初期の大動脈弓の関係および後に大動脈弓から形成される血管との関係．

道動脈，腹腔動脈，前腸間膜動脈および後腸間膜動脈を形成する．大動脈の起始部の近くでは内皮芽が発生し，心臓の心外膜下の血管叢と吻合して心臓の主要な血管である冠状動脈を形成する．

静脈系の発生

動脈系と同様に，静脈系は特有の成長因子の影響を受けて発生する．胚子発生の早期に3対の主要な静脈である卵黄嚢静脈，臍静脈および主静脈が形成される（**図14.3**）．

動脈と静脈の分化

内皮細胞は静脈系へ分化する固有の能力を備えているが，VEGFおよびNotchシグナルの影響下では動脈形成が促される．発生中の動脈内皮細胞の細胞膜は膜貫通性タンパク質のEphrin-B2を含み，静脈内皮細胞の細胞膜表面にはEph-B4と呼ばれるEphrin-B2に対する受容体が存在する（**図14.21**）．血管新生の際，Ephrin-B2とEph-B4の相互作用によって動脈性毛細血管と静脈性毛細血管の末端間の癒合が可能となるが，両毛細血管間の側方の癒合は妨げられている．

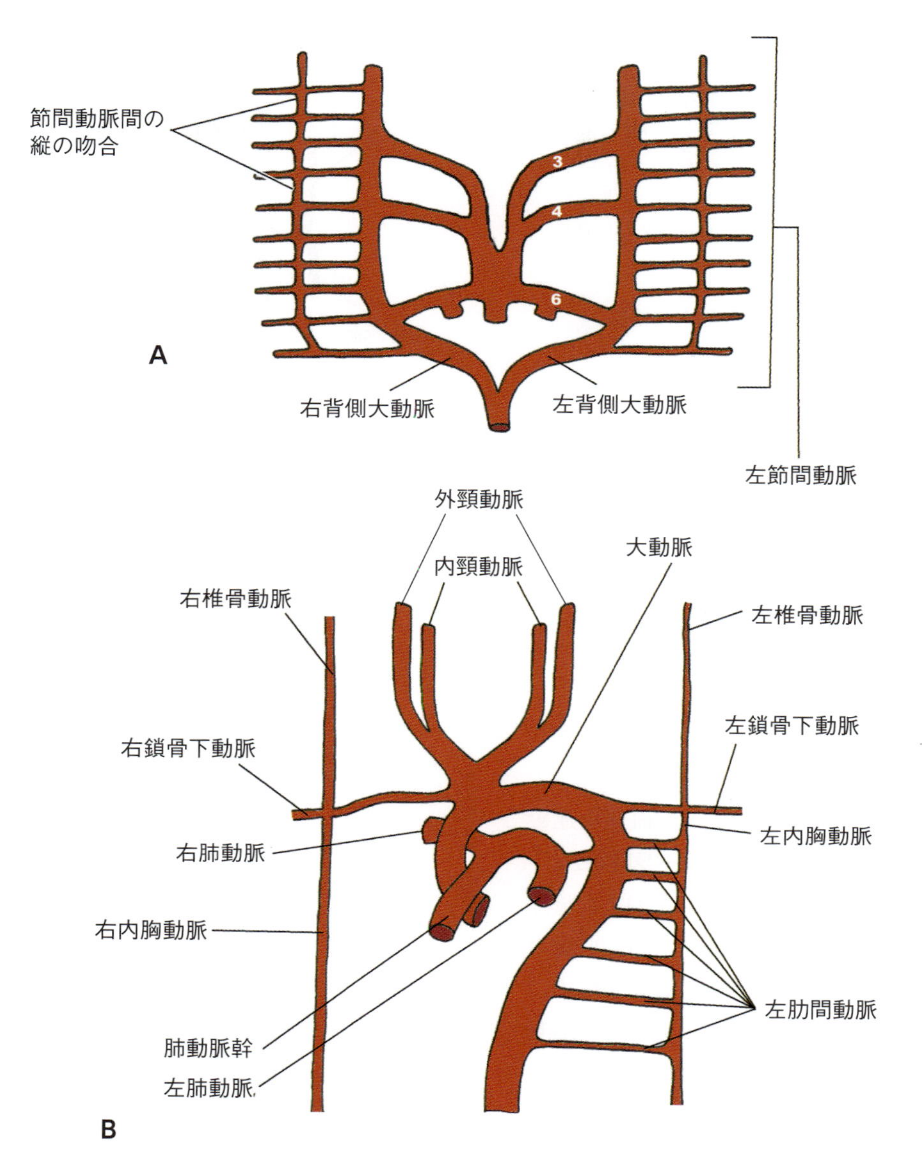

図14.20 早期(A)と後期(B)における椎骨動脈，内胸動脈，鎖骨下動脈および肋間動脈の形成過程．Aの3，4，6の大動脈弓は各種の動脈となって残存する．

卵黄嚢静脈

卵黄嚢から心臓へ血液を運搬する卵黄嚢静脈は臍から胚内へ進入し，前腸の両側を前走し，横中隔を貫いて静脈洞に接続する(**図14.22**)．発達中の肝細胞索の細胞は横中隔内へ進展し，卵黄嚢静脈の中間部に静脈叢を生じさせる．この血管網は肝臓に組み込まれて肝類洞を形成する．卵黄嚢静脈の前部，すなわち肝臓から静脈洞までの部分の運命は左右で異なる．静脈洞左角に流入する左側の卵黄嚢静脈前部は退縮する．右側の卵黄嚢静脈前部は残存し，後大静脈の肝臓から静脈洞右角までの部分となる．左右の卵黄嚢静脈後部の間では前後2本の吻合枝が形成される．前位の吻合枝は中腸の背側に，後位の吻合枝は中腸の腹側に位置している．胃の回転と左右の卵黄嚢静脈の開存性の段階的な変化を経て，血流の方向転換が起こる．門脈は左右の卵黄嚢静脈の開存している部分と吻合枝によって形成される．左右の卵黄嚢静脈の開存していない部分は退縮する．

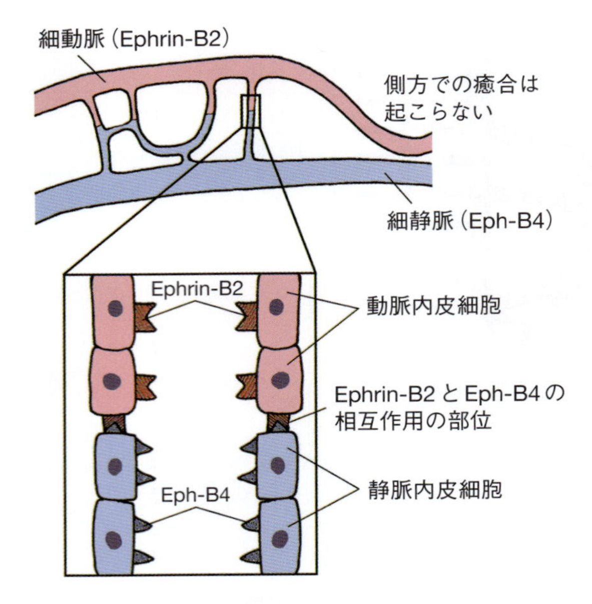

図14.21 動脈内皮細胞と静脈内皮細胞の癒合に関与する受容体とリガンドの相互作用．

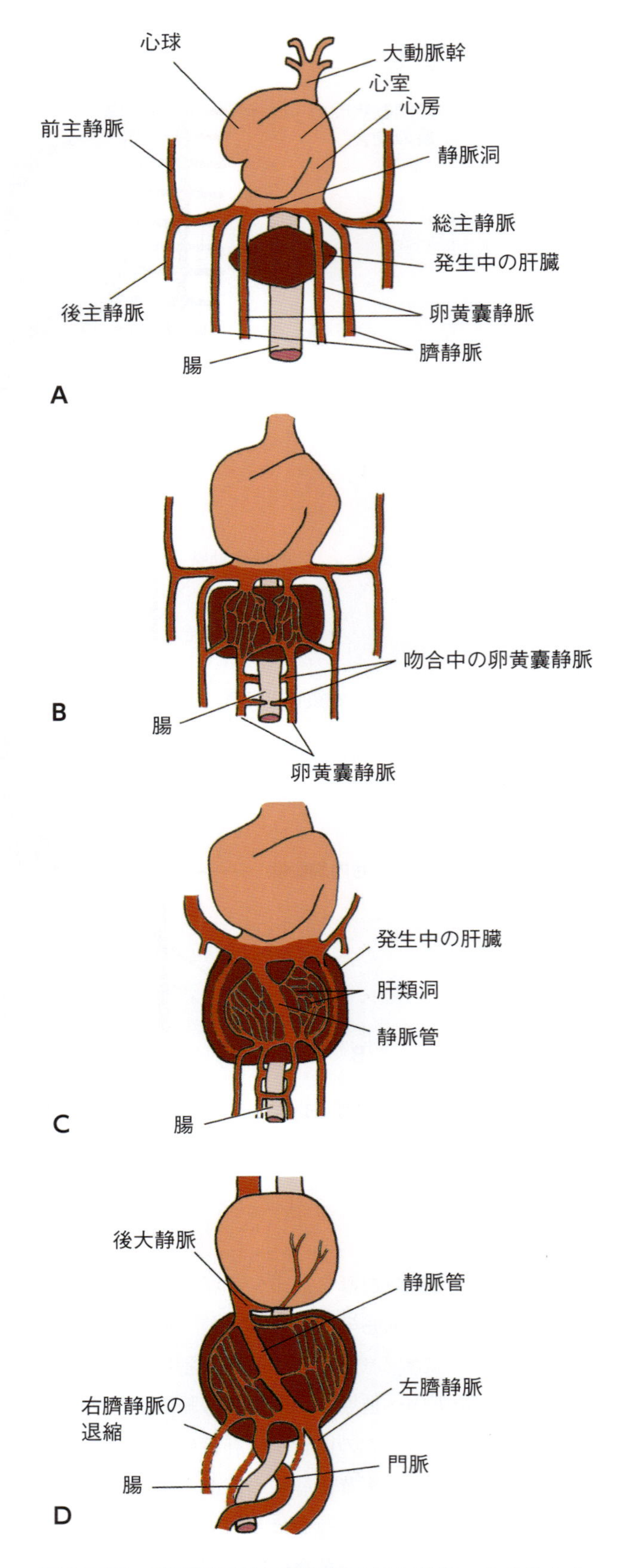

図14.22 卵黄嚢静脈と臍静脈の分化過程．この分化中に肝類洞と門脈が形成される（AからD）．

臍静脈

一対の臍静脈は臍帯を通じて尿膜から血液を運搬し，横中隔を通過して静脈洞に接続する（**図14.22**）．肝臓の拡大によって臍静脈は前部，中間部および後部に細分され，それぞれ異なった運命をたどる．肝臓の側方への拡大によって，臍静脈の中間部は肝組織内に組み込まれ，肝類洞の形成に寄与する．左右の臍静脈の前部は退縮する．臍では左右の臍静脈が癒合する．その後，右臍静脈の後部は退縮し，結果的に左臍静脈の後部が拡張して酸素を豊富に含んだ血液を胎盤から胚子の肝臓へ運搬する．初期には，血液は肝類洞を流れた後に静脈洞右角へ到達する．右卵黄嚢静脈の前部と左臍静脈の間の静脈性短絡路の発展に伴って，大部分の血液はより直接的な流路に従うようになる．この静脈性短絡路は静脈管と呼ばれる．静脈管は食肉類と反芻類では出生時まで残存するが，ウマとブタでは胎子期に退縮する．結果的にウマとブタの胎子では臍静脈の血液は肝臓の類洞を通過する．左臍静脈の遺残は成体の肝鎌状間膜内に肝円索として認められる．

主静脈

1対の前主静脈は頭部および頸部からの血液を，1対の後主静脈は体壁からの血液をそれぞれ運搬する．

前主静脈と後主静脈は癒合して，静脈洞に開口する左右の総主静脈を形成する（**図14.23**）．これらの静脈系は引き続き発達し，前主静脈は内頸静脈，外頸静脈，腕頭静脈および前大静脈を生じる．後主静脈からは2対の静脈，すなわち主上静脈と主下静脈が生じる．主上静脈は体壁背側部からの静脈血を，主下静脈は発生中の中腎からの静脈血をそれぞれ運搬する．後大静脈は右卵黄嚢静脈，後主静脈および主上静脈の退縮と吻合を経て形成される．奇静脈は主上静脈の退縮と吻合によって生じる．

出生前と出生後の血液循環

胎盤はガス交換器官として作動し，酸素飽和血液を発生中の肺に供給する．酸素飽和血液は胎盤から左臍静脈を通過して肝臓に達し，その体部分は静脈管を通って肝臓の類洞を通らずに後大静脈に流入する（**図14.24**）．左臍静脈の血液の一部は肝臓の類洞に流入して門脈からの酸素不飽和血液と混合する．この血液も後大静脈に流入する．酸素濃度が減少した後大静脈と肝静脈の血液は静脈管を介する血液と混合する．したがって，右心房に流入する血液の酸素濃度は臍静脈内の血液の酸素濃度よりも低い．二次心房中隔の下縁をなす静脈間隆起は後大静脈から右心房に流入した血液の大部分を卵円孔を介して左心房へ短絡させるが，この血液は肺静脈によって運搬された機能していない肺からの少量の酸素濃度の低い血液と混合する．この血液は左心室に流入し動脈網を介して全身に送られる．冠動脈と腕頭動脈は大動脈から分岐する最初の枝であるため，心筋組織と脳は酸素飽和度の高い血液を供給される．後大静脈から右心房に流入した血液の一部は右心室に流入し，頭部および心筋組織から前大静脈と冠静脈を介して右心房に流入した酸素濃度の低い血液と混じる．右心室の血液は肺動脈幹に排出されるが，肺血管の抵抗のため，その大部分は動脈管を介して下行大動脈に流入する．大動脈の血液の大部分は酸素飽和化のために臍動脈を介して胎盤に運搬される．下行大動脈の枝は胸部および腹部の器官に分布する．

細胞，組織の胎生期の起源および哺乳類の心臓血管系の構造は**図14.25**に示している．

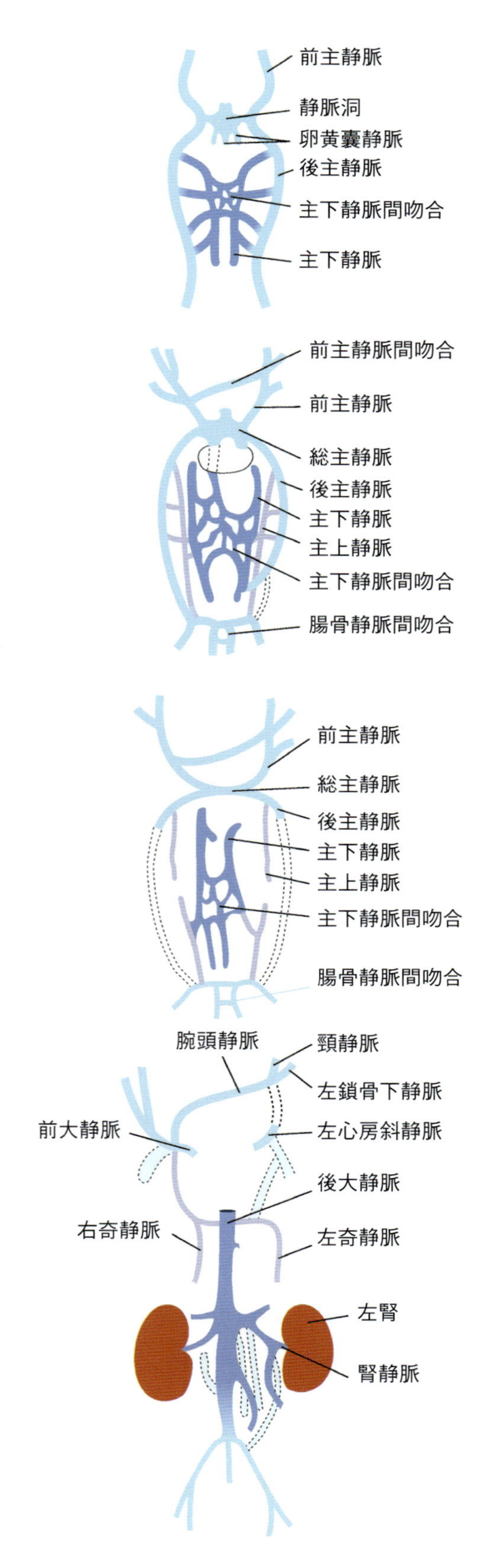

図14.23　主静脈とその分枝の配置の変化．前大静脈，後大静脈などの静脈が形成される．破線は退縮することを示す．

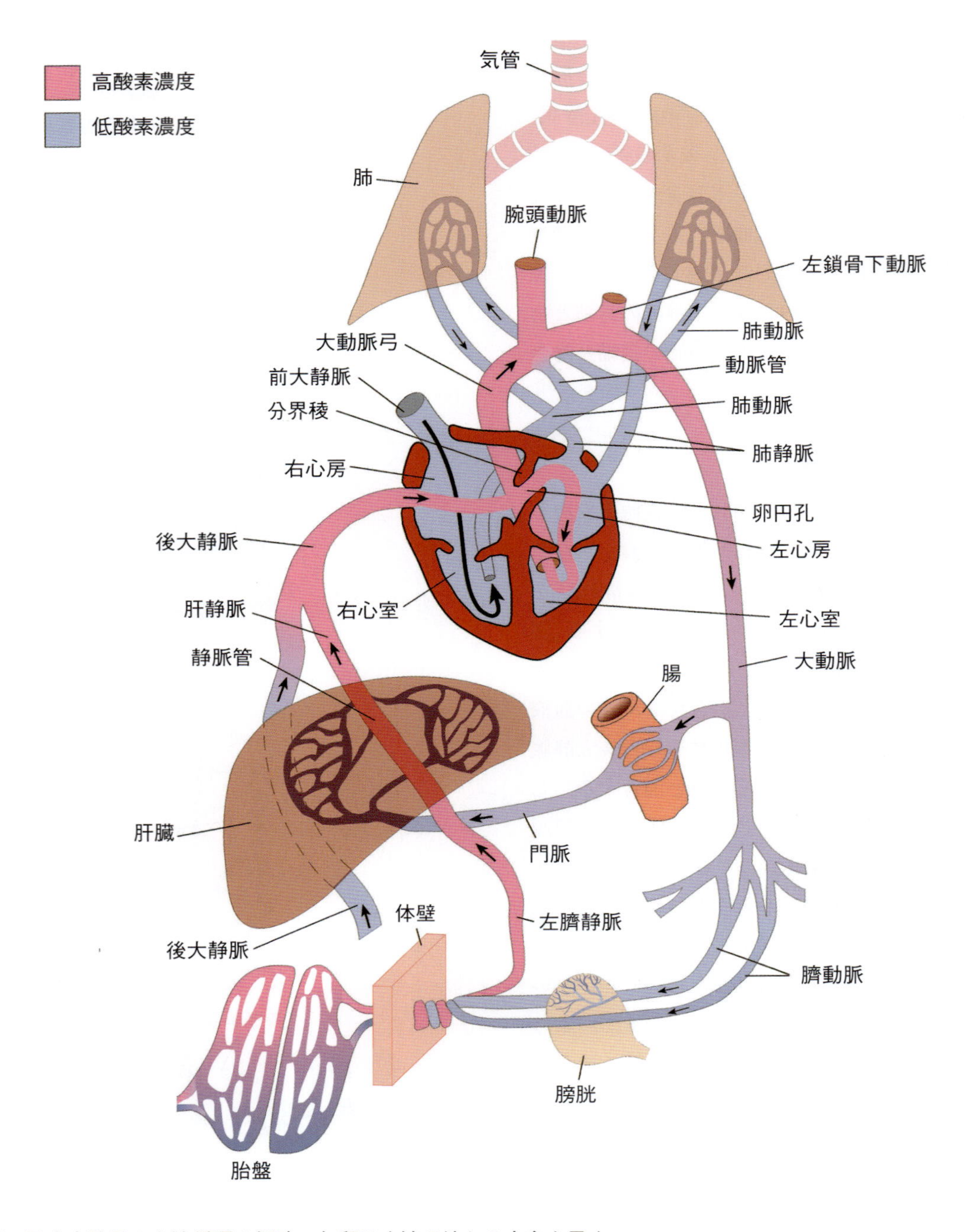

図14.24 子宮内胎子の血液循環の概略．矢印は血液の流れる方向を示す．

出生による循環の変化

呼吸器官が胎盤から機能的な肺に代わることで，出生時に循環に重要な変化が生じる（**図14.26**）．出生中の胸郭の圧迫によって気管支樹内の羊水が排出されて空気と置換され，肺は拡張する．

出生によって心臓血管系内に次のような重要な変化が生じる．

1 出生直前に臍動脈は収縮し，胎盤への血流が妨げられる．臍帯が断裂した後，臍動脈の中膜の平滑筋の収縮と弾性線維の復元によって臍動脈腔は閉鎖され，出血が抑えられる．

2 臍静脈の収縮によって胎盤の血液が新生子の循環中に押し出される．胎盤の血液は新生子の全血液量の30％にまで達する．静脈管壁の平滑筋の収縮によって静脈管内の血流が停止する．静脈管の閉鎖は2～3週後に永久的なものとなる．できるだけ多くの臍帯血が新生子に移行するように，出生後直ちに臍帯を結紮あるいは切断すべきではない．

3　出生直後に動脈管の血管壁の筋組織が収縮し，この胎生期の短絡路が閉鎖する．その結果として，肺動脈内のすべての血液が機能的な肺へ運搬される．子ウマ，子ウシおよび子ブタでは，一時的な血液の逆流が生じることで，一時的な心雑音が生じることがある．動脈管の完全な閉鎖は内皮のヒダ形成と内皮下結合組織の増殖によって起こるが，これは2カ月かかる．動脈管の生理的閉鎖をもたらす因子は動脈管内を通過する血液の酸素濃度の上昇と平滑筋収縮の原因となる血管作動性アミンのブラジキニンの産生である．

4　出生前は，後大静脈からの血液の大部分は静脈間隆起によって卵円孔から左心房に流入する．一次心房中隔の弁状の構造は右心房の血圧が左心房の血圧より高いことで開いている．出生によって，胎盤からの血流の途絶により右心房血圧は低下す

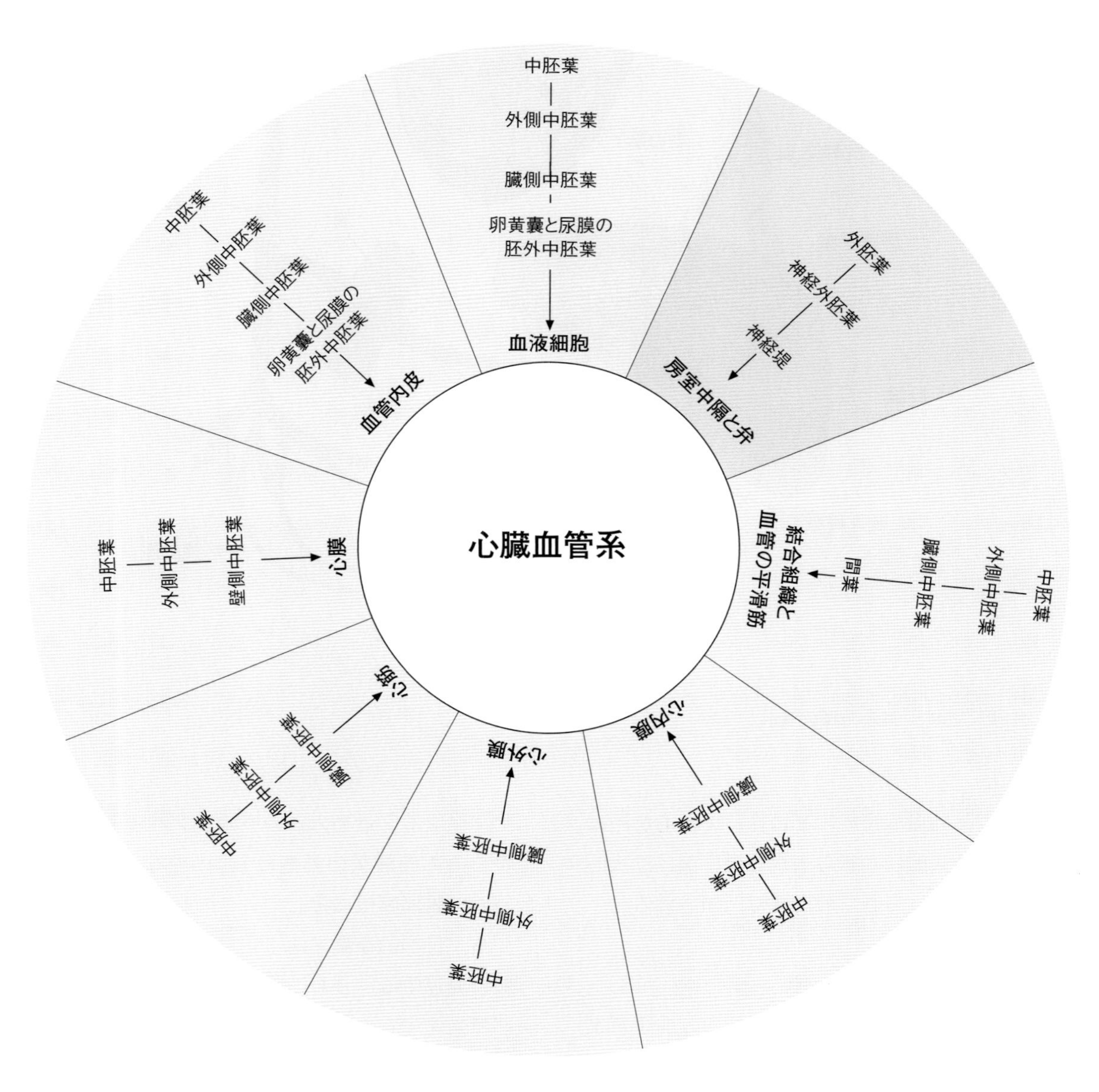

図14.25　心臓血管系の細胞，組織，構造および器官が形成される胚葉の派生物．（**図9.3**に基づく）

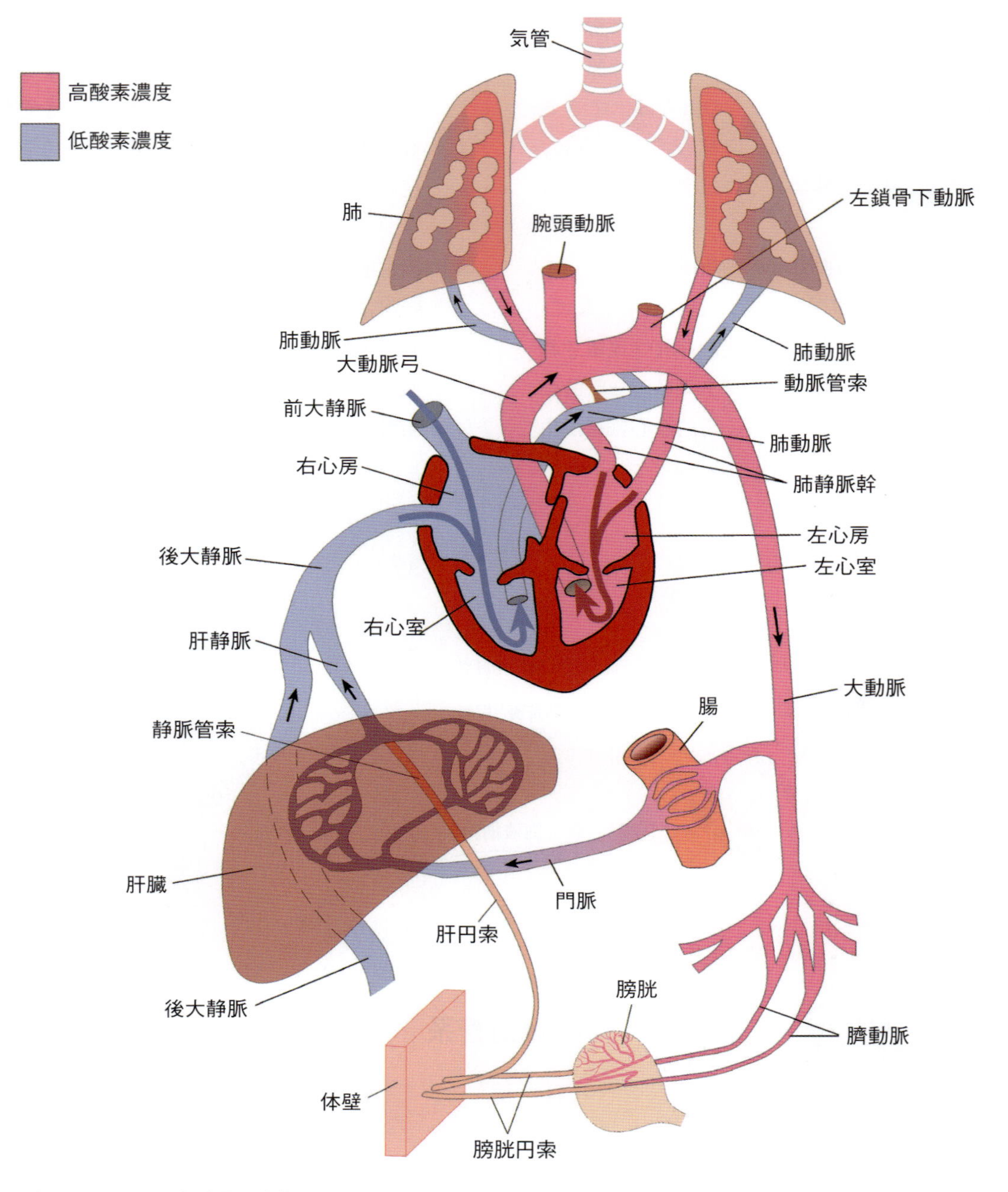

図14.26 生後における血液循環の変化.

る．一方で，肺血流量の増加に伴って左心房圧は上昇する．結果的に弁状の一次心房中隔は二次心房中隔に押しつけられて卵円孔は閉鎖される．

リンパ管とリンパ節

リンパ管は動脈や静脈と同様に脈管形成と血管新生によって中胚葉から形成される．心臓血管系が確立されて間もなくリンパ管は血管で述べたのと同様の方法で発生する．最初六つの原始リンパ嚢が後期胚に発生する．内頸静脈の外側に1対の頸リンパ嚢が発達し，続いて腸間膜根に接して一つの腹膜後リンパ嚢が発達する．付加的な嚢である乳ビ槽が腹膜後リンパ嚢の背側に発達する．一対の腸骨リンパ嚢も腸骨静脈の合流部で発達する．頭部，頸部および前肢からのリンパを集めるリンパ管は頸リンパ嚢から形成される．骨盤部と後肢からのリンパは腸骨リンパ嚢を介して集められるが，腹膜後リンパ囊と乳ビ槽には内臓からのリンパを集める．それぞれの頸リンパ囊は太い１本のリンパ管で乳ビ槽と結合する．それら2本のリンパ管の間の吻合はリンパ管叢を形成する．これらのリンパ管の癒合，退縮および再構築によって胸管が形成される．リンパ管発生の後期にリンパ囊は一連のリンパ管で相互に連絡し，リンパ還流系が確立する（**図14.27**）．頸リンパ囊と乳ビ槽の間のリンパ管叢は胸管を形成し，それは静脈角に開口する．リンパ系と静脈系の間の他の結合は退縮する．

リンパ節の発生

乳ビ槽を除いて，リンパ囊はその周囲にリンパ組織が集合してリンパ節に転換する．リンパ囊を包む間葉細胞はリンパ囊内に進入してリンパ囊を網状のリンパ路に転換する．その後の発生で身体全域のリンパ管に沿ってリンパ節が発生する．リンパ節は多数のリンパ球を含む細網細胞で作られた被囊性の構造を呈す．リンパ節の被膜や結合組織性の骨組みも間葉由来である．発生中のリンパ節には胸腺と骨髄で分化したリンパ球が供給され，それらが結節状のリンパ組織塊を形成する．哺乳類の典型的なリンパ節は皮質と髄質で形成されている（**図14.28A**）．皮質の実質は辺縁部にリンパ小節を含んでいるが，中心の髄質はリンパ組織の吻合した索を含んでいる．多くの動物種ではリンパの流れは皮質から髄質を通過して門に向かっている．ブタのリンパ節の構造は他の家畜とは異なり，リンパ小節が中心に存在し，リンパ組織索は辺縁部に位置している（**図14.28B**）．ブタのリンパ節におけるリンパの流れは他の家畜とは逆方向で，リンパは門から流入し，皮質から流出する[訳者注]．

胎子期の血管と付属物の成体における派生物

1. 左臍静脈の腹腔内の部分は成体の動物では肝臓の肝円索となる．
2. 静脈管は静脈管索となる．
3. 卵円孔は解剖学的閉鎖の後は卵円窩として知られる窪みとなる．
4. 臍動脈の腹腔部分は外側膀胱間膜内に存在する膀胱円索となる（**図14.26**）．尿膜管は正中膀胱間膜となる．
5. 動脈管は動脈管索となる．

心臓血管系の発育異常

心臓と主要な血管の発生過程が複雑であることや出生時に起こる劇的な循環変化を考えると，心臓や主要血管の先天性異常が哺乳類に時折発生することは驚くべきことではない．先天性心臓血管系の異常はイヌでは約1%に発生し，その頻度は雑種犬よりも純血種で高い．動脈管開存，肺動脈弁狭窄，動脈弁狭窄，血管輪異常，ファロー四徴，心室中隔欠損，心房中隔欠損は多くの犬種で時折報告されるが，それらの出現頻度は世界的に一定ではない．心臓血管系の奇形発生頻度はウマでは0.2%，ウシでは0.17%，ブタでは4%にまで達する．ウマ，ウシおよびブタでは心室中隔欠損と大動脈狭窄が最も多く報告されている．食肉類家畜における心臓血管系の奇形についての報告が少ないのは，その多くが臨床症状が現れる前にと殺されるためであると思われる．

動脈管開存

動脈管が出生後も開存したままであると，大動脈と左心室の高い圧力によって血液が大動脈から肺動脈，さらに，しばしば右心室に短絡する（**図14.29B**）．正常機能に対する十分な体循環を維持するために，心臓の拍出量は増加する．その状態は，大動脈弁と肺動脈弁の上方の聴診で機械様または持続性の心雑音によって疑われるだろう．動脈管開存（patent ductus arteriosus）はプードル，コリー，ジャーマン・シェパードなどの犬種では遺伝性と考えられ，雄より雌に多く

訳者注：ブタのリンパ節の組織構造は複雑に入り組んだ分節構造をしている．そのため，切断面によって，ブタのリンパ節におけるリンパの流れは本書記載の「逆転型」（門から皮質に流れる）から他の家畜と同様の「非逆転型」（皮質から門へ流れる）までのさまざまな組織構造を示すことが知られている．

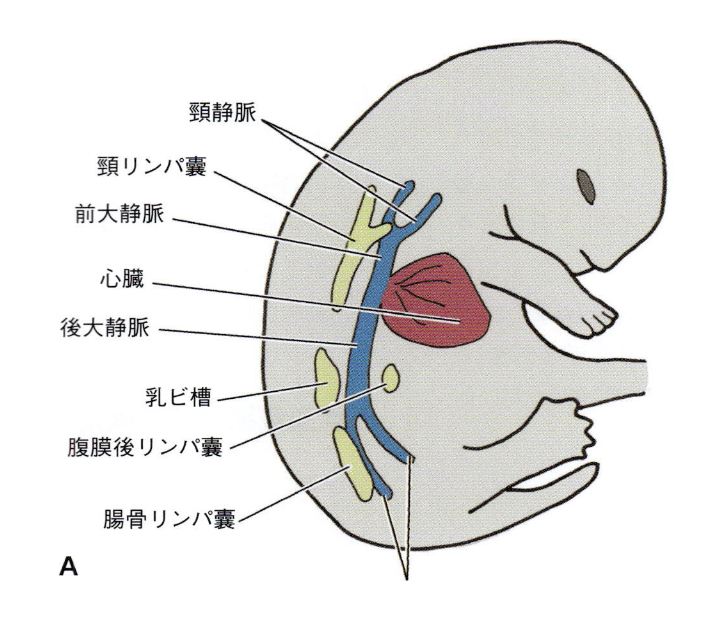

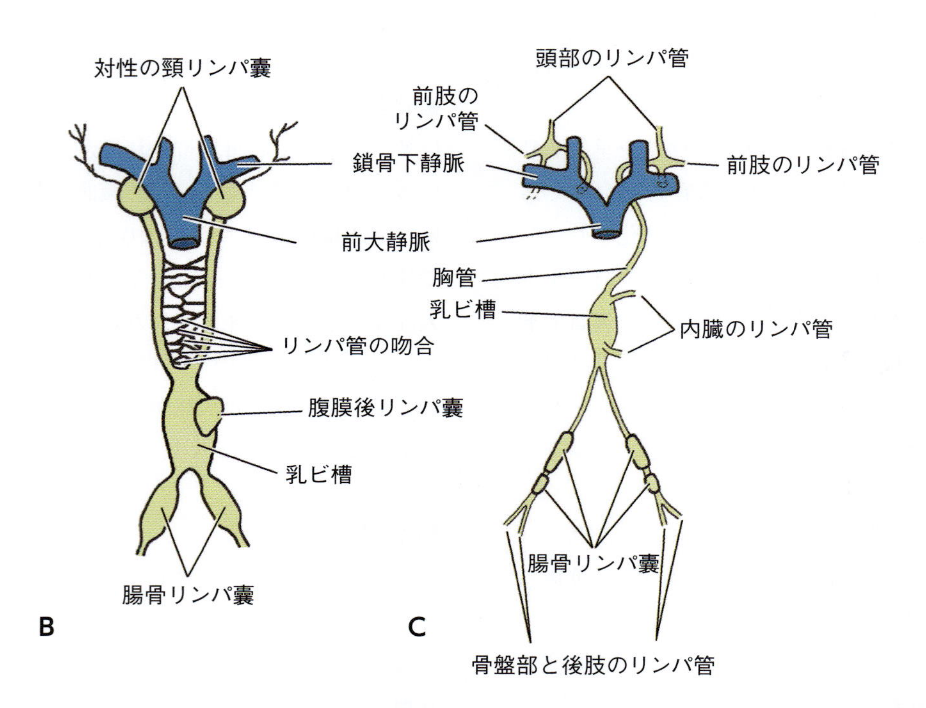

図14.27 発生中のリンパ系の概略（AとB）と胚子の各領域から集めたリンパを静脈系に流すリンパ管の概略（C）.

発生する.

肺動脈狭窄

肺動脈あるいは肺動脈弁の狭窄では右心室から肺への正常な血流が妨げられるが，これは肺動脈狭窄（pulmonary stenosis）と呼ばれる（**図14.29C, D**）. 動脈の狭窄よりも弁の狭窄の方が多い．ブルドック，フォックス・テリア，ビーグル，キースハウンドで他の犬種よりも多く報告されている．臨床症状は子イヌのときには現れないことが多く，6カ月齢～3歳齢で右心不全が明瞭となり，虚血，易疲労性，多呼吸，失神，静脈うっ血などが特徴的である．肺動脈弁部の聴診で収縮期雑音が聴取される.

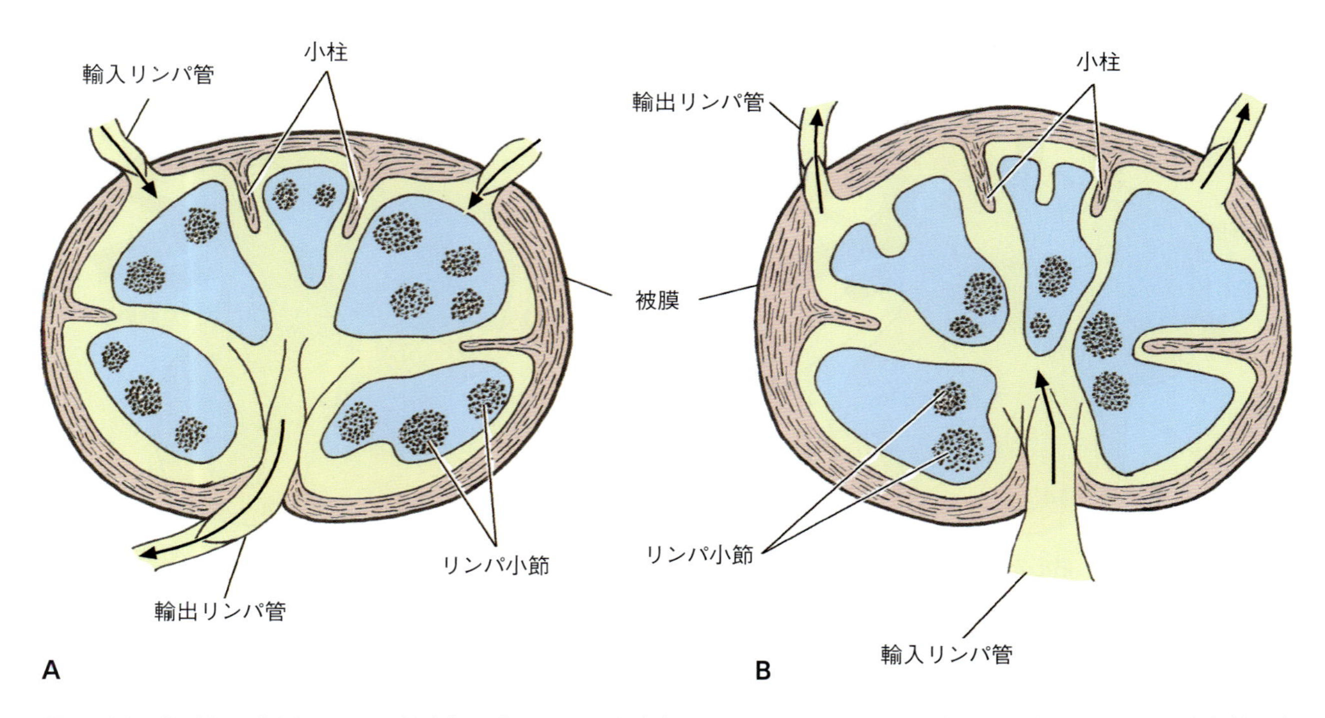

図14.28 典型的な哺乳類のリンパ節(A)とブタのリンパ節(B)の比較形態．矢印はリンパ小節の分布とリンパ流の方向(矢印)を示す．(p.157訳者注参照)

大動脈狭窄

大動脈または大動脈弁の狭窄は，心室からの正常な動脈血の流れを妨げる．この症状を大動脈狭窄(aortic stenosis)という(**図14.29E**)．この症状はニューファンドランド犬，ロットワイラー，ボクサー，ジャーマン・シェパードに多く発生する．大動脈狭窄の原因は弁下部における線維筋性組織の増殖または弁の形成不全であり，左心室の拡張と肥厚を招く．大動脈狭窄を患ったイヌでは，左第四肋骨領域の聴診の際に収縮期雑音が聴取される．

ファロー四徴

ファロー四徴(tetralogy of Fallot)は心室中隔欠損，肺動脈狭窄および拡張した大動脈の右心室上への部分転移(大動脈騎乗)を特徴とする．したがって，右心室からの酸素不飽和血液が大動脈に流入する．結果として，この異常では肺動脈狭窄に応答して右心室の代償性肥大が生じる．家畜でしばしば発生する．出生後早期から発育停止や軽度の運動に伴うチアノーゼなどの症状が現れる．

心房中隔欠損

心房中隔の異常は卵円孔の閉鎖不全，一次口あるいは二次口の発生異常，一次および二次中隔の発達不全によって起こり，総心房の遺残を招く(**図14.30A**)．

心室中隔欠損

欠損は心室中隔の膜性部にみられることが多く，単独で起こる場合と他の発生異常と関連して認められる場合がある．小さな心室中隔欠損は一般にそれほど重要ではないが，大きな心室中隔欠損(inter-ventriculor septol defect)は左心室から直接受け取る血液量増加の結果として起こる右心室圧の上昇を招く(**図14.30B**)．

頸部心臓逸所

心臓の位置異常は心臓の胸腔内への正常下降が妨げられた結果である．逸所心は頸部に位置することが多く，ウシでは他の動物より多く発見される．この異常では正常な発育と発達が可能で，逸所心の雌ウシが妊娠して正常な子ウシを出産することは可能である．

その他の心臓血管系の異常としては，大血管の転位，

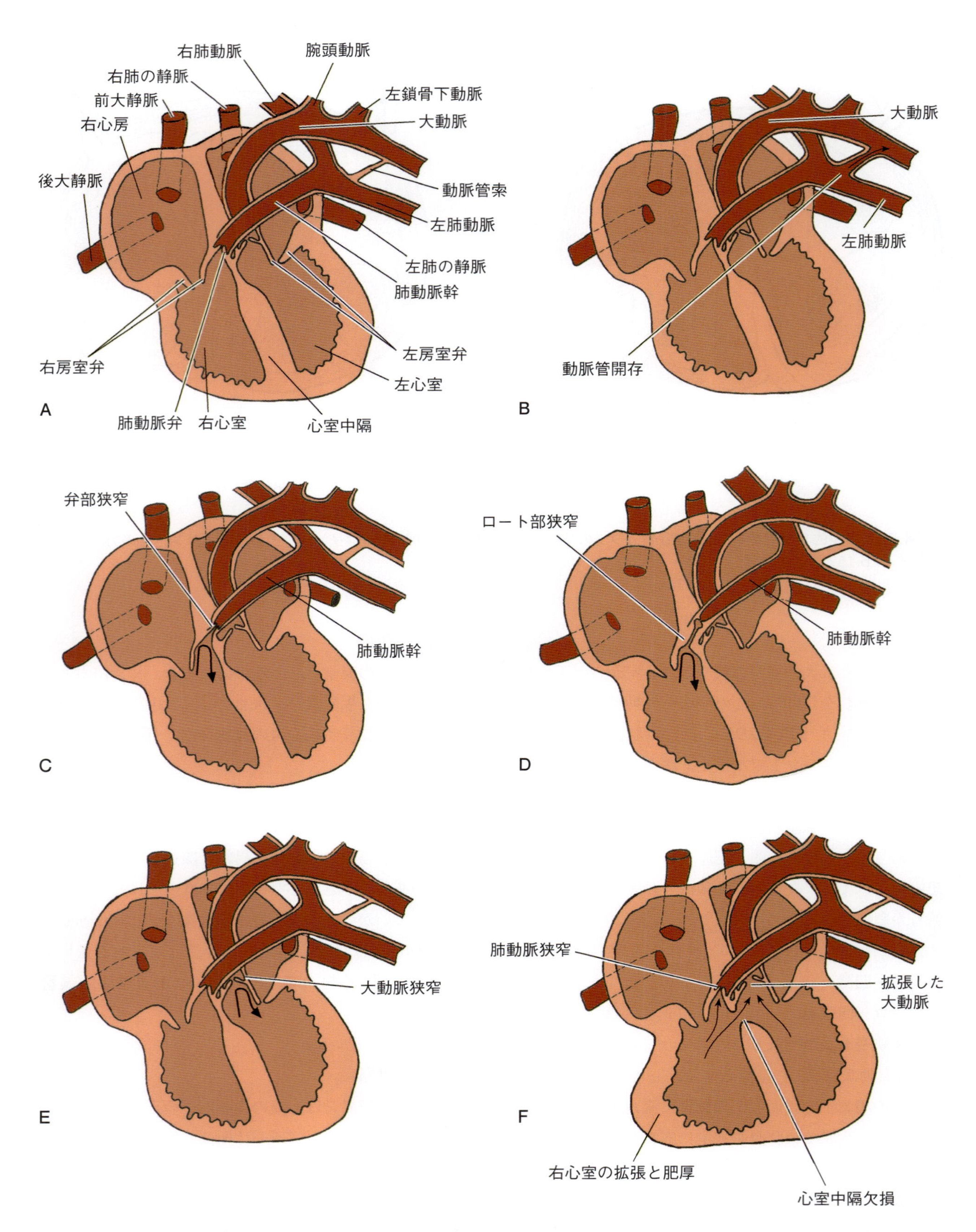

図14.29　A：正常な解剖学的配置を示す心臓の断面．B：動脈管開存．C, D：肺動脈狭窄．E：大動脈狭窄．F：ファロー四徴．矢印は血流の方向を示す．

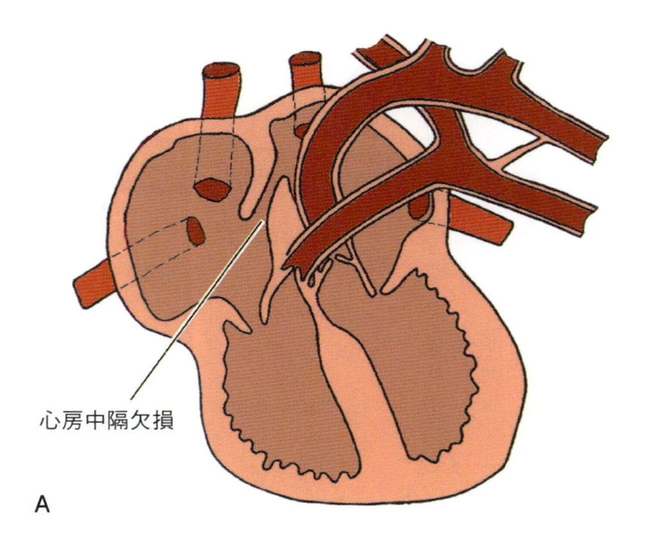

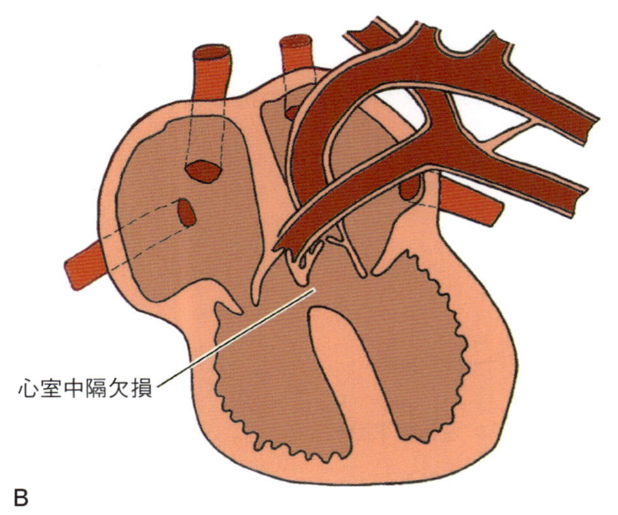

図14.30 心房中隔欠損（A）と心室中隔欠損（B）を示す心臓の断面図.

動脈幹遺残（総動脈幹遺残），房室管遺残（房室管口遺残）などがある.

先天性静脈短絡（門脈体循環短絡）

門脈と後大静脈管の吻合の残存によって生じる異常は先天性静脈短絡［congental venous (portosy stemic) shunt］と呼ばれる．静脈管遺残は肝内静脈短絡の一例であり，これによって門脈からの静脈血が肝臓を回避して後大静脈に流入するようになる．静脈血が肝臓を循環しないと血中にアンモニアなどの毒性物質が蓄積し，結果として神経傷害を招く．肝内静脈短絡はイヌとネコで認められ，レトリーバー，アイリッシュ・セッター，アイリッシュ・ウルフハウンドでは他の犬種より多く発生する．門脈と奇静脈の間の吻合により生じる肝外静脈短絡は小型犬種で報告されている.

血管輪異常

大動脈弓の発生異常によって心底の部分で気管と食道の周りに部分的または完全血管輪が形成されることがある．右第四大動脈弓に由来する右大動脈弓が残存して左動脈管，異常鎖骨下動脈，重複大動脈弓などで血管輪が形成される.

左動脈管を伴う右大動脈弓遺残

血管輪の多くは右大動脈弓遺残を伴っている．大動脈弓の発生中に右第四大動脈弓が大動脈弓を形成し，右第六大動脈弓が動脈管を形成して背側大動脈の左側成分が退縮すると，正常血管配列の鏡像が現れて正常な生理機能が営まれる．しかし，大動脈弓が右第四大動脈弓から発育し，動脈管が左第六大動脈弓から形成されて背側大動脈の左側成分が残存すると，左動脈管，左背側大動脈および右大動脈弓によって食道と気管を囲む血管輪が形成される（**図14.31**）．この異常はすべての家畜で報告されている.

異常右鎖骨下動脈

正常発生では，右鎖骨下動脈は右第四大動脈弓と右第七節間動脈で形成される．右第七節間動脈と総大動脈の間の右背側大動脈部分は退縮する．もし，右第七節間動脈と総大動脈の間の右背側大動脈の部分が残存し，右第四大動脈弓が退縮すると，右鎖骨下動脈は大動脈の後方の部位から起始することになる（**図14.32**）．そのようにして生じた右鎖骨下動脈は起始部から頭側に向かって走り，食道を通過し，第一肋骨の周囲を走る．この右鎖骨下動脈の異常な走路は食道の周囲で部分的な血管輪を形成する.

重複大動脈弓

右背側大動脈が退縮しないと左右の第四大動脈弓と左右の背側大動脈による血管輪を招く．この異常はまれで，ヒトとイヌで報告されている.

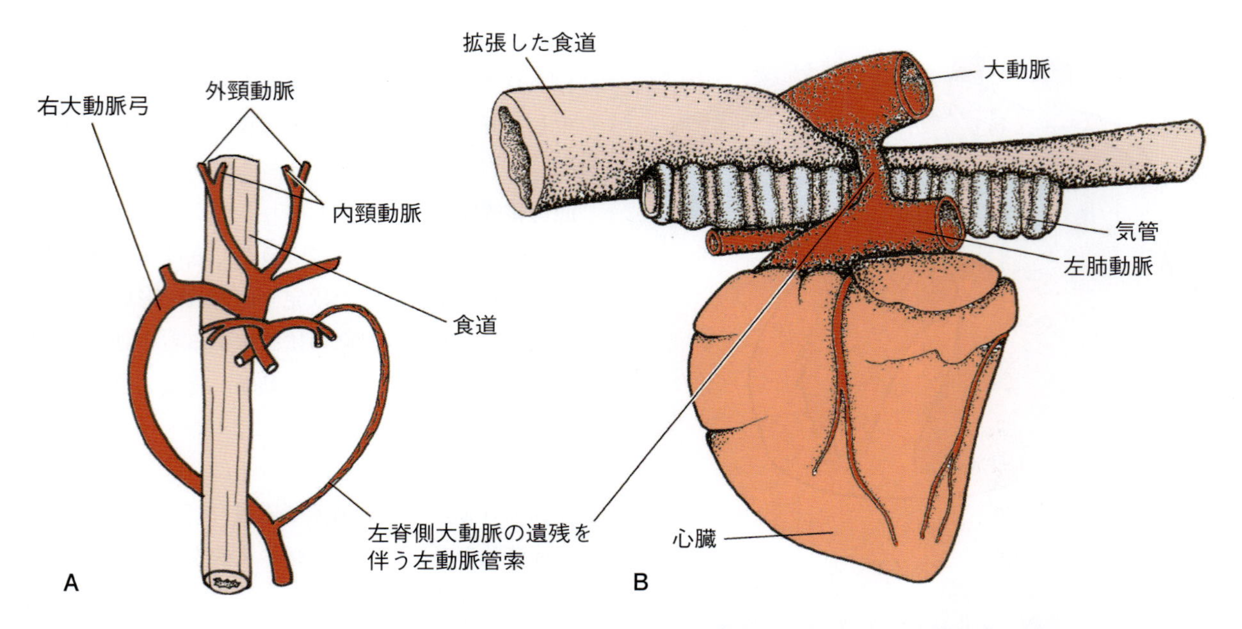

図14.31　A：左動脈管索を伴った右大動脈弓遺残の腹側面．B：左動脈管索によって生じる食道の狭窄の左外側面．狭窄部分から吻側部の食道は拡張する．

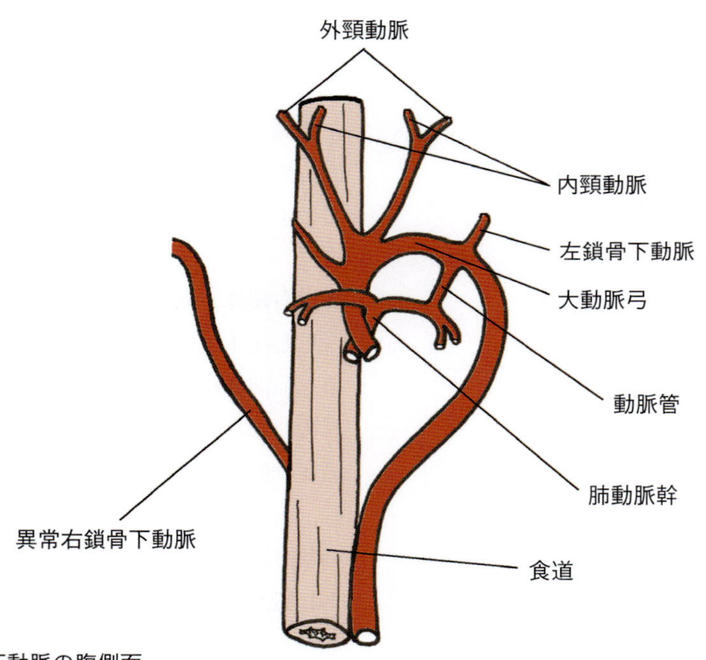

図14.32　異常右鎖骨下動脈の腹側面．

血管輪の臨床症状

血管輪に基づく臨床症状としては，胃への食塊の通過を妨げることや，液状物だけを通過させるなどの食道の狭窄がある．その症状は動物が離乳し，固形物を食べるようになって現れる．採食後に嘔吐が現れる．食物の肺への誤嚥や呼吸困難が現れることもある．狭窄部より前方の食道の拡張がX線写真で検出される．

（保田昌宏・脇谷晶一・中島崇行　訳）

さらに学びたい人へ

Bruneau, B.G. (2008) The developmental genetics of congenital heart disease. *Nature* 451, 943-948.

Coceani, F. and Baragatti, B. (2012) Mechanisms for ductus arteriosus closure. *Seminars in Perinatology* 36, 92-97.

Coulter, C.B. (1909) The early development of the aortic arch arteries of the cat, with special reference to the presence of a fifth arch. *Anatomical Record* 3, 578-592.

Geudens, I. and Gerhardt, H. (2011) Coordinating cell behavior during blood vessel formation. Development 138, 4569-4583.

Kume, T. (2010) Specification of arterial, venous, and lymphatic endothelial cells during embryonic development. *Histology and Histopathology* 25, 637-646.

Robinson, W.F. and Robinson, N.A. (2015) The Cardiovascular System. In M.G. Maxie (ed.), *Jubb, Kennedy and Palmer's Pathology of Domestic Animals*, Vol. 3, 6th edn. Elsevier, St Louis, MO, pp. 1-101.

Schleich, J.M., Abdulla, T. and Houvel, L. (2013) An overview of cardiac morphogenesis. *Archives of Cardiovascular Diseases* 106, 612-623.

第15章

胚子期と出生後における造血
Embryonic and postnatal features of haematopoiesis

要　点

- 哺乳類の胚子発生において，造血は胚外で始まり，後に胚内の器官へ移行する．骨髄は造血幹細胞が到達する最終地点であり，生涯を通じてここですべての血球系細胞の造血が行われる．
- 成体において，幹細胞がその特性を維持する能力は細胞を取り巻く微小環境に大きく依存している．
- マウス胎子の造血は胎生7.5日齢の卵黄嚢，胎生10.5日齢の大動脈-生殖腺原基-中腎領域，胎生14日齢の脾臓および胎生18日齢の骨髄における中胚葉由来の造血幹細胞が密接に関わっている．
- ニワトリ胚子では，孵卵2日目という早い時期に，卵黄嚢において初期の造血がみられる．孵卵3～4日目には大動脈-生殖腺原基-中腎領域における造血が開始される．孵卵最終週には，骨髄の類洞での造血が始まる．
- 免疫系で働くすべての細胞は造血幹細胞に由来し，リンパ系および骨髄系細胞の産生が阻害されると，寄生虫を含む病原微生物感染のリスクを高めることに繋がる．

造血系細胞の発生

造血系および循環器系は着床直後の初期の胚子発生に必要であることから最初に発生し，胚子の成長および発生のために必要な酸素や血管が供給される．胎子期の造血は初めに胚外の造血器官で起こり，後に胚内の造血器官へと移行する．最終的に，造血幹細胞(haematopoietic stem cell；HSC)は骨髄に移動し，ここで厳密に制御された赤血球および白血球の産生が生涯にわたって行われる(**図15.1**)．正常動物の血液細胞には寿命があり，血中を循環する各細胞の数は，血中から除去される細胞数とのバランスを取りながら，ほぼ一定に保たれている．これは炎症反応や退行性組織変化，またマクロファージや樹状細胞によって血中から除去される白血球の割合と成熟細胞の産生量が厳密にコントロールされているからである．赤血球および白血球を傷害したり，発生段階での除去をもたらすような感染症に罹患していない限り，血球成分は正常なレベルに保たれている．老化した細胞は除去され，骨髄で産生された細胞または骨髄で発生しリンパ組織などの他の組織で成熟した新しい血球細胞と入れ替わるからである．骨髄やリンパ組織に影響を及ぼす腫瘍性変性においては，血球数の持続的な異常上昇がみられることがある．哺乳類の胎子期における造血器官は卵黄嚢，大動脈-生殖腺原基-中腎領域，胎盤，胎子肝臓を経て最終的に骨髄に至る(**図15.2**)．骨髄に局在する造血幹細胞から，赤芽球系，骨髄系およびリンパ系前駆細胞のすべての細胞へと分化し得る多能性前駆細胞が分化する(**図15.3**)．幹細胞は幹細胞の特性を保ったまま分裂するとともに，環境に応じて機能的な成熟血球細胞へと分化し得る前駆細胞を生み出すこともできる．HSCは生体の維持に必要なすべての血液細胞およびリンパ球を産生する能力を備えている．造血幹細胞は特定の系統にのみ分化し得る中間型の前駆細胞へと分化することにより，最終的に多様な細胞を生み出す能力を備えている．

HSCは大動脈内の造血性内皮から生じる．*Runx-1*は内皮細胞の造血幹細胞への分化に不可欠な因子である．HSCの維持は造血幹細胞ニッチと血管周囲細胞

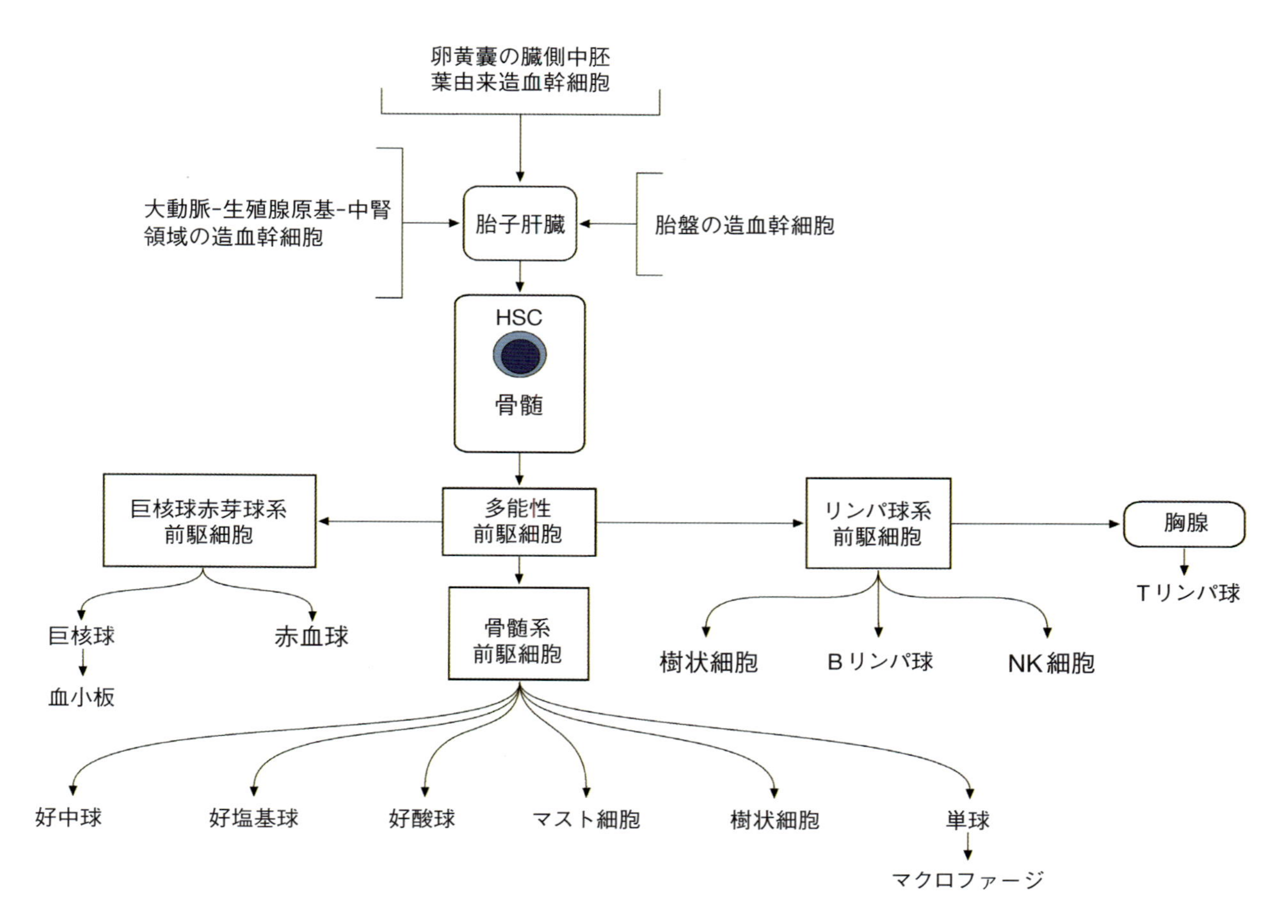

図15.1 哺乳類における胚外および胚内の造血組織．造血幹細胞（HSC）は胎子期に肝臓から骨髄へと移行する．胎子期から成体を通じてすべての骨髄系およびリンパ系細胞の前駆細胞となる多能性細胞が，この骨髄のHSCから分化する．

が産生するKIT受容体のリガンド，すなわち幹細胞因子（stem cell factor）に依存している．成熟動物の組織を構成する細胞の多くは寿命が長く，入れ替わることはまれである．これとは対照的に，上皮細胞のように剥がれたり，赤血球のように細胞の老化による膜の変化が起きて脾臓の働きで血中から除去されるなど，細胞が定期的に入れ替わる組織もある．造血とは血球系細胞の産生を指し，究極的には骨髄における造血幹細胞の維持によってなされる厳密に制御された機構である．造血幹細胞は動物個体の生涯を通じてすべての血球系の細胞を供給し続ける能力を持った組織特異的幹細胞の一つである．この幹細胞は背側大動脈の内皮から分化し，自己再生能とすべての血球系の細胞に分化する能力，つまり多能性を維持した細胞である．胎子発達段階にみられる未分化な細胞を別にすれば，多様な細胞に分化する能力こそ造血幹細胞の大きな特徴といえよう．造血幹細胞は生後も多能性を維持し続け，赤芽球系，骨髄系およびリンパ系細胞へと分化する前駆細胞を産生することができる（**図15.3**）．哺乳類の造血に関する多くの知見はマウス胎子を用いた研究によって成し遂げられてきた．本章で取り上げるデータも，多くはマウス胚子および胎子を用いた実験によって得られたものである．胎子の発生段階における造血幹細胞の出現は卵黄嚢でみられる赤芽球骨髄前駆細胞の一部，原始赤血球，マクロファージおよび巨核球を産生する限定的な造血よりも後に起こる．この造血の第一段階では，自己再生する幹細胞は関与しない．また，この段階では，Bリンパ球およびTリンパ球は産生されない．胎子期の肝臓では赤芽球および前赤芽球が主要であり，骨髄系およびリンパ系前駆細胞はより後期にならないと現れない．また，胎子期の脾臓では限定的な造血活性しかみられない．

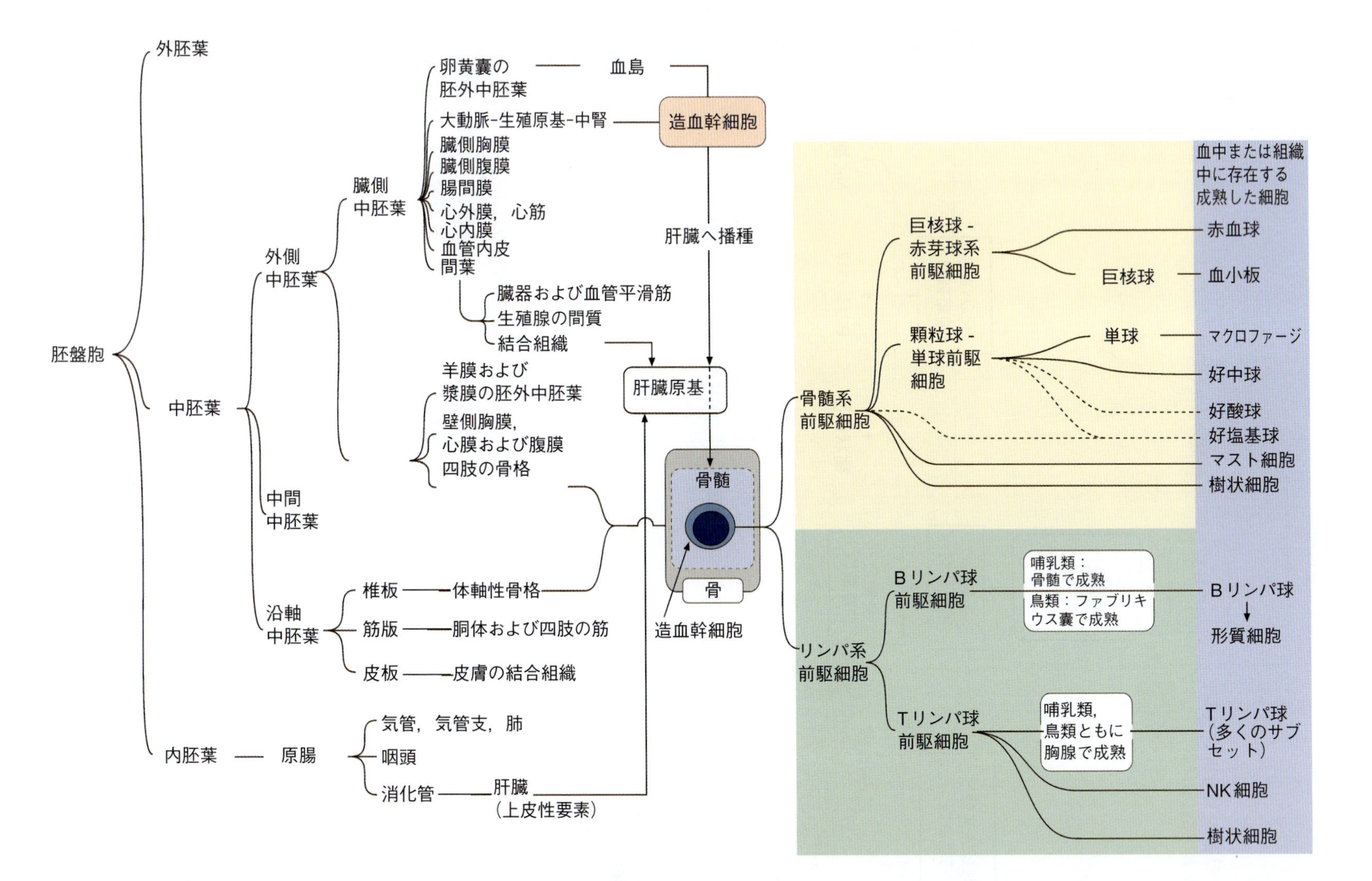

図15.2 哺乳類の造血幹細胞の発生に関連する主に中胚葉に由来する組織の概要図．造血幹細胞は最終目的地である骨髄に到達すると，骨髄系およびリンパ系前駆細胞の共通の供給源となる．骨髄系前駆細胞から骨髄系細胞が，またリンパ系前駆細胞からBリンパ球，Tリンパ球，NK細胞および樹状細胞が生み出される．

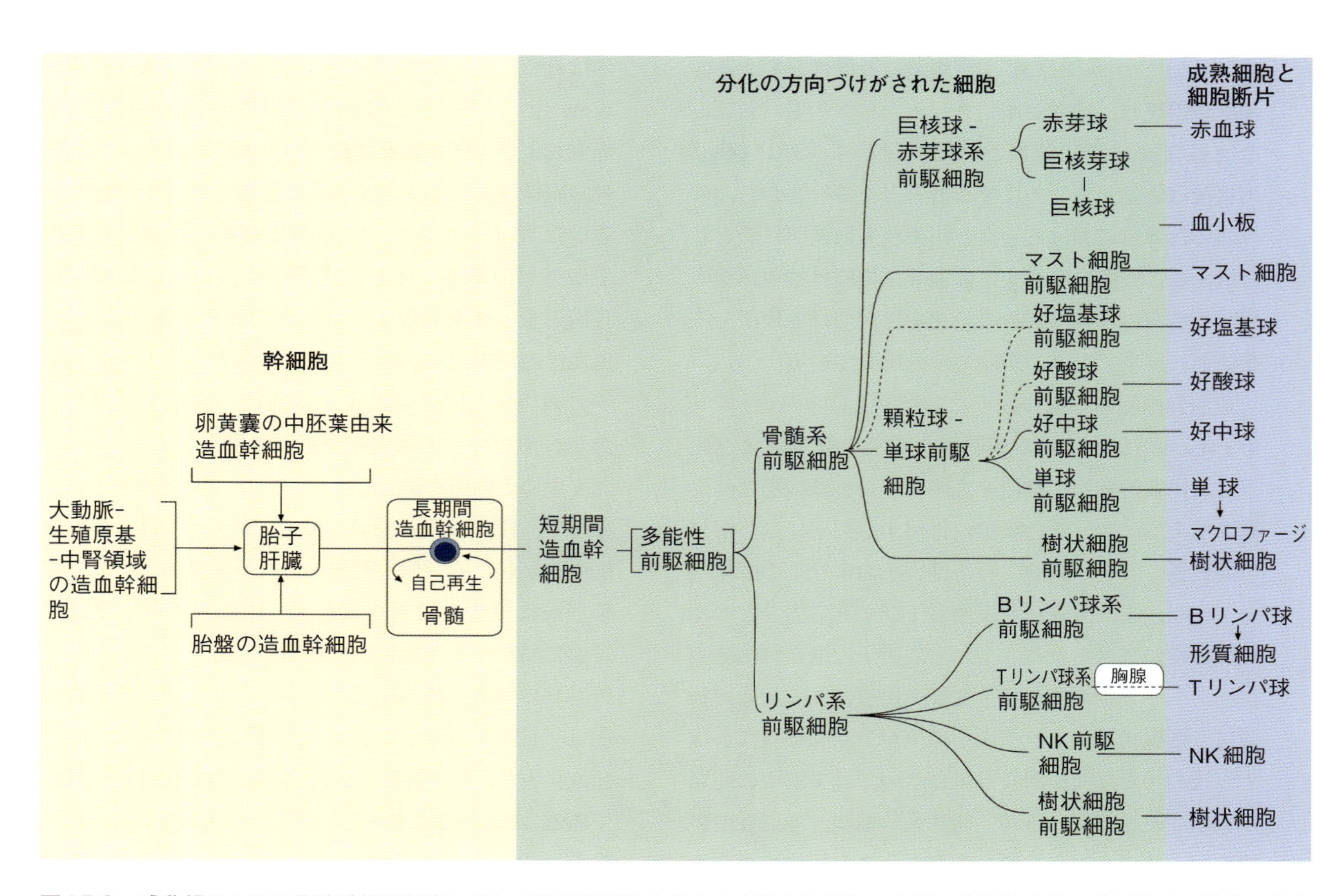

図15.3 哺乳類における骨髄系前駆細胞とリンパ系前駆細胞を生み出す造血幹細胞の起源．多能性を持つ幹細胞は，分化の方向性が決定した前駆細胞へと分化し，さらにそれぞれ成熟血球細胞および血小板へと最終分化する．好塩基球および好酸球の正確な起源は不明であり，その解明にはさらなる研究が必要とされる．それぞれの細胞系列への分化の方向づけは，成長因子や微小環境が大きく影響している．

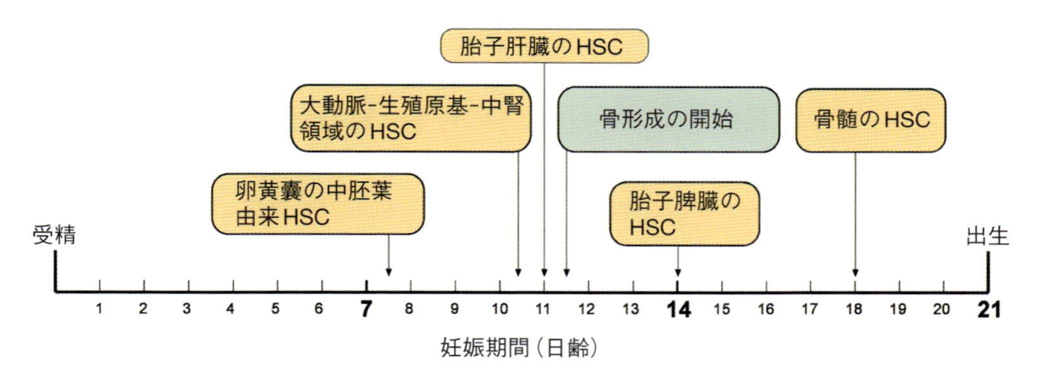

図15.4 マウス胚内および胚内における造血活性と骨形成開始との関連．

胚子発生中の造血部位

マウス胚子における造血は胎生約7.5日齢の卵黄嚢にある中胚葉由来の造血幹細胞で始まる（**図15.4**）．胎生10.5日齢には大動脈-生殖腺原基-中腎領域における血球の形成が認められ，その直後には胎盤での造血が確認できる．マウス胎子の肝臓では胎生11.5日齢，脾臓では胎生14日齢，また骨髄では胎生18日齢で造血活性が認められるようになる．ヒト胎児では，妊娠30日で卵黄嚢において原始造血が認められ，妊娠4週では大動脈-生殖腺原基-中腎領域に多能性を有する幹細胞が出現し，造血が開始される．ヒト胎児における造血器官は妊娠12週において肝臓から骨髄に移り，出生後は骨髄が造血の主要な器官となる．しかし，マウスでは脾臓における造血が出生後も数週間にわたり持続する．骨髄に存在する非血球系細胞は造血細胞の増殖や特定の細胞系列への分化を決定づける因子を細胞表面に発現したり，細胞外に分泌している．

造血幹細胞の挙動に大きな影響を及ぼす造血「ニッチ」(niche) と呼ばれる細胞微小環境は胚子および胎子における幹細胞の機能を説明するために提唱された概念である．ニッチの環境に作用する因子には，解剖学的位置，特定の細胞，可溶性因子およびその細胞内シグナル，また酸素圧，温度およびずり応力などの物理的影響が挙げられる．これらの因子は造血幹細胞の自己再生や分化を誘導し，加齢や疾患による造血の制限にも影響する．ニッチ微小環境が造血幹細胞に及ぼす直接的または間接的な効果については未解明の問題が数多く残されているが，間葉系幹細胞，多能性前駆細胞および骨芽細胞を含む多様な非造血系細胞からのシグナルおよび細胞間相互作用が造血細胞に影響を与えていることは明らかである．出生後には，ほとんどのHSCが造血活動の中心である骨髄の骨芽細胞性および血管性ニッチに存在する．それぞれに特化した細胞を含むこれらのニッチは，成長因子の分泌を介してHSCの増殖や分化を支えている．骨芽細胞へと分化する骨内膜細胞はN-カドヘリンを介してHSCと相互作用する．骨芽細胞も，HSCの細胞数を制御するアンギオポイエチン，トロンボポイエチン，Wnt, Notch，オステオポンチンなどの因子を発現している．骨形成の開始に先立ち，背側大動脈の腹壁に局在する内皮細胞から起こったHSCは骨芽細胞が形成される前には類洞血管に存在している．マウスとヒトの双方において，骨髄は出生後の主要な造血幹細胞の供給源である．

脊椎動物に関する数多くの研究から，HSCは背側大動脈の腹壁に局在する内皮細胞から分化することが示されている．やがてHSCに分化することが運命づけられているこの造血性内皮細胞は中胚葉由来であり，動物種に特異的な様式で他の組織を経て，最終的には骨髄に移動する．マウス胚子においては，Nodal, Wnt-3および骨形成タンパク4 (Bmp-4) は原始線条形成および中胚葉誘導に必須のシグナルである．造血幹細胞は腹側後部中胚葉由来であるため，その分化誘導にはWntリガンド，Bmpおよび線維芽細胞成長因子が必須である．HSCが出現する直前，血管内皮成長因子受容体を発現する背側大動脈の腹壁において，造血性内皮の発生が起こる．マウスおよびニワトリ胚子において，HSCが出現する前に，内腔の形成された左右両側の大動脈内皮が正中で融合する．つまり，発生中の大動脈が融合し，正中に単一の大動脈を生じるまで，HSCは現れない．Notchシグナルは造血性内皮細胞が起こる背側大動脈を含む脊髄動物の初期の脈管形成に重要な役割を果たす．HSCは背側大動脈の正中に局在する造血性内皮細胞から分化することが報告されている．Notchシグナルはこれらの脈管形成に加え，HSCの分化にも必須の役割を持っている．Notchリガンドである Jagged 1はこの分化過程に重要である．Notch 1は*Runx-1*シグナルの上流にあり造血系の発生，分化に必須のシグナルである．*Runx-1*プロモーターはNotch応答性エレメントを欠くことから，Notch 1による*Runx-1*シグナルの活性化はGATA-2を介する独自の経路で制御されていることが示唆されている．特定の発生段階で，HSC前駆細胞がNotch 1シグナルを受容することがHSC分化のために必須の事象である．背側大動脈の内皮細胞またはその近傍にある細胞が産生するJagged 1などのNotchリガンドがHSCへの分化を運命づける．背側大動脈における*Runx-1*の発現はやがてHSCへと分化する細胞の最も早いマーカーの一つであり，内皮細胞からHSCへの移行に必須の分子であるが，その後のHSCの維持には必要とされない．

成体の骨髄におけるHSCの発生と機能に影響を及ぼす細胞の活性やその他の因子

骨髄はHSCが発生や自己再生および分化を行う主要な微小環境である．出生後，HSCは骨髄から血中に移行し，血球系細胞に特有の生体恒常性の維持に寄与する．

骨と骨髄の境界面において，骨芽細胞とHSCとの相互作用が認められる．顆粒球コロニー刺激因子(granulocyte-colony stimulating factor；G-CSF)，顆粒球マクロファージコロニー刺激因子(granulocyte-macrophage colony-stimulating factor；GM-CSF)，インターロイキン-6などの骨芽細胞から分泌されるサイトカインはHSCの増殖や分化を誘導する．骨芽細胞が分泌する他の因子，アンギオポイエチンやトロンボポイエチンもHSCの細胞数に影響を与える．

共培養を用いた実験により，骨芽細胞はニッチの構成要員としてHSCの機能を助け，機能を維持する能力を持つことが明らかになった．骨内膜に存在する細胞は骨芽細胞，脂肪細胞および軟骨細胞へと分化し得る多様な細胞の集団であり，それぞれの細胞はHSCの成熟や維持に対する働きが異なる．実験に供した細胞のうち，HSCの発達に対する作用が最も弱かったのは軟骨細胞であり，最も強い作用を示したのは骨芽細胞であった．出生後の骨髄に存在する他の細胞のうち，特に間葉系幹細胞，CXCL12を高発現する細網細胞およびsurface cell antigen 1(Sca1)を発現するライニング細胞などが，それぞれ独立してHSCの調節に働くと報告されている．また，脈管周囲のネスチンを発現する間葉系幹細胞も，HSC機能に影響を及ぼすことが示されている．これらの間葉系幹細胞はHSCの移動を誘導することで知られるケモカインCXCL12を高レベルで発現する．ニッチに存在する細胞に対するHSCの依存度はニッチ細胞の分化の度合いと関連することが明らかになっている．間質細胞は分化し，その機能的特性を変化させ，生理学的および他の要因に呼応して移動する．造血に対する間質細胞の影響の大きさは骨髄微小環境で生じるさまざまな変化を反映しているのである．

造血に関与する非細性胞因子

HSCは血球系細胞に分化する前駆細胞の前段階にある自己再生能を有する細胞である．骨髄に多能性幹細胞が存在することは，致死量のX線照射を受けた動物に骨髄細胞を移植することで，免疫系と関連する血球系の細胞を回復させられることから推察できる．多能性幹細胞は*in vitro*での培養が可能であり，血球細胞に分化させることもできる．幹細胞はまず最終的な分化の方向性の決まっていない前駆細胞へと分化し，その後それぞれの血球細胞へと最終分化する．転写因子は特定の細胞系列への分化に必要と考えられている．例えば，転写因子GATA-1は赤芽球系細胞への分化に不可欠である．しかし，分化の方向性を決定するのは単一の転写因子ではなく，複数の転写因子の組み合わせである．複数の転写因子が特異的な遺伝子の発現パターンを決定し，特定の細胞への分化を誘導する．転写因子のみならず，細胞外の成長因子も細胞の造血系細胞の増殖や分化に重要である．培養細胞を用いた研究によれば，造血細胞に対して促進的あるいは抑制的な活性を有する20種類以上の因子が報告されている．細胞系列への分化に対して特異的に働く成長因子を特定することは難しい．GM-CSF，マクロファージコロニー刺激因子(macrophage colony-stimulating factor；M-CSF)およびG-CSFの三つは分化に対する活性がよく調べられている．GM-CSFは多くの骨髄系細胞系列の発生に必須であるが，G-CSFと同時に作用した場合には顆粒球マクロファージ前駆細胞から顆粒球の分化のみを促進する．一方，GM-CSFがM-CSFとの組み合わせで作用した場合，同じ前駆細胞から単球の分化を誘導する．骨髄系前駆細胞がエリスロポイエチンの刺激を受けると，巨核球-赤芽球前駆細胞をより多く生み出すことにより，赤血球の産生を増加させる効果があると報告されている．

多能性細胞は胎子期の幹細胞から生じるため，胎子体内における特定の場所や最終的な定住場所への移動には多数の微小環境要因が影響を及ぼす．ケモカインと呼ばれる一群の低分子塩基性タンパク質が胚子や胎子体内における細胞の移動や局在を決定するのに中心的な役割を担っている．約40種類あるケモカインはそのほとんどが分泌型のタンパク質であり，一部が膜貫通タンパク質である．ケモカインは四つの進化的に保存されたシステイン残基を有し，このうちのN末端の二つのシステインの位置が連続しているCCケモカインと，二つのシステインが他のアミノ酸(X)によって分断されているCXCケモカインに分類される．ケモカインはGタンパク質共役受容体である7回膜貫通型の受容体に結合することによって作用を発現する．この受容体は結合するケモカインの種類に応じて数種類に分類されている．ケモカインが受容体に結合すると，細胞内にそのシグナルが伝達される．ケモカインは，胎子期および出生後の両方で，特定の細胞に対して重要である．血中を循環する細胞の炎症局所への浸潤や組織に特異的な微小環境を作るのに働く．未成熟あるいは成熟血球細胞の遊走を誘導したり，細胞接着や活性化を調整するなど，広範囲の活性を持っている．つまり，免疫担当細胞の遊走を介して生体恒常性の維持に重要な役割を担っているのである．間質細胞が産生するケモカインCXCL12とHSCが発現するその受容体であるCXCR4は胎子期の正常なHSCの機能の発達や細胞の移動に必須である．同様に，間質細胞が産生するサイトカインSCFとHSCが発現するその受容体KITはHSCの正常な機能にとって不可欠である．SCF-KITシグナルは胎子期におけるHSCのCXCL12に対する遊走反応を促進することが報告されている．その他にも，α4インテグリン，N-カドヘドリン，オステオポイエチン，Wntシグナル伝達を活性化する膜結合型接着分子などもHSCの移動や定着に重要な分子と報告されている．また，間質細胞で作られるtranscription factor pituitary homeobox 2（Pitx2）も，胎子期におけるHSCの維持に必須の因子と考えられている．マウス胎子における造血の場は胎生約18日齢に肝臓から骨髄に移行するが，これを引き起こす状況の変化は胎生約12.5日齢に始まる骨芽細胞や軟骨細胞の前駆細胞による骨形成の開始に起因する．これらの細胞はHSCの増殖および発達のための最適な微小環境を備えたニッチを作ることができる．CXCL12-CXCR4，SCF-KIT，Tie-2-アンギオポイエチン，インテグリンおよびCD44-E-カドヘドリンなどのシグナルがこの造血活性の場の移行に働くことが報告されている．また，これらの因子は骨髄にHSCを維持するためにも働くものと考えられている．

哺乳類では，骨の骨内膜，骨髄の血管性ニッチなどにHSCが存在している．マウス成体では，ほとんどのHSCは骨髄の骨芽細胞性および血管性ニッチに存在し，少数が他の組織の血管性ニッチに存在する．胎子発生において，骨芽細胞の非存在下ではHSCは血管周囲の前駆細胞から生じる（肝臓や脾臓などの骨髄外組織のHSCは類洞または血管領域に存在する）．骨内膜細胞は骨芽細胞へと分化するとHSCと相互作用するようになる．骨吸収性破骨細胞も骨内膜に存在するため，この2種類の細胞はHSCの発生に対して競合的に影響を及ぼす．

血球系細胞の安定的な供給には，生涯を通じたHSCの維持が必要である．感染や毒性因子によって白血球や赤血球が損傷を受けるような病理的影響が骨髄に及ばない限り，HSCの分裂増殖は極めて限定的である．マウスにおいては，休眠状態にあるHSC（dormant HSC）の分裂は，145日に1回であると報告されている．この休眠型HSCをG-CSFで刺激すると，HSCは休眠状態に戻る前に細胞周期に入る．ストレス条件下では，HSCは自己再生をしてから休眠状態に戻ることがある．骨髄の微小環境においては，HSCにはTIE2チロシンキナーゼ受容体などのHSCを不活性状態に維持する因子が発現しており，骨芽細胞上のアンギオポイエチンやトロンボポイエチンなどの因子もHSCを休眠状態に維持することに働いている．

HSCはミクログリア，抗原提示細胞および皮膚のランゲルハンス細胞などの細胞へと分化する複数の細胞系列に分化する能力を保持していることが実験的に確かめられている．したがって，造血細胞としての役割に加えて，HSCはその分化誘導シグナルに応じて，骨髄に由来するさまざまな細胞系列の前駆細胞へと分化する能力を有している．HSCから派生した細胞は，限定した細胞系列にのみ分化する能力を有する場合と，状況によっては細胞系列を限定しない分化能を有する場合がある．リンパ系および骨髄系細胞の発生はそれぞれ**図15.5**および**15.6**に示す．哺乳類の血球系細胞および関連する細胞の重要な特徴については，その概要を**表15.1**に示す．

鳥類における造血

哺乳類と鳥類の造血系の発生には，多くの共通点がみられる．内皮細胞は中胚葉由来である．造血幹細胞（HSC）は中胚葉と卵黄嚢で発達する．鳥類では，卵

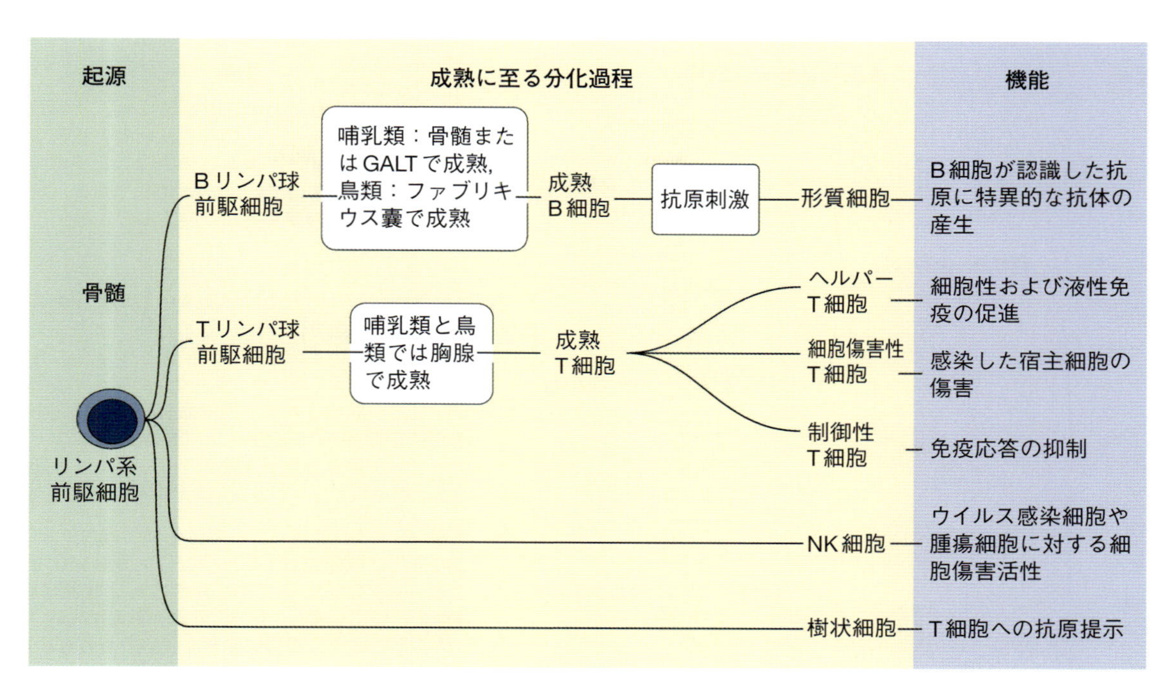

図15.5 リンパ球の起源，分化成熟部位および活性．

黄嚢の内胚葉を被う中胚葉層から原始赤血球が現れる．原始赤血球は孵卵2日目には血流に乗るが，孵卵5日目以降になると急速に減少し，孵化する頃には消失している．HSCの確実な発生起源として確認されている大動脈-生殖腺原基-中腎（aorta-gonad-mesonephros；AGM）は孵卵3〜4日目から発達し始める．

胎生期に左右の大動脈が融合した直後，AGM領域に造血細胞のクラスター（血島）が現れる．このクラスターは，頭側および尾側末端を除いて，ほぼ体幹全体にみられる．対をなした大動脈の内皮細胞は中胚葉の最内層にある臓側板から発生する．左右の大動脈が融合する前に，内皮細胞は血管の腹側に浸潤し，上層の大動脈と内胚葉とを隔てた間に入り込む．大動脈下の間葉系組織はNotchシグナルや転写因子Runx-1などを含む周囲の環境を通じてAGMの造血に影響を与えると考えられている．

融合した大動脈の側壁と底部は臓側板に由来するが，上部は体節の内皮細胞から起こる．体節の内皮細胞が大動脈に統合するには，NotchとEphrin B2の相互作用が必須である．大動脈底部の細胞は内皮細胞としての性格を失い，造血細胞の特徴を発達させる．HSCの起源となるこの細胞のクラスターは増殖して大動脈の内腔に膨らみを生じる．造血クラスターの細胞はc-mybやRunx-1などの転写因子，また汎白血球マーカーCD45を高発現し，VE-カドヘリンや血管内皮成長因子（VEGF）などの内皮細胞の特徴的なマーカーを発現する細胞とは明確に分けられる．造血クラスターを含む大動脈腹壁の内皮細胞は，造血が進行するにつれて次第に消失し，体節（皮筋節）に由来する内皮細胞に置換される．つまり，大動脈の大規模な再構築が起こるのである．

哺乳類とは異なり，鳥類においては肝臓での造血は起こらず，骨髄が孵化前の主要な造血細胞の供給源であると同時に，生涯を通じて造血が行われる場所である．骨髄の類洞においてHSCは類洞壁に近接しており，ここで赤血球産生は行われる．成熟した赤血球は類洞の中心部に移動し，静脈へと流入する（**図15.7**）．

鳥類の血中に存在する白血球細胞は骨髄系およびリンパ系の二系列に分類される．骨髄系細胞には，偽好酸球，好酸球および好塩基球（総じて顆粒球と呼ぶ）が，一方リンパ系の細胞には，Bリンパ球およびTリンパ球が含まれる．正常な鳥類の血中に最も多く存在する

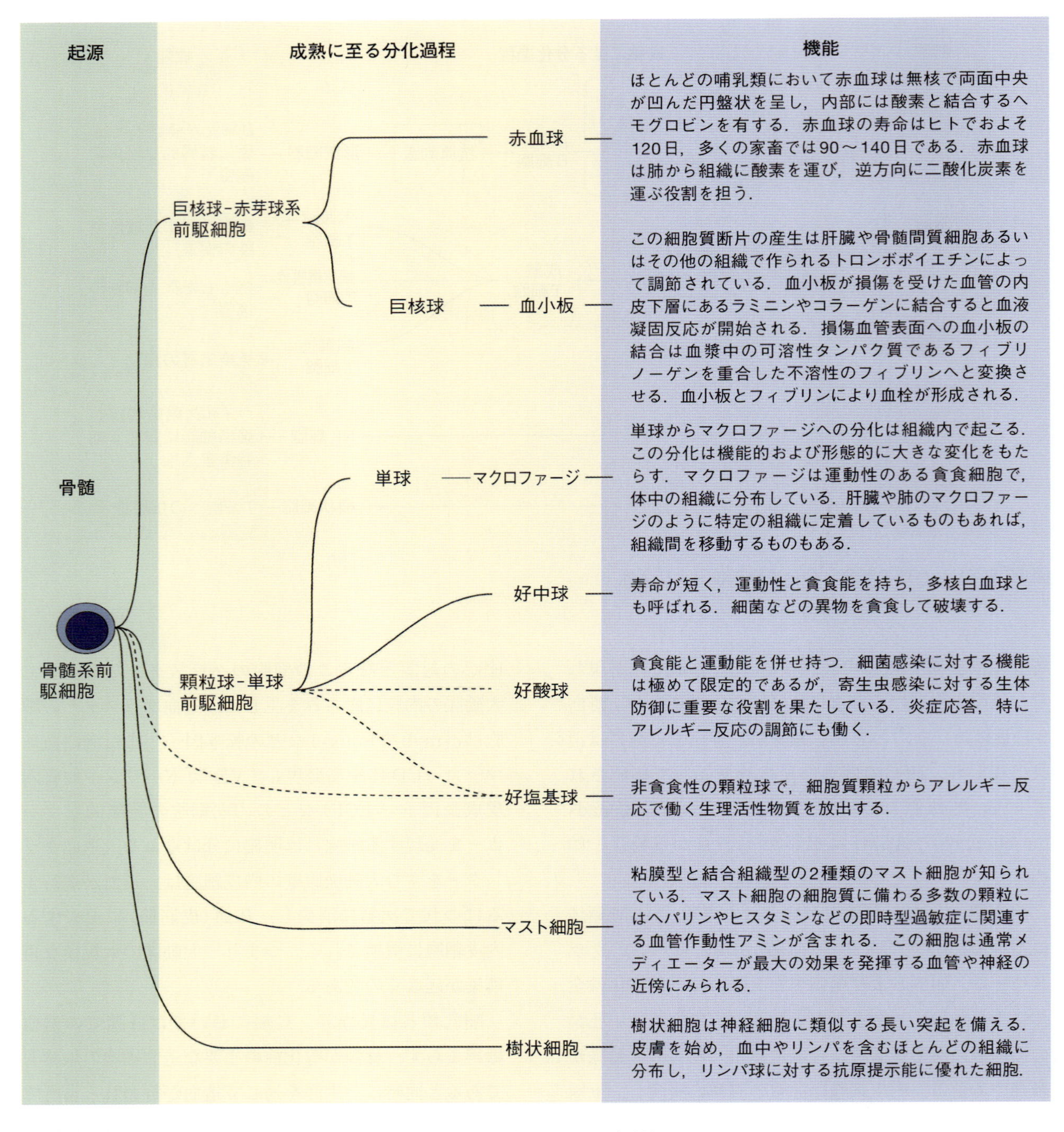

図15.6 骨髄系前駆細胞から分化する細胞の起源，分化成熟過程および活性.

白血球，つまり哺乳類における好中球に匹敵する白血球が偽好酸球である．孵化前，孵卵12～13日目の脾臓では，赤脾髄に由来する大量の顆粒球が作られる．孵化後のヒヨコになると，顆粒球系列の細胞は胎生HSCが定着した骨髄の血管外領域で作られる．

ファブリキウス嚢と胸腺は鳥類の中枢リンパ組織であり，末梢リンパ組織の発生に重要な役割を果たす．鳥類の主要な粘膜関連リンパ組織（mucosa associated lymphoid tissue；MALT）は腸管関連リンパ組織（gut-associated lymphoid tissue；GALT）である．ニワトリにおけるGALTは腸内細菌，ウイルス，真菌および寄生虫病原体に対する免疫応答の発達に重要で

表15.1 哺乳類の造血または血球系細胞の起源，系統，分布および他の属性（続く）

細胞（構成要素）	起源	系統	形態	分布	コメント
好塩基球	骨髄	骨髄系	異染性で大型の細胞質顆粒と葉状の核	血中	血中に循環する白血球の1%に満たない非貪食性の顆粒球．塩基性色素に濃く染まる顆粒はアレルギー反応で働く生理活性物質を含む．
Bリンパ球	骨髄	リンパ系	円形またはわずかに屈曲し凝縮した核	血中および組織中	すべてのリンパ球は骨髄に存在する共通の幹細胞に由来する．胸腺で成熟するTリンパ球と異なり，哺乳類のBリンパ球は骨髄または腸管関連リンパ組織で成熟する．鳥類では，Bリンパ球はファブリキウス嚢で成熟する．Bリンパ球はB細胞受容体に抗原刺激を受けると増殖し，特異抗体を産生する形質細胞へと分化する．メモリーB細胞と呼ばれる少数のBリンパ球は抗原刺激後も体内にとどまり，免疫記憶による迅速な抗体産生に働く．
樹状細胞	骨髄	骨髄系前駆細胞を起源とするものとリンパ系前駆細胞から分化するものがある	神経の樹状突起と類似する長い突起を備えた大型で単核の細胞	皮膚，ほとんどの臓器，リンパ組織，血中およびリンパ	Tリンパ球に対する重要な抗原提示細胞である．その分布により関連する名称が与えられている：表皮のランゲルハンス細胞，臓器に存在する間質樹状細胞，二次リンパ組織のT細胞領域に存在する指状突起樹状細胞，血中およびリンパ中の循環樹状細胞
好酸球	骨髄	骨髄系	酸性色素に強く染まる二葉状の核と大きな細胞質顆粒	血中および組織中	寄生虫に対する生体防御に役割を果たし，貪食能と運動能を併せ持つ．炎症応答，特に過敏反応の調節にも働く．
赤血球	骨髄	骨髄系	無核で両面中央が凹んだ円盤状	血中	赤血球の産生は腎臓の髄質で産生されるエリスロポイエチンによって調節を受ける．エリスロポイエチンの産生は酸素圧によって調節される（低酸素状態で血中エリスロポイエチンレベルは上昇する）．赤血球は血中で最も豊富に存在する細胞であり，寿命はヒトで120日，家畜で90～140日である．赤血球は肺で得た酸素を組織に運び，二酸化炭素を持ち帰る．
マクロファージ	骨髄	骨髄系	大型の単核細胞であり，核は不規則な輪郭を持つ	体中の組織に存在する．特定の臓器に定着しているものもあれば，組織間を移動するものもある	単球からマクロファージへの分化は組織内で起こる．在住マクロファージはその定着する部位により固有の名称で呼ばれる（肺の肺胞マクロファージ，肝臓のクッパー細胞，脳のミクログリア，腎臓のメサンギウム細胞）．マクロファージは長寿で，運動性と貪食能を有する細胞であり，病原微生物の貪食による破壊とTリンパ球への抗原提示に役割を果たす．活性化マクロファージはさまざまなサイトカインを分泌し，非特異的および特異的免疫の両方に働く．

表15.1 （続き）哺乳類の造血または血球系細胞の起源，系統，分布および他の属性

細胞（構成要素）	起源	系統	形態	分布	コメント
マスト細胞	骨髄	骨髄系	異染性の細胞質顆粒を有する単核細胞	血管および神経に近い結合組織，粘膜組織の固有層	マスト細胞の膜結合顆粒には豊富なヒスタミンやヘパリンが存在する．また，脂質メディエーターやサイトカインの合成も行う．ヒスタミンと脂質メディエーターは即時型過敏症反応に関係している．マスト細胞上に発現する受容体に結合したIgEが抗原によって架橋されると，脱顆粒とメディエーターの放出が誘導される．
単球	骨髄	骨髄系	腎臓状の核を有する大型の単核細胞	血中	運動性と貪食能を持つ細胞である．血中にとどまる時間は数時間程度であり，組織に入るとマクロファージに分化する．
NK細胞	骨髄	リンパ系	大型の顆粒を有する単核細胞	血中および末梢組織中	大型の顆粒を有するリンパ球様の細胞であるが，抗原特異的受容体を備えておらず，早期の非特異免疫応答に働く．ウイルス感染細胞や腫瘍細胞と非特異的に結合し，標的細胞に対する傷害活性を示す．NK細胞はFc受容体を備えており，抗体に認識された細胞を抗体依存性細胞傷害によって排除するのにも働く．
好中球	骨髄	骨髄系	分葉核で細淡染性の細胞質顆粒	血中；遊走性刺激に応答して組織に移動する	寿命が短く，運動性と貪食能を持つ．多核白血球とも呼ばれる．細菌などの異物を貪食して破壊する．一次顆粒にはエラスターゼやミエロペルオキシダーゼが含まれ，二次顆粒には抗菌物質であるプロテアーゼやリゾチームが含まれる．
形質細胞	骨髄	リンパ系	顕著な好塩基性細胞ゴルジ装置，小胞体，中心から偏った車輪状の核	結合組織および脾臓やリンパ節などの二次リンパ組織	B細胞が抗原刺激を受けて活性化すると，抗体を産生する形質細胞へと分化する．B細胞表面の膜結合型IgMまたはIgDと抗原との結合と同時に，抗原提示細胞とヘルパーT細胞の補助刺激を受けたB細胞は選択的に活性化され，特異性を持った細胞集団が分化する．Bリンパ球から最終分化した形質細胞の寿命は2週間程度である．
血小板	骨髄（巨核球から産生される）	骨髄系	細胞質の断片	血中	血小板はトロンボポイエチンの影響下で巨核球から産生される細胞質の小断片である．損傷を受けた血管の内皮下層に血小板が接着すると，血液凝固が開始される．
Tリンパ球	胸腺で成熟した骨髄のリンパ系幹細胞から生じる	リンパ系	円形またはわずかに屈曲し凝縮した核	血中および組織中	細胞傷害性T細胞およびヘルパーT細胞と呼ばれる2種類の主要なサブセットは細胞表面に発現するマーカー分子（糖タンパク質）によって区別される．細胞傷害性T細胞はCD8を発現し，ヘルパーT細胞はCD4を発現する．すべてのT細胞はT細胞受容体を発現する．T細胞受容体は主要組織適合抗原上に提示された抗原とのみ結合し得る．細胞傷害性T細胞は感染または異常を生じた宿主細胞を殺すことができる．ヘルパーT細胞は細胞性免疫と液性免疫応答を促進する．制御性T細胞（Treg）は免疫，炎症反応を抑える働きを持っている．Th17細胞は慢性炎症疾患を引き起こす細胞であるが，真菌や一部の細菌に対する免疫応答に重要であると考えられている．

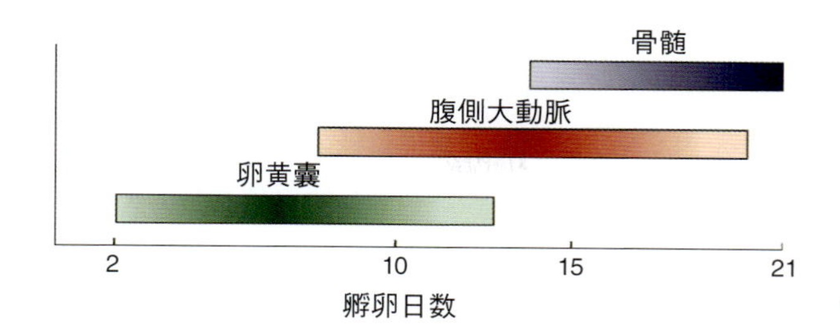

図15.7 ニワトリ胚子期における造血部位の変化.

ある．鳥類のGALTには，ファブリキウス嚢，盲腸扁桃，メッケル憩室などの鳥類に特徴的な構造に加え，パイエル板，腸管上皮内リンパ球，粘膜固有層に散在する免疫担当細胞が含まれる．アヒルやガチョウなどの例外を除き，ほとんどの鳥類には組織化されたリンパ節がみられない．GALTに存在するリンパ球が生体防御に関わる免疫担当細胞の供給源となっている．

ファブリキウス嚢と胸腺には，発生学的な起源，胎生期の発達やその機能に関していくつかの共通点がある．ファブリキウス嚢は肛門管の背側に位置する憩室であり，総排泄腔の一区画である．多裂上皮によって構成され，Bリンパ球の産生に重要な役割を果たしている．胎生期のファブリキウス嚢では巨大な好塩基性の樹状細胞とリンパ系前駆細胞が間葉に浸潤し，細胞のコロニーが生じる．孵卵約12日目には，嚢内腔の上皮が増殖し，上皮芽を形成する．それぞれの上皮芽には細胞表面に免疫グロブリンを発現する2～3個のB細胞系列の前駆細胞がコロニーを形成する．上皮芽で免疫グロブリン発現Bリンパ球は急速に増殖し，孵化するまで嚢は拡大し続ける．胎生期においては，嚢のB細胞は明確な基礎構造は持たない濾胞の中で形成される．孵化が近づくにつれ，嚢の濾胞は成熟した濾胞へと発達していく．嚢の上皮細胞は内腔の物質をファゴサイトーシスで取り込み，嚢のリンパ球部位に提示するように特殊化する．ファブリキウス嚢は孵化後4週間までは急速に成長し，その後退縮が始まる孵化後10週に至るまでは遅い速度で成長する．16週目までに退縮が完了する．

胸腺は第三および第四咽頭嚢から発生する．神経堤細胞を含む咽頭の間葉は咽頭嚢内胚葉の発生に必須の因子BMP-4を発現する．この複雑な上皮間葉相互作用において，間葉の産生するFgf-10によって内胚葉のさらなる分化が誘導される．

孵卵16日目から孵化までの間に，胸腺は急速に発達する．孵化後約3カ月頃までは胸腺重量は増加するが，その後退縮に転じる．胸腺は葉状の構造を呈し，第三頸椎から胸郭の頭側部に至る頸部腹側に位置する．

鳥類の胸腺には，孵卵期に造血前駆細胞の3回の波状的なコロニー形成がみられる．Tリンパ球に分化する傍大動脈の細胞は第一波として胸腺に定着する細胞である．骨髄に由来するT細胞前駆細胞は第二，第三波として胸腺にコロニーを形成する．先ず，孵卵6日目から第一波のコロニー形成が始まり，第二波は12日目，第三波はおよそ18日目に胸腺に入植する．3回に及ぶこの前駆細胞の浸潤はそれぞれ1～2日間持続し，胸腺細胞が一過性に生産される．やがてT細胞は胸腺を離れ，主にGALTに移動していく．Tリンパ球の第二波がGALTを占めた後には，サイトカイン発現（IL-2およびIFN-γ）の急激な上昇が起こる．第一波でTリンパ球が移動する際には，IL-2およびIFN-γの発現上昇はみられないため，これらのリンパ球は免疫学的に不活性状態であると推察されている．

胸腺は胸腺上皮細胞（thymic epithelial cell；TEC）とリンパ系胸腺細胞（T細胞）という2種類の主要な細胞成分によって構成されている．TECは周囲の間葉系細胞とともに，T細胞の分化を支える胸腺の微小環境（外側の皮質と内側の髄質）を構築している．TEC増殖の第一段階は孵卵初期に胸腺非依存的に起こり，孵卵後期になると胸腺依存的な第二段階の増殖に置き換わっていく．その間，胸腺は発達し続け，孵化後にみられる完全に区画化された構造が形作られていく．ひとたびTリンパ系細胞に分化すると，未成熟なT細胞は増殖し，皮質においてT細胞受容体（T cell receptor；TCR）のポジティブセレクション（正の選択）を受ける．

ポジティブセレクションを生き残った胸腺細胞は髄質へと移動し，ここで潜在的な自己反応性T細胞を除去するためのネガティブセレクション（負の選択）を受ける．選択を受けた細胞はその後，胸腺を離れて血流に循環する．この胸腺における正確で機能的なT細胞の選択には，正常に組織された胸腺の上皮細胞や結合組織の間質細胞が必要不可欠である．

免疫不全

感染に対する抵抗性は生存するために絶対的な必要条件である．生まれつき持っているライソゾームや補体のような水溶性の抗菌物質や骨髄球系の貪食性細胞およびBリンパ球やTリンパ球で構成され，適切に機能する免疫系が感染症の病原体に対する防御を確実にするために必要である（**図15.8**）．さらに，正常な細菌叢による競合は組織内での病原性微生物のコロニー形成を阻害し得る．相互作用する多くの要因が関わる複雑なシステムに共通することであるが，免疫系はいくつかまたはほとんど全部の構成する要因に不全を生じやすく，これらの不全が個体に対して深刻な結果を生じることがある．免疫不全（immunodeficiency）は自然免疫または獲得免疫の欠失のことであるが，その原因には原発性（先天性）もしくは続発性（後天性）がある．原発性免疫不全症は遺伝による遺伝子の欠損や免疫系の発達不全が原因である．これらの欠損は先天性だが，生後しばらくは気づかれないだろう．続発性または後天性免疫不全は免疫能の喪失により生じ，感染性病原体や免疫抑制薬の投与，腫瘍，電離放射線の曝露，食品中の毒性物質の摂取などに免疫系の細胞がさらされた結果として発症する．免疫不全の主要症状は感染症に容易に発症しやすくなることであり，免疫不全の動物またはヒトは細菌，ウイルス，真菌や原虫の感染症などに感受性が高い．このような動物やヒトはオンコウイルスによって生じる，ある種の腫瘍を生じやすい．人間の集団で最も一般的な続発性免疫不全症は後天性免疫不全症候群またはAIDSである．この症候群は$CD4^+$Tリンパ球に感染するヒト免疫不全ウイルス（human immunodeficiency virus；HIV-1）に感染したときに生じる．$CD4^+$T細胞の深刻な減少は細胞性免疫反応の劇的な機能不全を引き起こし，日和見感染症の病原体に生命を脅かすほどの感染を許すようになる．

免疫不全から生じるヒトまたは動物の感染症状は免疫系を構成する要因の中で，機能不全を引き起こす要因に大きく左右される．液性免疫の機能不全はほとんどの場合が化膿性細菌の感染に高い感受性を示す．細胞性免疫の機能不全は細胞内寄生性の病原体に高い感受性を示す．液性および細胞性免疫の両方の複合的な機能不全はすべてのタイプの病原性微生物に高い感受性を示す．原発性免疫不全と続発性免疫不全の原因および傷害される免疫系構成要因は**図15.9**に示した．ヒトや動物の原発性免疫不全症の原因となるリンパ球や骨髄球系細胞の発生不全と成熟不全については**図15.10**に示した．

自然免疫に関与する原発性免疫不全症

先天性好中球減少症

ヒトでは，常染色体劣性に遺伝する先天性好中球減少症（congenital neutropenia）は，顆粒球-単球前駆細胞の遺伝的欠損の結果で生じる．細菌感染症発症の劇的な増加は好中球が500細胞/mm^3よりも低いレベルになったときに生じる．

イヌの周期性好中球減少症（周期性造血症）

イヌの周期性造血症（canine cyclical neutropenia）（グレイコリー症候群）と呼ばれるコリーの常染色体劣性疾患は末梢血中の構成細胞，特に好中球の周期的な減少が特徴である．罹患したイヌは皮膚の色素形成が減少し，眼の障害とともにシルバーグレイの毛色を有する．顆粒球形成の減少は約12日間の間隔で生じ，約3日間続く．この白血球減少期間はその罹患動物は細菌感染しやすい．好中球の成熟不全は骨髄での顆粒球-単球前駆細胞の段階が原因と生じると疑われている．造血成長因子の周期的なパターンが罹患したイヌで報告された．好中球の不完全な殺菌活性がイヌのドーベルマン，ワイマラナーおよびロットワイラーで報告されたが，その活性低下の原因は不明なままである．

Chédiak-Higashi症候群

この常染色体劣性の疾患は好中球，単球，マクロ

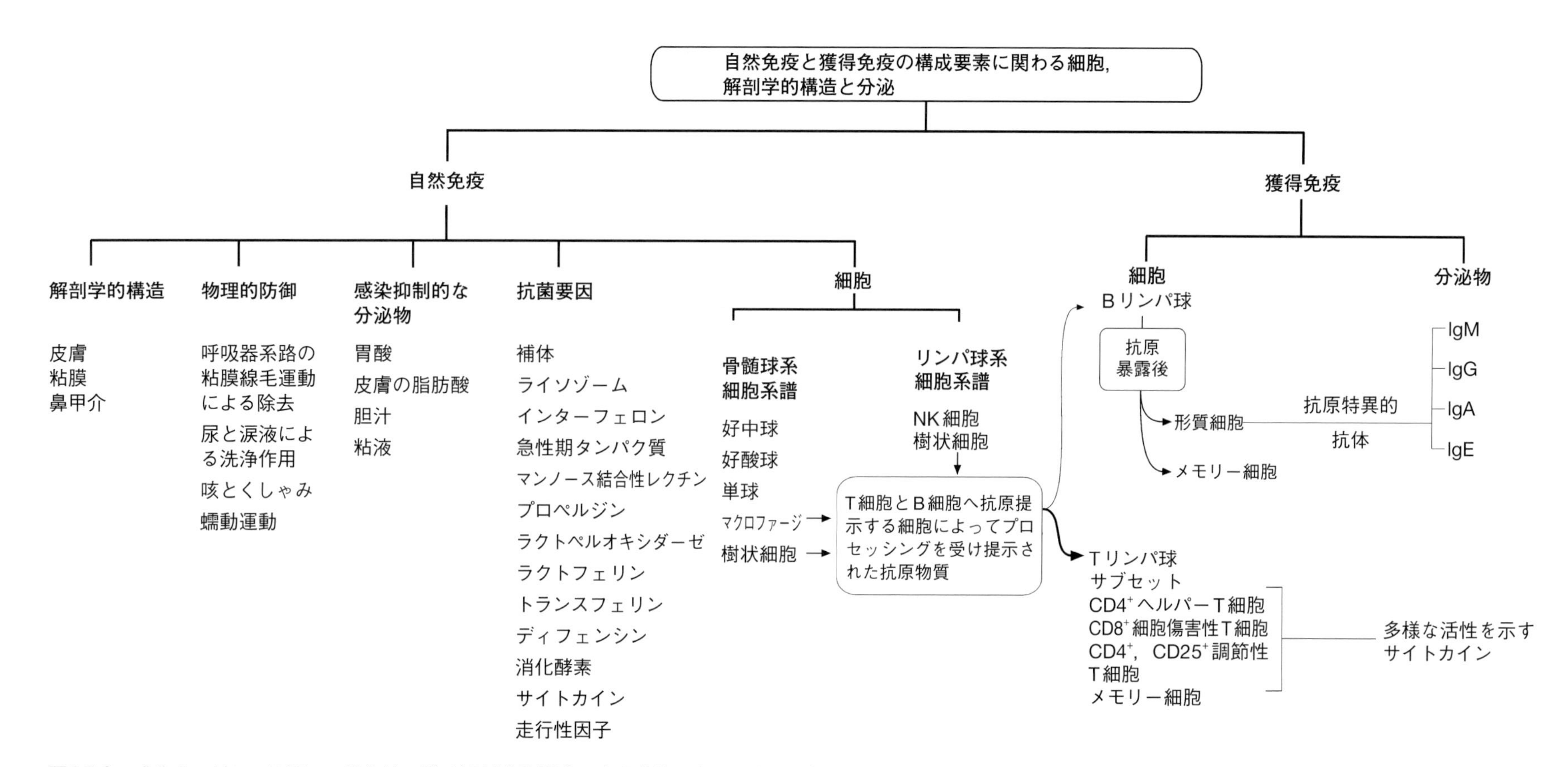

図15.8 感染症に対して協調して防御的に働く解剖学的構造，生理学的反応，細胞と分泌.

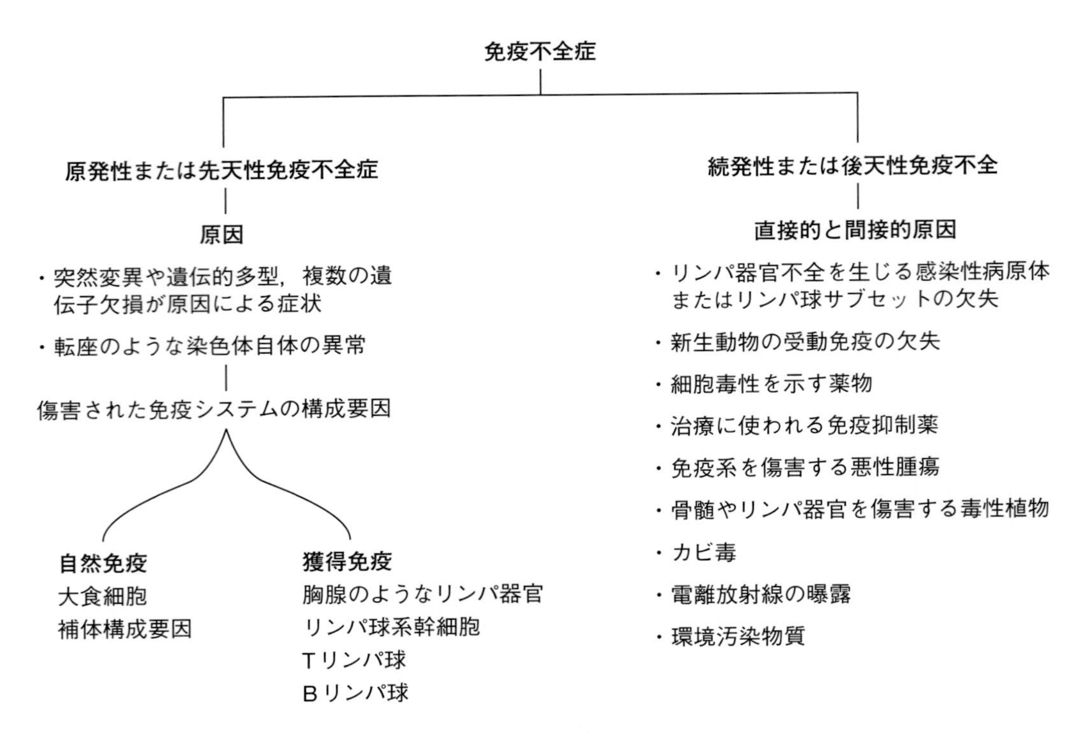

図15.9 原発性と続発性免疫不全症の原因と免疫系で傷害される要因.

ファージ，メラニン細胞，NK細胞，T細胞，血小板における異常な顆粒形成によって特徴づけられる．Chédiak-Higashi症候群はヒト，ウシ，ミンク，ペルシャ・ネコ，ホワイト・タイガー，シャチで生じる．その原因はリソソーム内へのタンパク輸送やリソソームの大きさ，動態および機能を制御するリソソーム輸送制御因子（lysosomal trafficking regulator；LYST）遺伝子の変異であり，この変異はLYSTタンパク質の欠如を生じる．貪食細胞におけるリソソームの構造と機能および血小板における関連した構造の崩壊が細菌感染症への易感染性の増加と血液凝固不全を生じる．この症候群を罹患すると，好中球は大きな顆粒を有し，走化性を生じさせる刺激への反応も減少，貪食した細菌の細胞内殺菌も減少する．色素低形成はこの症候群の一つの特徴であるが，皮膚，毛髪，眼で明らかであり，異常な大きさの色素小胞を持つメラニン細胞がメラニンを輸送できなくなり，その拡大した細胞小器官の内容物を放出することができなくなった結果として生じる．

Chédiak-Higashi症候群に罹患した動物は外科的処置後にひどく出血する傾向を示し，羞明を伴う異常な眼の色素形成を特徴とする眼の異常を示すだろう．この症候群を罹患したネコはよく白内障を発症する．

慢性肉芽腫症

ニコチンアミドアデニンジヌクレオチドリン酸（NADPH）の酸化経路，すなわち貪食細胞が貪食した微生物の細胞内殺菌を行うスーパーオキシドラジカルや他の反応性物質を発生する経路であるが，この経路の欠陥は慢性肉芽腫症（chronic granulomatous disease）の原因である．ヒトでは，早期幼少期に深刻な感染症へ進行することによって，この遺伝病が判明する．

慢性肉芽腫症はX染色体連鎖劣性もしくは常染色体劣性で遺伝する貪食細胞の酸化呼吸バースト（活性酸素発生）の数多くの欠損症につけられた名称である．貪食細胞，特に好中球で，スーパーオキシドアニオンのような活性酸素中間体を発生させる能力の欠損が貪食した微生物を殺菌できなくさせる．慢性肉芽腫症の最も一般的なものはチトクロームbをコードするX染色体の遺伝子の変異が原因である．細菌や真菌の病原体の持続的な感染の結果，慢性的な細胞性免疫反応が

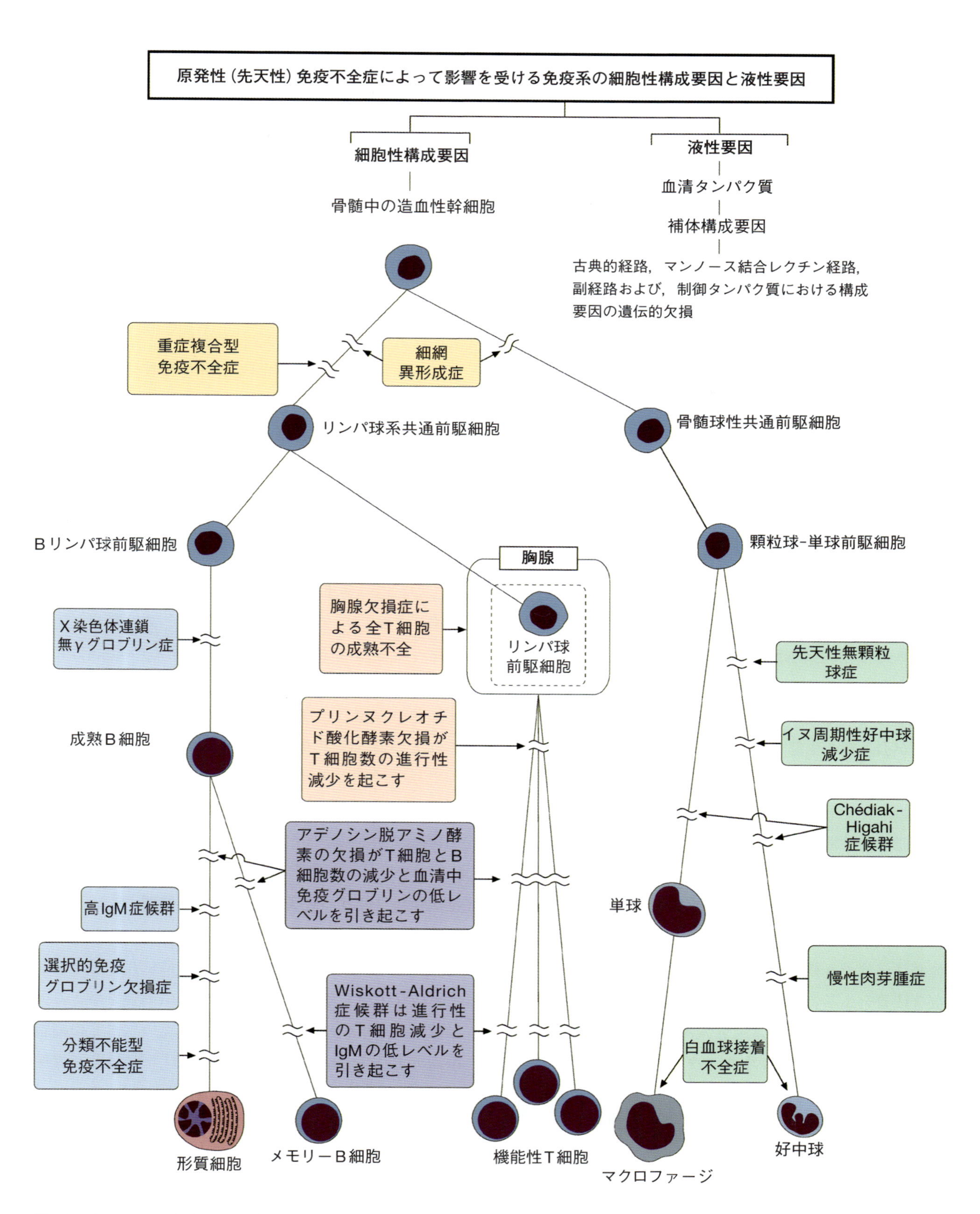

図15.10　リンパ球系と骨髄球系細胞，補体系の構成要因の先天的欠損から生じるヒトと動物の原発性免疫不全症．

進行し，肉芽腫形成が誘導される．それゆえ，その病気の名前となった．

ヒトの慢性肉芽腫症によく似た症状の病気がX染色体連鎖劣性で遺伝するが，アイリッシュ・レッド・セッターで報告されている．

白血球接着不全症

感染がない場合，好中球や単球，他の白血球は血流によって脈管を通して運ばれる．好中球のような白血球が腫瘍壊死因子やインターロイキン1のような炎症性サイトカインによって内皮細胞上に誘導されるP-セレクチンやE-セレクチンを発現する内皮細胞に接触すると，P-セレクチンやE-セレクチンを発現する内皮細胞にそれらのセレクチンリガンドを介して結合し，その結果，血管の中で好中球の動きが遅くなる．好中球の動きが遅くなると，これらの白血球は内皮細胞上のケモカインの発現を認識し，ケモカインシグナルが白血球表面のインテグリンを活性化する．インテグリンは炎症性サイトカインによって内皮細胞上に誘導された細胞間接着因子1（ICAM-1）を認識して，強固に結合する．この事象に続いて血管外遊走，すなわち感染している側へ，内皮細胞間を好中球が移動する過程が引き続き生じる．

動物とヒトで報告されている白血球接着不全症（leukocyte adhesion deficiency；LAD）は脈管内皮への白血球の接着不全が原因で生じ，この接着不全が感染部位への貪食細胞のリクルートを妨げる．1型と2型の二つの型のLADが報告されている．1型LADでは，CD18遺伝子の突然変異による白血球表面のインテグリン分子β鎖の欠損が脈管上皮への好中球の不完全な接着を生じる．加えて，走化性が影響を受け，結果として好中球はこの常染色体劣性疾患では血管外に遊走できない．LADはホルスタインの子ウシとアイリッシュ・レッド・セッターで報告されている．臨床学的に，この不全症は動物では細菌感染症が繰り返し発症するという特徴を持つ．死後剖検では，血管内に好中球が多数存在し，その好中球は組織内に遊走していなかった．2型LADでは，好中球がサイトカインによって活性化した内皮上のP-セクレチンやE-セクレチンへの結合に必要な糖質リガンド，シアリルLewis付加糖タンパク質を欠損する．この常染色体劣性疾患は脈管内皮への好中球接着不全を生じる．したがって，罹患した子供では，化膿性細菌感染症への正常反応である膿の産生がない．この疾患は細菌感染症が繰り返し発症するという特徴を持つ．

補体構成要因の遺伝的欠損

補体系は免疫と炎症反応に影響する30以上の可溶性タンパク質と細胞結合タンパク質からなる．補体は炎症反応において中心的な役割を持ち，多くの細胞が補体活性化に関わる細胞膜受容体を複数発現する．補体の機能は走化性，オプソニン化，細胞活性化，標的細胞溶解および獲得免疫反応の初回抗原刺激を含む．多くの補体構成要因や制御タンパク質の機能不全がヒトと動物で報告されている．これらの不全から生じる臨床的な症状はすべてが均等に重要ではない，すなわち臨床的な結果は感染症の疑いから免疫複合体により生じる組織障害までの範囲にわたる．三つの補体活性経路，すなわち古典的経路，マンノース結合レクチン経路，副経路はC3活性化を必要とするので，C3欠損は細菌感染症への感受性の増大という結果となる．

補体の欠損は家畜や実験動物（特に近交系）で報告されている．C3の先天的欠損のブリタニー・スパニエルやC3欠損のウサギが報告されている．化膿性細菌による感染症の反復発症が，特にC3欠損であるが，動物における補体欠損症の特徴である．

獲得免疫に関する先天的免疫不全症候群

適切な免疫に対して悪影響を与える遺伝的な免疫学的欠損の結果は関連する特定の内容に依存する．細網異形成症で生じる造血幹細胞の発生に影響を与える欠損は骨髄球系やリンパ球を含んだ一連のすべての細胞系譜の発生を中断させる（**図15.10**）．細網異形成症は常染色体劣性遺伝であるが，Bリンパ球，Tリンパ球，骨髄球系の発生不全を引き起こし，感染乳幼児の早期死亡を生じさせる．リンパ球系細胞譜におけるより分化した細胞が欠損した場合は分化の早期段階で生じる欠損よりも深刻ではない．

遺伝的免疫不全症の中で最も深刻な状態となるのは複合免疫不全と分類される状態の分類であり，複合免疫不全はT細胞だけ，もしくはB細胞とNK細胞との組み合わせ，このどちらかが悪影響を受けるリンパ球発達不全が原因で生じる不全である．ヘルパーT細胞は，主としてB細胞の活性化，抗体産生およびアイソタイプスイッチング（クラススイッチチング）に必要なので，T細胞系譜にだけ生じる不全も液性免疫に悪影響を与える．遅延型過敏症における反応や細胞介在性細胞傷害は両方とも，T細胞発生阻害によって極端に抑制される．この過敏症と細胞傷害は特にウイルスや真菌，原虫などのほとんどの感染症病原体に高感受性を示すことになる．

重症複合型免疫不全症

この原因遺伝子の異なる疾患グループでは，細胞介在性免疫と抗体産生が不全となる．重症複合型免疫不全症（severe combined immunodeficiency diseases ; SCID）は細胞性免疫と液性免疫に深刻な傷害となるような，リンパ球系共通前駆細胞の段階での発生学的不全が原因となる．ヒトでは，これらの疾患の約半分がX染色体連鎖であり，男児にのみ悪影響を与える．一般には，循環血中のリンパ球数の激減を伴い，T細胞によって仲介される免疫反応が生じず，リンパ球減少症がみられる．通常は発育不全を示す胸腺には，ほとんどリンパ球が含まれない．骨髄球系や赤血球系の細胞数や細胞活性は大体が正常であり，これはリンパ球系細胞だけが影響を受けることを示す．ヒトでは，サイトカインシグナル伝達の欠損はSCIDの最も一般的な病態に関して重要な問題である．IL-2受容体の共通するγ鎖をコードする遺伝子の欠損は最も頻出するSCIDの原因である．その影響を及ぼす遺伝子はX染色体上に位置しており，この特徴的な免疫不全の表現型はしばしばX染色体連鎖SCIDと呼ばれる．IL-2受容体の共通γ鎖の欠損はIL-2受容体だけではなく，受容体構造にγ鎖を使用するIL-4，IL-7，IL-9，IL-15およびIL-21受容体のシグナル伝達を阻害する．この遺伝子の欠損の結果として，B細胞，T細胞，NK細胞の発達が重度に傷害を受ける．その共通γ鎖がIL-2受容体の一部として最初に同定されたが，欠損したIL-7シグナル伝達がB細胞とT細胞の発生不全の原因である可能性が現在は提唱されている．NK細胞の発生不全はIL-15シグナル伝達の欠損によって生じる．共通γ鎖の細胞内領域と関連し，T細胞とB細胞の発生に関連するすべてのサイトカイン受容体によって利用される細胞内チロシンキナーゼJAK-3の欠損は，X染色体連鎖SCIDと臨床的に似たような状態になり得る．免疫グロブリン産生やT細胞受容体産生に必要とされる組換え段階へと誘導する経路はリンパ球が発生する際に適切なシグナルの欠損によって不可逆的な悪影響を受け得る．DNA組換え酵素遺伝子RAG1とRAG2は，遺伝子再編成が起こるようなDNA切断修復経路を構成するタンパク質をコードする遺伝子の突然変異とともにSCIDを生じさせる可能性がある．この状況では，B細胞とT細胞上の抗原特異的な受容体の産生は行われず，結果としてT細胞やB細胞が機能的な状態へと成熟することもない．

T細胞とB細胞の機能を崩壊させる他の常染色体劣性遺伝の欠損として，アデノシン脱アミノ酵素欠損症とプリンヌクレオチドリン酸化酵素欠損症がある．アデノシン脱アミノ酵素はアデノシンとデオキシアデノシンをそれぞれイノシンとデオキシイノシンへの変換を触媒する．このプリンの分解酵素の欠損はリンパ球系幹細胞に対して毒性を示すデオキシアデノシンとデオキシアデノシン三リン酸の細胞内蓄積を引き起こす．アデノシン脱アミノ酵素の欠損はDNA合成と細胞分裂に必要なリボヌクレオチド還元酵素を阻害することによって，Bリンパ球とTリンパ球の数の減少も誘導する．誕生したときにはリンパ球の細胞数は一般的に正常なのだが，生後に急速に減少する．NK細胞数の減少も生じる．

ウマに悪影響を与える免疫不全症はアラブ品種の子ウマでのSCID，ある一定の馬種の雄の無γグロブリン血症，成熟したウマが罹患する分類不能型免疫不全症，適切な初乳量の産生に雌ウマが失敗したことなどが原因によって生じる子ウマのIgM欠損症がある．子ウマの初乳抗体（移行抗体）摂取と吸収の失敗や新生ウマの適切な管理の欠落により生じる．SCIDはアラブ品種の子ウマやアラブ品種と交雑して生まれた子ウマでみられる最も重要な先天性免疫不全症である．症状は常染色体劣性欠損症として遺伝され，重症のリンパ球減少症を呈す．罹患した子ウマの循環血中にはほとんどリンパ球が検出されない．好中球と単球の機能は常に正常である．初乳を飲む前の血清サンプルはIgMは検出限界値以下である．母親由来の抗体は初乳の摂取によって獲得されるが，通常3カ月間まで子に受動的保護（受動免疫）として働く．これらの受動的に移動した免疫グロブリンが一度代謝されると罹患子ウマは無γグロブリン血症となり，日和見感染症の病原体が原因によって感染症を繰り返し，6カ月齢になる前にほとんどが死亡する．アデノウイルス性肺炎は最も一般的な死亡原因の一つであると報告されている．*Pneumocystis carinii*，*Cryptosporidium parvum*，*Rhodococcus equi*および日和見感染症の原因となるさまざまな病原体がしばしば抵抗できないほどの感染症の原因となり，感染症末期を呈する．細菌性やウイルス性感染症の症状の他に，死後剖検により，特徴的な一次リンパ器官および二次リンパ器官の低形成がみられる．罹患した子ウマの脾臓は脾リンパ小節と胚中心を欠き，リンパ節は胚中心を欠き，リンパ節の傍皮質で細胞の欠損が明らかである．罹患子ウマでは，胸腺の発達はとてもわずかであるので胸腺組織を見つけ出すことは難しいだろう．SCIDは常染色体劣性に遺伝するので，その発症は両親がその突然変異を持っていることを示す．罹患子ウマでのSCIDの確定診断やヘテロ接合型のウマでの遺伝子の存在の確定をするにはPCR試験が有用である．この試験手段を使用する遺伝子解析普及の結果として，アラブ品種の子ウマにおけるSCIDの罹患率は近年減少しつつある．この疾患の分子基盤は第9染色体上に位置するDNA依存性タンパクキナーゼの触媒サブユニットをコードする遺伝子に自然発生的に生じた突然変異として同定された．罹患した子ウマのそのタンパクキナーゼの欠損はB細胞での免疫グロブリン重鎖の可変領域形成不全を生じ，T細胞受容体の可変領域形成不全も生じる．B細胞とT細胞の抗原に対する機能的な受容体が欠損状態となることから，罹患した子ウマは抗原に対して反応できない．

バセット・ハウンドのX染色体連鎖劣性SCIDはB細胞数の増加とT細胞数減少を伴う，リンパ球減少症を特徴とする．罹患した子イヌは母親から移行した抗体レベルが減少し始める8週齢から12週齢の間まで，臨床学的にほぼ正常のままである．母親由来の受動免疫がなくなると呼吸器系や消化器系の細菌感染症が繰り返し発症する．ほとんどの罹患した子イヌは4カ月齢より長く生き残ることはなく，敗血症と全身性ウイルス性感染症により死亡する．全身性感染症の証拠とは別に一次リンパ器官と二次リンパ器官の特徴的な低形成がある．リンパ節，扁桃，パイエル板や胸腺が小さいもしくはいくつかの例では見つけることもできなかった．イヌでのこの病気の分子基盤はアラブ品種の子ウマでのSCIDと多くの共通した特徴を持つ．その不全はIL-2，IL-4，IL-7，IL-9，IL-15およびIL-21の受容体によってシェアされる共通γ鎖について，すべての受容体が構造内でこのγ鎖を使うので，これをコードする遺伝子の突然変異が原因である．機能するIL-2受容体が発現不全であるので，成熟Tリンパ球が発生しない．Tリンパ球非依存性の抗原だけがBリンパ球を活性化させるので，Bリンパ球はIgMを合成することができるが，IgG産生にクラススイッチすることができない．SCIDはウェルッシュ・コーギーとジャック・ラッセル・テリアで記述されており，SCIDの散発性症例はロットワイラー，トイ・プードルおよびそれらの雑種の子イヌで報告されている．

マウスのCB-17近交系で生じた常染色体劣性突然変異は結果としてSCIDになった．この不全症を持つホモ接合型マウスでは，SCIDマウスと呼ばれているが，成熟Bリンパ球とTリンパ球が欠損する．リンパ球以外の造血幹細胞は正常に発生し，赤血球，単球，顆粒球は正常に機能する．罹患マウスのほとんどは血清中の免疫グロブリンを欠き，細胞性免疫反応を行うことができなく，日和見感染症に極めて感染しやすくなる．しかしながら，この突然変異はある割合のSCIDマウスが免疫グロブリンを産生し，細胞性免疫反応を示すので，「漏れやすい突然変異」（leaky mutation）と呼ばれる．その突然変異はTリンパ球とBリンパ球で抗原特異的受容体遺伝子の組換えに必要な二重鎖DNA切断修復経路の遺伝子と関連する．この疾患の症状として，細胞質と細胞膜の免疫グロブリンの発現前にB細胞の発生が終了する．したがって，T細胞の発生は抗原特異的受容体が発現する前の早期の段階で停止する．

胸腺欠損症あるいは胸腺形成不全

胎子発生の早期に，骨髄の造血細胞から生じた多能性前駆細胞と呼ばれる細胞はリンパ球系共通前駆細胞に分化する．これらの細胞は第三および第四咽頭嚢から発生する上皮性胸腺に移動する．この場所では，胸腺上皮細胞によって産生された誘導因子の影響下でリンパ球系共通前駆細胞が能力のあるTリンパ球となる．胸腺から移動するときに，成熟したリンパ球は細胞性免疫を司るサブセットを有する他のリンパ器官を探す．神経堤細胞の第三および第四咽頭嚢への移動ができないと心臓の異常を引き起こし，正常な胸腺と上皮小体の発生を妨げる．胸腺欠損の結果として，ウイルス，細胞内細菌，カビおよび原虫に顕著な感受性を示す．

胸腺低形成が特徴であるヒトの症状はDiGeorge症候群と呼ばれる．この症状はT-box転写因子（TBX 1）に影響を与える22染色体上のさまざまな欠損が関連する．この転写因子は顔面構造，心臓，上皮小体および胸腺が形成されつつある特定の胎児発生段階に高い発現を示す．DiGeorge症候群を罹患した子供は，いつも免疫不全，上皮小体機能低下症，先天的心疾患を発症する．T細胞欠損に加えて，カルシウムの恒常性が乱され，テタニーの臨床所見がみられる．末梢のTリンパ球は全く存在しないか，細胞数が大幅に減少し，多クローン性T細胞賦活化因子に反応しない．B細胞は正常の細胞数が存在するが，罹患した子供はヘルパーT細胞の欠損が原因で抗体反応性が低く，日和見感染症の病原体に感染しやすい．

異常な胸腺発生の結果生じるT細胞関連の免疫不全症の重要なモデル動物はヌード（無胸腺）マウスである．*FOXN1*遺伝子（染色体11の劣性遺伝子によって制御される）の劣性突然変異であるマウスのホモ接合型は無毛であり，未発生の胸腺を持つ．ヌードマウスは細胞免疫反応が欠如し，数多くの抗原に対する抗体を作ることができない．無菌環境で育て，滅菌飼料を与えない限り，これらの胸腺欠損マウスは早い段階で感染症によって死亡する．最近の研究結果で，突然変異した*FOXN1*遺伝子は胸腺と表皮細胞に特に発現する転写因子をコードすることが示された．細胞の分化や生存に，この因子が関連することは免疫不全症と無毛症が同じ欠損によって生じるかもしれないということを示す．同様の突然変異は無毛と無胸腺の子を生じるが，ネコ，近交系のイヌ，ラット，モルモットおよび子ウシに散発的に起こることが報告されている．

Wiskott-Aldrich症候群

血小板減少症，湿疹および免疫不全症を特徴とするまれなX染色体連鎖免疫不全の症状はWiskott-Aldrich症候群（WAS）と呼ばれる．罹患したヒトの患者は血小板数減少，IgMレベルの減少，T細胞機能の欠損を示す．患者はおそらくT細胞が徐々に減少することが原因で，ウイルスや莢膜保有細菌に感染しやすい．この疾患の分子基盤はWiskott-Aldrich症候群タンパク質（WASP）をコードするX染色体連鎖遺伝子の突然変異である．WASPは造血細胞系譜の細胞におけるアクチンフィラメントの重合と再構成に必要とされる．WASPはTリンパ球が抗原認識後に活性化するときのアクチンフィラメントの細胞骨格の再構成に関与する．抗体を産生する間，T細胞の細胞骨格がB細胞に向かって再編成されるので，Tリンパ球とBリンパ球の間に密接な相互関係を形成する．この密接な相互関係がWASでは起こらず，結果としてBリンパ球に対するT細胞のサポートが欠如する．IgMレベルの低下はこの症候群のもう一つの症状である．加齢とともに，罹患した患者はリンパ球数が減少し，免疫不全症がより重症へと進行する．この疾患の症状の特徴として，莢膜保有細菌による感染を繰り返す．また，この症候群が進行すると自己免疫疾患とB細胞腫瘍の発症頻度が高くなる．

Bリンパ球が関与する原発性免疫不全症

ヒトではX染色体連鎖で遺伝する無γグロブリン血症は血清中に免疫グロブリンが欠如しており，X染色体連鎖無γグロブリン血症またはブルトン型無γグロブリン血症と呼ばれる．経胎盤で獲得した母親由来のIgGの減少に伴い6カ月齢より前に臨床症状が顕著になる．無γグロブリン血症は重症の化膿性細菌感染症を繰り返し発症する．X染色体連鎖無γグロブリン血症では，骨髄で成熟B細胞に分化する前B細胞が欠損する．この病気を持って生まれた乳幼児は末梢のB細胞がほとんどない．この免疫不全症はブルトン型チロシンキナーゼが欠損することで生じる．ブルトン型チロシンキナーゼはB細胞抗原受容体（B cell antigen receptor；BCR）を介したシグナル伝達に関与する．ブルトン型チロシンキナーゼの関与がない場合，このシグナル伝達経路がB細胞の成熟に必要なので，B細胞の発生が起こらない．X染色体連鎖無γグロブリン血症の患者は免疫グロブリンのレベルが低いもしくは検出限界以下であり，血中やリンパ器官にはB細胞がほとんどなく，リンパ節には胚中心や形質細胞を欠く．この疾病を罹患した男性患者の骨髄には，前B細胞が正常細胞数存在する．B細胞の発生とは対照的に，T細胞の成熟と数と機能はいつも正常である．CBA/Nと呼ばれる近交系マウスの系統では，X染色体連鎖のB細胞発生不全を示し，この不全はブルトン型チロシンキナーゼ遺伝子の点変異が原因である．

免疫グロブリンの特定アイソタイプの産生が低下する免疫不全症がヒトで報告されている．この免疫不全症で，IgAの選択的欠損が最もよくみられる．IgA欠損はB細胞の最終分化が行われないことが原因となる．免疫グロブリンの選択的アイソタイプの欠損を示す患者では，T細胞の細胞数と機能的反応性は常に正常である．

免疫グロブリンのすべてのアイソタイプの濃度の減少や20歳または30歳に発症するという特徴を示す免疫不全症は分類不能型免疫不全症という．血清中の免疫グロブリンレベルの減少に加えて，感染性病原体やワクチンに対する抗体反応性の低下と感染症発症頻度の増加がこのタイプの免疫不全症で生じる．ヒトで男性と女性の罹患率は同じである．分類不能型免疫不全症の原因は分かってないが，限定されない複数の遺伝的要因がこの散発性の疾患を説明すると考えられている．

アラブ品種でのSCIDや子ウマの初乳抗体の摂取不全や吸収不全に加えて，免疫グロブリン合成不全の子ウマやウマでも免疫不全が起こる．これらには，分類不能型免疫不全症，無γグロブリン血症，IgM欠損症，フェルポニー症候群，一過性の低γグロブリン血症が含まれる．分類不能型免疫不全症は成熟ウマで発症するが，Bリンパ球の免疫ブロブリン合成を内因的な要因で不全にさせる．血清中のIgG，IgM，IgAレベルが低いもしくは検出限界値以下であり，循環血中もしくはリンパ組織中にはB細胞がほとんど存在しない．慢性的または再発を繰り返す感染症は日和見感染症の病原体よって生じる感染症であり，抗生物質療法に反応しない感染症であるが，一般に分類不能型免疫不全症に罹患した雄または雌ウマで生じる．無γグロブリン血症は血清中のすべてのクラスの免疫グロブリンが低いもしくは検出限界値以下であり，循環血中にBリンパ球が欠損する．サラブレッドの雄の子ウマや他の品種で報告されているが，ヒトのX染色体連鎖無γグロブリン血症と同様にX染色体連鎖免疫不全症であると考えられている．罹患した子ウマは初乳による受動免疫が欠損すると慢性細菌感染症を発症する．

分類不能型免疫不全症はダックスフンドで報告されている．罹患したイヌは血清中の免疫グロブリンが欠如し，リンパ組織中にBリンパ球が欠如する．免疫グロブリンのアイソタイプごとの欠損症はジャーマン・シェパード，ビーグル，アイリッシュ・セッターや他の品種のイヌで報告されている．一過性の低γグロブリン血症は子ウマと子イヌで報告されている．その症状は，初乳から得た母親由来の抗体の枯渇と再発を繰り返す呼吸器感染症を同時に生じ，免疫グロブリンの産生とともに数カ月にわたって徐々に改善する．

（小川健司・坂上元栄　訳）

さらに学びたい人へ

Clements, W.K. and Traver, D. (2013) Signalling pathways that control vertebrate haematopoietic stem cell specification. *Nature Reviews: Immunology* 13, 336-348.

DeFranco, A.L., Locksley, R.M. and Robertson, M. (2007) Development of Lymphocytes and Selection of the Receptor Repertoire. In A.L. DeFranco, R.M. Locksley and M. Robertson, *Immunity*. Oxford University Press, Oxford, pp. 181-205.

Fry, M.M. and McGavin, M.D. (2012) Bone Marrow, Blood Cells and the Lymphatic System. In J.F. Zachary and M.D. McGavin (eds), *Pathologic Basis of Veterinary Disease*, 5th edn. Elsevier, St Louis, MO, pp. 698-770.

Jaffredo, T., Lempereur A. and Richard C. (2013) Dorso-ventral contributions in the formation of the embryonic aorta and the control of aortic hematopoiesis. *Blood Cells, Molecules and Diseases* 51, 232-238.

Ottersbach, K., Smith, A., Wood, A. and Göttgens, B. (2009)

Ontogeny of haematopoiesis: recent advances and open questions. *British Journal of Haematology* 148, 343-355.
Owen, J.A., Punt, J. and Stranford, S.A. (2013) Cells, Organs and Microenvironments of the Immune System. In J.A. Owen, J. Punt and S.A. Stranford, *Kuby Immunology*, 7th edn, Macmillan, Basingstoke, pp. 27-63.
Petvises, S. and O'Neill, H.C. (2012) Haematopoiesis leading to a diversity of dendritic antigen-presenting cell types. *Immunology and Cell Biology* 90, 372-378.
Snyder, P.W. (2012) Diseases of Immunity. In J.F. Zachary and M.D. McGavin (eds), *Pathologic Basis of Veterinary Disease*, 5th edn. Elsevier, St Louis, MO, pp. 242-288.
Theoharides, T.C., Valent, P. and Akin, C. (2015) Mast cells, mastocytosis and related disorders. *New England Journal of Medicine* 372, 242-288.
Tizard, I.R. (2013) Primary Immunodeficiencies. In I.R. Tizard, *Veterinary Immunology*, 9th edn. Elsevier, St Louis, MO. pp. 436-450.
Wang, L.D. and Wagers, A.J. (2011) Dynamic niches in the origination and differentiation of haematopoietic stem cells. *Nature Reviews: Molecular Cell Biology* 12, 643-655.

第16章

神経系
Nervous system

要　点

- 神経外胚葉は神経堤細胞と神経管からなり，両者は神経胚形成期に生じる．
- 中枢神経系（脳と脊髄）の起源は神経管であり，末梢神経系は神経管と神経堤細胞の両者から発生する．
- ニューロンは神経系の機能単位であり神経芽細胞から発生し，神経芽細胞は神経管内面を被覆する上皮細胞から分化する．
- 神経節は中枢神経系外に存在する神経細胞体の集合であり，神経堤細胞から発生する．表面外胚葉が脳神経の感覚性神経節の形成に寄与する．
- 3種類の脳胞が神経管吻側端に形成され，それぞれ前脳，中脳，菱脳と呼ばれる．脊髄は神経管から生じる．
- 菱脳は延髄となる髄脳，橋および小脳を発生する後脳を生じる．
- 中脳が分化する構造には中脳蓋と中脳被蓋がある．
- 前脳の一部は間脳と終脳を生じ，間脳は視床と視床下部に分化し，終脳からは大脳半球が生じる．
- 発生中の脊髄内腔は脳胞の内腔に連続し，脳胞の内腔は著しく発達して相互に連絡する四つの脳室を形成する．
- 脳脊髄液は血液が限外濾過されたものであり，脳室に分泌され脳と脊髄の内腔を循環する．脳室系に存在する陥凹部においてCSFがクモ膜下腔に入ることができる．
- 神経系の支持細胞はグリア細胞と呼ばれ，間葉起源である小膠細胞を除いて，神経外胚葉から発生する．

家畜では，発生第3週の終わりに向かって，脊索は胚盤を被う円柱状の外胚葉細胞を多列性の神経上皮細胞へと誘導し，神経上皮細胞は神経板と呼ばれるスプーン状の肥厚部を形成する．神経板頭側部は膨大して脳の原基を形成し，一方脳の原基の尾側は細く神経管となる．神経板外側部は隆起して神経ヒダを形成し，一方，神経板正中部の陥凹は神経溝と呼ばれる溝を形成する（**図16.1**）．円柱状の神経上皮における変化が進行するのに続いて，神経板の折り畳みが起こる．脊索上に位置する神経板の細胞群はクサビ状になり，クサビの底が基底板に接する．これらの変化によって，神経板は正中線上を腹側へ向かうV字形の構造になる．表面外胚葉細胞に接する神経上皮細胞も，尖端が基底板に接するクサビ状になる．神経ヒダ内側面における細胞増殖により，クサビ形の構造がお互いに接近して会合し癒合することによって神経管が形成され，中心管を取り囲む（**図16.2**）．神経管の閉鎖は第四体節のレベルから開始し，この部位からジッパーが閉まるように，頭側と尾側に向けて閉鎖が進行する．神経管の頭側端と尾側端はしばらくは開放したままで，それぞれ頭側神経孔と尾側神経孔と呼ばれる．神経孔が閉鎖するまでの短期間では，神経管は羊膜腔と直接連絡する．発生のこの段階では，発生中の脳と脊髄に対する血液供給は限定的であるため，脳と脊髄は神経孔を経由して羊水から栄養供給を受けると考えられる．頭側神経孔は胚子期の中途で閉鎖し，尾側神経孔の閉

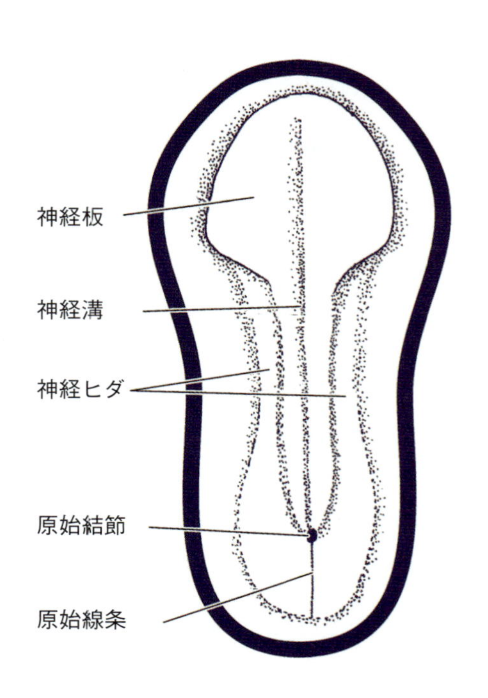

図16.1　背側から見た神経胚形成開始時における発生中の胚子.

鎖はその直後である．続いて，神経管は表面外胚葉との連絡を失い，表面外胚葉の腹側に位置するようになる．折り畳みによって神経管が形成される過程が一次神経胚形成であり，一次神経胚形成は吻側神経孔から尾側神経孔までである．

発生中の胚子の仙尾椎部における神経管の形成は，二次神経胚形成と呼ばれる過程によって生じる．発生中の胚子尾部における原始線条に由来する間葉性の充実した細胞柱が，閉鎖した神経管尾部に癒合する．この索状の細胞間に空洞が生じることによって内腔が形成され，この内腔が一次神経胚形成で形成された内腔と一続きになる．二次神経胚形成で生じる脊髄となる領域の長さは動物種における尾椎数と密接に関係し，したがって，尾が長い動物で比較的長く，高等霊長類では短い．

神経管における背腹方向のパターン形成

中枢神経系における最初期のパターン形成はBmp，Wnt，Shh，Fgf，レチノイン酸といった進化的に保存された少数のシグナル因子群によって制御されている．それらのシグナル因子群には前後軸と背腹軸に沿う発現勾配が存在する．シグナル因子はその濃度，関連する受容体群あるいは修飾因子の時間的空間的発現および多寡によって，異なった影響を与える．これらのシグナル因子によって，神経系を構成する肉眼レベルの解剖学的構造が生じ，多分化能のある状態から神経細胞のサブタイプへの分化誘導が促進される．

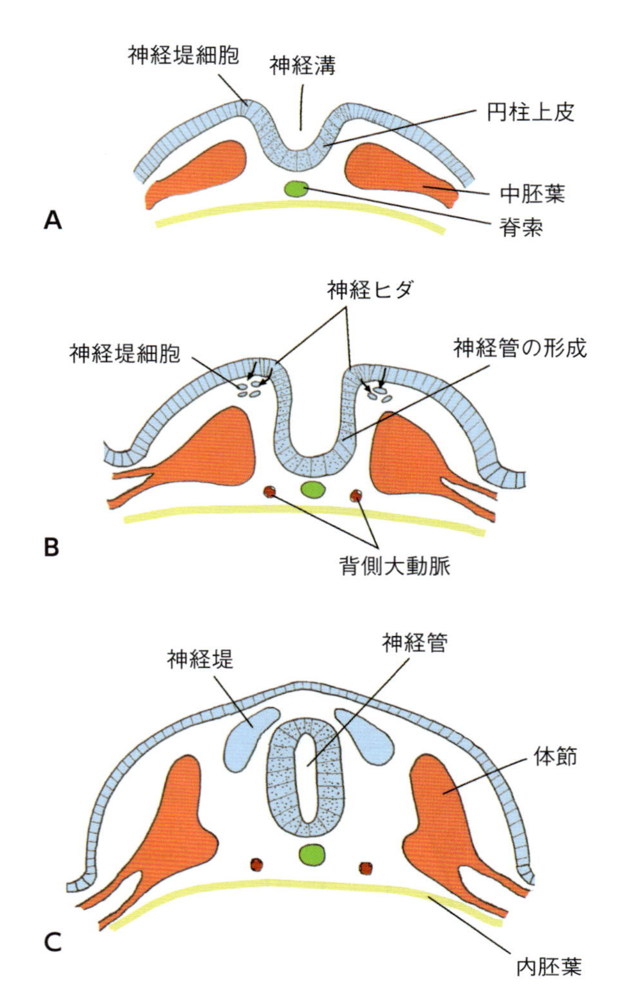

図16.2　一次神経胚形成の各発生段階における胚子の断面．A：神経溝の形成と神経堤細胞の位置．B：神経ヒダの形成．C：神経管の形成.

神経板がその直下に位置する中胚葉によって，神経胚形成の開始が誘導されると，神経管の発生が始まる．2種類のシグナル中心，すなわち脊索と神経板直上の外胚葉とが神経管の発生と形成に影響する．表面外胚葉によって産生されるBmp-4とBmp-7が蓋板の発生に影響する．脊索からのShhシグナルが神経管の底板

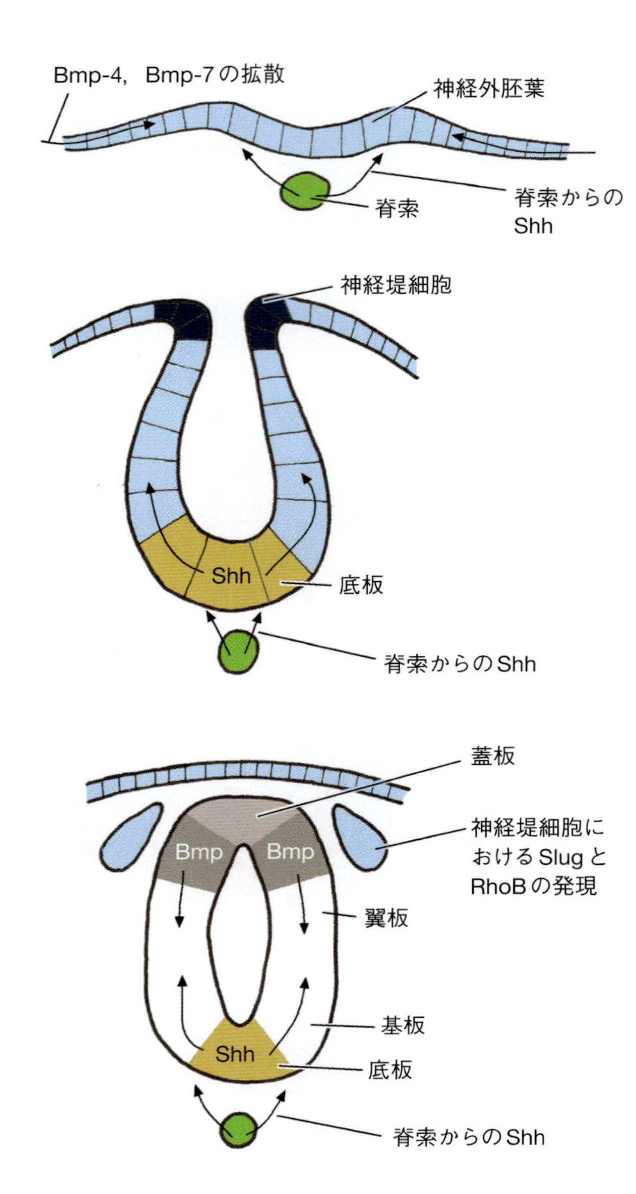

図16.3　神経管形成期における背腹方向のパターン形成．

に影響する．さらに次の段階で，二次的なシグナル中心が神経管自身の内部に形成される（**図16.3**）．Bmp-4は蓋板の細胞に発現し分泌され，Shhも底板の細胞に発現する．Bmp-4によって，神経管を腹側に拡散するTgf-β因子の一連の反応が引き起こされ，一方，Shhは背側に拡散する．神経管は背腹軸に沿って濃度勾配が存在するこれらのシグナル分子にさらされることになる（**図16.3**）．細胞は背腹軸に沿う位置によってこれらシグナル分子の異なった濃度に暴露され，その濃度が背腹軸に沿う転写因子の発現に影響する．したがって，底板付近に位置する細胞は高濃度のShhシグナルと比較的低濃度のTgf-βシグナルに暴露されNkx-6.1とNkx-2.2を合成し，腹角のニューロンに分化することが決定される．背側に位置する細胞は低レベルのShhと高レベルのTgf-βに暴露されるため，これらの細胞には異なった運命を辿ることを決定する転写因子が発現する．

神経堤

神経ヒダが癒合する時期に，神経上皮に由来する特殊化した一群の細胞が神経外胚葉と表面外胚葉の境界部において神経ヒダ外側縁に沿って発生する．これらの細胞は神経板と表面外胚葉の間の境界で産生される骨形成タンパク質とおそらく神経堤細胞（neural crest cell）に分化する表皮の原基からのWnt-6によって分化する．これらの因子に誘導されると，神経上皮細胞はその特徴を間葉細胞様に変化させ，神経板の基底板を通過する．Wnt，Fgfタンパク質，Bmp-4，Bmp-7の存在下で，これらの特殊化した細胞にSlugとRhoBの発現が誘導される．SlugとRhoBは神経堤細胞の遊走に関与するとされている．また，RhoBタンパク質は遊走を容易にする細胞骨格の変化に関係し，Slugタンパク質は隣接する細胞間の密着帯を弛緩させる因子を活性化すると考えられる．神経堤細胞が遊走している間は細胞接着タンパク質であるN-カドヘリンの発現が抑制される．神経堤細胞は発生中の神経管から遊走するため，神経管の背位において，神経管全長の両側に沿って伸長する分節状の細胞集積を形成する．神経堤細胞の遊走には細胞外マトリックスの微小環境が影響する．フィブロネクチン，ラミニン，テナスチン，ある種のコラーゲン分子といった多数のタンパク質がこの遊走を促進し，一方，エフリンタンパク質は遊走を妨げる．それら以外の幹細胞因子のような因子は神経堤細胞が連続して増殖することを可能にする．神経堤細胞は多分化能があるため，単一の神経堤細胞が胚子早期における存在部位に応じて多種類の細胞に分化可能である．神経堤細胞は遊走中に種々の濃度のBmpおよびWntシグナル因子に暴露されることによって，どのような種類の細胞に分化決定するかが影響される．頭部および脊髄における神経堤細胞に由来する構造は**図16.4**に示してある．神経堤細胞に由来する派生物には神経系以外のものもある．神経系の成分には，脊髄神経節，自律神経節，末梢性グリア細胞が含まれる（**図16.5**）．

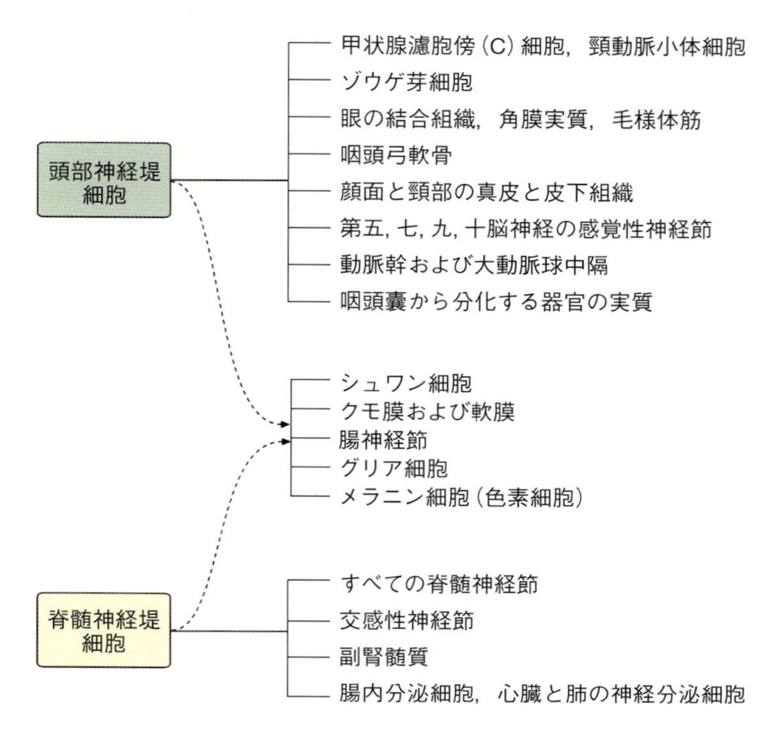

図16.4　頭部および脊髄における神経堤細胞の分化．

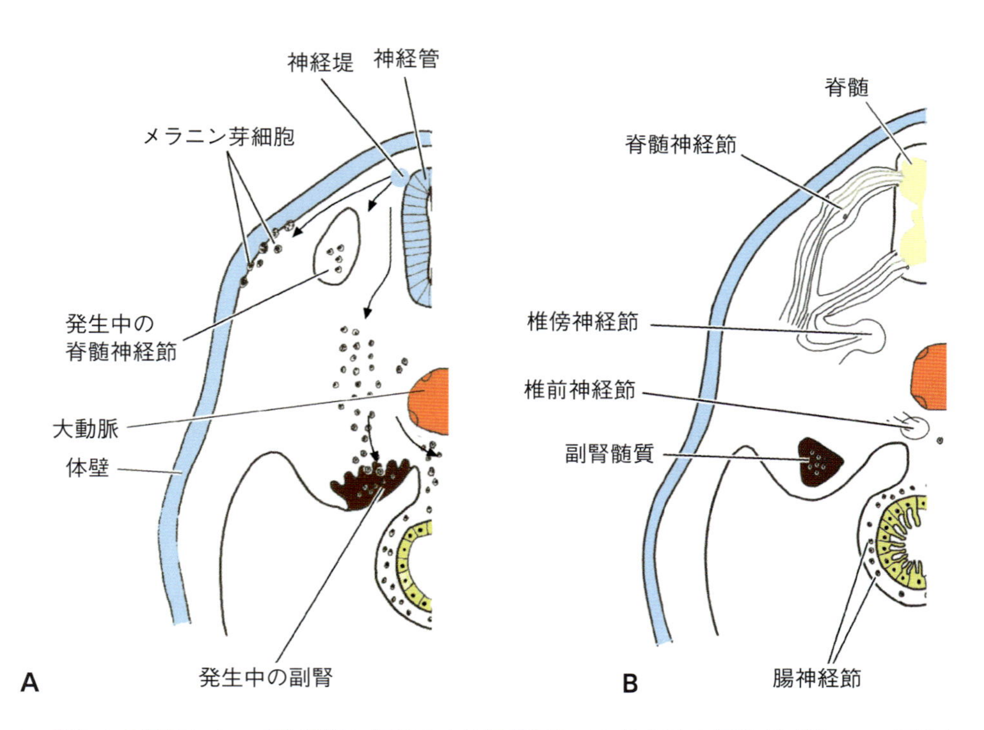

図16.5　A：発生中の胚子において胸腰部に起源する神経堤細胞の起始と遊走経路（矢印），B：組織中での最終的な到達部位において，これらの神経堤細胞から派生する細胞が特殊化した細胞および組織の起源となる．

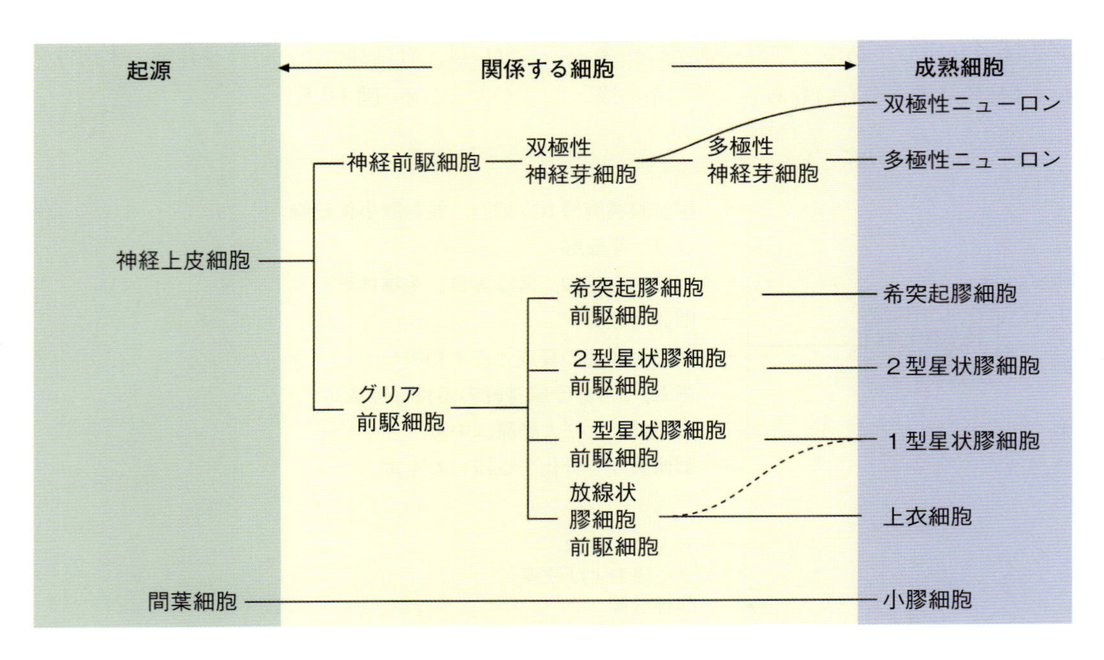

図16.6 中枢神経系におけるニューロン，種々のタイプのグリア細胞，上衣細胞の起源，分化，成熟.

神経管の細胞成分の分化

グリア細胞の発生

神経管は当初は偽重層（多列）円柱上皮である神経上皮細胞に内面を被われ，神経上皮細胞が2種類の細胞，すなわち神経前駆細胞とグリア前駆細胞の起源となる（**図16.6**）．神経芽細胞は中枢神経系においてニューロンに分化し，一方，グリア芽細胞は支持細胞となる．神経上皮細胞が分化した後，神経管は明瞭な三層構造，すなわち内層の上衣層（脳室層），中間の外套層（中間層），外層の辺縁層からなる（**図16.7A**）．分化の初期に存在する神経芽細胞は核が大型円形で核質が淡染し核小体が明瞭であるという特徴がある．この神経芽細胞は上衣層から外へ向かって遊走し，外套層を形成する．外套層から脊髄の灰白質が形成される．外套層の神経芽細胞から外側へ伸展する細胞質の突起によって神経管の辺縁層が形成される．グリア芽細胞は星状膠細胞と希突起膠細胞に分化する．星状膠細胞は外套層と辺縁層の両者に存在し，希突起膠細胞は主として辺縁層に存在するようになる．神経芽細胞とグリア系細胞の産生に加えて，神経上皮細胞は脳室と脊髄中心管の内面を被覆する上衣細胞に分化する（**図16.6**）．神経系の第三番目の支持細胞である小膠細胞は間葉起源で，活発な食作用を有し，中枢神経系に血管が分布した後に中枢神経系に到達する．

ニューロンの発生

正中線の両側において外套層背側部および腹側部に存在する神経芽細胞は急速に増殖し，その結果左右の背側部および腹側部が肥厚する．背側部の肥厚は翼板を形成し，神経芽細胞が多数集合する（**図16.7B**）．やがて，これらの神経芽細胞は介在ニューロンと呼ばれる感覚性インパルスを中継する神経細胞（ニューロン）となる．腹側部の肥厚は著しく，基板を形成して運動ニューロンとなる神経芽細胞が多数集合する．中心管内壁に沿って左右の縦走する溝が生じ，境界溝と呼ばれる．境界溝は背側で感覚性の翼板と腹側で運動性の基板との境界となる．細胞分裂が加速することによって，翼板と基板は拡張し四つの神経板が癒合して，脊髄横断面で明らかである特徴的な蝶の形をした灰白質を形成する（**図16.7C**）．この過程で，境界溝は消失し，本来太かった脊髄中心管は径を減じる．細胞分裂と基板における細胞の肥大の結果，左右腹側の膨隆部は脊髄の腹側表面に腹正中裂と呼ばれる深い正中溝を形成することとなる．あまり顕著でない背側正中部の溝も生じる．神経管背側部の蓋板と腹側部の底板は

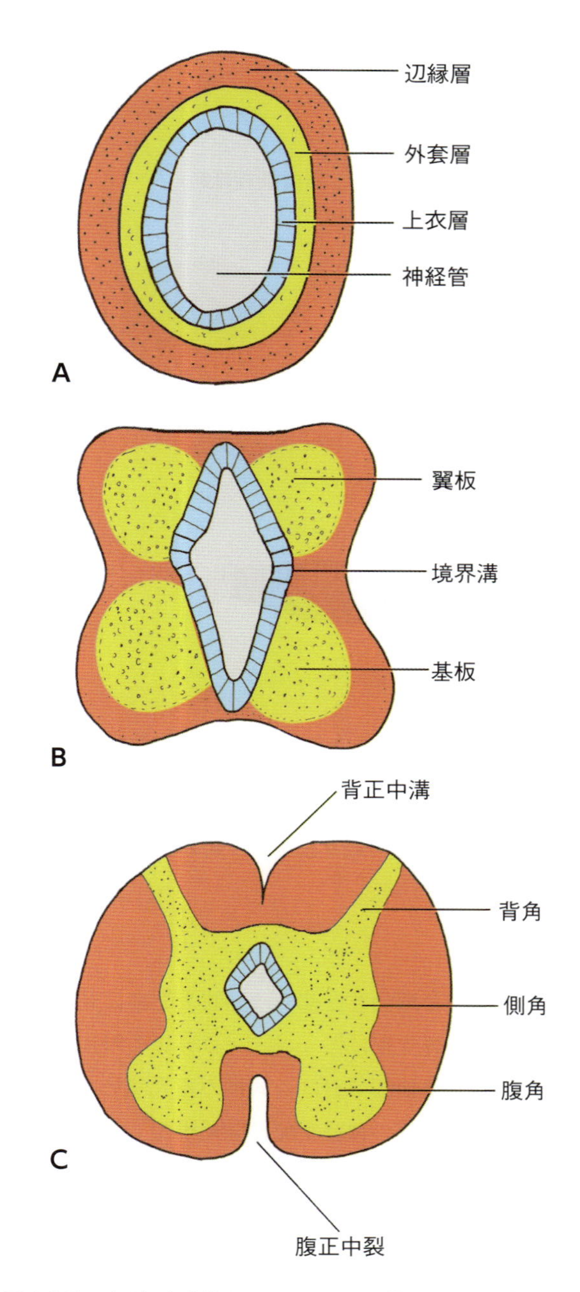

図16.7 脊髄が形成される種々の段階における神経管の横断面．A：神経管の三つの層．B：発生中の脊髄における翼板と基板の形成．C：脊髄灰白質を形成する翼板と基板の癒合．

神経芽細胞を含まず，脊髄の一側から他側へと交叉する線維の通路となる．胸腰部において基板の背外側に位置する一群の神経芽細胞が分裂し，側角と呼ばれる膨大部を形成する．これらの神経芽細胞は運動性のニューロンへと分化し，自律神経系の交感性成分の一部となる．神経堤由来の細胞が，左右両側において神経管の背外側面に沿って分節状に配列し，脊髄神経節となる．脊髄神経節には末梢神経系の求心性ニューロンの細胞体が存在する．

脊髄神経

基盤の神経芽細胞は分化して細胞質の突起を発達させて運動ニューロンとなる．樹状突起と呼ばれる多数の短い突起が神経芽細胞の一端から生じ，他端では軸索と呼ばれる単一の長い突起が生じる．樹状突起が2本以上ある神経細胞は多極性ニューロンといわれる．脊髄の各分節から脊髄辺縁層を貫いて軸索が成長し，脊柱管に入る．腹根は起始側と支配する効果器と同側の椎間孔を経て脊柱管を去る．脊髄神経（spinal nerve）の感覚性成分は脊髄神経節内で神経芽細胞から分化する．脊髄神経節内の神経芽細胞から2本の細胞質性の突起が発生する．1本の突起は脊髄背角に達し，もう1本は椎間孔から脊柱管を去り，皮膚のような器官の感覚受容器に終止する（**図16.8**）．多くの場合，背角内の感覚性神経突起は背角の灰白質内に存在する介在ニューロンにシナプスを形成する．これらの介在ニューロンは同側の腹角運動ニューロンにシナプスするか対側の腹角運動ニューロンにシナプスし，どちらの場合でも多シナプス性反射弓を形成する．時には脊髄神経節からの突起は脊髄腹角の運動ニューロンに直接シナプスし単シナプス性反射弓を構成する．介在ニューロンから起始する軸索は脊髄辺縁層を貫通し，頭側に伸びて，脊髄のより上位のレベルでシナプスを作ることもある．あるいは，介在ニューロンの軸索は神経路として続き，脳の神経核にシナプスを形成する．単シナプス性と多シナプス性反射弓の両者は一般体性神経系の神経支配に関与する．脊髄神経は一般体性求心性および一般体性遠心性の線維を含む．脊髄神経の一般内臓性遠心性成分，すなわち内臓性運動ニューロンの発生では，内臓性の運動ニューロンの軸索は脊髄の側角から発し，椎間孔を経て脊柱管を去り，自律神経節のニューロンとシナプスを形成する．自律神経の節後線維は平滑筋，心筋，腺といった効果器に終止する．したがって，脊髄神経の内臓遠心性神経は2種類のニューロンが必要で，それと比較して，体性

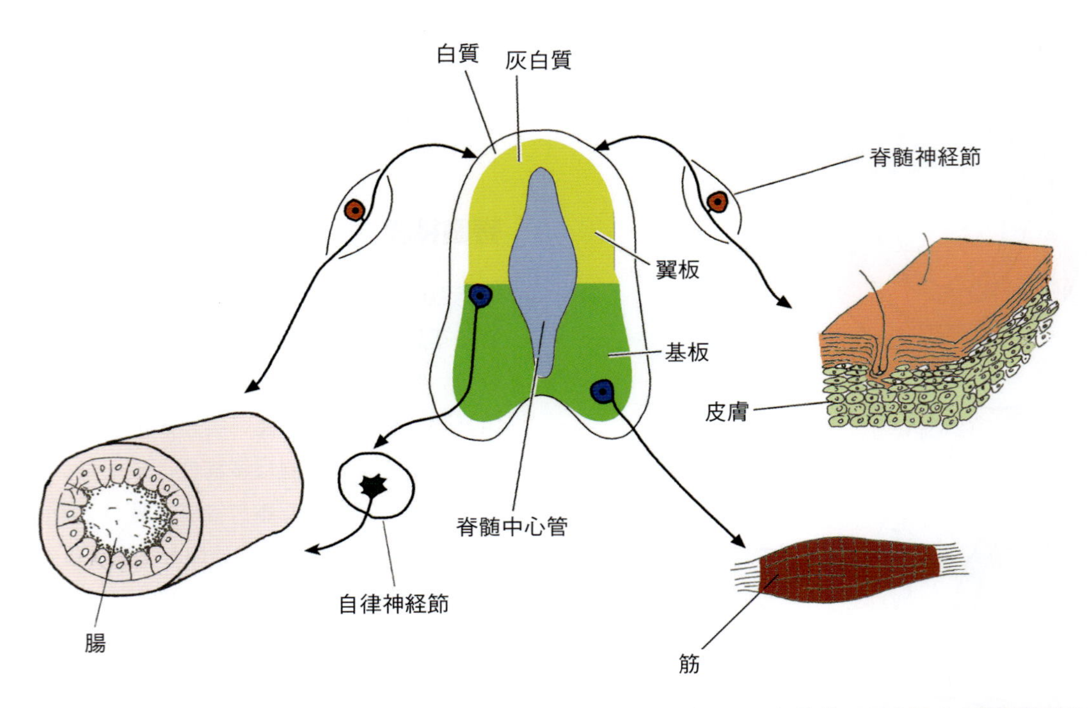

図16.8 脊髄神経の形成．図の右側は発生中の脊髄腹角に存在し，効果器を支配する細胞体から成長する運動性軸索を示す．脊髄神経節における神経芽細胞から発する1本の突起が発生中の脊髄背角に伸長し，一方，もう1本の突起は体性感覚受容器に終止する．図の左側は発生中の脊髄側角に存在する細胞体から伸長し自律神経節へ向かう運動性の軸索を示す．続いて，自律神経節の神経芽細胞から軸索が成長し，効果器に終止する．脊髄神経節における神経芽細胞から発する1本の突起は発生中の脊髄背角へ伸長し，他の突起は内臓性感覚受容器に終止する．

遠心性神経は単一のニューロンからなる神経系である(**図16.8**)．

自律神経節は神経堤細胞から発生する．一般内臓性遠心性神経では，脊髄側角に位置する自律神経系ニューロンの軸索は節前線維と呼ばれる．細胞体が自律神経節に位置する場合，その軸索は節後線維と呼ばれる．典型的な脊髄神経は多数の一般体性求心性線維と一般内臓性求心性線維からなる背根と，一般体性遠心性線維と一般内臓性遠心性線維からなる腹根からなる．背根の求心性線維と腹根の遠心線維は椎間孔のレベルで混合するものの，相互に区別可能で，4種類の機能に対応する線維群を含む脊髄神経が形成される．椎間孔を去ると脊髄神経は直ちに細い背枝と太い腹枝に分かれる．それぞれの分枝は体性と内臓性の求心性および遠心性の両方の線維を含む(**図16.8**)．脊髄神経腹枝は特に頸胸部と腰仙部において発生しつつある体肢芽に関係する神経叢を形成する．第五頸椎と第七頸椎の間では脊髄の径が増加し，脊柱管の大部分を占める．この径の増加した部分は頸膨大と呼ばれ，発生中の前肢の神経支配に伴うニューロン数の増加によるものである．腰仙部における同様の膨大部である腰膨大は発生中の後肢の神経支配に関係する．

脊柱の胸部，腰部，仙骨部，尾部に関係する脊髄神経はそれらの神経が椎間孔から脊柱管を出る部位に従がって命名されている．脊髄神経は脊柱の解剖学的部位と脊髄神経が通過する椎間孔の直前の椎骨番号によって名づけられる．最初の一対の胸神経は第一胸椎の尾側の椎間孔から発し，第一胸神経(T1)とされる．頸部には8本の脊髄神経と7個の頸椎が存在するため，この命名法は当てはまらない．第一頸神経は環椎の外側椎孔を通過し，第二頸神経は環椎と軸椎の間の第一椎間孔を通過する．したがって，第八頸神経は第七頸椎の後方を通過する．ある脊髄神経の背根と腹根が起始する脊髄の領域を脊髄節と名づける．脊髄節はそこから起始する脊髄神経の番号に従がって命名される．

末梢神経線維の髄鞘形成

シュワン細胞とは神経堤由来の鞘細胞のことであり，末梢神経線維の髄鞘形成を行う．髄鞘形成過程において，シュワン細胞は軸索の周りに自分自身を被覆することによってミエリン鞘を形成する．シュワン細胞が神経突起の周囲を被覆する程度によって，神経線維が有髄神経線維に分類されるか無髄神経線維に分類されるかが決定される．もしシュワン細胞が神経線維を取り囲みシュワン細胞の細胞膜の深い裂隙に取り込むのであれば，そのような神経線維は無髄神経線維に分類される．この過程では複数の神経線維が単一のシュワン細胞に包み込まれることもある．もし単一の神経線維が単一のシュワン細胞に被われ，神経線維の周囲が何度も被覆されるのであれば，その神経線維はシュワン細胞の細胞質と形質膜の緻密な層に被覆され，有髄線維と呼ばれる．髄鞘形成過程において，シュワン細胞の細胞質は脱出し，層をなす形質膜が癒合してミエリン鞘を形成する．

発生中の脊柱に対する脊髄の最終的な位置

胚子期が終了する前の時点では，脊髄は脊柱管と同じ長さであり，脊髄神経はその本来の起始部に対応するレベルに存在する椎間孔を経て脊柱から発する．しかし，胎子期では，脊髄よりも椎骨が成長するスピードが早い．したがって，胎子期後期においては，脊髄は脊柱管よりもかなり短く，種々の家畜において，腰仙部のさまざまなレベルで終わる．発生のこの時期には，脊髄後端では，ニューロンは，存在していたとしてもほとんど分化しない．すなわち，脊髄後端は細くなり，脊髄円錐といわれる構造を形成する．脊髄円錐の後方では，脊髄の終端部は終糸と呼ばれるグリアと上衣細胞の索状束からなり，終糸によって脊髄円錐は尾椎に付着する（**図16.9**）．脊髄の長さに対する脊柱管の相対的伸長によって，椎間孔は対応する脊髄神経の起始点よりもさらに尾側に位置する．その結果，腰髄，仙髄，尾髄から起始する脊髄神経の根は脊柱管を後方に走行した後，根の起始から離れた地点で椎間孔を通過する．脊柱管内を起始部から後方へ伸びる神経根の解剖学的外観のために，それらの神経根はまとめて馬尾と呼ばれる（**図16.9**）．

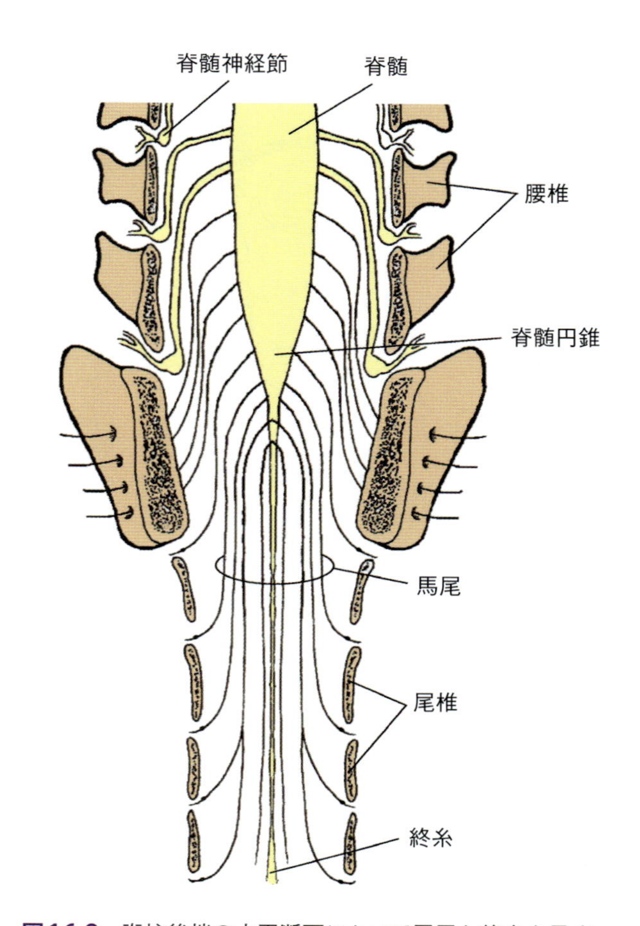

図16.9 脊柱後端の水平断面において馬尾と終糸を示す．

脊髄の異常

神経管閉鎖不全は直下の脊索による誘導不全と神経上皮の正常な分化に悪影響する一連の催奇形性因子に起因する可能性がある．閉鎖不全は神経管全長に達することも神経管の一部に限局することもある．神経管閉鎖不全は神経系の分化と脊柱の発生の両方に有害な影響を与える．

神経管閉鎖不全によって神経管を被う椎弓の誘導が撹乱される．椎弓が背位正中で癒合できない場合，その結果生じる開放した脊柱管は二分脊椎と呼ばれる．二分脊椎とは文字通り脊柱に存在する裂隙を示し，その結果運動および感覚異常を来たし，慢性感染を初めとする重篤な種々の臨床症状が引き起こされやすくな

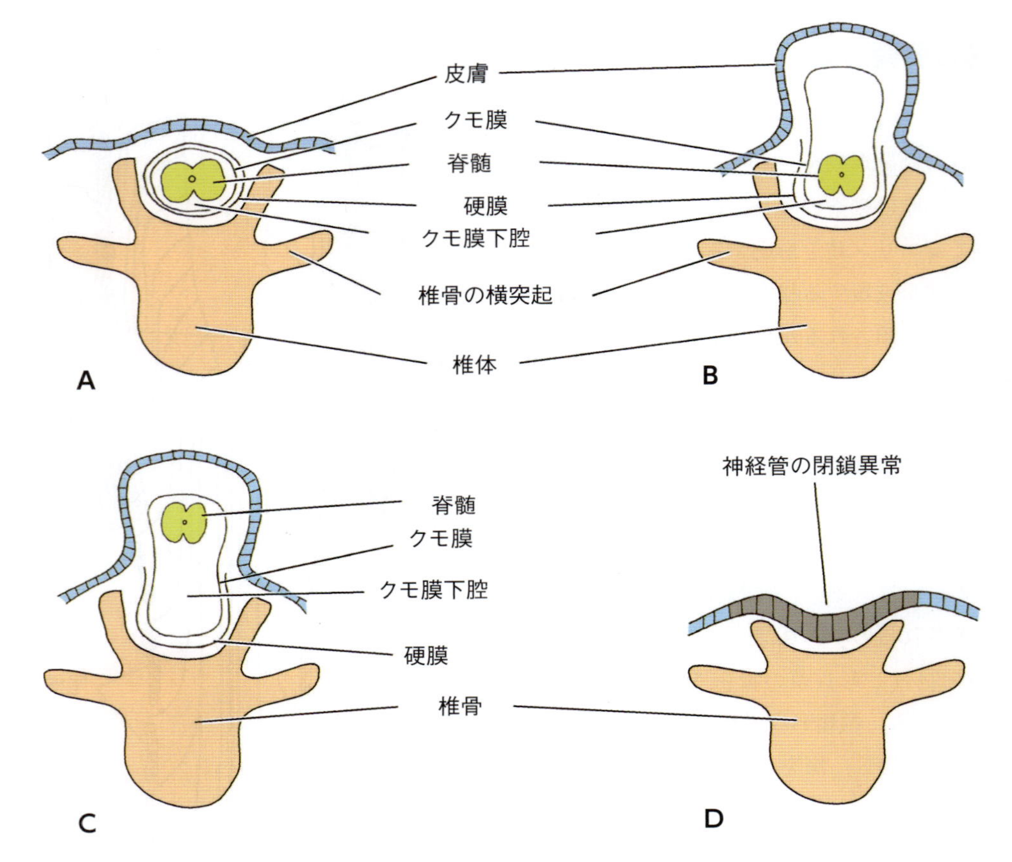

図16.10 二分脊椎の種類．A：潜在性二分脊椎．B：髄膜瘤．C：髄膜脊髄瘤．D：脊髄裂と脊椎裂．これは神経管の閉鎖不全およびそれに伴う椎骨の発生異常によって起こる．

る．二分脊椎に伴う障害はほとんど臨床徴候を示さない微弱な先天異常から，症状を示す動物が不可逆的な死に至るより重篤な状態までの範囲がある（**図16.10**）．その異常の一つに，通常は腰仙部に発生する潜在性二分脊椎がある（**図16.10A**）．この異常は一つあるいは二つの椎骨における椎弓の閉鎖不全に由来し，その異常の結果，硬膜が皮下に位置するようになる．脊髄と脊髄神経根は正常に発生し，神経学的症状は一般的には存在しない．ヒトにおいては，障害部位における小さな毛塊の存在がこの異常の徴候である．三つ以上の椎骨が関係する場合で，特に硬膜が破裂しているときには，髄膜が開口部を通してヘルニアを起こす傾向があり，その結果，クモ膜と脳脊髄液（cerebrospinal fluid；CSF）を内部に含む皮下の顕著な膨隆部が生じる．脊髄と脊髄神経根が本来の位置にとどまり，髄膜と髄液のみがヘルニアを起こす場合には，その異常は髄膜瘤と呼ばれる（**図16.10B**）．髄膜瘤では若干の神経学的徴候が明らかであることがあり，外科的に修復可能である．脊髄が逸脱し，髄液に満たされたクモ膜の突出部内に存在する場合には，髄膜脊髄瘤と呼ばれる（**図16.10C**）．脊髄の位置異常は脊髄神経根に障害を与え，種々の重篤度の神経学的症候を引き起こす．神経管の完全閉鎖不全は脊椎裂であり，例外なく致死的である（**図16.10D**）．

ヒトでは，受精至適期を過ぎて受精した卵細胞が神経管異常の発生頻度を上げる可能性があるとされている．二分脊椎の出生前診断は超音波画像法あるいは羊水中のα-フェトプロテインの異常な高値によって検出することができる．

脳各部位の分化

神経板の頭部の拡張した領域から三つの膨らみを持つ一次脳胞，すなわち前脳，中脳および菱脳（後脳）

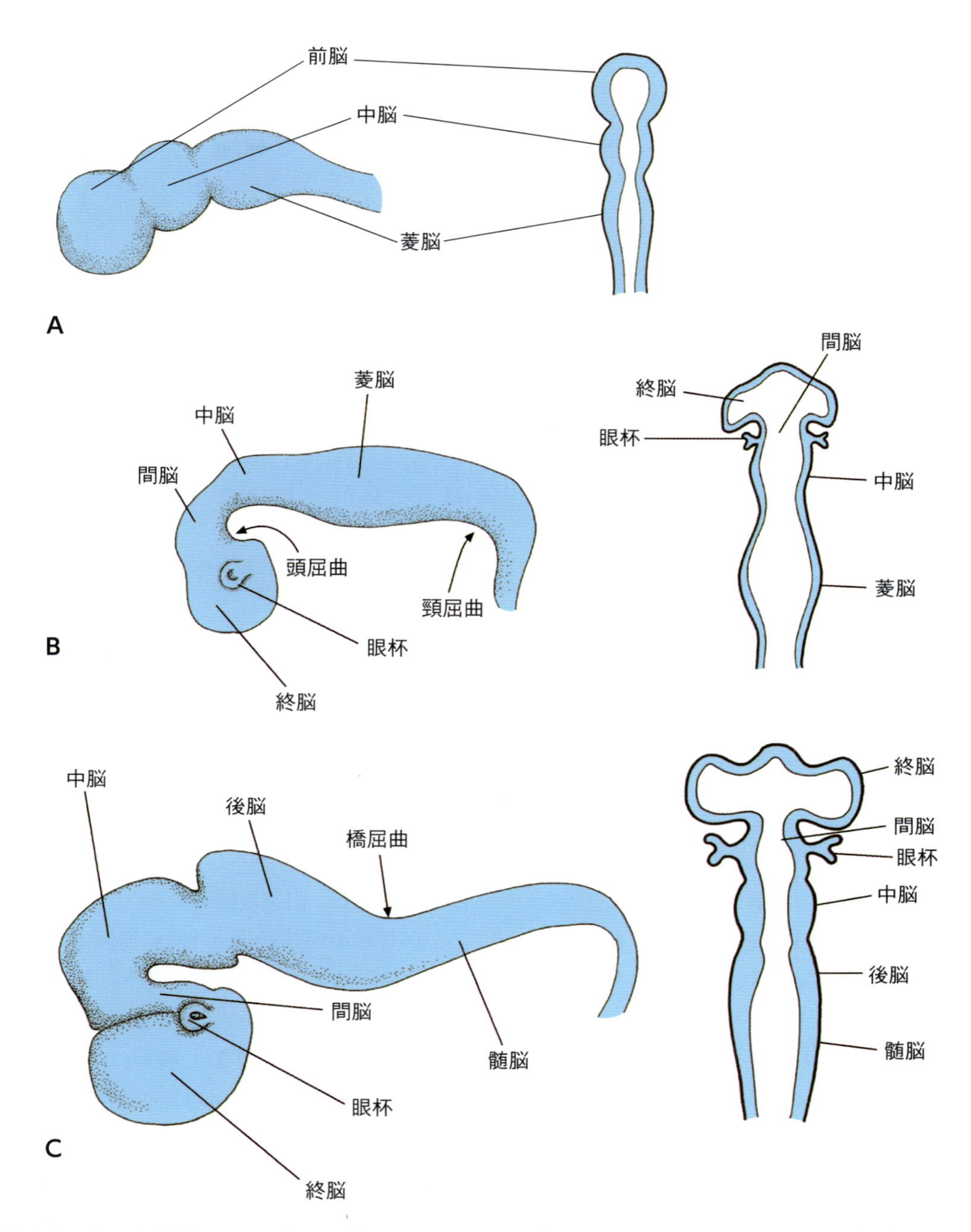

図16.11 発生中の脳の左外側面の図と背面の断面図．A：三つの一次脳胞．B：頭屈曲と頸屈曲ならびに終脳と間脳の発生．C：橋屈曲ならびに後脳と髄脳の発生．

が発生する（**図16.11**）．高等脊椎動物では，脳はぎっしり詰まった構造を取り，相対的に小さい頭蓋腔の中で発達するが，これは脳に屈曲と表層ヒダが形成されることで達成され，頭蓋に収まることが可能になる．頭部の腹側の屈曲が中脳の領域で起こり，これは頭屈曲として知られている．後脳と脊髄の間の屈曲は頸屈曲と呼ばれる．前脳の前方から終脳が後方から間脳が生じる．中脳では狭い中心管が存続する．菱脳には二つの膨みが生じ，後脳と髄脳が形成されるが，ともに拡張した内腔を持つ（**表16.1**）．背側の屈曲である橋屈曲が後脳と髄脳の間に生じる（**図16.11C**）．終脳は背側と尾側へと拡張して間脳と中脳を被い，大脳半球が形成される．霊長類以外では脳の大きさと体の大きさの直接的な相関関係は認められないが，一般に陸生

表16.1 一次脳胞，脳の区分，主な派生体と関連する脳室系

一次脳胞	脳の区分	主な派生体	関連する脳室系
前脳	終脳	大脳皮質	側脳室
		大脳基底核	
		大脳辺縁系	
	間脳	視床上部	第三脳室
		視床	
		視床下部	
中脳	中脳	中脳蓋	中脳水道
		四丘体	
		中脳被蓋	
		大脳脚	
菱脳（後脳）	後脳	橋	第四脳室の前部
		小脳	
	髄脳	延髄	第四脳室の後部

の大型哺乳類の脳は体の大きさに比べ小さい．ヒトとヒト以外の霊長類の脳は体の大きさに比べ大きい．

菱 脳

神経孔が閉じると直ぐに橋屈曲の形成に伴い菱脳（rhombencephalon）の側壁は背方に広がる．そのために蓋板は引き伸ばされて薄い菱形の構造に変わり，この蓋板が第四脳室と呼ばれる拡張した中央の内腔（菱脳腔）を被う．菱脳の橋屈曲より前方の領域は後脳に分化し，後方の領域は髄脳になる．

髄 脳

髄脳（myelencephalon）は脳の最も後方の部位に位置する．脳と脊髄で形態的に著しく異なる構造に対し，多くの点で橋渡しをする構造が髄脳にみられ，その構造には連続性がある．髄脳は側壁および蓋板と基板で構成され，側壁は境界溝で区切られた背側の翼板と腹側の基板からなる．髄脳から延髄が生じるが，延髄の形成は多くの点で脊髄の形成に似ている．延髄では脊髄と異なり側壁が翼板とともに外方に広がるため，翼板は基板の外側に位置することになるが，脊髄では翼板は基板の背側に位置する．髄脳の蓋板は一層の上衣細胞からなり，上衣細胞は間葉細胞に由来する血管層からなる軟膜で被われる．上衣層と血管層が結合して脈絡組織が形成される．この血管性脈絡組織は左右の二つの突起を伸ばして第四脳室に進入し，脳脊髄液を産生する第四脳室脈絡叢が形成される．神経学では「神経核」は，中枢神経系における神経細胞体の集合体を表す用語として用いられる．基板には三つの運動核群が含まれる．内側に位置するのは第Ⅵ，Ⅻ脳神経の一般体性遠心性神経核，外側に位置するのは第Ⅶ，Ⅸ，Ⅹ脳神経の一般内臓性遠心性神経核，中間に位置するのは第Ⅶ，Ⅸ，Ⅹ脳神経の一般体性遠心性神経核である（**図16.12**と**16.13**）．翼板には四つの神経核群が含まれる．内側から外側に向い，第Ⅶ，Ⅸ，Ⅹ脳神経の一般内臓性求心性神経核，第Ⅶ，Ⅸ，Ⅹ脳神経の特殊内臓性求心性神経核，第Ⅴ脳神経の一般体性求心性神経核，第Ⅷ脳神経の特殊体性求心性神経核が並ぶ．さらに，翼板の神経細胞は基板の腹側の位置に移動する．この神経細胞は一連の神経核であるオリーブ核複合体を形成し，ここを経由するシナプス刺激は小脳へと中継される．延髄は脊髄から脳へ，逆に脳から脊髄へ神経シグナルを送る中継中枢の役割を果たす．心拍，呼吸および血圧の調節に関わる生命中枢も延髄に存在する．

後 脳

後脳（metencephalon）は菱脳の前方部から発生する．形成過程は髄脳に類似し，後脳の側壁が外側に広

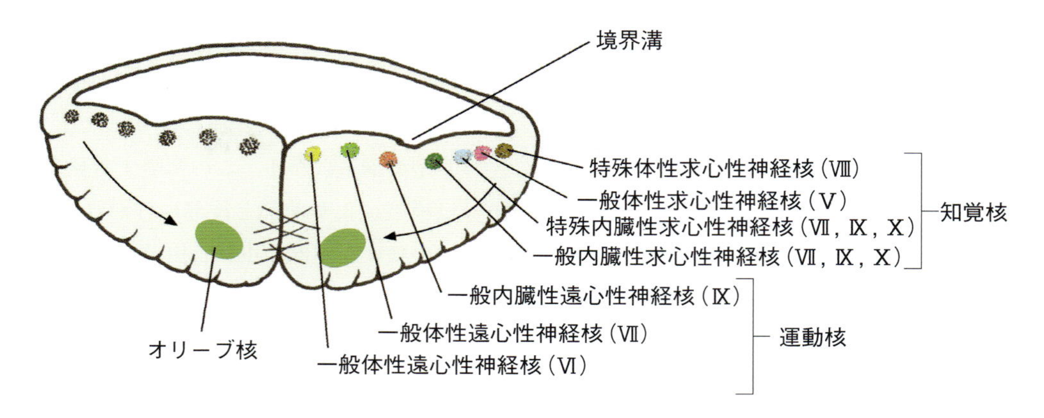

図16.12 脳神経核の配置を示す髄脳前部の横断面．矢印は翼板からオリーブ核に移動する細胞を示す．

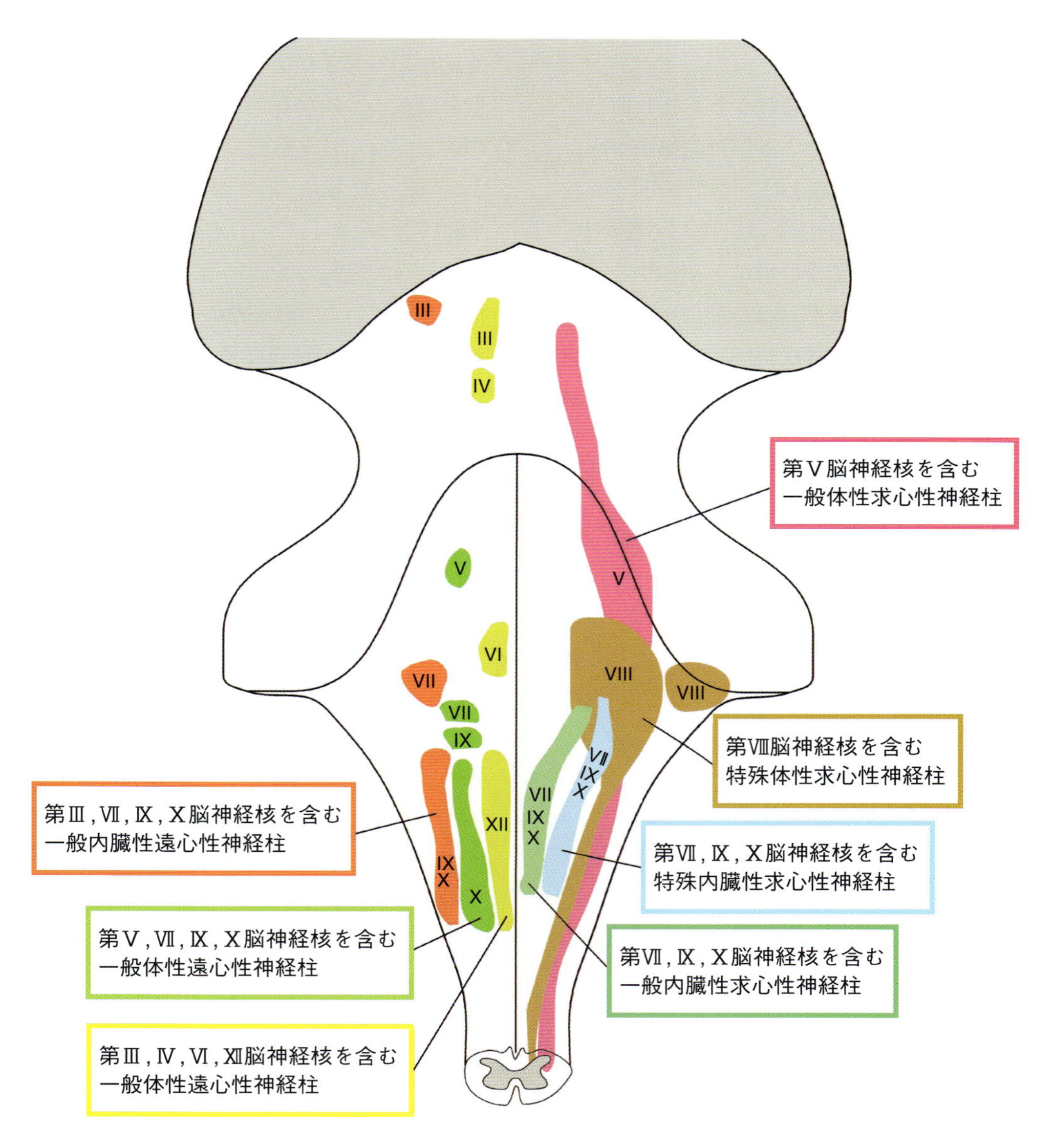

図16.13 神経核・神経柱の配置を表示した脳幹の背面図．基板中で発生する神経核・神経柱を左側に，翼板で発生する神経核・神経柱を右側に示す．

がるため，翼板は基板の外側に位置するようになる．後脳の発生過程で髄脳と異なる点は背側に位置する小脳と腹側に膨らんだ橋という特殊な構造が形成されることである．小脳は姿勢と運動の協調中枢として機能し，橋は大脳皮質と小脳皮質を繋ぐ神経路の役目を果たす．基板は一般体性遠心性神経核を，翼板は一般体性求心性神経核を含み，ともに第V脳神経に関連する．後脳の後部と髄脳の前部の翼板の細胞から生じるニューロンは腹側に移動して橋に橋核を形成し，橋核は大脳皮質から中小脳脚を通り小脳に向かうシグナルの中継に関与する．

小　脳

菱脳の翼板の背外側部は内側に向かって折れ曲がり菱脳唇を形成する．上からみると菱脳は先端が中脳に向いたV字構造をとる（**図16.14**）．したがって，左右の菱脳唇は中脳と接する部位では近接して繋がり，また後方に向かうと離れて広がり髄脳と連続する．胚子期の終わりに向かうと，菱脳唇は急速に増大し小脳半球の原基が形成される（**図16.15**）．継続する細胞分裂の結果，左右の菱脳唇は菱脳の前部で接触して融合し第四脳室を被う単一の構造となり小脳原基が形成される（**図16.16**）．胎子期の初期では，発達中の小脳（cerebellum）は背側に向かって大きくなりダンベル型の構造になる．この膨隆する発生段階では，小脳は横裂により前部と後部に分かれる．前部は大きく，幅の狭い正中部の虫部と虫部に繋がる左右の外側半球からなる．発生中の小脳の後部は小さく，1対の片葉小節葉を形成する．系統発生学的には，虫部と片葉小節葉は小脳の最も基本的な構成要素とみなされ，前庭器官の発生に関連している．小脳前部は後部の片葉小節葉より速く発達し，その後の十分に発達した小脳では主要な構成要素になる．小脳虫部と小脳半球は著しく成長して大きくなり，第四脳室の前部を被い隠す配置を取るようになる．この発達中の小脳の拡張は表面の著しい折り畳み構造により特徴づけられ，ぎっしりと詰まった横ヒダとなり小脳回が生じる．（**図16.17**）．

最初は，後脳の壁は神経上皮層，外套層，辺縁層で構成されている．胎子期の初期には，神経上皮層の細胞は外套層と辺縁層を通り抜けて小脳表面に移動し，外胚層を形成する．その後に内胚層と呼ばれる神経上

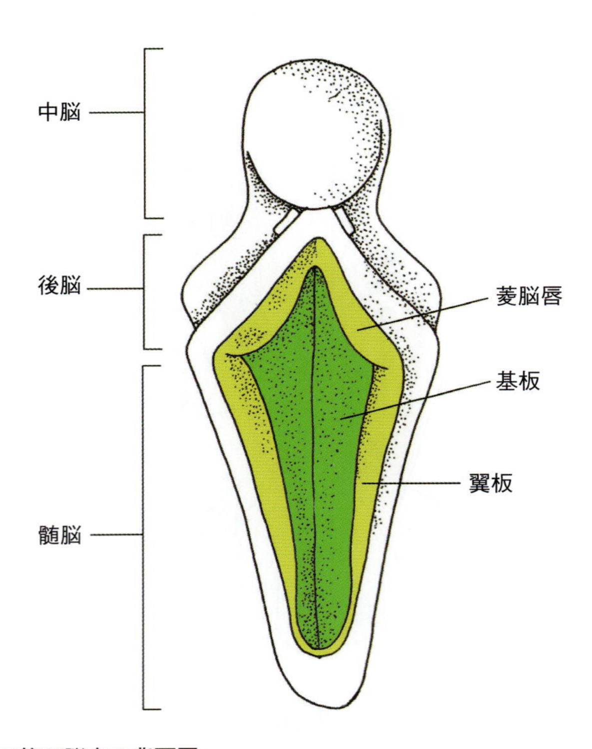

図16.14　蓋板を除去した後の第四脳室の背面図．

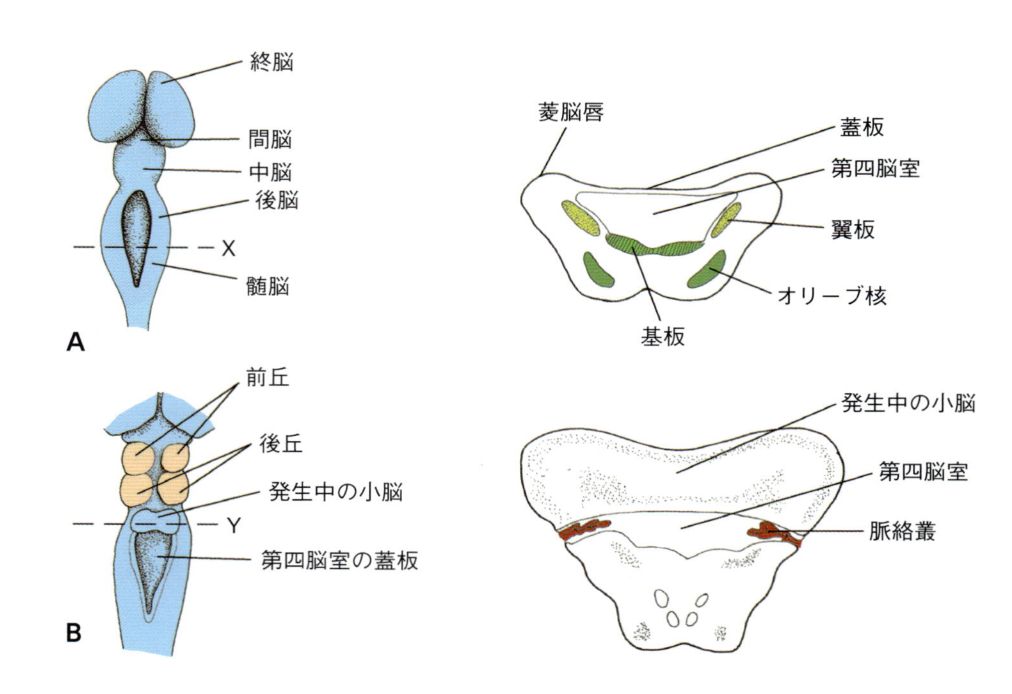

図16.15　発生中の脳の背面（左図）と横断面（右図）．Aの右図は髄脳の横断面，Bの右図は小脳と橋の横断面で，左図に横断する位置を破線（X，Y）で示す．

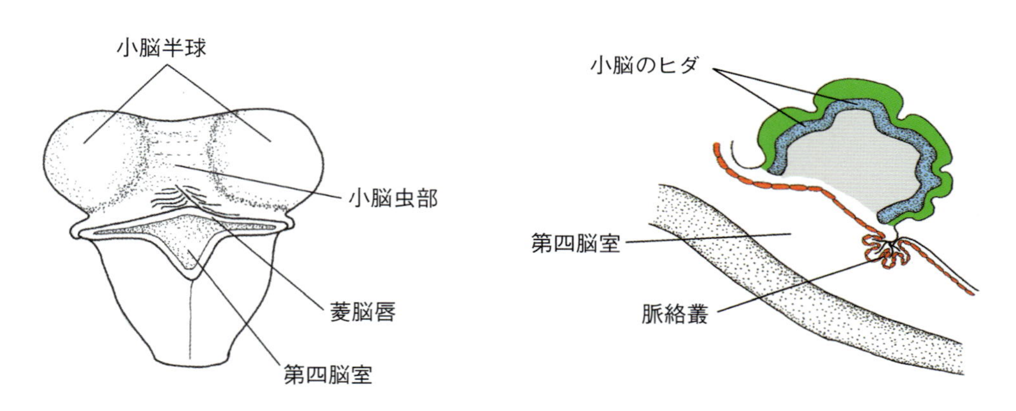

図16.16　小脳表面にヒダの形成が始まる時期の発生中の小脳の背面と縦断面．

皮層の一部の細胞から神経芽細胞が生じるが，この神経芽細胞は小脳半球の深部へ移動し，小脳皮質に出入りするシグナルを中継する四つの小脳核を形成する．また，外胚層にも向かって移動するが，この内胚層の細胞からプルキンエ細胞が生じる．外胚層の細胞が増殖して神経芽細胞が生じ，この神経芽細胞は分化して小脳皮質の籠細胞，顆粒細胞および星細胞になる．顆粒細胞および一部の籠細胞と星細胞はプルキンエ細胞よりも深部に移動し，内顆粒層を形成する．この結果，最終形態として，小脳皮質は籠細胞と星細胞を含む外側の分子層，中間のプルキンエ細胞層および内側の顆粒層で構成されることになる（**図16.18**）．

生まれたばかりの動物がみせる運動の制御と協調の度合いは出生時における小脳の機能的能力に相関している．子ウマや子ウシの小脳は十分に分化し，出生時には機能的能力として高い状態に到達しているので，生まれて直ぐに立ち上がることができる．対照的に子イヌ，子ネコや霊長類の子が生後直ぐに歩くことができないのは，出生時の小脳の分化が不十分であることに関連している．

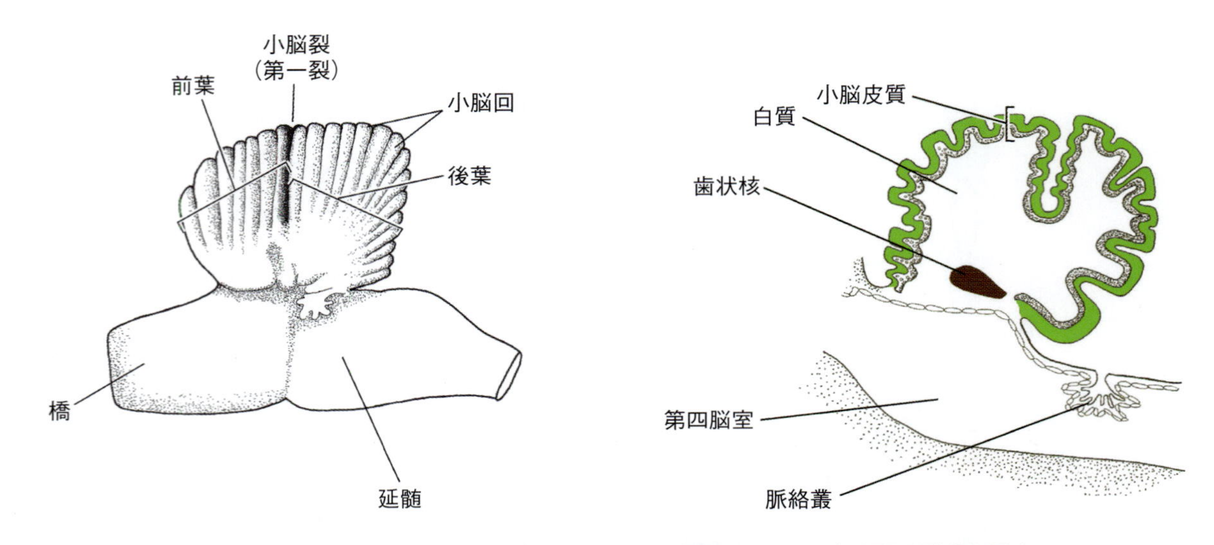

図16.17 発生中の小脳を左から見た外側面と縦断面．特徴的な表面ヒダである小脳回の形成を示す．

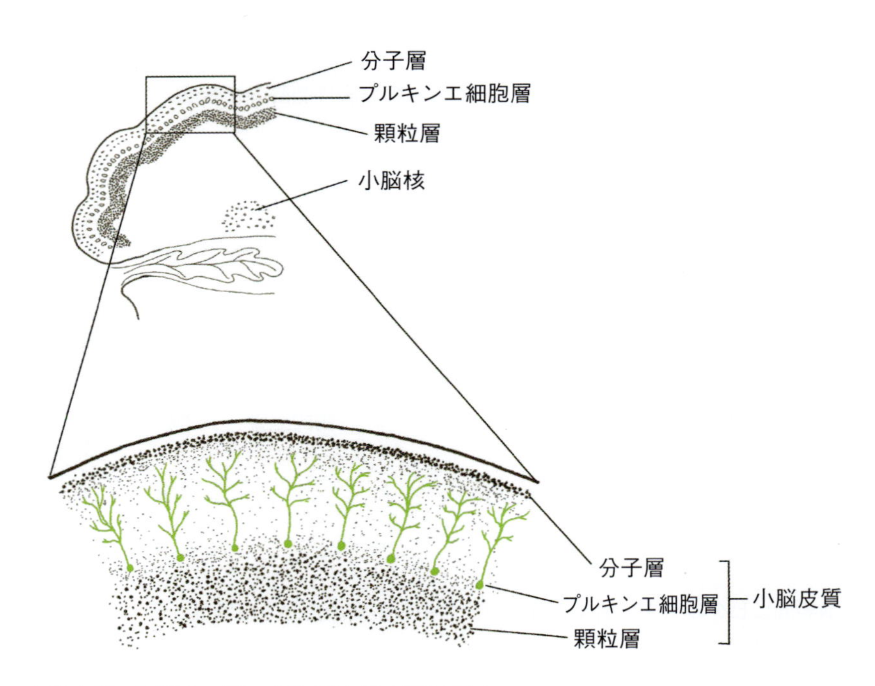

図16.18 小脳皮質の断面．小脳皮質の明確な3層の細胞層を拡大図に示す．

中　脳

中脳（mesencephalon）は脳の他の部位に比べて小さな形態的変化で発生していく．翼板と基板の内側への拡張は蓋板と基板にまで及ぶことから，中脳の神経管は小さくなり中脳水道が形成される．基板から二つの運動神経核群が生じる．第Ⅲと第Ⅳ脳神経の一般体性遠心性神経核は内側に位置し，第Ⅲ脳神経と関連する小さな一般内臓性遠心性神経核はより背側に位置する．大脳脚は左右の基板の辺縁層が増大して形成され，大脳皮質から橋や脊髄内の下位中枢への下行性神経路としての役割を果たす（**図16.19**）．

翼板の神経芽細胞は中脳の頂部である中脳蓋に移動し，左右一対の前丘と後丘，全体として四丘体と呼ばれる四つの神経核の集団が形成される．前丘は視覚，後丘は聴覚の機能に関連している．基板から生じる中脳被蓋は中脳蓋の腹側に位置する．赤核と黒質の起源は不確かであるが，おそらく翼板に由来するかあるいは独立した構造体として発生すると考えられる（**図16.19**）．

前脳の分化

前脳は三つの一次脳胞の最前部に位置し，前脳の後部から間脳が，左右に終脳が生じる（**図16.11**）．間脳からは眼杯，視床，神経下垂体，松果体が形成される．終脳から大脳半球と嗅球が生じる．間脳の内腔（間脳腔）は第三脳室に，終脳の1対の内腔（終脳腔）は左右の側脳室になる．

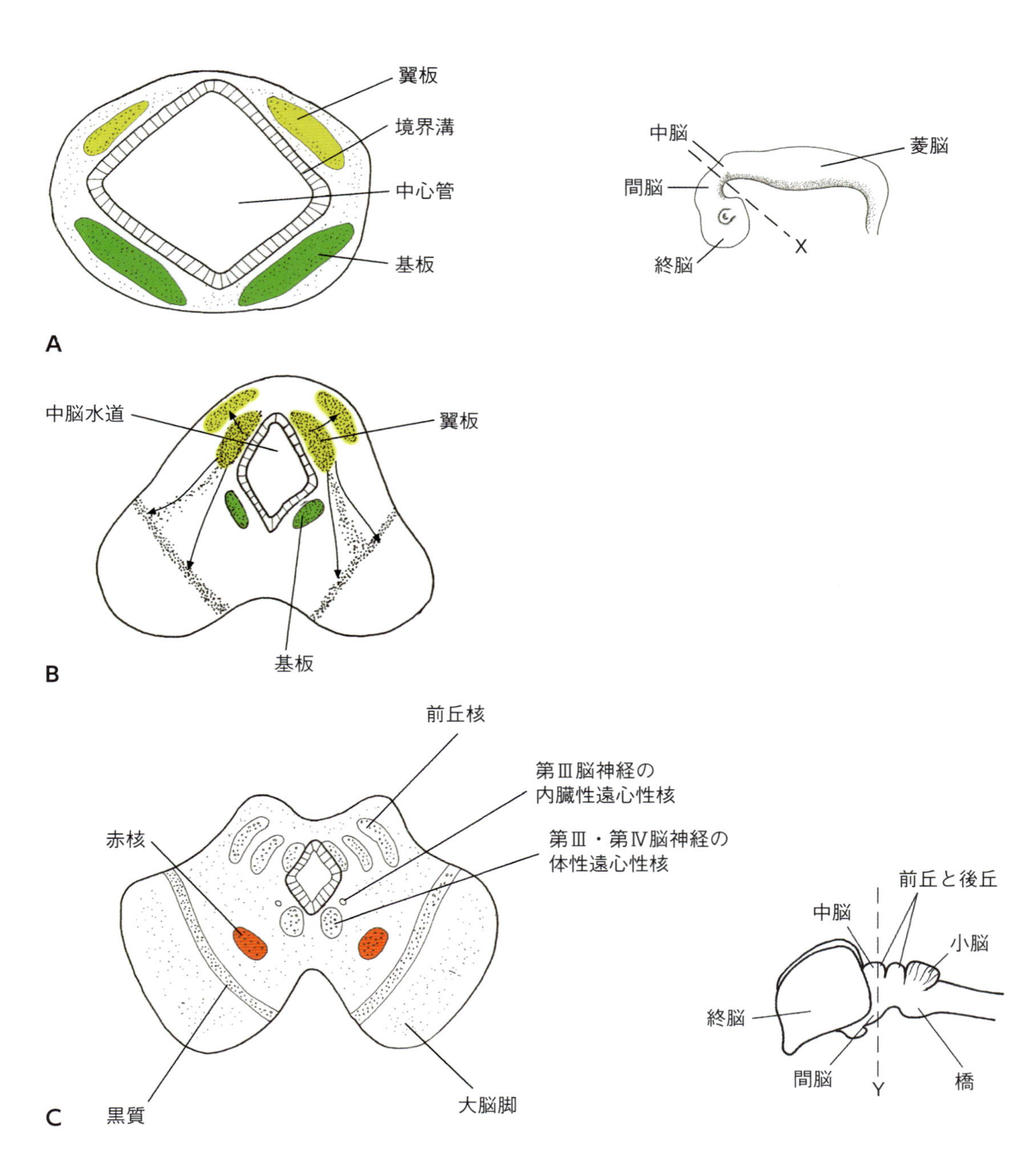

図16.19 中脳における基板と翼板の発生．A：発生初期の中脳の横断面．右図に横断する位置を破線（X）で示す．B：発生が進んだ中脳の横断面．基板と翼板，幅の広い神経管および翼板から移動する細胞（矢印）を示す．C：中脳の横断面．縮小した中脳水道，基板と翼板から派生した運動神経核と知覚神経核および大脳脚を示す．右図に横断する位置を破線（Y）で示す．

間　脳

前脳は基板を欠いているため，間脳（diencephalon）は左右の翼板と蓋板から形成される．間脳の外側壁の内側面で起こる細胞増殖によって形成された左右の三つの膨らみから，背側の視床上部，中間の視床および腹側の視床下部の塊が左右両側に形成される（**図16.20**）．その後，左右の視床下部の塊は結合して単一の構造体を形成する．視床と視床下部は視床下溝が境界となり区分される．視床は両側性に急速に発達し，第三脳室腔内に突出する（**図16.21**と**16.22**）．家畜を含む大多数の動物種では，この視床の構造体は癒合して視床間橋（視床間塊）が形成されるため，第三脳室は狭い輪状の腔所になる．視床は主に知覚刺激の中継中枢として働き，小脳や大脳基底核からのシグナルを大脳皮質に中継する．内臓機能，睡眠，消化や体温，またヒトでは情動行動を調節する数多くの神経核は視床下部に生じる．視床下部は下垂体の内分泌活動も調節し，多くの自律反応に影響を及ぼす．1対の視床下核は乳頭体と呼ばれ，視床下部の腹側中央の表面に明確な隆起が形成される．加えて，間脳の腹側下方への成長により神経下垂体のロートが形成される．間脳の蓋板の最後部位には正中に小さな憩室が形成されるが，ここに細胞増殖が起こり，その結果，円錐形の構造体である松果体が発生する（**図16.21**）．蓋板の前方の領域は血管性の間葉によって被われる単層の上衣細胞からなる．この軟膜と上衣の結合層は第三脳室に陥入し，第三脳室脈絡叢を形成する．発生初期の段階では，間脳の外側に眼杯の原基である眼胞が左右に二つ形成される．眼杯の分化については第24章で説明する．

終　脳

終脳（telencephalon）は前脳の最も前方の位置から派生し，中心部の終板と左右の外側憩室からなる．その後，この憩室の壁から大脳半球が形成される．この二つの憩室の内腔である左右の側脳室は室間孔を介して間脳の内腔である第三脳室と交通している．初めは，側脳室と第三脳室との間の開口部（室間孔）は広いが，後に大脳半球は成長して拡張するため，左右の室間孔の管腔は狭くなる．発生中の終脳胞は最初に前方に伸びる．発生の段階が進むにつれ，終脳胞は背側に，次いで後方に，最後は腹側に伸びてC字型の外観を示すようになる（**図16.23**）．最終的な構造として，大脳半球は間脳，中脳および後脳の前部の上に位置する．拡大する左右の大脳半球の内側壁は大脳縦裂により隔てられる．胚子期の終わりに向かうと，細胞増殖により左右の大脳半球の底部に顕著な膨らみが生じ，側脳室に突出して線条体が形成される（**図16.21B**）．大脳基底核は神経核の集合体で線条体に位置し，筋緊張や複雑な体の運動を制御する．

大脳半球の腹内側壁には脈絡裂と呼ばれる溝が発生し，側脳室に突き出る．後に，血管性の軟膜がこの溝

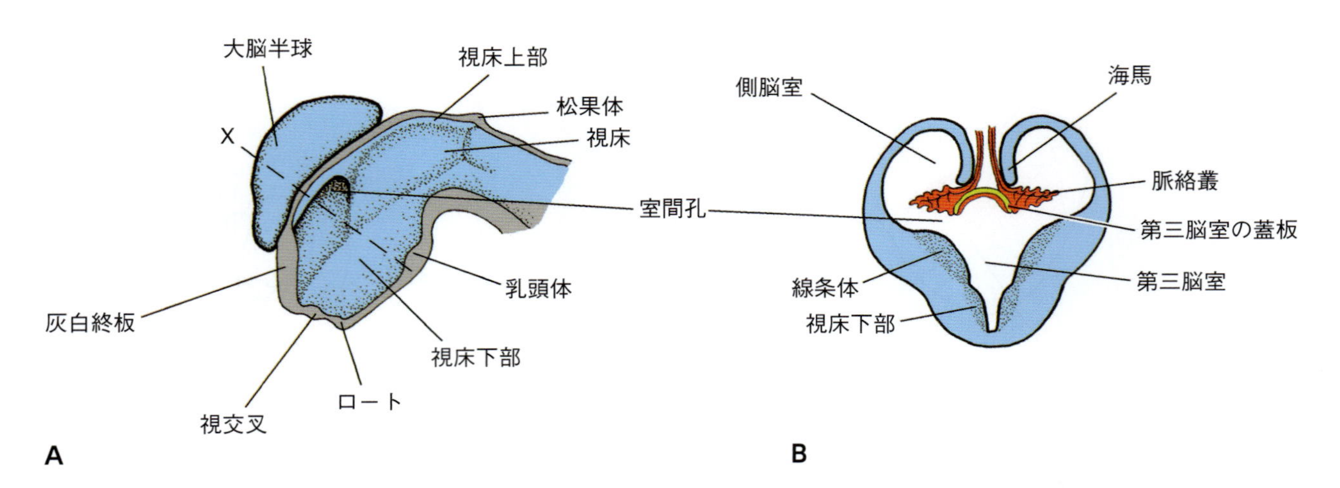

図16.20　A：前脳の正中面．右側の大脳半球の内側壁，視床および視床下部を示す．B：破線Xの位置の前脳の横断面．側脳室，海馬，第三脳室および脈絡叢を示す．

を被い側脳室内に陥入して薄い上衣層に被われ，側脳室脈絡叢が形成される（**図16.21**）．大脳半球の内側壁は脈絡裂の背側部で肥厚して，海馬が形成される．哺乳類では，側脳室の中へ海馬領域が陥入する結果，左右それぞれの海馬は固有の脳回を形成し，側脳室の内側壁と腹側壁の形成にも関わる．海馬は大脳辺縁系の構成の一部で，記憶と密接に関係している．

大脳半球が拡大して間脳と中脳を被う結果，大脳半球の内側壁と間脳の外側壁が癒合する．この癒合により線条体と視床は緊密に接触する．また，大脳半球の成長と屈曲は半球内にある側脳室の形にも影響を及ぼし，側脳室は前角，後角，腹角を備えたC字型の構造になる．側脳室の壁の周囲に配置する脈絡叢は拡張する側脳室の形状に合うように形を変えていく．大脳半球から大脳皮質が分化するに伴い，大脳皮質から生じる神経線維と大脳皮質へとシグナルを中継する神経線

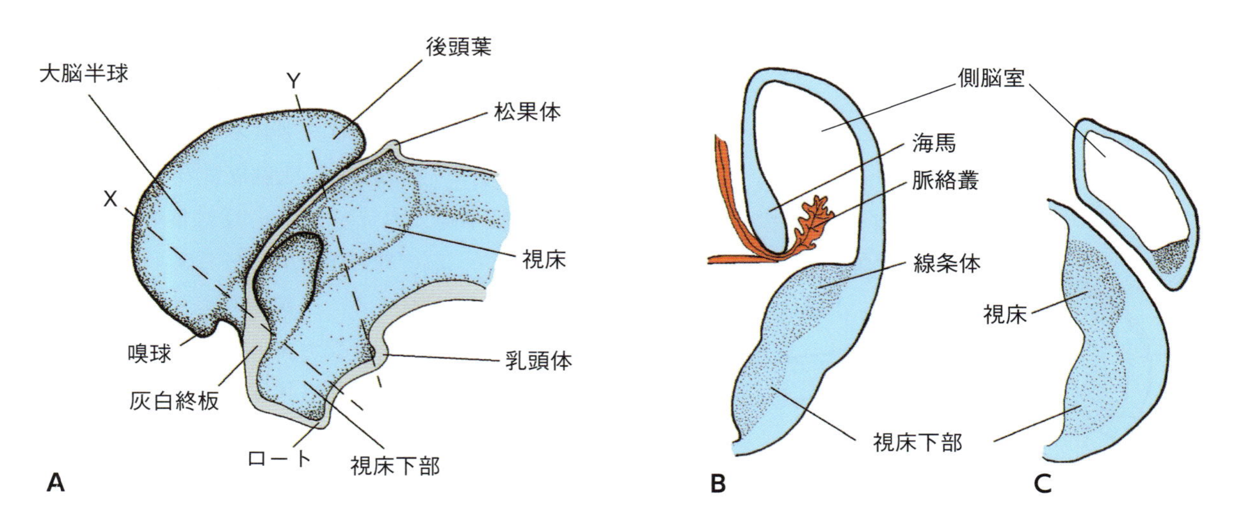

図16.21　A：前脳の正中面．図16.20より発生が進んでいる．B：図Aの破線Xの位置の横断面．C：図Aの破線Yの位置の横断面．

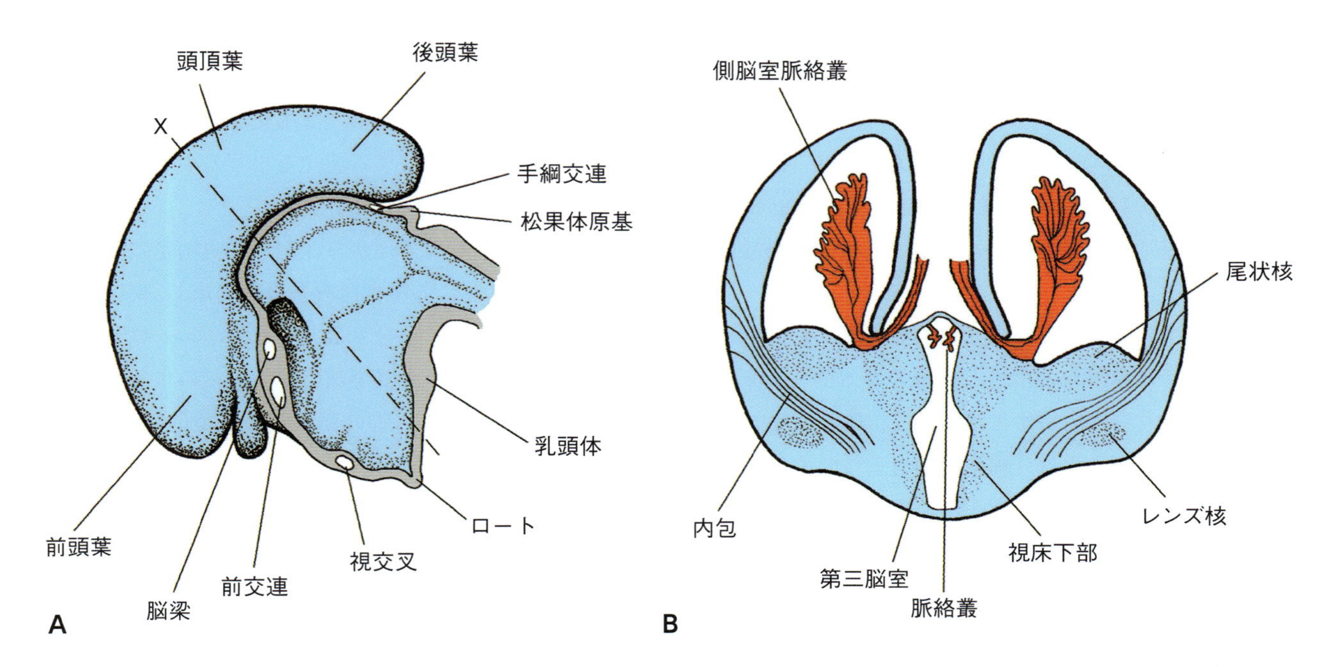

図16.22　A：胎子期初期の前脳の正中面．発生中の脳の構造の位置関係を示す．B：図Aの破線Xの位置の横断面．

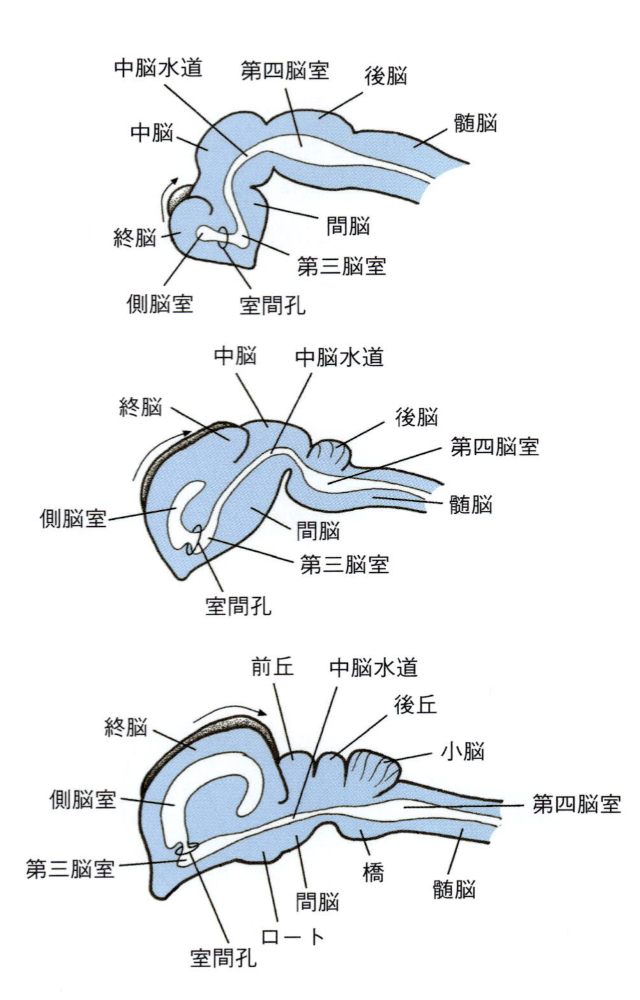

図16.23 胎子の脳の正中面．連続する発生段階により前脳と後脳の構造の発生を示す．矢印は終脳の成長方向を示す．

維は線条体を通過し，線条体を背内側部の尾状核と腹外側部のレンズ核に分ける（**図16.22B**）．尾状核とレンズ核を分ける神経線維路は内包として知られている．大脳半球の発生に関連して，尾状核と内包もC字型になる．

大脳半球が大脳皮質に分化する前は，大脳半球の壁は神経管でみられる構造と同様の基本的な3層構造をとる．上衣層に由来する細胞は波状的な様態で大脳皮質の表面に移動する．細胞移動の三つの波が大脳皮質の形成期に起こり，それぞれの移動の波により明確に区別できる層が順番にできる．最初の細胞移動の波から，最終的な配列の中で最も深層の大脳皮質の第三層を構成する細胞層ができる．大脳皮質の第二層を構成する細胞は細胞移動の最初の波で形成された層を通過して表層へ移動する．最後の波で移動する細胞はすでに形成された二つの細胞層を通過して，大脳皮質の中で最も表層の位置を占める．

胎子期後期に大脳半球が分化するときに，大脳半球の表面は折り畳まれてヒダ状になり脳回と呼ばれる細長い隆起が形成され，脳回には表層の灰白質と中心部の白質が含まれる．脳回は脳溝と呼ばれる浅い溝により互いに隔てられている．脳回と脳溝で形成された模様は種に特異的なので，ある特定の種において個々の脳回と脳溝につけられた名称は他の動物種の脳回や脳溝には適用できない．局所解剖学的に関連する頭蓋の構成骨に照らして，大脳皮質は便宜的に前頭葉，頭頂葉，後頭葉，側頭葉に区分される．

大脳皮質の発生に伴い，大脳皮質のニューロンは同側の大脳半球のニューロン，反対側の大脳半球のニューロン，脳の他の領域に存在するニューロンとの間でシナプス結合する．皮質のニューロンが同側の大脳半球のニューロンとシナプス結合する場合，この神経線維は連合線維に分類される．交連線維は左右の大脳半球の互いに対応する領域間を相互に連結する．また，投射線維は大脳のニューロンと脳の他の領域のニューロンや脊髄のニューロンを結合する．最も大きく最も重要な交連線維束は脳梁であり，脳梁は嗅覚野の領域を除いた左右の大脳半球間を接続する．初めは，脳梁線維は終板を通って伸びる．ところが，大脳半球が発達するにつれて，脳梁は大きくなり，最終的に間脳を被うように広がる．海馬交連，後交連，手綱交連，左右の嗅球を接続する前交連などの小さな交連線維束も発生する（**図16.22A**）．

嗅球は終脳前方部から派生し，嗅粘膜の嗅細胞の軸索を受ける．この軸索は嗅神経を形成し，嗅球のニューロンとシナプス結合する．嗅球のニューロンの軸索は嗅索を形成し，大脳半球の嗅覚中枢のニューロンとシナプス結合する．脳の領域別の機能的役割を**表16.2**に要約する．

脳室系と脳脊髄液循環

脳胞の内腔と神経管の内腔は存続し，後にそれぞれ脳室系と脊髄中心管になる．脳室と神経管は内面が上

表16.2 脳の領域別の機能的な役割

脳の領域	機能的な役割
延髄	心臓血管系，呼吸器系，消化器系の活動などに関する不随意機能の調節中枢が含まれる．感覚情報を視床に中継する．
橋	不随意性の体性運動性および内臓性運動性の中枢が含まれる．呼吸調節の中心的役割を担う．感覚情報を小脳と視床に中継する．
小脳	感覚情報の処理および運動の協調と平衡維持など特殊な機能を持つ．末梢に分布する全身の体性受容器や三半規管にある平衡感覚の受容器で知覚した情報は小脳に入力する．
中脳	眼球の運動を調節する．視覚反射と聴覚反射のシグナルを中継する．
視床	感覚情報に対する主な中継および処理中枢である．
視床下部	体温，食欲，体液平衡，性的反応を調節する中枢が含まれる．内分泌系の調節に極めて重要な役割を担う．
大脳	学習や記憶に関係した中枢が含まれる．ヒトでは大脳は知力や情動反応にも関係する．その他の機能として，体性運動性の随意的・不随意的調節などが含まれる．
大脳皮質	認知，骨格筋運動，情報統合を担う．皮膚，筋骨格系，内臓および味蕾からの感覚情報を解釈する．

衣細胞により被われ，脳脊髄液を含んでいる．終脳腔から派生する外側に拡張した内腔は左側脳室・右側脳室と呼ばれる．終脳の中心腔と間脳腔は第三脳室を形成し，間脳の視床間橋を取り囲む．中脳の中央の中脳腔は狭いままで残り中脳水道になるが，菱脳腔は広がり第四脳室を形成する．左右の側脳室の底板に沿った領域と第三・第四脳室の蓋板に沿った領域は上衣細胞と血管性の軟膜からなり脈絡組織を形成する．脈絡組織は突起を伸ばして脳室腔に侵入して絨毛様の構造を示す脈絡叢が形成され，脈絡叢から脳脊髄液が産生される．脳脊髄液には，この産生の場を起点とした明確に定められた循環経路がある（**図16.24**）．側脳室で産生された脳脊髄液は室間孔を通って第三脳室へ，そして第三脳室から中脳水道を通って第四脳室へ流れる．ほとんどの脳脊髄液は家畜では第四脳室蓋に生じる二つの第四脳室外側口を通ってクモ膜下腔に流れ込む．ヒトでは，三つ目の開口部となる第四脳室蓋の正中部に第四脳室正中口も発生する．少量の脳脊髄液は脊髄の中心管に入る．したがって，脳と脊髄は衝撃に対し，内部および外部からこの液体により遮蔽され守られている．通常の状態では，脳脊髄液は絶え間なく産生され，産生率に厳密に一致した割合で静脈系に戻る．髄液圧は硬膜静脈洞の静脈圧を越えるので，脳脊髄液の再吸収は硬膜静脈洞に突出するクモ膜絨毛を介して起こる．脳脊髄液が静脈系に吸収される追加の部位として，脊髄神経根の周囲の静脈およびリンパ管が挙げられる．脳脊髄液は血漿の濾過と血漿成分の能動輸送の組み合わせに上衣細胞の分泌が加わり生成される．グルコースとアミノ酸の濃度は血漿よりも脳脊髄液の方が低い．通常の脳脊髄液には細胞は含まれていない．脳の細胞外液と脳脊髄液の組成が極めて類似していることは神経組織が安定した環境を維持するために役立っている．

血液-脳関門

脳細胞が置かれている環境は細胞外液組成の調節に役立つ血液-脳関門（blood-brain barrier）により，さらに守られている．脳の毛細血管は体の他の器官の毛細血管と異なり，高分子を透過させない選択的な障壁としての役割を果たす．脳の毛細血管はタンパク質を除くほとんどの血漿成分を透過させる．この高分子の選択的排除は密着帯を持つ毛細血管内皮細胞の配列に起因すると考えられる．星状膠細胞の血管周囲足は神経系の毛細血管の基底膜に接着しており，おそらくこの構造も選択的な障壁の形成に寄与していると考えられる．酸素，二酸化炭素やアルコールなど脂質に容易に溶ける物質は血液-脳関門を通過することができる．脂質に溶けないグルコースやアミノ酸などの物質は特殊な機序により血液-脳関門を通過できる．脳の毛細血管の高い選択的透過性はいくつかの毒性物質に対して，また血液中を循環するホルモン，イオンおよび神経伝達物質の濃度変動に対して脳細胞の保護に役立っている．

脳発生の分子的側面

ホメオボックス遺伝子に由来するシグナル群は脊

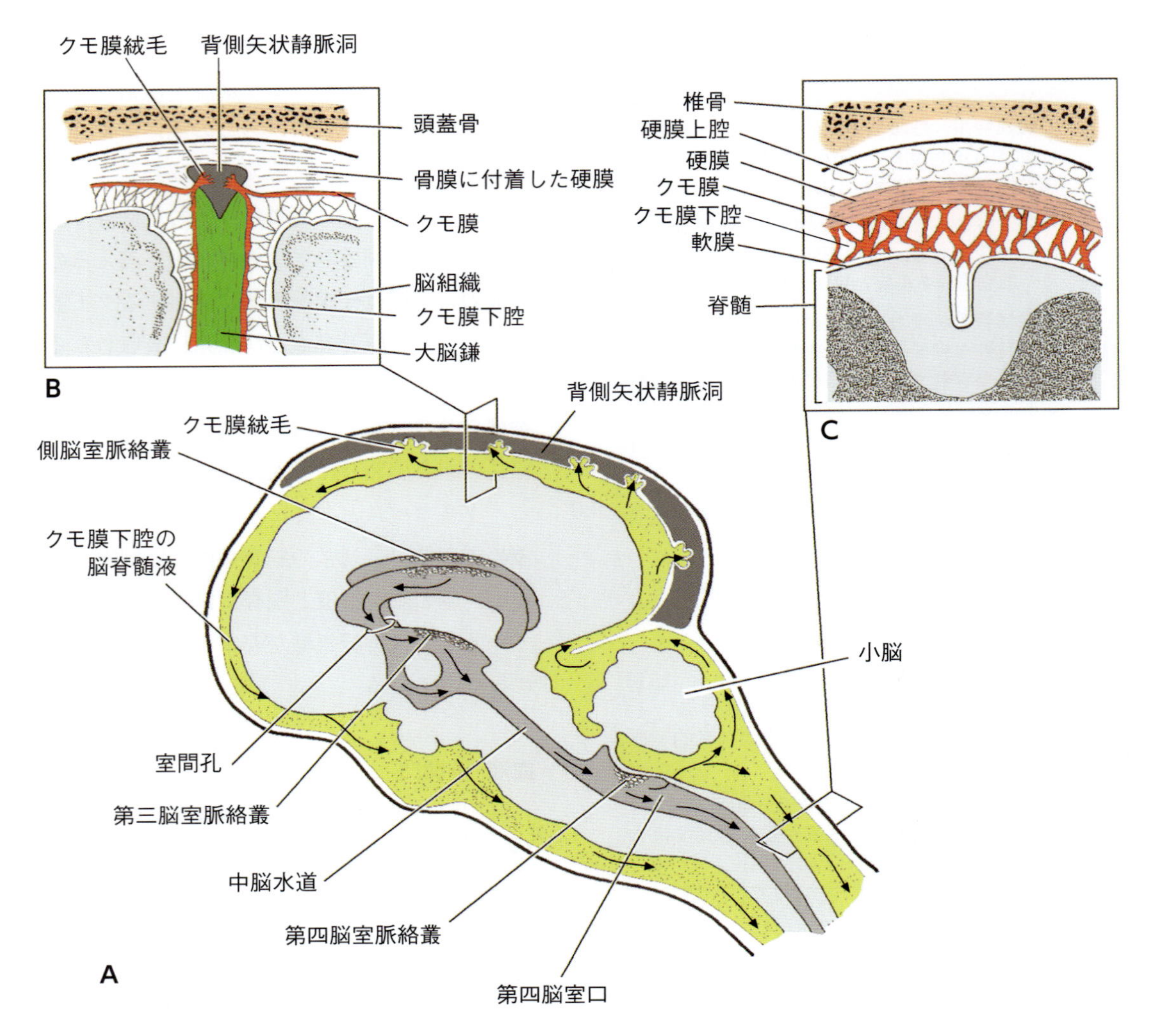

図16.24 A：脳脊髄液の生成，循環と排出．矢印は脳脊髄液の循環する方向を示す．B：脳の髄膜と隣接構造との関係．C：脊髄の髄膜と隣接構造との関係．

索，脊索前板および神経板に発現するもので，脳の前脳，中脳，および菱脳への領域特定化に影響する．前脳と中脳領域の特定化もまたホメオドメインを含む遺伝子群により制御されている．

神経板の発生段階において，Lim-1およびオルソデンティクル・ホモログ-2（orthodenticle homologue 2；Otx-2）は脊索前板および神経板にそれぞれ発現し，前脳および中脳の境界区分に影響する．神経ヒダと咽頭弓の形成に続き，重複した入れ子状のパターンで発現する*Otx-1*, *Emx-1*および*Emx-2*を含むホメオボックス遺伝子は，中脳および前脳の個性をさらに明確にする．これらの領域の形成に伴い，二つの組織形成中心，すなわち神経板の前縁と非神経性外胚葉の間に位置する吻側神経隆起および中脳と菱脳間に位置する峡部が，胚子の脳発生に影響する．吻側神経隆起は初期発生において脳因子1（brain factor 1；Bf-1）の発現を誘導するFgf-8を分泌する．この因子は前脳の領域特殊化と大脳半球の形成に影響を及ぼす重要な役割を持つ．脊索前板と脊索によって分泌されるShhは脳の腹側パターン形成に影響し，一方，隣接する非神経性外胚葉によって分泌されるBmp-4とBmp-7は脳の背側のパターン形成をコントロールする．峡部の形成中心もまた，ホメオボックス含有遺伝子，すなわちエングレイルド1と2（*engrailed 1*と*2*；*En-1*と*En-2*）の発現を誘導するFgf-8を分泌する．さらにこれらの遺伝子は，峡部から頭尾方向に勾配をもって発現する．

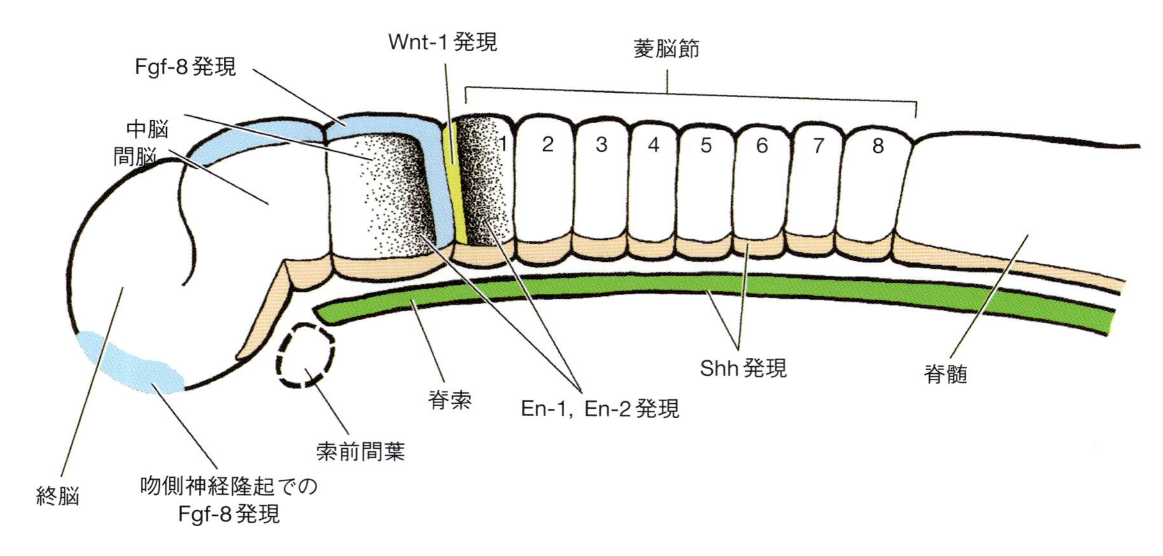

図16.25　発生中の脳および菱脳分節に関連したシグナル伝達様式.

*En-1*は背側中脳の発生を制御し，*En-1*と*En-2*は小脳の発生に関与する．*Wnt-1*は小脳の発生に関わるもので，Fgf-8によって誘導される（**図16.25**）.

菱脳は分節，すなわち菱脳節で構成されており，その独自性はホメオボックス含有遺伝子の発現範囲によって規定されている．原腸形成脳ホメオボックス2転写因子（gastrulation brain homeobox 2 transcription factor；Gbx-2）は中脳と菱脳間の境界を決める．*Krox-20*や*Kreisler*などの分節遺伝子は，菱脳節の分節パターンを確立し，一方，アンテナペディア類のホメオボックス遺伝子は菱脳節の分節の個性を決める．Hox遺伝子産物は，菱脳節1番（rhombomere 1；r1）の前端にある峡部オーガナイザーに発現するFgf-8に拮抗されるので，r1には発現しない．Hox遺伝子パラログ（Hox paralogue）発現の重複パターンは，菱脳のより前方域に発現する染色体の3′領域にあるHox遺伝子とともに，菱脳節2番から菱脳節8番まで検出される．もう一つの遺伝子ファミリーであるエフリンとその受容体もまた，菱脳節の分化に影響する．エフリンは偶数番の菱脳節2番，4番，6番および8番に発現し，エフリン受容体は奇数番の菱脳節3番，5番および7番に発現する．この発現パターンは菱脳節間で細胞移動が起こらないことや，各菱脳節に関連した神経堤細胞の明確なグループ分けの維持の説明にもなるかもしれない．したがって，神経堤細胞はそれらの属する菱脳節との独自の位置関係を維持している.

脳の形態異常

外脳症

頭側神経孔の閉塞不全は異常な前脳の発生と頭蓋骨融合障害をもたらし，外脳症（exencephaly）と呼ばれる状態を引き起こす．頭蓋の欠損孔が小さいときは髄膜がヘルニアになり，頭部髄膜瘤と呼ばれる異常となる．髄膜と脳の一部がヘルニアになるような大きな頭蓋骨欠損は脳瘤と称される.

小頭症

異常に小さい脳の発生は小頭症（microencephaly）と呼ばれる．発生不全の脳はしばしば狭小な頭蓋腔を伴う．外見は前頭蓋が扁平で萎縮し，頭蓋骨は正常よりも厚い．この状態は子ウシ，子ヤギおよび子ブタで報告されている.

水無脳症

終脳の胚上皮崩壊による大脳皮質組織の著しいあるいは完全な欠失は，髄膜により包まれ脳脊髄液で満たされている液嚢のみが残存する，水無脳症（hydranencephaly）として知られている．頭蓋はたいていは正常にみえるが，やや丸みを帯びた前頭骨の盛り上がりが明瞭である．脳幹はたいてい正常な外見を持つが，時に小脳の若干の低形成が観察される．本症状は子ウシ，子ヤギおよび子ブタで散見される．ウィルス性の催奇形因子がしばしばこの症状の発生に密接に関わり，時に感受性の強い集団が冒される．

水頭症

頭蓋腔における過剰な量の脳脊髄液の貯留は水頭症（hydrocephalus）と称される．症状には三つの型がある．内水頭症では脳脊髄液が脳室内にあるが，外水頭症では髄液はクモ膜下腔に貯留する．過剰な脳脊髄液が脳室とクモ膜下腔にある場合，この病態は交通性水頭症と呼ばれる．外水頭症および交通性水頭症は家畜ではまれである．内水頭症は通常中脳水道の狭窄または閉塞と関連しており，側脳室における脳脊髄液の貯留をもたらす．これは発生中の大脳半球が発生途上の未融合の頭蓋骨を拡張する原因となり，頭部の膨隆がみられる．脳脊髄液の貯留による圧迫は脳組織の萎縮をもたらし，結果的に頭蓋骨が薄くなる．頭蓋形成異常の程度は，軽度のドーム状のものから難産の原因ともなるより大きなものまでさまざまである．多くの家畜で単発的に発生する水頭症は臨床的に水無脳症と同じようにみえる．しかしながら，水無脳症と異なり，水頭症では脳室の上衣層は破壊されない．

単眼症

単一の正常もしくは未発生な眼球や，癒合程度の異なる二つの眼球を入れた，顔面中央に位置する単一の眼窩を単眼症（cyclopia）と呼ぶ．眼瞼は多くの場合欠如し，鼻は捻じ曲がる．妊娠2週目の雌ヒツジがカリフォルニアバイケイソウ（*Veratrum californicum*）中の催奇形物質を摂取することで産子にこの奇形が起こる原因となる．

アーノルド・キアリ奇形

小脳組織が大後頭孔を通って前頸部脊柱管へ突出した状態はアーノルド・キアリ奇形（Arnold-Chiari malformation）として知られる．この状態はしばしば二分脊椎や髄膜脊髄瘤，水頭症を伴う．家畜でも記録されてきたが，キング・チャールズ・キャバリア・スパニエルで最も頻繁にみられる．この品種において，この奇形は遺伝的上位性を持ち，大後頭孔を通って小脳の突出を招く．小脳のこのヘルニアと縮圧は正常な脳脊髄液の流れを変えてしまい，頸髄中心管への髄液の貯留が起こる．もし髄液が貯留し続けてシリンクス（syrinx）と呼ばれる空洞が脊髄実質内に形成されると，脊髄とそれに付随する神経線維の圧迫が起こる．これら脊髄内のシリンクスの形成は脊髄空洞症と名づけられている．

小脳形成不全

多くのウィルス性病原体は発生中の小脳に感染しやすいので，家畜では先天的な小脳形成不全（cerebellar hypoplasia）が定期的に起こる．小脳の外胚層で複製するウィルスは小脳皮質の低形成を引き起こす．小脳形成不全の誘導に関連する感染病原因子は28章で述べる．

脳幹と脊髄

一見すると，脳幹の発生の様子は脊髄の発生とあまり似ていないようにみえる．脳幹の発生の特徴をより詳しく観察すると，初期の脳幹は境界溝で分けられる左右の背側の感覚性の翼板と腹側の運動性の基板から構成されることが分かる．脊髄と同様に，頭側の翼板と基板は一般体性求心性，一般内臓性求心性，一般内臓性遠心性および一般体性遠心性の神経組織柱を生じさせ，これらは脳幹の灰白質を作る．初期発生での脳幹と脊髄の基本構造の類似性は脳幹の構築を修飾する発生的変化により作り変えられる．これらの変化では，神経管腔の拡張に伴って翼板が基板の外側へと移動するような，菱脳の壁の外側への折り畳みが起こる．その他の特殊神経細胞柱，すなわち特殊体性求心性および特殊内臓性求心性柱は脳幹の翼板で発生する．特殊体性求心性柱は聴覚と前庭機能に，特殊内臓性求心性柱は味覚に関連する．発生の初期では，脳幹の灰白質の機能神経核は脊髄の神経柱のような連続的な柱を形成する．いくつかの脳神経は脳幹の神経核柱に存在する機能的な構成要素の範囲を必要としないので，個々の神経細胞柱の部分は退行していく．したがって，いくつかの脳神経は神経細胞柱とは別個の残存の神経核より起こる．これらの神経核とそこから起こる脳神経はその神経核が由来とする神経細胞柱の機能を保持している（**図16.13**）．

脳神経

哺乳類には12対の脳神経がみられる．それらが脳から出る部位に従って，慣例的にローマ数字が当てられており，第Ⅰ脳神経は最も吻側にあって，第Ⅻ脳神経が最も尾側にある．脳神経（cranial nerve）はそれらの投射し支配する領域や構造に従った名前もつけられている．よって，第Ⅰ脳神経は嗅神経としても知られている（**表16.3**）．

いくつかの共通した特徴はあるが，脊髄神経と脳神経は基本的な違いも呈する．脊髄神経は感覚と運動の構成成分を持つことから混合神経と呼ばれる．対照的に，脳神経はその機能と発生由来に従って三つのカテゴリーに分類される．すなわち，特殊感覚機能を持つ神経，運動機能のみを持つ神経および咽頭弓から派生したものを支配する混合神経である．

12対の脳神経の主要な特徴は**表16.3**にまとめる．脳神経に関連する神経節はそれぞれ神経堤細胞（第Ⅴ脳神経）か，神経堤細胞とプラコード由来細胞の混合したもの（第Ⅶ，Ⅷ，Ⅸおよび Ⅹ脳神経）のどちらかに由来する．

特殊感覚神経

三つの脳神経，すなわち嗅神経（第Ⅰ脳神経），視神経（第Ⅱ脳神経）および内耳神経（第Ⅷ脳神経）がこの分類に含まれる．嗅神経と視神経は真の脳神経ではなく，しばしば脳の神経伝導路の延長とみなされる．

運動機能のみを持つ脳神経

動眼神経，滑車神経および外転神経（それぞれ，第Ⅲ，Ⅳおよび Ⅵ脳神経）は眼筋を神経支配する．舌下神経（第Ⅻ脳神経）は舌筋群および内舌筋を支配する．体性神経のみである第Ⅳ，Ⅵおよび Ⅻ脳神経と異なり，第Ⅲ脳神経は，毛様体筋を神経支配する一般内臓性遠心性線維も含んでいる．これら四つの脳神経はしばしば運動機能のみを持つ神経に分類されるが，付加的に，筋や関節からの感覚情報である固有受容感覚に関連する神経線維を含んでいるとされる．脊髄神経節にある他の感覚系の細胞体と異なり，これらの求心性固有感覚の受容神経の細胞体はそれぞれの神経幹内に局在している．

感覚と運動機能を持つ脳神経

三叉神経（第Ⅴ脳神経），顔面神経（第Ⅶ脳神経），舌咽神経（第Ⅸ脳神経）および迷走神経（第Ⅹ脳神経）は咽頭弓からの派生物を神経支配する．これらの神経は感覚と運動線維の両方を含むため，混合神経に分類される．

末梢神経系

末梢神経系は脳と脊髄の外側にある神経系の要素からなる．この系は脳神経と脊髄神経とがあり，これに付随した感覚および自律神経節と，それらの非神経性の支持細胞を含んでいる．求心線維は脊髄神経節から起こるが，遠心線維は発生中の脊髄や脳幹の基板にある多極性ニューロンから起こる．脊髄神経節，脳神経節および自律神経節と，それらに関連したグリア細胞は神経堤から起こる．いくつかの脳神経節ニューロンはプラコードより発生する．

自律神経系

自律神経系は身体の多くの不随意な活動を調節する神経系の一区分である．これには求心性，中枢および遠心性の要素があり，視床下部による総合的な制御下にある．この系は平滑筋，心筋，外分泌腺およびいくつかの内分泌腺の機能の中心的な調節の役割を担っている．自律神経系は解剖生理学的特徴に基づいて，さらに交感神経系と副交感神経系に区分される（**図16.26**）．単一ニューロン系である体性遠心性神経系と異なり，内臓性遠心性神経系の下位運動ニューロンの構成は2-ニューロン系である．

表16.3 12対の脳神経の起始，機能，関連神経節および支配する構造や領域

脳神経の名称と番号	由　来	機　能[a]	関連する神経節	作用する効果器や領域
Ⅰ　嗅神経	嗅粘膜の感覚神経	SVA	―	嗅粘膜
Ⅱ　視神経	網膜の神経上皮細胞	SSA	―	網膜
Ⅲ　動眼神経	中脳	GSE	―	背側直筋，腹側直筋，内側直筋，腹側斜筋，上眼瞼挙筋，上眼瞼挙筋
		GVE	毛様体神経節	毛様体筋，瞳孔括約筋
Ⅳ　滑車神経	中脳	GSE	―	背側斜筋
Ⅴ　三叉神経	後脳	GSA	三叉神経節	口腔粘膜，顔面皮膚，舌前2/3
		GSE	―	咀嚼筋，顎二腹筋前腹，鼓膜張筋，口蓋帆張筋，顎舌骨筋
Ⅵ　外転神経	髄脳	GSE	―	外側直筋，眼球後引筋
Ⅶ　顔面神経	髄脳	GSE	―	表情筋，顎二腹筋後腹，アブミ骨筋
		SVA	膝神経節	舌前2/3の味覚
		GVE	顎下神経節・舌下神経節	顎下腺，舌下腺；涙腺
		GVA	膝神経節	顎下腺，舌下腺；涙腺
		GSA	膝神経節	耳道皮膚
Ⅷ　内耳神経	髄脳	SSA	前庭神経節	半規管，卵形嚢，球形嚢
			ラセン神経節	コルチ器（ラセン器）
Ⅸ　舌咽神経	髄脳	GSE	―	茎突咽頭筋
		SVA	遠位神経節	舌後1/3の味覚
		GVE	耳神経節	耳下腺；肉食獣の頬骨腺
		GVA	遠位神経節	頸動脈洞，咽頭
		GSA	近位神経節	外耳，舌後1/3
Ⅹ　迷走神経	髄脳	GSE	―	咽頭収縮筋，内喉頭筋
		SVA	遠位神経節	後咽頭粘膜および喉頭粘膜
		GVE	終末神経節	気管，気管支，心臓，消化器平滑筋
		GVA	遠位神経節	舌根，咽頭，喉頭，気管，心臓，食道，胃，腸，頸動脈洞
		GSA	近位神経節	外耳道
Ⅺ　副神経	髄脳，頸髄	GSE	―	僧帽筋，胸骨頭筋および腕頭筋，内喉頭筋
Ⅻ　舌下神経	髄脳	GSE	―	外舌筋，内舌筋

[a] SVA：特殊内臓求心性，SSA：特殊体性求心性，GSE：一般体性遠心性，GVE：一般内臓遠心性，GSA：一般体性求心性.

交感神経系

胚子期の終わりに向けて，脊髄の両側の神経堤細胞は発生中の脊椎の外側に移動し，集合塊を形成する．これらの集合塊から分節状に配列した交感神経の椎傍神経節が発生する．初めに，これらの椎傍神経節は脊柱の頭側から仙骨に向かって各椎体に隣接して分布する．頸部の8個の椎傍神経節は3個の集合塊を形成する．最初の3個の椎傍神経節は融合して前頸神経節を形成する．中頸神経節は第4，5および6番の椎傍神経節から派生し，そして後頸神経節は第7および8番神経節の集合により形成される．上位2個の胸神経節と後頸神経節の複合体は頸胸神経節あるいは星状神経節と呼ばれる神経節を形成する．

神経堤細胞は腹部内臓へ出る大動脈の分枝に近接する場所にも移動し，椎前神経節を形成する（**図16.26**）．さらに，神経堤由来の細胞は副腎髄質の節細胞にも分化する．胸-腰部脊髄の側角に位置する交感神経系のニューロンは節前ニューロンと呼ばれる．節前ニューロンの有髄軸索突起は脊髄から腹根の体性遠心性神経突起と並んで出て，背根と結合して脊髄神経幹を形成する．脊髄神経が椎間孔から出た後，節前線維は白交通枝として脊髄神経幹から分かれ，椎傍神経節へ向かい分枝するように伸長する．いくつかの枝は椎傍神経節内の節後ニューロンとシナプスを形成するが，他の枝は頭側もしくは尾側へと通過し，それらの元の位置から前方あるいは後方にある椎傍神経節内のニューロンにシナプスを形成する．節前線維は分節状の椎傍神経節間でインパルスを伝えるもので，交感神経系の交感神経の鎖を形成する．いくつかの椎傍神経節の節後無髄線維は灰白交通枝として脊髄神経幹と合する．脊髄神経が分枝し，これらの節後無髄線維は皮膚の血管，汗腺および立毛筋に投射する．ヒトでは白交通枝と灰白交通枝は構造的に明瞭に区別ができる．しかしながら，家畜では白交通枝と灰白交通枝は，多くの場合，有髄および無髄の節前軸索突起を含む共通の神経幹を形成する．種の多様性はあるが，胸神経の節前軸索突起は脊髄の両側から出て，椎傍神経節を貫いて交感神経の鎖から出ていく．交感神経鎖から出た後，それらは合わさって左右の大内臓神経を形成し，腹腔動脈と前腸間膜動脈の周囲に位置する椎前神経節でシナプス結合する枝となる．発生中に，これら腹部内臓に交感神経を送る神経節からの節後線維は血管に密着して分布する．腰部の脊髄の両側から出る節前線維は椎傍神経節を通過して交感神経幹を抜け出る．これらの軸索は合して左右の小内臓神経となる．これらの神経の枝は後腸間膜動脈と近接する椎前神経節とシナプス結合し，後腸間膜動脈神経節と呼ばれる．後腸間膜動脈神経節の節後線維は左右の下腹神経となり後腹部の内臓や骨盤内臓に交感神経を送る（**図16.26**）．節前ニューロンの軸索が神経節に入ると，それらは分枝し，各枝は神経節中の節後ニューロンにシナプス結合する．各節後ニューロンの軸索は標的構造物へ神経投射する．それらは個々の交感神経節に結合する節前線維の数よりも20倍以上もの数の節後線維となると推測される．こうして，交感神経系の運動活性の効果は広範に広がる．無髄の節後線維とは異なり，節前線維は有髄である．いくつかの節前線維は椎傍神経節を通過して副腎髄質へ向かい，節後交感ニューロンと同系である髄質細胞とシナプス結合する．

副交感神経系

副交感神経系の節前ニューロンは脳幹に位置し，そこにそれぞれ別個の神経核を形成するほか，脊髄の仙骨部の側柱にもある（**図16.26B**）．動眼神経，顔面神経，舌咽神経および迷走神経として脳幹の神経核から出る副交感神経の節前線維は頭部の組織や構造物を神経支配する（**表16.4**）．頭部構造への神経投射に加え，迷走神経は胸部および腹部の臓器へ投射する．骨盤神経は仙骨神経の節前線維から形成される．神経堤細胞から発生する副交感神経系の神経節は終末神経節もしくは壁内神経節と呼ばれる．これらの神経節は支配する臓器の近くか臓器内部にある．副交感神経節はシナプス結合する中枢神経系のニューロンから離れて位置するため，節前の有髄線維は節後の無髄線維よりも概して長い．副交感神経の節前線維の分枝はせいぜい3枝までで，したがって，節前線維と節後線維の比はおよそ1：3である．交感神経線維の分枝に比べて，副交感神経の分枝が少ないことから，副交感神経刺激の効果はより局所的である．副交感神経の神経核と分布は**表16.4**に示す．

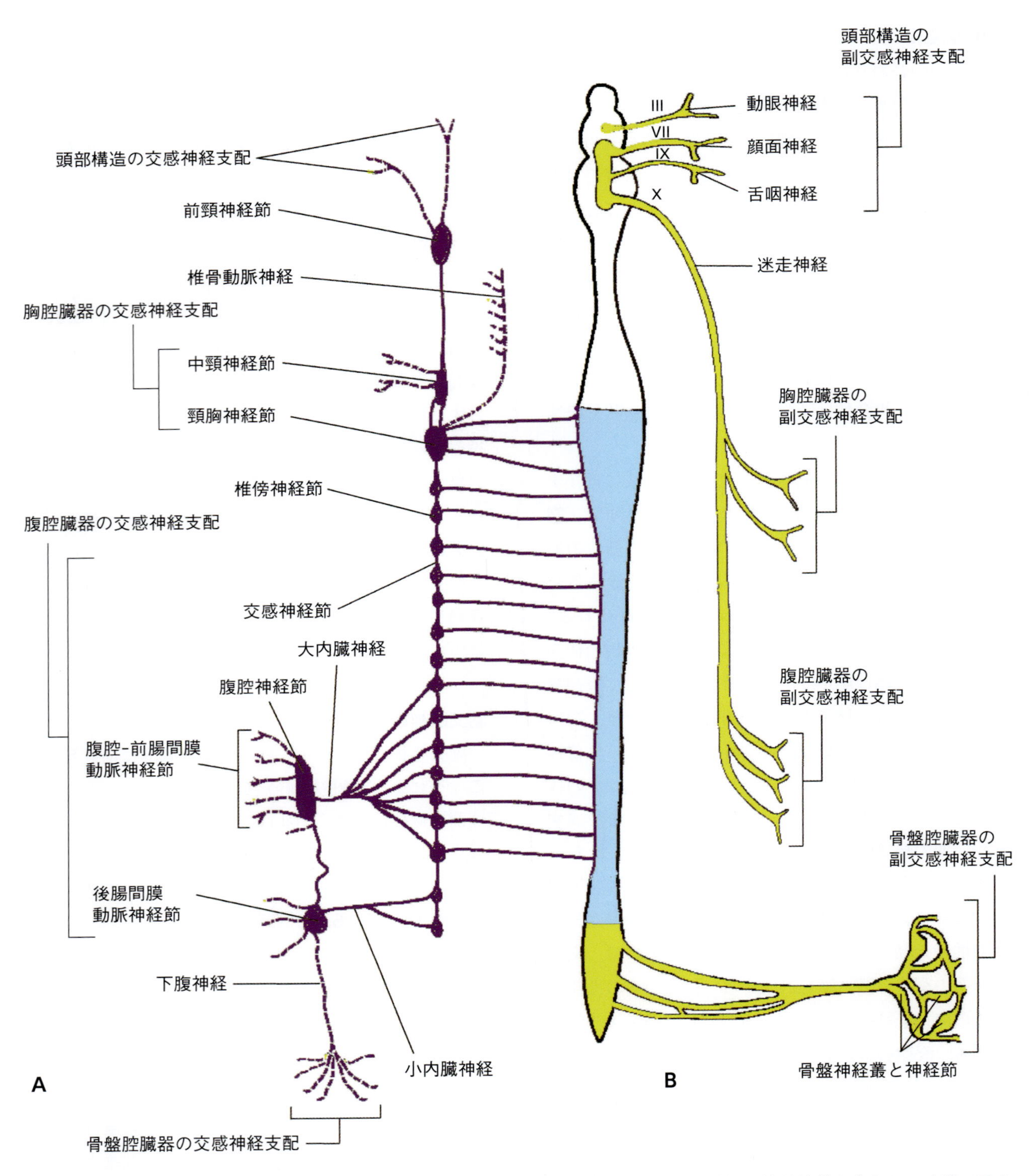

図16.26 交感神経系（A）と副交感神経系（B）の起始と分布の概要．実線で示された神経は節前線維を表わし，破線で示す神経は節後線維を表わす．交感神経系と副交感神経系は両側性であるが，それぞれの側で一つの系のみが示されている．

腸管神経系

粘膜下結合組織や筋層間に分布するニューロン，神経線維および支持細胞は腸管とその関連組織を神経支配する．腸管神経系は消化管運動と分泌，腸上皮を介した水と電解質の移動および腸血流の制御に影響を与

表16.4 自律神経系の副交感神経を構成する神経線維起始核，関連する神経節および支配する構造

神経要素		脳幹または脊髄における神経核の由来	神経節	投射する構造
脳部				
	動眼神経（第Ⅲ脳神経）	第Ⅲ脳神経の副交感神経核（エディンガー・ウェストファル核）	毛様体神経節	毛様体筋，虹彩の筋（瞳孔括約筋）
	顔面神経（第Ⅶ脳神経）	第Ⅶ脳神経の副交感神経核（前唾液核）	翼口蓋神経節	涙腺，鼻腺
			顎下神経節	顎下腺および舌下腺
	舌咽神経（第Ⅸ脳神経）	第Ⅸ脳神経の副交感神経核（後唾液核）	耳神経節	耳下腺および食肉類の頬骨腺
	迷走神経（第Ⅹ脳神経）	第Ⅹ脳神経の副交感神経核	神経支配される構造の終末神経節	気管，気管支，心臓，消化器の平滑筋
脊髄部				
	仙骨神経	仙髄の側角にある仙骨神経の副交感神経核群	神経支配構造の終末神経節	骨盤腔臓器

える反射路から構成される．腸管神経系のニューロンは菱脳領域から発生する神経堤細胞，すなわち迷走神経堤細胞に由来し，また仙髄の神経堤細胞の寄与もあり得る．神経堤細胞は発生中の腸管壁へ移動し，粘膜下および筋層間で神経叢を形成する．内輪走筋と外縦走筋の間に位置する筋層間神経叢（アウエルバッハ神経叢）と粘膜下の結合組織に位置する粘膜下神経叢（マイスネル神経叢）は互いに連絡している．腸管ニューロンは感覚ニューロン，介在ニューロンおよび運動ニューロンに区分される．腸管神経系は独立した系として機能すると思われるが，自律神経系からのシグナルも受取り，その影響を受ける．

髄 膜

発生中の神経管はその全長にわたり，疎性の間葉系組織によって被われている．その後，この間葉系組織は密になり，中枢神経系の保護膜，すなわち髄膜を形成する（**図16.24**）．これらの被膜は中軸中胚葉の派生物と考えられる外層の外脳膜と神経堤細胞から発生する内層の内脳膜へと発達する．外脳膜は膠原線維と弾性線維からなる堅く白い線維質の管状の結合組織鞘である硬膜を形成する．脊髄の長軸に沿って，硬膜とそれを囲む脊柱の間に広汎な付着部は発生せず，最終形態では，硬膜はその前端と後端でのみ骨性の付着部を持つ．その前端において，硬膜は大後頭孔の縁で頭蓋骨の骨膜と接着している．後端では，硬膜は管状の構造から，終糸の要素が混ざった膠原線維からなる緻密なひも状の構造物へと次第に先細り，尾骨の骨膜と融合した尾靱帯（尾骨靱帯）を形成する．硬膜と発生中の脊柱管の間の間隙は硬膜上腔という．この間隙は疎性結合組織，血管，脂肪組織を含み，この中にある脊髄と脊髄神経根を補助的に支持する．

脳を包む硬膜（脳硬膜）は，2枚の明瞭な線維層からなる脊髄を包む硬膜（脊髄硬膜）とは，その発生が異なる．外層は発生中の頭蓋骨の骨膜と融合し，また，内層は大きなヒダである大脳鎌を形成し，左右の大脳半球の間に突出する．小さい水平方向のヒダである小脳テントは大脳半球から小脳を隔てる．下垂体の表面を被う硬膜の内層は鞍隔膜と呼ばれる．硬膜の外層は頭蓋骨の骨膜と融合するため，頭蓋の天井には硬膜上腔はない．内層が大脳縦裂に陥入する場所では，硬膜静脈洞が硬膜の二つの層の間に作られる隙間に存在する．

内脳膜は外層のクモ膜と内層の軟膜からなる柔膜へと発達する．クモ膜は硬膜と直に接した柔らかい血管を持たない層で，扁平な線維細胞の外層と疎性結合組織の内層とから構成される．内脳膜の内層である軟膜は薄く血管の豊富な結合組織層であり，細網線維と弾

性線維，そして星状膠細胞の細胞質突起によって下層の神経組織と密着している．この柔らかい血管層は脳の表面の外郭に沿うように脳溝内へと陥入する．クモ膜と軟膜の間の間葉組織を形成する小さい隙間は合わさり，クモ膜下腔として脳脊髄液が循環する場となる．2枚の膜を固定する間葉組織はクモ膜と軟膜を繋ぐクモ膜小柱を形成する．軟膜の血管は中枢神経系に栄養供給する．これらの血管は神経組織内へ進入していくので，その進入付近の一部は軟膜によって被われる．軟膜と血管に挟まれた隙間は血管周囲腔と呼ばれる．脊髄の外側表面に沿って断続的に，軟膜はクモ膜下腔を貫いて，硬膜に付着する膠原線維を伸ばす．これらの線維は脳脊髄液に浸った脊髄をクモ膜下腔内のその位置に保持する歯状靱帯を形成する．

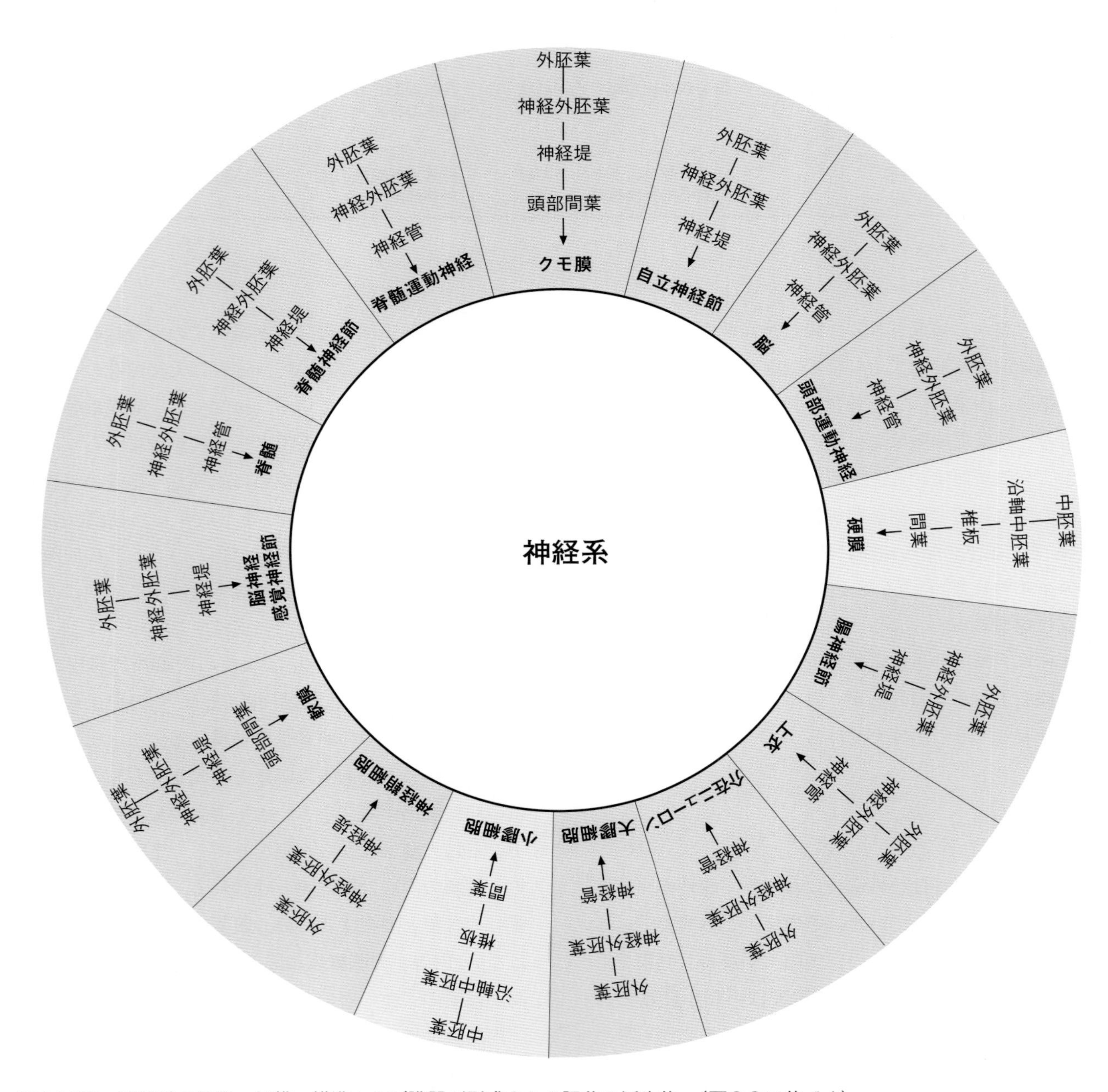

図16.27　神経系の細胞，組織，構造および臓器が形成される胚葉の派生物．（**図9.3**に基づく）

神経系の各細胞，組織および構造の発生起源は**図16.27**に示す．

（柴田秀史・小川和重・前田誠司　訳）

さらに学びたい人へ

Cantile, C. and Youssef, S. (2015) The Nervous System. In M.G. Maxie (ed.), Jubb, Kennedy and Palmer's Pathology of Domestic Animals, Vol. I, 6th edn. Elsevier, St Louis, MO, pp. 264-347.

de Lahunta, A. (2014) Veterinary Neuroanatomy and Clinical Neurology, 4th edn. Saunders Elsevier, St Louis, MO, pp. 23-53.

Evans, H.E. and de Lahunta, A (2013) Introduction to the Nervous System. In H.E. Evans and A. de Lahunta (eds), Miller's Anatomy of the Dog, 4th edn. Elsevier, St Louis, MO, pp. 563-574.

Hogg, D.A. (1987) Topographical Anatomy of the Central Nervous System. In A.S. King (ed.), Physiological and Clinical Anatomy of the Domestic Mammals, Vol. I. Central Nervous System. Oxford University Press, Oxford, pp. 256-287.

Noden, D.N. and de Lahunta, A. (1985) Central Nervous System and Eye. In D.N. Noden and A. de Lahunta, Embryology of Domestic Animals, Developmental Mechanisms and Malformations. Williams and Wilkins, Baltimore, MD, pp. 92-119.

第17章

筋系と骨格系
Muscular and skeletal systems

要　点

- 骨格筋，平滑筋，心筋によって身体の筋系は構成される．
- 骨格筋は体節分節および沿軸中胚葉の体節に由来する．体節分節は頭部の筋を形成する．体軸と体肢の筋系は体節から生じる．
- 少数の例外を除いて，平滑筋は臓側中胚葉に由来する．
- 発生中の心管を取り囲む臓側中胚葉は心筋を生じる．
- 筋組織は複数の発生起源，すなわち体節分節と体節に由来する椎板，外側中胚葉および神経堤細胞から発生する．
- 椎板の細胞は間葉を形成し，間葉は軟骨形成細胞や骨形成細胞に分化する．
- 扁平骨は膜内骨化によって生じる．長骨では，間葉細胞が最終的に骨で置換される硝子軟骨の鋳型を形成する（軟骨内骨化）．

体節の分化

哺乳類では，体節（somite）と呼ばれる一連の対をなす構造が耳板の後方で発生する．沿軸中胚葉に由来するこうした左右対称の構造は発生中の神経管や脊索の側方に位置する．体節は頭尾方向に連続して形成される一時的な構造で，脊柱とそれに関連する脊髄神経の分節性の配列に重要である．イヌ胚子では妊娠3週に体節の外形が初めて認められる．体節の数は動物種によって一定であるが，通常，椎骨1個に1対ある．体節の分化は妊娠4週当たりで始まる．体節が完全に形成される妊娠5週目までの早い段階で形成された体節はすでに一層の分化を遂げている．最初，体節の辺縁の細胞は上皮細胞様の外観を呈し，一方，体節の中心に位置する細胞には決まったパターンがない．

分化が始まると各体節の内側と腹側の壁をなす上皮様細胞は上皮性の外観を失い，間葉細胞に分化する．各体節の内側および腹側壁の分化した部位は椎板（sclerotome）と呼ばれ，この部位より生じる間葉細胞は軟骨や骨を含めた結合組織を形成する（**図17.1**）．各体節の背側と外側の壁の上皮様細胞は皮筋板（dermomyotome）と呼ばれる構造を形成する．皮筋板の背内側および背外側の境界の細胞は一つの明確な層，筋板（myotome）を形成し，これが骨格筋を生じさせる．皮筋板の中心部の細胞は皮膚の真皮形成に寄与する皮板（dermatome）となる．

体節の分化は隣接する脊索，神経管，外側中胚葉および表面外胚葉などの構造から産生される因子の影響を受ける．脊索や神経管の底板で産生される「ソニックヘッジホッグ」（*sonic hedgehog*）は，体節の内腹側部が椎板になるように誘導する．椎板はpaired box 1（Pax-1）およびPax-9を発現し，椎板の細胞に分裂を誘導する．椎板の細胞は細胞間接着分子を失い，間葉細胞へ変化し，脊索や神経管に向かって移動する（**図17.1**）．

筋　系

中胚葉から発生する骨格筋，心筋および平滑筋が身体の筋系を構成する．骨格筋は頭側部で体節分節（somitomere）を形成し，耳板の後方で体節を形成する沿軸中胚葉に由来する．臓側中胚葉は心筋を，また消化管や呼吸気道の平滑筋を生じさせる．血管の平滑筋や立毛筋は，こうした構造が発生する部位での間葉

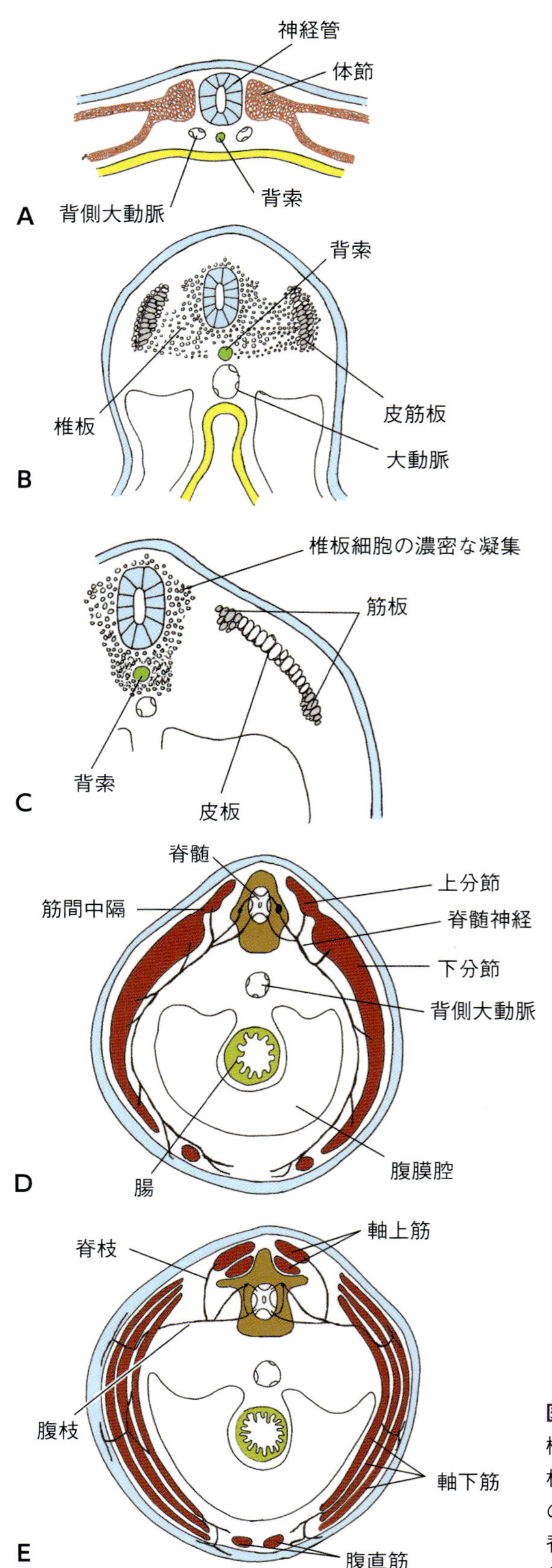

に由来する．筋板は体幹，頸部，四肢の骨格筋を形成する．神経管から分泌される二つの因子，ニューロトロフィン（neuro trophin 3；Nt-3）およびMat-1に反応して，皮板が分化し，頭部を除く身体の真皮の形成に関わる細胞を生じさせる．しかしながら，真皮の形成に主要な寄与をするのは，体壁の体性中胚葉である．

骨格筋

神経管の背側壁の細胞から産生されるWntタンパク質の影響下で，皮筋板の背内側の細胞が活性化して皮筋板の内側に分節性の筋板を形成し，ここで筋特異的遺伝子産物Myf-5を発現する．体壁からのWntと外側中胚葉からの骨形成タンパク質（Bmp）が作用することにより，皮筋板の外側部は分節性の筋板を形成し，MyoDの発現を促進する．この転写因子MyoDは筋の分化に影響する．神経管の背側部の細胞により発現するニューロトロフィンNt-3の影響下で，皮筋板中心部の細胞は分化が誘導され，真皮の形成に関わる．筋板の細胞は増殖し，筋細胞の前駆細胞である筋芽細胞となる．筋芽細胞は筋板の背内側の部位から生じ，上分節（epimere）と呼ばれる構造を形成する．一方，筋板の背外側では筋芽細胞の集団が下分節（hypomere）を形成する（**図17.1D**）．上分節は発生中の椎骨の横突起の背側に位置し，下分節は横突起の腹側に位置する．脊髄神経は発生中の個々の体節と関連しながら発達し，それぞれの神経が上分節には背枝を，下分節には腹枝を出す．

上分節と下分節は体節に由来するので，一群の筋は最初，頭尾軸に沿って分節状に配列する．その後，分節状に配列する上分節の筋は癒合して，横突棘筋群，最長筋群，腸肋筋群によって構成される，脊柱を伸展する筋となる．こうした筋系は，集合的に，軸上筋と

図17.1　さまざまな発生段階の胚子の腹部横断面．体節に由来する構造を示す．A：妊娠初期での体節の位置．B：体節から椎板と皮筋板の形成．C：筋板から皮板が分離し，椎骨原基の形成．D：筋板の背側の上分節と腹側の下分節への分離．この発生段階で両筋群に脊髄神経の分枝による神経支配が生じる．E：上分節から発生する軸上筋と下分節に由来する軸下筋の位置を示した腹部の横断面．

称される．軸上筋の筋芽細胞は，神経管の背側部の細胞で産生される因子Wnt-1，Wnt-3aと神経管の腹側部に位置する細胞で形成される低レベルのShhとにより，増殖が誘導される．

分節状に配列する下分節の筋束は増殖し，体壁の壁側板の中を腹側に広がり，最初，分節性を残す体壁の原始的な筋組織を形成する．その後，胸部の筋を例外として，下分節は癒合する．頸部では癒合した下分節は頸部の腹側筋群を形成する．胸部では分節性を残す下分節が，三つの筋層，すなわち外肋間筋，内肋間筋，胸横筋を形成する．肋骨は未分化の間葉の中で，分節状に配列する肋間筋の間に発生する．腹部では下分節は癒合して連続する筋性の膜を形成する．その後，この膜は外腹斜筋，内腹斜筋，腹横筋の3層となる（**図17.1E**）．主要な筋束から分離して増殖した下分節の腹側部は癒合し，腹直筋の原基を形成する．腰仙部の下分節から生じた筋芽細胞は大腰筋，小腰筋，腰方形筋の腰下筋群を生じさせる．仙尾部では，筋芽細胞が尾筋と肛門挙筋からなる骨盤隔膜の筋を生じさせる．下分節に由来する筋は集合的に軸下筋と称される．体節の背腹端に由来する軸下筋芽細胞は外側中胚葉で発現するタンパク質，WntおよびBmp-4によっておそらく特殊化すると思われる．四肢の筋は軸下筋から肢芽に進入する筋芽細胞から生じる．頭部の骨格筋は体節分節から生じ，咽頭弓に進入する筋芽細胞により形成される．頭部の筋群については，第22章で論じる．

筋の細胞分化

平滑筋

身体の平滑筋のほとんどは臓側中胚葉に由来する細胞から分化する．血管の平滑筋線維の起源は一般に間葉組織と考えられている．一方，眼の毛様体筋，瞳孔括約筋は神経堤細胞に由来する．

心　筋

心管（cardiac tube）を取り囲む臓側中胚葉に由来する細胞が心筋となる．個々の筋芽細胞の癒合により形成される骨格筋線維とは異なり，心筋は単独の心筋芽細胞の成長と分化により形成される．心筋の成長は新しい筋フィラメントの形成によって生じる．隣接する心筋細胞の端と端の接着が介在板と呼ばれる特殊な細胞間接着複合体で形成される．心筋細胞が互いに線状に接着すると，こうした構造は心筋線維と呼ばれる．心臓の発生の間，筋芽細胞の一部はプルキンエ線維を形成する特殊な細胞に分化する．この細胞は大きさを増し，筋細線維量の減少を経て，細胞質にグリコーゲン濃度を増加させる．プルキンエ線維は特有の心臓刺激伝導系を形成する．

骨格筋線維の組織発生

筋形成転写因子，Wnt，Shh，MyoDおよびMyf-5の影響の下で，筋板に由来する細胞は筋芽細胞を形成するよう誘導される．筋芽細胞は最初に線維芽細胞成長因子や形質転換成長因子によって引き起こされる細胞分裂の期間を持つ．こうした成長因子の濃度の低下とともに，筋芽細胞は分裂を止め，伸張を始める．紡錘形の筋芽細胞は端-端結合し，接触部での細胞膜の崩壊が，結果として，筋細管と呼ばれる長く多核の合胞体を生じる．隣接する筋芽細胞の細胞膜の他の部分は，崩壊することなく，筋鞘と呼ばれる連続した外層を形成する．筋芽細胞の癒合には，発生中の筋芽細胞の細胞間接着を促す，カドヘリンを含む特殊な分子を必要とする．骨格筋の筋細管分化の最後の段階では，収縮性タンパク質であるアクチン，ミオシン，トロポミオシン，トロポニンからなる，特殊な筋フィラメントの産生が起こり，これらのタンパク質は筋細管の長軸に沿って反復パターンを示す．アクチンやミオシンの筋フィラメントは筋節と呼ばれる収縮単位の配列となる．線状に配列すると，筋節は筋原線維を形成する．平行して形成された筋原線維の集まりが骨格筋線維を構成する．核は線維の辺縁に配置し，ミトコンドリアは筋節の長軸と平行に位置する．

個々の骨格筋線維を包む結合組織の薄い層は筋内膜と呼ばれる．筋線維束は結合組織の層である筋周膜に包まれる．骨格筋全体を囲む緻密結合組織からなる線維性の鞘は筋上膜と称される．筋鞘と筋線維の基底膜との間に位置する未分化な筋芽細胞は筋衛星細胞と呼ばれる．生後，筋衛星細胞あるいはその子孫の細胞は既存の筋線維と癒合することができ，それにより線維の長さを増す．筋芽細胞の細胞分裂後の癒合には，N-CAMやV-CAM，カドヘリンやインテグリンを含む接着分子が関わる．筋の損傷は筋衛星細胞の分裂と癒合により修復される．神経分布は正常な筋の発達に必須の条件である．筋線維には最初に運動神経が分布し，その後知覚神経が分布する．後者は筋の特殊伸展受容器である錘内筋線維の形成を誘導する．

骨格系

主として骨（硬骨）と軟骨からなる骨格系は，骨格以外の身体構造物を支持する枠組みとなり，内部器官を保護する．骨格構造の大部分は骨からできており，軟骨は胚骨格の形成に加えて，関節面や成長板，骨間結合で骨と関係する．軟骨はまた，喉頭，気管や外耳では支持組織としても働く．

骨格系は頭部を除き沿軸中胚葉と外側中胚葉に由来する細胞から生じる．頭部の骨格は神経堤起源の間葉細胞から生じる．

軟骨の組織発生

軟骨の原始的な細胞である軟骨芽細胞は間葉系起源である．間葉系細胞による軟骨の形成開始は，転写因子Pax1とScleraxisが引き金となる．これらの転写因子は軟骨特異的遺伝子を活性化する．軟骨形成が起こる特定の部位では，間葉細胞が集塊を作り，軟骨芽細胞に分化する．軟骨形成に関わることが運命づけられた細胞は，ⅡA型コラーゲンから，カドヘリン2（神経カドヘリンとしても知られる），神経細胞接着分子1，テネシン-Cや転写因子Sox-9へと発現を切り替える．これらの分子は細胞間相互作用を媒介し，軟骨形成プログラムの中で最も初期に作用する転写因子の一つであるSox-9の発現維持にとって不可欠である．軟骨形成細胞となる細胞が軟骨芽細胞になると，細胞外マトリックスのヒアルロン酸含量が有意に低下する．これに続く軟骨芽細胞の分化はBmp因子により促進されるが，この因子は軟骨細胞によるSox転写因子（Sox-9，5，および6）の発現を維持し，Sox転写因子はⅡ型，Ⅸ型，Ⅺ型コラーゲンおよび軟骨の主要なプロテオグリカンであるaggreganの発現を増強する．分化が続くと，軟骨芽細胞は細胞質突起を失い，球状となり，グリコサミノグリカン，プロテオグリカン，膠原線維からなる軟骨の細胞外マトリックスを産生する（**図17.2**）．基質の線維の型と分布に基づき，硝子軟骨，弾性軟骨および線維軟骨の3種の軟骨が区別される．硝子軟骨はⅡ型膠原線維を含み，弾性軟骨はⅡ

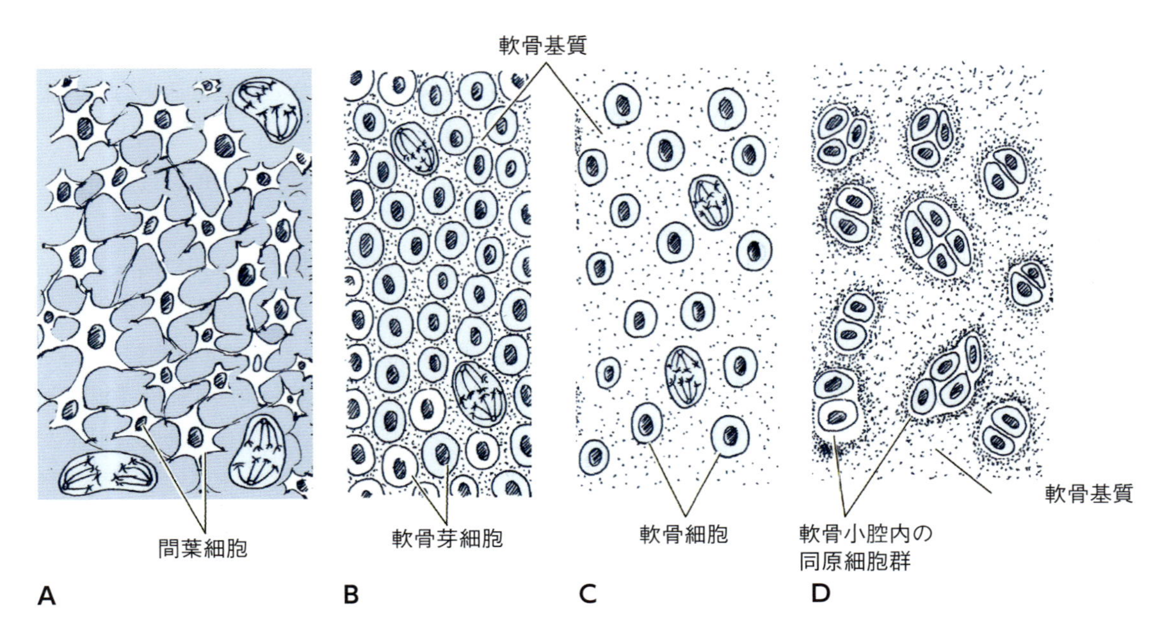

図17.2 間葉系細胞からの軟骨形成の段階（AからD）．

型膠原線維と基質全体に散在する弾性線維を含む．線維軟骨は基質全体に平行な線維束として配列する，密集した太いＩ型膠原線維を含む．膠原線維の分布は線維軟骨の高い張力に働く．

軟骨芽細胞は自身の産生した基質に閉じ込められると，軟骨細胞となる．軟骨内で細胞に占められた腔所は軟骨小腔として知られる．発生中の軟骨の集塊を囲む間葉細胞は線維芽細胞を生じ，結合組織の鞘である軟骨膜を形成する．この軟骨膜は外層の線維層と内層の軟骨形成層からなる．軟骨細胞と軟骨膜の細胞との間には正の相互作用がある．前肥大軟骨細胞および肥大軟骨細胞から分泌されるインディアンヘッジホッグは，軟骨や軟骨膜の成熟を促進する．軟骨膜では，上皮小体関連ペプチドであるPTHrPがヘッジホッグシグナル伝達に応答してアップレギュレートし，前肥大軟骨細胞に作用して肥大化を阻害する．インディアンヘッジホッグとPTHrPとの間のシグナル伝達として作用することにより，Tgf-βは軟骨の肥大調節で働く．軟骨細胞の肥大化は細胞外マトリックスの石灰化や，X型コラーゲンとマトリックスメタロプロテナーゼ（matrix mataloproteinase ； MMP-13）の産生を伴い，それらは血管が侵入するのを促進するよう細胞外マトリックスを変化させる．軟骨には血管がないため，軟骨細胞は栄養素や酸素の供給を軟骨膜にある血管からの拡散によって受けている．基質が骨化すると，拡散が阻害され，骨芽細胞へ分化する一部の細胞を除いて軟骨細胞は死滅する．軟骨の際立った特徴は二つの過程による成長能力である．この過程の一つは，間質的成長と呼ばれ，軟骨小腔に閉じ込められた軟骨細胞は分裂能を保持する．1個の軟骨細胞は最大8細胞までの同原細胞群を生じる．こうした新しい細胞は基質構成要素を産生し，それによって既存の軟骨塊内に追加的な軟骨を形成する．同原細胞群の個々の細胞は追加的な基質を産生すると互いに離れ離れとなり，それぞれの細胞はそれ自身の軟骨小腔内に閉じ込められる．付加成長と呼ばれる第二の成長過程では，軟骨膜の軟骨産生細胞は軟骨芽細胞を生じ，これが既存の軟骨の表面に軟骨の新しい層を蓄積する．

骨形成

骨は特殊結合組織で，細胞と有機基質と石灰化した無機基質からなる．3種の細胞，骨芽細胞，骨細胞および破骨細胞が骨に関係する．有機基質はＩ型コラーゲンとプロテオグリカンを含む無定型の細胞間質からなり，骨量の約1/3の割合を占める．石灰化した基質は骨量の2/3の割合でリン酸カルシウムからなり，ヒドロキシアパタイト結晶の形態をとっている．

骨は物理学的な特性で驚くほどの能力がある．骨は相対的に軽いが，強い張力を示し，ある程度の柔軟性を保持している．身体を支持する枠組みを構成し，重要な構造物を保護し，無機質の貯蔵庫として働く．その強度と剛性にも関わらず，骨は絶えず変化し，とどまることなく置換と再構築を行っている生きた組織である．その構造，形状および組み立ては圧力と局部的な不動化による影響を受け，また代謝や栄養や内分泌的な因子の影響を受けている．

骨の細胞

骨前駆細胞

骨形成細胞を生じる細胞，すなわち骨前駆細胞は間葉系細胞から分化する．こうした前駆細胞は，淡青色に染まる卵円形あるいは伸張した核と酸好性ないし弱塩基性の細胞質を持ち，骨の幹細胞あるいは予備細胞である．活性化すると，こうした骨前駆細胞は骨芽細胞に分化する．発生中と成熟後の両方の骨で，骨形成細胞は骨の内側および外側表面上あるいはその近くにある．

骨芽細胞

骨基質の合成に関わる細胞である骨芽細胞は発生中の骨の表面でみられる．活発な骨形成の間，骨芽細胞は細い細胞質突起を持つ立方細胞あるいは円柱細胞で，細い細胞質突起は隣接する骨芽細胞と細隙結合を形成する．こうした細胞は顕著な核小体のある大型で丸い核と豊富なミトコンドリアを持つ．個々の骨芽細胞は，多くの小胞に囲まれた発達したゴルジ装置を持つ．この組織学的特徴は骨芽細胞が細胞外タンパク質を大量に合成する能力を持つことと一致する．豊富な小胞体が細胞質の塩基好性を示す．骨芽細胞により合成される新たな有機基質は未だ，石灰化していないが，類骨として知られる．類骨様基質が完全に石灰化すると，その結果として生じる組織が骨となる．骨芽細胞はアルカリホスファターゼに富む小胞を基質内へ分泌することにより石灰化の過程に寄与する．骨芽細胞からの分泌は，こうした細胞が骨基質を産生している期間だけ生じる．骨基質内に取り込まれた骨芽細胞は骨細胞となる（**図17.3**）．骨芽細胞系列の細胞分化は間葉系前駆細胞，前骨芽細胞および骨芽細胞の三つの段階に分けられる．転写因子Sox-9はすべての骨芽細胞前駆細胞に発現しているが，Runx-2はより分化の進んだ段階でしか発現しない．別の転写因子であるOSXは骨芽細胞の分化にとって重要であり，Runx-2の下流で必要とされる．これらの転写因子はともにヘッジホッグ，Notch，Wnt，BmpおよびFgfを含む，主要な発生学的シグナル伝達経路により制御されている．

骨細胞

骨芽細胞の約10％は形成中の骨基質に囲まれて骨細胞になる．骨細胞の塩基好染性の低下は小胞体量の減少によるものであるが，有機基質産生の停止と一致する．骨細胞は石灰化した骨基質に一層深く埋め込まれていくにつれ，細胞質量は減少する．骨細胞の細胞体は石灰化した骨基質内の小窩に存在する．骨細胞の細胞質突起は骨小管として知られる小管内にあるが，他の骨細胞の突起と接触を確立し，末端において細隙結合を形成している．この細胞質の接触がイオンや低分子量の分子の細胞間移行を可能にしている．付加成長と間質的成長の両方により成長する軟骨に対して，骨は付加成長によってのみ大きさを増加させる．

破骨細胞

酸好性の細胞質を持つ多核の大型細胞で，石灰化した骨を活発に吸収する細胞は破骨細胞と呼ばれる．一般的に，こうした細胞は骨の表面付近にあり，しばしばハウシップ窩として知られる浅い窪みがみつかる．発生中の骨では，破骨細胞と骨細胞の比は 約1：150である．破骨細胞は径が150 μmにまで達するため，細胞の小さな部分だけが組織切片で観察されることもある．それぞれ顕著な核小体を持つ最大50個もの核

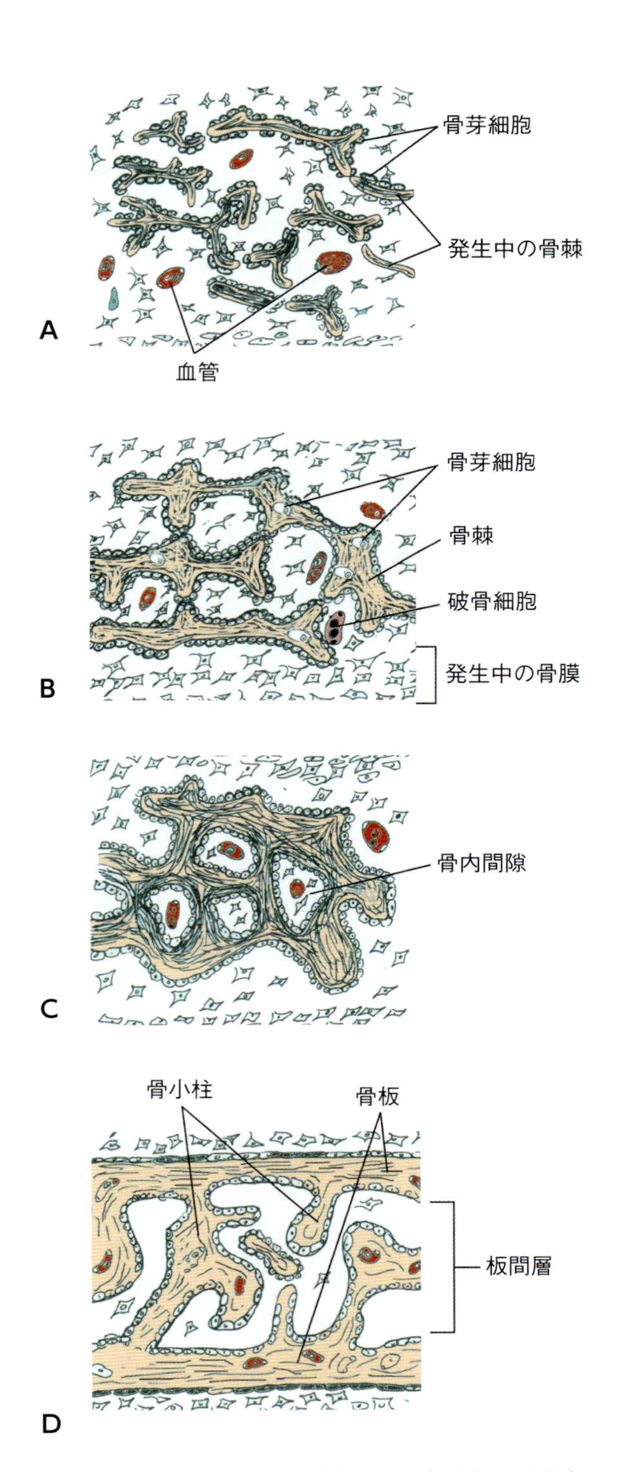

図17.3 扁平骨形成を導く膜内骨化の経時的な段階（AからD）．

がこうした大きな貪食細胞に存在することがある．破骨細胞の細胞質は多数のリソゾームを含み，再吸収の過程にある骨と相互作用している細胞膜は多数の細胞質突起と微絨毛を持つ．細胞膜のこの微絨毛の部分は

波状縁と呼ばれ，それを取り囲んで骨と接する部分はシーリングゾーン（sealing zone）と呼ばれる．破骨細胞からのH^+イオンの能動輸送による波状縁領域の環境でのpHの低下は骨基質の無機質の融解を招く．骨基質の有機質は破骨細胞が分泌するタンパク質分解酵素によって分解される．

破骨細胞は単球-マクロファージ系列由来であり，常に活性が高いわけではないが，長い生存期間を持つ．破骨細胞の骨再吸収活性は上皮小体ホルモンとカルシトニンの影響を受けている．

骨の構造的および機能的側面

骨は一つの組織と考えることができ，個々の骨は骨格系の器官と考えることができる．他の器官と同様，骨は軟骨，造血組織，脂肪組織など多くの要素から構成され，血管と神経が分布している．長骨は動物の体重を支え，移動に必要とされる生物機械的なテコとして機能する．骨折すると長骨のこうした機械的な機能が失われ，骨性細胞の骨折修復によってのみ回復する．マクロのレベルでは，組織としての骨は海綿骨か緻密骨かのいずれかとして記載される（**図17.4**）．海綿骨は空所である骨間隙を囲む骨棘あるいは骨梁のネットワークとして配列している．こうした骨間隙は骨髄や骨形成細胞を保有している．海綿骨は椎骨，扁平骨の大部分および長骨の骨端でみられる．

名称が示すように，緻密骨は顕微鏡レベルでの骨間隙を持つ緻密な組織である．長骨の骨幹部でみられるこれらの骨は，血管を囲む円柱状の層構造の配列をしており，この層構造はハバース系または骨単位と呼ばれる．ハバース系は最大20層から構成されることがあるので，その径は大きく変異する．横断面では，こうした構造は中心の血管を取り囲む同心円の輪としてみられ，縦断では血管と平行する密な層として観察される．薄い接合線がハバース系の辺縁の境界をなしている．フォルクマン管はハバース管を互いに連絡し，骨膜まで連絡する血管であるが，これはハバース管に対して，斜めあるいは直角の方向に位置している．介在層板は隣接するハバース系の間にある．

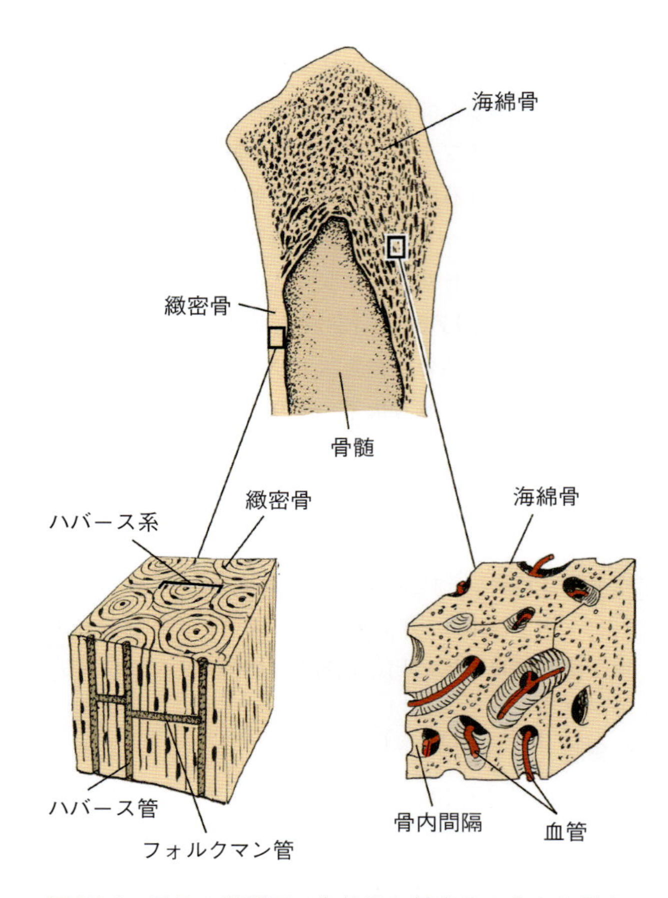

図17.4　長骨の縦断面で海綿骨と緻密骨の分布を示す．海綿骨と緻密骨の顕微鏡レベルの構造を図示する．

骨発生

骨は先に存在する結合組織と置き換わることにより発生する．骨が血管のある疎性結合組織のシート内に形成されるとき，この過程は膜内骨化と呼ばれる．骨が石灰化した軟骨と置き換わる過程を軟骨内骨化と呼ぶ．膜内骨化と軟骨内骨化の術語は，骨形成の過程そのものでなく，骨形成が生じる局所の環境を意味する．

頭蓋の扁平骨

頭蓋の扁平骨は血管の豊富な間葉組織の膜における膜内骨化により発生する．間葉細胞の一部が骨芽細胞に分化し，それが類骨様基質を生ずる．その後，この基質は石灰化して，骨芽細胞の一層によって被われた骨棘を形成する．同じ部位でさらに骨棘が作られて，付加成長により厚みを増すとき，骨棘は互いに連結して海綿骨の骨梁の網工を形成し，骨化中心と呼ばれる．

板状の骨化中心の表層と深層の両方で，間葉系細胞が内側の骨形成層と外側の線維層からなる骨膜を生じさせる（**図17.3**）．骨化中心の両側で，骨膜の骨形成層は緻密骨の板を形成する．骨膜由来の2枚の骨板の間に位置する発生中の海綿骨はやがて2枚の緻密骨の骨板と癒合する．このように典型的な扁平骨は海綿骨の介在層（板間層diploëと呼ばれる）を挟む骨膜に由来する2層の緻密骨からなる．海綿骨の骨間隙は骨髄を収容する．

長　骨

長骨の形成は将来骨となる軟骨性の鋳型の発生に始まる（**図17.5**）．間葉細胞は凝集して軟骨性の幹の外表面に沿った軟骨膜を形成する．一度形成されると，この軟骨性の鋳型は間質成長と付加成長の両方により大きさを増す．軟骨性鋳型の末端近くで生じる間質成長が鋳型の長さを増す．軟骨膜の軟骨形成活性は軟骨鋳型の幅の増加を導く．骨の長軸と平行に配置する軟骨細胞の拡大と成長は，隣接する軟骨細胞との間に存在する細胞間マトリックスの薄い層とともに，軟骨細胞の成熟を示す．肥大した軟骨細胞は周囲の基質の石灰化を促進するアルカリホスファターゼを合成する．肥大細胞帯の細胞は，X型コラーゲンとフィブロネクチンの合成により細胞外マトリックスを変化させ，炭酸カルシウムの蓄積による基質の石灰化を可能にし，軟骨細胞に死をもたらす．軟骨鋳型を囲む細胞は骨芽細胞に分化する．こうした細胞は間葉系前駆細胞の骨芽細胞への分化と軟骨細胞分化の刺激の両方に必要な転写因子Runx-2を発現する．骨形成と血管形成は密接な関係にあるプロセスで，骨が成長発達するときに起こる．血管形成は骨によって軟骨が置換され，髄腔が形成される際の重要なイベントであり，軟骨細胞（特に軟骨細胞分化の遅い時期にあるもの）と骨芽細胞の両方によって産生される血管内皮成長因子（VEGF-A）によって媒介される．低酸素は低酸素誘導因子（hypoxia inducible factor）を安定化させることによって，血管新生とVEGF-Aの発現の両方を促進するといわれている．

基質の石灰化が生じると，骨幹周辺の軟骨膜への血液供給が増加する．血管分布の増加とともに，内部の間葉細胞は骨前駆細胞に分化し，軟骨膜は骨膜に変わる．骨膜の骨前駆細胞は骨芽細胞を生じ，軟骨鋳型の軸中央部の周囲に骨の輪を形成する軟骨鋳型の中心部で石灰化軟骨が退行するため，間隙すなわち原始的な髄腔ができる．

その後，この間隙には血管や間葉細胞や骨膜からの骨芽細胞や破骨細胞（集合的に骨膜芽periosteal budと呼ばれる）が侵入する．原始的な髄腔への骨膜芽の侵入は長骨の一次骨化中心，すなわち骨幹骨化中心形成の指標となる．VEGFの誘導作用下で，血管は石灰化した軟骨の間隙やトンネル（これらは破骨細胞による死んだ軟骨細胞の排除により生じたもの）に伸びる．骨芽細胞は血管とともに掘られたトンネルに配置し，無細胞の石灰化軟骨基質上に類骨様基質を形成する．この類骨様組織は軟骨内骨化の過程で石灰化し，軟骨性の芯を持つ骨棘を形成する．

軟骨内骨化が進行すると，原始的な長骨は中央部がくびれて骨形成が進行中の骨幹と硝子軟骨からなる骨端部を持った，砂時計様の形状となる．硝子軟骨の間質成長は骨端に隣接する骨幹の部位で骨幹の一次骨化中心での骨形成過程として続く．これは骨幹の両端の軟骨で明瞭な領域の形成をもたらす．骨端と骨幹が融合する部位では，軟骨内に骨形成に関連する明瞭な5領域が縦断面で認められる（**図17.5**）．骨端に続く軟骨の領域は休止帯あるいは予備軟骨と呼ばれ，最小限の細胞増殖および基質産生を示す．休止帯に続いて増殖帯があり，骨の長軸と平行に並ぶ密に凝集した平たい細胞の列を形成する軟骨細胞での活発な細胞分裂が特徴である．第三の領域は肥大細胞帯で，グリコーゲンを蓄積した軟骨細胞の肥大と，軟骨細胞の間にある基質の減少により特徴づけられる．石灰化帯と呼ばれる第四の領域では，肥大した軟骨細胞が退行を開始し，基質が石灰化する．第五の領域は骨化帯と呼ばれ，石灰化した軟骨の表層に蓄積した骨の薄層が存在することで境界されている．この領域では血管と骨形成細胞が，軟骨細胞が死滅した後に残る間隙に広がる．海綿骨は破骨細胞と骨芽細胞の活動により再構築を経るので，骨幹の骨髄腔は拡大する．肥大化した軟骨細胞のいくつかは生き残り，骨前駆細胞を生じることのできるさらに未分化の細胞に戻る．

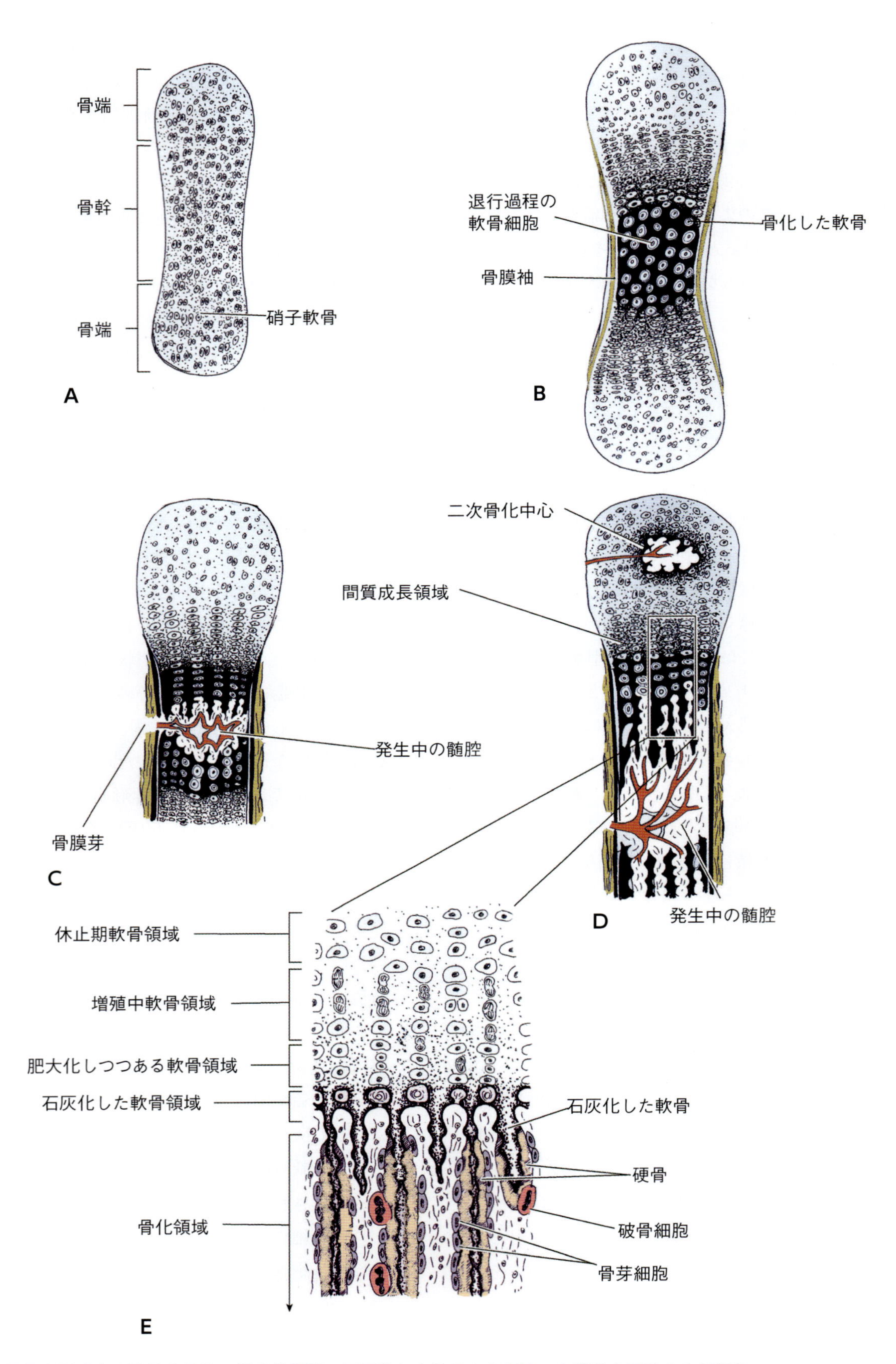

図17.5　長骨を形成する軟骨内骨化の経時的段階．石灰化した軟骨から硬骨への置換を図示する組織像．

二次骨化中心

長骨は少なくとも三つの骨化中心から発達する．一次骨化中心は骨幹に位置するが，二次骨化中心は骨端に位置する．ある特定の骨における二次骨化中心の数は骨の形と骨の機能によって影響を受ける．骨化中心の数とは関係なく，一次骨化中心以外のすべての骨化中心は二次骨化中心と呼ばれる．それぞれの骨の大きさと形は遺伝的に決まっているが，最終的な形状は環境的な要因や栄養学的要因により影響を受けることがある．

二次骨化中心での骨形成を導く一連の事象は一次骨化中心で記述したものと同じである．軟骨細胞は骨端軟骨の中心で成熟する．基質の中心部はその後石灰化するので，骨形成の経時的な一連の事象は一次骨化中心での骨形成に関わる個々の段階に対応する．骨端部での骨形成は骨化の中心点で始まり，放射状に進行する．骨端での軟骨の量は，軟骨が骨端表面の薄い層となるまで，そして骨端と骨幹の間に介在する軟骨の板となるまで減少する．骨端表面の軟骨の薄層は関節軟骨を生じさせ，一方，骨端と骨幹の間の軟骨板は骨端軟骨または成長板と呼ばれる．

長さの成長

成長板の組織学的構成は一次骨化中心の組織学的構成と似ている．骨幹が長くなるのは，成長板の軟骨の間質成長による．予備軟骨細胞帯での細胞分裂の活性は，この帯に新たな軟骨細胞を加え続け，骨幹を伸長させるが，成長板はそれが存在する間，比較的一定の厚みを保つ．予備軟骨細胞の増殖率は骨への置換に対して釣り合いを取っているため，成長板の厚さは比較的一定である．軟骨の増殖率よりも骨への置換率が勝るようになると，閉鎖と呼ばれる骨端軟骨の最終的な置換を招き，骨は伸長しなくなる．こうした発達により骨幹端の海綿骨は骨端の海綿骨と連続するようになる．

ある動物の違った骨の間で，成長板が閉鎖する時期はさまざまであり，異なる動物種の特定の骨の間でも成長板が閉鎖する時期はさまざまである．

径の成長

長骨の径の増加は骨膜による新たな骨の蓄積によって生ずる．この付加成長は膜内骨化の進行により達成される．新たな骨が骨幹の外側に徐々に付加されると，髄腔を内張りする既存の骨が吸収される．こうした変化は，ある決まった寸法に達するまで，統御された方法で骨幹壁の厚みが増すことを確実にする．弯曲した骨では，成長中の骨の寸法が保たれるように，骨内部における骨の蓄積と骨周囲における骨の吸収が起こる．成長のこのパターンに関する利点は髄腔の径の増加である．髄腔の大きさが増加しても，海綿骨が存続する骨幹の先端まで髄腔に侵食されることはない．

骨のリモデリング

生きている組織として，骨はその形状と内部構築を外部からの影響に対して対応させる．外傷，疾患，使用-不使用から，あるいは外科的処置から変化が生じることもある．胎子期を通して，また成体になってからも，骨は絶えずリモデリングを行っている．こうした変化は骨の再吸収と蓄積が同じ部位または別の部位で起こることによってもたらされる．胎子期の間，骨性組織の大部分が海綿骨である．海綿骨のリモデリングは骨棘の骨内膜表面で破骨細胞と骨芽細胞の両方の活動によって起こる．進行中の緻密骨のリモデリングには骨膜からの新たなハバース系の発生と既存ハバース系の段階的な除去と置換が関わる．骨のリモデリングは個体の生涯を通じて続く．

脊　柱

椎骨の椎体は体節の椎板部に由来する間葉細胞から発達するが，その形成過程は完全に明らかとなっていない．以前は，椎骨の椎体は一つの椎板の後部の細胞とこれに隣接する椎板の前部の細胞との凝集によって発生する分節再形成と呼ばれる過程によると推察されてきた．最近では，分節再形成は起こらず，脊索を全長にわたって囲む未分節性の椎板由来の中胚葉を起源とする軟骨化中心から椎体が生ずると提唱されている（**図17.6**）．

神経管の両側で，椎板から内側および腹側方向に移動した細胞が，間葉細胞の連続する管，すなわち脊索を完全に取り囲む脊索周囲管を形成する．最初，脊索周囲管の間葉細胞は一様に分布する．その後，この管

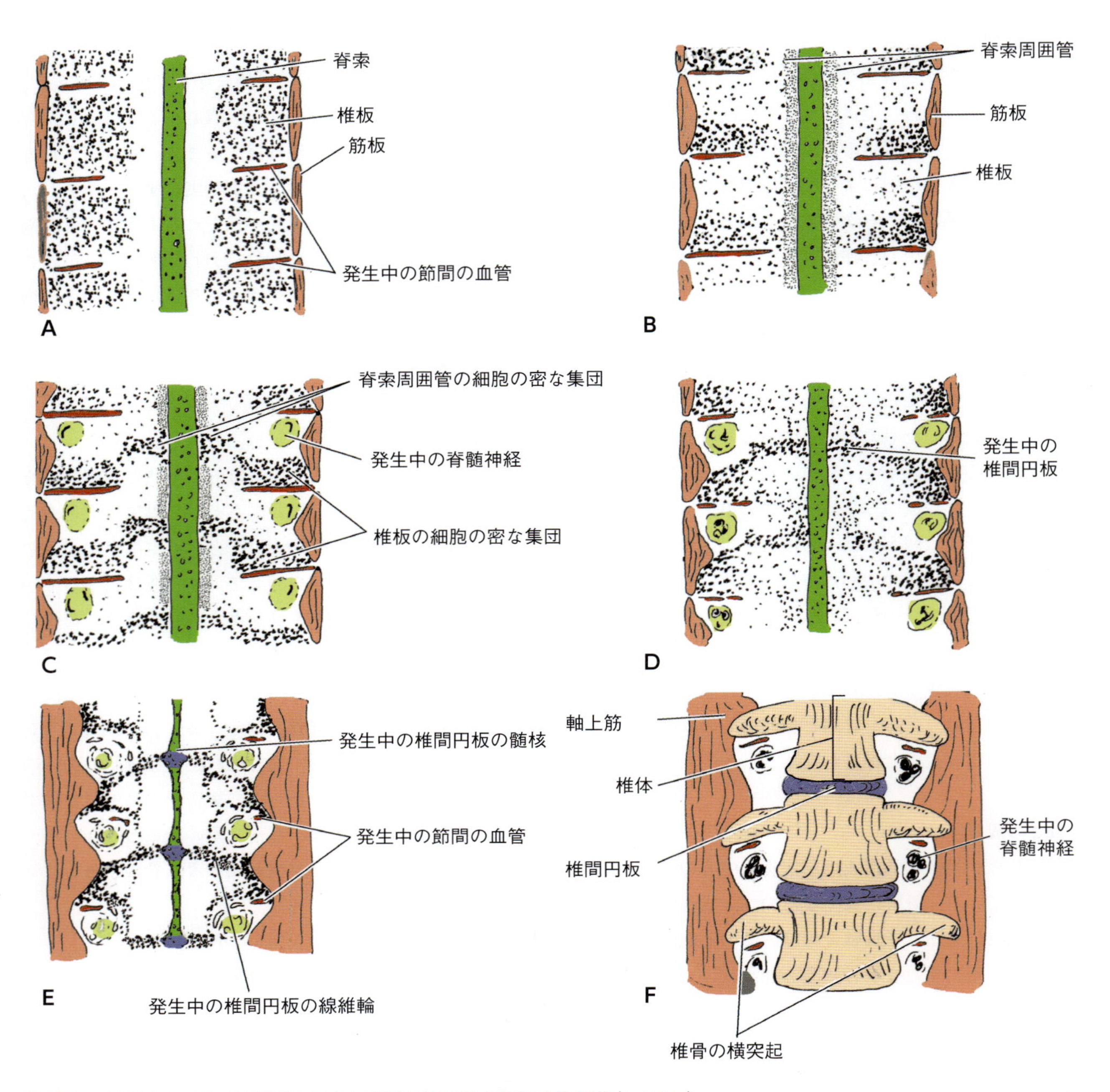

図17.6 椎骨およびそれに関連する筋と椎間円板の形成の経時的段階（A から F）.

の全長に沿って一定の間隔で細胞が増殖し，細胞の密な集団とそれほど密でない集団が交互に続くようになる．細胞の密な集団は椎間円板の線維輪を形成し，一方，椎体は脊索周囲管の密でない細胞集団から発生する．椎板内の間葉細胞は分化増殖を経て，尾側の密な細胞集団と頭側の密でない細胞集団を形成する．脊索周囲管の両側で椎板の密な部位の細胞は移動し，神経管を取り囲む原始的な椎弓を形成するように背側で会合する．個々の椎弓は順に対応する椎体と癒合する．椎骨における突起の原基や胸部での肋骨もまた，椎板の密な部位の細胞から生じる．頭側での細胞が低密度であることは神経堤細胞の遊走と脊髄神経や節間動脈の進入を容易にしている．椎板の密でない部位に由来する細胞は椎間靱帯の形成に寄与する．

筋板は対応する椎骨の発生と密に関連して形成される．筋は，対応する筋板の後部と，同じ椎骨の後部に付着する次の筋板の頭側部に由来する．このように椎骨の筋は椎間関節で重なり，脊柱の安定化に寄与する．

軟骨性の鋳型は原始的な椎骨の間葉細胞に置き換わる．胎子期の早期に，これら軟骨性鋳型による軟骨内骨化が始まる．環椎と軸椎を除いて，軟骨性椎骨内には三つの一次骨化中心があり，一つは椎体に，他は椎弓の両側それぞれにある（**図17.7**）．個々の椎骨の椎体内で，頭側および尾側の二次骨化中心が発生する．個々の椎骨での椎体と椎弓の完全な骨性の癒合は出生後まで生じないが，この癒合に先立って，骨化中心間での軟骨の増殖が脊椎の成長を促進する．それぞれの椎骨突起は別々の骨化中心を有する．

椎間部を別にして，脊索の遺残は椎体の中に組み込まれる．椎間部に残存する脊索の部分は拡張し，椎間板の髄核を形成する．髄核の周辺に配列する間葉細胞の層は線維輪を形成する．それゆえ，椎間円板は中央のゼラチン質の髄核とそれを囲む周辺の線維輪から構成される．

肋　骨

肋骨は胸椎の間葉性の肋骨突起から発生する．下分節の間に広がるこの間葉性組織は胚期に軟骨となり胎子期の早い時期に骨化する．しかしながら，骨化は原始的な軟骨性肋骨の遠位端までは広がらない．骨化しない肋骨の軟骨性部分は肋軟骨として存続する．肋骨の遠位端は腹側正中に向かって伸張する．肋骨の中のどれだけの数の肋軟骨が胸骨と関節するかは動物種によって異なる．その他の肋骨対は仮肋と呼ばれ，胸骨と関節することはなく，それらは共同して肋骨弓を形成する．イヌでは，前位9対の肋骨は胸骨と関節する真肋である．反芻類やウマでは8対の真肋があり，ブタでは7対が真肋である．

胸　骨

胚子発生の早期に，二つの縦に走る軟骨性の棒状構造が腹側体壁内で発生する．体壁の閉鎖に伴い，体の長軸に沿うこの二つの棒状構造は互いに接近し癒合する（**図17.8**）．癒合は接触した前方部で始まり，後方へと広がり，胸骨の軟骨性原基を形成する．癒合に続

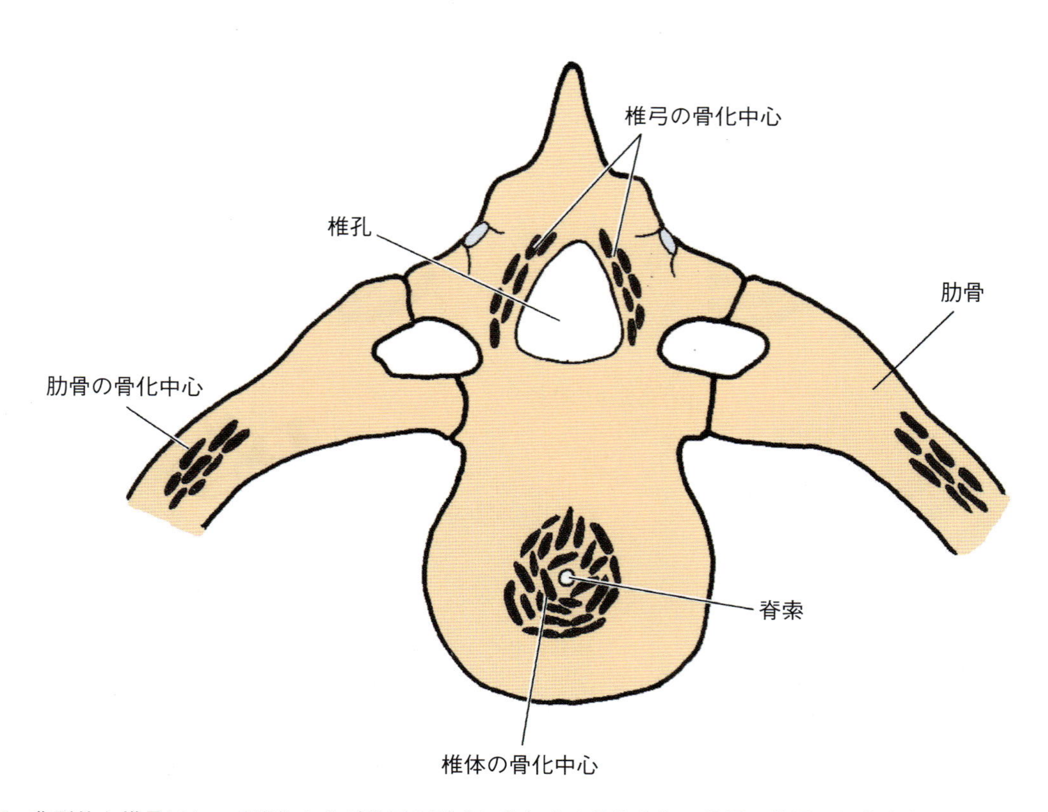

図17.7　典型的な椎骨において椎体および椎弓の形成に寄与する骨化中心の位置．肋骨の骨化中心も示す．

いて，軟骨内骨化中心がこの原基の中に胸骨片を形成する．骨化中心の数とそれが形成する胸骨片の数は動物種により一定であるが，種によってその数はさまざまである．胸骨片の軟骨性の鋳型は徐々に骨化する．骨化した胸骨片の間に残存する軟骨は軟骨結合の形成に関わる．前端の第一胸骨片は胸骨柄と呼ばれ，最後位の胸骨片が剣状突起である．胸骨柄と剣状突起の間にある胸骨片は胸骨体を形成する．肋軟骨の最前位の対は胸骨柄と関節し，後に続く肋軟骨は隣接する胸骨片間で関節を形成する．

関　節

身体にある2個あるいはそれ以上の骨の間での連結は関節と呼ばれ，胎子期の早期に形成される．骨間の接着特性に基づき，関節は線維性関節，軟骨性関節あるいは滑膜性関節に分類される（**図17.9**）．

線維性関節の発生では，発生途上の骨端部の間に帯間部を形成する間葉細胞が密線維性結合組織に分化し，対面する骨を互いに接着する．線維性関節の骨間では最小限の可動性しかない．線維性関節の例として，頭蓋の扁平骨の間や橈骨と尺骨の間で形成されるものが含まれる．加齢とともに線維結合は徐々に骨性結合に置き換わる．

軟骨性関節の発生では，帯間部の間葉細胞が硝子軟骨または線維軟骨に分化する．結合する軟骨の広がりと柔軟性により，この形の結合では限られた動きが可能となる．軟骨性関節の例として，骨盤結合や隣接する胸骨間の結合や椎体間の線維軟骨結合が含まれる．加齢とともに軟骨結合は骨化する傾向にある．

滑膜性関節は帯間部と呼ばれる細胞密度の高い領域に形成される．Wnt-14やGd-5といった転写因子によって仲介される過程を通していくつかの軟骨形成細胞が関節を形成する細胞へ分化する．帯間部辺縁の細胞は靱帯および二層からなる関節包を生じさせる．関節包内側の層の細胞は分泌性上皮組織を形成し，関節腔に突出するヒダや絨毛を発生させることもある．この内側の層が滑膜層と呼ばれ，関節の潤滑のための滑液を産生する．関節包の外側の層は密線維性結合組織を形成する．白色線維性結合組織からなる靱帯は関節を安定させる．硝子軟骨は滑膜関節の中で対面する骨

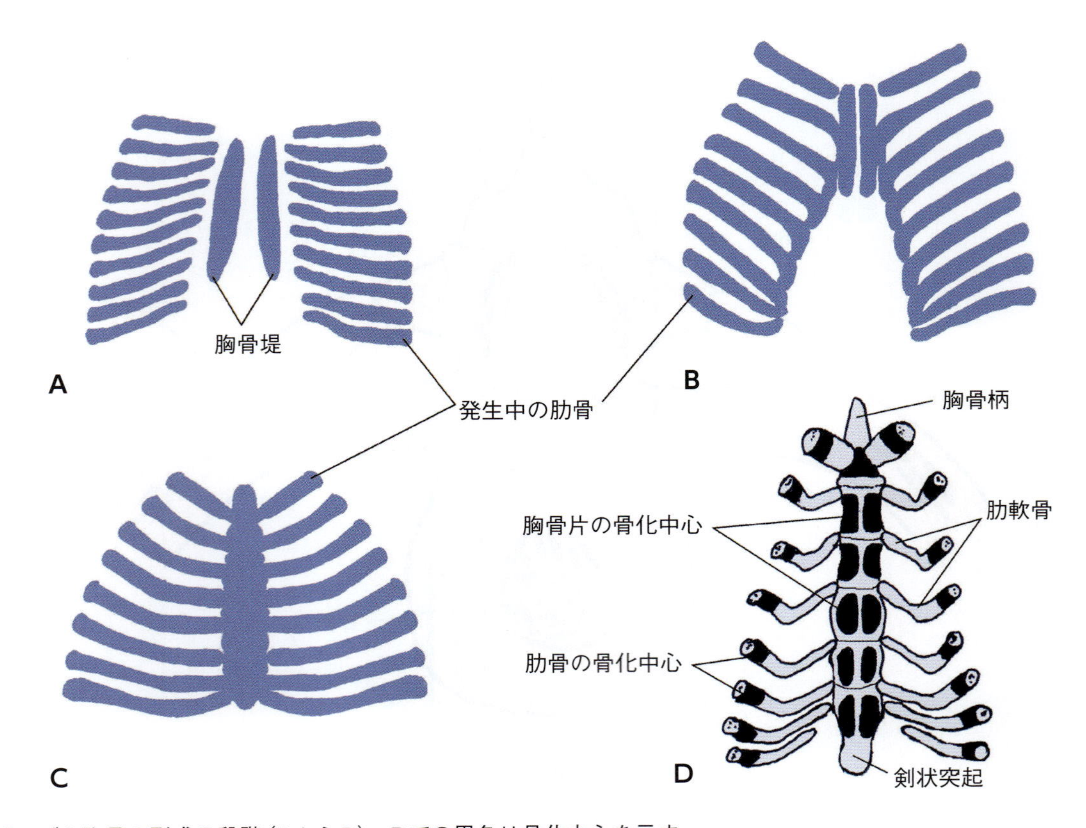

図17.8　ブタ胸骨の形成の段階（AからD）．Dでの黒色は骨化中心を示す．

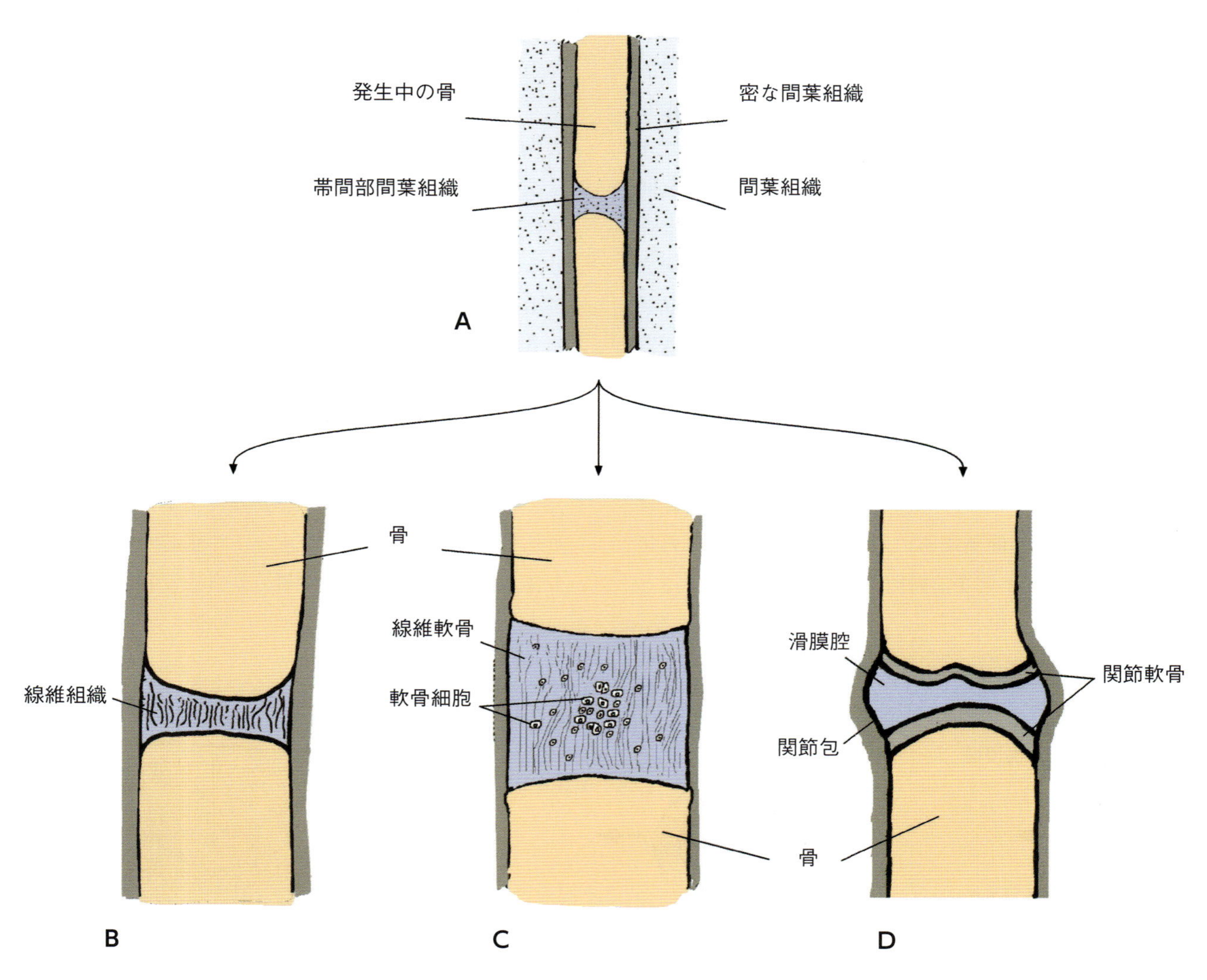

図17.9　A：一般的な間葉系構造の概要．B：線維性関節の形成．C：軟骨性関節の形成．D：滑膜性関節の形成．

の関節面を被っている．滑膜性関節により達成できる幅広い多様な動きには，屈曲，伸展，回旋，内転，外転がある．

体　肢

陸性脊椎動物の前肢と後肢は身体の頸胸部と腰仙部の決まった位置に発生する．ヒツジやブタやネコでは，体肢芽の発生が妊娠第3週の終わりに開始される．ヒト，ウシ，イヌでは，体肢芽の発生は妊娠の第4週の間に始まる．初期の発生過程は，前肢と後肢で似ているが，前肢の発生は後肢の発生よりも最大2日程先行する．

体肢芽の成立

シグナル伝達分子Fgf-10の誘導作用下では，体肢の形成される領域で壁側板の中胚葉細胞が活性化すると，体肢芽の発生が開始される．体肢域と称されるこの領域では，中胚葉細胞の増殖が間葉細胞の突出を生じる．この突出は，間葉細胞の芯とこれを囲む外胚葉性立方細胞の一層からなり，体肢芽を構成する．体肢芽が伸長するとき，遠位端で表層の外胚葉細胞がFgf-10の誘導作用の下で増殖し，肥厚した尖端の外胚葉性頂堤（apical ectodermal ridge；AER）を形成する．

体肢の発生は体肢芽の間葉組織とAERの間での相互作用に依存している．AERが存在しないと体肢の発生は行われない．AERと体肢芽発生の開始には高いBmpの活性が要求される．AERのシグナル伝達活動はこの下層の間葉組織の増殖を誘導し，それにより近位-遠位軸に沿った体肢芽の成長と分化を持続させることを確実にしている．AERの直下で増殖する間葉細胞の領域は進行ゾーン（progress zone；PZ）と呼ばれる．この領域はAERにFgf-2，Fgf-4やFgf-8を順次，合成し分泌するように誘導する．これらの成長因子はAER下層の間葉細胞の増殖が続くように誘導し，Fgf-10の分泌が続くことを確実にする．

近位-遠位軸に沿った体肢芽の成長と分化を説明するために，二つのモデルが提唱されている（**図17.10**）．第一のモデルは，進行ゾーンモデルと呼ばれ，PZにおける間葉細胞のパターンと運命がこの領域に間葉細胞がとどまる時間の長さによって決まると提唱する．増殖するPZの近位端の中胚葉細胞は体肢芽のその部位に関わってとどまり，そこで発生中の体肢で近位骨格要素，すなわち前肢芽の上腕骨と後肢芽の大腿骨を生じさせる．PZは増殖を続けるので，近位端に続く細胞の層は中間骨格要素，すなわち前肢芽での橈骨と尺骨および後肢芽での腓骨と脛骨を生じさせる．増殖の最後の波が，発生中の体肢芽の遠位骨格要素，すなわち手を構成する前肢芽の手根骨，中手骨，指骨および足を構成する後肢芽の足根骨，中足骨，趾骨を生じさせる．第二のモデルは早期確定（early specification）モデルと呼ばれ，体肢の発達はPZにある細胞の三つのサブセットへの分化に起因すると考える．第一のサブセットの細胞から，発生中の体肢芽の近位骨格要素，第二のサブセットの細胞から中間骨格要素，第三のサブセットの細胞から遠位骨格要素が生

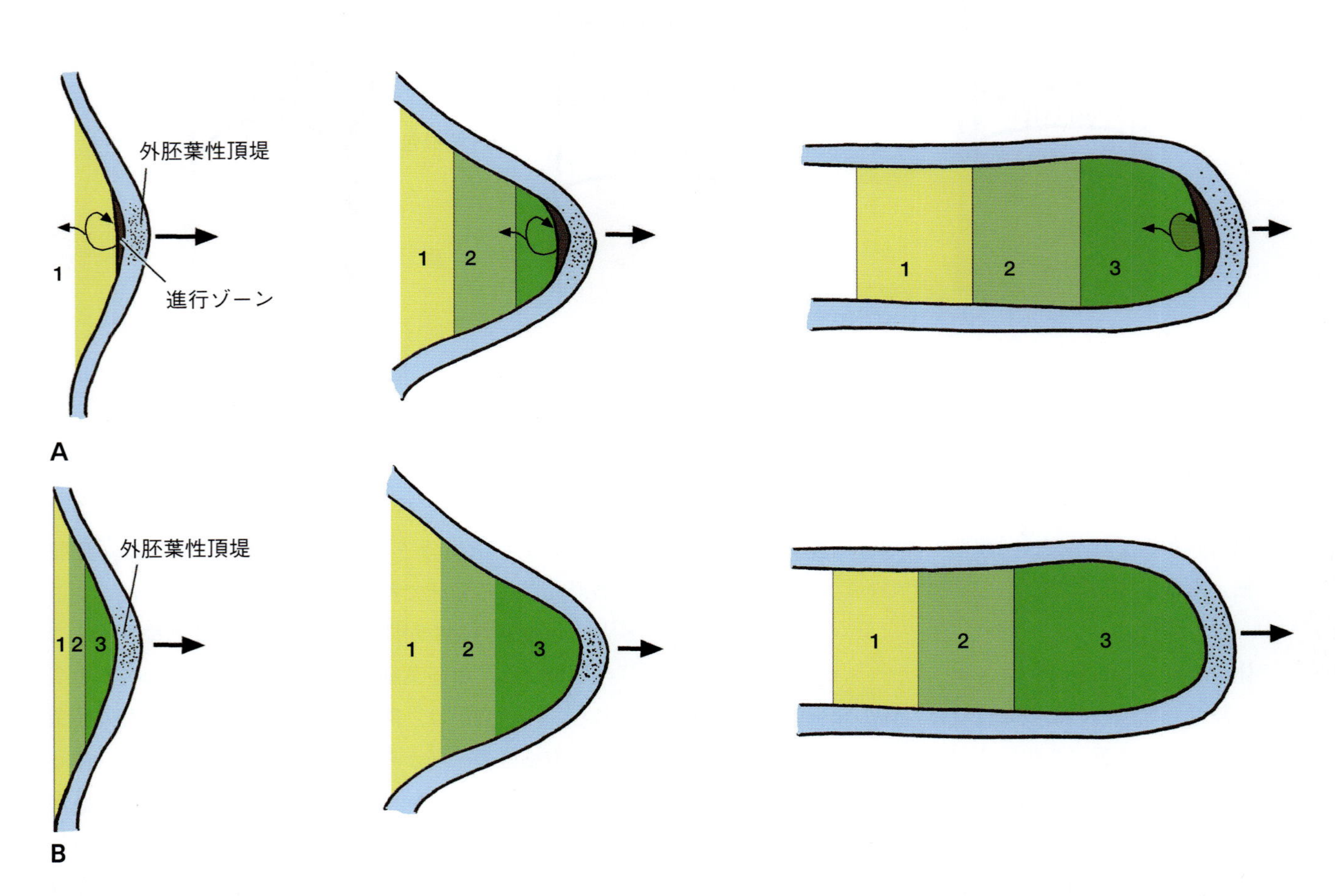

図17.10　体肢芽の発生における近位-遠位軸確定ためのモデル．A：進行ゾーンモデル．B：早期確定モデル．数字は確定化の領域を示す．進行ゾーンモデルAでは，外胚葉性頂堤からと進行ゾーンからの細胞増殖が体肢の形成に寄与することを提示している．早期確定モデルBでは，三つの異なるゾーンの内部の細胞サブセットを含む細胞増殖が体肢の近位，中位，遠位の発生に関わることを示す．

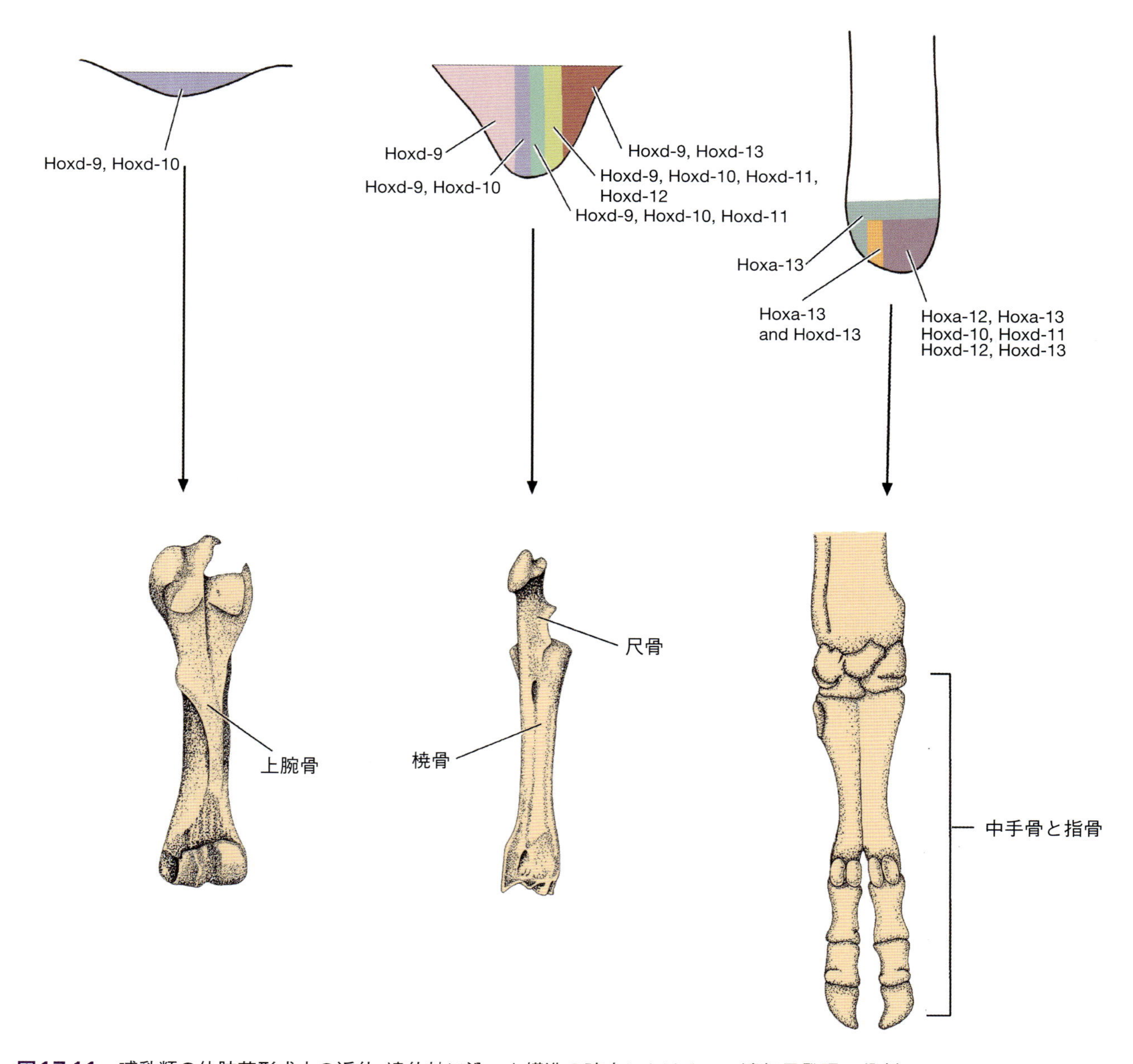

図17.11 哺乳類の体肢芽形成中の近位-遠位軸に沿った構造の確定におけるHox遺伝子発現の役割.

じる.

体肢軸の確定

正常な体肢の発生は近位遠位体肢軸，頭尾体肢軸，背腹体肢軸の3体肢軸のそれぞれのシグナル中心の相互作用による.

体肢の発生する胚子の部位では，レチノイン酸が体肢芽の突出の開始を決定すると思われる．頭尾体軸に沿ったレチノイン酸の濃度勾配が，体肢芽形成を運命づけられた特別な間葉細胞におけるホメオ遺伝子を活性化すると示唆されてきた．体肢の発生する場所に特定されたHox遺伝子の誘導作用により，頭尾体軸に沿う体肢発生の部位は動物種により一定となる.

体肢の発生が進行すると，近位遠位体肢軸に沿ったHox遺伝子の発現が変異する．Hox-9とHox-10は体肢のより近位の部分で発現し，一方，Hox-13発現は主として手や足の発生する部分に限定される（**図17.11**）．体肢芽発生の初期に，間葉細胞がFgf-10を発現し，これに加えて体肢芽が前肢あるいは後肢のどちらに発生するかを決定する転写因子を発現する．こ

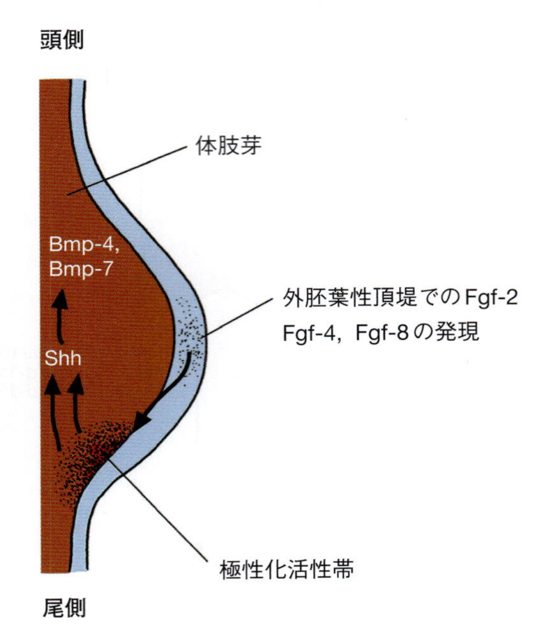

図17.12 指の確定に関連する体肢芽の主要なシグナル要素．矢印はシグナル伝達分子の正の影響を示す．

うした転写因子の二つがT-boxファミリー（TBX）に属する．TBX 5発現は前肢に限られ，一方，TBX 4は単独で後肢でのみ発現する．さらに転写因子Pitx-1が後肢の発生に必要となる．

体肢が明瞭な解剖学的構造として認められる前に頭尾体肢軸が明確になる．この軸が極性化活性帯（zone of polarising activity；ZPA）と呼ばれる中胚葉組織の小さな部位によって特徴づけられることが実験から示唆される（**図17.12**）．ZPAにおける主要なシグナル分子はShhである．*Shh*遺伝子はAERから生ずるFgfによって活性化されると思われる．Hoxb-8とdHandの両遺伝子の発現はZPAに選択能力を与えると推測される．Shhは指であると特徴づける指間中胚葉でBmp-4とBmp-7の発現を開始し持続させる．背側外胚葉で発現するシグナル伝達分子Wnt-7は発生中の体肢の背腹軸を確定する際の主要な因子である．Wnt-7aは体肢芽の背側間葉組織でLmx-1b，すなわち背側体肢中胚葉の分化に不可欠とみられる転写因子を誘導する．腹側体肢中胚葉はWnt-7aの形成を抑制し，その結果としてLmx-1bの形成を抑制するEn-1を産生する．

AERは近位遠位軸に沿ったシグナル伝達中心であり，頭尾軸のパターンは体肢芽の後端にあってZPAを形成する間葉細胞の集塊により調節される．体肢の背側中胚葉，AERおよびZPAは相互に作用して，体肢芽の発生初期における互いの誘導作用を強化し維持している．背側外胚葉から産生されるWnt-7aはZPAでの刺激効果を持ち，一方，ZPAからのShhはAERによる線維芽細胞成長因子の産生を刺激する．こうした成長因子は次にZPAへ正のフィードバックをもたらす．

発生中の体肢芽が伸長するとその遠位端は平たくなり，円筒状の近位部よりも幅が広いパドル様の遠位部を形成する．その後，二次的な狭窄が近位部を2節に分ける．これらの節間の境界部で肘関節と膝関節ができる．主たる体肢部の外形は発生のこの段階で明白となる．体肢が形成され成長すると，体肢芽の間葉細胞は凝集し，間葉性の肢骨の外形を形成する．こうした間葉性モデルは軟骨性鋳型と置換し，その後，軟骨内骨化を経て体肢の骨を形成する．最初，体肢芽の芯は骨格要素，結合組織および血管を生じる外側中胚葉に由来する間葉細胞からなる．体肢の筋の前駆細胞である筋板由来の間葉細胞は体肢芽に移動する．筋の前駆細胞の移動はチロシンキナーゼ受容体であるc-metに依存し，これが中胚葉細胞で産生された受容体リガンドであるHgfと相互に作用する．機能的なc-metまたはHgf受容体を欠損させたミュータントマウス胚子は体肢の骨格筋がない．*c-met*遺伝子の転写はPax-3転写因子に依存している．別の転写因子Lbx-1もまた，筋板から筋前駆細胞が移動するのに関わる．筋形成決定遺伝子*MyoD*および*Myf-5*は体節から移動する細胞が体肢領域に達するまで活性化しない．*MyoD*および*Myf-5*の活性化は表面外胚葉とZPAのそれぞれから産生されるWnt-7aとShhに依存する．これらの遺伝子の活性前と活性後の両方で，筋前駆細胞は体肢領域で大規模な増殖を起こす．ホメオボックス因子のMsx-1は移動性の筋前駆細胞で発現し，細胞の増殖活性を維持し，さらに，移動の間の分化を阻止していると考えられる．ホメオボックス*Mox-2*遺伝子は外側皮筋板と移動中の筋芽細胞で検出される．この遺伝子のホモのミュータントは特定の体肢の筋を欠く．シグナル伝達分子のFgfファミリーは筋芽細胞の増殖と，その後の体肢芽への移動に主要な役割を持つ．Fgf-4受容体およびそのリガンドFgf-8は後に筋特異的遺伝子を発現する筋芽細胞の増殖を阻害する．

神経堤の細胞は体肢芽に移動し，シュワン細胞とメラニン細胞を生じる．シュワン細胞は発生中の筋に分布する脊髄神経の軸索を取り囲む．体肢芽の発生と関連して侵入する筋芽細胞がそれぞれ発生中の体肢の筋群を形成する．その後，筋群は背側に配置する伸筋要素と腹側に配置する屈筋要素に分かれる．それに続いて，筋群は細胞分裂を経て体肢のそれぞれの筋を生じる．同時に，運動神経は脊髄から体肢芽まで伸び，伸筋群や屈筋群を支配する．その後，感覚神経線維が体肢芽に分布する．体肢芽の血管分布は大動脈の節間枝に由来し，局所的な間葉組織内の内因性の血管形成にも由来する．初期の血管系のパターンは血液を周辺の辺縁洞に導く中心動脈からなり，辺縁洞は末梢の静脈系に排出する．発生後期に，パドル状の体肢の遠位部は前肢では手に，後肢では足に分化する．指（趾）は指条と呼ばれる間葉細胞の凝縮により形成される．個々の指条の先端では，AERの分節が肥厚して発生中の指条を被い，肥厚した領域間の外胚葉はアポトーシスを経る．指条の間の間隙は，最初に，疎性間葉組織で占められ，これは徐々にアポトーシスを経て，指条の間にV字形の切れ込みを形成する．発生期の終わりに向かい，プログラムされた細胞死のこの過程が進むと個々の指（趾）が作られる．骨形成タンパク質であるBmp-2，Bmp-4およびBmp-7は，転写因子Msx-1およびMsx-2と共同して，指条の発達と，結果として指を形成するプログラムされた細胞死の誘導に責任を負うと考えられる．指間の細胞死がないと，組織皮膜が指をその両側で繋ぐ．指間中胚葉崩壊が破綻した結果である奇形の合指症の発生は指の部分的あるいは完全な癒合に帰結する．アヒルのような多くの水棲動物種では，指の間の皮膜は正常な解剖学的特徴である．

発生の間，体肢は一連の回転を経る．最初，体肢は身体から外側に突出し，次いで垂れ下がって，体肢は体壁に対して正常な位置になる．前肢では，最初の変化は肘と手首の関節での屈曲を含み，それによって，手の腹側面が体重を支えるようになる．その後，前肢は部分的な回転によって，肘関節が尾方に向き，手首が前方に向くようになる．こうした回転と関連して，橈骨と尺骨は互いに交叉して，第一指が内側に位置するようになる．同様の変化が後肢でも生じ，体肢が身体を支える位置になる．膝と足首の屈曲により足の腹側面が体重を支えるようになる．股関節の内側への回転により，後肢は体の下になり，膝関節は前方を向くようになる．

進化上の最も初期の形で前肢と後肢の遠位部は5本の放射する指部からなり，第一指が内側に，第五指が外側に配置する．歩行様式の蹠行型から趾行型への進展につれて，種によって指の大きさと数の減少が生じる．指の数が徐々に減少するのには決まった順がある．変化の順序としては第一指に第五指が続き，その後第二指，第四指と徐々に消失していく．有蹄類ではウマの足が指の数の究極の進化的な減少を示し，第三指だけで全体重を支えている．イヌでは第二，第三，第四，第五指が体重を支え，一方，第一指に相当する狼爪は体重を支えない．反芻類やブタの体重を支える指は第三，第四指で，第二，第五指は体重を支えない．

有蹄類で観察されるさらなる適応には，橈骨と尺骨，脛骨と腓骨の部分的あるいは完全な癒合，および中手骨や中足骨の部分的あるいは完全な癒合が含まれる．こうした現象はこれらの肢骨を形成する間葉性原基それぞれの癒合によって起こる．

ヒトの手は進化の過程での指の減少を示すモデルとして使うことができる．平坦な面において蹠行型の位置に手をおき，指を平面に接触させたまま徐々に手を垂直の位置に上げていくと，個々の指の体重を支える機能の減少を模倣できる．手が垂直な位置では，第三指のみが体重を支える指として，平面との接触が維持される．

筋および骨格系における細胞，組織，構造の発生起源は，**図17.13**に示してある．

骨格異常

軟骨無形成

軟骨無形成（achondroplasia）と呼ばれる遺伝的で先天的な病態では，成長板での細胞分裂や軟骨内骨化が

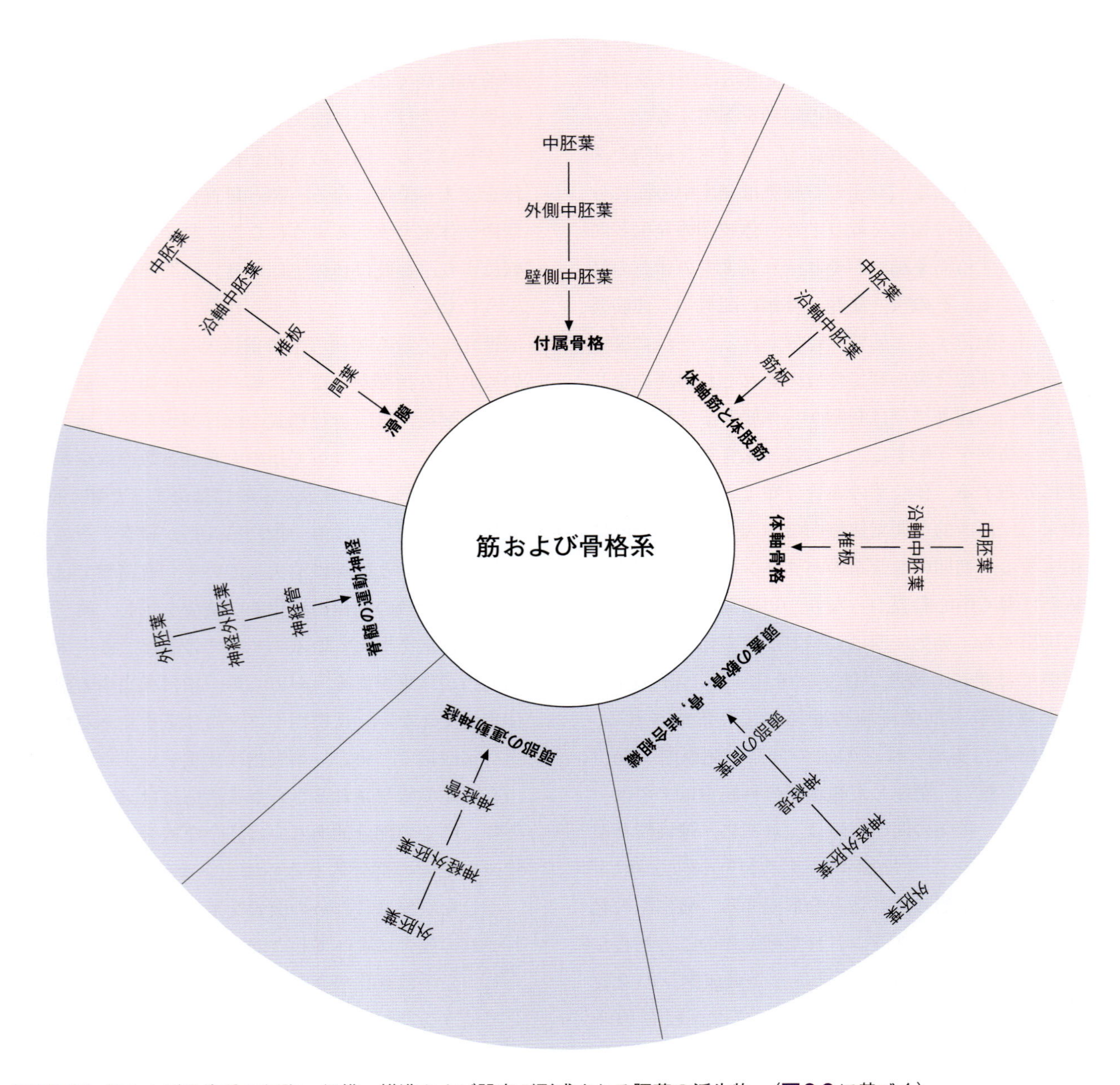

図17.13 筋および骨格系の細胞，組織，構造および器官が形成される胚葉の派生物.（**図9.3**に基づく）

障害され，特に体肢の骨での症状では小人症の結果を招く．症状は椎骨の軟骨内骨化で生じ，頭蓋骨でも軟骨内骨化で発生する骨で生じることがある．膜内骨化により発生する骨には影響しない．軟骨無形成動物は正常な動物よりも小さく，不釣り合いに四肢が短く，大きな頭部や短く平たい顔面を持つ．この異常は，ヒト，ウシ，イヌで生じ，Fgf-3受容体をエンコードする遺伝子の変異によるものである．発症した動物の大部分は新生子の初期に死亡する．

骨形成不全

骨の極端な脆弱さが特徴となる，ウシ，イヌ，ネコの遺伝的な骨不全は骨形成不全（osteogenesis imperfecta）と呼ばれる．その病態では，薄くなった皮質を持つ細い長骨が骨折しやすい．

大理石骨症

異常に緻密な骨を特徴とする，子ウマ，子ウシ，子イヌが罹患する遺伝的疾患は大理石骨症（osteopetrosis）

と呼ばれる．発症した動物では長骨での骨髄腔の消滅が貧血を招き，発症した長骨は折れやすくなる．

椎骨異常

椎板の分化における異常は脊柱の特異な発生を招く．こうした異常には，潜在性二分脊椎，隣接する椎骨の癒合，半椎がある．

椎骨の発生の間に左右の椎弓が癒合しないと，潜在性二分脊椎と呼ばれる異常を招く．この状態は臨床的な徴候がほとんどないため，通常X線撮影により診断される．

塊状椎と呼ばれる状態は2個あるいはそれ以上の隣接する椎骨の癒合に起因する．

椎骨の半分だけが発生する特異な病態は半椎と呼ばれる．通常，胸腰部に限られるこの病態は発生中の椎体の片側での椎板の分化不全に起因する．椎体の1個以上で発症すると，病態は脊柱の外側への偏りを呈する脊柱側弯症になる．別の二つの脊柱の先天的な異常，すなわち脊柱の異常な腹側屈曲である脊柱前弯と，異常な背側屈曲である脊柱後弯が家畜で生じる．

椎孔の先天的な狭窄は脊髄を締めつけ神経障害を招く．ウマでは，この病態は通常第三および第四頸椎に生じる．狭窄は普通，椎孔の入り口または出口で起きる．狭窄の結果としての脊髄の圧迫は一般的な固有知覚に関係する上行脊髄路に影響を及ぼす．発症したウマは，通常，後肢の運動失調の徴候を表し，歩様のふらつきが特徴であるため，「ウォブラー症候群」と呼ばれる．頸椎椎孔の著しい狭窄を示すウォブラー症候群に相当する病態がバセット・ハウンド，ドーベルマン・ピンシェル，グレート・デンで記載されている．

脊柱胸腰部での顕著な腹側弯曲（背側への反転）が特徴となる先天的な病態では，頭蓋骨の後頭部が仙骨と接触するまで背側に弯曲する．この病態は反転性裂体（schistosoma reflexus）と呼ばれ，通常ウシにみられ，胸骨裂と肋骨の背側への反転および骨盤結合の未結合が含まれる．体壁が閉鎖せず，胸部と腹部の内臓が露出する．

肋骨異常

肋骨の異常は時折生じ，普通，脊柱あるいは胸骨の奇形と関連している．

胸骨異常

形態形成時における対をなす胸骨堤の不完全癒合の結果として，胸骨裂を生じることがある．他の先天的な異常とは独立して生じることもあるが，異所性心臓や反転性裂体と関連することがより一般的である．

体肢異常

体肢の奇形は骨1個の欠損から体肢の一部または全欠損までさまざまである．体肢の奇形はそれだけで生じるが，他の器官系の発生異常と関連していることもある．体肢異常でより一般的なのが，完全に体肢を欠損する無肢症，体肢の一部を欠く体肢部分欠損症，あるいは指（趾）骨を1個以上欠く欠指（趾）症である．過剰な体肢異常には，1個以上の余分な指のある多指（趾）症と，指が部分的あるいは完全に癒合する合指（趾）症が含まれる．

（中牟田信明・吉岡一機　訳）

さらに学びたい人へ

Braun, T. and Gautel, M. (2011) Transcriptional mechanisms regulating skeletal muscle differentiation, growth and homeostasis. *Nature Reviews: Cell and Molecular Biology* 12, 349-360.

Gilbert, S.F. (2014) Development of Tetrapod Limb. In S.F. Gilbert, *Developmental Biology*, 10th edn. Sinauer Associates, Sunderland, MA, pp. 489-518.

Kozhemyakina, E., Ionescu, A. and Lasser A.B. (2014) GATA6 is a crucial regulator of Shh in the limb bud. *PLoS Genetics* 10(1), e1004072.

Lefebvre, V. and Bhattaram, P. (2010) Vertebrate skeletogenesis. *Current Topics in Developmental Biology* 90, 291-317.

Long, F. (2012) Building strong bones: molecular regulation of the osteoblast lineage. *Nature Reviews: Molecular Cell Biology* 13, 27-38.

Pignatti, E., Zeller, R. and Zuniga, A. (2014) To BMP or not to BMP during vertebrate limb bud development. *Seminars in Cell and Developmental Biology* 32, 119-127.

Pitsillides, A.A. and Beier F. (2011) Cartilage biology in osteoarthritis-lessons from developmental biology. *Nature Review Rheumatology* 7, 654-663.

Pollard, A.S., McGonnell, I.M. and Pitsillides, A.A. (2014) Mechanoadaptation of developing limbs: shaking a leg. *Journal of Anatomy* 224, 615-623.

Schipani, E., Maes, C., Carmeliet, G., and Semenza, G. L. (2009). Regulation of osteogenesis-angiogenesis coupling by HIFs and

VEGF. *Journal of Bone and Mineral Research* 24, 1347 - 1353.
Wang, W., Rigueur, D. and Lyon, K.M. (2014) TGF β signaling in cartilage development and maintenance. *Birth Defects Research* (Part C) 102, 37 - 51.
Zhu, J., Zhang, Y.-T., Alber, M.S. and Newman, S.A. (2010) Bare bones pattern formation: a core regulatory network in varying geometries reproduces major features of vertebrate limb development and evolution. *PLoS ONE* 5, e10892.

第18章

消化器系
Digestive system

要　点

- 原腸は口咽頭膜から排泄腔膜までの内胚葉に由来し，前腸，中腸，後腸を構成する．
- 臓側中胚葉は消化管の平滑筋と結合組織を形成する．神経堤細胞は腸管の神経系である粘膜下神経叢と筋層間神経叢を生じる．
- 中皮の二重ヒダからなる背側腸間膜は腸管を吊している．
- 前腸の前部は口腔，咽頭，気管を生じる．
- 前腸の後部は食道，胃，近位十二指腸を派生させ，肝臓，膵臓，胆嚢も派生させる．
- 発酵に適応した4室からなる胃は反芻類で発達する．第一胃，第二胃，第三胃は微生物による発酵と栄養の吸収部位である．第四胃は腺胃であり，化学的消化を行っている．
- 近位十二指腸から横行結腸までのほとんどの腸管は中腸から発生する．中腸のループ形成と回転は腸管の正常な位置決定を導く．中腸由来の盲腸と上行結腸はウマ，ブタ，反芻類で極めて変化に富んでいる．
- 後腸は横行結腸の遠位部と下行結腸を形成する．

胚盤の頭側，尾側および外側の折り畳みと発生初期に原始卵黄嚢の背側部が胚子内に取り込まれることによって原始消化管の発生は始まる．頭側ヒダ内に形成され内胚葉によって裏打ちされた消化管頭側部は前腸と呼ばれ，尾側ヒダ内に形成された部分は後腸と呼ばれ，前腸と後腸間の卵黄嚢へと続く胚性内胚葉領域は中腸と呼ばれる．進行するヒダ形成は中腸と卵黄嚢間の広い接続を締めつけていき，狭くなった部分は卵黄管（vitelline duct）と呼ばれる（**図18.1**）．前腸の盲端は発生中の頭部領域において後に口腔を形成する外胚葉性の陥凹部，すなわち口窩と接触している．同様に，後腸の盲端に接する外胚葉性の陥凹部，すなわち肛門窩が後に肛門を形成する．口窩と前腸を分離している外胚葉-内胚葉性の膜は口咽頭膜と呼ばれている．一方，後腸と肛門窩の間の構造は排泄腔膜と呼ばれている．その後，口咽頭膜および排泄腔膜の消滅によって，口腔は前腸と連続するようになり，後腸は外部に向かって開口する（**図18.2**）．二つの主要な腹部器官である肝臓と膵臓は前腸の遠位部から派生物として生じる．

もし発生初期に前腸と後腸の形成を制御している過程で異常が生じると致命的な結果を招く．しかし，遺伝子導入マウスにおけるこれらの発生過程に関連する分子機構に関する研究ではまだ決定的な情報は得られていない．発生初期の内胚葉に発現する転写因子Foxa1とFoxa2，GATA-4とGATA-6は初期の前腸発生に重要であると考えられている．内胚葉と中胚葉間の分子間相互作用は正常な消化管発生のための必須条件である．腸の内胚葉で発現する転写因子であるソニックヘッジホッグは腸発生中に中胚葉に影響を及ぼし，臓側中胚葉においてBmp-4の発現を誘導する．次いでBmp-4発現は消化管の平滑筋の形成に貢献する．

器官形成中，組織形成と細胞分化は一連のシグナル伝達因子によって高度に調和が保たれる．シグナル伝達因子にはFgf，Bmp，Wnt，ヘッジホッグおよびNotchがあり，それらはすべて内胚葉形態形成における発生段階に特異的な役割を持つ．これらの発生段階は内胚葉形成，内胚葉様式，器官特殊化，器官芽形成および器官分化に分けられる．Sox-17は腸管の特定部位を指定する役割を担うが，この過程にはレチノイン

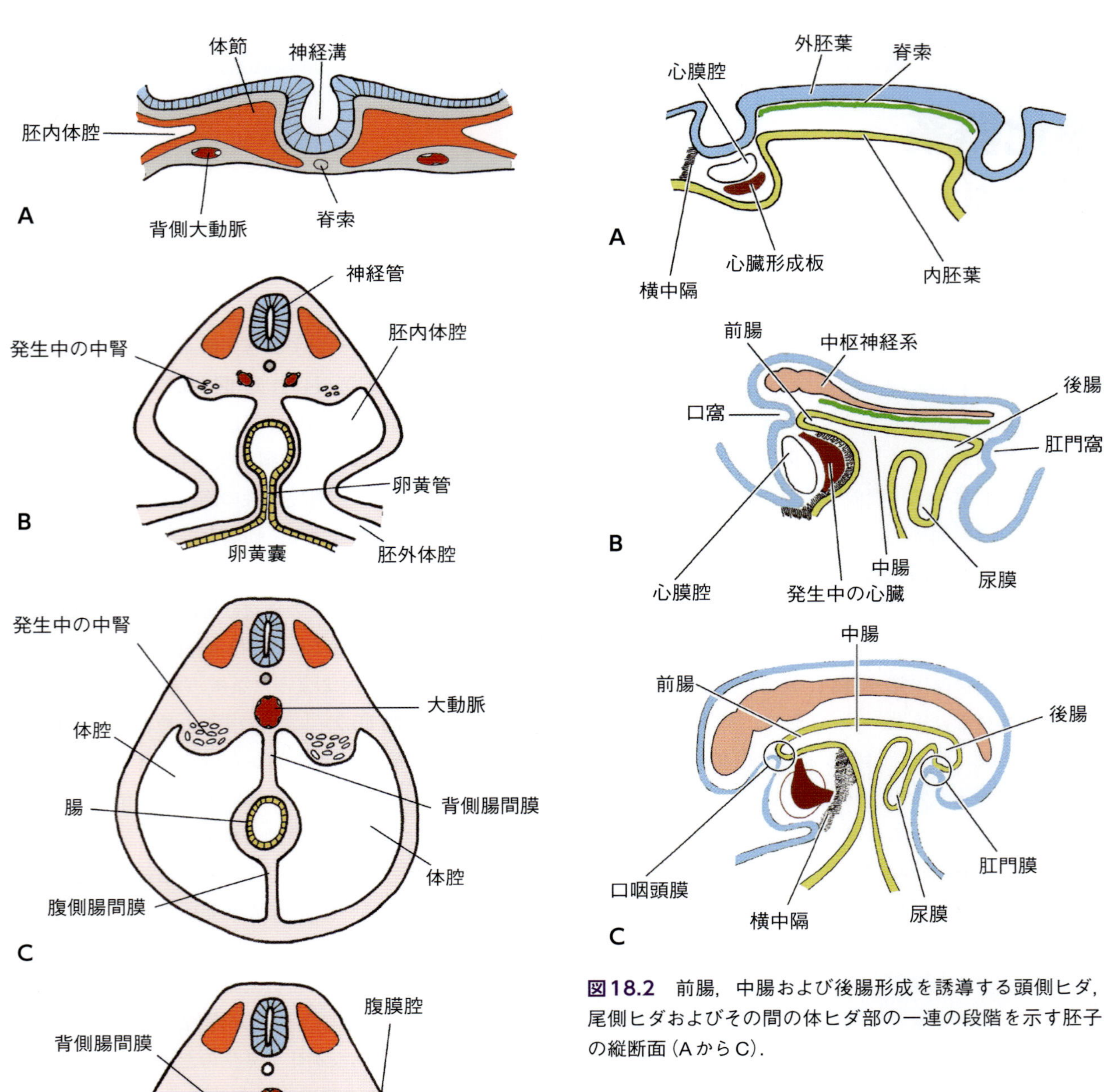

図 18.2 前腸，中腸および後腸形成を誘導する頭側ヒダ，尾側ヒダおよびその間の体ヒダ部の一連の段階を示す胚子の縦断面（A から C）.

図 18.1 腹壁，腸および関連する腸間膜形成を誘導する外側体ヒダの経時段階．A：外側体ヒダの形成前の胚子横断面．B：腸と卵黄管形成を示している外側体ヒダの発生段階．C：体壁の閉鎖と背側および腹側腸間膜の位置．D：腹膜腔形成を誘導する腹側腸間膜の退行.

酸などその他の因子も多数関与している.

原始消化管は内胚葉性の内層と臓側中胚葉の外層から構成される．消化管の上皮とそれに由来する腺は内胚葉から生じ，一方，臓側中胚葉は消化管の平滑筋と結合組織を生じさせる．続いて，これらの組織は四つの基本的な層である粘膜層，粘膜下組織，筋層，漿膜あるいは外膜を形成し始める．消化管の長さが増加するに従って，筋層の発生は頭尾方向に進行し，まず内輪走筋層が現れた後，外縦走筋層が出現する．

動物の消化器系の構造と機能における明らかに広い多様性はその進化過程を反映している．これらの違いは特に食物の捕捉，咀嚼および消化に関連する構造に適応している．食肉類は短くて容積の小さい胃腸管を持ち，対照的に草肉類は通常長く容積の大きな区分された消化管を持つ．

消化管発生における分子調節

消化管組織と器官発生構築のための分子制御は三次元方向，すなわち頭尾方向および背腹方向，左右方向さらに放射状方向における発生にも影響を及ぼす．

発生における頭尾パターン

ホメオボックス（Hox）遺伝子が胚子の頭尾軸に沿った消化管の部位的発生を確立する際に重要な役割を果たしている証拠がある．Hox遺伝子が頭尾軸に沿って

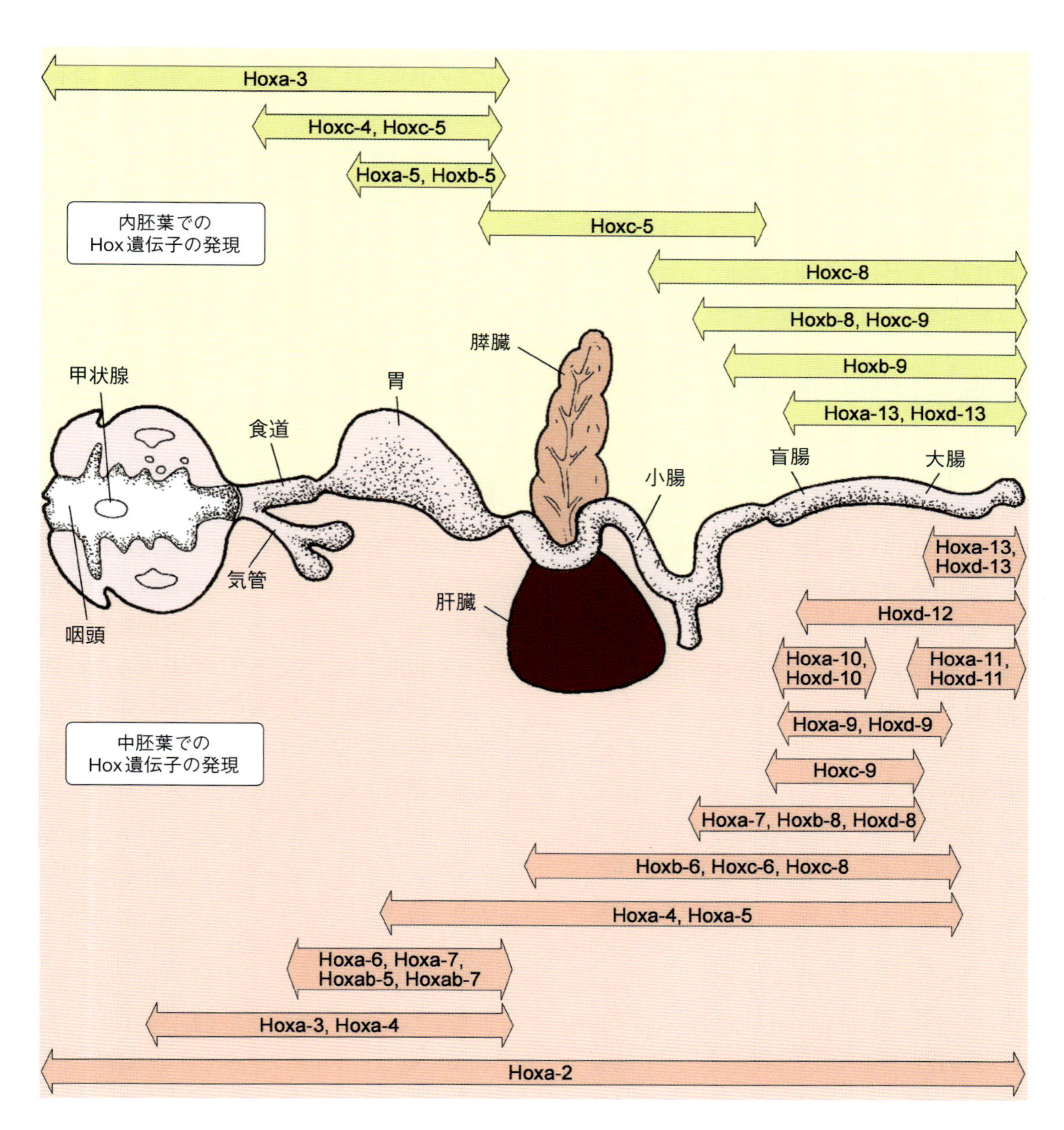

図18.3 発生中の消化管の前後軸に沿った内胚葉由来および中胚葉由来の組織中のHox遺伝子発現の範囲．

入れ子状に重複したパターンで発現する(**図18.3**).限定された境界領域において，大きさの異なった括約筋がホメオボックス遺伝子群と*Nkx-2.5*を含む他の遺伝子の影響下で発生する．いくつかのHox遺伝子は幽門，回盲口および肛門の括約筋の形成に必要である．括約筋の形成はHox遺伝子の発現パターンの大きな変化と同時に起こるようである.頭尾軸に沿って,限定された解剖学的な領域におけるHox遺伝子に属するパラローガス(paralogous)遺伝子群の発現は各々の遺伝子群内で遺伝子の3'から5'領域に一致している．例として，*Hox-12*と*Hox-13*は発生中の腸の尾部で発現し,それぞれの染色体の5'末端に位置している.

発生における背腹パターン

発生初期の消化管発生は背腹軸に沿って一様であり，*Shh*は分散して一様に発現する．その後，活発に出芽が生じる限定された領域では，*Shh*の発現は抑制される．甲状腺や肺の器官発生に必要な前腸腹側部の特殊化には転写因子Nkx-2.1が関与する.

胚子の左右軸に沿った消化管の位置決定

消化管は体の左右軸に沿った調和の取れた配置を示す．胚子発生初期の左側での*Shh*発現は胚子の左側で排他的に発現するNodal，Pitx-2，Nkx-3.2およびFgf-8などの他の因子の片側性の亢進を生じさせる．左右方向のための総合的な調節は共通しているにも関わらず，各器官が独立してこれらのシグナルに反応することが示唆されている．器官特有の応答を制御する正確な機構はいまだ明らかにはなっていない.

消化管の放射状の発生

消化管の全長に沿った内胚葉上皮の細胞分化は限定された各々の領域で特定の中胚葉由来の因子によって強く影響を受ける．したがって，上皮の特徴は消化管の頭尾軸に沿った領域で特異的である．これらの領域差にも関わらず，消化管のいずれの領域を通る横断面も漿膜側から内腔側まで同様の放射状構造を示す．放射状方向の構築に影響を及ぼす発生初期の分化事象はShhを含む多くのシグナル伝達分子の影響を受けている．絨毛と腺が発生し，これらの領域の細胞がさらに分化するにつれ，Shhの発現は減少する.

食　道

食道は最初は短い管であるが，気管溝から原始胃である前腸の紡錘状膨大部まで伸びる．胚子の頸部の伸長とともに食道は伸長する．長軸に沿って，食道の内胚葉は横紋筋に分化する頭部の壁側中胚葉によって包まれる．食道が骨格筋に被われる範囲には明らかな種差がある．反芻類では，筋の構成要素は完全に横紋筋により構成される．内輪走筋層が平滑筋で構成される短い末端部を除いて,食肉類の食道筋は横紋筋である.ブタの食道では，胃に近い短い領域は平滑筋で構成されるが，ウマとネコでは平滑筋が食道の後部1/3にわたって存在する.

発生初期段階で食道上皮は円柱上皮である．後にすべての種でこの上皮は重層化かつ扁平化し，草肉類では明白な角化を伴う．上皮から発生する食道腺は粘膜下層に位置する．家畜の食道腺は分岐管状胞状粘液腺で，食道の長軸に沿った分布は種によってさまざまである.

胃

発生初期に前腸尾部の紡錘状膨大部として確識できる胃は背側胃間膜によって背側腹壁に，また腹側胃間膜によって腹側腹壁に付着する(**図18.4**)．胃の背側部が腹側部より大きい速度で成長することから，胃は形態学的に変化して，大きい背側弯曲と小さい腹側弯曲を形成する．大弯頭部のさらなる成長は単胃の胃底原基を派生する．初期発生の間に，胃は二つの部分的な回転を起こす．最初の回転では胃は頭尾軸に対して左に90度回転する．その結果，胃は正中面の左側に位置する器官となる．このようにして，最初の左側部は腹側位に，最初の右側部が背側位になる．この発生段階で，胃は大弯と小弯を持つ背腹方向に扁平なC型の嚢を形成する．次いで背腹軸に対して反時計回りへ45度回転し，正中面の右側を占める胃尾部を生じる.引き続き，胃の大弯は腹腔内で左尾側方向へ向く．食道が開口する胃の解剖学的な部分は噴門と呼ばれ，噴

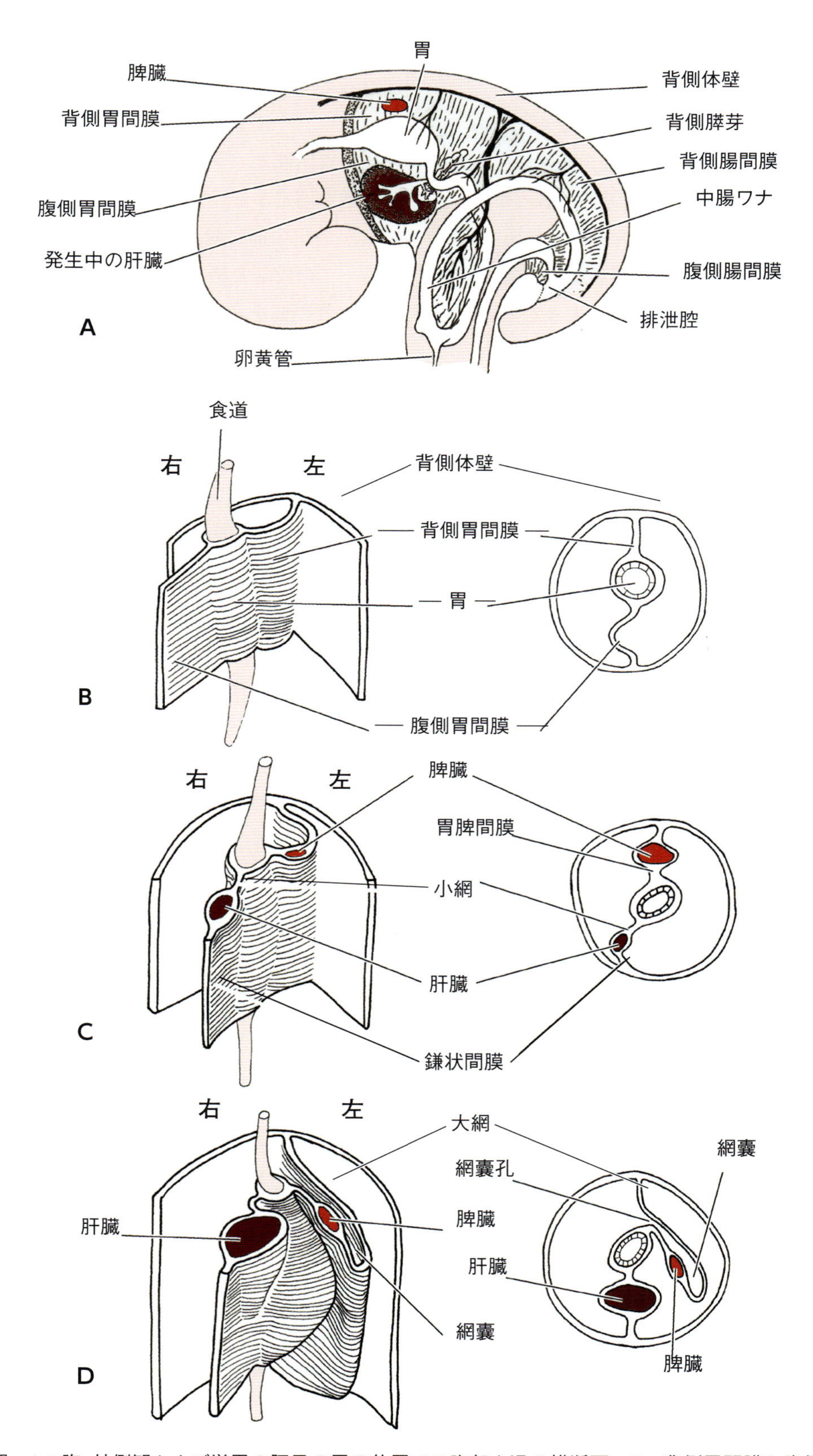

図18.4 外側観．A：腹-外側観および単胃の胚子の胃の位置での腹部を通る横断面．B：背側胃間膜と腹側胃間膜の位置を示している発生中の胃．C：左への胃の回転の開始および背側胃間膜中の脾臓の位置と腹側胃間膜中の肝臓の位置．D：背側胃間膜の伸展および網嚢の形成．肝臓が腹側胃間膜中で成長すると，肝臓の背側に小網，腹側に鎌状間膜が形成される．

門に続く部分は胃底と呼ばれる．胃の大きな中央部は胃体と呼ばれ，尾部は幽門と呼ばれる．

進化論的発生学は形と大きさだけではなく，胃の上皮層と腺の発生についても違いを一部説明する．食肉類，ウマおよびブタでは，胃は単胃と呼ばれ，単一の小室から構成される．イヌの胃の構造とは対照的に，ブタの胃は噴門部に円錐形の憩室（胃憩室と呼ばれる）を持つ．ウマの胃では，噴門部が著しく大きく拡張し，胃盲嚢と呼ばれている．反芻類では，単胃の原基から四つの小室構造が生じ，複胃と呼ばれる．

家畜で，胃原基の裏打ちは初めに単層円柱上皮で構成され，後に種特異的な領域差を示す．食肉類の胃全体に単層円柱上皮が存在するが，ウマとブタでは特定の領域で重層扁平上皮が円柱上皮と入れ替わっている．単層円柱上皮が存在する胃の領域では，胃腺が胃粘膜の固有層に広がって発生する．この領域は腺部として知られ，食道部と呼ばれる無腺部である重層扁平上皮で被われた部分とは全く異なっている．反芻類の胃である第一胃，第二胃および第三胃は重層扁平上皮によって裏打ちされ，したがって無腺部である．対照的に，反芻類の胃の4番目の小室である第四胃は単層円柱上皮によって裏打ちされ，胃腺を含み生理的には単胃に相当する．進化学的に，初期には胃の第一の役割は食物の貯蔵である．後期には腺の発生の結果と消化酵素の産生によって，胃は食物の消化に中心的な役割を獲得する．

胃の部分的な回転に伴って，胃を保定している腹側胃間膜および背側胃間膜もまた変位する（**図18.4D**）．伸張した背側胃間膜は胃とともに左側に変位して大網と呼ばれる二重に折り重なったヒダを形成する．この二重のヒダによって閉じ込められた空洞は網嚢と呼ばれる．この空洞は網嚢孔を介して腹膜腔と交通する．腹側胃間膜の変位は肝臓の発生の項で記載する．

ウシの胃

30日齢のウシ胚子の胃原基は発生段階で比較したときに単胃動物の胃原基と同様に紡錘形である．この原基の構造は背側に大弯および腹側に小弯を持ち，単胃動物と同様の方法で左側に回転する．胃原基の胃底部は頭側かつ正中面の左側に広がる．34日齢までに，この頭部の拡大は第一胃と第二胃の原基を生じて際立ってくる（**図18.5**）．さらに，膨出部が小弯に沿って発生し，胚子の第三胃を形成する．次いで，胚子の第三胃尾部で，胃原基は右へ曲がり，将来の第四胃の領域を画定する．第一・第二胃原基の分化と成長は頭側かつ正中面に対して左側への拡張という結果になる．この段階で第一胃・第二胃原基は発生中の肝臓と左中腎の間を占める．約37日齢までに，第一胃と第二胃間を境界づける第一胃・第二胃溝が第一胃・第二胃原基の腹側表面に現れる．胚子の第一胃が拡張を続けるときに，頭側と尾側の溝が第一胃・第二胃原基を二つの小室に分割する．反芻類の胃の4小室である第一胃，第二胃，第三胃および第四胃の原基は発生の40日齢までに明確になる．この発生段階で，ウシの胃原基の4小室は円柱上皮によって裏打ちされている．

胚子の第一胃は背尾側に約150度回転し，その結果，以前背頭側に向いていた第一胃の盲端は正中面の左側で尾部を占有する（**図18.5**）．回転の結果，第一胃はその他の胃の小室部分と腸を，その最終位置である腹腔の右側に移動させる．妊娠3カ月の間に，ウシ胎子の四つの胃の小室は明確に認識でき，成獣の小型化したものと同等となり，胎子と成獣の小室の相対的な大きさもほぼ同等である．引き続き，第四胃の成長が進むが，他の小室の成長は比較的遅い．出生時には，第四胃の容量は他の三つの小室の合計の約2倍である．最初は円柱上皮であった第一胃，第二胃および第三胃の上皮は重層扁平上皮に置き換わる．対照的に，第四胃は円柱上皮を持ち続け，腺が発達し，単胃動物の腺胃領域に類似する．胃の小室粘膜の構造的配列の変化は妊娠40日頃にヒダ形成が起こる第四胃で最初に観察される．妊娠45日頃，葉状構造が第三胃の大弯に沿って発生する．60日齢までに，この葉状構造は50ほどになる．第二胃ヒダは3カ月齢で明らかになり，第一胃乳頭は4カ月齢までに形成される．ウシ以外の反芻動物における胃の小室の発生段階および最終的な解剖学的配置はほとんどウシと同様である．

出生から成熟までのウシ胃の小室における変化

ウシの胃の小室の生後発達は食性の変化によっても引き起こされる．出生後1週間では，子ウシの食物は

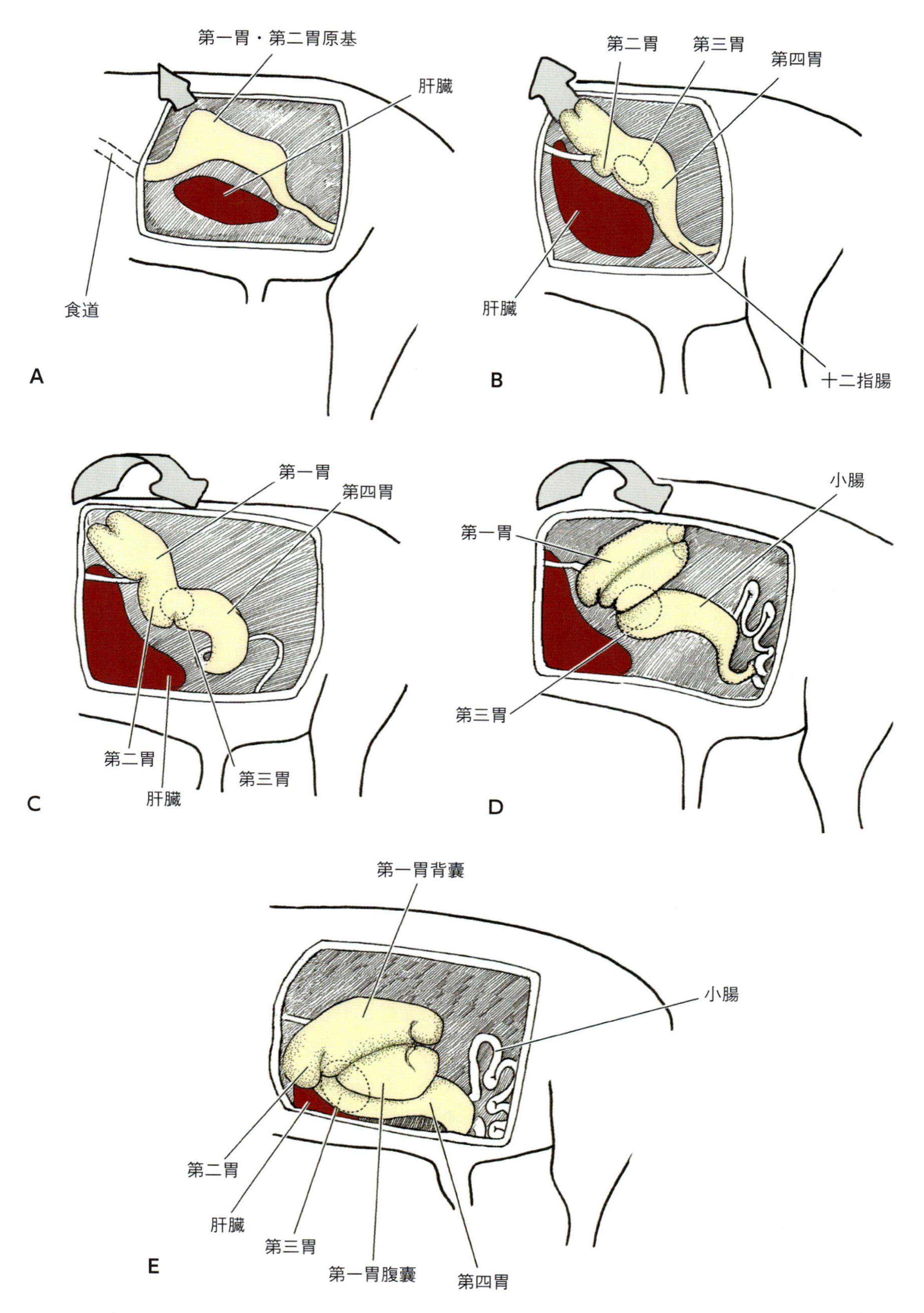

図 18.5 反芻胃の四つの小室の形成を示した連続的段階．A：単胃原基．B：第一胃，第二胃，第三胃および第四胃原基と第一胃溝の形成．C, D：第一胃後部の回転段階．E：反芻胃の四つの小室の最終配列．

主に液体であり，液体は第一胃，第二胃および第三胃を迂回して，第二胃溝と第三胃溝を通って直接第四胃に入る．第一胃，第二胃および第三胃はこの期間消化機能を全く持たない．食物が液体から固体へ変化するに従い，これらの小室は機能的かつ大きくなる．一方，第四胃の容量は最少となる．したがって，生まれたばかりの子ウシでは，第四胃は第一胃と第二胃を合わせた大きさの約2倍であるが，生後3カ月では第四胃はこれらの小室をあわせた大きさの半分にすぎなくなる．生後4カ月齢で，第一胃と第二胃は第三胃と第四胃をあわせた容積の4倍になる．約18カ月齢までに第一胃は四つの小室をあわせた総容積の80%に，第二胃は5%に，第三胃と第四胃はそれぞれ約7～8%の容積になる．

反芻類の大網の付着

反芻類の胃の単純な紡錘形をした胃原基は大弯に沿って付着する背側胃間膜によって腹腔の背側正中線から吊られる．腹側胃間膜は小弯を腹側正中線に繋ぎとめる．単胃原基から四つの小室への発生はこの間膜の特異的な配列から，特に背側胃間膜の付着の観点において，著しい変化を引き起こす．反芻類における単胃原基の発生上の変形により，背側胃間膜が大網を形成し，腹側胃間膜は小網を形成する．第一胃，第二胃および第四胃が胃原基の大弯壁から発生するので，大網はこれらの器官に付着したままである．第一胃が大弯頭側の拡張部として発生することから，食道で始まる大網の付着部が第一胃の右縦溝に沿って伸展する．その後，付着部は右側から左側へ尾側溝内を走り，そこから左側の第一胃溝に沿って第二胃まで頭側へ走り，さらに第四胃の大弯に沿って走行する．肝臓から第三胃に広がる小網は第四胃の小弯に沿って付着する．

鳥類の胃と関連構造

ほとんどの鳥類の種で食道頸部の腹側壁に発生する嚢状の憩室は嗉嚢と呼ばれる．この憩室は食物，特に穀類を短期的に貯蔵する．

鳥類の胃は単胃原基から生じ，頭部は腺を持つ前胃となり，尾部の筋領域は砂嚢を形成する．

肝　臓

肝臓は前腸尾部から中空性の腹側憩室として発生する．憩室は頭部の肝臓と尾部の胆嚢に分化する．肝臓原基は腹側胃間膜内で頭腹側に成長し，横中隔中に広がる（**図18.6**）．内胚葉性の肝憩室は主にFgf-1，Fgf-2およびFgf-8を含むさまざまな線維芽細胞成長因子によって介在される肝臓と心臓の中胚葉から生じる誘導の結果として発生する．さらに，横中隔から生じたBmp-2，Bmp-4およびBmp-7のシグナルは肝上皮の前駆体になるように腹側の前腸内胚葉の発生を方向づける．

肝臓部分の内胚葉上皮細胞は増殖し，肝細胞板を形成する．発生が続く間，横中隔に密接に関連する中胚葉は肝臓の内胚葉の持続的成長と増殖を支持し続ける．c-met受容体と結合する肝成長因子は特異的な中胚葉由来成長因子の一つであるが，肝臓の内胚葉性細胞の表面に存在する．肝臓の結合組織は横中隔と臓側中胚葉の間葉細胞から生じる．肝細胞板は卵黄嚢静脈と臍静脈の連続構造を分断し，これらの静脈は横中隔を貫通する．後にこれら脈管は付加的に発生する血管を伴って肝類洞となる．肝憩室の尾部は胆嚢と胆嚢管を形成する．前腸と肝管胆管結合領域との間の憩室部分は総胆管と呼ばれる．ウマ，ラットおよびクジラでは発生初期の胆嚢原基と胆嚢管原基の退化により，胆嚢は形成されない．横中隔内で肝臓は急速に成長し，中隔を越えてさらに尾側に広がるので，肝臓は徐々に腹腔内に突出する．中隔からの中胚葉は拡張中の肝臓を囲み，肝被膜とそれに関連する腹膜を形成する．肝臓は頭側では冠状間膜によって横隔膜の腱中心に，外側部では外側間膜（左右の三角間膜）により体壁に付着して固定される．肝臓と小弯間の横中隔の中胚葉と腹側胃間膜は小網を形成する．肝臓と腹側の腹壁間の中胚葉部分は肝鎌状間膜を形成し，その中を左臍静脈が臍帯から肝臓まで走行する（**図18.7**）．初めに肝臓では左葉と右葉が発生する．次に右葉が2部分を発生させ尾状葉と方形葉が生じる．いくつかの種では，左葉と右葉がさらに分葉する．他の腹腔器官の発生と回転により，腹腔内での肝臓の最終的な位置と方向は影響を受ける．反芻類では，第一胃の発生に伴う変位に

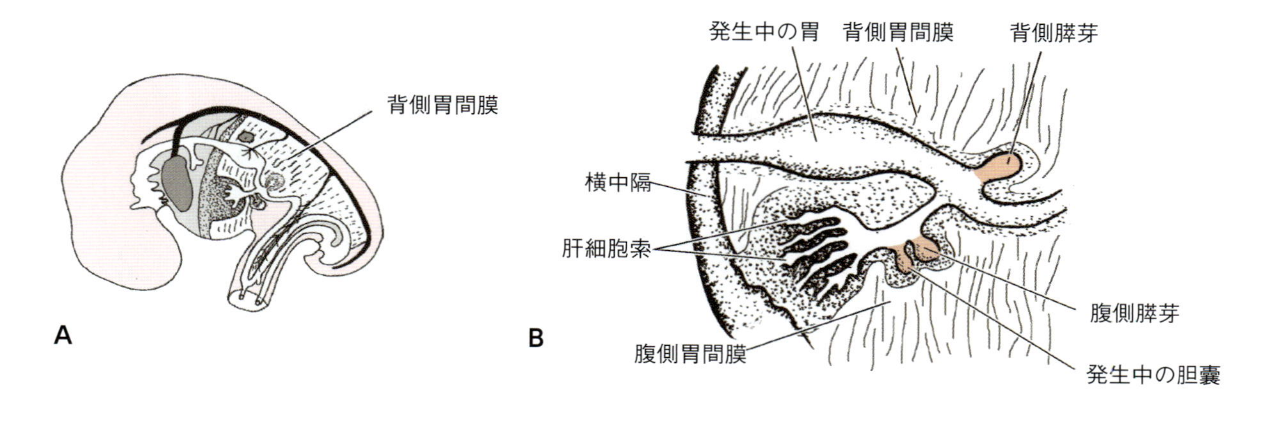

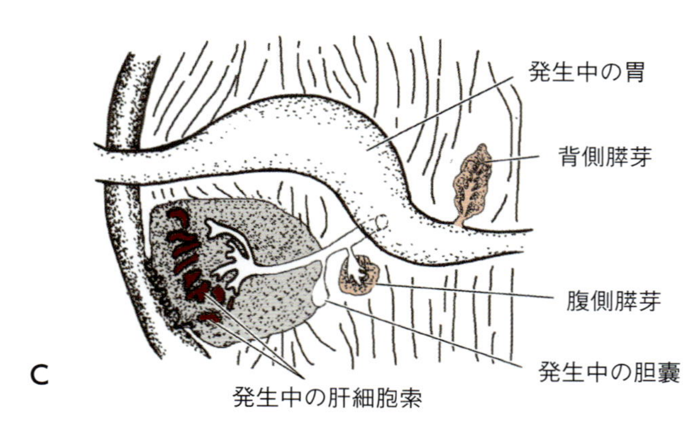

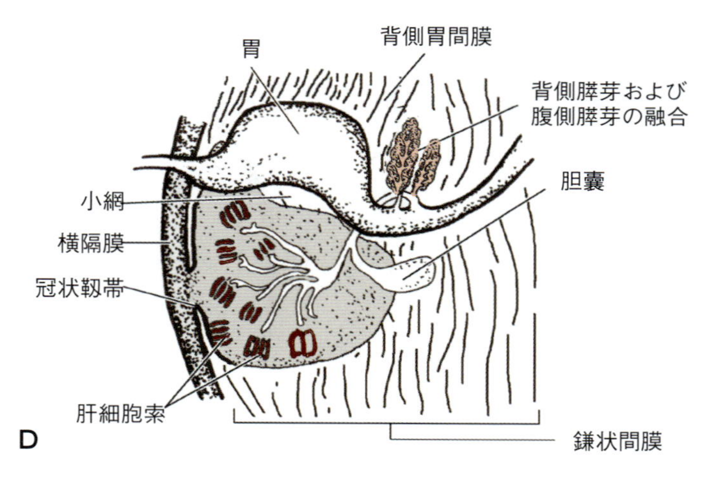

図18.6 肝臓と膵臓の発生における連続的段階（AからD）

より，肝臓はほとんど完全に腹腔の正中面の右側に位置する．

胚子肝臓の造血の役割は胚子発生初期に肝臓の大きさが急速な増加を示すことで一部説明される．造血幹細胞は大動脈-性腺-中腎領域から肝臓に移動し，そこで造血を開始する．

膵　臓

膵臓は前腸尾側部の背側および腹側の内胚葉派生物から発生する．腹側の膵芽の前に発生する背側の膵芽は背側胃間膜内に位置する．肝憩室の起始部付近から生じる腹側の膵芽は腹側胃間膜内で発生する（**図18.6**）．膵芽の細胞は樹状に増殖し，導管とそれに付

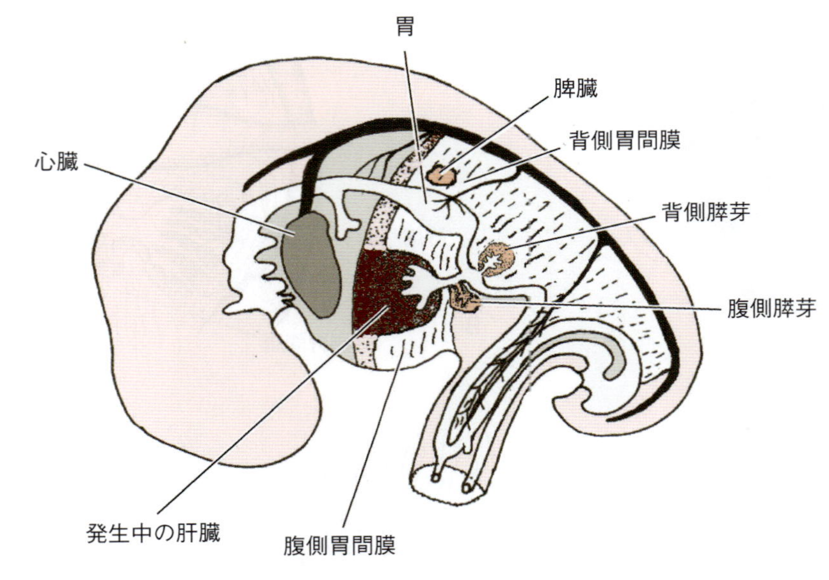

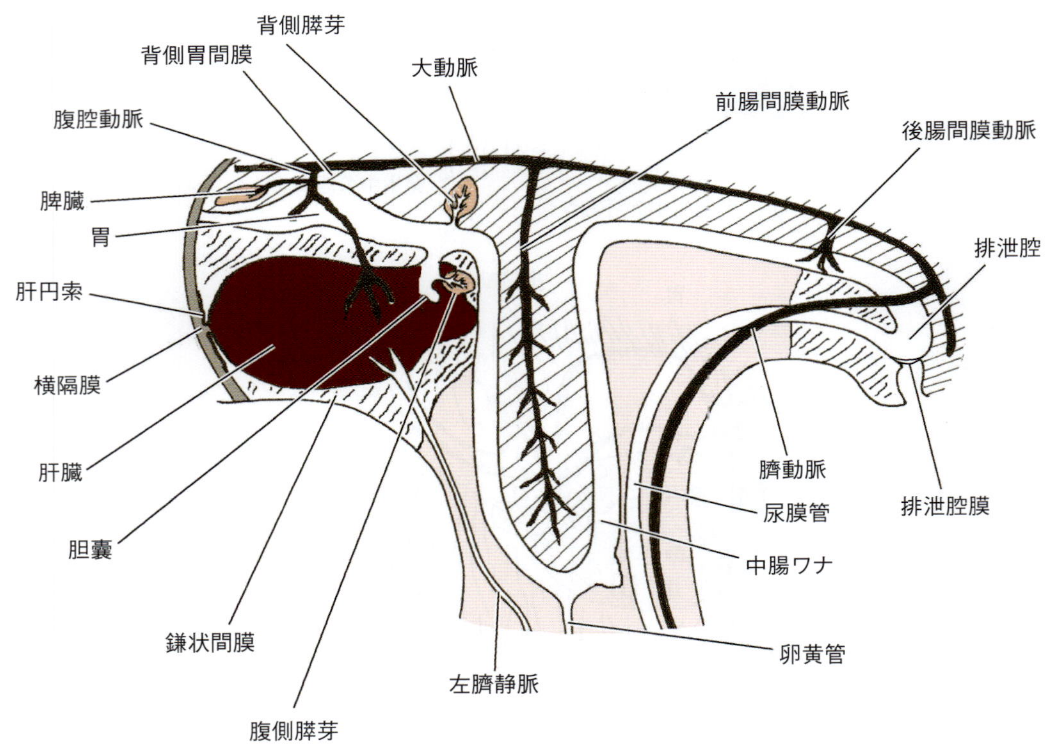

図18.7 腸間膜とそれに付随する構造の関係を示した腹腔の縦断面.

随する分泌腺房を生じさせる．導管系との接続を失った一部の上皮細胞はランゲルハンス島として知られている膵臓の内分泌腺部分, すなわち膵島へと発生する．膵臓の結合組織は臓側中胚葉から発生する．胃と腸の回転の結果として，腹側と背側の膵芽は接触部で重なり合い融合する（**図18.8**）．膵芽の融合は膵体，すなわち左葉および右葉から形成される一つの解剖学的構造を形成する．左葉は背側膵芽から，右葉は腹側膵芽から発生する．膵管と呼ばれる腹側膵葉の導管は胆管に接合して総胆管を形成する．総胆管は大十二指腸乳頭として知られている隆起を形成し，十二指腸に開口する．背側葉の導管は小十二指腸乳頭として知られて

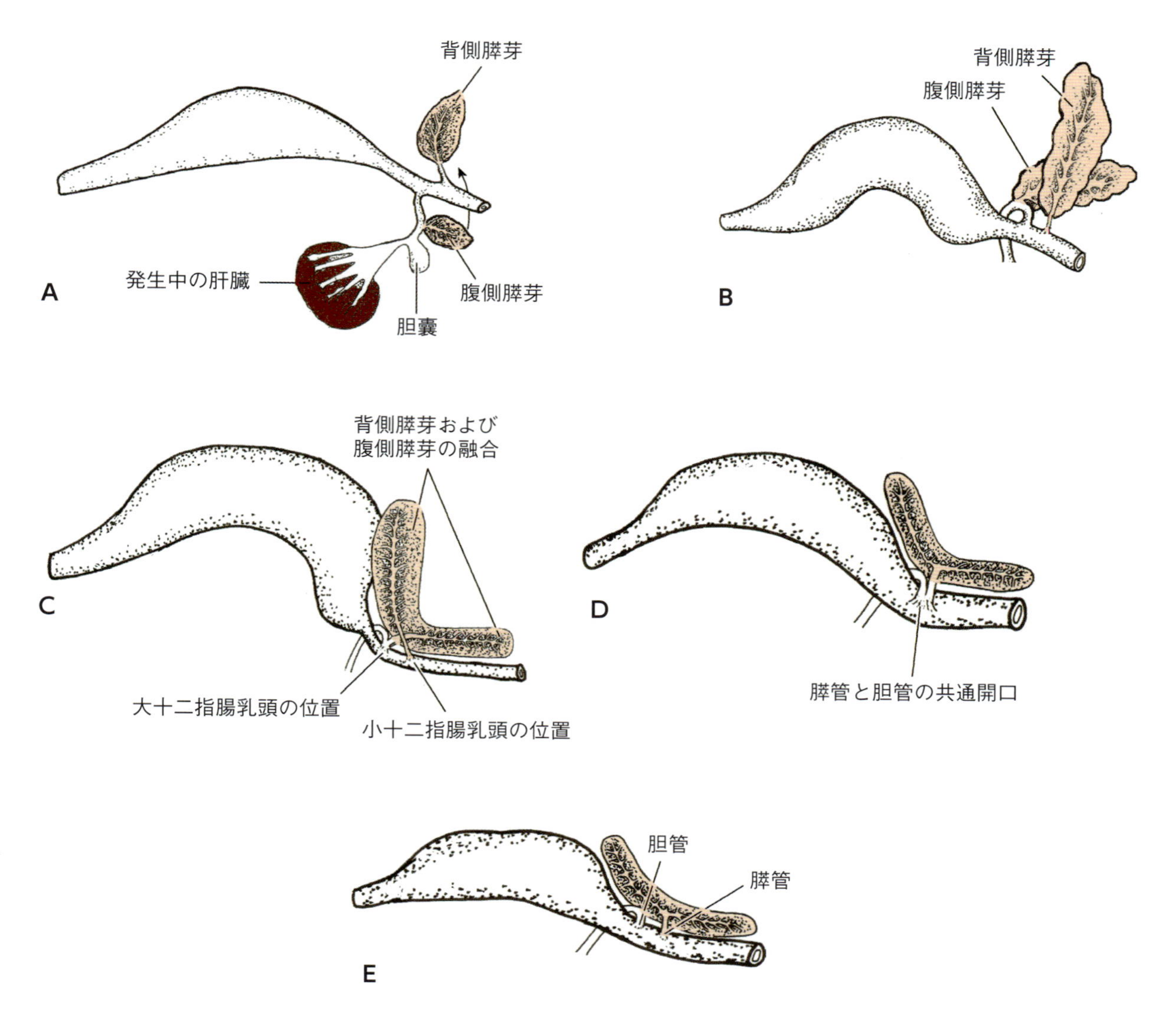

図18.8 A, B：膵臓の発生の連続的段階．C：ヒト，ウマおよびイヌの膵肝系の最終配列．D：ヒツジ，ヤギおよびネコの膵肝系の最終配列．E：ウシとブタの膵肝系の最終配列．

いる粘膜の隆起部で十二指腸に入り副膵管と呼ばれる．種差が膵管末端部の配置で観察される．ヒト，ウマおよびイヌでは左右の導管は完全に残り，ヒツジ，ヤギおよびネコでは，背側の導管の末端は退化する．腹側の導管の末端はウシとブタで退化する．

背側膵芽は前腸の内胚葉から発生し，脊索から生じるアクチビンとFgf-2によって誘導されている．これらの成長因子はともにShhの発現を抑制している．次に，膵臓および十二指腸のホメオボックス遺伝子*Pdx-1*の発現が背側膵芽と腹側膵芽の両方が形成される領域で前腸の内胚葉において亢進する．Shhの発現はPdx-1を発現しない内胚葉領域に限定される．Pdx-1発現が正常な膵臓上皮の発生に必要であるが，膵臓の中胚葉の発生に必要ではないことが示唆されている．膵臓の発生における中胚葉の発生パターンはShhが発現しないときのみ生じる．Wntシグナル伝達は膵臓外分泌部の拡張に必要であり，一方，転写因子Ngn3経由のNotch-deltaシグナル伝達は膵臓内分泌細胞の分化を誘導している．

脾　臓

脾臓はリンパ器官であるが，脾臓の発生は胃，肝臓および膵臓と密接な発生学的関係を持つため，普通は消化器系と一緒に考慮される．哺乳類の脾臓は背側胃間膜内の間葉細胞の集合体として発生する（**図18.7**）．背側胃間膜と胃原基の左方への回転に従って，脾臓原基もまた左方に引きつけられ，背側胃間膜のヒダの胃脾間膜によって胃の大弯に付着するようになる．間葉細胞は分化して脾臓の被膜と結合組織を形成する．造血を行う脾臓の細胞要素は大動脈-性腺-中腎のような他の造血中心由来である．その後，最終的な造血活動を行う骨髄の形成と胸腺のリンパ性要素の発生により，Bリンパ球とTリンパ球が脾臓に定着し，脾臓は機能的なリンパ性の器官になる．妊娠3カ月までにウシ脾臓の主要な構造である被膜，脾柱，赤脾髄，白脾髄および血管が確立する．

家畜の腸の発生と回転

腸は発生中の胃の尾側に位置する前腸，中腸と後腸の全体から形成される．短い前腸の領域は背側と腹側両方に腸間膜を持ち，中腸と後腸では腹側腸間膜は退化する．中腸は関連する腸間膜とともに中腸ワナを形成しながら伸張する．このワナの腹側弯曲部に卵黄嚢腸管遺残物が明らかに認められる．中腸ワナの下行脚は十二指腸の遠位部分，空腸および回腸の一部になる．上行脚は回腸の末端部，盲腸，上行結腸および横行結腸の近位部を形成する．中腸は背側腸間膜に位置する背側大動脈枝の前腸間膜動脈から血液供給を受ける．ワナの長さが増加するので，ワナは利用可能な腹腔内の空間より大きくなり，臍嚢と呼ばれる胚外体腔の一部を占める．この発生期間の胎子腸ヘルニアは正常な状態で生じ，生理的な臍ヘルニアと呼ばれる．これらの変化は妊娠3～4週頃にウシ，ヒツジ，ブタおよびイヌで生じる．このとき，中腸ワナは胚外体腔を占有し，背腹方向からみて時計回りに前腸管膜動脈を軸として回転する（**図18.9**）．初め，回転は時計回りに約180度進むので下行脚は尾側に，上行脚は頭側に位置を変える．下行脚は長さが増加し，臍嚢の右側に一連のラセンワナを形成する．盲腸原基である憩室を発生させる上行脚は下行脚よりゆっくり成長し，臍嚢の左側を占める．中腸の伸長により，臍嚢は腸のヘルニア塊を収容できなくなる．次に，中腸ワナの脚部はもともと収容されていた腹腔に戻り，比率的に肝臓と腎臓は拡張した腔において以前より狭い空間を占める．盲腸憩室が上行脚の復帰を妨げるので，下行脚は最初に復帰し，前腸間膜動脈の左側後方を通り，後腸と後腸間膜の内側の位置を占める．その結果，下行結腸になるように運命づけられた後腸は腹腔の左側に移動する．中腸ワナの上行脚は前腸間膜動脈の正面を通って腹腔に戻り，正中面の右側を占める．臍嚢から中腸ワナが腹腔に戻ってしまうと，前腸間膜動脈周囲でさらに腸の回転が起こるので，回転の全範囲は270度を超える．

前述の腸の発生，最終位置および関係は特に食肉類に関するものである．

腸の比較形態

反芻類，ウマおよびブタの腸の位置と関係は最初はイヌのものと異なるようにみえるかもしれないが，小腸，盲腸，横行および下行結腸の位置と関係はすべての家畜で同様である．上行結腸の長さと関連する位置の変化は家畜の腸を区別する特徴である（**図18.10**）．概して，食肉類は短い腸と小さい盲腸を持ち，草食類は長い腸と大きな盲腸を持つ．

反芻類の腸

反芻類の腸の発生とこれに関連する回転の変化は食肉類で起こるものと同様のパターンを示す．腸が腹腔に戻るのに伴い，盲腸憩室は大きくなり，上行結腸は結腸間膜と呼ばれる背側腸間膜の一部によって吊るされたワナを形成しながら伸長する．ワナは長さを増し，小腸の腸間膜の左側を通過し，右側からみると時計回りに巻き込む（**図18.10B**）．小腸間膜と結腸間膜の癒合は結腸が小腸間膜によって吊るされているという印象を与える．しかし実際，結腸は結腸間膜によってのみ吊られている．結腸ワナ内を通過する食物は始め約2～3回求心方向に移動し，ワナの中心で反転して遠心性に移動する．結腸は最初は円錐状であるが，後に単一平面で円盤状になる．ウシでは上行結腸の変化は妊娠2～4カ月の間に生じる．発生中の第一胃が腸を右に変位させるので，直腸以外の腸のすべてが反芻類

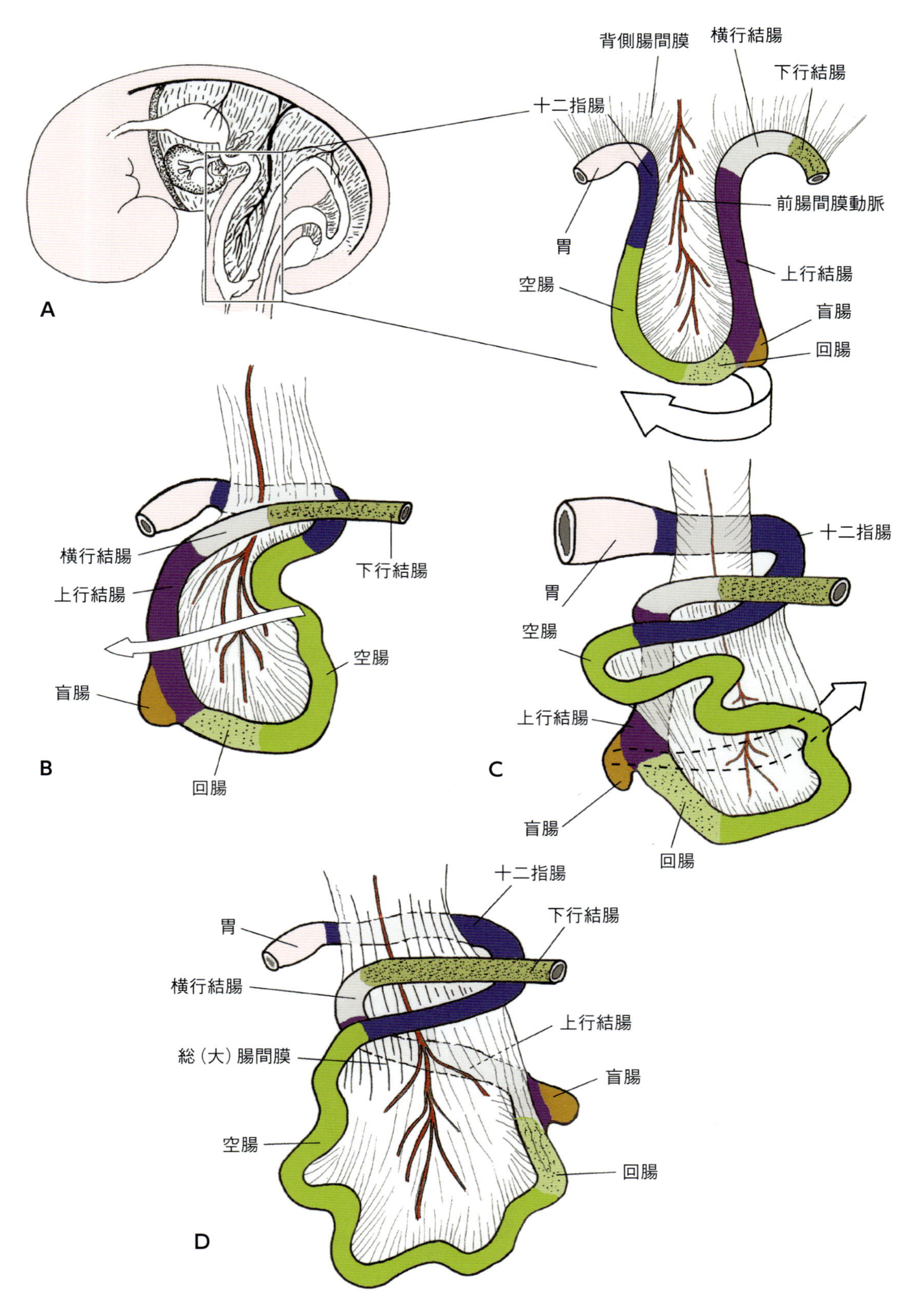

図18.9 中腸の回転段階を示した左外側観．A：矢印の方向に回転する前の中腸ループの上行脚と下行脚．B：回転の開始段階に続く中膜ループの上行脚と下行脚の相対位置の変化．C：中間回転のさらに進んだ段階．D：食肉類の中腸ワナ脚部の最終段階．

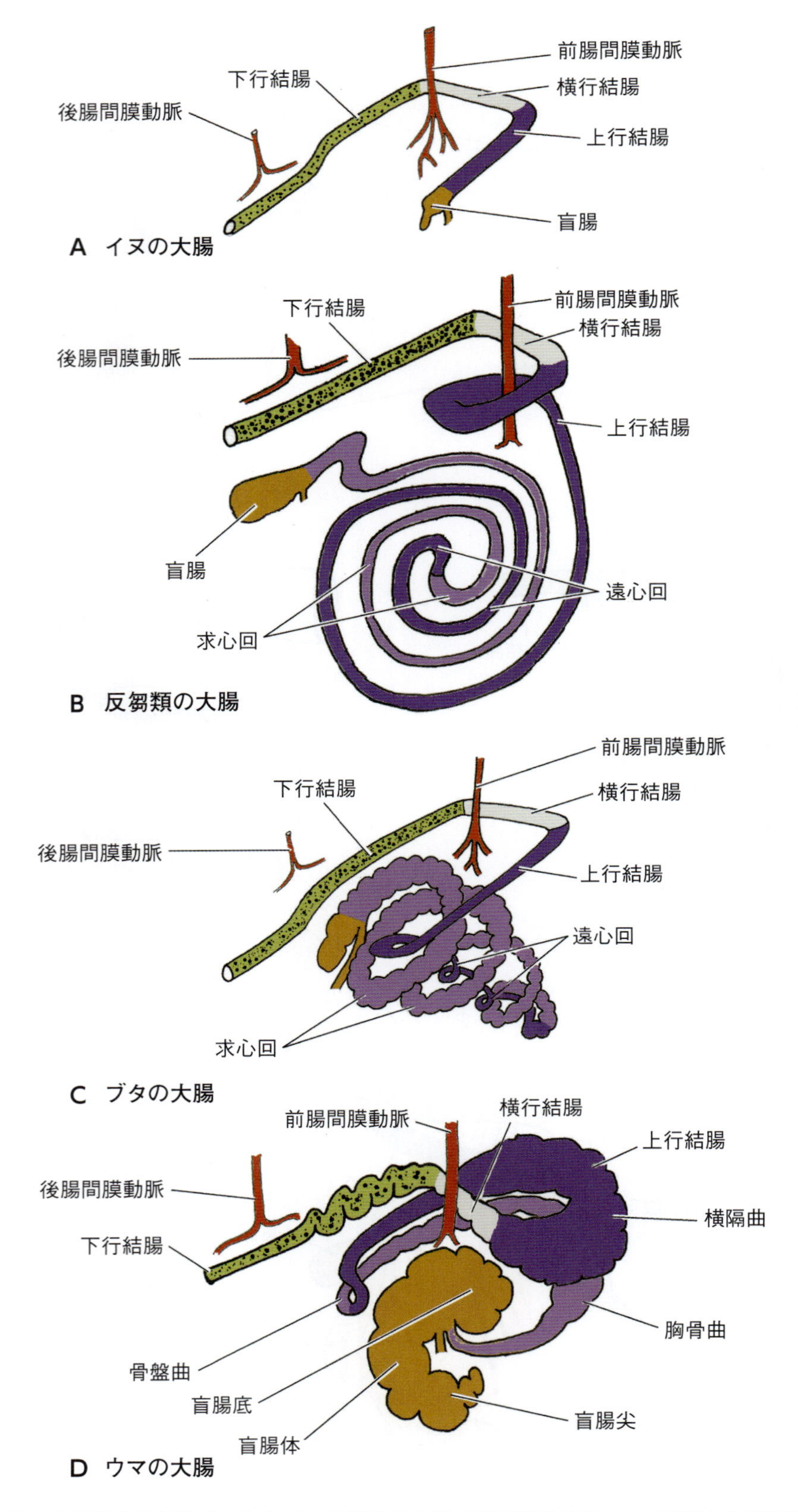

図18.10　盲腸と上行結腸の比較形状を示している家畜の大腸の解剖学的位置．A：単純な上行結腸を示している食肉類の大腸の要素．B：同一平面上でラセン状の上行結腸を示している反芻類の大腸の要素．C：ラセン状の上行結腸の円錐状配置を示しているブタの大腸の要素．D：拡張した盲腸および背側と腹側の上行結腸の要素を示しているウマの大腸の要素．

では正中面の右側に位置する．

ブタの腸

ブタの腸は最初は反芻類の腸と同様の方法で発生する．しかしながら，ブタでは上行結腸のワナは底部が正中位に位置し，頂点が左側の外側腹壁を向いた円錐形の状態のままで，盲腸を正中面の左側に変化させる（**図18.10C**）．ワナ開始部の近位脚は円錐の外側に位置する求心回を形成し，一方，遠位脚は内側の遠心回を形成する．平らな筋層を形成する代わりに，外縦筋層は3本の縦走筋束あるいは腸ヒモを形成する．上行結腸の求心回は2本の同様の筋束あるいは腸ヒモを発生させる．これらの腸ヒモは盲腸と結腸求心回において膨起を生じる．ブタの上行結腸における主要な構造変化は妊娠2カ月の間に生じる．

ウマの腸

微生物発酵が消化管の腸より前方の位置で起こる反芻類と異なり，ウマではセルロース消化部位は大腸である．それに伴い，盲腸と上行結腸は腸の他の領域より著しく大きく，成体では最大100Lの容量を持っている．しかし，大結腸に相当する上行結腸は大きくなるが，反芻類とブタのようにラセンを形成しない．ワナは，横隔膜に達するまで右側で頭側に伸展し，腹腔の左側へと横切り，骨盤前口に向かって尾側へ伸びる．上行結腸は右腹側結腸，左腹側結腸，左背側結腸および右背側結腸からなる（**図18.10D**）．左右の腹側結腸間の屈曲は胸骨曲である．左腹側結腸と左背側結腸間の屈曲は骨盤曲であり，左背側結腸と右背側結腸間の屈曲は横隔曲である．最終的な盲腸は上行結腸の開始部である胎子盲腸から生じる（**図18.11**）．盲腸底は回盲口に向かい合った上行結腸壁の隆起部に由来している．胎子の盲腸は上行結腸の左右の領域間の位置に向かい頭側に伸展し，最終的な盲腸体と盲腸尖を生じる．この分化成長の結果，盲腸底は大弯と小弯を持つ．回腸と上行結腸の非膨起部の両方が小弯上で盲腸と交通する（**図18.11D**）．下行結腸は伸展し，腸間膜が伸長するので，ワナは小腸ワナと交叉する．盲腸と左右腹側結腸の縦走筋層は4本の筋束（結腸ヒモ）を形成する．左背側結腸では１本の筋束（結腸ヒモ）となるが，右背側結腸では3本の筋束（結腸ヒモ）になる．その後の横行結腸と下行結腸には2本の筋束（結腸ヒモ）が存在する．ウマ大腸のすべての領域にみられる特徴的な構造は縦走筋束（結腸ヒモ）が存在することである．ウマの上行結腸に関連する構造および位置の変化は妊娠2カ月の間に生じる．

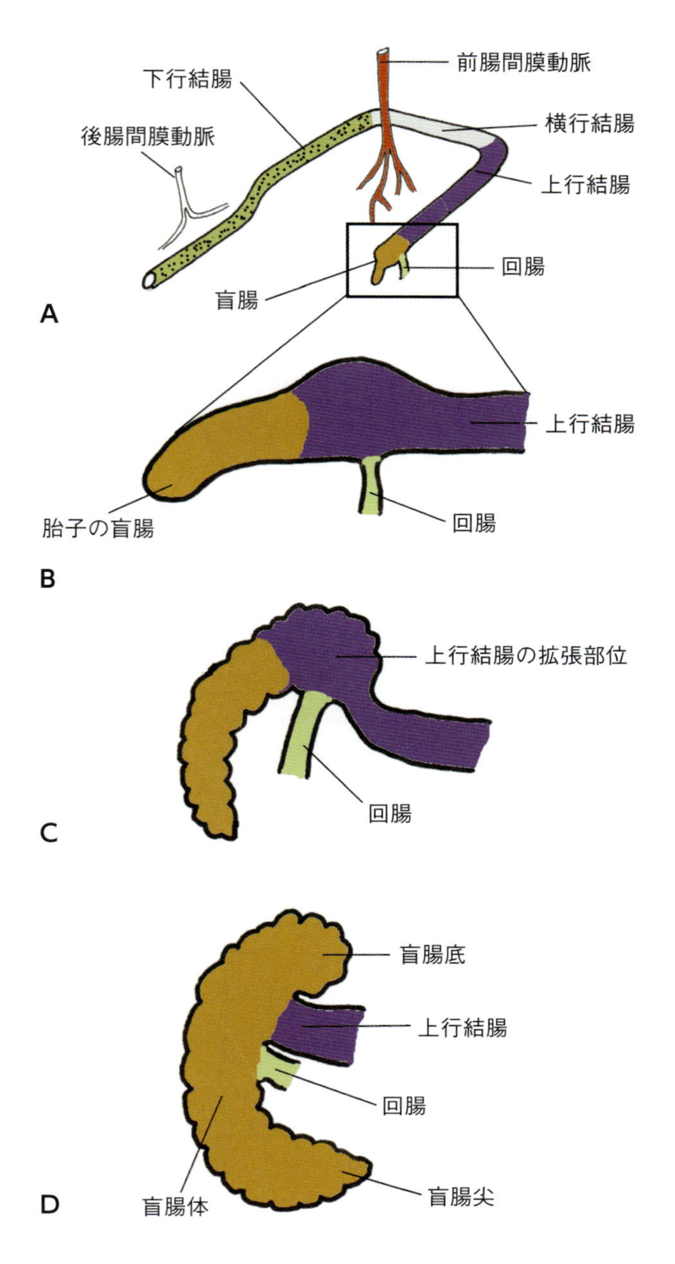

図18.11　最終的なウマの盲腸の発生段階（AからD）

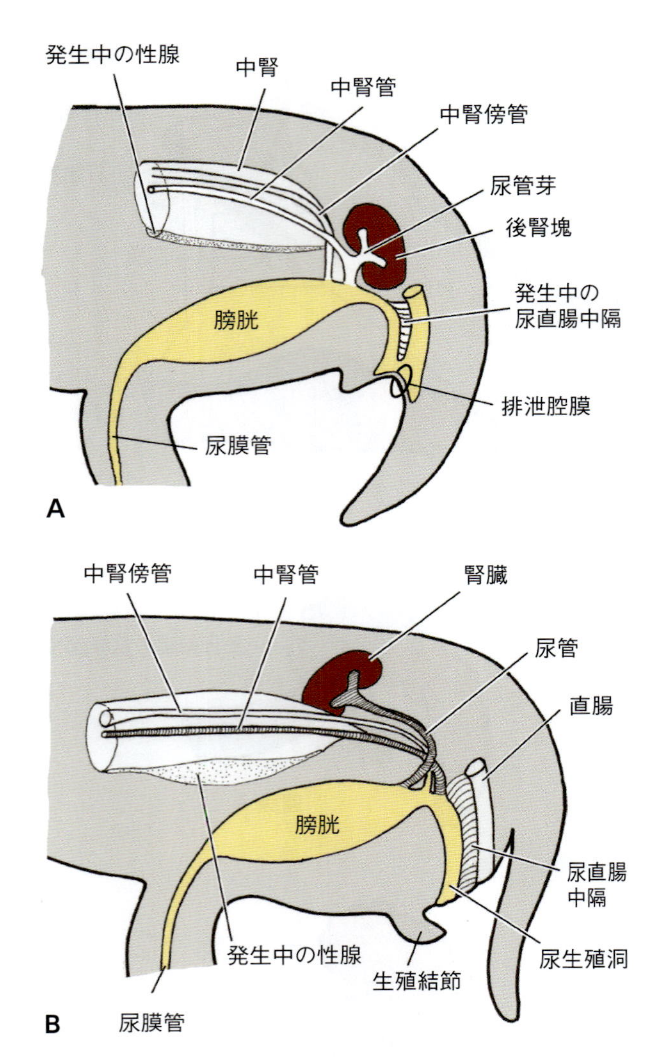

図18.12　A, B：排泄腔が尿生殖中隔によって肛門直腸管および尿生殖洞に分けられている段階を示している胚子の腰椎−仙椎領域を通る縦断面.

後　腸

正中面の左側にある横行結腸部は下行結腸，排泄腔および尿膜とともに，後腸から生じる．胚子後腸の膨張した終末領域である排泄腔は尿直腸中隔の形成によって背側の肛門直腸管と腹側の尿生殖洞に仕切られ，排泄腔膜によって肛門窩から切り離されている（**図18.12**）．後腸の膨出部として発生する尿膜は臍帯を通して伸展し，胚外体腔を占めるように拡大する．尿直腸中隔と排泄腔膜の癒合は排泄腔膜を二つの異なった膜，すなわち背側の肛門膜と腹側の尿生殖膜に分ける．排泄腔膜を囲む外胚葉で被われた隆起部は排出腔ヒダと呼ばれ，背側の肛門ヒダと腹側の尿生殖ヒダに細分されるようになる．尿直腸中隔は会陰体と呼ばれる線維筋性の塊を生じる．肛門膜と尿生殖膜の両者とも形成されて直ぐに崩壊するため，消化管と尿生殖路の両方が外部と交通するようになる．食肉類家畜では，二つの外側の上皮性増殖が直腸 - 肛門の結合点で発生し，これらから肛門傍洞とそれに関連する肛門周囲腺が形成される．

消化器系の細胞，組織，構造および器官の発生起源を**図18.3**に示す．

消化管の発生異常

消化管の特定領域の狭窄症

消化管の一部が異常に狭くなり狭窄することを狭窄症と呼んでいる．この異常は消化管のどの部分にも起こることがあるが，どこよりも小腸で頻繁に観察される．マウスでは，*Hoxa-13*および*Hoxd-13*遺伝子の同時の異常が肛門狭窄症を生じさせる．

閉鎖症

「閉鎖症」(atresia) という用語は消化管内腔の先天的な閉塞を表す．閉塞自体が完全な膜性の仕切り，または線維質あるいは筋束の構造として腸の盲端の間に生じることがあり，腸の一部が完全に欠損することもある．通常は出生後，閉塞部より近位の腸は膨張する．閉鎖症はウシ，ヒツジおよびイヌの小腸，さらにはウシ，ウマおよびネコの大腸に生じることがある．この状態は発生中の腸の一部への不十分な血液供給により生じることがあり，影響を受けた部分の退行を招く（**図18.14**）．

肛門閉鎖症

肛門膜が発生中に破壊されないとき，肛門閉鎖症 (impertonate anus) と呼ばれる状態を招き，時に閉鎖肛門として記述される．肛門閉鎖症はすべての種で観察され，消化管の最も一般的な発生異常である．肛門閉鎖症はウシとブタで特に一般的である．この状態はしばしば直腸の閉鎖症を伴う．

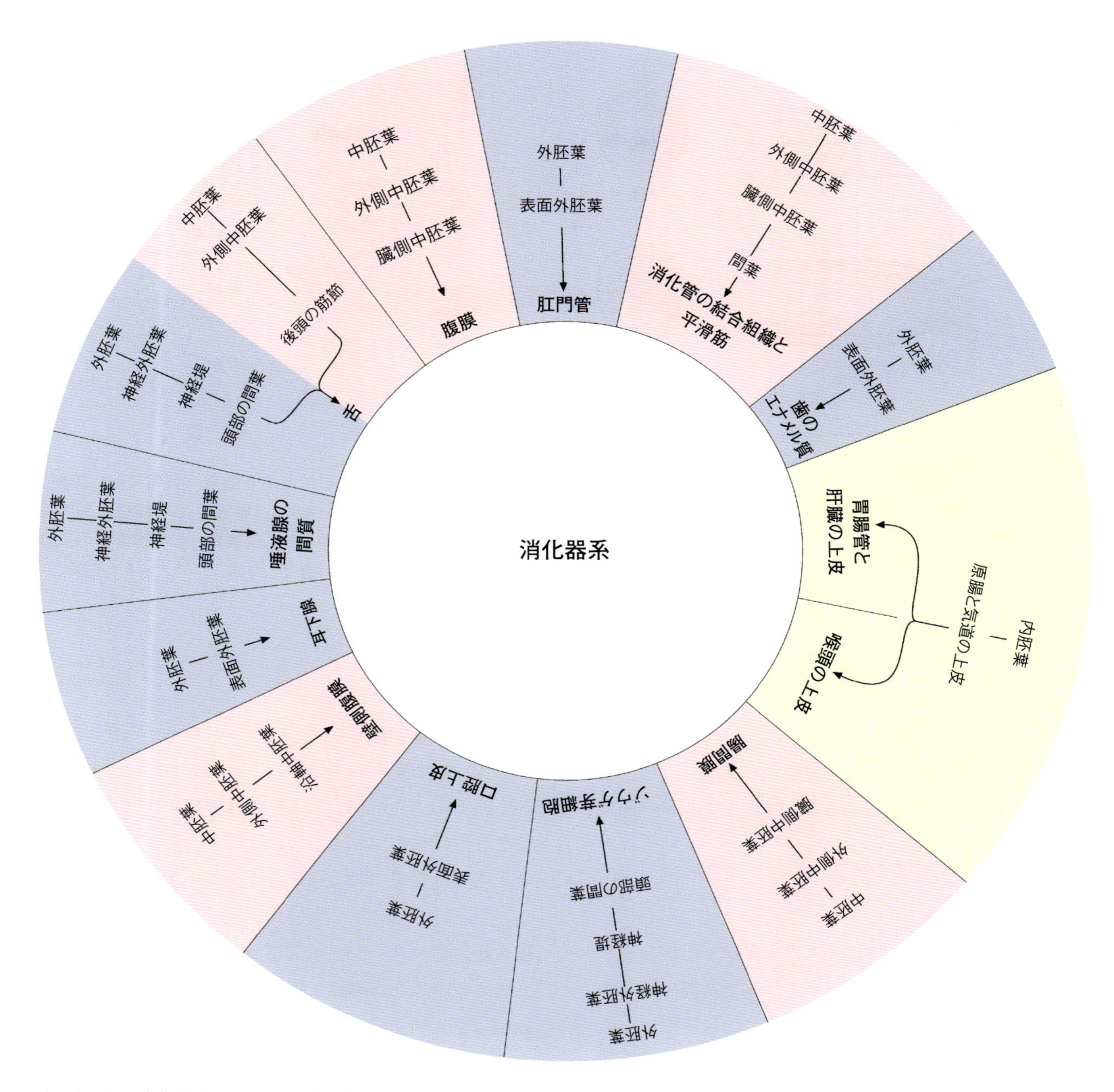

図18.13 消化器系の細胞，組織，構造および器官が形成される胚葉の派生物．（**図9.3**に基づく）

尿直腸瘻管

珍しい異常である先天的な尿直腸瘻管（urorectal fistula）では，尿直腸中隔の欠損により肛門直腸洞と尿生殖洞が完全に分離されないので，糞が尿生殖洞へ入り込むことになる．特に雌ウマの出産時に起こる可能性のある後天的な尿直腸瘻管は，胎子の肢による会陰体の破裂によって引き起こされる．

臍ヘルニア

腸ワナが臍帯嚢から腹腔に戻り損ね，拡大した臍輪から突出したとき，臍ヘルニア（omphalocoele）と呼ばれる状態が生じる．

先天性臍ヘルニア

臍部分における腹壁の不完全閉鎖は先天性臍ヘルニア（congenital umbilical hernia）と呼ばれる異常をも

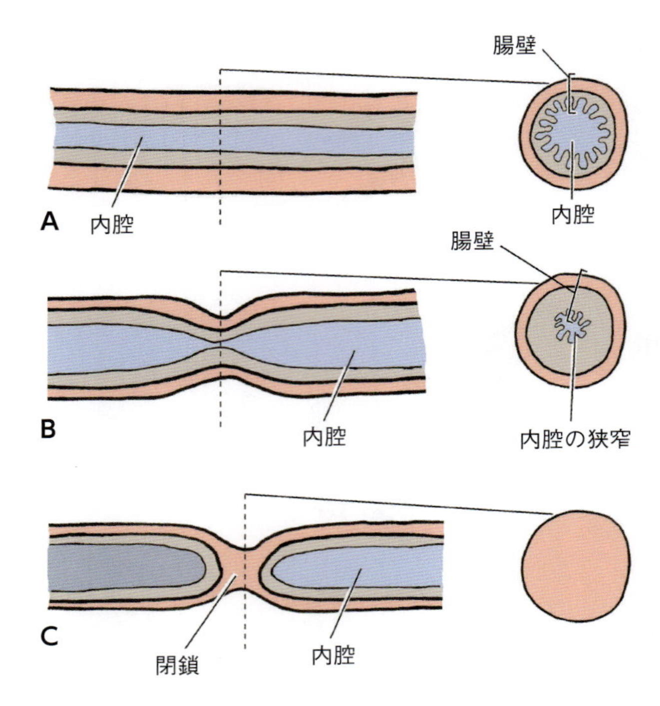

図18.14　小腸の狭窄症と先天性閉鎖症．A：正常な腸．B：狭窄症．C：先天性閉鎖症．正常な腸と異常な腸の断面図が示されている．

たらす．この状態で腸ワナは腹壁から突出し，皮下を占める．この状態は他の家畜よりブタでより一般的に現れやすい．

卵黄管の異常

卵黄嚢が機能を停止するとき，中腸ワナと卵黄嚢を接続する卵黄管は正常に退化する．腸と臍間の卵黄管の明らかな残存は臍あるいは卵黄管における瘻管の発生を招く．また残存物は線維索として，時に嚢胞とともに残存する．卵黄管の遺残物がときに腸間膜付着の反対側で盲嚢として存在するとき，遺残物はメッケル憩室として知られる（**図18.15**）．

内臓逆位

胸腔臓器と腹腔臓器がともに正常な位置に対して反対側へと変位した状態は内臓逆位（situs invesus）と呼ばれる．この異常な位置で器官は正常な位置の器官の鏡面対称体を形成する．この状態では各器官は正常に機能するので，通常，この異常は動物が画像診断，外科的療法あるいは剖検時の検査をされたときにのみ確

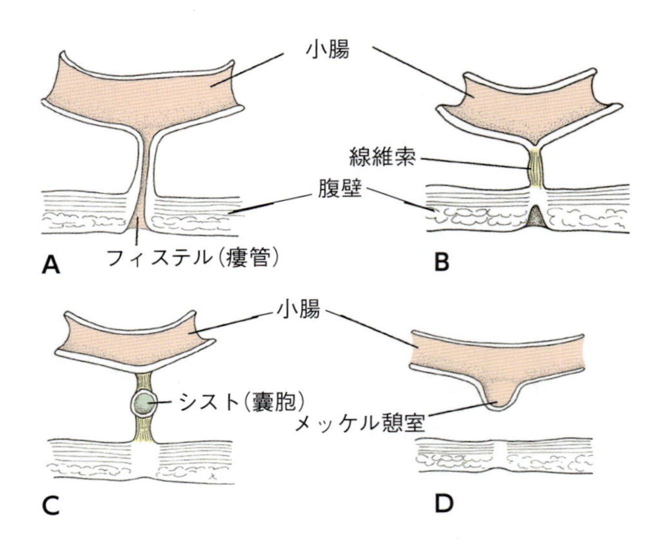

図18.15　中腸ループと付着する腹壁の異常．A：臍あるいは卵黄管におけるフィステル（瘻管）．B：腹壁に腸管を付着させる卵黄管の遺残である線維索．C：卵黄管の遺残である線維索内のシスト（嚢胞）形成．D：メッケル憩室．

認される．

先天性巨大食道症

食道が拡張する先天的で突発性の巨大食道症（megaoesophagus）は時にイヌおよびネコで生じ，通常離乳時に検出される．この状態に付随する低運動性と拡張性は食道の異常な求心性神経支配に起因する．

巨大結腸症（ハーシュ・スプラング症）

腸の収縮した神経節欠損領域の頭側で生じる結腸の拡張は巨大結腸症（megacolon）と呼ばれる．このまれな状態はブタとイヌで報告されている．ヒトでは先天的で，腸神経節の発生欠損に起因している．

（尼崎　肇　訳）

さらに学びたい人へ

Asari, M., Wakui, S., Fukaya, K. and Kano, Y. (1985) Formation of the bovine colon. *Japanese Journal of Veterinary Science* 47, 803-806.

Bryden, M.M., Evans, H.E. and Binns, W. (1972) Embryology of the sheep 2. The alimentary tract and associated glands. *Journal of Morphology* 138, 187-206.

Carlson, B.M. (2013) Digestive and respiratory systems and body cavities. In B.M. Carlson, *Human Embryology and*

Developmental Biology. Mosby, Philadelphia, PA, pp. 335 - 359.

Dyce, K.M., Sack, W.O. and Wensing, C.J.G. (2009) Digestive Apparatus. In K.M. Dyce, W.O. Sack and C.J.G. Wensing, *Textbook of Veterinary Anatomy*, 4th edn. W.H. Saunders, Philadelphia, PA, pp. 100 - 148.

McDonald, A.C.H. and Rossant, J. (2014) Gut endoderm takes flight from the wings of mesoderm. *Nature Cell Biology* 16, 1128 - 1129.

McGeady, T.A. and Sack, W.O. (1967) The development of vagal innervation of the bovine stomach. *American Journal of Anatomy* 121, 121 - 130.

Morris, H.T. and Machesky, L.M. (2015) Actin cytoskeletal control during epithelial to mesenchymal transition: focus on the pancreas and intestinal tract. *British Journal of Cancer* 112, 613 - 620.

Noah, T.K., Donahue, B. and Shroyer, N.F. (2011) Intestinal development and differentiation. *Experimental Cell Research* 317, 2702 - 2710.

Noden, D.N. and de Lahunta, A. (1985) Digestive System. In D.N. Noden and A. de Lahunta, *Embryology of Domestic Animals, Developmental Mechanisms and Malformations*. Williams and Wilkins, Baltimore, MD, pp. 292 - 311.

第19章

呼吸器系
Respiratory system

要　点

- 喉頭気管管は前腸腹壁の内胚葉が伸長して発生する.
- 喉頭軟骨とそれに伴う筋肉は咽頭弓の間葉から発生する.
- 二つの気管支芽が喉頭気管管の遠位部が分岐したところに形成される. これらの気管支芽は, 伸長して周囲の間葉中に入り込み, 気管支と細気管支を形成する.
- 終末細気管支から, 呼吸細気管支と肺胞管が生じる.
- 肺胞管の分化は肺胞嚢と肺胞の形成を導く.
- 肺胞の発生と分化は生後も継続する.

哺乳類では, 呼吸器系はガスの導管部位とガス交換部位によって構成されている. 導管部位は外鼻孔, 鼻腔, 副鼻腔, 咽頭, 喉頭, 気管, 気管支, 細気管支が区分される. また, ガス交換に関係する構造としては, 呼吸細気管支, 肺胞管, 肺胞嚢および肺胞がある. 外鼻孔, 鼻腔および副鼻腔の発生は頭部の発生の項で論じた.

呼吸器の原基は第四咽頭弓の高さで前腸の底面にある腹側溝として生じる. この溝は喉頭気管溝と呼ばれるが, 次第に落ち込むとともに後方に伸張し, 左右にある二つの気管食道溝の形成により, 前腸本体から呼吸器原基が分離されるようになる (**図19.1**). さらに, 左右の気管食道溝が会合し, 癒合するときに, 気管食道中隔という中隔になる. 気管食道中隔は腹側部にある喉頭気管管の原基から前腸背側部の食道原基を隔てる. 気管食道中隔より前方の前腸は原始咽頭となる.

喉頭の形成

喉頭は喉頭気管管の前部から発生し, 原始咽頭と連絡する. 喉頭の上皮は前腸内胚葉から分化し, 喉頭軟骨と喉頭筋は咽頭弓の間葉から生じる. 左右の第四咽頭弓にある間葉は, 喉頭気管溝の側面に披裂軟骨, 甲状軟骨, 輪状軟骨の原基となる二つの膨隆部 (披裂隆起) を生じさせる. 披裂隆起が発達するにつれ, 裂隙状の喉頭気管溝前端はT字状の開口部, すなわち声門に変化していく. 発生中の声門より前位にある左右の第三および第四咽頭弓の間葉から生じる一つの隆起は喉頭蓋隆起と呼ばれ, ここから喉頭蓋軟骨が生じる. 第四および第六咽頭弓の筋芽細胞から生じる固有喉頭筋は迷走神経および舌下神経の枝によって神経支配を受ける. 第四咽頭弓から生じる輪状甲状筋は迷走神経の分枝である前喉頭枝の支配を受ける. 第六咽頭弓から生じるその他の固有喉頭筋は迷走神経および舌下神経から生じる神経線維を含む反回喉頭神経によって支配される.

喉頭軟骨が発達するにつれて, 喉頭の上皮列は喉頭の外側壁に左右の憩室を形成する. 喉頭の前方にある前庭ヒダと後方にある声帯ヒダは粘膜, 結合組織と筋組織で作られるが, 側方に突出する憩室の境界となる. この憩室は喉頭室と呼ばれ, ヒト, ウマ, イヌおよびブタに存在するが, 反芻類とネコには認められない.

気管, 気管支と肺

喉頭気管管は内側の内胚葉層と外側の臓側中胚葉層で構成されるが, 次第に伸張してくる. 喉頭気管管の盲端は分岐して二つの気管支芽および左右の肺の原基を形成する. 喉頭から分岐部までの喉頭気管管は気管

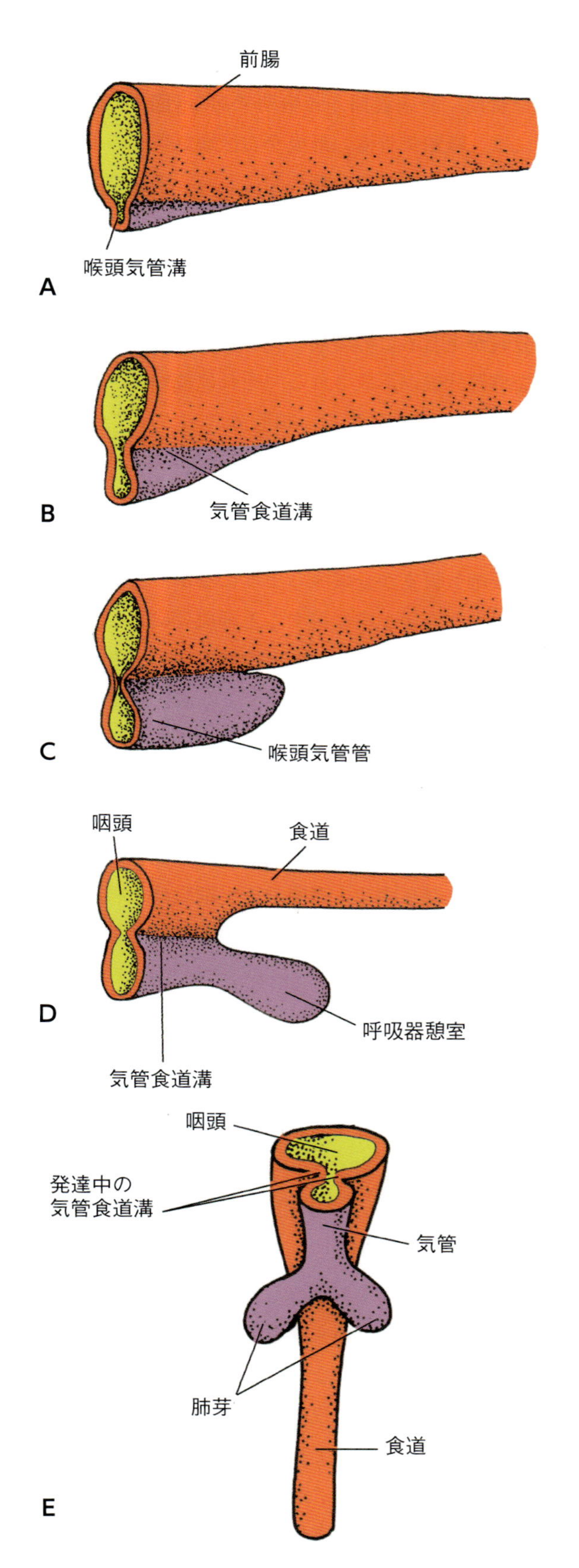

図19.1　前腸から呼吸器憩室が形成される各段階を示した外側観（AからD）と腹側観E.

となる．管の内壁に並ぶ内胚葉性組織から，気管の呼吸上皮，粘膜腺および粘膜下腺を生じる．気管の粘膜固有層の結合組織，軟骨輪，平滑筋，血管およびリンパ管はすべて間葉由来である．

各々の気管支芽は拡張し，左右の主気管支を形成する．これらの気管支は背側にある発生中の食道と腹側にある発生中の心臓の間を後方に向かって伸張する．正中線から側方に向かって伸張する左気管支とは違い，右気管支はあまり伸長しないので，結果として右肺は左肺よりも吸引性の肺炎を起こしやすい．ウマ以外の家畜では右主気管支は4本の二次気管支（葉気管支）を分岐し，後に右肺の前葉，中葉，副葉および後葉となる．ただし，中葉はウマの右肺には存在しない．ヒトの右気管支は三つの気管支を生じ，副葉は存在しない．一方で，家畜の左主気管支は2本の葉気管支を分岐し，前葉と後葉を生じさせる．反芻類とブタでは，右の前葉気管支が気管から分岐し，気管の気管支と呼ばれる．さらに気管支が発生すると，葉気管支は気管支肺区域として知られる肺葉内の広い区域に気管支を分布させる三次気管支（区域気管支）を分岐する．同一種の特定の肺葉に存在する気管支肺区域の数は一般的に一定であるが，特定の肺葉中にある気管支肺区域の数は動物種によって極めて多様である．主気管支，葉気管支およびその分岐の形成を示した肺発生の段階は**図19.2**に示した．

区域気管支は14から18回の分岐を繰り返し，それぞれの枝は直径が0.5mmに達するまで徐々に細くなっていく．この細い枝は細気管支と呼ばれる．気管支の最後の枝は導管部位の末端部で，終末細気管支という．各々の終末細気管支は，2本かそれ以上の呼吸細気管支に分岐する．呼吸細気管支は，ガス交換を行う多くの嚢状の肺胞と連絡することを除いて，構造としては終末細気管支に類似する．呼吸細気管支は呼吸器系において導管部位とガス交換部位の移行部と位置づけられる．これらの呼吸細気管支からは数多くの肺胞嚢や肺胞が生じる肺胞管を分岐する．呼吸細気管支はヒトや食肉類に存在する．ウマ，ウシ，ヒツジ，ブタでは呼吸細気管支は欠くか発達が悪く，肺胞管は終末細気管支から直接分岐する．

組織学的特徴に基づいて，肺の発生段階を五つの段

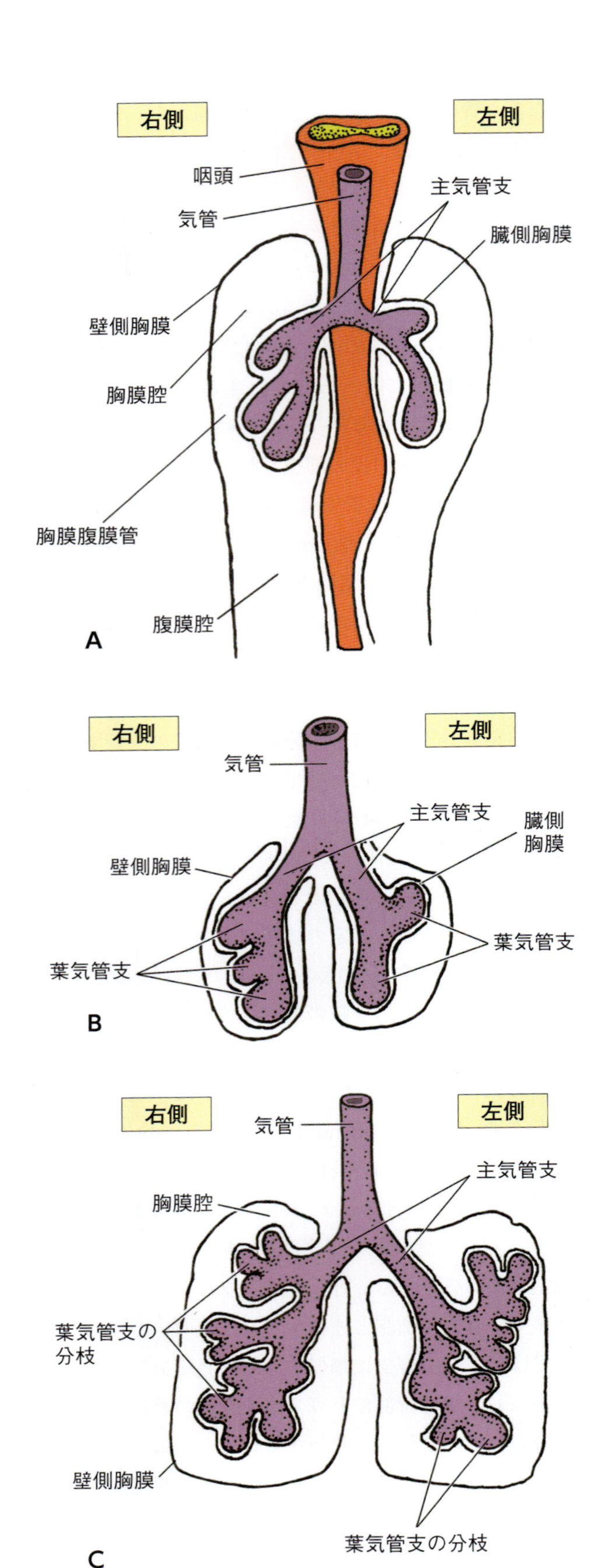

図19.2 肺発生の各段階を示した腹側観．主気管支の形成と葉気管支とその分枝の由来を示す（AからC）．

階に大別することができる．すなわち，胎生期，腺様期，細管期，終末嚢期，肺胞期である（**図19.3**）．胎生期には，喉頭気管溝の形成から区域気管支の形成にまで及んでいる．この時期の間に，胸心膜体腔の中に向けて伸張する発生中の肺は臓側胸膜に囲まれるようになる．腺様期には，外分泌腺の形成と類似した様式で発生中の肺が周囲の間葉の中に向かって広がる．14回の分岐が生じるこの時期の終わりまでに，気管支樹の主な導管分岐が形成される．それに続いて，気管支樹の組織学的構造は著しい細胞分化によって変化する．すなわち，上皮細胞，軟骨，粘膜下腺，平滑筋が形成され，肺への血管分布が始まる．細管期には，気管支と細気管支の管腔が拡張し，終末細気管支から多数の呼吸細気管支が分岐するようになる．血管分布の増加は上皮と直接上皮に接する毛細血管によって明らかであり，これらは細管周囲血管網を形成する．

肺発生の最後から2番目の段階である終末嚢期の間に多くの終末嚢が呼吸細気管支から萌出する．原始肺胞である終末嚢には，最初は立方上皮が並ぶ．これらの原始肺胞の上皮は次第に2種類の細胞，すなわちⅠ型肺胞上皮細胞とⅡ型肺胞上皮細胞に分化する．出生後ガス交換に関与するⅠ型肺胞上皮細胞は単層扁平上皮であり，肺胞表面の90％以上を被う．一方で，Ⅱ型肺胞上皮細胞はサーファクタントを分泌する立方細胞である．肺胞の管腔壁を被うリン脂質層を形成するサーファクタントは，表面張力を減じて肺の発生中に肺胞壁が互いに張りつくのを防いでいる．このサーファクタントは吸息時の肺胞拡張を容易にさせ，呼息時に肺胞がつぶれるのを防いでいる．終末嚢期の終わり頃に出生したヒトの胎児は，肺の発生が不完全で限られた量のサーファクタントしか産生されないが，集中治療によって生存するかもしれない．肺発生の最終期である肺胞期には，終末嚢を囲む毛細血管が肺胞上皮細胞に密着するようになる．新生子でガス交換が行われる部位では，肺胞上皮細胞は肺胞と毛細血管の癒合した基底膜のみによって，毛細血管の内皮細胞から隔たれるようになる．したがって，血管-空気関門は毛細血管の内皮細胞，内皮細胞と隣接する肺胞上皮細胞の癒合した基底膜，肺胞上皮細胞で構成される．この肺胞期の間にⅡ型肺胞上皮細胞の数は増加し，結果

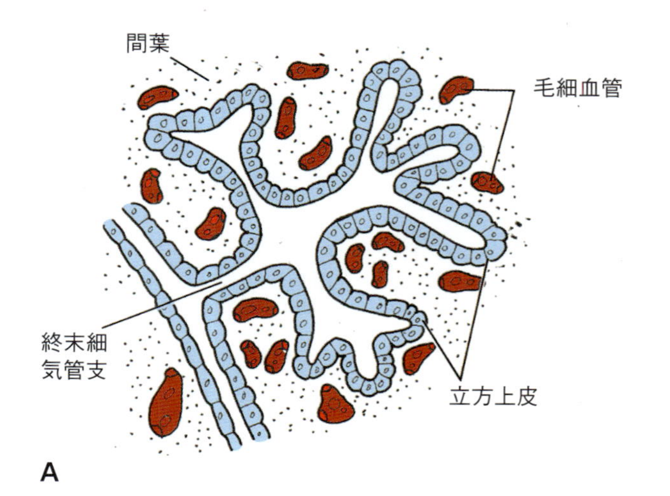

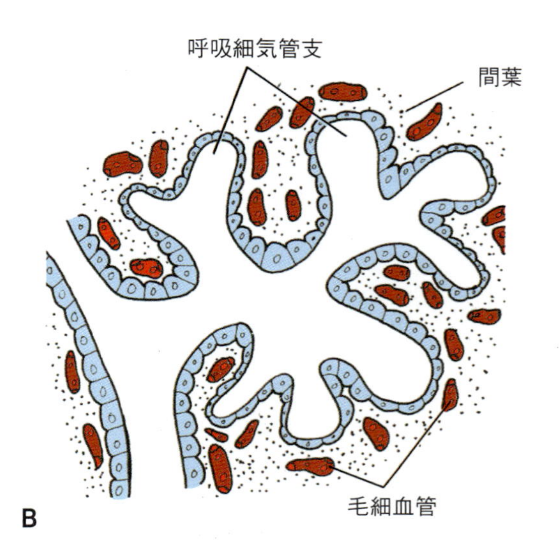

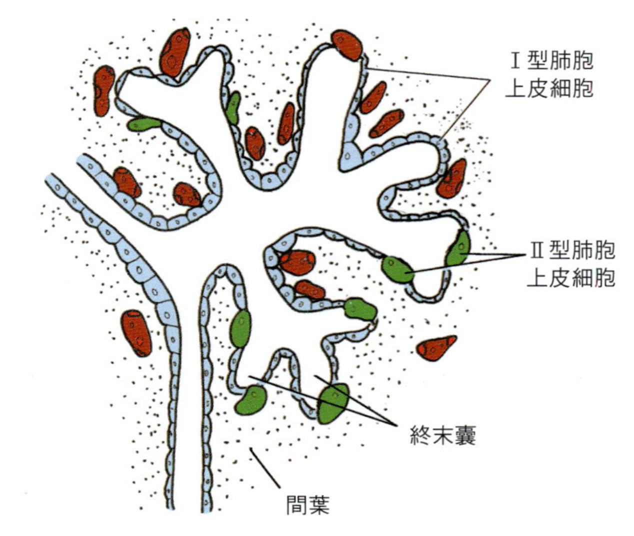

図19.3 肺発生の各段階で生じる構造の変化．A：腺様期．B：細管期．C：終末嚢期．

としてサーファクタントの分泌量も増加する．肺は出生時に完成していないので，生後しばらくの間は発達を続ける．ヒトと家畜における肺の発生段階の時間的経緯は**表19.1**に示した．肺の生後発達は，新しい肺胞の形成や肺胞中隔形成に伴う既存の肺胞の区画化によって，追加の呼吸細気管支と肺胞が形成されることによって生じ，このことはガス交換のための表面積を拡大する．

肺は胎生期には呼吸機能を持たないが，出生と同時に呼吸を担う必要がある．胎生期では，肺は液体で満たされている．この液体の由来は，主に肺胞上皮細胞と粘液腺の分泌物である．また，出生前にすでに始まっている呼吸に関与する筋の運動によって，吸引された少量の羊水が肺に存在している可能性もある．肺内の液体の減少は肺の低形成に関係していることから，肺内の液体は肺拡張の重要な刺激であると考えられている．超音波検査は呼吸に関与する筋の周期的な収縮が胎生期を通じて生じていることを示している．これらの運動は，出生時に呼吸をするための呼吸筋を準備するとともに，同時に肺の発達を促進することから，出生後のために特に重要であると考えられている．

肺の分画化

家畜の肺は肺葉と呼ばれる比較的大きな領域に区分される（**図19.4**）．獣医解剖学用語（*Nomina Anatomica Veterinaria*；NAV）が推奨するこれらの肺葉を命名する基準は主気管支の分岐の数と分岐の位置に拠るものである．ウマを除くすべての家畜は，右肺に4葉，すなわち前葉，中葉，副葉，後葉を有する．ウマの右主気管支は中葉気管支を持たないので，ウマの右肺には中葉を欠く．したがって，ウマの右肺は前葉，副葉，後葉によって構成される．食肉類，反芻類，ブタの左肺前葉にある裂は，左肺は三つの葉で構成されているという印象を与えるが，NAVの分類法に基づくとすべての家畜において左肺は二つの葉で構成されることになる．

気管あるいは気管支が供給する領域に基づき，次の肺の機能単位が存在する．肺区域は血管と神経を伴う一つの区域気管支が分布する領域である．隣接する肺区域とは肺胸膜と連続する結合組織性の中隔によって

表19.1 ヒトと家畜における肺発達の各段階の期間（数字は胎齢日を表す）

発生段階	ヒ ト	ウ マ	ウ シ	ヒツジ	ブ タ	イ ヌ
胎生期	26〜42	50日まで	30〜50	40日まで	55日まで	32日まで
腺様期	42〜102	50〜190	50〜120	40〜90	55〜80	32〜47
細管期	102〜196	190〜300	120〜180	95〜120	80〜92	47〜56
終末嚢期	196〜252	300〜320	180〜240	120〜140	92〜110	56〜63
肺胞期	252〜281	320〜出生時	240〜260	140日から	110日から	生後

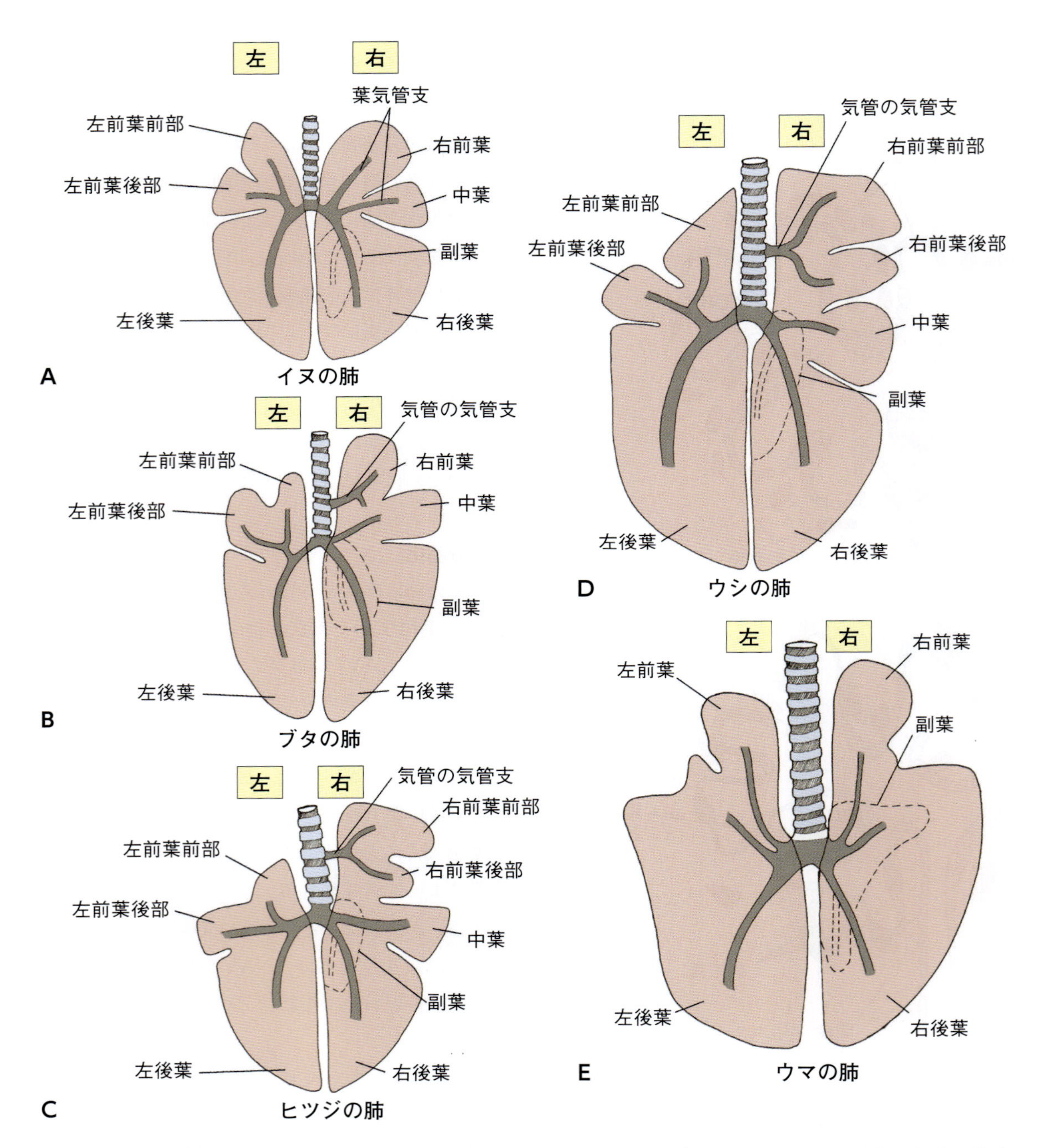

図19.4 完全に形成された家畜の肺の葉気管支の配置を示す背側観（AからE）．この図で示した肺葉は各葉に供給する葉気管支の存在に基づいている．

隔てられている.この分画的な解剖学的配置のために,肺区域の外科的全切除が可能である.

肺は肺区域よりも小さな肺小葉と呼ばれる単位で構成されているともいえる.しかし,肺小葉が何によって構成されているのかは不明確である.NAVでは,一次肺小葉は呼吸細気管支と付随するすべての肺胞管,肺胞嚢および肺胞と定義される.二次肺小葉は径の太い細気管支とそのすべての分枝のことで,血管および神経支配を伴う.この二次肺小葉は底辺を肺胸膜に,先端を肺門に向けた錐体状の小葉として輪郭づけられる結合組織で境界されている.ウシやブタでよく発達する小葉間結合組織はこれらの種における表面から小葉が良く認識できる.食肉類,ウマ,ヒツジでは,結合組織の縁取りが不明瞭なので,表面の小葉はよくみえない.ガス交換に関する肺組織の機能単位は肺腺房と定義され,胚小葉は一つの終末細気管支より遠位のすべての腔所のことを示し,すべての呼吸細気管支とそこに繋がる肺胞管,肺胞嚢および肺胞が含まれる.

呼吸器系の細胞,組織および構造の発生学的な由来は,**図19.5**に示した.

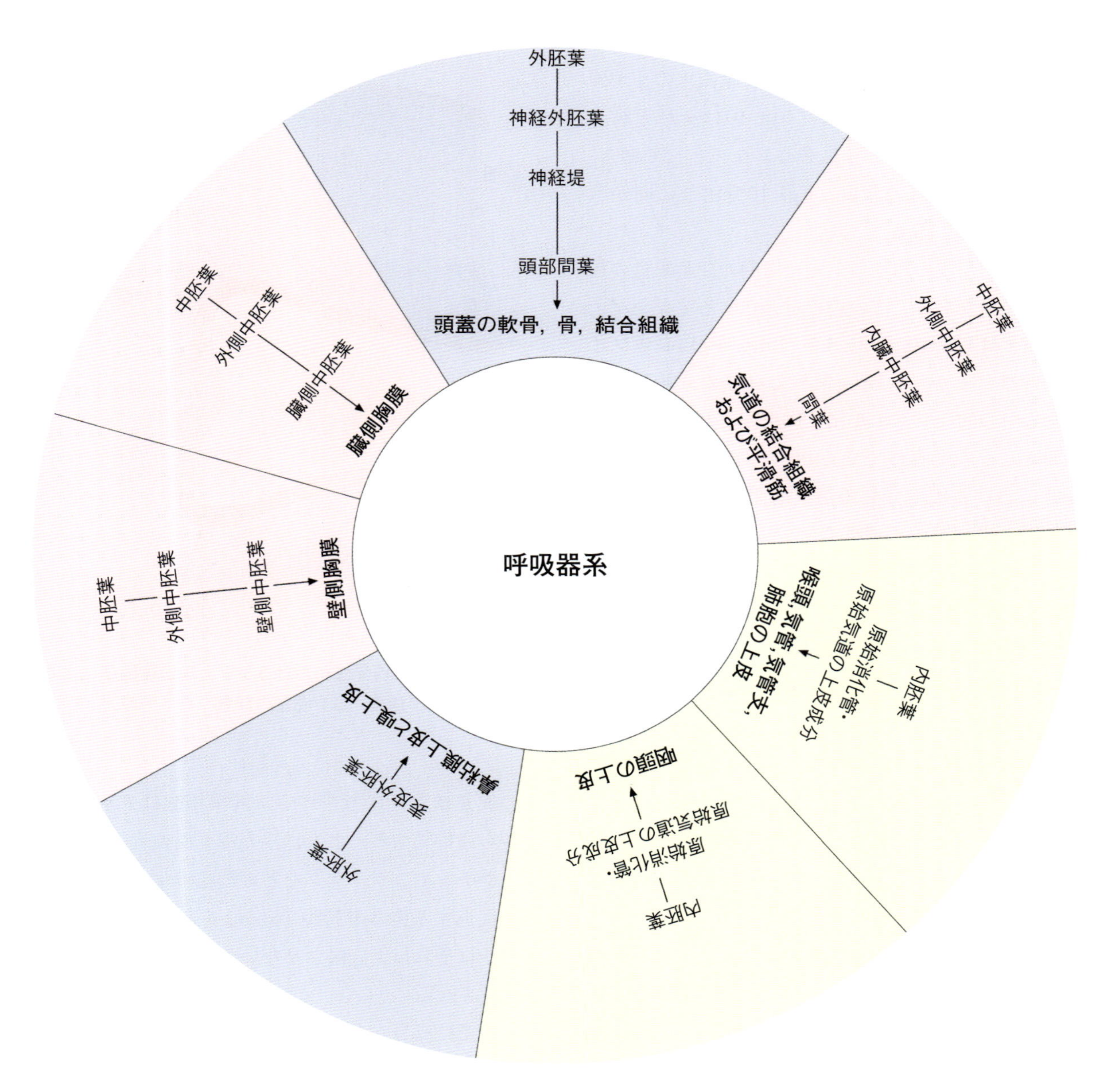

図19.5 呼吸器系の細胞,組織,構造および器官が形成される胚葉の派生物.(**図9.3**に基づく)

呼吸器発生の分子機構

胎子発生の初期段階に，部位特異的な特殊化により将来の気道が形成される部位を決定する．この過程は発生中の胎子の前後軸に沿った異なる組み合わせのHox遺伝子の発現によって生じる．肺となる内胚葉の最初の特殊化は上皮のホメオドメイン転写因子であるNkx-2.1の発現として認められる．この部位の背腹方向のパターン形成はNkx-2.1の発現が誘導するWnt-2やBmp-4を含むいくつかの因子の影響を受ける．

呼吸器系の発生に関与する成長因子群は各部位での解剖学的配列と機能的能力に影響を与える．上皮細胞の分裂は分岐中の呼吸樹における内胚葉由来の芽が伸張していく部位で活発である．Fgf-10はそれぞれの芽の先端部近くでシグナリングセンターとして働き，気管支芽は上皮細胞の分裂とFgf-10分泌部に向かう成長を生じる(**図19.6**)．

分岐の形態形成の過程は上皮と周囲の間葉組織の相互誘導が必要である．この過程を介在する主なシグナル伝達因子はWnt，Tgf-β，Shh，Bmp，Fgf，レチノイン酸が含まれるが，*in silico*解析では肺の分岐形成を決定する中心的なシグナル相互作用因子として，Fgf-10，Shhとその受容体であるPtcが同定されている．先端部における細胞分裂の選択的阻害によって生じる，先端上皮細胞の不連続な部分からのBmp-4の分泌は芽の分岐を誘導する．同時に，上皮から産生されるShhはFgf-10の形成を阻害し，できあがった先端の両側で間葉細胞の成長を刺激する．Fgf-10産生の阻害に続いて，先端の成長は次第に減弱する．間葉細胞は先端部上皮の遠位でTgf-β1を産生し，Fgf-10を産生阻害を増強するだけでなく，フィブロネクチンやコラーゲンを含む細胞外マトリックス分子の合成を促進する．これらの分子はそれ以上の分岐が行われないようにこれまでに分裂していた先端部を安定させる．

先端部での細胞増殖の選択的阻害による先端の上皮細胞の不連続な部分でのBmp-4の分泌が芽の分岐を開始させる．同時に上皮によるShhの産生はFgf-10の形成を阻害し，完成した先端部の両側での間葉系細胞の成長を促進する．Fgf-10産生阻害により，先端の成長は徐々に減少する．間葉細胞はFgf-10産生をさらに抑制するとともに，先端上皮の遠位でフィブロネクチンやコラーゲンなどの細胞外マトリックス合成を促進する働きを持つTgf-β1を産生する．これらの分子はそれ以上分岐させないように増殖した先端を安定化させる．

すでに成長した先端の組織の側方ではShhとTgf-β1の濃度が低く，この部位ではFgf-10を効果的に阻害できないので，これまでのシグナリングセンターの

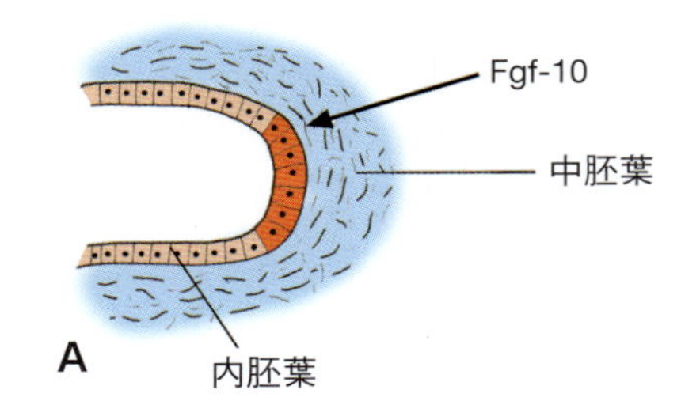

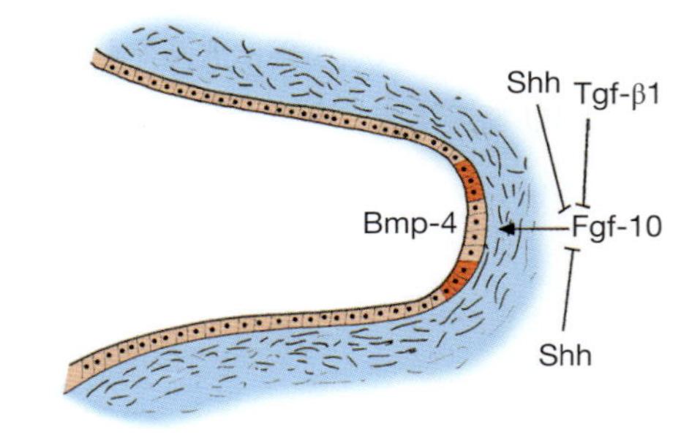

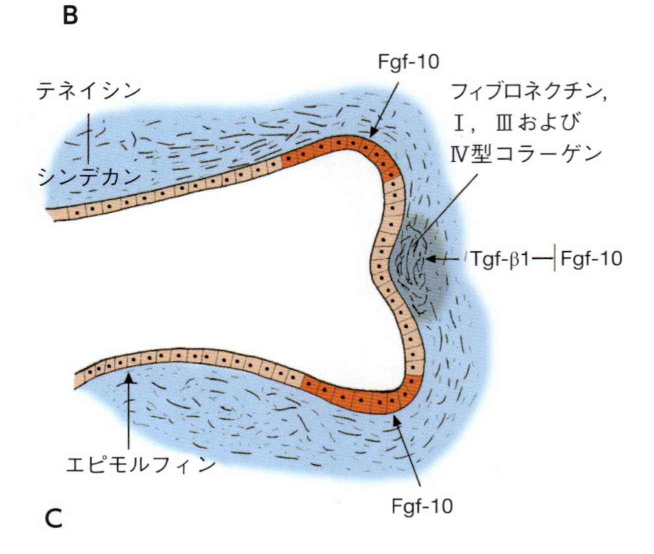

図19.6 呼吸器発生におけるシグナル伝達因子による誘導の影響．A：伸張．B：成長の阻害．C：分岐．

両側に二つの新しいFgf-10シグナリングセンターが形成される．これらの部位では，細胞分裂の亢進が起こり，新しい芽の形成が生じる．これらの芽が成熟すると，Fgf-10阻害のサイクルが再びこの新しい部位で生じ，新たな分枝を形成する．

シンデカンという上皮細胞関連プロテオグリカンは発生中の呼吸樹の管に沿って確立された上皮構造の維持に重要な役割を果たす．シンデカンは気道に沿って存在するが，分岐が生じている部位では欠くテネイシンという細胞外マトリックスと相互作用する．

Hoxb-5の発現は発生中の終末細気管支で認めることができるが，肺胞のようなガス交換部位には認められない．また，エピモルフィンというタンパク質は上皮細胞の極性の確立と気道の最終的な組織構築に必要である．

呼吸器系の異常

呼吸器系の先天的な異常はまれである．喉頭蓋低形成はウマとブタで記録がある．気管の一部欠損あるいは全欠損は極めてまれである．また，前腸と上部消化管の異常発生に関連して，異所性肺組織が胸腔，腹腔，時には皮下に認められることがある．

肺の低形成は通常先天的な横隔膜ヘルニアに伴って生じ，胸腔内に逸脱した腹腔臓器が肺の発生を障害することによって生じる．

新生児呼吸窮迫症候群は未熟児で認められる．この疾患の子供は出生時に速い努力呼吸がみられる．肺の拡張は少なく，肺胞は部分的にタンパク質に富む液体で満たされて，呼吸上皮表面を被う膜を形成する．この状態は発生中の肺におけるⅡ型肺胞上皮細胞によるサーファクタント産生が不十分なために生じる．

気管-食道瘻管は前腸前部が腹側の呼吸器と背側の消化管に分離する過程の障害によって生じる．この異常は食道と気管の異常な連絡を生じ，しばしばこの瘻管より前部での食道閉鎖を伴う．

先天性の嚢胞形成は肺やその他の気道で認められる．嚢胞は終末細気管支やそれよりも太い気管支の弛緩によって形成される．嚢胞が多い場合には呼吸困難が生じ，慢性の肺感染症の原因となる．

（山本欣郎　訳）

さらに学びたい人へ

Boyden, E.H. and Thompsett, D.H. (1961) The postnatal growth of the lungs in the dog. *Acta Anatomica* 47, 185-215.

Carlson, B.M. (2013) Respiratory System. In B.M. Carlson, Human *Embryology and Developmental Biology*, 5th edn. Elsevier Saunders, Philadelphia, PA, pp. 359-362.

Clements, L.P. (1938) Embryonic development of the respiratory portion of the pig's lungs. *Anatomical Record* 70, 575.

De Zabala, L.E. and Weinman, D.E. (1984) Prenatal development of bovine lung. *Anatomia, Histologia, Embryologia* 13, 1-14.

Herriges, M. and Morrisey, E.E. (2014) Lung development: orchestrating the generation and regeneration of a complex organ. *Development* 141, 502-513.

Maeda, Y., Davé, V. and Whitsett, J.A. (2007) Transcriptional control of lung morphogenesis. *Physiology Review* 87(1), 219-244.

Rawlins, E.L. (2011) The building blocks of mammalian lung development. *Developmental Dynamics* 240, 463-476.

Rock, J.R., Gao, X., Xue, Y. and Hogan, B.L. (2011) Notch-dependent differentiation of adult airway basal stem cells. *Cell Stem Cell* 3, 639-648.

第20章

泌尿器系
Urinary system

要　点

- 中間中胚葉から腎臓の機能的単位であるネフロンが発生する．
- 前腎，中腎，後腎の三つの泌尿器系が連続的に発生する．前腎と前腎管が退縮する前に中腎の誘導が引き起こされる．
- 爬虫類，鳥類および哺乳類では，後腎は中腎に代わって永久腎となる．
- 中腎管から発生する尿管芽が成長し，後腎原組織でのネフロン形成を誘導する．
- 中胚葉に由来する膀胱三角を除いて，膀胱は尿生殖洞の頭側部から発生し，その上皮は内胚葉に由来する．

内胚葉由来の膀胱上皮と尿道上皮を除いて，脊椎動物の泌尿器系は中間中胚葉から発生する．泌尿器系は濾過と分泌による代謝老廃物の排出，体内電解質の調節，腎臓における水と低分子物質の再吸収を含む多くの重要な機能を有しており，それらの機能すべてが恒常性の本質である．さらに，腎臓はレニン酵素の産生によって血圧調節の役割を担っている．腎臓の重要な内分泌機能は腎皮質におけるエリスロポイエチンの産生で，エリスロポイエチンは骨髄における赤血球産生を調節する．

腎　臓

最初に形成される腎臓は細管ユニットであるネフロンからなり，ネフロンは選択的濾過，再吸収そして最終的には老廃物の排出によって機能を果たす．哺乳類の進化が進むにつれて機能する腎臓は単純な構造から高度で複雑な効果的濾過ユニットに発達する．

発生中の脊椎動物の頸部に形成された腎細管は胸腰部と仙骨部において，より機能的要求に耐え得るものに置き換わるにつれてその複雑さを増す．これらの構造は各々前腎，中腎および後腎と呼ばれる．最も尾側の構造が発達し，機能的になるにつれて，前腎細管および中腎細管は退縮し，後腎が機能的な永久腎として存続する．これら三つの構造はもはや別々に継続して機能する腎臓ではなく，むしろ一つの排泄器官，全腎（holonephros）の三つの継続した形態的な出現と考えられているが，前腎，中腎および後腎という言葉は記述的な目的でのみ保持されている．

腎臓の進化的発生は脊椎動物において明らかな腎臓の構造と機能における精妙さの増加によって説明される．下等な脊椎動物は高等な脊椎動物に比べて比較的原始的な腎臓を有している．魚類と両生類において中腎が前腎に置き換わり，機能的な腎臓になる．爬虫類，鳥類および哺乳類では，後腎が前腎および中腎に続くさらなる構造として出現するとともに前腎と中腎は退縮して後腎が永久腎となる．

前　腎

体節が存在する発生初期，頸部の中間中胚葉の細胞は外側の壁側層と内側の臓側層に分離し，二つの層の間に腎腔を形成する．各体節レベルにおける細胞索は腎節と呼ばれ，中間中胚葉の背壁から突出し，後に前腎細管を形成する（**図20.1**）．各細管の遠位端は増殖し，最初は外側方向に後に尾側方向に伸長し，その直ぐ尾側に発生している細管の増殖細胞に融合する．排泄前腎管の原基は各前腎細管の遠位端の融合により生じる．前腎管は排泄腔に向かって成長し，排水路とな

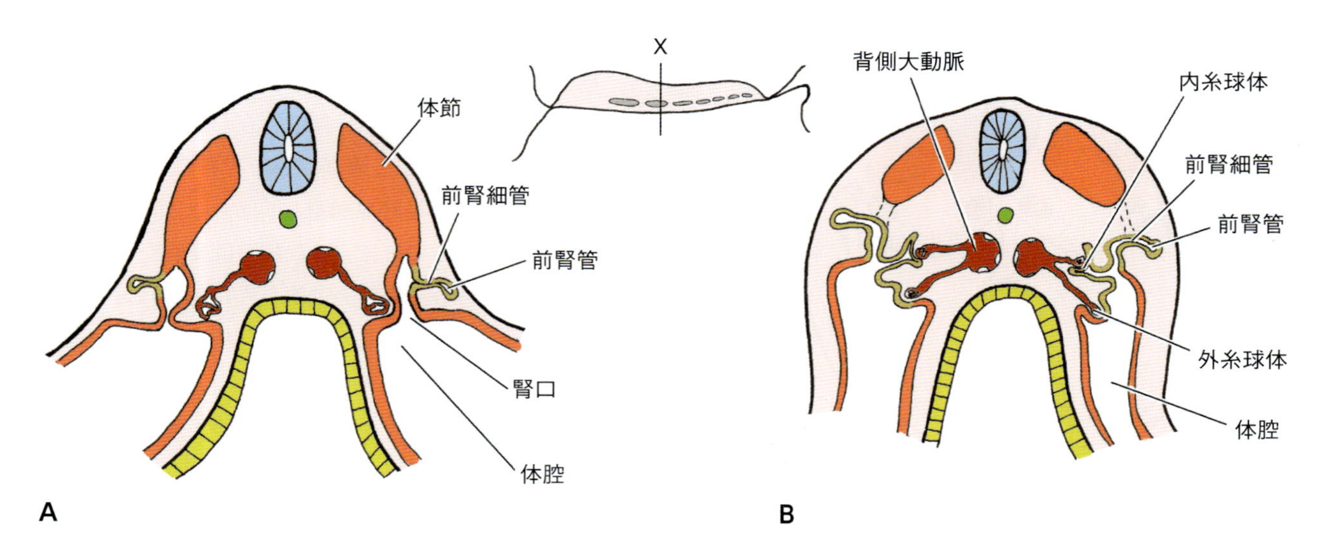

図20.1 早期胚子（A）と発生後期の胚子（B）のXレベルでの横断面，前腎管と内および外糸球体の形成を示している．

る．より尾側の前腎細管が発生するにつれて，それらは原始的な前腎管に開口する．

各前腎細管の内腔は腎口と呼ばれる穴を通して体腔に開口する腎腔に連続するようになる．背側大動脈からの枝は毛細血管束つまり糸球体を形成し，その糸球体は体腔上皮または各前腎細管の壁に陥入する．体腔上皮に陥入して形成された糸球体は外糸球体と呼ばれ，前腎細管壁に陥入して形成された糸球体は内糸球体と呼ばれる（**図20.1**）．「ボウマン嚢」という言葉は各糸球体を取り囲んで陥入している上皮を指す場合に用いられる．外糸球体の形成は下等な脊椎動物の特徴であるが，濾過装置としては内糸球体ほど効果的ではない．というのは濾過物質が腎口を縁取っている細胞の線毛運動によって体腔から前腎細管に運ばれねばならないからである．高等な脊椎動物の特徴である内糸球体の形成とともに前腎細管と体腔との連絡は失われる．水といくつかの電解質は前腎細管から再吸収され，老廃物は排泄腔に運ばれる．胎盤を形成する哺乳類では，これら老廃物は胎子から胎盤に輸送され，母体によって排泄される．

中　腎

発生の後体節期の終了に向けて，尿生殖隆起と呼ばれる柱状の組織が胸腰部における中間中胚葉の増殖によって発生し，体腔（腹腔）内に突出する．その後，この構造物は内側の生殖隆起と外側の中腎隆起に分かれる．中腎隆起の外側では，前腎管が排泄腔に向かって尾側に伸びており，その前腎管は中腎隆起内で中腎組織がS状細管を形成するように誘導する（**図20.2**）．各中腎細管の内側端への糸球体血管束の陥入によって中腎細管上皮によるボウマン嚢の形成が誘導される．ボウマン嚢と糸球体血管束の組み合わせによって腎小体として知られている濾過ユニットが形成される．各中腎細管の外側端はすでに存在している前腎管に別々に繋がり，前腎管はこの段階で中腎管と呼ばれる（**図20.3**）．中腎系の発生とともに，前腎細管と前腎管の頭側部は退縮する（**図20.4**と**20.5**）．

中腎細管を取り囲む細管周囲毛細血管網の発生が水と電解質の再吸収に加わる．各体節レベルで一つの細管のみが発生する前腎の構造に対して，中腎では各体節レベルで複数の細管が発生する．

発生中の左の中腎と右の中腎が発生中の胚子における明らかな解剖学的構造として腹腔内に突出する．特にブタ胚子ではそれが胎生35日までに顕著になる（**図20.4**）．これらの構造はウマ，反芻類，イヌおよびネコではブタほど明らかではなく，げっ歯類とヒトでは発達が悪い．中腎はウマでは妊娠65日前後，ウシでは約58日，ブタでは50日前後，イヌでは約36日に退行する．反芻類の胚子の中腎細管特異的特徴はより頭側の細管に関係した巨大糸球体の存在である．これら

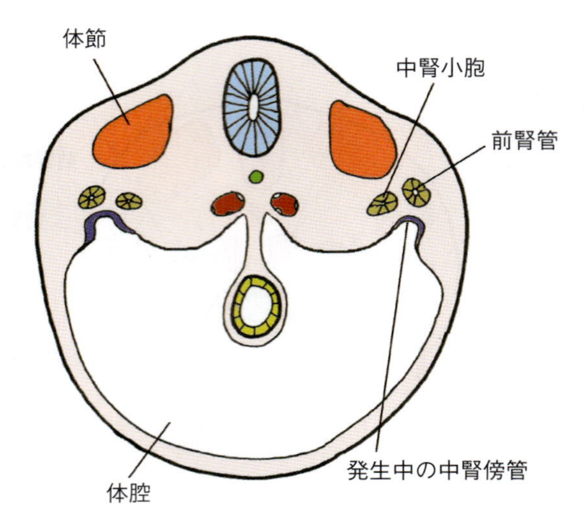

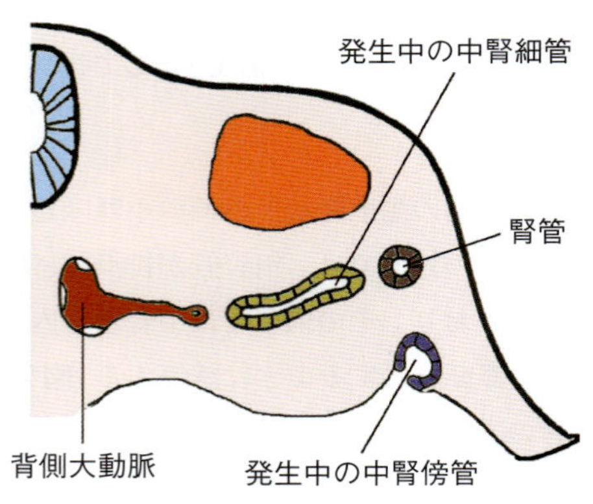

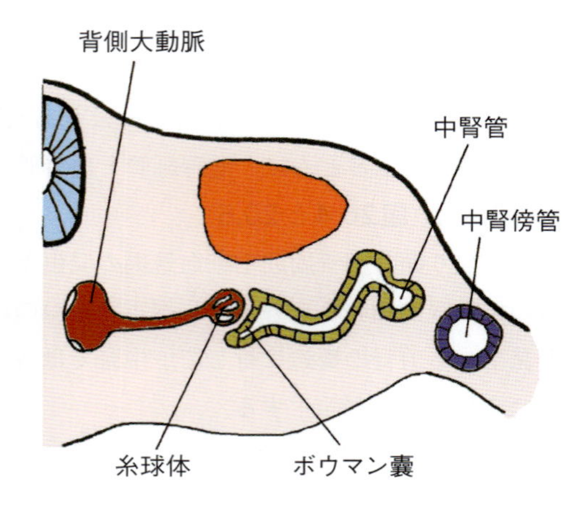

図20.2 中腎細管と中腎傍管の形成における連続的段階を示している胚子の横断面.

巨大糸球体の存在意義は不明である．それらは反芻類における大きな尿膜腔とそれに関係した大量の尿膜液に関係しているのかもしれない．

後　腎

後腎は二つの原基から形成される．すなわち中腎管の突出である尿管芽と仙骨部に存在し，腎隆起の尾側端から形成される後腎原組織である（**図20.4**と**20.5**）．尿管芽は後腎原組織に向かって頭側に伸び，後腎原組織によってほぼ完全に取り囲まれたときにその頭側端が膨らむ．尿管芽の膨らんだ部位は最終的な腎臓の腎盤と集合管の基礎となる．集合管の形成は後腎原組織における後腎細管の形成を誘導する（**図20.6**）．尿管芽の膨らんだ先端が分化する様式は哺乳類における十分に発達した腎臓の最終的な解剖学的構造に影響を及ぼす．それゆえ、，哺乳類の腎臓の解剖学的形態には腎葉の融合が部分的なものから完全なものまで段階的な変化を伴い，単葉腎から明らかな多葉腎まで存在する．

後腎発生の分子的基礎

腎臓の前駆細胞の最も早期の遺伝的マーカーの一つであるOdd-skipped related（*Odd 1*）が後腎原組織の中間中胚葉全体に発現し，後に尿管芽に発現する．さらに，Eya-Hox-SixやEya-Hox-Pax複合体などのいくつかの転写制御因子が後腎原組織の形態的特徴づけを調節する．Eya-Hox-Pax複合体はSix2および神経膠細胞由来神経栄養因子(glial cell-derived neurotrophic factor；Gdnf)の直接的な活性化因子として作用する．これらの因子はネフロンの発生に必要であることから，どの因子の機能が欠損しても腎無形性あるいは腎低形成になる．

尿管芽の形態的特徴づけ

腎臓の形成は尿管芽と後腎原組織との間の一連の相互反応に強く依存している．後腎原組織からのシグナルによって中腎管から尿管芽の形成の誘導による腎発生が始まる．Gdnf/Ret経路は尿管芽の突出と分枝を制御する臨界因子である．後腎の発生初期では，尿管芽と後腎原組織を発生する間葉組織がそれぞれ相互反応的な分化を誘導する．ウィルムス腫瘍抑制遺伝子-1（Wilm's tumour suppressor gene 1；Wt-1）は間葉に発現しており，Gdnfと肝細胞成長因子（hepatocyte

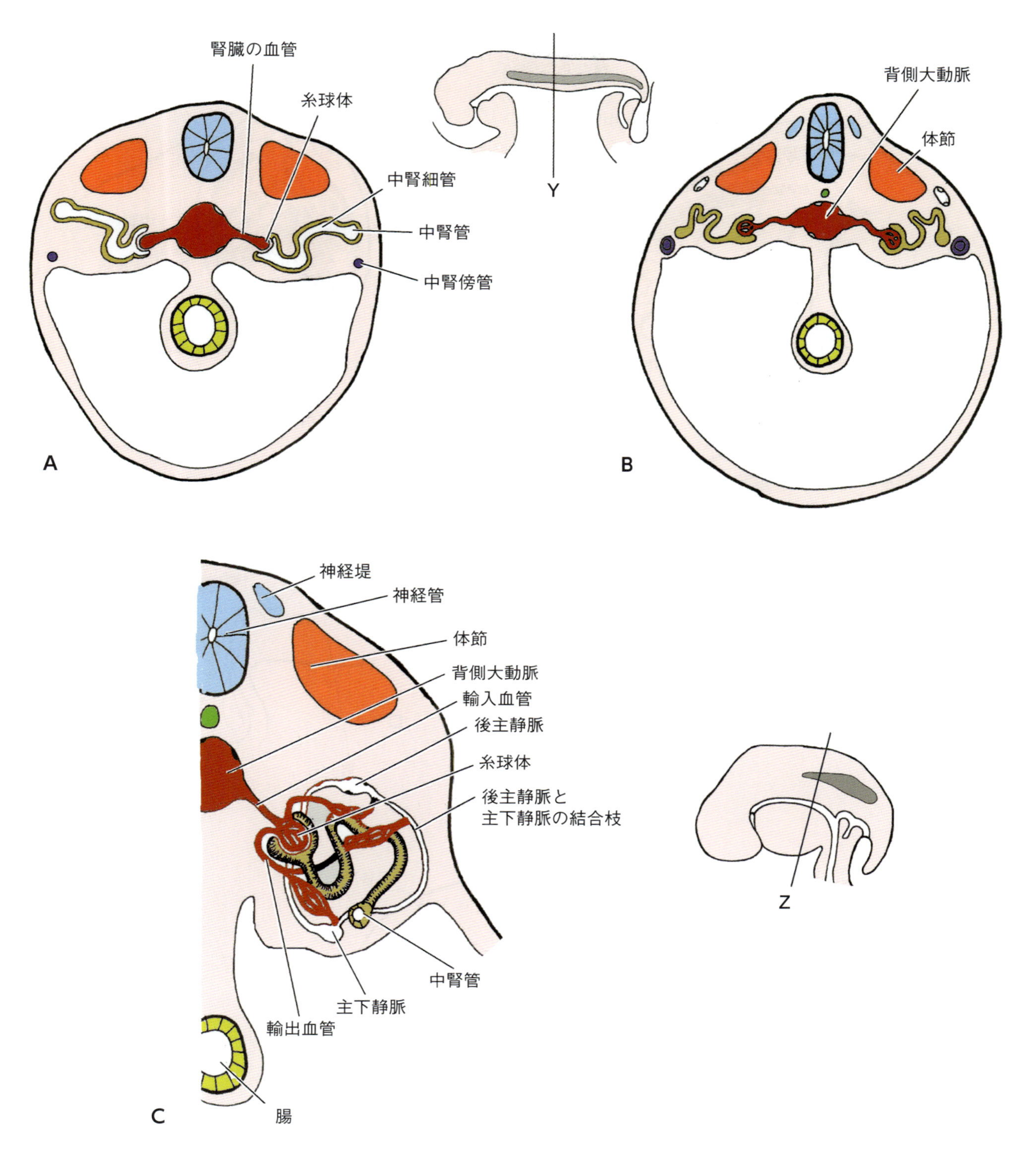

図20.3 YおよびZのレベルでの胚子の横断面，中腎細管と中腎管の形成を示している（AからC）.

growth factor；Hgf）の産生を高め，GdnfとHgfは尿管芽の発生を促進する．これらの成長因子，GdnfとHgfの受容体はそれぞれRetとMetで，尿管芽の上皮細胞に存在する．

尿管芽の分枝

Gdnfは尿管芽の分枝を誘導する主な物質であるが，プレオトロフィンやFgfのような他の間葉由来の因子もまた尿管芽の分枝と伸長を促進する．Wnt，Shh，

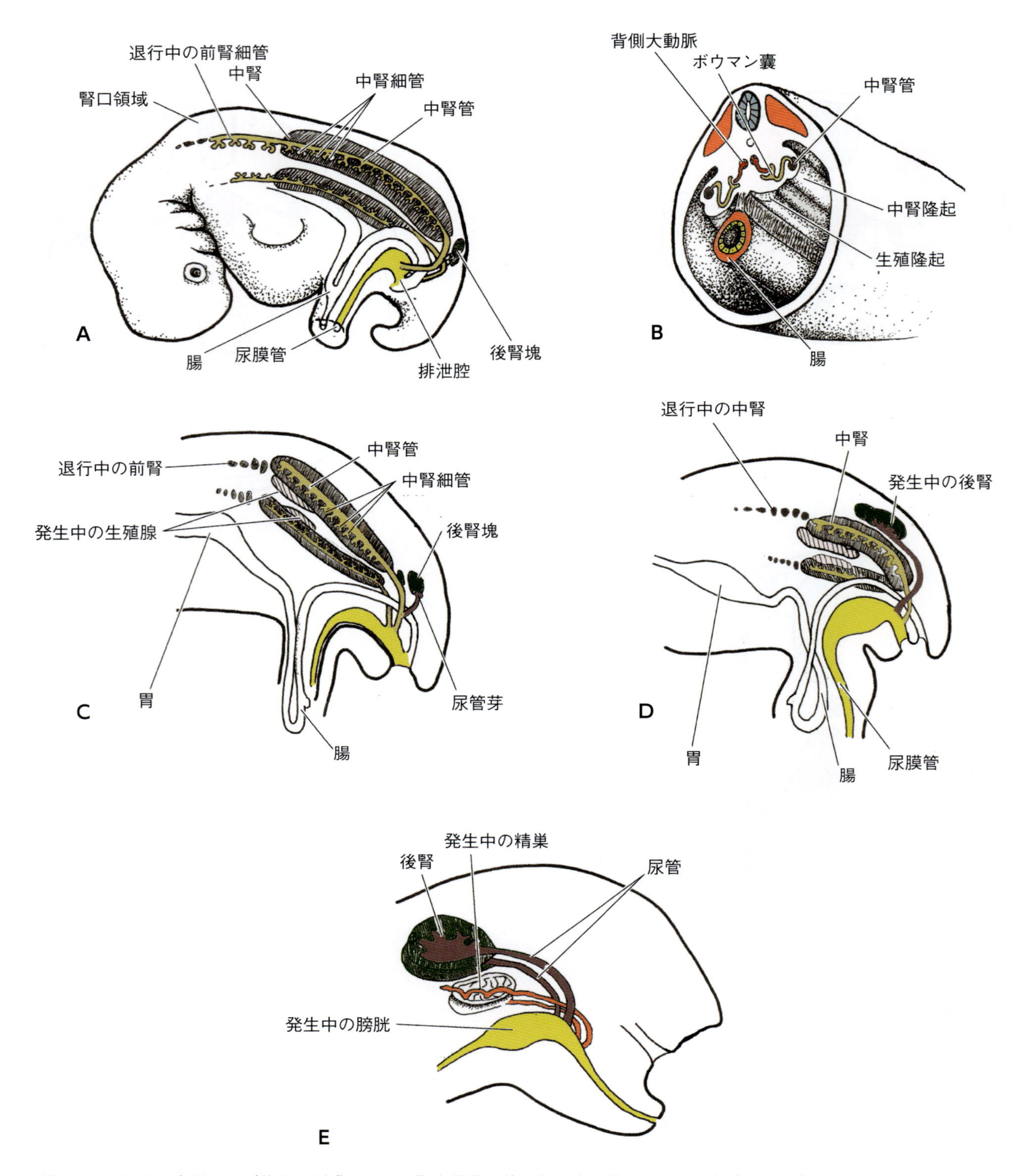

図20.4　前腎，中腎および後腎の形成における発生段階と他の発生中の構造物との関係（AからE）.

BmpおよびFgfを含む他のシグナル経路も尿管芽の伸長を調節する．尿管芽の分枝に関連して細管の誘導が繰り返されることによってヒトの腎臓で約100万個のネフロンが形成される．負のフィードバックによりTgf-βやBmpのような局所的に働く抑制因子は細管の成長と分枝を調節し，細管の管腔の大きさの維持も

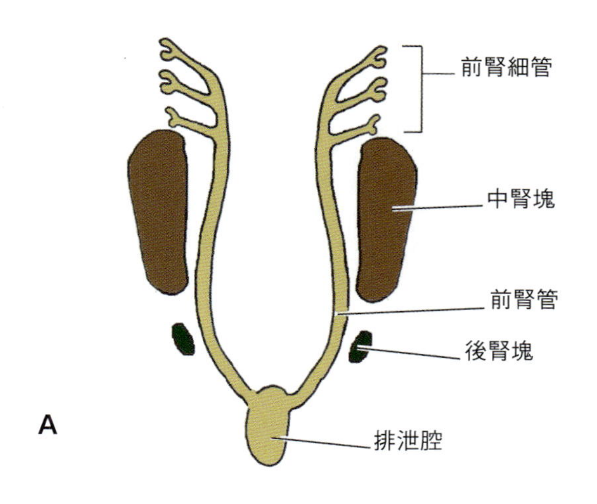

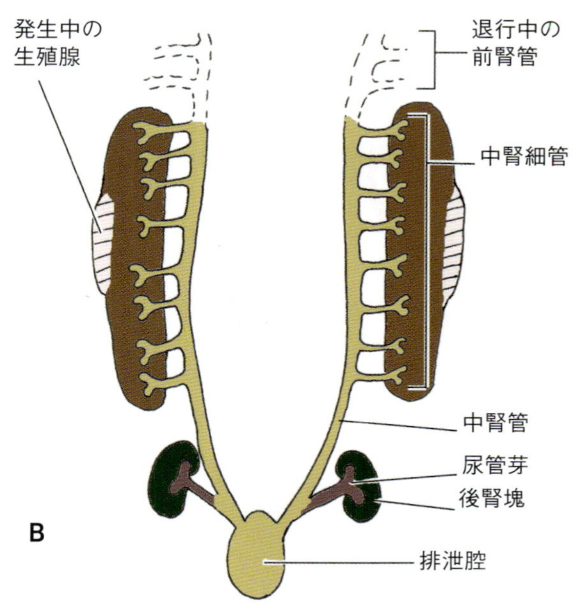

図20.5 背側面から見た発生中の前腎，中腎および後腎（AとB）

行う．新しく形成された尿管芽が作用し，周囲の後腎間葉組織は尿管芽の先のまわりで凝縮する．凝縮した間葉は分化し，将来尿細管になる塊になる．その塊は間葉-上皮転換を経て腎小胞を形成し，その小胞はコンマ状細管，S状体を経て最終的にはネフロンになる．ネフロンの分化に役立つ他の因子にはSix，Pax，WntおよびNotch2が含まれる．Fgf-2とBmp-4の二つの因子は尿管芽の細胞から分泌され，間葉の分化を誘導し，後腎細管の形成を引き起こす．これらの因子はWt-1の産生を維持する一方で，後腎を形成する間葉の細胞増殖を刺激し，アポトーシスを抑制する．Wt-1は後腎を形成する間葉が尿管芽上皮からのシグナルに反応できるようにする働きがあるといわれている．Pax-2とWnt-4は間葉の上皮への転換を調節する．

細胞外マトリックスのリモデリングが進むことが腎臓の発生の中心である．マトリックスメタロプロテアーゼは分枝の先端において活性化され，一方，プロテアーゼインヒビターは形成された細管を退行から保護する．インテグリンのような細胞接着分子やプロテオグリカンを含む細胞外マトリックスは尿管芽の先端における分枝を促進し，分枝の起こる部位を特定する．細胞外マトリックスタンパク質が変化するような分化過程の間にフィブロネクチン，Ⅰ型コラーゲンおよびⅢ型コラーゲンは上皮の基底板特有の構成要素であるラミニンとⅣ型コラーゲンに置き換わる．細胞接着分子，シンディカンおよびE-カドヘリンは間葉から上皮への分化に欠くことのできない分子である．

単葉腎

げっ歯類とウサギの発生中の腎臓において，腎盤は後腎原組織に突出し，集合管になる数多くの枝を出す．集合管の誘導作用の影響のもと，後腎原組織は後にS状になる原始的な細管を形成する．各細管の一端は集合管に繋がり，他端は糸球体による進入を受けて杯状のボウマン嚢になる．後腎細管は伸長し続け，腎盤に向かって伸びるU字状の屈曲，すなわちヘンレのループを形成する．細管のボウマン嚢に近接した部分は渦巻き状になり，近位曲尿細管と呼ばれるようになり，一方，細管のより離れた部分も渦巻き状になり，遠位曲尿細管と呼ばれる．腎小体，ヘンレループ，近位ならびに遠位曲尿細管が集まって，ネフロンを構成する（**図20.6**）．ネフロンと集合管系の発生とともに，腎臓は明らかに外側の皮質と内側の髄質に分けられる．緻密な皮質は主として，近位尿細管，遠位尿細管および腎小体からなり，一方髄質は主に，ヘンレのループと集合管からなる．ヘンレのループと集合管の円錐形の配列は腎錐体と呼ばれる．錐体の底は皮質で被われ，一方，頂点は乳頭を形成し，杯状の腎盤に突出する．腎錐体は関連した皮質の被いとともに腎小葉と呼ばれるサブユニットからなる腎葉を構成する．一つの腎小

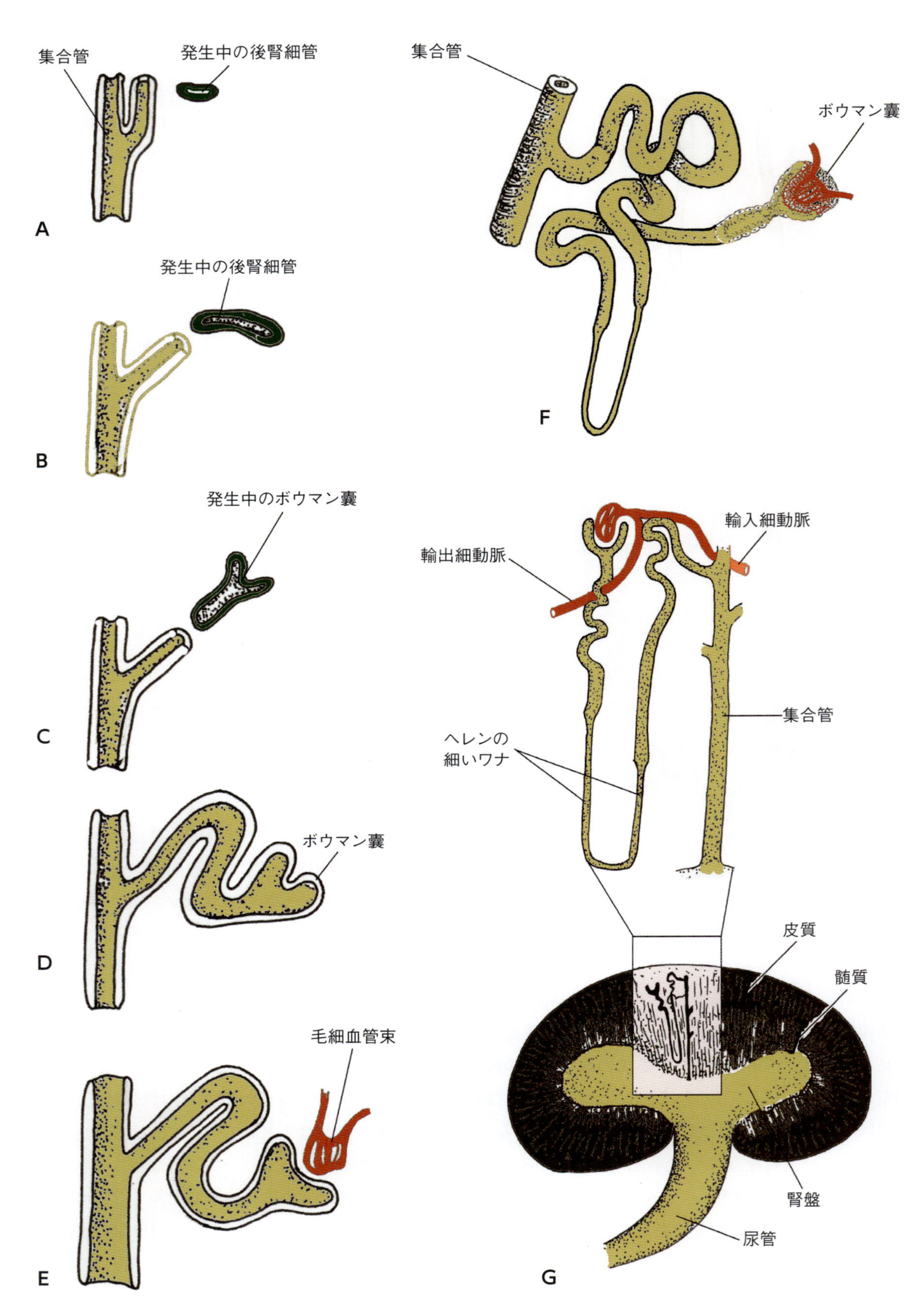

図20.6 ネフロンの形成段階，ネフロンと集合管の関係および機能的な腎臓における最終的な構造（AからG）.

葉は集合管とそれに関連して集合管に排泄する複数のネフロンからなる．げっ歯類とウサギの腎臓は一つの錐体構造からなるので単葉腎と呼ばれる．

前腎と中腎における各細管は大動脈からそれぞれ直接血液供給を受ける．それに対して後腎における各ネフロンに血液を供給する血管は腎動脈の枝から生じる．

後腎の分化の間にその位置は骨盤部から腰部へと移動し，発生中の性腺と退縮中の中腎の背位を占める（**図20.4と20.5**）．この位置の変化は骨盤部ならびに腰部における骨格と筋肉の移動によって，あるいはそれらの分化成長によっても説明できるかもしれない．ブタを除くすべての家畜では右側の腎臓の方が左側の腎臓よりも頭側に移動する．最終的に，右側の腎臓は肝臓の尾状葉に直に接する．

多葉腎

水棲哺乳類の腎臓

アザラシ，カワウソ，クジラを含む水棲哺乳類において，尿管芽の終末端は各々後腎原組織によって被われる多くの枝を出し，小腎と呼ばれる腎葉を形成する．個々の腎葉は単葉腎と同様の様式で形成される．これらの種における多葉腎はブドウの房に似ており，個々の腎葉が別々に尿管の枝に排泄する（**図20.7**）．

家畜の腎臓

ウシでは尿管芽から尿管が形成されるが，その尿管芽は二つの大きな枝を形成し，その枝は12から25の小さな枝にさらに分かれる．小さな枝の膨らんだ先端は陥入し，ロート状の腎杯を形成する．尿管芽の先端が単独あるいは2個で一組となって後腎原組織によって被われたときに形成される構造が腎葉を形成する．腎杯から後腎原組織に放射状に進む集合管は後腎細管の形成を誘導する．ウシの腎臓と水棲哺乳類の腎臓にはいくつかの共通する特徴もあるが，明らかに異なった特徴もある．表面からみるとこれらの動物種の腎臓は多葉腎の外観を呈する．しかしながら，ウシの腎臓では表面上は別々に見える腎葉がしばしば隣接した腎葉の皮質の融合によって形成される．皮質の融合が起こっているかどうかに関わらず，各腎葉はまだ明瞭な錐体構造を保っている．それゆえ，ウシの腎臓はしばしば多錐体腎と呼ばれる．融合した皮質組織は組織学的に個々の腎葉の境界を示す腎柱を形成する．他の家畜の腎臓とは異なり，ウシの腎臓は腎盤を形成しない（**図20.7**）．

ブタの尿管芽の膨らんだ先端は腎盤を形成する．腎盤の二つの大きな部分，すなわち大腎杯は小腎杯と呼ばれる10個までのロート状の分岐を形成する．小腎杯が後腎原組織によって被われることにより腎葉が形成される．ブタの腎臓全体にわたって隣接した皮質組織が融合しているため，その滑らかな表面は単葉腎の外観を呈する．この表面構造にも関わらず，ブタの腎臓の多葉腎構造は多錐体構造の外観を呈していることと小腎杯によって各腎葉の別々の排泄経路が存在することの両方から組織学的に明らかである．

食肉類では隣接した腎葉の皮質領域が完全に融合しているため単葉腎の外観を呈する．腎錐体の頂点の融合によってイヌの腎臓で明らかな，隆起状の総腎乳頭と腎稜が形成される．腎錐体の頂点のこの融合が食肉類の腎臓が単葉腎であるとの印象を与える．しかしながら，食肉類の腎臓の多葉腎構造は皮質柱の存在と個々の腎葉の輪郭を与える葉間動脈の位置によって確認できる．食肉類の腎臓の特徴は腎盤陥凹と呼ばれる腎盤外側の深い陥凹の存在である．

ヒツジおよびヤギの腎臓は食肉類と同様の様式で発生し，多くの形態的に似た特徴を持つ．ウマの腎臓は40から60個の腎葉からなり，食肉類と同様の様式で発生し，滑らかな皮質表面と共通の排泄領域である腎稜を有する．腎盤の両極の伸長は終隔陥凹と呼ばれる二つの構造を形成し，そこにいくつかの集合管が繋がる．

膀　胱

後腸の発生中に尿直腸中隔が排泄腔を背側の直腸と腹側の原始尿生殖洞に分ける．中腎管が入り込む部位で原始尿生殖洞は頭側の膀胱尿道管，すなわち原始膀胱と尾側の固有尿生殖洞に分かれる（**図20.8**）．雄胚子では尾側の尿生殖洞は陰茎尿道を形成し，雌胚子で

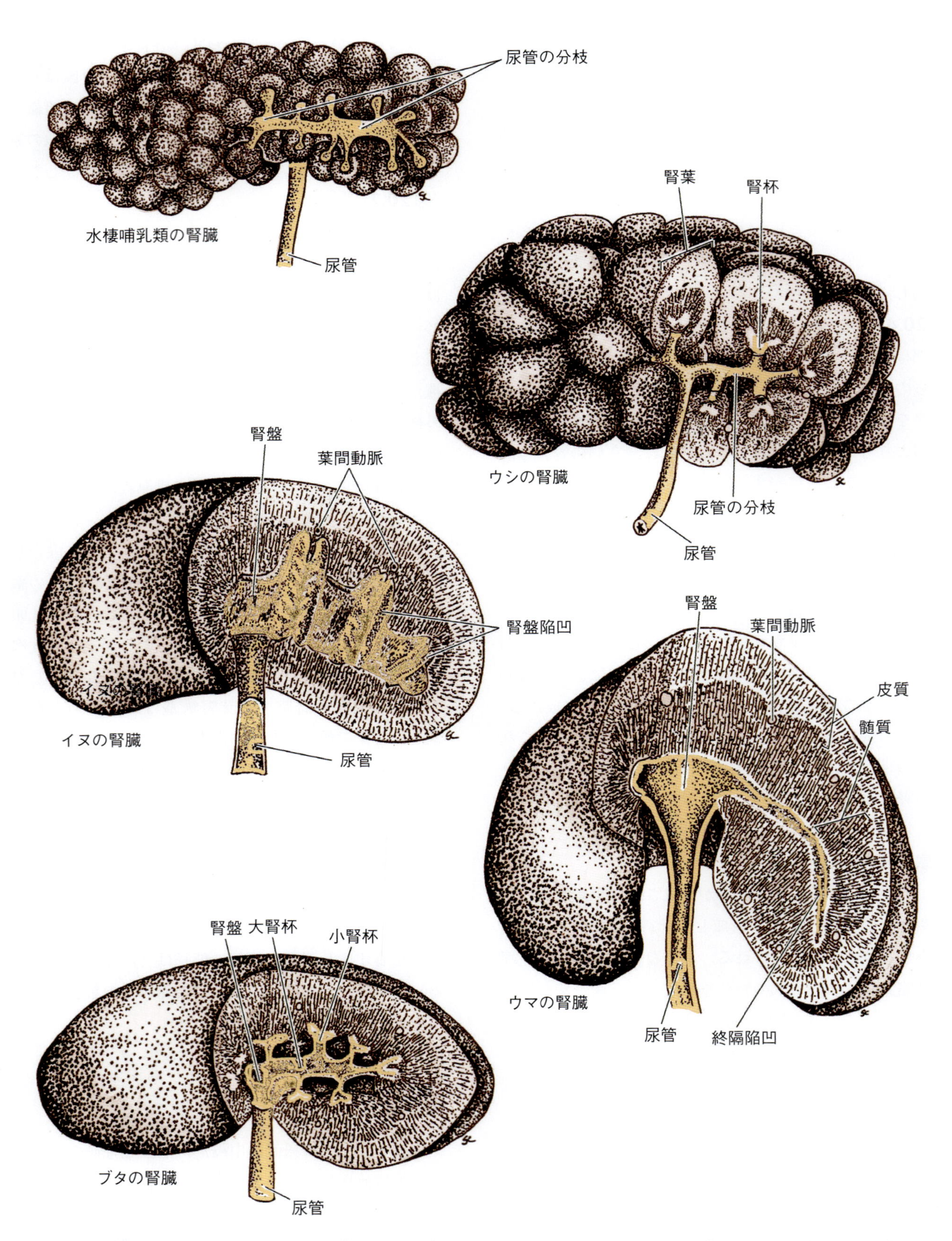

図 20.7 哺乳類の腎臓の特徴の比較．水棲哺乳類では隣接した腎葉間に融合が存在しない．家畜における隣接した腎葉間の融合の程度が腎臓の肉眼解剖学的外観を説明する．

は尿道と膣前庭を形成する．中腎管と尿管の末端部は徐々に膀胱壁に合体し，それぞれの管系は膀胱原基に別々に開口する．続いて，雄胚子では左右の中腎管は前立腺尿道に入る前に一点に集まる．尿管は中腎管よりも頭側に移動し（**図20.8**），膀胱頸の頭側の膀胱背壁にそれぞれの尿管が入る．中腎管と尿管は中胚葉由来であることから，膀胱背壁の三角領域である膀胱三角は，中胚葉由来の上皮で内張りされており，一方，膀胱の残りの部分の上皮は内胚葉由来である．膀胱の上皮以外の構造は臓側中胚葉由来である．

泌尿器系の発生異常

腎無形成

片側あるいは両側腎無形成は片方あるいは両方の尿管芽の発生不全に関係している．この発生不全に続いて腎尿細管の形成に必要な後腎塊の誘導が起こらない．片側腎無形成では生存は脅かされないが，両側腎無形成では生存できない．

異所性腎

後腎が仙骨領域に残ったままの腎臓になった場合，このような腎臓は異所性腎または骨盤腎と呼ばれる．ヒトではこのような状態になる頻度は片側もしくは両側で約400例に1例で，男児の方が女児よりも高頻度である．

異所性尿管

もし，尿管芽の分化が途中で終了すると尿管は尿道に繋がったままになり，異所性尿管になる．このような状態では尿管が膀胱に繋がらないので，自らの意思による排尿調節ができず，尿失禁になる．異所性尿管は通常，雄動物よりも雌動物に多い異常で，ほとんどの場合，子イヌでみられる．この異常が最もよくみられるのはゴールデン・レトリバー，ラブラドール・レトリバーおよびシベリアン・ハスキーの犬種である．

馬蹄腎

その形状のために「馬蹄腎」（horseshoe kidney）という言葉が両側の骨盤腎の尾側端が融合した異常な腎

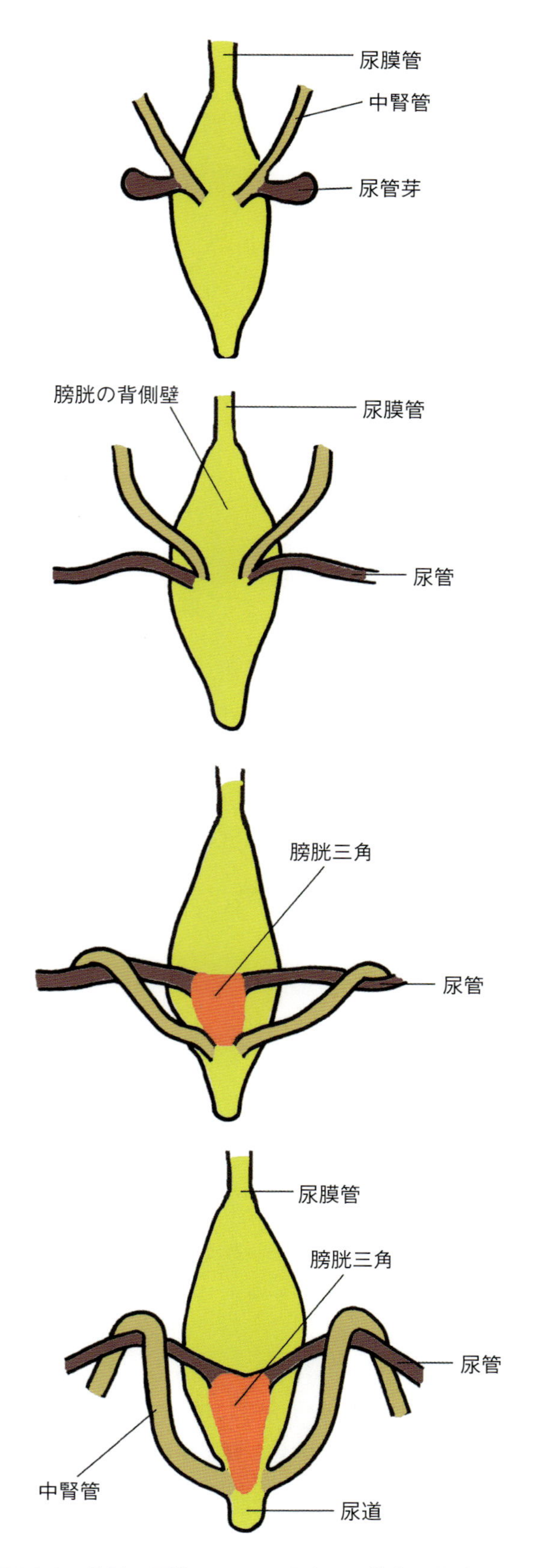

図20.8　膀胱，尿管，それに関連する構造の発生における連続的段階．

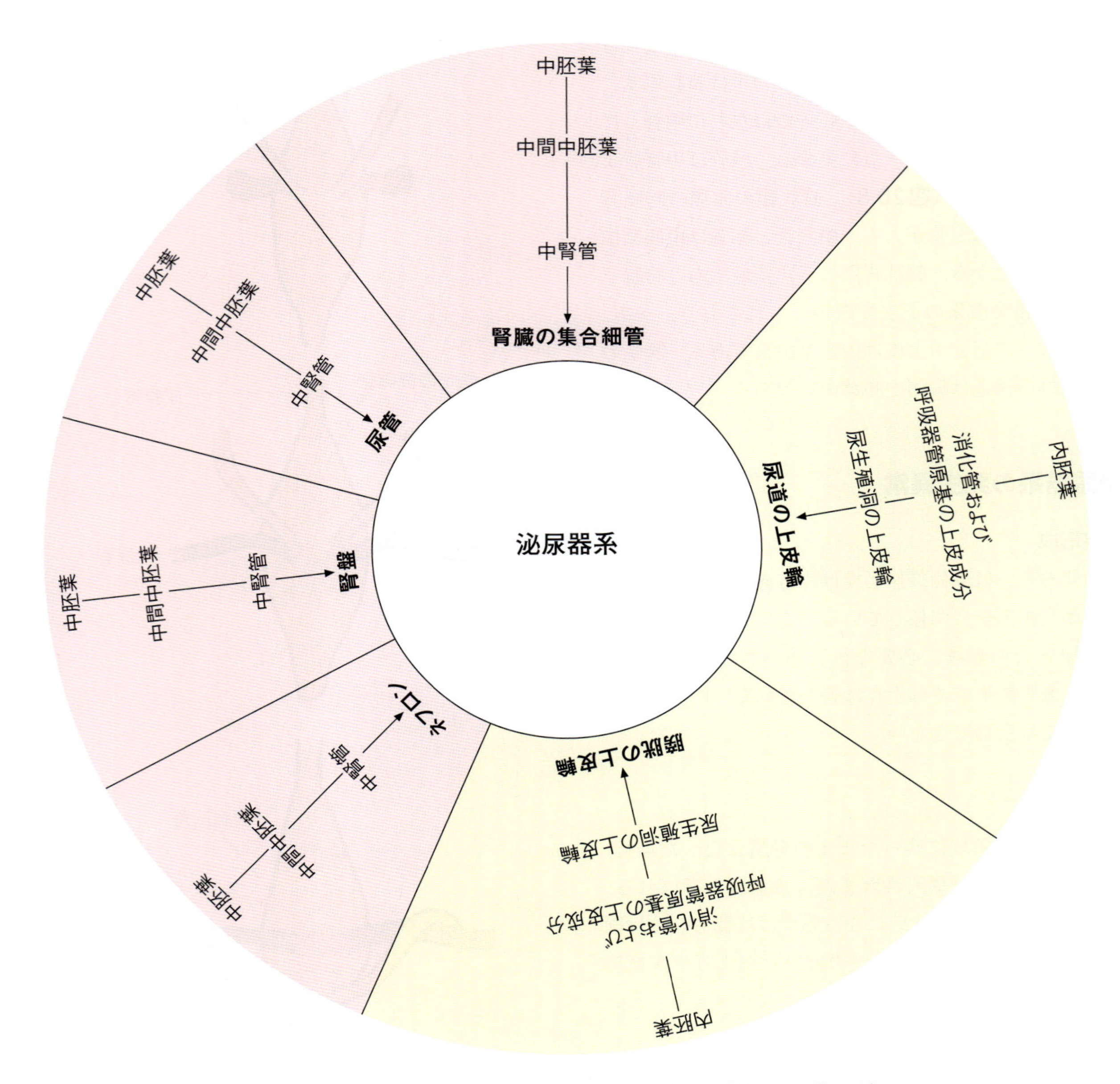

図20.9 泌尿器系の細胞，組織，構造および器官が形成される胚葉の派生物．（**図9.3**に基づく）

臓の構造を表わすのに用いられる．この異常はヒトと家畜において報告されている．

先天性嚢胞腎

発生中のネフロンが集合管に結合できなかったり，発育不全のネフロンにおいて嚢胞が形成されたりすることによって起こると考えられる異常を先天性嚢胞腎（congenital cystic kidney）と呼ぶ．嚢胞形成は集合管系に繋がっていないネフロン内の尿の蓄積によって起こる．

ペルシャネコにおける遺伝性疾患はネコ嚢胞腎症と呼ばれ，常染色体優性遺伝で，世界中のペルシャネコにおいて高頻度に発生することが報告されている．

（岡田利也　訳）

さらに学びたい人へ

Evans, H.E. and de Lahunta, A. (2013) *Miller's Anatomy of the Dog*, 4th edn. Elsevier, St Louis, MO, pp. 401 - 402.

Faa, G., Gerosa, C., Fanni, D., et al. (2012) Morphogenesis and molecular mechanisms involved in human kidney development. *Journal of Cell Physiology* 227, 1257 - 1268.

Little, M. (2010) Kidney development: two tales of tubulogenesis. *Current Topics in Developmental Biology* 90, 193 - 229.

Sampogna, R.V., Schneider, L. and Al - Awqati, Q. (2015) Developmental programming of branching morphogenesis in the kidney. *Journal of the American Society of Nephrology* 26, 2414 - 2422.

Yu, J., Valerius, M.T., Duah, M., Staser, K. and McMahon, A.P. (2012) Identification of molecular compartments and genetic circuitry in the developing mammalian kidney. *Development* 139, 1863 - 1873.

第21章

雌雄の生殖器系
Male and female reproductive systems

要　点

- 染色体の性は受精時に決定される.
- 原始生殖細胞は生殖隆起（生殖巣堤）に移動し，続いてそれぞれの性の生殖腺ならびに管構造が発生する.
- 生殖器の発生には未分化の時期が存在し，両方の性の生殖原基が共通して存在している.
- 性分化過程において二つの明確に相反する分子経路が存在する．Y染色体上の遺伝子であるSRYの存在により男性生殖器の発生が進行する.
- 遺伝的に決定された性により生殖器は適切に発生する一方，もう一方の性の生殖器は退行し痕跡のみ残る.
- 生殖腺内の性索は中間中胚葉より発生する.
- 中腎管は雄胚子で残り精管や精嚢腺へと発生する．前立腺や尿道球腺は内胚葉から発生する.
- 雌胚子において卵管，子宮，子宮頸は中腎傍管から発生する.
- 外生殖器は生殖結節ならびに尿生殖洞後部より発生する．組織の分化は性ホルモンに影響を受ける.

胚子の性は受精時の性染色体の構成により決定されるが，未分化な発生段階では雌雄両方の特徴を備えた生殖器が発生する．その後，個体の遺伝的に定められた性に従い，性に一致した生殖器のみ発達し，異なった性の生殖器は退行する．性の同一性は，ただ生殖器にのみ限定されず，その他の解剖学的特徴や生理学および行動学的な特性にも反映される.

原始生殖細胞

原始生殖細胞は最終的には未分化生殖腺に到達するが，発生の初期段階では特異的なマーカー染色により上胚盤葉内において確認できる．原始生殖細胞は原始線条を経て，卵黄嚢，尿膜へ移動し，後腸壁を経由した後に将来の性腺へと発達する生殖隆起（生殖巣堤）に移入する（**図21.1**）.

哺乳類の原始生殖細胞は自らの活発な移動により自身の生育器官に到達するが，一方，鳥類では血流に乗って生殖隆起まで移動する．また生殖細胞は走化性因子により生殖隆起へと誘導されることも示唆されている．原始生殖細胞はブタで妊娠18日以後，イヌで21日以後，ヒツジで22日以後，そしてウシとヒトでは28日までに生殖隆起で観察される.

原始生殖細胞は未分化生殖腺への移動中に有糸分裂により増殖する．生殖原基に到達した後，生殖細胞は雄胎子では精巣索，雌胎子では原始卵胞と呼ばれる生殖細胞に特異的な体細胞構造に取り囲まれる．この構造に取り囲まれた原始生殖細胞の増殖・分化は，局所的に分泌される液性因子により強く支配される.

未分化生殖腺に到達した生殖細胞のみ分化して生存する．生殖腺外の生殖細胞のほとんどはアポトーシスにより死滅するが，まれに一部が生き残り，奇形腫（テラトーマ）と呼ばれる生殖細胞腫瘍を形成することもある．これらの腫瘍組織は3胚葉の胚性組織で構成され，皮膚，毛，軟骨組織および歯といった高度に分化した組織を含むこともある.

生殖腺形成の未分化時期

体性生殖腺細胞の起源は明白にされていないが，間

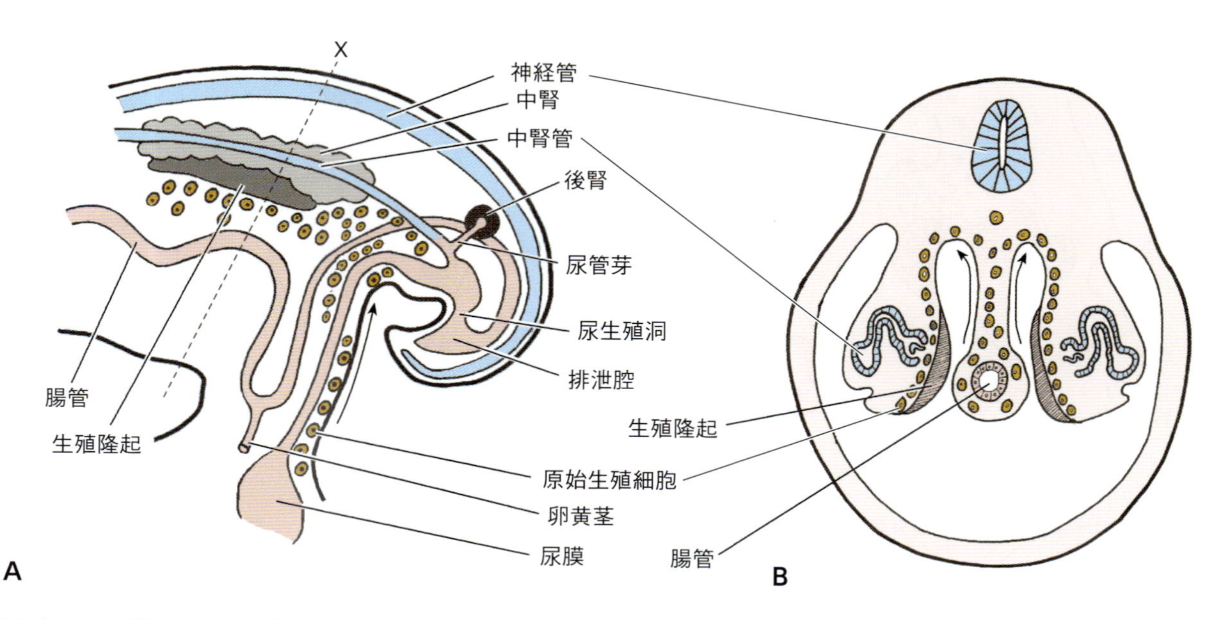

図21.1 A：尿膜から生殖隆起までの原始生殖細胞の移動経路を示す．それらは原始生殖細胞の分化部位である．B：AのX軸での横断面で，背側腸間膜に沿って生殖隆起までの原始生殖細胞の移動経路を示す（矢印）．

葉系細胞，体腔上皮および中腎細管由来の3種類の細胞系譜が想定されている．さらに，退行する中腎細管由来の中腎細胞が将来の生殖腺の予定領域に侵入し，生殖腺原基を構築する主な細胞群となると思われる．また生殖原基に寄与する一部の細胞は体腔上皮，さらに裏打ちする間葉系細胞に由来すると考えられている．体腔上皮と裏打ちする間葉系細胞の増殖に伴い，生殖原基は左右に1対の隆起として発生する．この隆起は中腎の内側で発生し，体腔側へ突出し，その領域において体腔上皮に被われ，胸部から腰部にわたって伸展する．生殖隆起の形成は原始生殖細胞が移入する前に起こる．未分化生殖腺は原始生殖細胞と中胚葉由来の細胞より構成される．また生殖腺に侵入した中腎細胞と中腎細管は網構造と呼ばれる索状の網様組織を形成し，生殖腺外部，結合部および生殖腺内部の三つの索状組織に分けられる（**図21.2**）．発生に伴う中央部の増殖の結果，生殖隆起は球形の外観を呈するようになり，中腎と中皮ヒダを介して連続する．未分化時期では雌雄の生殖原基は形態的に類似するため，組織学的には雌雄の識別はできない．しかし，分子生物学的手法により，胎子の性別は未分化段階においても確実に判定することができる．

精巣の分化と成熟

遺伝的雄個体において生殖腺内部の網構造と連続して生殖腺の体細胞も索状様の配列を形成し，この索配列内に原始生殖細胞が取り込まれる．この索状配列は精巣索と呼ばれ馬蹄形へと発達し，その端は生殖腺の中央部で中腎の細胞と連続する（**図21.3**）．精巣索は回旋し曲精細管を形成するようになる．この発生段階では精巣索は管径およそ40 μmの緻密な構造をとる．精巣索の横断面は15～20個の将来セルトリ細胞（支持細胞）に分化する中腎細胞が辺縁部の一層として構成される．さらに，この中腎細胞が一断面で最大四つ以上の生殖細胞（つまり前精祖細胞）を中央に取り囲む．その後，中腎由来の筋様細胞の層が精巣索を包む．精巣索の影響により索状配列間に存在する中胚葉細胞は精巣のライディッヒ細胞（間質細胞）へと分化し，テストステロンを産生する．その後，生殖腺中央部の中腎細胞が精巣網の細管を形成する．ウシやイヌではライディッヒ細胞は出生前までその数は増加し，その後減少する．ウマではライディッヒ細胞は妊娠110～220日の間に著しく肥大し，その後に数は減少する．ライディッヒ細胞の細胞数が最も多い時期にテストステロンの分泌能もピークとなる．

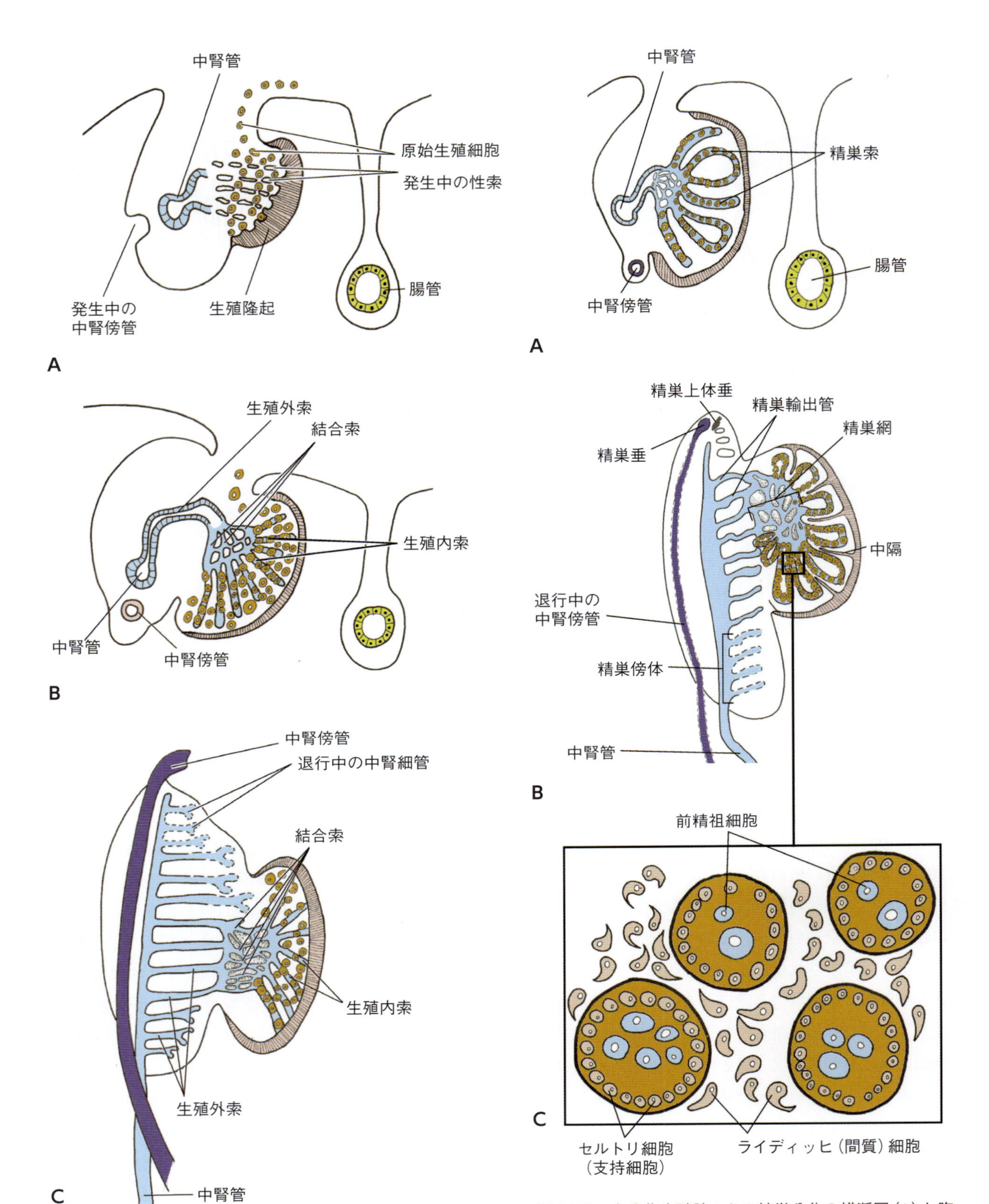

図21.2　未分化生殖腺の発生の諸段階．A：生殖隆起における性索の形成．B：中腎管と発生中の性索の関係．C：Bで示した発生中の生殖腺の腹側図．

図21.3　未分化生殖腺からの精巣分化の横断図（A）と腹側図（B）で，馬締型の精管索を示す．C：精管索の横断図で，セルトリ細胞，前精粗細胞およびライディッヒ細胞を示す．

成熟過程の精巣において，体腔上皮下の間葉系細胞は白膜として知られる線維層へと発達する．また曲精細管間に存在する間葉系細胞は結合組織性の精巣中隔を形成して精巣を小葉に区分する一方，精巣網の細管周囲の間葉系細胞は精巣縦隔と呼ばれる線維性の網状組織を形成する．精巣中隔と精巣縦隔がどの程度組織化されるかは動物種によってさまざまである．精巣中隔と縦隔はブタ，イヌおよびネコでは極めてよく発達するが，反芻類ではほとんど発達しない．ウマの精巣中隔には平滑筋細胞が含まれる．また精巣網は例外的に長軸方向に発達せず，精巣の頭部にのみ限局し，白膜を貫いて伸展する．セルトリ細胞は前精祖細胞を取り囲み，性成熟期に精巣索は腔を形成し精細管となる．性成熟期に至るまで，セルトリ細胞からの抑制因子の分泌により精祖細胞の分化が抑制される．管腔形成と精子形成はヒツジで生後約5カ月齢，ウシでは約6～8カ月齢，イヌでは約9～10カ月齢，ウマで2歳齢，ヒトでは12～14歳齢頃から始まる．

卵巣の分化と成熟

遺伝的雌個体での性索の起源についてはまだ議論中であるが，性腺を被う中皮(体腔上皮)由来の細胞であると考えられている．性索は確認できるが，不規則な配列を呈し，生殖細胞はこの性索中に取り込まれる(**図21.4**)．卵巣の発生に伴い性索が消失し，生殖細胞は活発な増殖時期に入る．生殖細胞は巣を形成し，そこに含まれる多数の卵祖細胞は細胞質を伸ばして連結している．卵祖細胞の有糸分裂の種によるさまざまな持続期間とは無関係に，ほとんどの哺乳類においてその増殖は出生前後に完了する(**表21.1**)．個々の卵祖細胞は有糸分裂の完了に伴い，生殖細胞巣の構造がなくなり，卵祖細胞は卵胞上皮細胞と呼ばれる一層の扁平な中皮由来の体細胞により取り囲まれる．さらに生殖細胞は基底膜により包まれ，卵胞細胞に囲まれ，原始卵胞が形成される．卵胞細胞は取り囲んだ卵祖細胞を第一減数分裂前期へと誘導する．この時期の生殖細胞は一次卵母細胞と呼ばれ，長い休止期あるいは複糸期へ入る．一次卵母細胞の一部は発育するが，性成熟の開始での性腺刺激ホルモンにより刺激されるまで，三次卵胞の段階に発達することはない．

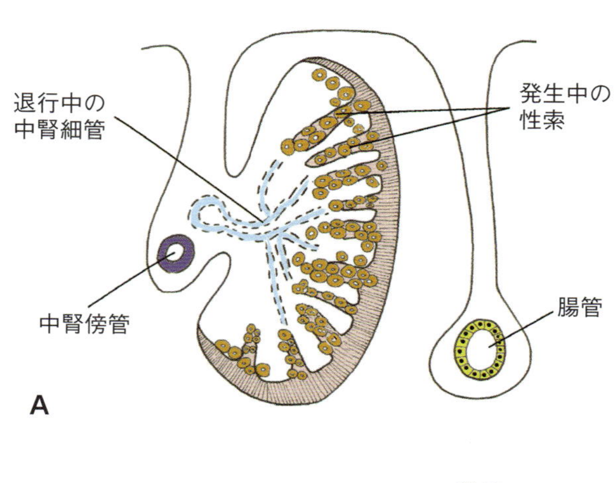

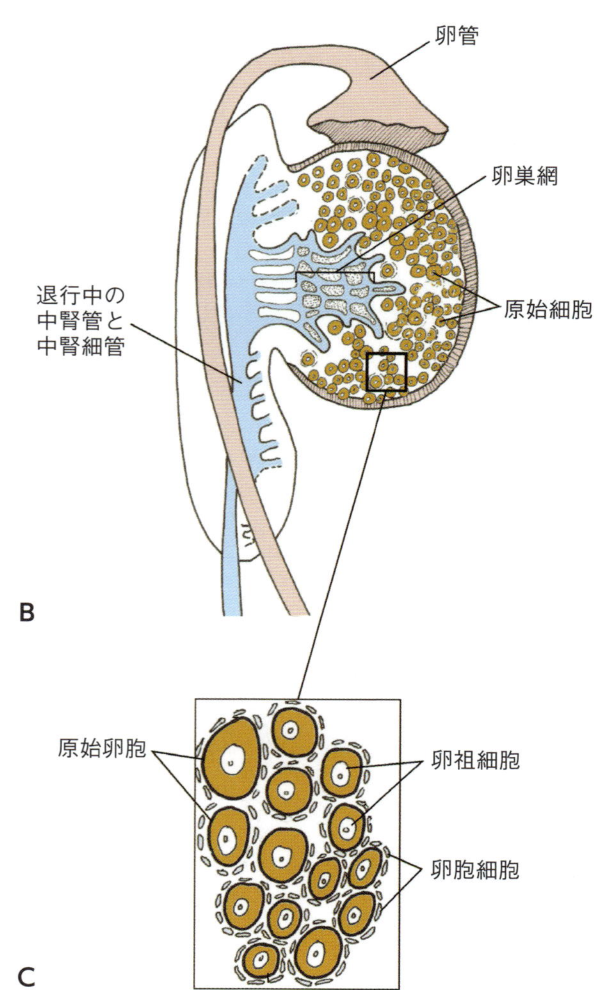

図21.4　未分化生殖腺からの卵巣分化の横断図(A)と腹側図(B)で，原始卵胞と卵管の形成を示す．C：原始卵胞．

性成熟に達すると性腺刺激ホルモンに反応して周期的な卵胞成熟が起こる．卵胞形成の進行に伴って，扁平な卵胞細胞は立方化・重層化し，顆粒層細胞と呼ばれるようになる．哺乳類の雌では出生前後に卵母細胞の細胞数が最大に達する．卵巣において生殖細胞の増殖と卵胞の発育は，性腺の辺縁部に制限される．ウマを除く家畜においてこの成熟が完了するまでに，卵巣は卵胞を含む高密度の外層の皮質と卵巣網（退行中の生殖腺内の管状の構造）からなる低密度の内層の髄質により構成されるようになる．ウシ，ヒツジおよびブタでは卵胞は皮質に散在して分布するが，イヌやネコでは集塊状に発育する．哺乳類においては大部分の卵祖細胞と一次卵母細胞は出生前後に閉鎖し退行性変化を示す．ウシ胎子の卵巣内の生殖細胞の概数を**表21.2**に示す．また，出生時から10歳齢にかけてのイヌ卵巣内の生殖細胞の概数を**表21.3**に示す．

表21.1　家畜における卵祖細胞の細胞分裂の開始と終了のおよその時期

種	卵祖細胞の細胞分裂	
	開　始	終　了
ネコ	妊娠32日	生後37日
ウシ	妊娠50日	妊娠110日
ウマ	妊娠70日	生後50日
ブタ	妊娠30日	生後35日
ヒツジ	妊娠35日	妊娠90日

表21.2　さまざまな妊娠時期におけるウシ胚子あるいは胎子卵巣の生殖細胞の概数

妊娠日齢	生殖細胞の概数
50日	16,000
110日	2,700,000
170日	107,000
240日	68,000

表21.3　生後から10歳齢までのイヌ卵巣における生殖細胞の概数

年　齢	生殖細胞の概数
新生子	700,000
1歳	350,000
5歳	3,300
10歳	500

ウマの性腺発生の特徴

ウマ卵巣内の卵胞発育は他の動物では髄質に相当する卵巣中央部に限局しており，逆に卵胞を含まない領域は辺縁部に位置する．胎内での発育過程で卵巣の自由縁が窪み，排卵がこの窪んだ領域から起こることから排卵窩と呼ばれる．

ウマの胎子生殖腺は妊娠110～220日の間に急激な成長を示す．この増大は卵巣と精巣ともに認められ，間質細胞の過形成と肥大に起因する．この生殖腺の成長は子宮内膜杯細胞が産生する絨毛性性腺刺激ホルモンの作用によることが示唆されている．しかし性腺の成長率が性腺刺激ホルモンの活性が減少する時期に最大になることから，この説はまだ疑問をはさむ余地がある．別の解釈としては，この性腺の大きさの増大は，胎盤から産生される高いレベルのエストロゲンによることも推測されている．しかしエストロゲンの産生が最大となる前に生殖腺の大きさが減少し始めるため，この解釈も疑わしい．

ウマ精巣の発生過程での注目すべき特徴は妊娠9カ月目に間質領域に色素細胞が出現することである．これより以前では胎子精巣は黄白色の外観を呈しているが，色素細胞の出現により徐々に黒色を帯びる．色素沈着は生後まで持続するが，これは間質細胞の退行性変化と関連しているものと考えられている．

生殖管

発生する胚子の遺伝子型に関わりなく，未分化生殖腺の形成期に両性の生殖管が形成される．未分化な管から雌雄の生殖管への分化を**図21.5**に示す．雄胚子において中腎管（ウォルフ管）システムの構成部分は雄型の生殖システムに組み込まれる一方，中腎傍管（ミューラー管）は痕跡程度でほぼ消失する．雌胚子において中腎傍管が生殖管システムの形成に寄与するが，逆に中腎管は痕跡を残して退化する．中腎傍管は中腎管の外側に位置する．

哺乳類における雄性生殖管の分化

発生中の精巣より頭側の中腎管と中腎細管は退行するが，精巣上体垂と呼ばれる中腎管のわずかな痕跡が残る．また一部の動物種において，発生中の精巣領域に位置する9～12本の中腎細管は糸球体を失い，精巣輸出管を形成する精巣網との結合部となる．精巣の尾端に位置する中腎細管の一部は精巣網の細管と繋がらず，徐々に中腎管との連絡を失う．これらの遺残物はまとめて精巣傍体と呼ばれる．精巣より尾側の中腎細管は退行する．

中腎管は精巣の頭端から尿生殖洞にかけて雄性生殖管として存続する．精巣輸出管の開始点より尾側の中腎管は伸長し，回旋状となり，精巣上体を形成する．残りの尾側の中腎管は厚い筋壁が発達し精管となる（**図21.5**）．

食肉類を除いて中腎管は尿生殖洞との接合部付近で膨大部を形成する．この中胚葉由来の膨大部は精嚢腺となる．ウシ胎子では精嚢腺の原基は妊娠55日目当たりから観察されるようになる．

尿生殖洞は骨盤部と陰茎部の尿道を形成する．骨盤部の尿道の内胚葉系上皮はその頭側および尾側末端で隆起を形成する．この頭側の隆起から，すべての哺乳類で前立腺が生じ，尾側の隆起からはイヌを除くすべての家畜種で尿道球腺が生じる．中腎傍管の遺残物は頭側では精巣垂となり，尾側では融合し雄性子宮（前立腺小室）を形成する．

哺乳類における雌性生殖管の分化

中腎傍管の原基は中腎管の尾側端の外側に位置する中間中胚葉から発生する．最初に体腔上皮に形成された溝から中腎傍管が生じ，これが同側の中腎管に隣接した間葉組織内へ深く入り込む（**図21.2**）．中腎傍管の頭側領域では卵管，尾側領域では子宮角，子宮体および子宮頸が形成される．この頭側領域において卵管は開口したまま体腔と連絡する．生後も，この連絡は卵管腹腔口として存続する．まず初めに中腎傍管の盲端が尾側方向へ，中腎管の外側方向へと伸長する（**図21.5**）．尿生殖洞の付近で左右の中腎傍管は中腎管の

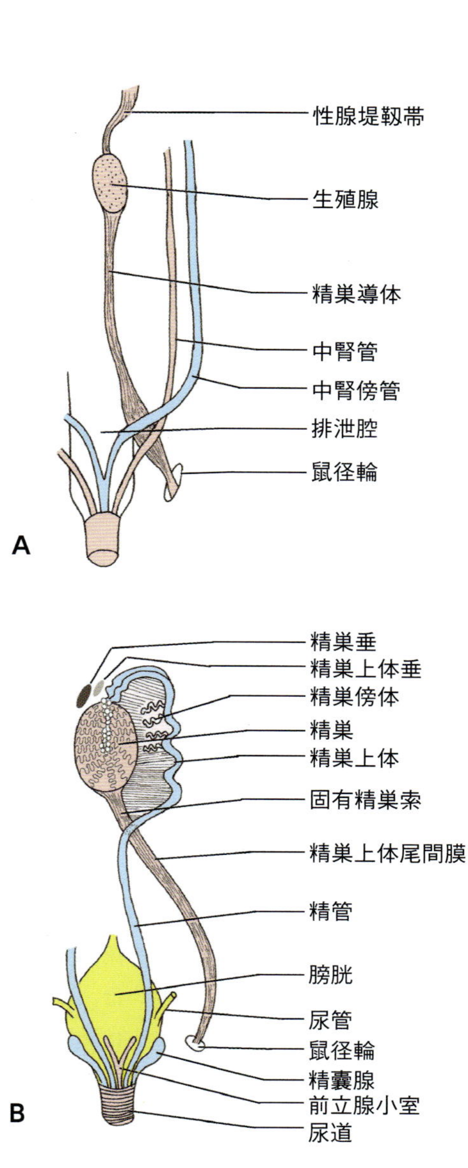

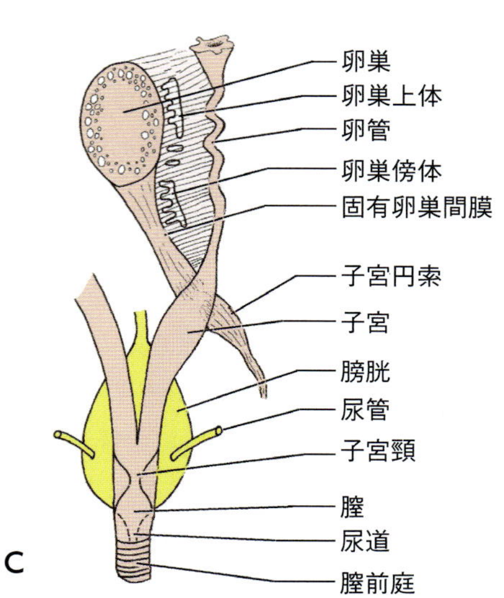

図21.5 A：未分化生殖管系の発生．B：雄への発生を示す．C：雌への発生を示す．

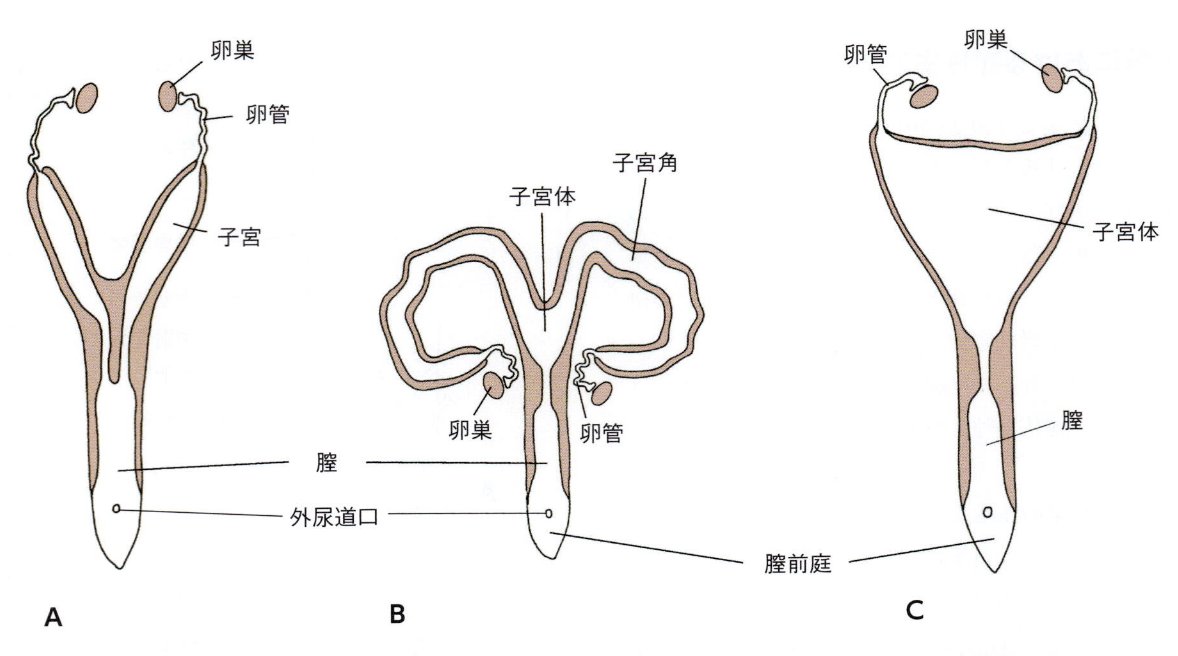

図21.6 動物種による生殖管の最終的な解剖学配置．中腎傍管の癒合範囲が子宮体の形と膣との関連性を決める．A：げっ歯類の生殖管で，重複子宮を示す．B：ブタの生殖管で，双角子宮を示す．C：霊長類の生殖管で，単一子宮を示す．

腹側へと移動し，正中線にて融合する．融合した管の盲端は，より尾側へと伸長し，尿生殖洞と連絡し，その内胚葉系細胞の増殖と膣板の形成を誘導する．動物種による解剖学的な子宮の形態の違いは，これらの原基の相対的な位置や融合の度合の違いに起因する．例えば，げっ歯類とウサギでは融合は管壁の外部までしか起こらず，腔内は明確に分かれる．これによりそれぞれの子宮腔は別々に膣に開口する（重複子宮）．家畜では管の尾側端は融合する．その後，融合部の壁が退行し，1本の管，すなわち子宮体となる．そのため膣への開口部は1カ所だけとなる．この融合部より頭側の管は独立したままであり，子宮角と卵管の原基となる．したがって家畜では二つの子宮角と一つの子宮体を持つことになり，これを双角子宮と呼ぶ（**図21.6**）．ウシでは，中腎傍管の原基はおよそ妊娠34日齢で現れ，50日齢で尿生殖洞と融合する．ヒトを含む霊長類では，広範囲にわたって中腎管が融合し，中央の融合部の壁も退行するため，単一子宮と呼ばれる大きな子宮体が形成される（**図21.6**）．

膣は膣板と中腎傍管の融合部の末端の両者から派生する．その後，これら融合した組織は管腔化し膣の内腔が形成される．最初に膣内腔は膣弁と呼ばれる薄い膜により尿生殖洞と分けられるが，この膜は後に破れる．家畜では膣弁の遺残物は霊長類ほど顕著ではない．膣前庭は尿生殖洞の尾側領域より形成される（**図21.7**）．

尿道原基と尿生殖洞から生じる上皮芽から，尿道腺と前庭腺が形成される．尿道腺と前庭腺は雄の前立腺と尿道球腺の雌における相同器官である．

わずかな排泄管の遺残と中腎管の一部を除いて，雌の中腎由来組織は退行する．遺残する中腎細管の頭側領域は卵巣上体を形成する（**図21.5**）．生殖腺より尾側の中腎細管は卵巣傍体となる．中腎管の遺残物は通常退縮するが，時にその尾側部位が残ることがあり，ガートナー管と呼ばれる．ガートナー管は膣壁に嚢胞を形成することもある．

鳥類の生殖腺とその関連の生殖管

鳥類の胚子では，二つの生殖原基と生殖管が発生する．遺伝的に雄胚子では，二つの生殖腺と二つの生殖管が存続し機能的に働く．ほとんどの雌胚子では，左側の生殖腺とそれに付随する生殖管だけが発生して機能し，一方，右側の生殖腺と生殖管は退化する．左側の中腎傍管は，哺乳類とは異なり，卵巣から排泄腔を

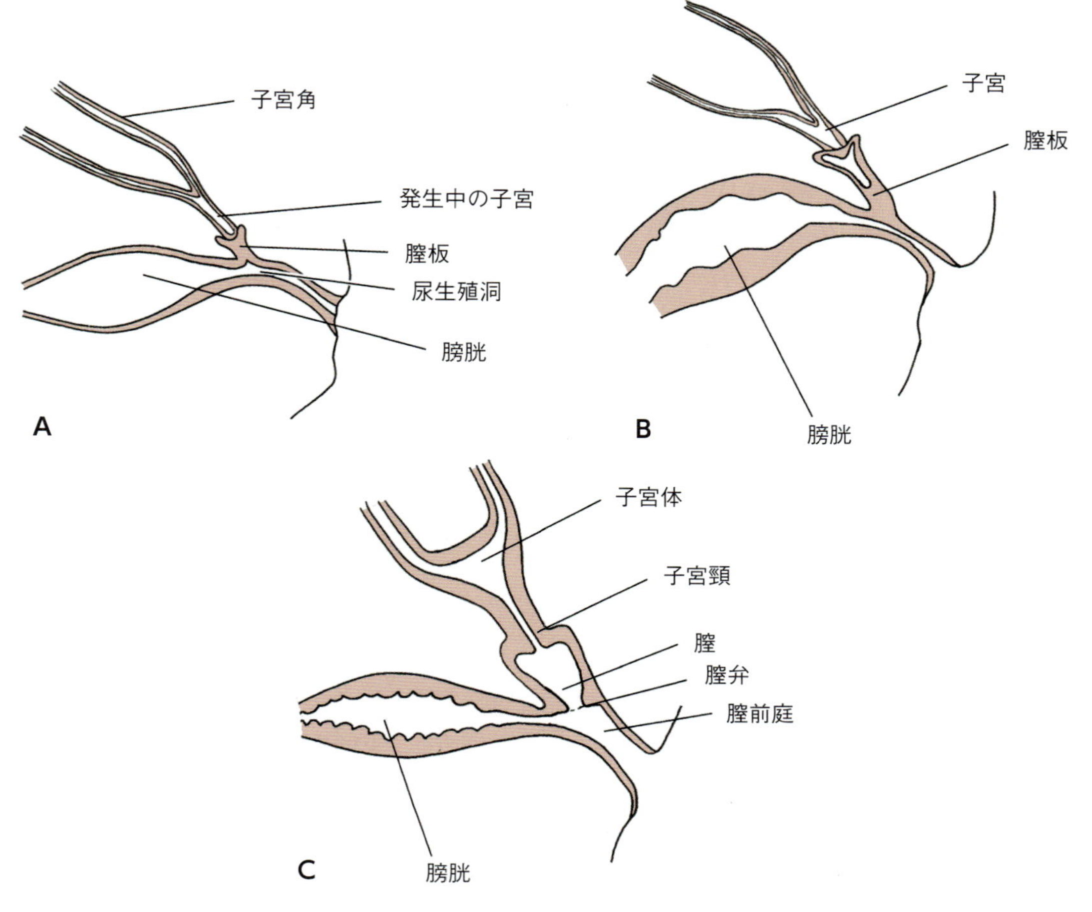

図21.7　膣発生の初段階（AからC）.

繋ぐ経路を形成する.

生殖ヒダの形成

泌尿生殖器系は後腹膜領域で発生し腹膜腔に突出する．中腎の退縮に従って，生殖腺と生殖管は薄い腹膜のヒダによって吊り下げられた状態となる．生殖管の尾側領域は互いに近づき正中線で融合する．このときに付近の腹膜同士が融合することにより，生殖ヒダが形成される（**図21.8**）．雌では，このシート状の腹膜が子宮広間膜と呼ばれ，次の3区分を成す．卵巣を吊り下げる卵巣間膜，卵管を吊り下げる卵管間膜および子宮を吊り下げる子宮間膜である．雄胚子の生殖ヒダでは，精巣を吊り下げる部位は精巣間膜，精管を吊り下げる部位は精管間膜と呼ばれている.

外生殖器

胚子生殖器系がまだ未分化な段階で，原始線条からの間葉細胞が排泄腔膜周囲領域に移入し二つの隆起したヒダ，すなわち排泄腔ヒダを形成する．これらのヒダは腹側で融合し生殖結節となる．発生後期に尿直腸中隔形成の結果，排泄腔ヒダは肛門膜と尿生殖膜へと分かれる．やがて肛門膜と尿生殖膜は破れ，直腸と尿生殖洞は外部と連絡するようになる．尿生殖洞の内胚葉細胞は増殖し，生殖結節の中胚葉内へ成長し，尿道板を形成する．排泄腔ヒダもまた背側は肛門ヒダへ，腹側は尿生殖ヒダへと分かれる．それぞれの尿生殖ヒダの外側に位置する中胚葉は増殖し，生殖（陰唇-陰嚢）隆起を形成する（**図21.9**）.

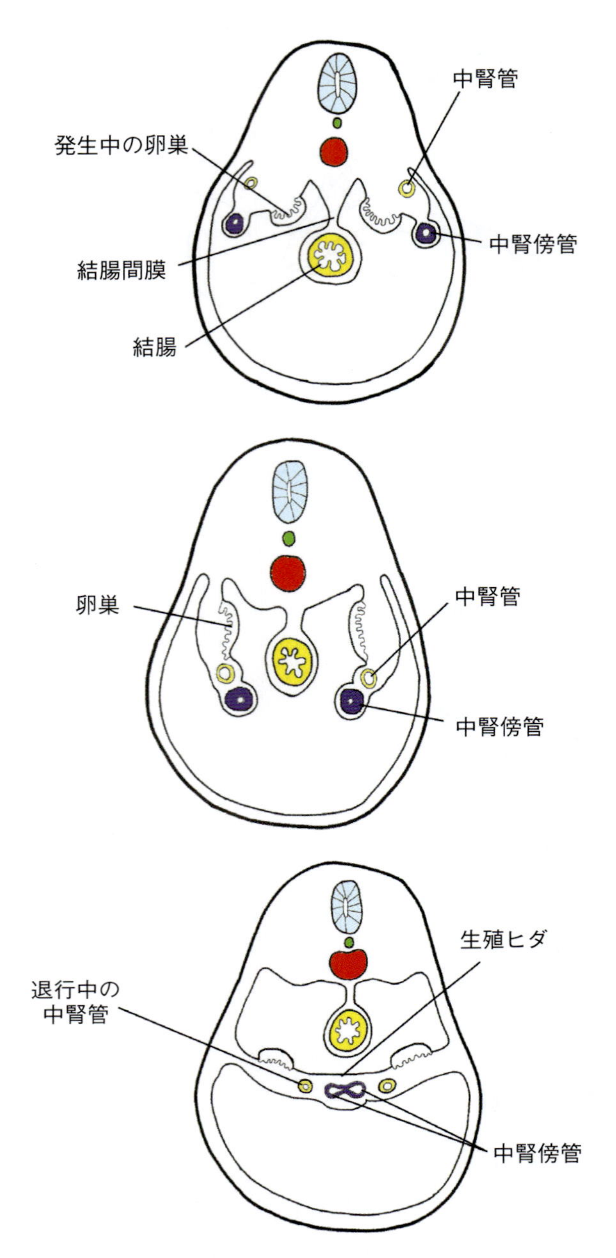

図21.8 哺乳類雌胚子の横断図．生殖隆起発生の諸段階を示す．

外生殖器の分化

雄胚子では生殖結節が頭腹側方向に急速に伸長する．尿生殖ヒダも前方に進展し，尿道板の外縁を形成する．尿道板には尿道溝が生じる．尿生殖ヒダが融合することで，尿道溝は尿道の海綿体部と呼ばれる管を形成する（**図21.10**）．尿生殖ヒダの融合に伴って，尿道の海綿体部は陰茎の主部の中へ入っていく．しかし尿道板は陰茎の先端までは伸長しない．陰茎の先端に陥入する外胚葉芽は尿道の海綿体部内層の内胚葉細胞と融合する．この外胚葉細胞の索は後に管状になり，結果として尿道の海綿体部は陰茎の先端で開口する（**図21.11**）．ネコ胚子では生殖結節は頭腹側に伸長しないためネコ陰茎は先端が尾側方向を向いた胎子期の位置のままとなる．雄ヒツジや雄ヤギでは尿道はさらに伸長し，陰茎の先端を越えて尿道突起となる．陰茎海綿体，白膜および尿道海綿体は生殖結節の間葉から生じる．食肉類では陰茎海綿体の頭側端で間葉組織が骨化し，陰茎骨となる．包皮は間葉細胞と生殖結節周囲の外胚葉により形成される．

生殖（陰唇-陰嚢）隆起は陰嚢窩を生じ，肛門から腹側の左右の内側面が融合することにより，陰嚢が形成される．陰嚢窩の融合部は陰嚢縫線として残る．陰嚢の最終的な位置は種によって異なる．ウマと反芻類では生殖（陰唇-陰嚢）隆起は頭側に移動し，陰嚢は鼠径部に位置する．一方，ネコやブタでは肛門より腹側に位置する．またイヌの陰嚢は鼠径部と肛門の中間に位置する．

雌胚子では腟前庭が尿生殖洞の尾側端から生じる．尿生殖ヒダは融合せず陰唇となる．前庭底部に位置する生殖結節は陰核を生じる．陰核は腹側で陰唇によって被われる（**図21.9**）．

哺乳類における性分化関連因子

魚類，両生類，爬虫類において，子の性は温度や光といった環境的要因により決定される．哺乳類の生殖腺の分化はほぼ受精卵の遺伝子型によって決定されるが，その後の生殖腺の分化は一連の性分化関連因子の支配によって進行する（**図21.12**）．生殖管や外生殖器の分化は性ホルモンによって事実上決められる．そのため，多くの性分化異常は受精の際の遺伝子型の異常に起因する場合と，生殖腺と外生殖器の発生に影響する環境因子に起因する場合に分けられる．

性分化と生殖腺発生の分子的側面

哺乳類においてY染色体上の短腕に位置する性決定遺伝子 *sex-determining region Y*（*Sry*）の存在により，未

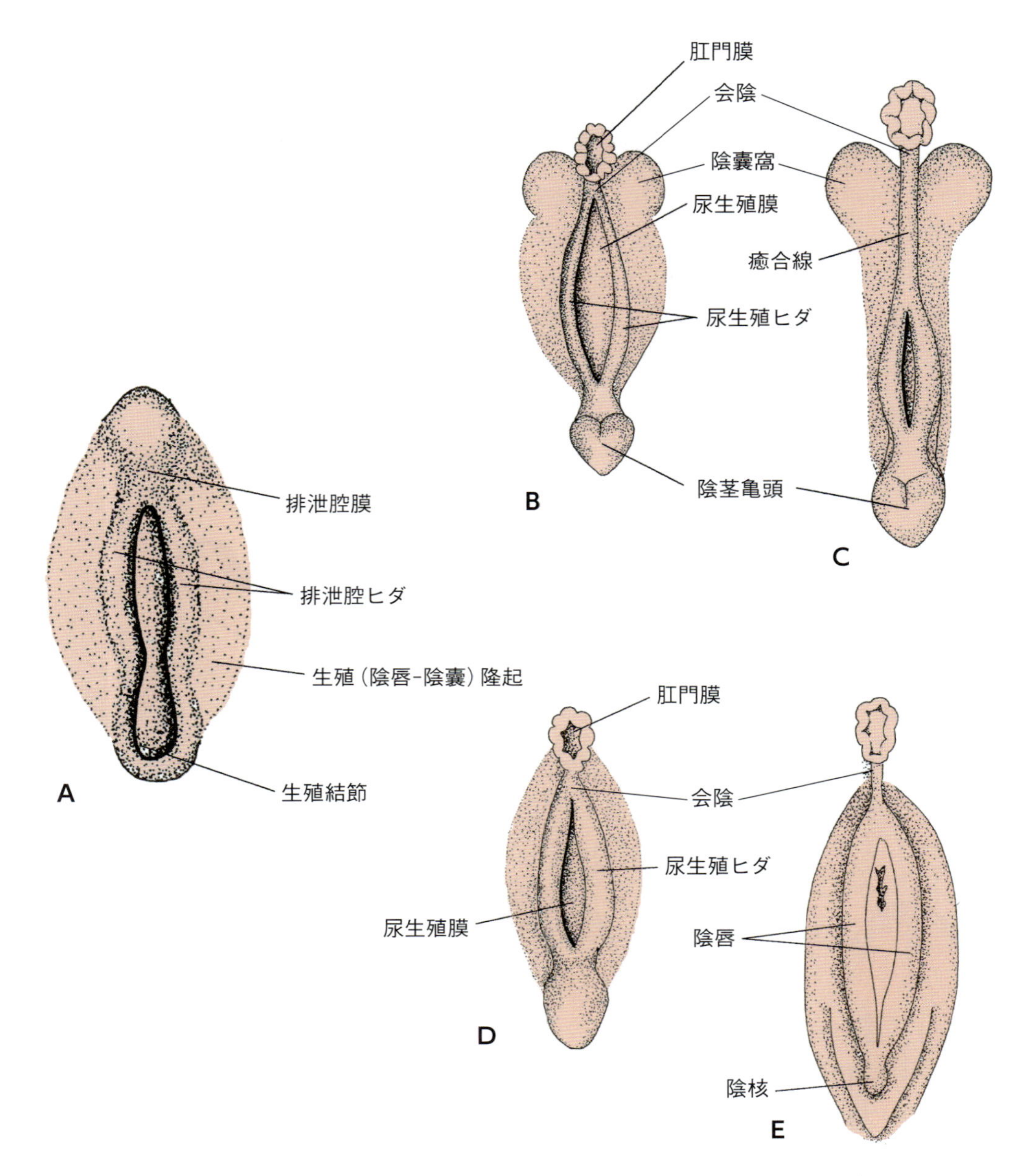

図21.9 雄と雌の外生殖器の発生．A：外生殖器の未分化な段階．BとC：雄外生殖器発生の諸段階．DとE：雌外生殖器発生の諸段階．

分化生殖腺から精巣への発生が決定される．*Sry*により誘導される一連の事象により，未分化生殖腺は精巣へと発生する．*Sry*の発現調節の異常は精巣の正常発生を損うことから，*Sry*の正確な時空間的発現が重要であるとともに，*Sry*の発現調節の異常が多くの性分化疾患の原因となることが示されている．いくつかの転写因子やエピジェネティックな調節因子が*Sry*の発現調節を担っていることが知られている．*Sry*が誘導する発生現象への影響の大きさに対して，その発現は少数の細胞に，かつ特定の時期にのみ限られる．マウスにおいて*Sry*の発現は胎齢10.5日から生殖腺の中央部で認められ，胎齢11.5日には生殖腺全体を被うように広がっていく．その後，その発現は検出できないレベルへと低下していく．

Sryの発現は精巣の発生を促進する一連のシグナル伝達を開始するとともに，卵巣の発生を抑制する（**図21.12**）．*Sry*遺伝子の他にも，*Gata-4*，Wilm's tumor-1（*Wt-1*），*Dax-1*を含むいくつかの遺伝子が

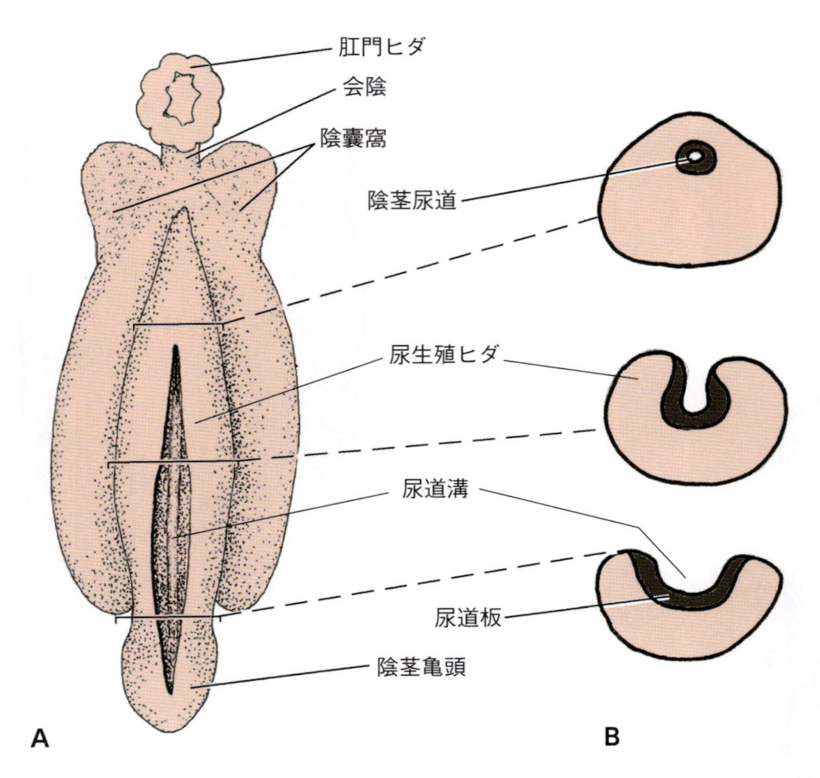

図21.10 尿道溝の閉鎖位置(A)と異なる位置(B)での横断図．尿道溝から管である陰茎尿道への変化の段階を示す．

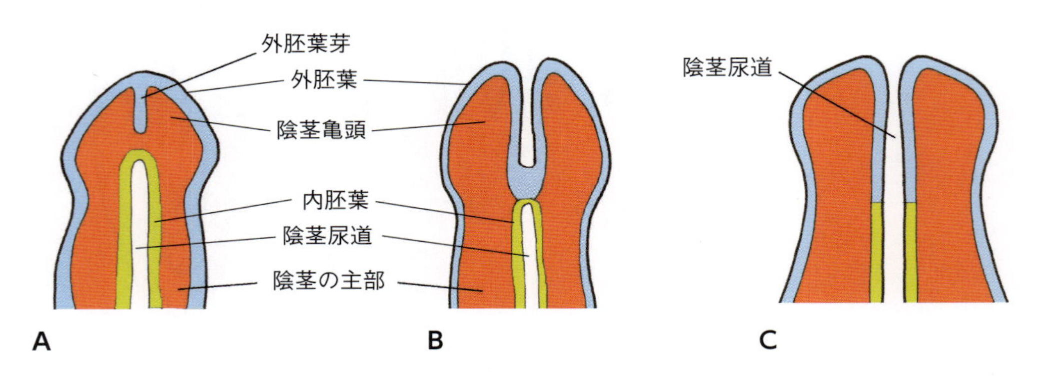

図21.11 陰茎尿道終末部の発生段階(AからC)．

雄性分化に関わっている．雄性化因子の一つである*Sox-9*は，*Sry*により活性化され，精巣発生の中心的な役割を担う．*Sox-9*の標的遺伝子には抗ミューラー管ホルモン(*Amh*)，*Fgf-9*，デザート・ヘッジホッグ(*Dhh*)，プロスタグランジンD合成酵素をコードする遺伝子が含まれており，これらはセルトリ細胞，ライディッヒ細胞の発生に必須の因子である．セルトリ細胞が中腎傍管抑制ホルモンを分泌することで中腎傍管の退行を引き起こし，一方でライディッヒ細胞がテストステロンを分泌することで中腎管の発生を促進する．

雄の哺乳類では，SryとSox-9が最初にR-spondin1(*Rspo-1*)を抑制することにより卵巣への発生を抑制する．*Sry*非存在下では*Rspo-1*の発現が上昇し，Wnt-4の活性とβ-カテニンシグナルが増加することによって，卵巣への発生が促進される．未分化生殖腺から卵巣への発生には，Dax-1とWnt-4が直接的に影響する．X染色体の短腕に位置し，核内ホルモン受

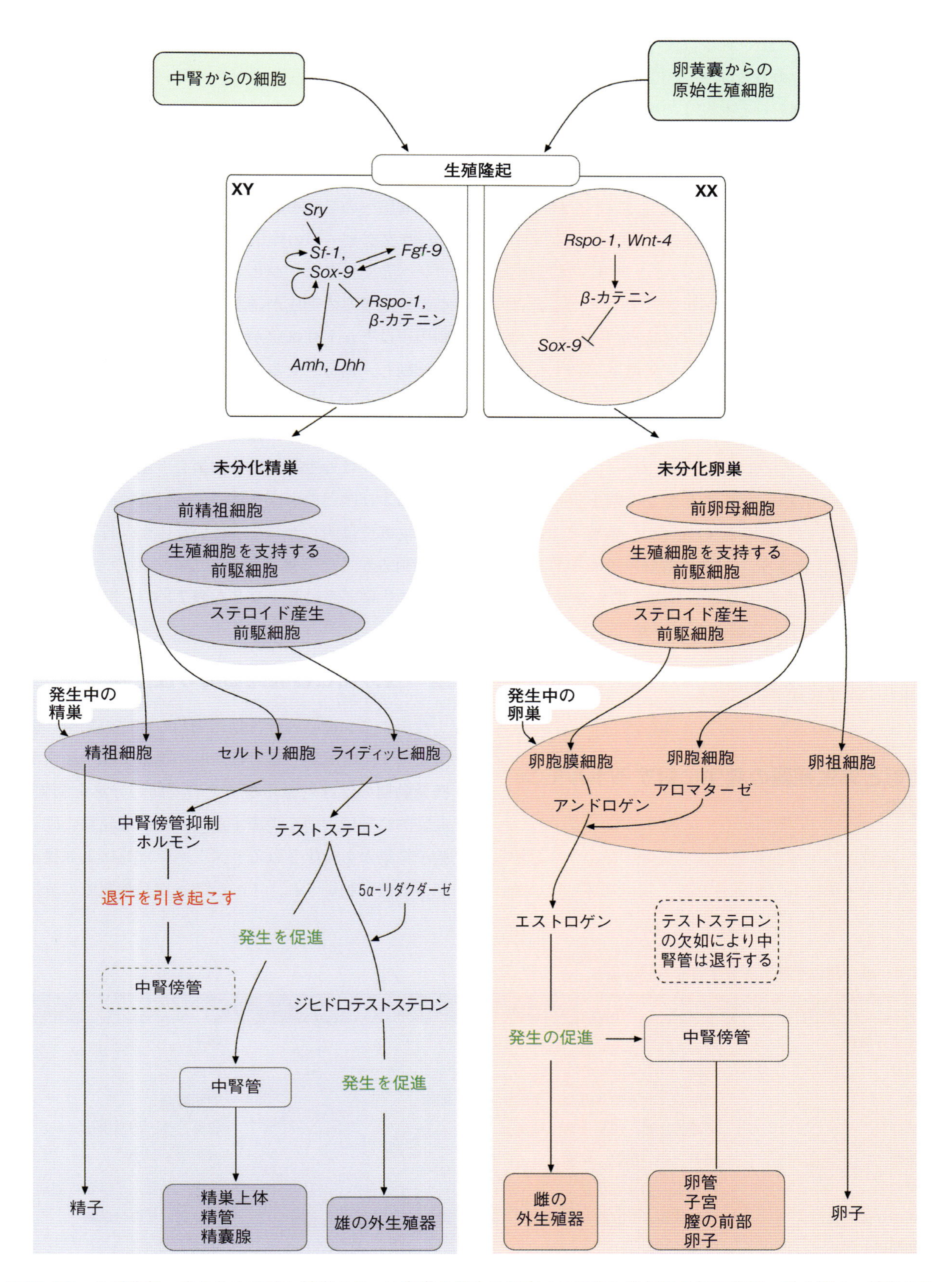

図21.12 生殖隆起，未分化生殖腺と精巣あるいは卵巣の発生を規定する細胞と遺伝子の相互作用．引き続き，精巣あるいは卵巣から分泌されるホルモンは雄あるいは雌の生殖管と外生殖器の発生を促す．

容体ファミリーの一員であるDax-1は，核内コリプレッサー（N-CoR）のリクルートにより，*Sry*, *Sf-1*, *Sox-9*の発現を抑制し，それによってセルトリ細胞とライディッヒ細胞への分化を抑制する．成長因子であるWnt-4は，卵巣への分化と中腎傍管の発生の両方に寄与する．その結果，胚子発生初期における*Wnt-4*の不活性化は，中腎傍管の尾側への伸長発生障害をもたらす．*Dax-1*，*Wnt-4*のいずれの倍数化もX-Y性転換を起こすことが示されており，これはSf-1依存遺伝子へのDax-1による抑制効果がSryの機能を量依存的に上回り，抑制できることを示唆している（**図21.12**）．

精巣あるいは卵巣分化の維持は成体期においても活発に起こっている．脊椎動物では，*Dmrt-1*が生殖腺の分化あるいは生殖子形成に重要な役割を担っており，また，雄性生殖細胞の分化に必要である．*Dmrt-1*は精巣化遺伝子，卵巣化遺伝子それぞれの調節領域に結合し，精巣化遺伝子を活性化する一方で，同時に卵巣化遺伝子を抑制する．一方，*Sox-9*を抑制し雄性化過程に拮抗するFoxL-2が活性化することで，生後の卵巣化が維持される．

生殖管と外生殖器の発生に対するホルモンの影響

雄生殖管と外生殖器の発生は発生中の精巣から分泌されるホルモンにより制御される．精巣形成に伴い雄型の生殖管と外生殖器が発生し，雌生殖管は退行する．胎子の精巣からは，テストステロンと中腎傍管抑制因子（抗ミューラー管ホルモン）の二つのホルモンが分泌される．テストステロンはライディッヒ細胞から分泌され，1対の雄の生殖管である精巣上体，精管および精嚢腺への分化を誘導する．またテストステロンは5α-リダクターゼの作用により，ジヒドロテストステロンへと変換され，ジヒドロテストステロンにより雄型の外生殖器の形成が誘導される．一方，中腎傍管抑制因子はセルトリ細胞から分泌され，中腎傍管の発生を抑制し，退行させる．

雌ではエストロゲンの作用により，中腎傍管が発生し，卵管，子宮および膣前部へと分化する．さらにエストロゲンは外生殖器にも作用し，陰核，膣後部，膣前庭および陰門の形成を誘導する．このエストロゲンの分泌部位は明らかになっていないが，母体と胎子組織の両方がこの分泌に関与しているものと思われる．雌雄の生殖器系の胚子原基を**表21.4**にまとめる．

脳の性分化と春機発動期の性行動

性ホルモンは脳の性行動に関わる部位の発生に影響を及ぼす．哺乳類の雌では，脳の視床下部の諸核が春機発動期の性腺刺激ホルモンの周期的分泌を制御し，最終的に発情周期を調節する．一方，哺乳類の雄では胎子精巣から産生されるテストステロンにより視床下部の機能が制御され，その後の春機発動期での黄体ホ

表21.4 雄や雌の生殖系を発生させる胚性原基

胚性構造物	雄生殖系への派生物	雌生殖系への派生物
原始生殖細胞	精子	卵子
生殖腺	精巣	卵巣
性索	精細管，セルトリ細胞，ライディッヒ細胞	卵胞細胞
中腎細管	精巣輸出管，精巣傍体，精巣垂	卵巣上体，卵巣傍体
中腎管	精巣上体，精管，精嚢	ガードナー管
中腎傍管	精巣垂，前立腺小室	卵管，子宮，子宮頸，膣前部
最終的な尿生殖洞	骨盤尿道，前立腺，尿道球腺，陰茎尿道	膣前庭とその付属腺
生殖結節	陰茎体	陰核
尿生殖ヒダ	陰茎尿道の腹側を包む組織	陰唇
生殖（陰唇-陰嚢）隆起	陰嚢	なし

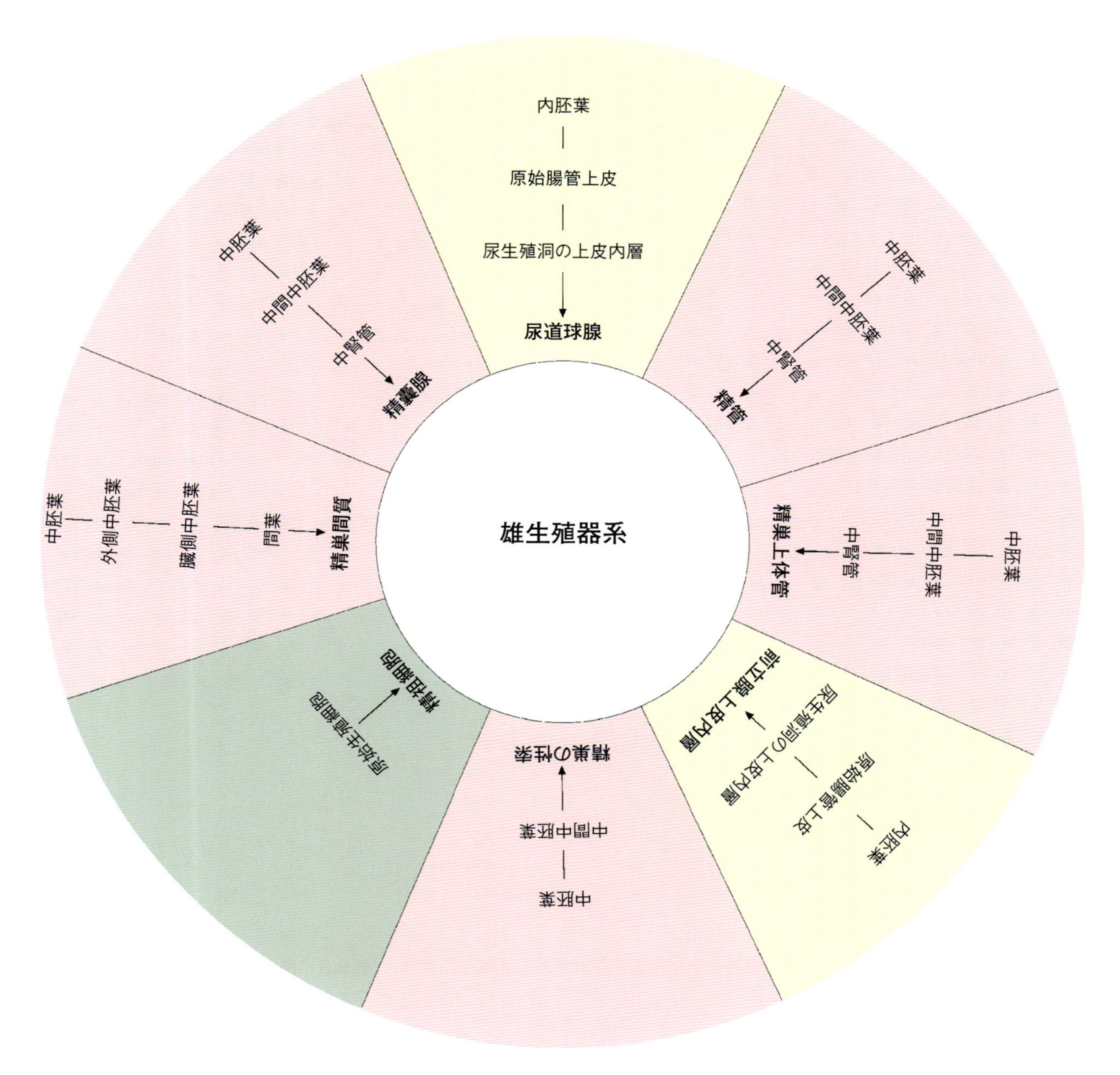

図21.13 雄生殖器系の細胞，組織，構造および臓器が形成される胚葉の派生物.（**図9.3**に基づく）.

ルモンの雌特有の周期的分泌パターンが抑制される．テストステロンが視床下部に作用するには，最初に血液-脳関門を通過しなければならない．脳内では，テストステロンはアロマターゼによりエストラジオールに変換され，エストラジオールにより春機発動期以降の黄体ホルモンの周期的な放出が抑制される．一方，エストラジオールは胎子卵巣からも産生されるが，α-フェトプロテインとの結合により血液-脳関門を通過できない．このため雌の胎子から産生されるエストラジオールでは，春機発動期以降の性腺刺激ホルモンの周期的分泌は抑制されない．

雄ならびに雌の生殖器系の細胞，組織，構造の胚子期の起源は**図21.13**ならびに**図21.14**にそれぞれ示す．

性発生の異常

生殖器系の器官発生において，その複雑な発生過程

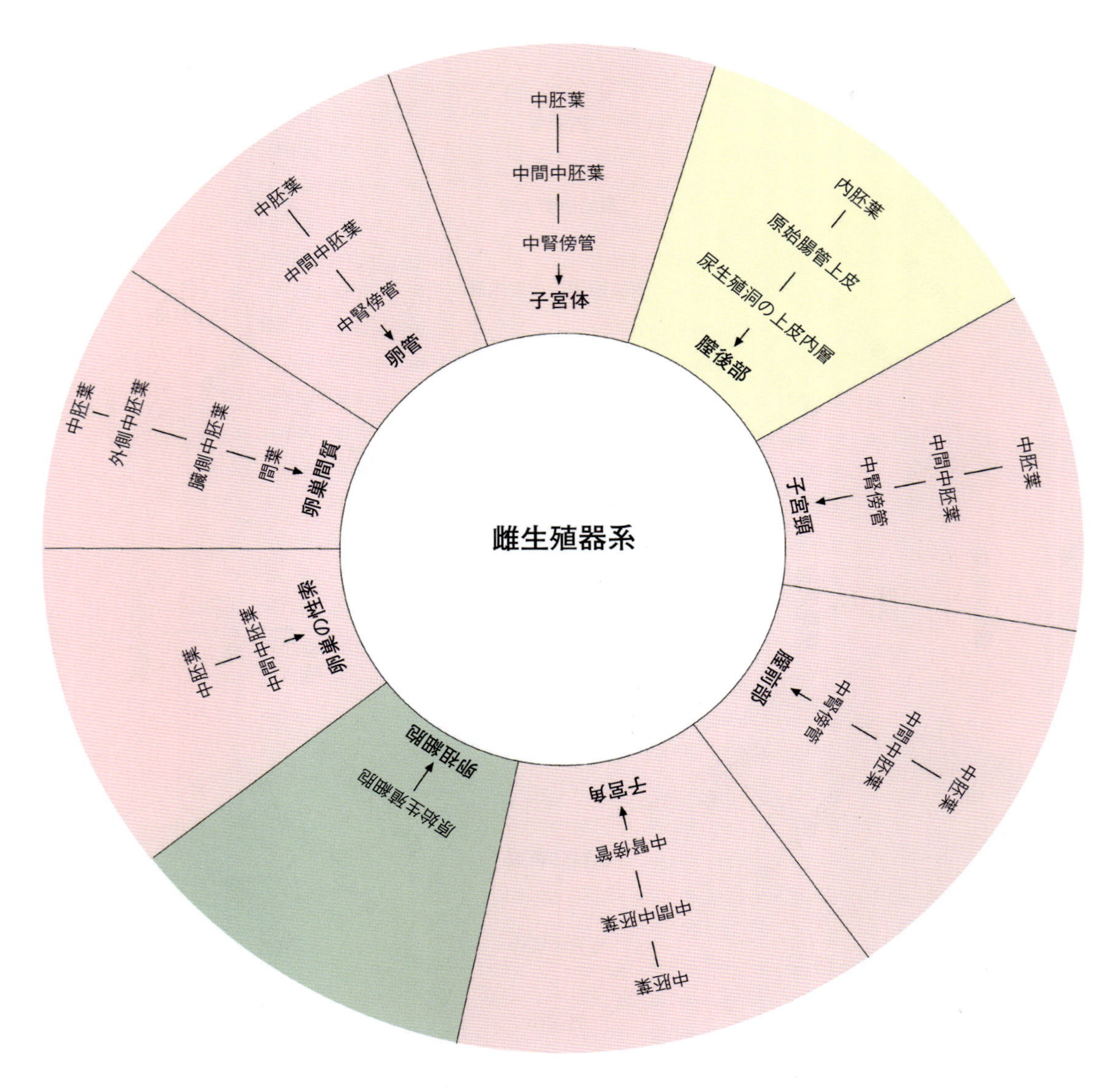

図21.14　雌生殖器系の細胞，組織，構造および臓器が形成される胚葉の派生物．（**図9.3**に基づく）．

のため，さまざまな発生異常が起きる危険性が生じる．これらの発生異常は性腺の分化期ならびに生殖管あるいは外生殖器の分化段階において染色体レベルで起こる．性別の発現は遺伝子型，生殖腺，表現型および行動など多くのレベルで評価することができるが，これらの基準に総合的に準拠して，動物個体は雄と雌に分けられる．しかし，この評価基準に当てはまらず，雌雄両方の性徴を併せ持つ個体は間性と呼ばれる．家畜の間性は基本的に遺伝子型，生殖腺および表現型の性徴の異常に関係している．間性の動物は生理的特性や生殖器官にそれぞれの性の特徴を併せ持ち，それらが非典型的な性行動の原因ともなる．付け加えると，間性の動物は遺伝子型で一方の性を持ち，表現型で他方の性を持つ．

二つ以上の異なった受精卵から由来した細胞からなる個体を「キメラ」と呼ぶ．このような2種類の細胞系が一つの胎子に組み込まれる現象は，自然発生的にも，あるいは実験的にも起こり得る．「モザイク」という用語は，一つの受精卵由来で，遺伝子変異により2種類以上の異なった核型を持つ細胞で構成される個体の名称に使われる．

精巣と卵巣の両方を持つあるいは卵精巣を持つ個体を半陰陽と呼ぶ．偽半陰陽は生殖管，外生殖器あるいは一部の性徴が生殖腺の性と反対の性を有する個体を示す．この個体は生殖腺の性型を基準に雌雄が決められる．つまり，雄の偽半陰陽は精巣を持ち，雌型の外生殖器を持つ．

真性半陰陽は発生の初期段階での生殖腺異常に起因する病気であり，それにより卵巣と精巣が別々に，あるいは一緒になって卵精巣として発生する．*Sry* 遺伝子を含むY染色体上の部分断片がX染色体へ転座することにより，XX精巣が誘導されることが明らかになっている．真性半陰陽は，家畜のすべてにおいて，特にブタで報告されている．この真性半陰陽は実験的に作出したキメラと関連して観察されている．

雌の偽半陰陽は発生の未分化期の胎子に男性ホルモンが作用することにより発生するが，極めてまれな異常である．雌の胎子が外来性の男性ホルモンに暴露されることにより，中腎管の分化や尿生殖洞の発生が雄型へと誘導される．しかし中腎傍管は正常に雌型の生殖管へと発育する．雌の偽半陰陽の性染色体の構成はXXとなる．

雄の偽半陰陽は家畜において最も頻繁にみられる間性の形の一つである．この雄の性分化異常は，胎子精巣由来の2種類のホルモン（中腎傍管抑制因子とテストステロン）の分泌異常，あるいはこれらのホルモン標的細胞の不感受性に起因する．両精巣ホルモンが欠損した場合，中腎傍管が退行せずに残存し，個体は雌型の外生殖器を持って生まれる．このような例はブタとイヌで報告されている．ジヒドロテストステロンの標的細胞での機能的な受容体が欠損し，かつ中腎傍管抑制因子が分泌される場合は，雌雄いずれの生殖管も欠失し，外生殖器は雌型となる．アンドロゲン受容体の欠如による雄の偽半陰陽はヒト，ウシ，ヒツジ，ブタ，ラットおよびマウスなどで報告されており，精巣性雌化症候群として知られている．このX染色体上のアンドロゲン受容体遺伝子の変異により，標的器官が男性ホルモンの作用に対して不感受性となる．この変異を持つ個体では表現型は雌であるのに対し，染色体構成も生殖腺の性型も雄で，精巣は腹腔内に停留する．

雄の偽半陰陽のもう一つのタイプとして中腎傍管抑制因子は欠損するが，男性ホルモンは正常である場合があり，中腎傍管派生物とともに雄型の生殖管と外生殖器が発生する．

クラインフェルター症候群（XXY）は，減数分裂時における性染色体の不分離が原因により生じる．Y染色体が存在するので，雄型の性決定遺伝子群により精巣が誘導され，雄型のホルモンを産生し，最終的な表現型は雄となる．しかし，2個のX染色体が存在することにより正常な精子発生が阻害され，形成不全の精巣となる．この病気はヒト，イヌおよびネコで確認されている．

ターナー症候群（XO）も染色体不分離により発生し，表現型は雌で，卵巣形成不全，子宮の矮小化および外生殖器の低形成などを示す．ターナー症候群では，春機発動の遅延と低身長が特徴である．この病気はヒトでよく知られているが，ウマ，ブタ，イヌおよびネコでも認められる．

卵巣発育不全は片側性もしくは両側性を含めて家畜でもしばしば認められる．ウシ，ヒツジおよびブタでは，この異常の特徴は卵巣が正常より小さく，生殖子形成能が低下している点にある．精巣と卵巣の萎縮は通常遺伝的に，あるいは染色体異常と関連しており，家畜でも認められる．

陰茎形成不全（発育不全）はイヌやネコではまれな病気である．ヒトでは下垂体機能低下症やアンドロゲン欠乏と関連する．尿道下裂は雄の先天異常で，尿生殖ヒダの一部が閉鎖せず，外尿道口が本来と異なった部位で開口する．尿道口は陰茎の腹側もしくは会陰にて開口することもある．

先天的な包皮輪狭窄症は，包皮口が狭い程度のものから完全に閉塞し排尿の障害を示すものまでさまざまであり，結果的に陰茎の突出ができず，包茎となる．

陰茎小帯遺残症では，陰茎亀頭が包皮上皮から分離できないため，陰茎が突出しない．結合組織の接着は，通常，陰茎の腹側正中線上で起こる．包皮上皮からの陰茎亀頭の正常な分離は，テストステロン依存的な過程であり，出生前後に起こる．

ウシのフリーマーチン

フリーマーチンはウシでよく認められる間性の一つのタイプである．フリーマーチンは雄（XY）と双子で生まれた雌の遺伝子型（XX）を持つ個体を示す．フリーマーチン発症の原理については議論されているところであるが，ホルモン説と細胞説の二つの仮説により，その生殖腺の形態異常が説明されている．ウシでの双子の妊娠の場合，90%以上の確率で隣接する絨毛膜尿膜の血管の末端が互いに融合し，二つの胎子の血流間で血管吻合が生じる．ホルモン説は，性分化前に血管吻合した場合，双子の雄側から性決定因子が雌胎子の未分化生殖腺に強く影響を及ぼすのが原因であると説明している．このような状況では，雌側の生殖腺は正常な卵巣の外観を示すものもあれば，精巣に似ている場合もある．中腎傍管の発生は一部阻害され，さまざまな程度の中腎管の発生を示す．中腎傍管の発生が阻害されることにより，膣前部は発生しない．しかし，尿生殖洞が発達することにより，前部閉鎖した膣後部，拡張した陰核および腹側陰唇交連において特徴的な房状の毛を生じる．フリーマーチン個体では，乳腺組織や乳頭の発生も不十分である．

細胞説は双子の雄由来のXY生殖細胞が，雌側の卵巣組織に形態的かつ機能的に影響を与えるのが原因であると提唱している．雄の生殖細胞が双子の雌の未分化生殖腺に到達し，雌の生殖腺内においてある程度，雄の生殖組織の分化を誘導するのではないかと推測している．中腎傍管の雄性化の程度は雌の生殖腺内での雄の生殖組織の発達や機能の程度を反映している．

フリーマーチンの双子として生まれた雄個体は明らかな形態的異常は認められないが，雄同士の双子の個体に比べテストステロン分泌能が低く，妊性も低い．

ウシの二卵性双子の間での細胞の移動は生殖細胞に限ったことではなく，造血幹細胞も双子間で互いに交換される．このような交換により，それぞれの双子は赤血球型が混在し，互いの組織移植に対して免疫寛容を示す．

フリーマーチンは，臨床検査上で，染色体のキメリズム（XX/XY）の立証，血液型検査および双子の一方からの皮膚移植片の定着により確認できる．

ウシ以外でのフリーマーチン

ヒツジではウシより高頻度に二卵性双生子が生まれる．ヒツジの双子では絨毛膜尿膜の血管吻合は1～65%の範囲で発生することが報告されている．しかし，雌雄の双生子の細胞遺伝子解析により，子宮内での細胞の移動は最小であり，ヒツジではフリーマーチンとなる確率は約1%程度である．フリーマーチンはブタやヤギでもまれに報告されている．

中腎傍管の部分的形成不全

胚子期の中腎傍管や膣板の発生異常はウシや他の動物種で定期的に報告されている．この病気は一つもしくは複数の以下に示す発生異常により特徴づけられる．その特徴は肥厚した無孔膣弁，膣閉塞，子宮頸管の欠如，子宮体もしくは子宮角の部分欠損が挙げられる．中腎傍管の部分形成不全により，雌性生殖管は完全もしくは部分的に閉鎖するが，卵巣は正常に発育し，周期的な発情行動も正常を示す．生殖管の分泌機能も正常に発生する．分泌機能が正常で生殖管の影響を受けた部位が閉塞するため，閉塞部位より頭側の生殖管の管腔は分泌物の蓄積により膨大する．この病気はウシの全血統で起こるが，白毛短角種の雌ウシで他の種に比べ高頻度に認められ，雌の子ウシの10%近くが異常を示すことがよく報告されている．この病気は，短角種の白色被毛遺伝子と連鎖した伴性劣性遺伝子が原因であると考えられていたが，現在，この説は否定されている．

精巣下降

雄生殖腺が腹腔内の発生部位から腹腔外の皮下領域である鼠径部に移動することを精巣下降という．哺乳類を除くと脊椎動物の精巣は腹腔内にとどまっている．哺乳類の中でも，精巣下降の過程には種差が認められる．カモノハシやハリモグラのような単孔類，アルマジロ，ゾウおよび水棲哺乳類のような一部の高等哺乳類では精巣下降は起こらず，腹腔内に精巣はとどまる．コウモリ，モグラ，ハリネズミおよびアカシカなどいくつかの種では，一年の大部分の期間，精巣が腹腔内にとどまり，繁殖期にのみ腹腔外へ下降する．しかし哺乳類の大部分では精巣は腹腔外に移動する．ラット，マウスおよびモルモットなどのいくつかの種では，危険を感じた際には一時的に精巣を腹腔内に引き込むことがある．精巣が腹腔外に下降している動物種において，正常な精子発生が進むための温度は体温より2～4℃低くなっている．

精巣発生の間，中胚葉由来である精巣導帯が発生し，中腎と精巣の後端から鼠径部へと広がる（**図21.15**）．この構造は雌雄胎子の両方に存在する．腹腔内の精巣導帯は腹膜ヒダに被われている．精巣導帯の腹腔外の領域は胎生期の腹壁に位置し，腹筋の発生に先立って形成される．この部分は陰嚢隆起の方向の後方へと徐々に広がり，その後端は球状化する．精巣導帯の周辺で腹筋の発生に伴い，腹壁の開口部で腹腔と発生中の陰嚢が連絡する．この開口部の通路は精巣導帯により占められ，鼠径管と呼ばれる．腹膜の陥入は鞘状突起と呼ばれ，イヌでは36日目，ウマやウシでは48日目に精巣導帯へ広がりほぼ完全に精巣導帯を取り囲む．その結果，腹腔内の領域と同様に，精巣導帯の腹腔外領域も腹膜ヒダより吊り下がった状態となる．腹膜鞘状突起の侵入により，精巣導帯は三つの部分に分けられる．近位部は精巣導帯は鞘状突起に囲まれる．精巣導帯の外層は鞘状突起外表面部に位置し，鞘状部と呼ばれる．鞘状下部として知られる遠位部は鞘状突起の腹側に位置する．

精巣導帯の腹腔内の領域で，中腎管と中腎傍管の両者は外側から内側に変わる位置で結合する．雄胎子では，この接着部から前方の中腎管の領域が精巣上体となり，その後方部は精管へと成長する（**図21.5**）．

精巣下降は腹腔内下降と鼠径-陰嚢下降の2段階で起こる．腰部から鼠径輪への精巣の腹腔内移動は，腰部の生殖腺の位置に比べて脊柱と周辺構造が急速に成長するため，実際よりかなり移動するようにみえる．雌雄胎子ともに，生殖腺は精巣導帯により固定された位置に維持される．生殖腺は精巣導帯によりその位置に保たれ，脊柱と周辺構造の急速な成長により前方に引っ張られないように保持される．それで相対的に後方へと移動するようにみえる．後腎は，初めに，生殖腺の後方から発生し，この体幹の成長により前方に引っ張られ，最終的に生殖腺の前方に位置することになる（**図20.4E**参照）．

精巣下降は精巣導帯の発達を促す中腎傍管抑制ホルモンの影響を受ける．腹腔内下降を調節する主ホルモンはインスリン様ペプチド3（insulin-like hormone 3；

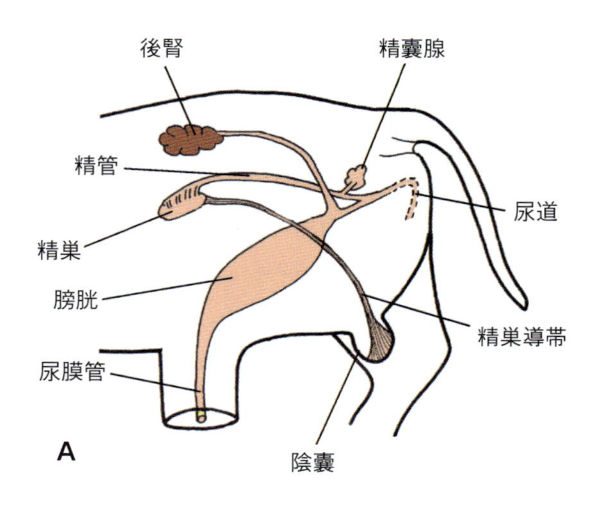

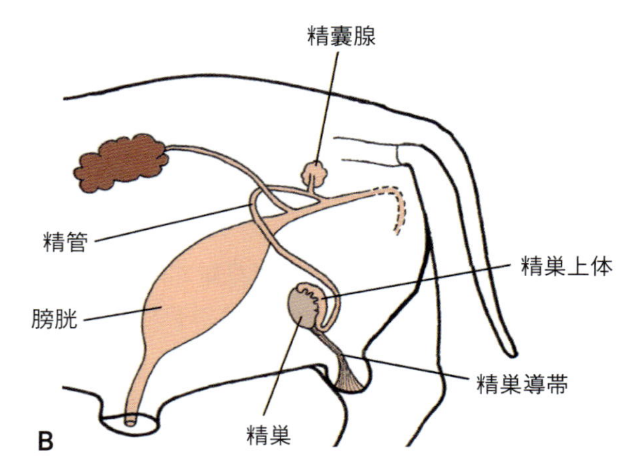

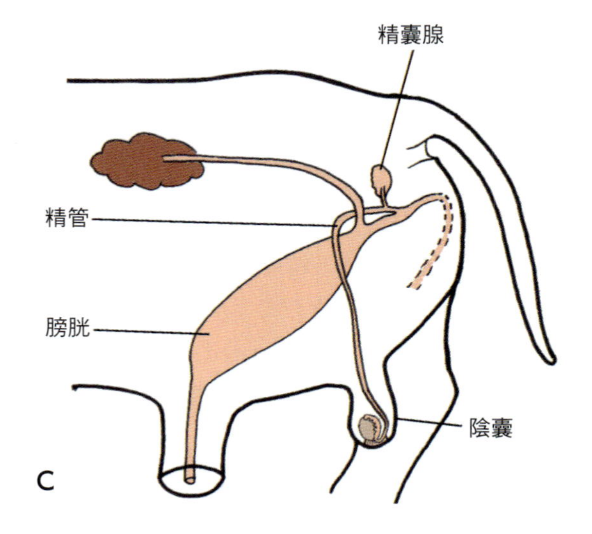

図21.15　背側位置からのウシ精巣下降の諸段階．A：腹膜腔へ下降．B：腹側位置への下降．C：陰嚢での最終位置．

Insl3）であり，精巣のライディッヒ細胞から分泌される．Insl3は精巣導帯の細胞の有糸分裂を促進し，腹

表21.5 ヒトと家畜で起こる精巣下降での主な現象が起こる時期．数字は妊娠日数もしくは生後日数を示す．

種	生殖隆起の形成	精巣形成	腹腔内下降の開始	鼠径-陰嚢下降の開始	精巣下降の完了
ヒト	妊娠49日	妊娠56日	妊娠70日	妊娠182日	妊娠245日
ブタ	妊娠21〜22日	妊娠27日	妊娠55日	妊娠90日	出生近く
ウマ	妊娠30日	妊娠34日	妊娠45日	妊娠310日	出生近く
ウシ	妊娠30〜32日	妊娠41日	妊娠80〜90日	妊娠112日	出生近く
ヒツジ	妊娠22日	妊娠31日	妊娠60〜65日	妊娠75日	出生近く
イヌ	妊娠23〜24日	妊娠29日	妊娠42日	生後4〜5日	生後35〜45日

腔外領域の精巣導帯の腫脹とそれに伴う腹腔内領域の短縮を引き起こすことで，精巣導帯に付着している精巣を尾側方向へ牽引する．精巣が鼠径輪に近づくと，精巣上体尾部が鼠経管の中へ入っていく．腫脹した精巣導帯は深鼠径輪を押し広げ，それにより，鼠経管内への精巣の侵入が容易になる．精巣が深鼠径輪に達するのは，イヌでは妊娠50日目，ブタでは妊娠70日目，ヒトでは妊娠150日目，ウマでは妊娠240日目である．

腹圧が腹膜鞘状突起を介して精巣導帯を伸張し，精巣を内鼠径輪へと押すと考えられている．精巣導帯の一部の間葉系細胞は分化して精巣挙筋を形成し，その収縮により，鼠経-陰嚢下降を促進していると考えられている．精巣の鼠径管通過はウシやブタですばやく，ウマではゆっくり進む．精巣が鼠径管を通りすぎると，精巣導帯は退行し，陰嚢への精巣下降がさらに進む．精巣導帯は主に精巣導帯内の細胞間液の急激な減少により小さくなる．鼠径-陰嚢下降はアンドロゲン依存性である．アンドロゲンは，鼠経管内を通る陰部大腿神経-腰髄神経を介して，精巣導帯に作用する．陰部大腿神経は神経伝達物質としてカルシトニン遺伝子関連ペプチド（calcitonin gene-related peptide；CGRP）を放出する．このCGRPは，精巣導帯の遠位部分における細胞分裂を促進することに加え，精巣導帯に方向のシグナルを伝達する走化性物質として作用するといわれている．精巣発生および精巣下降における種差を**表21.5**に示す．

ウマ新生子の剖検調査により，新生子の約50％の個体しか精巣下降を起こしていないことが明らかとなっている．生後1日の新生子の陰嚢の触診は，精巣導帯の球状の遠位部が精巣と間違えやすいので精巣下降の有無の判定法として確実ではない．精巣下降に引き続き，精巣後端と精巣上体間の精巣導帯の一部は固有精巣間膜として残る．精巣上体と精巣鞘膜壁側板の間の精巣導帯は精巣上体尾間膜を形成する（**図21.5**と**21.16**）．

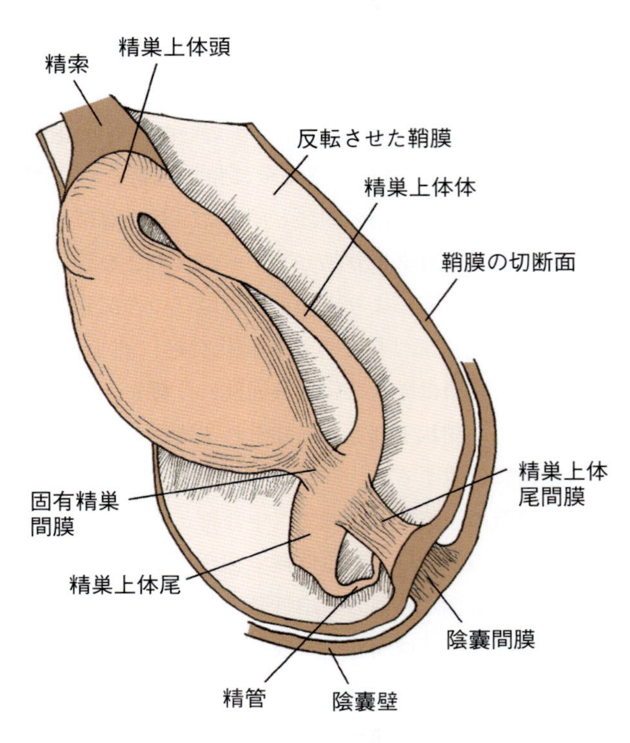

図21.16 陰嚢内での精巣の位置と精巣導体から形成される三つの靱帯の付着部．鞘膜は反転されている．

精巣が鼠径管を下降した後に陰嚢と別の位置に移動した場合，異所性精巣と呼ぶ．

卵巣の移動

雌では一部の動物種で腹腔下での卵巣の移動が起こる．イヌやネコでは卵巣は腎臓後方，腰部下方に位置する．雌ウマの卵巣は腎臓と骨盤前口の間の中間部に移動する．ウシやブタでは移動はより顕著であり，卵巣は骨盤前口に位置する．卵巣と中腎傍管の間の卵巣導帯は固有卵巣索を形成し，残りの卵巣導帯は子宮円索を形成し，子宮間膜に位置する．雌イヌでは子宮円索は突起状構造をとるため，鼠径輪深部に入り込み，鼠径ヘルニアの原因になることもある．

潜伏精巣

潜伏精巣は正常な精巣下降の失敗として，すべての哺乳類に認められ，ウマやブタならびに小型犬種で最もよく発生する．両側の潜伏精巣の個体は不妊であるが，ライディッヒ細胞の機能は腹腔内温度の影響を受けないため，通常，肉体的にも行動的にも完全な雄型の性徴を示す．潜伏精巣は精巣の発生異常，鞘状突起の発生不全と異常，精巣導帯の発生異常，ホルモンのバランス異常と欠損に起因する．潜伏精巣は片側性，両側性に関わらず，遺伝性疾患と考えられている．ウマでは，優性遺伝に起因すると考えられている一方，他の動物種ではおそらく常染色体性の劣性遺伝であると思われる．ヒトとイヌでは，正常な精巣と比べて，潜伏精巣での腫瘍の発生頻度は上昇する．

乳腺の発生

哺乳綱の決定的な特徴はこのグループの動物の名前の由来にもなっているが，このグループの全動物種の雌に乳腺が存在することである．乳腺は哺乳類の亜網ごとに同じ基本構造を有している．乳腺は種の存続を確実にするために新生子に対する親の世話の増大が要求された時期に進化した．乳腺の分泌物である乳汁は小嚢状の腺胞に組織された特殊化した上皮細胞で合成される．乳汁は導管系に放出され，さらに体の表面に誘導される．乳腺の進化的な起源に関しては論争があるが，現在の発生学的および比較解剖学的証拠は乳腺が汗腺から進化したことを示唆している．

単孔類

ハリモグラやカモノハシのような卵を生む単孔類では，乳頭を欠く2個の乳腺が腹部に位置している．各乳腺は100～200個の独立した小葉からなり，小葉導管が皮膚に直接開口する．

有袋類

胎生である有袋類の中には，着床後4週間までという短い妊娠期間しかないものもいる．したがって，この動物種では泌乳が新生子の発生と成長に重要な役割を果たしている．乳腺は一般に乳嚢あるいは育児嚢に接して位置している．2～25個の乳腺が有袋類のそれぞれの種に存在する．

真獣類

子宮内の胎盤によって維持される胎生哺乳類は出生時には相対的に成熟している．モルモットのようないくつかの動物は乳汁がなくても生存できるが，乳汁はたいていの動物種の新生子にとって重要な栄養源になっている．さらに初乳という乳汁は生後第1週の間に新生子に受動免疫を賦与する．

家畜の乳腺の発生

高等哺乳類では十分に機能的な乳腺は管状胞状の複雑な構造を呈し，結合組織で葉と小葉に区切られている．家畜では乳腺は胎子腹壁の腋窩部から鼠径部にかけてみられる2列の上皮性肥厚である乳腺から発生する．乳腺の数と位置はそれぞれの動物種で異なる．家畜のうち，乳用牛は乳汁産生動物として特に重要な位置を占め，その目的のために選択的な品種改良が行われてきた．したがってウシ乳腺の発生はこの外分泌腺の一連の分化段階を説明するのに有効と思われる．

ウシ乳腺の発生

乳腺の発生を出生前分化と生後発達という2段階に分けて考えるのが一般的である．胎齢約30日のウシ胎子では，乳腺は前肢芽から後肢芽にかけてみられる．乳腺が発生する際に表皮で起こる変化は皮下の中胚葉

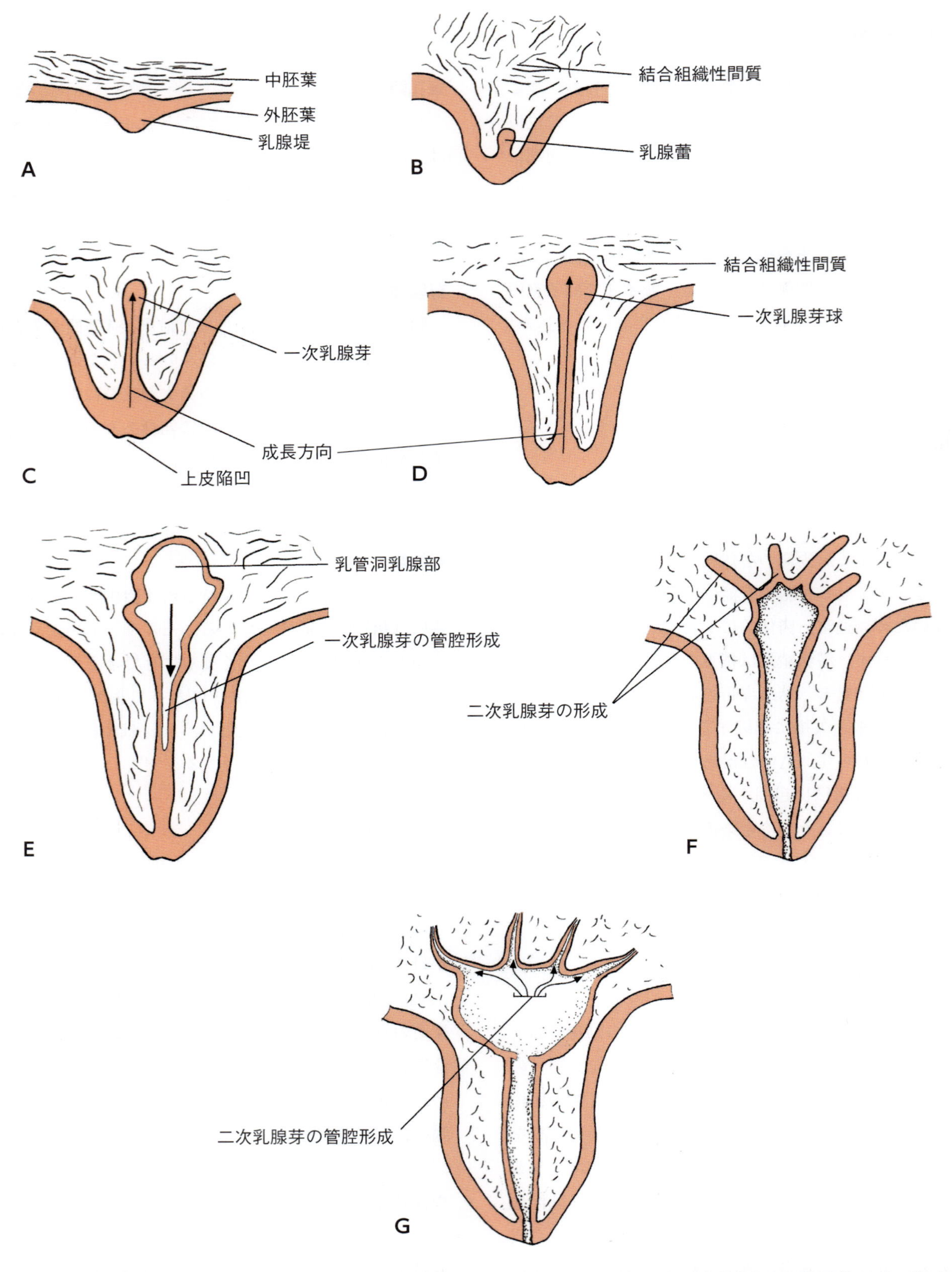

図21.17　ウシ乳腺形成における一連の段階．A：乳腺堤を通る横断面．B：乳頭原基の形成途中での乳腺蕾を通る横断面．CとD：一次乳腺芽の形成．E：一次乳腺芽の管腔形成と乳管洞乳腺部の形成．F：乳管洞乳腺部からの二次乳腺芽の形成．G：二次乳腺芽の管腔形成．

によって誘導される．臍より後部の乳腺の部位が将来乳腺が発生してくる領域を表している．2列の明瞭な表皮の肥厚である乳腺堤が左右の乳腺上に形成され，横断切片では最初レンズ形にみえる（**図21.17**）．連続的な表皮の増殖に伴って，肥厚した表皮は間葉中に広がって半月形になり，乳腺蕾といわれるようになる．乳腺蕾はよく発達した基底膜で間葉から隔てられている．次に細胞の変化が乳腺蕾の中心部で起こる．乳腺蕾辺縁の細胞は円柱状となってその長軸が中心部を向くが，中心部の細胞は密に詰まらず，しかも角質化していくようにみえる．この発生段階では，乳腺堤あるいは乳腺蕾に組み込まれない乳腺部分は徐々に退縮する．乳腺蕾段階になるまでは，乳腺の発生過程は雌雄の胎子とも類似している．その後，雌胎子の乳腺蕾は体表に対して垂直な長軸を持つ卵円形となり，一方，雄胎子では球形になる傾向がある．

乳腺蕾周囲の間葉細胞の増殖により組織が体表面へ盛り上がって円錐乳頭あるいは原始乳頭を形成する．乳腺蕾の表皮細胞は増殖して間葉組織中へ移動し，発生する乳頭の先端側がくびれる棍棒状構造を形成する．この構造は一次乳腺芽といわれている．乳頭先端の表皮細胞は角質化して，そこにごく浅い陥凹を形成する．

胎齢約4カ月には，一次乳腺芽は近位端で管腔を形成して，乳管洞乳腺部（乳槽）を形成する．管腔形成は乳頭先端にも広がるので，乳管洞乳頭部（乳頭洞）と乳頭管（乳管）が形成される．乳頭壁内の血管分布，筋および結合組織の構成成分は間葉由来である．胎齢4カ月後には，8～12個の二次乳腺芽が乳管洞乳腺部から周囲の組織中に放射状に広がっていく．管腔を形成すると，これらの二次乳腺芽は乳管となり，発生後期には乳管は乳腺葉を乳管洞乳腺部に連結する．三次乳腺芽は乳管から発生し，原始導管系を完成する．原始導管系は出生するまで発生し続けるが，乳管洞乳腺部の腺体領域に限定される．

ウシ乳腺の腺体の分化

結合組織の支持と血管分布が周囲の間葉細胞から供給される．持続的な間葉の発生により4個の乳腺が結合して乳房といわれる解剖学的に明瞭な1個の構造になる．間葉細胞からなる球形の細胞塊が発生する乳腺の腺体内に形成され，脂肪パットといわれる脂肪組織に分化する．脂肪組織の形成は発生中の乳腺の基部で起こり，胎齢210日頃に始まる．乳腺の保定装置は内側に2枚，外側に2枚の計4枚の結合組織からなり，間葉組織から形成される（**図21.18A**）．内側の2枚の保定装置は並んで1枚の中隔となり，乳房を左右に分けている．前後の乳腺は左右とも中隔で分けられていない．毛包は胎齢120日頃に発生し始めるが，乳房体のみで乳頭にはみられない．

ウシ乳腺の生後発達

わずかながら乳腺の発達は生後から春機発動期まで起きている．この期間に起こる大きさの増大はどれも結合組織の増殖や脂肪の蓄積に起因するものである．緩やかな性成熟の開始および卵巣ホルモンの分泌に伴って，乳腺は加速的に発達する．エストロゲンは導管系の発達を促進し，一方プロゲステロンは腺胞の発達を促進する．成長ホルモンおよびグルココルチコイドは導管の発達を促進する．妊娠中は卵巣および胎盤ホルモンの影響下で，腺胞組織の著しい増加が起こる．腺胞細胞が脂肪細胞と置き換わるように，蓄積脂肪は小葉構造を呈する腺胞組織で置き換わるので，乳腺内の腺胞組織の量は増大する（**図21.16B**）．腺胞の増殖は分娩時まで持続しており，泌乳の初期まで続いている可能性もある．ウシ乳腺は妊娠7カ月から乳汁を分泌できるが，それはおそらく妊娠に伴う高濃度のエストロゲンとプロゲステロンが妊娠後期まで腺胞細胞の乳汁合成を阻害することにより催乳ホルモンの作用を抑制している．このような催乳抑制の解除により妊娠7カ月以後に流産したウシは乳汁を分泌できる．

何十年にも及ぶ乳用牛の選択的品種改良により，巨大化した乳腺を持つ高泌乳牛が作り出された．この選択的品種改良は商業的関心で行われ，乳汁産生量の多大な増加と高額の収入をもたらしたが，このようなウシに代謝病の高い発生率と乳腺の感染症の増大ももたらした．

ウシ乳腺発生の異常

多乳頭は小さな副乳頭が余分な乳腺蕾の発生の結果

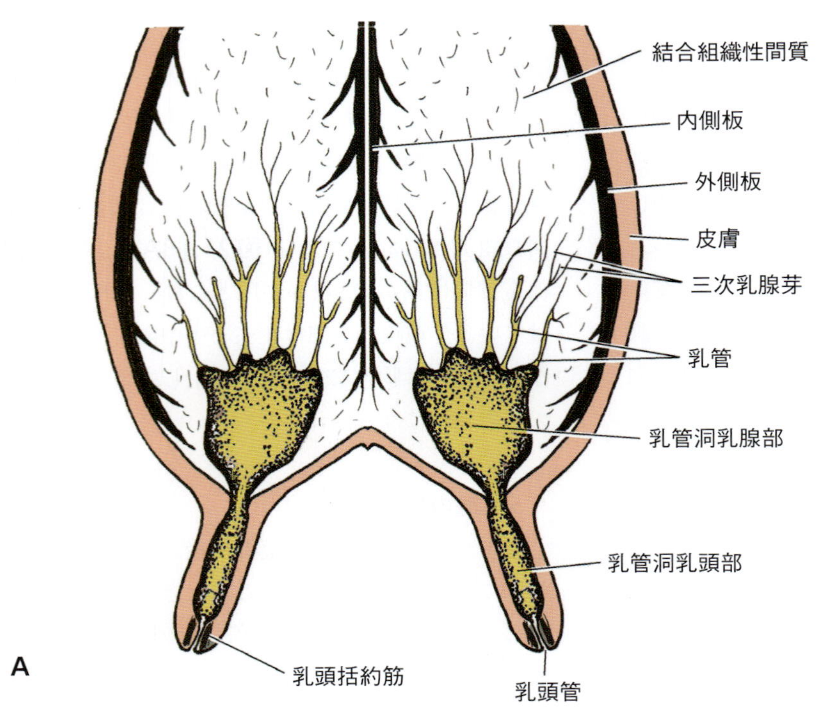

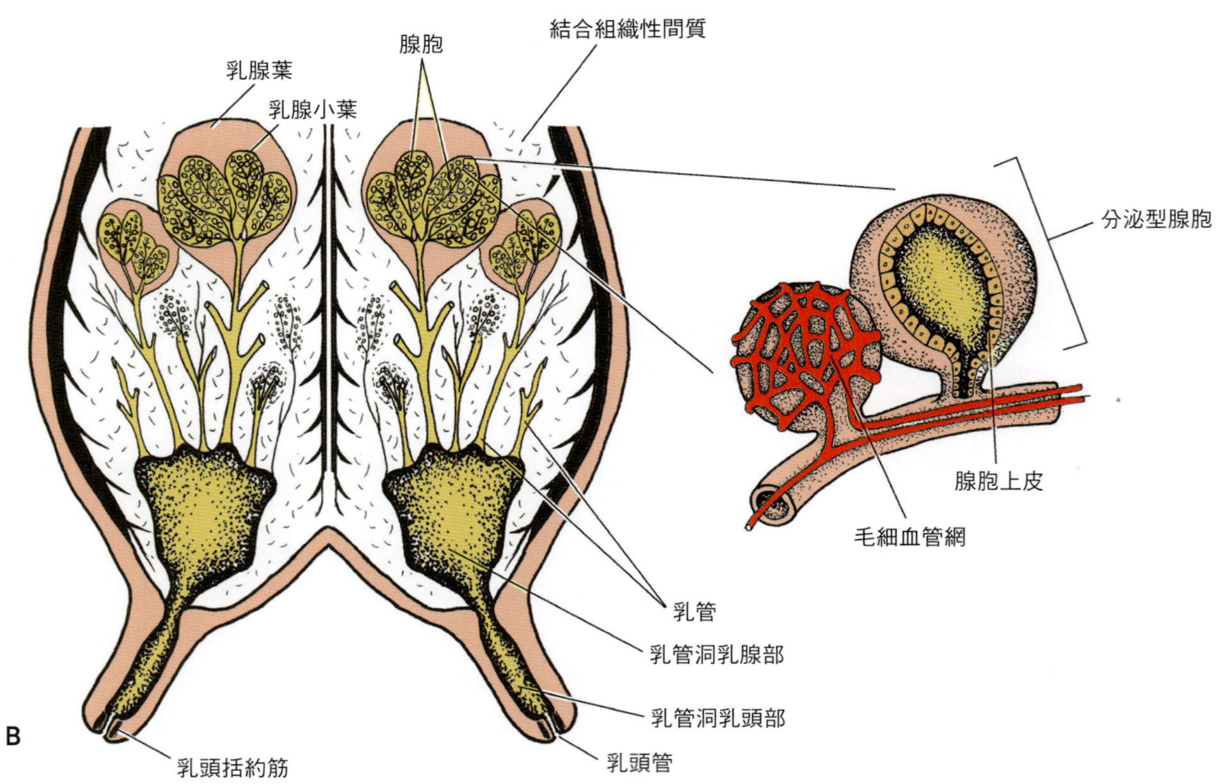

図21.18 ウシ乳腺の生後発達．A：乳管系の増殖と乳腺の保定装置の形成．B：腺胞系の形成．

として発生する状態であるが，しばしば乳用牛に発生する．これらの副乳頭は過剰乳頭ともいわれており，一般に正常乳頭の後背位にみられる．これらの乳頭はしばしば痕跡的で無孔であるが，まれに乳汁を分泌できる少量の腺組織に繋がっているものもある．1個以上の乳腺を先天的に欠損する無乳房症は，ウシでもまれに発生する．一次乳腺芽の不完全な管腔形成は先天性無孔乳頭になる．乳汁の流れの障害は乳頭管あるいは乳管洞乳腺部と乳頭部の境界部で起こることがある．

家畜における乳腺発生の比較形態

ヒツジとヤギ

ヒツジとヤギにおける乳腺の発生はウシに類似している．しかしヒツジやヤギでは，ウシとは異なり，左右の乳腺に1個ずつの乳腺しか発生せず，そのために乳房は1個の乳頭管を持つ2個の乳腺からなる．

ウマ

ウマの乳房は2個の乳腺からなり鼠径部に位置する．ウマの乳腺の発生は反芻類に類似した発生パターンをとる．しかし反芻類とは異なり，ウマでは各乳腺蕾から2個の乳腺芽が正常に発生する．各乳腺芽は管腔形成後，1個の乳管洞乳腺部と乳頭部および乳頭管を形成する．各一次乳腺芽から毛包および脂腺が乳頭管に絡んで発生する．

ブタ

ブタの乳腺は胸部から鼠径部にかけてみられる．7個以下の乳腺蕾が左右の乳腺に発生し14個の乳腺が生じる．典型的には胸部に2個，腹部に3個，鼠径部に2個の乳腺が左右に発生する．各乳腺蕾から2個の一次乳腺芽が発生して各乳頭に2～3個の乳頭管を形成するので，各乳頭は固有の乳管洞乳頭部と乳腺部を備える．

イヌとネコ

イヌとネコの乳腺は胸部から鼠径部にかけてみられる．イヌでは胸部に2個，腹部に2個，鼠径部に1個の乳腺が左右の乳腺にそれぞれ発生する．典型的にネコは左右に4個の乳腺がある．イヌでは8～14個の一次乳腺芽が乳腺蕾から形成され，それに相当する数の乳頭管を各乳頭に形成する．ネコでは5～7個の一次乳腺芽が発生し，それに相当する数の乳頭管が各乳頭に存在する．

（木村順平・恒川直樹・平松竜司　訳）

さらに学びたい人へ

Amman, R.F. and Veermachaneni, D.N. (2007) Crypotorchidism in common eutherian mammals. *Reproduction* 133, 541-561.

Blackhouse, K.M. and Butler, H. (1960) The gubernaculum testis of the pig. *Journal of Anatomy* 94, 107-120.

Blaschko, S.D., Cunha, G.R. and Baskin, L.S. (2012) Molecular mechanisms of external genitalia development. *Differentiation* 84, 261-268.

Childs, A.J., Cowan, G., Kinnell, H.L. and Saunders, P.T. (2011) Retinoic acid signalling and the control of meiotic entry in the human fetal gonad. *PLoS ONE* 6, e20249.

Hughes, I.A. and Acerini, C.L. (2008) Factors controlling testis descent. *European Journal of Endocrinology* 159, Supplement 1, 75-82.

Jost, A., Vigier, B. and Prepin, J. (1972) Freemartins in cattle: the first steps of sexual organogenesis. *Journal of Reproduction and Fertility* 29, 349-379.

Larney, C., Bailey, T.L., and Koopman, P. (2014) Switching on sex: transcriptional regulation of the testis-determining gene Sry. *Development* 141, 2195-2205.

Lin, Y.-T. and Capel, B. (2015) Cell fate commitment during mammalian sex determination. *Current Opinion in Genetics & Development* 32, 144-152.

Meyers-Wallen, V.N. (2012) Gonadal and sex differentiation abnormalities of dogs and cats. *Sexual Development* 6, 46-60.

Nightingale, S., Western, P. and Hutson, J. (2008) The migrating gubernaculum grows like a limb bud. *Journal of Pediatric Surgery* 43, 387-390.

Svingen, T. and Koopman, P. (2013) Building the mammalian testis: origins, differentiation and assembly of the component cell populations. *Genes and Development* 27, 2409-2426.

Szarek, M., Ruili, L. and Hutson, J. (2014) Molecular signals governing cremaster muscle development: clues for cryptorchidism. *Journal of Pediatric Surgery* 49, 312-316.

第22章

頭頸部の構造
Structures in the head and neck

要　点

- 咽頭弓は哺乳類胚子の発生過程の頭部領域に形成される.
- 隣接する咽頭弓間への表面外胚葉の陥入は咽頭溝を形成する.
- 内咽頭嚢は咽頭弓の深部に発生する.
- 咽頭弓は間葉系および神経堤細胞に由来する間葉系で構成される.
- 各咽頭弓には大動脈弓動脈と脳神経が含まれ,咽頭弓に由来する構造に血液と神経を供給する.
- 最初に6対の咽頭弓が発生する.第五咽頭弓は消失し,第四と第六咽頭弓が融合し,第四・第六咽頭弓複合体を形成する.
- 咽頭弓の派生物には顔および顎の骨格組織,表情筋および咀嚼筋,上皮小体および口蓋扁桃が含まれる.
- 顔面の領域は咽頭弓の間葉組織に由来する五つの顔の原基から発生する.
- 舌は咽頭原基の底面にある三つの間葉の膨らみから派生する.
- 歯は表面外胚葉および間葉から発生する.永久歯は乳歯に代わって生える.

胚子の頭部領域は,その形成の初期段階から神経系,消化系および呼吸器系の発生と関連する.神経系の構成要素の一つである脳は頭部領域の諸構造の発生に強く影響を及ぼす.頭部の発生における他に類を見ない特徴は頭部の結合組織および骨の多くが神経堤に由来することである.頭部の構造は複雑であるため,そのいくつかは,特別感覚器,神経系,循環器系,内分泌系および呼吸系に関連する章で取り扱う.本章では,頭部領域に位置する消化器系および呼吸器系の構成要素とそれを支配する神経支配について述べる.

咽頭領域

胚子の頭部領域での発生で顕著な特徴は咽頭弓(鰓弓)が形成されることである(**図22.1**).咽頭弓の発生では,神経堤由来の間葉細胞が発生中の頭部および頸部の領域に移動,進入し,独立した細胞集塊を形成し始める.これらの細胞集塊は表面外胚葉と前腸内胚葉の間に位置し,6対の咽頭弓を形成する.第一咽頭弓,口咽頭膜の直ぐ尾部に形成される.

咽頭弓は明瞭な第一から第四咽頭弓が吻側から尾側へ順に発生し,発生中の胚子の外表面に確認できる.第五咽頭弓は萎縮消滅し,第六咽頭弓は第四咽頭弓と融合し,第四・第六咽頭弓複合体を形成する.隣接する咽頭弓間の表面外胚葉の陥凹は咽頭溝(咽頭裂)と呼ばれる.拡張しつつある前腸,すなわち咽頭原基の側壁に存在する内胚葉は咽頭弓間に内側から分け入り,咽頭嚢を形成する.咽頭溝と咽頭嚢は互いに接近し,外胚葉と内胚葉からなる咽頭膜を形成する.魚類では咽頭膜はなく口腔と体外部が連続し交通できるが,哺乳類では,咽頭膜が存在するので口腔と体外部は連続しない.咽頭弓,咽頭嚢および咽頭溝を合わせて,咽頭複合体または咽頭装置と呼ぶ.

各咽頭弓には,大動脈弓動脈,体節分節由来の筋および咽頭弓筋への神経と脳神経枝(咽頭弓粘膜への感覚神経を与える)が分布する.発生のこの段階では,哺乳類初期胚の頭部の構造はこの発生段階に対応する魚類胚子の頭部に類似する.というのも,どちらにも

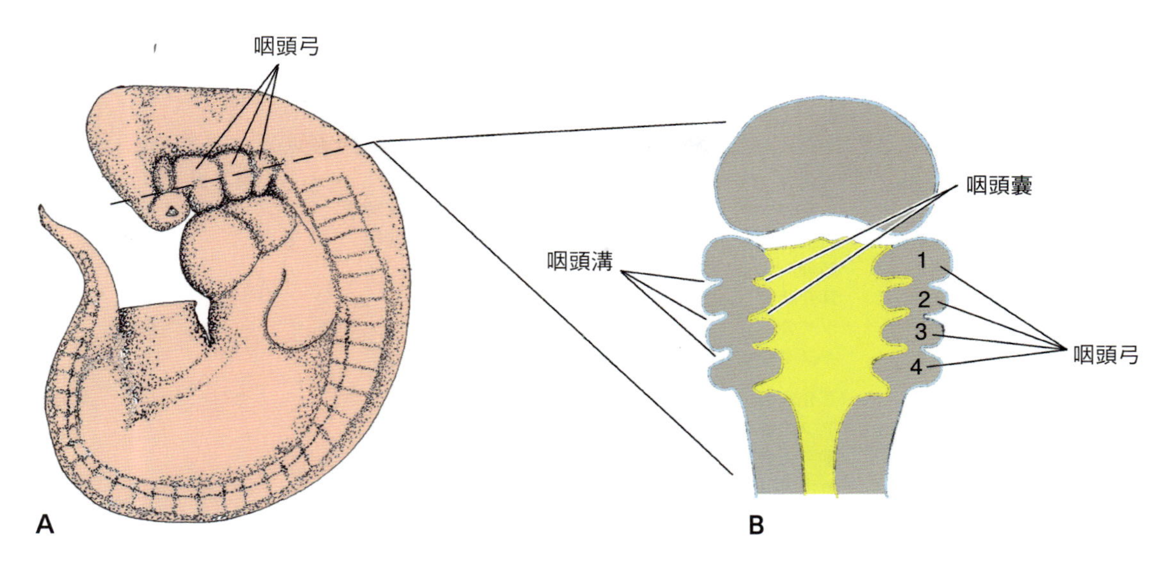

図22.1　A：発生中の哺乳類胚子における咽頭弓の位置．B：咽頭弓，咽頭囊，咽頭溝を示す咽頭部の断面．

相同な神経と血管が咽頭弓に分布し，咽頭溝および咽頭囊が存在するからである．「鰓弓」という用語は，陸棲動物で用いられる「咽頭弓」よりも魚類で好んで使用される．鰓弓は魚類の鰓構造として存続する．魚類と哺乳類との咽頭領域の類似性は，咽頭弓に由来するさまざまな構造が再構成されることで不明瞭になるが，これは水棲から陸棲へと移行する進化上必要なステップである．

頭部の間葉は沿軸中胚葉と神経堤に由来する．沿軸中胚葉は7対の体節分節を形成する渦巻き状に配列する中胚葉細胞の起源である．これらの体節分節は咽頭弓へと移動し，頭部の筋肉組織を分化する筋芽細胞を形成する．また中間および外側中胚葉が欠如することも，頭部の発生での特徴である．

咽頭装置由来の構造

咽頭装置は顔面，鼻腔，口，咽頭，喉頭，頸部，外耳，中耳および内分泌系の形成に関与する．

咽頭弓由来の構造

第一咽頭弓（下顎弓）の間葉は背側の上顎隆起および腹側の下顎隆起の起源となる．これらの顔面の構造は左右から正中に向かって，成長，融合し，外胚葉の陥凹である口窩を取り囲む．口窩の外胚葉は前腸の吻側盲端と融合し口咽頭膜となる．この膜性構造（口咽頭膜）は口腔の原基である口窩と前腸とを隔てる．口咽頭膜はやがて消滅し口窩と咽頭が交通する．左右両側の下顎隆起は下顎の形成に寄与し，また1対の上顎隆起は上顎を形成する．まずメッケル軟骨と呼ばれる軟骨板が左右の下顎隆起内に形成され，また軟骨芯は上顎隆起内に形成される．これらの軟骨性の構造は最初は隆起を支え，やがて膜内骨化で形成される骨に置換される．咽頭装置から派生する構造を**表22.1**に示す．

第二咽頭弓（舌骨弓）にはライヘルト軟骨と呼ばれる軟骨芯が発生する．ライヘルト軟骨の遺残はアブミ骨となる．舌骨装置を構成するいくつかの骨は第二咽頭弓の間葉に由来する．それ以外の舌骨装置の骨と咽頭拡張筋である茎突咽頭筋は第三咽頭弓に由来する．

第四および第六咽頭弓は前位の第一および第二咽頭弓ほど明瞭ではなく融合して，第四・第六咽頭弓複合体を形成する．これらの咽頭弓は発生中の喉頭気管溝を取り囲む喉頭軟骨を形成する．

咽頭囊から派生する構造

咽頭囊の内胚葉性上皮はリンパ系や内分泌系のいくつかの重要な構造に分化する（**表22.1**）．内分泌器官の発生は第23章で述べる．第一咽頭囊は耳管と鼓室に分化する．ウマでは耳管腹側の憩室が耳管憩室（喉頭囊）となる．

表22.1 咽頭弓，咽頭嚢，咽頭溝に由来する諸構造と関連する脳神経

咽頭弓	咽頭弓に由来する構造			咽頭嚢に由来する構造	咽頭溝に由来する構造	脳神経
	筋	骨と軟骨	他の結合組織			
第一咽頭弓（下顎弓）	咀嚼筋 顎舌骨筋 顎二腹筋前腹 鼓膜張筋 口蓋帆張筋	下顎骨 上顎骨 前上顎骨 頬骨 耳介軟骨 ツチ骨 キヌタ骨	ツチ骨靱帯 蝶下顎靱帯 鼓膜（第一咽頭膜から）	耳管 耳管憩室 鼓室胞	外耳道	三叉神経（V）
第二咽頭弓（舌骨弓）	表情筋 アブミ骨筋 茎突舌骨筋 顎二腹筋後腹	耳介軟骨 アブミ骨 茎突舌骨筋 角舌骨筋 底舌骨の一部	茎突舌骨靱帯	口蓋扁桃	なし	顔面神経（VII）
第三咽頭弓	茎突咽頭筋	底舌骨の一部 甲状舌骨軟骨	なし	外上皮小体（III） 胸腺支質	なし	舌咽神経（IX）
第四および第六咽頭弓	輪状甲状筋 口蓋帆挙筋 咽頭収縮筋 内喉頭筋	喉頭の輪状軟骨 甲状軟骨 披裂軟骨 小角軟骨 楔状軟骨	なし	内上皮小体（IV） 胸腺支質 鰓後体	なし	迷走神経（X）の前喉頭神経と反回神経

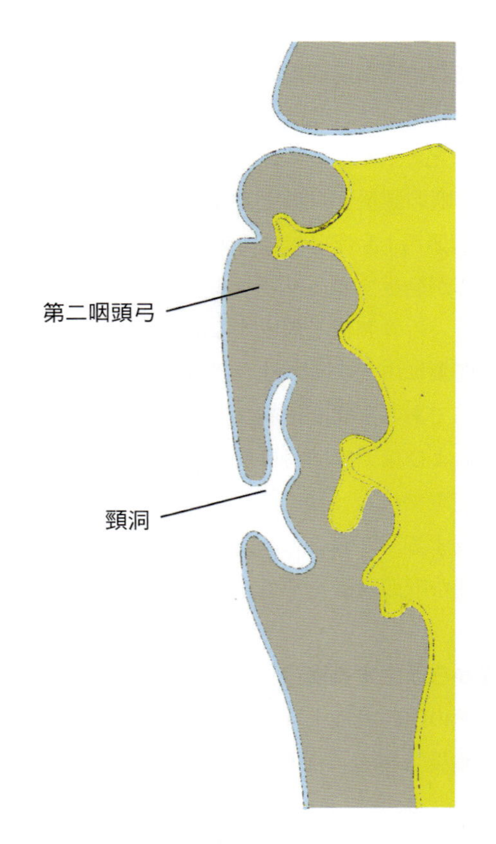

図22.2 第二咽頭弓が第二および第三咽頭溝を越えて増殖することにより形成される頸洞.

咽頭溝

第一咽頭溝の外胚葉は外耳道の内面を被う上皮を形成する．哺乳類では第二咽頭弓は第二，第三，第四咽頭溝をまたぐように尾側へと延びる．外胚葉に内面を被われた一過性の構造である頸洞は，第二および第三咽頭溝の上を被うようにして成長する第二咽頭弓によって形成される（**図22.2**）．第一および第二咽頭弓からの間葉組織は第一咽頭溝を取り囲んで増殖し，外耳の耳介を形成する．

大動脈弓動脈由来の構造

それぞれの咽頭弓には，咽頭弓内の間葉から発生する大動脈弓動脈と呼ばれる動脈が含まれる．大動脈弓動脈は大動脈嚢と1対の背側大動脈とを結ぶ．大動脈弓動脈の分化は第14章で説明する．

体節分節と体節に由来する頭部の筋

体節分節に由来する筋には外眼筋，咀嚼筋および表情筋がある．咽頭収縮筋と外舌筋は第一から第五体節に由来する．**表22.2**は，眼に関係する筋，咀嚼筋，

表22.2　体節分節および体節由来の頭部の筋とその脳神経支配

体節分節あるいは体節	筋	脳神経支配
第一および第二体節分節	眼の背側，内側，腹側直筋	動眼神経（第Ⅲ脳神経）
第三体節分節	眼の背側斜筋	滑車神経（第Ⅳ脳神経）
第四体節分節	咀嚼筋	三叉神経（第Ⅴ脳神経）
第五体節分節	眼の外側直筋および眼球後引筋	外転神経（第Ⅵ脳神経）
第六体節分節	表情筋，顎二腹筋後腹	顔面神経（第Ⅶ脳神経）
第七体節分節	茎突咽頭筋	舌咽神経（第Ⅸ脳神経）
第一および第二体節	咽頭収縮筋	迷走神経（第Ⅹ脳神経）
第二から第五体節	外舌筋	舌下神経（第Ⅻ脳神経）

表情筋および咽頭と舌に関係する筋のそれぞれの起源と神経支配をまとめたものである．

顔　面

眼窩，外鼻および口の領域からなる顔面は胚子期に五つの顔の原基が形成され，融合し，配列することで発生する．顔の原基は深部にある神経堤由来の間葉が増殖したもので，単一の前頭鼻隆起と，1対の上顎隆起および下顎隆起から構成される（**図22.3**）．対をなす上顎隆起は口窩背側の前頭鼻隆起と融合し，一方，下顎隆起の対は口窩腹側でそれぞれが融合する．前頭鼻隆起は終脳が膨隆する領域に発達し，左右それぞれの外胚葉の肥厚である鼻板と水晶体板を形成する．鼻腔の原基である鼻板は卵円形の隆起として前頭鼻隆起の内側に発生し，第一咽頭弓の上顎隆起背側に位置する．水晶体板は鼻板の形成前に発生し，前頭鼻隆起の側方（外側）に位置する．鼻板の縁に沿って間葉が増殖し，馬蹄形の内側および外側鼻隆起となる．鼻板には窪みが存在し，陥凹が深くなることで鼻窩を形成する．

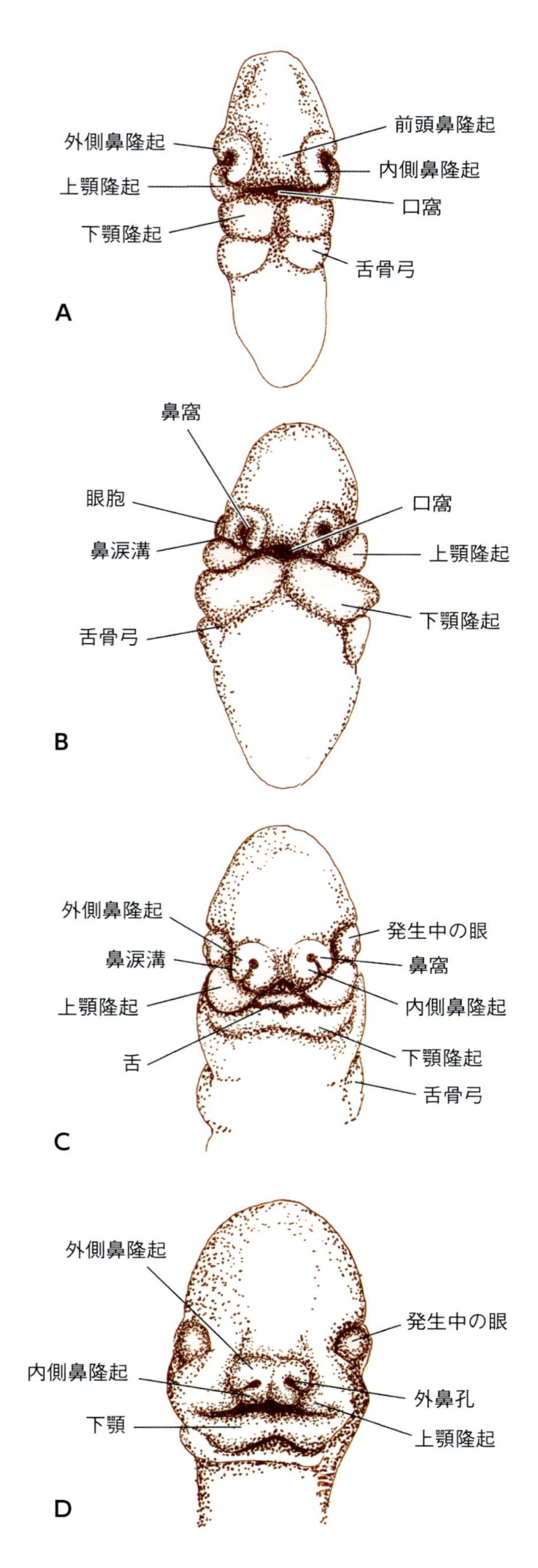

図22.3　ブタ顔面の発生段階（AからD）．

顔面発生の主な段階は顔面上の隆起の成長と分化ならびに胚子発生期後期の隆起の融合による．上顎隆起は大きさを増し，内側に広がり，内側鼻隆起（上顎の上顎骨，切歯骨および上唇組織を形成する）と融合する．上唇の最終的な構造的外観は上顎隆起と鼻隆起との融合の程度に左右される．食肉類，ヒツジおよびヤギでは，その融合は溝，すなわち人中（philtrum；鼻から上唇にのびる裂け目）となる．明瞭な板状の組織はウマやウシの鼻の開口部を明瞭に区分する．下顎隆起は融合し下顎を形成する．

顔面の発生初期では上顎隆起と鼻隆起は深い鼻涙溝で分けられており，鼻涙溝は発生中の眼の内眼角に向けて伸びている．鼻涙溝の底の外胚葉は充実した細胞索を形成し，この細胞索が深部の間葉中に深く陥入し，表面外胚葉との連絡を失う．この充実した細胞索は管を形成し鼻涙管となる．家畜の顔面の形状は種間だけでなく同一種内でもさまざまである．大型家畜では顔面が比較的長いあるいは細長い長頭頭蓋と呼ばれる頭蓋骨を有する（長頭型）．対照的に霊長類は顔面が短く，頭蓋も短い短頭型である．イヌの頭蓋は長頭型の場合も短頭型の場合もあり，両者の中間の中頭型と呼ばれるタイプもある．

鼻　腔

鼻窩は内側鼻隆起と外側鼻隆起に囲まれ，発生しつつある前脳と口の間において前頭鼻隆起下の中胚葉中に徐々に陥没する．鼻窩が深まるにつれて鼻囊が形成される．初めは左右の鼻囊は中隔でお互いに仕切られる顕著な構造で，一次口蓋を形成する薄い口鼻膜で口腔とは隔てられている（**図22.4**）．左右鼻囊の内側壁間の隔壁の尾部が徐々に萎縮して共通の鼻腔を形成し，さらに一次口蓋の尾部が萎縮する．一次口蓋の最吻側部は上顎突起を形成する．

左右鼻囊間の中隔後部と一次口蓋の後部が萎縮するのに伴い，後鼻孔と呼ばれる開口部を通して，鼻腔の後端と口腔との間が直接連絡する．次いで，口蓋突起と呼ばれる突起が鼻腔の外側壁から腹側に向けて成長する（**図22.5**）．この段階で発生中の舌は口腔内を満たすだけでなく，鼻腔にも突出する．口腔の成長と拡

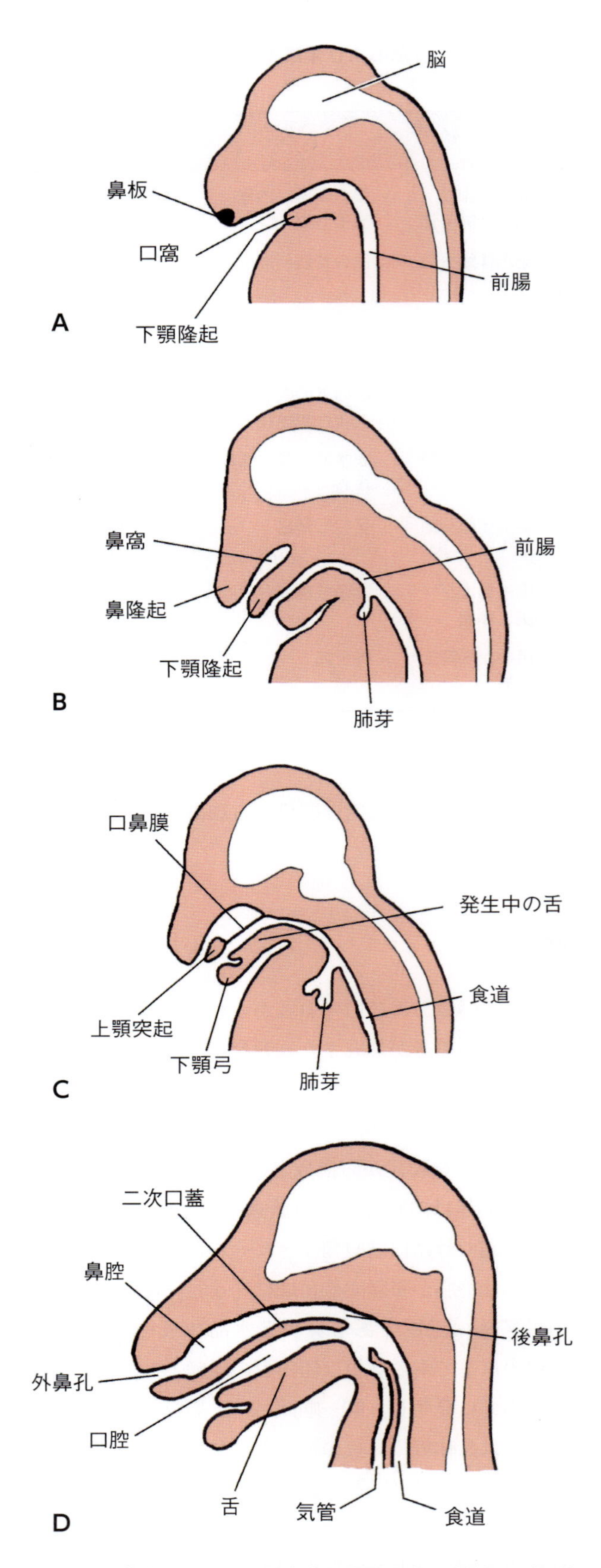

図22.4　鼻窩のレベルで発生中の胚子頭部を縦断した切断面で，鼻腔と口腔の発生の各段階を示す（AからD）．

張に伴って，舌はもはや鼻腔に突出しなくなる．鼻腔から舌が引っ込むことによって，口蓋突起が正中側に向けて拡張し，正中線で融合し，口腔と鼻腔の間に二次口蓋と呼ばれる隔壁を形成する．二次口蓋の吻側部は上顎突起と融合する（**図22.6**）．口蓋突起の形成に伴い，鼻中隔が発達し，鼻腔背壁から腹側へ成長する．鼻中隔と二次口蓋の融合によって，共通の鼻腔は左右の鼻腔へと分けられる．上顎突起が二次口蓋に融合する部位のわずかな領域では融合は起こらず，口腔と鼻腔間の間隙，すなわち切歯孔が形成される．切歯孔を通して切歯管が口腔から鋤鼻器と嗅粘膜へ少量の液体を運ぶ．二次口蓋の形成によっても口腔と鼻腔は完全には分けられない．鼻腔と咽頭間の尾方の開口，すなわち発生が完了した段階での後鼻孔が残る．鼻中隔が二次口蓋と融合する範囲によって，咽頭と鼻腔間の連絡がどのようになるかが決まる．ウマでは鼻中隔はその全長にわたって二次口蓋と融合するため，左右の鼻腔は咽頭とそれぞれ個別の開口で連絡する．他の家畜では鼻中隔と二次口蓋の融合は二次口蓋の尾端に達せず，そのため左右の鼻腔は咽頭鼻部との開口を共有する．二次口蓋は，初めは膜性の構造であるが，後に膜内骨化によって吻側2/3に骨が発生して硬口蓋を形成し，一方，咽頭へ突出する部分は咽頭を咽頭鼻部と咽頭口部に分け，膜性のままで軟口蓋を形成する．家畜では硬口蓋は口腔の背壁を形成し，そこから突出するヒダ，すなわち口蓋ヒダを形成する．これらのヒダは尾側に向かって突出しているため，食塊を咽頭に導くことができる．軟口蓋は家畜，特に顔面の長い長頭型のウマでは長い．短頭型の動物では軟口蓋が長いと断続的に喉頭口を閉塞し，間欠的な呼吸困難を引き起こす．

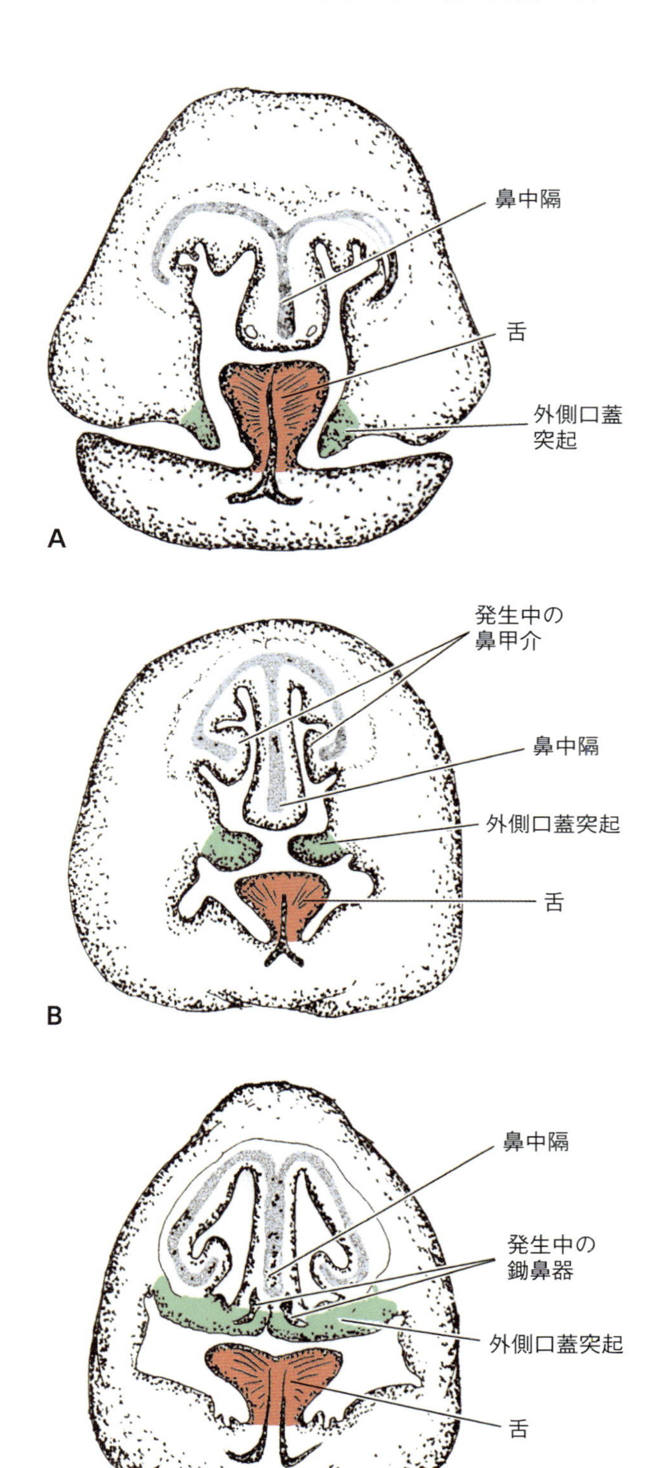

図22.5　ブタにおける発生中の鼻腔と口腔を通る横断面で，二次口蓋，鼻中隔，鼻甲介の形成を示す（AからC）．

鼻甲介

前後方向に長い薄板が鼻腔外側壁から起こり，鼻腔中に棚のような突出部を形成する．後にそれらの薄板は鼻腔中に巻紙状になって配置し，鼻甲介と呼ばれる．薄板は中胚葉性の芯とそれを被う外胚葉からなる．中胚葉性の芯が原基となり軟骨内骨化性の骨の薄層が発生する．このような方法で形成される薄い巻紙状の骨は鼻甲介骨と呼ばれる．背鼻甲介と腹鼻甲介は鼻腔の外側壁から発生し，初めは広い単一の通路を鼻道と呼ばれる三つの狭い通路に分ける（**図22.7**）．背鼻道は鼻腔背壁と背鼻甲介の間に形成され，鼻腔尾側部へ繋

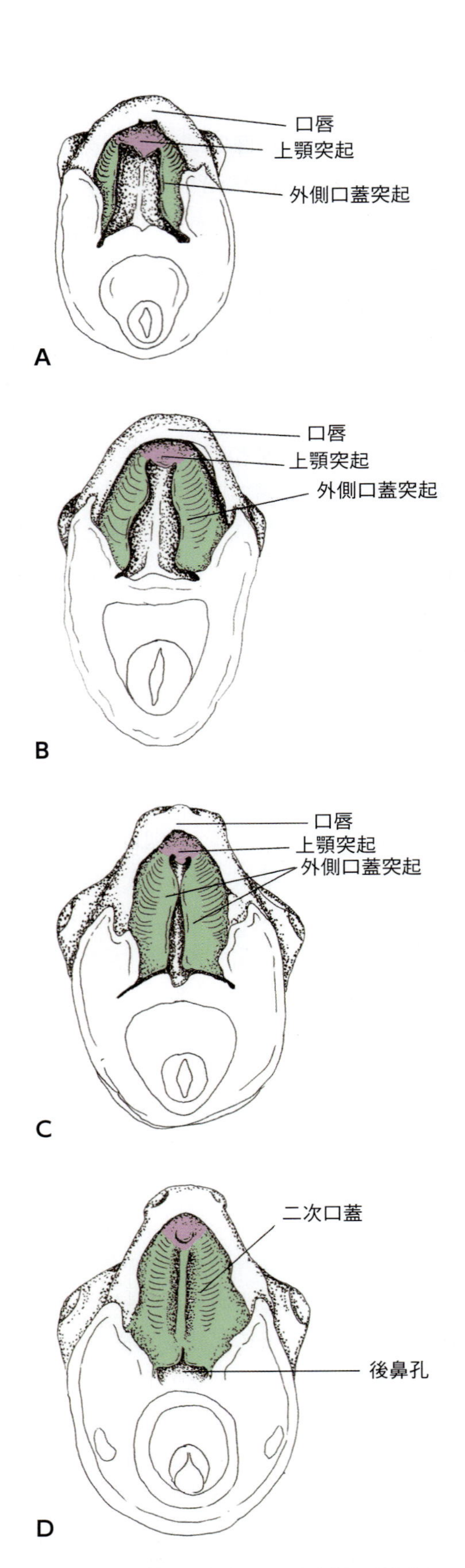

図22.6　ブタにおける発生中の口蓋突起の腹側面で，二次口蓋の形成過程を示す（AからD）．

がる．中鼻道は背鼻甲介と腹鼻甲介の間に形成され，やはり鼻腔尾側部へ繋がる．腹鼻道は中鼻道と鼻腔底との間に位置する最大の鼻道で，後鼻孔を経由して咽頭鼻部へ繋がる．臨床では，胃カテーテルは腹鼻道経由で咽頭鼻部から食道へと挿入される．より小さい鼻甲介が発生中の頭蓋の篩骨から起こり，篩骨甲介を形成する．

嗅粘膜で被われる鼻腔の外側壁と篩骨甲介の一定の領域を除いて，発生中の鼻腔内面を被う本来の外胚葉細胞は，多列線毛円柱上皮である．多列円柱性の嗅上皮は感覚性の双極性ニューロンを含み，その樹状突起は上皮表面に伸びる．双極性ニューロンの軸索は固有層に伸び，無髄線維の束を形成する．これらの線維の束は集合して，第一脳神経である嗅神経となる．上皮から発生する腺が嗅粘膜下の固有層と粘膜下組織に発生する．その腺の分泌物によって生後は吸気が加湿される．この嗅部の粘膜は血管が豊富である．鼻甲介の大きさと形状は個体間および種間で大きく異なり年齢によっても影響される．

鋤鼻器

鼻中隔の外側で左右の鋤鼻器が鼻腔吻側部の底部に発生する．鋤鼻器は発生中の硬口蓋へ陥入する管状構造として起こり，呼吸粘膜と嗅粘膜の両方の要素を含む．管状の鋤鼻器の尾側端は盲端で，一方，吻側端は切歯管あるいは鼻腔に開口する．すべての家畜で切歯管は鼻腔と口腔を連絡する．

副鼻腔

鼻腔内面を被う上皮は頭蓋のいくつかの骨の中に陥入し，副鼻腔の形成に関与する．上皮の陥入は板間層（diploë）に伸びる．板間層とは扁平骨の緻密な内板と外板の間の海綿骨によって占められている空間である．この上皮の成長により空洞が形成され，空洞は拡張し板間層に徐々に侵入して，遂には骨の内部が呼吸上皮に被われた空気を含む腔所になる．家畜では副鼻腔は，前頭洞，上顎洞，口蓋洞，蝶形骨洞，涙骨洞からなり，鼻腔との連絡を保っている（**図22.7**）．副鼻腔は感染を起こしやすく家畜の前頭洞と上顎洞は臨床的に重要である．すべての家畜に存在する前頭洞と上

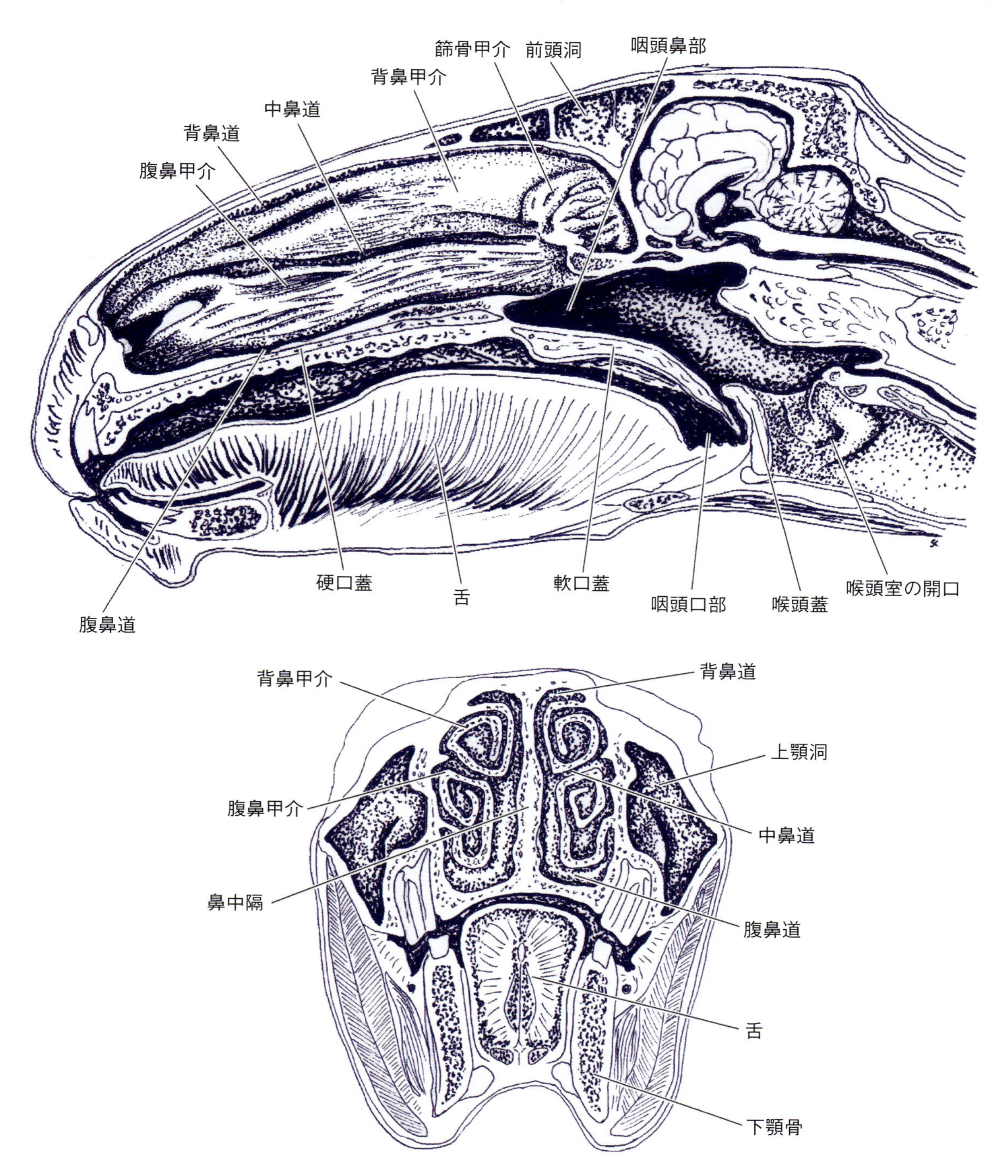

図22.7 ウマの頭部の縦断面と，完成した鼻腔および口腔の横断面で，主要な諸構造を示す．

顎洞以外の副鼻腔は，種によって存在したり欠如したりする．副鼻腔は出生時には発達が悪く大部分は出生後に発達する．反芻類とブタの前頭洞は前頭骨全体に広がるため，前頭洞は頭蓋背側を被うようになる．有角反芻類の前頭洞は角の芯の中にまで伸びる．

口　腔

口腔は初めは口窩から発生する．しかし口咽頭膜の退縮に伴い，前腸の一部が口腔の形成に関与する．口窩の吻側部に付随する構造は内面が外胚葉で被われる．したがって，舌吻側部と口腔前庭の上皮の起源は外胚葉である．外胚葉起源と内胚葉起源の上皮の正確な境界は，完成した口腔では不明瞭である．しかし，ある構造が胎生期の外胚葉由来なのか内胚葉由来なのかを同定することは可能である．

胚子期の終わりまで，上顎と下顎の起源となる上顎隆起と下顎隆起は未分化の組織塊から構成されている．発生中の顎の咬合面に存在する肥厚した帯状の外胚葉は，発生中の顎に唇歯肉堤を形成する．唇歯肉堤は顎の輪郭に沿って，深部の細胞板を形成する．細胞板の中心に近い細胞は徐々に離散し唇歯肉溝を形成する．唇歯肉溝はそれぞれの細胞板を二つに分け，これらが口唇と歯肉の原基となる．歯肉の舌面に存在する上皮の肥厚は歯堤となる．上顎および下顎双方の唇歯肉溝は深くなり口腔前庭を形成する．頬は口腔外側壁を構成する構造であり，上顎隆起と下顎隆起が徐々に融合することによって形成される．頬は口唇とともに口腔への入口の境界を決める．

舌

家畜では舌は咽頭原基の底部から発生する．深部に存在する中胚葉の増殖により，第一咽頭弓のレベル（高さ）で3カ所が隆起する．それらは二つの外側舌隆起と一つの正中舌隆起，すなわち無対舌結節となる（**図22.8**）．第二咽頭弓の領域に近位舌隆起（コプラ）と呼ばれる隆起が生じ，同時にもう一つの隆起，すなわち下咽頭隆起が第三および第四咽頭弓の領域の正中部に形成される．二つの外側舌隆起は正中に向かって伸び，舌の吻側2/3，すなわち舌体を形成する．ヒトや食肉類では，正中舌隆起は舌の発生に深く関与しない．しかし，有蹄類では正中舌隆起は舌体背側の隆起の形成に重要である．ウシでは舌背側の隆起はとりわけ大きく，舌隆起と呼ばれる．外側舌隆起の融合部位は，ヒトと食肉類の舌表面では舌正中溝として認められる．舌の尾側1/3，すなわち舌根は近位舌隆起を越えて増殖した下咽頭隆起によって形成される．近位舌隆起は後に退縮する．舌の吻側2/3を被う上皮は外胚葉に由来し，一方，尾側1/3は内胚葉に由来する．胚子期の終わりに近づくにつれ，舌乳頭が舌の表面に発生する．糸状乳頭は深部に存在する中胚葉に誘導されて

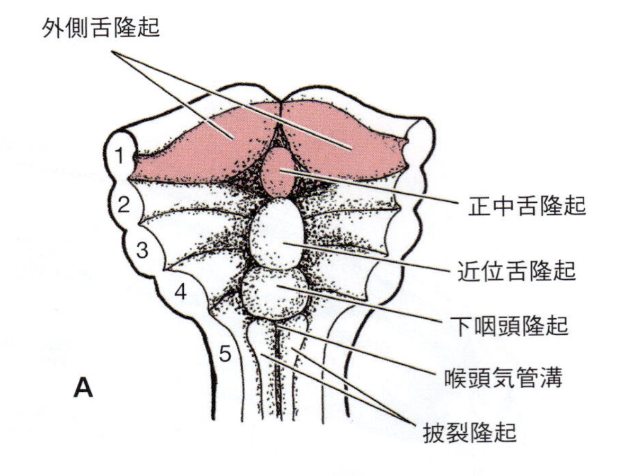

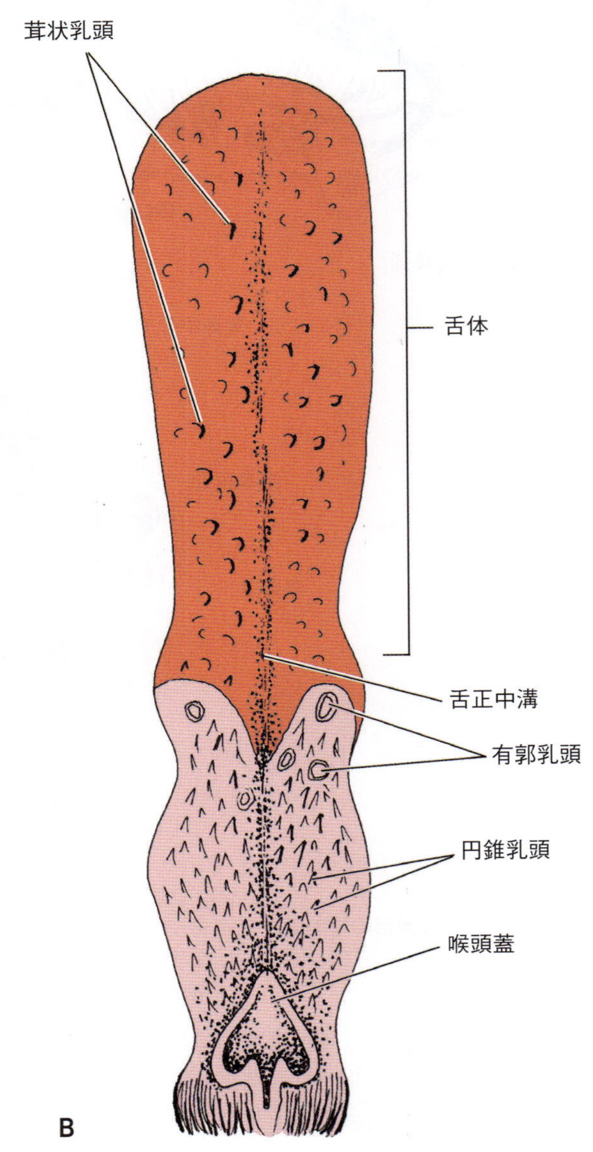

図22.8 A：イヌにおける舌の発生初期段階で，舌の形成にあたる主要な諸構造と，関連する構造を示す．B：完成したイヌの舌．

上皮が増殖し，細く突出することで形成される．糸状乳頭は機械的な圧力を感受する神経終末を乳頭中に含む．有郭乳頭は舌体と舌根の境界の上皮が分化増殖することによって形成される．有郭乳頭は乳頭基部を深い溝が取り囲む特徴的な形態を示す．舌根の外側面では上皮が陥入することで葉状乳頭が形成される．反芻類では葉状乳頭は形成されない．味蕾の発生は乳頭の上皮細胞と，Ⅶ（顔面神経），Ⅸ（舌咽神経）およびⅩ（迷走神経）の各脳神経の味覚ニューロンとの相互作用によって促進される．味蕾は有郭乳頭と葉状乳頭の両方に存在する．

舌の筋群は後頭部の筋節から遊走する筋芽細胞に由来する．舌の結合組織と脈管は咽頭の中胚葉から形成される．舌の吻側2/3の上皮は下顎弓を被い，その体性感覚性神経の支配はⅤ（三叉神経）下顎枝に由来する．舌の尾側1/3の上皮は第三咽頭弓に由来し，その体性感覚性神経による支配は舌咽神経に由来する．舌の吻側2/3は顔面神経の鼓索神経から臓側性味覚神経を受ける．尾側1/3は舌咽神経から味覚性の神経分布を受ける．筋芽細胞はⅫ（舌下神経）支配の後頭部の体節から遊走し，外舌筋を形成する．その結果，外舌筋の神経支配は舌下神経なのである．初期の舌根の成長は，舌体より速いが，口腔が拡大するにつれて，舌体も大きくなり吻側に伸びて口腔を満たすようになる．

唾液腺

唾液腺は胚子発生後期に口腔上皮の緻密な増殖部として発生する．棒状の上皮芽が深部の間葉中に増殖していき，その場で分岐を繰り返して終末分枝となり，分泌の構造単位，すなわち腺房を形成する．導管と腺組織は口腔上皮に由来するが，結合組織性の間質と腺の被膜は神経堤由来の中胚葉に起源する．口咽頭膜が破れて組織の境界が不明瞭になるため，唾液腺を形成する上皮の増殖部が，内胚葉起源か外胚葉起源かを確定させるのは難しい．しかし，新生子では，唾液腺の導管が開口する位置が，胚子での本来の上皮の増殖部位を表わしていると考えられている．

1対ずつの耳下腺，下顎腺および舌下腺が家畜における大唾液腺である．耳下腺は唇歯肉溝での外胚葉起源の上皮の増殖に由来する．イヌの耳下腺の導管は上顎の第四前臼歯のレベルで口腔前庭に開口する．下顎腺の発生は舌と歯肉間の上皮に現れる溝に由来する．溝の尾端縁は融合して充実した索状組織を形成し，表層から分離するようになる．この索状組織は発生中の下顎周囲の間葉中を尾側に向けて伸び，分岐して腺の原基を形成する．溝のもう一端は吻側に伸びて舌下に開口する．導管の上皮と下顎腺の実質は内胚葉に由来すると考えられる．舌下腺とその導管も内胚葉由来であると考えられる．舌下腺の導管は舌小帯付近で下顎吻側に位置する．すでに説明したようにその形成様式に基づいて，舌下腺には耳下腺，下顎腺と同様に単一の導管の開口部位が存在し，単孔腺と呼ばれる．いくつかの動物種では，舌下腺には複数の導管が発生することから多孔腺であるといわれる．舌唇溝から小さな独立した上皮が10カ所程度で増殖し，多孔舌下腺となる．これらの分離した腺の分泌組織が融合し，それぞれの導管が口腔へ開口し，結合組織性の被膜に包まれる腺を形成する．多孔舌下腺は内胚葉に由来すると考えられる．単孔舌下腺および多孔舌下腺の双方が大部分の家畜に存在する．しかしウマでは，多孔舌下腺のみが発達する．

口腔上皮での集塊状の増殖により，口腔にびまん性（特定の場所でなく，広範囲に広がる様子）に開口する唾液腺が発生する．これらの唾液腺は口唇腺，頬腺，舌腺，口蓋腺および咽頭腺と呼ばれ，腺が存在する位置に基づき命名される．食肉類では背頬腺は緻密な唾液腺となり，頬骨腺と呼ばれる．

歯

哺乳類が有する歯の形や数は多様性に富むが，すべての歯はエナメル質，ゾウゲ質，セメント質からなる同一の基本構造を有する．家畜を含む哺乳類の大部分には2種類の歯，すなわち乳歯と永久歯があり，二生歯と呼ばれる．乳歯は永久歯より数が少ない．発生初期に形成され，生後一定の期間を経て，永久歯へと置換される．形と機能，そして顎での位置に基づき，哺乳類の歯は切歯，犬歯，前臼歯および後臼歯に分類される．それぞれの歯は短冠歯あるいは長冠歯のいずれかに区分される．短冠歯は歯肉から突き出る自由部である歯冠，顎中に埋まる歯根，歯冠と歯根の間の歯肉縁でくびれる歯頸からなる．長冠歯は歯体と歯根からなる．歯体は歯肉から突き出る部分と，歯肉中に埋もれる部分（若齢個体の長さは，成個体より長い）からなる．加齢によって，歯の咬合面が摩耗し，長冠歯は徐々に短くなる．なお，長冠歯の歯根は短冠歯と比較して短い．

短冠歯の発生

哺乳類の歯の発生での形態形成と誘導の過程は，歯の種類や動物種に関わらず，類似した発生段階をたどる．歯は歯堤外胚葉とその深部の神経堤由来間葉との相互作用によって発生する（**図22.9**）．歯堤の長軸に沿うように外胚葉が増殖し，間葉に突出する歯芽を形成する．歯芽はそれぞれの歯の外胚葉性の原基であり，歯芽の数は乳歯の数に対応する．歯芽は間葉中に伸張すると帽子状になり，上皮細胞の内外層とその間に介在する疎な網様細胞からなるエナメル髄（エナメル網状層）から構成されるようになる．帽子状に配列する外胚葉の凹面の間葉は発生する歯の間葉成分となる歯乳頭を形成する．帽子状の外胚葉は顎中で成長するにつれて鐘状になるが，依然として歯堤からの索状の細胞群によって口腔上皮と連なったままである．永久歯芽は，その索状の細胞群が増殖することで発生し，永久歯の発生が開始されるまで休眠状態になる．その索状の細胞群が萎縮することで，表層上皮とエナメル器と呼ばれる発生中の歯の鐘状部分との結合が徐々になくなる．

内エナメル上皮細胞は深在するエナメル髄の細胞に誘導されることで伸張し，エナメル質の産生に与るエナメル芽細胞に分化する．エナメル質は生体の中で最も硬い物質の一つであり，水酸化アパタイトの結晶である．タンパク質の含有量は低い．エナメル芽細胞の発生に伴い歯乳頭下の間葉細胞は誘導されてゾウゲ芽細胞を形成する背の高い円柱状の細胞へと分化する．

歯乳頭の尖端に位置し，内エナメル上皮の外胚葉細胞からなる細胞の小群は歯乳頭の誘導によって分裂を

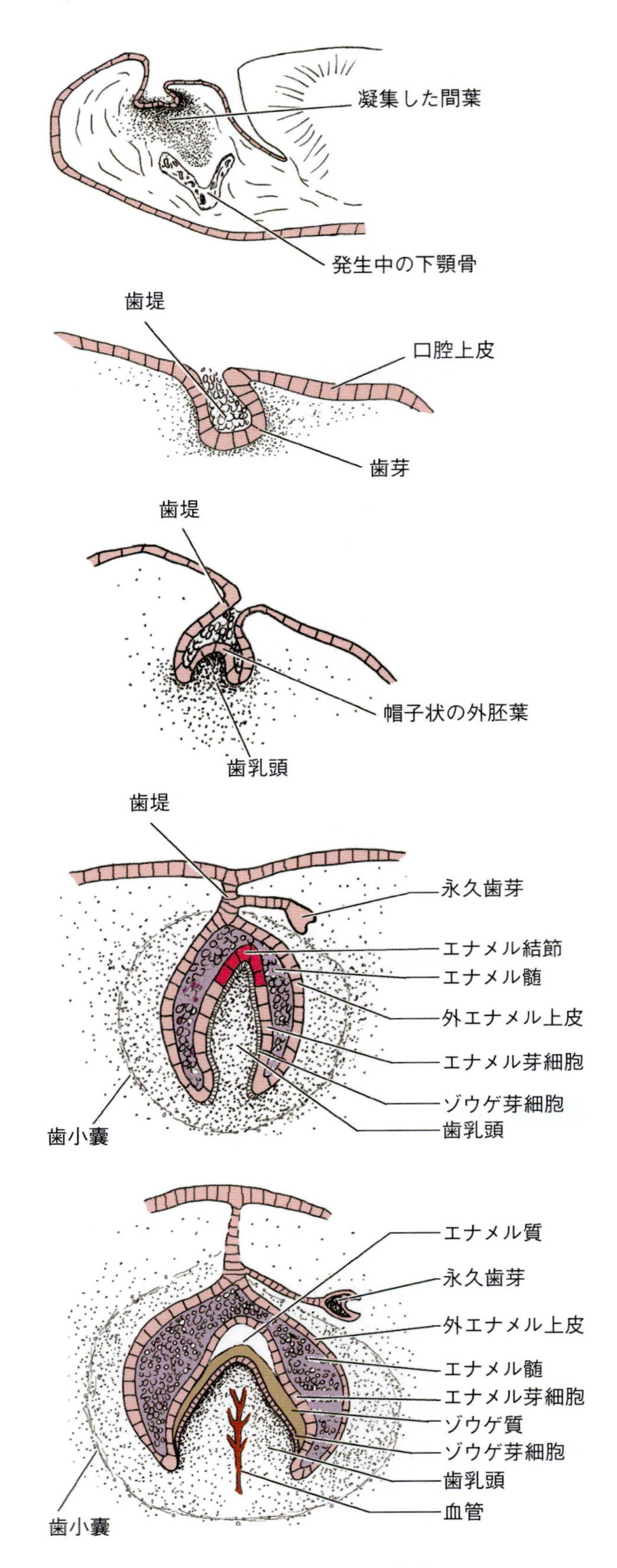

図22.9 短冠歯の乳歯形成における初期段階で，歯芽，帽子状の外胚葉，歯乳頭の発生と歯冠形成を示す．

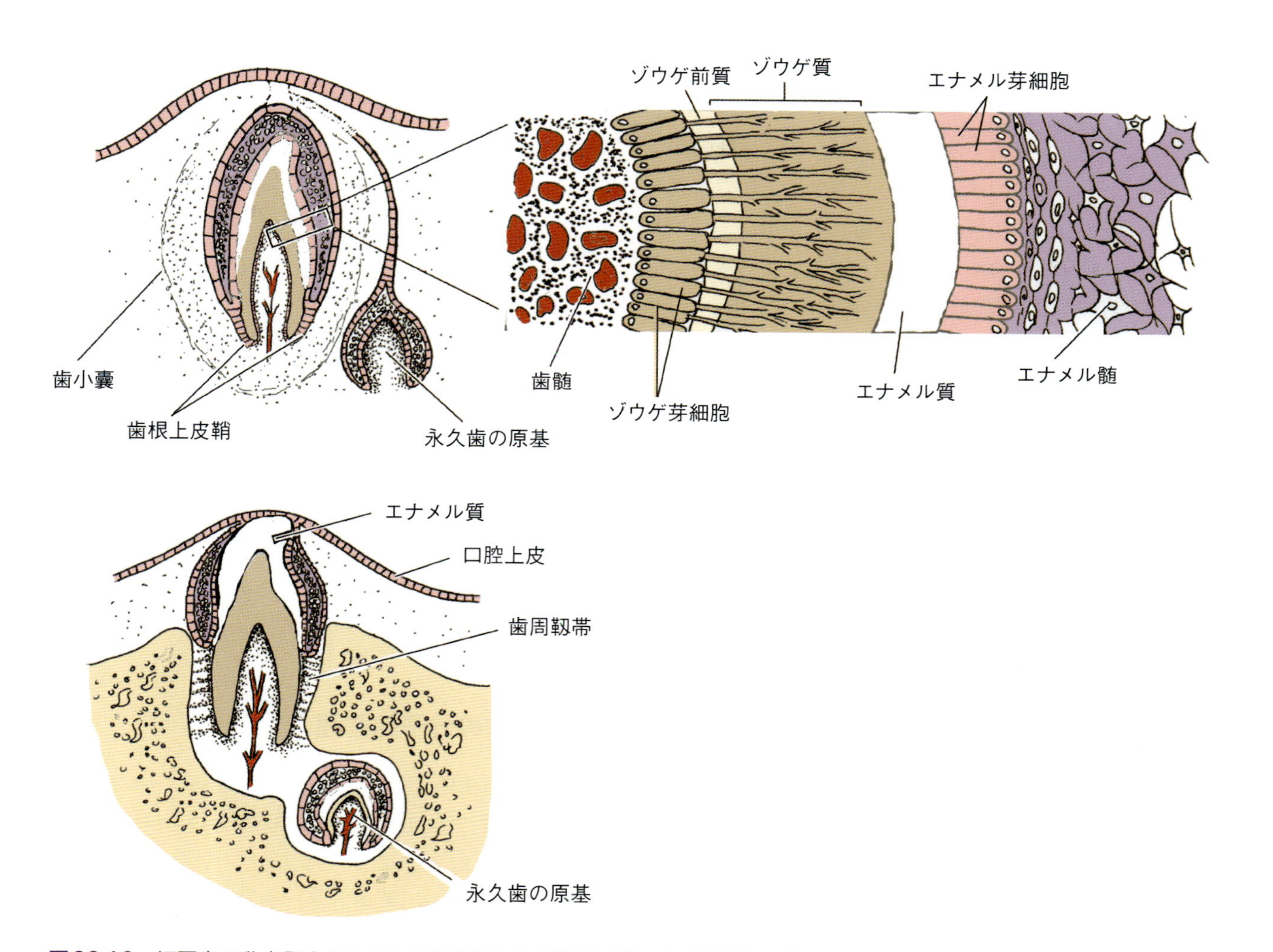

図22.10 短冠歯の乳歯発生における最終段階で歯の形成に関与する諸構造を示す.

停止し,エナメル結節と呼ばれる細胞集塊を形成する.エナメル結節の細胞は発生する歯の形状を制御し,咬頭の形成部位を指定する指令センターとして機能する.咬頭が数個存在する場合もある後臼歯には,二次的なエナメル結節がさらなる咬頭を形成する.エナメル芽細胞は初めは歯乳頭尖端に発生し,徐々に発生中の歯冠の側面と底に向けて伸張する.この変化に伴い,ゾウゲ芽細胞が歯乳頭尖端でゾウゲ前質を形成する.続いて,水酸化アパタイトとフルオロアパタイトの結晶の沈着が生じ,ゾウゲ前質の基質が無機質化してゾウゲ質が形成される.歯乳頭の中心部は歯髄腔となる.ゾウゲ質に誘導されて,歯乳頭の尖端のエナメル芽細胞はエナメル質を産生する.ゾウゲ芽細胞とエナメル芽細胞は自身が産生したゾウゲ質やエナメル質からは離れるように移動する.エナメル芽細胞は歯の表面に向かって移動し,一方,ゾウゲ芽細胞は歯髄腔へ向けて移動する.骨芽細胞が骨基質中に取り囲まれて骨細胞となる骨形成とは異なり,ゾウゲ芽細胞とエナメル芽細胞は産生した基質に取り囲まれることはなく,産生物の表面にとどまる.ゾウゲ質とエナメル質が形成されると歯冠の形が決まり,歯の発生がエナメル器の尖端から基底へ進む.エナメル器の基底は歯冠と歯根の接合部である.鐘状のエナメル器の内外上皮層は基底縁で直接接触し,深部の間葉に伸びて歯根上皮鞘と呼ばれる鞘状の構造を形成する(**図22.10**).この上皮鞘は歯乳頭の間葉細胞を誘導することによってゾウゲ芽細胞を発生させ,ゾウゲ質を形成して歯根形成を担当する.このゾウゲ質は歯冠形成時にゾウゲ芽細胞によって産生されるゾウゲ質と連続する.エナメル髄が存在しないため,エナメル芽細胞の分化は歯根形成時には起こらない．それゆえ，歯根はエナメル層に被われない．ゾウゲ質産生が増加し続けるので，歯髄腔は徐々に小さくなり狭い歯根管となる．歯根鞘は発生中の歯根から少しずつ離れるようになり，上皮の遺残は発生後期における歯性嚢胞になることがある．

鐘状期では発生中の歯を取り囲む間葉はより緻密になり，歯小嚢といわれる血管に富む間葉層を形成する．歯小嚢の内細胞層は発生中の歯根に隣接し，セメント芽細胞に分化する．セメント芽細胞はセメント質といわれる骨類似の結合組織を産生し，歯根を被う．骨芽細胞の発生のように，セメント芽細胞は基質中に埋没しセメント細胞となる．骨芽細胞は歯小嚢外層の間葉に起源する．この骨芽細胞が歯槽，すなわち歯を顎に繋ぎとどめる構造を形成する骨を形成する．歯小嚢中間層の間葉は，強靱な膠原線維である歯周靱帯を産生し，歯周靱帯は歯槽骨と歯根を被うセメント質とを繋ぎとどめる．歯周靱帯は歯槽中の歯のわずかな動きを可能にし，衝撃緩衝機構としても機能する．

歯の萌出は歯根の発達に伴って歯肉を貫いて起こるが，この萌出過程を制御している因子は不明である．歯が発生すると，歯は表面に向かって成長し，歯冠が徐々に口腔上皮を貫き萌出する．歯冠が形成され，次いでエナメル器の遺残が消失したときに，エナメル質の産生が停止する．しかしゾウゲ芽細胞は歯が存続する限りゾウゲ質を産生する．もしエナメル質が傷害されれば，エナメル質はセメント質で置き換えられる．

永久歯は乳歯と同様の方式で発生する．永久歯が成長すると乳歯の歯根が吸収され，乳歯の付着が弛緩して乳歯が脱落する．

長冠歯の発生

長冠歯の発生は短冠歯で説明した過程とほぼ同じである．しかし長冠歯の形態と機能的特徴により，これら2種類のタイプの歯には，いくつかの明瞭な違いがある．長冠歯と短冠歯を区別する基本的な違いは，長冠歯ではエナメル器がより長く，咬合面にヒダが現われることである．それに加えて，長冠歯のエナメル器にヒダが存在することによって，長冠歯の内側面と外側面に垂直の稜が形成されることになる．萌出のスピードは緩やかであり，時期は歯根形成が終了する前である．歯の形成中，長冠歯は短冠歯より歯小嚢で囲まれている期間が長い．それゆえ，長冠歯のエナメル層はセメント質によって被われるようになる．

歯生状態の比較解剖学

長冠歯であるウマと短冠歯であるイヌの，それぞれの切歯の比較解剖学的特徴を**図22.11**に示す．ヒトと食肉類の歯はすべて短冠歯である．ブタでは，長冠歯である犬歯以外は，すべて短冠歯の性質を持つ．反芻類の切歯は下顎のみに存在し，短冠歯であり臼歯は長冠歯である．反芻類では，他の動物種では上顎切歯が占める領域を，結合線維性の歯床板が被う．一般的に各動物種の歯数は歯式で表す．歯式は上顎と下顎の歯種と歯数を示したものである．

歯の発生の分子的側面

哺乳類の歯牙は顎の描く放物線に沿うように配列する． 歯の発生は Dlx，Lhx，Gsc などのホメオドメインを含む遺伝子群によって決定される．Shh，Fgf，Bmp，Wnt などの形態形成に関わるシグナル伝達分子も歯の形成に一定の役割を果たす．これらシグナル伝達分子の発現のタイミングと強度がさまざまであることが，歯の大きさや形状の違いに関与する．発生初期の上皮からの Fgf-8 や Bmp-4 のようなシグナルが，Msx-1，Msx-2，Dlx-1，Dlx-2，Gli-2，Gli-3など の間葉性転写因子の発現を制御する．これらの転写因子が歯の形成を刺激するシグナルを制御すると考えられている．

歯芽は Bmp-2，Bmp-4，Fgf-8，Shh，Wnt10b，Msx-2，Lef-1，P-21などの一連のシグナル伝達分子を発現する．これまでの研究結果より，歯芽に発現するシグナル伝達分子は種間を越えて高度に保存されている（種間の違いがほとんどない）ことが示唆されている．上皮細胞からのシグナルは歯芽を取り囲む間葉細胞の集積を誘導する．上皮性の歯芽の大きさが最大に達すると，歯の形態を制御する新たなシグナル伝達の中心となる部位がエナメル結節に形成される．Shh，Edar，Msx-2，Lef-1，P-21などのいくつかのシグナ

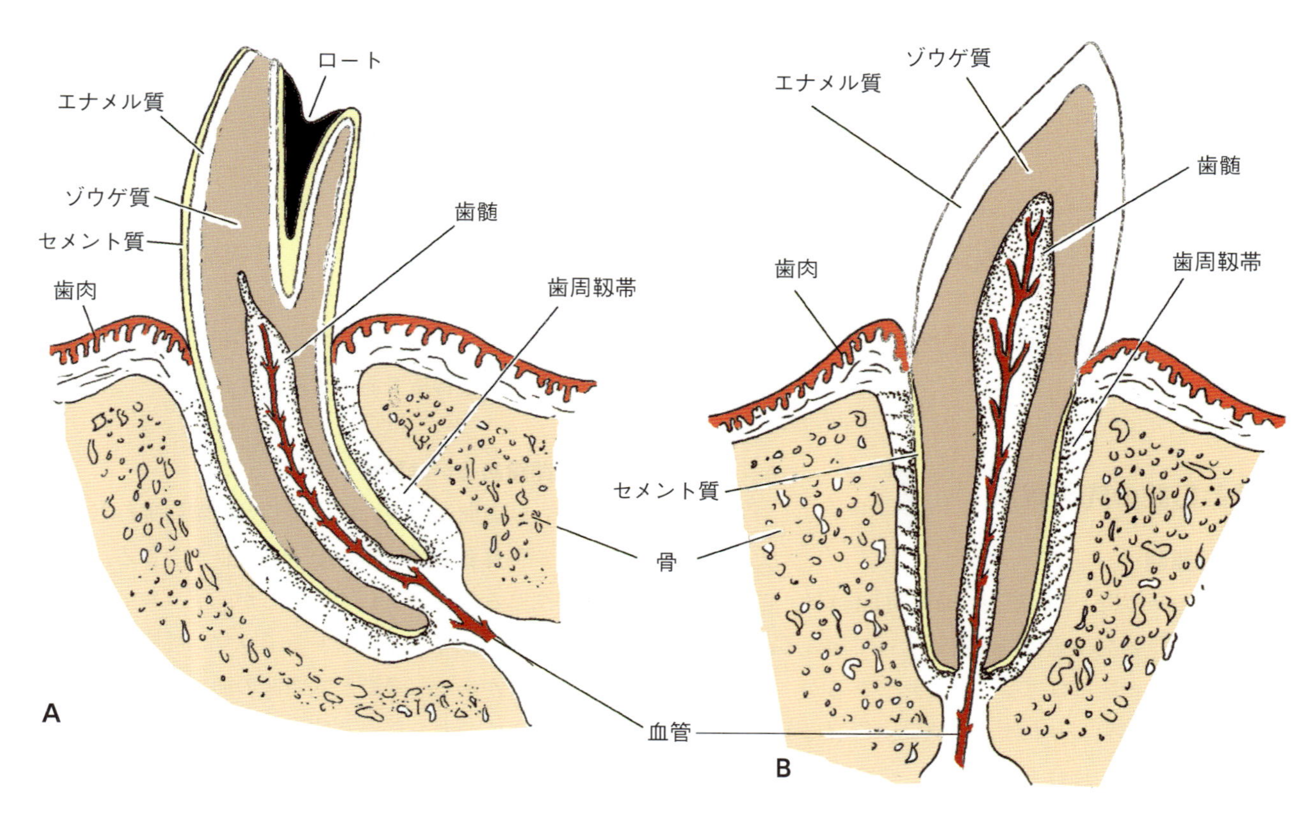

図22.11 長冠歯であるウマの切歯（A）と短冠歯であるイヌの切歯（B）の特徴の比較.

ル伝達分子とFgf, Bmp, Wntファミリーに属するシグナル伝達分子がエナメル結節に局所的に発現する.

頭蓋の発生

頭蓋骨は発生中の脳を取り囲む間葉から発生する. 頭蓋は二つの大きな部分からなると考えることができる. すなわち, 脳を取り囲む神経頭蓋と, 口腔, 咽頭および上部気道を支持する内臓頭蓋とである. 神経頭蓋と内臓頭蓋は, 軟骨内骨化あるいは神経堤と沿軸中胚葉由来の間葉による膜内骨化によって発生する.

膜性神経頭蓋

発生中の脳の背側面と側面を取り囲む間葉中に, 膜内骨化中心が発生し, 頭頂骨と前頭骨の1対の原基と後頭骨の頭頂間部を形成する. 胎生期では, これらの扁平骨は緻密性結合組織によって隔てられていて,「縫合」と呼ばれる線維性関節を形成する. 二つ以上の骨が会合する部分の縫合を「泉門」という. 胎生期および生後発達期の両時期に, 膜内骨化によって形成された骨は, それぞれが同時進行的に成長して大きくなり, 骨間の結合組織量は減少する.

軟骨性神経頭蓋

軟骨性神経頭蓋は当初は分離しているが, 後に融合して, 発生中の頭蓋の軟骨性基礎を形成する. 神経頭蓋は嗅覚器, 眼および内耳を支持する構造の形成にも関与する. 軟骨性神経頭蓋は1対の傍索軟骨, 下垂体軟骨および前索軟骨から構成される. これらの軟骨が融合することで形成される神経頭蓋の軟骨性の部分が形成される. そして後頭骨, 蝶形骨, 側頭骨および篩骨となる軟骨性の鋳型が発生し, 発生の後段階で軟骨内骨化が進行する.

膜性内臓頭蓋

第一咽頭弓の上顎隆起内に発生する膜性骨化中心は側頭骨鱗部, 前頭骨, 上顎骨および頬骨を形成する. 側頭骨鱗部と前頭骨は神経頭蓋の形成にも関与する.

メッケル軟骨を取り囲む下顎隆起の中胚葉は膜性骨化を行い，下顎骨を形成する．

軟骨性内臓頭蓋

頭蓋の内臓頭蓋部分は1対の下顎弓と舌骨弓の軟骨性鋳型に由来する．メッケル軟骨背側部は中耳の耳小骨である，ツチ骨とキヌタ骨となる．一方，中耳のアブミ骨は側頭骨茎状突起とともに舌骨弓から発生する（**表22.1**）．

顔面と口腔の先天異常

唇裂と口蓋裂

顔面裂（cleft lip）と口蓋裂（cleft palate）は，顎と顔面の形成に至る発生過程の障害によって起こる．これらの先天異常の発生は家畜ではまれであるが，口蓋裂の発生頻度が唇裂よりわずかに高い．唇裂は上顎隆起と内側鼻隆起との融合不全による．この状態は一側性あるいは両側性であり，また裂開が完全であることも部分的なこともあり，しばしば口蓋裂を伴う．正中唇裂は極めてまれで，二つの内側鼻隆起が正中線で不完全に融合した結果生じる．

口蓋裂は一次口蓋裂と二次口蓋裂に分類できる．一次口蓋裂は前頭鼻隆起が上顎隆起と不完全に融合した結果生じる．二次口蓋裂は外側口蓋突起間の不完全な融合，すなわち融合不全によって起こり，その結果，鼻腔と口腔の間に開口が生じる．この先天異常の原因は多くの因子によると考えられるが，しばしば他の臓器の発生異常を伴う．臨床症状は外鼻孔からの乳汁漏出を伴う飲乳困難と嚥下障害である．

無　顎

下顎の発生不全によって無顎（agnathia）といわれる状態になる．この状態はヒツジで報告されていて，ウシではまれである．

短下顎症

下顎が上顎より著しく短い奇形を「短下顎症」（brachygnathia）と呼ぶ．一般的には「上顎突出症」（overshot jaw）あるいは「オウム顎症」（parrot mouth）ともいわれ，あらゆる動物種で発生する．重篤度はさまざまである．短下顎症は遺伝性であると考えられており，しばしば他の先天異常を伴う．

顎前突出

顎前突出（prognathia）とは，下顎切歯が上顎切歯より著しく吻側にある状態で，下顎が上顎より長い状態をいう．短頭種のイヌやペルシャ・ネコでは，顎前突出は正常な特徴であるとみなされる．

後鼻孔閉鎖あるいは狭窄

鼻腔と咽頭間の後方の開口過程が正常に進行しないことで，後鼻孔閉鎖（choanal atresia）が起こる．この異常が生じることはまれではあるが，子ウマでは比較的頻発する．後鼻孔閉鎖のある子ウマは呼吸困難で死亡することがある．鼻腔と咽頭間の開口が狭くなっている状態，すなわち後鼻孔狭窄では運動中に呼吸困難となる．

鼻涙管閉鎖

鼻涙管形成不全は涙嚢からの開口部に生じ，結果として内眼角から顔の表面に涙が流れ出る．

舌の先天異常

家畜での舌の発生障害はまれである．子イヌでは「トリ舌」（bird tongue）と呼ばれ，ニワトリの舌に似た，小さく尖った舌を特徴とする．これは外側舌隆起の発生が進行せず，正中舌隆起のみが発生して，舌体が形作られたことによると考えられている．この状態の子イヌは乳を吸えず，脱水と飢餓で死亡する．イヌの「トリ舌」は劣性常染色体遺伝子による．

咽頭嚢胞

咽頭部皮下にある嚢胞様の構造は「咽頭嚢胞」（pharyngeal cyst）と呼ばれる．咽頭嚢胞は第二咽頭弓が，第二および第三咽頭溝を越えて伸びる際に，頸洞を閉塞できなかったことによるものである．遺残した頸洞上皮は分泌性であるので，液体を満たす嚢胞が形成される．イヌの咽頭部での嚢胞の大部分は，頸洞に由来する嚢胞ではなく，多くが唾液腺に付随する嚢胞である．

歯列の異常

無歯症，すなわち歯の欠損は家畜ではまれで，歯堤あるいは歯乳頭の発生不全あるいは誘導因子の産生不全による．正常では存在する歯数の減少をもたらす発生異常である乏歯症はウマ，イヌおよびネコで散発的に確認される．短頭種では臼歯の数が減少し，一方，愛玩種では切歯数が減少する．多歯症，すなわち歯数過剰は切歯数の増加を伴い，短頭種に発生する．この状態はウマやネコでも報告されている．異所性多歯症は過剰歯が本来の歯列弓におさまらず歯列弓外にみられる症状である．例として，咽頭嚢胞中に発生するウマの「耳歯」(ear tooth) が古くから知られている．このような場合，嚢胞中にいくつかの歯を含むことがある．

歯原性嚢胞は萎縮しつつある歯根鞘，歯堤および奇形性エナメル器由来の細胞から発生し，内面が上皮で被われる嚢胞である．含歯性嚢胞は奇形性歯牙のすべて，あるいは一部を含むことがある．これらの嚢胞はしばしば若いウマや反芻類に発生し，上顎または下顎の捻れを起こす場合がある．

（保坂善真　訳）

さらに学びたい人へ

Butler, A.B. and Hodos, W. (2005) Segmental Organization of the Head, Brain and Cranial Nerves. In A.B. Butler and W. Hodos, *Comparative Vertebrate Neuroanatomy*, 2nd edn. John Wiley and Sons, Hoboken, NJ, pp. 157-172.

Diogo, R., Kelly, R.G., Noden, D. and Tzahor, E. (2015) A new heart for a new head in vertebrate cardiopharyngeal evolution. *Nature* 520, 466-473.

Gerneke, W.H. (1963) The embryological development of the pharyngeal region of the sheep. *Onderstepoort Journal of Veterinary Research* 30, 191-250.

Grevellec, A. and Tucker, A. (2010) The pharyngeal pouches and clefts: development, evolution, structure and derivatives. *Seminars in Cell and Developmental Biology* 21, 325-332.

Hendrick, A.G. (1964) The pharyngeal pouches of the dog. *The Anatomical Record* 149, 475-483.

Li, C., Prochazka, J. and Klein, O. (2014) Fibroblast growth factor signaling in mammalian tooth development. *Odontology* 102, 1-13.

Sack, O.W. (1964) The early development of the embryonic pharynx of the dog. *Anatomischer Anzeiger* 115, 59-80.

第23章

内分泌系
Endocrine system

要　点

- ホルモンは内分泌腺や，他の機能を有する諸器官内に位置する細胞の集塊によって分泌される．
- 視床下部は神経外胚葉より発生する．視床下部は下垂体と緊密に連絡しているが，下垂体の前葉は表面外胚葉のラトケ嚢から生じる．
- 下垂体後葉（神経性下垂体）は間脳が下方に成長したものである．
- 間脳の背側方への突起が松果体を生じる．
- 甲状腺は前腸の内胚葉性の憩室として生ずる．
- 第四咽頭嚢の内胚葉は神経堤の細胞と合わさって，上皮小体を形成する．
- 膵臓の膵島は前腸の内胚葉より発生する．
- 神経堤の細胞の一部は副腎髄質を生じる．一方外層の副腎皮質は中間中胚葉に由来する．

体内の異なった部位に位置する諸器官はホルモンを産生する特殊化した分泌細胞を含んでいる．これらの特殊化した分泌細胞は明瞭ないわゆる内分泌器官，内分泌腺を形成することもあれば，組織化された細胞集塊として内分泌のみの機能を持つわけではない器官内に生ずることもある．加えて，内分泌細胞は孤立した細胞として，体中の多くの組織に分布することもある．特別な分泌能を備える器官，細胞集塊および個々の細胞が合わさって，内分泌系を構成する．外分泌腺の産物は導管を通って運搬されるが，内分泌腺の分泌物は血液中に拡散して，標的細胞，標的組織あるいは標的器官へと運ばれる．内分泌腺の分泌物は身体の正常な生理学的活動の調節や調整に中心的な役割を果たしている．いくつかの内分泌器官では，それらの機能は他の内分泌器官から分泌されたホルモンにより刺激されることもあれば，抑制されることもある．明瞭な内分泌腺は下垂体，松果体，副腎，甲状腺および上皮小体を含む．内分泌細胞の集団を含む器官は膵臓，精巣，卵巣および妊娠した雌の哺乳類では胎盤である．胎盤および性腺の内分泌細胞とこれらが産生するホルモンの機能的役割はそれぞれ第12章および第21章に簡潔にまとめてある．胸腺の上皮性細網細胞はTリンパ球の成熟にあずかるホルモンを分泌するので，胸腺は一定の内分泌機能を持つ器官の一つであると見做すことができる．散在性の内分泌系の細胞は胃腸の上皮，呼吸器系の気道，腎臓の糸球体傍装置，心房の心筋層および肝組織内にみられる．自律神経系はいくつかの内分泌器官の活動に影響を及ぼす．

下垂体

下垂体の形成には，口腔起源および神経起源の両方の外胚葉があずかる．口咽頭膜のすぐ吻側方で，口窩天井部の正中線上の口腔外胚葉が上方へ陥入することにより生じる下垂体の部分は腺性下垂体と呼ばれる（**図23.1**）．腺性下垂体を生じさせる原基は腺性下垂体嚢あるいはラトケ嚢として知られている．下垂体の第二の構成要素である神経性下垂体はロートとして知られる間脳底板の腹側方への憩室から生ずる．家畜ではこれら二つの原基が出会い，融合して下垂体を形づくる．

腺性下垂体嚢（ラトケ嚢）はロートに向かって背側方向に成長し，次第に口腔外胚葉との結合を失ってゆき，腺性下垂体となる．下垂体胞の吻側壁の細胞は尾側壁の細胞より早い速度で増殖する．壁の増殖後，残っ

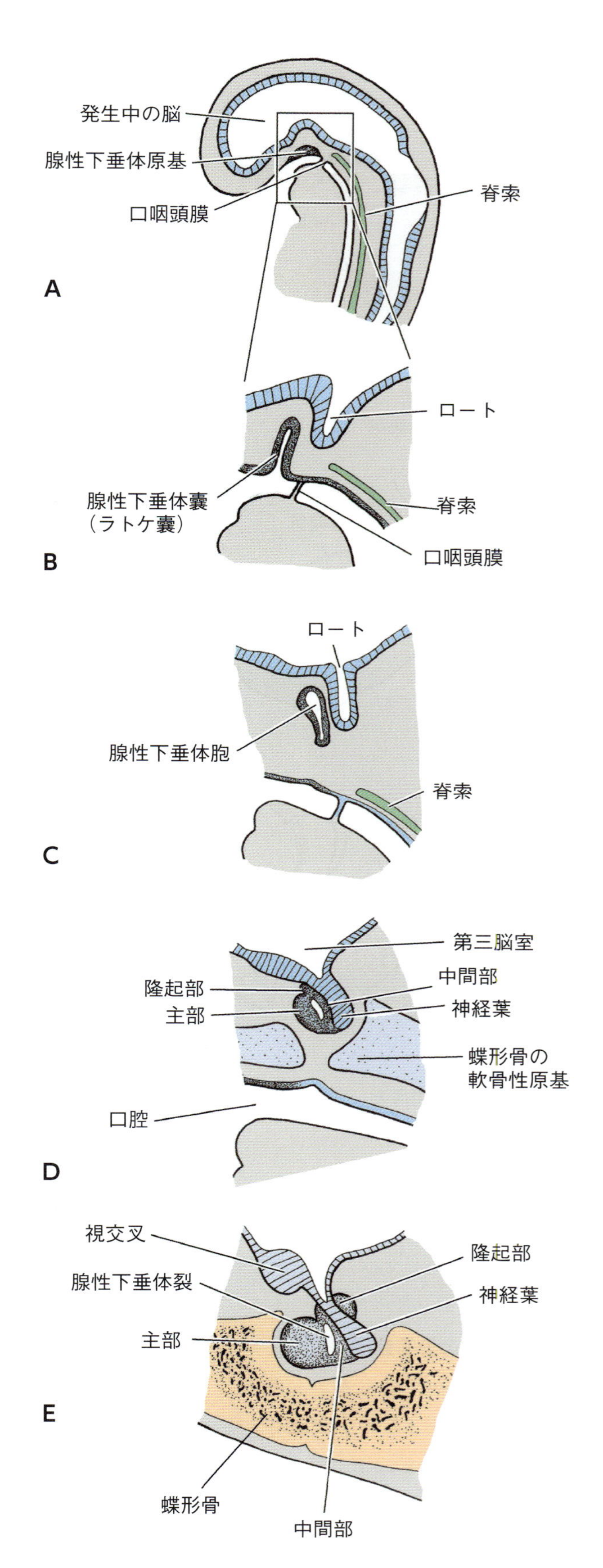

図23.1 下垂体形成の経時的諸段階(AからE).

た腔所は腺性下垂体裂と呼ばれる.吻側壁の背側面から増殖した細胞がロート茎を取り巻いて,隆起部を形成する.吻側壁の残りの細胞は増殖して,主部となる細胞の集塊を形成する.ロートからは下垂体茎と膨らんだ遠位部,すなわち下垂体神経葉が作られる.主部の細胞は分化して内分泌細胞となり,これらの細胞はその染色性に基づいて,酸好性細胞,塩基好性細胞および色素嫌性細胞に分類される.酸好性細胞は成長ホルモンと乳腺刺激ホルモン(プロラクチン)を産生し,塩基好性細胞は刺激ホルモン,すなわち副腎皮質刺激ホルモン(adrenocorticotrophic hormone;ACTH),甲状腺刺激ホルモン(thyroid-stimulating hormone;TSH),卵胞刺激ホルモン(follicle-stimulating hormone;FSH)および黄体形成ホルモン(luteinising hormone;LH)を産生する.色素嫌性細胞は幹細胞もしくは酸好性細胞や塩基好性細胞の非分期であると考えられている.主部では酸好性細胞,塩基好性細胞および色素嫌性細胞は均一に分布しているわけではなく,数,分布ともに種による多様性を示す.隆起部における細胞の種類は主部にある細胞の種類と類似している.

腺性下垂体胞の尾側壁はほとんど増殖せずに中間部を形成し,ロートと接する.この中間部とロートの融合の程度が,家畜により下垂体がそれぞれ異なる解剖学的領域を占める原因となる.ヒトでは中間部と神経葉の吻側表面が融合した後も主部の増殖は続くので,腺性下垂体裂はなくなってしまう.反芻類では主部の増殖は限られているため,下垂体裂は存続する.反芻類の下垂体の通常と異なる特徴は,中間部の吻側壁に主部様の小区域が付着して残ることである.ウマ,ブタ,食肉類では中間部はロートを取り囲むので,これによって中間部は神経葉の表面と直接接する.下垂体裂は食肉類とブタでは残存するが,ウマでは消失する.中間部に最も豊富にみられる細胞の種類は,メラニン細胞刺激ホルモン(melanocyte-stimulating hormone)を産生する大型で円形の,淡染する細胞である.これら大型の細胞は時折コロイドで満たされた濾胞を形成することがある(**図23.2**).

視床下部の視索上核と室傍核からのニューロンの突起はロート茎内へ投射し,さらに発達中の神経葉へと

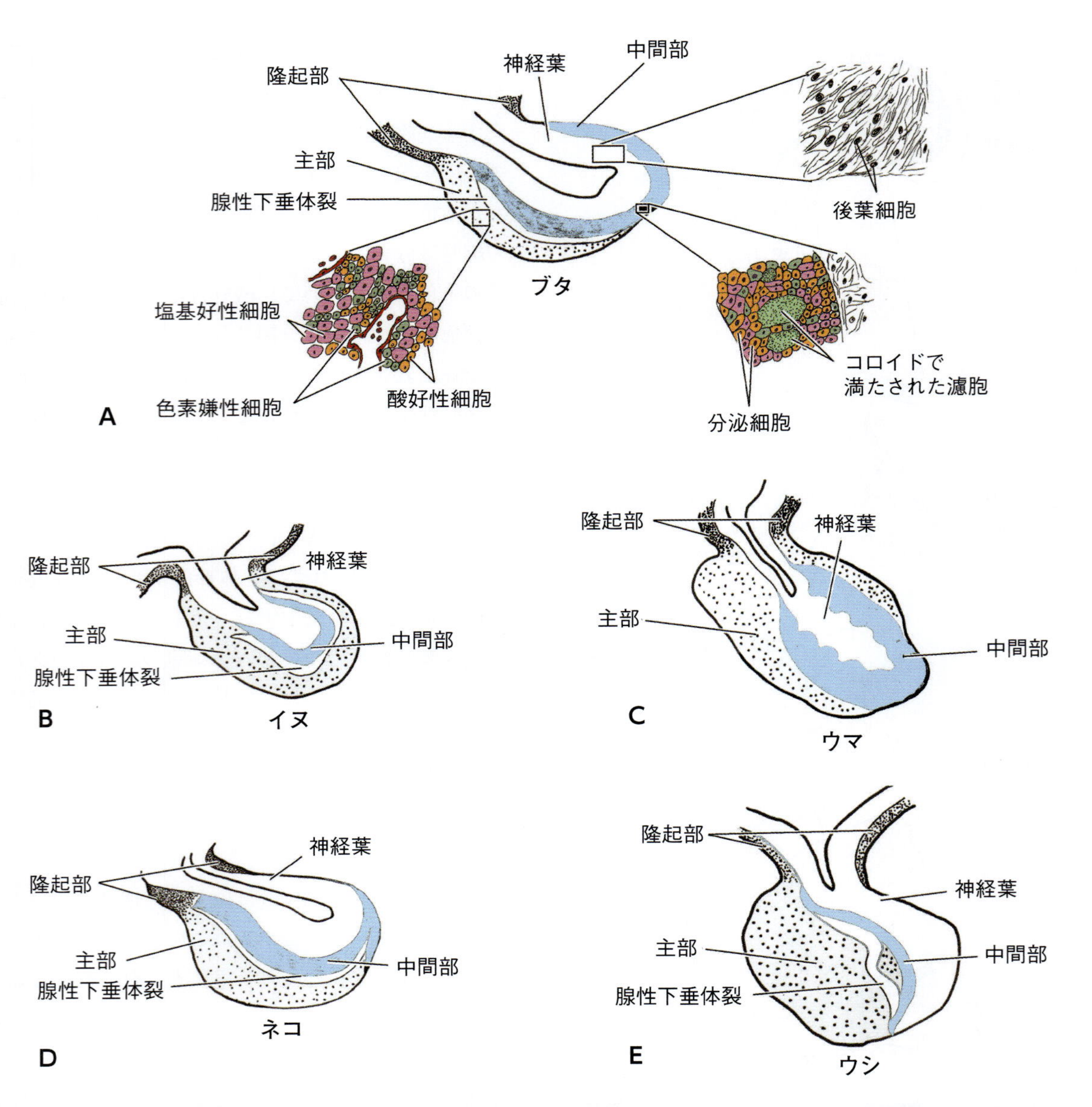

図23.2 A：完全に形態形成が終了したブタの下垂体における諸構成要素の位置関係と，主部，中間部，神経葉の組織学的特徴．B～E：イヌ（B），ウマ（C），ネコ（D）およびウシ（E）の下垂体の構成要素の位置関係．

延びる．視索上核と室傍核からの神経分泌物，すなわち抗利尿ホルモン（バゾプレッシン）とオキシトシンは軸索を通って神経葉へ運ばれ，ここに蓄えられる．神経葉の神経膠細胞の大部分は特殊な星状膠細胞であり，後葉細胞と呼ばれる．腺性下垂体がどのように機能するかは視床下部のホルモンの調節下にあり，このホルモンは主部の特定の分泌を刺激したり，抑制したりする．これら視床下部の神経ホルモンは視床下部－下垂体門脈系を通って下垂体主部へと運ばれる．視床下部のホルモンの放出は主部のホルモンにより影響を受けた標的器官からのフィードバック機構によって調節される．

下垂体発生の分子制御

下垂体原基に最も初期に発現する転写因子にはSix-3, Pax-6およびラトケ嚢ホメオボックス（Rathkes pouch homeobox；Rpx）等がある．続いてShh, Pitx, PtxおよびP-Otxが口腔外胚葉全体に連続的に発現する．腹側間脳からのBmp-4のシグナルはShh発現を抑制し，口腔外胚葉とラトケ嚢外胚葉の間に分子的境界を作る．続いてBmp-2の発現が口腔外胚葉とラトケ嚢の境界部に検出される．同時にFgf-8とWnt-5aが間脳の腹側部内に発現する．Fgf-8はロート内にも発現する．Fgf-8とBmp-2の発現レベルに基づいて，転写因子Six-3，Nkx-3.1およびProp-1の勾配が背側方に発現し，Brn-4，Isl-1，P-FrkおよびGATA-2は腹側方に発現する．背腹軸に沿ったこれらさまざまな転写因子の発現は未分化な細胞の下垂体への成熟を確立するのみならず，下垂体の決定，形成，分化を誘導する．下垂体細胞の発生と分化はホメオドメイン転写因子であるRpx，Ptx，Lhx-3，Prop-1，Pit-1によっても方向づけられる．

松果体（松果腺）

松果体は間脳蓋板の尾側部の背側方への憩室として発生する（**図16.21A**）．形成された後，松果体は茎部によって間脳に付着したまま残る．神経上皮細胞は松果体細胞と神経膠細胞へと分化する．発生中の松果体は軟膜由来の結合組織の薄い層により囲まれている．この結合組織は松果体の腺実質内へ伸び，腺実質を小葉に分けるとともに血液を供給する．松果体細胞は突起を伸ばし，その突起は分泌物であるメラトニンを，血管に富んだ軟膜由来の毛細血管中かあるいは第三脳室の脳脊髄液中へと放出する．松果体の機能はメラトニンの合成と分泌を含め，動物が明暗にさらされる期間と関連している．短日繁殖動物に分類される種では日光にさらされる時間が伸びると，網膜の知覚ニューロンが一定期間活性化される．この露光に引き続いて，インパルスが神経経路を中継され，興奮性ニューロンへと伝達され，ここで今度は松果体の抑制性ニューロンを刺激する．この刺激は抑制性の神経伝達物質を放出する．これら抑制性の神経伝達物質の影響のもとでは，松果体細胞は低レベルのメラトニンの合成と放出しか行わない．対照的に，動物を日光のもとに短時間しかさらさないと，松果体の抑制性ニューロンはより少ない程度にしか刺激されない．その結果，より多量のメラトニンが合成，放出される．したがって，メラトニンの合成と放出の割合は暗刺激にさらされることにより促進，明刺激にさらされることにより抑制される．メラトニンは視床下部に作用し，性腺刺激ホルモン放出ホルモン（gonadotrophin-releasing hormone；GnRH）の分泌を促進，続いてこのGnRHは下垂体の主部に作用して，性腺刺激ホルモンの放出を引き起こす．このようにして光周期は多くの家畜種の繁殖の開始時期に影響を及ぼす．

副　腎

哺乳類の1対の副腎は二つの別々の胎生期の組織，すなわち神経堤外胚葉と中間中胚葉から生ずる．副腎のこれら二つの構成要素，すなわち外層の皮質と内層の髄質は異なった組織学的特徴を呈し，別個の生理学的役割を果たす．脊椎動物における副腎組織の比較発生学的，解剖学的特徴の研究により，哺乳類の副腎の二重の由来を説明することができる．魚類では，哺乳類の副腎のそれぞれの層に対応する二つの組織は二つの独立した内分泌器官として存在する．一方両生類では，二つの組織は直接接している．爬虫類と鳥類では副腎を形成する二つの組織はランダムに合体している．哺乳類では神経堤由来の組織が中心部を占め，中間中胚葉由来の組織によって取り囲まれている．したがって，哺乳類の副腎の典型的な組織学的概観は内層の髄質と外層の皮質によって構成される．

哺乳類の副腎の皮質組織は胎生末期にかけて形成されるが，最初は退行しつつある中腎細管由来の中胚葉組織の集塊として生ずる．これらの細胞集塊は中腎の腹内側縁に沿って位置しており，索状の構造へとまとまる．発生後期に神経堤細胞は中胚葉塊の中心部へ遊走し，副腎髄質を形成する（**図23.3**）．外層の中胚葉の細胞は増殖して皮質を形成する．発生のこの時期，大型の副腎皮質は胎生皮質と呼ばれる．続いて中胚葉の細胞の2番目の増殖がこの胎生皮質を取り巻き，胎生期の皮質が退行するにつれて，生後，最終的な皮質となる．出生後，最終的な皮質は分化して三つの帯，すなわち球状帯，束状帯および網状帯となる．胎生期には胎生皮質は最終皮質が生後産生するものより高レベルのステロイドを産生する．胎生皮質の機能は下垂体ホルモンACTHの胎生期における分泌に依存している．胎子の肺，肝臓および消化管の上皮細胞の成熟

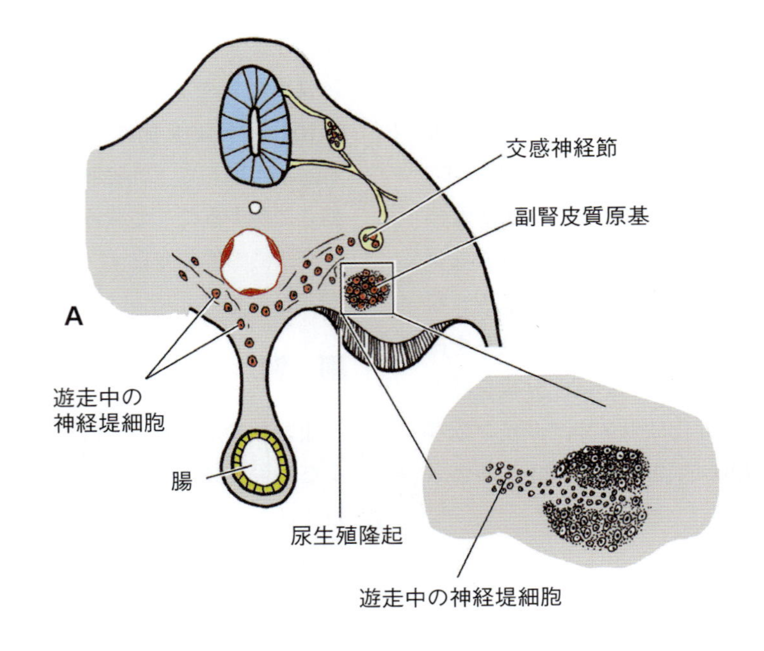

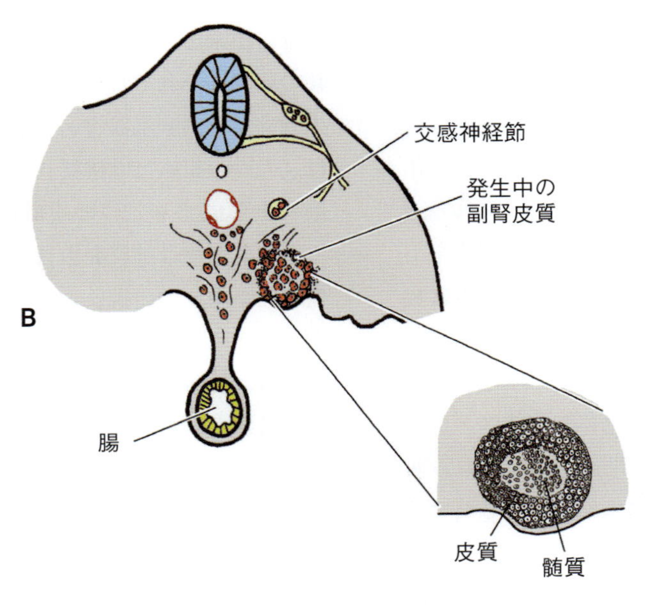

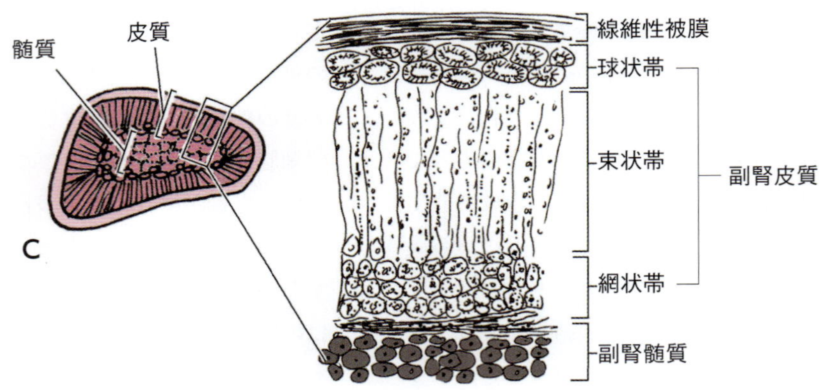

図23.3 副腎形成の各段階．A：神経堤細胞の副腎皮質原基への遊走．B：神経堤細胞による副腎髄質の形成．C：形態形成が完全に終了した副腎．髄質，皮質，被膜を示す．

は胎生期の副腎によって分泌されるホルモンの影響を受ける．多くの哺乳類において，分娩の開始は胎生期の副腎皮質ホルモンであるコルチゾールのレベルの増加と相関している．最終的な皮質が球状帯，束状帯および網状帯へと分化すると，各々の帯は特異的なステロイドホルモンを産生する．球状帯はミネラルコルチコイドであるアルドステロンを産生する．アルドステロンは電解質と水分のバランスをとる役割を果たす．束状帯はグルココルチコイドを分泌し，これは炭水化物，タンパク質および脂肪の代謝に主たる役割を果たす．網状帯の細胞は低レベルの性ホルモン（主としてアンドロゲン）を産生する．

副腎髄質は交感神経系の特殊な神経節と類似しているが，細胞体しか持たず，軸索を欠いている．副腎髄質細胞の神経分泌物は血液中に直接放出される．そのクロム化合物（クロム化合物は細胞を褐色に染める）への親和性のために，副腎髄質の細胞体はクロム親性細胞と呼ばれる．交感神経系の活性化に呼応して，副腎髄質の細胞はエピネフリンとノルエピネフリンを分泌する．エピネフリンの方が産生される量は多い．

甲状腺

甲状腺は腹側正中線上の内胚葉の憩室として第一・第二咽頭弓間のレベルで，前腸底部から発生する．この原基組織の尾側端は腹側方と尾側方に伸びて，その下にある中胚葉の中に入る．最初，この原基は管，すなわち甲状舌管によって前腸に付着したままにとどまっている．原基組織の盲端は二つの葉に分かれ，尾側方へと伸長して，発生中の気管起始部の腹側の位置に達する（**図23.4**）．この尾側方へ伸長の間に，甲状腺の原基は前腸との接触を失い、発生中の気管の腹側面上の位置を占めるようになる．ここで甲状腺原基は二つの別々の葉を形成するが，これら2葉は腺組織の峡部によって，互いに連結したままにとどまる．最初峡部は気管の腹側面を横切って伸び，外側方に位置する二つの葉同士を連結する．峡部に残存する腺組織の量はすべての動物種で一定というわけではない．ヒトとブタでは，峡部の腺組織の量はかなり多く，内側葉を形成するが，ウシでは峡部の腺組織は明瞭に識別される帯が二つの葉の間に形成される．ウマの峡部はわずかに認められるのみであり，小型反芻類では結合組織の帯となる．イヌやネコでは葉間の結合は失われ，甲状腺は二つの独立した分泌組織の葉からなる．哺乳類の甲状腺原基の起始部は生後も舌表面上の浅い窩として残存し，舌盲孔と呼ばれる．甲状腺憩室の内胚葉細胞は分化して立方上皮細胞となり，濾胞に編成されると甲状腺ホルモンのサイロキシン（T_4）とトリヨードサイロニン（T_3）を合成する．甲状腺ホルモンの合成と分泌は下垂体主部により産生される甲状腺刺激ホルモンの調節下にある．甲状腺により分泌されたホルモンは体中の器官と組織の代謝活性の調節に対して中心的な役割を果たす．

甲状腺原基が尾側方向に遊走し，咽頭嚢に近づくにつれ，第四咽頭嚢の腹側方の構成要素である鰓後体が甲状腺組織へと編入され，その形成に寄与するようになる．鰓後体の細胞は神経堤由来の細胞を含み，これらの細胞は甲状腺のC細胞，別名，濾胞傍細胞を生じさせる．濾胞傍細胞はカルシトニンを分泌するが，このカルシトニンは，さまざまな方法で血中のカルシウムレベルを統御するホルモンである．カルシトニンは破骨細胞の活動を抑制し，これによって骨からのカルシウムイオンの供給を減少させる．またカルシトニンは骨へのカルシウムの沈着を刺激し，腎臓からのカルシウムイオンの排出を促進させる．またカルシトニンは上皮小体により上皮小体ホルモン分泌への拮抗的な作用を含んでいるため，血中カルシウムレベルに調整効果を及ぼす．

甲状腺発生の分子制御

甲状腺濾胞細胞の分化開始期から甲状腺特異的転写因子Trf-1とTrf-2の同期した発現はPax-8の発現とともに発生期間中継続して存在する．*Ttf-1*ノックアウトマウスでは甲状腺濾胞細胞とC細胞は欠如する．ホモ接合性の*Ttf-2*ノックアウトマウスでは甲状腺芽は通常の部位へは遊走せず，甲状腺の発生の転位もしくは欠如を来たす．しかしC細胞は正常に発達する．*Pax-8*ノックアウトモデルでは甲状腺濾胞細胞は完全に欠如するが，C細胞は正常である．下垂体によってTSHが産生されることと，標的細胞上にTSH受容体

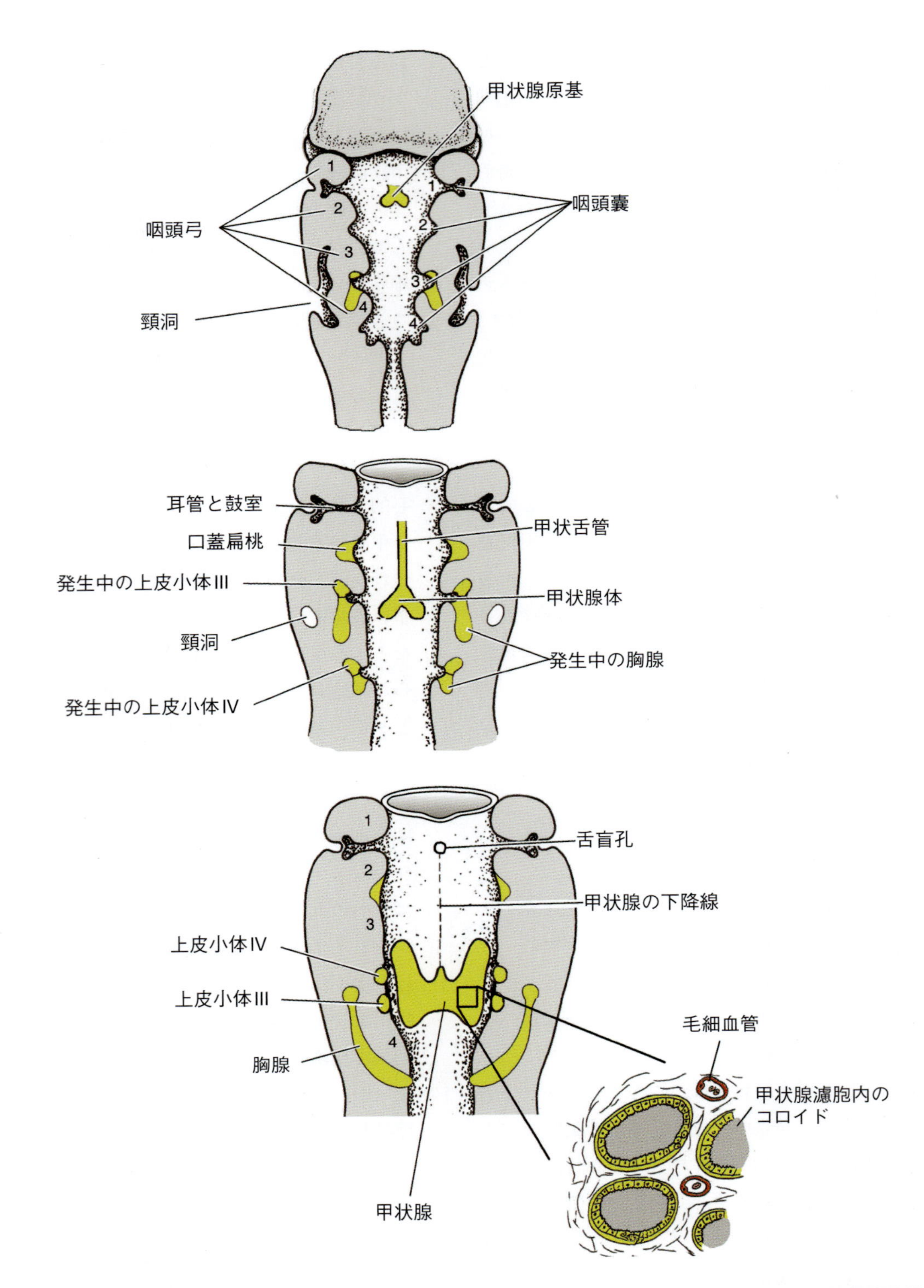

図23.4　甲状腺，上皮小体，胸腺，口蓋扁桃および関連諸構造形成の経時的諸段階．発生中の甲状腺の組織学的構造の詳細も示す．

が存在することは，分化した甲状腺濾胞細胞の増殖と維持にとって必須である．

上皮小体

上皮小体は第三および第四咽頭嚢の背側区域から発

生する．各々の上皮小体に名づけられた名称はそこから由来する咽頭嚢と関連している（すなわち上皮小体Ⅲは第三咽頭嚢に，上皮小体Ⅳは第四咽頭嚢に由来する）．左右の第三咽頭嚢の背側部は外上皮小体，別名，上皮小体Ⅲを生じさせる．各々の腺の原基は咽頭壁との結合を失い，発生中の胸腺によって尾側方へと引き寄せられる（**図23.4**）．左右の第四咽頭嚢の背側区域は内上皮小体，別名，上皮小体Ⅳを生じさせる．上皮小体Ⅳも咽頭壁との結合を失う．発生中の胸腺により尾側方に引き寄せられるため，上皮小体Ⅲは最終的には上皮小体Ⅳの尾側方の位置を占めるようになる．甲状腺の尾側方への遊走の結果，上皮小体Ⅳは通常甲状腺に付着するかあるいは甲状腺実質の中に埋め込まれるようになる．胸腺の遊走が上皮小体Ⅲへ及ぼす影響のために，上皮小体Ⅲは通常甲状腺より尾側方に位置する．ウマの上皮小体Ⅲは遊走する胸腺に付着して，他の家畜種よりさらに尾側方へと引かれる．最終的にウマの上皮小体は胸郭の吻側口近くに位置するようになる．ブタでは上皮小体Ⅳの原基が退行するため，上皮小体Ⅲのみが発達する．

上皮小体の細胞は索状配列をとるように分化し，主細胞と呼ばれる．主細胞は上皮小体ホルモン（パラソルモン）を分泌する．上皮小体ホルモンは血中カルシウムレベルを上昇させる．この上昇は破骨細胞を刺激して骨からのカルシウムイオンの放出を促すこと，骨へのカルシウムイオンの沈着を阻害すること，食餌からのカルシウムの吸収を促進すること，さらに腎臓からのカルシウムの排出を減少させることによる．ヒト，ウマおよび反芻類では，第二の種類の細胞，すなわち酸好性細胞と呼ばれる，未だ機能の分かっていない細胞が上皮小体の実質内に存在している．

胸　腺

胸腺は左右の第三咽頭嚢の腹側区域から分化し，種によっては第三咽頭嚢よりは貢献度が少ないが，第四咽頭嚢からも分化する（**図23.4**）．胸腺原基の細胞は最初は二つの管状構造として増殖し，尾側方へ伸長する．引き続く細胞増殖によりこれらの管状構造の内腔は失われ，実質構造へと変わる．尾側方へ伸長するにつれ，原基の尾側端同士は正中線上で出会い，融合して，発生中の心外膜に付着するようになる．心臓が胸郭へ向かって，尾側方向へ遊走するに伴い，胸腺の尾側端も胸腔内へと引かれ，縦隔吻側部のスペースに至る．発生のこの時期，胎子の胸腺はＹ字型をしており，発生中の咽頭の壁に付着する二股に分かれた吻側端と，胸郭内に位置する融合した尾側端とを備えている．反芻類とブタでは，胎生期のこの形状は新生子にも残り，胸腺は咽頭部，頸部および胸部により構成される．ウマでは胸腺と咽頭との左右の結合は失われ，各々の吻側部は融合した頸部吻側部とともに退行するが，頸部中～尾側部の小部分と胸部はともに残存する．食肉類とヒトでは，胸腺の頸部全体が退行し，胸部のみが２葉の構造として残る．

尾側方へと位置を変える間に，胸腺は神経堤由来の間葉細胞によって取り囲まれるようになる．間葉組織は結合組織性の被包を形成する．この被包は発生中の胸腺の内胚葉細胞塊の中へ伸びて，中隔を形成する．胎生初期，骨髄から由来した細胞は上皮性胸腺へ向かって遊走する．これらの細胞は前胸腺細胞であり，上皮細胞間に位置を占め，上皮細胞に内胚葉由来のスポンジ状細網線維の網工を形成させる．この網工は多様な種類の上皮性細網細胞を含んでいる．上皮性細網細胞からの誘導因子に反応して胸腺細胞は増殖し，胸腺外縁部において，細胞密度の高い皮質と，細胞密度のさほど高くない髄質とを形成する．髄質の上皮細胞の一部は個々の膨らんだ内胚葉細胞の周囲に扁平細胞の同心円状の層を形成する．引き続いて中央の細胞は変性し，それを取り囲む細胞はケラトヒアリン顆粒を蓄積して，胸腺小体あるいはハッサル小体として知られる構造を形成する．上皮性細網細胞によって産生されるホルモン（サイモシンとサイモポイエチンを含む）の影響下で，前胸腺細胞は形質転換受容性細胞（コンピテントＴリンパ球）になる．胸腺を離れると，成熟Ｔリンパ球は他のリンパ諸器官に細胞性免疫反応を担うサブセットを伴って散らばる．

血液‐胸腺関門と呼ばれる特別な関門は抗原刺激からＴリンパ球を隔離する役割を担う．胸腺では，皮質の毛細血管は連続的な内皮細胞，血管周囲の結合組織および上皮細胞の突起により構成される鞘を備えている．この関門は外来性の抗原が皮質の実質へ侵入するのを最小限に抑える．胸腺はとりわけ若齢動物で顕著だが，性成熟の開始に伴って次第に退縮する．この退縮は胸腺細胞数の漸減，上皮性細網細胞の膨大化およびリンパ組織の脂肪細胞による置換によって特徴づけられる．

膵　島

発生中の膵臓内では，細胞の塊が発達中の膵臓外分泌部から出芽し，膵島あるいはランゲルハンス島と呼ばれる内分泌構造を形成する．これらの膵島内の細胞は分化して，特定の細胞タイプになり，その各々が特異的な内分泌産物を産生する能力を持つ．これらの内分泌細胞はアルファ（α）細胞，ベータ（β）細胞，デルタ（δ）細胞と命名されており，それぞれグルカゴン，インスリン，ソマトスタチンを産生する．グルカゴンは肝細胞のグリコーゲンの分解速度を増加させ，グルコースの放出を促進することにより，血中のグルコースレベルを上昇させる．これと対照的に，インスリンは主として筋細胞と肝細胞の細胞膜表面のインスリン受容体へ結合することにより，グルコースの取り込み

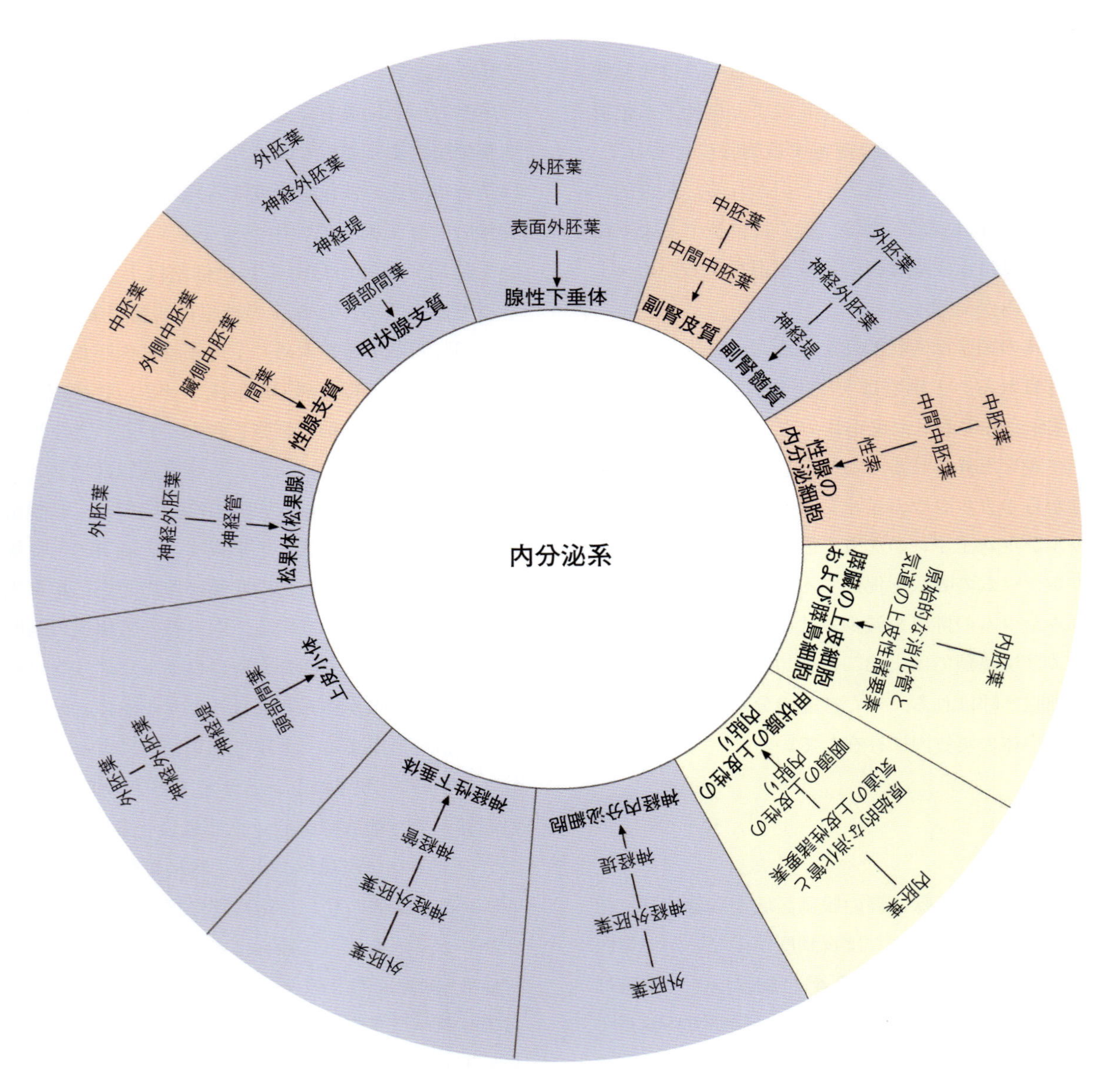

図23.5　内分泌系の細胞，組織，構造および器官が形成される胚葉の派生物．（**図9.3**に基づく）

と利用速度を増加させ，これによって血中グルコースレベルを低下させる．ソマトスタチンはインスリンとグルカゴンの放出を局所的に阻害する効果を持つ．他の二つの細胞型，すなわちG細胞とPP細胞はそれぞれガストリンと膵ポリペプチドを分泌する．膵島内でβ細胞は最も数の多い細胞型である．次に数の多い細胞型はα細胞であり，δ細胞がこれに続く．G細胞とPP細胞は膵島内で細胞型の少数派を形成する．膵島内で，これらの細胞型は必ずしも一様に分布するわけではない．膵臓の異なった解剖学的領域の中で，膵島の分布は一様ではないし，種特異的な多様性もみられる．

内分泌系の細胞，組織および器官の発生学的起源は**図23.5**に示す．

（谷口和美　訳）

さらに学びたい人へ

Cohen, H., Radovick, S. and Wondisford, F.E. (1999) Transcription factors and hypopituitarism. *Trends in Endocrinology and Metabolism* 10, 326-332.

Fernandez, L.P., Lopez-Marquez, A. and Santisteban, P. (2015) Thyroid transcription factors in development, differentiation and disease. *Nature Reviews: Endocrinology* 11, 29-42.

Godwin, M.C. (1936) The early development of the thyroid gland in the dog with special reference to the origin and position of accessory thyroid tissue. *Anatomical Record* 66, 233-251.

Godwin, M.C. (1937) The development of the parathyroid in the dog with emphasis upon the origin of accessory glands. *Anatomical Record* 68, 305-325.

Goff, J.P. (2015) The Endocrine System. In W.O. Reece and H.H. Erickson (eds), *Dukes' Physiology of Domestic Animals*, 13th ed. Wiley Blackwell, Ames, IA, pp. 617-653.

Hullinger, R.L. (2013) The Endocrine System. In H. Evans and A. de Lahunta (eds), *Miller's Anatomy of the Dog*, 4th edn. Elsevier, St Louis, MO, pp. 406-427.

Kingsbury, B.F. and Roemer, F.J. (1940) The development of the hypophysis in the dog. *American Journal of Anatomy* 66, 449-481.

Shanklin, W.M. (1944) Histogenesis of the pig's neurohypophysis. *Journal of Anatomy* 74, 327-353.

第24章

眼と耳
Eye and ear

要　点

- 眼は外胚葉と頭部の間葉から発生する．眼瞼，結膜および水晶体板は表面外胚葉から派生する．神経性外胚葉が眼胞を形成する．眼胞は間脳から生じ胎子前脳の一部である．
- 眼胞と表面外胚葉間の双方向の誘導がそれらの分化を促進し，眼杯と水晶体小胞を形成する．
- 2層の眼杯から派生する構造物は網膜と虹彩を含む．
- 脈絡叢と硝子体は間葉から分化する．
- 聴覚と平衡感覚の機能を持つ耳は外耳，鼓室内の中耳および内耳の3部位に分けられ，それらは側頭骨に納まっている．
- 咽頭裂外胚葉は外耳を派生する．
- 第一咽頭嚢から起こる内胚葉は鼓室と耳管に発生する．
- 表面外胚葉から構成される耳板は蝸牛と半規管を形成する．

眼

眼の形成に関わる胚組織は神経外胚葉，表面外胚葉および神経堤由来の間葉の3種である．眼球の発生と分化はこれらの基本となる組織間の相互作用によって持続的に展開される．眼球の発生を始める原基は前脳胞の神経ヒダに1対の眼溝と呼ばれる浅い溝として現れる（**図24.1**）．これらの構造は神経管形成の終わりに向かう時期に頭側神経孔の閉鎖に先立ってみられるようになる．眼溝の形成は隣接する咽頭外胚葉と内胚葉からの因子によって誘導される．頭側神経孔の閉鎖に伴い，眼溝は眼胞と呼ばれる左右一対の憩室を形成する．眼胞腔は形成初期において前脳胞の腔に繋がっている（**図24.2**）．眼胞は表面外胚葉に向かって外側方へと成長し，その外壁は表面外胚葉に接触し，眼胞の神経上皮は表面外胚葉上皮の増殖を誘導し水晶体板を形成させる（**図24.3**）．水晶体板形成に伴い，眼胞の外壁は扁平になりさらに凹状になっていく．この結果，眼胞は二重の壁を持つ眼杯になる．眼杯の外壁と内壁は初め腔により隔てられているが，外壁と内壁が並列するようになると次第に間の腔は消えていく．眼胞の基部で前脳との連結部が狭窄して眼茎を形成する．眼杯を形成する陥入は胚の腹側端に生じるために眼杯の縁は腹側では繋がっていない．この陥入は眼杯の腹側縁に溝を形成し，この溝が眼茎の腹側表面に沿って伸びる．この溝は脈絡裂と呼ばれ，発生中の水晶体と網膜に分布する硝子体血管の通路となる（**図24.4**）．胚子期の終わりの時期になると，脈絡裂が閉じるに従って硝子体の血管は眼茎内に囲まれる（**図24.5**）．そして眼杯の縁は繋がって円形の空間を囲み，これが瞳孔の原基となる．眼杯の発生に伴い，水晶体板は眼胞の縁に陥入し水晶体胞を形成する（**図24.6**）．その後，水晶体胞は表面外胚葉との接触を失い，間葉組織に囲まれ眼杯の開口部に位置を占める（**図24.7**）．

眼の発生の分子的側面

初めにPax-6が神経管形成に先立って頭神経隆起の領域に発現する．正常な眼球の形成において，高濃度で継続的なPax-6の発現が表面外胚葉と眼杯に由来する細胞において必要である．これらの細胞においてPax-6は，Six-3，c-Maf，Prox-1をコードする遺伝子，クリスタリンなどの構造タンパク質をコードする遺伝

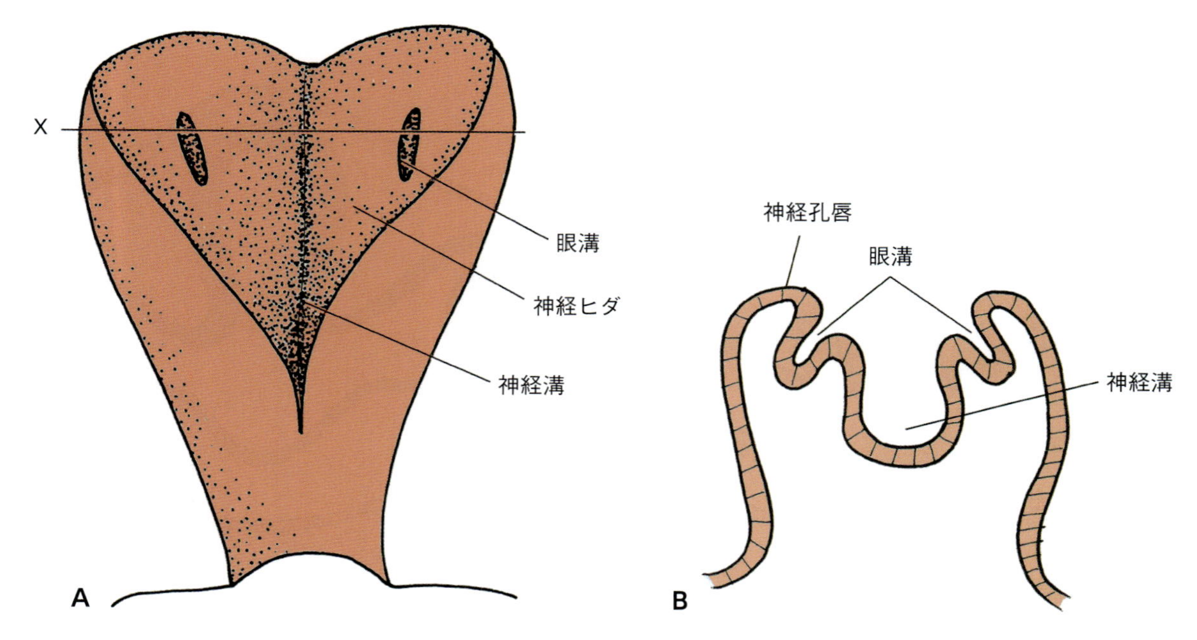

図 24.1 前脳の背側面．A：頭側神経孔の閉鎖に先立ち眼溝を示す．B：眼溝の高さ（x）の横断面．

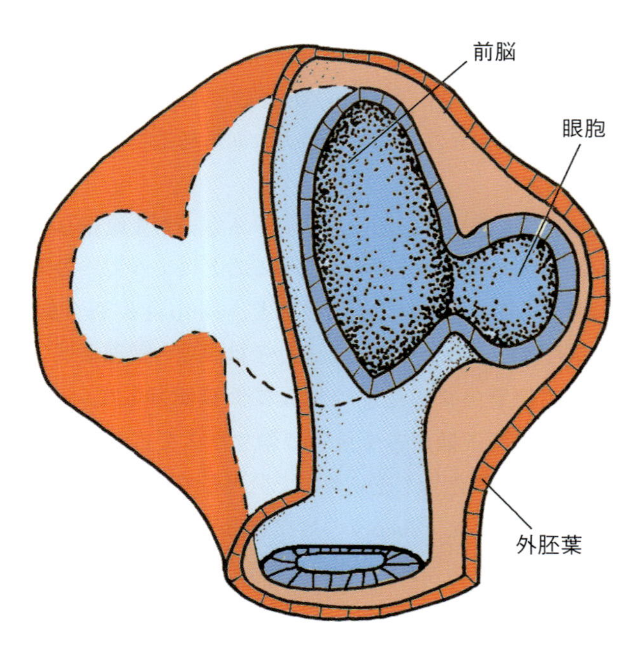

図 24.2 発生中の前脳と眼胞．

子，細胞接着分子，そしておよび外胚葉由来の眼球組織の形態形成に必要な分子をアップレギュレートする．角膜上皮の分化には，低濃度の一時的なPax-6の発現が必要である．Pax-6の突然変異でヘテロ結合のヒトは虹彩形成の異常，角膜混濁，白内障を引き起こす．

網膜が確認された眼の原基において，中央部の単一の眼領域がそれぞれ逆方向の両サイドの眼の領域に分かれていく．この過程は間葉から分泌されるTgf-β，Fgf，Shhによって決定づけられる．眼球の形成に特殊化した中央部の単一領域が左右に分れるためにはソニックヘッジホッグ（Shh）の発現が必要とされるので，Shhの欠損は頭部中央に眼球が一つ存在する単眼症になる．毒性植物であるカリフォルニアバイケイソウ（*Veratrum californicum*）はヘッジホッグシグナル（Hh）伝達経路を抑制するシクロパミンを持っており，もし妊娠初期のヒツジがこれを摂取すると子ヒツジに単眼症が現れる．Vax-1，Vax-2，Pax-2を含む多くのホメオボックス転写因子は網膜組織の特殊性をさらに決定する．

眼杯の形成過程は水晶体形成領域において眼胞，周囲の間葉およびこれを被う表面外胚葉の間の相互シグナルによって制御されている．眼胞の前方と後方の領域は形態的には似ているものの，明らかに軸の極性を決定する転写因子が発現している．脳因子-1（brain factor-1；BF-1）とBF-2の発現により，眼胞は吻側（BF-1）と尾側（BF-2）の領域に分かれる．その後，転写因子SOHo-1とHmx1が前網膜の中の細胞の集中する領域において発現する．表面外胚葉に由来する線

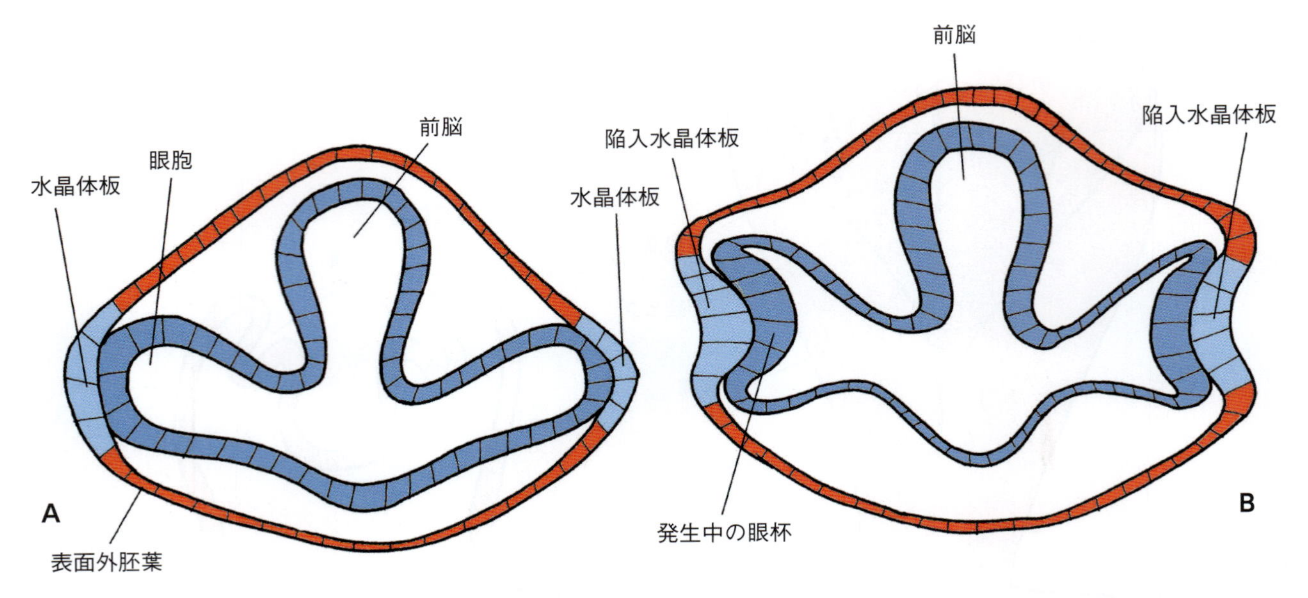

図 24.3 眼胞の高さの前脳横断面．A：眼胞の神経上皮と表面外胚葉の接触を示す．B：眼胚と水晶体板形成も初期段階．

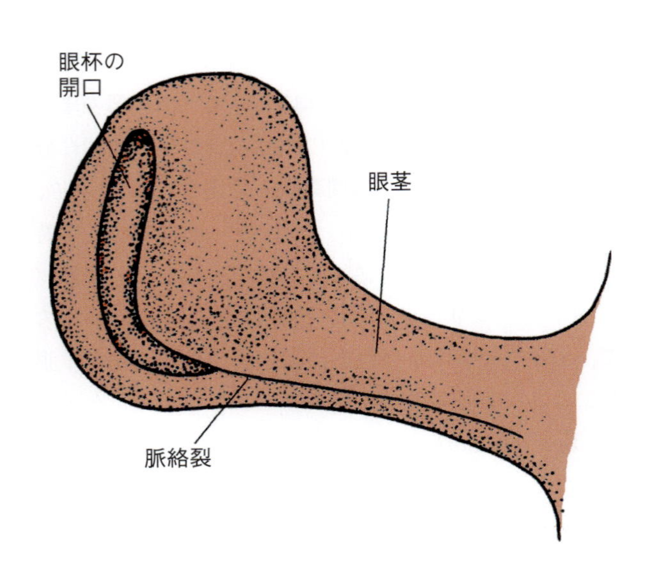

図 24.4 眼胚と眼茎の腹外側面および脈絡裂を示す．

維芽細胞成長因子は神経性網膜の分化を助ける．Tgf-βは周囲の間葉から分泌され外網膜層の形成に作用する．これらのシグナルは眼胚の内層，外層の位置決定を行い，MitfやChx-10などの転写因子をアップレギュレートし，次にこれらの転写因子が色素と神経層のそれぞれの分化を促進する．

ニワトリ胚子を用いた実験によって，角膜と周囲の関連構造における間葉細胞の初期分化は水晶体板からのシグナルに依存していることが知られている．このようなことは哺乳類の眼でも同じであると考えられる．水晶体板に発現している転写因子をコードしているいくつかの遺伝子（*Maf*，*Foxe-3*，*Pitx-e*）の突然変異は水晶体および水晶体の前方にある構造物の奇形をもたらす．

おそらく眼の形態形成を制御するさまざまな転写因子はシグナル伝達分子を調整することによって眼の形態形成を制御しているのであろう．Bmp-4とTgf-β2を含むこれらのシグナル伝達分子は眼球の前部領域において間葉由来構造物の形成に直接関与している．Bmp-4は胚子期から生後までのマウスで虹彩，毛様体および網膜色素上皮において発現している．マウスの発生において，*Bmp-4*の対立遺伝子を持たないヘテロ接合のマウスは虹彩，角膜，前眼房などにさまざまな異常を示す．

Tgf-β2は生前，生後を通して眼球前方部において眼の発生が行われる間，発現し続ける．*Tgf-β2*ホモ接合のノックアウトマウスでは，角膜が正常より薄く，角膜上皮が完全に欠損し，水晶体と虹彩が角膜固有質に直接接する．

眼胚の分化

網膜は向き合って並ぶ眼胚の2層の壁から形成される．眼杯外側壁は網膜の色素層を形成する（**図 24.7**）．

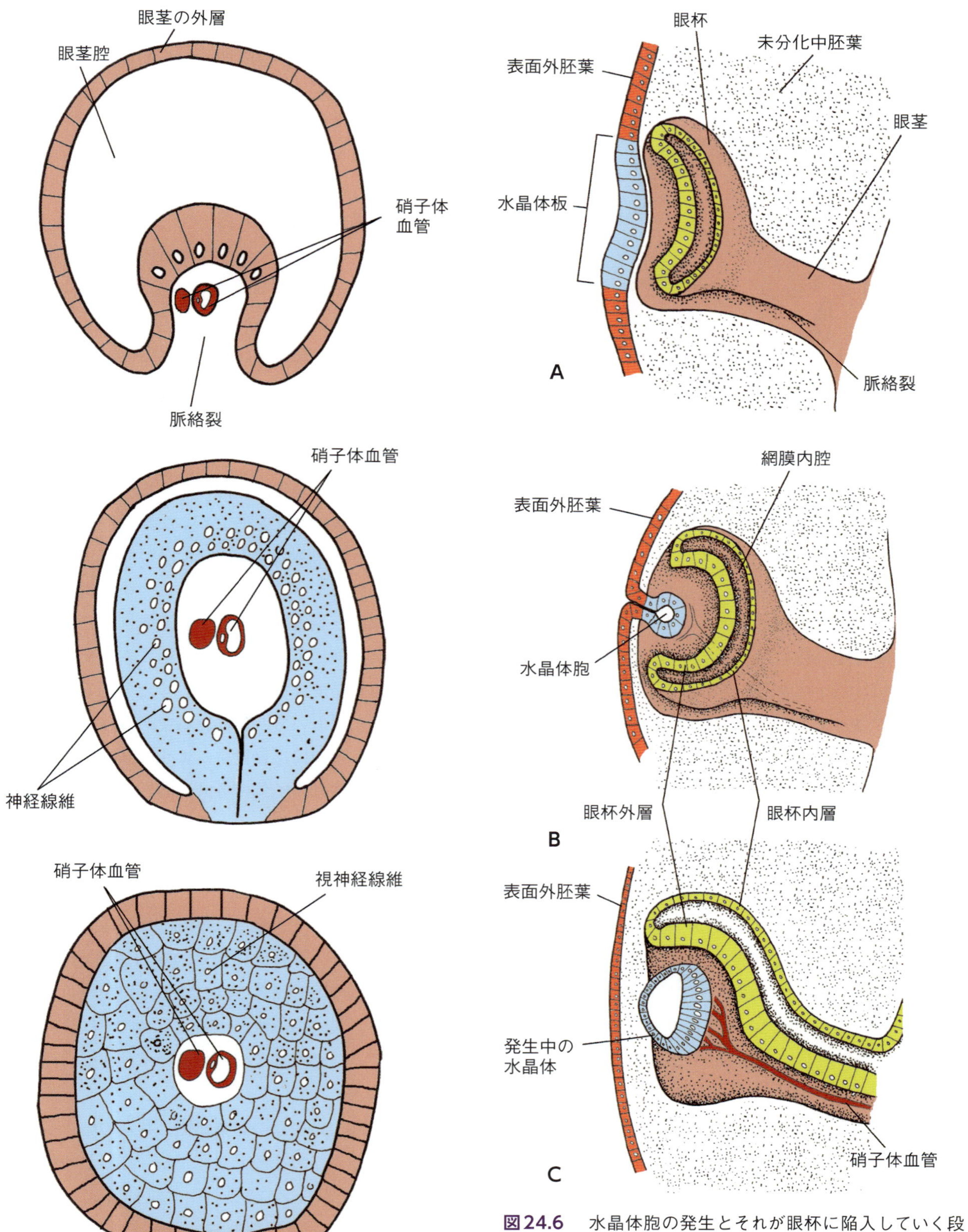

図24.5　眼茎における脈絡裂閉鎖の各段階．硝子体血管の眼茎への進入とそれに続く視神経の発生を示す．

図24.6　水晶体胞の発生とそれが眼杯に陥入していく段階の様子を連続的に示す．A：水晶体形成の初期．B：水晶体胞が眼杯に陥入．C：眼茎の縦断面，眼杯内で発生中の水晶体の位置，水晶体が表面外胚葉から分離する様子を示す．

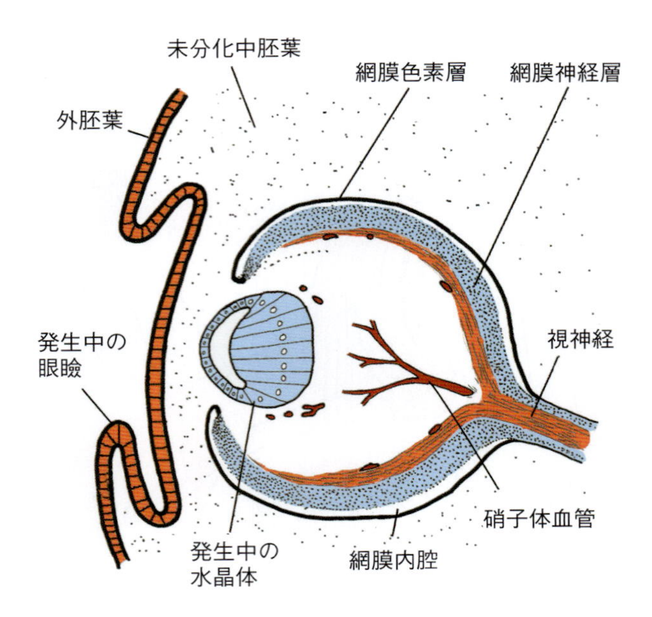

図 24.7 眼胚の内壁と外壁の細胞分化，発生中の水晶体と眼胚の位置関係および眼瞼の形成初期を示す．

外壁は毛様体と虹彩の形成にも関与する．網膜の内壁の分化は一連の発生的変化を伴う．網膜の内壁に，2カ所の明瞭な分化領域が発生する．眼杯の縁に近い狭い領域，すなわち網膜盲部は壁が薄いままで虹彩と毛様体を形成する．他の部位つまり網膜神経部位は神経管の分化の過程に類似した様式で発生する．眼杯内側壁の神経上皮細胞は増殖し，分化して光を感じる杆状体細胞と錐状体細胞，双極神経細胞，視神経細胞および神経膠細胞を含む網膜視部になる（**図 24.8**）．眼胞は陥入し眼杯を形成するために光受容細胞は網膜色素層の近傍に位置する．眼杯の内壁を構成する細胞は外壁との相対的位置に従って命名されている．したがって，内壁の細胞で網膜色素細胞層に直接接触する細胞は網膜外層と呼ばれ，一方，色素細胞層から最も遠い層は網膜内層と呼ばれる．この位置関係により，光は視覚受容器に達する前に内層を通過することとなる．錐状体と杆体状細胞から生じた刺激はその上にある双極性ニューロン細胞を経由して視神経細胞に伝えられる．視神経細胞の軸索は眼茎に入り，視神経となりシグナルを大脳皮質視覚領へと運ぶ．視神経の増殖に伴い，眼茎の構造は変化し，視神経細胞の軸索は眼茎に進入し，網膜中心動脈と呼ばれる硝子体動脈の遺残物を囲むようになる．脳に入る前に左右の視神経は出会い，視交叉というX状の構造物となる．視交叉の部位で一側の視神経の一部は交叉をして対側に入り対側の視神経とともに脳に入る．残る一部は対側から入って来た視神経とともに同側の脳に向かう．視神経の一部は前丘に終わり，他は外側膝状体のニューロンとシナプス結合をする．視覚情報は外側膝状体から大脳皮質視覚野へと運ばれる．

発生が進むにつれ，眼杯と水晶体胞は神経堤に由来する中胚葉に包まれるようになる．眼杯を包む中胚葉は内側色素血管層と外側線維層に分化する．内側の色素層，すなわち脈絡膜は眼杯の外側色素層に直接付着している．外側線維層は強膜を形成する．これらの層は中枢神経系の髄膜層と同じように保護の役割をする．強膜は視神経が頭蓋の視神経孔に入る部位で視神経を包む鞘となる硬膜に続いている．ブタの眼を除いて，家畜の眼では反射構造，すなわち輝板が脈絡層に存在する．食肉類の輝板は密に平行な結晶柱になった扁平の細胞により構成されている．草食類では，輝板は膠原線維と線維細胞によって構成されている．膠原線維と結晶柱は入射光の反射を起こさせ光量が少ないときの視覚精度を上昇させると考えられている．

初期発生において，眼杯を包むある疎な間葉組織が網膜と水晶体の間に位置するように移動する．この間葉組織の細胞は硝子体の形成に働き，硝子体動脈の枝から血液の供給を受ける．後に硝子体の硝子体動脈は退行して，その空間は硝子体管となる．水晶体と表面外胚葉の間にある間葉細胞は2層になり，その間にできた空間はやがて前眼房になる．この前眼房を形成する2層のうち，外層は強膜，内層は脈絡膜に繋がる．外層は角膜の固有質と中皮となる．角膜の角膜外上皮は表面外胚葉に由来する．前眼房の内壁は虹彩瞳孔膜を形成し，この膜はその中心部で水晶体の前面に接する（**図 24.9**）．

網膜盲部の外表面の間葉組織は虹彩の結合組織，瞳孔収縮筋および瞳孔散大筋となる．虹彩と網膜視部の間の網膜盲部は折り畳まれ，毛様体突起を形成する（**図 24.10**）．網膜盲部を被う眼球の間葉は毛様体突起へ血管を供給する．毛様体突起と水晶体の間の間葉細胞は放射状に配列した水晶体提靱帯を形成する．胎生後期には，虹彩瞳孔膜は壊れ，その部位は水晶体，

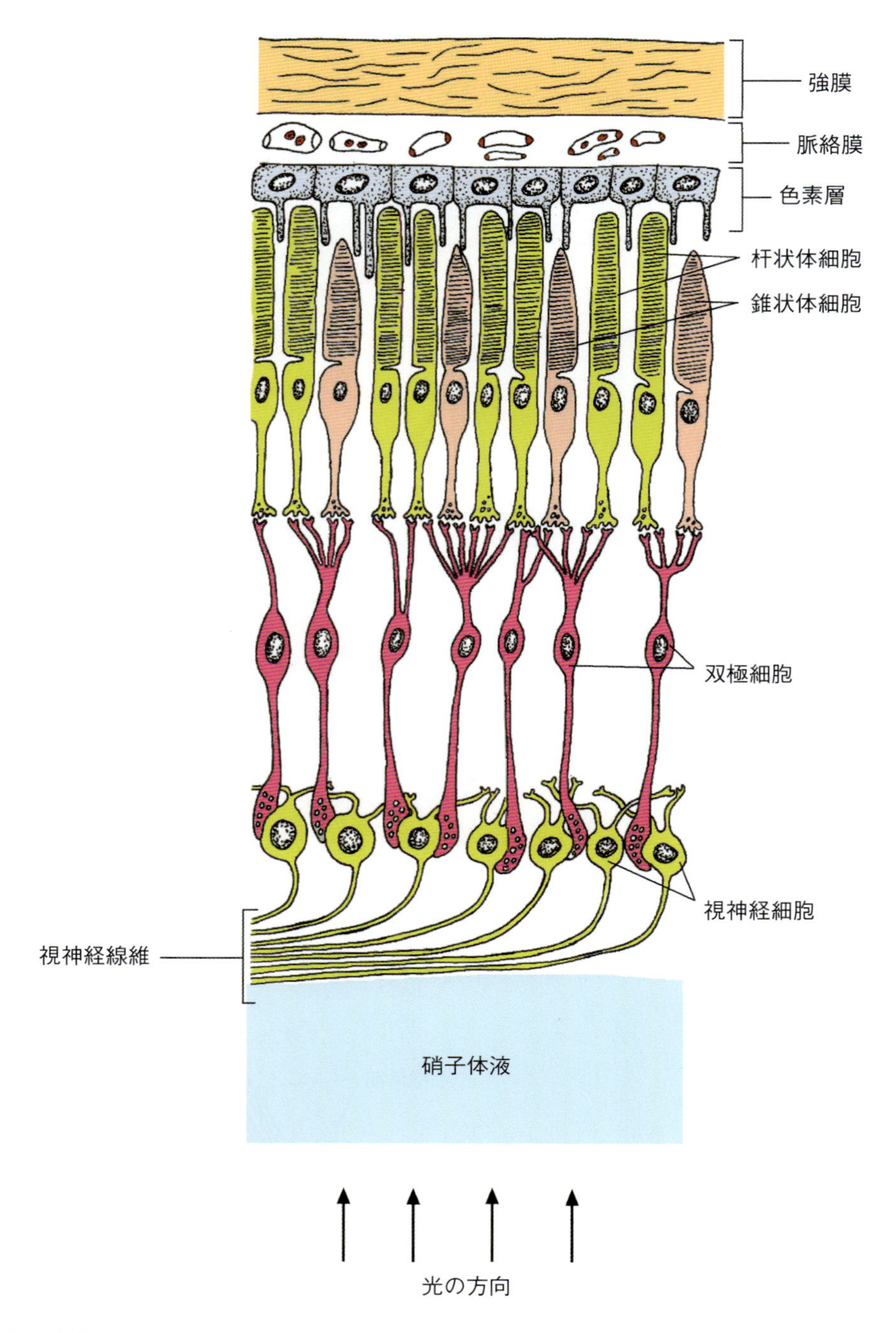

図 24.8 分化が完成した網膜の細胞層.

提靱帯および虹彩により仕切られた空間は後眼房を形成する．外側の間葉層において発生する毛様体筋は提靱帯の緊張を調節する．次にこの靱帯は水晶体の形を調節し，結果として視覚の精度を調整する．

水晶体

水晶体胞が形成されてまもなく，後壁の上皮細胞は長くなり，水晶体胞の薄い前壁に向かって伸びる（**図 24.11**）．成長と伸長が進行するにつれ，これらの上皮細胞は著しい形態変化を遂げ，透明になる．この長く伸びた細胞はクリスタリンという特殊なタンパク質を多く含んでいる．この水晶体細胞の分化における独特な特徴は，水晶体細胞は初め普通の細胞のような細胞小器官を有しているが，その後不完全で独特な

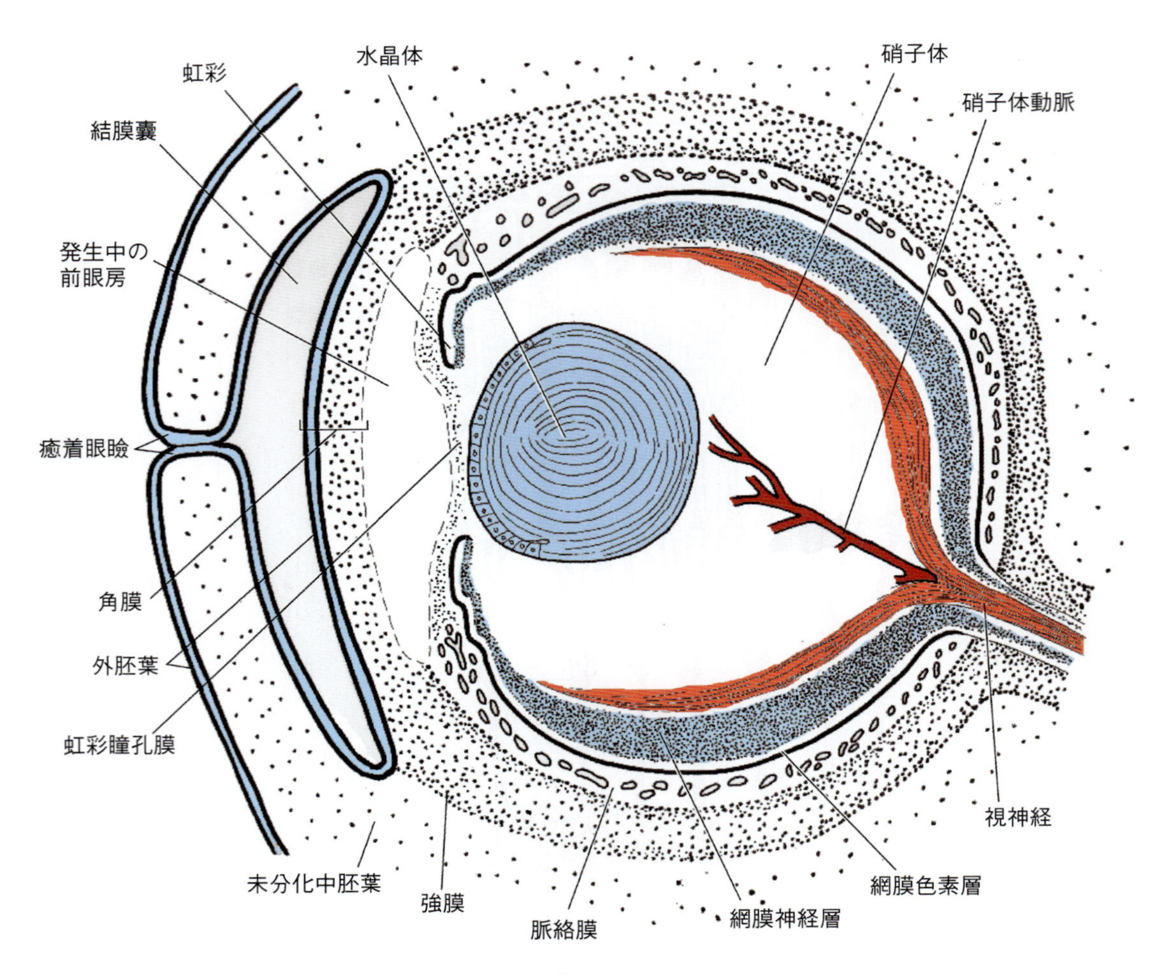

図24.9　発生中の眼球のさまざまな構成の関係を示す断面.

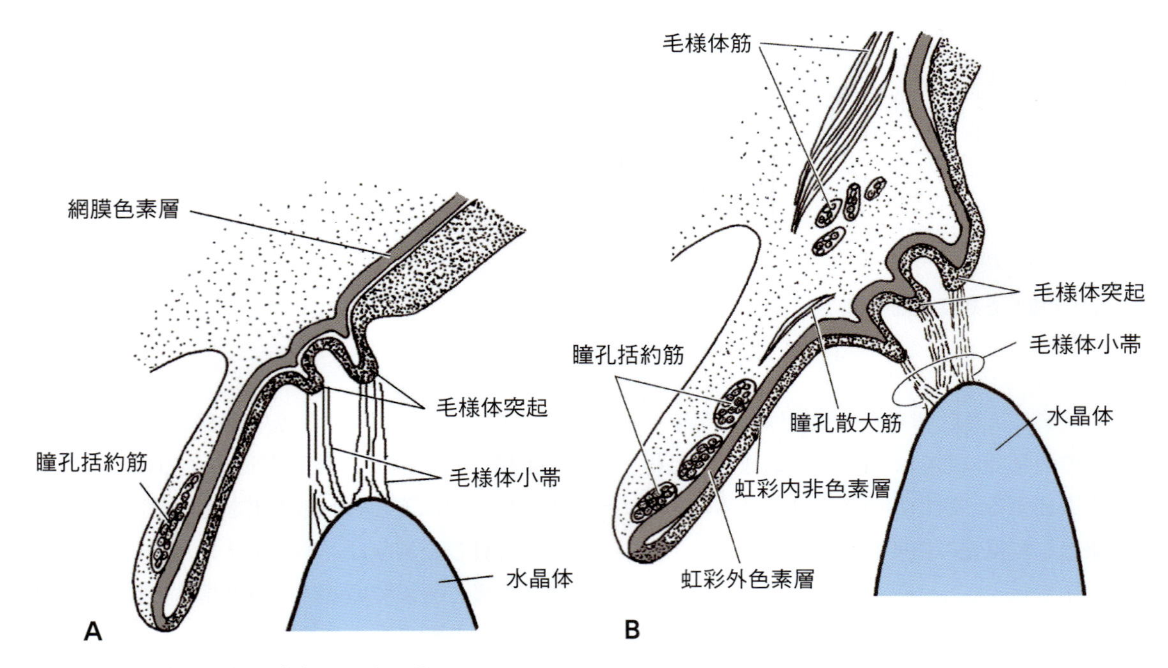

図24.10　虹彩 (A) と毛様体 (B) の発生段階.

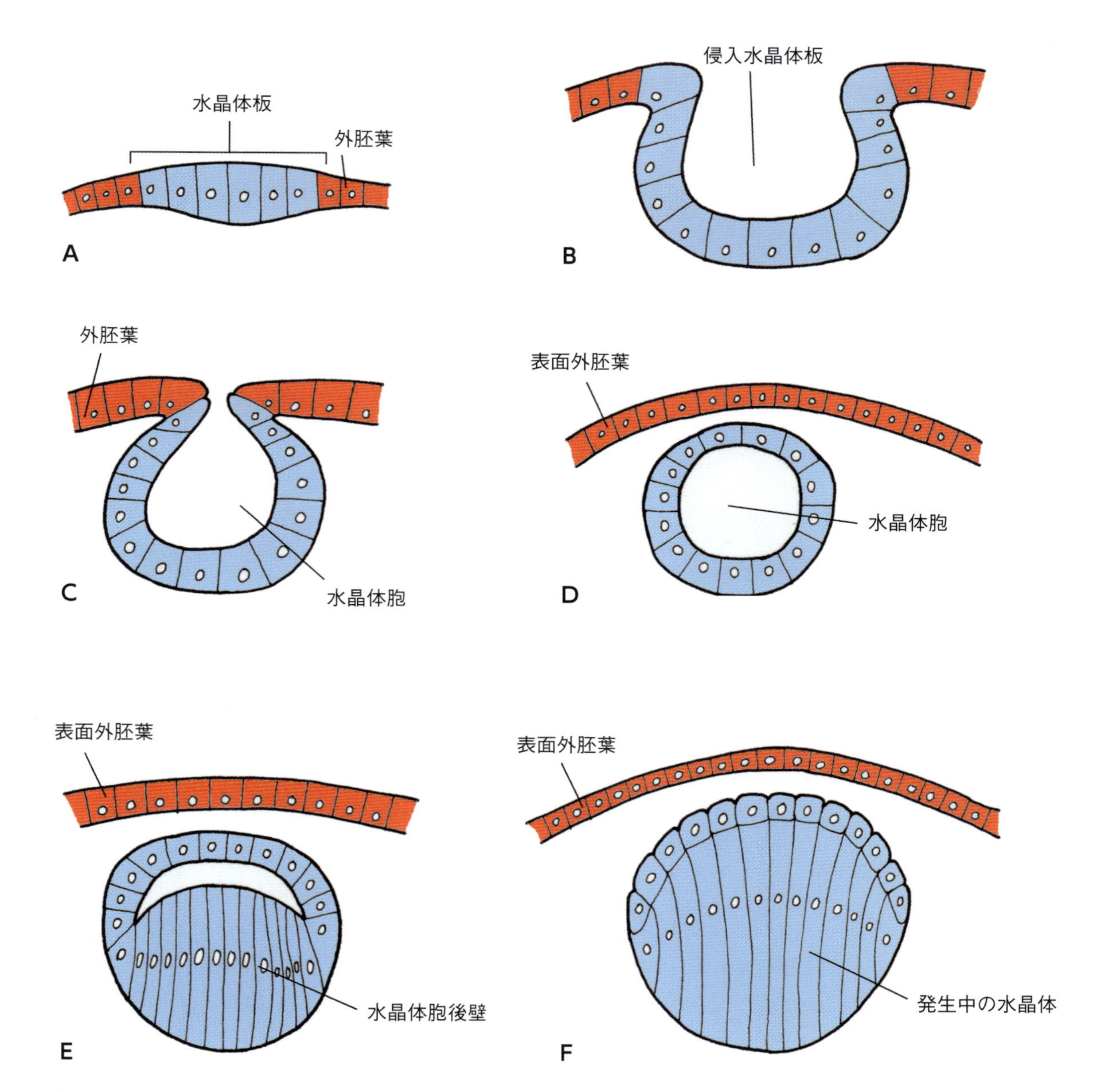

図24.11 水晶体形成の段階を連続的に示す．A：表面外胚葉からの水晶体板の形成．BとC：水晶体板の陥入と水晶体胞の形成．D：水晶体胞の表面外胚葉からの分離．E：水晶体胞後壁における細胞の伸長．F：発生中の水晶体における腔所の除去．

アポトーシスを起こし，細胞小器官は徐々に消失し，無傷な外膜を持つ生きた線維，タンパク質の細胞骨格およびクリスタリンからなる透明な細胞質が残る．完全な細胞崩壊を阻止する機構については知られていない．水晶体胞深壁の細胞の分化と形態変化に伴い，丸い水晶体核（胎生核：embryonic nucleus）が形成される．後に，一次水晶体線維に新しい二次水晶体線維が加わり水晶体線維は増加していく．これらの線維は水晶体胞の前壁の細胞が分化した上皮から生じ，水晶体核の一次線維の周囲に同心円状に二次線維の層を形成していく．

眼瞼の形成

胎生期の終わりに向かうにつれ，中胚葉の芯を伴った二つの外胚葉ヒダが発生中の角膜のうえを被うようにお互いに向かって成長する．やがて二つの外胚葉層の端同士は出会い，両者の間の上皮層によって互いに接するようになる．このような眼瞼の癒合は生後まも

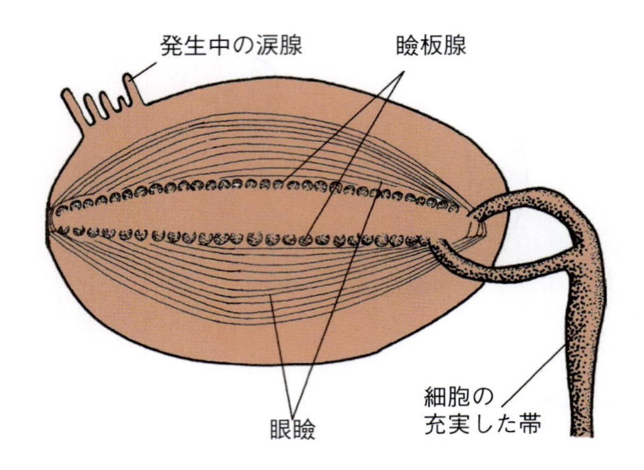

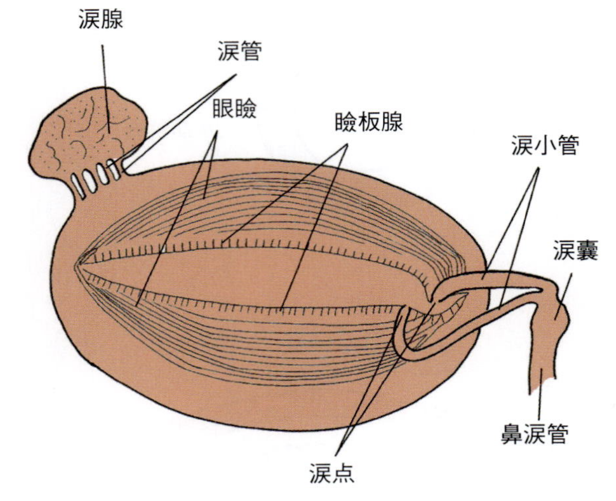

図24.12 涙器の発生段階.

なく解離するので一時的な癒合である．眼瞼の分離はヒトの場合は妊娠7カ月頃に生じる．子イヌでは生後8日，子ネコでは生後10日で起こる．

眼瞼の内側表面を被い強膜の前表面に続く重層扁平上皮は結膜と呼ばれる．眼瞼を閉じたときに角膜と結膜の間に作られる腔は結膜嚢と呼ばれる．眼瞼内面を被う結膜は眼瞼結膜と呼ばれ，強膜を被う結膜は眼球結膜として知られる．家畜の内眼角で，結膜に被われている間葉のヒダは第三眼瞼となる．やがて間葉組織は第三眼瞼に硬さを与える軟骨性の芯を形成する．睫毛は眼瞼縁に沿った小胞から線状に発生する．各睫毛には関連する皮脂腺と変化した汗腺がある．イヌにおいて睫毛は上眼瞼のみに発生する．瞼板腺（マイボーム腺）は大きな変形皮脂腺であり眼瞼縁に沿って開口する．

涙腺は結膜嚢の上皮の増殖により発生し，腺房と導管を持った腺構造を作るようになる（**図24.12**）．生後まもなく，涙腺は結膜嚢に水溶性の液を分泌することを始める．これは角膜を潤す働きをする．深在および浅在涙腺は第三眼瞼に伴って発生する．

眼瞼の目じり，つまり内眼角から表面において外胚葉性の棍棒状のヒモが鼻腔の原基となる発生中の鼻窩へと伸びる．このヒモ状のものは表面から離れ深部の間葉組織に向かう．その後，それは管状になり膜性の鼻涙管を形成する．これら左右の二つの管の吻側端はそれぞれ発生中の鼻腔に開口する．一方，近位端は内眼角の部位で分岐し眼瞼に枝を出す．これらはいずれ涙管となる．これら涙管の眼瞼に開口する部位は涙点と呼ばれるものである．分岐部付近で鼻涙管は拡張して涙嚢を形成し，涙腺と導管系は涙器を構成する．

眼球の筋

眼の外眼筋は頭部の体節分節から発生する（**表22.2**参照）．内眼筋である毛様体筋，瞳孔括約筋は神経堤由来の間葉から発生する．完成された眼の断面を**図24.13**に示す．

眼の異常

遺伝的な眼の異常は家畜にも現れる．特に，純系のイヌに現れる場合が多い．これらの欠損症の多くは眼瞼に関連する．

異常の一つである眼瞼内反は全面あるいは部分的に眼瞼の縁が内側にめくれこんだ状態をいう．発症は片方あるいは両方の眼瞼に現れる場合があるがどちらも比較的多く出現する．このような状態は純系のイヌにみられるが，まれにヒツジにも生じる．

眼瞼外反は眼瞼が反転した大きな眼瞼裂を伴い，ブラッドハウンド，グレート・デン，セント・バーナード，多くのスパニエル種などの血統で確認されている．眼 瞼外反の結果として，結膜は外部環境の有害物や細菌にさらされ慢性結膜炎という症状になる．

眼の欠損は無眼球症といい，眼胞の欠損によりまれに動物に生じることがある．小眼球症は異常なほど眼球が縮小していることによって起こり，片眼の場合や両眼に生じる場合もある．さらに他の視覚器の異常を伴うこともある．

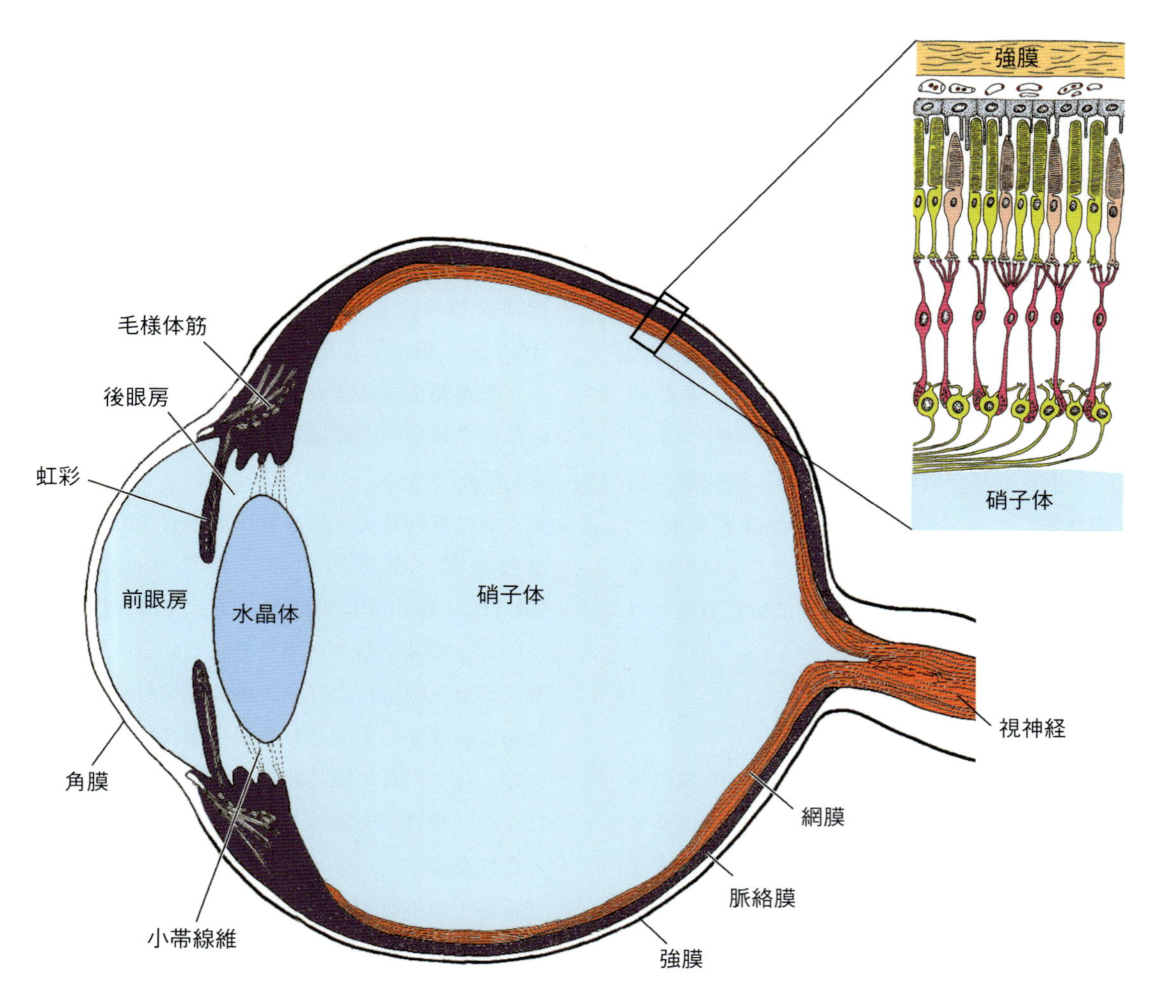

図 24.13　完成眼球の断面.

眼杯裂縁の閉鎖が起こらない場合は眼球の腹側表面の欠損がみられ，コロボームと呼ばれる．眼杯裂の閉鎖不全は眼杯裂のその全長のどこででも起こり得る．この症状はどんな家畜にも生じるが，特にコリー犬の眼の異常の一つで，眼杯の成長不全の結果である．

またシャロレー種ウシにおいて，優性染色体異常による先天的欠損がみられこともある．

瞳孔膜の残存による角膜の混濁は発生の初期に水晶体の前方表面を被う中胚葉組織が残存することが原因である．前眼房が形成される間，アポトーシスを起こさなかった中胚葉が水晶体の表面にシートのように残るためであろう．このような病気は遺伝的疾患としてバセンジ，ウエルシュ・コギー，チャウ・チャウなどの犬種にみられる．

先天性白内障，すなわち水晶体あるいは水晶体包の混濁は哺乳類において散発的にみられる．このようなことは一般的には遺伝的に起こるが環境要因によることもある．先天性白内障は他の家畜よりもウマで高い出現率を示す．

耳

耳は脊椎動物において聴覚と平衡感覚を司る特殊感覚器官であり，外耳，中耳および内耳の三つの部位に分けられる．これらの各部位は異なった発生学的起源を持つ．音を中耳に伝える外耳は第一咽頭裂（第一咽頭溝）とその周囲の間葉から発生し，耳介，外耳道および鼓膜の外層で構成される．外耳から内耳へ音を伝導する中耳は第一咽頭嚢とその周囲の間葉に由来し，耳管，鼓室および耳小骨からなる．内耳は平衡聴覚器とも呼ばれ，卵形嚢，半規管，球形嚢および蝸牛管より構成される．内耳は耳板より発生する．前庭器は平衡感覚の伝導器官であり蝸牛は聴覚の受容器である．これら感覚器で受け取られた情報は第Ⅷ脳神経によって脳に伝えられる．

進化的流れからすると，前庭機能は聴覚に先行して発生し，最も早くから分化する感覚の一つである．魚は外耳と中耳を持たないが，哺乳類の内耳の前庭要素に相当する感覚器を持っている．したがって，魚類の内耳は主に平衡感覚器官としての役割を果たす．水中から陸生へと生息環境が進化した両生類，爬虫類，鳥類および哺乳類にとって聴覚は重要な感覚となった．したがって，聴覚機能は平衡感覚と同じように重要な感覚となり，音波の受容とそれを内耳に伝えるための外耳と中耳が発達してくる．

内　耳

外胚葉の両側の肥厚である耳板が菱脳の外側に現れ，内耳に発生する（**図24.14**）．耳板から発生するさまざまな膜構造はまとまって内耳の膜迷路を形成する．耳板は陥入し耳窩を形成し，耳窩は短時間，表面外胚葉と結合しているが，やがて分離して耳胞を形成する．耳胞の内腔は内リンパと呼ばれる液体で満たされる．耳胞から出芽した細胞の一部は第Ⅷ脳神経の知覚神経節を生じる．耳胞の背内側領域の膨出は伸長して内リンパ管を形成する．後に内リンパ管の終末端は拡張し，硬膜下に位置する内リンパ嚢を形成する．耳胞は二つの別々の領域に分化する．すなわち，背側に拡張した部位は卵形嚢，腹側部は球形嚢となる（**図24.15**）．二つの扁平な構造が卵形嚢から伸び，その後表面には凹みが形成される．これらの構造の一つは正中面に対し平行に位置する．もう一方は，最初のものと直交するように背側面に平行に向き，最初のものの外側に位置する．垂直方向に位置する最初の構造物が分割して前側と後側に半円構造を形成する．次いで，これらの中心部はアポトーシスにより消失し，前半規管，後半規管と呼ばれる二つの管が形成される．最終的にこの二つの半規管は互いが90°に位置するようになる．これらの原基の内側部は二つの半規管の共通幹として存続する．背側面に平行な憩室の中心部もアポトーシスにより消失し，残った組織が外側半規管を形成する．外側半規管は最終的には垂直に位置している前・後半規管に対し直角に位置することになる．各半規管の終端部は拡張し，平衡感覚器を含む膨大部となる（**図24.15**）．

球形嚢の腹側が膨出し，蝸牛管が形成される．蝸牛管は最初細長く，その後ラセン状の構造となる（**図24.15**）．蝸牛管と球形嚢を結ぶ細い管は結合管となる．膜迷路を取り囲む間葉は軟骨組織に分化する．この軟骨性被包の内側は空胞化し，膜迷路との間に外リンパ隙ができる．外リンパ隙は外リンパと呼ばれる液体で満たされるようになる．蝸牛管を囲む外リンパ隙は鼓室階と前庭階の二つの空所に分かれる（**図24.16**）．蝸牛管は前庭膜によって前庭階から，基底膜によって鼓室階から隔てられている．蝸牛管の外側壁はラセン靱帯により軟骨性被包に付着しており，内側角は軟骨から形成される蝸牛軸に付着，支持されている．後に内耳の膜迷路を包んでいる軟骨性被包は骨になり，骨迷路を形成し，側頭骨の錐体の中に納まるようになる．

耳胞壁から遊走する細胞群はより内側に移動し，平衡-聴覚神経節を形成する．これらの一部は神経堤細胞に由来するものである．神経節は続いて，蝸牛部（ラセン部）と前庭部に分かれ，これらはコルチ器，球形嚢，半規管の感覚細胞からの刺激を第Ⅷ脳神経の線維を介して脳に送る．

中　耳

第一咽頭弓と第二咽頭弓の間で，前腸の内胚葉性の膨出として発生する第一咽頭嚢は中耳の耳管と一次鼓室を形成する．最終的な鼓室は第一咽頭裂に向かって伸長する第一咽頭嚢の背側盲端部から形成される．第一咽頭裂の外胚葉性内壁と鼓室の内胚葉性の壁は一層の間葉によって隔てられている．後にこの間葉の層は希薄化し，外側の第一咽頭裂の外胚葉層と内側の鼓室の内胚葉層との間に介在する薄い結合組織となる．これら3種類の組織が癒合して鼓膜を形成する．この鼓膜が外耳と中耳を区分する．ウマ科において，左右の耳管から腹側に大きな憩室が生じ，喉嚢（耳管憩室）と呼ばれる．これら粘液を分泌する大型の嚢は耳管を介して咽頭鼻部と繋がっている．喉嚢（耳管憩室）の機能的意義についてはっきりと分かっていないが，重要な脈管系や神経系の構造が近傍にあることから，喉嚢（耳管憩室）の病的状態は臨床上重要である．

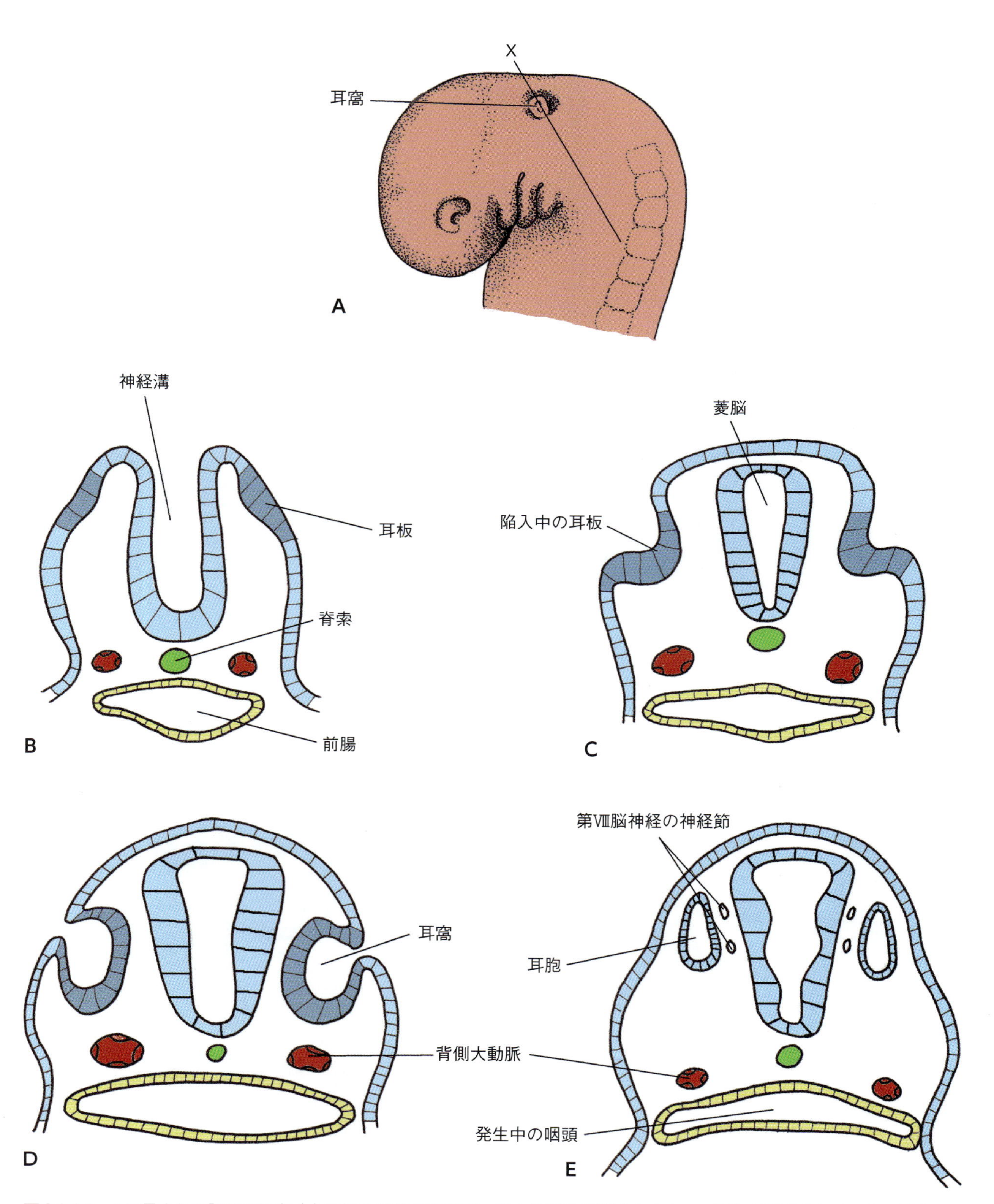

図24.14　Aで示される胚子の頭部（x）を通る部位の断面で，異なる発生段階をBからD，耳胞が形成されるEまで示す．

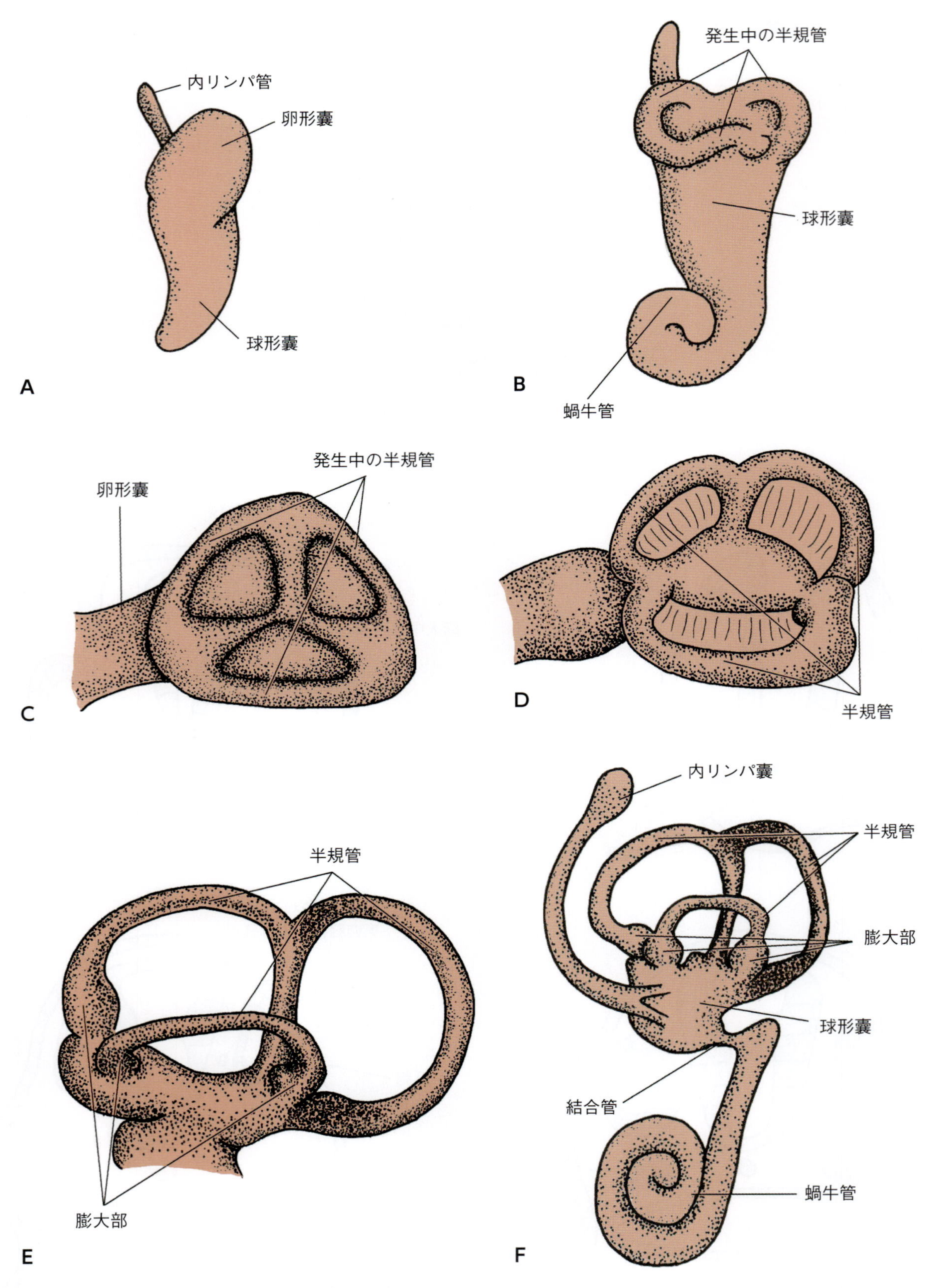

図24.15　内耳の膜性成分の形成におけるさまざまな段階．A：耳胞からの卵形嚢と球形嚢の発生．B：卵形嚢からの半規管，球形嚢からの蝸牛管の形成初期．CとD：半規管形成の中期．E：十分に分化した半規管．F：内耳の膜性成分．

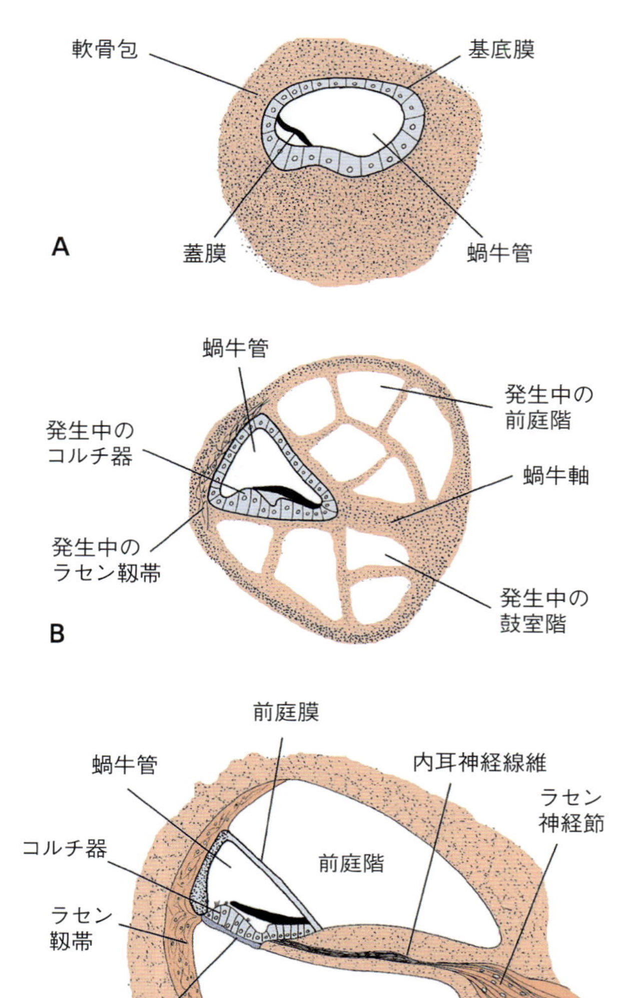

図24.16　内耳の構造形成における各段階．A：蝸牛管は軟骨に包まれる．B：蝸牛管のさらなる発生と外リンパ隙の形成．C：骨迷路における鼓室階，前庭階，蝸牛管およびラセン神経節の形成．

中耳の耳小骨は第一咽頭弓および第二咽頭弓の間葉から形成される（**図24.17**）．ツチ骨とキヌタ骨は第一咽頭弓の間葉から，アブミ骨は第二咽頭弓の間葉から形成される．耳小骨は最初は疎性間葉組織に埋没しているが，疎性間葉組織が吸収されると空気に満たされた腔所に吊り下げられるようになる．鼓室を内張りする内胚葉性上皮が新たに形成された腔所の中に伸び，耳小骨を包み込み，かつ吊り下げる．ツチ骨は鼓膜に固定されキヌタ骨と関節を形成し，キヌタ骨はア

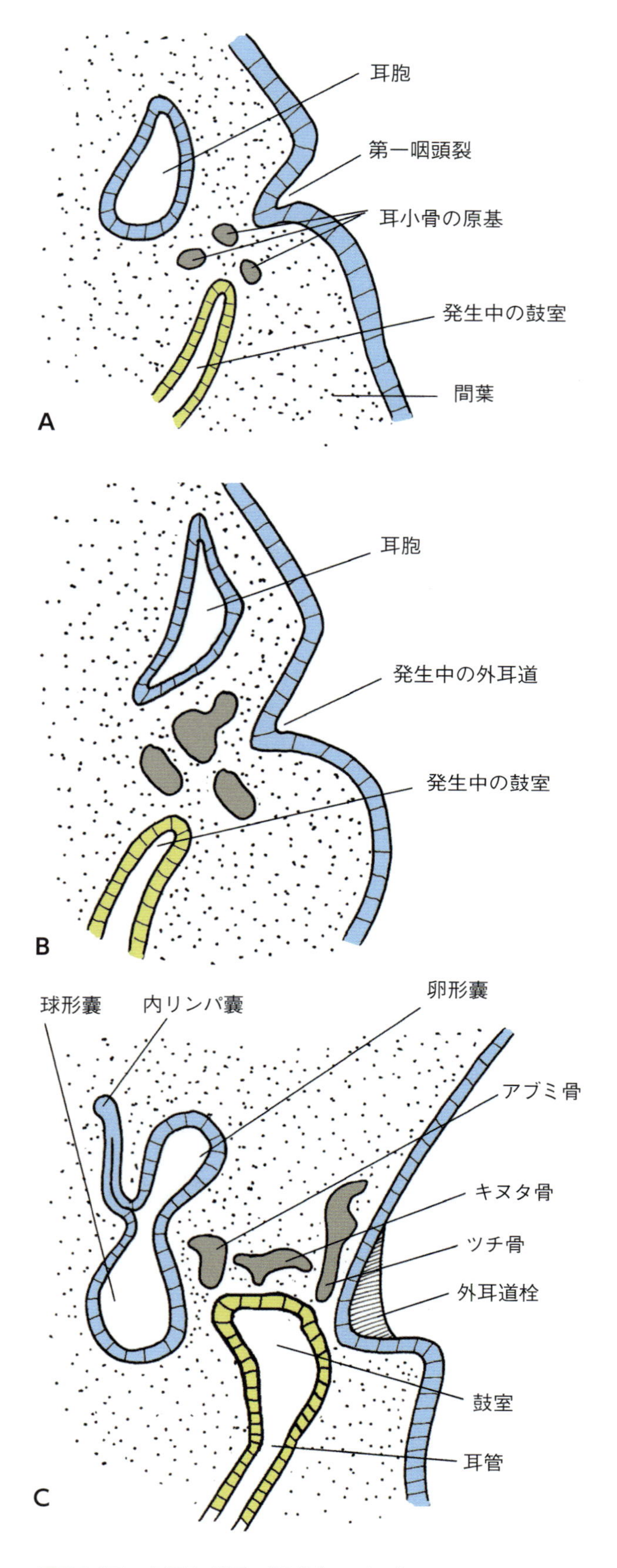

図24.17　中耳と外耳の形成（AからC）．

ブミ骨とも関節する．楕円形のアブミ骨底板は骨迷路の楕円形開口部，すなわち前庭窓にはまり込み，柔軟な冠状靱帯によって保持されている．聴覚刺激の伝達を補助する間葉由来の二つの筋が中耳に発生する．一つは第一咽頭弓から発生し第Ｖ脳神経の支配を受ける鼓膜張筋で，もう一つは第二咽頭弓から発生し第Ⅶ脳神経の支配を受けるアブミ骨筋である．

外　耳

外耳道は第一咽頭裂から発生する．第一咽頭裂の盲端の外胚葉細胞が増殖し，外耳道栓と呼ばれる密な上皮性の集塊を形成する（**図24.17**）．外耳道栓は胎生期の大部分で存在し続けるが，周生期に融解を受ける．したがって，拡張した耳道の外胚葉は鼓室の内胚葉壁と密着するようになり，両者は薄い間葉の層によってのみ隔てられる．これら三つの層が集合的に鼓膜を形成するようになる．外耳道の入り口を囲む耳介軟骨は咽頭裂の間葉に由来する．

イヌの外耳，中耳および内耳の解剖学的な配置を**図24.18**に示している．

耳の分化誘導

体節を形成する時期，異なる部位の外胚葉はさまざまなレベルで耳の誘導シグナルに反応する能力を有しており，耳板に隣接する表面外胚葉は最も耳の誘導シグナルに反応する．これまでの研究により，線維芽細胞成長因子ファミリーのうち，Fgf-3，Fgf-8，Fgf-10，Fgf-19が耳の誘導に関して重要であることが分かっている．種を超えて，Fgf-3が耳の誘導を引き起こす因子として最も広範囲に保存されている．他の耳の誘導に関わる因子としてWnt-8が知られている．

耳の発生初期段階で多くの遺伝子が発現しており，それらは発生過程の分子マーカーとして役に立っている．転写因子Pax-8は耳原基の最も早期のマーカーであり，原腸形成期後半の脊椎動物の耳の組織となる細胞において発現する．近縁のホモログであるPax-2も

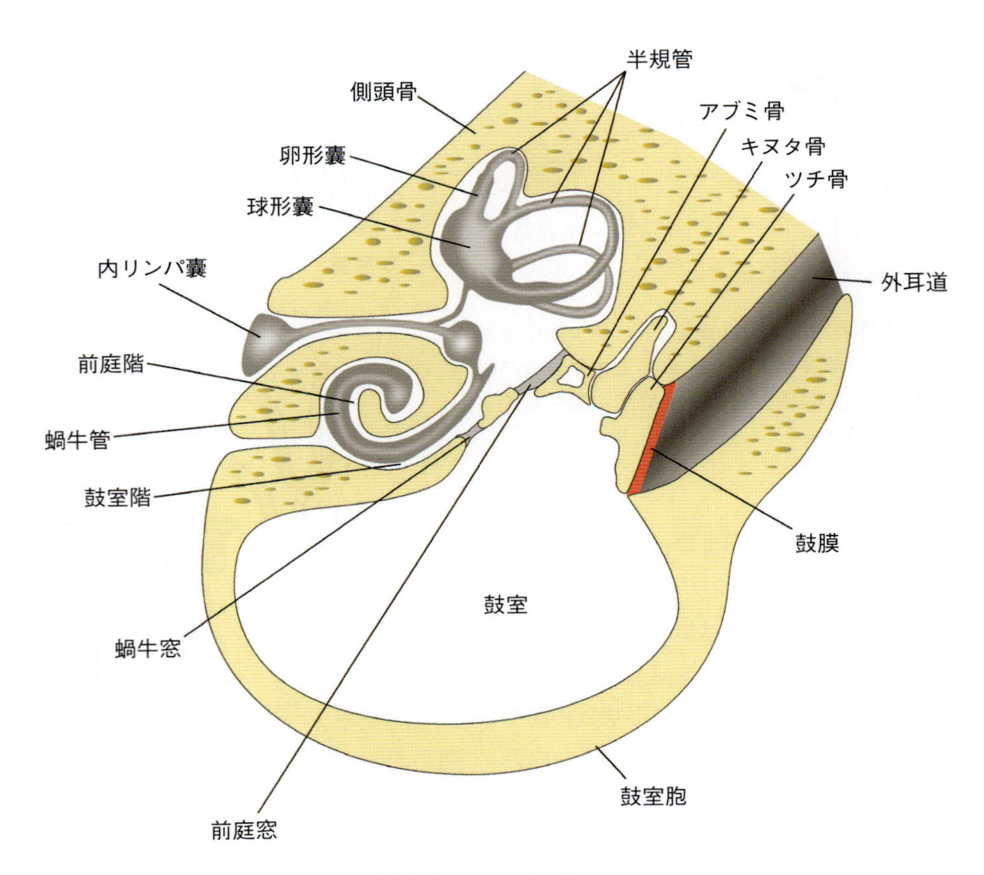

図24.18　イヌの外耳，中耳および内耳の解剖学的関係を示す断面図．

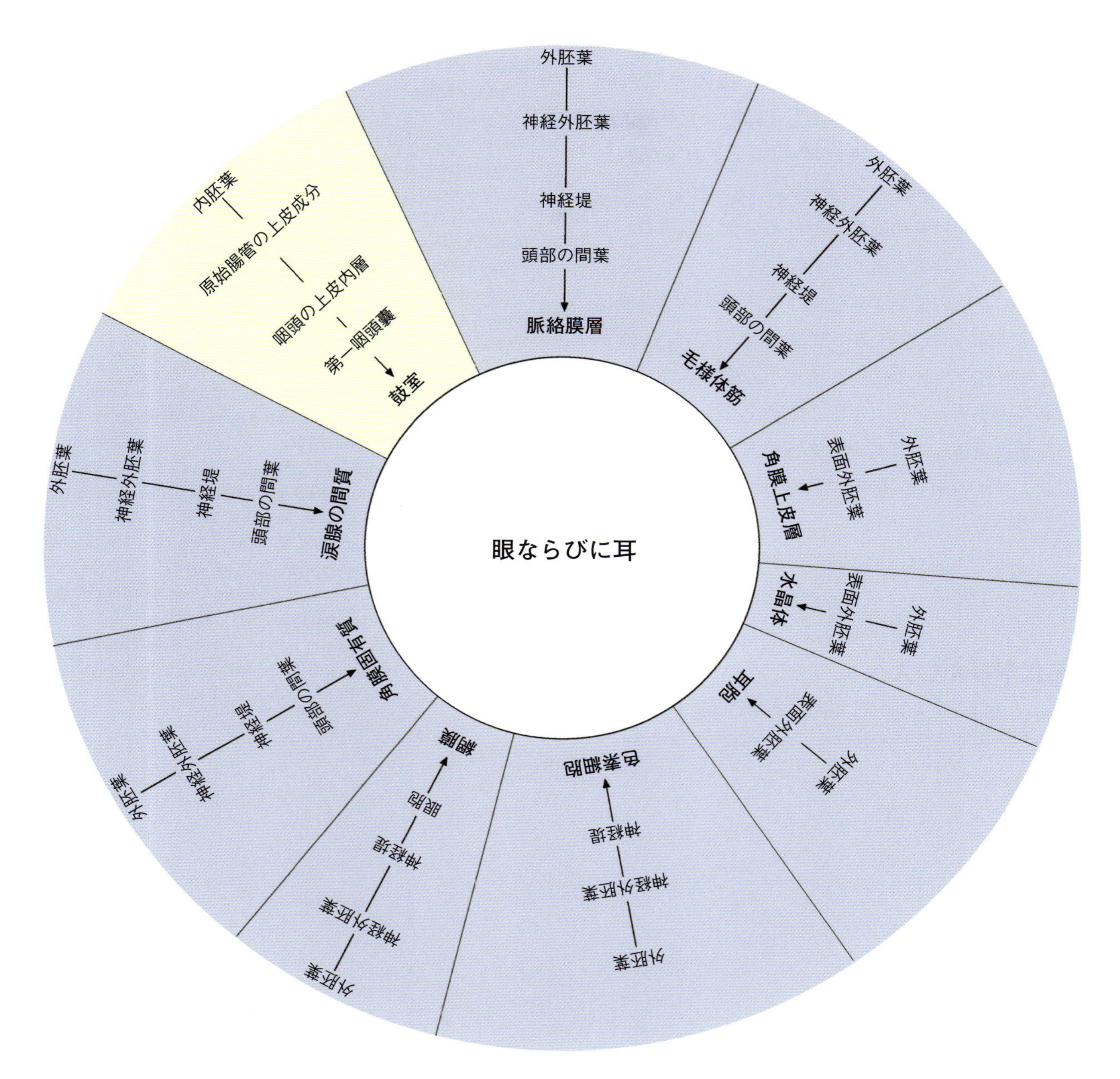

図24.19 眼ならびに耳の細胞，組織，構造および器官が形成される胚葉の派生物．(**図9.3**に基づく)

また耳の発生の調整因子として同定され，体節形成期の初期において耳の組織となる細胞に発現する．マウスにおいて，Pax-2は耳の分化誘導に必要ではないが，蝸牛の発生には必要である．DlxやPax-2のような耳の発生に関連するいくつかの遺伝子の発現部位と発現量はShhによって制御されている．耳胞上皮の内側および背側に位置する細胞はdistal-less (Dlx) -5/Dlx-6の発現によって特定され，引き続いて内リンパ管，前庭器が生じる．Dlx-5/Dlx-6とShhは拮抗的に機能し，遺伝子発現の異なる区画が作られることが，後の前庭および蝸牛細胞を運命づけると考えられている．

転写因子であるDlxとeyes-absent (Eya) ファミリーは将来耳板となる領域に発現し，脊椎動物の耳板の発生に重要な役割を果たす．マウス*Eya-1*遺伝子の破壊は耳胞の形成不全を引き起こす．*Dlx-5*は耳板の発生には関わらないが，その変異は前半規管および後半規管の欠損をもたらす．*Dlx-5*と*Dlx-6*のダブルミュータントマウスでは耳板の発生が障害される．*Dlx*遺伝子群は別の遺伝子ファミリーであるmuscle segment homeobox（*Msx*）遺伝子群と協調して機能する．Dlxタンパク質は転写活性化因子として細胞分化を制御するが，Msxタンパク質は転写抑制因子として細胞分化を抑制し，細胞増殖を促進する．*Dlx*遺伝子と*Msx*遺伝子の共発現は耳の発生における分化と増殖のバランスを調整していると考えられている．

発生中の耳胞の細胞より分泌されるレチノイン酸は耳胞が正常に形成されるのに必要である．Hmx2とHmx3の両方が内耳の細胞決定とその後の形態学的発生に必要であり，一方でMsx-1/Msx-2は内耳に隣接した間葉に発現し中耳発達に必須である．

眼および耳の細胞，組織の発生学的起源を**図24.19**に示している．

（杉田昭栄・近藤友宏　訳）

さらに学びたい人へ

Aguirre, G., Rubin, L.F. and Bistner, S.I. (1972) The development of the canine eye. American Journal of Veterinary Research 33, 233-241.

Bistner, S.I., Rubin, L.F. and Aguirre, G. (1973) The development of the bovine eye. American Journal of Veterinary Research 34, 7-12.

Gunhaga, L. (2011) The lens: a classical model of embryonic induction providing new insights into cell determination in early development. Philosophical Transactions of the Royal Society B Biological Science 366, 1193-1203.

Jean, D., Ewan, K. and Gruss, P. (1998) Molecular regulators involved in vertebrate eye development. Mechanisms of Development 76, 3-18.

Njaa, B.L. and Wilcox, B. (2012) The Ear and Eye. In J.F. Zachary and M.D. McGavin, Pathologic Basis of Veterinary Disease, 5th edn. Elsevier, St Louis, MO, pp. 1153-1244.

Priester, W.A. (1972) Congenital ocular defects in cattle, horses, cats and dogs. Journal of the American Veterinary Medical Association 160, 1504-1511.

Shaham, O., Menuchin, Y., Farhy, C., and Ashery-Padan, R. (2012) Pax6: a multi-level regulator of ocular development. Progress in Retinal and Eye Research 31(5), 351-376.

Sinn, R. and Wittbrodt, J. (2013) An eye on eye development. Mechanisms of Development 130, 347-358.

Szabo, K.T. (1989) Congenital Malformations in Laboratory and Farm Animals. Academic Press, San Diego, CA.

Yang, L., O'Neill, P., Martin, K. and Groves, A.K. (2013) Analysis of FGF-dependent and FGF-independent pathways in otic placode induction. PLoS ONE 8, e55011.

第25章

外皮系
Integumentary system

要 点

- 皮膚は2層からなる．すなわち外胚葉に由来する浅層の表皮と，間葉に由来する深層の真皮である．
- 毛は哺乳類の特徴で，表皮の突起物である毛芽から発生し，真皮に伸長する．毛芽は毛包に分化し，そこから毛が伸びる．
- 脂腺と汗腺は毛包壁の外側への突出として作られる．
- 蹄と鉤爪は末節骨を被う高度にケラチン化した表皮構造物である．
- 蹄真皮は真皮葉を形成し，相対する表皮葉と嵌合する．
- 鳥類において，羽は表面外胚葉に由来し皮膚のほとんどを被う．

外皮系は皮膚，毛，皮膚腺，蹄，鉤爪，肉球，角ならびに羽からなる．乳腺は変形皮膚腺であるが，第21章の雌性生殖器に含んでいる．体表面を被う皮膚は複雑な構造を示し，物理的，機械的，化学的，生物学的侵襲からの防御壁として機能している．加えて，皮膚は体温調節，外界刺激の受容，分泌，免疫反応，ビタミンD合成，色素沈着などの役割を持つ．

皮膚は2層からなる．すなわち浅層の表皮は外胚葉に由来し，深層の真皮は間葉から発生する．毛，汗腺，羽ならびに脚鱗といった多くの付属物が外胚葉から分化する．これらの派生物は多くのシグナル因子の複合的な作用によって特殊化する．Hoxならびに T-box（TBX）転写因子の領域特異的な発現が，外胚葉付属物を特殊化するうえで重要な役割を担っている．

上皮-間葉相互作用が領域特異的な付属物の性格を決定づける．この性格の付与こそが外胚葉付属物を分化させるすべての面で重要となる．鳥類を用いた実験において，羽や脚鱗といった付属物の運命を決定する解剖学的情報は真皮からのシグナルに依存し，それを被う表皮の運命を最終的に決定することが知られている．付属物の領域特異性が確立されると，これらの構造は解剖学的局在を決定づけるシグナルとは無関係に，自動的に発達を続ける．特別な位置にある付属物は発達過程の決定的なポイントで獲得する固有の細胞の性格を有している一方，一定した細胞の入れ替わりをしているにも関わらず成体の皮膚においてはその領域特異性が残っている．

表 皮

胚子を被う表皮は最初，基底膜常に並ぶ単層立方上皮からなる（**図25.1A**）．神経胚期後直ぐに，これらの外胚葉由来細胞は分裂し，表面の扁平な周皮細胞層と立方細胞からなる下層（基底層）とになる（**図25.1B**）．基底層の細胞がさらに増殖することで中間層が作られ，重層の表皮になる（**図25.1C, D, E**）．原腸胚期後，外胚葉細胞は表皮系あるいは神経系へと分化する．このプロセスはWnt，FgfおよびBmpシグナルのバランスによって決定される．表皮の重層化プロセスは，基底細胞の浅層に新たな細胞が出現することから始まり，局所でラセン状に細胞が重なる．その後，大部分の基底細胞が基底膜に縦方向に分裂することになる．羊水と表皮との間で，水分，ナトリウム，糖質の交換が行われる際，周皮細胞が関与すると考えられている．妊娠のほぼ中期で，周皮細胞下の基底表皮細胞は分化を開始し，基底層（胚芽層），有棘層，

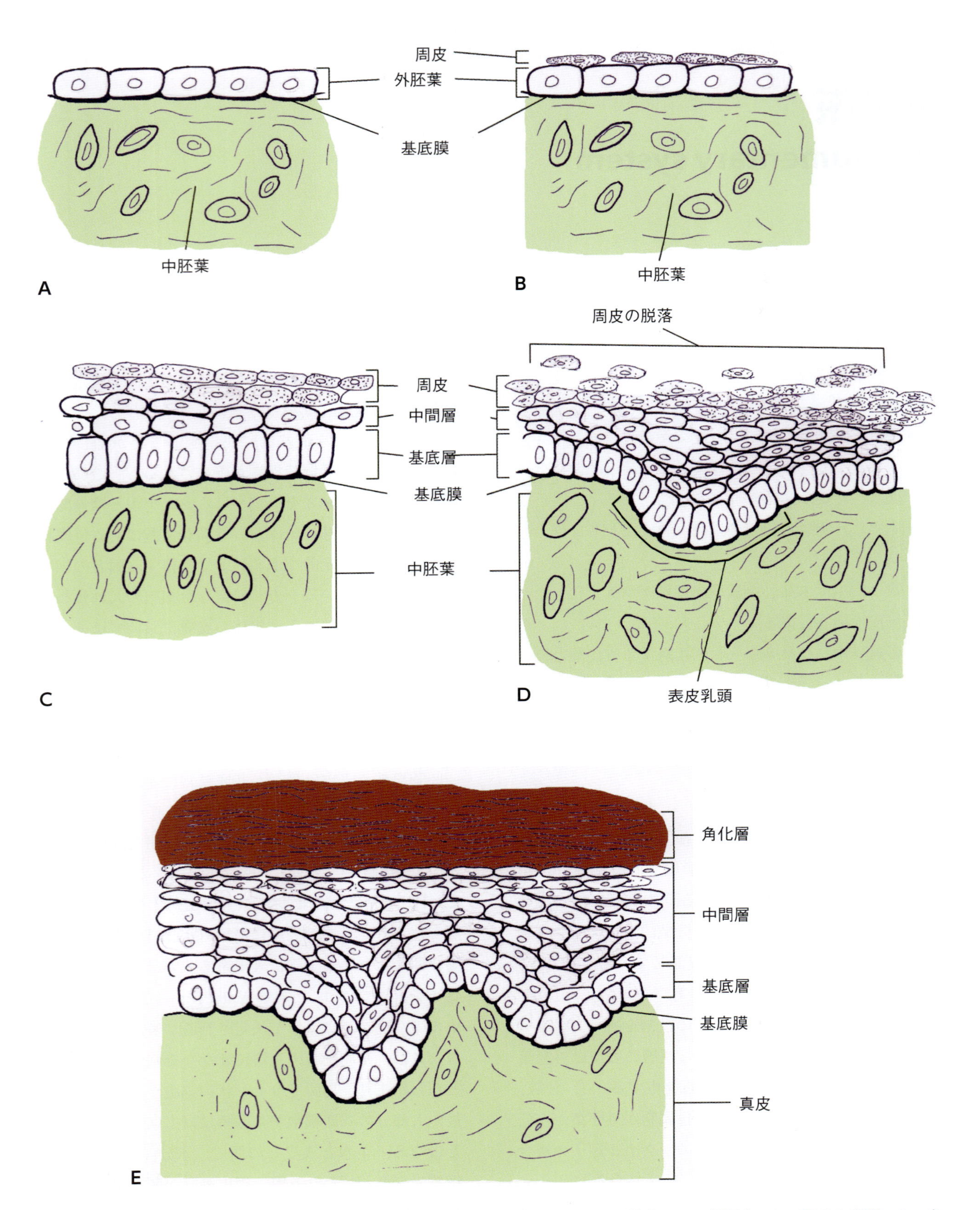

図25.1 表皮と真皮の連続的な発生過程．A：中胚葉を被う1層の細胞によって構成される外胚葉．B：周皮の出現．C：多層化した表皮の形成．D：表皮乳頭を形成しつつある胎子表皮．E：典型的な重層扁平上皮となった後期胎子の表皮．

顆粒層，角化層からなる，生後に典型的な重層扁平上皮層を形成する．角質化タンパク質であるケラチンを合成するこれら上皮層の細胞はケラチノサイトと呼ばれる．

皮膚の重層化ならびに分化を決定するシグナル伝達経路がノックアウトマウスを用いた研究で明らかになっている．これらにはNotchや転写因子p63が含まれる．また，Fgf-7としても知られるケラチノサイト成長因子は間葉由来真皮の線維芽細胞によって産生され，表皮基底細胞の成長を調節している．上皮が層状に分化するに従って，アポトーシスに至った周皮細胞は羊水中に脱落する．周皮層が減じ重層扁平上皮の角化層が形成される現象は羊水と表皮との間で起こる水・電解質交換の停止する現象と一致している．この停止現象はおそらく腎機能の開始と羊膜腔へ尿が蓄積することに関係しているのだろう．体の至るところで基底層の細胞が増殖し，発生中の真皮に向かって落ち込む表皮乳頭を発達させる．上皮が増殖中，神経堤と中胚葉に由来する細胞が皮膚にみられる別の細胞群の形成に関与する．すなわち神経堤に由来するメラニン芽細胞が表皮下の中胚葉域に遊走し，その後基底層に移動してメラニン細胞に分化し，メラニン顆粒を合成するようになる．メラニンはメラノソームと呼ばれる細胞内顆粒に蓄積される．これら色素顆粒はメラニン細胞の細胞質突起先端に移動し，細胞分泌によって隣接するケラチノサイトへ受け渡される．ケラチノサイト内で，メラノソームは太陽光の障壁となるよう都合よく配置するようになる．メラノソームはまた皮膚の他に毛，蹄，角，眼球組織にも伝達される．

骨髄に由来するランゲルハンス細胞は単球-マクロファージ系に含まれる．これらは上皮の有棘層に最も多く，胚子発生の初期から表皮内に出現している．ランゲルハンス細胞はTリンパ球への抗原提示細胞として働く免疫系の一末梢性要素の一つである．

第三の細胞群であるメルケル細胞は表皮の基底層に遊走してくるが，自由神経終末と相互作用することで感覚系細胞として機能する．メルケル細胞は発生中に表皮の前駆細胞に由来し，触覚や圧覚刺激を検出する．

真　皮

胚子期後期に発生してくる真皮は一部は皮板由来間葉ならびに壁側中胚葉から起こる．間葉細胞は結合組織細胞に分化し，膠原線維や弾性線維を産生する．表皮直下に位置する真皮は真皮乳頭と呼ばれる表皮への突出域を持つ．真皮浅層を占める乳頭層は疎性結合組織からなるが，より深層の厚い網状層は密性交織線維性結合組織を含む．真皮に侵入してきた求心性神経線維は真皮と表皮を支配する．

真皮下組織

体のほとんどの真皮下には，間葉細胞が真皮下組織と呼ばれる疎性結合組織の層を形成する．真皮下組織は不規則に走る膠原線維束からなり，その間を弾性線維や脂肪細胞が埋めている．この疎性結合組織の層は，その下にある構造を皮膚に連結させている．真皮下組織は口唇，頬，眼瞼，耳介，肛門といった特定の領域には存在しない．骨格筋束，すなわち皮筋が胸部や頸部といった特定の真皮下組織で発生する．真皮下組織の発達度合いには著しい動物種差がある．食肉類やヒツジの真皮下組織は，他の動物に比較すると発達が悪く，一方で弾性線維の割合が多いため，これら動物の皮膚は容易に手で握り上げることができる．ブタの真皮下組織は厚くその下部構造と皮膚とを堅固に結びつけている．ブタは真皮下組織によく発達した最大5cm厚の脂肪層を持つ．ウマ，ウシ，ヤギの真皮下組織は薄いため，その下部構造の輪郭が皮膚を通して観察される．真皮下組織にある脂肪は熱放散を防ぐ役割を持つ．

皮膚はさまざまな神経終末を含み，それらは被毛部より無毛部で多い．知覚神経線維は真皮や真皮下組織に多いが，さらに毛包の外根鞘や表皮深層の細胞間にまで伸長している．皮膚の神経終末は形態的に自由神経終末と被包神経終末とに分けられる．表皮ではもっぱら自由神経終末がみられ，痛覚，熱感，冷感刺激を感受する．さまざまな形をした被包神経終末が真皮や真皮下組織に位置し，機械的な刺激受容器として働いている．血管や汗腺は主に自律神経系の交感神経によって支配されている．

皮膚には，表面と平行に走る3層の血管叢，すなわち皮下血管叢，皮膚血管叢および浅血管叢があり，皮膚に血液を供給している．皮下血管叢は動脈枝に由来し，浅層の皮膚血管叢に移行する．毛包や汗腺に血液を供給する皮膚血管叢は皮下血管叢の分枝に由来する．浅血管叢は皮膚血管叢に由来し乳頭層に血液供給する．表皮は乳頭層に入り込んだ毛細血管からの拡散によって栄養と酸素を受け取っている．動脈叢に一致するように静脈叢も存在し，静脈血を排出している．真皮の浅層には叢状のリンパ網がありリンパ液を皮膚リンパ管へと導く．

毛

他の脊椎動物から哺乳類を区別する特徴の一つに毛の存在がある．胎子期に口唇周囲，眼瞼近傍，頬，下顎の平滑な皮膚が少しだけ隆起することから，毛の発生が始まる．特別な部位を除き，家畜の体表すべては密集した毛によって被われている．鼻面，粘膜-皮膚移行部，蹄，肉球には毛が生えない．毛の密度，形状，分布，色には著しい動物種差があり，同一種の中でも品種によってそれぞれの特徴を持つ．

毛の原基は，表皮が3層を構成する初期胎子期から出現する．表皮基底層が深部の中胚葉組織に突き刺さるように著しく増殖し，毛芽あるいは毛釘を形成する（**図25.2**）．毛芽は真皮に向かって斜めに伸長し，同時に毛乳頭と呼ばれる間葉細胞集塊が毛芽先端内に突入する．毛乳頭を囲む毛芽の表皮細胞群はあたかもコップを逆さにしたようで，毛球と呼ばれる．毛乳頭とともに，表皮の下層への成長によって形成される構造物が毛包である．毛球の内側表皮細胞層は毛幹と上皮性毛根鞘を形成するため，毛母基と呼ばれる．

毛包は表皮基底層と下層中胚葉との細胞間相互作用によって形成される．毛板形成前，Wnt-10b, Edar, Dkk-4 およびケラチン17といった一連のマーカー分子が表皮および真皮に発現する．Wntシグナル発現が毛包形成へ向かわせる最初の真皮シグナルであると一般的に考えられている．この真皮シグナルは外胚葉に限局するTnfファミリーリガンドであるエクトディスプラシン（Eda）合成を誘導する．Edaはその受容体であるEdarと結合し，二つの作用，すなわちBmpシグナルの抑制とShhシグナルの誘導に働く．Edaは毛芽からのWntシグナルと協調して，毛芽形成をさらに誘導する．Wntシグナルは*Shh*や*Bmp*発現を調節する．シグナル分子Shhは真皮の間葉細胞を凝集させ，さらに個々の毛包発達を誘導する．Bmpシグナルは，WntインヒビターのDkk-4と協調して，毛包原基の出現するごく近い真皮領域での毛包発生を抑制し，毛包形成間隔を調整している．NogginとFollistatinを含むBmpインヒビターが毛板上に発現し，その後の毛包の運命を左右する．

毛母基表面と接しながら発生中の毛包は管状となり，新たに作られた間隙を囲む表皮細胞層は毛包の外根鞘となる．毛球に接する毛母基中心部の細胞が増殖し外根鞘の作る間隙を埋め，毛幹が形成される．毛母基の基底細胞が増殖を続けることで，毛幹は体表に向かって押され，遂には体表から飛び出す．毛の細胞が体表に向かって押され，さらに栄養供給源である毛乳頭から離れるに従って，毛は角化する．毛母基周辺の細胞は増殖し，毛幹と外根鞘との間に浸潤し，内根鞘を形成する．この内根鞘は毛包の途中から出現し，柔らかいケラチンを産生する．毛球に存在するメラニン細胞が，発生中の毛に色素沈着を促す．

毛のケラチン発現は毛の長軸に沿った特徴あるパターンを示す．Ha-2，Hb-2ケラチンは，特に毛幹を囲む最表面の層である毛小皮で発現し，一方，Ha-1ケラチンは毛母基から毛皮質への移行部で発現し，毛根下部から中間部にかけて発現が続く．ケラチンタンパク質の発現の違いが，毛の性質の違いに影響していると思われる．

発生中の毛包を囲む間葉細胞は結合組織性毛包に分化する．真皮間葉細胞に由来する平滑筋の小束が，結合組織性毛包の一辺と真皮浅層とを，皮膚表面と大きな角度を作るように結びつけている（**図25.2E**）．立毛筋と呼ばれるこの筋が収縮すると，毛包と皮膚との間で作る角度が減じ，毛は逆立つ．立毛筋はイヌの背側正中域で特によく発達し，攻撃的になったときに反射的に毛が逆立つ．

脂腺原基は，立毛筋が付着する部位より表層に近い

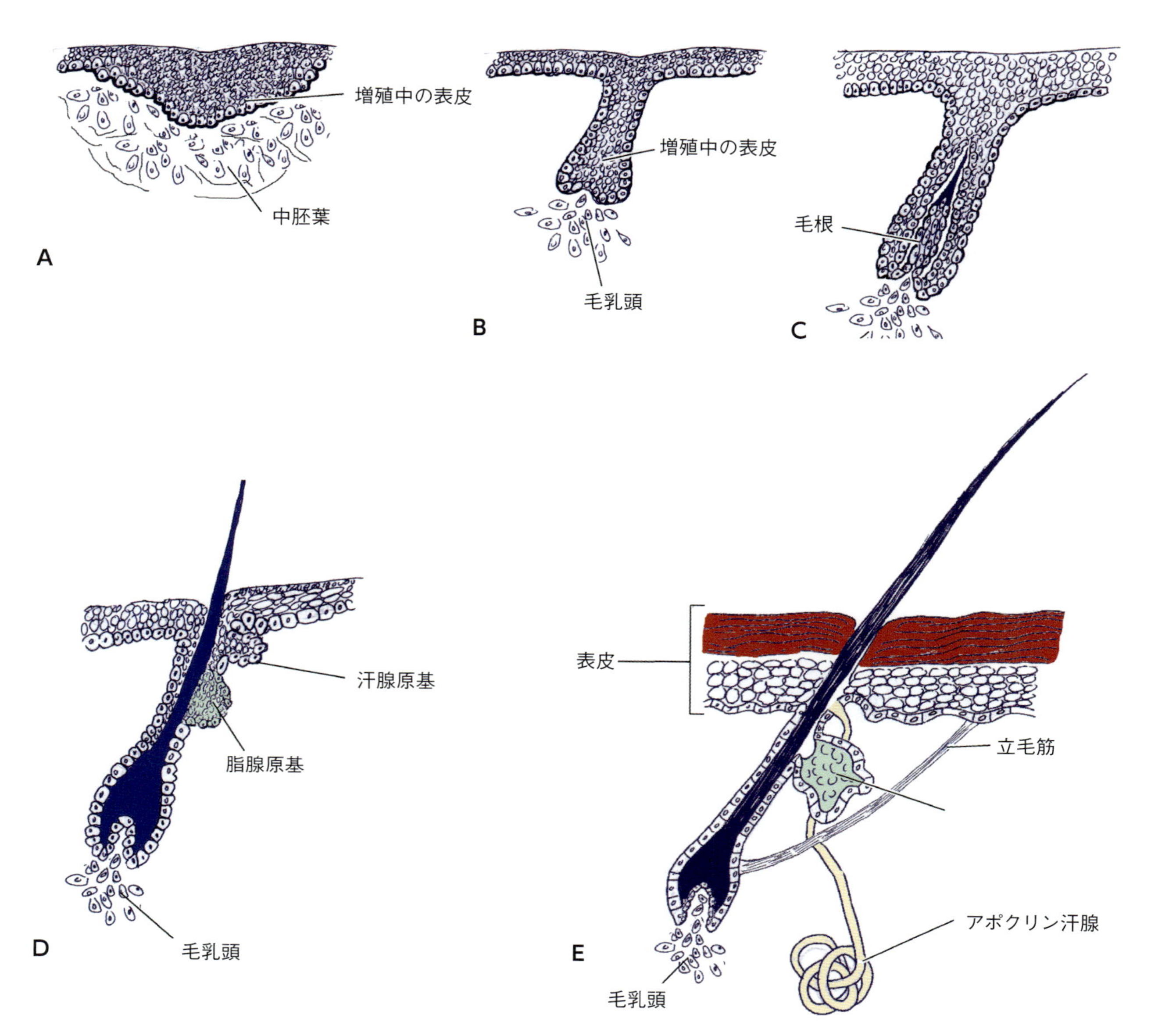

図25.2 単一毛包の発生過程．A：毛包原基．B：毛芽．C：毛球形成期．D：毛包から毛幹が伸長し，脂腺や汗腺の原基が形成．E：立毛筋，脂腺，アポクリン汗腺を備えた完成した毛包．

所で，毛包壁の基底層が外側に成長して形成される（**図25.2D**）．脂腺原基のさらに表層に近い側では，毛包壁に由来するさらに小型の細胞集塊が形成され，これが汗腺原基となる（**図25.2D**）．

毛包は一次毛包と二次毛包に分類される．一次毛包は直径が大きく，その毛球は真皮深層に位置する．毛筋，脂腺ならびに汗腺は一次毛包に付随するのが一般的である．これらの毛包から派出する1本の毛は保護毛と呼ばれる．最初，一次毛包の毛芽は一定の時空間的間隔を持って派生する．その後に派生する新しい一次毛包は最初の毛の周囲に形成され，2，3ないしは4個の毛包がお互いに密集するようになる．一次毛包より小さい直径を持ち，より真皮浅層に位置する毛包は二次毛包と呼ばれる．二次毛包より派出する毛は二次毛あるいは下毛と呼ばれる．二次毛包には脂腺が付随するが，一次毛包と異なり汗腺や立毛筋を欠く．

毛包から1本の毛だけが出る場合を単一毛包，複数本が共通の穴から派出する場合を複合毛包と呼ぶときもある（**図25.3**）．イヌやネコの複合毛包は生後に発達する．イヌの皮膚では15本前後の二次毛芽が，一

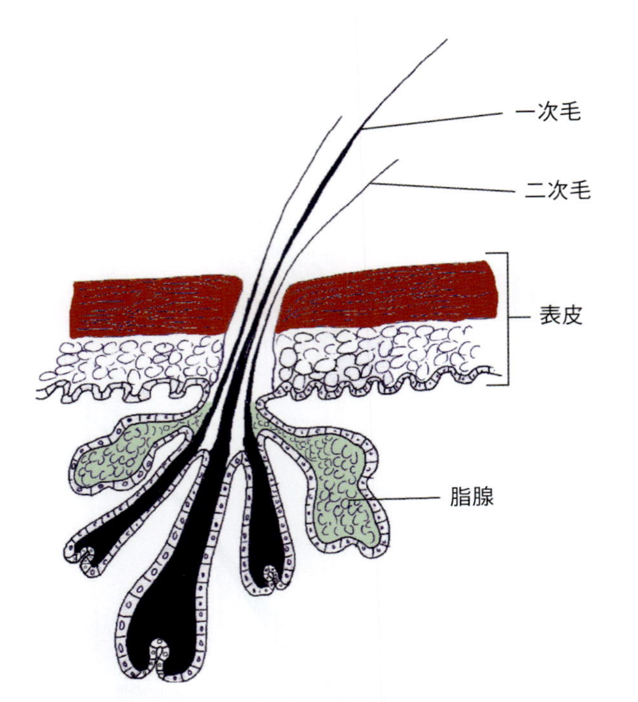

図25.3 生後に形成される複合毛包．一次毛とそれに付随した二次毛を示す．

次毛芽と同じような方式で一次毛包から形成され，共通の穴から外界に突出し毛幹となる．

家畜の種類によって毛包のタイプや分布に著しい違いがみられる．ウマやウシでは一次毛包のみが体表面に均等な列をなして分布している．ブタの一次毛包は3～4個の一次毛包が集団を作って出現する．イヌ皮膚の複合毛包は1集団に3本の毛を持つ．すなわち1本は大きな一次毛で，2本の小さな二次毛がその周りを囲んで生える．ネコでは1個の大きな一次毛包を2～5個の複合毛包が取り囲む．各々の複合毛包は3本の一次毛と6～12本の二次毛を持つ．

ヒツジの毛包（ウール）は集団で生えている．典型的には，各々の集団は3個の一次毛包とその間を埋める二次毛包とによって構成される．一次毛包に対する二次毛包の比率は体の各所によって異なるが，6倍を超えることはない．山岳地帯のヒツジに比較して高品質ウールを産生するヒツジの方が二次毛包の数が多い．

触毛包

触毛包[訳者注]と呼ばれる特殊な毛包から派生する毛は感覚あるいは触覚機能を持つ．このような毛を洞毛，感覚毛あるいは触毛という．触毛包は主に頭部に，その中でも特に口唇周囲，頬，オトガイ，上眼瞼に分布する．ネコの触毛包は手根部にも存在する．触毛包は一般毛包に比較して，発生的に出現は遅いが，成長は速い．初期の段階では，触毛包は一次毛包に類似した発生態度を示す．その後，触毛包芽は膨化し真皮下組織中へ深く刺入する．触毛包には汗腺が付随せず，脂腺の発達も悪い．真皮の結合組織性毛包を内層と外層とに分ける毛包血洞の発達が，触毛包の特徴である．反芻類やウマで，真皮の結合組織性毛包の内層と外層との間に小柱組織がみられる．触毛包の結合組織性毛包外層には骨格筋が付着していて，それによって感覚毛の向きをある程度随意的に調節できる．結合組織性毛包内層に侵入し，さらに上皮性毛包の外根鞘にまで広がる多数の自由神経終末が，触毛の絶妙な感度を調節している．

毛の成長周期

生後，毛は増殖と退縮を繰り返しながら周期的に成長する．毛の成長周期は3期に分けられる．すなわち活発に増殖する成長期，それに続く退縮期，および休止期である（**図25.4**）．成長期では，毛球の毛母基において細胞増殖が活発に行われて毛が伸長する．退縮期では，毛包細胞の増殖は減退する．この時期，毛根は棍棒状となり，毛包は短くなり毛乳頭は退縮していく．休止期の間，棍棒状の毛根は外根鞘によってのみ囲まれ，毛包は上皮細胞索によって退縮した毛乳頭と結びついている．この時期，毛包の遠位端は立毛筋の付着部位にある．後に，新しい成長期が始まり，毛の置き換えを誘導する．上皮索は新しい毛球となり，新生中の毛乳頭を被うようになる．毛の置き換えは表層

訳者注：触毛tactile hair，毛包血洞hematocele of hair follicle，毛包hair follicleという用語はあるが，触毛包という用語はない．ましてや，Sinus hair follicleという用語もない．本文では意味を捉え触毛包という用語をあてた．

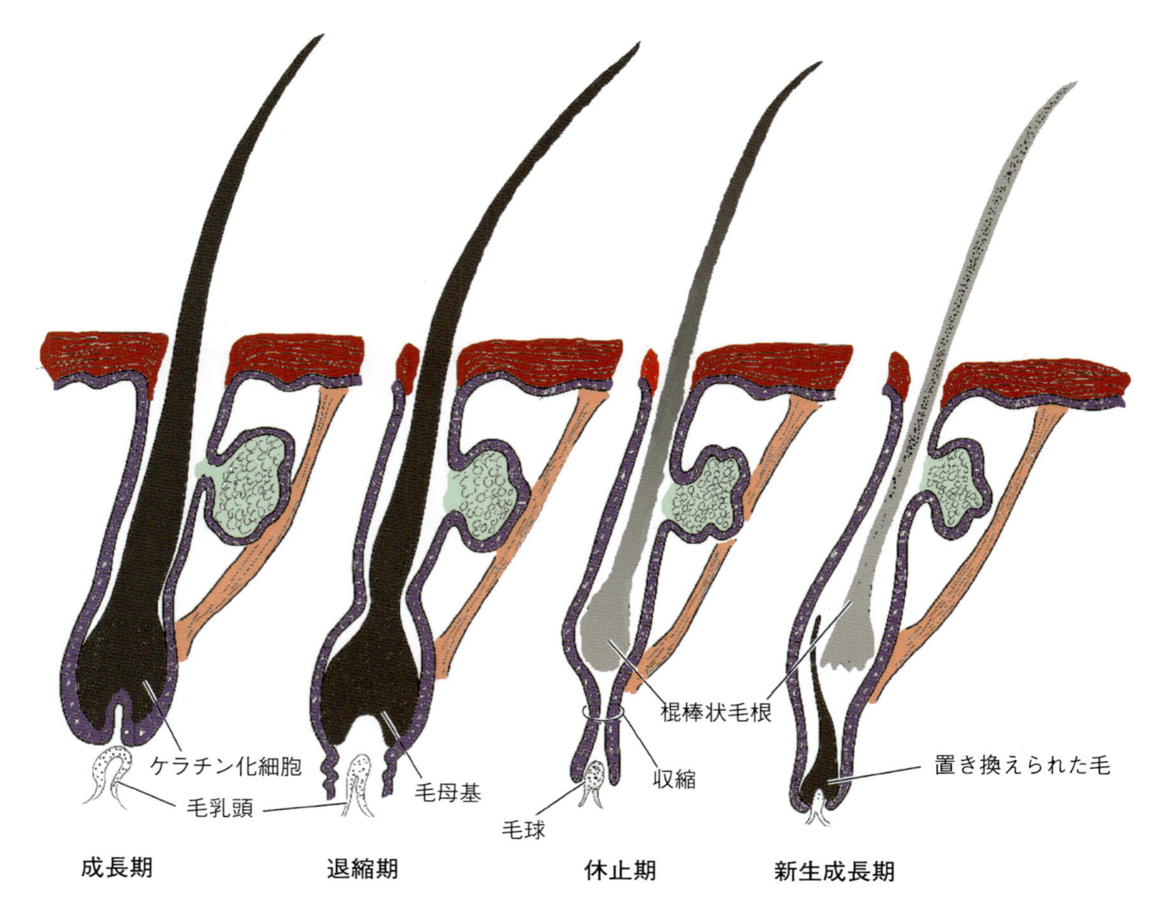

図25.4 毛周期の連続的な過程である成長期，退縮期，休止期と，それに続く新しい成長期.

に向かって外根鞘にまで広がり，古い毛を表層に押し出し脱落させる．ヒトと家畜両者で，毛の成長と消失にはホルモン因子が強く関与している．

動物の毛が抜ける率は種によって異なる．ラットやマウスでは，毛の成長周期は1カ月以内である．一方，季節的に毛替わりをする他のほとんどの動物では，年に1ないし2回である．家畜化されたヒツジでは，季節的に脱落するウール線維は非常に少ない．しかし，ある種のヒツジでは，毛の成長周期は数年の単位に及ぶものもある．

哺乳類の皮膚腺

哺乳類の皮膚腺は，形態と分泌物によって，汗腺と脂腺の2種類に大きく分けられる．ある種の動物では，体のさまざまな部位に位置する特殊な皮膚腺が，2種類のうちのどちらかの変形腺として，あるいは2種類の混合腺として発達する．

脂　腺

脂腺は家畜の皮膚に毛包に関連して分布する（**図25.2**）．脂腺は汗腺より発生が遅く，汗腺原基より深部で，発生中の毛包基底上皮から外側へ突隆する．脂腺はウシ，イヌ，ネコで豊富に存在するが，ブタでは散在的で目立たない．腺房は集団を形成し洋梨状の小葉を作って発達し，1本の短く径の広い導管で開口する．脂腺内で有糸分裂を繰り返す結果，小型の基底細胞が腺房腔に移動し充満するようになる．これらの細胞は脂肪滴を貯蔵して膨化し，核は萎縮して変性する．その後，脂腺細胞は崩壊し，混合脂質からなる皮脂，ケラトヒアリン顆粒，ケラチン，関連細胞残渣を産生するようになる．皮脂は短い導管から毛包の腔全体に分泌される．脂腺細胞のすべてが腺分泌物となることから，脂腺の分泌様式を全分泌と呼んでいる．皮脂は抗菌，抗カビ活性を持ち，毛や皮膚に光沢を与え皮膚を柔軟な状態に保つ．加えて，皮脂は外皮系の撥水性を高め，蒸発による水分の減少を抑える．性ホルモンと副腎ホルモンが脂腺分泌を調節している．

ウマの脂腺はよく発達して全身に分布し，タンパク質豊富な汗腺と同時に分泌され，持続的な運動の後に大量の石鹸の泡に似た分泌物となる．ある種の家畜は，体の限局した部位に特によく発達した脂腺の集合体を持つ．それらには，ヒツジの眼窩下洞腺，鼠径洞腺，指（趾）間洞腺，ヤギの角腺，食肉類の肛門傍洞腺，肛門周囲腺が含まれる．脂腺はウシの鼻唇平面，ブタの吻鼻平面，肉球，蹄，鉤爪，角，ウシの乳頭で欠ける．

汗 腺

哺乳類の汗腺は，分泌様式を基準にすると，アポクリン腺とエクリン腺の2種類に分類される．エクリン腺からの分泌，すなわちメロクリン分泌はエクソサイトーシスであり，小型の分泌顆粒を腺導管に分泌する過程である．アポクリン腺では細胞質の一部を含んだ大型の分泌顆粒を分泌する．これをアポクリン分泌と呼んでいる．

アポクリン汗腺は，脂腺より皮膚表面に近い部位で，上皮性毛包の基底層が結節状に外側へ成長することで発生する（**図25.2**）．密な細胞増殖が結合組織に広がり，腺底部が毛球より下に位置するようになる．アポクリン汗腺の分布は同一動物種内では一定しているが種間では相違がある．さらに，腺の形態には明らかな特徴がある．発生中の腺の遠位端は球状にとぐろを巻くか，あるいはラセン状の配置をしていると考えられている．内腔がアポクリン腺遠位部に形成され，毛包に開口する腺近位に向かって波及し導管となる．内腔の形成に続き，腺細胞は2層となる．すなわち内層は分泌腺房を形成し，外層は分泌細胞と基底膜との間に位置する筋上皮細胞に分化する．分泌腺房は広い内腔を有し，立方状あるいは円柱状上皮によって構成される．一方，導管の内腔は狭く，2層の立方上皮によって構成される．発生中，毛包と関係なく直接皮膚表面に開口する導管もある．アポクリン汗腺は被毛で被われた家畜の皮膚にある主要な汗腺である．アポクリン汗腺の分泌物は粘り気があり，動物種あるいは動物個体で特徴のある臭いを含む．ヒトのアポクリン汗腺は眼瞼，腋窩，陰部，会陰部に限ってみられる．

エクリン汗腺の導管開口部は通常では毛包と関係しない．角化上皮を貫く部位の導管はワインのコルク抜きのような様相を呈し，皮膚への開口部は微細な穴となってみることができる．ヒトでは，エクリン汗腺が汗腺の主体を占めるが，家畜のエクリン汗腺は食肉類の肉球，ウマの蹄叉，ブタの吻鼻平面，ウシの鼻唇平面に限局する．

汗腺の発生はDkk-4修飾を受けたWnt/β-カテニンによって始まる一連の調節系の結果として起こる．その後，Eda-Edar系が汗腺の腺管形成に必要となる．

鳥類の皮膚

鳥類の皮膚は薄く，ケラチンの少ない表皮と真皮からなる．表皮は角化重層扁平上皮で被われ，その層の数は哺乳類のそれよりも少ない．真皮は細い膠原線維を主とする疎線維性結合組織の表在層と，目の粗い交織線維性の深層からなる．皮下組織は脂肪細胞を豊富に含む．尾腺を除き，鳥類の皮膚は腺を欠く．尾腺は脂腺に類似し，尾の付け根に位置する．家禽の尾腺は2葉からなり，2本の導管を有し，その各々が1個の乳頭を介して皮膚表面に開口する．尾腺は大型分岐胞状の全分泌腺であり，油性成分を分泌し，家禽は羽繕いの際，それを羽に塗る．尾腺は水禽類でよく発達するが，ダチョウ，ハト，オウムやキツツキなどでは欠く．鳥類の皮膚の特定域において，多くの上皮細胞が脂肪滴を分泌する．この脂肪滴は，皮膚を保護し，防水機能にも関連する．

鳥類の皮膚の大きな特徴は羽によって被われていることである．羽は飛翔を助け，空気を溜め込むことで高い体温を維持し，水分の蒸発を防ぐこともできる．

羽

羽の形成は発生約8日目のニワトリ胚子で始まり肥厚した表皮下に真皮細胞が集まる（**図25.5A**）．続いて，上皮–間葉相互作用の結果，円錐状の真皮乳頭が形成される（**図25.5B**）．円錐状の真皮乳頭はそれを

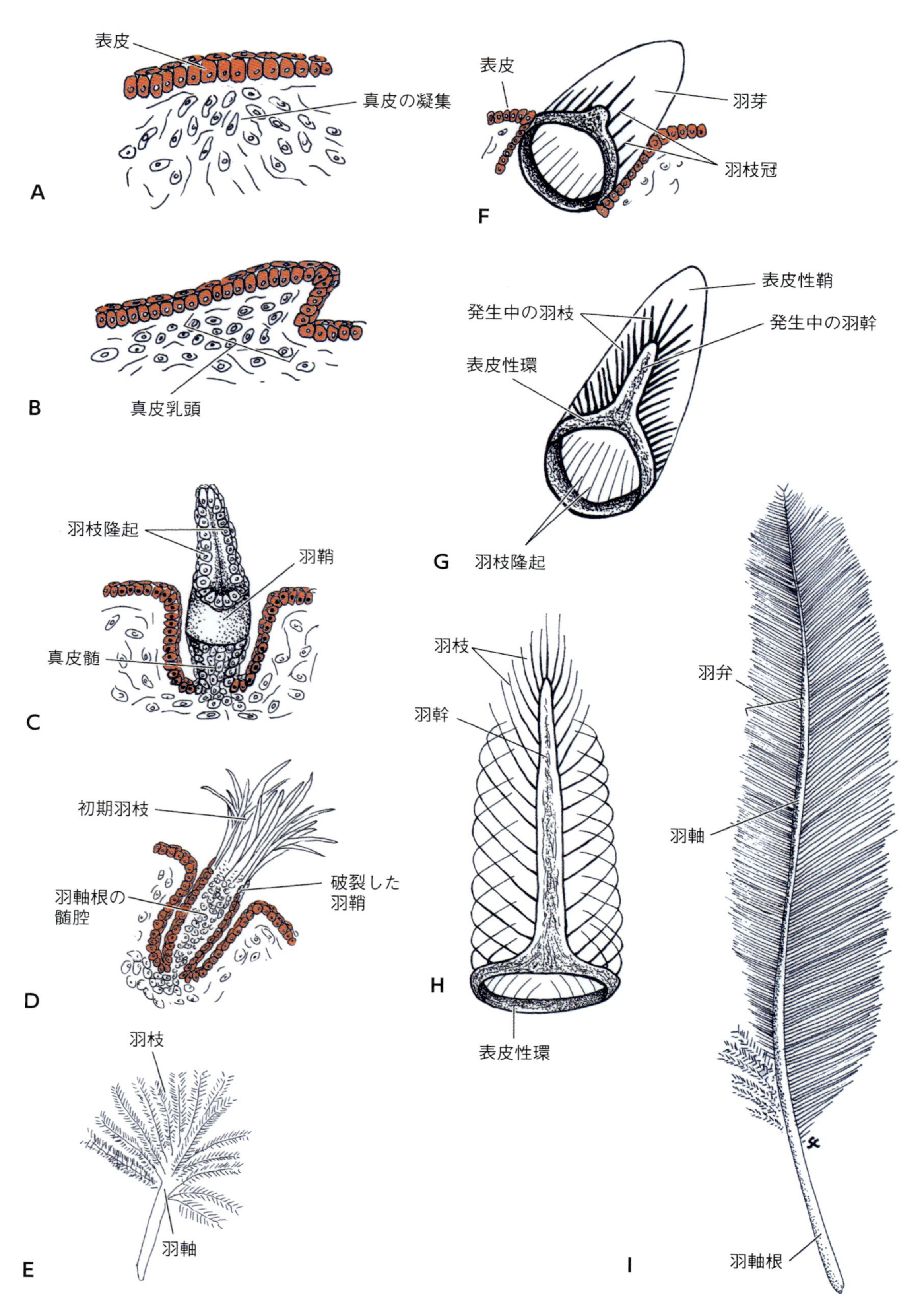

図25.5 羽発生の段階．A：羽芽を形成する初期段階．B：円錐状真皮乳頭の形成．C：羽包形成段階で皮膚表面から羽芽が突出する．D：破裂した鞘から突出している羽枝．E：綿羽．F：羽包の上皮性環から起こる細胞増殖の初期段階．G：発生中の羽軸からの羽枝の形成．H：羽枝が扁平な形になる前の輪状の配列．I：正羽．

被っている表皮を押し上げ，羽芽を形成する．各々の羽芽の土台を作る表皮細胞が真皮中に沈んでいき，外胚葉性羽包を形成する．羽包が伸長するに従って，羽芽の先端は羽包の開口部から表面に現れるようになる．羽のタイプは羽芽の形態で異なり，その後の発生の仕方も異なる．初期の羽包では，綿羽と正羽は類似した発生様式を示す（**図25.5**）．綿羽が作られる際，輪状の羽乳頭基底の細胞が増殖し表皮性環を形成する．ここから多数の丈の高い円柱状細胞が真皮からなる乳頭の中心に向かって突出する．円柱状細胞は分離，角質化し，各々は羽枝原基，すなわち羽枝隆起となる（**図25.5C**）．羽包の表皮層は発生中の羽枝を輪状に囲む外鞘を作る（**図25.5D**）．個々の羽が最長に達すると，外鞘が2分して裂け，羽枝が広がり，はっきりした綿羽となる（**図25.5E**）．小羽枝と呼ばれる規則正しい枝分かれが羽枝から形成され，綿羽の持つ絶縁特性を発揮するようになる．羽軸根は羽枝が作られない羽の一部であり，羽包基底部の羽包環に由来する．羽は中空の羽軸根によって羽包に繋がれている．

正羽の初期発生段階は綿羽のそれに類似する（**図25.5F**）．しかし正羽の発生が進むと，表皮性環の浅層遊離端で細胞増殖が起こり，羽包の先端に向かって伸びる羽幹あるいは羽軸隆起を作る（**図25.5G**）．羽幹の両側から伸びる羽枝は表皮性鞘（羽鞘）の領域内でリング状に成長する（**図25.5H**）．その後，羽芽の外鞘が2分し，羽幹と羽枝の先端部が円錐状の殻から解き放たれ，曲がっていた羽枝がまっすぐになる．完全に形成された羽軸の両側から伸びる羽枝はまとまって羽弁と呼ばれる扁平な構造物を作る．羽包内に位置する羽幹の基部には羽枝は生えず，羽軸根と呼ばれる（**図25.5I**）．二つのシグナル因子，Bmp-2とShhが羽形成の主要調節因子である．羽の各発生段階において，BmpとShhの明確な発現パターンが証明されている．

羽枝隆起の近位部において，Shhは細胞増殖を誘導するが，一方で遠位部においてはBmp-2がShhを抑制し分化を誘導する．Bmp-4とnogginのバランスが羽枝隆起の数，大きさ，間隔を決定する．一方，Shhもまたアポトーシスを誘導することによって，羽枝の間隔に影響を与えている．

胚子発生で最初に出現するのは綿羽であるが，成鳥でもっぱら発達するのは正羽である．さらに鳥類の種類によって準綿羽，毛羽ならびに剛羽が存在する．準綿羽は熱の放散を防ぎ，水禽類では浮力を増す効果がある．毛羽は正羽に近接して位置する．これらの羽包には多数の自由神経終末が付随していることから，正羽の最適な向きに必要な固有知覚を受容していると考えられている．比較的硬い剛羽は鼻孔や眼の周囲に存在し，触覚機能を持つ．正常な羽はあらかじめ決められた羽区に沿って発生し，羽区の間には無羽区が配置されている．

皮膚の先天的および遺伝学的異常

皮膚の異常は遺伝的あるいは胚子発生中の非遺伝的要因によって起こり得る．皮膚異常の原因となる遺伝的変異は出生時に明らかになるか，生後発達に伴い顕著となる．これらの異常は一般的に最初に異常が出現した細胞あるいは構造（表皮，真皮，毛包，汗腺など）を基礎にして分類される．

表皮の部分的な先天的欠損は上皮形成不全と呼ばれ，子ブタ，子ウシ，子ヒツジや子ウマで報告されている．欠損部は健常部と境界明瞭で，露出した真皮は外傷を受けやすく，細菌による二次感染の素因となる．

先天的魚鱗癬は上皮の異常な過形成に起因し，肥厚した角質鱗が堆積し，皺に沿って皮膚が裂ける．その皮膚は魚の鱗に似ている．ウシやイヌで報告があり，ウシでは単一劣性の遺伝病である．

真皮－表皮接着構造欠損に起因する皮膚疾患群は，よく表皮水疱症（epidermolysis bullosa；EB）症候群と呼ばれる．この疾患はすべての家畜に認められ，外傷後に表皮と真皮が剥離しやすくなり，その損傷部位に脆弱な水疱を形成する．症状は出生時にみられ，時に生後に発達する．本症の型は原因遺伝子によって異なり，ウシの単純型先天性表皮水疱症はケラチン5（keratin5；*KRT5*），一方，ジストロフィー型表皮水疱症は*COL7A1*の変異に関連している．接合部型表皮水疱症はヒツジ，ウマやイヌでみられ，*LAMC2*と*LAMA3*の変異に関連している．

ウシの遺伝的表皮形成異常において，罹患牛は出生時に正常だが，4～8週齢に発症する．身体を被うほ

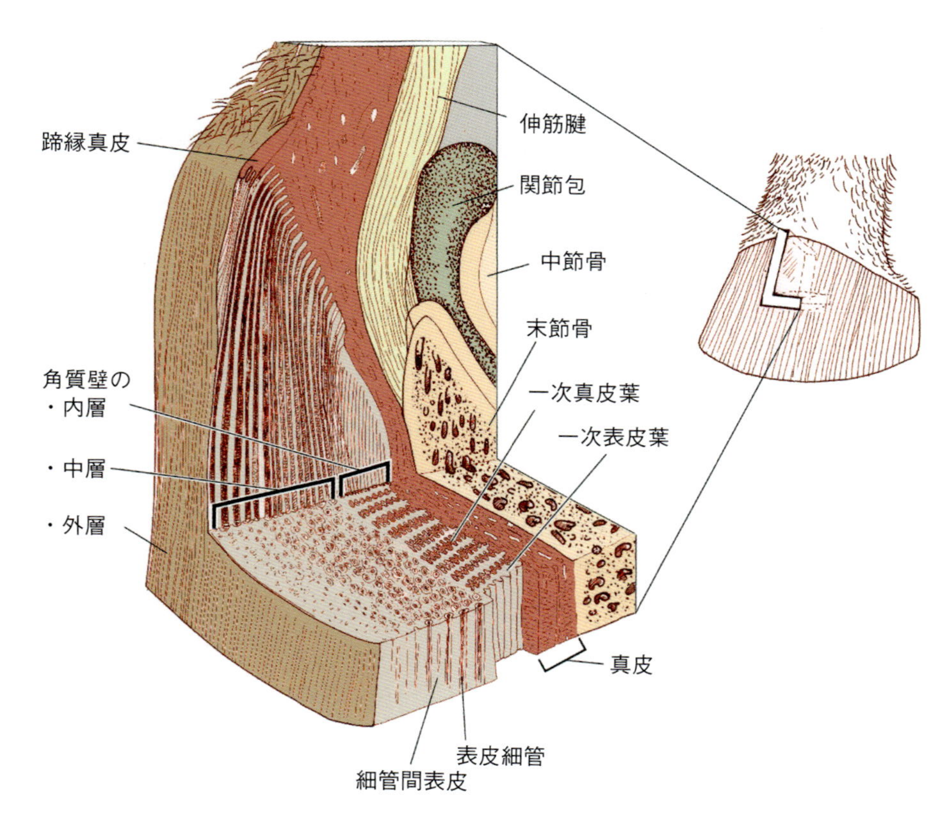

図25.6 ウマの指（趾）器における構造の相互関係を水平断，垂直断切片で示す模式図.

とんどの皮膚が若干肥厚し，毛が抜け痂皮を形成するようになる.罹患牛は数カ月以内に徐々に痩せていく.組織学的には表皮肥厚症と過角化症を示す.

家畜では，毛が消失する脱毛症，健常よりも毛が薄い貧毛症がよく起こる．ウシ，ヒツジあるいはブタで遺伝的貧毛症が報告されている．多数の犬種ならびに一部の猫種で，毛包形成異常がみられる．皮膚や毛の色調異常は時として貧毛症に関連する.

蹄と鉤爪

常に一定の圧力や機械的ストレスがかかる皮膚領域では，表皮の角質層が肥厚する．表皮を構成する主要な構造タンパク群α-ケラチンが，哺乳類の皮膚と皮膚派生物にみられる．哺乳類において，毛，蹄，角，鉤爪といった特に機械的抵抗性の高い構造物では，硫酸基を含むタンパク質とともにトリコヒアリン含量の高いα-ケラチンを含む．四足歩行の哺乳類では，肢端に最も強い機械的刺激が加わる．さらに長い進化の過程を経て，哺乳類の肢端は内部組織を保護するためさまざまに変化・修飾されてきた．それゆえ，動物の肢は進化による変化を反映し，それは表皮，真皮，皮下組織さらには肢端の骨，腱，靱帯にまで及んでいる．強くケラチン化した皮膚は指先で支持結合組織，指（趾）骨とともに指（趾）器を構成する．指（趾）器は各動物種の歩行様態に順応している．指（趾）器の形態を基礎にして，家畜を2群に分けることができる．食肉類を含む有爪類とウマ，反芻類，ブタなどの有蹄類である．蹄や鉤爪は強くケラチン化した表皮カプセルを構成し，内部に末節骨を含んでいる．蹄や鉤爪はその保護機能の他に，引っ掻いたり，穴を掘ったり，武器として使われる．指（趾）器は各動物種によってその形態を異にするが，発生的にはかなり共通している.

ウマの蹄

ウマの蹄は最古の先祖である4本指のエオヒップス（*Eohippus*）から，指進化の最終段階である1本指の現世馬へ変化してきた．肉眼的にウマの蹄は末節骨を囲んだ角質表皮からなる(**図25.6**).

胎子初期に第三指先端の背側と外側表面の表皮が増殖を開始する．妊娠2カ月目の終わりまでに蹄は約6～10mm長となり，肥厚した表皮は薄い真皮を被うようになる．真皮の英名には“dermis”と“corium”とがほぼ同義語的に使用されているが，蹄や角に関しては“corium”が用いられる．妊娠3カ月目に，有毛皮膚と蹄との境界部で真皮と皮下組織が増殖し，近位にあってやや盛り上がった蹄縁真皮と遠位にあってより大きく盛り上がる蹄冠真皮を形成する．蹄叉と蹄球の皮下組織は厚くなり，衝撃吸収性の蹠枕(せきちん)となる．蹠枕の組織は弾性組織，線維性組織および脂肪組織からなり，特に蹄球部では豊富でここに衝撃吸収性の肉球を形成する．

胎子蹄壁の内層は600枚ほどの真皮に由来する縦ヒダで作られる．真皮葉と呼ばれるこの縦ヒダは蹄冠溝から蹄加重面にまで及ぶ．真皮葉は真皮の増殖によって作られ，対応する表皮葉と嵌合し，栄養や酸素を交換するためにその表面積を大きくする．表皮葉や真皮葉の初期発生は妊娠3カ月目にみられ，外胚葉由来の表皮芽が平滑な真皮間葉組織を貫通し，縦長に伸びる真皮の皺が形成される．この皺は指(趾)骨を被い，一次真皮葉の原基となる．この表皮芽と真皮間葉組織の結合は胎子蹄壁の2カ所，蹄冠および蹄壁と蹄底の間で起こる．真皮の皺が発達するにつれ，一次真皮葉とそれに対応する一次表皮葉が形成される(**図25.6**).一次表皮葉と一次真皮葉から垂直に二次表皮葉と二次真皮葉が形成され，表面積をさらに大きくするとともに蹄壁，真皮および指(趾)骨の結合を強固にする．

蹄冠真皮と重なる表皮外層は真皮の芯，すなわち真皮乳頭を含む錐体状の乳頭を形成する．表皮乳頭は末節骨長軸と平行に，かつ蹄底に対し斜めに成長する．表皮乳頭先端に位置する基底表皮細胞が増殖し，腹側遠位に向かって成長して表皮細管を形成する．個々の表皮細管は横断すると円形，楕円形あるいはクサビ形をした空洞で細胞残渣を含んでいる．細管周囲はケラチン化した細胞からなる緻密で明調な色素を沈着した皮質によって作られ，蹄の角質と呼ばれる．表皮細管は毛幹と同様の発生様式をたどる．すなわち乳頭間領域の深部基底表皮細胞が増殖し，比較的無定形の細管間表皮となり表皮細管同士の間隙を埋める．妊娠8カ月に近づくと，蹄縁表面の表皮乳頭が増殖し，柔らかい表皮細管と細管間表皮からなる層を形成する．この層は蹄壁表面にまで広がり，蹄壁に光沢のある外観を与える．蹄縁表皮は蹄球にまで広がり柔らかい角質を形成する．

蹄壁の角質は表皮の3領域に由来する．すなわち蹄縁の表皮細胞が増殖伸展し外層となる．蹄冠の表皮乳頭が表皮細管と細管間表皮を形成し中間層となる．内層は垂直に配列した表皮葉に由来する．生後，蹄壁は1カ月に4～6mm程度ずつ腹側端に向かって成長し，生後12カ月には蹄冠境界から蹄加重面に達する．

蹄底の角質は表皮乳頭から形成される．これら乳頭は真皮の芯を持ち，腹側表面に向かって成長し中間層で示したのと同様に表皮細管と細管間表皮を形成する(**図25.6**).

蹄叉の角質は柔らかく，蹄底における角質形成と同様に乳頭から作られる．蹄叉真皮は蹠枕と混在する．蹠枕において分岐エクリン汗腺の分泌物が蹄叉の柔軟性をもたらしている．

妊娠期間中の蹄発生において，周皮が脱落せずに残存するため，増殖中の表皮は最初柔らかく，各蹄の先端を被うクッションを形成する．この柔らかい角質は上蹄皮と呼ばれ，妊娠後期に胎子が動くことによる羊膜損傷を防いでいる．分娩後，上蹄皮は脆弱となって脱落する．

附蝉(ふぜん)と距(きょ)

ウマの附蝉(chestnut)は肥厚した表皮細管と細管間表皮からなる無毛の隆起物で，深部に真皮を備えるが腺組織はない．前肢の附蝉は手根骨より近位内側表面に位置し，一方，後肢のそれは足根骨より遠位内側表面にある(**図25.7**).附蝉の大きさと形には品種差がある．附蝉は手根球，底球の痕跡と考えられ，通常は後肢より前肢でより大きい.時に後肢で附蝉を欠く.

距(ergot)は球節の掌(足底)面にある疣(いぼ)状の突出物で，表皮細管と細管間表皮からなる．これらは無毛で強く角質化し，第三指(趾)の掌(底)球の遺残と考えられる．距の周囲には特に重量馬で顕著な長い毛が生え，距毛と呼ばれる．

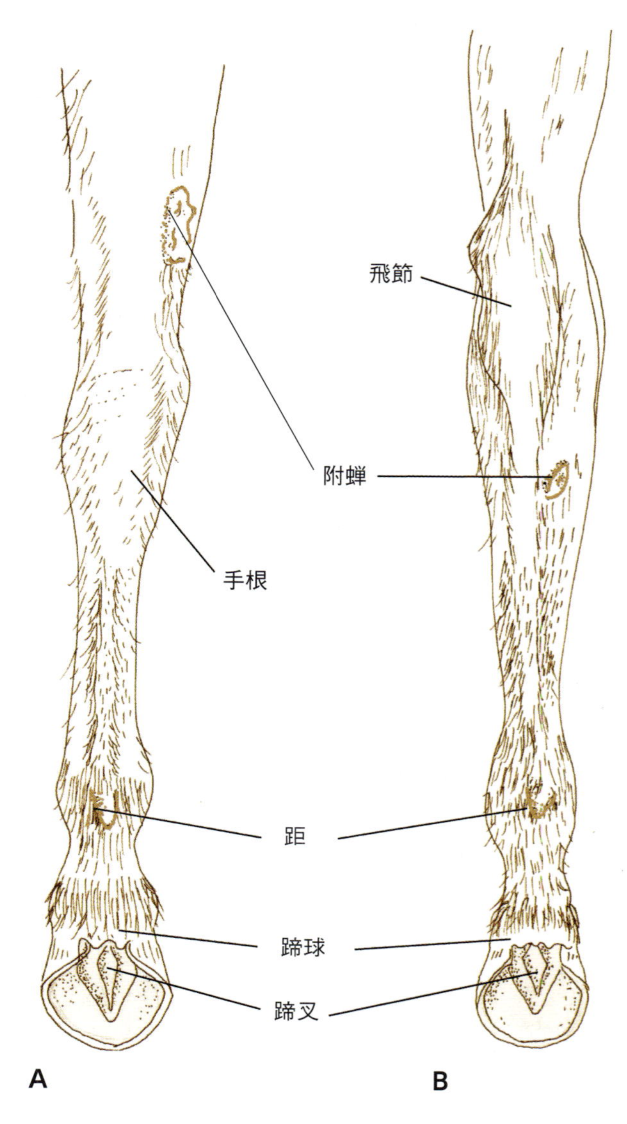

図25.7　ウマの左前肢(A)と左後肢(B)の後面観．附蝉と距の位置を示す．

反芻類とブタの蹄

有蹄類の足はウマの蹄と類似した発生パターンを示すが，いくつかの注目すべき違いがみられる．反芻類とブタの足は2本の負荷重量蹄と2本の非負荷重量蹄，すなわち副蹄からなる(**図25.8**)．反芻類とブタの一般的な蹄構造はウマのそれと極めて類似し，蹄壁，蹄底および顕著な蹄球からなる．反芻類とブタの蹄真皮ならびに皮下組織もウマのそれらと構造的に類似し，蹄縁と蹄冠を有する．反芻類とブタの蹄の表皮は角化重層扁平上皮からなる．蹄縁と蹄冠の表皮乳頭は遠近軸に沿って広がり，蹄壁の表皮細管と細管間表皮を作る．ウマの蹄と異なり，反芻類とブタの蹄は蹄叉と蹄支を持たず，さらに二次表皮葉(真皮葉)もない．

イヌとネコの鉤爪

イヌの鉤爪は硬い角質層からなる皮膚変形物で末節骨を取り囲む．爪壁と爪底からなる鉤爪は著しく弯曲し，内包する指骨の形態を反映している(**図25.9**)．爪底は爪壁の狭い外側縁に接した柔らかい角質から作られる．爪真皮は緻密な不規則結合組織からなり，末節骨背面を被う隆起を形成する．真皮は豊富な血液供給を受けるため深爪(ふかづめ)すると出血する．爪縁と呼ばれる皮膚ヒダが鉤爪の近位を被う．爪縁の外側面は，いわゆる通常の皮膚に相当し毛で被われている．爪縁内側面は無毛で上皮細胞は角化した薄い層を形成し，ウマの蹄の外層と同様に鉤爪の近位を被う．

肉　球

イヌやネコの四肢にみられる肉球は掌側面あるいは底側面に位置し，防護のための変形上皮構造物である．食肉類の前肢肉球には，手根球，掌球ならびに第二から第五指球がある．後肢のそれには，底球ならびに第二から第五趾球がある(**図25.10**)．肉球は無毛の皮膚変形物で，運動時の防護の役割を果たす．肉球は厚く角質化した重層扁平上皮によって被われ，よく発達した淡明層を含む，通常皮膚にみられるすべての層が出現する．厚い角質層の表面にはさらに角質化した乳頭が存在するため，イヌの指球は粗造な表面構造をしている．一方，ネコの肉球は平滑な表面構造を持つ．肉球真皮ならびに真皮下組織は特に指(趾)球でよく発達し，蹠枕を形成する．蹠枕は豊富な脂肪組織とコイル状のエクリン汗腺を含む．

角とその関連構造物

反芻類家畜の角は骨性の角突起で，皮膚変形物によって被われる．角を被う表皮は高度に角質化し，腺や毛はない．反芻類家畜の角は一般に雌雄に存在し枝分かれせず円錐形をしている．ウシの角原基は妊娠2カ月目の終わり近くに形成され，前頭部表皮の細胞増殖から始まる．溝によって囲まれた原基は汗腺，脂腺

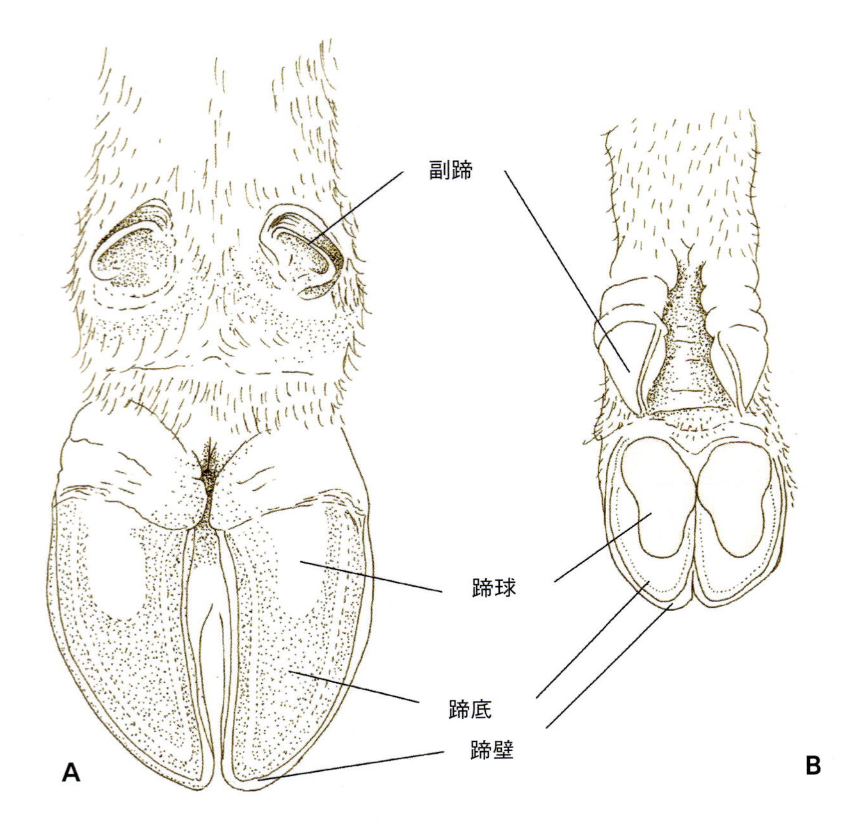

図25.8 ウシの前肢（A）末端とブタ前肢（B）末端の掌面観.

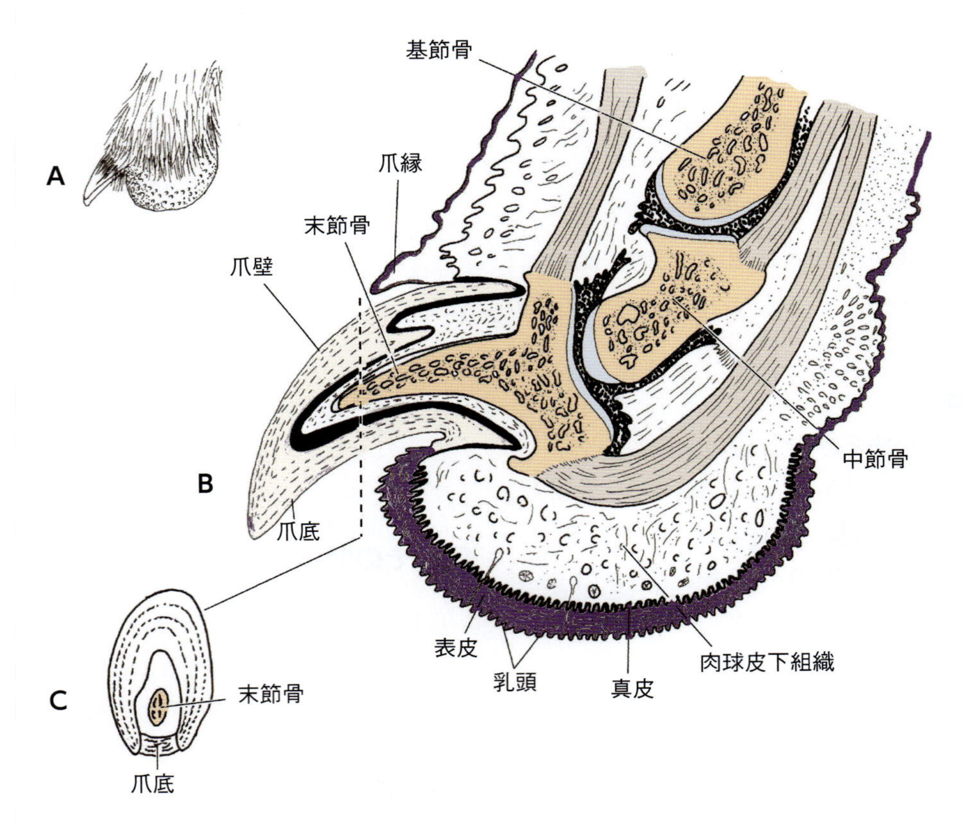

図25.9 A：イヌの足の外側観．B：イヌの足の縦断像で内部構造の相互関係を示している．C：点線で示した部分での鉤爪の横断.

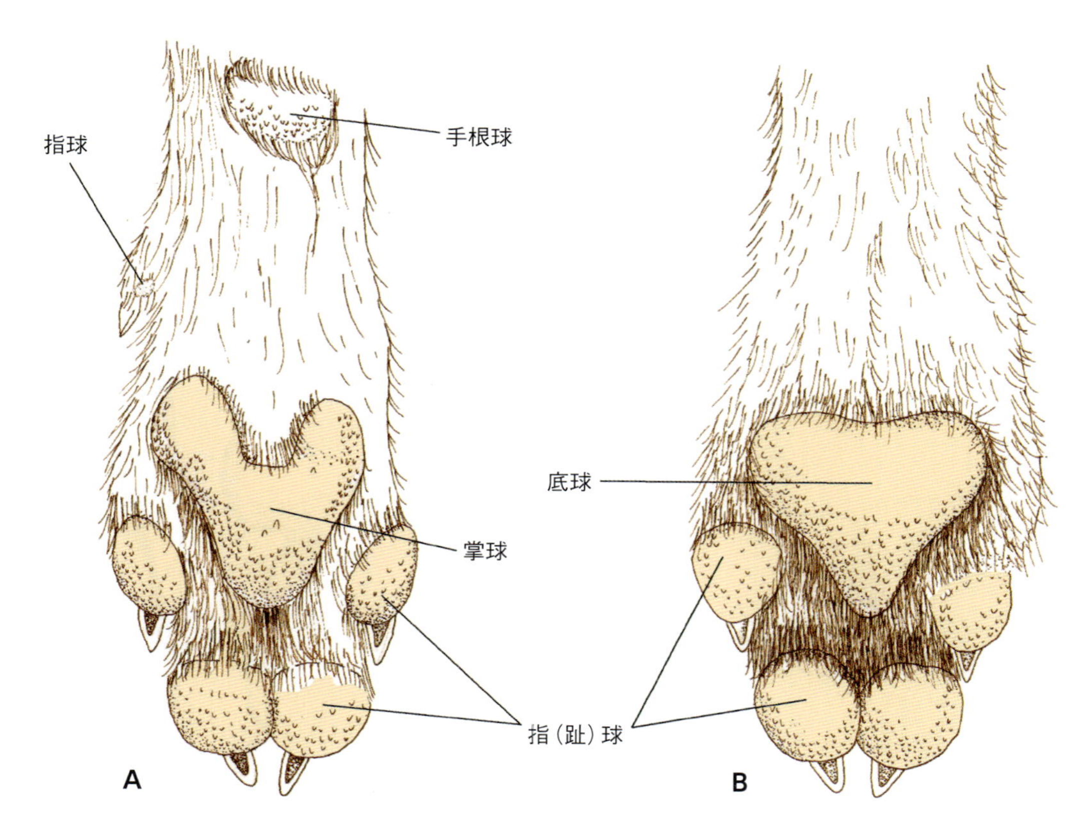

図25.10 イヌの右前肢（A）と右後肢（B）末端の底面.

を伴った毛によって被われる．その後，角の発生は停滞したままで，生後まで上皮の増殖は起こらない．原基に密接して生えるこれらの毛はその周囲の毛に比べて長く成長し，生後には渦巻き状の外観を呈することでみつけることができる.

生後1カ月で，子ウシの角芽上にあった毛と腺は退縮し，表皮が増殖することで円錐形の角芽を形成する．その後，直ぐに発達中の角の芯となる骨の突起が前頭骨に目立つようになる．続く数カ月で前頭骨の中が詰まった角突起が徐々に空洞化する．空洞化は角突起先端のみ中が詰まった状態になるまで成獣になっても続く．前頭洞の空洞は角の空洞に広がって行く（**図25.11**）.

角突起を被う真皮は骨膜と癒合し，角の先端方向に向かう乳頭を含む．この乳頭は増殖して行く方向を示しており，この乳頭の方向に従って，角が長さと厚みを増加させる．角の上皮は表皮細管と細管間表皮へと増殖，変化していくが，この過程は蹄の角質形成の過程に類似する．角突起基底部で表皮から産生される角質は角外膜と呼ばれる．この柔らかい角質からなる角外膜は，表皮細管や細管間表皮を被うように広がり，ウマの蹄における蹄縁で作られる外層に類似する．雄ウシの角は基底部から先端部にかけてほぼ均等に成長する傾向があり，一様に平滑な表面を作り出す．雌ウシ，雌雄の小型反芻類では，角の成長は正常な状態でも断続的で，角の表面に特徴ある隆起と溝を形成する．妊娠や疾患といったストレス期には，栄養消費や代謝活性が増大し，角の成長が遅れ溝となって現れる．雌ウシでは，角の成長遅滞と妊娠後期ならびに泌乳期とが一致している．このような原因による角の溝は妊娠溝と呼ばれ，複数の子ウシを出産した雌ウシの年齢査定に用いられる．雌ウシが2歳の終わりで1頭目の子を得たとすると，この雌ウシの年齢は溝数プラス2年である.

シカ科動物の枝角は頭骨から骨組織が枝分かれしながら成長し，ベルベットと呼ばれる皮膚によって被われる（**図25.12**）．一般に，シカ科動物の枝角は雄のみにあるが，カリブーやトナカイの枝角は雌雄に存在

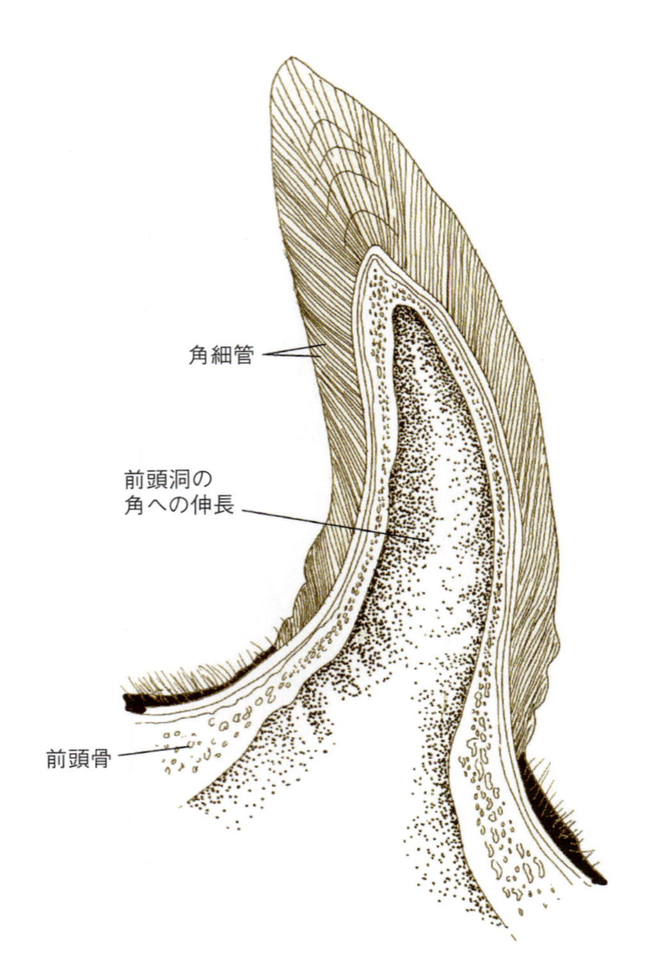

図25.11　ウシの角の縦断面.

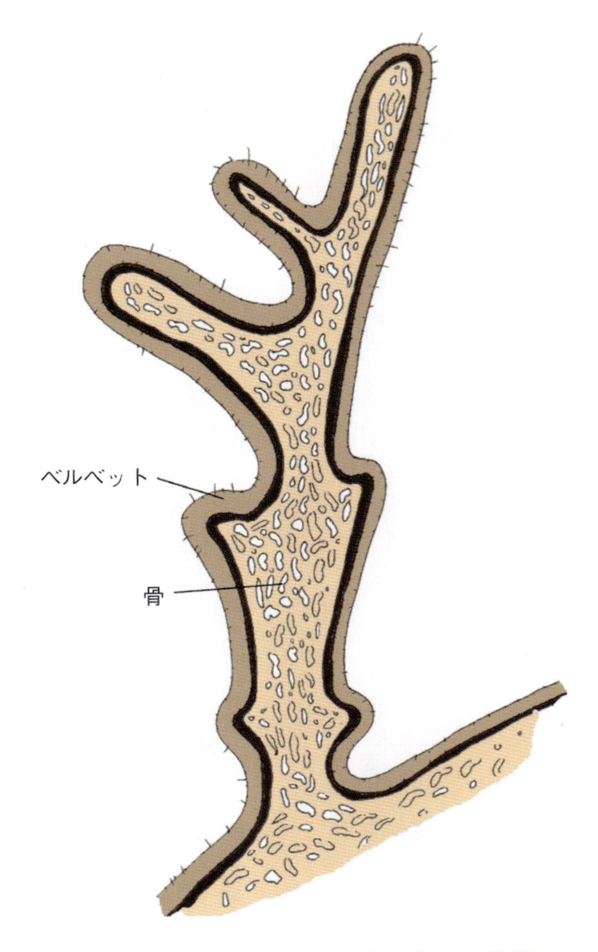

図25.12　ベルベットで被われたシカの枝角の縦断面.

する．枝角は繁殖季節に関連して周期的な成長，成熟，脱落を繰り返す．枝角の骨組織は変形した軟骨内骨化の過程を経て作られるが，この軟骨は分枝した枝角先端で増殖している．軟骨細胞は徐々に増殖を停止し，石灰化軟骨から骨に置換される．この段階で枝角は最長に達する．枝角の骨組織が発達するときに，枝角は皮膚によって被われるようになる．枝角の成長が停止するとベルベットへの血液供給も停止し，ベルベットの退縮と脱落が起こる．繁殖期の終わり頃，枝角の根本で骨組織が吸収され脱落し，骨性の茎が残る．ここには枝角がまた成長する．

キリンの前頭骨にある骨性の突起は枝角と類似しているが，枝角と異なり繁殖期の終わりに脱落しない．いわゆるサイの「つの」は骨性の芯はなく，毛に類似したケラチン線維が癒合した充実した（空洞でない）集塊からなる．

外皮を構成する細胞，組織および構造の発生学的起源を**図25.13**に示す．

（昆　泰寛・市居　修　訳）

さらに学びたい人へ

Biggs, L.C. and Mikkola, M.L. (2014) Early inductive events in ectodermal appendage morphogenesis. *Seminars in Cell and Developmental Biology* 25, 11-21.

Blanpain, C. and Fuchs, E. (2009) Epidermal homeostasis: a balancing act of stem cells in the skin. *Nature Reviews: Molecular Cell Biology* 10, 207-217.

Bragulla, H. (2003) Foetal development of the segment-specific papillary body in the equine hoof. *Journal of Morphology* 258, 207-224.

Cui, C.-Y., Yin, M., Sima, J., Childress, V. and Schlessinger, D. (2014) Involvement of Wnt, Eda and Shh at defined stages of sweat gland development. *Development* 141, 3752-3760.

Darnell, D.K., Zhang, L.S., Hannenhalliand, S. and Yaklichkin, S.Y. (2014) Developmental expression of chicken FOXN1 and

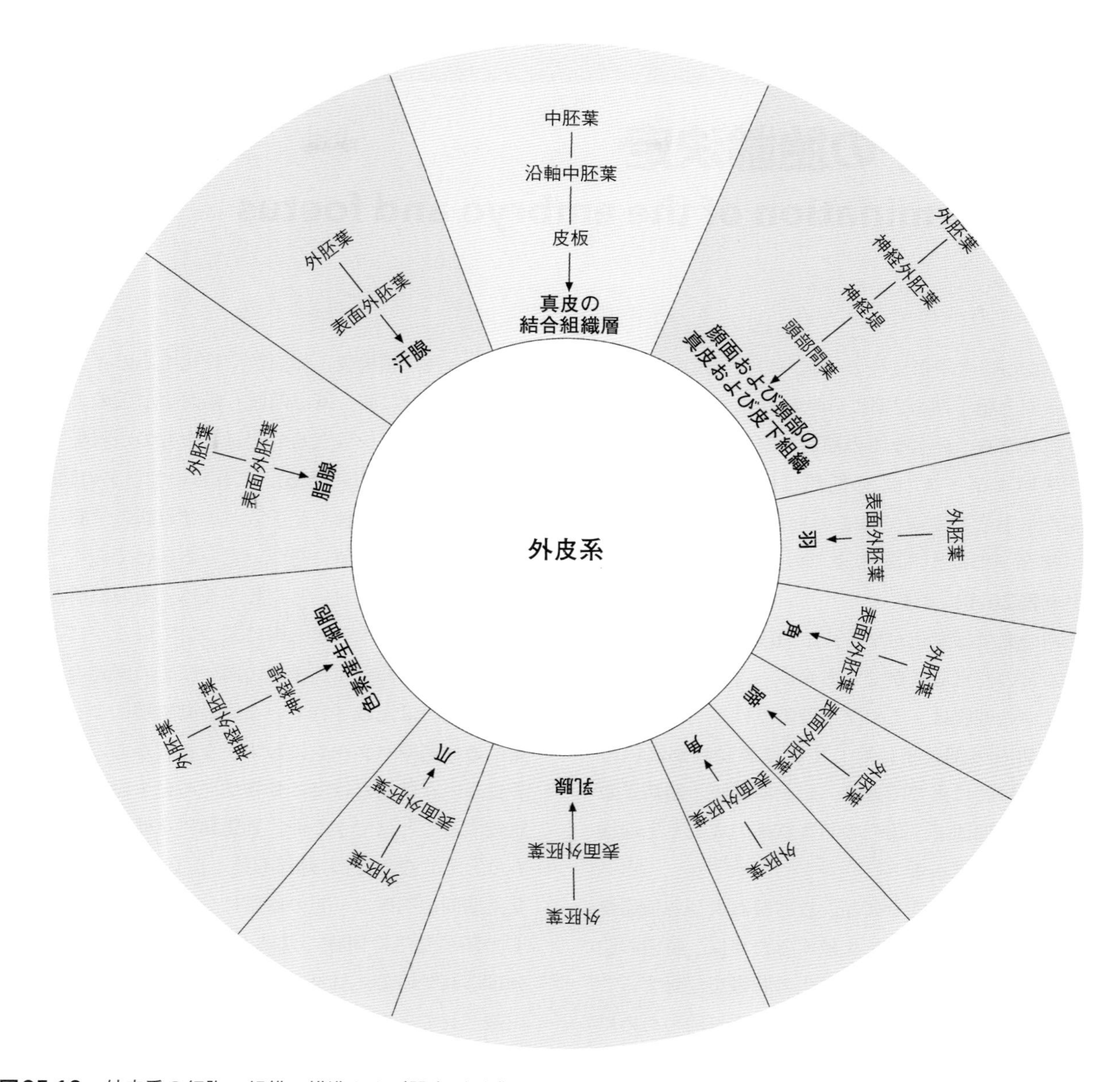

図25.13　外皮系の細胞，組織，構造および器官が形成される胚葉の派生物．（**図9.3**に基づく）

putative target genes during feather development. *International Journal of Developmental Biology* 58, 57- 64.

Dhouailly, D. (2009). A new scenario for the evolutionary origin of hair, feather, and avian scales. *Journal of Anatomy* 214, 587-606.

Duverger, O. and Morasso, M.I. (2014). To grow or not to grow: hair morphogenesis and human genetic hair disorders. *Seminars in Cell and Developmental Biology* 25-26, 22-33.

Johansson, J.A. and Headon, D.J. (2014). Regionalisation of the skin. *Seminars in Cell and Developmental Biology* 25-26, 3-10.

Murgiano, L., Wiedemar, N., Jagannathan, V. and Agerholm, J.S. (2015) Epidermolysis bullosa in Danish Hereford calves is caused by a deletion in *LAMC2* gene. *BMC Veterinary Research* 11, 23.

Morrison, K., Miesegaes, G., Lumpkin, E. and Maricich, S. (2009) Mammalian Merkel cells are descended from the epidermal lineage. *Developmental Biology* 336, 76-83.

Rishikayash, P., Dev, K. and Mokry, J. (2014) Signalling involved in hair follicle morphogenesis and development. *International Journal of Molecular Science* 15, 1647-1670.

Rompolas, P. and Greco, V. (2014) Stem cell dynamics in the hair follicle niche. *Seminars in Cell and Developmental Biology* 25-26, 34-42.

第26章

胚子と胎子の胎齢決定
Age determination of the embryo and foetus

受精および接合子形成後の子宮内の発生段階は，便宜上胚子期と胎子期の2期に分けられる．胚子期は受精から器官原基の発生までの期間と定義される．ヒツジ，ブタおよびイヌのこの期間は約30日であるが，ヒト，ウマおよびウシではこの期間は約56日まで延びる．接合子形成から着床までの発生段階に関するデータを**表26.1**に示す．

胚子期の発生は変化が早く，この段階の末期までにはほとんどの器官原基ができあがる．器官原基を形成する分化中の細胞は，この発生段階では不利な遺伝的影響や有害な外部因子に対して特に感受性が高いので，胚子期は特に重要である．胎子期は胚子期終了から分娩までの期間で，体内の諸器官系の成長と生理機能の開始が特徴である．

動物種間の発生進度や薬品，放射線および各種環境因子の発生に及ぼす影響を比較するために，特定の胎齢における胚子や胎子の正常発生の特徴を記録することが必要である．このような情報は研究目的のためにと畜場から集められた胚子あるいは流産した胎子の胎齢を推定するのに価値がある．家畜に関するデータは，胎齢を全長，頂尾長，体節数，骨化中心の存在のような特徴ならびに眼，耳，四肢，歯および毛のような外部形態の概観と一致させて記録したものが収集され続けている（**図26.1～26.6**）．これらのデータの制約は，示された数値が品種，産子数および母親の栄養状態を考慮しないで平均値に基づいていることである．記載されている胎齢に対応した胚子長は，その数値が固定または未固定標本のどちらに基づいているかによって異なるにも関わらず，多くの例で胚子の固定の有無に関する情報は記載されていない．動物種によって器官発生の経過やパターンにわずかな相違があるので，胚子長という数値だけでは動物種間の発生段階を正確に比較することはできない．動物種差を研究するためにもっと十分な方法は，外部形態と器官発生に基づいて，発生期間を明確な一定の段階に分けることである．ヒトの胚子発生は同様の基準を用いて便宜上23段階に分けられている．ブタやネコでも明確な発生の段階が記載されているが，他の家畜ではそれに対応する体系はまだ確立されていない．子宮内の発生に影響を及ぼす要因が多いことから，この章で示されたデータは既

表26.1　家畜における接合子形成から着床までに起こる胚子の初期発生と排卵後の日数

動物種	2細胞期	4細胞期	8細胞期	桑実胚形成	胚盤胞形成	胚盤胞の透明帯脱出	着床までの期間
ネ　コ	3	3.5	4	5	6～7	9	12～14
ウ　シ	1	1.5	2.6	6	7～8	9～11	17～35
イ　ヌ	4	5	6	7	8	10	14～18
ヤ　ギ	1.6	2.5	3.5	5	6～7	7～8	15～18
ウ　マ	1	1.5	3.5	4.5	6～7	8～9	17～56
ブ　タ	1	2	3	4	6	6～7	12～16
ヒツジ	1.5	2	3	5	6	7～8	14～18

報論文から引用されていることもあり，胚子あるいは胎子の胎齢および体節数を推定するだけのものと考えるべきである．

ウマ 胚子/胎子

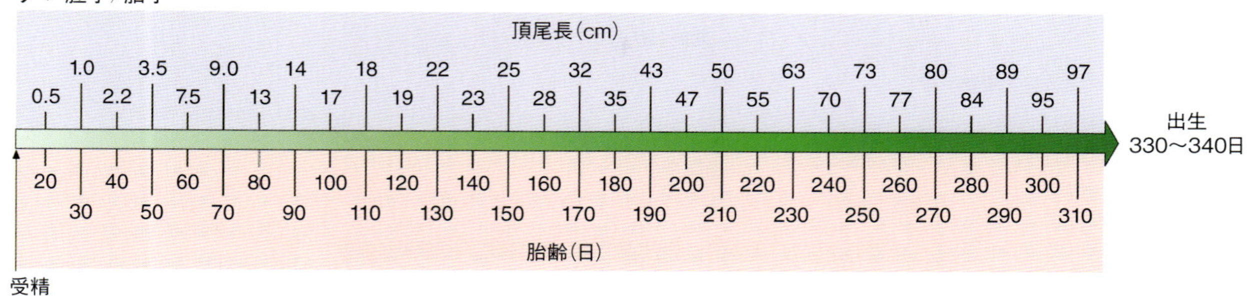

ウシ 胚子/胎子

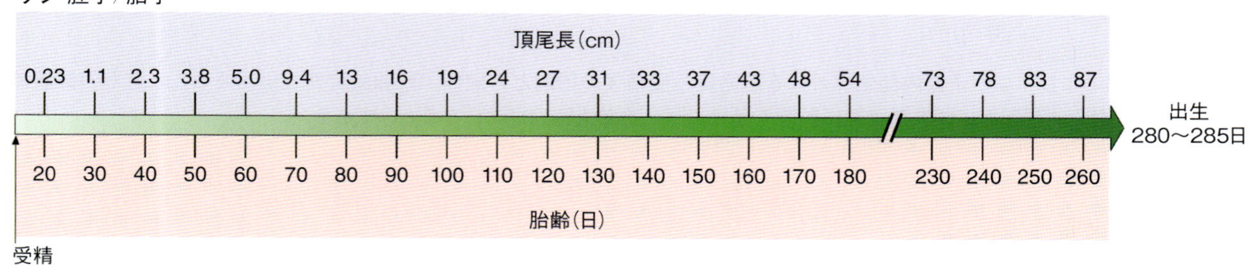

ヒツジ 胚子/胎子

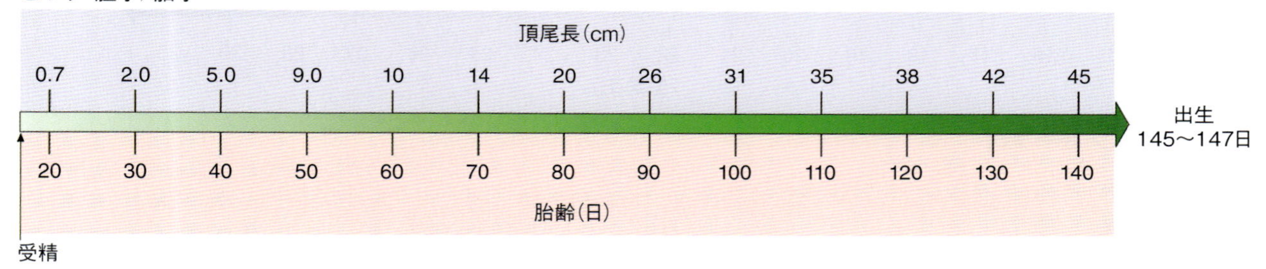

ブタ 胚子/胎子

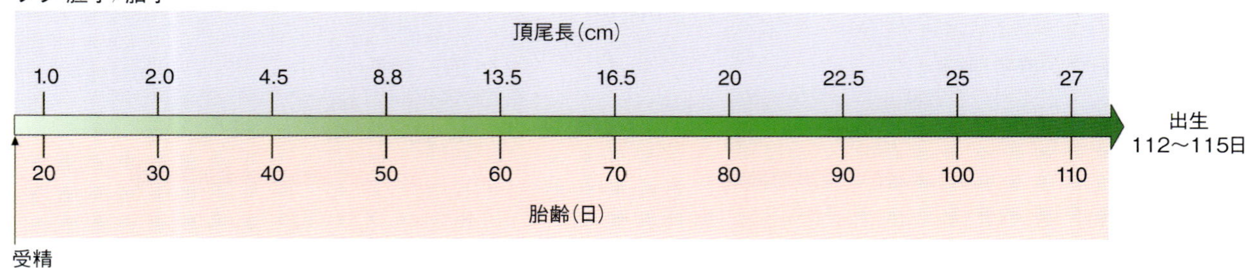

図26.1 ウマ，ウシ，ヒツジおよびブタの子宮内発生における頂尾長と受精後の胎齢との関係．既報論文から引用されたこれらの数値は，品種の相違，遺伝的要因および栄養状態に影響を受けるが，胎齢決定の規準になるものである．

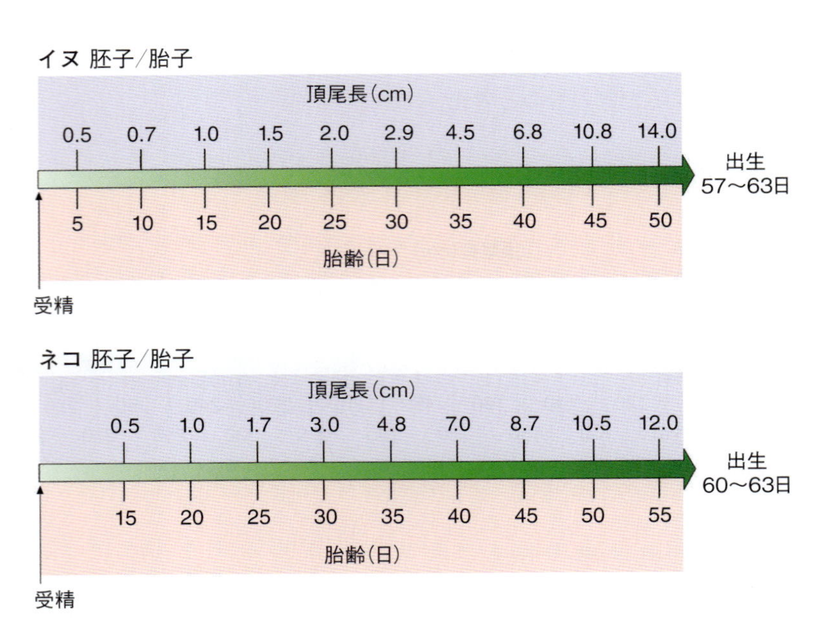

図26.2 イヌおよびネコの子宮内発生における頂尾長と受精後の胎齢との関係．既報論文から引用されたこれらの数値は，品種の相違，遺伝的要因および栄養状態に影響を受けるが，胎齢決定の規準になるものである．

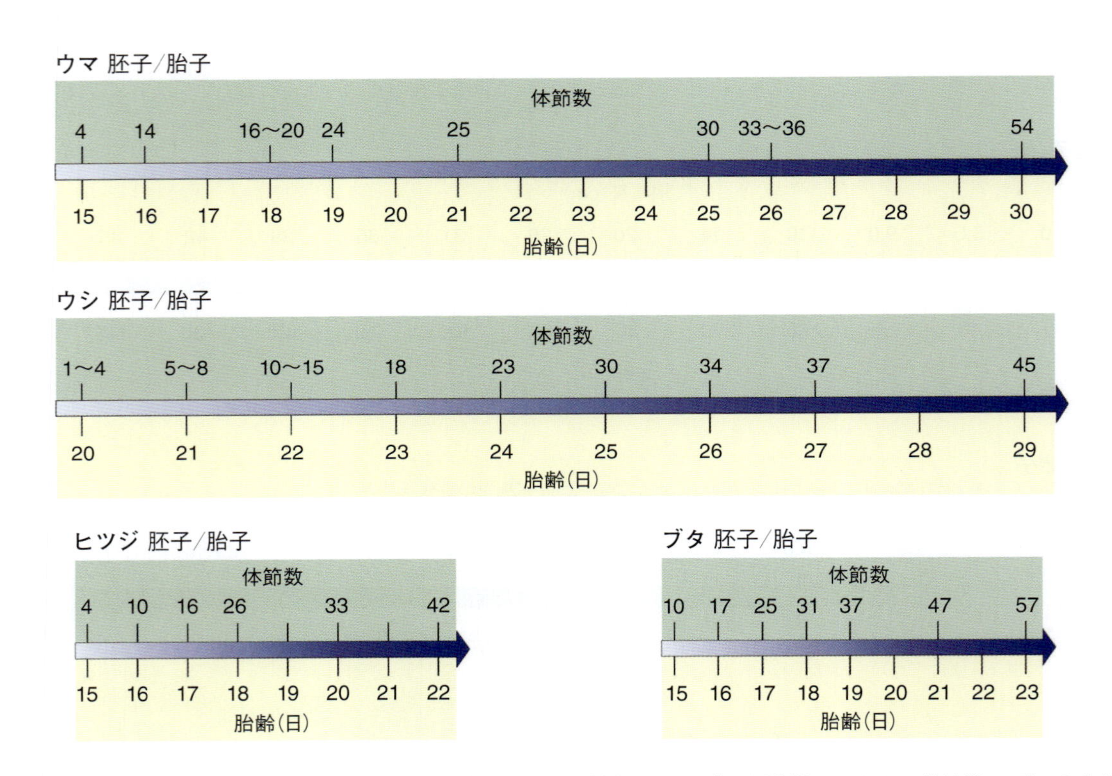

図26.3 ウマ，ウシ，ヒツジおよびブタの子宮内発生における受精後のさまざまな胎齢でみられる体節数．データを比較しやすいように，各動物とも胎齢15日から記載されている．これらのデータは既報論文から引用されているが，体節数の変化としては不完全な情報となっている．

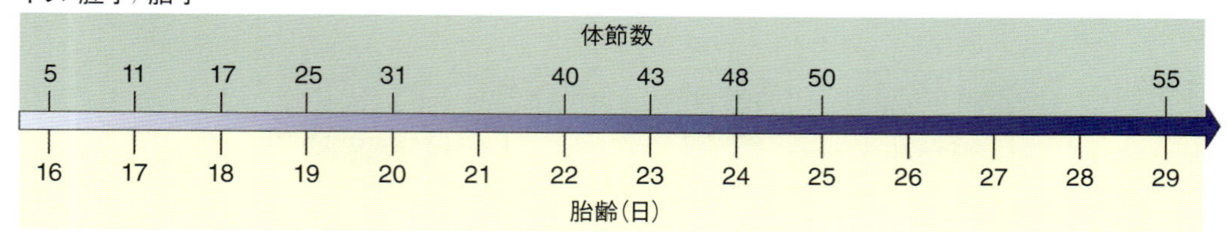

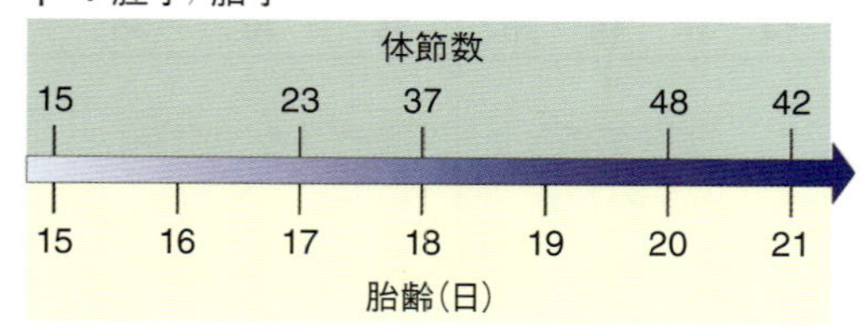

図26.4 イヌおよびネコの子宮内発生における受精後のさまざまな胎齢でみられる体節数．データを比較しやすいように，両種とも胎齢15日から記載されている．これらのデータは既報論文から引用されているが，体節数の変化としては不完全な情報となっている．

ウマ

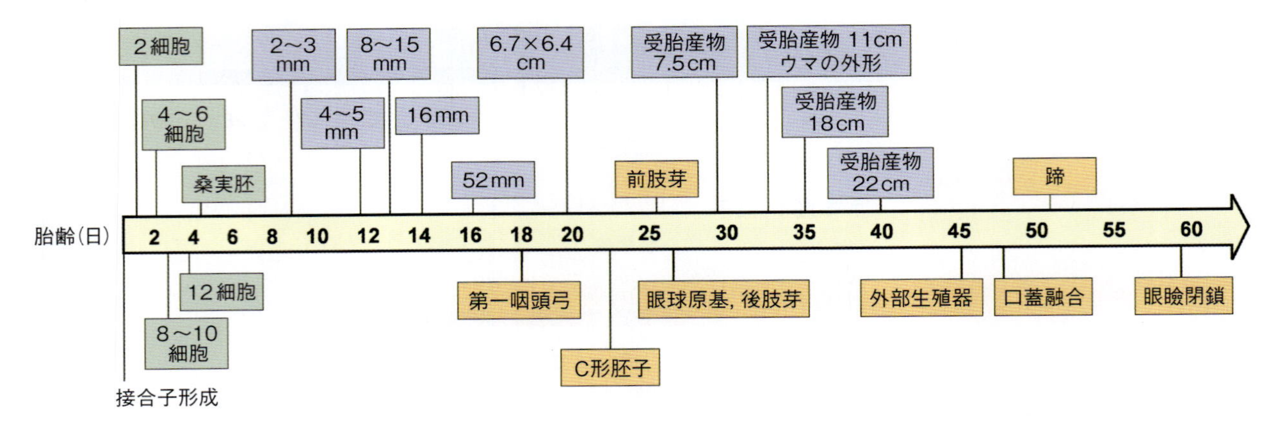

ウシ

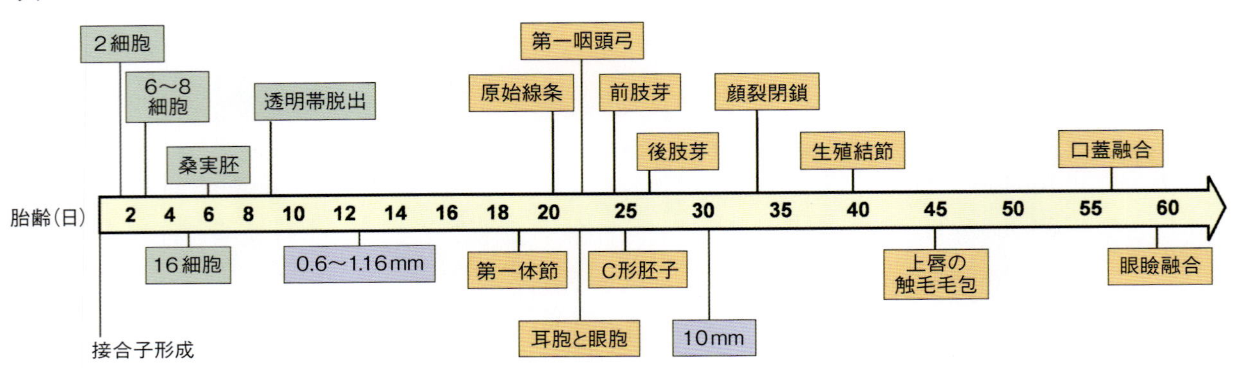

ヒツジ

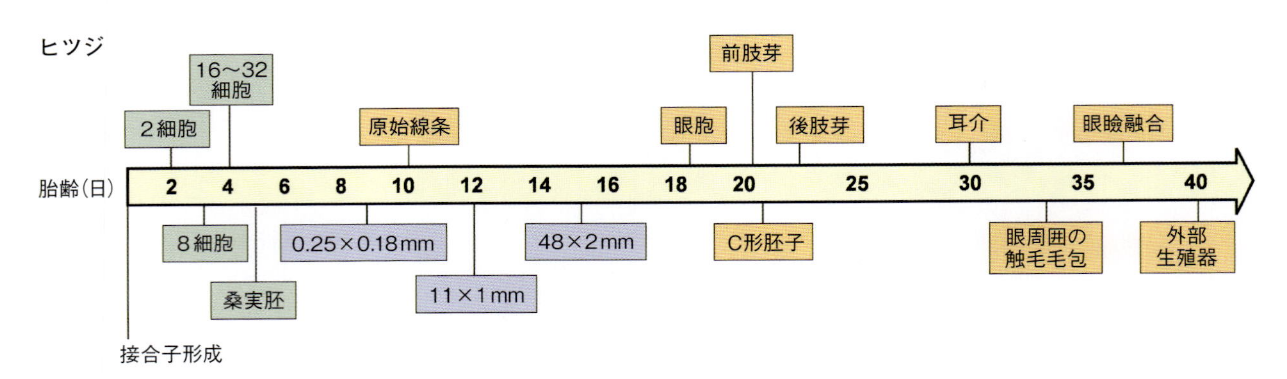

図26.5 ウマ，ウシ，ヒツジの胚子および胎子における発生の変化．数値は胚盤胞のおよその直径，受胎産物最大長および胚子の頂尾長を示す．容易に認識できる体の構造がいくつか列挙されている．

ブタ

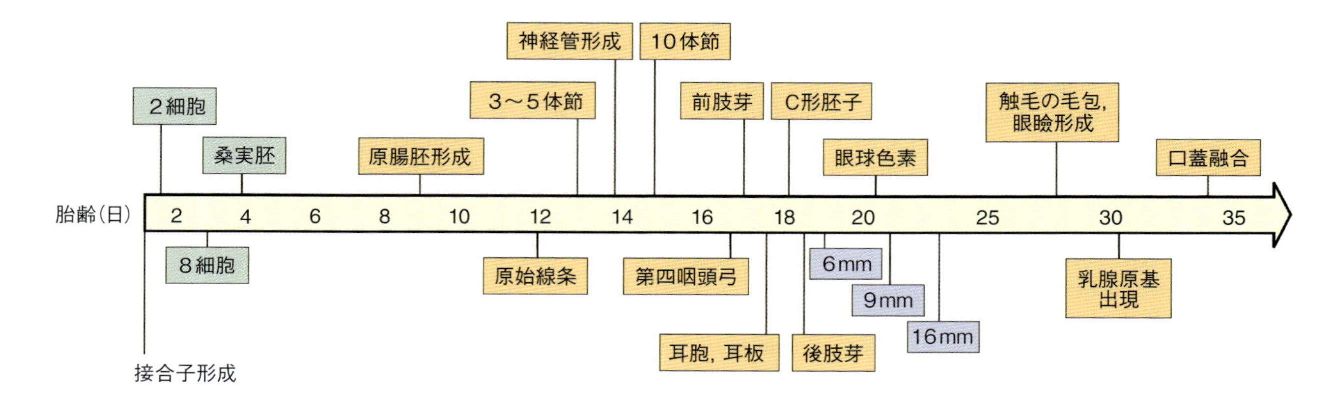

イヌ

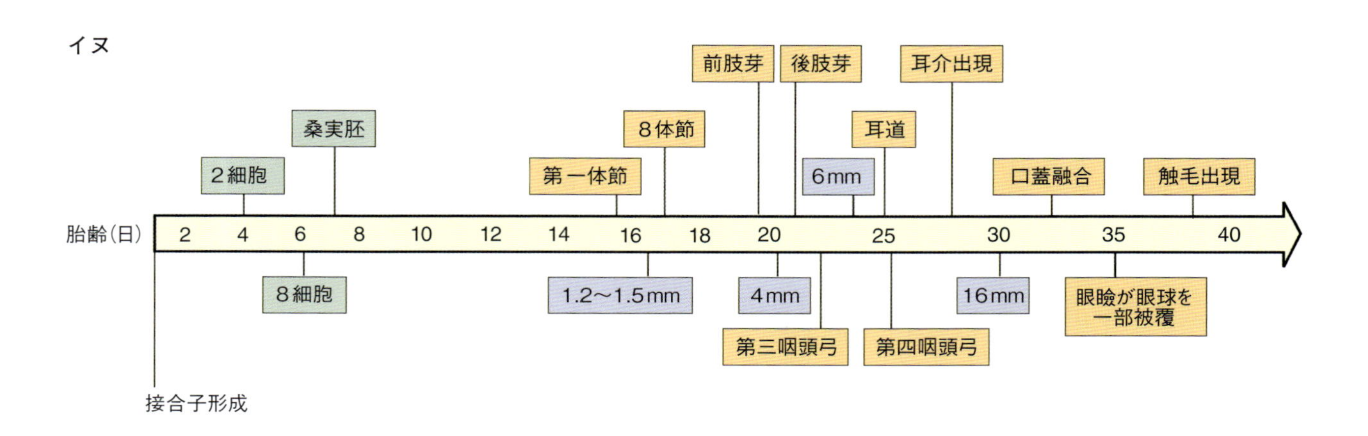

ネコ

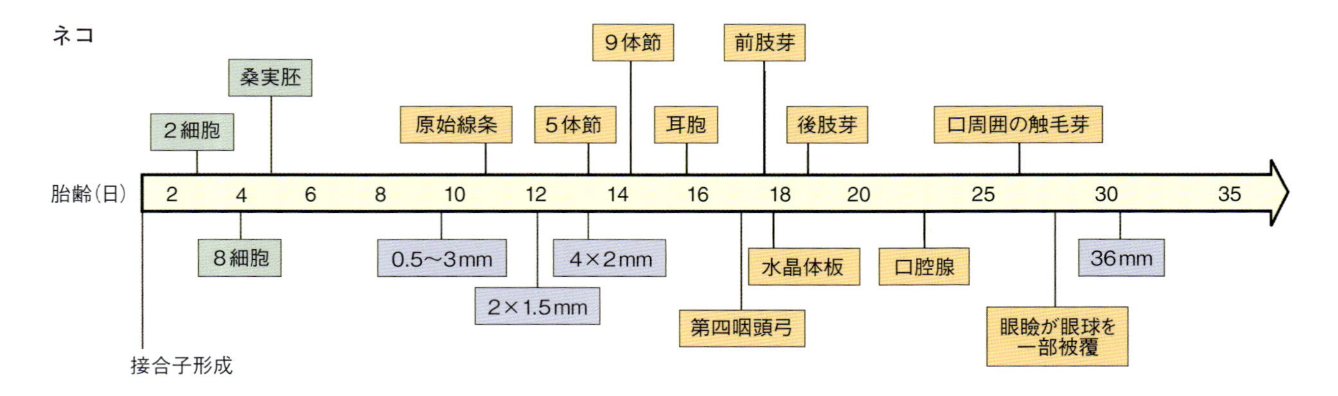

図26.6　ブタ，イヌ，ネコの胚子および胎子における発生の変化．数値は胚盤胞のおよその直径，受胎産物最大長および胚子の頂尾長を示す．容易に認識できる体の構造がいくつか列挙されている．

（松元光春　訳）

さらに学びたい人へ

Bergin, W.C., Gier, H.T., Frey, R.A. and Marion, G.B. (1967) Developmental Horizons and Measurements Useful for Age Determination of Equine Embryos and Fetuses. In F.J. Milne (ed.), *Proceedings of the 13th Annual American Association of Equine Practice Meeting*. New Orleans, LA, pp. 179–196.

Butler, H. and Juurlink, B.H.J. (1987) *An Atlas for Staging Mammalian and Chick Embryos*. CRC Press, Boca Raton, FL.

Evans, H.E. and deLahunta, A. (2013) Prenatal Development. In H.E. Evans and A. deLahunta, *Miller's Anatomy of the Dog*, 4th edn. Elsevier Saunders, St Louis, MO, pp. 13–60.

Franciolli, A.L.R., Cadeiro, B.M., da Fonseca, E.T. and Silva, L.A. (2011) Characteristics of the equine embryo and fetus from days 15 to 107 of pregnancy. *Theriogenology* 76, 819–832.

Gjesdal, F. (1969) Age determination of bovine foetuses. *Acta Veterinaria Scandinavica* 10, 197–218.

Green, W.W. (1946) Comparative growth of the sheep and bovine animal during prenatal life. *American Journal of Veterinary Research* 7, 395–402.

Harris, H. (1937) The foetal growth of the sheep. *Journal of Anatomy* 71, 516–527.

Knospe, C. (2002) Periods and stages of the prenatal development of the domestic cat. *Anatomia, Histologia, Embryologia* 31, 31–51.

Lowrey, L.G. (1911) Prenatal growth of the pig. *American Journal of Anatomy* 12, 107–138.

Marrable, A.W. (1971) *The Embryonic Pig, a Chronological Account*. Pitman, New York.

Marrable, A.W. and Flood, P.F. (1975) Embryological studies on the Dartmoor pony during the first third of gestation. *Journal of Reproduction and Fertility Supplement* 23, 499–502.

Nichols, C.W., Jr. (1944) The embryology of the calf: fetal growth weights, relative age, and certain body measurements. *American Journal of Veterinary Research* 5, 135–141.

O'Rahilly, R. and Muller, T. (1987) *Developmental Stages in Human Embryos*. Carnegie Institution of Washington Publication, Washington, DC.

Patten, B.M. (1948) *Embryology of the Pig*, 3rd edn. Blakiston, New York.

Rüsse, I. (1991) Frühgravidität, Implantation und Plazentation. In I. Rüsse and F. Sinowatz (eds), *Lehrbuch der Embryologie der Haustiere*. Paul Parey, Berlin, pp. 153–218.

Sharp, D.C. (2000) The early fetal life of the equine conceptus. *Animal Reproduction Science* 60–61, 679–689.

Warwick, B.L. (1928) Prenatal growth of the swine. *Journal of Morphology and Physiology* 46, 59–84.

第27章

家畜に適用される生殖補助技術

Assisted reproductive technologies used in domestic species

要　点

- 生殖補助技術という用語は発情(性)周期，生殖子もしくは胚子の操作を含む処置および手順を表すものである．
- 人工授精，過剰排卵・胚移植，胚子の体外生産，経膣卵採取法，クローン作出および遺伝子改変などのいくつかの世代からなるこれらの技術は家畜へ適用するために開発された．
- 家畜における生殖補助技術は食料生産における経済的重要性から，他の種よりもウシで広範に適用されてきた．さらに生殖補助技術は畜産業における潜在的な課題解決法を提供してきた．畜産業では，正常の交配を通して得られるよりも価値の高い家畜の子孫のさらなる増産の要求があった．同時に生殖補助技術は希少もしくは絶滅危惧種の保存法の改良に関しても潜在的な課題解決法を提供してきた．多くの技術は他の家畜にも適用され，伴侶動物にも適用されている．
- バイオメディカルへの生殖補助技術の適用，特に体細胞核移植や幹細胞の培養は家畜で研究され，ヒト疾患の潜在的モデルや治療への利活用の戦略のために行われてきた．

生殖補助技術(assisted reproductive technology；ART)は生殖生物学分野において人為的にもしくは部分的に人為的な手段によって妊娠を成立させるための処置および手順を表す用語である．これは発情(性)周期のホルモン処置，生殖子や胚子の利用，人工授精，排卵誘起，体外受精，生殖子や胚子の凍結保存およびこれらに類似する処置なども含まれ，対象動物の妊娠を促進させるために設計されたものである．

ARTの目的は適用される動物の種や群によって大きく異なる．ヒトにおいては，ARTは男性および女性の不妊を克服するために広く適用されているが，場合によっては着床前の遺伝的診断にも利用されることがある．マウスのようなげっ歯類は，研究の根底に存在する基本原理をより理解しやすくするため，例えばノックアウト(knock-out；KO)マウスの作出が遺伝子機能の研究において極めて有益なツールを提供するものであるように，研究における有用なモデルとして用いられている．当初，家畜におけるARTは遺伝的な改良と畜産業における継続的な生産性および生産物の質的な改善(例えば，貴重な動物からの子孫を通常な交配によって多く生産させるような)ならびに希少種や絶滅危惧種の保存に関連したものであった．しかし最近では，体細胞の核移植やゲノム編集といった技術の利活用によってバイオメディカルモデル分野へ適用範囲が広がった．

家畜に対するいくつかの世代からなるARTが開発されてきた．これらには人工授精(artificial insemination；AI)，過剰排卵・胚移植(multiple ovulation embryo transfer；MOET)，体外受精(*in vitro* fertilization；IVF)およびその関連技術としての経膣卵採取法(しばしばovum pick-up；OPU と呼ばれる)，クローン作出および遺伝子改変が含まれる．これらの技術開発の原動力は畜産業における家畜の生産性および健康管理の改善のための洗練された育種戦略における潜在的な利活用であった．特に最近では，バイオメディカルモデル分野への適用，特に体細胞核移植や幹細胞の培養は潜在的なヒトの臨床医療もしくは治療薬の開発のための適用可能なモデルとしての家

表27.1 18世紀からの家畜における主要なARTの開発

年	技術
1784	最初の人工授精成功-イヌ
1980	最初の胚移植成功-ウサギ
1900代	最初の人工授精-ウシとヒツジ
1930	最初のウシ生殖道からの胚回収
1950	*Prime*-胚移植による子ウシの最初の誕生
1951	精子受精能獲得の最初の記載
1951	*Frosty*-最初の凍結精液人工授精からの子ウシ誕生
1950代	ウシ人工授精の広範囲な確立
1959	最初のウサギ体外受精成功
1969	ヒト卵の体外での受精
1970代	ウシにおける非外科的胚移植の開発
1972	最初のウマ胚移植成功
1973	*Frosty II*-最初の凍結胚移植からの子ウシ誕生
1977	ウシ卵の体外での受精
1978	*Louise Brown*-体外受精児の最初の誕生
1981	*Virgil*-最初の体外受精子ウシ誕生
1985	最初の遺伝子改変家畜-前核注入による
1986	胚細胞核移植によるヒツジのクローニング
1987	最初の胚細胞核移植によるクローンウシ
1988	最初のIVM/IVF/IVC後の双胎ウシ
1989	ウシにおけるOPU(経膣卵採取法)の開発
1989	フローサイトメーターによる精子の性選別
1996	*Dolly*-ヒツジ体細胞核移植による最初の哺乳類
1997	*Polly*-最初の体細胞核移植による遺伝子改変ヒツジ-ヒト血液凝固因子IXがコードされた遺伝子を持つ胎子線維芽細胞を核移植のドナーとした
2002	*CC*-最初のクローンネコ
2003	*Idaho Gem*-最初のウマ類のクローンラバ誕生
2003	*Prometea*-最初の成熟した体細胞からのクローンウマ誕生
2005	*Snuppy*-最初のクローンイヌ誕生
2015	最初のIVF後のイヌ誕生

畜の研究が遂行されてきた(**表27.1**).

哺乳類の生殖生物学においては動物種で大きな種差が存在するので，多くの家畜と実験用のげっ歯類を含むいくつかの動物種では生殖技術が高度に効率的であるのに対して，種特異的な生殖機能を有する食肉目の動物では，生殖技術は極めて効率が悪いということは驚くべきことではない．家畜においてはARTの適用はウシで広範に適用されており，これは食料生産におけるウシの経済的な重要性を反映しているものである．したがって，この章ではウシにおけるARTが他の動物種よりも強調されている．

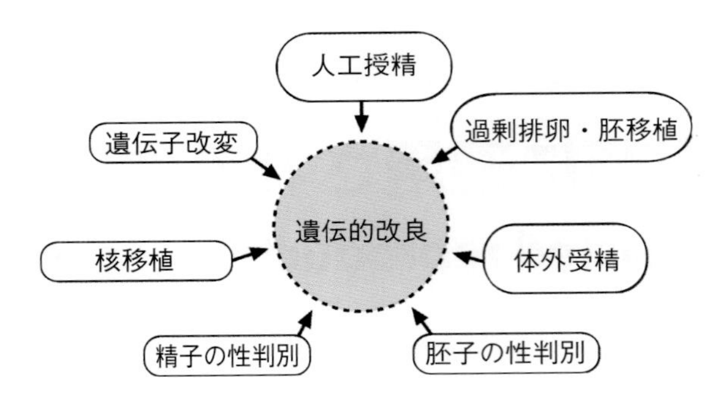

図27.1 遺伝的改良のために適用される生殖技術.

生殖技術が動物育種に与える影響

多くの育種プログラムにおける遺伝的改良の割合は以下の四つの主要因によって制御されている．(1) 特定形質における選抜強度:育種者が個体選抜の基準をどのくらいの割合にするか．その基準に基づいて選抜された個体数が少ないほど,遺伝的改良の速度が早い．(2) 選抜の正確度：個体の遺伝的メリットを予測判定する精度である．この正確度が高いほど，潜在的な改良が大きい．(3) 特定形質における遺伝的変異: 与えられた遺伝的変異の量が大きいほど，育種者は選抜個体の形質が平均レベルから遠い個体を選抜しなければならない．(4) 世代間隔: 選抜された個体が優れた遺伝子を次世代に移るまでの時間の尺度である．家畜においては，この時間が3年にもなり，かなり長い傾向がある．これらの四つのパラメータの総和が形質の選抜差(選抜された動物と選抜動物の全体群との間の選抜形質の差)および選抜形質の遺伝率(選抜形質が子孫へ遺伝する平均値)となる．

いくつかの生殖生命科学技術がこれらのパラメータの一つ以上に影響を与えることが可能となり，動物の遺伝的改良の割合を促進させている(**図27.1**)．例えば，MOETの利点としては，雌側からの選抜強度お

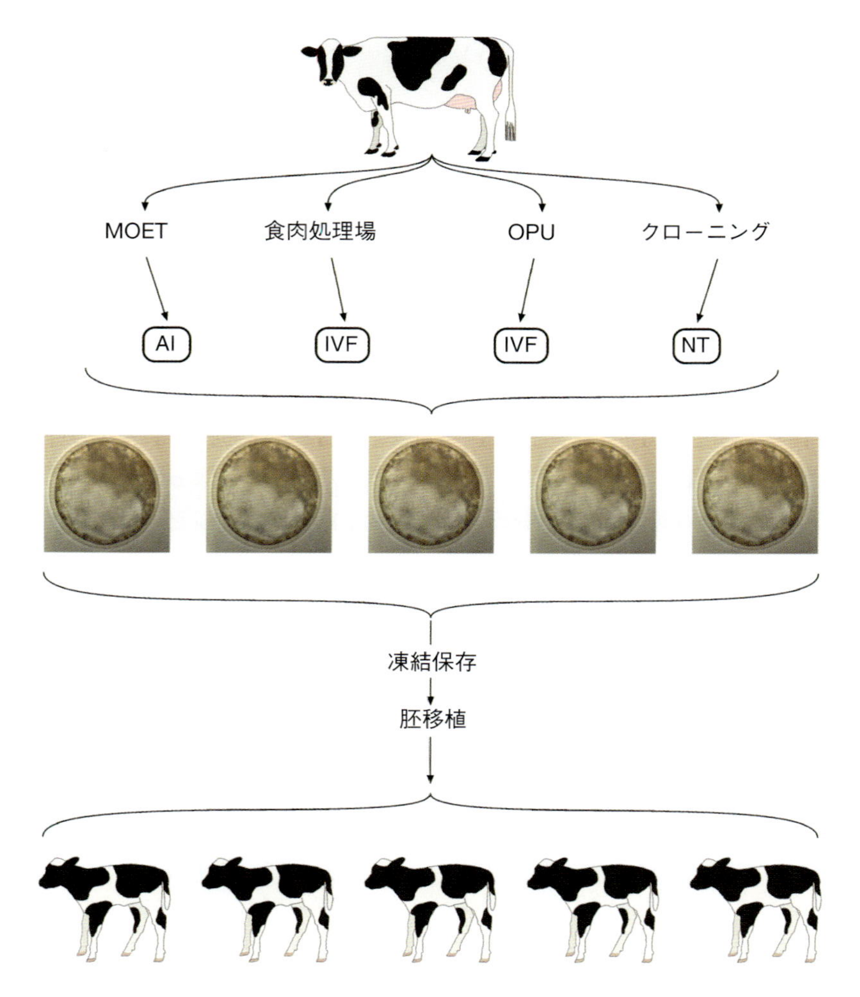

図27.2 優良雌ウシからの次世代増殖法．MOET：過剰排卵・胚移植，AI：人工授精，IVF：体外受精，OPU：経膣卵採取法，NT：核移植．

よび選抜の正確度を高めることを挙げることができる．しかし過剰排卵に対する個々の動物の反応の変動性および回収胚における平均移植可能胚数が低いことが依然として問題点である．胚子の体外生産は性成熟前のドナーを用いることにより，潜在的に世代間隔に影響を与えることが可能である．実際に最近のゲノム選択技術の出現により，受精後数日目のバイオプシーによって胚子を選抜することが可能となっている．

ウシにおける生殖補助技術

人工授精

適用可能な生殖技術の中で（**図27.2**），人工授精（AI）は動物の生産性および遺伝的改良に対して最大の影響を与える技術である．AIは雄側からの高い選抜強度が得られ，優秀なスーパー種雄牛はその生涯に10万頭を超える子孫を生産させることができる．雄ウシは射精ごとに100億までの精子を雌ウシの膣内に射精する．これらのすべての精子は通常一つ排卵する卵母細胞と受精するために潜在的に競合するが，受精には一つの精子だけしか必要とされない．実際に多数の精子が透明帯を通過すると多精子受精となり，染色体異常や胚致死に導かれる．しかしながら，ほとんどの莫大な数の精子は受精の場である卵管には到達しない．したがって，自然交配では実質的な精子の無駄が生じる．これに対し，従来のウシAIにおける子宮への直接注入精子数は凍結融解精子を用いた場合には1,000万から2,000万である．さらに新鮮精子または性判別精子を用いる場合には，100万から300万の低い濃度での精子数が採用されている．精液の量および精子数からすると1回の射精物は潜在的に1,000頭分以上の授精に用いることができる．

AIの利点は以下の項目を含む．

- 優秀な雄ウシの精液を広範囲に使用することを可能にする．
- 将来に必要な精液，例えば，死亡した雄ウシの精液などの保存
- 改善形質導入のための加速手段
- 自然交配よりも柔軟な雄ウシの選択（品種，分娩の容易さ，生産形質，その他の望ましい形質など）
- コスト効率の最適化，高い繁殖能力の保証のない雄ウシを購入し，飼育することは高価である．
- 疾病伝播の危険性が自然交配と比較すると最小限になる．
- ヒトと動物に対する怪我の危険性を減らす．
- 発情同期化の適用および性選別精液の利用を簡便化する．

過剰排卵・胚移植

遺伝的に優れた雄ウシは射精ごとに数十億の受精可能な精子を生産する．さらに雄ウシの生涯，死後でさえも何千もの子孫を誕生させることができる．しかし優秀な雌ウシの育種プログラムへの貢献度は単一排卵（各発情周期に1個の排卵がある）によって制限されている．さらに妊娠期間は9カ月続き，子宮の収縮・回復の期間が次の妊娠が始まる前に必要となる．加えて，相対的に短い生産寿命は約5年間である．

ドナーに対する多排卵の誘起は，しばしば過剰排卵（multiple ovulation：MO）と呼ばれ，AI，胚子の回収，レシピエントへの胚移植（embryo transfer；ET）との複合技術により，育種プログラムにおける優れた雌の増殖の機会を提供するが，雄でのAIの役割に比べると，その規模ははるかに小さい．

その名前が示すように過剰排卵・胚移植（MOET）は，(1) ドナーとレシピエントの発情同期化，(2) ドナーに対する過剰排卵処置，(3) ドナーへのAI，(4) ドナーからの胚子の回収，そして (5) レシピエントへのETもしくは将来に移植するための胚子の凍結保存，を含むものである（**図27.3**）．

ウォルター・ヒープ卿は，1890年にウサギを用いて最初のETを実施したと評価されている．ウシにおける最初のETの成功は1951年に記録された．それ以来，この手法は世界中でウシの増殖法として重要な役割を果たしてきた．歴史的には，胚子の回収および移植には外科的な手順を伴った．しかしながら，単純な非外科的な回収と移植の手法が1970年代に開発され，この技術のより広範に使用しやすさが保証された．国際胚移植学会によって毎年集計されたデータによると約100万個のウシ胚子が毎年世界中で移植されている．

過去50年で過剰排卵操作手順書は洗練された．1970年代には商業用の下垂体抽出物やプロスタグランジンが使用され，そして1980年代および1990年代には部分的に下垂体抽出物を精製した物やプロゲステロン放出装置が使用され，今日使用されている多くの操作手順書の開発を容易にさせた．さらには，卵胞発育波の動態に関する知識がリアルタイム超音波画像診断装置を用いることによって，そして卵胞発育波の制御に関する戦略的開発によって，過剰排卵誘起のための新たな実用的手法を提供した．多くの研究がドナーの排卵数を最大限にさせる方法に焦点が当てられたが，移植可能胚子の総生産量は過去40年にわたり大きな変化は認められなかった（約5から7個の移植可能胚子が過剰排卵誘起されたドナーから回収されるのが典型的である）．過剰排卵に対するドナーの反応の変動性は依然としてウシETにおける主要な制限要因である．

ETにも適用されるAIの潜在的な適用や多くの利点は以下の項目を含む．

- 遺伝的に優れた雌の増産
- 生体での移動の際に問題となる順化と健康問題を伴わない長距離もしくは国際間の胚子での移動
- 胚子の長期保存
- ウシ双胎率向上，複数の胚移植もしくは授精したレシピエントの排卵側と逆側子宮角への胚移植によるもの．

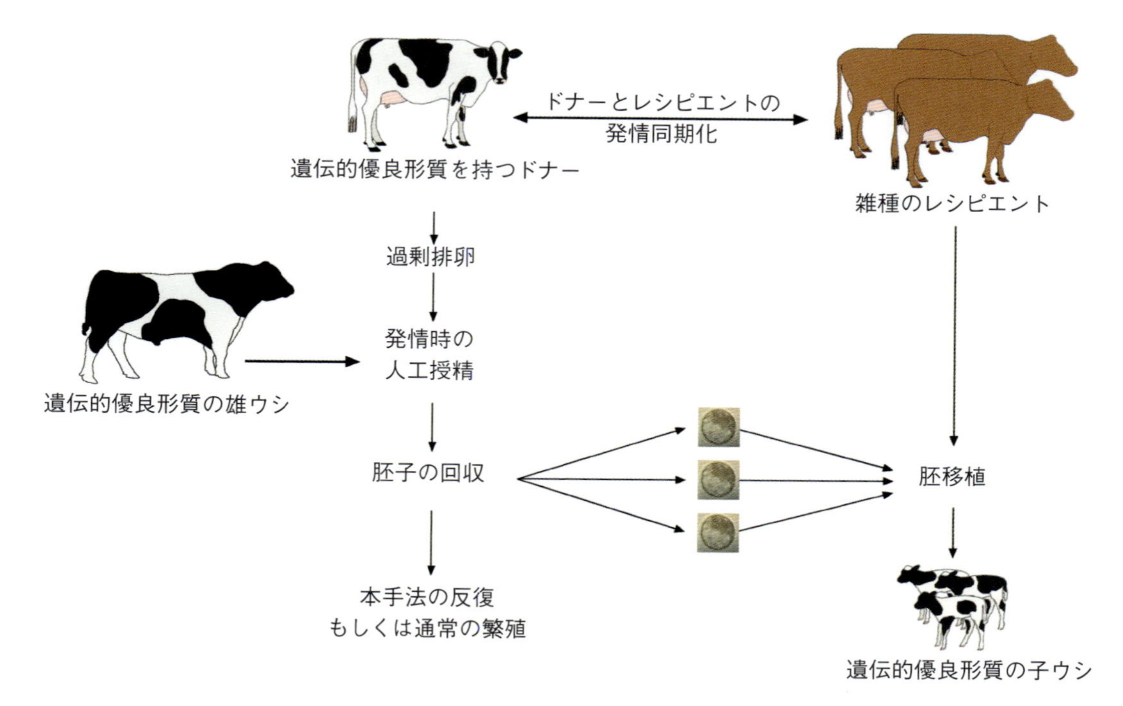

図27.3 ウシにおける過剰排卵・胚移植の概要：遺伝的な優良雌ウシに対する過剰排卵処置に続き，遺伝的に優良な雄ウシからの精液による人工授精を実施する．その7日後に非外科的な子宮還流により胚子が回収される．高品質な胚子は発情同期化されたレシピエントへ移植される．一方，高価値のドナーは再度発情同期化処置され，さらに胚子を回収するための過剰排卵を施されるか，もしくは通常の繁殖処置へ戻される．

- 研究材料用双胎提供による供試動物数の減少
- 熱ストレスによる負の影響に対する克服策，特に乳牛における卵母細胞の質の低下防止
- 子ウシの性別制御法を容易にさせる（移植前に胚子を性判別する，もしくは性選別精子によって性予知胚を移植する）．
- 絶滅危惧種の保護
- 過剰排卵処置ドナーを用いる際に精液注入量当たりの雌ウシ数を最大にする．
- 自然交配の際に感染源に接触するリスクを最小限にする．

体外受精

体外で胚子を生産（*in vitro* production：；IVP）することは，家畜，特にウシでは30年以上も前から可能であった．ヒト体外受精による子どもであるLouise Brownは1978年に誕生した．体外受精（IVF）による最初のウシの誕生は1981年であった．これらのいずれのIVFにおいても，自然に排卵した卵母細胞を卵管から取り出し，体外で精子とともに培養し，女性の生殖道へ移植したものである．

ウシ胚子の体外生産は3段階のプロセスであり，卵母細胞の成熟（*in vitro* maturation:；IVM），受精（IVF）および胚培養（*in vitro* culture: IVC）を含む（**図27.4**）．これらの異なる3段階を含むにも関わらず，IVFはしばしばこれらのすべてのプロセス全体を表すことがある．未成熟卵母細胞は典型的にはと畜された雌ウシの卵巣から回収されるか，もしくは経膣卵採取法によって生体の卵巣から採取される（372頁参照）．良質の卵丘細胞-卵母細胞複合体が形態学的に選別され，典型的にはゴナンドトロピンや成長因子を含む適切な培養液で24時間培養され，成熟する．これらの複合体で成熟が起きた際の形態的な特徴は卵母細胞を取り囲む卵丘細胞の拡大である．卵丘細胞を除去した後に卵母細胞自体の詳細な検査は，囲卵腔内への極体の放出で，これは第二減数分裂へ到達したことを意味する．このステージでの卵母細胞が体内で正常に排卵された卵母細胞で，受精が起き得るステージである．IVFには，

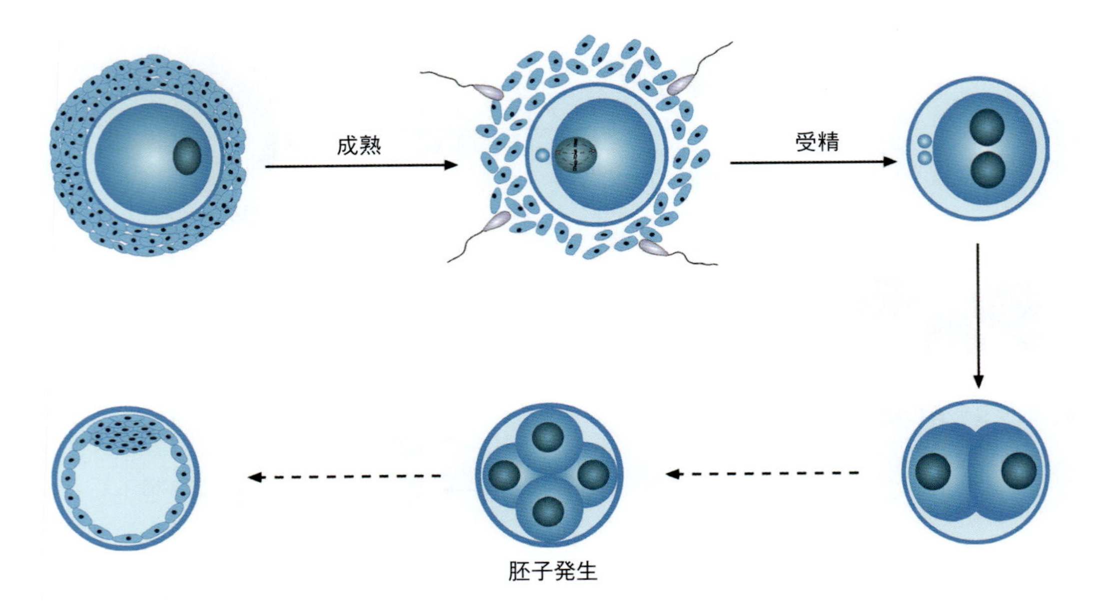

図27.4　胚子の体外生産．この過程は未成熟卵をと畜卵巣もしくは生体からの経膣卵採取法による回収を含む．成熟卵は受精させ，胚子となり，胚盤胞期まで体外培養し，レシピエントへの移植もしくはその後の移植まで凍結保存される．

卵母細胞は新鮮もしくは典型的には凍結融解された精子と体外で培養される．精子添加の前には，精子を密度勾配遠心法によって運動精子が分離される．これらの生殖子は24時間とも培養した後，推定される受精卵（接合子）を洗浄して，適切な培養液で胚盤胞期へ発生させるために7日間培養する．そして，それらがレシピエントへ移植されるか，または以降の移植のために凍結保存される．

ウシでは，未成熟卵母細胞の約90%が体外で核の成熟，すなわち第一減数分裂前期から第二減数分裂中期へ進行し，精子との共培養で約80%が受精し，少なくとも1回の分割が起こり，2細胞期へ発生する．しかし典型的には30～40%の卵母細胞が胚盤胞期へ発生する．したがって，2細胞期から胚盤胞期の間の後半のプロセス（体外培養）で大きな損失が起きる．このことは胚盤胞の生産には受精後の胚子の培養が最も重要であることを示唆している．しかし，現実には発生の初期段階で，特に卵母細胞質が未成熟卵母細胞が胚盤胞を形成する割合を決定するうえで重要であるとする根拠が示されている．受精後の培養環境は，未成熟卵母細胞が胚盤胞を形成する能力に大きな影響を与えないことが現在では認識されている．

体外で生産された胚子は，体内由来胚子よりもその質が劣っていることが一般的に認められている．この胚子の質の差の実用上の意義は，国際胚移植学会がまとめた商業的胚移植統計のデータに反映されている．毎年移植されている約100万個のウシ胚子のうちの3分の2が過剰排卵処置されたものからの胚子で，他の3分の1は体外で生産されたものである．体外で生産された胚子の大部分は，凍結耐性が低いことから新鮮で移植される．これに対して，体内由来胚子の50%が典型的には新鮮で移植され，残りの50%が凍結され，移植される．

経膣卵採取法

基礎研究の材料（未成熟卵，IVF後，胚子）として無制限な供給を提供するが，と畜由来の卵巣は遺伝的改良の側面での貢献はほとんどない．1990年代初めの経膣卵採取法（OPU）の出現はIVF技術の動物育種への適用を容易にさせ，遺伝的に優良なウシへの繰り返し適用することを可能にさせ，さらに遺伝的に優良なウシの精液をIVFに用いることで，遺伝的に質の高い胚子を多数生産することを可能にした．

このOPUの手法は経膣超音波プローブと針のガイドとを組み合わせたシステムで，このシステムによって経膣的に卵巣の卵胞穿刺を，超音波ガイドを通して直腸壁を介した卵巣の位置を確認することによって，可能にさせるものである．卵母細胞の回収数を最大にするために，典型的にはこの手法は週に2回実施される．ただし，軽い過剰排卵処置とともに実施することにより，週に1回の本手法の実施でも十分である．現在，体外生産した胚子の90%以上が移植されているが，ブラジルでは主要種であるコブウシ（*Bos indicus*）が卵巣中の卵胞数が多いことから，本手法は極めて適している．現在では，過剰排卵とOPUに対する応答は卵巣の超音波検査および（もしくは）卵胞数に関連する循環血液中の抗ミュラー管ホルモン濃度を測定することによって予想することが可能である．

精子の性選別

哺乳類では，胚子の性別，最終的な子孫の性別は受精した精子によって決まる．もし卵母細胞がY染色体を有する精子と受精すると雄となり，そうでなければ雌となる．ある状況では，動物の特定の性別が好まれる（例えば，乳牛として雌が好まれ，肉牛では雄が好まれる）．そのような場合には，子孫の性別を予知することは明確な利点となる．

精子の性選別は，X染色体とY染色体の相対的なサイズを反映して，精子頭部のDNA含有量がX-精子とY-精子の間で異なるという事実に基づいている（**表27.2**）．例えば，ウシでは，X-精子はY-精子よりも3.8% 多いDNAを含有する．選別はDNA染色手順を含み，精子はフローサイトメーターを通過し，レーザービームは各々の精子のDNA含有量を検出する．それに応じて，適切な採取管内にX-染色体を有するものか，Y-染色体を有するものかに分けられる（**図27.5**）．現行の装置では毎秒X-精子，Y-精子ごとに150,000個を選別することが可能であるが，従来のAIに用いる精子数（通常ストロー当たり2,000万精子）を確保することからすると経済的ではない．しかし優れた管理下で，1授精量当たりの性選別精子数が200万でも，その妊娠率は従来の精子濃度によるAIの80%である．この受精能の低下は部分的に性選別過程での損傷による．近い将来，根本的な新技術によって性選別精子が商業的に利用可能になるであろう．しかしフローサイトメーターや細胞選別技術が大きく改善されれば，ほぼ確実に精子性選別のスピードが早くなり，その受精能も改善されるであろう．

表27.2　異なる哺乳類の精子におけるX-精子のDNA含量がY-精子のDNA含量を上回る量（%）

種	%
ウ　シ	3.8
ヒツジ	4.2
ブ　タ	3.6
ウ　マ	4.1
イ　ヌ	3.9
ウサギ	3.0
ヒ　ト	2.0

クローン作出

自然界において，クローンや遺伝的に同一の動物は初期胚の分割時に生じ，結果として一卵性双胎になる．このような胚子の分割は胚分割法と呼ばれるマイクロツールを用いて胚子を半分に切断することにより再現されている．しかし胚分割法では一つの胚子を分割する回数には限界がある．核移植（nuclear transfer；NT）技術の出現は単一個体から何百ものクローン産子の生産を容易にする可能性がある．

核移植法による再構築胚は除核卵細胞に二倍体の核を挿入することにより生産される．その手順は（1）除核（成熟卵細胞からのDNA除去），（2）ドナー細胞由来の核の挿入，（3）電気刺激負荷によるドナー核とレシピエント卵細胞質の融合，（4）再構築胚を仮腹雌へ移植するステージの胚盤胞まで培養する，ことである（**図27.6**）．

家畜におけるクローン作出（cloning）は1980年代にヒツジで初めて報告された．当時は分化した細胞をリプログラミング（初期化）することは不可能と考えられていたことから，ドナー核の供給源として胚細胞が使用されていた．しかし1996年に核移植のドナー細胞に成雌ヒツジの乳腺上皮細胞を用いたドリーが誕生したことにより，完全に分化した細胞のリプログラミングが可能であることが証明された．体細胞は現在 *in vitro* で培養および遺伝子改変が可能であるため，この

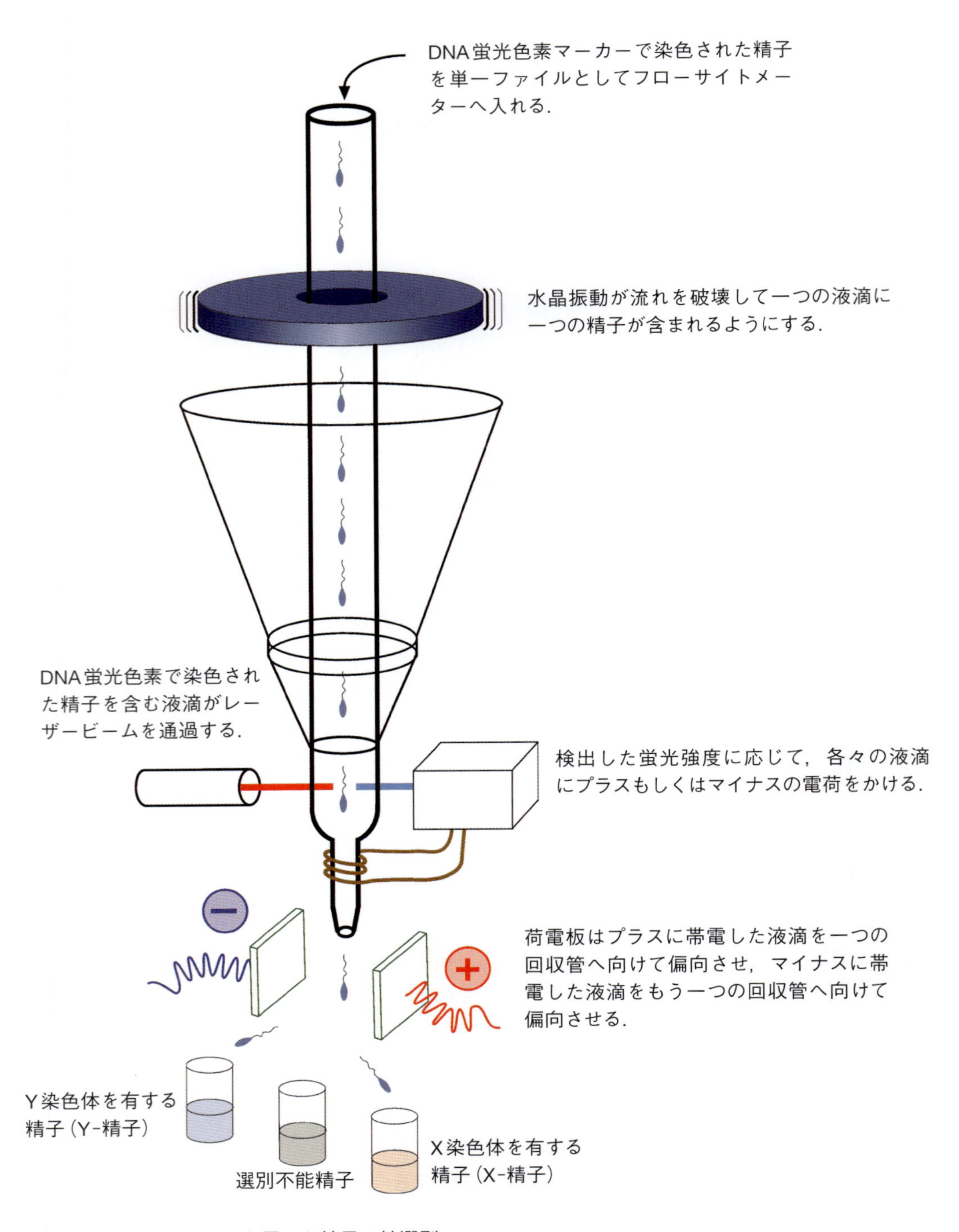

図27.5 フローサイトメトリーを用いた精子の性選別

技術は家畜生産産業，薬物生産，再生医療および遺伝資源の保護に大きく貢献するであろう.

ドリーの誕生以来，ウシ，ヤギ，ブタ，ウマ，ネコおよびイヌでクローン作出成功が瞬く間に報告された．さらに，最初の遺伝子改変ヒツジ（1997年）および標的遺伝子改変ヒツジ（2000年）が体細胞核移植（somatic cell nuclear transfer；SCNT）技術によって誕生した．この分野の進歩は驚異的であるが，SCNTにより生成された産子の一部はエピジェネティックな改変に起因する異常産子症候群（abnormal offspring syndrome）と呼ばれる異常な表現型を示す．SCNTの活用によって以下のようなことが可能となる.

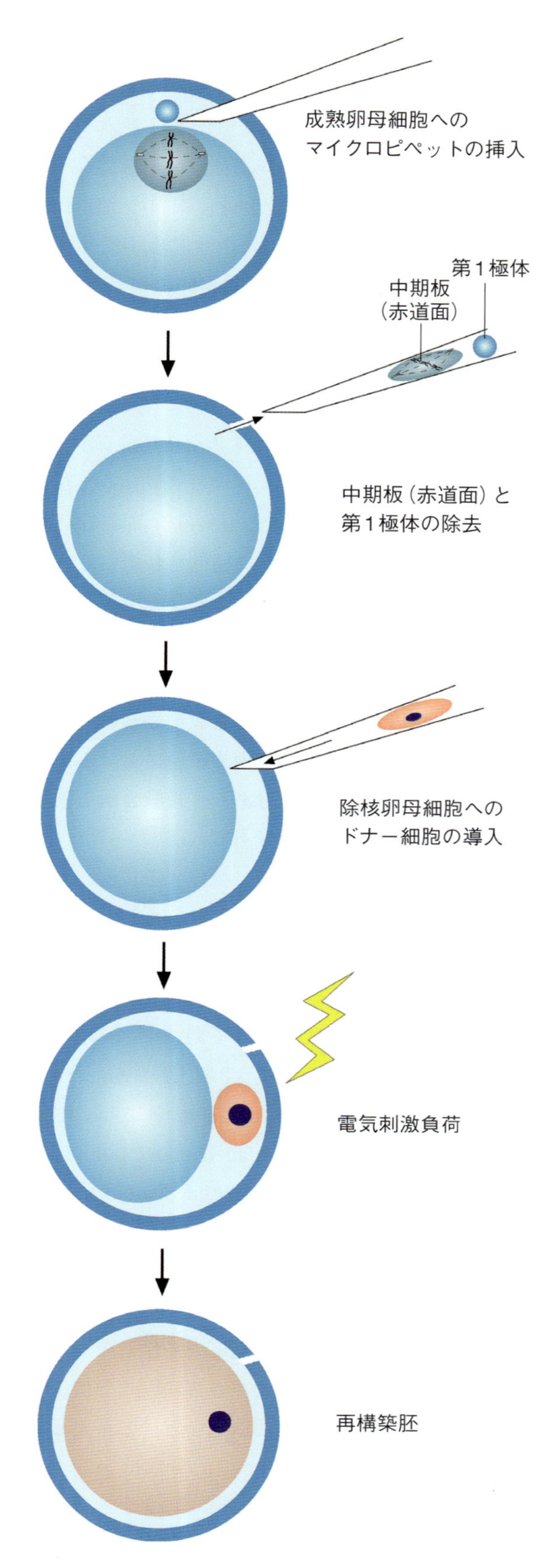

図27.6 核移植によるクローン胚子の作成手順

- 遺伝的に同一な動物の大量生産
- 優秀な動物の遺伝子の迅速な普及
- 性別を指定する能力；全クローンはドナー細胞由来の動物と同じ性別となる．
- 家畜の遺伝子改変の可能性；培養中の細胞の遺伝子ターゲティングおよび臓器移植への応用
- 遺伝子改変動物の大量生産；遺伝子改変動物の生産は非効率なことから，生産された遺伝子改変動物をクローン作出によって大量生産する．
- F1個体のクローン作出による雑種強勢または高い生存力の維持
- 絶滅危惧の品種や種の保護

遺伝子改変

一つの種から他の種へ遺伝子が安定して取り込まれ，受容した動物でその遺伝子を発現し，生殖系列にも導入されることを遺伝子改変（transgenesis）と呼ぶ．この技術は遺伝子型に軽微な変化を起こすことによって表現型を大きく改変させることができる．この技術は製薬業界においてかなりの潜在的実用性を持ち，ヒト疾患の治療のためのタンパク質を産生する遺伝子改変動物の生産に応用される．「バイオファーミング」という用語はバイオリアクターとして家畜のミルク，血液または尿中に血液凝固因子や抗体などの目的とする遺伝子産物を産生させることを指す．さらに，臓器移植の提供動物として適切な動物モデルの研究がこの分野の研究を加速させている．

遺伝子導入法には以下のような方法がある．

- マイクロインジェクション法：受精卵へのプラスミドDNAの前核注入
- 胚盤胞へ遺伝子を導入した胚性幹細胞（embryonic stem cell；ESC）を注入したキメラ作成法：大型動物では，長期間の体外培養条件下で多能性を維持する安定したESC系列を確立することが困難であり，さらに世代間隔が長いことから生殖系列への導入を検査するための費用が高価である．
- ウイルスベクターによる遺伝子導入法：生殖系列細胞や胚子をウイルスベクターへ暴露する．

- 精子ベクターによる遺伝子導入法：精子が外来DNAと結合し内在化する能力を基に，受精中に卵母細胞へ外来DNAを導入する．この方法を用いることで遺伝子改変動物を効率的に生産できるが，再現性が低い．
- SCNTによる遺伝子導入法

畜産分野における遺伝子改変動物の潜在的価値は長年にわたり評価されているものの，この分野における研究努力の制限から実用化には至っていない．遺伝子改変家畜は1985年に初めて作出されている．近年まで，遺伝子改変動物の作出は，いくつかの遺伝子がゲノムに安定に組み込まれることを見込んで，初期胚の前核に数百コピーの外来DNAを直接注入する方法で行われてきた．しかし家畜の胚子は脂質の含有量が高いため前核の確認が難しく，遺伝子の組み込み効率が悪く実用的ではない．SCNTの出現やコスト削減，効率の向上により，この技術は以前よりもはるかに多くの研究者に利用され，家畜の遺伝子導入に関する研究が急速に拡大した．最近では，人工多能性幹細胞の作成および数種の家畜においてゲノムシーケンスの完了がこの分野の発展を進めている（第8章参照）．

ゲノム編集

既存の方法でのゲノム編集（genome editing）は最初にマウスで報告された．相同組換えによる遺伝子ターゲッティングおよびその後のESCを介したマウス生殖系列への伝達は哺乳類の生物学における遺伝子機能の研究に革命をもたらした．しかしながら，それらは部位特異的改変の効率が低く，遺伝子改変技術としてより正確性の高い方法の確立が必要であり，またESCの確立されていない家畜には適用できない．

ESCの確立されていない家畜におけるゲノム工学は胚マイクロインジェクション法またはSCNTクローン作出法のいずれかに依存している．SCNTによる遺伝子改変動物の作出は，まず初めに培養中の細胞のゲノムに遺伝子改変を行い，その細胞をSCNTのドナー細胞として使用する．あるいは部位特異的ヌクレアーゼもしくは導入遺伝子を受精後18〜24時間の初期胚に直接注入する．そうして得られた胚子を仮腹雌に移植し妊娠させる．

胚子へのマイクロインジェクション法は遺伝子導入のみが可能であり，導入された遺伝子はゲノムにランダムに組み込まれる．一方，遺伝子の不活性化（ノックアウト）のような正確な改変は体細胞の遺伝子改変およびクローン作出によってのみ生じる．家畜種はマウスESCよりも体細胞における相同組換え率が10〜100倍低く，また家畜は飼養コストが高いために，遺伝子のノックアウトが成功した例はほとんど報告されていない．

効率を考慮すると，使いやすさとその正確性から，家畜の部位特異的ヌクレアーゼ（site-specific nuclease；SSN）によるゲノム編集は食品あるいは生物医学的使用への応用が大いに期待されている．現在では，無関係の配列を付加することなく，ゲノム中の単一の塩基対の変更を可能にするプラットフォームが備えられている．さらにヒトの遺伝的疾患および突然変異モデルとして，ブタのような大型動物のゲノム編集が可能となっている．家畜由来細胞における部位特異的突然変異の割合の高さもあり，複数カ所を同時に遺伝子改変することが可能である．

近年，動物のゲノムを正確に操作する技術が大きく進歩している．大動物ゲノムにおける正確な遺伝子改変の効率は特異的に二本鎖DNA切断するSSNを繰り返すことで10万倍向上した．これは相同組換えとクローン作出に代わる方法として期待される．現在，ZFN（zinc finger nuclease），TALEN（transcription activator-like effector nucleases）およびCRISPR（clustered regularly interspaced short palindromic repeats）/Cas9（CRISPR associated protein 9）の3種類のSSNプラットフォームが用いられている．

部位特異的ヌクレアーゼはブタおよびウシの特定のゲノムの改変を操作するために現在使用されている．それによって特定の環境への適応力や価値の高い表現型で設計できるようになった．さらに，ヒト疾患の病態モデル作出あるいは医薬品開発などに応用することが可能となった．

その他の家畜における生殖補助技術(ART)

小型反芻類(ヒツジおよびヤギ)のART

ヒツジは家畜の人為的な育種戦略から初のクローン動物「ドリー」の誕生に至るまで，近代的なARTの発展に繋がる先駆的研究の多くで広く使われてきたが，これらの技術の商業的利用は人工授精(AI)や胚移植(ET)の実施の難しさから進んでいない．小型反芻類(ヒツジとヤギ)におけるAIはウシに比べて小さな体格と解剖学的に複雑な子宮頚部の構造のため，雌生殖道へのアクセスと操作が難しく，直腸腟法を用いることができない．代替法として子宮頸管開口部から少し入った部位に精液(精子数：150～300×10^6)を注入する頚部受精の技術が開発されている．異なる形状，柔軟性のカテーテルが開発され，子宮頸管を拡張し容易に通過するためのホルモン処置に関する研究がなされているにも関わらず，子宮頸管を通るカテーテルの実現はできていない．新鮮精液を用いた頸部授精は良好な経過をとるが，凍結融解した精液では受胎率は低く，また品種によって異なる．その他の方法として，腹腔鏡下で子宮角先端に精液を直接注入する方法がある．この方法には主に新鮮精液が用いられるが，精子数20～50×10^6で優れた受胎率を得ることができる．

雌ヒツジにおける胚子の採取および移植は通常全身麻酔下の手術で行われる．外科的採胚においては，子宮および卵管を腹部正中開腹術によって露出し，生殖管を無菌培養液で還流して胚子を回収する．

IVFはヒツジで確立しているが，商業需要はほとんどなく，その使用は研究用に限られている．多くの生殖技術の中で，ヒツジの胚子，胎子および成体細胞によるクローン作出は劇的に進行し，核移植は前核注入の代わりに遺伝子改変動物の作成に使用されている．核移植による産子の生産は長期間にわたり同一細胞由来の産子を生産するなど多くの利点を有する．広がり続ける多様な細胞型がクローン作出に活用されている．

ブタのART

近年ブタの生産性を向上させるために少ない精子でのAI，精子や胚子の凍結保存，精子の性選別および非外科的ETなどの繁殖技術の応用や改良が進んでいる．

ブタの精子は凍結保存に対する耐性が低いため，主にAIには非凍結の液状精液を用いる．精液供給者と顧客の地理的距離はAIをより広域に利用するための障害となる．現在一般的に使用されている精液希釈液は採取後72時間まで高い受胎率を維持する．凍結精液も状況によって使われることもあるが，今はまだグローバルな遺伝資源の交換は生体輸送が主流である．検疫費用も含め生体輸送には高いコストが必要なため，グローバルな遺伝資源の交換は制限されている．ブタにおける一般的な授精は用量当たり20～30億の精子，80～100mLの精液量が必要である．しかし現在では用量当たりの精子数を5,000万～2億程度まで減らすことができる子宮内授精法に対する関心が高まっている．

ブタにおけるART，特にIVFの発展により，凍結保存した精子,胚子および体細胞の使用が可能になり，望ましい遺伝的特徴の維持，供給およびその再生産をすることができるようになった．ブタとヒトは生理学的類似性から，ブタは異種移植による組織や器官のドナーとしての遺伝子改変動物を作成および研究するための生物医学モデルとして使用することができる．

現在のIVF操作手順書では，40～44時間の培養後，一次極体を放出した第二減数分裂中期で停止した成熟卵母細胞を高い割合(75～85%)で得ることができる．ブタのIVFの成功の最大の問題点はIVF時の卵母細胞への多精子侵入率の高さである．その対策として，媒精時間(卵母細胞と精子の共培養時間)の短縮および卵母細胞当たりの精子数の削減の他に，1個の精子を用いた細胞質内精子注入(intracytoplasmic spermatozoa injectium：ICSI)がある．さらに*in vitro*での受精時に卵管内環境を再現するために，ヒアルロン酸やオステオポンチンといった卵管内の成分を添加することは受精率の改善に有効である．また，卵母細胞を卵管液にさらすと精子の侵入に対する透明帯の抵抗性は増し，それによって多精子侵入率を下げることができる．

多精子侵入を防ぐ方法が確立されていないため，正常受精胚を見分ける方法の開発が求められているが，多精子受精した胚子も胚盤胞へ発生することができるため，この問題の解決は困難である．げっ歯類および霊長類の卵母細胞では光学顕微鏡下で前核を容易に観察できる．多精子受精した卵母細胞は通常とは異なり，二つ以上の前核を有するので容易に同定することができる．しかしブタの卵母細胞は脂肪親和性が高いため，核染色なしでは不透明な細胞質の中で前核を見つけることができない．受精後約10～16時間に胚子を遠心分離することで細胞質内の脂質を移動させ，前核を観察することができる．それによって正常受精胚を識別する方法もある．

体外胚生産（IVP）技術の発展と並行して，体細胞核移植（SCNT）も大きく発展した．ブタではSCNTは主にヒト疾病モデルの作出，また移植に適した臓器提供を目的に用いられている．SCNTによって生まれた最初の子ブタは2000年に生体内で成熟した卵母細胞と体外成熟培養された卵母細胞のそれぞれから作出された．それ以来クローン子ブタの生産効率は低いものの，生産数は継続的に増加している．最初のSCNTによるブタが生まれてから，数十ものレポートが発表され，何百もの遺伝子改変ブタが異種移植研究やヒト疾病モデル動物として利用するために生産されてきた．遺伝子改変ブタはアテローム性動脈硬化症，色素性網膜炎，骨粗鬆症，糖尿病および嚢胞性線維症といった多くの疾病モデル動物に適している．

ウマのART

ARTのウマへの応用は競走馬産業からの承認が得られなかったこと，加えて他の種と異なり，ウマは過剰排卵に反応しづらい，また*in vitro*で精子が透明帯に浸入できないといった技術的な障害もあり，他の家畜より遅れていた．しかし，ウマの経済的価値および登録に対する考えの変化により，冷却や凍結した精液および胚子の移植に対する関心は再び高まっている．

胚移植（ET）はウマで最も一般的なARTではあるが，過剰排卵処置に反応しないという障害は現在も残っている．現在世界では年間約25,000頭のETが実施されている．ウシでは年間100万頭へ実施されているのとは対照的である．ウマにおいて過剰排卵処置は，再現性が低く，その反応性も一つから多くて3個程度であるため利用されない．さらにウマは周囲に血栓が形成される排卵窩という解剖学的特徴を有する卵巣構造を持つため複数排卵は問題になり得る．このために多くのET操作手順書では自然排卵を採用している．未成熟卵母細胞は，未成熟な卵胞からの経膣超音波ガイド吸入法，もしくは斃獣の卵巣から採取でき，体外で効率的に成熟させることができる．しかし，体外でウマの精子は透明帯に侵入できないため体外受精（IVF）は行えない．現在に至るまで，この技術を用いて生まれた子ウマは2頭だけである．胚子または産子は授精後のレシピエント雌ウマの卵管に成熟した卵母細胞を外科的に移植するか，もしくはICSIによって得ることができる．現在ではICSIと胚子の体外培養を日常的に行っている研究機関は限られているが，報告される胚盤胞発生率はウシのIVFにおける胚盤胞発生率（25～30％）に近づいてきている．核移植（NT）は比較的効率的（移植した一つの胚子から生存産子を得られる割合は最大26％）であるが，この分野を研究する研究機関はほとんどない．初めてNTによって生産されたウマ科動物は2003年に生まれた*Idaho Gem*という名のラバだった．遺伝的にはラバのレースでチャンピオンになったTazと兄弟である．通常ラバは不妊であり自然に妊娠することはない．ウマ科動物における最初の体細胞クローンは6歳の雌ウマの皮膚細胞から作出され，2003年に生まれた*Prometea*である．しかも皮膚細胞ドナー雌の子宮内で発育した．つまり遺伝的に全く同一の双子の姉妹から生まれてきた．初めてのクローンである．

イヌのART

哺乳類における初の人工授精は1780年にラッザロ・スパランツァーニによってイヌで実施された．また最初に哺乳類の卵母細胞を発見したのは1872年のカール・エルンスト・フォン・ベーアであるが，彼がその時発見したのはイヌの卵母細胞である．このように先駆的な成功例はイヌで行われたにも関わらず，イヌにおける生殖バイオテクノロジーの研究や商業化はその経済的価値，元来の繁殖性の高さ，さらにイヌ特有の生殖子の生理学的特徴が重なり，他の家畜やヒトと比べて遅れている．世界中でイヌのARTの必要性が高まっている一方で，野犬の過剰な増加という矛盾した状況が発生している．食用動物種では研究に必要な卵巣は食肉処理場で潤沢に入手可能であるが，イヌにおいてはそのような入手先はない．都市部では伴侶動物としてのイヌの重要性が高まり，また絶滅危惧種の保存に対する関心の高まりからイヌにおけるARTが必要とされ，発展した．

1969年にアメリカ合衆国で，世界で初めて凍結精液を用いたAIによるイヌが生まれた．その後，世界中で多くの子イヌが凍結精液を用いたAIによって生まれている．凍結精液によるAIは子宮内注入の方が膣内注入を行ったときよりも出産率が高い．凍結融解を行う希釈液の改良は今後この結果をくつがえすかもしれない．24時間間隔で5,000万～1億5,000万個の精子を含む精液の子宮内注入を2回行うことにより70～80%の受胎率が得られている．

イヌの精子に関する技術は他の哺乳類と比較して遜色ないほど進歩しているが，卵母細胞や胚子に関する先進的な技術を持つ研究機関は限られている．生体から胚子を採取することが難しく，かつ最近まで体外受精胚を作出することが不可能であったためイヌの胚子に関する研究は進まなかった．低い受精率と高い多精子受精率という二重の問題で，体外受精技術の進展が進まなかったのとは対照的に，近年SCNTは盛んに行われており，数多くのSCNTによる子イヌの誕生が報告されている．同時期にイヌの胚性幹細胞（ESC）とイヌの遺伝子改変クローンが誕生している．したがって，体外受精胚作出に比べて，他の近年発達した繁殖技術の方がより発展している．

ほとんどの哺乳類では排卵時，第二減数分裂中期に達した卵母細胞は受精可能な状態で卵管へ移送される．しかしイヌでは卵母細胞は第一減数分裂前期で止まったまま排卵され，排卵後に卵管内で受精可能な第二減数分裂中期に達するまでに54～60時間を要する．受精は通常排卵後48～83時間後に卵管内で起こる．さらに，妊娠期間約280日のうちたった4日間しか卵管内にとどまらないウシと比べ，イヌでは比較的長く，約63日間の妊娠期間のうち9日間も胚子は卵管内にとどまる．

一般的な過剰排卵処置に用いられるホルモン療法はイヌでは効果が得られていない．過剰排卵処置を行わない自然発情後に平均6～8個の良質な胚を外科的に採取することができる．イヌにおける体内受精胚の移植は採取にも移植にも外科的手術が必要で，成功率も低いので極めて効率が悪い．発情同期化も雌イヌでは効果的ではなく，さらにイヌ胚子は脂質含有量が高いため，胚子の凍結保存も実用的ではない．

イヌの体外受精胚の作出は極めて困難である．卵母細胞は発情休止期の雌イヌの卵巣から，避妊手術の際に採取するのが一般的である．このとき卵母細胞の成熟率は10～20%，精子の侵入率は10～50%とどちらも低い．さらに二つの前核を有する正常受精率は体外成熟と体外受精に用いる卵母細胞のうち，わずか5～10%である．ブタのIVFと同様に多精子侵入率の高さが重要な課題である．体外受精胚による初の子イヌ誕生は2015年に報告された．この報告では体内成熟卵母細胞を用い，体外授精後，凍結保存された胚子を19個卵管内に移植し，7頭の健康な子イヌを得ている．

体外受精の代替法として，核移植（NT）によって胚子を得ることが可能である．NTはイヌ以外の哺乳類で行う方が体外成熟培養後に第二減数分裂中期に達することができる卵母細胞の数が多く，容易である．さらに，イヌにおいてはNT後の再構築胚の培養と凍結保存に課題を残す．2005年に線維芽細胞を用いたNTによって，初めてクローンイヌが生まれた．その後さまざまな細胞を用いて作出されている．他の哺乳類で使われている操作手順書とは異なり，イヌのNTでは今でも体内成熟卵母細胞が用いられている．再構築胚は短時間のみ培養され，自発的に発情したレシピエント雌イヌに移植される．イヌ科動物におけるNTは主に有益な遺伝子型の保護や潜在的な能力が明らかになる前に去勢されたイヌの繁殖に利用されている．これらは主に山岳救助犬，警察犬，介助犬に応用されている．

ネコのART

既述したほとんどの生殖技術は家ネコに用いることができる．イヌ同様，ネコは本質的に繁殖力が高い．

また雄ネコから精液を採取するのは難しく，需要も限られているためAIは一般的ではない．しかし近年のネコにおけるARTの発展により，ネコ科の絶滅危惧種の保全への応用が期待されている．

ネコにおける体外受精胚の作出効率は広く研究されている他の動物種と同等であるが，レシピエント雌ネコに胚移植（ET）後，生体内での胚子の発育能力はかなり低い．この移植後の胚生存率は自然妊娠と比較して妊娠率が低いこと，さらに一出産当たりの出生頭数が少ないことからも分かる．

ETによる子ネコの誕生は1978年に報告され，その10年後の1988年にIVF/ET後にさらに凍結保存された胚子の移植による子ネコの誕生が報告されている．以来，体細胞核移植（SCNT）を含むさまざまな技術によって体外で作出された胚子の約半数が胚盤胞に達し，移植後妊娠出産に至るまでネコの体外生産技術は発達した．クローン作出による初めての家ネコは2002年に徐核された卵母細胞へ卵丘細胞を挿入することで再構築された胚子の移植により誕生した．また2006年には，性選別された精子を用いて体外受精された胚子の移植により，予め性別の分かっているネコの誕生が報告されている．

絶滅危惧種におけるART

この章の範疇を超えているが，前述された多くの生殖技術が絶滅危惧種の保護に役立つのは明らかである．実際，過去20年間でARTは絶滅が危惧されるネコ科，イタチ科，ウシ科，シカ科およびウマ科の種に用いられた．このように生殖管理において重要なのが遺伝資源バンク，すなわち「凍結動物園；frozen zoo」である．そこでは，生殖技術を駆使して，凍結精子，卵母細胞および胚子が「生きている」集団と常に相互関係を持つ状態で維持されている．

（柏崎直巳，谷口雅康　訳）

さらに学びたい人へ

Amiridis, G.S. and Cseh, S. (2012) Assisted reproductive technologies in the reproductive management of small ruminants. *Animal Reproduction Science* 130, 152-161.

Andrabi, S.M. and Maxwell, W.M. (2007) A review on reproductive biotechnologies for conservation of endangered mammalian species. *Animal Reproduction Science* 99, 223-243.

Betteridge, K.J. (2003) A history of farm animal embryo transfer and some associated techniques. *Animal Reproduction Science* 79, 203-244.

Carlson, D.F., Tan, W., Hackett, P.B. and Fahrenkrug, S.C. (2013) Editing livestock genomes with site-specific nucleases. *Reproduction Fertility and Development* 26, 74-82.

Chastant-Maillard, S., Chebrout, M., Thoumire, S., *et al.* (2010) Embryo biotechnology in the dog: a review. *Reproduction, Fertility and Development* 22, 1049-1056.

Cunningham, E.P. (1999) The application of biotechnologies to enhance animal production in different farming systems. *Livestock Production Science* 58, 1-24.

Farstad, W. (2000) Assisted reproductive technology in canid species. *Theriogenology* 53, 175-186.

Foote, R.H. (2002) The history of artificial insemination: Selected notes and notables. *Journal of Animal Science* 80, 1-10.

Garner, D.L., Evans, K.M. and Seidel, G.E. (2013) Sex-sorting sperm using flow cytometry/cell sorting. *Methods in Molecular Biology* 927, 279-295.

Garner, D.L. and Seidel, G.E., Jr. (2008) History of commercializing sexed semen for cattle. *Theriogenology* 69, 886-895.

Gil, M.A., Cuello, C., Parrilla, I., *et al.* (2010) Advances in swine in vitro embryo production technologies. *Reproduction in Domestic Animals* 45, Suppl 2, 40-48.

Gómez, M.C., Pope, C.E. and Dresser, B.L. (2006) Nuclear transfer in cats and its application. *Theriogenology* 66, 72-81.

Gordon, I. (2003) *Laboratory Production of Cattle Embryos*, 2nd edn. CABI Publishing, Wallingford.

Gordon, I. (2005) *Reproductive Technologies in Farm Animals*. CABI Publishing, Wallingford.

Grupen, G.C. (2014) The evolution of porcine embryo in vitro production. *Theriogenology* 81, 24-37.

Hall, V., Hinrichs, K., Lazzari, G., Betts, D.H. and Hyttel, P. (2013) Early embryonic development, assisted reproductive technologies, and pluripotent stem cell biology in domestic mammals. *The Veterinary Journal* 197, 128-142.

Hammer, R.E., Pursel, V.G., Rexroad, C.E., Jr., *et al.* (1985) Production of transgenic rabbits, sheep and pigs by microinjection. *Nature* 315, 680-683.

Hasler, J.F. (2014) Forty years of embryo transfer in cattle: a review focusing on the journal Theriogenology, the growth of the industry in North America, and personal reminisces. *Theriogenology* 81, 152-169.

Hinrichs, K. (2013) Assisted reproduction techniques in the horse. *Reproduction, Fertility and Development* 25, 80-93.

Kraemer, D.C. (2013) A history of equine embryo transfer and related technologies. *Journal of Equine Veterinary Science* 33, 305-308.

Lonergan, P. and Fair, T (2016) Maturation of oocytes in vitro. *Annual Review of Animal Biosciences* 4, 255-268.

Luvoni, G.C. (2000) Current progress on assisted reproduction in dogs and cats: in vitro embryo production. *Reproduction Nutrition and Development* 40, 505-512.

Martinez, E.A., Vazquez, J.M., Roca, J., *et al.* (2005) An update on reproductive technologies with potential short-term application in pig production. *Reproduction in Domestic Animals* 40, 300-309.

Men, H., Walters, E.M., Nagashima, H. and Prather, R.S. (2012) Emerging applications of sperm, embryo and somatic cell cryopreservation in maintenance, relocation and rederivation of swine genetics. *Theriogenology* 78, 1720-1729.

Nagashima, J.B., Sylvester, S.R., Nelson, J.L., *et al.* (2015) Live births from domestic dog (*Canis familiaris*) embryos produced by in vitro fertilization. PLoS ONE 10, e0143930.

Paramio, M.T. and Izquierdo, D. (2014) Current status of in vitro embryo production in sheep and goats. *Reproduction in Domestic Animals* 49, Suppl 4, 37-48.

Piedrahita, J.A. and Olby, N. (2011) Perspectives on transgenic livestock in agriculture and biomedicine: an update. *Reproduction, Fertility and Development* 23, 56-63.

Pope, C.E. (2014) Aspects of in vivo oocyte production, blastocyst development, and embryo transfer in the cat. *Theriogenology* 81, 126-137.

Pope, C.E., Gomez, M.C. and Dresser, B.L. (2006) In vitro embryo production and embryo transfer in domestic and non-domestic cats. *Theriogenology* 66, 1518-1524.

Rath, D., Barcikowski, S., de Graaf, S., *et al.* (2013) Sex selection of sperm in farm animals: status report and developmental prospects. *Reproduction* 145, 15-30.

Seidel, G.E., Jr. (2014) Update on sexed semen technology in cattle. *Animal, Suppl* 1, 160-164.

Smits, K., Hoogewijs, M., Woelders, H., Daels, P. and Van Soom, A. (2012) Breeding or assisted reproduction? Relevance of the horse model applied to the conservation of endangered equids. *Reproduction in Domestic Animals* 47, Suppl 4, 239-248.

Van Soom, A., Rijsselaere, T. and Filliers, M. Cats and dogs: two neglected species in this era of embryo production in vitro? *Reproduction in Domestic Animals* 49, Suppl 2, 87-91.

第28章

出生前の胚子発生に悪影響を及ぼす遺伝要因，染色体要因と環境要因

Genetic, chromosomal and environmental factors which adversely affect prenatal development

要　点

- 遺伝要因，染色体要因，感染要因，環境要因および栄養欠乏によって発生異常が起こる．
- 動物において発生異常により，早期胚子死，胎子死，ミイラ化，流産および死産が起こる．
- 遺伝子のヌクレオチド配列におけるランダムな変化である突然変異は，自然発生的にも起こり，また外部からの影響によっても誘発される．
- 染色体異常は胚子発生に悪影響を及ぼし，DNA損傷はしばしば胚子死を引き起こす．
- 催奇形因子とは，胚子あるいは胎子の構造あるいは機能の永続的変化を引き起こす因子である．催奇形因子は胚子発生あるいは胎子形成の感受期に作用し，重篤な非遺伝性奇形を引き起こす．
- 先天異常の特徴，異常の発現部位，発病した頭数および病態の機序についての知見は，先天性疾患が遺伝によるものか染色体異常によるものか，あるいは催奇形因子によって生じたものかを鑑別するのに必要である．

遺伝や染色体を原因とする異常を受けやすいものの，着床までの発生中の胚子は比較的催奇形物質に対して抵抗性を示す．着床を阻害する因子や状態は常に胚子死を伴う．出生時に存在する細胞，組織あるいは器官にみられる構造あるいは機能の異常は先天異常(congenital object)と呼ばれる．これらの発生異常は遺伝要因，染色体要因，感染要因あるいは環境要因により引き起こされる．多くの動物種において，栄養欠乏による先天異常が認められる．

生殖子から胚子に発生が進むと催奇形因子に対する感受性が上昇するが，さらに胎子へと発生が進むと感染因子や有害な環境因子に対する感受性は低下する(**図28.1**)．

動物において，発生異常により各器官系に特異的な先天異常に加え，早期胚子死，胎子死，ミイラ化，流産および死産が起こる．先天異常は奇形(malformation)，変形(deformation)および破壊(disruption)に分類される．奇形とは，胚子の構造の分化や発達に対して内因性の働きをするものが欠損することにより起こる．変形とは，正常に分化した後に，体の一部の形態や構造が変化することで起こる．破壊という用語は，血液供給の阻害あるいは機械的な阻害により，それまで正常だった構造が破壊されることにより起こる構造異常を指す．

ヒトと動物において，生殖異常とは生殖不能，不妊，流産，死産および奇形を含んでいる．出生時における発育遅延あるいは未熟もまた正常な子宮内発育が阻害されたことを示している．先天異常は遺伝因子と環境因子により引き起こされるが，多くの場合，その因果関係は知られていない．ヒトにおいて先天異常の70％近くは原因不明であり，約20％は突然変異あるいは染色体異常といった遺伝因子により起こり，さらに10％が化学物質，治療薬，有毒植物および感染因子といった催奇形性環境因子により起こると推定されている．動物の先天異常の発生に関する信頼できるデータの入手は容易ではない．ヒツジ，ウシおよびウマにおける先天異常の発生率は多くて3～4％と推定されている．イヌでは生まれた子イヌの約6％に先天異常がみられると報告されている．ネコでの報告はまれである．動物におけるある種の先天異常は直接的には栄養欠乏，有毒植物の摂取，環境汚染物質や有害天

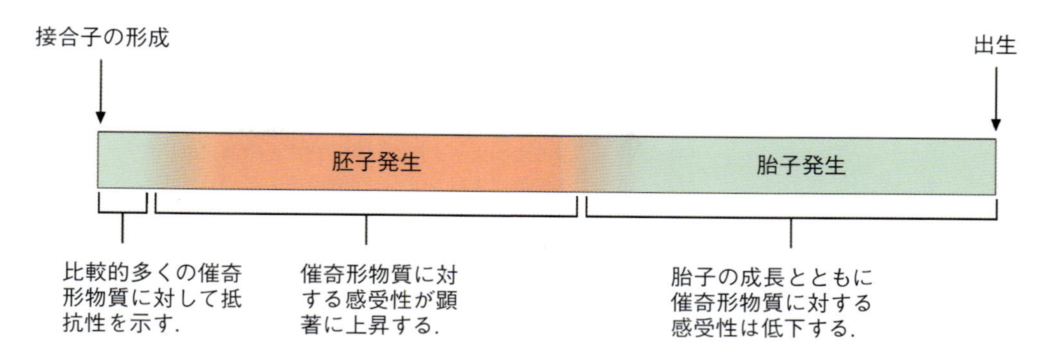

図28.1 妊娠期間における胚子と胎子の催奇形物質に対する感受性の違い.

然物質の暴露および病原微生物の感染により起こる.先天異常の発生頻度は種,品種,季節,地理的位置,毒性物質の摂取量あるいは有害天然物質の暴露量,さらには催奇形性のある病原体の感染程度により変化する.妊娠の初期に感染すると,重度の先天異常が起こる.胎子が免疫能力を保持する前に病原体の感染を受けると,その病原体に対して免疫学的寛容となることがある.もし,このような胎子が出生時まで生存すると,終生感染したまま,この感染因子に対し免疫反応を起こさない.

突然変異

突然変異(mutation)は遺伝子のヌクレオチド配列におけるランダムな変化,と定義され,自発的にも起こり,また外部からの影響によっても誘発される.これらの変化はヌクレオチド塩基配列の置換,挿入あるいは欠失によって起こり,生殖子にみられる遺伝子の変化は後世代に伝えられる.脊椎動物のゲノムにおいて,自然に発生する変異はごく一部にすぎないが,病気に関連している.

ある動物集団において,遺伝子座における突然変異は一世代当たり一定の頻度で起こり,これは自然突然変異率として知られている.この率は一般に1,000,000回に1回である.遺伝的変化を起こす基本的な機序により,突然変異は自発性と誘発性の二つに大きく分類することができる.自発性の突然変異はDNAの複製と修復におけるエラーから起こるが,同時に置換可能な要素の組換えや移動の際のエラーによっても起こる.誘発性の突然変異は遺伝するDNA変化を引き起こす化学因子あるいは生理的因子,すなわち突然変異原に対する偶発的あるいは故意の暴露の結果である.放射線は非特異的にさまざまな染色体およびDNA異常を誘発する.突然変異を誘発する因子である化学的突然変異原の暴露を受けると,通常より突然変異の割合が増加することによりDNA複製が影響される.

最も単純な遺伝モデルとして,古典的なメンデルの法則に従う単一遺伝子でコードされた形質の例が挙げられる(**表28.1**).単一遺伝子は対立遺伝子と呼ばれるいくつかの補完的状態で存在し,優性,劣性,相互優性あるいは部分優性と記載される.劣性遺伝子はヘテロ接合体ではその表現型が発現しないものである.劣性遺伝子の表現型発現はその対立遺伝子がホモ接合体になった動物でのみ起こる.非機能的チロシナーゼ遺伝子がホモの動物は白皮症という病的形質を発現する.チロシナーゼはチロシンからメラニンを産生するのに必要である.優性遺伝子はその遺伝子がヘテロの動物で表現型を発現する.生存に必須の遺伝子の突然変異は致死変異と記述される.致死変異が起こると動物は常に性成熟前に死亡し,そのためこの変異が次世代に伝わることはない.ガングリオシドーシスは劣性致死変異の一例で,β-ガラクトシダーゼの遺伝的欠乏症に起因する.この状態はヘテロ接合体では致死的でない.遺伝子産物をコードする領域で起こる突然変異は動物の生存に影響しない.しかしながら,最終的には動物の精神運動機能に影響を与える.昔から動物のブリーダーは特有な特徴を持った動物を選抜してきた.選択繁殖のマイナス面としては,飼育群の中にお

表28.1　単一遺伝子の機能不全による動物の病気と身体所見

障害を受ける遺伝子産物	遺伝子名	遺伝子機能不全の分子基盤と臨床所見	遺伝様式
チロシナーゼ	*TYR*	非機能的チロシナーゼにより，正常な色素沈着が行われず白子症になる．ブラウンスイス種では926*TYR* mRNAにおいてフレームシフト変異によりシトシンが挿入されている．アルビノの表現型を示す個体はホモ接合体である．	常染色体劣勢遺伝
ガラクトシド活性タンパク質	*GM2A*	遺伝性の脂質蓄積症の中で、組織内へのガングリオシドの蓄積を特色とするものをガングリオシドーシスと呼ぶ．ネコに発症するGM_2ガングリオシドーシスでは，βヘキソサミニダーゼ欠損により神経細胞のリソソームにGM_2ガングリオシドが蓄積し，最終的には細胞死に至る．*GM2A*遺伝子の4塩基対が欠失し，GM_2活性化タンパク質のC末端の21アミノ酸が改変されることによって生じる．	常染色体劣勢遺伝
ジストロフィン	*DMD*	筋ジストロフィーは遺伝性の筋病変で，進行性の筋委縮と機能減弱を示し最終的には致死に至る．ゴールデン・レトリバーにおける筋ジストロフィーでは，点突然変異がエクソン6にある*DMD*遺伝子の接合受容部位に生じ，エクソン7のmRNAへの転写が阻害されることで生じる．アミノ酸のフレームシフトによって未成熟末端を持つジストロフィンタンパク質が生じる．	X染色体連鎖劣勢
チトクロムP450，ファミリー19，サブファミリーA，ポリペプチド1	*CYP19A1*	家禽では，エストロゲンの作用によって第二次性徴の特徴である典型的な羽になる．アロマターゼにより，大量のエストロゲンが卵巣内においてアンドロゲンから産生される．セブライトバンタムとゴールデンカンピンでは雄鶏の羽が雌鶏のようになることがあり，この変化は"henny feathering"と呼ばれている．この羽の変化は，アロマターゼ遺伝子の変異により高濃度のエストロゲンにさらされることで生じる．この状態は，すべての突然変異が活性の喪失をもたらすわけではないことを示している．	常染色体優性遺伝
ライアノジン受容体	*RYR1*	悪性の高熱症で，無秩序な筋小胞体からのカルシウムの放出が過度の筋収縮および熱産生をもたらし，結果的に体温が上昇する．この状態は急速な死後変性をブタの筋肉にもたらし，むれ肉になってしまう．ストレス，高温，ハロセンなどの麻酔薬によっても起こる．ブタの悪性高熱症の遺伝学的な基盤はカルシウム放出チャンネルの615番目のアミノ酸が置換されることによって生じる．	ブタでは常染色体劣性遺伝，ヒトを含め他の動物では常染色体優性遺伝

いて変異が減り，交配の適合性が低下し，ホモ接合性が増加し，望ましくない形質が発現しやすくなる，などが挙げられる．

発生中の動物にみられる突然変異の影響の強さは，その突然変異が最終的な遺伝子産物の構造や機能をどのように変化させるかに依存している．コード領域(coding region)に影響しない，あるいは最終的なタンパク質のアミノ酸配列を変化させない突然変異はサイレント変異(silent mutation)と呼ばれ，通常，表現型としてほとんど発現しない．ヒトゲノムにおいてコードされていない調節因子の同定が進んだために，この概念に対しては議論が続いている．突然変異または一塩基多型(single nucleotide polymorphism；SNP)がコードされていない領域に生じた場合，遺伝子の調節に重大な結果をもたらすことになる．この変化は転写因子結合部位の特異性を変化させる．しかしながら，突然変異がコード領域に存在するとアミノ酸配列が変化し(非同義突然変異)，特別な遺伝子産物の機能の完全欠損あるいは活性の低下などを引き起こす．

高処理シーケンス技術やゲノムワイド関連解析(genome wide association studies；GWAS)によって，

表28.2 ヒトにおける常染色体および性染色体異常の重要な病態

状　態	染色体の異常	典型的な臨床所見
常染色体または性染色体異数性		
ダウン症候群	21番染色体のトリソミー	1本の横掌線のある幅の広い手，筋緊張低下，面長の顔，長い舌，目尻の吊り上がった眼，精神遅滞，心臓異常，短命
パトウ症候群	13番染色体のトリソミー	小眼球症，口唇口蓋裂，多指，心臓，脳，泌尿生殖器の奇形，重度の精神遅滞．多くの新生児は出生後，直ぐに死亡する．
エドワーズ症候群	18番染色体のトリソミー	心臓や腎臓を始めとする多くの臓器の先天奇形，耳が低い位置に付着する耳介奇形，小顎症，小眼球症，口唇口蓋裂，重度の精神遅滞．多くの新生児は出生後，直ぐに死亡する．
クラインフェルター症候群	X染色体の過剰	男性にのみ出現，精巣委縮による不妊，長い手足，女性化乳房症，軽度の精神遅滞
ターナー症候群	X染色体が1本欠損	外観は女性だが生殖腺形成異常，多くは不妊，低身長，翼状頸，心臓血管系の異常，聴覚減退，正常な知力
常染色体欠損		
5p欠失症候群	5p15.2の部分的欠失（5番染色体）	ネコのような泣き声，眼間解離，小さな顎と頭，面長の顔，重篤な精神運動，精神遅滞
常染色体微小欠失		
プラダ-ウィリィ症候群	15q11.2の微小欠失（父由来）	発育遅延，筋緊張低下，肥満，性腺機能不全，過食，低色素沈着
アンジェルマン症候群	15q11.2の微小欠失（母由来）	発育遅延，不安定な歩様，話ができない，活動過多，きっかけがないのに笑いだして止まらない，低色素沈着
ディジョージ症候群	22q11.2の微小欠失（22番染色体）	胸腺，副甲状腺の未発達，顔面異常，心臓異常

すべての脊椎動物，特にヒトのゲノムにおいて複雑な変異が存在することが明らかとなった．このことは一つの突然変異が一つの表現型の変化をもたらすという伝統的な概念からの転換をもたらした．現在，GWASに基づき，II型糖尿病または心臓病のような疾患について，病態の進行のリスクを遺伝子の変異と関連づけて評価を行っている．包括的に精査したわけではないが，口唇裂や口蓋裂および先天性の心臓疾患などのよくみられる先天異常にもGWASが適用されている．

染色体異常

染色体レベルで起こる欠失や異常はしばしば細胞学的に観察される．染色体異常（chromosomal abnormalitie）は発育中の動物に対し有害作用があり，しばしば胚子死を引き起こす．細胞の染色体の相補性が付加あるいは欠失により変化すると，この状態は染色体の異数性と呼ばれる．対の染色体の一方が欠失すると，モノソミーと呼ばれ，対の染色体に1本が付加されるとトリソミーと呼ばれる．モノソミーやトリソミーに起因するいくつかの病態がヒトにおいて特徴づけられている（**表28.2**）．

染色体は変化を受け，その際，その一部が同じ染色体に再配置されたり，他の染色体に転位する．相互転座とは，相同染色体ではない2本がそれぞれ二分節に分かれ，両者間で相互に分節を交換することで起こる．ゲノムに相互転座を持った動物の表現型は正常であるが，受胎能は非常に低下する．配列は変わっているにも関わらず，動物は遺伝物質を完全な形で保持しているので，表現型は変わらない．減数分裂時にこの変化した配列は，多くの生殖子に遺伝物質の不均衡な分布を引き起こす．

タンデム型（縦列）転座は1本の染色体の腕の一部が切断され，それが他の染色体の末端に結合して起こる．この型の異常は相互転座よりも頻度は低い．

中心癒合は2本の末端着糸染色体が結合して1本の

中央着糸染色体を形成することである．この異常を持った動物の核型は異常を示すが，すべてのゲノムを保持するため表現型は正常である．中心癒合のあるウシの子孫ではモノソミーやトリソミーの頻度が高くなる．

中心着糸染色体は時折2本の末端着糸染色体に分離することがある．この結果，動物は遺伝物質が増えることなく，過剰な染色体を持つことになる．中心分裂と呼ばれるこの異常はロバで報告されている．

染色体の一部の欠失と逆位は1本の染色体における2カ所の切断に起因する．欠失は染色体内の遺伝情報の欠損を，逆位は遺伝情報の再配置を導く．これらの異常はほとんど報告されていない．

最近の技術の進歩によって，ヒトゲノムには少なくとも600を超える構造変異体があることが明らかとなった．このことは，良性と考えられた健康状態の個体においても病因となる構造変異体が存在していることを示している．この新しい知見は発生異常と良性の構造変異体との境界線を曖昧なものにしている．

催奇形因子

催奇形因子（teratogen）とは，胚子あるいは胎子の構造あるいは機能の永続的変化を引き起こす因子である．催奇形因子は胚子発生あるいは胎子形成の感受期に作用し，重篤な非遺伝性奇形を引き起こす．催奇形因子により起こる奇形の多くは発生過程において働く遺伝子の機能あるいは発現の変化と関連している．催奇形因子への暴露による究極の影響は，胚子あるいは胎子が暴露を受ける時期，および破壊因子の働きの本質と様式，に依存している．因子の働きの様式は基本ルールに従い先天異常を引き起こす．これらには因子が作用する妊娠時期，変化を起こすのに必要な暴露量と程度およびこれらの因子の代謝過程が含まれる．薬剤や化学物質が発生中の胚子に有害作用を示すためには，胎盤関門を通過しているはずである．薬剤や化学物質の発生中の胚子への影響には，大きな種差がある．種による感受性は一般に種特異性を示す感染因子であるウイルス性の催奇形因子において特に重要である．

胚子は胎膜により機械的障害から，また，胎盤関門により毒性因子や感染因子から保護されているが，化学的因子と感染因子は発生中の胚子に重度の障害を与えることがある．妊娠動物あるいは妊婦に対する催奇形因子の暴露影響は通常，毒性物質用量一反応曲線に従う．影響が出ない閾値があるが，催奇形因子の用量が増加するにつれ，胚子や胎子の障害の程度やその種における発生頻度がともに増加する．生殖子は本来，遺伝的突然変異や染色体異常に感受性が高いが，一般に催奇形因子には抵抗性がある．発生中の胚子は環境中の催奇形性因子の破壊的影響に対して極めて感受性が高いが，発生が進むに従ってこの感受性は低下して行く．発達した胎子では催奇形性因子に対し，抵抗性が強くなる．しかしながら，小脳，口蓋および泌尿生殖器系の一部など遅れて分化する構造は妊娠後期まで多くの催奇形因子に対し感受性がある．その催奇形効果により胚子および胎子の発生障害に関与する原因物質，（栄養）失調症および因子などを**表28.3**にまとめて記載する．

治療薬と化学物質

ある一定の暴露量で治療薬は催奇形性を発現する．発生中の胚子に対するいくつかの薬剤の影響には特徴があり，その作用の発現機序が知られている．レチノイドがある濃度である妊娠時期に作用するとヒトに先天異常を引き起こす．この物質はHox遺伝子やソニックヘッジホッグ（*Shh*）のように正常発生において中心的ないくつかの遺伝子の発現を変化させることがある．新規の合成化学物質が偶発的や故意にヒトの食品中あるいは動物の飼料中に入り込むことにより，発生中の胚子や胎子へ有害な作用を及ぼす可能性に関する関心が高まっている．毎年，数千の新規化合物あるいは副産物が製造段階で環境中に放出されている．これら化合物がヒトの胚子あるいは胎児にどのような影響を与えているかを監視することは，化学物質あるいは治療薬の効果がそれらの基本構造から，あるいはそれらの構造，薬理および毒性に関するデータから信頼のある予知ができないため，多くの問題を提起している．種による感受性の差が大きいのでヒトにおける奇形発生を予知することができず，そのため実験動物を用い

表28.3 催奇形性により胚子発生に異常を起こす化学物質，環境汚染物質，感染因子，代謝異常，物理的因子，有毒植物および薬剤（続く）

薬品，異常，因子	感染性のある動物種	解説
●依存性化学物質/薬剤		
コカイン	ヒト	コカインの胎児への影響により胎児死，発育遅延，小頭症，脳梗塞，尿生殖器の異常および生後の神経行動障害が起こる．妊娠中の栄養不良と多種の薬物乱用が特徴なので，コカインの正確な催奇形性は明らかではない．
エチルアルコール	ヒト	胎児性アルコール症候群は妊娠中に過度のアルコール中毒であった妊婦から生まれた新生児にみられる．エチルアルコールは胎盤関門を容易に通過するため，発育中の胎児には極めて危険である．症状としては発育遅延，精神発達遅滞，顔面の異常および先天性心疾患がみられる．胎児性アルコール症候群の子供は体と精神の発育がともに遅延し，行動の障害を示す．妊娠マウスの研究でエチルアルコールが神経堤細胞の移動を阻害することが分かっている．また，発生中の前脳のニューロンのアポトーシスも引き起こし，細胞接着因子の活性も阻害する．ニワトリ胚子では，エチルアルコールは神経堤細胞のアポトーシスと前頭鼻隆起の形成阻害を引き起こすことにより発生を障害する．これらの発生異常は咽頭弓におけるソニックヘッジホッグ遺伝子発現の欠損（低下）と関連する．
トルエンおよび他の有機溶剤	ヒト	妊娠中にトルエンなどの有機溶剤を故意に反復吸入すると，催奇形性と流産の危険が増加する．胎児への影響としては発育遅延，頭蓋顔面奇形および小頭症がみられる．トルエンを乱用する成人でみられる神経毒性は胎児でも発現する．
●環境汚染物質		
アトラジン	ヒトと野生動物	殺虫剤，除草剤，安定剤としてプラスチックに配合された化合物を含む数多くの合成化学物質は鳥類，両生類および哺乳類を含む野生動物の遺伝子発現を変化させるか，または正常なホルモン機能を破壊する可能性がある．これらのホルモン機能を破壊する化学物質は内分泌かく乱物質と呼ばれる．アメリカを始め多くの国で広く使用されているトリアジン除草剤であるアトラジンはエストロゲン活性を有し，水中で低濃度であっても雄カエルおよび雌ラットにおいて性腺異常を引き起こす．このエストロゲン性除草剤は半減期が長く，地下水および地表水に存在する最も一般的な化学汚染物質の一つであると報告されている．アトラジンはテストステロンをエストラジオールに変換する酵素であるアロマターゼの産生を誘発するので，性腺発育は雄の魚，両生類および哺乳類に悪影響を及ぼす．アトラジン暴露後に顕著な免疫抑制が両生類で報告されており，その結果，水生環境において微生物や寄生虫による日和見感染を起こす可能性が高まる．
ビスフェノールA	ヒトと野生動物	安定剤としてプラスチックに含まれる数多くの化学物質はエストラジオールと類似した構造を持ち，これらの合成分子はエストロゲン活性を有する．プラスチックに配合される最も広く使用されている化学物質の一つはビスフェノールAである．しかしながら，ビスフェノールAはプラスチックから浸出し，プラスチック容器に貯蔵された水または他の液体中に貯蔵され，その量は実験動物の生殖腺の発達に影響を及ぼすほどである．ラットにおける低濃度のビスフェノールAの子宮暴露では，暴露された動物の1/3に癌腫が発生した．胎子期および成体ラットのビスフェノールAへの暴露は思春期の乳腺発達における解剖学的変化を誘発した．子宮内でビスフェノールAに暴露されると，生後にエストロ

表28.3 （続き）催奇形性により胚子発生に異常を起こす化学物質，環境汚染物質，感染因子，代謝異常，物理的因子，有毒植物および薬剤

薬品，異常，因子	感染性のある動物種	解 説
		ゲン様ホルモンまたは発癌物質に暴露された場合に腫瘍の発症する可能性が高まることが報告されている．ビスフェノールAに暴露された成雄マウスは前立腺が肥大しており，またヒトの前立腺細胞の有糸分裂の速度を増加させる．ビスフェノールAの広範な使用の問題点はヒト胎盤において，それが除去されず，不活性化合物に代謝されないことであり，また実験動物において発生を変化させる濃度まで蓄積するということである．アメリカおよび日本のヒト尿サンプルに基づいた最近の研究では，試験したサンプルの95％が測定可能なレベルのビスフェノールAを有し，小児では成人よりも血中ビスフェノールA濃度が高いことが示された．ホルモンまたは抗ホルモン活性を有し，環境中で蓄積および残留することが可能であるビスフェノールAのような化合物の広範な使用は野生動物，家畜およびヒトの集団に対するそれらの潜在的な毒性について深刻な疑問を提起する．
DDT（Dichlorodiphenyl-trichloroethane）	ヒトと野生動物	この塩素化炭化水素は1970年代初頭まで農薬として広く使用された．野生動物に対するDDTなどの殺虫剤の有害作用は1960年代初期に報告された．しかしながら，DDTが使用禁止されるまでには，さらに10年が必要であった．ハヤブサやハクトウワシなどの猛禽類は食物連鎖の頂点に位置するために絶滅が危惧されている．猛禽類においては摂食により組織中にDDTが濃縮するが，DDTの残留量と卵殻の脆弱さが関連している．1970年代初期に，それまで広範囲に使用されていた地域での殺虫剤としての使用は禁止されたが，DDTの半減期は約15年であるため，かなりの量が土壌中に残存している．DDTの中間代謝物であるDDE（1,1-dichloro-2,2 bis（p-chlorophenyl）etylene）はエストロゲン活性を模倣することにより，あるいはアンドロゲンの効果を阻害することにより，その影響を与えることが報告されている．スペリオル湖における魚の雌性化，ヒトの精子数の減少および世界的な乳癌の発生頻度の増加はDDTとDDEによる環境汚染が原因とされてきた．環境中へ残留し，動物の組織へ蓄積し，さらにヒトへの毒性があるため，DDEは特に重要な汚染物質に挙げられている．動物へのDDTの経口摂取による発生毒性は胚子および胎子両者に起こる．
ダイオキシン	ヒト，サル，ラット，マウス，魚類	このハロゲン化炭化水素は多くの産業過程で発生する汚染物質である．除草剤として使用され，特に枯葉剤として使用された地域において，ダイオキシンはヒトにおける先天異常の発生と関連がある．この毒性物質に暴露された雌ラットから産まれた雄ラットは精子数が減少し，精巣の大きさが減少し，性行動も異常であった．魚類胚子は特にダイオキシンの毒性影響に感受性が高いことが報告されている．妊娠前に1ng/kg/dayより低用量のダイオキシン暴露を受けたアカゲザルから産まれた子ザルでは，行動の変化が観察された．妊娠マウスへのダイオキシン暴露によって口蓋裂，腎臓，脳および他の臓器奇形が子マウスに誘発された．マウス胎子，ラット胎子およびヒト胎児の口蓋の細胞を培養すると，ダイオキシン暴露は上皮細胞の増殖と分化を変化させ，口蓋の上皮細胞がダイオキシンに対する高親和性の受容体を持っていることが示された．ダイオキシンの催奇形性は上皮成長因子（EGF）あるいは形質転換成長因子（TGF）を阻害することにより起こることが示唆されている．

表28.3 （続き）催奇形性により胚子発生に異常を起こす化学物質，環境汚染物質，感染因子，代謝異常，物理的因子，有毒植物および薬剤

薬品，異常，因子	感染性のある動物種	解 説
鉛	ヒトと動物	飲料水中，植物および空気を介する環境汚染物質である鉛の高濃度汚染は毒性がある．鉛は胎盤を通過し，胎児組織に蓄積する．臨床的に問題となる濃度に近い鉛に暴露された妊婦から産まれた子供は行動が変化し，随意運動障害が起こるという報告がある．鉛の毒性はヒトの発生中の中枢神経系に障害を与え，そのためIQの低下と機能低下を導く．
水銀	ヒト	妊娠中にメチル水銀に汚染された食物を摂取すると，胎児の中枢神経系に障害が現れる．脳性麻痺，小頭症，盲目，大脳萎縮および精神発達遅滞などが有機水銀の催奇形性活性に起因する主要な発生異常である．大脳皮質の領域によって選択的な吸収を受けることが報告されている．
塩化ビフェニル（Polychlorinated biphenyls）	ヒトと野生動物	塩化ビフェニル（PCB）は同じ化学的基本構造を持ち，物理学的性状が類似した合成有機化学物質の混合物である．化学的に安定し，不燃性，沸点が高く，また絶縁性があるため，PCBは半世紀以上にわたって商業的に広く使用されてきた．PCBの毒性および環境への蓄積が懸念され，アメリカでは1976年に製造が禁止された．PCBを含むハロゲン化芳香族炭化水素が発癌性，催奇形性，神経毒性および免疫抑制作用があるという十分な証拠がある．1920年代後半から1970年代後半の間，PCBは商業的目的で広く使用されたため，それらの毒性物質は現在も食物連鎖の中に存在している．カワウソ，アザラシ，ミンクおよび魚類における生殖能力の低下もPCBによると考えられている．あるPCBは化学構造がジエチルスチルベステロールに似ており，環境エストロゲンとして作用していると仮定されている．妊娠中の女性が大量にPCBを摂取すると，この催奇形因子は胎児の成長率を低下させ，頭蓋に石灰化異常を起こす．PCBは爪の異常な低形成や歯槽，爪および他の組織に過剰な色素沈着を引き起こすこともある．暴露された女性に体内残留したPCBが暴露後4年までに生まれた子供に色素沈着を起こすことも報告されている．エストロゲン活性に加え，PCBは構造上甲状腺ホルモンにも似ている．水酸化されたPCBは甲状腺ホルモン輸送に関係する血漿タンパク質，トランスサイレチンに対する親和性が高く，甲状腺ホルモンの排泄を促進することがある．甲状腺ホルモンは蝸牛の発生に重要であるので，PCBに暴露された妊娠ラットから生まれた子供は蝸牛が発育不全で，聴覚障害がある．
●感染因子 細菌		
Treponema pallidum（亜種 *pallidum*）	ヒト	*T. pallidum*の亜種*pallidum*の子宮内感染は子供に先天性梅毒と呼ばれる重篤な病気をもたらす．妊娠中の母親が感染すると胎児は必ず重篤な感染を受け，その結果，胎児死あるいは先天異常が起こる．感染が妊娠前に起こると，胎児の感染も先天異常も起こることはまずない．先天性の感染により，斑点状丘疹，聴覚障害，水頭症および精神発達遅滞を含む中枢神経系の異常，口蓋と鼻中隔の破壊的障害，歯，骨および爪の異常がみられる．梅毒は流産の危険を増す．

表28.3 （続き）催奇形性により胚子発生に異常を起こす化学物質，環境汚染物質，感染因子，代謝異常，物理的因子，有毒植物および薬剤

薬品，異常，因子	感染性のある動物種	解 説
●原虫		
Toxoplasma gondii	ヒト，ヒツジ，ヤギ，ブタ，ネコ	ヒトにおいても動物においても*T. gondii*の妊娠中の一次感染は胎子の感染を引き起こす．妊娠前に*T. gondii*に感染したヒトと動物では胎子の感染はみられない．ヒトにおいて妊娠初期における一次感染は胎児死と流産，死産，脈絡網膜炎，脳実質内石灰化による脳損傷，水頭症，小頭症，発疹および肝脾腫大症を引き起こす．精神運動遅滞や精神発達遅滞は重度の先天性トキソプラズマ症の特徴である．妊娠後期に感染すると，中等度で準臨床的な症状が遅れて発現する．ヒツジ，ヤギ，ブタでは流産および周産期の死亡がよくみられる．脳炎は動物の胎子感染でしばしば合併する．妊娠中の女性はネコの糞便とネコの寝具との接触を避けなければならない．ガーデニングの際は手袋を着用すべきである．
●ウイルス		
サイトメガウイルス（Herpesviridae科，Betaherpesvirinae亜科）	ヒト	サイトメガロウイルス（ヒトヘルペス5）感染はヒトで最も一般的な先天異常の原因となるウイルス感染の一つである．新生児の2%以上がサイトメガロウイルスに感染しており，子宮内で感染した新生児の約10分の1が重度に全身性に感染した徴候を持っている．重度に子宮内感染を受けると胎児死あるいは先天異常がみられる．母体の一次感染に引き続いて起こる子宮内感染により，肝脾腫大症，脈絡網膜炎，小頭症，脳実質内石灰化および精神発達遅滞がみられる．
単純1型および2型ヘルペスウイルス（Herpesvirinae科，Alphaherpesvinae亜科）	ヒト	記載は多くはないが単純1型および2型ヘルペスウイルスは先天性感染を引き起こす．単純2型ヘルペスウイルスの感染では，新生児が分娩時に産道で感染することがある．妊娠後期に起こるこれらヘルペスウイルスの感染によって起こる先天異常としては，囊胞状発疹，眼球欠損，肝炎，小頭症および精神発達遅滞がみられる．
パルボウイルスB19（Parvoviridae科，Erythrovirus属）	ヒト	妊娠初期に子宮内でこのウイルスに感染すると感染した胎児の10%ほどが貧血を起こす．ウイルスは赤血球系の前駆細胞内で複製するので，重度の貧血を引き起こし，次いで先天性心不全，胎児水腫および胎児死を起こす．
風疹ウイルス（Togaviridae科，Rubivirus属）	ヒト	妊娠3カ月以内に風疹ウイルス（三日はしか）に初回感染した母親から生まれた子供の9割ほどは，重篤な先天異常の危険がある．初期胚子期の感染は発育段階に特異的な奇形を起こし，子宮内死亡，自発的流産あるいは主要臓器の先天奇形をもたらす．特徴的な先天異常として，聴覚障害，白内障を含む眼の異常，心大血管奇形，小頭症および精神発達遅滞がある．先天性風疹症候群という用語は，風疹ウイルスにより子宮内感染を受けたことで生じる重篤な奇形に用いられる．重篤な先天異常の危険は胎児が発育するに従って減少し，妊娠20週を超えてから感染しても，重度な異常はほとんどない．ウイルス感染あるいはワクチン接種による母体の免疫は先天性感染を予防する．
ジカウイルス（Flaviviridae科，Flavivirus属）	ヒト	ジカウイルス感染の流行は2014年から2015年まで中南米およびカリブ海で起こった．ジカウイルスに感染した母親から生まれた新生児の小頭症の発生率はこの感染症と関連して劇的に増加した．このアルボウイルスは1947年にウガンダのZika森林のアカゲザルから単離され，ネッタイシマカによって伝播する．最近の報告では，妊娠中の女性の感染後の小頭症におけるジカウイルスの関与

表28.3　(続き)催奇形性により胚子発生に異常を起こす化学物質，環境汚染物質，感染因子，代謝異常，物理的因子，有毒植物および薬剤

薬品，異常，因子	感染性のある動物種	解説
		を確認している．このウイルスは小頭症を有するヒト胎児の脳および羊水において確認されている．
水痘帯状疱疹ウイルス (Herpesviridae科, Alphaherpesvirinae亜科)	ヒト	鶏痘の原因ウイルスである水痘帯状疱疹ウイルス(ヒトヘルペス3型)の妊娠初期感染は，皮膚あるいは筋肉の異常，四肢の低形成，眼の異常，小頭症および精神発達遅滞を含む先天異常と関連がある．胎児が成長するにつれて，先天異常の危険性は減少し，妊娠20週を超えると重篤な異常はほとんどみられない．
ヒト免疫不全ウイルス (Retroviridae科, Lentivirus属)	ヒト	感染した母体から生まれた子供の多くは高い割合で先天性に感染を受けており，後に後天性免疫不全症候群を発症する．今のところ，発生中の胎児がヒト免疫不全ウイルスの子宮内感染を受けた際の障害は不明である．このレトロウイルスの先天性感染は胎児の発育遅延，頭蓋顔面欠損および小頭症を起こすという報告がある．
アカバネウイルス (Bunyaviridae科, Bunyavirus属)	ウシ，ヒツジ，ヤギ	ウシが子宮内で感染すると感染時期により，関節弯曲症，水頭症，流産および胎子死などが起こる．妊娠70～100日で感染するとしばしば水無脳症が起き，100～170日で感染すると関節弯曲症が主要な奇形である．流産や胎子死が起こることもある．妊娠後期の感染では脳脊髄炎がみられる．ヒツジやヤギでは水無脳症，関節弯曲症，脊柱側弯症，孔脳症および小脳症が起こる．
ブルータングウイルス (Reoviridae科, Orbivirus属)	ヒツジ；ウシ，ヤギも感受性がある	ある種のブルータングウイルス特に弱毒ウイルスワクチンでは胚子死，大脳異常および他の異常を引き起こす．妊娠初期に母ヒツジが感染すると胚子死が起きる．妊娠40～100日で感染すると水無脳症，孔脳症，盲目および運動失調などの先天異常を発症する．まれにウシでも子宮内感染により先天異常が起こる．ペスチウイルス感染とは違い，ブルータングウイルスは胎子に対して免疫寛容は起こさないようである．
ボーダー病ウイルス (Flaviviridae科, Pestivirus属)	ヒツジ；ヤギも感受性がある	妊娠ヒツジが感染すると胚子死と胚吸収，中枢神経系異常，骨格成長遅延，羊毛異常および眼の異常など広範囲に胚子や胎子に奇形を起こす．感染する胎齢により症状が決まる．胚子死と胚吸収は胚子発生期の感染時に起きる器官形成期に感染すると骨格成長遅延，ミエリン形成不全，小脳異形成および二次毛包の減数を伴った一次毛包の拡張が起こる．子宮内感染で生き残った胎子は免疫寛容となり，持続感染を続ける．新生子ヒツジの感染の特徴は体の弯曲，被毛の特性の変化および振せんである．頸部と背部に生えている上皮は下毛の上に伸び，上質な羊毛を持った品種で最も目立つハロー効果を与える．
ウシウイルス性下痢ウイルス (Flavividae科, Pestivirus属)	ウシ	このウイルスに免疫を持たない妊娠ウシが感染すると経胎盤感染により，胎子胎齢およびウイルスの株に依存した異常を引き起こす．妊娠の30日以内で感染すると，胚子死と胚吸収が起き，母ウシに発情が回帰する．妊娠30～90日で感染すると，流産，ミイラ化，中枢神経系の先天異常および眼の異常が起こる．小脳形成不全，小眼球症，網膜異形成および感染した毛包の低形成による脱毛などが起きることもある．妊娠120日未満で感染した胎子は免疫不全となるため，ウイルスに対して免疫寛容となり，生涯持続感染となる．このような胎子は生存するがさまざまな先天異常がみられる．妊娠120日前後でウシ胎子は免疫能を得るため，この時期以降の胎子はウイルスの排除のために中和抗体を産生することができるため，免疫不全の胎子よりも感染は軽く，症状はみられない．

表28.3 (続き)催奇形性により胚子発生に異常を起こす化学物質, 環境汚染物質, 感染因子, 代謝異常, 物理的因子, 有毒植物および薬剤

薬品, 異常, 因子	感染性のある動物種	解 説
ブタコレラウイルス (Flaviviridae科, Pestivirus属)	ブタ	妊娠ブタが感染すると胚子死, 流産, 死産, ミイラ化および持続感染子ブタの出産など, さまざまな異常がみられる. 胚子および胎子が感染する胎齢が症状を決める. 妊娠の3週以内で感染すると, 胚子死および胚吸収が起こりやすい. 器官形成期に感染すると発育遅延, ミイラ化, 流産, 死産および中枢神経系の先天異常が起こる. 神経系の異常としては小脳形成不全, 脊髄形成不全および先天性振せんがある. 免疫能の発達以前に感染すると胎子は持続感染ブタとなり, 持続的にウイルスを排泄する. 妊娠後期に感染した胎子には発育遅延, 免疫応答の低下あるいは他の組織損傷などの生後の障害があり, そのため生後数週あるいは数カ月で死亡することが多い.
ネコ汎白血球減少症ウイルス (Parvoviridae科, Parvovirus属)	ネコ, フェレット	胎子発生におけるこのパルボウイルス感染の影響は妊娠段階に関連し, 小脳形成不全や網膜異形成から胚子死までさまざまである. 妊娠初期感染では胚吸収や流産が起きる. 妊娠後期に感染すると, 死産, 生後の早期死および小脳形成不全や網膜異形成などの先天異常が起こる. 分娩前2週間の子宮内感染や新生子期の感染では, 小脳の外顆粒層が選択的に破壊される. 子ネコの活動が活発になると小脳形成不全は運動失調, 測定過大症や協調運動失調などにより明らかになる. これらの神経学的症状は終生継続する. 猫汎白血球減少症ウイルスが妊娠フェレットに感染した場合, その子供に小脳形成不全を引き起こす可能性がある.
日本脳炎ウイルス (Flaviviridae科, Flavirus属)	ブタ;しばしばウマ, その他の種	妊娠中期までの妊娠ブタが感染すると流産を起こし, 胎子はミイラ化, 死産, 神経学的症状を示す虚弱子から臨床的に正常な子までさまざまである. 妊娠ブタに実験感染すると水頭症, 小脳形成不全やミエリン形成不全などの先天異常がみられる.
ブタヘルペスウイルス1型 (Herpesviridae科, Varicellovirus属)	ブタ	ブタでこのウイルスはオーエスキー病あるいは仮性狂犬病を引き起こす. 免疫を持たない群にこのウイルスが広がると, 妊娠ブタの50%までが流産を起こす. どの時期でも子宮内感染により, 胎子死が起こる. 妊娠初期に感染すると, 胚子は吸収され発情は回帰する. 妊娠後期に同腹の全体あるいは一部が感染すると, 流産あるいは死産, ミイラ化, 虚弱あるいは正常子ブタがみられる. ブタヘルペス1型ウイルスはSMEDI症候群に関連するウイルスの一種である.
ブタパルボウイルス (Parvoviridae科, Parvovirus属)	ブタ	妊娠4週以内に感染すると, 胚子死と胚吸収が起こる. 妊娠30～70日に感染すると, 胎子死やミイラ化が多発する. 約70日齢で免疫能が発現するが, そのため障害は軽度になる. ある場合には死産が起き, また分娩子数が減少することもある. 生存できる胎子数が4子以下になれば, すべての子ブタは死んでしまう. ブタパルボウイルスはSMEDIの主要な原因である.
ブタ繁殖・呼吸障害症候群ウイルス (Arteriviridae科, Arterivirus属)	ブタ	このアルテリウイルス感染により, 妊娠後期での流産, 死産, ミイラ化, 虚弱な新生子および高率の発情回帰などで特徴づけられるブタの繁殖障害が起きる. 胎子あるいは胎盤の異常はいつもみられるわけではない. 繁殖の問題はこの病気の初発後, 5カ月経っても残ることがある. このウイルスが胎盤を通過するのは妊娠後期だけのようで, 妊娠後期の流産や早産はこの感染因子による先天性感染の特徴である.

表28.3　(続き)催奇形性により胚子発生に異常を起こす化学物質，環境汚染物質，感染因子，代謝異常，物理的因子，有毒植物および薬剤

薬品，異常，因子	感染性のある動物種	解 説
リフトバレー熱ウイルス(Bunyaviridae科, Phlebovirus属)	ヒツジ，ウシ，ヤギ	リフトバレー熱ウイルスの初期感染後，妊娠ヒツジ，ヤギ，ウシは高頻度で流産する．このウイルスは胎盤節で複製するので，胎盤炎を起こし流産する．流行地や発生後に広く使用されている弱毒生ワクチンは先天異常や流産を引き起こすことがある．この生ワクチンでは関節弯曲症，水無脳症，小脳形成不全および小頭症が引き起こされる．
シュマンレンベルクウイルス(Bunyaviridae科, Orthobunyavirus属)	ウシ，ヒツジ，ヤギ	2011年11月北西ドイツにおいて，牛乳収量の低下，深刻な水様下痢を特徴とする酪農牛の非特異的熱性感染症が報告された．ドイツのシュマンレンベルク近郊の農場で罹患した牛から分離された新規Orthobunyaウイルスがシュマンレンベルクウイルス(Schmallenberg virus；SBV)と命名された．SBVのゲノムは系統学的にShamonda，Ainoおよびアカバネウイルスに類似し，これらの3種類のウイルスは吸合節足動物によって媒介される．SBVの最初の急性感染は2011年後半にヨーロッパで起こった．数カ月のうちに，この感染症はベルギー，ドイツ，フランス，オランダ，ルクセンブルク，イングランド南部と東部，スイス，イタリア，スペイン，デンマークなどヨーロッパの広範囲に広がった．伝染が昆虫によるのか，他のベクターが関与しているのかは明らかではない．いくつかの研究はヌカカ(*Culicoides*種)がこの疾患の伝播において中心的な役割を果たすことを示している．シュマンレンベルクウイルスは，ベルギー，デンマーク，イタリア，オランダ，ドイツの*Culicoides*種で検出される．ウシおよびヒツジの実験的感染はSBVが水平に伝播されないことを示唆する．SBVの経胎盤感染によりしばしば奇形の新生子が誕生する．SBVによって関節拘縮，斜頸，脊柱側弯症および後弯といった病理学的な筋骨格変化が生じる．中枢神経系の奇形としては，小脳形成不全，水無脳症，脊髄髄膜炎および重度の脊髄形成不全がある．
Wesselsbronウイルス(Flaviviridae科, Flavivirus属)	ヒツジ，ヤギ；ウシも感染しやすい	ヒツジではリフトバレー熱に似た病気である．流産と新生子死亡がみられる；子ヒツジでは先天性奇形，例えば，水無脳症および関節拘縮が生じる．
●代謝異常		
甲状腺機能あるいは甲状腺発達に影響する化学物質と薬剤	ヒト，動物	ヨウ化カリウムなどのヨウ化物は胎盤を容易に通過し，胎児のチロキシン産生を阻害する．放射性ヨウ素は先天性甲状腺腫を起こす．母体のヨウ素欠乏は身体的および精神的発達遅延と骨異栄養症などの特徴がある先天性クレチン病を引き起こす．妊婦へのプロピルチオウラシルなどの抗甲状腺薬の投与は胎児のチロキシン合成を阻害し，先天性甲状腺腫を起こす．甲状腺ホルモンと構造が似ているため，環境汚染物質であるPCBは甲状腺ホルモンの働きに影響することがある．
ヨウ素欠乏	ウマ，ウシ，ヒツジ，ブタ	新生子期の死亡率の増加と甲状腺腫が家畜におけるヨウ素欠乏の特徴である．ヨウ素欠乏はこの元素の摂取不足による．また，カルシウムやアブラナ属(菜種油)を豊富に含んだ食餌によっても起きる．この特徴は死産と虚弱新生子，部分的あるいは全身の脱毛および甲状腺の明らかな腫大である．
銅欠乏	ヒツジ，ウシ	銅欠乏は第一に食餌からの摂取が不十分であるとき，第二に供給は十分であるがモリブデンと結合した無機硫酸塩の高摂取のため，銅の吸収が阻害されてい

表28.3 （続き）催奇形性により胚子発生に異常を起こす化学物質，環境汚染物質，感染因子，代謝異常，物理的因子，有毒植物および薬剤

薬品，異常，因子	感染性のある動物種	解 説
		る，かのどちらかである．銅欠乏は発生中の胚子においてミエリン形成を阻害する．銅欠乏の妊娠ヒツジで胎子のミエリン形成不全が妊娠中期当たりで明らかである．まず大脳と脊髄におけるミエリン形成不全が起こり，その結果，まず大脳次いで脊髄が障害されるため出生時には後肢の協調運動失調および他の神経学的徴候が明らかになる（脊柱弯曲症）．
糖尿病	ヒト	長期化した糖尿病の血管障害は胎盤の機能障害を起こすので，インスリン依存性糖尿病の母親では発育遅延の胎児が生じることがある．他の異常として，先天性心疾患，尾部異形成および近位大腿骨低形成などの先天異常がみられる．先天異常の危険性は薬物投与を受けていない患者およびこの病気を十分に管理されていない患者で最も高くなる．
葉酸欠乏	ヒト	ヒトの神経管異常の研究から，妊娠前および妊娠中に葉酸補助剤を飲んだ母親から生まれた子供は神経管欠損の発生が低下する証拠が示された．
母体フェニールケトン尿症	ヒト	フェニールケトン尿症の母親の胎児は特に妊娠中に治療されないでいると，高い濃度のフェニールアラニンに暴露される危険性がある．高濃度のフェニールアラニンは胚細胞の代謝を阻害し，精神発達遅滞，小頭症および子宮内発育遅延が起きる．
●ビタミンA		
(I) 欠乏	ブタ，ウシ	ビタミンA欠乏食を食べていたブタから生まれた子ブタに，無眼球症が報告された．ビタミンA欠乏症はウシにおいて，骨の形成異常の結果，視神経を圧迫することにより先天性の盲目の発生と関連している．
(II) 過剰	ヒト，イヌ，ブタ，サル，ニワトリ	高濃度摂取すると，ビタミンAやビタミンA類似物質は催奇形性物質として働く．ビタミンAという用語はレチノールとそのエステルなどの特別な化学的化合物を示している．レチノイン酸はレチノールの生物活性の多くを持っており，イソトレチノインやエトレチナートなどの多くの類似物質が合成されている．レチノイン酸は哺乳類胚子の前後軸形成および四肢形成に重要な役割を果たしている．後期原腸胚期から初期神経胚期にある妊娠母体の食餌に高濃度に存在すると，レチノイン酸および合成レチノイドであるイソトレチノインやエトレチナートは催奇形活性がある．この活性は前後軸を特定することに関連するHox遺伝子の発現を変化させ，神経堤細胞の移動を阻害する能力と明らかに関係している．痤瘡の治療のためにレチノイン酸の処方を受けた妊婦から，中枢神経系の異常，口蓋裂，胸腺形成不全および心臓と大動脈弓の異常などさまざまの先天異常を持った子供が生まれる．
●マイコトキシン		
アフラトキシン（Aflatoxins）	動物；時折ヒト	マイコトキシンはある真菌の二次的代謝産物である．*Aspergillus flavus* や他の *Aspergillus* 種により産生されるアフラトキシンを摂取すると，免疫抑制，発癌性，変異原性および催奇形性を発現する．

表28.3 （続き）催奇形性により胚子発生に異常を起こす化学物質，環境汚染物質，感染因子，代謝異常，物理的因子，有毒植物および薬剤

薬品，異常，因子	感染性のある動物種	解 説
エルゴバリン（Ergovaline）	ウマ	妊娠中に*Neotyphodium coenophialum*で汚染された牧草地や干し草を摂食した雌ウマから生まれた子ウマは流産の頻度が高く，難産や長期在胎のリスクが非常に高く，未熟で虚弱な子ウマであることが多い．
パツリン（Patulin）	動物；ヒトへの感染の可能性もある	パツリンは*Penicillium expansum*により産生され，変異原性，発癌性および催奇形性が報告されている．
ゼアラレノン（Zearalenone）	動物；ヒトへの感染の可能性もある	妊娠ブタが*Fusarium graminearum*および他の*Fusarium*種によって産生されるエストロゲン活性を持ったマイコトキシンであるゼアラレノンを摂取すると，産子数の減少，死産，胎子先天異常，ミイラ化，新生子死亡および外反肢を引き起こす．
●物理的因子		
高熱（高体温）	ラット，マウス，モルモット，ハムスター，ヒツジ，サル，ニワトリ	実験的に高熱にさらされた妊娠母動物から生まれた新生子は先天異常を持っている．実験的高熱により誘発される先天異常の種類は用いられた動物種によって特徴があることが報告されている．妊娠18～25日に高温にさらされた母ヒツジから生まれた子ヒツジには中枢神経系異常が，妊娠30～80日では胎子の発育遅延がみられた．サルでは顔面正中部位の低形成，無眼球症およびファロー四徴がみられる．モルモットで高熱が誘発する最も一般的な症状は小頭症である．げっ歯類では高熱により歯，頭蓋および脊柱の先天異常がみられる．妊婦で発熱あるいは高気温により高熱が持続すると，子供に発生異常が起きることが疑われている．
電離放射線	ヒトと動物	原子爆弾の爆発や核原子炉の事故などで電離放射線に高濃度曝露されると，ヒトや動物において高頻度で先天異常が生じる．催奇形性発現の危険性は曝露量と曝露時期に依存する．ヒト胎児で，最も感受性が高い時期は妊娠8～16週の間である．電離放射線の子宮内曝露は小頭症，眼球の異常，発育遅延および精神発達遅滞などを引き起こす．X線の大量曝露もまた子宮内での正常発育を阻害する．食物や水を介する放射性同位元素の摂取は細胞分裂活性を低下させ，細胞死を生じさせる．発生中の胎子に対する放射性同位元素の影響は量，分布，代謝および局在に依存する．妊娠8週以降の妊婦に放射性ヨウ素を投与すると，胎児に甲状腺低形成を起こす．
●有毒植物		
どんぐり，濡れ衣の毒性	ウシ	「どんぐり子ウシ」と呼ばれるウシの食餌に関連した健康状態はアメリカ西部，カナダおよびオーストラリアにおいて妊娠ウシによるどんぐりの摂取が原因であると考えられていた．先天性関節弛緩と小人症と命名されていたこの病気は妊娠中の牧草とマメ科のサイレージの摂食と関係していることが分かった．チモシーのサイレージを食べるとこの病気が起こり，それに乾草や穀物を一定量加えておくと予防されたことから，この状態は毒性によるものではなく何かの欠乏症であるようである．この病気になった子ウシには，長骨の短縮，四肢末梢の関節の過伸展および頭蓋の軽度の膨隆がみられる．子ウシは生存するが，成長は悪い．

表28.3 (続き)催奇形性により胚子発生に異常を起こす化学物質，環境汚染物質，感染因子，代謝異常，物理的因子，有毒植物および薬剤

薬品，異常，因子	感染性のある動物種	解　説
ゲンゲ(*Astragalus*)属，オヤマノエンドウ(*Oxytropis*)属	ヒツジ，ウシ，ウマ	妊娠ヒツジが*Astragalus*属や*Oxytropis*属などのロコ草を食べると，その子ヒツジに下顎短小，関節拘縮あるいは過伸展，四肢の回旋，骨粗鬆症および脆弱骨などの先天異常が発現する．胎子死あるいは流産もこの有毒植物を食べた妊娠ヒツジに起こることがある．ロコ草を食べた妊娠ウシから生まれる子ウシには永続する手根関節の弯曲と拘縮した腱などの発生異常がある．ウマでは四肢先天異常が報告されている．
ドクニンジン(*Conium maculatum*)	ウシ，ブタ，ウマ，ヒツジ	ドクニンジンによる先天性の骨格異常がウシとブタで報告されている．ドクニンジン毒と呼ばれるこの植物の有毒作用はウマとヒツジではそれほど明らかではない．草食類において，ドクニンジンアルカロイドは運動神経終末の麻痺と過剰刺激を起こし，その後，中枢神経系の機能低下が起こる．ドクニンジンには少なくとも5種のピペリジンアルカロイドが含まれ，そのうちコニインとγ-コニセインには催奇形性があると考えられている．ドクニンジンを食べた妊娠ブタから四肢先天異常，口蓋裂および筋肉性の振せんを持った子ブタの分娩報告がある．ピペリジンアルカロイドは妊娠43～53日の間にドクニンジンを食べたブタの子ブタに関節弯曲症と脊柱変形を引き起こす．同様な奇形は妊娠55～75日に摂取したウシにおいてもみられている．ブタで妊娠30～45日に摂取すると，子ブタに口蓋裂が起きる．
ハウチワマメ(*Lupinus*)属	ウシ	妊娠ウシがある種の野生のハウチワマメを摂取すると，子ウシに四肢，特に前肢の先天異常が起こる．ハウチワマメには100以上の品種があり，それらのうちのいくつかは毒性と催奇形性を持っている．給餌試験と疫学的データから，*Lupinus laxiflorus*，*Lupinus caudatus*，*Lupinus sericeus*および*Lupinus formosus*が「弯曲ウシ」に関与している．キノリジンアルカロイドであるアナギリンが多くのハウチワマメに含まれる催奇形性因子であると考えられている．しかしながら，*Lupinus formosus*はごく微量のアナギリンと高濃度のピペリジンアルカロイドであるアモデンドリンを含み，アモデンドリンもまた妊娠ウシに催奇形性を有する．四肢の奇形としては，関節異形成と骨の短小と回旋を伴った屈筋の拘縮と関節弯曲症がみられる．ハウチワマメのアルカロイドの鎮静あるいは麻酔作用により胎子の動きが欠如することで，骨格異常が観察されるのかもしれない．口蓋裂もまたこの病気の特徴である．
タバコ *Nicotiana tabacum*	ブタ，ウシ，ヒツジ	*Nicotiana tabacum*を妊娠22～53日のブタが摂取すると，子ブタに関節弯曲症としばしば下顎短小と脊柱背弯症が生じる．このさまざまなバーレー種のタバコに含まれる催奇形因子はピペリジンアルカロイドであるアナバシンである．口蓋裂と関節弯曲症もまた*Nicotiana glauca*(樹木性タバコ)を与えた妊娠ウシとヒツジで実験的に生じている．この植物は味がよくないので，ウシやヒツジにおいて通常病気は起こさない．
Veratrum californicum(カリフォルニアバイケイソウ)	ヒツジ，ウシ，ヤギ	妊娠早期母体にバイケイ草の一種である*Veratrum californicum*を与えると，その子に頭部や他の部に激しい先天異常が起きる．妊娠ヒツジが特定の妊娠時期にこの植物を摂取すると，頭部の先天性単眼症，下垂体の欠損や変位，口蓋裂，四肢の先天異常あるいは気管狭窄が起こる．胚子死と胚吸収が起きることもある．妊娠ウシが*Veratrum californicum*を摂取すると，口蓋裂，合指(趾)症または他の四肢先天異常が起こる．ヒツジ，ウシ，ヤギがこの有毒植物に含まれる

表28.3 （続き）催奇形性により胚子発生に異常を起こす化学物質，環境汚染物質，感染因子，代謝異常，物理的因子，有毒植物および薬剤

薬品，異常，因子	感染性のある動物種	解　説
		催奇形因子に感受性があるが，野外例の報告はヒツジだけである．長期在胎が *Veratrum californicum* を摂取したヒツジで起きる．*Veratrum californicum* に含まれる50種以上のステロイドアルカロイドのうち，シクロパミン，シクロポシン，ジャービンが神経管形成時の胚子発生において障害を生じる催奇形性成分である．これらの有毒アルカロイドはソニックヘッジホッグシグナル伝達を阻害することが知られている．これらの毒性発現機序はソニックヘッジホッグシグナル伝達経路の構成成分を阻害し，多分，膜貫通タンパク質であるsmoothenedとの相互作用の結果である．骨の発生への影響は軟骨代謝を阻害することに起因する．
●治療薬		
アゾール化合物	ヒト，げっ歯類，おそらく他の動物	これらの化合物はヒトおよび動物における静真菌活性のために治療的に使用される．フルコナゾールはげっ歯類で催奇形性であり，妊娠中にこの抗真菌薬を高用量服用した母親から生まれた赤ちゃんの骨格および心臓の変形と関連する．催奇形性のリスクがあるため，アゾール薬は妊娠中の動物には禁忌である．
アンギオテンシン変換酵素阻害薬	ヒト	これら抗高血圧薬は妊娠初期1/3の期間の胚児には影響がない．中期1/3および後期1/3に暴露されると，羊水過少，肺動脈低形成，子宮内発育遅延，頭蓋低形成および腎臓機能不全を引き起こす．胎児死あるいは新生児の死亡はこの薬剤の作用である胎児の重篤な低血圧に起因する．
ベンゾジアゼピン	ヒト	一般に鎮静薬として用いられるジアゼパム，クロルジアゼポキシド，オキサゼパムなど一連の精神賦活薬は，容易に胎盤関門を通過する．妊娠初期1/3に，この薬剤は頭部顔面異常や一時的禁断症状を起こすことがある．
ベンズイミダゾール化合物	ヒツジ	ベンズイミダゾール化合物は家畜に駆虫薬として，広く使用されている．妊娠14〜24日のヒツジに投与されると，胎子の骨格，腎臓および脈管に異常を生じる．
カルバマゼピン	ヒト	てんかんの管理に用いられるこの薬剤は頭部顔面異常，爪の低形成および子宮内発育遅延など一連の異常を引き起こす．妊娠初期1/3にこの薬剤を摂取した妊婦から生まれる子供は神経管異常の危険性が増大する．カルバマゼピンの代謝におけるエポキシド中間体は胎児に先天異常を誘発する．
クマリン誘導体	ヒト	これら抗凝血薬は胎盤関門を通過し，鼻の低形成，点状骨，子宮内発達遅延，また眼球，手，頸部，中枢神経系の異常を起こす．胎児は妊娠6〜14週が暴露に対して特に感受性が高い．妊娠初期1/3における出血は異常を引き起こさないようであるが，その時期以降にいつでも起きる中枢神経系の異常は胎児の出血と関係がある可能性がある．新生児期の出血も起きる．
ジエチルスチルベステロール	ヒト，マウス	1938年に最初に合成されたこの合成エストロゲンは女性のホルモン不均衡の制御のために使用された．10年後にあたる1948年，この合成エストロゲンを妊娠初期に摂取すると流産を防ぐことを示唆する研究が発表された．その後，ジエチルスチルベストロールの治療上の利点の証拠がないにも関わらず，妊婦に20年以上に渡って処方された．子宮内でジエチルスチルベストロールに暴露され

表28.3 （続き）催奇形性により胚子発生に異常を起こす化学物質，環境汚染物質，感染因子，代謝異常，物理的因子，有毒植物および薬剤

薬品，異常，因子	感染性のある動物種	解 説
		た胎児の正確な数は記録されていないが，数百万人と推定される．ジエチルスチルベステロールには体重の増加を促進する作用があり，肉牛に投与され，食肉中に残留した．この化合物はエストロゲン受容体を持った組織を刺激するために，発生中の雄，雌両方の生殖器に構造的，機能的異常を引き起こす．マウスにジエチルスチルベステロールを暴露すると，雌胎子では子宮と卵管の構造が異常となり，雄胎子では精巣と精巣上体に異常が起きる．妊娠初期にジエチルスチルベステロールを投与された妊婦から生まれた女の子は生殖管の形態異常と膣と子宮頸管の腺癌の発生の危険性が増加する．男の子では精巣上体嚢胞と精巣発育不全など生殖器官の異常の発生頻度が高まる．実験的に妊娠マウスで，ジエチルスチルベステロールが中腎傍（ミューラー）管におけるHoxa-10の発現を抑制することが示されている．Hox遺伝子発現に関連してWntタンパク質は子宮の発生に影響を与えている．エストロゲン受容体を介して働くジエチルスチルベステロールはWnt-7a遺伝子発現を抑制し，このためHox遺伝子発現が妨げられる．Hox遺伝子がなければ，発生中の子宮における細胞増殖に必要なタンパク質をコードしているWnt-5aの活性が阻害される．
ドキシサイクリン	ヒト	ドキシサイクリンは妊娠の初期1/3の期間に発生するヒト胎児にリスクを与える可能性がある．
グリセオフルビン	イヌ，ネコ，ウマ；ヒトも感受性がある	この抗真菌化合物は皮膚への真菌感染に対して経口的に用いられる．毒性効果は骨髄抑制と，特に雌ウマにおける催奇形性である．
炭酸リチウム	ヒト	リチウム治療は躁鬱病患者に対して抗鬱薬として広く用いられている．妊娠中に炭酸リチウムを投薬されると主に心大血管先天異常の発生頻度が増加する．
メタドン	ヒト	メタドンはヘロイン中毒に用いられ，「行動催奇形因子」と考えられている．メタドン治療を受けている母親から生まれた子供は低体重で中枢神経系異常もある．麻薬依存症の女性はアルコールを含む他の薬物も同時に用いているので，メタドンの影響ははっきりと立証されているわけではない．
メサリビュア（Methallibure）	ブタ	下垂体性性腺刺激ホルモン阻害薬であるこの薬剤はブタにおける発情調節に用いられる．妊娠早期に投与されると，メサリビュアは子ブタに頭蓋と四肢の異常を起こす．
ミノサイクリン	ヒト	ミノサイクリンは妊娠の初期1/3の期間に発生するヒト胎児にリスクを与える可能性がある．
フェニトイン	ヒト	てんかんの管理に用いられるこの薬剤はさまざまな先天異常を起こす．フェニトインやヒダントインを妊娠初期1/3に投与された妊婦から小頭症，精神発達遅滞，口蓋裂，爪の低形成および指趾骨形成不全などを含む異常を持った子供が生まれる．フェニトインの代謝物であるエポキシド中間体が胎児の奇形を誘導する．
ストレプトマイシン	ヒト	妊娠母体に対する長期間のストレプトマイシン投与は子供に聴覚障害を起こす．ストレプトマイシンの聴覚毒性活性は第八脳神経に対する有害作用と関連する．

表28.3 （続き）催奇形性により胚子発生に異常を起こす化学物質，環境汚染物質，感染因子，代謝異常，物理的因子，有毒植物および薬剤

薬品，異常，因子	感染性のある動物種	解説
テトラサイクリン	ヒト	妊婦がテトラサイクリンによる治療を受けると，骨と歯が着色した子供が生まれる．高用量投与されると，エナメル質低形成が起きる．テトラサイクリンは石灰化組織と影響しあうので，この着色効果は妊娠初期1／3の後期以降に暴露されたときのみ観察される．
トリメタジオン	ヒト	てんかんの治療薬として用いられるこの薬は，近年，他の抗てんかん薬に取って代えられるようになってきた．しばしば定型的な治療で症状が不適切に調節されている患者に対して用いられる．妊婦にトリメタジオンが投与されると，出生前と出生後の発育遅延，V字型眉毛，低位耳介，口唇裂と口蓋裂，乱生歯および心臓や中枢神経系の異常を特徴とする「胎児トリメタジオン症候群」を起こす．この薬剤は細胞膜の透過性に影響を与えるが，催奇形性の発現機序はまだ不明である．
トリメトプリム-サルファメトキサゾール	ヒト	トリメトプリム-サルファメトキサゾールは妊娠の初期1／3の期間に発生するヒト胎児にリスクを与える薬剤の組み合わせである可能性がある．
バルプロ酸	ヒト，げっ歯類，ヒト以外の霊長類	バルプロ酸は抗てんかん薬として広く使用されており，ヒト，げっ歯類およびヒト以外の霊長類に対して催奇形性がある．ヒトにおいて子宮内暴露を受けると，神経系，頭顔面部，心臓血管系および骨格系に異常を起こす．マウス胎子もヒト胎児と同様にこの薬剤に感受性がある．二分脊椎はバルプロ酸の子宮内暴露の結果として認められ，その後，この薬剤はその他の奇形も誘発することが分かった．
フルオロキノロン	ヒト	胎児の軟骨と骨に対し催奇形性があるため，フルオロキノロンは妊婦には禁忌である．
スルホンアミド	ヒト	この抗菌薬は血漿アルブミンと結合することによりビリルビンを遊離し，新生児高ビリルビン血症を起こすことがあるため，妊娠後期1／3での投与は禁忌である．新生児では，遊離ビリルビンは脳の大脳核や視床下部の神経核に沈着し，核黄疸と呼ばれる脳障害を起こす．
サリドマイド	ヒト，ヒト以外の霊長類，ウサギにも感受性がある	1950年代後半から1960年代前半に，妊娠中に軽い鎮静薬であるサリドマイドを飲んだ妊婦から重度の先天異常を持った子供が10,000人以上生まれた．サリドマイドは妊娠約20～36日に催奇形性を及ぼす．四肢の長骨が形成不全あるいは欠損した状態であるアザラシ肢症，食道や十二指腸の閉鎖，心室中隔欠損，眼や耳の欠損および無腎などが高頻度に発生する異常であると報告されている．サリドマイドの催奇形性発現機序として，発生中の肢芽，その他の領域において，二つの標的遺伝子の転写のダウンレギュレーションを引き起こす部位へ結合することにより血管新生因子の生成を阻害することが考えられている．
●癌の化学療法薬 アルキル化薬		
ブスルファン シクロホスファミド	ヒト	これら細胞毒性のある薬剤は癌の化学療法に広く使われており，DNAを障害することにより細胞の複製を阻害する．発育遅延，血管異常，合指症および他の小異常がこれら薬剤投与による異常として報告されている．催奇形性発現の危険性は胚児あるいは胎児の胎齢や投与量に関連している．

表28.3 (続き)催奇形性により胚子発生に異常を起こす化学物質，環境汚染物質，感染因子，代謝異常，物理的因子，有毒植物および薬剤

薬品，異常，因子	感染性のある動物種	解 説
●代謝拮抗薬		
メトトレキサート メルカプトプリン	ヒト	メトトレキサートは葉酸拮抗薬であり，プリンあるいはピリミジンの合成に必須のジヒドロ葉酸還元酵素を阻害する．メルカプトプリンはプリンの類似体である．これらの薬剤は細胞増殖を抑制することで催奇形性効果を示す．子宮内発育遅延，小頭症，水頭症，口蓋裂および生後の発育遅延や精神発達遅滞などが，これら薬剤暴露により発現する．
●天然物		
マイトマイシン	ヒト，マウス	抗生物質に分類されるこの細胞毒性薬剤は細胞分裂を阻止する．原始線条期のマウス胚子に単回投与すると，広範な細胞死を起こし，その結果，神経板の時期に細胞数が極めて減少する．大部分の胚子は生存し，器官形成期の終期までは外観的には正常である．10%以下の胚子は小眼球症を主とした肉眼的にみえる異常を示す．外観的に正常である場合でも，新生子は重度の神経異常があり，離乳期まで生存することはほとんどない．

た研究には限界がある．サリドマイドはヒト，ヒト以外の霊長類およびウサギには強い催奇形性があるが，多くの実験動物に対して催奇形性はない．薬の前臨床試験は当然妊娠の可能性がある女性を除外しているので，人体用の新薬の催奇形作用はこの試験では評価されない．催奇形性を持っていることが知られている治療薬が食用動物に投与されると，しばしば乳あるいは肉に現れることがある．ある種の家畜に対するベンズイミダゾール類などある種の駆虫薬の既知の催奇形性を考慮して，生産者は駆虫薬の組織残留と関連した消費者の危険性があるため，駆虫薬の中止時期を厳密に守るべきである．

悪性腫瘍の治療に用いる細胞毒性のある薬

細胞毒性を持つ因子はその性質から，細胞周期のある時期に作用し，そのため分裂細胞に対してのみ活性を示す．悪性腫瘍の治療において，腫瘍細胞の増殖を停止させるために処方される細胞毒性を持つ薬剤はＤＮＡ複製を直接的あるいは間接的に阻害する．細胞分裂阻害の結果，胚子あるいは胎子への暴露は子宮内死亡から先天異常までさまざまな深刻な発生障害を引き起こす．悪性腫瘍に対する多くの化学療法薬は実際に催奇形性を示し，あるいは催奇形性を示す可能性があるので，特に妊娠の前1/3の時期の妊婦には処方すべきではない．細胞毒性のある薬はその作用様式あるいは由来などを基に分類されている．大きな分類項目として，アルキル化薬，代謝拮抗薬，天然物質，ホルモンとその拮抗薬および多様な活性を持つ化合物を含んだその他に分類されている．妊娠中に多くの細胞毒性薬を投与されると，胚子死あるいは暴露時期により器官原基に特異的障害が起きる．細胞毒性のある薬の低濃度暴露では，増殖細胞の突然変異の頻度が増加する．

有毒植物

多くの有毒植物が動物において先天異常と関連があり，催奇形性を有するいくつかの毒性物質が確認されている(**表28.3**)．植物の催奇形因子にはかなりの種差が認められている．胚子や胎子が植物性催奇形因子に対して，特に感受性の高い妊娠時期が明確にある．この高感受性の例として，バイケイ草の一種(*Veratrum californicum*；カリフォルニアバイケイソウ)をヒツジが妊娠14日目に摂取すると先天性単眼症を発症することが知られている．この植物から生じるアルカロイドであるジャービンやシクロパミンはヘッジホッグシグナル伝達を選択的に阻害する．有毒植物の摂取に

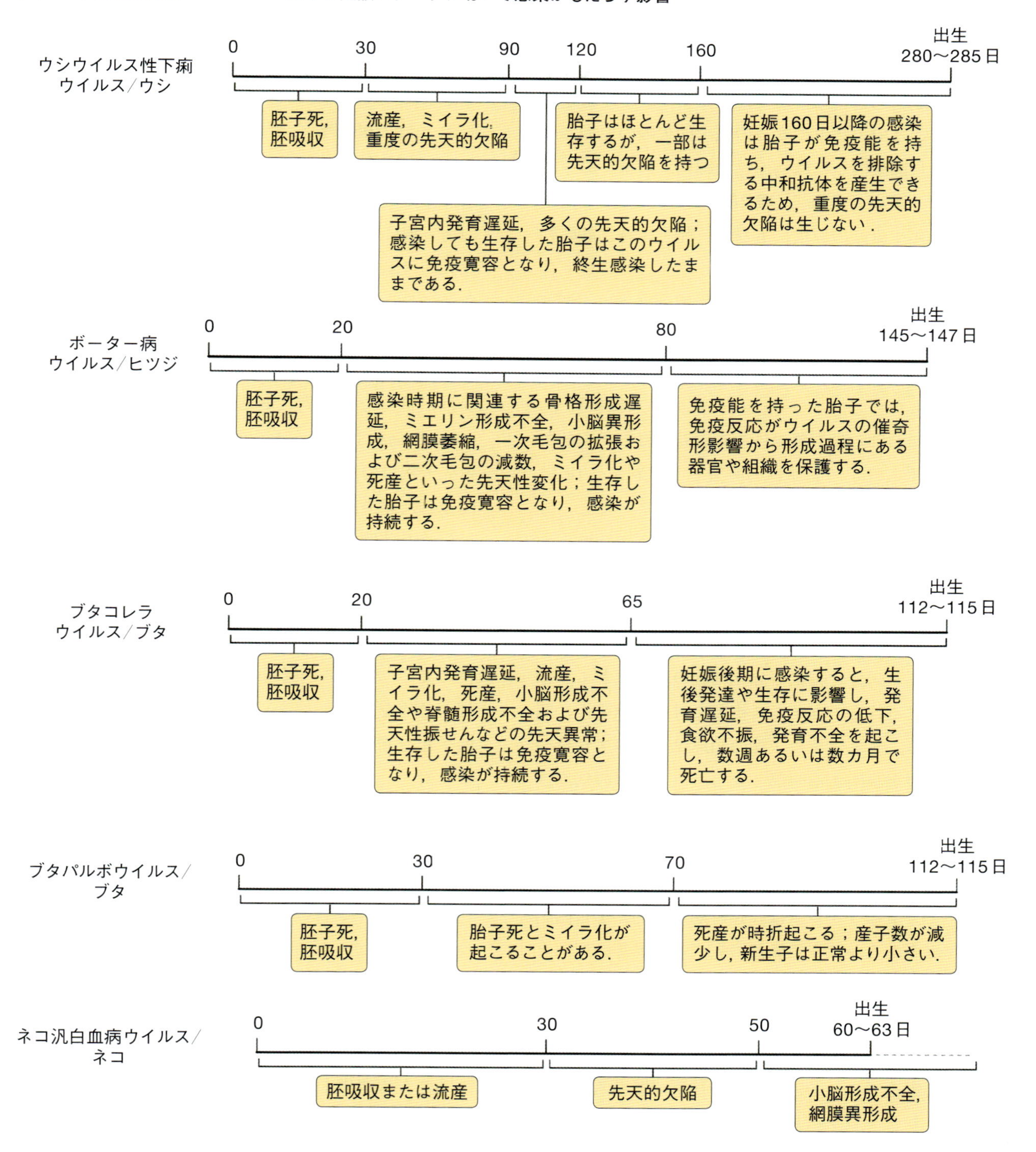

図 28.2 各家畜のさまざまな妊娠時期における催奇形ウイルスの子宮内感染による影響．

よって誘発される先天奇形として，骨格異常，口蓋裂および気管狭窄などがある．特有な植物の毒性アルカロイドは胚子の細胞の移動を阻害し，他の植物性催奇形因子は発生中の胎子に対する鎮静あるいは麻酔作用によりその効果を表すことがある．

感染因子

多くの感染因子 (infectious agent) は胎盤を障害したり，胎盤関門を通過したり，発生中の胚子や胎子に感染することで，ヒトや家畜の先天的欠陥の原因となる．これら感染因子には病原性の細菌，真菌，原虫およびウイルスが含まれる (**表28.3**)．これら因子はまた，胎子死や流産の原因にもなる．胚子は特に妊娠初期に感染因子の影響を受けやすいため，これら病原体の多くは，母体への妊娠初期の一次感染の後に，深刻な先天的欠陥を引き起こす可能性がある．妊娠動物への生ワクチンの接種は発生中の胚子または胎子に催奇形作用をもたらし得る．感染因子がもたらす障害性や，妊娠期中における最も感受性の高い時期は，先天的欠陥を誘導する特定の病原性の特徴として判定される．ウイルスは胚子や胎子組織中で複製されていると，細胞の増殖や分化あるいは成熟の阻害となる．胎盤炎や胎子組織ネクローシスはそれぞれ胎盤あるいは発生中の胎子組織内におけるウイルス複製による結果である．ウイルス催奇形性の強弱は，特定のウイルスが接触し侵入する未分化細胞や分化細胞の感受性および細胞内における特定のウイルス複製に対する感受性に関連している．あるウイルス株の相違はウイルスが持つ催奇形作用を説明する一部となる．ウイルスの病原性や胚子･胎子組織への効果，感染が成立した妊娠ステージ，胎子の免疫能力の度合いといった項目から，ウイルス子宮内感染の帰結を決定し得る (**表28.2**)．ヒトにおいて，風疹ウイルスは妊娠時期特異的に子宮内胎児死，流産あるいは主要臓器の先天性奇形等の原因となる．妊娠したウシ，ヒツジ，ヤギへのアカバネウイルスの感染は胎子発生時期に関連して先天的欠陥の原因となる．関節拘縮症，水無脳症，流産や胎子死は，これらの家畜では，子宮内感染の後遺症である可能性がある．シュマレンベルクウイルスの子宮内感染を原因とする子ウシ，子ヒツジ，子ヤギに生じる先天的欠陥はアカバネウイルス感染により生じる同様の欠陥に相似する．ほとんどのウイルス病原が妊娠初期に感染した場合，深刻な欠陥を誘導する傾向がある一方で，ヒツジやヤギへの妊娠後期における *Toxoplasma gondii* 原虫感染は流産を生じさせる傾向にある．

ヒトにおいて，最も催奇形因子への感受性が高い時期はおよそ妊娠18～40日齢の器官形成期である．妊娠40日齢以降の催奇形因子への暴露は生殖器あるいは泌尿器，口蓋，脳に奇形をもたらす．家畜の妊娠期間はネコの63日からウマの約330日と幅が広いが，これら家畜すべてにおける胚子の感受性が最も高い時期は器官形成期である．病原それぞれの特異性は病原の宿主域に制限される．これら特異性の結果，動物の先天的欠陥と関連したウイルスは一種もしくは限られた種にのみ疾患を引き起こす．この特異性はネコに限定して感染するネコ汎白血球減少症ウイルスの催奇形性から明らかになった．一方で，細菌や原虫は宿主特異性が低くなる傾向にある病原性原虫である，*Toxoplasma gondii* はヒト，ヒツジ，ヤギおよびブタにおける先天疾患の原因となる．ヒトや家畜の先天的欠陥に関連した感染因子は，胎盤関門を通過し胚子組織や胎子組織を破壊することにより，あるいは細胞成長，細胞分化，細胞移行を阻害することで，形態形成異常の原因となる．ヒトや動物において先天的欠陥に関連する感染症の大半は胎盤や胚子あるいは胎子組織に親和性の高いウイルスが原因となる．胎子内のウイルス増幅が急速なときは，例え感染が妊娠の後期であっても胎子死や流産は発生しやすくなる．発生中の胚子や胎子に対し，催奇形ウイルスがもたらす障害は胚子死，胚子吸収，ミイラ化，流産および死産から肉眼的あるいは組織学的に認められる奇形形成に至るまでと幅が広い．SMEDIとは，ブタの生殖系疾患を表し，死産 (stillbirth)，ミイラ化 (mummification)，胚子死 (embryonic death)，不妊 (infertility) の頭文字から取られた (**表28.6**)．感染因子による組織・器官ダメージや感染が生じる妊娠時期に依存して，臨床症状は重度の先天的欠陥から出生後の神経学的行動でわずかに識別できる変化までさまざまとなる．胎子がウイルス感染に対して免疫的抵抗を有していた場合，免疫反応はウイルス感染を出生後の胎子に起こる障害を最小に抑えることが可能となる．

ヒトや動物集団に発生異常を誘導する細菌や原虫は限定的な種である．しかしながら，細菌の病原性は広く家畜の流産に関係している．家畜の流産に関わる細菌，ウイルス，原虫および真菌の一覧を**表28.4**から

表28.4 ウシ流産に関与する感染因子

因子	解説
細菌	
Bacillus licheniformis	散発性の流産を起こす.
Brucella abortus	多くの国で流産の主因.
Brucella melitensis	散発性の流産を起こす.
Campylobacter fetus 亜種 *venerealis*	時折, 流産を起こす.
Chlamydophila abortus	妊娠後半に散発的な流産を起こす.
Anaplasma phagocytophilum	妊娠後半に流産を起こす.
Leptospira interrogans 血清型	妊娠6カ月以降に流産を起こす.
Listeria monocytogenes	妊娠後期に散発的に流産を起こす.
Salmonella Dublinや他の血清型	群内に散発的あるいは流行性に流産を起こす.
Ureaplasma diversum	妊娠後期に散発的な流産を起こす.
真菌	
Aspergillus fumigatus	妊娠後期に散発的な流産を起こす.
Mortierella wolfii	妊娠後期に散発的な流産を起こす.
原虫	
Neospora caninum	多くの国で流産の主因となる.
Trichomonas foetus	一般に早期胚子死. すなわちまれに妊娠の前半に流産を起こす.
ウイルス	
アカバネウイルス	胎子死, 流産, 死産. すなわち先天異常の主因
ウシウイルス性下痢ウイルス	胎子死, 流産あるいは先天異常
ウシ伝染性鼻気管炎ウイルス	胎子死, 妊娠5カ月以降に流産
リフトバレー熱ウイルス	胎子死, 流産
シュマレンベルクウイルス	胎子死, 流産, 死産. すなわち先天異常の主因

表28.9に示した. これらの中には, *Brucella*属菌や, *Leptospira interogans*血清型や*Salmonella*血清型が含まれ, ウシやブタの流産における顕著な特徴となる.

表28.5 ヒツジ流産に関与する感染因子

因子	解説
細菌	
Bacillus licheniformis	散発性に流産を起こす.
Brucella melitensis	多くの国で流産の最大の原因となる. 胎盤炎が本疾患の特徴である.
Brucella ovis	散発性の流産を起こす；胎子のミイラ化や自己融解が時に観察される.
Campylobacter fetus 亜種	胎盤炎の結果, 妊娠後期に流産を起こす.
Campylobacter jejuni	妊娠後期に流産が起きることが多い.
Chlamydophila abortus	地方性のヒツジ流産を起こす. 流産のほとんどが胎盤炎の結果, 妊娠末期1カ月に起こる.
Coxiella burnetii	妊娠後期にまれに流産が起きる.
Anaplasma phagocytophilum	妊娠後期に流産が起きる.
Listeria monocytogenes	散発性流産を起こす. 流産は妊娠後期に胎盤炎を伴う.
Salmonella 血清型	多くのサルモネラ菌血清型が妊娠後期に流産の原因となる. *Salmonella* Dublinと*Salmonella* Typhimuriumは全身症状と流産を引き起こす.
原虫	
Toxoplasma gondii	ヒツジ流産の主因. ヒツジでは妊娠後期の流産と周産期死亡が多い.
ウイルス	
アカバネウイルス	妊娠後期に胎子が感染すると流産が起きる.
ブルータングウイルス	いくつかのブルータングウイルス種は流産とともに先天性欠陥の原因となる.
Cache Valleyウイルス	時折, 先天性欠陥と流産を起こす.
リフトバレー熱ウイルス	新生子ヒツジへの高い致死性疾患と妊娠個体への流産の原因となる.
シュマレンベルクウイルス	胎子死, 流産, 死産の原因となる. すなわち先天性欠陥の主因である.
ウェッセルブロンウイルス	ヒツジの流産や新生子死の主因となる.

表28.6 ブタ流産に関与する感染因子

因子	解説
細菌	
Brucella suis	妊娠後半に流産を起こす.
Erysipelothrix rhusiopathiae	全身症状とともに流産を起こす.
Leptospira interrogans 血清型	妊娠後期の流産
ウイルス	
アフリカブタコレラウイルス	全身症状とともに高率で流産を起こす.
コレラウイルス	母体の重篤感染に伴い一般に流産が起こる. すなわち本感染症の特徴としてSMEDI症候群を示す.
日本脳炎ウイルス	流産と死産が起こる.
ブタエンテロウイルス	SMEDI症候群および散発性流産が起こる.
ブタヘルペスウイルス1（オーエスキー病ウイルス）	流産は発熱と全身症状に続発する. すなわちSMEDI症候群も認められる.
ブタパルボウイルス	SMEDI症候群が本ウイルス感染の特徴となる.
ブタ繁殖・呼吸障害症候群ウイルス	本ウイルスの感染後, 妊娠後期の流産が起こる. すなわちSMEDI症候群が感染群で起こる.

表28.8 イヌの流産に関与する感染因子

因子	解説
細菌	
Brucella canis	繁殖能力の低下と流産が本細菌感染の特徴である.
原虫	
Neospora canium	まれに流産を起こす.
ウイルス	
イヌヘルペスウイルス1	母体への一次感染により, 流産あるいは死産を起こす.

先天性疾患の病因の評価

フィールド調査によるデータとラボ実験で胎子から得られた研究成果とを詳細に評価することは，発生した先天性疾患が遺伝性因子・染色体性因子に起因するものであるか，あるいは催奇形性因子によるものであるか診断するのに必要である（**表28.10**）．一群の妊娠動物から何らかの疾病が発生した際，群の病歴を調べることは先天的欠陥の原因を検討するのに有用である．発症した動物種や個体数，さらにはその疾病の特徴に実験に基づいた知見を加えたものは，発生した先天的欠陥の病因を確定するのに十分な情報となる．

ラボ実験での解析は先天性疾患における遺伝子型・染色体型を確認するために行われ，これらには核型分

表28.7 ウマ流産に関与する感染因子

因子	解説
細菌	
Ehrlicha risticii	妊娠後半期に流産を起こす.
Leptospira interrogans 血清型	急性レプトスピラ症により流産を起こす.
真菌	
Aspergillus fumigatus	真菌性胎盤炎により, 妊娠後期に流産を起こす.
ウイルス	
ウマヘルペスウイルス1	妊娠8カ月以降に起きる流産の主因である. すなわちウマヘルペスウイルス4は散発性流産を起こす.
ウマ動脈炎ウイルス	感染により高率の流産原因となる. すなわち死産もこのウイルス感染の特徴である.

表28.9 ネコの流産もしくは早期胚子死に関与する感染因子

因子	解説
ウイルス	
ネコ白血病ウイルス	感染母体の繁殖能力の低下を高頻度で起こす. すなわち早期胚子死および妊娠中間で流産が起こる.
ネコ汎白血球減少症ウイルス	本パルボウイルスの妊娠初期子宮内感染により胚吸収あるいは流産が起こる. すなわち妊娠後期に感染すると小脳形成不全が起こる.

表28.10 動物において先天的疾患へ関与する遺伝性因子，染色体性因子あるいは催奇形因子の特徴

特 徴	遺伝性・染色体性病因	催奇形因子
欠陥の性質	異常動物の表現型が，決まった一定のものとなる．	一般に多様なものとなる．すなわち発生異常は因子に暴露された胚子あるいは胎子の妊娠日齢に関連している．
動物における欠陥の分布パターン	限定された群あるいは品種においてより多発する．	動物の品種に関係しない．
欠陥動物数	一般的に長期間で散発する．	一農場あるいは一繁殖単位で多くの個体が以上を示す．
地理的分布	分布は限定された地域で特別な品種に限定される．	異常は品種に関係がなく，ある動物種に限定され，感受性がある動物種の別々の群れに影響が出る．
病気発症の機序	一般に，欠陥は特定の組織あるいは器官，タンパク質構造に現れる．	組織変化や発生異常が複数の器官に現れる．
環境因子が疾患発症に果たす役割	一般に環境因子に関連しない．臨床症状は環境の影響に左右されることがある．	通常，先天的欠陥は環境汚染因子や物理的障害因子への暴露あるいは有毒植物の摂取や特定の治薬の摂取や病原性微生物の感染に関連する．

析，家系分析および遺伝子型判定が含まれる．核型分析は明らかな染色体異常を検出する際に用いられる．家系分析は対象動物の系統や品種の遺伝的背景に関連した情報の抽出に用いられる．遺伝子型判定は対立遺伝子や遺伝子形質マーカーの同定に用いられる．先天性疾患の病因における化学物質，薬剤，環境汚染物質，代謝障害物質および有毒植物の役割を確認するには，病理学的検査，毒性学的検査あるいはその他ラボ実験的調査が必要である．感染因子を扱う際，胎子血清中にその病原に対する抗体が存在することは子宮内感染を意味する．胎子組織からの感染因子の単離や胎子組織から特定の感染因子やそれに極めて似た因子のDNA配列を同定することは，先天性疾患の病因にこれら因子の関与を特定させる．

結　語

これまでのところ，催奇形の可能性を有し国家間にまたがり分散された新規化合物に関する調査は求められていない．製造元のほとんどは，高コストや実用の遅延を理由に，地上に散乱している化学物質の催奇形効果を検証することに抵抗している．環境に有害な効果を持つ化学物質の分散の制限を目的とした国際協定は先進国によって厳しく遂行される必要がある．疑わしい化合物を正確に評価できる知識の欠けた国々は，製造者が提供するデータに依存せねばならない．こういった化学物質の製造元が出すデータシートに催奇形性はほとんど記載されていない．

動物およびヒトの集団において重篤な催奇形効果をもたらした環境汚染の多くの例にも関わらず，化学物質における催奇形性を決定する操作手順書の多くは恣意的であり，選択されるスクリーニング法は均一性を欠いている．いくつかの政府機関は，環境保護や食品の安全や健康の責任を担っているにも関わらず，催奇形性が報告されている化学物質を調査している研究者によって挙げられた健康問題に無関心であり続けている．催奇形効果のある化学物質の販売促進，流通および販売を禁止するためには，国際協定の締結が至急求められている．催奇形物質の適正な管理を定めた法令を制定するとき，科学的および政治的問題が上がってくる．そして科学者はヒトや動物の健康に関するこの重要な側面を扱うことの緊急性や催奇形性汚染物質の環境への影響を政治家や社会に説明するのに中心的な役割を果たすべきである．除草剤，殺虫剤および安定剤としてプラスチックに組み込まれている物質を含む，多数の人工物質はホルモンまたは抗ホルモン作用を有している．受容体に対するこれら物質の親和性は一般的に比較的弱いものではあるが，その数は多く，生物濃縮や環境中への残留が，内分泌撹乱物質として，現世代への毒性効果や次世代以降へ潜在的な作用を及

ぼす懸念が浮上している．

（下川哲哉・美名口　順・杉山真言　訳）

さらに学びたい人へ

Bates, R.O., Doumit, M.E., Raney, N.E., Helman, E.E. and Ernst, C.W. (2012) Association of halothane sensitivity with growth and meat quality in pigs. *Animal* 6, 1537-1542.

Bedu, A.S., Labruyère, J.J., Thibaud, J.L. et al. (2012) Age-related thoracic radiographic changes in golden and Labrador retriever muscular dystrophy. *Veterinary Radiological Ultrasound* 53, 492-500.

Brent, R.L. and Beckman, D.A. (1999) Teratogens. In E. Knobil and J.D. Neill (eds), *Encyclopedia of Reproduction*, Vol. 4. Academic Press, San Diego, CA, pp. 735-749.

Carefoot, W.C. (2002) Hen-feathering mutation HF*H may act as a eumelanising factor and modify the expression of autosomal barring. *British Poultry Science* 43, 391-394.

Carlson, B.M. (2013) *Human Embryology and Developmental Biology*, 5th edn. Elsevier Health Sciences, Philadelphia, PA.

Cheeke, P.R. (1998) *Natural Toxicants in Feeds, Forages and Poisonous Plants*, 2nd edn. Interstate Publishers, Danville, IL.

Cordell, H.J., Bentham, J., Topf, A. et al. (2013) Genome-wide association study of multiple congenital heart disease phenotypes identifies a susceptibility locus for atrial septal defect at chromosome 4p16. *Nature Genetics* 45, 822-824.

Fauci, A.S. and Morens, D.M. (2016) Zika virus in the Americas - yet another arbovirus threat. *New England Journal of Medicine* 374, 601-604.

Feuk, L. (2010) Inversion variants in the human genome: role in disease and genome architecture. *Genome Medicine* 2, 11.

Feuk, L., Carson, A.R. and Scherer, S.W. (2006) Structural variation in the human genome. *Nature Reviews in Genetics* 7, 85-97.

Finnell, R.H., Gellineau-Van Waes, J., Eudy, J.D. and Rosenquist, T.H. (2002) Molecular basis of environmentally induced birth defects. *Annual Review of Pharmacology and Toxicology* 42, 181-208.

Frazer, K.A., Murray, S.S., Schork, N.J. and Topol, E.J. (2009). Human genetic variation and its contribution to complex traits. *Nature Reviews in Genetics* 10, 241-251.

Gilbert, S.F. (2013) *Developmental Biology*, 10th edn. Sinauer Associates, Sunderland, MA.

James, L.F., Panter, K.E., Gaffield, W. and Molyneux R.J. (2004) Biomedical applications of poisonous plant research. *Journal of Agricultural Food Chemistry* 52, 3211-3230.

Landrigan, P.J. and Benbrook, C. (2015). GMOs, herbicides and public health. *New England Journal of Medicine* 373, 693-695.

Luthardt, F.W. and Keitges, E. (2001). Chromosomal Syndromes and Genetic Disease. In *Encyclopedia of Life Sciences*. John Wiley & Sons, Chichester.

MacLachlan, N.J. and Dubovi, E.J. (2011) *Fenner's Veterinary Virology*, 4th edn. Academic Press, San Diego, CA.

Mangold, E., Ludwig, K.U., Birnbaum, S. et al. (2010) Genome-wide association study identifies two susceptibility loci for nonsyndromic cleft lip with or without cleft palate. *Nature Genetics* 42, 24-26.

Mlakar, J., Korva, M., Nataša, T. et al. (2016) Zika virus associated with microcephaly. *New England Journal of Medicine* 374, 951-958.

Mohanty, T.R., Seo, K.S., Park, K.M. et al. (2008) Molecular variation in pigmentation genes contributing to coat colour in native Korean Hanwoo cattle. *Animal Genetics* 39, 550-553.

Moore, K.L. and Persaud, T.V.N. (1998) *Before We Are Born*, 5th edn. W.B. Saunders, Philadelphia, PA.

Navarro, M., Cristofol, C., Carretero, A., Arboix, M. and Ruberte, J. (1998) Anthelmintic induced congenital malformations in sheep embryos using netobimin. *Veterinary Record* 142, 86-90.

Nicholas, F.W. (2010) *Introduction to Veterinary Genetics*, 3rd edn. Wiley Blackwell, Oxford.

Oberst, R.D. (1993) Viruses as teratogens. *Veterinary Clinics of North America: Food Animal Practice* 9, 23-31.

Quinn, P.J., Markey, B.K., Leonard, F.C., FitzPatrick, E.S., Fanning, S. and Hartigan, P.J. (2011) *Veterinary Microbiology and Microbial Disease*, 2nd edn. Wiley Blackwell, Oxford.

Szabo, K.T. (1989). *Congenital Malformations in Laboratory and Farm Animals*. Academic Press, San Diego, CA.

Thorogood, P. (1997) *Embryos, Genes and Birth Defects*. John Wiley, Chichester.

World Health Organization (1977) Non-Mendelian developmental defects: animal models and implications for research into human disease. *Bulletin of the World Health Organization* 55, 475-487.

用語解説
Glossary

アポトーシス[Apoptosis] 内因性カスパーゼの活性化により引き起こされるプログラム細胞死の一形態で，デオキシリボヌクレアーゼによるDNAの変性に至る．

異形成，形成異常[Dysplasia] 細胞の異常な増殖により，器官の形や大きさ，発生が変化すること．

萎縮[Atrophy] ある組織の正常な大きさが減少することで，無使用，血液供給の減少あるいは栄養不良によって起こり得る．

異所[Ectopia] ある器官あるいは組織の異常な所在．

異数性[Aneuploidy] 細胞内の染色体数に異常があること．

一次口蓋[Primary palate] 発達中の鼻腔から口腔を分離させる構造物．

一倍性(体)細胞[Haploid cell] 一組の不対の染色体，すなわち一般的体細胞の半数の染色体を持つ細胞を指し，「n」という表記を与えられる．

遺伝子[Gene] 遺伝の基本的な物理的単位で，ある染色体の上で特定の位置を占める．

遺伝子改変，遺伝子組換え[Transgenesis] ある種から別の種へ遺伝子を安定した状態で組換え編入させることで，その遺伝子はレシピエント種で機能し，生殖細胞系列にも受け継がれる．

遺伝子制御ネットワーク[Gene regulatory network] 遺伝子発現を決定する制御因子の集団．

異発生[Dysgenesis] 不完全な発生．

インテグリン[Integrin] 細胞表面接着分子の一群で，細胞間相互作用および細胞と細胞外マトリックスの相互作用に関与する．

咽頭弓[Pharyngeal arch] 哺乳類で魚類の鰓弓に相当する1対の構造．

イントロン[Intron] 翻訳されない介在配列で，ある特定の遺伝子のコード配列の間に配置され，メッセンジャーRNAを生じさせるためにRNA一次転写物から除去される．

栄養膜[Trophoblast] 胚子部には発生・分化しない胚盤胞の細胞．

栄養膜合胞体層[Syncytiotrophoblast] 内側の栄養膜細胞層から形成される，栄養膜の外層に位置する合胞体層．

栄養膜細胞層[Cytotrophoblast] 栄養膜の細胞層．

エクソン[Exon] あるタンパク質をコードするDNAを含む遺伝子の領域．

エリスロポイエチン[Erythropoietin] 腎臓の細胞で産生されるホルモンで，骨髄内の幹細胞に作用して赤血球の産生を刺激する．

沿軸中胚葉[Paraxial mesoderm] 神経管側方の胚性中胚葉．分節し，体節を作る．

エンハンサー[Enhancer] 物理的に連鎖した遺伝子の転写活性を高めるヌクレオチドの配列．

黄体[Corpus luteum] 卵巣における黄色を帯びた一過性の内分泌性構造で，排卵後，破裂したグラーフ卵胞の残存する細胞から形成される．

横中隔[Septum transversum] 心膜と発生中の前腸とを仕切る中胚葉性の隔壁．横隔膜の腱中心のもとである．

オートクリン，自己分泌[Autocrine] 細胞外シグナル伝達の一様式で，この場合，標的細胞はもともとシグナル伝達因子を分泌した細胞と同一の細胞あるいは細胞型となる．

外胚葉[Ectoderm] 外層の胚葉．

外胚葉性頂堤[Apical ectodermal ridge] 体肢芽先端の外胚葉性肥厚で，胚の体肢の発達に必要とされる諸因子を分泌する．

下顎短小[Brachygnathia] 下顎が異常に短いこと．

核型[Karyotype] 細胞，個体あるいは種の染色体要素．

過形成 [Hyperplasia] 細胞数の増加により組織が過剰に発育すること.

割球 [Blastomere] 受精卵の卵割によって作られる細胞.

カドヘリン [Cadherin] 細胞接着分子のファミリーで，その名称は「Calcium-dependent adhesion（カルシウム依存性接着）」に由来する.

下胚盤葉（胚盤葉下層）[Hypoblast] 内細胞塊の腹側面にある立方形の細胞層.

癌原遺伝子（プロトオンコジーン）[Proto-oncogene] 細胞増殖および分化を制御するタンパク質をコードする遺伝子で，その突然変異あるいは異常発現により癌を誘導する.

幹細胞 [Stem cell] 種々の細胞系列に分化し得る自己再生能力を持つ細胞.

関節拘縮 [Arthrogryposis] ある関節の永続的屈曲.

間脳 [Diencephalon] 前脳の後部で，視床上部，視床，視床下部からなる.

間葉 [Mesenchyme] 中胚葉あるいは神経堤起源の疎性結合組織.

癌抑制遺伝子 [Tumour suppressor gene] 腫瘍細胞形成を抑制あるいは防止する遺伝子.

器官形成 [Organogenesis] 胚発生過程における器官の形成.

奇形学 [Teratology] 発生異常や先天的奇形に関する学問.

奇形腫（テラトーマ）[Teratoma] 始原生殖細胞に由来する2ないし3層の胚葉の派生組織を含む腫瘍.

キネトコア，動原体複合タンパク質 [Kinetochore] 体細胞分裂あるいは減数分裂期に染色体の動原体に形成される複雑なタンパク構造で，ここに微細管が付着する.

基板 [Basal plate] 発生中の神経管における灰白質の腹側領域.

キメラ [Chimera] 遺伝的に異なる接合子に由来する遺伝的に異なった細胞集団からなる生物.

吸収 [Resorption] 胚などの構造物が崩壊し同化すること.

境界溝 [Sulcus limitans] 神経管の基板と翼板の間の溝.

胸腺 [Thymus] Tリンパ球の分化および成熟が行われる一次リンパ器官.

極体 [Polar body] 核と極めてわずかな細胞質を持つ一倍体細胞. 減数分裂の過程で卵母細胞から押し出される.

魚鱗癬 [Ichthyosis] 表皮の肥厚あるいは角化不全により，皮膚に著しい乾燥，粗糙化，魚鱗化が起きている状態.

筋上節，上分節 [Epimere] 筋節の背側部分.

筋板 [Myotome] 横紋筋を生じさせる部分の体節.

偶蹄類 [Artiodactyla] 有蹄類の一区分で，偶数の指を持つ.

グラーフ卵胞 [Graafian follicle] 哺乳類の卵巣にみられる大きな卵胞で，1個の卵子（卵）を含む.

クローン作出，クローン化 [Cloning] 遺伝的に同一の個体からなる集団を生み出す方法.

クロマチン [Chromatin] 核酸，ヒストンおよび非ヒストンタンパク質の複合体で，染色体を形成する.

クロマチン免疫沈降 [Chromatin immunoprecipitation；ChIP] タンパク質とDNA の相互作用を研究する実験手技.

形質転換成長因子ファミリー [Transforming growth factor family] 構造が類似する分泌性のタンパク質の大きな集団で，シグナル伝達物質として働き，胎子や新生子の発育過程において種々の機能を示す. このファミリーにはTGF-β，骨形態形成タンパク質（BMP），アクチビンなどが含まれる.

血液栄養素 [Haemotrophe] 胚あるいは胎子のための栄養成分で，母体の血液あるいはその分解産物に由来する.

血管新生 [Angiogenesis] 既存の血管が伸長したり出芽によって分岐する過程.

血管中胚葉 [Angioblast] 毛細血管内皮の前駆細胞.

決定 [Determination] 細胞あるいは組織の分化能がある特定の系統に限定されるようになる過程.

血島 [Blood island] 卵黄嚢の表面にある脈管形成性中胚葉細胞の集団.

欠毛 [Hypotrichosis] 正常より毛が少ないこと.

ゲノム編集 [Genome editing] 人工ヌクレアーゼあるいはDNA切断酵素を用いて，DNAをゲノム上で挿入したり，置換したり，喪失させたりする遺伝子工学的手法.

原基 [Primordium]　芽ないし発生初期の痕跡．胚における細胞の集合体で，器官や構造の発生における最初の段階を指す.

原始（ヘンゼン）結節 [Primitive (Hensen's) node]　原始線条の吻側における外胚葉の隆起.

原始生殖細胞 [Primordial germ cell]　生殖子の最も初期の前駆細胞.

原始線条 [Primitive streak]　外胚葉（胚盤葉上層）からの細胞移動によりできる線状の領域で，内胚葉と中胚葉を作る．原始線条は胚の頭尾軸を明確にする.

減数分裂，還元分裂 [Meiosis]　特殊な形の細胞分裂で，生殖子形成の間にのみ起こる．この形の細胞分裂では，染色体の数は二倍体から一倍体へと半減する.

原腸胚形成 [Gastrulation]　外胚葉，中胚葉，内胚葉という胚葉を生じさせる細胞移動の過程.

口咽頭膜 [Oropharyngeal membrane]　外胚葉と内胚葉からなる膜で前腸から口窩を分離する.

口窩 [Stomodeum]　胚の吻側端における外胚葉性の窪み.

合指（趾）症 [Syndactyly]　指（趾）の不完全な分離．鉤爪（カギヅメ）ないし指（趾）の融合.

後腎 [Metanephros]　は虫類，哺乳類および鳥類の最終的な腎臓の形態.

後成説 [Epigenesis]　胚子の器官は各発生段階で新しく形成されるとする説.

抗体 [Antibody]　感染あるいは抗原性因子による免疫処置に反応して産生される血清タンパク質．免疫グロブリンと呼ばれるこれらの血清タンパク質は血清のγグロブリン分画でみられる.

後腸 [Hindgut]　腸管の一部で，中腸ループの後端から排泄腔膜に伸びる.

強直 [Ankylosis]　ある関節の異常な固定.

後脳 [Metencephalon]　菱脳吻側部で，ここから橋と小脳が形成される.

合胞体細胞（多核細胞） [Syncytium]　複数の核を持つ単一の細胞ないし細胞質塊で，細胞の融合あるいは核の分裂により形成される.

合胞体様構造 [Symplasma]　栄養膜絨毛の浸潤に反応して形成される退行性子宮組織の多核の合胞体様細胞集団.

肛門窩 [Proctodeum]　排泄腔膜の外側に接する外胚葉の窪み.

肛門膜 [Anal membrane]　排泄腔膜の背側の区画.

後弯 [Kyphosis]　脊柱胸部領域が背側へ異常に弯曲していること.

個体発生 [Ontogeny]　個体の起源および発生過程.

催奇形因子 [Teratogen]　胚ないし胎子の構造や機能に永続的変化を誘起する因子.

サイクリン [Cyclin]　細胞周期の進行においてキナーゼの活性化を通じて役割を果たすタンパク質.

サイクリン依存性キナーゼ [Cyclin-dependent kinase (CDK)]　プロテインキナーゼの一つで，サイクリンタンパク質と複合体を形成する時に活性化する.

臍帯 [Umbilical cord]　胚ないし胎子と胎盤を結ぶ構造物.

サイトカイン [Cytokine]　可溶性の生物学的メッセンジャータンパク質で，細胞相互作用を仲介し，細胞の成長と分泌を調節することができる.

細胞体分裂 [Cytokinesis]　真核細胞でみられる細胞質の分裂の過程で，二つの娘細胞を生じる.

細胞媒介性免疫，細胞性免疫 [Cell-mediated immunity]　Tリンパ球によって媒介される免疫反応.

三層性胚盤 [Trilaminar embryonic disc]　外胚葉，中胚葉および内胚葉からなる盤状の胚.

支質 [Stroma]　器官の枠組みを形作る結合組織.

歯小嚢 [Dental sac]　エナメル器を取り囲む凝縮された間葉.

自然突然変異率 [Spontaneous mutation rate]　自然に誘起される遺伝子の突然変異率．突然変異率は遺伝子の単位時間当たりの突然変異の数で表される.

実質 [Parenchyma]　器官の機能を担う部分.

歯堤 [Dental lamina]　歯蕾の外胚葉性前駆体.

シナプス型シグナル伝達 [Synaptic signaling]　シナプスを介するシグナル伝達．隣接したニューロン間の間隙を神経刺激が通過する.

耳板 [Otic placode] 耳胞の外胚葉性原基.

四分染色体 [Tetrad] 第一減数分裂前期および中期にみられる4本の相同染色分体(2対の姉妹染色分体).

耳胞 [Otocyst] 内耳の原基. 胚の耳胞.

終脳 [Telencephalon] 脳胞の一つ. 前脳から形成される対をなした二次的な脳胞.

絨毛膜 [Chorion] 胎(子)膜の最外層で, 壁側中胚葉に裏打ちされた栄養膜からなる.

樹状細胞 [Dendritic cell] 樹状突起状の構造を備えた大食細胞様の細胞で, Tリンパ球への抗原提示細胞として働く.

授精能獲得 [Capacitation] 精子が卵に授精できるようになる前に, 精子が雌の生殖管の中で, あるいは体外で受けなければならない生理学的変化.

受胎産物 [Conceptus] 受胎の際に作られるもので, 胚や胎(子)膜を含む.

出産, 分娩 [Parturition] 出生.

受容能力, 反応能力 [Competence] 他の細胞によって作られた誘導性信号を受容しそれに反応する細胞の能力.

消化管関連リンパ組織 [Gut-associated lymphoid tissue (GALT)] 胃腸粘膜と粘膜下組織に位置するリンパ組織.

上顎突起 [Maxillary process] 第一咽頭弓の背側区画.

小眼球 [Microphthalmos] 眼の一方あるいは両方の大きさが異常に小さいこと.

ショウジョウバエ [Drosophila] 遺伝学と細胞学の観点から最も広範に研究されたハエの一属.

常染色体 [Autosome] 性染色体以外の染色体.

小頭症 [Microcephaly] 頭部が身体のその他の部分に比較して異常に小さいこと.

上胚盤葉 [胚盤葉上層] [Epiblast] 内細胞塊の外層.

上皮間葉転換 [Epithelial mesenchymal transition] 上皮細胞がその極性を失い, 間葉細胞の特徴を獲得する過程.

静脈管 [Ductus venosus] 肝臓を迂回して左臍静脈を後大静脈に繋げる短絡路.

静脈洞 [Sinus venosus] 胚の心臓の尾側にある腔. ここで心臓の再構築が起こるまで, 卵黄嚢静脈, 臍帯静脈および主静脈から血液を受け取る.

食細胞 [Phagocyte] 外来微粒子, 特に細菌を取り込む能力を持つマクロファージや好中球などの細胞.

神経外胚葉 [Neuroectoderm] 神経板内の外胚葉に由来する神経上皮.

神経芽細胞 [Neuroblast] ニューロンに分化する神経上皮胚細胞.

神経管 [Neural tube] 神経ヒダの融合によって形成される外胚葉性の管. 中枢神経系へと発生する.

神経管形成 [Neurulation] 神経板の折り畳みの過程. これにより神経管が形成される.

神経孔 [Neuropore] 神経管の両端の一時的開口.

神経堤細胞 [Neural crest cell] 神経板の端から生じ, 身体のさまざまな部分に移動し, 多様な構造を形成する細胞集団.

神経板 [Neural plate] 神経外胚葉の厚くなった層板で, ここから神経管や神経堤が発生する.

人工多能性幹細胞, 誘導多能性幹細胞 [Induced pluriopotent stem cell] 体細胞に特別な転写因子を導入し, 体細胞核を初期化させると, 多能性の特徴を獲得するようになる. この体細胞からの誘導体を指す.

心臓形成板 [Cardiogenic plate] 心管を生じさせる中胚葉.

水頭症 [Hydrocephalus] 脳室系に脳脊髄液が異常に蓄積している状態.

髄脳 [Myelencephalon] 菱脳の後部. 延髄を形成する.

髄膜脊髄瘤 [Meningomyelocoele] 脊柱の欠損部から脊髄と髄膜が突出したもの.

水無脳症 [Hydranencephaly] 大脳半球が欠損し, その本来あるべき場所が脳脊髄液で満たされている状態.

精子形成 [Spermiogenesis] 精子細胞の精子への成熟.

精子性鑑別 [Sex-sorting of spermatozoa] 精子のDNA量の相違に基づいて, X染色体を持つ精子とY染色体を持つ精子を鑑別する方法.

精子発生 [Spermatogenesis] 精子の産生.

生殖細胞 [Germ cell] 胚子の生殖隆起に移動して精子あるいは卵子を生じさせる原始生殖細胞の子孫.

生殖子 [Gamete] 雄または雌の動物に由来する成熟した一倍体生殖細胞.

生殖子発生 (形成) [Gametogenesis] 雄および雌の生殖子の発生.

精巣導帯 [Gubernaculum] 中胚葉の円柱で，生殖腺の後極から鼠径部に伸びる.

生存因子 [Survival factor] アポトーシスを抑制する因子で細胞ないし細胞集団の生存を促進する.

精虫論，精子論 [Spermism] 二つの前成説のうちの一つで，子どもは精子頭部内の小さく，充分に形成された胚子（ミニチュア）から発生するという説.

脊索 [Notochord] 発生中の神経管の腹側に位置する，原始結節が索状に伸長した部分で，周囲組織を形成するにあたり正中シグナルの起源として働く.

脊索前板 [Prechordal plate] 脊索の頭側で形成される中胚葉の塊.

脊椎裂 [Rachischisis] 脊柱の先天的裂開.

接合子 [Zygote] 雄性および雌性生殖子の合体によってできた二倍体細胞．受精卵.

前核 [Pronucleus] 生殖子の半数体の核．融合前の精子と卵子の核.

染色分体 [Chromatid] 複製された染色体の娘鎖で，動原体のところで会合している.

前腎 [Pronephros] 脊椎動物の胚発生過程で最初に出現する排泄器官で，数種の魚類に残存する.

前成説 [Preformation] 器官は，受精に先立って両親の卵子か精子内で既に充分に形成されたミニチュア版から発生するとする説.

先 (尖) 体反応 [Acrosome reaction] 精子の先（尖）体小胞から酵素類やその他のタンパク質が放出されることで，精子が透明帯に結合した後で起こる.

前腸 [Foregut (embryonic)] 口咽頭膜から肝憩室（肝窩）の高さに伸びる腸管の構成体.

先天的欠陥 [Congenital defect] 出生時に存在する，細胞，組織あるいは器官における構造あるいは機能の異常.

前脳 [Prosencephalon] 前脳胞．脳の三つの初期脳胞のうち，最も前方に位置している.

全能 (性) 細胞 [Totipotent cell] 胎盤の栄養膜細胞を含めて，胚に存在するすべての細胞型に分化する能力を有する細胞.

前弯 [Lordosis] 脊柱胸腰部の異常な腹側弯曲.

造血 [Haematopoiesis] 血液細胞の産生.

相互優性の [Codominant] ヘテロ接合の状態において両方の対立遺伝子がともに完全に発現されているときにこれらの遺伝子に与えられる名称.

桑実胚 [Morula] 胚盤胞に先立つ発育段階で，近接する卵割球の間で初めてタイトジャンクションが形成されたときを指す.

臓側中胚葉 [Splanchnic mesoderm] 胚内体腔の内側に位置する側板の部位.

臓側板 [Splanchnopleure] 臓側中胚葉と内胚葉からなる胚層.

側弯症 [Scoliosis] 異常に大きく側方に弯曲する脊柱の状態.

組織栄養素 [Histotrophe] 血液以外の母体組織に由来する胚あるいは胎子のための栄養成分.

組織発生 [Histogenesis] ある組織の発生.

体液性免疫 [Humoral immunity] 抗体が関与する免疫反応.

体外受精 [*In vitro* fertilization] 体外で，卵子に精子を受精させる方法．通常，生殖補助として用いられる.

体腔 [Coelom] 臓側中胚葉と壁側中胚葉との間にある腔所.

体細胞核移植 [Somatic cell nuclear transfer] 体細胞のドナー核と除核卵子を用いて，生きた胚子を生み出す方法.

体肢芽 [Limb bud] 中胚葉性の膨出で，ここから体肢が生ずる.

胎子期 [Foetal period] 器官原基の形成から妊娠の終わりに至る発生期間.

胎生 [Viviparity] 母体内で発育した子が分娩されること.

体節 [Somite]　沿軸中胚葉から形成される中胚葉の節状の膨らみ.

体節期 [Somite period]　胚に体節が観察される時期.

大動脈嚢 [Aortic sac]　動脈幹の拡張した遠位端で, 心臓の発生中にここから大動脈弓の諸血管が生じる.

胎盤 [Placenta]　妊娠した哺乳類の子宮に生成される器官. 子宮内膜と胎膜の間で生理的な物質の交換を行う. 母体組織と胎子組織からなる.

胎盤炎 [Placentitis]　胎盤の炎症.

胎盤関門 [Placental barrier]　母体循環と胎子循環を分離する組織.

胎盤小葉 [Cotyledon]　絨毛膜尿膜の絨毛で, 胎盤節を形成する反芻類において子宮小丘の陰窩と指状嵌合を行っている.

胎餅 [Hippomane]　雌ウマの尿膜液に見出される結石.

胎膜 [Foetal membrane]　発生中の胚に保護, 栄養および呼吸を供給する膜.

大理石骨症 [Osteopetrosis]　遺伝病の一つで異常に緻密な骨. 骨折しやすい.

対立遺伝子 [Allele]　ある遺伝子座を占める遺伝子に, 二つまたはそれ以上の種類があるとき, それらのうちの一つ.

脱毛 [Alopecia]　毛あるいは被毛が欠如したり不完全であること.

多能性細胞 [Pluriopotent cell]　胎盤の栄養膜細胞を除いて, すべての細胞型に分化する能力を有する細胞.

単為発生 [Parthenogenesis]　未受精卵が受精せずに分割し, 発生すること.

単眼 [Cyclopia]　単一の眼窩を特徴とする先天的な異常.

短指(趾) [Brachydactyly]　指(趾)が異常に短いこと.

短肢 [Meromelia]　体肢の一部の先天的欠損.

腟板 [Vaginal plate]　尿生殖洞から発生した内胚葉の増殖部.

着床 [Implantation]　子宮の内壁に発育中の胚が付着すること.

中央着糸染色体 [Metacentric chromosome]　中央に位置する動原体を持つ染色体.

中間中胚葉 [Intermediate mesoderm]　中胚葉の一区画.

中腎 [Mesonephros]　一時的な中間の胎子期の腎臓で, 中間中胚葉から形成される.

中腎管 [Mesonephric duct]　中腎の管. 雄では, 最初は尿の排出のために働き, 次いで雄の管系の形成に貢献する. 雌では退化する.

中心子 [Centriole]　自己複製性の細胞小器官で, 一般に三つ組として配列される9群の微細管を含む短い円筒からなる.

中心体 [Centrosome]　1対の中心子を取り囲む濃密な一細胞質領域で, 膜を欠く.

中腎傍(ミューラー)管 [Paramesonephric (Muellerian) duct]　体腔上皮の中腎管側面への陥入によって形成される管. 卵管と子宮になる.

中腸 [Midgut]　発生中の腸管の一領域で, 肝窩から後腸まで伸びる.

中脳 [Mesencephalon]　中脳胞.

中胚葉 [Mesoderm]　中間の胚葉.

直系 [Lineage]　1個の先祖細胞からの子孫の系.

椎板 [Sclerotome]　体節の一部分で, 椎骨の形成に貢献する.

低形成 [Hypoplasia]　ある器官または組織の不完全な発生あるいは発育不全.

転移性遺伝要素, トランスポゾン [Transposable element]　ゲノム上の位置を移動する能力を持つDNA 断片.

転写 [Transcription]　DNAの鋳型をもとにRNAポリメラーゼによってRNAコピーが合成されること.

洞 [Antrum]　卵胞液に満たされたグラーフ卵胞の腔.

等黄卵の [Isolecithal]　卵黄が卵内に均一に分布している状態をさす.

動原体 [Centromere]　染色体の一領域で, 有糸分裂と減数分裂の際にキネトコア微細管が付着する.

頭側ヒダ [Head fold]　吻側の身体ヒダ.

動脈管 [Ductus arteriosus]　左肺動脈を大動脈弓に繋げる短絡路.

動脈幹 [Truncus arteriosus]　心管頭部の拡張部分.

透明帯 [Zona pellucida]　卵母細胞を取り囲む透明で

非細胞性の膜.

透明帯反応 [Zona reaction]　卵母細胞の表層に精子の頭部が接触した後，皮質粒の作用によって誘起される透明帯の変化．この反応は多精子進入の阻止に関与する．

突然変異 [Mutation]　ある遺伝子が構造的変化を受ける過程．

突然変異原 [Mutagen]　ある遺伝子に正常に観察されるより高い割合でDNAの突然変異を誘導する物質．

トロンボポイエチン [Thrombopoietin]　肝臓で産生されるホルモンで巨核球に作用し，血小板の産生を調節する．

内細胞塊 [Inner cell mass]　胚盤胞内の細胞集団で，ここから胚子が発生する．

内胚葉 [Endoderm]　内層の胚葉．

軟骨無形成 [Achondroplasia]　軟骨内骨化において軟骨の成長が阻害されることで，結果的に小人症に至る．

二次口蓋 [Secondary palate]　外側口蓋突起が左右接近し，正中で融合してできる口蓋．

二層性胚盤 [Bilaminar embryonic disc]　外胚葉と内胚葉よりなる盤状の胚．

二分染色体 [Dyad]　第一減数分裂前期における四分分離，すなわち染色体分離の産物で，動原体で結合した二つの姉妹染色分体からなる．

尿生殖洞 [Urogenital sinus]　排泄腔から分離してその腹位に形成された洞．

尿直腸中隔 [Urorectal septum]　中胚葉性の中隔で排泄腔を背側の直腸と腹側の尿生殖洞に分ける．

尿膜 [Allantois]　後腸から伸びる内胚葉性憩室．

ノッチ [Notch]　細胞運命を調整することで胚発生の中心的役割を持つ膜貫通型の受容体．

バー小体 [Barr body]　凝縮した1本の非活性化X染色体で，雌哺乳類の体細胞の核に観察される．

胚栄養 [Embryotrophe]　胎盤哺乳類における胚のための栄養物質．

胚移植 [Embryo transfer]　妊娠成立のために子宮内に胚子を移植する方法．

胚子期 [Embryonic period]　器官原基の形成に至るまでの発生の期間．

倍数性 [Polyploidy]　一つの細胞に2対以上の染色体の一倍体セットが存在すること．相同染色体を2セット以上持つこと．

胚性幹細胞 [Embryonic stem cell]　胚盤胞の内細胞塊に由来した多能性幹細胞．

排泄腔 [Cloaca]　哺乳類の胚の後腸における拡張した後端．両生類，爬虫類，鳥類における，尿路，消化管および生殖路の共通の開口部．

排泄腔嚢 [Cloacal bursa]　鳥類の排泄腔における背側の嚢状突出部でBリンパ球発達の場であり，ファブリキウス嚢とも呼ばれる．

胚盤 [Embryonic disc]　初期胚の細胞が盤状構造を呈して配列したもの．

胚盤胞 [Blastocyst]　哺乳類の胚発生における一段階で，内細胞塊と栄養膜から形成される．

胚葉 [Germ layer]　外胚葉，中胚葉および内胚葉．

排卵 [Ovulation]　グラーフ卵胞から成熟卵子が放出される過程．

白体 [Corpus albicans]　黄体の線維性の遺残．

白皮 [Albinism]　常染色体の劣性状態で，毛，皮膚，眼に色素沈着が起きないこと．

発癌性の [Carcinogen]　癌を引き起こし得る物質．

発生運命地図 [Fate map]　胚における各種細胞の起源と運命を説明する図．

パネート細胞 [Paneth cell]　多くの生理学的機能を有し，高度に分化した腸上皮細胞．

パラクリン [Paracrine]　細胞間コミュニケーションの一つ．分泌された物質が体循環に入らずに近傍の細胞に作用する．

皮筋板 [Dermomyotome]　体節の背外側部分で，皮板と筋板からなる．

微細管 [Microtubule]　約25nmの直径を持つ線維状の細胞内構造物で，単一，対，あるいは束状で存在する．

皮質反応 [Cortical reaction]　卵細胞が受精する精子と接触した後で卵細胞の皮質粒の内容物を卵黄周囲腔に放出すること．ある種の動物では，皮質反応は多精子進入を防ぐ一つの方法である．

ヒストン修飾 [Histone modification]　ヒストンタンパ

ク質の翻訳後修飾，メチル化，アセチル化を指し，これらの修飾は引き続いてクロマチン構造を変化させ，遺伝子発現に影響を与える．

尾側ヒダ [Tail fold]　尾側の身体ヒダ．

皮板 [Dermatome]　体節の一区分で，真皮の形成に貢献する．

表現型 [Phenotype]　遺伝子型と環境因子の影響により決定される動物の外見．

病原微生物 [Pathogenic microorganism]　動物やヒトに病気を発症させる細菌，菌類およびウイルス．

腹外側筋節 [Hypomere]　筋節の一区画．

部分優性 [Partial dominance]　ヘテロ接合体における対立遺伝子による部分的な表現型発現．

不分離 [Non-disjunction]　体細胞分裂や減数分裂において相同染色体が両極へ適切に分離・移動しないこと．

プラコード，板 [Placode]　表面外胚葉の板状に肥厚した部位で，将来特殊な感覚器官が発生する部位．

フリーマーチン [Freemartin]　哺乳類の間性不妊動物で，表現型は雌，雄の双子の兄弟とともに生まれる．ウシでよくみられる．

プロテオグリカン [Proteoglycan]　結合組織で主に産生される糖タンパク質．コアタンパク質にグリコサミノグリカンが結合している．

分化 [Differentiation]　未分化な細胞が特定の細胞系統に組み込まれる過程．

吻合 [Anastomosis]　二つの血管あるいは二つの管状器官の自然な交通．

閉鎖 [Atresia]　正常な身体開口部の先天的欠如あるいは閉鎖．卵胞の退行過程．

壁側中胚葉 [Somatic mesoderm]　胚内体腔の外側に位置する側板の部位．

壁側板 [Somatopleure]　壁側中胚葉と外胚葉が融合して形成される胚層．

ヘッジホッグタンパク質 [Hedgehog protein]　ショウジョウバエで最初に同定されたヘッジホッグ(Hh)ファミリーのタンパク質．

放線冠 [Corona radiate]　卵細胞の透明帯を取り囲む細胞層の中で最も内側に位置する層．

翻訳 [Translation]　mRNA の情報をもとにポリペプチドが合成されること．

マイコトキシン [Mycotoxin]　ある真菌によって産生される有毒物質．

マイトジェン，有糸分裂促進剤 [Mitogen]　有糸分裂を誘導する細胞外物質．

末端着糸染色体 [Acrocentric chromosome]　動原体が末端近くにある染色体．

ミイラ化 [Mummification]　子宮内で胎子が革のような外観を呈した乾燥状態に変換されること．

無γグロブリン血症 [Agammaglobulinaemia]　血液内にγグロブリンが存在しないこと．

無形成 [Aplasia]　ある組織あるいは器官の不完全な，あるいは欠陥のある発生．

無肢 [Amelia]　体肢の先天的欠如．

無乳頭 [Athelia]　乳頭の先天的欠如．

無脳 [Anencephaly]　大脳半球の先天的欠如あるいは大きさの著しい減少．

無発生 [Agenesis]　発生できないこと．

免疫欠損(症)，免疫不全(症) [Immunodeficiency]　非特異免疫あるいは特異免疫の欠損で，原因は一次的なことも二次的なこともある．

メンデルの法則 [Mendelian principle]　グレゴール・メンデル(Gregor Mendel)によって提唱された遺伝の法則．

モルフォゲン [Morphogen]　ある組織のある特定領域において高濃度で通常産生されるシグナル伝達物質で，それらは高濃度領域から分散し，濃度勾配を示す．

有糸分裂 [Mitosis]　細胞分裂の間の核分裂で，結果的にもとの細胞のものと同じ二倍体の染色体を持つ二つの娘細胞を形成する．

優性 [Dominant]　ヘテロ接合の状態において完全に発現されている対立遺伝子を指す．

誘導 [Induction]　ある細胞群の運命が他の細胞群との相互作用によって決定される発生過程．

羊水 [Amniotic fluid]　羊膜を満たす水性の液体．

羊水過少症 [Oligohydramnios]　羊膜内の羊水の量が不足する症状．

羊膜 [Amnion]　発生中の胎子を取り囲む最も内層の胚膜．

羊膜形成［Amniogenesis］ 折り畳み（家畜）あるいは空洞化（霊長類）による羊膜の発生.

翼板［Alar plate］ 発生中の神経管における灰白質の背側領域.

ラトケ嚢［Rathke's pouch］ 口窩背壁の膨出部で，ここから腺性下垂体が発生する.

卵黄周囲腔［Perivitelline space］ 卵母細胞（卵子）の細胞膜と透明帯の間の間隙.

卵黄嚢［Yolk sac］ 内層は内胚葉，外層は臓側中胚葉からなる胚外胎膜.

卵黄膜［Vitelline membrane］ 卵子の細胞膜.

卵（分）割［Cleavage］ 早期の胚発生でみられる，反復する有糸細胞分裂の相，.

卵管妊娠［Tubal pregnancy］ 着床と発生が卵管で行われる妊娠.

ランゲルハンス細胞［Langerhans cell］ 皮膚に見出される樹状細胞で，単球の仲間に属する.

卵子発生［Oogenesis］ 卵子が産生される過程.

卵子論［Ovism］ 二つの前成説のうちの一つで，卵子に既に形成された胚子（ミニチュア）が存在するという説.

卵祖細胞［Oogonia］ 雌性生殖細胞系列の最も初期の細胞.

ランダム配列［Random assortment］ 生殖子形成過程における父方由来および母方由来染色体のランダムな配列.

卵母細胞［Oocyte］ 雌の生殖子.

流産［Abortion］ 受胎産物である胚あるいは胎子が，未熟なまま子宮から排出されること.

菱脳［Rhombencephalon］ 後方の脳腔.

菱脳唇［Rhombic lip］ 菱脳の翼板の肥厚.

リン酸化［Phosphorylation］ 有機分子へのリン酸基（リン酸と酸素）の化学的付加.

劣性遺伝子［Recessive gene］ ホモ接合の状態で発現する遺伝子. 優性遺伝子の存在下では発現しない.

CD cluster of differentiation（分化の集団）の略. モノクローナル抗体によって識別できる細胞表面分子に与えられた用語. CDはリンパ球や大食細胞などの血液や組織の細胞を特徴づけるために用いられる.

Cytoneme アクチンを基本とした細胞外細胞質突起で，長距離の細胞間連絡を仲介すると信じられている.

G_0期［G_0 phase］ 静止期に入り，真核生物の細胞周期から退出した状態.

G_1期［G_1 phase］ 細胞体分裂の終わりからDNA合成の開始までの細胞周期期間.

G_2期［G_2 phase］ DNA合成の終わりから有糸分裂の開始までの間の細胞周期期間.

Ig 免疫グロブリンの省略形. 免疫グロブリンの例としてはIgM，IgG，IgAがある.

In vitro 試験管内で，人工的環境の下で.

In vivo 生きている身体の中で.

NK細胞［NK cell］ ナチュラルキラー細胞. 抗原特異性を持たない大型顆粒リンパ球. 免疫刺激なしで癌細胞やウイルス感染細胞を破壊する.

RNAシーケンス［RNA-Sequencing（RNA Seq）］ 次世代シーケンス技術で，指定したポイントで転写産物発現の定量化や定性分析を迅速に行うことができる.

RNAポリメラーゼⅡ［RNA polymerase Ⅱ］ DNAを鋳型としてmRNAの合成を触媒する酵素.

siRNA［Small interfering RNA］ 21～23ntの短いRNA2重鎖で，哺乳類細胞においてRNA干渉の誘起に関与する.

SMEDI ブタの繁殖不全を表現する頭字語. stillbirth（死産），mummication（ミイラ化），embryonic death（胚の斃死），infertility（不妊）の頭文字からなる.

S期［S phase］ 真核生物の細胞周期の一つのステージで，この時期にDNAが合成される.

TATAボックス［TATA box］ DNA配列の一つでチミン-アデニン-チミン-アデニンと並ぶ. これRNAポリメラーゼが結合する. 多くのプロモーター領域に存在.

ウェブサイトのパスワードは「gamete」

有用なウェブサイト

Embryology online education and research website
https://embryology.med.unsw.edu.au/embryology/index.php/Main_Page
The Embryo Project Encyclopedia
http://embryo.asu.edu/home
International Embryo Technology Society
http://www.iets.org
Online course in embryology for medicine students, Universities of Fribourg, Lausanne and Bern, Switzerland
http://www.embryology.ch/indexen.html
Embryo images: normal and abnormal mammalian development, University of North Carolina, Chapel Hill
https://syllabus.med.unc.edu/courseware/embryo_images/
Veterinary embryology notes, images and online lectures, Veterinary Anatomy faculty at the University of Minnesota
http://vanat.cvm.umn.edu/WebSitesEmbryo.html
Comparative placentation, University of California, San Diego
http://placentation.ucsd.edu/
Ensembl genome browser, EMBL-EBI and the Wellcome Trust Sanger Institute
http://www.ensembl.org/index.html
National Centre for Biotechnology Information
http://www.ncbi.nlm.nih.gov/

索　引

日本語索引

こ

さ

し

す

せ

そ

た

ち

つ

ね

の

は

ひ

ふ

へ

ほ

ま

み

め

も

や

ゆ

よ

ら

り

る

れ

ろ

わ

欧文索引

【監修者】

木曾康郎 きそ やすお

農学博士

1954年5月生まれ

1978年3月	東京大学農学部畜産獣医学科卒業
1980年3月	同大学大学院農学系研究科修士課程修了
1999年10月～2012年3月	山口大学農学部教授 同大学大学院連合獣医学研究科教授兼任（現在に至る）
2004年4月～2006年3月	山口大学教育研究評議員
2004年11月～2007年3月	山口大学総合科学実験センター長
2007年4月～2010年3月	日本学術振興会学術システム研究センタープログラムオフィサー
2011年4月～2014年3月	山口大学大学院連合獣医学研究科長
2012年4月	山口大学共同獣医学部教授（現在に至る）
2014年4月～2018年3月	山口大学共同獣医学部長

専門分野：獣医解剖学，獣医発生学，生殖免疫学，比較胎盤学

獣医発生学 第2版

2019年2月21日　第1刷発行
定価（本体9,000円）＋税

監　修　木曾康郎
発行者　山口啓子
発行所　株式会社 学窓社
〒113-0024　東京都文京区西片2-16-28
電話（03）3818-8701
FAX（03）3818-8704
http://www.gakusosha.com
印　刷　株式会社シナノパブリッシングプレス

Printed in Japan
ISBN 978-4-87362-763-2